FULL STRATEGIES OF ADVANCED MATHEMATICAL PROBLEMS (II)

高等数学解题全攻略（下卷）

吴振奎 梁邦助 唐文广 编著

哈爾濱工業大學出版社

内容简介

高等数学是大学理工科及经济管理类专业的重要基础课，是培养学生形象思维、抽象思维、创造性思维的重要园地.

本书从浩瀚的题海中归纳、总结出的题型解法，对同学们解题具有很大的指导作用. 书中的经典问题解析对教材的重点、难点进行了诠释，对同学们掌握这方面知识起到事半功倍的效果.

本书是针对考研、参加数学竞赛的同学撰写的，对在读的本科生、专科生及数学教师同仁也具有很高的参考价值.

图书在版编目(CIP)数据

高等数学解题全攻略. 下卷/吴振奎，梁邦助，唐文广编著. —哈尔滨：哈尔滨工业大学出版社，2013.5

ISBN 978-7-5603-4073-9

Ⅰ. ①高… Ⅱ. ①吴… ②梁… ③唐… Ⅲ. ①高等数学－高等学校－题解 Ⅳ. ①O13-44

中国版本图书馆 CIP 数据核字(2013)第 090534 号

策划编辑 刘培杰 张永芹
责任编辑 张永芹 钱辰琛 刘家琳
封面设计 孙茵艾
出版发行 哈尔滨工业大学出版社
社　　址 哈尔滨市南岗区复华四道街 10 号 邮编 150006
传　　真 0451-86414749
网　　址 http://hitpress.hit.edu.cn
印　　刷 哈尔滨工业大学印刷厂
开　　本 787mm×1092mm 1/16 印张 39.25 字数 1189 千字
版　　次 2013 年 5 月第 1 版 2013 年 5 月第 1 次印刷
书　　号 ISBN 978-7-5603-4073-9
定　　价 58.00 元

目　录

线性代数篇

第 9 章　行列式 …… 3
内容提要 …… 3
经典问题解析 …… 5
研究生入学考试试题选讲 …… 21
1978～1986 年部分 …… 21
1987～2012 年部分 …… 40
国内外大学数学竞赛及水平测试题赏析 …… 49
习题 …… 58
第 10 章　矩阵 …… 61
内容提要 …… 61
经典问题解析 …… 67
研究生入学考试试题选讲 …… 86
1978～1986 年部分 …… 86
1987～2012 年部分 …… 116
国内外大学数学竞赛及水平测试题赏析 …… 138
习题 …… 145
第 11 章　向量 …… 148
内容提要 …… 148
经典问题解析 …… 150
研究生入学考试试题选讲 …… 154
1978～1986 年部分 …… 154
1987～2012 年部分 …… 166
国内外大学数学竞赛及水平测试题赏析 …… 183
习题 …… 184
第 12 章　线性方程组 …… 187
内容提要 …… 187
经典问题解析 …… 188
研究生入学考试试题选讲 …… 194
1978～1986 年部分 …… 194
1987～2012 年部分 …… 201
国内外大学数学竞赛及水平测试题赏析 …… 234
习题 …… 234
第 13 章　矩阵的特征值和特征向量 …… 240
内容提要 …… 240
经典问题解析 …… 242
研究生入学考试试题选讲 …… 266
1978～1986 年部分 …… 266

1987～2012 年部分 …… 285
国内外大学数学竞赛及水平测试题赏析 …… 306
习题 …… 313
第 14 章 二次型 …… 316
内容提要 …… 316
经典问题解析 …… 320
研究生入学考试试题选讲 …… 337
1978～1986 年部分 …… 337
1987～2012 年部分 …… 348
国内外大学数学竞赛及水平测试题赏析 …… 361
习题 …… 364

概率统计篇

第 15 章 随机事件和概率 …… 369
内容提要 …… 369
经典问题解析 …… 373
研究生入学考试试题选讲 …… 381
1978～1986 年部分 …… 381
1987～2012 年部分 …… 395
国内外大学数学竞赛题赏析 …… 409
习题 …… 421
第 16 章 随机变量及其分布 …… 424
内容提要 …… 424
经典问题解析 …… 429
研究生入学考试试题选讲 …… 434
1978～1986 年部分 …… 434
1987～2012 年部分 …… 451
习题 …… 478
第 17 章 随机变量的数字特征 …… 481
内容提要 …… 481
经典问题解析 …… 483
研究生入学考试试题选讲 …… 496
1978～1986 年部分 …… 496
1987～2012 年部分 …… 510
国内外大学数学竞赛题赏析 …… 541
习题 …… 543
第 18 章 大数定律和中心极限定理 …… 547
内容提要 …… 547
经典问题解析 …… 549
研究生入学考试试题选讲 …… 553
1978～1986 年部分 …… 553
1987～2012 年部分 …… 555
习题 …… 559

第 19 章　数理统计 …… 560
内容提要 …… 560
经典问题解析 …… 566
研究生入学考试试题选讲 …… 584
1978～1986 年部分 …… 584
1987～2012 年部分 …… 587
国内外大学数学竞赛题赏析 …… 602
习题 …… 604
参考文献 …… 608
编辑手记 …… 611

线性代数篇

第 9 章

行 列 式

内 容 提 要

1. 矩阵

由 $m\times n$ 个数 a_{ij} ($i=1,2,\cdots,m;j=1,2,\cdots,n$) 排成的($m$ 行 n 列的)矩形数表

$$\boldsymbol{A}=\begin{pmatrix} a_{11} & a_{12} & \cdots & a_{1n} \\ a_{21} & a_{22} & \cdots & a_{2n} \\ \vdots & \vdots & & \vdots \\ a_{m1} & a_{m2} & \cdots & a_{mn} \end{pmatrix}$$

叫作 m 行 n 列的矩阵.简记为

$$\boldsymbol{A}=(a_{ij})_{m\times n}$$

其中 a_{ij} 叫作 $\boldsymbol{A}$ 的第 i 行、第 j 列元素.当 $m=n$ 时,称 $\boldsymbol{A}$ 为方阵,简称 n 阶矩阵.且记 $\mathbf{R}^{m\times n}$ 为含实元素 $m\times n$阵的全体(集合).特别地,$1\times n$ 的矩阵称为向量,常记为 $\mathbf{R}^n$.

2. 行列式

(1)行列式的定义

行列式的定义有很多,其中较为直接的(构造性的)定义是

$$|\boldsymbol{A}|=\begin{vmatrix} a_{11} & a_{12} & \cdots & a_{1n} \\ a_{21} & a_{22} & \cdots & a_{2n} \\ \vdots & \vdots & & \vdots \\ a_{n1} & a_{n2} & \cdots & a_{nn} \end{vmatrix}=\sum_{(i_1 i_2\cdots i_n)}(-1)^{\tau(i_1 i_2\cdots i_n)}a_{1i_1}\cdot a_{2i_2}\cdot\cdots\cdot a_{ni_n}$$

其中$(i_1 i_2\cdots i_n)$是数字 $1,2,\cdots,n$ 的任一排列,$\tau(i_1 i_2\cdots i_n)$为排列$(i_1 i_2\cdots i_n)$的**逆序数**.

矩阵(方阵)$\boldsymbol{A}$ 的行列式常记为 $\det\boldsymbol{A}$ 或简记成$|\boldsymbol{A}|$.

注 这里想再强调一点,矩阵与行列式的本质区别在于:行列式是数,而矩阵是一个数表.

对于 n 阶方阵 $\boldsymbol{A}$ 而言,若 $\boldsymbol{A}_{ij}$ 为 $\boldsymbol{A}$ 中划去第 i 行、第 j 列剩下的 $n-1$ 阶矩阵,则$(-1)^{i+j}|\boldsymbol{A}_{ij}|$称为 a_{ij} 的**代数余子式**,它常简记成 A_{ij}.又 $\boldsymbol{A}^*=(A_{ji})_{n\times n}$称为 $\boldsymbol{A}$ 的**伴随矩阵**.

(2)行列式的性质

①行、列互换(行变列、列变行),其值不变,即$|\boldsymbol{A}|=|\boldsymbol{A}^{\mathrm{T}}|$,这里 $\boldsymbol{A}^{\mathrm{T}}$ 表示 $\boldsymbol{A}$ 的转置;

②交换行列式两行(或列)位置,行列式值变号;

③某数乘行列式一行(或列)诸元素等于该数乘行列式值;

④将某行(或列)的倍数加到另外一行(或列),行列式值不变;

⑤若两行(或列)对应元素成比例,则行列式值为零;

⑥(拉普拉斯(Laplace)展开)行列式可按某一行(或列)展开,且

$$\sum_{k=1}^{n} a_{ik} A_{jk} = \delta_{ij} \mid \boldsymbol{A} \mid$$

其中

$$\delta_{ij} = \begin{cases} 1, & i = j \\ 0, & i \neq j \end{cases} \quad (1 \leqslant i, j \leqslant n)$$

这里 δ_{ij} 称为克罗内克(Kronecker) 符号. 特别地, $| \boldsymbol{A} | = \sum_{k=1}^{n} a_{ik} A_{ik} (i = 1, 2, \cdots, n)$.

注 拉普拉斯展开实际上是指行列式可以按照某几行(或列)展开,这里只是该展开的特例情形.

⑦若 $\boldsymbol{A}, \boldsymbol{B}$ 均为 n 阶方阵,则 $|\boldsymbol{AB}| = |\boldsymbol{A}||\boldsymbol{B}|$.

⑧ $|\boldsymbol{A}^*| = |\boldsymbol{A}|^{n-1}$,其中 $\boldsymbol{A}$ 为 n 阶方阵,且 $\boldsymbol{A}^*$ 为 $\boldsymbol{A}$ 的伴随矩阵.

⑨ $|\boldsymbol{A}^{-1}| = |\boldsymbol{A}|^{-1}$,其中 $\boldsymbol{A}$ 为 n 阶非奇异阵.

⑩ $|a\boldsymbol{A}| = a^n |\boldsymbol{A}|$,其中 $a \in \mathbf{R}$,且 $\boldsymbol{A}$ 是 n 阶方阵.

(3)行列式的常用计算方法

①用行列式定义(多用于低阶行列式);

②利用行列式性质,将行列式化成特殊形状(上三角形或下三角形);

③用拉普拉斯展开;

④利用不同阶数行列式间的递推关系(常结合数学归纳法);

⑤利用著名行列式(如范德蒙(A. T. Vandermonde)行列式)的展开式;

⑥利用矩阵性质(如矩阵变换分块及矩阵特征问题)等.

(4)几个特殊的行列式

①范德蒙行列式

$$\begin{vmatrix} 1 & 1 & \cdots & 1 \\ x_1 & x_2 & \cdots & x_n \\ x_1^2 & x_2^2 & \cdots & x_n^2 \\ \vdots & \vdots & & \vdots \\ x_1^{n-1} & x_2^{n-1} & \cdots & x_n^{n-1} \end{vmatrix} = \prod_{1 \leqslant j < i \leqslant n} (x_i - x_j)$$

它的推广情形为:

若 $f_k(x) = a_{k0} x^k + a_{k1} x^{k-1} + \cdots + a_{k,k-1} x + a_{kk} (k = 0, 1, 2, \cdots, n-1)$,则

$$\begin{vmatrix} f_0(x_1) & f_0(x_2) & \cdots & f_0(x_n) \\ f_1(x_1) & f_1(x_2) & \cdots & f_1(x_n) \\ \vdots & \vdots & & \vdots \\ f_{n-1}(x_1) & f_{n-1}(x_2) & \cdots & f_{n-1}(x_n) \end{vmatrix} = D \cdot \prod_{1 \leqslant j < i \leqslant n} (x_i - x_j)$$

其中 D 为 $f_k(x)(k=0,1,\cdots,n-1)$ 的系数组成的行列式.

②格拉姆(Gram)行列式

设 $\boldsymbol{\alpha}_i = (a_{i1}, a_{i2}, \cdots, a_{in}) \in \mathbf{R}^n$,又 $a_{ij} = (\boldsymbol{\alpha}_i, \boldsymbol{\alpha}_j)$ 或 $\boldsymbol{\alpha}_i^{\mathrm{T}} \boldsymbol{\alpha}_j$ 是 $\boldsymbol{\alpha}_i, \boldsymbol{\alpha}_j$ 的内积,则

$$\begin{vmatrix} (\boldsymbol{\alpha}_1, \boldsymbol{\alpha}_1) & (\boldsymbol{\alpha}_1, \boldsymbol{\alpha}_2) & \cdots & (\boldsymbol{\alpha}_1, \boldsymbol{\alpha}_n) \\ (\boldsymbol{\alpha}_2, \boldsymbol{\alpha}_1) & (\boldsymbol{\alpha}_2, \boldsymbol{\alpha}_2) & \cdots & (\boldsymbol{\alpha}_2, \boldsymbol{\alpha}_n) \\ \vdots & \vdots & & \vdots \\ (\boldsymbol{\alpha}_n, \boldsymbol{\alpha}_1) & (\boldsymbol{\alpha}_n, \boldsymbol{\alpha}_2) & \cdots & (\boldsymbol{\alpha}_n, \boldsymbol{\alpha}_n) \end{vmatrix} = \begin{vmatrix} a_{11} & a_{12} & \cdots & a_{1n} \\ a_{21} & a_{22} & \cdots & a_{2n} \\ \vdots & \vdots & & \vdots \\ a_{n1} & a_{n2} & \cdots & a_{nn} \end{vmatrix}$$

③循环(矩阵)行列式

$$\begin{vmatrix} x_0 & x_1 & x_2 & \cdots & x_{n-1} \\ x_{n-1} & x_0 & x_1 & \cdots & x_{n-2} \\ \vdots & \vdots & \vdots & & \vdots \\ x_1 & x_2 & x_3 & \cdots & x_0 \end{vmatrix} = \prod_{k=0}^{n-1}(x_0+x_1\zeta^k+x_2\zeta^{2k}+\cdots+x_{n-1}\zeta^{(n-1)k})$$

这里 ζ 是1的 n 次原根 $e^{\frac{2\pi}{n}i}=\cos\frac{2\pi}{n}+i\sin\frac{2\pi}{n}$($e^{\frac{2\pi}{n}i}$ 又可记为 $\exp\left\{\frac{2\pi}{n}i\right\}$).

④交错矩阵行列式

$$\begin{vmatrix} 0 & x_{12} & x_{13} & \cdots & x_{1n} \\ -x_{12} & 0 & x_{23} & \cdots & x_{2n} \\ -x_{13} & -x_{23} & 0 & \cdots & x_{3n} \\ \vdots & \vdots & \vdots & & \vdots \\ -x_{1n} & -x_{2n} & -x_{3n} & \cdots & 0 \end{vmatrix} = \begin{cases} 0, & n\text{是奇数} \\ P_n(\cdots,x_{ij},\cdots)^2, & n\text{是偶数} \end{cases}$$

这里 $P_n(\cdots,x_{ij},\cdots)$ 是变量 x_{ij} 的多项式,称为普法弗(Pfaff)多项式.

经典问题解析

计算行列式的本身,也许只是一种运算或技巧,它通常依据如何巧妙地运用行列式的性质来解决.然而就其问题本身来讲,似乎意义不大,关键还是在于它的应用.关于这一点可见下面的行列式的应用关系:

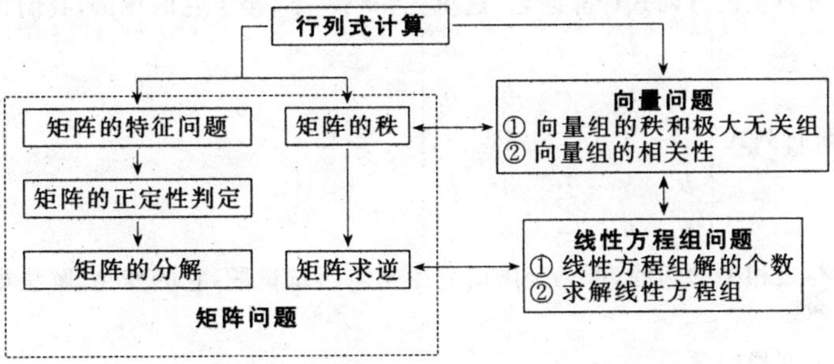

尽管如此,我们还是介绍一些较为经典的行列式计算问题.它的常用计算方法前文已述,下面来看例题.

1. 行列式计算问题

先来看一个稍简单的问题.

例1 若5阶行列式 $\begin{vmatrix} a_{11} & a_{12} & \cdots & a_{15} \\ a_{21} & a_{22} & \cdots & a_{25} \\ \vdots & \vdots & & \vdots \\ a_{51} & a_{52} & \cdots & a_{55} \end{vmatrix}=a$,计算下面的行列式

$$D=\begin{vmatrix} a_{11} & \frac{1}{b}a_{12} & \frac{1}{b^2}a_{13} & \frac{1}{b^3}a_{14} & \frac{1}{b^4}a_{15} \\ ba_{21} & a_{22} & \frac{1}{b}a_{23} & \frac{1}{b^2}a_{24} & \frac{1}{b^3}a_{25} \\ b^2a_{31} & ba_{32} & a_{33} & \frac{1}{b}a_{34} & \frac{1}{b^2}a_{35} \\ b^3a_{41} & b^2a_{42} & ba_{43} & a_{44} & \frac{1}{b}a_{45} \\ b^4a_{51} & b^3a_{52} & b^2a_{53} & ba_{54} & a_{55} \end{vmatrix}$$

这里 $b\neq 0$.

解 将 D 的第 1 行提出 $\frac{1}{b^4}$,第 2 行提出 $\frac{1}{b^3}$,第 3 行提出 $\frac{1}{b^2}$,第 4 行提出 $\frac{1}{b}$,得

$$D=\frac{1}{b^{10}}\begin{vmatrix} b^4a_{11} & b^3a_{12} & b^2a_{13} & ba_{14} & a_{15} \\ b^4a_{21} & b^3a_{22} & b^2a_{23} & ba_{24} & a_{25} \\ b^4a_{31} & b^3a_{32} & b^2a_{33} & ba_{34} & a_{35} \\ b^4a_{41} & b^3a_{42} & b^2a_{43} & ba_{44} & a_{45} \\ b^4a_{51} & b^3a_{52} & b^2a_{53} & ba_{54} & a_{55} \end{vmatrix}$$

从上面行列式的第 1,2,3,4 列分别提出 b^4,b^3,b^2,b,有

$$D=\frac{b^{10}}{b^{10}}\begin{vmatrix} a_{11} & a_{12} & \cdots & a_{15} \\ a_{21} & a_{22} & \cdots & a_{25} \\ \vdots & \vdots & & \vdots \\ a_{51} & a_{52} & \cdots & a_{55} \end{vmatrix}=a$$

下面是一个十分典型的行列式计算问题.这里先介绍一下,至于它的解法,我们将在后文中给出.

例 2 计算 n 阶行列式 $\begin{vmatrix} a & b & \cdots & b & b \\ b & a & \cdots & b & b \\ \vdots & \vdots & & \vdots & \vdots \\ b & b & \cdots & a & b \\ b & b & \cdots & b & a \end{vmatrix}$.

该行列式以及与之相关的问题,可见全国研究生招生考试试题,它的变化、解法很多且很有代表性,详见后文.

下面是它的一个变形问题.

例 3 计算行列式 $D=\begin{vmatrix} x & a_1 & a_2 & \cdots & a_n \\ a_1 & x & a_2 & \cdots & a_n \\ a_1 & a_2 & x & \cdots & a_n \\ \vdots & \vdots & \vdots & & \vdots \\ a_1 & a_2 & a_3 & \cdots & x \end{vmatrix}$.

解 将 D 的第 2 列到第 $n+1$ 列加到第 1 列,且提公因子,有

$$D=\left(x+\sum_{i=1}^{n}a_i\right)\begin{vmatrix} 1 & a_1 & a_2 & \cdots & a_n \\ 1 & x & a_2 & \cdots & a_n \\ 1 & a_2 & x & \cdots & a_n \\ \vdots & \vdots & \vdots & & \vdots \\ 1 & a_2 & a_3 & \cdots & x \end{vmatrix} \quad \text{(行间相减)}$$

$$=\left(x+\sum_{i=1}^{n}a_i\right)\begin{vmatrix}1 & a_1 & a_2 & \cdots & a_n\\ 0 & x-a_1 & 0 & \cdots & 0\\ 0 & a_2-x & x-a_2 & \cdots & 0\\ \vdots & \vdots & \vdots & & \vdots\\ 0 & 0 & 0 & \cdots & x-a_n\end{vmatrix}$$

$$=\left(x+\sum_{i=1}^{n}a_i\right)\prod_{i=1}^{n}(x-a_i)$$

注 该题曾为兰州大学1981年研究生入学考试试题.下面的问题只是例3的变形或推广:

(1)计算行列式 $D=\begin{vmatrix}x & a_2 & a_3 & \cdots & a_n\\ a_1 & x & a_3 & \cdots & a_n\\ a_1 & a_2 & x & \cdots & a_n\\ \vdots & \vdots & \vdots & & \vdots\\ a_1 & a_2 & a_3 & \cdots & x\end{vmatrix}$.

略解:将 D 的第1行乘 -1 加至其后各行,再按第1列展开,得

$$D=\begin{vmatrix}x & a_2 & a_3 & \cdots & a_n\\ a_1-x & x-a_2 & 0 & \cdots & 0\\ a_1-x & 0 & x-a_3 & \cdots & 0\\ \vdots & \vdots & \vdots & & \vdots\\ a_1-x & 0 & 0 & \cdots & x-a_n\end{vmatrix}$$

$$=x\begin{vmatrix}x-a_2 & & & \\ & x-a_3 & & \\ & & \ddots & \\ & & & x-a_n\end{vmatrix}+(a_1-x)\begin{vmatrix}a_2 & a_3 & \cdots & a_n\\ & x-a_3 & \cdots & 0\\ & & \ddots & \vdots\\ & & & x-a_n\end{vmatrix}+\cdots+$$

$$(-1)^{n+1}(a_1-x)\begin{vmatrix}a_2 & a_3 & \cdots & a_{n-1} & a_n\\ x-a_2 & 0 & \cdots & 0 & 0\\ & x-a_3 & \cdots & 0 & 0\\ & & \ddots & \vdots & \vdots\\ & & & x-a_{n-1} & 0\end{vmatrix}$$

$$=x\prod_{k=2}^{n}(x-a_k)+\sum_{i=1}^{n}\left(\prod_{k=1}^{n}\frac{x-x_k}{x-x_i}\right)$$

(2)计算行列式 $D_n=\begin{vmatrix}x_1 & a & a & \cdots & a\\ b & x_2 & a & \cdots & a\\ b & b & x_3 & \cdots & a\\ \vdots & \vdots & \vdots & & \vdots\\ b & b & b & \cdots & x_n\end{vmatrix}$.

略解:注意到 $D_n=\begin{vmatrix} x_1 & a & a & \cdots & a \\ b & x_2 & a & \cdots & a \\ b & b & x_3 & \cdots & a \\ \vdots & \vdots & \vdots & & \vdots \\ b & b & b & \cdots & a \end{vmatrix}+\begin{vmatrix} x_1 & a & a & \cdots & a & 0 \\ b & x_2 & a & \cdots & a & 0 \\ b & b & x_3 & \cdots & a & 0 \\ \vdots & \vdots & \vdots & & \vdots & \vdots \\ b & b & b & \cdots & b & x_n-a \end{vmatrix}$.

再按 $a\neq b$ 和 $a=b$ 两种情形分别计算行列式 D_n,有:

①当 $a\neq b$ 时,$D_n=\dfrac{1}{a-b}\left[a\prod_{i=1}^{n}(x_i-b)-b\prod_{i=1}^{n}(x_i-a)\right]$;

②当 $a=b$ 时,$D_n=x_1\prod_{i=2}^{n}(x_i-a)+a\sum_{j=2}^{n}\left(\prod_{i=1}^{n}\dfrac{x_i-a}{x_j-a}\right)$.

(3)计算 n 阶行列式 $D_n=\begin{vmatrix} 1 & 2 & 3 & \cdots & n-1 & n \\ 2 & 3 & 4 & \cdots & n & 1 \\ 3 & 4 & 5 & \cdots & 1 & 2 \\ \vdots & \vdots & \vdots & & \vdots & \vdots \\ n & 1 & 2 & \cdots & n-2 & n-1 \end{vmatrix}$.

它显然是例的特殊情形,也可由从第 n 行起后一行减去其前一行,然后将第 $2\sim n$ 列统统加到第 1 列,再按第 1 列展开即可.计算详见后文,有

$$D_n=(-1)^{\frac{n(n-1)}{2}}\frac{1}{2}(n+1)n^{n-1}$$

下面的问题可视为前面例的推广或变形.

例 4 设 $a_k\neq 0(k=2,3,\cdots,n)$,计算行列式

$$D_n=\begin{vmatrix} 1+a_1 & 1 & 1 & \cdots & 1 & 1 \\ 2 & 2+a_2 & 2 & \cdots & 2 & 2 \\ 3 & 3 & 3+a_3 & \cdots & 3 & 3 \\ \vdots & \vdots & \vdots & & \vdots & \vdots \\ n-1 & n-1 & n-1 & \cdots & (n-1)+a_{n-1} & n-1 \\ n & n & n & \cdots & n & n+a_n \end{vmatrix}$$

略解 1 将行列式第 1 行遍乘 $-k$ 加到第 k 行($k=2,3,\cdots,n$),再将第 k 行遍乘 $-\dfrac{1}{a_k}(k=2,3,\cdots,n)$ 加到第 1 行,有

$$D_n=\begin{vmatrix} 1+a_1 & 1 & 1 & \cdots & 1 & 1 \\ -2a_1 & a_2 & 0 & \cdots & 0 & 0 \\ -3a_1 & 0 & a_3 & \cdots & 0 & 0 \\ \vdots & \vdots & \vdots & & \vdots & \vdots \\ -(n-1)a_1 & 0 & 0 & \cdots & a_{n-1} & 0 \\ -na_1 & 0 & 0 & \cdots & 0 & a_n \end{vmatrix}=\begin{vmatrix} 1+\left(1+\sum\limits_{k=2}^{n}\dfrac{k}{a_k}\right)a_1 & 0 & 0 & \cdots & 0 & 0 \\ -2a_1 & a_2 & 0 & \cdots & 0 & 0 \\ -3a_1 & 0 & a_3 & \cdots & 0 & 0 \\ \vdots & \vdots & \vdots & & \vdots & \vdots \\ -(n-1)a_1 & 0 & 0 & \cdots & a_{n-1} & 0 \\ -na_1 & 0 & 0 & \cdots & 0 & a_n \end{vmatrix}$$

$$=\left[1+\left(1+\sum_{k=2}^{n}\frac{k}{a_k}\right)a_1\right]a_2a_3\cdot\cdots\cdot a_n$$

略解 2 将 D_n 先按第 1 列拆成两个行列式,且将其第 1 个行列式的首列乘 -1 后遍加到各列,有

$$D_n=\begin{vmatrix}1&1&\cdots&1\\2&2+a_2&\cdots&2\\\vdots&\vdots&&\vdots\\n&n&\cdots&n+a_n\end{vmatrix}+\begin{vmatrix}a_1&1&\cdots&1\\0&2+a_2&\cdots&2\\\vdots&\vdots&&\vdots\\0&n&\cdots&n+a_n\end{vmatrix}$$

$$=\begin{vmatrix}1&0&\cdots&0\\2&a_2&\cdots&0\\\vdots&\vdots&&\vdots\\n&0&\cdots&a_n\end{vmatrix}+a_1D_{n-1}=a_2a_3\cdot\cdots\cdot a_n+a_1D_{n-1}$$

递推地可有 $D_n=\sum_{k=1}^{n}ka_1\cdot\cdots\cdot a_{k-1}a_{k+1}\cdot\cdots\cdot a_n+a_1a_2\cdot\cdots\cdot a_n$.

下面是一个三对角行列式(三对角矩阵行列式),它的解法也较典型,且有许多不同的变形(特例或推广).

例 5　计算行列式 $\begin{vmatrix}\alpha+\beta&\alpha\beta&&&&\\1&\alpha+\beta&\alpha\beta&&&\\&1&\alpha+\beta&\alpha\beta&&\\&&\ddots&\ddots&\ddots&\\&&&1&\alpha+\beta&\alpha\beta\\&&&&1&\alpha+\beta\end{vmatrix}$,这里 α,β 是给定的实数.

解　记所求行列式为 D_n,按其第 1 列展开有 $D_n=(\alpha+\beta)D_{n-1}-\alpha\beta D_{n-2}$,即

$$D_n-\alpha D_{n-1}=\beta(D_{n-1}-\alpha D_{n-2})$$

注意到 $D_1=\alpha+\beta,D_2=(\alpha+\beta)^2-\alpha\beta$,从而

$$\begin{aligned}D_n-\alpha D_{n-1}&=\beta^2(D_{n-2}-\alpha D_{n-3})=\beta^3(D_{n-3}-\alpha D_{n-4})=\cdots\\&=\beta^{n-2}(D_2-\alpha D_1)=\beta^{n-2}[(\alpha+\beta)^2-\alpha\beta-\alpha(\alpha+\beta)]=\beta^n\end{aligned}$$

即

$$D_n-\alpha D_{n-1}=\beta^n$$

同理(或由 α,β 的对称性)有

$$D_n-\beta D_{n-1}=\alpha^n$$

由上两式有

$$D_n=\frac{\alpha^{n+1}-\beta^{n+1}}{\alpha-\beta}=\alpha^n+\alpha^{n-1}\beta+\cdots+\alpha\beta^{n-1}+\beta^n,\quad \alpha\neq\beta$$

其实,当 $\alpha=\beta$ 时直接可有 $D_n=\alpha^n+\alpha^{n-1}\beta+\cdots+\beta^n$.

注 1　若能发现 $D_n=\alpha^n+\alpha^{n-1}\beta+\cdots+\beta^n$,亦可用数学归纳法去证,然而发现此结论并非易事.

注 2　这是一个三对角行列式问题,全国研究生招生统考前,不少院校以它、它的特例或推广作为试题(详见后文).

注 3　下面的问题亦属此类行列式,它即可视为上面的三对角行列式的特例,也可另寻其他解法.

(1)试证 $D_n=\begin{vmatrix}\cos\alpha&1&&&&\\1&2\cos\alpha&1&&&\\&1&2\cos\alpha&1&&\\&&\ddots&\ddots&\ddots&\\&&&1&2\cos\alpha&1\\&&&&1&2\cos\alpha\end{vmatrix}=\cos n\alpha$.

略证:用数学归纳法.

①$n=2$ 时,由 $\begin{vmatrix} \cos\alpha & 1 \\ 1 & 2\cos\alpha \end{vmatrix}=2\cos^2\alpha-1=\cos 2\alpha$,命题为真.

②设小于等于 $n-1$ 时命题为真,今考虑 n 的情形.

将 D_n 按最后一行展开,有

$$D_n=2\cos\alpha D_{n-1}-D_{n-2}$$

由归纳假设及三角函数公式,并注意到 $\cos(n-2)\alpha=\cos[(n-1)-1]\alpha$,则有

$$D_{n-2}=\cos(n-2)\alpha=\cos(n-1)\alpha\cos\alpha-\sin(n-1)\alpha\sin\alpha$$

又由归纳假设 $D_{n-1}=\cos(n-1)\alpha$,故

$$\begin{aligned} D_n &=2\cos\alpha\cos(n-1)\alpha-\cos(n-1)\alpha\cos\alpha+\sin(n-1)\alpha\sin\alpha \\ &=\cos(n-1)\alpha\cos\alpha+\sin(n-1)\alpha\sin\alpha \\ &=\cos n\alpha \end{aligned}$$

从而命题对所有自然数 n 成立.

(2)计算行列式 $D_n=\begin{vmatrix} 0 & 1 & & & & \\ 1 & 0 & 1 & & & \\ & 1 & 0 & 1 & & \\ & & \ddots & \ddots & \ddots & \\ & & & 1 & 0 & 1 \\ & & & & 1 & 0 \end{vmatrix}$.

略解:利用例的结论,注意到这里 $\alpha+\beta=0,\alpha\beta=1$,从而可有

$$D_n=\begin{cases} 0, & n=4k\pm1\text{ 时} \\ 1, & n=4k\text{ 时} \\ -1, & n=4k+2\text{ 时} \end{cases}$$

(3)计算行列式 $D_n=\begin{vmatrix} 2 & -1 & & & & \\ -1 & 2 & -1 & & & \\ & -1 & 2 & -1 & & \\ & & \ddots & \ddots & \ddots & \\ & & & -1 & 2 & -1 \\ & & & & -1 & 2 \end{vmatrix}$.

略解:这里 $\alpha+\beta=-2,\alpha\beta=-1$.从而 $D_n=n+1$.

下面的问题是例的推广情形.

(4)计算 $D_n=\begin{vmatrix} 1+x & y & & & & \\ z & 1+x & y & & & \\ & z & 1+x & y & & \\ & & \ddots & \ddots & \ddots & \\ & & & z & 1+x & y \\ & & & & z & 1+x \end{vmatrix}$,其中 $x=yz$.

略解:由 $D_n=(1+x)D_{n-1}-yzD_{n-2}=(1+x)D_{n-1}-xD_{n-2}$,有

$$D_n-D_{n-1}=x(D_{n-1}-D_{n-2})=\cdots=x^n$$

故

$$D_n=D_{n-1}+x^n=(D_{n-2}+x^{n-1})+x^n=\cdots=1+x+\cdots+x^n$$

注4 下面的行列式

$$F_n=\begin{vmatrix} 1 & 1 & & & & \\ -1 & 1 & 1 & & & \\ & -1 & 1 & 1 & & \\ & & \ddots & \ddots & \ddots & \\ & & & -1 & 1 & 1 \\ & & & & -1 & 1 \end{vmatrix}_{n\times n}$$

当 $n=1,2,3,4,5,\cdots$ 时，可以给出著名的斐波那契(Fibonacci)数列 $1,2,3,5,8,13,\cdots$.

显然，由仿例的解法可得出 $F_{n+1}=F_n+F_{n-1}$(这也是该数列本身的性质).

此外，结论还可由例的结论直接给出.

顺便讲一句，该数列的通项公式还可表示为

$$F_n=\frac{1}{\sqrt{5}}\left[\left(\frac{1+\sqrt{5}}{2}\right)^n-\left(\frac{1-\sqrt{5}}{2}\right)^n\right]$$

其中 $n=1,2,3,\cdots$. 这是用无理数的方幂表示某些整数的典例.

注 5 关于三对角矩阵行列式还可有下面的等式

$$\begin{vmatrix} a_1 & b_1 & & & & \\ c_1 & a_2 & b_2 & & & \\ & c_2 & a_3 & b_3 & & \\ & & \ddots & \ddots & \ddots & \\ & & & c_{n-2} & a_{n-1} & b_{n-1} \\ & & & & c_{n-1} & a_n \end{vmatrix}=\begin{vmatrix} a_1 & b_1c_1 & & & & \\ 1 & a_2 & b_2c_2 & & & \\ & 1 & a_3 & b_3c_3 & & \\ & & \ddots & \ddots & \ddots & \\ & & & 1 & a_{n-1} & b_{n-1}c_{n-1} \\ & & & & 1 & a_n \end{vmatrix}$$

这是三对角矩阵行列式的一个有趣的性质.

注 6 该问题的推广情形如下：

(5)计算行列式 $D_n=\begin{vmatrix} a_0+a_1 & a_1 & & & \\ a_1 & a_1+a_2 & a_2 & & \\ & \ddots & \ddots & \ddots & \\ & & a_{n-2} & a_{n-2}+a_{n-1} & a_{n-1} \\ & & & a_{n-1} & a_{n-1}+a_n \end{vmatrix}$.

略解：它利用递推公式 $D_n=(a_{n-1}+a_n)D_{n-1}-a_{n-1}^2D_{n-2}$，有

$$D_n=\left(\sum_{j=0}^{n}\frac{1}{a_j}\right)\cdot\prod_{i=0}^{n}a_i$$

(6)计算行列式 $D_n=\begin{vmatrix} a & b & & & & \\ c & a & b & & & \\ & c & a & b & & \\ & & \ddots & \ddots & \ddots & \\ & & & c & a & b \\ & & & & c & a \end{vmatrix}$.

略解：当 $c=0$ 时，$D_n=a^n$. 当 $c\neq 0$ 时，行列式每行提出因子 c，则它可化为例的情形.

令 $\alpha+\beta=\dfrac{a}{c}$，$\alpha\beta=\dfrac{b}{c}$，有 $\alpha=\dfrac{a+\sqrt{a^2-4bc}}{2c}$，$\beta=\dfrac{a-\sqrt{a^2-4bc}}{2c}$.

当 $\alpha\neq\beta$ 时，$D_n=\dfrac{(a+\sqrt{a^2-4bc})^{n+1}-(a-\sqrt{a^2-4bc})^{n+1}}{2^{n+1}\sqrt{a^2-4bc}}$；

当 $\alpha=\beta$ 时，$D_n=c^n(n+1)\alpha^n=(n+1)\left(\frac{a}{2}\right)^n$.

例 6 计算行列式 $D_{2n}=\begin{vmatrix} a & & & & & b \\ & \ddots & & & \therefore & \\ & & a & b & & \\ & & b & a & & \\ & \therefore & & & \ddots & \\ b & & & & & a \end{vmatrix}_{2n\times 2n}$.

解 按 D_{2n} 的第 1 行展开后，再各自按最后一行展开，有

$$D_{2n}=a\begin{vmatrix} a & 0 & \cdots & 0 & b & 0 \\ 0 & a & \cdots & b & 0 & 0 \\ \vdots & \vdots & & \vdots & \vdots & \vdots \\ 0 & b & \cdots & a & 0 & 0 \\ b & 0 & \cdots & 0 & a & 0 \\ 0 & 0 & \cdots & 0 & 0 & a \end{vmatrix}+(-1)^{2n+1}b\begin{vmatrix} 0 & a & 0 & \cdots & 0 & b \\ 0 & 0 & a & \cdots & b & 0 \\ \vdots & \vdots & \vdots & & \vdots & \vdots \\ 0 & 0 & b & \cdots & a & 0 \\ 0 & b & 0 & \cdots & 0 & a \\ b & 0 & 0 & \cdots & 0 & 0 \end{vmatrix}$$

$$=(a^2-b^2)D_{2(n-1)}$$

从而 $D_{2n}=(a^2-b^2)D_{2(n-1)}$，递推地可有

$$D_{2n}=(a^2-b^2)D_{2(n-1)}=(a^2-b^2)^2D_{2(n-2)}=\cdots=(a^2-b^2)^{n-1}\begin{vmatrix} a & b \\ b & a \end{vmatrix}=(a^2-b^2)^n$$

注 它的推广情形即两对角线上元素分别换为 $a_1,a_2,\cdots,a_{2n}$ 和 $b_1,b_2,\cdots,b_{2n}$，此时行列式的值为

$$D_{2n}=\prod_{k=1}^{n}(a_ka_{2n+1-k}-b_kb_{2n+1-k})$$

下面的例子是与所谓“杨辉三角形”有关的行列式问题.

例 7 计算行列式

$$D_n=\begin{vmatrix} 1 & 1 & 1 & \cdots & 1 \\ 1 & 2 & 3 & \cdots & n \\ 1 & 3 & 6 & \cdots & \frac{n(n+1)}{2} \\ \vdots & \vdots & \vdots & & \vdots \\ 1 & n & \frac{n(n+1)}{2} & \cdots & \frac{(2n-2)!}{(n-1)!\,(n-1)!} \end{vmatrix}=\begin{vmatrix} 1 & 1 & 1 & 1 & 1 & \cdots \\ 1 & 2 & 3 & 4 & \cdots & \\ 1 & 3 & 6 & \cdots & & \\ 1 & 4 & \vdots & & & \\ 1 & \vdots & & & & \\ \vdots & & & & & \end{vmatrix}$$

它由

$$\begin{array}{ccccccccc} & & & & 1 & & & & \\ & & & 1 & & 1 & & & \\ & & 1 & & 2 & & 1 & & \\ & 1 & & 3 & & 3 & & 1 & \\ 1 & & 4 & & 6 & & 4 & & 1 \\ & & & & \vdots & & & & \end{array}$$

即所谓“杨辉三角形”生成.

解 由二项式定理和组合等式 $C_n^k=C_{n-1}^k+C_{n-1}^{k-1}$，有

$$D_n=\begin{vmatrix}1 & 1 & 1 & \cdots & 1\\ 1 & C_2^1 & C_3^1 & \cdots & C_n^1\\ 1 & C_3^2 & C_4^2 & \cdots & C_{n+1}^2\\ \vdots & \vdots & \vdots & & \vdots\\ 1 & C_n^{n-1} & C_{n+1}^{n-1} & \cdots & C_{2n-2}^{n-1}\end{vmatrix}$$

从最后一行起每行减去其前一行，再考虑组合公式有

$$D_n=\begin{vmatrix}1 & 1 & 1 & \cdots & 1 & 1\\ 0 & 1 & 2 & \cdots & n-2 & n-1\\ 0 & C_2^2 & C_3^2 & \cdots & C_{n-1}^2 & C_n^2\\ \vdots & \vdots & \vdots & & \vdots & \vdots\\ 0 & C_{n-2}^{n-2} & C_{n-1}^{n-2} & \cdots & C_{2n-5}^{n-2} & C_{2n-4}^{n-2}\\ 0 & C_{n-1}^{n-1} & C_n^{n-1} & \cdots & C_{2n-4}^{n-1} & C_{2n-3}^{n-1}\end{vmatrix}$$

从最后一列起每列减去其前一列，同样考虑组合公式有

$$D_n=\begin{vmatrix}1 & 0 & 0 & \cdots & 0 & 0\\ 0 & 1 & 1 & \cdots & 1 & 1\\ 0 & 1 & C_2^1 & \cdots & C_{n-2}^1 & C_{n-1}^1\\ \vdots & \vdots & \vdots & & \vdots & \vdots\\ 0 & 1 & C_{n-2}^{n-3} & \cdots & C_{2n-6}^{n-3} & C_{2n-5}^{n-3}\\ 0 & 1 & C_{n-1}^{n-2} & \cdots & C_{2n-5}^{n-2} & C_{2n-4}^{n-2}\end{vmatrix}=D_{n-1}$$

递推地有

$$D_n=D_{n-1}=\cdots=D_2=\begin{vmatrix}1 & 1\\ 1 & C_2^1\end{vmatrix}=1$$

下面的例子与前例一样，涉及二项式展开系数.

例 8 若

$$f(x)=\begin{vmatrix}C_1^0 & 0 & 0 & 0 & \cdots & 0 & x\\ C_2^0 & C_2^1 & 0 & 0 & \cdots & 0 & x^2\\ C_3^0 & C_3^1 & C_3^2 & 0 & \cdots & 0 & x^3\\ \vdots & \vdots & \vdots & \vdots & & \vdots & \vdots\\ C_n^0 & C_n^1 & C_n^2 & C_n^3 & \cdots & C_n^{n-1} & x^n\\ C_{n+1}^0 & C_{n+1}^1 & C_{n+1}^2 & C_{n+1}^3 & \cdots & C_{n+1}^{n-1} & x^{n+1}\end{vmatrix}$$

试证 $f(x+1)-f(x)=(n+1)!\ x^n$.

证 第 j 列乘 x^{j-1} 加到最后一列($j=1,2,\cdots,n$)，且令 $g_k(x)=x^k+C_k^1x^{k-1}+C_k^2x^{k-2}+\cdots+C_k^k$，则

$$f(x)=\begin{vmatrix}C_1^0 & 0 & 0 & 0 & \cdots & 0 & g_1(x)\\ C_2^0 & C_2^1 & 0 & 0 & \cdots & 0 & g_2(x)\\ C_3^0 & C_3^1 & C_3^2 & 0 & \cdots & 0 & g_3(x)\\ \vdots & \vdots & \vdots & \vdots & & \vdots & \vdots\\ C_n^0 & C_n^1 & C_n^2 & C_n^3 & \cdots & C_n^{n-1} & g_n(x)\\ C_{n+1}^0 & C_{n+1}^1 & C_{n+1}^2 & C_{n+1}^3 & \cdots & C_{n+1}^{n-1} & g_{n+1}(x)\end{vmatrix}$$

从而(注意第 k 列乘 $-x^{k-1}$ 加到最后一列，$k=1,2,\cdots,n$)

$$f(x+1)-f(x)=\begin{vmatrix} C_1^0 & 0 & 0 & 0 & \cdots & 0 & 1 \\ C_2^0 & C_2^1 & 0 & 0 & \cdots & 0 & 2x+1 \\ C_3^0 & C_3^1 & C_3^2 & 0 & \cdots & 0 & 3x^2+3x+1 \\ \vdots & \vdots & \vdots & \vdots & & \vdots & \vdots \\ C_n^0 & C_n^1 & C_n^2 & C_n^3 & \cdots & C_n^{n-1} & nx^{n-1}+C_n^2x^{n-2}+\cdots+1 \\ C_{n+1}^0 & C_{n+1}^1 & C_{n+1}^2 & C_{n+1}^3 & \cdots & C_{n+1}^{n-1} & (n+1)x^n+C_{n+1}^2x^{n-1}+\cdots+1 \end{vmatrix}$$

$$=\begin{vmatrix} C_1^0 & 0 & 0 & 0 & \cdots & 0 & 0 \\ C_2^0 & C_2^1 & 0 & 0 & \cdots & 0 & 0 \\ C_3^0 & C_3^1 & C_3^2 & 0 & \cdots & 0 & 0 \\ \vdots & \vdots & \vdots & \vdots & & \vdots & \vdots \\ C_n^0 & C_n^1 & C_n^2 & C_n^3 & \cdots & C_n^{n-1} & 0 \\ C_{n+1}^0 & C_{n+1}^1 & C_{n+1}^2 & C_{n+1}^3 & \cdots & C_{n+1}^{n-1} & (n+1)x^n \end{vmatrix}=(n+1)!\ x^n$$

再来看一个利用矩阵分块处理行列式问题的例子.

例 9 求证行列式 $\begin{vmatrix} 1 & 0 & \cdots & 0 & b_1 \\ 0 & 1 & \cdots & 0 & b_2 \\ \vdots & \vdots & & \vdots & \vdots \\ 0 & 0 & \cdots & 1 & b_n \\ a_1 & a_2 & \cdots & a_n & 0 \end{vmatrix}=-\sum_{k=1}^{n}a_kb_k$.

证 1 将第 k 列乘 $-b_k(k=1,2,\cdots,n)$ 加到最后一列,则

$$\begin{vmatrix} 1 & 0 & \cdots & 0 & 0 \\ 0 & 1 & \cdots & 0 & 0 \\ \vdots & \vdots & & \vdots & \vdots \\ 0 & 0 & \cdots & 1 & 0 \\ a_1 & a_2 & \cdots & a_n & -\sum_{k=1}^{n}a_kb_k \end{vmatrix}=-\sum_{k=1}^{n}a_kb_k$$

证 2 令 $\boldsymbol{x}=(a_1,a_2,\cdots,a_n)^{\mathrm{T}},\boldsymbol{y}=(b_1,b_2,\cdots,b_n)^{\mathrm{T}}$,考虑下面分块矩阵运算

$$\begin{pmatrix} \boldsymbol{I} & \boldsymbol{0} \\ -\boldsymbol{x}^{\mathrm{T}} & 1 \end{pmatrix}\begin{pmatrix} \boldsymbol{I} & \boldsymbol{y} \\ \boldsymbol{x}^{\mathrm{T}} & 0 \end{pmatrix}=\begin{pmatrix} \boldsymbol{I} & \boldsymbol{y} \\ \boldsymbol{0} & -\boldsymbol{x}^{\mathrm{T}}\boldsymbol{y} \end{pmatrix}$$

两边取行列式,有

$$\begin{vmatrix} \boldsymbol{I} & \boldsymbol{y} \\ \boldsymbol{x}^{\mathrm{T}} & 0 \end{vmatrix}=-\boldsymbol{x}^{\mathrm{T}}\boldsymbol{y}=-\sum_{k=1}^{n}a_kb_k$$

注 1 本例亦可用数学归纳法去证明.

注 2 用证 2 的向量矩阵记法,例的问题可写为:证明 $\begin{vmatrix} \boldsymbol{I} & \boldsymbol{y} \\ \boldsymbol{x}^{\mathrm{T}} & 0 \end{vmatrix}=-\boldsymbol{x}^{\mathrm{T}}\boldsymbol{y}$.

注 3 仿例的证明,我们不难证得

$$\begin{vmatrix} a_0 & 1 & 1 & \cdots & 1 \\ 1 & a_1 & 0 & \cdots & 0 \\ 1 & 0 & a_2 & \cdots & 0 \\ \vdots & \vdots & \vdots & & \vdots \\ 1 & 0 & 0 & \cdots & a_n \end{vmatrix}=\left(a_0-\sum_{k=1}^{n}\frac{1}{a_k}\right)\prod_{k=1}^{n}a_k$$

显然分别将第 k 行乘 $-\dfrac{1}{a_{k-1}}$ $(k=2,3,\cdots,n+1)$ 加到第 1 行,然后再按第 1 行展开,则有

$$\begin{vmatrix} a_0-\sum_{k=1}^{n}\frac{1}{a_k} & 0 & 0 & \cdots & 0 \\ 1 & a_1 & 0 & \cdots & 0 \\ 1 & 0 & a_2 & \cdots & 0 \\ \vdots & \vdots & \vdots & & \vdots \\ 1 & 0 & 0 & \cdots & a_n \end{vmatrix} = \left(a_0-\sum_{k=1}^{n}\frac{1}{a_k}\right)\prod_{k=1}^{n}a_k$$

这是一个利用行列式性质的证明问题,关键是对行列式的性质了解清楚.

例10 若$a_i\in\mathbf{R}$,$i=1,2,\cdots,n$.又$f_i(x)(i=1,2,\cdots,n)$为n个次数不大于$n-2$的实系数多项式.求证

$$\begin{vmatrix} f_1(a_1) & f_1(a_2) & \cdots & f_1(a_n) \\ f_2(a_1) & f_2(a_2) & \cdots & f_2(a_n) \\ \vdots & \vdots & & \vdots \\ f_n(a_1) & f_n(a_2) & \cdots & f_n(a_n) \end{vmatrix}=0$$

证 若$a_i=a_j(i,j=1,2,\cdots,n)$,命题显然为真.今设$a_i\neq a_j$,且令

$$F(x)=\begin{vmatrix} f_1(x) & f_1(a_2) & \cdots & f_1(a_n) \\ f_2(x) & f_2(a_2) & \cdots & f_2(a_n) \\ \vdots & \vdots & & \vdots \\ f_n(x) & f_n(a_2) & \cdots & f_n(a_n) \end{vmatrix}$$

由题设知$f_i(x)$的次数不大于$n-2$,进而知$F(x)$的次数不大于$n-2$.

注意到,当$x=a_2,a_3,\cdots,a_n$时,行列式有两列元素对应相等,从而$F(x)=0$,由此可知$F(x)$有$n-1$个相异根,从而$F(x)\equiv 0$.

特别地,$F(a_1)=0$,即题目中要证的等式成立.

注 此外利用行列式展开还可进行某些数学命题的推演,如:

对$n+1$阶行列式

$$D_{n+1}=\begin{vmatrix} a_{i1} & a_{i2} & \cdots & a_{in} & b_i \\ a_{11} & a_{12} & \cdots & a_{1n} & b_1 \\ a_{21} & a_{22} & \cdots & a_{2n} & b_2 \\ \vdots & \vdots & & \vdots & \vdots \\ a_{n1} & a_{n2} & \cdots & a_{nn} & b_n \end{vmatrix}$$

按其第1行展开,可以证明:$\left(\frac{D_1}{D},\frac{D_2}{D},\cdots,\frac{D_n}{D}\right)$是线性方程组.

$\boldsymbol{Ax}=\boldsymbol{b}$,其中$\boldsymbol{A}=(a_{ij})_{n\times n}$,$\boldsymbol{x}=(x_1,x_2,\cdots,x_n)^{\mathrm{T}}$,$\boldsymbol{b}=(b_1,b_2,\cdots,b_n)^{\mathrm{T}}$,这里$D=|\boldsymbol{A}|\neq 0$,且$D_i$是用$\boldsymbol{b}$替换$D$的第$i$列所得的行列式.

证:由设D_{n+1}的第1行$(a_{i1},a_{i2},\cdots,a_{in},b_i)$,当$i=1,2,\cdots,n$时与下面诸行相同,故$D_{n+1}=0$.将其按第1行展开有

$$(-1)^{n+1}a_{i1}D_1+(-1)^{n+1}a_{i2}D_2+\cdots+(-1)^{n+1}a_{in}D_n+(-1)^{n+2}b_iD=0$$

即
$$a_{i1}D_1+a_{i2}D_2+\cdots+a_{in}D_n=b_nD,\quad i=1,2,\cdots,n$$

故
$$a_{i1}\frac{D_1}{D}+a_{i2}\frac{D_2}{D}+\cdots+a_{in}\frac{D_n}{D}=b_n,\quad i=1,2,\cdots,n$$

显然$x_i=\frac{D_i}{D}(i=1,2,\cdots,n)$是$\boldsymbol{Ax}=\boldsymbol{b}$的解.

又如:设$a_i,b_i\in\mathbf{R}^n(i=1,2,\cdots,n+1)$,且$a_i$互异.又多项式$f(x)=c_0+c_1x+c_2x^2+\cdots+c_{n-1}x^{n-1}+$

c_nx^n 满足 $f(a_i)=b_i(1\leqslant i\leqslant n+1)$.

用上述结论可导出满足上面诸关系的拉格朗日(Lagrange)插值公式.

2. 与矩阵有关的行列式问题

矩阵是数表,行列式是数,但行列式与矩阵概念(包括特征问题等)关系密切,这一点我们在后文"矩阵"一章还将述及.先来看几个稍简单的这类问题.

例 1 若 n 阶方阵 $\boldsymbol{A}$ 与 $\boldsymbol{B}$ 仅有第 j 列不同,则 $|\boldsymbol{A}|+|\boldsymbol{B}|=2^{1-n}|\boldsymbol{A}+\boldsymbol{B}|$.

证 设矩阵 $\boldsymbol{A}=\begin{pmatrix}\cdots & a_1 & \cdots\\ & \vdots & \\ \cdots & a_n & \cdots\end{pmatrix}$(第 j 列),矩阵 $\boldsymbol{B}=\begin{pmatrix}\cdots & b_1 & \cdots\\ & \vdots & \\ \cdots & b_n & \cdots\end{pmatrix}$(第 j 列).

将 $|\boldsymbol{A}+\boldsymbol{B}|$ 按第 j 列展开,有 $|\boldsymbol{A}+\boldsymbol{B}|=\sum\limits_{i=1}^{n}(a_i+b_i)2^{n-1}A_{ij}$,其中 A_{ij} 为 $\boldsymbol{A}$ 的关于 a_i(或 b_i)的代数余子式.

又 $|\boldsymbol{A}|+|\boldsymbol{B}|=\sum\limits_{i=1}^{n}a_iA_{ij}+\sum\limits_{i=1}^{n}b_iA_{ij}=\sum\limits_{i=1}^{n}(a_i+b_i)A_{ij}$,故

$$2^{1-n}|\boldsymbol{A}+\boldsymbol{B}|=|\boldsymbol{A}|+|\boldsymbol{B}|$$

例 2 已知行列式 $D=\begin{vmatrix}a_{11} & a_{12} & \cdots & a_{1n}\\ a_{21} & a_{22} & \cdots & a_{2n}\\ \vdots & \vdots & & \vdots\\ 1 & -1 & \cdots & (-1)^{n+1}\\ a_{k+1,1} & a_{k+1,2} & \cdots & a_{k+1,n}\\ \vdots & \vdots & & \vdots\\ a_{n1} & a_{n2} & \cdots & a_{nn}\end{vmatrix}$,试计算 $A_{n1}+A_{n2}+\cdots+A_{nn}$,这里 A_{ij} 为 a_{ij} 的代数余子式.

解 考虑行列式 $\widetilde{D}=\begin{vmatrix}a_{11} & a_{12} & \cdots & a_{1n}\\ \vdots & \vdots & & \vdots\\ 1 & -1 & \cdots & (-1)^{n+1}\\ \vdots & \vdots & & \vdots\\ -1 & 1 & \cdots & (-1)^{n}\end{vmatrix}$,因其有两行对应成比例,故 $\widetilde{D}=0$.

其按第 n 行展开,即为 $A_{n1}+A_{n2}+\cdots+A_{nn}$,故该和为 0.

下面的行列式问题与分块矩阵有关.

例 3 若 $\boldsymbol{A},\boldsymbol{B}\in\mathbf{R}^{n\times n}$,则 $|\boldsymbol{AB}|=|\boldsymbol{A}||\boldsymbol{B}|$.

证 考虑下面矩阵等式

$$\begin{pmatrix}\boldsymbol{A} & \boldsymbol{O}\\ -\boldsymbol{I} & \boldsymbol{B}\end{pmatrix}\begin{pmatrix}\boldsymbol{I} & \boldsymbol{B}\\ \boldsymbol{O} & \boldsymbol{I}\end{pmatrix}=\begin{pmatrix}\boldsymbol{A} & \boldsymbol{AB}\\ -\boldsymbol{I} & \boldsymbol{O}\end{pmatrix}$$

两边取行列式有 $|\boldsymbol{A}||\boldsymbol{B}|=|\boldsymbol{AB}|$.

注 关于此结论的应用,可以拟造一批问题.比如将矩阵 $\boldsymbol{A}$(或 $\boldsymbol{B}$)改写为列向量形式

$$\boldsymbol{A}=(\boldsymbol{\alpha}_1,\boldsymbol{\alpha}_2,\cdots,\boldsymbol{\alpha}_n),\ \boldsymbol{\alpha}_i\in\mathbf{R}^n(i=1,2,\cdots,n)$$

而 $\boldsymbol{B}$ 为某些特殊行列式相应的矩阵,如

$$\boldsymbol{B}=\begin{pmatrix}a & b & \cdots & b & b\\ b & a & \cdots & b & b\\ \vdots & \vdots & & \vdots & \vdots\\ b & b & \cdots & a & b\\ b & b & \cdots & b & a\end{pmatrix}$$

或
$$B_1=\begin{pmatrix}1&2&3&\cdots&n-1&n\\2&3&4&\cdots&n&1\\3&4&5&\cdots&1&2\\\vdots&\vdots&\vdots&&\vdots&\vdots\\n&1&2&\cdots&n-2&n-1\end{pmatrix}$$

等，这样可拟造以下问题.

问题 1：若 n 阶方阵 $\boldsymbol{A}=(\boldsymbol{\alpha}_1,\boldsymbol{\alpha}_2,\cdots,\boldsymbol{\alpha}_n)$，其中 $\boldsymbol{\alpha}_i(i=1,2,\cdots,n)$ 为 n 维列向量，且 $|\boldsymbol{A}|=\varepsilon$，又矩阵

$$\boldsymbol{C}=\left(a\boldsymbol{\alpha}_1+b\sum_{k=2}^{n}\boldsymbol{\alpha}_k,a\boldsymbol{\alpha}_2+b\sum_{\substack{k=1\\k\neq2}}^{n}\boldsymbol{\alpha}_k,a\boldsymbol{\alpha}_3+b\sum_{\substack{k=1\\k\neq3}}^{n}\boldsymbol{\alpha}_k,\cdots,a\boldsymbol{\alpha}_n+b\sum_{k=1}^{n-1}\boldsymbol{\alpha}_k\right)$$

求 $|\boldsymbol{C}|$.

注意到 $\boldsymbol{C}=\boldsymbol{AB}$（这是问题的关键），则由 $|\boldsymbol{C}|=|\boldsymbol{AB}|=|\boldsymbol{A}||\boldsymbol{B}|=\varepsilon|\boldsymbol{B}|$，将问题化为计算行列式 $|\boldsymbol{B}|$ 的问题.

同样，若 $\boldsymbol{C}=\left(\sum_{k=1}^{n}k\boldsymbol{\alpha}_k,\sum_{k=1}^{n-1}(k+1)\boldsymbol{\alpha}_k+\boldsymbol{\alpha}_n,\sum_{k=1}^{n-2}(k+2)\boldsymbol{\alpha}_k+\boldsymbol{\alpha}_{n-1}+2\boldsymbol{\alpha}_n,\cdots,n\boldsymbol{\alpha}_1+\sum_{k=2}^{n}(k-1)\boldsymbol{\alpha}_k\right)$，则有 $\boldsymbol{C}=\boldsymbol{AB}_1$.

这样可有 $|\boldsymbol{C}|=|\boldsymbol{AB}_1|=|\boldsymbol{A}||\boldsymbol{B}_1|=\varepsilon|\boldsymbol{B}_1|$，从而问题化为计算行列式 $|\boldsymbol{B}_1|$.

类似地，还可拟造其他类似的问题，这显然仍是行列式计算问题，具体的计算可见前文的例. 我们来看一个例子.

问题 2：若 $\boldsymbol{A}\in\mathbf{R}^{3\times3}$，又 $\boldsymbol{A}=(\boldsymbol{a}_1,\boldsymbol{a}_2,\boldsymbol{a}_3)$，且 $|\boldsymbol{A}|=5$. 再设 $\boldsymbol{B}=(\boldsymbol{a}_1+2\boldsymbol{a}_2,3\boldsymbol{a}_1+4\boldsymbol{a}_3,5\boldsymbol{a}_2)$，求 $|\boldsymbol{B}|$.

解 1：考虑行列式性质，则有

$$\begin{aligned}|\boldsymbol{B}|&=|(\boldsymbol{a}_1,3\boldsymbol{a}_1+4\boldsymbol{a}_3,5\boldsymbol{a}_2)|+|(2\boldsymbol{a}_2,3\boldsymbol{a}_1+4\boldsymbol{a}_3,5\boldsymbol{a}_2)|=|(\boldsymbol{a}_1,3\boldsymbol{a}_1,5\boldsymbol{a}_2)|+|(\boldsymbol{a}_1,4\boldsymbol{a}_3,5\boldsymbol{a}_2)|+0\\&=0+20|(\boldsymbol{a}_1,\boldsymbol{a}_3,\boldsymbol{a}_2)|+0=-20|\boldsymbol{A}|=-100\end{aligned}$$

解 2：考虑矩阵或行列式实施列或行初等变换

$$\begin{aligned}|\boldsymbol{B}|&=5|(\boldsymbol{a}_1+2\boldsymbol{a}_2,3\boldsymbol{a}_1+4\boldsymbol{a}_3,\boldsymbol{a}_2)|=5|(\boldsymbol{a}_1,3\boldsymbol{a}_1+4\boldsymbol{a}_3,\boldsymbol{a}_2)|\\&=5|(\boldsymbol{a}_1,4\boldsymbol{a}_3,\boldsymbol{a}_2)|=20|(\boldsymbol{a}_1,\boldsymbol{a}_3,\boldsymbol{a}_2)|=-20|\boldsymbol{A}|=-100\end{aligned}$$

解 3：考虑矩阵运算，则由题设 $\boldsymbol{B}=(\boldsymbol{a}_1,\boldsymbol{a}_2,\boldsymbol{a}_3)\begin{pmatrix}1&3&0\\2&0&5\\0&4&0\end{pmatrix}=\boldsymbol{AC}$，又由

$$\det\boldsymbol{C}=\begin{vmatrix}1&3&0\\2&0&5\\0&4&0\end{vmatrix}=-20$$

故
$$|\boldsymbol{B}|=|\boldsymbol{AC}|=|\boldsymbol{A}||\boldsymbol{C}|=-100$$

以上 3 种解法（用行列式性质、列或行初等变换和矩阵乘法）比较而言，显然第 3 种解法直观、简洁. 这里面灵活运用了公式

$$|\boldsymbol{AC}|=|\boldsymbol{A}||\boldsymbol{C}|$$

而其中的关键是计算行列式 $|\boldsymbol{C}|$. 显然由此可拟造一大批问题，它们可将单纯的计算行列式 $|\boldsymbol{C}|$ 的问题，化为矩阵计算，再化为行列式计算.

用分块矩阵性质去计算行列式的值，我们前文已给出一个例子，关于分块矩阵行列式求法详见后文，这里再给出一个例子.

例 4 若 $\boldsymbol{A},\boldsymbol{B}\in\mathbf{R}^{n\times n}$，则 $\begin{vmatrix}\boldsymbol{A}&\boldsymbol{B}\\\boldsymbol{B}&\boldsymbol{A}\end{vmatrix}=|\boldsymbol{A}+\boldsymbol{B}||\boldsymbol{A}-\boldsymbol{B}|$.

证 注意到下面的矩阵等式

$$\begin{pmatrix} \boldsymbol{I} & \boldsymbol{I} \\ \boldsymbol{O} & \boldsymbol{I} \end{pmatrix}\begin{pmatrix} \boldsymbol{A} & \boldsymbol{B} \\ \boldsymbol{B} & \boldsymbol{A} \end{pmatrix}\begin{pmatrix} \boldsymbol{I} & -\boldsymbol{I} \\ \boldsymbol{O} & \boldsymbol{I} \end{pmatrix}=\begin{pmatrix} \boldsymbol{A}+\boldsymbol{B} & \boldsymbol{O} \\ \boldsymbol{B} & \boldsymbol{A}-\boldsymbol{B} \end{pmatrix}$$

两边取行列式有

$$\det\begin{pmatrix} \boldsymbol{A} & \boldsymbol{B} \\ \boldsymbol{B} & \boldsymbol{A} \end{pmatrix}=\det(\boldsymbol{A}+\boldsymbol{B})\cdot\det(\boldsymbol{A}-\boldsymbol{B})$$

注 它还可通过矩阵行初等变换去解(见后文). 类似的分块矩阵的行列式问题还有很多,可见后面的例(它也是后面某些例的特殊情形).

矩阵除了分块还有所谓的加边问题(其实我们前文也曾有过介绍),比如

$$\boldsymbol{A}=\begin{pmatrix} 1+a_1 & 1 & 1 & \cdots & 1 \\ 1 & 1+a_2 & 1 & \cdots & 1 \\ 1 & 1 & 1+a_3 & \cdots & 1 \\ \vdots & \vdots & \vdots & & \vdots \\ 1 & 1 & 1 & \cdots & 1+a_n \end{pmatrix},\quad \bar{\boldsymbol{A}}=\begin{pmatrix} -1 & -1 & -1 & \cdots & -1 \\ 0 & & & & \\ 0 & & \boldsymbol{A} & & \\ \vdots & & & & \\ 0 & & & & \end{pmatrix}$$

可视为 $\boldsymbol{A}$ 的加边. 而 $|\bar{\boldsymbol{A}}|$ 行列式的计算有时反而相对容易.

将 $|\bar{\boldsymbol{A}}|$ 的第 1 行加到第 i 行($i=2,3,\cdots,n+1$),将第 1 列化 0 后再按第 1 列展开便有

$$|\bar{\boldsymbol{A}}|=\begin{vmatrix} -1 & -1 & -1 & \cdots & -1 \\ -1 & a_1 & 0 & \cdots & 0 \\ -1 & 0 & a_2 & \cdots & 0 \\ \vdots & \vdots & \vdots & & \vdots \\ -1 & 0 & 0 & \cdots & a_n \end{vmatrix}=\cdots=\left(1+\sum_{i=1}^{n}\frac{1}{a_i}\right)\prod_{i=1}^{n}a_i$$

例 5 若 $\boldsymbol{A}\in\mathbf{R}^{n\times n}$ 且满秩,$\boldsymbol{x},\boldsymbol{y}\in\mathbf{R}^n$. 试证:

(1) $\begin{vmatrix} \boldsymbol{A} & \boldsymbol{y} \\ \boldsymbol{x}^{\mathrm{T}} & 0 \end{vmatrix}=-\boldsymbol{x}^{\mathrm{T}}\boldsymbol{A}^*\boldsymbol{y}$;

(2) $\begin{vmatrix} \boldsymbol{A} & \boldsymbol{y} \\ \boldsymbol{x}^{\mathrm{T}} & a \end{vmatrix}=a|\boldsymbol{A}|-\boldsymbol{x}^{\mathrm{T}}\boldsymbol{A}^*\boldsymbol{y}=(a-\boldsymbol{x}^{\mathrm{T}}\boldsymbol{A}^{-1}\boldsymbol{y})|\boldsymbol{A}|$.

证 (1)考虑下面的分块矩阵运算

$$\begin{pmatrix} \boldsymbol{I} & \boldsymbol{0} \\ -\boldsymbol{x}^{\mathrm{T}}\boldsymbol{A}^{-1} & 1 \end{pmatrix}\begin{pmatrix} \boldsymbol{A} & \boldsymbol{y} \\ \boldsymbol{x}^{\mathrm{T}} & 0 \end{pmatrix}=\begin{pmatrix} \boldsymbol{A} & \boldsymbol{y} \\ 0 & -\boldsymbol{x}^{\mathrm{T}}\boldsymbol{A}^{-1}\boldsymbol{y} \end{pmatrix}$$

两边取行列式,且注意到 $\boldsymbol{A}^*=|\boldsymbol{A}|\boldsymbol{A}^{-1}$,可有

$$\begin{vmatrix} \boldsymbol{A} & \boldsymbol{y} \\ \boldsymbol{x}^{\mathrm{T}} & 0 \end{vmatrix}=(-\boldsymbol{x}^{\mathrm{T}}\boldsymbol{A}^{-1}\boldsymbol{y})|\boldsymbol{A}|=-\boldsymbol{x}^{\mathrm{T}}\boldsymbol{A}^*\boldsymbol{y}$$

(2)注意到行列式性质

$$\begin{vmatrix} \boldsymbol{A} & \boldsymbol{y} \\ \boldsymbol{x}^{\mathrm{T}} & a \end{vmatrix}=\begin{vmatrix} \boldsymbol{A} & \boldsymbol{0} \\ \boldsymbol{x}^{\mathrm{T}} & a \end{vmatrix}+\begin{vmatrix} \boldsymbol{A} & \boldsymbol{y} \\ \boldsymbol{x}^{\mathrm{T}} & 0 \end{vmatrix}=a|\boldsymbol{A}|-\boldsymbol{x}^{\mathrm{T}}\boldsymbol{A}^*\boldsymbol{y}=(a-\boldsymbol{x}^{\mathrm{T}}\boldsymbol{A}^{-1}\boldsymbol{y})|\boldsymbol{A}|$$

注 对于(1)还可表示为下面的形式:

若 $\boldsymbol{A}=(a_{ij})_{n\times n}$,$\boldsymbol{x}=(x_1,x_2,\cdots,x_n)^{\mathrm{T}}$,$\boldsymbol{y}=(y_1,y_2,\cdots,y_n)^{\mathrm{T}}$,则

$$\begin{vmatrix} \boldsymbol{A} & \boldsymbol{y} \\ \boldsymbol{x}^{\mathrm{T}} & 0 \end{vmatrix}=\sum_{i=1}^{n}\sum_{j=1}^{n}A_{ij}x_iy_i$$

其中 A_{ij} 是 a_{ij} 在 $|\boldsymbol{A}|$ 中的代数余子式.

显然前面提到的问题只是它的特例情形.

此外利用矩阵加边还可计算一些特殊行列式问题(特别是关于两矩阵和的行列式问题),如下面的例子.

例 6 若矩阵 $\boldsymbol{A}=(a_{ij})_{n\times n}$,$\bar{\boldsymbol{A}}=(a_{ij}+x)_{n\times n}$,则 $|\bar{\boldsymbol{A}}|=|(a_{ij}+x)_{n\times n}|=|\boldsymbol{A}|+x\sum\limits_{i=1}^{n}\sum\limits_{j=1}^{n}A_{ij}$,这里 A_{ij} 为 a_{ij} 的代数余子式($1\leqslant i,j\leqslant n$).

证 考虑加边行列式,用第1行乘-1加至其余行后,再按第1行展开有

$$\begin{vmatrix}1 & x & \cdots & x\\ 0 & & & \\ \vdots & & \bar{\boldsymbol{A}} & \\ 0 & & & \end{vmatrix}=\begin{vmatrix}1 & x & \cdots & x\\ -1 & & & \\ \vdots & & \boldsymbol{A} & \\ -1 & & & \end{vmatrix}\quad \text{(注意 } \boldsymbol{A} \text{ 与 } \bar{\boldsymbol{A}} \text{ 的区别)}$$

$$=|\boldsymbol{A}|-x\begin{vmatrix}-1 & a_{12} & \cdots & a_{1n}\\ -1 & a_{22} & \cdots & a_{2n}\\ \vdots & \vdots & & \vdots\\ -1 & a_{n2} & \cdots & a_{nn}\end{vmatrix}+\cdots+(-1)^{n+2}x\begin{vmatrix}-1 & a_{11} & \cdots & a_{1,n-1}\\ -1 & a_{21} & \cdots & a_{2,n-1}\\ \vdots & \vdots & & \vdots\\ -1 & a_{n1} & \cdots & a_{n,n-1}\end{vmatrix}$$

$$=|\boldsymbol{A}|+x\sum_{i=1}^{n}A_{i1}+x\sum_{i=1}^{n}A_{i2}+\cdots+x\sum_{i=1}^{n}A_{in}=|\boldsymbol{A}|+x\sum_{i=1}^{n}\sum_{j=1}^{n}A_{ij}$$

又

$$\begin{vmatrix}1 & x & \cdots & x\\ 0 & & & \\ \vdots & & \bar{\boldsymbol{A}} & \\ 0 & & & \end{vmatrix}=|\bar{\boldsymbol{A}}|\quad \text{(按第1列展开即得)}$$

从而

$$|\bar{\boldsymbol{A}}|=|\boldsymbol{A}|+x\sum_{i=1}^{n}\sum_{j=1}^{n}A_{ij}$$

注 特别地,当 $x=1$ 时,有

$$\begin{vmatrix}a_{11}+1 & a_{12}+1 & \cdots & a_{1n}+1\\ a_{21}+1 & a_{22}+1 & \cdots & a_{2n}+1\\ \vdots & \vdots & & \vdots\\ a_{n1}+1 & a_{n2}+1 & \cdots & a_{nn}+1\end{vmatrix}=|\boldsymbol{A}|+\sum_{i=1}^{n}\sum_{j=1}^{n}A_{ij}$$

这也为我们求矩阵(或行列式)的全部代数余子式之和提供了方便.

接下来是一类 $\boldsymbol{I}+\boldsymbol{A}$ 矩阵行列式的计算问题(下一章还要述及),其中 $\boldsymbol{A}$ 是一些特殊矩阵,如正交矩阵等.

例 7 已知 $\boldsymbol{A}\in\mathbf{R}^{n\times n}$ 是正交阵. 试证:

(1)若 $|\boldsymbol{A}|=1$ 且 n 为奇数,则 $|\boldsymbol{I}-\boldsymbol{A}|=0$;

(2)若 $|\boldsymbol{A}|=-1$,则 $|\boldsymbol{I}+\boldsymbol{A}|=0$.

证 (1)由题设注意到 $\boldsymbol{A}\boldsymbol{A}^{\mathrm{T}}=\boldsymbol{I}$,且注意到 n 为奇数,则

$$|\boldsymbol{I}-\boldsymbol{A}|=|\boldsymbol{A}\boldsymbol{A}^{\mathrm{T}}-\boldsymbol{A}|=|\boldsymbol{A}||\boldsymbol{A}^{\mathrm{T}}-\boldsymbol{I}|=|(\boldsymbol{A}-\boldsymbol{I})^{\mathrm{T}}|=|\boldsymbol{A}-\boldsymbol{I}|=(-1)^{n}|\boldsymbol{I}-\boldsymbol{A}|=-|\boldsymbol{I}-\boldsymbol{A}|$$

故

$$|\boldsymbol{I}-\boldsymbol{A}|=0$$

(2)由题设有

$$|\boldsymbol{I}+\boldsymbol{A}|=|\boldsymbol{A}\boldsymbol{A}^{\mathrm{T}}+\boldsymbol{A}|=|\boldsymbol{A}||\boldsymbol{A}^{\mathrm{T}}+\boldsymbol{I}|=-|\boldsymbol{A}^{\mathrm{T}}+\boldsymbol{I}|=-|\boldsymbol{A}+\boldsymbol{I}|=-|\boldsymbol{I}+\boldsymbol{A}|$$

故

$$|\boldsymbol{I}+\boldsymbol{A}|=0$$

注 这类 $\boldsymbol{I}+\boldsymbol{A}$ 矩阵行列式的推广形式如下.

命题:若 $\boldsymbol{A}\in\mathbf{R}^{m\times n}$,$\boldsymbol{B}\in\mathbf{R}^{n\times m}$,则:

(1)$\det(\boldsymbol{I}_m+\boldsymbol{AB})=\det(\boldsymbol{I}_n+\boldsymbol{BA})$;

(2)$\det(t\boldsymbol{I}_n+\boldsymbol{BA})=t^{n-m}\det(t\boldsymbol{I}_m+\boldsymbol{AB})$.

对于(1)可以考虑分块矩阵 $\begin{pmatrix}\boldsymbol{I}_m & \boldsymbol{A}\\ -\boldsymbol{B} & \boldsymbol{I}_n\end{pmatrix}$ 左右乘适当的分块矩阵即可,它们的解法详见后文.

接下来的问题是计算行列式 $|\boldsymbol{I}+\boldsymbol{A}|$ 问题的引申,它直接涉及矩阵特征问题.

例 8 若 $\boldsymbol{A},\boldsymbol{B}\in\mathbf{R}^{3\times 3}$,$a,b,c$ 为 $\boldsymbol{A}$ 的 3 个相异特征根,又 $\boldsymbol{A}^2+2\boldsymbol{AB}+\boldsymbol{A}-\boldsymbol{B}=\boldsymbol{I}$,求 $|\boldsymbol{A}^2+\boldsymbol{BA}|$.

解 由 $|\boldsymbol{A}^2+\boldsymbol{BA}|=|\boldsymbol{A}+\boldsymbol{B}||\boldsymbol{A}|$,故只需计算 $|\boldsymbol{A}+\boldsymbol{B}|$.

由题设有 $2\boldsymbol{A}(\boldsymbol{A}+\boldsymbol{B})-(\boldsymbol{A}+\boldsymbol{B})=\boldsymbol{I}-2\boldsymbol{A}+\boldsymbol{A}^2$,即

$$(2\boldsymbol{A}-\boldsymbol{I})(\boldsymbol{A}+\boldsymbol{B})=(\boldsymbol{A}-\boldsymbol{I})^2$$

故

$$|\boldsymbol{A}+\boldsymbol{B}|=\frac{|\boldsymbol{A}-\boldsymbol{I}|^2}{|2\boldsymbol{A}-\boldsymbol{I}|}=\frac{[(a-1)(b-1)(c-1)]^2}{(2a-1)(2b-1)(2c-1)}$$

注 由解题过程可看出例中 $|\boldsymbol{A}+\boldsymbol{B}|$ 的值与 $\boldsymbol{B}$ 无关,尽管如此,鉴于题设等式知 $\boldsymbol{B}$ 并非任意.

下面的例子也涉及正交矩阵,当然,这种矩阵我们后文还要述及它.

例 9 若 $\boldsymbol{A},\boldsymbol{B}$ 均为 n 阶正交阵,且 $|\boldsymbol{A}|+|\boldsymbol{B}|=0$. 试证 $|\boldsymbol{A}+\boldsymbol{B}|=0$.

证 1 由题设及 $|\boldsymbol{A}+\boldsymbol{B}|=|(\boldsymbol{A}+\boldsymbol{B})^{\mathrm{T}}|=|\boldsymbol{A}^{\mathrm{T}}+\boldsymbol{B}^{\mathrm{T}}|$,知

$$|\boldsymbol{A}||\boldsymbol{A}+\boldsymbol{B}|=|\boldsymbol{A}||\boldsymbol{A}^{\mathrm{T}}+\boldsymbol{B}^{\mathrm{T}}|=|\boldsymbol{A}(\boldsymbol{A}^{\mathrm{T}}+\boldsymbol{B}^{\mathrm{T}})|=|\boldsymbol{AA}^{\mathrm{T}}+\boldsymbol{AB}^{\mathrm{T}}|=|\boldsymbol{I}+\boldsymbol{AB}^{\mathrm{T}}|$$

又

$$\begin{aligned}|\boldsymbol{B}||\boldsymbol{A}+\boldsymbol{B}|&=|\boldsymbol{B}||\boldsymbol{A}^{\mathrm{T}}+\boldsymbol{B}^{\mathrm{T}}|=|\boldsymbol{B}(\boldsymbol{A}^{\mathrm{T}}+\boldsymbol{B}^{\mathrm{T}})|=|\boldsymbol{BA}^{\mathrm{T}}+\boldsymbol{BB}^{\mathrm{T}}|\\&=|\boldsymbol{BA}^{\mathrm{T}}+\boldsymbol{I}|=|(\boldsymbol{BA}^{\mathrm{T}}+\boldsymbol{I})^{\mathrm{T}}|=|\boldsymbol{I}+\boldsymbol{AB}^{\mathrm{T}}|\end{aligned}$$

即

$$|\boldsymbol{A}||\boldsymbol{A}+\boldsymbol{B}|=|\boldsymbol{B}||\boldsymbol{A}+\boldsymbol{B}|\text{或}(|\boldsymbol{A}|-|\boldsymbol{B}|)|\boldsymbol{A}+\boldsymbol{B}|=0$$

由题设 $|\boldsymbol{A}|+|\boldsymbol{B}|=0$,知 $|\boldsymbol{A}|=-|\boldsymbol{B}|$,则 $|\boldsymbol{A}|-|\boldsymbol{B}|=2|\boldsymbol{A}|\neq 0$,故 $|\boldsymbol{A}+\boldsymbol{B}|=0$.

证 2 由题设 $\boldsymbol{A},\boldsymbol{B}$ 为 n 阶正交阵,且 $|\boldsymbol{A}|=-|\boldsymbol{B}|$,这样

$$\begin{aligned}|\boldsymbol{AB}^{\mathrm{T}}+\boldsymbol{I}|&=|\boldsymbol{AB}^{\mathrm{T}}+\boldsymbol{BB}^{\mathrm{T}}|=|(\boldsymbol{A}+\boldsymbol{B})\boldsymbol{B}^{\mathrm{T}}|=|\boldsymbol{A}+\boldsymbol{B}||\boldsymbol{B}^{\mathrm{T}}|\\&=-|\boldsymbol{A}+\boldsymbol{B}||\boldsymbol{A}^{\mathrm{T}}|=-|\boldsymbol{I}+\boldsymbol{BA}^{\mathrm{T}}|=-|(\boldsymbol{I}+\boldsymbol{BA}^{\mathrm{T}})|^{\mathrm{T}}\\&=-|\boldsymbol{I}+\boldsymbol{AB}^{\mathrm{T}}|\end{aligned}$$

从而 $|\boldsymbol{AB}^{\mathrm{T}}+\boldsymbol{I}|=0$,即 $|\boldsymbol{A}+\boldsymbol{B}||\boldsymbol{B}^{\mathrm{T}}|=0$,但 $|\boldsymbol{B}^{\mathrm{T}}|\neq 0$,故 $|\boldsymbol{A}+\boldsymbol{B}|=0$.

证 3 由 $\boldsymbol{A},\boldsymbol{B}$ 为正交阵,则 $\boldsymbol{AB}^{-1}$ 亦为正交阵.

又 $|\boldsymbol{AB}^{-1}|=|\boldsymbol{A}|+|\boldsymbol{B}|^{-1}=-1$,知 $\boldsymbol{AB}^{-1}$ 有特征根 -1. 从而

$$|\boldsymbol{AB}^{-1}+\boldsymbol{I}|=|(\boldsymbol{A}+\boldsymbol{B})\boldsymbol{B}^{-1}|=|\boldsymbol{A}+\boldsymbol{B}||\boldsymbol{B}^{-1}|$$

注意到 $|\boldsymbol{AB}^{-1}+\boldsymbol{I}|=|\boldsymbol{AB}^{-1}-(-1)\boldsymbol{I}|=0$,从而 $|\boldsymbol{A}+\boldsymbol{B}|=0$ (注意到 $|\boldsymbol{B}^{-1}|\neq 0$).

注 证 1 与证 3 无本质区别,只是证 3 略简些. 但想到计算行列式 $|\boldsymbol{AB}^{\mathrm{T}}+\boldsymbol{I}|$ 是解答本题的关键.

下面的问题与例类同.

命题:若 $\boldsymbol{A},\boldsymbol{B}$ 为 n(n 为奇数)阶正交矩阵,则 $|(\boldsymbol{A}-\boldsymbol{B})(\boldsymbol{A}+\boldsymbol{B})|=0$.

略证:可知

$$\begin{aligned}|(\boldsymbol{A}-\boldsymbol{B})(\boldsymbol{A}+\boldsymbol{B})|&=|(\boldsymbol{A}-\boldsymbol{B})^{\mathrm{T}}||\boldsymbol{A}+\boldsymbol{B}|=|(\boldsymbol{A}^{\mathrm{T}}-\boldsymbol{B}^{\mathrm{T}})(\boldsymbol{A}+\boldsymbol{B})|\\&=|\boldsymbol{A}^{\mathrm{T}}\boldsymbol{A}-\boldsymbol{B}^{\mathrm{T}}\boldsymbol{A}+\boldsymbol{A}^{\mathrm{T}}\boldsymbol{B}-\boldsymbol{B}^{\mathrm{T}}\boldsymbol{B}|=|\boldsymbol{A}^{\mathrm{T}}\boldsymbol{B}-\boldsymbol{B}^{\mathrm{T}}\boldsymbol{A}|\end{aligned}$$

又

$$|(\boldsymbol{A}-\boldsymbol{B})(\boldsymbol{A}+\boldsymbol{B})|=|(\boldsymbol{A}+\boldsymbol{B})^{\mathrm{T}}||\boldsymbol{A}-\boldsymbol{B}|=|(\boldsymbol{A}+\boldsymbol{B})^{\mathrm{T}}(\boldsymbol{A}-\boldsymbol{B})|$$

$$=|-\boldsymbol{A}^{\mathrm{T}}\boldsymbol{B}+\boldsymbol{B}^{\mathrm{T}}\boldsymbol{A}|=(-1)^n|\boldsymbol{A}^{\mathrm{T}}\boldsymbol{B}-\boldsymbol{B}^{\mathrm{T}}\boldsymbol{A}|$$

注意 n 是奇数，从而 $|(\boldsymbol{A}-\boldsymbol{B})(\boldsymbol{A}+\boldsymbol{B})|=0$.

若 $\boldsymbol{u},\boldsymbol{v}\in\mathbf{R}^n$，则 $\boldsymbol{u}\boldsymbol{v}^{\mathrm{T}}$ 常称为秩 1 矩阵. 下面是一道关于两个矩阵之和的行列式问题，其中之一是秩 1 矩阵.

例 10 若矩阵 $\boldsymbol{A}\in\mathbf{R}^{n\times n}$，且 $\boldsymbol{u},\boldsymbol{v}\in\mathbf{R}^n$，试证 $|\boldsymbol{A}+\boldsymbol{u}\boldsymbol{v}^{\mathrm{T}}|=|\boldsymbol{A}|+\boldsymbol{v}^{\mathrm{T}}\boldsymbol{A}^*\boldsymbol{u}$.

证 设 $\boldsymbol{A}=(a_{ij})_{n\times n}$，$\boldsymbol{u}=(u_1,u_2,\cdots,u_n)^{\mathrm{T}}$，$\boldsymbol{v}=(v_1,v_2,\cdots,v_n)^{\mathrm{T}}$，则

$$|\boldsymbol{A}+\boldsymbol{u}\boldsymbol{v}^{\mathrm{T}}|=\begin{vmatrix} a_{11}+u_1v_1 & a_{12}+u_1v_2 & \cdots & a_{1n}+u_1v_n \\ a_{21}+u_2v_1 & a_{22}+u_2v_2 & \cdots & a_{2n}+u_2v_n \\ \vdots & \vdots & & \vdots \\ a_{n1}+u_nv_1 & a_{n2}+u_nv_2 & \cdots & a_{nn}+u_nv_n \end{vmatrix}$$

根据题设，式 $|\boldsymbol{A}+\boldsymbol{u}\boldsymbol{v}^{\mathrm{T}}|$ 可拆成 2^n 个 n 阶行列式之和. 同样由行列式性质，则有

$$|\boldsymbol{A}+\boldsymbol{u}\boldsymbol{v}^{\mathrm{T}}|=\begin{vmatrix} a_{11} & a_{12} & \cdots & a_{1n} \\ a_{21} & a_{22} & \cdots & a_{2n} \\ \vdots & \vdots & & \vdots \\ a_{n1} & a_{n2} & \cdots & a_{nn} \end{vmatrix}+\begin{vmatrix} u_1v_1 & a_{12} & \cdots & a_{1n} \\ u_2v_1 & a_{22} & \cdots & a_{2n} \\ \vdots & \vdots & & \vdots \\ u_nv_1 & a_{n2} & \cdots & a_{nn} \end{vmatrix}+\begin{vmatrix} a_{11} & u_1v_2 & \cdots & a_{1n} \\ a_{21} & u_2v_2 & \cdots & a_{2n} \\ \vdots & \vdots & & \vdots \\ a_{n1} & u_nv_2 & \cdots & a_{nn} \end{vmatrix}+\cdots+$$

$$\begin{vmatrix} a_{11} & a_{12} & \cdots & a_{1,n-1} & u_1v_n \\ a_{21} & a_{22} & \cdots & a_{2,n-1} & u_2v_n \\ \vdots & \vdots & & \vdots & \vdots \\ a_{n1} & a_{n2} & \cdots & a_{n,n-1} & u_nv_n \end{vmatrix}$$

$$=|\boldsymbol{A}|+\sum_{j=1}^{n}\sum_{i=1}^{n}u_iv_jA_{ij}$$

这里 A_{ij} 为 $|\boldsymbol{A}|$ 的元素 a_{ij} 的代数余子式. 故

$$|\boldsymbol{A}+\boldsymbol{u}\boldsymbol{v}^{\mathrm{T}}|=|\boldsymbol{A}|+\boldsymbol{v}^{\mathrm{T}}\boldsymbol{A}^*\boldsymbol{u}$$

注 1 注意到行列式是数，向量、矩阵是数表，而 $\boldsymbol{v}^{\mathrm{T}}\boldsymbol{u}$，$\boldsymbol{v}^{\mathrm{T}}\boldsymbol{A}^*\boldsymbol{u}$ 也是数，但 $\boldsymbol{u}\boldsymbol{v}^{\mathrm{T}}$ 是矩阵. 例的另外证法详见后文，即用矩阵特征问题性质求解.

注 2 若 $\boldsymbol{u},\boldsymbol{v}\in\mathbf{R}^n$，则 $|\boldsymbol{I}+\boldsymbol{u}\boldsymbol{v}^{\mathrm{T}}|=1+\boldsymbol{u}^{\mathrm{T}}\boldsymbol{v}$.

注意到 $r(\boldsymbol{u}\boldsymbol{v}^{\mathrm{T}})=1$，即秩为 1，则 $\boldsymbol{u}^{\mathrm{T}}\boldsymbol{v}$ 为其中的一个特征根，则 $\boldsymbol{u}\boldsymbol{v}^{\mathrm{T}}\sim\mathrm{diag}\{\boldsymbol{u}^{\mathrm{T}}\boldsymbol{v},\boldsymbol{J}_1,\cdots,\boldsymbol{J}_m\}$，其中

$$\boldsymbol{J}_k=\begin{pmatrix} 0 & 1 & & \\ & 0 & \ddots & \\ & & \ddots & 1 \\ & & & 0 \end{pmatrix}$$

研究生入学考试试题选讲

1978～1986 年部分

1. 行列式的计算与证明

例 1 证明行列式等式

$$a_1\begin{vmatrix} a_1 & b_1 & c_1 \\ a_2 & b_2 & c_2 \\ a_3 & b_3 & c_3 \end{vmatrix}=\begin{vmatrix} a_1 & b_1 \\ a_2 & b_2 \end{vmatrix}\begin{vmatrix} a_1 & c_1 \\ a_3 & c_3 \end{vmatrix}-\begin{vmatrix} a_1 & b_1 \\ a_3 & b_3 \end{vmatrix}\begin{vmatrix} a_1 & c_1 \\ a_2 & c_2 \end{vmatrix}$$

（中山大学，1983）

证 这里按行列式的性质逆推可有

$$\text{式右}=\begin{vmatrix} a_1 & b_1 \\ a_2 & b_2 \end{vmatrix}(a_1c_3-a_3c_1)-\begin{vmatrix} a_1 & b_1 \\ a_3 & b_3 \end{vmatrix}(a_1c_2-a_2c_1)$$

$$=a_1\left(\begin{vmatrix} a_1 & b_1 \\ a_2 & b_2 \end{vmatrix}c_3-\begin{vmatrix} a_1 & b_1 \\ a_3 & b_3 \end{vmatrix}c_2+\begin{vmatrix} a_2 & b_2 \\ a_3 & b_3 \end{vmatrix}c_1\right)-$$

$$c_1\left(\begin{vmatrix} a_1 & b_1 \\ a_2 & b_2 \end{vmatrix}a_3-\begin{vmatrix} a_1 & b_1 \\ a_3 & b_3 \end{vmatrix}a_2+\begin{vmatrix} a_2 & b_2 \\ a_3 & b_3 \end{vmatrix}a_1\right)$$

$$=a_1\begin{vmatrix} a_1 & b_1 & c_1 \\ a_2 & b_2 & c_2 \\ a_3 & b_3 & c_3 \end{vmatrix}-c_1\begin{vmatrix} a_1 & b_1 & a_1 \\ a_2 & b_2 & a_2 \\ a_3 & b_3 & a_3 \end{vmatrix}\quad\text{(后一行列式有两列相同)}$$

$$=a_1\begin{vmatrix} a_1 & b_1 & c_1 \\ a_2 & b_2 & c_2 \\ a_3 & b_3 & c_3 \end{vmatrix}$$

例 2 试证下面所谓循环行列式等式

$$\begin{vmatrix} x & y & z \\ z & x & y \\ y & z & x \end{vmatrix}=(x+y+z)(x+\omega y+\omega^2 z)(x+\omega^2 y+\omega z)$$

其中 ω 是 1 的立方根 $\dfrac{-1+\sqrt{-3}}{2}$.(武汉测绘学院,1982)

证 1

$$\begin{vmatrix} x & y & z \\ z & x & y \\ y & z & x \end{vmatrix}=\begin{vmatrix} x+y+z & y & z \\ x+y+z & x & y \\ x+y+z & z & x \end{vmatrix}\quad\text{(并提取 }x+y+z\text{)}$$

$$=(x+y+z)\begin{vmatrix} 1 & y & z \\ 1 & x & y \\ 1 & z & x \end{vmatrix}\quad\text{(第 1 行乘 }\omega\text{,第 3 行乘 }\omega^2\text{ 加到第 2 行)}$$

$$=(x+y+z)\begin{vmatrix} 1 & y & z \\ 0 & x+\omega y+\omega^2 z & y+\omega z+\omega^2 x \\ 1 & z & x \end{vmatrix}\quad\text{(第 1 行乘 }\omega\text{,再乘 }\omega^2\text{ 同时加到第 3 行)}$$

$$=(x+y+z)\begin{vmatrix} 1 & y & z \\ 0 & x+\omega y+\omega^2 z & y+\omega z+\omega^2 x \\ 0 & z+\omega y+\omega^2 y & x+\omega z+\omega^2 z \end{vmatrix}\quad\text{(第 2 列乘 }-\omega^2\text{ 加到第 3 列)}$$

$$=(x+y+z)\begin{vmatrix} 1 & y & z-\omega^2 y \\ 0 & x+\omega y+\omega^2 z & 0 \\ 0 & z+\omega y+\omega^2 y & x+\omega^2 y+\omega z \end{vmatrix}\quad\text{(按第 1 列展开)}$$

$$=(x+y+z)(x+\omega y+\omega^2 z)(x+\omega^2 y+\omega z)$$

这里应随时注意到 $1+\omega+\omega^2=0$,$\omega^3=1$ 等事实.

注 这可看作是该行列式的一种因式分解式.利用它可以解某些三次方程.

证 2 考虑下面等式及变换(注意到 $\omega^3=1$ 及 $1+\omega+\omega^2=0$,且 $|\boldsymbol{A}||\boldsymbol{B}|=|\boldsymbol{AB}|$)

$$\begin{vmatrix} x & y & z \\ z & x & y \\ y & z & x \end{vmatrix}\begin{vmatrix} 1 & 1 & 1 \\ 1 & \omega & \omega^2 \\ 1 & \omega^2 & \omega \end{vmatrix}=\begin{vmatrix} x+y+z & x+\omega y+\omega^2 z & x+\omega^2 y+\omega z \\ x+y+z & z+\omega x+\omega^2 y & z+\omega^2 x+\omega^2 y \\ x+y+z & y+\omega z+\omega^2 x & y+\omega^2 z+\omega x \end{vmatrix}$$

$$=(x+y+z)(x+\omega y+\omega^2 z)(x+\omega^2 y+\omega z)\begin{vmatrix}1 & 1 & 1\\ 1 & \omega & \omega^2\\ 1 & \omega^2 & \omega\end{vmatrix}$$

由于式右后一行列式不等于 0,两边除之,即为所求证等式.

注 证 2 的方法虽巧,但不易想到.不过运用此法可证例的推广情形.

例 3 计算 $D=\begin{vmatrix}0 & 0 & \cdots & 0 & 1 & 0\\ 0 & 0 & \cdots & 2 & 0 & 0\\ \vdots & \vdots & & \vdots & \vdots & \vdots\\ 1\,985 & 0 & \cdots & 0 & 0 & 0\\ 0 & 0 & \cdots & 0 & 0 & 1\,986\end{vmatrix}$.(北方交通大学,1986)

解 1 将行列式第 1 列依次与第 $2\sim n-1$ 列交换,再将第 2 列依次与第 $3\sim n-2$ 列交换……

$$D=(-1)^{1+2+3+\cdots+1\,984}\begin{vmatrix}1 & 0 & \cdots & 0 & 0\\ 0 & 2 & \cdots & 0 & 0\\ \vdots & \vdots & & \vdots & \vdots\\ 0 & 0 & \cdots & 1\,985 & 0\\ 0 & 0 & \cdots & 0 & 1\,986\end{vmatrix}=(-1)^{\frac{(1\,984+1)\times 1\,984}{2}}\times 1\,986!\ =1\,986!$$

解 2 将 D 的相应矩阵 $\boldsymbol{A}$ 分块如下

$$\boldsymbol{A}=\left(\begin{array}{ccccc:c}0 & 0 & \cdots & 0 & 1 & 0\\ 0 & 0 & \cdots & 2 & 0 & 0\\ \vdots & \vdots & & \vdots & \vdots & \vdots\\ 1\,985 & 0 & \cdots & 0 & 0 & 0\\ \hdashline 0 & 0 & \cdots & 0 & 0 & 1\,986\end{array}\right)=\begin{pmatrix}\boldsymbol{A}_{11} & \boldsymbol{A}_{12}\\ \boldsymbol{A}_{21} & \boldsymbol{A}_{22}\end{pmatrix}$$

然后按分块矩阵行列式计算分式亦有(详见后文)

$$D=|\boldsymbol{A}_{11}|\,|\boldsymbol{A}_{22}|=|\boldsymbol{A}|=1\,986!$$

下面的例子我们前文曾有介绍(只是形式不同而已),记住了那种解法,该例解答并不困难.

例 4 计算行列式 $D_n=\begin{vmatrix}1+a_1 & 1 & 1 & \cdots & 1\\ 1 & 1+a_2 & 1 & \cdots & 1\\ 1 & 1 & 1+a_3 & \cdots & 1\\ \vdots & \vdots & \vdots & & \vdots\\ 1 & 1 & 1 & \cdots & 1+a_n\end{vmatrix}$.(大连海运学院,1986)

解 1 由行列式第 1 行乘 -1 加至第 $2\sim n$ 行,再用第 $2\sim n$ 列化简第 1 列,有

$$D_n=\begin{vmatrix}1+a_1 & 1 & \cdots & 1\\ -a_1 & a_2 & \cdots & 0\\ \vdots & \vdots & & \vdots\\ -a_1 & 0 & \cdots & a_n\end{vmatrix}=\begin{vmatrix}1+a_1+\sum\limits_{k=2}^{n}\dfrac{a_1}{a_k} & 1 & \cdots & 1\\ 0 & a_2 & \cdots & 0\\ \vdots & \vdots & & \vdots\\ 0 & 0 & \cdots & a_n\end{vmatrix}$$

$$=\left(1+a_1+\sum_{k=2}^{n}\frac{a_1}{a_k}\right)a_2a_3\cdot\cdots\cdot a_n=a_1a_2\cdot\cdots\cdot a_n\left(1+\sum_{k=1}^{n}\frac{1}{a_k}\right)$$

解 2 令 $\boldsymbol{A}=\mathrm{diag}\{a_1,a_2,\cdots,a_n\}$,$\boldsymbol{E}$ 为元素全是 1 的矩阵,且令 $\boldsymbol{\alpha}=(1,1,\cdots,1)^{\mathrm{T}}$,则

$$D_n=|\boldsymbol{A}+\boldsymbol{E}|=|\boldsymbol{A}+\boldsymbol{\alpha}\boldsymbol{\alpha}^{\mathrm{T}}|=|\boldsymbol{A}||\boldsymbol{I}_n+\boldsymbol{A}^{-1}\boldsymbol{\alpha}\cdot\boldsymbol{\alpha}^{\mathrm{T}}|$$

$$=|\boldsymbol{A}||1+\boldsymbol{\alpha}^{\mathrm{T}}\cdot\boldsymbol{A}^{-1}\boldsymbol{\alpha}|=\prod_{i=1}^{n}a_i\left(1+\sum_{i=1}^{n}\frac{1}{a_i}\right)$$

这里利用了公式 $|\boldsymbol{I}_n\pm\boldsymbol{AB}|=|\boldsymbol{I}_m\pm\boldsymbol{BA}|$,其中 $\boldsymbol{A}\in\mathbf{R}^{n\times m}$,$\boldsymbol{B}\in\mathbf{R}^{m\times n}$,且 $\boldsymbol{I}_n$,$\boldsymbol{I}_m$ 分别为 n,m 阶单位阵(证明见后文).

注 例亦可用加边法或先归纳出递推式再解.类似地仿例的方法可解:

(1)计算 n 阶行列式 $D_n=\begin{vmatrix}1&2&3&\cdots&n\\a&1&2&\cdots&n-1\\a&a&1&\cdots&n-2\\\vdots&\vdots&\vdots&&\vdots\\a&a&a&\cdots&1\end{vmatrix}$.(厦门大学,1982)

(2)计算 n 阶行列式 $D_n=\begin{vmatrix}1&n&n&\cdots&n&n\\n&2&n&\cdots&n&n\\n&n&3&\cdots&n&n\\\vdots&\vdots&\vdots&&\vdots&\vdots\\n&n&n&\cdots&n-1&n\\n&n&n&\cdots&n&n\end{vmatrix}$.(武汉大学,1983)

答案:(1)仿上可有 $D_n=(-1)^n[(a-1)^n-a^n]$;(2)$D_n=(-1)^{n-1}n!$.

下面我们来看看前文我们曾说过的一个典型行列式问题及它的多种解法,它亦可视为上面例子的推广.

例 5 计算 n 阶行列式 $D=\begin{vmatrix}a&b&\cdots&b\\b&a&\cdots&b\\\vdots&\vdots&&\vdots\\b&b&\cdots&a\end{vmatrix}$.(大连海运学院,1982)①

解 1 将第 2～n 列加到第 1 列且提出公因子,有

$$D=[a+(n-1)b]\begin{vmatrix}1&b&b&\cdots&b\\1&a&b&\cdots&b\\\vdots&\vdots&\vdots&&\vdots\\1&b&b&\cdots&a\end{vmatrix}\quad\text{(第 1 行乘 }-1\text{ 加至后面诸行)}$$

$$=[a+(n-1)b]\begin{vmatrix}1&b&b&\cdots&b\\0&a-b&0&\cdots&0\\\vdots&\vdots&\vdots&&\vdots\\0&0&0&\cdots&a-b\end{vmatrix}\quad\text{(按第 1 列展开)}$$

$$=[a+(n-1)b](a-b)^{n-1}$$

---

① 由于问题的来源相异,比如它们或是经典题,或是考研题,或是竞赛题等,这其中有些问题可能重复.为了体例完整起见,我们还是同时收录了它们(有时也会以不同的形式出现或给出不同的解法),这一方面说明该问题典型,另外也说明该问题重要.这一点以后不再申明.

解 2 第 $2\sim n$ 行分别减去第 1 行,有

$$D=\begin{vmatrix} a & b & b & \cdots & b \\ b-a & a-b & 0 & \cdots & 0 \\ b-a & 0 & a-b & \cdots & 0 \\ \vdots & \vdots & \vdots & & \vdots \\ b-a & 0 & 0 & \cdots & a-b \end{vmatrix} \quad (\text{第 } 2\sim n \text{ 列加到第 1 列})$$

$$=\begin{vmatrix} a+(n-1)b & b & \cdots & b \\ 0 & a-b & \cdots & 0 \\ \vdots & \vdots & & \vdots \\ 0 & 0 & \cdots & a-b \end{vmatrix}$$

$$=[a+(n-1)b](a-b)^{n-1}$$

解 3 建立逆推公式求解 D. 令所求 n 阶行列式为 D_n.

将第 1 列拆为 $(a-b,0,\cdots,0)^{\mathrm{T}}+(b,b,\cdots,b)^{\mathrm{T}}$,则

$$D_n=\begin{vmatrix} a-b & b & \cdots & b \\ 0 & a & \cdots & b \\ \vdots & \vdots & & \vdots \\ 0 & b & \cdots & a \end{vmatrix}+\begin{vmatrix} b & b & \cdots & b \\ b & a & \cdots & b \\ \vdots & \vdots & & \vdots \\ b & b & \cdots & a \end{vmatrix}=(a-b)D_{n-1}+\begin{vmatrix} b & b & \cdots & b \\ 0 & a-b & \cdots & b \\ \vdots & \vdots & & \vdots \\ 0 & 0 & \cdots & a-b \end{vmatrix}$$

$$=(a-b)D_{n-1}+b(a-b)^{n-1}$$

这样

$$(a-b)D_{n-1}=(a-b)^2D_{n-2}+b(a-b)^{n-1}$$

$$\vdots$$

$$(a-b)^{n-2}D_2=(a-b)^{n-1}D_1+b(a-b)^{n-1}$$

注意到 $D_1=a$,将以上诸式两边相加,有

$$D_n=(a-b)^{n-1}[D_1+(n-1)b]=[a+(n-1)b](a-b)^{n-1}$$

注 1 注意到行列式 D 对应的矩阵可写成 $\boldsymbol{A}=b\,\boldsymbol{u}\boldsymbol{v}^{\mathrm{T}}-(b-a)\boldsymbol{I}$ 的形式,其中 $\boldsymbol{u}=(1,1,\cdots,1)^{\mathrm{T}}$,$\boldsymbol{v}=(b,b,\cdots,b)^{\mathrm{T}}$,它有 $n-1$ 重特征根 $a-b$,且有一重特征根 $a+(n-1)b$. 则

$$D=[a+(n-1)b](a-b)^{n-1}$$

解法详见后文相应章节的例及叙述.

注 2 对于行列式 D,若其对角线元素分别为 $p_1,p_2,\cdots,p_n$,又记 $f(x)=\prod\limits_{i=1}^{n}(p_i-x)$,则用数学归纳法可证 $D=\dfrac{bf(a)-af(b)}{b-a}$.

注 3 本题还可以通过"加边"(添一行、一列)来算

$$D=\begin{vmatrix} 1 & b & b & \cdots & b \\ 0 & a & b & \cdots & b \\ 0 & b & a & \cdots & b \\ \vdots & \vdots & \vdots & & \vdots \\ 0 & b & b & \cdots & a \end{vmatrix}$$

将第 1 行乘 -1 分别加到第 $2\sim n+1$ 行,再从第 $2\sim n+1$ 列分别提出 $a-b$ 后,再将第 $2\sim n+1$ 列统统加到第 1 列后,再按第 1 列展开即可. 注意到 $a=b$ 时,$D=0$.

注 4 前面两例中涉及或运用了矩阵特征多项式的性质是:矩阵 $\boldsymbol{A}$ 与元素全为 1 的方阵仅差一个单位阵 $\boldsymbol{I}$,而元素全为 1 的矩阵特征根易求,从而导致解法可行.

这种行列式称为**循环行列式**,下面来看它的推广情形.

例 6 计算行列式 $D_n=\begin{vmatrix}1&2&3&\cdots&n-1&n\\2&3&4&\cdots&n&1\\3&4&5&\cdots&1&2\\\vdots&\vdots&\vdots&&\vdots&\vdots\\n&1&2&\cdots&n-2&n-1\end{vmatrix}$.(成都电讯工程学院,1985)

解 将 D_n 的第 1 行乘 -1 加到第 $k+1$ 行,$1\leqslant k\leqslant n-1$,则

$$D_n=\begin{vmatrix}1&2&3&\cdots&n-1&n\\1&1&1&\cdots&1&1-n\\1&1&1&\cdots&1-n&1\\\vdots&\vdots&\vdots&&\vdots&\vdots\\1&1-n&1&\cdots&1&1\end{vmatrix}\quad(\text{第 }2\sim n\text{ 列加到第 1 列})$$

$$=\begin{vmatrix}\frac{1}{2}n(n+1)&2&3&\cdots&n-1&n\\0&1&1&\cdots&1&1-n\\0&1&1&\cdots&1-n&1\\\vdots&\vdots&\vdots&&\vdots&\vdots\\0&1-n&1&\cdots&1&1\end{vmatrix}\quad(\text{按第 1 列展开})$$

$$=\frac{1}{2}n(n+1)\begin{vmatrix}1&1&\cdots&1&1-n\\1&1&\cdots&1-n&1\\\vdots&\vdots&&\vdots&\vdots\\1-n&1&\cdots&1&1\end{vmatrix}_{(n-1)\text{阶}}\quad(\text{第 1 行乘 }-1\text{ 加到第 }2\sim n-1\text{ 行})$$

$$=\frac{1}{2}n(n+1)\begin{vmatrix}1&1&\cdots&1&1-n\\0&0&\cdots&-n&n\\\vdots&\vdots&&\vdots&\vdots\\-n&n&\cdots&0&0\end{vmatrix}\quad(\text{第 1 列加到第 2 列,第 2 列加到第 3 列……第 }n-2\text{ 列加到第 }n-1\text{ 列})$$

$$=\frac{1}{2}n(n+1)\begin{vmatrix}1&2&3&\cdots&n-2&-1\\0&0&0&\cdots&-n&0\\\vdots&\vdots&\vdots&&\vdots&\vdots\\0&-n&0&\cdots&0&0\\-n&0&0&\cdots&0&0\end{vmatrix}$$

$$=\frac{1}{2}n(n+1)(-1)^{1+\frac{(n-1)(n-2)}{2}}(-n)^{n-2}$$

$$=(-1)^{\frac{n(n-1)}{2}}\cdot\frac{1}{2}n^{n-1}(n+1)$$

注 本题亦可按下面例 7 的方法考虑.它的推广(即循环行列式)以及另外解法可见后文.

下面是一则对称行列式计算问题.

例 7 n 阶行列式 D 的第 i 行、第 j 列元素 $a_{ij}=|i-j|(i,j=1,2,\cdots,n)$.试计算行列式 D.(四川大学,1982;东北工学院,1984)

解 由题设知该行列式为

$$\begin{vmatrix} 0 & 1 & 2 & \cdots & n-1 \\ 1 & 0 & 1 & \cdots & n-2 \\ 2 & 1 & 0 & \cdots & n-3 \\ \vdots & \vdots & \vdots & & \vdots \\ n-1 & n-2 & n-3 & \cdots & 0 \end{vmatrix}$$

从最后一行起每行减去它上面一行，然后将第 n 列分别加到它前面的每一列，得

$$\begin{vmatrix} n-1 & 1+(n-1) & 2+(n-1) & \cdots & n-1 \\ 0 & -2 & -2 & \cdots & -1 \\ 0 & 0 & -2 & \cdots & -1 \\ \vdots & \vdots & \vdots & & \vdots \\ 0 & 0 & 0 & \cdots & -1 \end{vmatrix} = (-1)^{n-1}(n-1)2^{n-2}$$

注 本题与上例几乎无异，我们说过这种行列式称为循环行列式. 有趣的是：下面行列式貌似循环，但结果大相径庭.

问题：若 $D_n = \begin{vmatrix} 1 & 2 & 3 & \cdots & n-1 & n \\ 2 & 3 & 4 & \cdots & n & n+1 \\ 3 & 4 & 5 & \cdots & n+1 & n+2 \\ \vdots & \vdots & \vdots & & \vdots & \vdots \\ n & n+1 & n+2 & \cdots & 2n-2 & 2n-1 \end{vmatrix}$，则 $D_1=1, D_2=-1$，且 $n \geqslant 3$ 时，$D_n=0$.

例 8 证明 n 阶行列式

$$D_n = \begin{vmatrix} x & -1 & 0 & \cdots & 0 & 0 \\ 0 & x & -1 & \cdots & 0 & 0 \\ \vdots & \vdots & \vdots & & \vdots & \vdots \\ 0 & 0 & 0 & \cdots & x & -1 \\ a_n & a_{n-1} & a_{n-2} & \cdots & a_2 & a_1+x \end{vmatrix} = x^n + a_1 x^{n-1} + a_2 x^{n-2} + \cdots + a_{n-1}x + a_n$$

(东北师范大学，1981)

证 依拉普拉斯定理将 D_n 按第 n 行展开，有

$$D_n = (-1)^{n+1}a_n \begin{vmatrix} -1 & 0 & \cdots & 0 & 0 \\ x & -1 & \cdots & 0 & 0 \\ \vdots & \vdots & & \vdots & \vdots \\ 0 & 0 & \cdots & -1 & 0 \\ 0 & 0 & \cdots & x & -1 \end{vmatrix} + (-1)^{n+2}a_{n-1} \begin{vmatrix} x & 0 & \cdots & 0 & 0 \\ 0 & -1 & \cdots & 0 & 0 \\ \vdots & \vdots & & \vdots & \vdots \\ 0 & 0 & \cdots & -1 & 0 \\ 0 & 0 & \cdots & x & -1 \end{vmatrix} + \cdots +$$

$$(-1)^{n+(n-1)}a_2 \begin{vmatrix} x & -1 & 0 & \cdots & 0 & 0 \\ 0 & x & -1 & \cdots & 0 & 0 \\ \vdots & \vdots & \vdots & & \vdots & \vdots \\ 0 & 0 & 0 & \cdots & x & 0 \\ 0 & 0 & 0 & \cdots & 0 & -1 \end{vmatrix} +$$

$$(-1)^{n+n}(a_1+x) \begin{vmatrix} x & -1 & 0 & \cdots & 0 & 0 \\ 0 & x & -1 & \cdots & 0 & 0 \\ \vdots & \vdots & \vdots & & \vdots & \vdots \\ 0 & 0 & 0 & \cdots & x & -1 \\ 0 & 0 & 0 & \cdots & 0 & x \end{vmatrix}$$

$$= (-1)^{n+1}a_n(-1)^{n-1} + (-1)^{n+2}a_{n-1}(-1)^{n-2}x + \cdots +$$

$$(-1)^{n+(n-1)}a_2\cdot(-1)\cdot x^{n-2}+(-1)^{n+n}(a_1+x)x^{n-1}$$
$$=a_n+a_{n-1}x+a_{n-2}x^2+\cdots+a_2x^{n-2}+a_1x^{n-1}+x^n$$

注 1 它还可以用递推的方法计算(证明),将 D_n 按第 1 列展开,可得关系式:$D_n=a_n+xD_{n-1}$.(可递推下去)

再注意到 $D_2=\begin{vmatrix} x & -1 \\ a_2 & x+a_1 \end{vmatrix}=x^2+a_1x+a_2$ 即可.

注 2 更一般的可有结论(见前例)

$$\begin{vmatrix} a_0 & -1 & & & & \\ a_1 & x & -1 & & & \\ a_2 & 0 & x & \ddots & & \\ a_3 & 0 & 0 & \ddots & \ddots & \\ \vdots & \vdots & \vdots & \ddots & x & -1 \\ a_n & 0 & 0 & \cdots & 0 & x \end{vmatrix}=a_0x_n+a_1x^{n-1}+\cdots+a_{n-1}+a_n$$

注 3 显然 D_n 是下面矩阵(弗罗比尼乌斯(Frobenius)矩阵)

$$\boldsymbol{G}=\begin{pmatrix} 0 & 1 & 0 & \cdots & 0 & 0 \\ 0 & 0 & 1 & \cdots & 0 & 0 \\ \vdots & \vdots & \vdots & & \vdots & \vdots \\ 0 & 0 & 0 & \cdots & 0 & 1 \\ a_n & a_{n-1} & a_{n-2} & \cdots & a_2 & a_1 \end{pmatrix}$$

的特征多项式.对于多项式 $f(x)=x^n+a_1x^{n-1}+\cdots+a_{n-1}x+a_n$ 来讲,$\boldsymbol{G}$ 称为 $f(x)$ 的**友阵**.

顺便指出:$f(\boldsymbol{G})=\boldsymbol{0}$,即 $\boldsymbol{G}$ 是其特征多项式的根.

注 4 用行列式表示某些直线、曲线、平面、曲面等的方程,有时是方便的(它的道理见前面的例),比如:

(1)平面上过两点 (x_1,y_1),(x_2,y_2) 的直线方程可表示为

$$\begin{vmatrix} x & y & 1 \\ x_1 & y_1 & 1 \\ x_2 & y_2 & 1 \end{vmatrix}=0$$

(2)过空间三点 $(x_i,y_i,z_i)(i=1,2,3)$ 的平面方程可表示为

$$\begin{vmatrix} x & y & z & 1 \\ x_1 & y_1 & z_1 & 1 \\ x_2 & y_2 & z_2 & 1 \\ x_3 & y_3 & z_3 & 1 \end{vmatrix}=0$$

(3)过平面上五点 $P_i(x_i,y_i)(i=1,2,3,4,5)$ 所确定的平面二次曲线方程可表示为

$$\begin{vmatrix} x^2 & y^2 & xy & x & y & 1 \\ x_1^2 & y_1^2 & x_1y_1 & x_1 & y_1 & 1 \\ x_2^2 & y_2^2 & x_2y_2 & x_2 & y_2 & 1 \\ x_3^2 & y_3^2 & x_3y_3 & x_3 & y_3 & 1 \\ x_4^2 & y_4^2 & x_4y_4 & x_4 & y_4 & 1 \\ x_5^2 & y_5^2 & x_5y_5 & x_5 & y_5 & 1 \end{vmatrix}=0$$

等.它们的证明不难由行列式性质得到.但这种情形由于其整齐、对称,故便于记忆,且由所给点的坐标,可直接求得方程式.

注5 其实本命题是矩阵理论中的重要结论，因而这类例子考虑起来当然会费些周折，因为它们原本是定理.

又比如柯西(A. L. Cauchy)矩阵

$$\boldsymbol{C}=\begin{pmatrix} \frac{1}{a_1+b_1} & \frac{1}{a_1+b_2} & \cdots & \frac{1}{a_1+b_n} \\ \frac{1}{a_2+b_1} & \frac{1}{a_2+b_2} & \cdots & \frac{1}{a_2+b_n} \\ \vdots & \vdots & & \vdots \\ \frac{1}{a_n+b_1} & \frac{1}{a_n+b_2} & \cdots & \frac{1}{a_n+b_n} \end{pmatrix}$$

其行列式

$$\det \boldsymbol{C}=\frac{\prod\limits_{j<i}(a_j-a_i)(b_j-b_i)}{\prod\limits_{i,j=1}^{n}(a_i+b_j)}$$

而下面的矩阵称为希尔伯特(Hilbert)矩阵

$$\boldsymbol{H}=\begin{pmatrix} 1 & \frac{1}{2} & \frac{1}{3} & \cdots & \frac{1}{n} \\ \frac{1}{2} & \frac{1}{3} & \frac{1}{4} & \cdots & \frac{1}{n+1} \\ \frac{1}{3} & \frac{1}{4} & \frac{1}{5} & \cdots & \frac{1}{n+2} \\ \vdots & \vdots & \vdots & & \vdots \\ \frac{1}{n} & \frac{1}{n+1} & \frac{1}{n+2} & \cdots & \frac{1}{2n-1} \end{pmatrix}$$

它的行列式计算更复杂.

例9 计算 n 阶行列式 $D_n=\begin{vmatrix} 2 & -1 & 0 & & & \\ -1 & 2 & -1 & & & \\ & \ddots & \ddots & \ddots & & \\ & & & -1 & 2 & -1 \\ & & & 0 & -1 & 2 \end{vmatrix}_{n\times n}$.(中国科技大学,1981)

解 将 D_n 的第 $2\sim n$ 列全部加到第1列得

$$D_n=\begin{vmatrix} 1 & -1 & & & & \\ 0 & 2 & -1 & & & \\ & -1 & 2 & -1 & & \\ & & \ddots & \ddots & \ddots & \\ & & & -1 & 2 & -1 \\ 1 & 0 & \cdots & 0 & -1 & 2 \end{vmatrix}_{n\times n} \quad (\text{按第1列展开})$$

$$=\begin{vmatrix} 2 & -1 & & & \\ -1 & 2 & -1 & & \\ & \ddots & \ddots & \ddots & \\ & & -1 & 2 & -1 \\ & & & -1 & 2 \end{vmatrix}_{(n-1)\text{阶}}+(-1)^{n+1}\begin{vmatrix} -1 & & & & \\ 2 & -1 & & & \\ -1 & 2 & -1 & & \\ & \ddots & \ddots & \ddots & \\ & & -1 & 2 & -1 \end{vmatrix}_{(n-1)\text{阶}}$$

$$=D_{n-1}+(-1)^{n-1}\cdot(-1)^{n-1}=D_{n-1}+1$$

递推地可有

$$D_n=D_{n-1}+1=D_{n-2}+2=\cdots=D_1+(n-1)=2+(n-1)=n+1$$

注 前文我们曾经指出:这种形式的行列式的相应矩阵称为三对角矩阵.当然如果记住它的一般形式的结论(或方法),解答这类问题亦不困难.它也是一类典型行列式计算问题.类似的问题(方法同类)还有以下几种.

(1)计算 n 阶行列式 $D_n=\begin{vmatrix}0&1&&&&\\1&0&1&&&\\&1&0&1&&\\&&\ddots&\ddots&\ddots&\\&&&1&0&1\\&&&&1&0\end{vmatrix}$.(武汉大学,1981)

答案:$D_n=\begin{cases}0, & n=4k\pm1\\1, & n=4k\\-1, & n=4k+2\end{cases}$.

(2)计算 n 阶行列式 $D_n=\begin{vmatrix}0&1&&&&\\1&0&1&&&\\&1&0&1&&\\&&\ddots&\ddots&\ddots&\\&&&\frac{1}{2}&2&\frac{1}{2}\\&&&&\frac{1}{2}&2\end{vmatrix}$.(北京航空学院,1983)

答案:$D_n=\dfrac{1}{2^{n+1}\sqrt{3}}\left[(2+\sqrt{3})^{n+1}-(2-\sqrt{3})^{n+1}\right]$.

(3)计算 n 阶行列式 $D_n=\begin{vmatrix}1+x&y&&&&\\z&1+x&y&&&\\&z&1+x&y&&\\&&\ddots&\ddots&\ddots&\\&&&z&1+x&y\\&&&&z&1+x\end{vmatrix}$,其中 $x=yz$.(武汉大学,1983)

答案:$D_n=1+x+x^2+\cdots+x^n$.

(4)计算 n 阶行列式 $D_n=\begin{vmatrix}\cos\alpha&1&&&&\\1&2\cos\alpha&1&&&\\&1&2\cos\alpha&1&&\\&&\ddots&\ddots&\ddots&\\&&&1&2\cos\alpha&1\\&&&&1&2\cos\alpha\end{vmatrix}$.(兰州大学,1981)

答案：前文已有解，$D_n=\cos n\alpha$.

(5)计算 n 阶行列式 $D_n=\begin{vmatrix} a+b & ab & & & & \\ 1 & a+b & ab & & & \\ & 1 & a+b & ab & & \\ & & \ddots & \ddots & \ddots & \\ & & & 1 & a+b & ab \\ & & & & 1 & a+b \end{vmatrix}$.（厦门大学、武汉大学，1987）

它按第1行展开后，有递推式 $D_n=(a+b)D_{n-1}-abD_{n-2}$.（详见前文）

答案：$D_n=\begin{cases} \dfrac{a^{n+1}-b^{n+1}}{a-b}, & a\neq b \\ (n+1)a^n, & a=b \end{cases}$.

(6)计算 n 阶行列式 $D_n=\begin{vmatrix} 2 & 1 & & & & \\ 1 & 2 & 1 & & & \\ & 1 & 2 & 1 & & \\ & & \ddots & \ddots & \ddots & \\ & & & 1 & 2 & 1 \\ & & & & 1 & 2 \end{vmatrix}$.（武汉大学，1980；西北电讯工程学院，1984）

答案：$D_n=n+1$.

(7)计算 n 阶行列式 $D_n=\begin{vmatrix} 1 & 1 & & & & \\ 1 & 1 & 1 & & & \\ & 1 & 1 & 1 & & \\ & & \ddots & \ddots & \ddots & \\ & & & 1 & 1 & 1 \\ & & & & 1 & 1 \end{vmatrix}$.（中山大学，1980）

答案：$D_n=\begin{cases} 0, & \text{当 } n=6k+2 \text{ 或 } 6k+5 \text{ 时} \\ -1, & \text{当 } n=6k+3 \text{ 或 } 6k+4 \text{ 时} \\ 1, & \text{当 } n=6k+1 \text{ 或 } 6k \text{ 时} \end{cases}$.

例 10 设行列式 $D_n=\begin{vmatrix} 1 & 1 & \cdots & 1 \\ a_1 & a_2 & \cdots & a_n \\ a_1^2 & a_2^2 & \cdots & a_n^2 \\ \vdots & \vdots & & \vdots \\ a_1^{n-1} & a_2^{n-1} & \cdots & a_n^{n-1} \end{vmatrix}$，证明 $D_n=\prod\limits_{1\leqslant j<i\leqslant n}(a_i-a_j)$.（中国科学院，1985）

证 用数学归纳法.

(1)当 $n=2$ 时，$D_n=\begin{vmatrix} 1 & 1 \\ a_1 & a_2 \end{vmatrix}=a_2-a_1=\prod\limits_{1\leqslant j<i\leqslant n}(a_i-a_j)$ 成立.

(2)假定 $n=k-1$ 时命题为真，今考虑 $n=k$ 的情形

$$D_n=\begin{vmatrix} 1 & 1 & \cdots & 1 \\ a_1 & a_2 & \cdots & a_k \\ \vdots & \vdots & & \vdots \\ a_1^{k-1} & a_2^{k-1} & \cdots & a_k^{k-1} \end{vmatrix} \quad \text{（第 } k-1 \text{ 行乘 } -a_1 \text{ 加到第 } k \text{ 行，} 2\leqslant k\leqslant n\text{）}$$

$$=\begin{vmatrix}1 & 1 & \cdots & 1\\ 0 & a_2-a_1 & \cdots & a_k-a_1\\ 0 & a_2^2-a_1a_2 & \cdots & a_k^2-a_1a_k\\ \vdots & \vdots & & \vdots\\ 0 & a_2^{k-1}-a_1a_2^{k-2} & \cdots & a_k^{k-1}-a_1a_k^{k-2}\end{vmatrix}\quad\text{(按第 1 列展开)}$$

$$=\begin{vmatrix}a_2-a_1 & a_3-a_1 & \cdots & a_k-a_1\\ (a_2-a_1)a_2 & (a_3-a_1)a_3 & \cdots & (a_k-a_1)a_k\\ \vdots & \vdots & & \vdots\\ (a_2-a_1)a_2^{k-2} & (a_3-a_1)a_3^{k-2} & \cdots & (a_k-a_1)a_k^{k-2}\end{vmatrix}\quad\text{(每列提出公因子)}$$

$$=\prod_{i=1}^{k}(a_i-a_1)\begin{vmatrix}1 & 1 & \cdots & 1\\ a_2 & a_3 & \cdots & a_k\\ \vdots & \vdots & & \vdots\\ a_2^{k-2} & a_3^{k-2} & \cdots & a_k^{k-2}\end{vmatrix}$$

由归纳假设知

$$\begin{vmatrix}1 & 1 & \cdots & 1\\ a_2 & a_3 & \cdots & a_k\\ a_2^2 & a_3^2 & \cdots & a_k^2\\ \vdots & \vdots & & \vdots\\ a_2^{k-2} & a_3^{k-2} & \cdots & a_k^{k-2}\end{vmatrix}=\prod_{1\leqslant j<i\leqslant n}(a_i-a_j)$$

从而 $D_n=\prod\limits_{1\leqslant j<i\leqslant n}(a_i-a_j)$，即 $n=k$ 时命题为真.

故对任何自然数结论成立.

注 1 这是著名的范德蒙行列式，它在数学中有着重要的应用. 比如代数中的重要命题：

命题：若 n 次多项式 $f_n(x)=a_0x^n+a_1x^{n-1}+\cdots+a_{n-1}x+a_n$ 有 $n+1$ 个不同的实根，则 $f_n(x)\equiv 0$.

证：设 $\alpha_1,\alpha_2,\cdots,\alpha_{n+1}$ 为 $f_n(x)$ 的 $n+1$ 个不同的实根，这样

$$\begin{cases}a_0\alpha_1^n+a_1\alpha_1^{n-1}+\cdots+a_{n-1}\alpha_1+a_n=0\\ a_0\alpha_2^n+a_1\alpha_2^{n-1}+\cdots+a_{n-1}\alpha_2+a_n=0\\ \qquad\vdots\\ a_0\alpha_n^n+a_1\alpha_n^{n-1}+\cdots+a_{n-1}\alpha_n+a_n=0\\ a_0\alpha_{n+1}^n+a_1\alpha_{n+1}^{n-1}+\cdots+a_{n-1}\alpha_{n+1}+a_n=0\end{cases}$$

若视上面诸式为 $a_0,a_1,\cdots,a_{n-1},a_n$ 的方程组，则其系数行列式为范德蒙行列式

$$D=\begin{vmatrix}\alpha_1^n & \alpha_1^{n-1} & \cdots & \alpha_1\\ \alpha_2^n & \alpha_2^{n-1} & \cdots & \alpha_2\\ \vdots & \vdots & & \vdots\\ \alpha_n^n & \alpha_n^{n-1} & \cdots & \alpha_n\\ \alpha_{n+1}^n & \alpha_{n+1}^{n-1} & \cdots & \alpha_{n+1}\end{vmatrix}$$

因 $\alpha_1,\alpha_2,\cdots,\alpha_n,\alpha_{n+1}$ 相异，故 $D\neq 0$，从而线性方程组仅有 0 解.

即 $a_0=a_1=\cdots=a_{n-1}=a_n=0$，故 $f_n(x)\equiv 0$.

注2 注意到下面的行列式

$$g(x)=\begin{vmatrix}1 & x & x^2 & \cdots & x^{n-1}\\ 1 & a_1 & a_1^2 & \cdots & a_1^{n-1}\\ \vdots & \vdots & \vdots & & \vdots\\ 1 & a_{n-2} & a_{n-2}^2 & \cdots & a_{n-2}^{n-1}\\ 1 & a_{n-1} & a_{n-1}^2 & \cdots & a_{n-1}^{n-1}\end{vmatrix}$$

是 x 的 $n-1$ 次多项式，且其根分别为 $a_1,a_2,\cdots,a_{n-1}$.

注3 下面的问题将用到注1的结论：

若 n 为正数，$a_1,a_2,\cdots,a_n$ 为 n 个实数，$f_1(x),f_2(x),\cdots,f_n(x)$ 为 n 个次数不大于 $n-2$ 的实系数多项式. 求证

$$\begin{vmatrix}f_1(a_1) & f_1(a_2) & \cdots & f_1(a_n)\\ f_2(a_1) & f_2(a_2) & \cdots & f_2(a_n)\\ \vdots & \vdots & & \vdots\\ f_n(a_1) & f_n(a_2) & \cdots & f_n(a_n)\end{vmatrix}=0$$

(上海交通大学，1983)

略证：当 $a_1,a_2,\cdots,a_n$ 中有两数相等时，结论显然成立. 今设它们两两皆不相等，考虑辅助行列式函数

$$F(x)=\begin{vmatrix}f_1(x) & f_1(a_2) & \cdots & f_1(a_n)\\ f_2(x) & f_2(a_2) & \cdots & f_2(a_n)\\ \vdots & \vdots & & \vdots\\ f_n(x) & f_n(a_2) & \cdots & f_n(a_n)\end{vmatrix}$$

由题设及行列式性质知 $F(x)$ 是次数不大于 $n-2$ 的多项式，而其有 $n-1$ 个相异实数根 $a_2,a_3,\cdots,a_n$，从而 $F(x)\equiv 0$. 特别地

$$F(a_1)=\begin{vmatrix}f_1(a_1) & f_1(a_2) & \cdots & f_1(a_n)\\ f_2(a_1) & f_2(a_2) & \cdots & f_2(a_n)\\ \vdots & \vdots & & \vdots\\ f_n(a_1) & f_n(a_2) & \cdots & f_n(a_n)\end{vmatrix}=0$$

注4 范德蒙行列式的推广形式有：

令 $f_k(x)=a_{k0}x^k+a_{k1}x^{k-1}+\cdots+a_{k,k-1}x+a_{kk}(k=0,1,2,\cdots,n-1)$，则

$$\begin{vmatrix}f_0(x_1) & f_0(x_2) & \cdots & f_0(x_n)\\ f_1(x_1) & f_1(x_2) & \cdots & f_1(x_n)\\ \vdots & \vdots & & \vdots\\ f_{n-2}(x_1) & f_{n-2}(x_2) & \cdots & f_{n-2}(x_n)\\ f_{n-1}(x_1) & f_{n-1}(x_2) & \cdots & f_{n-1}(x_n)\end{vmatrix}=\prod_{k=0}^{n-1}a_{k0}\prod_{1\leqslant j<i\leqslant n}(x_i-x_j)$$

它的证明由行列式性质再仿例可得到.

注 5 此外仿例的方法可有结论：

当 $a_1,a_2,\cdots,a_n$ 为整数时，行列式

$$\begin{vmatrix} 1 & a_1 & a_1^{\ 2} & \cdots & a_1^{\ n-1} \\ 1 & a_2 & a_2^{\ 2} & \cdots & a_2^{\ n-1} \\ \vdots & \vdots & \vdots & & \vdots \\ 1 & a_n & a_n^{\ 2} & \cdots & a_n^{\ n-1} \end{vmatrix}$$

可被 $1^{n-1}\cdot 2^{n-2}\cdot 3^{n-3}\cdot\cdots\cdot(n-1)$ 整除.

2. 与矩阵有关的行列式问题

(1)矩阵的行列式

利用矩阵的性质也可计算某些行列式，特别是关于一些分块矩阵的行列式问题. 先看一个矩阵乘积行列式问题.

例 1 若行列式

$$D=\begin{vmatrix} 1 & 1 & 1 & 1 \\ 1 & 1 & -1 & -1 \\ 1 & -1 & 1 & -1 \\ 1 & -1 & -1 & 1 \end{vmatrix},\quad N=\begin{vmatrix} a & -a & b & -b \\ a & a & -b & -b \\ -b & b & a & -a \\ b & b & a & a \end{vmatrix}$$

求 $(DN)^2$.（西安交通大学，1984）

解 由行列式性质，$\det(\boldsymbol{AB})=\det\boldsymbol{A}\cdot\det\boldsymbol{B}$，我们显然有

$$DN=\det\left(\begin{pmatrix} 1 & 1 & 1 & 1 \\ 1 & 1 & -1 & -1 \\ 1 & -1 & 1 & -1 \\ 1 & -1 & -1 & 1 \end{pmatrix}\begin{pmatrix} a & -a & b & -b \\ a & a & -b & -b \\ -b & b & a & -a \\ b & b & a & a \end{pmatrix}\right)\quad\text{(由矩阵乘法)}$$

$$=\det\begin{pmatrix} 2a & 2b & 2a & -2b \\ 2a & -2b & -2a & -2b \\ -2b & -2a & 2b & -2a \\ 2b & -2a & 2b & 2a \end{pmatrix}\quad\text{(每行提取因子 2)}$$

$$=2^4\cdot\begin{vmatrix} a & b & a & -b \\ a & -b & -a & -b \\ -b & -a & b & -a \\ b & -a & b & a \end{vmatrix}\quad\text{(第 2,4 列乘 1,第 3 列乘 }-1\text{ 分别加到第 1 列)}$$

$$=2^4\cdot\begin{vmatrix} 0 & b & a & -b \\ 2(a-b) & -b & -a & -b \\ -2(a+b) & -a & b & -a \\ 0 & -a & b & a \end{vmatrix}\quad\text{(第 4 列加到第 2 列)}$$

$$=2^4\cdot\begin{vmatrix} 0 & 0 & a & -b \\ 2(a-b) & -2b & -a & -b \\ -2(a+b) & -2a & b & -a \\ 0 & 0 & b & a \end{vmatrix}\quad\text{(按 2,3 行拉普拉斯展开)}$$

$$=2^6\cdot\begin{vmatrix} b-a & b \\ a+b & a \end{vmatrix}\cdot\begin{vmatrix} a & -b \\ b & a \end{vmatrix}=2^6(a^2+b^2)^2$$

故 $$(DN)^2=2^{12}(a^2+b^2)^4$$

注1 本题亦可先分别计算 D,N,然后再算$(DN)^2$.

注2 与之类似但很有趣味的问题(它要用到矩阵运算的性质及某些相关技巧,类似的问题见后文)如:计算行列式

$$D=\begin{vmatrix} a & -b & -c & -d \\ b & a & -d & c \\ c & d & a & -b \\ d & -c & b & a \end{vmatrix}$$

略解:设 D 的相应矩阵为 $\boldsymbol{A}$,注意到

$$D^2=|\boldsymbol{A}|^2=|\boldsymbol{A}^2|=|\boldsymbol{AA}|=|\boldsymbol{A}||\boldsymbol{A}|=|\boldsymbol{A}||\boldsymbol{A}^{\mathrm{T}}|=|\boldsymbol{AA}^{\mathrm{T}}|$$

则 $D^2=(a^2+b^2+c^2+d^2)^4$,故 $D=(a^2+b^2+c^2+d^2)^2$.

下面的例子前文已有介绍,这里给出另解.

例2 若 $\boldsymbol{A},\boldsymbol{B}\in\mathbf{R}^{n\times n}$,且它们仅第 j 列不同.试证:$2^{1-n}|\boldsymbol{A}+\boldsymbol{B}|=|\boldsymbol{A}|+|\boldsymbol{B}|$.(北京航空学院,1982)

证 设矩阵 $\boldsymbol{A}=\begin{pmatrix} \cdots & x_1 & \cdots \\ & \vdots & \\ \cdots & x_n & \cdots \end{pmatrix}$(第$j$列),且矩阵 $\boldsymbol{B}=\begin{pmatrix} \cdots & y_1 & \cdots \\ & \vdots & \\ \cdots & y_n & \cdots \end{pmatrix}$(第$j$列).

而 $\boldsymbol{A}+\boldsymbol{B}=2\begin{pmatrix} \cdots & \frac{1}{2}(x_1+y_1) & \cdots \\ & \vdots & \\ \cdots & \frac{1}{2}(x_n+y_n) & \cdots \end{pmatrix}$,其中矩阵"…"部分与 $\boldsymbol{A}$ 或 $\boldsymbol{B}$ 相同.

将$|\boldsymbol{A}+\boldsymbol{B}|$按第 j 列展开

$$|\boldsymbol{A}+\boldsymbol{B}|=(x_1+y_1)2^{n-1}A_{1j}+\cdots+(x_n+y_n)2^{n-1}A_{nj}$$

其中 $A_{ij}\ (i=1,2,\cdots,n)$为 $\boldsymbol{A}$(或 $\boldsymbol{B}$)的 $x_1,x_2,\cdots,x_n$(或 $y_1,y_2,\cdots,y_n$)的代数余子式,又

$$|\boldsymbol{A}|+|\boldsymbol{B}|=(x_1A_{1j}+\cdots+x_nA_{nj})+(y_1A_{1j}+\cdots+y_nA_{nj})$$

故 $$2^{1-n}|\boldsymbol{A}+\boldsymbol{B}|=(x_1+y_1)A_{1j}+\cdots+(x_n+y_n)A_{nj}=|\boldsymbol{A}|+|\boldsymbol{B}|$$

(2)与 $\boldsymbol{A}^*$ 有关的行列式

"代数余子式"在行列式理论中是一个重要的概念,它多与伴随矩阵 $\boldsymbol{A}^*$ 有关联,且涉及 $\boldsymbol{A}^*$ 的问题很多.下面的关于行列式计算的例子与这些概念有关.

例1 已知三阶的实数矩阵 $\boldsymbol{A}=(a_{ij})_{3\times3}$ 满足条件:(1)$a_{ij}=A_{ij}$,这里 $i,j=1,2,3$,又 A_{ij} 是 $\boldsymbol{A}$ 的代数余子式;(2)$a_{33}=-1$.试求 $\det\boldsymbol{A}$ 的值.(北京工业大学,1982)

解 今设

$$\boldsymbol{A}=\begin{pmatrix} a_{11} & a_{12} & a_{13} \\ a_{21} & a_{22} & a_{23} \\ a_{31} & a_{32} & a_{33} \end{pmatrix},\quad \boldsymbol{A}^*=\begin{pmatrix} A_{11} & A_{21} & A_{31} \\ A_{12} & A_{22} & A_{32} \\ A_{13} & A_{23} & A_{33} \end{pmatrix}$$

由行列式性质有

$$a_{i1}A_{i1}+a_{i2}A_{i2}+a_{i3}A_{i3}=|\boldsymbol{A}|,\quad i=1,2,3$$
$$a_{i1}A_{j1}+a_{i2}A_{j2}+a_{i3}A_{j3}=0,\quad i\neq j$$

从而 $$|\boldsymbol{AA}^*|=\det\begin{pmatrix} |\boldsymbol{A}| & 0 & 0 \\ 0 & |\boldsymbol{A}| & 0 \\ 0 & 0 & |\boldsymbol{A}| \end{pmatrix}=|\boldsymbol{A}|^3$$

由题设 $a_{ij}=A_{ij}$,故 $\boldsymbol{A}^*=\boldsymbol{A}^{\mathrm{T}}$.从而 $\boldsymbol{AA}^*=\boldsymbol{AA}^{\mathrm{T}}$.

又$|A^{\mathrm T}|=|A|$，因此$|AA^*|=|A|^3=|AA^{\mathrm T}|=|A|^2$，所以$|A|^3=|A|^2$. 故$|A|=0$或$|A|=1$. 但$a_{33}=-1$，故

$$|A|=a_{31}A_{31}+a_{32}A_{32}+a_{33}A_{33}=a_{31}^2+a_{32}^2+(-1)^2$$

显然$|A|\neq 0$. 故$|A|=1$.

注 原题还有一问：求解$Ax=b$，其中$x=(x_1,x_2,x_3)^{\mathrm T}$，$b=(0,0,1)^{\mathrm T}$.

由上知$A^{-1}=\dfrac{A^*}{|A|}=A^*$，故有

$$x=A^{-1}b=A^*b=(a_{31},a_{32},a_{33})^{\mathrm T}=(a_{31},a_{32},-1)^{\mathrm T}$$

由例题解答的后面部分知 $a_{31}=a_{32}=0$.

例 2 若$A\in \mathbf{R}^{n\times n}$，且$|A|=5$，又$A^*$为$A$的伴随矩阵，求$|(5A^*)^{-1}|$的值.(兰州铁道学院，1986)

解 1 由题设及伴随矩阵、逆矩阵的性质，有

$$|(5A^*)^{-1}|=\frac{1}{|5A^*|}=\frac{1}{5^n|A^*|}=\frac{1}{5^n|5A^{-1}|}=\frac{1}{5^{2n}|A^{-1}|}=\frac{1}{5^{2n}}\cdot|A|=\frac{5}{5^{2n}}=\frac{1}{5^{2n-1}}$$

解 2 由题设及伴随矩阵、逆矩阵的性质，有

$$|(5A^*)^{-1}|=|(5|A|A^{-1})^{-1}|=|(5^2A^{-1})^{-1}|=\left|\frac{1}{5^2}A\right|=\frac{|A|}{5^{2n}}=\frac{1}{5^{2n-1}}$$

"伴随矩阵"在矩阵求逆时甚为有用，关于它也有许多重要性质，这一点我们后文将详述.

例 3 若A是n阶非奇异(可逆)矩阵，A^*是它的伴随矩阵. 试证$|A^*|=|A|^{n-1}$.(北方交通大学、中山大学、重庆大学，1983)

证 由矩阵及行列式的性质，有

$$AA^*=\begin{pmatrix}a_{11}&a_{12}&\cdots&a_{1n}\\a_{21}&a_{22}&\cdots&a_{2n}\\\vdots&\vdots&&\vdots\\a_{n1}&a_{n2}&\cdots&a_{nn}\end{pmatrix}\begin{pmatrix}A_{11}&A_{12}&\cdots&A_{n1}\\A_{12}&A_{22}&\cdots&A_{n2}\\\vdots&\vdots&&\vdots\\A_{1n}&A_{2n}&\cdots&A_{nn}\end{pmatrix}$$

$$=\begin{pmatrix}\sum\limits_{i=1}^n a_{1i}A_{1i}&\sum\limits_{i=1}^n a_{1i}A_{2i}&\cdots&\sum\limits_{i=1}^n a_{1i}A_{ni}\\\sum\limits_{i=1}^n a_{2i}A_{1i}&\sum\limits_{i=1}^n a_{2i}A_{2i}&\cdots&\sum\limits_{i=1}^n a_{2i}A_{ni}\\\vdots&\vdots&&\vdots\\\sum\limits_{i=1}^n a_{ni}A_{1i}&\sum\limits_{i=1}^n a_{ni}A_{2i}&\cdots&\sum\limits_{i=1}^n a_{ni}A_{ni}\end{pmatrix}=\begin{pmatrix}|A|&0&\cdots&0\\0&|A|&\cdots&0\\\vdots&\vdots&&\vdots\\0&0&\cdots&|A|\end{pmatrix}$$

故$|AA^*|=|A||A^*|=|A|^n$.

因为A非退化，故$|A|\neq 0$. 从而$|A^*|=|A|^{n-1}$.

注 1 利用本题结果，我们不难证明：

问题：若A非奇异(满秩或可逆阵)，则$|A^{-1}|=\dfrac{1}{|A|}$.(北方交通大学，1983)

证：由$A^{-1}=\dfrac{A^*}{|A|}$，我们有$\det(A^{-1})=\det\left(\dfrac{A^*}{|A|}\right)$. 而

$$\det\left(\frac{A^*}{|A|}\right)=\frac{1}{|A|^n}\det A^*=\frac{1}{|A|^n}|A|^{n-1}=\frac{1}{|A|}$$

故

$$\det(A^{-1})=\frac{1}{|A|}$$

当然亦可直接由$AA^{-1}=I$，$|AA^{-1}|=|A||A^{-1}|=|I|=1$去考虑.

注2 伴随矩阵 A^* 还有许多性质可见后面的例子.

(3)分块矩阵的行列式

关于分块矩阵的行列式计算我们前文曾有介绍，其实这类问题有许多公式可用.我们先来看一个稍简单的分块矩阵行列式问题.

例1 试证 $\begin{vmatrix} A & B \\ C & D \end{vmatrix}=|DA-CB|$，这里 $AB=BA$，且 $|A|\neq 0$.（北京钢铁学院，1981）

证 事实上考虑 $\begin{pmatrix} A & B \\ C & D \end{pmatrix}\begin{pmatrix} I & -B \\ O & A \end{pmatrix}=\begin{pmatrix} A & O \\ C & DA-CB \end{pmatrix}$，从而

$$\begin{vmatrix} A & B \\ C & D \end{vmatrix}\begin{vmatrix} I & -B \\ O & A \end{vmatrix}=\begin{vmatrix} A & O \\ C & DA-CB \end{vmatrix}$$

即

$$\begin{vmatrix} A & B \\ C & D \end{vmatrix}|A|=|A||DA-CB|$$

因 $|A|\neq 0$，则

$$\begin{vmatrix} A & B \\ C & D \end{vmatrix}=|DA-CB|$$

（事实上，$|A|=0$ 时，只要 $AB=BA$ 上面结论仍为真）.

注 这类行列式的另外一种计算模式见后文的例子（分块矩阵问题），即：

① $\begin{vmatrix} A & B \\ C & D \end{vmatrix}=|AD-CB|$；② $\begin{vmatrix} A & B \\ C & D \end{vmatrix}=|A-BD^{-1}C||D|$.

这里，①要求 A 可逆且 $AC=CA$，②要求 A,D 可逆.

由此我们可以得到下面的结论（证明见后文的例题及注）：

(1)若 $A\in \mathbf{R}^{n\times n}$，则 $\begin{vmatrix} A & A^2 \\ A^2 & A^3 \end{vmatrix}=0$；（可类比数字行列式 $\begin{vmatrix} a & a^2 \\ a^2 & a^3 \end{vmatrix}=0$）

(2)若 $B\in \mathbf{R}^{m\times n}$，$C\in \mathbf{R}^{n\times m}$，$D\in \mathbf{R}^{n\times n}$，则 $\begin{vmatrix} I & B \\ C & D \end{vmatrix}=|D-CB|$.（可类比数字行列式 $\begin{vmatrix} 1 & b \\ c & d \end{vmatrix}=d-cb$）

仿上利用矩阵分块乘法我们还可以证明一个十分有用的行列式计算公式.

例2 若 $A\in \mathbf{R}^{m\times n}$，$B\in \mathbf{R}^{n\times m}$，则 $|I_m+AB|=|I_n+BA|$.

证1 事实上只需考虑等式

$$\begin{pmatrix} I_m & -A \\ O & I_n \end{pmatrix}\begin{pmatrix} AB & O \\ B & O \end{pmatrix}=\begin{pmatrix} O & O \\ B & BA \end{pmatrix}\begin{pmatrix} I_m & -A \\ O & I_n \end{pmatrix}$$

若证 $P=\begin{pmatrix} I_m & -A \\ O & I_n \end{pmatrix}$，则 $|P|=1$，知 P 可逆.这样

$$P\begin{pmatrix} AB & O \\ B & O \end{pmatrix}P^{-1}=\begin{pmatrix} O & O \\ B & BA \end{pmatrix}\ \Rightarrow\ \begin{pmatrix} AB & O \\ B & O \end{pmatrix}\sim\begin{pmatrix} O & O \\ B & BA \end{pmatrix}$$

从而

$$\det\left(\lambda I_{m+n}-\begin{pmatrix} AB & O \\ B & O \end{pmatrix}\right)=\det\left(\lambda I_{m+n}-\begin{pmatrix} O & O \\ B & BA \end{pmatrix}\right)$$

即 $\lambda^n|\lambda I_m-AB|=\lambda^m|\lambda I_n-BA|$，令 $\lambda=-1$ 代入有

$$(-1)^n|-(I_n+AB)|=(-1)^m|-(I_n+BA)|$$

从而

$$|I_m+AB|=|I_n+BA|$$

证2 考虑下面两种分块矩阵乘法，再分别取行列式

$$\begin{pmatrix} I_m & -O \\ -B & I_n \end{pmatrix}\begin{pmatrix} I_m & -A \\ B & I_n \end{pmatrix}=\begin{pmatrix} I_m & -A \\ O & I_n-BA \end{pmatrix}$$

$$\begin{pmatrix} I_m & -A \\ B & I_n \end{pmatrix}\begin{pmatrix} I_m & -O \\ -B & I_n \end{pmatrix}=\begin{pmatrix} I_m-AB & -A \\ O & I_n \end{pmatrix}$$

亦可有$|I_m+AB|=|I_n+BA|$.

当然我们也可以用矩阵特征值理论来结合题设分别讨论.

注 由例的结论我们可有:若$\alpha\in\mathbf{R}^{1\times n}$,$I\in\mathbf{R}^{n\times n}$,$\sigma\in\mathbf{R}$,则$\det(I-\sigma\alpha^{\mathrm{T}}\alpha)=\det(1-\sigma\alpha\alpha^{\mathrm{T}})$,注意$\alpha^{\mathrm{T}}\alpha$是矩阵,$\alpha\alpha^{\mathrm{T}}$是数.

又证1中的方法与结论可以互逆,比如可用例的结论证明

$$|\lambda I_m-AB|=\lambda^m\left|I_m-\frac{1}{\lambda}AB\right|=\lambda^m\left|I_n-\frac{1}{\lambda}BA\right|=\lambda^{m-n}|\lambda I_n-BA|$$

即

$$\lambda^n|\lambda I_m-AB|=\lambda^m|\lambda I_n-BA|$$

下面是我们前例的注中的问题,即给出分块矩阵行列式的另一种计算模式(因题设不同).

例3 设有分块矩阵$\begin{pmatrix} A & B \\ C & D \end{pmatrix}$,其中矩阵$A,D$皆可逆.试证$\det\begin{pmatrix} A & B \\ C & D \end{pmatrix}=\det(A-BD^{-1}C)\cdot\det D$.(中国科技大学,1982)

证 设I_1,I_2分别是与A,D同阶的单位阵,因

$$\begin{pmatrix} I_1 & -BD^{-1} \\ O & I_2 \end{pmatrix}\begin{pmatrix} A & B \\ C & D \end{pmatrix}=\begin{pmatrix} I_1A-BD^{-1} & I_1B-BD^{-1}D \\ DA+I_2C & OB+I_2D \end{pmatrix}=\begin{pmatrix} A-BD^{-1}C & O \\ C & D \end{pmatrix}$$

故

$$\det\begin{pmatrix} I & -BD^{-1} \\ O & I_1 \end{pmatrix}\det\begin{pmatrix} A & B \\ C & D \end{pmatrix}=\det\begin{pmatrix} A-BD^{-1}C & O \\ C & D \end{pmatrix}$$

但

$$\det\begin{pmatrix} I_1 & -BD^{-1} \\ O & I_2 \end{pmatrix}=\det I_1\cdot\det I_2=1$$

又

$$\det\begin{pmatrix} A-BD^{-1}C & O \\ C & D \end{pmatrix}=\det(A-BD^{-1}C)\cdot\det D$$

故

$$\det\begin{pmatrix} A & B \\ C & D \end{pmatrix}=\det(A-BD^{-1}C)\cdot\det D$$

注 下面的命题也只是本命题的特例:设A,B,C,D均为n阶矩阵,求证:

(1)$\det\begin{pmatrix} A & B \\ B & A \end{pmatrix}=\det(A+B)\cdot\det(A-B)$.

(2)若$\det A\neq0$,且$AC=CA$,则$\det\begin{pmatrix} A & B \\ C & D \end{pmatrix}=\det(AD-CB)$;

又若$AB=BA$,则$\det\begin{pmatrix} A & B \\ C & D \end{pmatrix}=\det(DA-CB)$.

(3)设$A_{11},A_{12},A_{21},A_{22}$都是$m\times m$的矩阵,且$|A_{11}|\neq0$,又$A_{11}A_{22}=A_{21}A_{11}$,试证$\det\begin{pmatrix} A_{11} & A_{12} \\ A_{21} & A_{22} \end{pmatrix}=\det(A_{11}A_{22}-A_{21}A_{11})$.

对于(2)的证明可见矩阵求秩的例子,或由

$$\begin{pmatrix} I & O \\ -CA^{-1} & I \end{pmatrix}\begin{pmatrix} A & B \\ C & D \end{pmatrix}=\begin{pmatrix} A & B \\ O & D-CA^{-1}B \end{pmatrix}$$

两边取行列式得到.也可见前例的注.

3. 行列式杂例

下面的问题或是利用行列式的某些性质,或是将某些常规问题转化成行列式形式(或以行列式形式出现),或者相反.

例 1 若 1 326,2 743,5 148,3 874 皆可被 13 整除,则 $D=\begin{vmatrix}1&3&2&6\\2&7&4&3\\5&1&4&8\\3&8&7&4\end{vmatrix}$ 亦可被 13 整除.(华东石油学院,1981)

简析 直接先计算行列式未尝不可,然而从试题形式看非此目的.显然在行列式某列能化为 1 326,2 743,5 148,3 874 来,问题立刻获解.

证 将第 1 列乘 1 000,第 2 列乘 100,第 3 列乘 10,且分别加到第 4 列后,D 变为

$$D=\begin{vmatrix}1&3&2&1\,326\\2&7&4&2\,743\\5&1&4&5\,148\\3&8&7&3\,874\end{vmatrix}$$

从第 4 列提出 13 的因子,则 $D=13D'$,而 D' 亦为整数,从而 D 可被 13 整除.

注 因为 D 的值可能是负,因而题目似应改为"D 的绝对值"可被 13 整除或 D 中有 13 的因子,类似的问题可见后文例 3 的注.

接下来是一个关于解行列式方程的例子.

例 2 解行列式(形式的)方程

$$\begin{vmatrix}a_1&a_2&a_3&a_4+x\\a_1&a_2&a_3+x&a_4\\a_1&a_2+x&a_3&a_4\\a_1+x&a_2&a_3&a_4\end{vmatrix}=0$$

(安徽大学,1984)

解 将行列式的第 2,3,4 列加到第 1 列,再提取公因子(从第 1 列)得

$$\left(\sum_{i=1}^{4}a_i+x\right)\begin{vmatrix}1&a_2&a_3&a_4+x\\1&a_2&a_3+x&a_4\\1&a_2+x&a_3&a_4\\1&a_2&a_3&a_4\end{vmatrix}\quad\text{(第 1 行乘以 -1 分别加到第 2 ～ 4 行)}$$

$$=\left(x+\sum_{i=1}^{4}a_i\right)\begin{vmatrix}1&a_2&a_3&a_4+x\\0&0&x&-x\\0&x&0&-x\\0&0&0&-x\end{vmatrix}\quad\text{(按第 1 列展开)}$$

$$=\left(x+\sum_{i=1}^{4}a_i\right)\begin{vmatrix}0&x&-x\\x&0&-x\\0&0&-x\end{vmatrix}=\left(x+\sum_{i=1}^{4}a_i\right)x^3$$

故方程的解为 $x=0,0,0,-\sum\limits_{i=1}^{4}a_i$.

例 3 设 $f(x)=\begin{vmatrix}1&x-1&2x-1\\1&x-2&3x-2\\1&x-3&4x-3\end{vmatrix}$,证明存在 $\xi\in(0,1)$,使 $f'(\xi)=0$.(华东水利学院,1984)

证 由题设知 $f(x)$是关于 x 的不多于三次的多项式,故它在$[0,1]$上连续,在$(0,1)$内可导,且

$$f(0)=\begin{vmatrix}1&-1&-1\\1&-2&-2\\1&-3&-3\end{vmatrix}=0,\quad f(1)=\begin{vmatrix}1&0&1\\1&-1&1\\1&-2&1\end{vmatrix}=0$$

由罗尔(Rolle)中值定理知道,至少存在一点$\xi\in(0,1)$使$f'(\xi)=0$.

注 1 这个命题是属于分析和代数的综合问题.读者也可考虑:

问题:试证$\begin{vmatrix}2&7&3\\4&6&8\\6&8&9\end{vmatrix}$可被13整除.

这只需注意到273,468,689皆可被13整除即可.

注 2 行列式函数求导问题我们可有下面的结论:

若$a_{ij}(t)(1\leqslant i,j\leqslant n)$是$t$的可导函数,则

$$\frac{\mathrm{d}}{\mathrm{d}t}\begin{vmatrix}a_{11}(t)&a_{12}(t)&\cdots&a_{1n}(t)\\a_{21}(t)&a_{22}(t)&\cdots&a_{2n}(t)\\\vdots&\vdots&&\vdots\\a_{n1}(t)&a_{n2}(t)&\cdots&a_{nn}(t)\end{vmatrix}=\sum_{j=1}^{n}\begin{vmatrix}a_{11}(t)&a'_{1j}(t)&\cdots&a_{1n}(t)\\a_{21}(t)&a'_{2j}(t)&\cdots&a_{2n}(t)\\\vdots&\vdots&&\vdots\\a_{n1}(t)&a'_{nj}(t)&\cdots&a_{nn}(t)\end{vmatrix}$$

这可由行列式展开式及和、积函数求导法则不难证得.

注 3 与微分中值定理的联系中,行列式有着特殊的功效与地位,由于它的形式整齐,便于记忆,常引人注目.下面的试题亦属此类.

问题:若$f(x),g(x),h(x)$在$[a,b]$上连续,在(a,b)内可导,则有$\xi\in(a,b)$使

$$\begin{vmatrix}f(a)&g(a)&h(a)\\f(b)&g(b)&h(b)\\f'(\xi)&g'(\xi)&h'(\xi)\end{vmatrix}=0$$

且由此导出拉格朗日中值定理和柯西中值定理.

略解:令$F(x)=\begin{vmatrix}f(a)&g(a)&h(a)\\f(b)&g(b)&h(b)\\f(x)&g(x)&h(x)\end{vmatrix}$,由行列式性质易证$F(a)=F(b)=0$.

由罗尔定理知,有$\xi\in(a,b)$使$F'(\xi)=0$(注意行列式微分),即

$$\begin{vmatrix}f(a)&g(a)&h(a)\\f(b)&g(b)&h(b)\\f'(\xi)&g'(\xi)&h'(\xi)\end{vmatrix}=0$$

若取$g(x)=x,h(x)=1$,则行列式化为$\begin{vmatrix}f(a)&a&1\\f(b)&b&1\\f'(\xi)&1&0\end{vmatrix}=0$,即$f(b)-f(a)=f'(\xi)(b-a)$,此即拉格朗日中值定理.

若取$h(x)=1$,则行列式化为$\begin{vmatrix}f(a)&g(a)&1\\f(b)&g(b)&1\\f'(\xi)&g'(\xi)&1\end{vmatrix}=0$,即$\dfrac{f(b)-f(a)}{g(b)-g(a)}=\dfrac{f'(\xi)}{g'(\xi)}$,此乃柯西中值定理.

1987~2012 年部分

(一)填空题

1. 简单行列式计算

题 1 (1988③④)行列式$D=\begin{vmatrix}1&1&1&0\\1&1&0&1\\1&0&1&1\\0&1&1&1\end{vmatrix}=$_______.

解 将该行列式第1,2,3行加到第4行后提取3,有

$$D=3\cdot\begin{vmatrix}1&1&1&0\\1&1&0&1\\1&0&1&1\\1&1&1&1\end{vmatrix}\xlongequal[\text{减第1列}]{\text{第2,3,4列}}3\begin{vmatrix}1&0&0&-1\\1&0&-1&0\\1&-1&0&0\\1&0&0&0\end{vmatrix}\xlongequal[\text{行展开}]{\text{按第4}}-3$$

题2 (1989④)行列式 $\begin{vmatrix}1&-1&1&x-1\\1&-1&x+1&-1\\1&x-1&1&-1\\x+1&-1&1&-1\end{vmatrix}=$________.

解 将第2,3,4列加到第1列,则

$$\text{原式}=\begin{vmatrix}x&-1&1&x-1\\x&-1&x+1&-1\\x&x-1&1&-1\\x&-1&1&-1\end{vmatrix}=x\begin{vmatrix}1&-1&1&x-1\\1&-1&x+1&-1\\1&x-1&1&-1\\1&-1&1&-1\end{vmatrix}$$

$$\xlongequal[\text{第1列乘以}-1\text{加到第3列}]{\text{将第1列加到第2,4列,}}x\begin{vmatrix}1&0&0&x\\1&0&x&0\\1&x&0&0\\1&0&0&0\end{vmatrix}\xlongequal[\text{行展开}]{\text{按第4}}(-1)^{4+1}x\begin{vmatrix}0&0&x\\0&x&0\\x&0&0\end{vmatrix}=x^4$$

注1 上面两题本质上无大异,但注意到即便将上面问题中行列式第2,4列各乘-1后,令$x=-1$,亦无法化为前一问题.注意到此时行列式变为

$$\begin{vmatrix}1&1&1&2\\1&1&0&1\\1&2&1&1\\0&1&1&1\end{vmatrix}$$

注2 交换行列式第1,4列,再交换第2,3列可得到 $\begin{vmatrix}0&1&1&1\\1&0&1&1\\1&1&0&1\\1&1&1&0\end{vmatrix}$,它即为 $\begin{vmatrix}a&x&x&x\\x&a&x&x\\x&x&a&x\\x&x&x&a\end{vmatrix}$ 型(注意两次交换行列变号两次),此行列式我们前文曾重点介绍过.

题3 (1996④)5阶行列式 $\begin{vmatrix}1-a&a&0&0&0\\-1&1-a&a&0&0\\0&-1&1-a&a&0\\0&0&-1&1-a&a\\0&0&0&-1&1-a\end{vmatrix}=$________.

解 令原式为D_5,按第1行展开得递推关系后,反复用此递推式有

$$\begin{aligned}D_5&=(1-a)D_4+aD_3=(1-a)[(1-a)D_3+aD_2]+aD_3\\&=[(1-a)^2+a]D_3+a(1-a)D_2\\&=(1-a+a^2)[(1-a)D_2+a(1-a)]+a(1-a)D_2\\&=(1-a+a^2)[(1-a)(1-a+a^2)+a(1-a)]+a(1-a)(1-a+a^2)\\&=1-a+a^2-a^3+a^4-a^5\end{aligned}$$

这里注意到$D_2=1-a+a^2$.

注 其相应的矩阵称为三对角阵,其实先将行列式第2~5列分别加到第1列,再按第1列展开亦

可得到一个简单递推式.

此题解法可用于问题推广到 n 阶行列式的情形.

题 4 (2001④)设行列式 $D=\begin{vmatrix}3&0&4&0\\2&2&2&2\\0&-7&0&0\\5&3&-2&2\end{vmatrix}$，则其第 4 行各元素的余子式之和的值为________.

解 1 直接写出第 4 行各元素的余子式且相加，得

$$D=\begin{vmatrix}0&4&0\\2&2&2\\-7&0&0\end{vmatrix}+\begin{vmatrix}3&4&0\\2&2&2\\0&0&0\end{vmatrix}+\begin{vmatrix}3&0&0\\2&2&2\\0&-7&0\end{vmatrix}+\begin{vmatrix}3&0&4\\2&2&2\\0&-7&0\end{vmatrix}$$

$$=-56+0+42-14=-28$$

解 2 设 M_{ij} 为 a_{ij} 的余子式，A_{ij} 为 a_{ij} 的代数余子式，则

$$M_{41}+M_{42}+M_{43}+M_{44}=-A_{41}+A_{42}-A_{43}+A_{44}$$

$$=\begin{vmatrix}3&0&4&0\\2&2&2&2\\0&-7&0&0\\-1&1&-1&1\end{vmatrix}\xlongequal[\text{展开}]{\text{按第 3 行}}7\begin{vmatrix}3&4&0\\2&2&2\\-1&-1&1\end{vmatrix}$$

$$\xlongequal[\text{加到第 3 行}]{\text{第 2 行乘}\frac{1}{2}}7\begin{vmatrix}3&4&0\\2&2&2\\0&0&2\end{vmatrix}=-28$$

这里第 3 个等式是将原行列式的第 4 行元素依次换为 $-1,1,-1,1$，而其他行元素不变. 该行列式值恰好为 D 的第 4 行余子式之和.

注 利用行列式性质“某行元素分别乘以其他行相应元素(同列)的代数余子式之和，其值为 0”可以拟造一些概念性很强的题目.

题 5 (2005①②④)设 $\boldsymbol{\alpha}_1,\boldsymbol{\alpha}_2,\boldsymbol{\alpha}_3$ 均为三维列向量，记矩阵

$$\boldsymbol{A}=(\boldsymbol{\alpha}_1,\boldsymbol{\alpha}_2,\boldsymbol{\alpha}_3),\quad \boldsymbol{B}=(\boldsymbol{\alpha}_1+\boldsymbol{\alpha}_2+\boldsymbol{\alpha}_3,\boldsymbol{\alpha}_1+2\boldsymbol{\alpha}_2+4\boldsymbol{\alpha}_3,\boldsymbol{\alpha}_1+3\boldsymbol{\alpha}_2+9\boldsymbol{\alpha}_3)$$

如果 $|\boldsymbol{A}|=1$，则 $|\boldsymbol{B}|=$________.

解 由于

$$\boldsymbol{B}=(\boldsymbol{\alpha}_1+\boldsymbol{\alpha}_2+\boldsymbol{\alpha}_3,\boldsymbol{\alpha}_1+2\boldsymbol{\alpha}_2+4\boldsymbol{\alpha}_3,\boldsymbol{\alpha}_1+3\boldsymbol{\alpha}_2+9\boldsymbol{\alpha}_3)$$

$$=(\boldsymbol{\alpha}_1,\boldsymbol{\alpha}_2,\boldsymbol{\alpha}_3)\begin{pmatrix}1&1&1\\1&2&3\\1&4&9\end{pmatrix}=\boldsymbol{A}\begin{pmatrix}1&1&1\\1&2&3\\1&4&9\end{pmatrix}$$

所以

$$|\boldsymbol{B}|=|\boldsymbol{A}|\begin{vmatrix}1&1&1\\1&2&3\\1&4&9\end{vmatrix}=1\times2=2$$

2. 稍复杂的行列式计算

这类问题在填空中出现得不多，它们常出现在大的综合计算或证明题中. 当然，下面的问题也许是个例外. 如果你把它当作某个人们熟知的行列式问题的特例，则要另当别论了. 本题的立意似乎恰好如此.

题 1 (1997④)设 n 阶矩阵 $\boldsymbol{A}=\begin{pmatrix}0&1&1&\cdots&1&1\\1&0&1&\cdots&1&1\\1&1&0&\cdots&1&1\\\vdots&\vdots&\vdots&&\vdots&\vdots\\1&1&1&\cdots&0&1\\1&1&1&\cdots&1&0\end{pmatrix}$,则 $|\boldsymbol{A}|=$________.

解 把行列式 $|\boldsymbol{A}|$ 的第 $2\sim n$ 行分别加到第 1 行,然后从第 1 行提出因子 $n-1$,得

$$|\boldsymbol{A}|=(n-1)\begin{vmatrix}1&1&1&\cdots&1&1\\1&0&1&\cdots&1&1\\1&1&0&\cdots&1&1\\\vdots&\vdots&\vdots&&\vdots&\vdots\\1&1&1&\cdots&0&1\\1&1&1&\cdots&1&0\end{vmatrix}\xlongequal[\text{分别减第 1 行}]{\text{第 }2\sim n\text{ 行}}(n-1)\begin{vmatrix}1&1&1&\cdots&1&1\\0&-1&0&\cdots&0&0\\0&0&-1&\cdots&0&0\\\vdots&\vdots&\vdots&&\vdots&\vdots\\0&0&0&\cdots&-1&0\\0&0&0&\cdots&0&-1\end{vmatrix}$$

$$=(-1)^{n-1}(n-1)$$

注 此行列式即是 $\begin{vmatrix}x&a&\cdots&a\\a&x&\cdots&a\\\vdots&\vdots&&\vdots\\a&a&\cdots&x\end{vmatrix}$ 的特殊情形,此问题我们前文已重点介绍过.

题 2 (1991④)n 阶行列式 $D_n=\begin{vmatrix}a&b&0&\cdots&0&0\\0&a&b&\cdots&0&0\\0&0&a&\cdots&0&0\\\vdots&\vdots&\vdots&&\vdots&\vdots\\0&0&0&\cdots&a&b\\b&0&0&\cdots&0&a\end{vmatrix}=$________.

解 按第 1 列展开后,得到一个上三角、一个下三角行列式,这样便可计算出结果

$$D_n=a\begin{vmatrix}a&b&0&\cdots&0&0\\0&a&b&\cdots&0&0\\\vdots&\vdots&\vdots&&\vdots&\vdots\\0&0&0&\cdots&a&b\\0&0&0&\cdots&0&a\end{vmatrix}+(-1)^{n+1}b\begin{vmatrix}b&0&\cdots&0&0\\a&b&\cdots&0&0\\0&a&\cdots&0&0\\\vdots&\vdots&&\vdots&\vdots\\0&0&\cdots&a&b\end{vmatrix}$$

$$=a^n+(-1)^{n+1}b$$

3. 涉及矩阵性质的行列式计算

题 1 (1998①)设 4×4 矩阵 $\boldsymbol{A}=(\boldsymbol{\alpha},\boldsymbol{\gamma}_2,\boldsymbol{\gamma}_3,\boldsymbol{\gamma}_4)$,$\boldsymbol{B}=(\boldsymbol{\beta},\boldsymbol{\gamma}_2,\boldsymbol{\gamma}_3,\boldsymbol{\gamma}_4)$,其中,$\boldsymbol{\alpha},\boldsymbol{\beta},\boldsymbol{\gamma}_2,\boldsymbol{\gamma}_3,\boldsymbol{\gamma}_4$ 均为 4 维列向量,且已知行列式 $|\boldsymbol{A}|=4$,$|\boldsymbol{B}|=1$,则行列式 $|\boldsymbol{A}+\boldsymbol{B}|=$________.

解 由行列式性质可有

$$|\boldsymbol{A}+\boldsymbol{B}|=|(\boldsymbol{\alpha}+\boldsymbol{\beta},2\boldsymbol{\gamma}_2,2\boldsymbol{\gamma}_3,2\boldsymbol{\gamma}_4)|=8|(\boldsymbol{\alpha}+\boldsymbol{\beta},\boldsymbol{\gamma}_2,\boldsymbol{\gamma}_3,\boldsymbol{\gamma}_4)|=8(|\boldsymbol{A}|+|\boldsymbol{B}|)=40$$

题 2 (1998④)设 $\boldsymbol{A},\boldsymbol{B}$ 均为 n 阶矩阵,且 $|\boldsymbol{A}|=2$,$|\boldsymbol{B}|=-3$,则 $|2\boldsymbol{A}^*\boldsymbol{B}^{-1}|=$________.

解 注意到 $\boldsymbol{A}^*=|\boldsymbol{A}|\boldsymbol{A}^{-1}$(因 $|\boldsymbol{A}|=2$,知 $\boldsymbol{A}$ 可逆)的事实及行列式性质,则有

$$|2\boldsymbol{A}^*\boldsymbol{B}^{-1}|=2^n||\boldsymbol{A}|\boldsymbol{A}^{-1}\boldsymbol{B}^{-1}|=2^n|\boldsymbol{A}|^n|\boldsymbol{A}^{-1}||\boldsymbol{B}^{-1}|=2^n|\boldsymbol{A}|^n|\boldsymbol{A}|^{-1}|\boldsymbol{B}|^{-1}$$

$$=2^n\times2^n\times2^{-1}\times(-3)^{-1}=-\frac{2^{2n-1}}{3}$$

题 3 (2012②③)设 $\boldsymbol{A}$ 为 3 阶矩阵,且 $|\boldsymbol{A}|=3$,$\boldsymbol{A}^*$ 为 $\boldsymbol{A}$ 的伴随矩阵,若交换 $\boldsymbol{A}$ 的第 1 行与第 2 行得

到的矩阵为 $\boldsymbol{B}$,则 $|\boldsymbol{BA}^*|=$________.

解 由题设 $\boldsymbol{B}=\boldsymbol{P}(1,2)\boldsymbol{A}$,这样

$$|\boldsymbol{BA}^*|=|\boldsymbol{B}||\boldsymbol{A}^*|=|\boldsymbol{P}(1,2)\boldsymbol{A}||\boldsymbol{A}^*|=|\boldsymbol{P}(1,2)||\boldsymbol{A}||\boldsymbol{A}^*|=-1\cdot 3\cdot ||\boldsymbol{A}|\boldsymbol{A}^{-1}|=-27$$

注 $\boldsymbol{P}(1,2)$ 表示交换矩阵.

题 4 (2010③)设 $\boldsymbol{A},\boldsymbol{B}$ 为 3 阶矩阵,且 $|\boldsymbol{A}|=3$,$|\boldsymbol{B}|=2$,$|\boldsymbol{A}^{-1}+\boldsymbol{B}|=2$,则 $|\boldsymbol{A}+\boldsymbol{B}^{-1}|=$________.

解 注意到矩阵运算及其行列式等式 $|\boldsymbol{AB}|=|\boldsymbol{A}||\boldsymbol{B}|$($\boldsymbol{A},\boldsymbol{B}$ 为同阶方阵)性质,有

$$\boldsymbol{A}(\boldsymbol{A}^{-1}+\boldsymbol{B})=\boldsymbol{E}+\boldsymbol{AB}=(\boldsymbol{A}+\boldsymbol{B}^{-1})\boldsymbol{B}$$

则

$$|\boldsymbol{A}+\boldsymbol{B}^{-1}||\boldsymbol{B}|=|\boldsymbol{AB}+\boldsymbol{E}|,\quad |\boldsymbol{A}||\boldsymbol{A}^{-1}+\boldsymbol{B}|=|\boldsymbol{AB}+\boldsymbol{E}|$$

所以

$$|\boldsymbol{A}||\boldsymbol{A}^{-1}+\boldsymbol{B}|=|\boldsymbol{A}+\boldsymbol{B}^{-1}||\boldsymbol{B}|\Rightarrow 3\cdot 2=|\boldsymbol{A}+\boldsymbol{B}^{-1}|\cdot 2\Rightarrow|\boldsymbol{A}+\boldsymbol{B}^{-1}|=3$$

题 5 (1992③)设 $\boldsymbol{A}$ 为 m 阶方阵,$\boldsymbol{B}$ 为 n 阶方阵,且 $|\boldsymbol{A}|=a$,$|\boldsymbol{B}|=b$,$\boldsymbol{C}=\begin{pmatrix}\boldsymbol{O}&\boldsymbol{A}\\ \boldsymbol{B}&\boldsymbol{O}\end{pmatrix}$,则 $|\boldsymbol{C}|=$________.

解 不难用一系列行初等变换(行交换)把 $\boldsymbol{C}=\begin{pmatrix}\boldsymbol{O}&\boldsymbol{A}\\ \boldsymbol{B}&\boldsymbol{O}\end{pmatrix}$ 变为 $\boldsymbol{D}=\begin{pmatrix}\boldsymbol{B}&\boldsymbol{O}\\ \boldsymbol{O}&\boldsymbol{A}\end{pmatrix}$,这相当于用一系列行交换矩阵 $\boldsymbol{I}(i,j)$ 左乘 $\boldsymbol{C}$.

今计算所乘初等矩阵即行交换矩阵的个数(即行交换的次数).

把 $\boldsymbol{C}$ 中 $\boldsymbol{B}$ 的每行元素向上与 $\boldsymbol{O}$ 的第 m 行元素进行交换的次数是 n. 依此类推,因为要进行 m 次这样的交换($\boldsymbol{O}$ 有 m 行),所以总交换次数为 mn.

又因为 $|\boldsymbol{I}(i,j)|=-1$,故 $|\boldsymbol{C}|=(-1)^{mn}|\boldsymbol{B}||\boldsymbol{A}|=(-1)^{mn}ab$.

注 我们也可以利用分块矩阵理论计算该行列式(见前文). 此外由广义拉普拉斯展开可直接得到 $|\boldsymbol{C}|=(-1)^{mn}ab$.

题 6 (2003②)设 3 阶方阵 $\boldsymbol{A},\boldsymbol{B}$ 满足关系式 $\boldsymbol{A}^2\boldsymbol{B}-\boldsymbol{A}-\boldsymbol{B}=\boldsymbol{I}$,其中 $\boldsymbol{I}$ 为 3 阶单位矩阵,又若矩阵

$$\boldsymbol{A}=\begin{pmatrix}1&0&1\\0&2&0\\-2&0&1\end{pmatrix}$$

则 $\boldsymbol{B}$ 的行列式 $|\boldsymbol{B}|=$________.

解 由 $\boldsymbol{A}^2\boldsymbol{B}-\boldsymbol{A}-\boldsymbol{B}=\boldsymbol{I}$,知 $(\boldsymbol{A}^2-\boldsymbol{I})\boldsymbol{B}=\boldsymbol{A}+\boldsymbol{I}$,即 $(\boldsymbol{A}+\boldsymbol{I})(\boldsymbol{A}-\boldsymbol{I})\boldsymbol{B}=\boldsymbol{A}+\boldsymbol{I}$,因而

$$(\boldsymbol{A}+\boldsymbol{I})[(\boldsymbol{A}-\boldsymbol{I})(\boldsymbol{B}-\boldsymbol{I})]=\boldsymbol{O}$$

知矩阵 $\boldsymbol{A}+\boldsymbol{I}$ 可逆,于是有 $(\boldsymbol{A}-\boldsymbol{I})\boldsymbol{B}=\boldsymbol{I}$. 两边取行列式,得 $|\boldsymbol{A}-\boldsymbol{I}||\boldsymbol{B}|=1$.

又 $|\boldsymbol{A}-\boldsymbol{I}|=\begin{vmatrix}0&0&1\\0&1&0\\-2&0&0\end{vmatrix}=2$,故 $|\boldsymbol{B}|=\dfrac{1}{2}$.

题 7 (2004①②)设矩阵 $\boldsymbol{A}=\begin{pmatrix}2&1&0\\1&2&0\\0&0&1\end{pmatrix}$,矩阵 $\boldsymbol{B}$ 满足 $\boldsymbol{ABA}^*=2\boldsymbol{BA}^*+\boldsymbol{I}$,其中 $\boldsymbol{A}^*$ 为 $\boldsymbol{A}$ 的伴随矩阵,$\boldsymbol{I}$ 是单位矩阵,则 $|\boldsymbol{B}|=$________.

解 1 利用伴随矩阵的性质及矩阵乘积的行列式性质求行列式的值.

由 $\boldsymbol{ABA}^*=2\boldsymbol{BA}^*+\boldsymbol{I}\Longleftrightarrow\boldsymbol{ABA}^*-2\boldsymbol{BA}^*=\boldsymbol{I}\Longleftrightarrow(\boldsymbol{A}-2\boldsymbol{I})\boldsymbol{BA}^*=\boldsymbol{I}$,故

$$|\boldsymbol{A}-2\boldsymbol{I}||\boldsymbol{B}||\boldsymbol{A}^*|=|\boldsymbol{I}|=1$$

从而可有 $|\boldsymbol{B}|=\dfrac{1}{|\boldsymbol{A}-2\boldsymbol{I}||\boldsymbol{A}^*|}$,而

$$|A-2I|=\begin{vmatrix}0&1&0\\1&0&0\\0&0&-1\end{vmatrix}=1,\ |A^*|=|A|^2=3^2$$

故
$$|B|=\frac{1}{9}$$

解 2 由 $A^*=|A|A^{-1}$，$ABA^*=2BA^*+I$，得

$$AB|A|A^{-1}=2B|A|A^{-1}+AA^{-1}$$

则
$$|A|AB=2|A|B+A$$

即 $|A|(A-2I)B=A$，从而 $|A|^3|A-2I||B|=|A|$，故

$$|B|=\frac{1}{|A|^2|A-2I|}=\frac{1}{9}$$

4. 涉及矩阵特征问题的行列式计算

题 1 （2000④）已知 4 阶矩阵 A 相似于 B，又 A 的特征值分别为 2，3，4，5，且 I 为 4 阶单位矩阵，则 $|B-I|=$________.

解 由题设 A，B 相似，知 B 的特征值亦为 2，3，4，5，从而 $B-I$ 的特征值为 1，2，3，4，故

$$|B-I|=1\times2\times3\times4=24$$

题 2 （2000③）若 4 阶矩阵 A 与 B 相似，矩阵 A 的特征值为 $\frac{1}{2}$，$\frac{1}{3}$，$\frac{1}{4}$，$\frac{1}{5}$，则行列式 $|B^{-1}-I|=$________.

解 由 A，B 相似，知它们有相同的特征值，故 B 的特征值为 $\frac{1}{2}$，$\frac{1}{3}$，$\frac{1}{4}$，$\frac{1}{5}$，这样 B^{-1} 的特征值为 2，3，4，5，从而 $B^{-1}-I$ 的特征值为 1，2，3，4，故

$$|B^{-1}-I|=1\times2\times3\times4=24$$

题 3 （2000④）设 $\boldsymbol{\alpha}=(1,0,-1)^{\mathrm T}$，又矩阵 $A=\boldsymbol{\alpha}\boldsymbol{\alpha}^{\mathrm T}$，且 n 为正整数，则 $|aI-A^n|=$________.

解 1 由
$$A=\boldsymbol{\alpha}\boldsymbol{\alpha}^{\mathrm T}=\begin{pmatrix}1\\0\\-1\end{pmatrix}(1,0,-1)=\begin{pmatrix}1&0&-1\\0&0&0\\-1&0&1\end{pmatrix}$$

令 $|\lambda E-A|=\lambda^2(\lambda-2)=0$，求得 A 的特征值为 0，0，2.

因此 $aI-A^n$ 的特征值为 a，a，$a-2^n$. 故 $|aI-A^n|=a^2(a-2^n)$.

解 2 由 $A^n=(\boldsymbol{\alpha}\boldsymbol{\alpha}^{\mathrm T})\cdot(\boldsymbol{\alpha}\boldsymbol{\alpha}^{\mathrm T})\cdot\cdots\cdot(\boldsymbol{\alpha}\boldsymbol{\alpha}^{\mathrm T})=(\boldsymbol{\alpha}^{\mathrm T}\boldsymbol{\alpha})^{n-1}\boldsymbol{\alpha}\boldsymbol{\alpha}^{\mathrm T}=(\boldsymbol{\alpha}^{\mathrm T}\boldsymbol{\alpha})^{n-1}A$，因此

$$|aI-A^n|=\begin{vmatrix}a-2^{n-1}&0&a-2^{n-1}\\0&a&0\\2^{n-1}&0&2^{n-1}\end{vmatrix}=a^2(a-2^n)$$

解 3 首先 $\mathrm{r}(A)=1$. 又 $A\boldsymbol{\alpha}=(\boldsymbol{\alpha}\boldsymbol{\alpha}^{\mathrm T})\boldsymbol{\alpha}=\boldsymbol{\alpha}(\boldsymbol{\alpha}^{\mathrm T}\boldsymbol{\alpha})=2\boldsymbol{\alpha}$，知 A 有特征值 2.

从而 A 的特征值为 0，0，2，则 A^n 的特征值为 0，0，2^n，故

$$|aI-A^n|=a^2(a-2^n)$$

(二)选择题

1. 简单行列式计算

题 1 （1996①）4 阶行列式 $D=\begin{vmatrix}a_1&0&0&b_1\\0&a_2&b_2&0\\0&b_3&a_3&0\\b_4&0&0&a_4\end{vmatrix}$ 的值等于 （　　）

(A)$a_1a_2a_3a_4-b_1b_2b_3b_4$　　(B)$a_1a_2a_3a_4+b_1b_2b_3b_4$

(C)$(a_1a_2-b_1b_2)(a_3a_4-b_3b_4)$　　(D)$(a_2a_3-b_2b_3)(a_1a_4-b_1b_4)$

解 1　(特值法和排除法)令 $b_1=b_4=0$,可得 $D=a_1a_4(a_2a_3-b_2b_3)$.

经比较,选项(A),(B)和(C)不真,只有(D)正确.故选(D).

解 2　将行列式按第 1 行展开

$$D=a_1\begin{vmatrix} a_2 & b_2 & 0 \\ b_3 & a_3 & 0 \\ 0 & 0 & a_4 \end{vmatrix}-b_1\begin{vmatrix} 0 & a_2 & b_2 \\ 0 & b_3 & a_3 \\ b_4 & 0 & 0 \end{vmatrix}=(a_1a_4-b_1b_4)(a_2a_3-b_2b_3)$$

故选(D).

注　其实,一般地又可有结论(见前文例)

$$\begin{vmatrix} a & & & & & b \\ & \ddots & & & \iddots & \\ & & a & b & & \\ & & b & a & & \\ & \iddots & & & \ddots & \\ b & & & & & a \end{vmatrix}_{2n\times 2n}=(a^2-b^2)^n$$

又可根据例的解法,或用归纳法可总结出

$$\begin{vmatrix} a_1 & & & & & b_1 \\ & \ddots & & & \iddots & \\ & & a_n & b_n & & \\ & & b_{n+1} & a_{n+1} & & \\ & \iddots & & & \ddots & \\ b_{2n} & & & & & a_{2n} \end{vmatrix}=\prod_{i=1}^{n}(a_ia_{2n+1-i}-b_ib_{2n+1-i})$$

题 2　(1993④)若 $\boldsymbol{\alpha}_1,\boldsymbol{\alpha}_2,\boldsymbol{\alpha}_3,\boldsymbol{\beta}_1,\boldsymbol{\beta}_2$ 都是 4 维列向量,且 4 阶行列式 $|(\boldsymbol{\alpha}_1,\boldsymbol{\alpha}_2,\boldsymbol{\alpha}_3,\boldsymbol{\beta}_1)|=m$,$|(\boldsymbol{\alpha}_1,\boldsymbol{\alpha}_2,\boldsymbol{\beta}_2,\boldsymbol{\alpha}_3)|=n$,则 4 阶行列式 $|(\boldsymbol{\alpha}_3,\boldsymbol{\alpha}_2,\boldsymbol{\alpha}_1,\boldsymbol{\beta}_1+\boldsymbol{\beta}_2)|$ 等于　(　　)

(A)$m+n$　　(B)$-(m+n)$　　(C)$n-m$　　(D)$m-n$

解　由行列式的性质,有

$$\begin{aligned}|(\boldsymbol{\alpha}_3,\boldsymbol{\alpha}_2,\boldsymbol{\alpha}_1,\boldsymbol{\beta}_1+\boldsymbol{\beta}_2)|&=|(\boldsymbol{\alpha}_3,\boldsymbol{\alpha}_2,\boldsymbol{\alpha}_1,\boldsymbol{\beta}_1)|+|(\boldsymbol{\alpha}_3,\boldsymbol{\alpha}_2,\boldsymbol{\alpha}_1,\boldsymbol{\beta}_2)|\\&=-|(\boldsymbol{\alpha}_1,\boldsymbol{\alpha}_2,\boldsymbol{\alpha}_3,\boldsymbol{\beta}_1)|+|(\boldsymbol{\alpha}_1,\boldsymbol{\alpha}_2,\boldsymbol{\beta}_2,\boldsymbol{\alpha}_3)|=n-m\end{aligned}$$

故选(C).

2. 涉及矩阵运算的行列式问题

题 1　(1999①)设 $\boldsymbol{A}$ 是 $m\times n$ 矩阵,$\boldsymbol{B}$ 是 $n\times m$ 矩阵,则　(　　)

(A)当 $m>n$ 时,必有行列式 $|\boldsymbol{AB}|\neq 0$

(B)当 $m>n$ 时,必有行列式 $|\boldsymbol{AB}|=0$

(C)当 $n>m$ 时,必有行列式 $|\boldsymbol{AB}|\neq 0$

(D)当 $n>m$ 时,必有行列式 $|\boldsymbol{AB}|=0$

解　$\boldsymbol{AB}$ 是 $m\times m$ 矩阵,因此 $|\boldsymbol{AB}|$ 是否等于 0,取决于 $\boldsymbol{AB}$ 的秩 $\mathrm{r}(\boldsymbol{AB})$ 是否小于 m.

因 $\mathrm{r}(\boldsymbol{AB})\leqslant\min\{\mathrm{r}(\boldsymbol{A}),\mathrm{r}(\boldsymbol{B})\}\leqslant n$,故当 $m>n$ 时,$\boldsymbol{AB}$ 的秩 $\mathrm{r}(\boldsymbol{AB})$ 小于 m,必有 $|\boldsymbol{AB}|=0$.

故选(B).

题 2　(1987①)设 $\boldsymbol{A}$ 为 n 阶方阵,且 $|\boldsymbol{A}|=a\neq 0$,而 $\boldsymbol{A}^*$ 是 $\boldsymbol{A}$ 的伴随矩阵,则 $|\boldsymbol{A}^*|$ 等于　(　　)

(A)a　　(B)$\frac{1}{a}$　　(C)a^{n-1}　　(D)a^n

解　由 $\boldsymbol{AA}^* = |\boldsymbol{A}|\boldsymbol{I}$，两边取行列式得(依行列式性质)

$$|\boldsymbol{AA}^*| = |\boldsymbol{A}||\boldsymbol{A}^*| = ||\boldsymbol{A}|\boldsymbol{I}| = |\boldsymbol{A}|^n$$

由此知 $|\boldsymbol{A}^*| = |\boldsymbol{A}|^{n-1}$.

故选(C).

题 3　(1990④)设 $\boldsymbol{A}$ 是 n 阶可逆矩阵，$\boldsymbol{A}^*$ 是 $\boldsymbol{A}$ 的伴随矩阵，则　(　　)

(A)$|\boldsymbol{A}^*| = |\boldsymbol{A}|^{n-1}$　　(B)$|\boldsymbol{A}^*| = |\boldsymbol{A}|$

(C)$|\boldsymbol{A}^*| = |\boldsymbol{A}|^n$　　(D)$|\boldsymbol{A}^*| = |\boldsymbol{A}^{-1}|$

解　因为 $\boldsymbol{A}$ 可逆，仿上例有 $\boldsymbol{A}^* = |\boldsymbol{A}|\boldsymbol{A}^{-1}$. 两边取行列式，得

$$|\boldsymbol{A}^*| = ||\boldsymbol{A}|\boldsymbol{A}^{-1}| = |\boldsymbol{A}|^n|\boldsymbol{A}^{-1}| = |\boldsymbol{A}|^{n-1}$$

故选(A).

题 4　(1991④)设 $\boldsymbol{A},\boldsymbol{B}$ 为 n 阶方阵，满足等式 $\boldsymbol{AB}=\boldsymbol{O}$，则必有　(　　)

(A)$\boldsymbol{A}=\boldsymbol{O}$ 或 $\boldsymbol{B}=\boldsymbol{O}$　　(B)$\boldsymbol{A}+\boldsymbol{B}=\boldsymbol{O}$

(C)$|\boldsymbol{A}|=0$ 或 $|\boldsymbol{B}|=0$　　(D)$|\boldsymbol{A}|+|\boldsymbol{B}|=0$

解　对 $\boldsymbol{AB}=\boldsymbol{O}$ 两边取行列式，根据 $|\boldsymbol{AB}|=|\boldsymbol{A}|\cdot|\boldsymbol{B}|$，有 $|\boldsymbol{A}|\cdot|\boldsymbol{B}|=0$，由此得知 $|\boldsymbol{A}|=0$ 或 $|\boldsymbol{B}|=0$.

故选(C).

题 5　(1989③)设 $\boldsymbol{A}$ 和 $\boldsymbol{B}$ 均为 $n\times n$ 矩阵，则必有　(　　)

(A)$|\boldsymbol{A}+\boldsymbol{B}|=|\boldsymbol{A}|+|\boldsymbol{B}|$　　(B)$\boldsymbol{AB}=\boldsymbol{BA}$

(C)$|\boldsymbol{AB}|=|\boldsymbol{BA}|$　　(D)$(\boldsymbol{A}+\boldsymbol{B})^{-1}=\boldsymbol{A}^{-1}+\boldsymbol{B}^{-1}$

解　因为 $|\boldsymbol{AB}|=|\boldsymbol{A}|\cdot|\boldsymbol{B}|=|\boldsymbol{B}|\cdot|\boldsymbol{A}|=|\boldsymbol{BA}|$，所以 $|\boldsymbol{AB}|=|\boldsymbol{BA}|$.

故选(C).

题 6　(2004③④)设 n 阶矩阵 $\boldsymbol{A}$ 与 $\boldsymbol{B}$ 等价，则必有　(　　)

(A)当 $|\boldsymbol{A}|=a(a\neq 0)$ 时，$|\boldsymbol{B}|=a$　　(B)当 $|\boldsymbol{A}|=a(a\neq 0)$ 时，$|\boldsymbol{B}|=-a$

(C)当 $|\boldsymbol{A}|\neq 0$ 时，$|\boldsymbol{B}|=0$　　(D)当 $|\boldsymbol{A}|=0$ 时，$|\boldsymbol{B}|=0$

解　利用矩阵 $\boldsymbol{A}$ 与 $\boldsymbol{B}$ 等价的充要条件：$\mathrm{r}(\boldsymbol{A})=\mathrm{r}(\boldsymbol{B})$ 即可.

因为当 $|\boldsymbol{A}|=0$ 时，$\mathrm{r}(\boldsymbol{A})<n$，又 $\boldsymbol{A}$ 与 $\boldsymbol{B}$ 等价，所以 $\mathrm{r}(\boldsymbol{B})<n$，即 $|\boldsymbol{B}|=0$.

故选(D).

3. 行列式方程

题　(1989②)记行列式 $\begin{vmatrix} x-2 & x-1 & x-2 & x-3 \\ 2x-2 & 2x-1 & 2x-2 & 2x-3 \\ 3x-3 & 3x-2 & 4x-5 & 3x-5 \\ 4x & 4x-3 & 5x-7 & 4x-3 \end{vmatrix}$ 为 $f(x)$，则方程 $f(x)=0$ 的根的个数为　(　　)

(A)1　　(B)2　　(C)3　　(D)4

解　依行列式运算性质，有

$$f(x)=\begin{vmatrix} x-2 & 1 & 0 & -1 \\ 2x-2 & 1 & 0 & -1 \\ 3x-3 & 1 & x-2 & -2 \\ 4x & -3 & x-7 & -3 \end{vmatrix} \xlongequal[\text{加到第 4 列}]{\text{第 2 列}} \begin{vmatrix} x-2 & 1 & 0 & 0 \\ 2x-2 & 1 & 0 & 0 \\ 3x-3 & 1 & x-2 & -1 \\ 4x & -3 & x-7 & -6 \end{vmatrix}$$

$$=\begin{vmatrix} x-2 & 1 \\ 2x-2 & 1 \end{vmatrix}\cdot\begin{vmatrix} x-2 & 1 \\ x-7 & 6 \end{vmatrix}=5x(x-1)$$

由此可知 $f(x)=0$ 有 2 个根.

故选(B).

(三)计算证明题

1. 一般行列式计算

题 1 (1990④)设 $\boldsymbol{A}$ 为 10×10 矩阵

$$\boldsymbol{A}=\begin{pmatrix}0&1&0&\cdots&0&0\\0&0&1&\cdots&0&0\\\vdots&\vdots&\vdots&&\vdots&\vdots\\0&0&0&\cdots&0&1\\10^{10}&0&0&\cdots&0&0\end{pmatrix}$$

计算行列式 $|\boldsymbol{A}-\lambda\boldsymbol{I}|$,其中 $\boldsymbol{I}$ 为 10 阶单位矩阵,λ 为常数.

解 将行列式 $|\boldsymbol{A}-\lambda\boldsymbol{I}|$ 按第 1 列展开,有

$$|\boldsymbol{A}-\lambda\boldsymbol{I}|=\begin{vmatrix}-\lambda&1&0&\cdots&0&0\\0&-\lambda&1&\cdots&0&0\\\vdots&\vdots&\vdots&&\vdots&\vdots\\0&0&0&\cdots&-\lambda&1\\10^{10}&0&0&\cdots&0&-\lambda\end{vmatrix}$$

$$=-\lambda\begin{vmatrix}-\lambda&1&0&\cdots&0&0\\0&-\lambda&1&\cdots&0&0\\\vdots&\vdots&\vdots&&\vdots&\vdots\\0&0&0&\cdots&-\lambda&1\\0&0&0&\cdots&0&-\lambda\end{vmatrix}-10^{10}\begin{vmatrix}1&0&0&\cdots&0&0\\-\lambda&1&0&\cdots&0&0\\\vdots&\vdots&\vdots&&\vdots&\vdots\\0&0&0&\cdots&1&0\\0&0&0&\cdots&-\lambda&1\end{vmatrix}$$

$$=(-\lambda)(-\lambda)^9-10^{10}=\lambda^{10}-10^{10}$$

注 本题显然是在求分块矩阵 $\boldsymbol{A}$ 的特征多项式.

题 2 (1988③)设 $\boldsymbol{A}$ 是 3 阶方阵,$\boldsymbol{A}^*$ 是 $\boldsymbol{A}$ 的伴随矩阵,$\boldsymbol{A}$ 的行列式 $|\boldsymbol{A}|=\frac{1}{2}$,求行列式 $|(3\boldsymbol{A})^{-1}-2\boldsymbol{A}^*|$ 的值.

解 因为 $(3\boldsymbol{A})^{-1}=\frac{1}{3}\boldsymbol{A}^{-1}$,$\boldsymbol{A}^*=|\boldsymbol{A}|\boldsymbol{A}^{-1}=\frac{1}{2}\boldsymbol{A}^{-1}$,所以有

$$|(3\boldsymbol{A})^{-1}-2\boldsymbol{A}^*|=\left|\frac{1}{3}\boldsymbol{A}^{-1}-\boldsymbol{A}^{-1}\right|=\left|-\frac{2}{3}\boldsymbol{A}^{-1}\right|=\left(-\frac{2}{3}\right)^3|\boldsymbol{A}^{-1}|=-\frac{8}{27}\cdot\frac{1}{|\boldsymbol{A}|}=-\frac{16}{27}$$

题 3 (1992④)已知实数矩阵 $\boldsymbol{A}=(a_{ij})_{3\times3}$ 满足条件:(1)$a_{ij}=A_{ij}\,(i,j=1,2,3)$,其中 A_{ij} 是 a_{ij} 的代数余子式;(2)$a_{11}\neq0$. 计算行列式 $|\boldsymbol{A}|$.

解 由 $A_{ij}=a_{ij}$,知 $\boldsymbol{A}^*=\boldsymbol{A}^{\mathrm{T}}$. 将此式代入 $\boldsymbol{A}\boldsymbol{A}^*=|\boldsymbol{A}|\boldsymbol{I}$ 中后,两边取行列式,得 $|\boldsymbol{A}\boldsymbol{A}^{\mathrm{T}}|=||\boldsymbol{A}|\boldsymbol{I}|$,即 $|\boldsymbol{A}|^2=|\boldsymbol{A}|^3$,因而 $|\boldsymbol{A}|=1$ 或 $|\boldsymbol{A}|=0$.

因为 $a_{11}\neq0$,将 $|\boldsymbol{A}|$ 依第 1 行展开,得

$$|\boldsymbol{A}|=a_{11}A_{11}+a_{12}A_{12}+a_{13}A_{13}=a_{11}^2+a_{12}^2+a_{13}^2\neq0$$

再由前边的推导结果,必有 $|\boldsymbol{A}|=1$.

题 4 (1995①)设 $\boldsymbol{A}$ 是 n 阶矩阵,满足 $\boldsymbol{A}\boldsymbol{A}^{\mathrm{T}}=\boldsymbol{I}$($\boldsymbol{I}$ 是 n 阶单位矩阵,$\boldsymbol{A}^{\mathrm{T}}$ 是 $\boldsymbol{A}$ 的转置矩阵),$|\boldsymbol{A}|<0$,求 $|\boldsymbol{A}+\boldsymbol{I}|$.

解 由 $|\boldsymbol{A}+\boldsymbol{I}|=|\boldsymbol{A}+\boldsymbol{A}\boldsymbol{A}^{\mathrm{T}}|=|\boldsymbol{A}(\boldsymbol{I}+\boldsymbol{A}^{\mathrm{T}})|=|\boldsymbol{A}||(\boldsymbol{I}+\boldsymbol{A})^{\mathrm{T}}|=|\boldsymbol{A}||\boldsymbol{I}+\boldsymbol{A}|=|\boldsymbol{A}||\boldsymbol{A}+\boldsymbol{I}|$,有

$$(1-|\boldsymbol{A}|)|\boldsymbol{A}+\boldsymbol{I}|=0$$

由题设$|\boldsymbol{A}|<0$,有$1-|\boldsymbol{A}|>0$.故$|\boldsymbol{A}+\boldsymbol{I}|=0$.

题 5 (1994③)设$\boldsymbol{A}$为n阶非零方阵,$\boldsymbol{A}^*$是n的伴随矩阵,$\boldsymbol{A}^{\mathrm{T}}$是$\boldsymbol{A}$的转置矩阵.当$\boldsymbol{A}^*=\boldsymbol{A}^{\mathrm{T}}$时,证明$|\boldsymbol{A}|\neq 0$.

证 1 由$\boldsymbol{A}^*=\boldsymbol{A}^{\mathrm{T}}$,知$A_{ij}=a_{ij}(i,j=1,2,\cdots,n)$,式中$A_{ij}$是矩阵$\boldsymbol{A}$的行列式$|\boldsymbol{A}|$的元素$a_{ij}$的代数余子式.

由于$\boldsymbol{A}$是非零方阵,不妨设$a_{11}\neq 0$.把$|\boldsymbol{A}|$按第1行展开,有

$$|\boldsymbol{A}|=\sum_{j=1}^{n}a_{1j}A_{1j}=\sum_{j=1}^{n}a_{1j}^2\geqslant a_{11}^2>0$$

证 2 设$\boldsymbol{A}$的行向量依次记为$\boldsymbol{\alpha}_1,\boldsymbol{\alpha}_2,\cdots,\boldsymbol{\alpha}_n$,则$\boldsymbol{A}^{\mathrm{T}}=(\boldsymbol{\alpha}_1^{\mathrm{T}},\boldsymbol{\alpha}_2^{\mathrm{T}},\cdots,\boldsymbol{\alpha}_n^{\mathrm{T}})$,把$\boldsymbol{A}^*=\boldsymbol{A}^{\mathrm{T}}$代入公式$\boldsymbol{A}\boldsymbol{A}^*=|\boldsymbol{A}|\boldsymbol{I}$中,有$\boldsymbol{A}\boldsymbol{A}^{\mathrm{T}}=|\boldsymbol{A}|\boldsymbol{I}$.下证$|\boldsymbol{A}|\neq 0$.用反证法.假设$|\boldsymbol{A}|=0$,则有

$$\boldsymbol{O}=\boldsymbol{A}\boldsymbol{A}^{\mathrm{T}}=\begin{pmatrix}\boldsymbol{\alpha}_1\\ \boldsymbol{\alpha}_2\\ \vdots\\ \boldsymbol{\alpha}_n\end{pmatrix}(\boldsymbol{\alpha}_1^{\mathrm{T}},\boldsymbol{\alpha}_2^{\mathrm{T}},\cdots,\boldsymbol{\alpha}_n^{\mathrm{T}})=\begin{pmatrix}\boldsymbol{\alpha}_1\boldsymbol{\alpha}_1^{\mathrm{T}} & \boldsymbol{\alpha}_1\boldsymbol{\alpha}_2^{\mathrm{T}} & \cdots & \boldsymbol{\alpha}_1\boldsymbol{\alpha}_n^{\mathrm{T}}\\ \boldsymbol{\alpha}_2\boldsymbol{\alpha}_1^{\mathrm{T}} & \boldsymbol{\alpha}_2\boldsymbol{\alpha}_2^{\mathrm{T}} & \cdots & \boldsymbol{\alpha}_2\boldsymbol{\alpha}_n^{\mathrm{T}}\\ \vdots & \vdots & & \vdots\\ \boldsymbol{\alpha}_n\boldsymbol{\alpha}_1^{\mathrm{T}} & \boldsymbol{\alpha}_n\boldsymbol{\alpha}_2^{\mathrm{T}} & \cdots & \boldsymbol{\alpha}_n\boldsymbol{\alpha}_n^{\mathrm{T}}\end{pmatrix}$$

则$\boldsymbol{\alpha}_i\boldsymbol{\alpha}_i^{\mathrm{T}}=0(i=1,2,\cdots,n)$,即$\|\boldsymbol{\alpha}_i\|^2=0$,表明$\boldsymbol{\alpha}_i=\boldsymbol{0}$,亦即$\boldsymbol{A}=\boldsymbol{O}$,这与$\boldsymbol{A}$是非零阵矛盾,故$|\boldsymbol{A}|\neq 0$.

国内外大学数学竞赛及水平测试题赏析

1. 行列式计算问题

例 1 试证行列式

$$D=\begin{vmatrix}1+a^2-b^2-c^2 & 2(ab+c) & 2(ca-b)\\ 2(ab-c) & 1+b^2-c^2-a^2 & 2(bc+a)\\ 2(ac+b) & 2(bc-a) & 1+c^2-a^2-b^2\end{vmatrix}=(1+a^2+b^2+c^2)^3$$

(美国 Putnam Exam,1941)

证 将D的第1行加上第3行乘以b,减去第2行乘以c,有

$$\begin{aligned}D&=\begin{vmatrix}1+a^2+b^2+c^2 & c(1+a^2+b^2+c^2) & -b(1+a^2+b^2+c^2)\\ 2ab-2c & 1+b^2-c^2-a^2 & 2bc+2a\\ 2ac+2b & 2bc-2a & 1+c^2-a^2-b^2\end{vmatrix}\\ &=(1+a^2+b^2+c^2)\begin{vmatrix}1 & c & -b\\ 2ab-2c & 1+b^2-c^2-a^2 & 2bc+2a\\ 2ac+2b & 2bc-2a & 1+c^2-a^2-b^2\end{vmatrix}\\ &=(1+a^2+b^2+c^2)\begin{vmatrix}1 & 0 & 0\\ 2ab-2c & 1+b^2+c^2-a^2-2abc & 2ab^2+2a\\ 2ac+2b & -2a-2ac^2 & 1+c^2-a^2+b^2+2abc\end{vmatrix}\\ &=(1+a^2+b^2+c^2)[(1+b^2+c^2-a^2)^2+4(a+ac^2)(ab^2+a)]\\ &=(1+a^2+b^2+c^2)[(1+b^2+c^2-a^2)^2-4a^2b^2c^2+4a^2(b^2+1)(c^2+1)]\\ &=(1+a^2+b^2+c^2)^3\end{aligned}$$

例 2 若a,b,c,d,e,f皆为实数,试证行列式

$$D=\begin{vmatrix}0 & a & b & c\\ -a & 0 & d & e\\ -b & -d & 0 & f\\ -c & -e & -f & 0\end{vmatrix}$$

是非负的.(美国 Putnam Exam,1951)

证 不妨设 $f\neq0$,考虑 f 除以 D 的第 3 行、第 3 列,有

$$\frac{D}{f^2}=\begin{vmatrix}0 & a & \frac{b}{f} & c\\ -a & 0 & \frac{d}{f} & e\\ -\frac{b}{f} & -\frac{d}{f} & 0 & 1\\ -c & -e & -1 & 0\end{vmatrix}\quad \begin{matrix}\text{(第 1 行减 } c \text{ 乘第 3 行,}\\ \text{第 2 行减 } e \text{ 乘第 3 行)}\end{matrix}$$

$$=\begin{vmatrix}\frac{bc}{f} & a+\frac{dc}{f} & \frac{b}{f} & 0\\ -a+\frac{be}{f} & \frac{de}{f} & \frac{d}{f} & 0\\ -\frac{b}{f} & -\frac{d}{f} & 0 & 1\\ -c & -e & -1 & 0\end{vmatrix}\quad\text{(对列实施上述变换)}$$

$$=\begin{vmatrix}0 & a+\frac{dc}{f}+\frac{be}{f} & \frac{b}{f} & 0\\ -a+\frac{be}{f}-\frac{dc}{f} & 0 & -\frac{d}{f} & 0\\ -\frac{b}{f} & -\frac{d}{f} & 0 & 1\\ 0 & 0 & -1 & 0\end{vmatrix}$$

$$=\begin{vmatrix}0 & a+\frac{cd}{f}-\frac{be}{f}\\ -a+\frac{be}{f}-\frac{cd}{f} & 0\end{vmatrix}\quad\text{(分块计算)}$$

$$=\left(a+\frac{cd}{f}-\frac{be}{f}\right)^2$$

即

$$D=(af+cd-be)^2\geqslant0$$

若 $f=0$,由分块矩阵行列式知 $D=(be-cd)^2\geqslant0$.

例 3 计算 $D_n=\begin{vmatrix}3 & 1 & 1 & \cdots & 1\\ 1 & 4 & 1 & \cdots & 1\\ 1 & 1 & 5 & \cdots & 1\\ \vdots & \vdots & \vdots & & \vdots\\ 1 & 1 & 1 & \cdots & n+1\end{vmatrix}_{(n-1)\times(n-1)}$.(美国 Putnam Exam,1992)

解 1 (递推法)易算得 $D_2=3,D_3=11$.

又对 D_{n+1} 从最后一列减去倒数第 2 列,最后一行减去倒数第 2 行,有

$$D_{n+1}=\cdots=\begin{vmatrix}3&1&1&\cdots&1&0\\1&4&1&\cdots&1&0\\1&1&5&\cdots&1&0\\\vdots&\vdots&\vdots&&\vdots&\vdots\\1&1&1&\cdots&n+1&-n\\0&0&0&\cdots&-n&2n+1\end{vmatrix}$$

按最后一行展开可有 $D_{n+1}=(2n+1)D_n-n^2D_{n-1}$.

令 $P_n=\dfrac{D_n}{n!}$,由上式有 $P_{n+1}=\dfrac{2n+1}{n+1}P_n-\dfrac{n}{n+1}P_{n-1}$,即

$$P_{n+1}-P_n=\frac{n}{n+1}(P_n-P_{n-1})$$

递推地有

$$P_{n+1}-P_n=\frac{3}{n+1}(P_3-P_2)=\frac{1}{n+1},\quad n=2,3,\cdots$$

故

$$\begin{aligned}P_{n+1}&=P_2+(P_3-P_2)+(P_4-P_3)+\cdots+(P_{n+1}-P_n)\\&=1+\frac{1}{2}+\frac{1}{3}+\cdots+\frac{1}{n+1}\end{aligned}$$

因而

$$D_{n+1}=(n+1)!\sum_{k=1}^{n+1}\frac{1}{k}$$

解 2 令

$$D_{n+1}(a_1,\cdots,a_n)=\begin{vmatrix}1+a_1&1&1&\cdots&1\\1&1+a_2&1&\cdots&1\\1&1&1+a_3&\cdots&1\\\vdots&\vdots&\vdots&&\vdots\\1&1&1&\cdots&1+a_n\end{vmatrix}$$

仿上可算得(或见前文例的结论)

$$D_{n+1}(a_1,\cdots,a_n)=a_nD_n(a_1,\cdots,a_{n-1})+a_{n-1}D_n(a_1,\cdots,a_{n-2},0)$$

递推算得

$$D_{n+1}=\prod_{i=1}^{n}a_i+\sum_{i=1}^{n}\prod_{\substack{j=1\\j\neq i}}^{n}a_j$$

令 $a_i=i+1$,即得 D_{n+1}.

此外,$D_n(a_1,a_2,\cdots,a_{n-1})$ 当 $a_i\neq0(i=1,2,\cdots,n-1)$时可写成

$$D_n(a_1,a_2,\cdots,a_{n-1})=a_1a_2\cdot\cdots\cdot a_{n-1}\left(1+\frac{1}{a_1}+\frac{1}{a_2}+\cdots+\frac{1}{a_{n-1}}\right)$$

亦有

$$D_n=n!\sum_{k=1}^{n}\frac{1}{k}$$

注 显然它只是下面计算问题的特例或变形而已

$$\begin{vmatrix}a&b&b&\cdots&b\\b&a&b&\cdots&b\\b&b&a&\cdots&b\\\vdots&\vdots&\vdots&&\vdots\\b&b&b&\cdots&a\end{vmatrix}=[a+(n-1)b](a-b)^{n-1}$$

不同的是例中行列式主对角线元素各异，这类问题我们前文也已有叙.

例 4 若 $\mathbf{A}_n=(a_{ij})_{n\times n}$，其中 $a_{ij}=|i-j|$，$1\leqslant i,j\leqslant n$. 又 $D_n=|\mathbf{A}_n|$，求证 $D_n=(-1)^{n-1}(n-1)2^{n-2}$.（美国 Putnam Exam，1969）

证 将 D_n 的第 1 列乘 -1 加到其余各列，再将第 1 行加到其余各行，有

$$D_n=\begin{vmatrix}0&1&2&\cdots&n-1\\1&0&1&\cdots&n-2\\2&1&0&\cdots&n-3\\\vdots&\vdots&\vdots&&\vdots\\n-2&n-3&n-4&\cdots&1\\n-1&n-2&n-3&\cdots&0\end{vmatrix}=\begin{vmatrix}0&1&2&\cdots&n-1\\1&-1&0&\cdots&n-3\\2&-1&-2&\cdots&n-5\\\vdots&\vdots&\vdots&&\vdots\\n-2&-1&-2&\cdots&-n+3\\n-1&-1&-2&\cdots&-n+1\end{vmatrix}$$

$$=\begin{vmatrix}0&1&2&\cdots&n-1\\1&0&2&\cdots&2n-4\\2&0&0&\cdots&2n-6\\\vdots&\vdots&\vdots&&\vdots\\n-2&0&0&\cdots&2\\n-1&0&0&\cdots&0\end{vmatrix}=(-1)^n(n-1)2^{2n-2}$$

例 5 设 $a,b,p_1,p_2,\cdots,p_n\in\mathbf{R}$，且 $a\neq b$. 又 $f(x)=\prod\limits_{k=1}^{n}(p_k-x)$，试证

$$D=\begin{vmatrix}p_1&a&a&a&\cdots&a&a\\b&p_2&a&a&\cdots&a&a\\b&b&p_3&a&\cdots&a&a\\\vdots&\vdots&\vdots&\vdots&&\vdots&\vdots\\b&b&b&b&\cdots&p_{n-1}&a\\b&b&b&b&\cdots&b&p_n\end{vmatrix}=\frac{bf(a)-af(b)}{b-a}$$

（美国 Putnam Exam，1978）

证 令

$$G(t)=\begin{vmatrix}p_1-t&a-t&a-t&\cdots&a-t&a-t\\b-t&p_2-t&a-t&\cdots&a-t&a-t\\\vdots&\vdots&\vdots&&\vdots&\vdots\\b-t&b-t&b-t&\cdots&p_{n-1}-t&a-t\\b-t&b-t&b-t&\cdots&b-t&p_n-t\end{vmatrix}$$

则 $G(t)$ 是 t 的多项式，进而又是线性函数. 又 $G(a)=f(a)$，$G(b)=f(b)$.

由线性插值公式可有

$$D=G(0)=\frac{bG(a)-aG(b)}{b-a}=\frac{bf(a)-af(b)}{b-a}$$

注 数值方法中有关多项式插值问题的著名的艾特肯(Aitken)引理：

若 a,b 为基点，基点值为 $f(a)$，$f(b)$ 的线性插值公式为

$$f(x)=f(a)\frac{x-b}{a-b}+f(b)\frac{x-a}{b-a}$$

其中,$(a,f(a))$,$(b,f(b))$为结点.

2. 与矩阵性质有关的行列式问题

例1 设A_{ik}是行列式

$$D=\begin{vmatrix} a_{11} & a_{12} & a_{13} & a_{14} \\ a_{21} & a_{22} & a_{23} & a_{24} \\ a_{31} & a_{32} & a_{33} & a_{34} \\ a_{41} & a_{42} & a_{43} & a_{44} \end{vmatrix}$$

元素a_{ik}的代数余子式,D_1是D中用A_{ik}代替a_{ik}所成的行列式.试证$D_1=D^3$.(美国 Putnam Exam,1938)

证 设D和D_1对应的矩阵分别为$\boldsymbol{C}$和$\boldsymbol{C}_1$,考虑

$$|\boldsymbol{C}\boldsymbol{C}_1{}^{\mathrm{T}}|=\begin{vmatrix} D & & & \\ & D & & \\ & & D & \\ & & & D \end{vmatrix}=D^4$$

又
$$|\boldsymbol{C}\boldsymbol{C}_1{}^{\mathrm{T}}|=|\boldsymbol{C}||\boldsymbol{C}_1{}^{\mathrm{T}}|=|\boldsymbol{C}||\boldsymbol{C}_1|=DD_1$$

从而
$$D^4=DD_1$$

若$D=0$,可以推得$D_1=0$(从矩阵$\boldsymbol{A}$与其伴随矩阵$\boldsymbol{A}^*$的秩间关系可以推出),结论成立;

若$D\neq0$,可以推得$D_1=D^3$.

显然,在行列式问题中,计算$|\boldsymbol{I}+\boldsymbol{A}|$这类式子的例子不少,下面是一道稍复杂点的例子.

例2 若$\boldsymbol{A}=(a_{jk})_{n\times n}$,其中$a_{jk}=\cos(j\theta+k\theta)$,$\theta=\dfrac{2\pi}{n}(n\geqslant0)$.计算行列式$|\boldsymbol{I}+\boldsymbol{A}|$.(美国 Putnam Exam,1999)

解1 令$\boldsymbol{v}=(\mathrm{e}^{\mathrm{i}\theta},\mathrm{e}^{2\mathrm{i}\theta},\cdots,\mathrm{e}^{n\mathrm{i}\theta})$,且$\bar{\boldsymbol{v}}$表示$\boldsymbol{v}$的共轭,由$\cos\alpha=\dfrac{1}{2}(\mathrm{e}^{\mathrm{i}\alpha}+\mathrm{e}^{-\mathrm{i}\alpha})$,则$\boldsymbol{A}=\dfrac{1}{2}(\boldsymbol{v}^{\mathrm{T}}\boldsymbol{v}+\bar{\boldsymbol{v}}^{\mathrm{T}}\bar{\boldsymbol{v}})$,且$\mathrm{r}(A)\leqslant2$.

又$\boldsymbol{v}\boldsymbol{v}^{\mathrm{T}}=\sum\limits_{k=1}^{n}\mathrm{e}^{2k\mathrm{i}\theta}=\dfrac{\mathrm{e}^{2\mathrm{i}\theta}(\mathrm{e}^{2n\mathrm{i}\theta}-1)}{2\mathrm{e}^{2\mathrm{i}\theta}-1}=0$,同时$\bar{\boldsymbol{v}}\,\bar{\boldsymbol{v}}^{\mathrm{T}}=\sum\limits_{k=1}^{n}1=n$,故

$$\boldsymbol{A}^2=\frac{1}{4}[n(\boldsymbol{v}^{\mathrm{T}}\bar{\boldsymbol{v}}+\bar{\boldsymbol{v}}^{\mathrm{T}}\boldsymbol{v})]$$

及$\boldsymbol{A}^3=\dfrac{1}{4}n^2\boldsymbol{A}$,即$\boldsymbol{A}^3-\dfrac{1}{4}n^2\boldsymbol{A}=\boldsymbol{O}$.

显然,多项式$x^3-\dfrac{1}{4}n^2x$是矩阵$\boldsymbol{A}$的化零(最小)多项式,则可知$\boldsymbol{A}$有特征值(根)$0,\pm\dfrac{n}{2}$.

又$\mathrm{r}(\boldsymbol{A})\leqslant2$,知其特征值$\pm\dfrac{n}{2}$是单根,则$\boldsymbol{I}+\boldsymbol{A}$的特征值是

$$\underbrace{1,1,\cdots,1}_{n-2\text{个}},1+\frac{n}{2},1-\frac{n}{2}$$

从而
$$\det(\boldsymbol{A}+\boldsymbol{I})=1-\frac{n^2}{4}$$

解2 令$\boldsymbol{u}=(\cos\theta,\cos2\theta,\cdots,\cos n\theta)^{\mathrm{T}}$,$\boldsymbol{v}=(\sin\theta,\sin2\theta,\cdots,\sin n\theta)^{\mathrm{T}}$,则

$$\boldsymbol{A}=\boldsymbol{u}\boldsymbol{u}^{\mathrm{T}}-\boldsymbol{v}\boldsymbol{v}^{\mathrm{T}}$$

又
$$\boldsymbol{u}^{\mathrm{T}}\boldsymbol{u}=\frac{n}{2},\quad \boldsymbol{v}^{\mathrm{T}}\boldsymbol{v}=\frac{n}{2},\quad \boldsymbol{u}^{\mathrm{T}}\boldsymbol{v}=\boldsymbol{v}^{\mathrm{T}}\boldsymbol{u}=0$$

而
$$\boldsymbol{A}\boldsymbol{u}=(\boldsymbol{u}\boldsymbol{u}^{\mathrm{T}}-\boldsymbol{v}\boldsymbol{v}^{\mathrm{T}})\boldsymbol{u}=\boldsymbol{u}\boldsymbol{u}^{\mathrm{T}}\boldsymbol{u}-\boldsymbol{v}\boldsymbol{v}^{\mathrm{T}}\boldsymbol{u}=\boldsymbol{u}(\boldsymbol{u}^{\mathrm{T}}\boldsymbol{u})-\boldsymbol{v}(\boldsymbol{v}^{\mathrm{T}}\boldsymbol{u})=(\boldsymbol{u}^{\mathrm{T}}\boldsymbol{u})\boldsymbol{u}$$

同理 $A\boldsymbol{v}=-(\boldsymbol{v}^{\mathrm{T}}\boldsymbol{v})\boldsymbol{v}$,此即证 $\boldsymbol{u},\boldsymbol{v}$ 是 $\boldsymbol{A}$ 的相应于特征根 $\boldsymbol{u}^{\mathrm{T}}\boldsymbol{u},-\boldsymbol{v}^{\mathrm{T}}\boldsymbol{v}$(这里注意到 $\boldsymbol{u}^{\mathrm{T}}\boldsymbol{u}=\frac{n}{2}$,且 $\boldsymbol{v}^{\mathrm{T}}\boldsymbol{v}=\frac{n}{2}$ 是数)的特征向量.

又 $\mathrm{r}(\boldsymbol{A})\leqslant 2$,故 $\boldsymbol{A}$ 的 n 个特征根(值)是 $0,0,\cdots,0,\frac{n}{2},-\frac{n}{2}$.从而

$$\det(\boldsymbol{A}+\boldsymbol{I})=1-\frac{n^2}{4}$$

例 3 计算 $n\times n$ 矩阵 $\boldsymbol{A}=(a_{ij})$ 的行列式,其中

$$a_{ij}=\begin{cases}(-1)^{|i-j|}, & i\neq j\\ 2, & i=j\end{cases}$$

(第 9 届国际大学生数学竞赛,2002)

解 将第 i 行加到第 $i-1$ 行,$i=2,3,\cdots,n$,得

$$\det \boldsymbol{A}=\begin{vmatrix}2 & -1 & 1 & \cdots & \pm 1 & \mp 1\\ -1 & 2 & -1 & \cdots & \mp 1 & \pm 1\\ \vdots & \vdots & \vdots & & \vdots & \vdots\\ \pm 1 & \mp 1 & \pm 1 & \cdots & 2 & -1\\ \mp 1 & \pm 1 & \mp 1 & \cdots & -1 & 2\end{vmatrix}=\begin{vmatrix}1 & 1 & 0 & \cdots & 0 & 0\\ 0 & 1 & 1 & \cdots & 0 & 0\\ 0 & 0 & 1 & \cdots & 0 & 0\\ \vdots & \vdots & \vdots & & \vdots & \vdots\\ 0 & 0 & 0 & \cdots & 1 & 1\\ \mp 1 & \pm 1 & \mp 1 & \cdots & -1 & 2\end{vmatrix}$$

依次从第 $k+1$ 列减去第 k 列,$k=1,2,\cdots,n$,得

$$\det \boldsymbol{A}=\det[\operatorname{diag}(1,\cdots,1,n+1)]=n+1$$

例 4 设 $a_j=a_0+jd,j=0,1,\cdots,n$,其中 a_0,d 为给定的实数.设

$$\boldsymbol{A}=\begin{pmatrix}a_0 & a_1 & a_2 & \cdots & a_n\\ a_1 & a_0 & a_1 & \cdots & a_{n-1}\\ a_2 & a_1 & a_0 & \cdots & a_{n-2}\\ \vdots & \vdots & \vdots & & \vdots\\ a_n & a_{n-1} & a_{n-2} & \cdots & a_0\end{pmatrix}$$

计算 $\det \boldsymbol{A}$.(第 3 届国际大学生数学竞赛,1996)

解 将 $\boldsymbol{A}$ 的第 1 列加到最后一列,得

$$\det \boldsymbol{A}=(a_0+a_n)\begin{pmatrix}a_0 & a_1 & a_2 & \cdots & 1\\ a_1 & a_0 & a_1 & \cdots & a_{n-1}\\ a_2 & a_1 & a_0 & \cdots & a_{n-2}\\ \vdots & \vdots & \vdots & & \vdots\\ a_n & a_{n-1} & a_{n-2} & \cdots & a_0\end{pmatrix}$$

依次将第 $k+1$ 行减去第 k 行,$k=n,n-1,\cdots,1$,得

$$\det \boldsymbol{A}=(a_0+a_n)\begin{vmatrix}a_0 & a_1 & a_2 & \cdots & 1\\ d & -d & -d & \cdots & 0\\ d & d & -d & \cdots & 0\\ \vdots & \vdots & \vdots & & \vdots\\ d & d & -d & \cdots & 0\end{vmatrix}=(-1)^n(a_0+a_n)\begin{vmatrix}d & -d & -d & \cdots & -d\\ d & d & -d & \cdots & -d\\ d & d & d & \cdots & -d\\ \vdots & \vdots & \vdots & & \vdots\\ d & d & d & \cdots & d\end{vmatrix}$$

把上述矩阵最后一行加到其余每一行上,得

$$\det \boldsymbol{A}=(-1)^n(a_0+a_n)\begin{vmatrix} 2d & 0 & 0 & \cdots & 0 \\ 2d & 2d & 0 & \cdots & 0 \\ 2d & 2d & 2d & \cdots & 0 \\ \vdots & \vdots & \vdots & & \vdots \\ d & d & d & \cdots & d \end{vmatrix}=(-1)^n(a_0+a_n)2^{n-1}d^n$$

3. 行列式问题杂例

例 1 证明行列式(其中 a_i 不全为 0,$1\leqslant i\leqslant n$)

$$\begin{vmatrix} a_1{}^2+k & a_1a_2 & a_1a_3 & \cdots & a_1a_n \\ a_2a_1 & a_2{}^2+k & a_2a_3 & \cdots & a_2a_n \\ \vdots & \vdots & \vdots & & \vdots \\ a_na_1 & a_na_2 & a_na_3 & \cdots & a_n{}^2+k \end{vmatrix}$$

可以被 k^{n-1} 整除,并求其他因子.(美国 Putnam Exam,1940)

证 设

$$\boldsymbol{B}=\begin{pmatrix} a_1{}^2 & a_1a_2 & a_1a_3 & \cdots & a_1a_n \\ a_2a_1 & a_2{}^2 & a_2a_3 & \cdots & a_2a_n \\ \vdots & \vdots & \vdots & & \vdots \\ a_na_1 & a_na_2 & a_na_3 & \cdots & a_n{}^2 \end{pmatrix}$$

其列向量的对应分量皆成比例,故它们线性相关,从而 $\mathrm{r}(\boldsymbol{B})=n-1$. 故其特征多项式

$$|\lambda \boldsymbol{I}-\boldsymbol{B}|=\lambda^n-\mathrm{tr}(\boldsymbol{B})x^{n-1}+\cdots=\lambda^{n-1}(\lambda-a_1{}^2-a_2{}^2-\cdots-a_n{}^2)$$

应有 $n-1$ 个 0,因而其可被 x^{n-1} 整除. 故

$$|\boldsymbol{B}+k\boldsymbol{I}|=(-1)^n|-k\boldsymbol{I}-\boldsymbol{B}|=k^{n-1}(k+a_1{}^2+a_2{}^2+\cdots+a_n{}^2)$$

从而 $|\boldsymbol{B}+k\boldsymbol{I}|$ 的另一个因子是 $k+a_1{}^2+a_2{}^2+\cdots+a_n{}^2$.

例 2 若 $D=|a_{ij}|_{100\times 100}$,这里 $a_{ij}=ij(1\leqslant i,j\leqslant 100)$. 求证:$D$ 的展开式的 100! 项中每项的绝对值被 101 除时余数都是 1.(美国 Putnam Exam,1957)

证 D 的展开式中每项(即在不同行又在不同列元素之积,注意到 $a_{ij}=ij$)的绝对值均为 $(100!)^2$.

由数论中的威尔逊(Wilson)定理,注意到 101 为质数,知 $100!\equiv -1 \pmod{101}$,故

$$(100!)^2\equiv(-1)^2 \pmod{101}$$

例 3 试求 3 阶行列式的最大值,此行列式中有两个元素等于 4,而其余元素为 1 或 −1.(莫斯科纺织学院,1977)

解 (1)若两个 4 位于同一行(列)内,则按这行(列)展开,求得的行列式值不超过 $4\times2+4\times2+2=18$.

(2)若两个 4 位于不同的行和列,则行列式等于 6 项的代数和,这些项的绝对值为 16,4 或 1. 所以行列式的值至多为 $16+4+4+1+1+1=27$. 而为了保证有一个 16,两个 4,必有 $1,-1$ 作适当的搭配,但它不可能达到 27,而只能是 25. 这时它的形状为

$$\begin{vmatrix} 4 & \varepsilon & \gamma \\ -\varepsilon & 1 & \delta \\ \upsilon & -\delta & 4 \end{vmatrix}$$

这里 $\varepsilon,\gamma,\delta,\upsilon$ 为 1 或 −1.

下面是一个以行列式形式给出的三次方程问题.

例 4 试求出方程

$$\begin{vmatrix} 0 & a_1-x & a_2-x \\ -a_1-x & 0 & a_3-x \\ -a_2-x & -a_3-x & 0 \end{vmatrix}=0 \quad (a_1,a_2,a_3\neq 0)$$

有重根的充要条件.(美国 Putnam Exam,1952)

解 由行列式性质或三阶行列式计算公式,有

$$\begin{vmatrix} 0 & a_1-x & a_2-x \\ -a_1-x & 0 & a_3-x \\ -a_2-x & -a_3-x & 0 \end{vmatrix}=-2x^3+2(a_1a_2+a_2a_3-a_1a_3)x=0$$

故方程有重根$\Longleftrightarrow a_1a_2+a_2a_3-a_1a_3=0$ 或$\dfrac{1}{a_1}+\dfrac{1}{a_2}=\dfrac{1}{a_3}$.

例 5 计算行列式

$$D_4=\begin{vmatrix} \cos 1 & \cos 2 & \cos 3 & \cos 4 \\ \cos 5 & \cos 6 & \cos 7 & \cos 8 \\ \cos 9 & \cos 10 & \cos 11 & \cos 12 \\ \cos 13 & \cos 14 & \cos 15 & \cos 16 \end{vmatrix}$$

其中 $\cos n$ 中变元 n 是弧度制.(美国 Putnam Exam,2009)

解 1 设 $\boldsymbol{D}$ 为 D_4 的相应矩阵,且设 $\boldsymbol{D}=(d_{ij})_{4\times 4}$,注意到

$$d_{ij}=\cos[4(i-1)+j]=\cos[4(i-1)]\cos j-\sin[4(i-1)]\sin j$$

可知该 4×4 矩阵 $\boldsymbol{D}$ 的每一行皆为坐标 j 是 $\cos j$ 的行与坐标 j 是 $\sin j$ 的行的线性组合.

从而秩 $\mathrm{r}(\boldsymbol{D})\leqslant 2$,知 $D_4=0$.

解 2 由欧拉(Euler)公式,$\cos x=\dfrac{1}{2}(\mathrm{e}^{-\mathrm{i}x}+\mathrm{e}^{\mathrm{i}x})$,令矩阵

$$\boldsymbol{D}^{\pm}=\begin{pmatrix} \mathrm{e}^{\pm\mathrm{i}} & \mathrm{e}^{\pm 2\mathrm{i}} & \mathrm{e}^{\pm 3\mathrm{i}} & \mathrm{e}^{\pm 4\mathrm{i}} \\ \mathrm{e}^{\pm 5\mathrm{i}} & \mathrm{e}^{\pm 6\mathrm{i}} & \mathrm{e}^{\pm 7\mathrm{i}} & \mathrm{e}^{\pm 8\mathrm{i}} \\ \mathrm{e}^{\pm 9\mathrm{i}} & \mathrm{e}^{\pm 10\mathrm{i}} & \mathrm{e}^{\pm 11\mathrm{i}} & \mathrm{e}^{\pm 12\mathrm{i}} \\ \mathrm{e}^{\pm 13\mathrm{i}} & \mathrm{e}^{\pm 14\mathrm{i}} & \mathrm{e}^{\pm 15\mathrm{i}} & \mathrm{e}^{\pm 16\mathrm{i}} \end{pmatrix}$$

则

$$\boldsymbol{D}=\frac{1}{2}(\boldsymbol{D}^{+}+\boldsymbol{D}^{-})$$

而矩阵的秩

$$\mathrm{r}(\boldsymbol{D}^{+})\leqslant 1,\quad \mathrm{r}(\boldsymbol{D}^{-})\leqslant 1$$

从而

$$\mathrm{r}(\boldsymbol{D})\leqslant \mathrm{r}(\boldsymbol{D}^{+})+\mathrm{r}(\boldsymbol{D}^{-})=2$$

故

$$D_4=0$$

注 *这里对原题稍作改动,原题以极限形式出现,但问题实质在此,原题为:*

若 $\cos 1,\cos 2,\cos 3,\cdots,\cos n^2$ *是* n *阶行列式* D_n *的从左至右,再从上至下排列的* n^2 *个元素(这里* n *为弧度制).求* $\lim\limits_{n\to\infty} D_n$.

它的解法可仿上例完成.

例 6 每个 n^2 位的十进制数,对应于一个矩阵的行列式,例如 $n=2$ 时,整数 8 617 对应于 $\det\begin{pmatrix} 8 & 6 \\ 1 & 7 \end{pmatrix}=50$.试找出一个自变量为 n 的函数,它对应于所有 n^2 位十进制的行列式的和(首位数字假定非零,例如对 $n=2$,共有 9 000 个行列式).(美国 Putnam Exam,1995)

解 设所求函数为 $f(n)$.讨论 n 取不同值的情形.

当 $n=1$ 时是平凡的,此时一阶行列式的和为 $1+2+\cdots+8+9=45$.

考虑 $n\geqslant2$ 的情形. 由于元素取自 $\{0,1,2,\cdots,8,9\}$ 的每个 $n\times n$ 矩阵，总对应另一矩阵，它由交换该矩阵最后两列得到(若该矩阵与原来的矩阵相同，则它的行列式为 0，因为行列式有两列相同).

而交换行列式两列，行列式值变号，故元素取自 $\{0,1,2,\cdots,8,9\}$ 的所有矩阵行列式之和为 0.

然而，我们并非考虑所有的矩阵，而是仅考虑左上角不为 0 的那些.

若 $n\geqslant3$，则交换最后两列不影响左上角元素，故所求的和仍为 0. 故 $n\geqslant3$ 时，所求行列式之和为 0.

当 $n=2$ 时，则对于和有贡献的仅有形如 $\begin{pmatrix} * & 0 \\ * & * \end{pmatrix}$ 的矩阵行列式，而它们的值仅依赖于对角之上的元素. 而对角线上不同元素的矩阵仅有 10 个，故它们的和为 $10\sum\limits_{i,j=1}^{9} ij = 10\left(\sum\limits_{i=1}^{9} i\right)\left(\sum\limits_{j=1}^{9} j\right) = 10\times45\times45=20\,250$.

综上
$$f(x)=\begin{cases} 45, & n=1\text{ 时} \\ 20\,250, & n=2\text{ 时} \\ 0, & n\geqslant3\text{ 时} \end{cases}$$

下面的问题涉及矩阵的代数余子式.

例 7 若 m,n 为大于 1 的整数，$a_1,a_2,\cdots,a_{m+1}$ 为实数. 求证：存在 m 个 $n\times n$ 矩阵 $\boldsymbol{A}_1,\boldsymbol{A}_2,\cdots,\boldsymbol{A}_m$ 满足：①$\det \boldsymbol{A}_j=a_j\ (j=1,2,\cdots,m)$；②$\det(\boldsymbol{A}_1+\boldsymbol{A}_2+\cdots+\boldsymbol{A}_m)=a_{m+1}$.（美国 Putnam Exam，1959）

证 令矩阵 $\boldsymbol{A}_1,\boldsymbol{A}_2,\cdots,\boldsymbol{A}_m$ 分别为

$$\boldsymbol{A}_1=\begin{pmatrix} a_1 & 0 & & & \\ 1 & 1 & & & \\ & & 1 & & \\ & & & \ddots & \\ & & & & 1 \end{pmatrix},\ \boldsymbol{A}_2=\begin{pmatrix} a_2 & b & & & \\ 0 & 1 & & & \\ & & 1 & & \\ & & & \ddots & \\ & & & & 1 \end{pmatrix}(b\text{ 待定}),\cdots,\boldsymbol{A}_i=\begin{pmatrix} a_i & & & & \\ & 1 & & & \\ & & 1 & & \\ & & & \ddots & \\ & & & & 1 \end{pmatrix},\ i=3,4,\cdots,m$$

易算得
$$\det \boldsymbol{A}_j=a_j,\quad j=1,2,\cdots,m$$

且
$$\boldsymbol{A}_1+\boldsymbol{A}_2+\cdots+\boldsymbol{A}_m=\begin{pmatrix} s & b & & & \\ 1 & m & & & \\ & & m & & \\ & & & \ddots & \\ & & & & m \end{pmatrix}$$

其中 $s=a_1+a_2+\cdots+a_m$，故由 $\det(\boldsymbol{A}_1+\boldsymbol{A}_2+\cdots+\boldsymbol{A}_m)=(sm-b)m^{n-2}$，及题设有 $(sm-b)m^{n-2}=a_{m+1}$，得 $b=sm-a_{m+1}m^{2-n}$.

我们前文已述，利用行列式性质证明其他数学分支的问题，是行列式的一个重要用途.

例 8 若数列 $\{x_n\}(n=0,1,2,\cdots)$ 是满足 $x_n{}^2-x_{n-1}x_{n+1}=1(n=1,2,3,\cdots)$ 的非零实序列. 证明：存在实数 a 使 $x_{n-1}=ax_n-x_{n-1}(n\geqslant1)$.（美国 Putnam Exam，1993）

证 考虑行列式(注意行列式性质)
$$\begin{vmatrix} x_{n-1}+x_{n+1} & x_n+x_{n+2} \\ x_n & x_{n+1} \end{vmatrix}=\begin{vmatrix} x_{n-1} & x_n \\ x_n & x_{n+1} \end{vmatrix}+\begin{vmatrix} x_{n+1} & x_{n+2} \\ x_n & x_{n+1} \end{vmatrix}=-1+1=0$$

这样可有 $(x_{n-1}+x_{n+1},x_n+x_{n+2})=c_n(x_n,x_{n+1})$，即行列式两行成比例，这里 c_n 为实数. 同样
$$(x_{n-2}+x_n,x_{n-1}+x_{n+1})=c_{n-1}(x_{n-1},x_n)$$

这样
$$x_{n-1}+x_{n+1}=c_nx_n=c_{n-1}x_n$$

而 $x_n\neq0$，得 $c_n=c_{n-1}$，即 c_n 为常数.

注 此证法可将命题结论推广至如下命题.

命题:若数列$\{x_n\}(n=0,1,2,\cdots)$为满足

$$\begin{vmatrix} x_n & x_{n+1} & \cdots & x_{n+k} \\ x_{n+1} & x_{n+2} & \cdots & x_{n+k+1} \\ \vdots & \vdots & & \vdots \\ x_{n+k} & x_{n+k+1} & \cdots & x_{n+2k} \end{vmatrix}=cr^n,\ n=1,2,3,\cdots$$

的非零实数列,则存在实数$a_1,a_2,\cdots,a_k$,使

$$x_{n+k+1}=a_1x_{n+k}+a_2x_{n+k-1}+\cdots+a_kx_{n+1}+(-1)^krx_n$$

例9 由$u_0=u_1=u_2=1$,然后再对所有的$n\geqslant 0$,由条件

$$\det\begin{pmatrix} u_n & u_{n+1} \\ u_{n+2} & u_{n+3} \end{pmatrix}=\begin{vmatrix} u_n & u_{n+1} \\ u_{n+2} & u_{n+3} \end{vmatrix}=n!$$

定义一个序列$\{u_n\}_{n=0}^{\infty}$.证明:对所有的$n\geqslant 0$,u_n为整数(这里规定$0!=1$).(美国 Putnam Exam,2005)

证 首先注意,对$n=0,1,2$有$u_nu_{n+1}=n!$.假设它对于满足$k\leqslant n$的所有k成立.那么,由归纳假设,有

$$n!(n-1)!=u_nu_{n+1}\begin{vmatrix} u_{n-1} & u_n \\ u_{n+1} & u_{n+2} \end{vmatrix}=\begin{vmatrix} u_{n-1}u_n & u_nu_{n+1} \\ u_nu_{n+1} & u_{n+1}u_{n+2} \end{vmatrix}$$

$$=\begin{vmatrix} (n-1)! & n! \\ n! & u_{n+1}u_{n+2} \end{vmatrix}=(n-1)!\,u_{n+1}u_{n+2}-n!\,n!$$

这样

$$u_{n+1}u_{n+2}=\frac{n!(n-1)!+n!\,n!}{(n-1)!}=\frac{n!(n-1)!(n+1)}{(n-1)!}=(n+1)!$$

从而对所有n,式子成立.

由此即得

$$\frac{u_n}{u_{n-2}}=\frac{u_nu_{n-1}}{u_{n-1}u_{n-2}}=\frac{(n-1)!}{(n-2)!}=n-1$$

或

$$u_n=(n-1)u_{n-2},\quad n\geqslant 2$$

反复应用这个恒等式即证明了对于$n\geqslant 3$,有

$$u_n=(n-1)!!=\begin{cases}(n-1)\cdot(n-3)\cdot\cdots\cdot 3\cdot 1, & \text{若 } n \text{ 是偶数}\\(n-1)\cdot(n-3)\cdot\cdots\cdot 4\cdot 2, & \text{若 } n \text{ 是奇数}\end{cases}$$

习　题

1. 计算下列行列式的值:

(1) $\begin{vmatrix} x & y & y & y & y \\ z & x & y & y & y \\ z & z & x & y & y \\ z & z & z & x & y \\ z & z & z & z & x \end{vmatrix}$.(安徽大学,1982)

(2) $\begin{vmatrix} a^2 & (a+1)^2 & (a+2)^2 & (a+3)^2 \\ b^2 & (b+1)^2 & (b+2)^2 & (b+3)^2 \\ c^2 & (c+1)^2 & (c+2)^2 & (c+3)^2 \\ d^2 & (d+1)^2 & (d+2)^2 & (d+3)^2 \end{vmatrix}$.(北京邮电学院,1981)

(3) $\begin{vmatrix} & & & 1 \\ & & 2 & \\ & \iddots & & \\ n-1 & & & \\ n & & & \end{vmatrix}$.(长春地质学院,1981)

(4) $\begin{vmatrix} 0 & 1 & & & \\ 1 & 0 & 1 & & \\ & \ddots & \ddots & \ddots & \\ & & 1 & 0 & 1 \\ & & & 1 & 0 \end{vmatrix}$.(武汉大学,1981)

(5) $\begin{vmatrix} -a_1 & a_1 & & & \\ & -a_2 & a_2 & & \\ & & \ddots & \ddots & \\ & & & -a_{n-1} & a_{n-1} \\ a_n & 1 & \cdots & 1 & -a_n \end{vmatrix}$.(西北工业大学,1984)

(6) $\begin{vmatrix} a & \cdots & a & a & 0 \\ a & \cdots & a & 0 & b \\ \vdots & \iddots & \iddots & \iddots & \vdots \\ a & 0 & b & \cdots & b \\ 0 & b & b & \cdots & b \end{vmatrix}$.(西安交通大学,1984)

(7) $\begin{vmatrix} a & 1 & 1 & \cdots & 1 & 1 \\ 1 & a & 1 & \cdots & 1 & 1 \\ \vdots & \vdots & \vdots & & \vdots & \vdots \\ 1 & 1 & 1 & \cdots & a & 1 \\ 1 & 1 & 1 & \cdots & 1 & a \end{vmatrix}$.(长春地质学院,1983)

(8) $\begin{vmatrix} 1 & \omega^{-1} & \omega^{-2} & \cdots & \omega^{-n+1} \\ \omega^{-n+1} & 1 & \omega^{-1} & \cdots & \omega^{-n+2} \\ \omega^{-n+2} & \omega^{-n+1} & 1 & \cdots & \omega^{-n+3} \\ \vdots & \vdots & \vdots & & \vdots \\ \omega^{-1} & \omega^{-2} & \omega^{-3} & \cdots & 1 \end{vmatrix}$,其中 ω 是 $x^n=1$ 的任一根.(成都地质学院,1982)

(9) $\begin{vmatrix} a_1+b_1 & a_1+b_2 & \cdots & a_1+b_n \\ a_2+b_1 & a_2+b_2 & \cdots & a_2+b_n \\ \vdots & \vdots & & \vdots \\ a_n+b_1 & a_n+b_2 & \cdots & a_n+b_n \end{vmatrix}$.

(10) $\begin{vmatrix} a_1+\lambda_1 & a_1 & \cdots & a_1 \\ a_2 & a_2+\lambda_2 & \cdots & a_2 \\ \vdots & \vdots & & \vdots \\ a_n & a_n & \cdots & a_n+\lambda_n \end{vmatrix}$,这里 $\lambda_i \neq 0(1 \leqslant i \leqslant n)$.

2. 用行列式性质证明:

(1) $\begin{vmatrix} 2 & 0 & 4 \\ 3 & 2 & 3 \\ 4 & 4 & 2 \end{vmatrix}$ 能被 7 整除.(云南大学,1981)

(2) $\begin{vmatrix} 1 & 0 & 4 \\ 3 & 2 & 5 \\ 4 & 1 & 6 \end{vmatrix}$ 能被13整除.(华东石油学院,1981)

(3) $\begin{vmatrix} 2 & 2 & 2 & 7 \\ 4 & 0 & 6 & 1 \\ 5 & 3 & 7 & 1 \\ 7 & 9 & 9 & 1 \end{vmatrix}$ 能被131整除.

3. 试证欧拉等式

$$\begin{vmatrix} a_1 & b_1 \\ a_2 & b_2 \end{vmatrix}^2 + \begin{vmatrix} b_1 & c_1 \\ b_2 & c_2 \end{vmatrix}^2 + \begin{vmatrix} c_1 & a_1 \\ c_2 & a_2 \end{vmatrix}^2 = (a_1{}^2+b_1{}^2+c_1{}^2)(a_2{}^2+b_2{}^2+c_2{}^2)-(a_1a_2+b_1b_2+c_1c_2)^2$$

4. 若 $\varphi_1+\varphi_2+\varphi_3=0$,则行列式 $\begin{vmatrix} 1 & \cos\varphi_3 & \cos\varphi_2 \\ \cos\varphi_3 & 1 & \cos\varphi_1 \\ \cos\varphi_2 & \cos\varphi_1 & 1 \end{vmatrix}=0$.

5. 证明行列式 $\begin{vmatrix} (a+b)^2 & c^2 & c^2 \\ a^2 & (b+c)^2 & a^2 \\ b^2 & b^2 & (c+a)^2 \end{vmatrix}=2abc(a+b+c)^3$.

6. 证明行列式 $\begin{vmatrix} 1 & 2 & 3 & \cdots & n \\ -1 & 0 & 3 & \cdots & n \\ -1 & -2 & 0 & \cdots & n \\ \vdots & \vdots & \vdots & & \vdots \\ -1 & -2 & -3 & \cdots & 0 \end{vmatrix}=n!$.

7. 求行列式(形式的)方程 $\begin{vmatrix} 1 & 1 & 1 & \cdots & 1 \\ 1 & 1-x & 1 & \cdots & 1 \\ 1 & 1 & 2-x & \cdots & 1 \\ \vdots & \vdots & \vdots & & \vdots \\ 1 & 1 & 1 & \cdots & (n-1)-x \end{vmatrix}=0$ 的根.

8. 若 $\mathbf{A}=(a_{ij})_{n\times n}$,其中 $a_{ij}\in\mathbf{Z}(1\leqslant i,j\leqslant n)$,又其每一行元素的和皆为 m,试证:m 是 $\det\mathbf{A}$ 的因子.

9. 设 $\mathbf{A}=(a_{ij})_{3\times3}$ 为非零阵,又 $a_{ij}=A_{ij}$,这里 A_{ij} 为$\mathbf{A}$的对应于 a_{ij} 的代数余子式,求$|\mathbf{A}|$.

第 10 章

矩　阵

内　容　提　要

1. 矩阵的运算

运　算	记号与法则	性　质
相　等	若 $\boldsymbol{A}=(a_{ij})_{m\times n}$，$\boldsymbol{B}=(b_{ij})_{m\times n}$，且 $a_{ij}=b_{ij}$ $(1\leqslant i\leqslant m,1\leqslant j\leqslant n)$，则$\boldsymbol{A}=\boldsymbol{B}$	—
加(减)法	$\boldsymbol{A}\pm\boldsymbol{B}=(a_{ij}\pm b_{ij})_{m\times n}$ (运算产生零矩阵和负矩阵)	$\boldsymbol{A}\pm\boldsymbol{B}=\boldsymbol{B}\pm\boldsymbol{A}$ $(\boldsymbol{A}\pm\boldsymbol{B})\pm\boldsymbol{C}=\boldsymbol{A}\pm(\boldsymbol{B}\pm\boldsymbol{C})$
数　乘	$\alpha\boldsymbol{A}=(\alpha a_{ij})_{m\times n}$	$\alpha(\boldsymbol{A}+\boldsymbol{B})=\alpha\boldsymbol{A}+\alpha\boldsymbol{B}$ $(\alpha+\beta)\boldsymbol{A}=\alpha\boldsymbol{A}+\beta\boldsymbol{A}$ $\alpha(\beta\boldsymbol{A})=(\alpha\beta)\boldsymbol{A}$
乘　法	$\boldsymbol{AB}=\boldsymbol{C}=(c_{ij})_{m\times n}$ $c_{ij}=\sum\limits_{k=1}^{n}a_{ik}b_{kj}$ $(i=1,2,\cdots,m;j=1,2,\cdots,p)$ 其中 $\boldsymbol{A}=(a_{ij})_{m\times n}$，$\boldsymbol{B}=(b_{ij})_{n\times p}$	$(\boldsymbol{AB})\boldsymbol{C}=\boldsymbol{A}(\boldsymbol{BC})=\boldsymbol{ABC}$ $(\boldsymbol{A}+\boldsymbol{B})\boldsymbol{C}=\boldsymbol{AC}+\boldsymbol{BC}$ $\boldsymbol{A}(\boldsymbol{B}+\boldsymbol{C})=\boldsymbol{AB}+\boldsymbol{AC}$ $\alpha(\boldsymbol{AB})=(\alpha\boldsymbol{A})\boldsymbol{B}=\boldsymbol{A}(\alpha\boldsymbol{B})$ 对 $\boldsymbol{A}$ 的多项式 $f(\boldsymbol{A})$，$g(\boldsymbol{A})$有 $f(\boldsymbol{A})g(\boldsymbol{A})=g(\boldsymbol{A})f(\boldsymbol{A})$ $\mathrm{tr}(\boldsymbol{AB})=\mathrm{tr}(\boldsymbol{BA})=\sum\limits_{k=1}^{n}\lambda_k$ 其中 $\lambda_k(1\leqslant k\leqslant n)$为 $\boldsymbol{A}$ 的 n 个特征根，且 $\prod\limits_{k=1}^{n}\lambda_k=\lvert\boldsymbol{A}\rvert$
转　置	$\boldsymbol{A}^{\mathrm{T}}=\boldsymbol{B}=(b_{ij})_{m\times n}$ $(b_{ij})_{m\times n}=(a_{ji})_{m\times n}$	$(\boldsymbol{A}+\boldsymbol{B})^{\mathrm{T}}=\boldsymbol{A}^{\mathrm{T}}+\boldsymbol{B}^{\mathrm{T}}$ $(\alpha\boldsymbol{A})^{\mathrm{T}}=\alpha\boldsymbol{A}^{\mathrm{T}}$ $(\boldsymbol{AB})^{\mathrm{T}}=\boldsymbol{B}^{\mathrm{T}}\boldsymbol{A}^{\mathrm{T}}$ $(\boldsymbol{A}^k)^{\mathrm{T}}=(\boldsymbol{A}^{\mathrm{T}})^k$
取行列式	$\boldsymbol{A},\boldsymbol{B}\in\mathbf{R}^{n\times n}$ $\det\boldsymbol{A}=\lvert\boldsymbol{A}\rvert$ $\det\boldsymbol{B}=\lvert\boldsymbol{B}\rvert$	$\lvert\boldsymbol{AB}\rvert=\lvert\boldsymbol{A}\rvert\lvert\boldsymbol{B}\rvert$ $\lvert\alpha\boldsymbol{A}\rvert=\alpha^n\lvert\boldsymbol{A}\rvert$

注　矩阵乘法一般无交换律.

n 阶方阵 $\boldsymbol{A}=(a_{ij})_{n\times n}$ 的主对角线诸元素的和，即 $\sum_{i=1}^{n} a_{ii}$，称为 $\boldsymbol{A}$ 的迹，记作 $\mathrm{tr}(\boldsymbol{A})$.

2. 矩阵的秩

矩阵 $\boldsymbol{A}$ 的秩即为 $\boldsymbol{A}$ 的不等于零的子式中的最高阶数，记为 $\mathrm{r}(\boldsymbol{A})$.

n 阶矩阵 $\boldsymbol{A}$，若 $\mathrm{r}(\boldsymbol{A})=n$，则称其为满秩(亦称可逆、非奇异、非退化等)阵；若 $\mathrm{r}(\boldsymbol{A})<n$，则 $\boldsymbol{A}$ 称为降秩(亦称不可逆、奇异、退化)阵.

若矩阵 $\boldsymbol{A},\boldsymbol{B}\in \mathbf{R}^{n\times n}$，由 $\mathrm{r}(\boldsymbol{A})+\mathrm{r}(\boldsymbol{B})\geqslant \mathrm{r}\begin{pmatrix}\boldsymbol{A}\\ \boldsymbol{B}\end{pmatrix}=\mathrm{r}\begin{pmatrix}\boldsymbol{A}+\boldsymbol{B}\\ \boldsymbol{B}\end{pmatrix}\geqslant \mathrm{r}(\boldsymbol{A}+\boldsymbol{B})$ 及 $\max\{\mathrm{r}(\boldsymbol{A}),\mathrm{r}(\boldsymbol{B})\}\leqslant \mathrm{r}(\boldsymbol{A},\boldsymbol{B})$，有矩阵秩的性质：

(1) $\mathrm{r}(\boldsymbol{A})-\mathrm{r}(\boldsymbol{B})\leqslant \mathrm{r}(\boldsymbol{A}\pm\boldsymbol{B})\leqslant \mathrm{r}(\boldsymbol{A})+\mathrm{r}(\boldsymbol{B})$；

(2) $\mathrm{r}(\boldsymbol{A})+\mathrm{r}(\boldsymbol{B})-n\leqslant \mathrm{r}(\boldsymbol{AB})\leqslant \min\{\mathrm{r}(\boldsymbol{A}),\mathrm{r}(\boldsymbol{B})\}$；(西尔维斯特(Sylvester)不等式)

(3) 若 $\boldsymbol{A}$ 是非奇异阵，则 $\mathrm{r}(\boldsymbol{AB})=\mathrm{r}(\boldsymbol{B})$，$\mathrm{r}(\boldsymbol{CA})=\mathrm{r}(\boldsymbol{C})$；

(4) 初等变换(见后面内容)不改变矩阵的秩；

(5) $\mathrm{r}(\boldsymbol{A})=\mathrm{r}(\boldsymbol{A}^{\mathrm{T}})=\mathrm{r}(\boldsymbol{A}^{\mathrm{T}}\boldsymbol{A})=\mathrm{r}(\boldsymbol{A}\boldsymbol{A}^{\mathrm{T}})$.

向量组与矩阵秩的比较：

向量组	矩　阵
n 维向量组 $\boldsymbol{a}_1,\boldsymbol{a}_2,\cdots,\boldsymbol{a}_m$ 的秩为 r	若 $\boldsymbol{A}=\begin{pmatrix}\boldsymbol{a}_1\\ \vdots\\ \boldsymbol{a}_m\end{pmatrix}$，有秩 $\mathrm{r}(\boldsymbol{A})=r$
$r=m$	$\boldsymbol{A}$ 的 m 级子式有一个不为 0；$\boldsymbol{Ax}=\boldsymbol{0}$ 仅有零解
$r=m=n$	$\lvert\boldsymbol{A}\rvert\neq 0$；或 $\boldsymbol{A}$ 非奇异(可逆)

注　向量组 $\boldsymbol{a}_1,\boldsymbol{a}_2,\cdots,\boldsymbol{a}_m$ 的秩多化为矩阵的秩去讨论，这将是方便的.

3. 初等变换与初等矩阵

初等变换　指对矩阵实施的下列变换：(1)交换其两行(或列)；(2)用非零数乘矩阵某一行(或列)；(3)将其某一行(或列)的 k 倍加到另外一行(或列).

初等矩阵　对单位矩阵 $\boldsymbol{I}$(又记为 $\boldsymbol{E}$)$=\mathrm{diag}\{1,1,\cdots,1\}$ 即

$$\boldsymbol{I}=\begin{pmatrix}1 & & & \\ & 1 & & \\ & & \ddots & \\ & & & 1\end{pmatrix}$$

实施一次初等变换得到的矩阵.

初等矩阵有下列 3 种：$\boldsymbol{P}(i,j)$，$\boldsymbol{P}(i(k))$ 和 $\boldsymbol{P}(i,i(k)+j)$ 或简记为 $\boldsymbol{P}(i(k),j)$，它们有时也记为 $\boldsymbol{E}(i,j)$，$\boldsymbol{E}(i(k))$，$\boldsymbol{E}(i(k),j)$ 或者 $\boldsymbol{I}(i,j)$，$\boldsymbol{I}(i(k))$，$\boldsymbol{I}(i(k),j)$.

$$P(i,j)=\begin{pmatrix}1&&&&&&&&&\\&\ddots&&&&&&&&\\&&1&&&&&&&\\&&&0&&&1&&&\\&&&&1&&&&&\\&&&&&\ddots&&&&\\&&&&&&1&&&\\&&&1&&&0&&&\\&&&&&&&1&&\\&&&&&&&&\ddots&\\&&&&&&&&&1\end{pmatrix}\begin{matrix}\\\\\\\text{第 }i\text{ 行}\\\\\\\\\text{第 }j\text{ 行}\\\\\\\\\end{matrix}$$

用初等矩阵去乘矩阵 A

左乘矩阵 A	**右乘矩阵 A**
A 互换 i,j 行	A 互换 i,j 列

对应前文初等变换(1)

$$P(i(k))=\begin{pmatrix}1&&&&&&\\&\ddots&&&&&\\&&1&&&&\\&&&k&&&\\&&&&1&&\\&&&&&\ddots&\\&&&&&&1\end{pmatrix}\begin{matrix}\\\\\\\text{第 }i\text{ 行}\\\\\\\\\end{matrix}$$

左乘矩阵 A	**右乘矩阵 A**
A 的第 i 行乘以 k	A 的第 i 列乘以 k

对应前文初等变换(2)

$$P(i(k),j)=\begin{pmatrix}1&&&&&&\\&\ddots&&&&&\\&&1&&&&\\&&&\ddots&&&\\&&k&&1&&\\&&&&&\ddots&\\&&&&&&1\end{pmatrix}\begin{matrix}\\\\\text{第 }i\text{ 行}\\\\\text{第 }j\text{ 行}\\\\\\\end{matrix}$$

左乘矩阵 A	**右乘矩阵 A**
第 i 行乘以 k 加至第 j 行	第 j 列乘以 k 加至第 i 列

对应前文初等变换(3)

初等矩阵的作用 初等矩阵左乘矩阵 A，相当于对 A 的行实施由 I 到该初等矩阵产生的同样变换；右乘矩阵 A，相当于对 A 的列实施由 I 到该初等矩阵产生的同样变换.（简记左行右列）

注 初等还可以写为 $I-\sigma uv^{\mathrm{T}}$ 的形式，其中 $u,v\in\mathbf{R}^n,\sigma\in\mathbf{R}$，具体地讲

$$P(i,j)=I-(e_i-e_j)^{\mathrm{T}}$$
$$P(i(k))=I-(1-k)e_ie_i^{\mathrm{T}}$$
$$P(i(k),j)=I+ke_ie_j^{\mathrm{T}}$$

4. 矩阵等价

若矩阵 B 可以从矩阵 A 经过一系列初等变换得到，则称矩阵 B 与矩阵 A 等价，记作 $A\simeq B$.

任何矩阵均可等价于（或经过初等行列变换可化为）矩阵

$$\begin{pmatrix}\underbrace{\begin{matrix}1&&\\&\ddots&\\&&1\end{matrix}}_{r}&&&\\&&0&&\\&&&\ddots&\\&&&&0\end{pmatrix}=\begin{pmatrix}I_r&O\\O&O\end{pmatrix}$$

该矩阵又称为等价标准型.

两个矩阵等价的充要条件：

(1)存在初等矩阵 $\boldsymbol{P}_1,\boldsymbol{P}_2,\cdots,\boldsymbol{P}_s$ 与 $\boldsymbol{Q}_1,\boldsymbol{Q}_2,\cdots,\boldsymbol{Q}_t$ 使

$$\boldsymbol{B}=\boldsymbol{P}_1\boldsymbol{P}_2\cdots\boldsymbol{P}_s\boldsymbol{A}\boldsymbol{Q}_1\boldsymbol{Q}_2\cdots\boldsymbol{Q}_t$$

(2)存在非奇异矩阵 $\boldsymbol{P},\boldsymbol{Q}$ 使 $\boldsymbol{B}=\boldsymbol{PAQ}$；

(3)$\mathrm{r}(\boldsymbol{A})=\mathrm{r}(\boldsymbol{B})$；(此条件最常用)

(4)$\boldsymbol{A},\boldsymbol{B}$ 有相同的等价标准型.

5. 逆矩阵

逆矩阵 若有矩阵 $\boldsymbol{B}$ 使 $\boldsymbol{AB}=\boldsymbol{BA}=\boldsymbol{I}$，则称矩阵 $\boldsymbol{AB}$ 可逆(又称非奇异、满秩)，且称矩阵 $\boldsymbol{B}$ 为 $\boldsymbol{A}$ 的逆矩阵，记作 $\boldsymbol{A}^{-1}$.

逆矩阵的性质

(1)$(\boldsymbol{A}^{-1})^{-1}=\boldsymbol{A}$；　(2)$(\boldsymbol{A}^{\mathrm{T}})^{-1}=(\boldsymbol{A}^{-1})^{\mathrm{T}}$；　(3)$(\boldsymbol{AB})^{-1}=\boldsymbol{B}^{-1}\boldsymbol{A}^{-1}$；

(4)$|\boldsymbol{A}^{-1}|=\dfrac{1}{|\boldsymbol{A}|}$；　(5)$(\alpha\boldsymbol{A})^{-1}=\dfrac{1}{\alpha}\boldsymbol{A}^{-1}$($\alpha$ 为非 0 常数).

矩阵可逆的充要条件

(1)$\boldsymbol{A}$ 满秩(非奇异)或$|\boldsymbol{A}|\neq 0$ 或 $\mathrm{r}(\boldsymbol{A})=n$($\boldsymbol{A}$ 为 n 阶方阵)；

(2)$\boldsymbol{A}$ 的 n 个行(或列)向量线性无关；

(3)$\boldsymbol{A}$ 可经过行、列初等变换化为单位矩阵；

(4)$\boldsymbol{A}$ 可表示为一些初等矩阵的乘积；

(5)方程组 $\boldsymbol{Ax}=\boldsymbol{0}$ 仅有零解或 $\boldsymbol{Ax}=\boldsymbol{b}$ 有唯一解；

(6)$\boldsymbol{A}$ 的特征值(根)皆非零.

逆矩阵的求法

(1)伴随矩阵法

$$\boldsymbol{A}^{-1}=\frac{\boldsymbol{A}^*}{|\boldsymbol{A}|}=\frac{1}{|\boldsymbol{A}|}\begin{pmatrix}A_{11} & A_{21} & \cdots & A_{n1}\\ A_{12} & A_{22} & \cdots & A_{n2}\\ \vdots & \vdots & & \vdots\\ A_{1n} & A_{2n} & \cdots & A_{nn}\end{pmatrix}$$

其中 $\boldsymbol{A}^*$ 称为 $\boldsymbol{A}$ 的伴随矩阵(A_{ij} 为 a_{ij} 的代数余子式，注意 $\boldsymbol{A}^*$ 中元素为(A_{ji})).

(2)初等变换法(记录矩阵法)

$$(\boldsymbol{A}\vdots\boldsymbol{I})\xrightarrow{\text{初等行变换}}(\boldsymbol{I}\vdots\boldsymbol{A}^{-1})$$

或

$$\begin{pmatrix}\boldsymbol{A}\\ \boldsymbol{I}\end{pmatrix}\xrightarrow{\text{初等列变换}}\begin{pmatrix}\boldsymbol{I}\\ \boldsymbol{A}^{-1}\end{pmatrix}$$

即在上述变换中，当 $\boldsymbol{A}$ 变为 $\boldsymbol{I}$ 时，$\boldsymbol{I}$ 变为 $\boldsymbol{A}^{-1}$.

(3)解线性方程组法：

设 $\boldsymbol{X}=(x_{ij})_{n\times n}$，则矩阵方程 $\boldsymbol{AX}=\boldsymbol{I}$(可化为线性方程组)的解 $\boldsymbol{X}$ 即为 $\boldsymbol{A}$ 的逆矩阵.

(4)利用分块矩阵性质；

(5)利用凯莱—哈密顿(Cayley-Hamilton)定理.

注 由前文我们可以看出初等矩阵的逆矩阵如下：

	行列式	逆矩阵
$\boldsymbol{P}(i,j)$	-1	$\boldsymbol{P}(i,j)$
$\boldsymbol{P}(i(k))$	k	$\boldsymbol{P}(i(\frac{1}{k}))$
$\boldsymbol{P}(i(k),j)$	1	$\boldsymbol{P}(i(k),j)$

伴随矩阵的性质

(1)$\mathrm{r}(\boldsymbol{A}^*)=\begin{cases}n, & \mathrm{r}(\boldsymbol{A})=n\text{ 时}\\1, & \mathrm{r}(\boldsymbol{A})=n-1\text{ 时};\\0, & \mathrm{r}(\boldsymbol{A})<n-1\text{ 时}\end{cases}$　　(2)$\boldsymbol{AA}^*=\boldsymbol{A}^*\boldsymbol{A}=|\boldsymbol{A}|\boldsymbol{I}$；

(3)$|\boldsymbol{A}^*|=|\boldsymbol{A}|^{n-1}\quad(n\geqslant 2)$；　　(4)$(\boldsymbol{A}^*)^*=|\boldsymbol{A}^{n-2}|\boldsymbol{A}$；

(5)$(\boldsymbol{AB})^*=\boldsymbol{B}^*\boldsymbol{A}^*$；　　(6)$(\boldsymbol{A}^*)^{-1}=\dfrac{\boldsymbol{A}}{|\boldsymbol{A}|}$.

6. 一些特殊矩阵

一些特殊矩阵及其性质如下：

名称记号	定 义	性 质
零矩阵 $\boldsymbol{O}$	$\boldsymbol{O}=(0)_{m\times n}$	$\boldsymbol{A}\pm\boldsymbol{O}=\boldsymbol{A},\quad 0\cdot\boldsymbol{A}=\boldsymbol{O}$
负矩阵 $-\boldsymbol{A}$	若 $\boldsymbol{A}=(a_{ij})_{m\times n}$，则 $-\boldsymbol{A}=(-a_{ij})_{m\times n}$	$\boldsymbol{A}+(-\boldsymbol{A})=\boldsymbol{O},\quad -(-\boldsymbol{A})=\boldsymbol{A}$
单位阵 $\boldsymbol{I}$ 或 $\boldsymbol{E}$	$\boldsymbol{I}=\begin{pmatrix}1&&\\&\ddots&\\&&1\end{pmatrix}$ 常记为 $\mathrm{diag}\{1,1,\cdots,1\}$	$\lvert\boldsymbol{I}\rvert=1$ $\boldsymbol{AI}=\boldsymbol{IA}=\boldsymbol{A}$
数(纯)量矩阵 $\boldsymbol{I}_k$	$\boldsymbol{I}_k=k\boldsymbol{I}\quad$ (k 是数)	$k\boldsymbol{I}+l\boldsymbol{I}=(k+l)\boldsymbol{I}$ $(k\boldsymbol{I})(l\boldsymbol{I})=(kl)\boldsymbol{I}$ $(k\boldsymbol{I})^{-1}=k^{-1}\boldsymbol{I}\quad(k\neq 0)$
对角阵 $\boldsymbol{D}$	$\boldsymbol{D}=\begin{pmatrix}d_1&&\\&\ddots&\\&&d_n\end{pmatrix}$ 又记为 $\mathrm{diag}\{d_1,\cdots,d_n\}$	若 $\lvert\boldsymbol{D}\rvert=d_1\cdot d_2\cdot\cdots\cdot d_n,d_1\neq 0$，$\boldsymbol{D}$ 有逆，且 $\boldsymbol{D}^{-1}=\mathrm{diag}\{d_1{}^{-1},d_2{}^{-1},\cdots,d_n{}^{-1}\}$ 又若 $\boldsymbol{A}=(a_{ij})$，则 $\boldsymbol{DA}=(d_ia_{ij})$，$\boldsymbol{AD}=(d_ia_{ij})$
秩1矩阵	$\boldsymbol{A}=\boldsymbol{\alpha\beta}^{\mathrm{T}}$	$\mathrm{r}(\boldsymbol{A})=1,\quad \lvert\boldsymbol{A}\rvert=0$
上三角阵（转置为下三角阵）	$\boldsymbol{A}=\begin{pmatrix}a_{11}&a_{12}&\cdots&a_{1n}\\&a_{22}&\cdots&a_{2n}\\&&\ddots&\vdots\\&&&a_{nn}\end{pmatrix}$	若 $\boldsymbol{A},\boldsymbol{B}$ 为上（下）三角阵，则 $\boldsymbol{A}+\boldsymbol{B},\boldsymbol{AB},k\boldsymbol{A},\boldsymbol{A}^{-1}$ 均为上（下）三角阵，且 $\lvert\boldsymbol{A}\rvert=a_{11}\cdot a_{22}\cdot\cdots\cdot a_{nn}$
对称矩阵	$\boldsymbol{A}^{\mathrm{T}}=\boldsymbol{A}$	若 $\boldsymbol{A},\boldsymbol{B}$ 为对称阵，则 $\boldsymbol{A}\pm\boldsymbol{B},\boldsymbol{AB}$ 仍为对称阵
反对称阵	$\boldsymbol{A}^{\mathrm{T}}=-\boldsymbol{A}$	若 $\boldsymbol{A},\boldsymbol{B}$ 为反对称阵，则 $\boldsymbol{A}\pm\boldsymbol{B},\boldsymbol{AB}$ 仍为反对称阵，奇数阶反对称阵行列式为0

续表

名称记号	定　义	性　质
幂等阵	$\boldsymbol{A}^2=\boldsymbol{A}$	若 $\boldsymbol{A}\neq\boldsymbol{I}$,$\boldsymbol{A}$ 为奇异(不可逆)阵,则 $\mathrm{r}(\boldsymbol{A})+\mathrm{r}(\boldsymbol{I}+\boldsymbol{A})=n$
幂零阵	$\boldsymbol{A}^2=\boldsymbol{O}$	$\boldsymbol{A}$ 为奇异阵,$\boldsymbol{A}\pm\boldsymbol{I}$ 为非奇异阵
幂幺阵 (对合阵)	$\boldsymbol{A}^k=\boldsymbol{I}$ $(\boldsymbol{A}^2=\boldsymbol{I})$	$\boldsymbol{A}$ 为非奇异阵,且 $\boldsymbol{A}^{-1}=\boldsymbol{A}^{k-1}$,$\boldsymbol{A}^2=\boldsymbol{I}$ 时 $\mathrm{r}(\boldsymbol{I}+\boldsymbol{A})+\mathrm{r}(\boldsymbol{I}-\boldsymbol{A})=n$
伴随矩阵 $\boldsymbol{A}^*$	$\boldsymbol{A}^*=\begin{pmatrix}A_{11}&A_{21}&\cdots&A_{n1}\\A_{12}&A_{22}&\cdots&A_{n2}\\\vdots&\vdots&&\vdots\\A_{1n}&A_{2n}&\cdots&A_{nn}\end{pmatrix}$	$\boldsymbol{A}^{-1}=\dfrac{\boldsymbol{A}^*}{\lvert\boldsymbol{A}\rvert}$ $\lvert\boldsymbol{A}\rvert=\lvert\boldsymbol{A}\rvert^{n-r}\quad(n\geqslant2)$ $(\boldsymbol{A}^*)^*=\lvert\boldsymbol{A}\rvert^{n-2}\boldsymbol{A}$ $(\boldsymbol{AB})^*=\boldsymbol{B}^*\boldsymbol{A}^*$ $(\boldsymbol{A}^*)^{-1}=(\boldsymbol{A}^{-1})^*=\dfrac{\boldsymbol{A}}{\lvert\boldsymbol{A}\rvert}$ $\mathrm{r}(\boldsymbol{A}^*)=\begin{cases}n, & \mathrm{r}(\boldsymbol{A})=n\\1, & \mathrm{r}(\boldsymbol{A})=n-1\\0, & \mathrm{r}(\boldsymbol{A})=n-1\end{cases}$
正交矩阵	满足 $\boldsymbol{AA}^{\mathrm{T}}=\boldsymbol{AA}^{\mathrm{T}}=\boldsymbol{I}$ 或 $\boldsymbol{A}^{-1}=\boldsymbol{A}^{\mathrm{T}}$ 的矩阵	若 $\boldsymbol{A}$ 为正交阵,则 $\boldsymbol{A}^{-1}$,$\boldsymbol{A}^*$ 也为正交阵,同阶正交阵之积仍为正交阵;$\lvert\boldsymbol{A}\rvert=\pm1$

矩阵 $\boldsymbol{A}=(a_{ij})_{m\times n}$ 是正交矩阵的充要条件(δ_{ij} 称为克罗内克符号):

(1) $\displaystyle\sum_{k=1}^{n}a_{ik}a_{jk}=\delta_{ij}=\begin{cases}1,i=j\\0,i\neq j\end{cases}\quad(i,j=1,2,\cdots,n)$;

(2) $\displaystyle\sum_{k=1}^{n}a_{ki}a_{kj}=\delta_{ij}=\begin{cases}1,i=j\\0,i\neq j\end{cases}\quad(i,j=1,2,\cdots,n)$;

(3) $\boldsymbol{A}$ 的 n 个行(列)向量组是单正交向量组;

(4) 由定义 $\boldsymbol{A}^{-1}=\boldsymbol{A}^{\mathrm{T}}$.

7. 矩阵关系表

关　系	定　义	性　质
等　价	$\boldsymbol{P}$,$\boldsymbol{Q}$ 为非奇异矩阵,若 $\boldsymbol{A}=\boldsymbol{PBQ}$ 则称 $\boldsymbol{A}$,$\boldsymbol{B}$ 等价,记作 $\boldsymbol{A}\simeq\boldsymbol{B}$	$\boldsymbol{A}\simeq\boldsymbol{A}$ (对称性) 若 $\boldsymbol{A}\simeq\boldsymbol{B}$,则 $\boldsymbol{B}\simeq\boldsymbol{A}$ (反身性) 若 $\boldsymbol{A}\simeq\boldsymbol{B}$,$\boldsymbol{B}\simeq\boldsymbol{C}$,则 $\boldsymbol{A}\simeq\boldsymbol{C}$ (传递性)
相　合 (合　同)	$\boldsymbol{P}$ 为非奇异矩阵,若 $\boldsymbol{A}=\boldsymbol{P}^{\mathrm{T}}\boldsymbol{BP}$ 则称 $\boldsymbol{A}$,$\boldsymbol{B}$ 相合(合同)	①$\mathrm{r}(\boldsymbol{A})=\mathrm{r}(\boldsymbol{B})$ ②若 $\boldsymbol{A}$ 正定,则 $\boldsymbol{B}$ 正定,反之亦然
相　似	若 $\boldsymbol{P}$ 为非奇异(可逆)矩阵,又 $\boldsymbol{A}=\boldsymbol{P}^{-1}\boldsymbol{BP}$ 则称 $\boldsymbol{A}$,$\boldsymbol{B}$ 相似,记作 $\boldsymbol{A}\sim\boldsymbol{B}$	①$\boldsymbol{A}\sim\boldsymbol{A}$ ②若 $\boldsymbol{A}\sim\boldsymbol{B}$,则 $\boldsymbol{B}\sim\boldsymbol{A}$ ③若 $\boldsymbol{A}\sim\boldsymbol{B}$,$\boldsymbol{B}\sim\boldsymbol{C}$,则 $\boldsymbol{A}\sim\boldsymbol{C}$ ④若 $\boldsymbol{A}\sim\boldsymbol{B}$,则 $\lvert\boldsymbol{A}\rvert=\lvert\boldsymbol{B}\rvert$ ⑤若 $\boldsymbol{A}$,$\boldsymbol{B}$ 非奇异,则 $\boldsymbol{A}^{-1}\sim\boldsymbol{B}^{-1}$ ⑥若 $\boldsymbol{A}_1\sim\boldsymbol{B}_1$,$\boldsymbol{A}_2\sim\boldsymbol{B}_2$,则 $\boldsymbol{A}_1+\boldsymbol{A}_2\sim\boldsymbol{B}_1+\boldsymbol{B}_2$,$k\boldsymbol{A}_1\sim k\boldsymbol{B}_1$,$f(\boldsymbol{A})\sim f(\boldsymbol{B})$($f(x)$为 x 的多项式)

8. 一些特殊矩阵对某些运算的保形性

A,B	$aA+bB$	A^{-1}	A^{T}	AB	$P^{-1}AP$	特征值
实对称阵	√	√	√	×	×	实 数
正交阵	×	√	√	√	×	$\|\lambda\|=\pm1$
对角阵	√	√	√	√	×	$\lambda_i=d_{ii}$（d_{ii}为对角元）
可逆矩阵	×	√	√	√	√	非 零
上(下)三角阵	√	√	下(上)	×	√	对角线元素

注 "√"表示该运算使矩阵保持原来特性，"×"表示该运算使矩阵不保持原来特性.

经典问题解析

矩阵问题是线性代数的核心问题.本章只讨论矩阵的简单四则运算及其秩、逆的求法，以及某些特殊矩阵的性质等.关于矩阵的其他问题（如特征问题、相似问题、正定问题等）详见后面诸章内容.至于向量空间问题、线性方程组问题也都与矩阵有关联，这些也详见后文.

下面来看例子.

1. 矩阵的计算问题

我们先来看一个例子，严格地讲它属于矩阵方程方面的命题.

例 1 若 $\boldsymbol{A}=\begin{pmatrix}1&0&0\\1&1&0\\1&1&1\end{pmatrix}$，$\boldsymbol{B}=\begin{pmatrix}0&1&1\\1&0&1\\1&1&0\end{pmatrix}$，又 $\boldsymbol{X}\in\mathbf{R}^{3\times3}$ 且满足 $\boldsymbol{AXB}+\boldsymbol{BXB}=\boldsymbol{AXB}+\boldsymbol{BXA}+\boldsymbol{I}$，求 $\boldsymbol{X}$.

解 类比于从方程 $axb+bxb=axb+bxa+1$ 求 x，仿上例可有

$$(\boldsymbol{AXA}-\boldsymbol{AXB})-(\boldsymbol{BXA}-\boldsymbol{BXB})=\boldsymbol{I}\Rightarrow\boldsymbol{AX}(\boldsymbol{A}-\boldsymbol{B})+\boldsymbol{BX}(\boldsymbol{B}-\boldsymbol{A})=\boldsymbol{I}$$

即

$$\boldsymbol{AX}(\boldsymbol{A}-\boldsymbol{B})-\boldsymbol{BX}(\boldsymbol{A}-\boldsymbol{B})=\boldsymbol{I}$$

或

$$(\boldsymbol{A}-\boldsymbol{B})\boldsymbol{X}(\boldsymbol{A}-\boldsymbol{B})=\boldsymbol{I}$$

若 $\boldsymbol{A}-\boldsymbol{B}$ 非奇异，可有 $\boldsymbol{X}=(\boldsymbol{A}-\boldsymbol{B})^{-1}(\boldsymbol{A}-\boldsymbol{B})^{-1}=[(\boldsymbol{A}-\boldsymbol{B})^{-1}]^2$.

注意到 $|\boldsymbol{A}-\boldsymbol{B}|=1$，知 $\boldsymbol{A}-\boldsymbol{B}$ 非奇异（可逆）.

又

$$(\boldsymbol{A}-\boldsymbol{B})^{-1}=\begin{pmatrix}1&1&2\\0&1&1\\0&0&1\end{pmatrix}$$

则

$$\boldsymbol{X}=[(\boldsymbol{A}-\boldsymbol{B})^{-1}]^2=\begin{pmatrix}1&2&5\\0&1&2\\0&0&1\end{pmatrix}$$

注 这类问题与后面的例子比较，除了矩阵求逆运算外，没有差异.然而类似的考题几乎年年都有（见后例的注）.

下面是一个求解矩阵的例，它涉及一种特殊的矩阵——正交矩阵.

例 2 写出二阶正交矩阵的全部可能形式.

解 设 $\boldsymbol{A}=\begin{pmatrix}a&b\\c&d\end{pmatrix}$ 为正交矩阵，由

$$A^TA=\begin{pmatrix}a&c\\b&d\end{pmatrix}\begin{pmatrix}a&b\\c&d\end{pmatrix}=\begin{pmatrix}a^2+c^2&ab+cd\\ab+cd&b^2+c^2\end{pmatrix}=\begin{pmatrix}1&0\\0&1\end{pmatrix}$$

$$AA^T=\begin{pmatrix}a&b\\c&d\end{pmatrix}\begin{pmatrix}a&c\\b&d\end{pmatrix}=\begin{pmatrix}a^2+b^2&ac+bd\\ac+bd&c^2+d^2\end{pmatrix}=\begin{pmatrix}1&0\\0&1\end{pmatrix}$$

故

$$a^2+b^2=a^2+c^2=b^2+c^2=c^2+d^2=1 \qquad ①$$

且

$$ab+cd=ac+bd=0 \qquad ②$$

令 $a=\cos\alpha$，由式①中 $a^2+c^2=1$，有 $c=\pm\sin\alpha$.

当 $c=-\sin\alpha$ 时，由 $\sin(\pm\alpha)=\pm\sin\alpha,\cos(\pm\alpha)=\sin\alpha$，故不妨使 $a=\cos\beta,c=\sin\beta,\beta$ 为任意角.

又由式②，可令 $b=\pm c=\pm\cos\beta,d=\mp a\mp\cos\beta$，故

$$A=\begin{pmatrix}\cos\beta&-\sin\beta\\\sin\beta&\cos\beta\end{pmatrix}\text{或}\begin{pmatrix}\cos\beta&\sin\beta\\\sin\beta&-\cos\beta\end{pmatrix}$$

注 类似的问题后文还将会看到. 又如：

问题：求使 $A^2=O$ 的二阶实矩阵的一切形式.

略解：设 $A=\begin{pmatrix}a&b\\c&d\end{pmatrix}$，由 $A^2=O$ 可得

$$a^2+bc=0,\quad b(a+d)=0,\quad c(a+d)=0,\quad d^2+bc=0$$

当 $b=c=0$ 时，可得 $a=d=0$，从而 $A=O$；

当 $b\neq0$ 时，这样有 $a+d=0$，得 $d=-a,c=-\dfrac{a^2}{b}$，则可得矩阵

$$A=\begin{pmatrix}a&b\\-\dfrac{a^2}{b}&-a\end{pmatrix}$$

当 $c\neq0$ 时，仿上可得

$$A=\begin{pmatrix}a&-\dfrac{a^2}{c}\\c&-a\end{pmatrix}$$

例 3 若 $A=\left(\begin{array}{c:cccc}0&a_1&&&\\\vdots&&\ddots&&\\0&&&&a_{n-1}\\\hdashline a_n&0&\cdots&&0\end{array}\right)$，其中 $a_i\neq0(i=1,2,\cdots,n)$. 求 $\sum\limits_{i=1}^{n}A_{ki}$.

解 设 A_1 为 A 的右上角组成的 $n-1$ 阶矩阵，则由题设，有

$$A^*=(A_{ik})_{n\times n}=|A|A^{-1}=|A|\begin{pmatrix}&a_n^{-1}\\A_1^{-1}&\end{pmatrix}=|A|\begin{pmatrix}&&&&\dfrac{1}{a_n}\\\dfrac{1}{a_1}&&&&\\&\dfrac{1}{a_2}&&&\\&&\ddots&&\\&&&\dfrac{1}{a_{n-1}}&\end{pmatrix}$$

故

$$\sum_{i=1}^{n} A_{ki} = |A| \cdot \frac{1}{a_k} = (-1)^{n+1} \prod_{\substack{i=1 \\ i \neq k}}^{n} a_i$$

接下来是一个三对角矩阵问题，这类矩阵我们在“行列式”一章曾有叙及.

例 4 若 $A=\begin{pmatrix} 2 & \lambda & & & & \\ \frac{1}{2} & 2 & \frac{1}{2} & & & \\ & \frac{1}{2} & 2 & \frac{1}{2} & & \\ & & \ddots & \ddots & \ddots & \\ & & & \frac{1}{2} & 2 & \frac{1}{2} \\ & & & & \frac{1}{2} & 2 & \frac{1}{2} \end{pmatrix}$，试证当 $\lambda<4$ 时，A 为可逆阵.

证 设 $D_n(\lambda)=\det A=|A|$，由前一章的例知，若 $\lambda=\frac{1}{2}$，每行提出公因子 $\frac{1}{2}$ 可套用三对角行列式计算公式，得

$$\Delta_n=D_n\left(\frac{1}{2}\right)=\frac{(2+\sqrt{3})^{n+1}-(2-\sqrt{3})^{n+1}}{2^{n+1}\sqrt{3}} \qquad (*)$$

又按 $|A|$ 的第 1 列展开，得

$$|A|=2\Delta_{n-1}-\frac{\lambda}{2}\Delta_{n-2}$$

由式（$*$）知 $\Delta_k>0(k=2,3,\cdots,n)$，又由式（$*$），有

$$\Delta_{n-1}-\Delta_{n-2}=\frac{1}{2^n}[(2+\sqrt{3})^{n-1}+(2-\sqrt{3})^{n-1}]>0$$

故 $\Delta_{n-1}>\Delta_{n-2}$，因而 $\lambda=4$ 时

$$2\Delta_{n-1}-\frac{\lambda}{2}\Delta_{n-2}>2\Delta_{n-1}-2\Delta_{n-2}>0$$

从而 $|A|\neq 0$，即知 A 非奇异（可逆）.

下面的问题属于循环矩阵的内容.

例 5 若 $A=\begin{pmatrix} 0 & 1 & & & \\ & 0 & 1 & & \\ & & \ddots & \ddots & \\ & & & 0 & 1 \\ 1 & & & & 0 \end{pmatrix}=\begin{pmatrix} \mathbf{0} & I_{n-1} \\ 1 & \mathbf{0} \end{pmatrix}$，试证 $A^k=\begin{pmatrix} O & I_{n-k} \\ I_k & O \end{pmatrix}$，其中 $k=1,2,\cdots,n-1$，且 $A^n=I_n$. 称 A 为基础循环阵.

证 设 $e_i=(0,\cdots,0,1,0\cdots0)^{\mathrm{T}}$，则 $A=(e_n,e_1,e_2,\cdots,e_{n-1})$.

由 $Ae_1=e_n$，$Ae_s=e_{s-1}$，$s=2,3,\cdots,n$，可用数学归纳法证明命题.

(1)$k=1$ 时，命题显然成立.

(2)设对 $k-1$ 时命题为真，即

$$A^{k-1}=\begin{pmatrix} O & I_{n-k+1} \\ I_{k-1} & O \end{pmatrix}=(e_{n-k+2},e_{n-k+3},\cdots,e_n,e_1,e_2,\cdots,e_{n-k+1})$$

故

$$\begin{aligned}A^k&=AA^{k-1}=A(e_{n-k+2},e_{n-k+3},\cdots,e_n,e_1,e_2,\cdots,e_{n-k+1})\\&=(Ae_{n-k+2},Ae_{n-k+3},\cdots,Ae_n,Ae_1,Ae_2,\cdots,Ae_{n-k+1})\\&=(e_{n-k+1},e_{n-k+2},\cdots,e_{n-1},e_n,e_{n+1},\cdots,e_{n-k})\\&=\begin{pmatrix}O&I_{n-k}\\I_k&O\end{pmatrix}\end{aligned}$$

即命题对 k 时亦成立.

再 $A^n=AA^{n-1}=A\begin{pmatrix}0&1\\I_{n-k}&0\end{pmatrix}=A(e_2,e_3,\cdots,e_n,e_1)=(e_1,e_2,\cdots,e_{n-1},e_n)=I_n$.

注 这样一般循环矩阵

$$C=\begin{pmatrix}c_0&c_1&c_2&\cdots&c_{n-2}\\c_{n-1}&c_0&c_1&\cdots&c_{n-3}\\c_2&c_3&c_4&\cdots&c_0\\c_0&c_2&c_3&\cdots&c_{n-1}\end{pmatrix}$$

可表示成

$$\begin{aligned}C&=c_0I_n+c_1\begin{pmatrix}0&I_{n-1}\\1&0\end{pmatrix}+c_2\begin{pmatrix}O&I_{n-2}\\I_2&O\end{pmatrix}+\cdots+c_{n-2}\begin{pmatrix}O&I_2\\I_{n-2}&O\end{pmatrix}+c_{n-1}\begin{pmatrix}0&1\\I_{n-1}&0\end{pmatrix}\\&=c_0I_n+c_1\begin{pmatrix}0&I_{n-1}\\1&0\end{pmatrix}+c_2\begin{pmatrix}0&I_{n-1}\\1&0\end{pmatrix}^2+\cdots+c_{n-2}\begin{pmatrix}0&I_{n-1}\\1&0\end{pmatrix}^{n-2}+c_{n-1}\begin{pmatrix}0&I_{n-1}\\1&0\end{pmatrix}^{n-1}\end{aligned}$$

由此可知两循环矩阵之积仍为循环阵.

关于矩阵求逆的例子,我们后文将会述及,当然方法如前述有四种,这里给出一个也许是不常使用的方法求逆的例.

我们知道:若 A 的特征多项式为 $f(\lambda)$,则 $f(A)=O$,称为凯莱—哈密顿(Cayley-Hamilton)定理.利用它有时也可求矩阵的逆.

例6 若矩阵 $A=\begin{pmatrix}1&1&-1\\2&1&0\\1&-1&0\end{pmatrix}$,利用凯莱—哈密顿定理求 A^{-1}.

解 由 $|\lambda I-A|=\begin{vmatrix}\lambda-1&-1&1\\-2&\lambda-1&0\\-1&1&\lambda\end{vmatrix}=\lambda^3-2\lambda^2-3$,又由凯莱—哈密顿定理有

$$A^3-2A^2-3I=O$$

即

$$\frac{1}{3}A(A^2-2A)=I$$

则

$$A^{-1}=\frac{1}{2}A^2-\frac{2}{3}A=\frac{1}{3}\begin{pmatrix}1&1&-1\\2&1&0\\1&-1&0\end{pmatrix}^2-\frac{2}{3}\begin{pmatrix}1&1&-1\\2&1&0\\1&-1&0\end{pmatrix}=\frac{1}{3}\begin{pmatrix}0&1&1\\0&1&-2\\-1&2&-2\end{pmatrix}$$

注1 这是方阵求逆的另一种方法,它的优点是求逆过程仅涉及矩阵的方幂(除特征多项式需计算行列式外),有时是方便的.

注2 当然结论还可以推广为:

命题:若 $A\in\mathbf{R}^{n\times n}$,又 $\varphi(x)=a_mx^m+a_{m-1}x^{m-1}+\cdots+a_1x+a_0$,其中 $a_0\neq0$,且 $\varphi(A)=O$,则 A 可逆,且求其逆.(同济大学,1983)

证:由题设得知 $\varphi(A)=a_mA^m+a_{m-1}A^{m-1}+\cdots+a_1A+a_0I=O$,再注意到 $a_0\neq0$,故

$$\frac{a_m}{a_0}A^m+\frac{a_{m-1}}{a_0}A^{m-1}+\cdots+\frac{a_1}{a_0}A=-I$$

或

$$\left(-\frac{a_m}{a_0}A^{m-1}-\frac{a_{m-1}}{a_0}A^{m-2}-\cdots-\frac{a_1}{a_0}I\right)A=I$$

从而 A 可逆，且

$$A^{-1}=-\frac{a_m}{a_0}A^{m-1}-\frac{a_{m-1}}{a_0}A^{m-2}-\cdots-\frac{a_1}{a_0}I$$

2. 矩阵的秩

关于矩阵的秩的讨论，是矩阵问题的一个重要课题，这类问题往往会以各种形式出现，这里先给出几例，后文还将会看到它们常常出现在考研试题中.

下面是关于矩阵乘积秩的经典问题.

例1 若 A 可逆，且 $A^2+AB+B^2=0$，则 $A+B$ 和 B 皆可逆.

证 由 $A^2+AB+B^2=0\Rightarrow A^2(A+B)B=0$.

又 A 可逆，则 $(A+B)B$ 可逆，否则由 $-A^2=(A+B)B$，从而

$$r(-A^2)=r(A^2)=r[(A+B)B]$$

推出 $A+B$，B 可逆.

例2 设 $A=(a_{ij})_{k\times n}$，$B=(b_{ij})_{n\times m}$，试证 $r(AB)\geqslant r(A)+r(B)-n$.

证 设矩阵秩 $r(A)=r_1$，$r(B)=r_2$，$r(AB)=r$.

又由题设知有逆矩阵 P,Q 使 $PAQ=\begin{pmatrix}I_{r_1} & O\\ O & O\end{pmatrix}$.

设 $Q^{-1}B=\begin{pmatrix}C_1\\ C_2\end{pmatrix}$，其中 C_1 的阶数为 $r_1\times m$，C_2 的阶数为 $(n-r_1)\times m$. 又满秩矩阵与另一矩阵相乘不改变其秩，则 $r=r(AB)=r(PAQQ^{-1}B)$. 注意到

$$PAQQ^{-1}B=\begin{pmatrix}I_{r_1} & O\\ O & O\end{pmatrix}\begin{pmatrix}C_1\\ C_2\end{pmatrix}=\begin{pmatrix}C_1\\ O\end{pmatrix}$$

从而 $r(C_1)=r$，但 $r(Q^{-1}B)=r_2$，注意 C_1，C_2 的阶与秩的关系，故

$$r_2=r(Q^{-1}B)\leqslant r(C_1)+r(C_2)\leqslant r+(n-r_1)$$

即

$$r\geqslant r_1+r_2-n$$

注 如果再注意到 $r(AB)\leqslant\min\{r(A),r(B)\}$，则有

$$r(A)+r(B)-n\leqslant r(AB)\leqslant\min\{r(A),r(B)\}$$

此式称为西尔维斯特不等式.

类似的例子又如：

例3 设 A,B,C 为3个矩阵（不一定是方阵），且乘积 ABC 有意义（即可以进行）. 试证 $r(ABC)\geqslant r(AB)+r(BC)-r(B)$（弗罗比尼乌斯不等式）.

证 设 $B\in\mathbf{R}^{m\times n}$，且 $r(B)=r$，则存在可逆阵 P,Q 使

$$B=P\begin{pmatrix}I_r & O\\ O & O\end{pmatrix}Q$$

其中 $P\in\mathbf{R}^{m\times m}$，$Q\in\mathbf{R}^{n\times n}$. 将 P,Q 适当分块为 $P=(M,S)$，$Q=\begin{pmatrix}N\\ T\end{pmatrix}$，则

$$B=(M,S)\begin{pmatrix}I_r & O\\ O & O\end{pmatrix}\begin{pmatrix}N\\ T\end{pmatrix}=MN$$

从而 $r(ABC)=r(AMNC)\geqslant r(AM)+r(NC)-r\geqslant r(AMN)+r(MNC)-r(B)=r(AB)+r(BC)-r(B)$.

注1 当 $C=I$ 时,有 $r(AB)\geqslant r(A)+r(B)-n$,即例 2 的结论.

注2 它的另一种证法请见后文.利用上面结论我们不难证明下面的结论:

命题:若 $A\in\mathbf{R}^{n\times n}$,则 $r(A^3)+r(A)\geqslant 2r(A^2)$.

略证:由例的结论可有 $r(ABC)+r(B)\geqslant r(AB)+r(BC)$.

再令 $B=C=A$ 代入上式即可.

下面的例子是上例的某些应用.

例4 设秩 $r(AB)=r(B)$,试证 $r(ABC)=r(BC)$,这里 C 为任何使矩阵乘法可行的矩阵.

证 首先

$$r(ABC)\leqslant\min\{r(A),r(BC)\}\leqslant r(BC)$$

由上例

$$r(ABC)\geqslant r(AB)+r(BC)-r(B)$$

而 $r(AB)=r(B)$,从而 $r(ABC)\geqslant r(BC)$.

综上 $r(ABC)=r(BC)$.

注 它的推广情形见后文.

例5 $A\in\mathbf{R}^{n\times n}$,且 $r(A)=r(A^2)$,则 $r(A^k)=r(A)$,其中 $k\in\mathbf{N}$.

证 注意到下面的变换(由矩阵初等变换)及矩阵性质

$$r(A^2)+r(A^2)=r\begin{pmatrix}A^2 & O\\ O & A^2\end{pmatrix}\leqslant r\begin{pmatrix}A^2 & O\\ A & A^2\end{pmatrix}=r\begin{pmatrix}A^2 & -A^3\\ A & O\end{pmatrix}=r\begin{pmatrix}O & -A^3\\ A & O\end{pmatrix}=r(A)+r(A^3)$$

由设 $r(A)=r(A^2)$,故 $r(A^2)\leqslant r(A^3)$

又 $r(A^3)=r(A^2\cdot A)\leqslant r(A^2)$,从而 $r(A^2)=r(A^3)$.

归纳地可有 $r(A^3)=r(A^4)=\cdots$,即 $r(A^k)=r(A)$.

例6 若 $A\in\mathbf{R}^{m\times n}$,证明 $r(A^{\mathrm{T}}A)=r(A)=r(A^{\mathrm{T}})=r(AA^{\mathrm{T}})$.

证 先来证 $r(A^{\mathrm{T}}A)=r(A)$.

由 $Ax=0$,可有 $A^{\mathrm{T}}Ax=0$,则 $Ax=0$ 的解均为 $A^{\mathrm{T}}Ax=0$ 的解.

反过来,若 $A^{\mathrm{T}}Ax=0$,亦有 $x^{\mathrm{T}}A^{\mathrm{T}}Ax=0$,即 $(Ax)^{\mathrm{T}}(Ax)=0$.

由向量内积的性质知 $Ax=0$,又知 $A^{\mathrm{T}}Ax=0$ 的解亦为 $Ax=0$ 的解.从而 $Ax=0$ 与 $A^{\mathrm{T}}Ax=0$ 同解.故 $r(A)=r(A^{\mathrm{T}}AB)$.

同理可证 $r(A)=r(AA^{\mathrm{T}})$.

又 $r(A)=r(A^{\mathrm{T}})$,故 $r(A)=r(A^{\mathrm{T}})=r(A^{\mathrm{T}}A)=r(AA^{\mathrm{T}})$.

注 有了例的结论我们不难证明许多其他问题,比如:

命题:若 $A\in\mathbf{R}^{n\times n}$,且 A 正定对称,则对任意 $B\in\mathbf{R}^{n\times n}$ 皆有 $r(B)=r(B^{\mathrm{T}}AB)$.

证:由题设 A 正定,则有可逆阵 Q 使 $A=Q^{\mathrm{T}}Q$(详见后面章节).这样

$$r(B^{\mathrm{T}}Q^{\mathrm{T}}QB)=r[(QB)^{\mathrm{T}}(QB)]=r(QB)=r(B)$$

这里注意到 Q 可逆即可.

又如利用例的结论可以证明线性方程组 $Ax=0$ 与 $A^{\mathrm{T}}Ax=0$ 的同解性等.

例7 若 $A\in\mathbf{R}^{n\times n}$,又 $A^2=A$,则 $r(A)+r(I-A)=n$.

证 一方面 $A^2=A$,即 $A(I-A)=O$,则 $r(A)+r(I-A)\leqslant n$.

另一方面,$n=r(I)=r[A+(I-A)]\leqslant r(A)+r(I-A)$.

综上所述,$r(A)+r(I-A)=n$.

注 本例亦可用上例结论去证,注意它们均系幂等阵.又命题题设与结论是充要的,换言之,反过来则有:

命题:设 $A\in\mathbf{R}^{n\times n}$,又 $r(A)+r(A-I)=n$,则 $A^2=A$.

证：注意到下面的矩阵演化（行、列初等变换）及其秩的性质

$$n=\mathrm{r}(\boldsymbol{A})+\mathrm{r}(\boldsymbol{A}-\boldsymbol{I})=\mathrm{r}\begin{pmatrix}\boldsymbol{A} & \boldsymbol{O}\\ \boldsymbol{O} & \boldsymbol{A}-\boldsymbol{I}\end{pmatrix}=\mathrm{r}\begin{pmatrix}\boldsymbol{A} & \boldsymbol{O}\\ \boldsymbol{A} & -\boldsymbol{A}+\boldsymbol{I}\end{pmatrix}=\mathrm{r}\begin{pmatrix}\boldsymbol{A} & \boldsymbol{A}\\ \boldsymbol{A} & \boldsymbol{I}\end{pmatrix}=\mathrm{r}\begin{pmatrix}\boldsymbol{A}-\boldsymbol{A}^2 & \boldsymbol{O}\\ \boldsymbol{A} & \boldsymbol{I}\end{pmatrix}=\mathrm{r}\begin{pmatrix}\boldsymbol{A}-\boldsymbol{A}^2 & \boldsymbol{O}\\ \boldsymbol{O} & \boldsymbol{I}\end{pmatrix}$$

$$=\mathrm{r}(\boldsymbol{A}-\boldsymbol{A}^2)+\mathrm{r}(\boldsymbol{I})$$

由 $\mathrm{r}(\boldsymbol{I})=n$，从而 $\mathrm{r}(\boldsymbol{A}-\boldsymbol{A}^2)=0$，即 $\boldsymbol{A}=\boldsymbol{A}^2$.

例 8　若 $\boldsymbol{A},\boldsymbol{B}\in\mathbf{R}^{n\times n}$，且 $\boldsymbol{ABA}=\boldsymbol{B}^{-1}$，试证 $\mathrm{r}(\boldsymbol{I}-\boldsymbol{AB})+\mathrm{r}(\boldsymbol{I}+\boldsymbol{AB})=n$.

证　由题设及 $(\boldsymbol{I}-\boldsymbol{AB})+(\boldsymbol{I}+\boldsymbol{AB})=2\boldsymbol{I}$，知

$$\mathrm{r}(\boldsymbol{I}-\boldsymbol{AB})+\mathrm{r}(\boldsymbol{I}+\boldsymbol{AB})\geqslant\mathrm{r}(2\boldsymbol{I})=n$$

又

$$(\boldsymbol{I}-\boldsymbol{AB})(\boldsymbol{I}+\boldsymbol{AB})=\boldsymbol{I}^2-(\boldsymbol{AB})^2=\boldsymbol{I}-\boldsymbol{ABAB}=\boldsymbol{I}-\boldsymbol{B}^{-1}\boldsymbol{B}=\boldsymbol{I}-\boldsymbol{I}=\boldsymbol{O}$$

则

$$\mathrm{r}(\boldsymbol{I}-\boldsymbol{AB})+\mathrm{r}(\boldsymbol{I}+\boldsymbol{AB})\leqslant n$$

从而

$$\mathrm{r}(\boldsymbol{I}-\boldsymbol{AB})+\mathrm{r}(\boldsymbol{I}+\boldsymbol{AB})=n$$

注　显然本例是前面问题"若 $\boldsymbol{A},\boldsymbol{B}\in\mathbf{R}^{n\times n}$，又 $\boldsymbol{AB}=\boldsymbol{O}$，则 $\mathrm{r}(\boldsymbol{A})+\mathrm{r}(\boldsymbol{B})\leqslant n$"的推广，这里换种方法再将问题略加说明.

今令 $\boldsymbol{B}=(\boldsymbol{b}_1,\boldsymbol{b}_2,\cdots,\boldsymbol{b}_n)$，则 $\boldsymbol{AB}=(\boldsymbol{Ab}_1,\boldsymbol{Ab}_2,\cdots,\boldsymbol{Ab}_n)=\boldsymbol{O}$，即 $\boldsymbol{AX}=\boldsymbol{O}$ 有 n 组解. 若 $\mathrm{r}(\boldsymbol{A})=r$，此即说 $\boldsymbol{b}_1,\boldsymbol{b}_2,\cdots,\boldsymbol{b}_n$ 可由其中 $n-r$ 个无关向量线性表出，即 $\mathrm{r}(\boldsymbol{B})\leqslant n-r$. 从而

$$\mathrm{r}(\boldsymbol{A})+\mathrm{r}(\boldsymbol{B})\leqslant r+(n-r)=n$$

又由

$$\begin{pmatrix}\boldsymbol{I}-\boldsymbol{AB}\\ \boldsymbol{I}+\boldsymbol{AB}\end{pmatrix}\xrightarrow{\text{行初等变换}}\begin{pmatrix}2\boldsymbol{I}\\ \boldsymbol{I}+\boldsymbol{AB}\end{pmatrix}\longrightarrow\begin{pmatrix}\boldsymbol{I}\\ \boldsymbol{I}+\boldsymbol{AB}\end{pmatrix}$$

同样可有（矩阵经初等变换不改变其秩）

$$\mathrm{r}(\boldsymbol{I}-\boldsymbol{AB})+\mathrm{r}(\boldsymbol{I}+\boldsymbol{AB})\geqslant\mathrm{r}\begin{pmatrix}\boldsymbol{I}-\boldsymbol{AB}\\ \boldsymbol{I}+\boldsymbol{AB}\end{pmatrix}=\mathrm{r}\begin{pmatrix}\boldsymbol{I}\\ \boldsymbol{I}+\boldsymbol{AB}\end{pmatrix}\geqslant\mathrm{r}(\boldsymbol{I})=n$$

例 9　若 $\boldsymbol{A}\in\mathbf{R}^{3\times 3}$，且 $\boldsymbol{A}^2=\boldsymbol{I}$，但 $\boldsymbol{A}\neq\boldsymbol{I}$. 证明 $[\mathrm{r}(\boldsymbol{A}-\boldsymbol{I})-1][\mathrm{r}(\boldsymbol{A}+\boldsymbol{I})-1]=0$.

证　由题设 $\boldsymbol{A}\neq\boldsymbol{I}$，知 $\mathrm{r}(\boldsymbol{A}-\boldsymbol{I})\geqslant 1$. 又由 $\boldsymbol{A}^2=\boldsymbol{I}$，即 $\boldsymbol{A}^2-\boldsymbol{I}=\boldsymbol{O}$，有 $(\boldsymbol{A}-\boldsymbol{I})(\boldsymbol{A}+\boldsymbol{I})=\boldsymbol{O}$. 从而

$$\mathrm{r}(\boldsymbol{A}-\boldsymbol{I})\leqslant 2,\ \mathrm{r}(\boldsymbol{A}+\boldsymbol{I})\leqslant 2$$

又由 $(\boldsymbol{A}-\boldsymbol{I})(\boldsymbol{A}+\boldsymbol{I})=\boldsymbol{O}$，且 $\boldsymbol{A}\in\mathbf{R}^{3\times 3}$，由西尔维斯特不等式，有

$$\mathrm{r}(\boldsymbol{A}+\boldsymbol{I})+\mathrm{r}(\boldsymbol{A}-\boldsymbol{I})-3\leqslant\mathrm{r}[(\boldsymbol{A}+\boldsymbol{I})(\boldsymbol{A}-\boldsymbol{I})]=0$$

从而 $\mathrm{r}(\boldsymbol{A}+\boldsymbol{I})+\mathrm{r}(\boldsymbol{A}-\boldsymbol{I})\leqslant 3$，知 $\mathrm{r}(\boldsymbol{A}+\boldsymbol{I})$，$\mathrm{r}(\boldsymbol{A}-\boldsymbol{I})$ 中至少有一个 1，故

$$[\mathrm{r}(\boldsymbol{A}+\boldsymbol{I})-1][\mathrm{r}(\boldsymbol{A}-\boldsymbol{I})-1]=0$$

例 10　若 $\boldsymbol{A}\in\mathbf{R}^{m\times n}$，$\boldsymbol{B}\in\mathbf{R}^{n\times p}$，$\boldsymbol{C}=\boldsymbol{AB}$，试证：若 $\mathrm{r}(\boldsymbol{A})=n$，则 $\mathrm{r}(\boldsymbol{C})=\mathrm{r}(\boldsymbol{B})$；又若 $\mathrm{r}(\boldsymbol{B})=n$，则 $\mathrm{r}(\boldsymbol{C})=\mathrm{r}(\boldsymbol{A})$.

证　若 $\mathrm{r}(\boldsymbol{A})=n$，则 $m\geqslant n$，不妨设 $\boldsymbol{A}$ 的前 n 行线性无关，且构成一个满秩阵 $\boldsymbol{A}_1$，又后 $m-n$ 行构成 $\boldsymbol{A}_2$，则

$$\boldsymbol{C}=\boldsymbol{AB}=\begin{pmatrix}\boldsymbol{A}_1\\ \boldsymbol{A}_2\end{pmatrix}\boldsymbol{B}=\begin{pmatrix}\boldsymbol{A}_1\boldsymbol{B}\\ \boldsymbol{A}_2\boldsymbol{B}\end{pmatrix}$$

这样 $\mathrm{r}(\boldsymbol{C})=\mathrm{r}(\boldsymbol{AB})\geqslant\mathrm{r}(\boldsymbol{A}_1\boldsymbol{B})=\mathrm{r}(\boldsymbol{B})$.

但 $\mathrm{r}(\boldsymbol{AB})\leqslant\mathrm{r}(\boldsymbol{B})$，故 $\mathrm{r}(\boldsymbol{C})=\mathrm{r}(\boldsymbol{B})$.

同理可证，若 $\mathrm{r}(\boldsymbol{B})=n$，则 $\mathrm{r}(\boldsymbol{C})=\mathrm{r}(\boldsymbol{A})$.

注　类似地还可证（亦可用线性方程组理论）：

命题：若 $\boldsymbol{A},\boldsymbol{B}\in\mathbf{R}^{n\times n}$，且 $\mathrm{r}(\boldsymbol{A})=\mathrm{r}(\boldsymbol{BA})$，则 $\mathrm{r}(\boldsymbol{A}^2)=\mathrm{r}(\boldsymbol{BA}^2)$.

下面的问题涉及 $\boldsymbol{A}^*$（$\boldsymbol{A}$ 的伴随矩阵）的秩的讨论.

例 11 若 $\boldsymbol{A}\in\mathbf{R}^{n\times n}$,又 $\boldsymbol{A}^*$ 为 $\boldsymbol{A}$ 的伴随矩阵,则

$$\mathrm{r}(\boldsymbol{A}^*)=\begin{cases}n, & \mathrm{r}(\boldsymbol{A})=n\text{ 时}\\ 1, & \mathrm{r}(\boldsymbol{A})=n-1\text{ 时}\\ 0, & \mathrm{r}(\boldsymbol{A})<n-1\text{ 时}\end{cases}$$

证 若 $\mathrm{r}(\boldsymbol{A})=n$,即 $\boldsymbol{A}$ 可逆,可由 $\boldsymbol{A}^*=|\boldsymbol{A}|\boldsymbol{A}^{-1}$,知 $\mathrm{r}(\boldsymbol{A}^*)=n$.

若 $\mathrm{r}(\boldsymbol{A})=n-1$,则 $\boldsymbol{A}$ 至少有一个 $n-1$ 阶子式不为 0,则 $\boldsymbol{A}^*$ 至少有一个元素 $\boldsymbol{A}_{ij}$ 不为 0,知$\mathrm{r}(\boldsymbol{A}^*)\geqslant 1$.

又由$|\boldsymbol{A}|=0$,知 $\boldsymbol{A}\boldsymbol{A}^*=|\boldsymbol{A}|\boldsymbol{I}=\boldsymbol{O}$,则 $\mathrm{r}(\boldsymbol{A})+\mathrm{r}(\boldsymbol{A}^*)\leqslant n$.由 $\mathrm{r}(\boldsymbol{A})=n-1$,知 $\mathrm{r}(\boldsymbol{A}^*)\leqslant 1$.

由 $\mathrm{r}(\boldsymbol{A}^*)\geqslant 1$,又 $\mathrm{r}(\boldsymbol{A}^*)\leqslant 1$,知 $\mathrm{r}(\boldsymbol{A}^*)=1$.

若 $\mathrm{r}(\boldsymbol{A})<n-1$,则 $\boldsymbol{A}$ 的任意 $n-1$ 阶子式全为 0,即 $\boldsymbol{A}^*$ 的元素全为 0,从而 $\mathrm{r}(\boldsymbol{A}^*)=0$.

注 例中的结论是充要的.

下面的例子中也涉及矩阵的代数余子式问题.

例 12 若 $\boldsymbol{A}=(a_{ij})\in\mathbf{R}^{m\times n}$,且 $\mathrm{r}(\boldsymbol{A})=m$,$\boldsymbol{B}=(a_{ij})\in\mathbf{R}^{(n-m)\times n}$,且 $\boldsymbol{C}=\begin{pmatrix}\boldsymbol{A}\\ \boldsymbol{B}\end{pmatrix}$ 可逆.令 $\boldsymbol{X}=(B_{ij})_{(n-m)\times n}$,其中 B_{ij} 是 b_{ij} 在 $\boldsymbol{C}$ 中的代数余子式,试证 $\boldsymbol{AX}=\boldsymbol{O}$,且 $\mathrm{r}(\boldsymbol{X})=n-m$.

证 由题设知

$$\boldsymbol{C}=\begin{pmatrix}a_{11} & a_{12} & \cdots & a_{1n}\\ \vdots & \vdots & & \vdots\\ a_{m1} & a_{m2} & \cdots & a_{mn}\\ b_{11} & b_{12} & \cdots & b_{1n}\\ \vdots & \vdots & & \vdots\\ b_{n-m,1} & b_{n-m,2} & \cdots & b_{n-m,n}\end{pmatrix}$$

这样 $\boldsymbol{AX}$ 的每个元素表示 $\boldsymbol{C}$ 中前 m 行中某一行乘另一行元素的代数余子式,它们的和为 0,从而 $\boldsymbol{AX}=\boldsymbol{O}$.

又由矩阵 $\boldsymbol{C}$ 可逆,知 $\boldsymbol{C}^*$ 也可逆,即 $\boldsymbol{X}$ 的 $n-m$ 列线性无关,从而 $\mathrm{r}(\boldsymbol{X})=n-m$.

利用矩阵的迹(即矩阵主对角上元素之和)也可解决或处理一些关于矩阵的秩的问题,请看下面的例子.

例 13 设 $\boldsymbol{A}_1,\boldsymbol{A}_2,\cdots,\boldsymbol{A}_k$ 是 k 个 n 阶实对称矩阵,其中 $1\leqslant k\leqslant n$,又 $\sum\limits_{i=1}^{n}\boldsymbol{A}_i=\boldsymbol{I}$,则下述命题等价:①$\boldsymbol{A}_1,\boldsymbol{A}_2,\cdots,\boldsymbol{A}_k$ 均为幂等阵;② $\sum\limits_{i=1}^{k}\mathrm{r}(\boldsymbol{A}_i)=n$.

证 ①⇒②:由 $\boldsymbol{A}_i^2=\boldsymbol{A}_i(i=1,2,\cdots,k)$,从而

$$\mathrm{r}(\boldsymbol{A}_i)=\mathrm{tr}(\boldsymbol{A}_i),\quad i=1,2,\cdots,k$$

故

$$\sum_{i=1}^{k}\mathrm{r}(\boldsymbol{A}_i)=\sum_{i=1}^{k}\mathrm{tr}(\boldsymbol{A}_i)=\mathrm{tr}\sum_{i=1}^{k}\boldsymbol{A}_i=\mathrm{tr}(\boldsymbol{I})=n$$

②⇒①:设 $\mathrm{r}(\boldsymbol{A}_i)=r_i(i=1,2,\cdots,n)$,再令

$$\boldsymbol{B}_i=\boldsymbol{A}_1+\boldsymbol{A}_2+\cdots+\boldsymbol{A}_{i-1}+\boldsymbol{A}_{i+1}+\cdots+\boldsymbol{A}_k=\sum_{\substack{j=1\\ j\neq i}}^{k}\boldsymbol{A}_j$$

由题设 $\boldsymbol{A}_k$ 是实对称阵,则有正交阵 $\boldsymbol{T}$ 使

$$\boldsymbol{A}_i=\boldsymbol{T}\mathrm{diag}\{\lambda_1,\lambda_2,\cdots,\lambda_{r_i},0,\cdots,0\}\boldsymbol{T}^{\mathrm{T}}=\boldsymbol{T\Lambda T}^{\mathrm{T}} \qquad ①$$

故

$$\boldsymbol{I}=\boldsymbol{A}_i+\boldsymbol{B}_i=\boldsymbol{T}\boldsymbol{\Lambda}_i\boldsymbol{T}^{\mathrm{T}}+\boldsymbol{B}_i=\boldsymbol{T}(\boldsymbol{\Lambda}_i+\boldsymbol{B})\boldsymbol{T}^{\mathrm{T}} \quad ②$$

其中 $\boldsymbol{B}=\boldsymbol{T}^{\mathrm{T}}\boldsymbol{B}_i\boldsymbol{T}$. 用 $\boldsymbol{T}^{\mathrm{T}}$ 左乘 $\boldsymbol{T}$,右乘上式有

$$\mathrm{diag}\{\lambda_1,\lambda_2,\cdots,\lambda_{r_i},0,\cdots,0\}+\boldsymbol{B}=\boldsymbol{I}$$

则

$$\boldsymbol{B}=\mathrm{diag}\{1-\lambda_1,1-\lambda_2,\cdots,1-\lambda_{r_i},1,\cdots,1\}=\boldsymbol{I} \quad ③$$

故

$$\mathrm{r}(\boldsymbol{B}_i)=\mathrm{r}(\boldsymbol{B})\geqslant n-r_i$$

又 $\mathrm{r}(\boldsymbol{B})=\mathrm{r}\Big(\sum\limits_{\substack{j=1\\j\neq i}}^{k}\boldsymbol{A}_j\Big)\leqslant\sum\limits_{\substack{j=1\\j\neq i}}^{k}\boldsymbol{A}_j=n-r_i$,故

$$\mathrm{r}(\boldsymbol{B})=n-r_i=\mathrm{r}(\boldsymbol{B}_i)$$

由式 ③ 知 $\lambda_1=\lambda_2=\cdots=\lambda_{r_i}=1$,代入式 ① 有

$$\boldsymbol{A}_i=\boldsymbol{T}\mathrm{diag}\{1,1,\cdots,1,0,0,\cdots,0\}\boldsymbol{T}^{\mathrm{T}}$$

故

$$\boldsymbol{A}_i^2=\boldsymbol{A}_i\quad(i=1,2,\cdots,k)$$

最后来看一个求分块矩阵的秩的问题,这类问题我们前文已有介绍(包括分块矩阵的其他问题).

例 14 若 $\mathrm{r}(\boldsymbol{A})=s,\mathrm{r}(\boldsymbol{B})=t$,则 $\mathrm{r}\begin{pmatrix}\boldsymbol{A}&\boldsymbol{O}\\\boldsymbol{O}&\boldsymbol{B}\end{pmatrix}=s+t$.

证 由题设存在可逆矩阵 $\boldsymbol{P}_1,\boldsymbol{Q}_1$ 及 $\boldsymbol{P}_2,\boldsymbol{Q}_2$ 使

$$\boldsymbol{P}_1\boldsymbol{A}\boldsymbol{Q}_1=\begin{pmatrix}\boldsymbol{I}_s&\boldsymbol{O}\\\boldsymbol{O}&\boldsymbol{O}\end{pmatrix},\quad \boldsymbol{P}_2\boldsymbol{B}\boldsymbol{Q}_2=\begin{pmatrix}\boldsymbol{I}_t&\boldsymbol{O}\\\boldsymbol{O}&\boldsymbol{O}\end{pmatrix}$$

则

$$\begin{pmatrix}\boldsymbol{P}_1&\boldsymbol{O}\\\boldsymbol{O}&\boldsymbol{P}_2\end{pmatrix}\begin{pmatrix}\boldsymbol{A}&\boldsymbol{O}\\\boldsymbol{O}&\boldsymbol{B}\end{pmatrix}\begin{pmatrix}\boldsymbol{Q}_1&\boldsymbol{O}\\\boldsymbol{O}&\boldsymbol{Q}_2\end{pmatrix}=\begin{pmatrix}\boldsymbol{P}_1\boldsymbol{A}\boldsymbol{Q}_1&\boldsymbol{O}\\\boldsymbol{O}&\boldsymbol{P}_2\boldsymbol{B}\boldsymbol{Q}_2\end{pmatrix}=\begin{pmatrix}\boldsymbol{I}_s&\boldsymbol{O}&&\\\boldsymbol{O}&\boldsymbol{O}&&\\&&\boldsymbol{I}_t&\boldsymbol{O}\\&&\boldsymbol{O}&\boldsymbol{O}\end{pmatrix}$$

注意到$\begin{pmatrix}\boldsymbol{P}_1&\boldsymbol{O}\\\boldsymbol{O}&\boldsymbol{P}_2\end{pmatrix}$,$\begin{pmatrix}\boldsymbol{Q}_1&\boldsymbol{O}\\\boldsymbol{O}&\boldsymbol{Q}_2\end{pmatrix}$均为可逆阵,从而

$$\mathrm{r}\begin{pmatrix}\boldsymbol{A}&\boldsymbol{O}\\\boldsymbol{O}&\boldsymbol{B}\end{pmatrix}=s+t$$

3. 矩阵的性质

(1)矩阵的简单性质

例 1 证明:若 $\boldsymbol{A},\boldsymbol{B}\in\mathbf{R}^{n\times n}$,则 $\boldsymbol{AB}-\boldsymbol{BA}\neq\boldsymbol{I}$(即不能为单位阵).

证 设 $\boldsymbol{A}=(a_{ij})_{n\times n},\boldsymbol{B}=(b_{ij})_{n\times n}$,则

$$\boldsymbol{AB}-\boldsymbol{BA}=\begin{pmatrix}\sum\limits_{k=1}^{n}a_{1k}b_{k1}&&&\\&\sum\limits_{k=1}^{n}a_{2k}b_{k2}&&*\\&*&\ddots&\\&&&\sum\limits_{k=1}^{n}a_{nk}b_{kn}\end{pmatrix}-\begin{pmatrix}\sum\limits_{k=1}^{n}b_{1k}a_{k1}&&&\\&\sum\limits_{k=1}^{n}b_{2k}a_{k2}&&*\\&*&\ddots&\\&&&\sum\limits_{k=1}^{n}b_{kn}a_{nk}\end{pmatrix}$$

其中"*"表示相应矩阵元素(省略). 从而 $\boldsymbol{AB}-\boldsymbol{BA}$ 的全对角元素之和为

$$\sum_{i=1}^{n}\Big(\sum_{k=1}^{n}a_{ik}b_{ki}-\sum_{k=1}^{n}b_{ik}a_{ki}\Big)=\sum_{i=1}^{n}\sum_{k=1}^{n}a_{ik}b_{ki}-\sum_{i=1}^{n}\sum_{k=1}^{n}b_{ik}a_{ki}=0$$

因此 $\boldsymbol{AB}-\boldsymbol{BA}$ 的主对角线上元素不能全为1,即 $\boldsymbol{AB}-\boldsymbol{BA}$ 不能为单位阵 $\boldsymbol{I}$.

下面的例是关于"秩1矩阵"(秩为1的矩阵)的一个性质.

例2 若 $\boldsymbol{A}\in\mathbf{R}^{n\times n}$,且 $\mathrm{r}(\boldsymbol{A})=1$.证明:(1)$\boldsymbol{A}=\boldsymbol{uv}^{\mathrm{T}}$;(2)$\boldsymbol{A}^2=k\boldsymbol{A}$,其中 k 为某个常数.

证 (1)由题设 $\mathrm{r}(\boldsymbol{A})=1$,则 $\boldsymbol{A}$ 的任意两行皆成比例.

设
$$\boldsymbol{A}=\begin{pmatrix} a_1b_1 & a_1b_2 & \cdots & a_1b_n \\ a_2b_1 & a_2b_2 & \cdots & a_2b_n \\ \vdots & \vdots & & \vdots \\ a_nb_1 & a_nb_2 & \cdots & a_nb_n \end{pmatrix}=\begin{pmatrix} a_1 \\ a_2 \\ \vdots \\ a_n \end{pmatrix}(b_1,b_2,\cdots,b_n)=\boldsymbol{uv}^{\mathrm{T}}$$

其中,$\boldsymbol{u}=(a_1,a_2,\cdots,a_n)^{\mathrm{T}}$,$\boldsymbol{v}=(b_1,b_2,\cdots,b_n)^{\mathrm{T}}$.

(2)由 $\boldsymbol{A}=\boldsymbol{uv}^{\mathrm{T}}$,则 $\boldsymbol{A}^2=(\boldsymbol{uv}^{\mathrm{T}})^2=\boldsymbol{uv}^{\mathrm{T}}\boldsymbol{uv}^{\mathrm{T}}=\boldsymbol{u}(\boldsymbol{v}^{\mathrm{T}}\boldsymbol{u})\boldsymbol{v}^{\mathrm{T}}=k\boldsymbol{uv}^{\mathrm{T}}$,这里 $k=\boldsymbol{v}^{\mathrm{T}}\boldsymbol{u}$ 是数.

例3 若非奇异(可逆)阵 $\boldsymbol{A}\in\mathbf{R}^{n\times n}$ 的每行元素的和皆为 a,则 $\boldsymbol{A}^{-1}$ 的每行元素的和皆为 a^{-1}.

证 由题设可知

$$\boldsymbol{A}\begin{pmatrix} 1 \\ 1 \\ \vdots \\ 1 \end{pmatrix}=\begin{pmatrix} a \\ a \\ \vdots \\ a \end{pmatrix}\Rightarrow\boldsymbol{A}^{-1}\begin{pmatrix} a \\ a \\ \vdots \\ a \end{pmatrix}=\begin{pmatrix} 1 \\ 1 \\ \vdots \\ 1 \end{pmatrix}$$

又由 $\boldsymbol{A}$ 非奇异知 $a\neq0$,故

$$\boldsymbol{A}^{-1}\begin{pmatrix} 1 \\ 1 \\ \vdots \\ 1 \end{pmatrix}=\frac{1}{a}\boldsymbol{A}^{-1}\begin{pmatrix} a \\ a \\ \vdots \\ a \end{pmatrix}=\frac{1}{a}\begin{pmatrix} 1 \\ 1 \\ \vdots \\ 1 \end{pmatrix}=\begin{pmatrix} \frac{1}{a} \\ \frac{1}{a} \\ \vdots \\ \frac{1}{a} \end{pmatrix}$$

例4 试证明与所有 n 阶非奇异矩阵可以交换的 n 阶矩阵必为:(1)对角阵;(2)数量阵(即 $a\boldsymbol{I}$,其中 $a\in\mathbf{R}$,$\boldsymbol{I}$ 为单位阵).

证 (1)设 $\boldsymbol{A}=(a_{ij})_{n\times n}$,今特别取

$$\boldsymbol{B}=\mathrm{diag}\{1,2,\cdots,n\}=(\boldsymbol{e}_1,2\boldsymbol{e}_2,3\boldsymbol{e}_3,\cdots,n\boldsymbol{e}_n)=\begin{pmatrix} \boldsymbol{e}_1^{\mathrm{T}} \\ 2\boldsymbol{e}_2^{\mathrm{T}} \\ \vdots \\ n\boldsymbol{e}_n^{\mathrm{T}} \end{pmatrix}$$

由题设 $\boldsymbol{AB}=\boldsymbol{BA}$,即 $\boldsymbol{A}(\boldsymbol{e}_1,2\boldsymbol{e}_2,\cdots,n\boldsymbol{e}_n)=\begin{pmatrix} \boldsymbol{e}_1^{\mathrm{T}} \\ 2\boldsymbol{e}_2^{\mathrm{T}} \\ \vdots \\ n\boldsymbol{e}_n^{\mathrm{T}} \end{pmatrix}\boldsymbol{A}$,有 $ia_{ij}=ja_{ij}\ (1\leqslant i,j\leqslant n)$,故当 $i\neq j$ 时,$a_{ij}=0$ $(1\leqslant i,j\leqslant n)$,则 $\boldsymbol{A}$ 是对角阵,即

$$\boldsymbol{A}=\mathrm{diag}\{a_{11},a_{22},\cdots,a_{nn}\}$$

(2)取初等阵 $\boldsymbol{P}_{ij}=(\boldsymbol{e}_1,\cdots,\boldsymbol{e}_{i-1},\boldsymbol{e}_j,\boldsymbol{e}_{i+1},\cdots,\boldsymbol{e}_{j-1},\boldsymbol{e}_i,\boldsymbol{e}_{j+1},\cdots,\boldsymbol{e}_n)$.

由 $\boldsymbol{AP}_{ij}=\boldsymbol{P}_{ij}\boldsymbol{A}$,可得 $a_{ii}=a_{jj}\ (i\neq j,1\leqslant i,j\leqslant n)$,即 $\boldsymbol{A}=a\boldsymbol{I}$.

矩阵乘积的伴随矩阵与它们的伴随矩阵乘积的关系可见下例.

例5 若 $\boldsymbol{A},\boldsymbol{B}$ 为 n 阶可逆矩阵,试证 $(\boldsymbol{AB})^*=\boldsymbol{B}^*\boldsymbol{A}^*$.

证 $(\boldsymbol{AB})^*=|\boldsymbol{AB}|(\boldsymbol{AB})^{-1}=|\boldsymbol{A}||\boldsymbol{B}|\boldsymbol{B}^{-1}\boldsymbol{A}^{-1}=|\boldsymbol{B}|\boldsymbol{B}^{-1}\cdot|\boldsymbol{A}|\boldsymbol{A}^{-1}=\boldsymbol{B}^*\boldsymbol{A}^*$.

注　当 $\boldsymbol{A},\boldsymbol{B}$ 不可逆时，$(\boldsymbol{AB})^*=\boldsymbol{B}^*\boldsymbol{A}^*$ 亦成立.

这时通过 $(\boldsymbol{AB})^*$ 的元素与 $\boldsymbol{B}^*\boldsymbol{A}^*$ 相应元素比较可得结论.

下面的例子也涉及矩阵的迹的概念.

例 6　若 $\boldsymbol{A}\in\mathbf{R}^{n\times m}$，又对任意 $\boldsymbol{M}\in\mathbf{R}^{m\times n}$ 皆有 $\mathrm{tr}(\boldsymbol{AM})=0$，则 $\boldsymbol{A}=\boldsymbol{O}$.

证　设 $\boldsymbol{A}=(a_{ij})_{n\times m}$，又设 $\boldsymbol{E}_{ij}$ 为 (i,j) 处元素为 1，其余元素为 0 的矩阵.

由题设对任意 $\boldsymbol{E}_{ij}$ 皆有 $\mathrm{tr}(\boldsymbol{AE}_{ij})=a_{ji}=0,1\leqslant i\leqslant m,1\leqslant j\leqslant n$，从而

$$\boldsymbol{A}=\boldsymbol{O}$$

再来看几个矩阵等式的证明问题.

例 7　若 $\boldsymbol{C},\boldsymbol{D},\boldsymbol{A}\in\mathbf{R}^{n\times n}$，又若 $\boldsymbol{CAA}^{\mathrm{T}}=\boldsymbol{DAA}^{\mathrm{T}}$，则 $\boldsymbol{CA}=\boldsymbol{DA}$.

证　由设 $\boldsymbol{CAA}^{\mathrm{T}}=\boldsymbol{DAA}^{\mathrm{T}}$，因为要证 $\boldsymbol{CA}=\boldsymbol{DA}$，只需证 $\boldsymbol{CA}-\boldsymbol{DA}=\boldsymbol{O}$ 即可. 则考虑

$$\begin{aligned}(\boldsymbol{DA}-\boldsymbol{CA})(\boldsymbol{DA}-\boldsymbol{CA})^{\mathrm{T}}&=(\boldsymbol{DA}-\boldsymbol{CA})(\boldsymbol{A}^{\mathrm{T}}\boldsymbol{D}^{\mathrm{T}}-\boldsymbol{A}^{\mathrm{T}}\boldsymbol{C}^{\mathrm{T}})\\&=\boldsymbol{DAA}^{\mathrm{T}}\boldsymbol{D}^{\mathrm{T}}-\boldsymbol{DAA}^{\mathrm{T}}\boldsymbol{C}^{\mathrm{T}}-\boldsymbol{CAA}^{\mathrm{T}}\boldsymbol{D}^{\mathrm{T}}+\boldsymbol{CAA}^{\mathrm{T}}\boldsymbol{C}^{\mathrm{T}}\\&=(\boldsymbol{DAA}^{\mathrm{T}}-\boldsymbol{CAA}^{\mathrm{T}})(\boldsymbol{D}^{\mathrm{T}}-\boldsymbol{C}^{\mathrm{T}})=\boldsymbol{O}\end{aligned}$$

由 $\boldsymbol{DA}-\boldsymbol{CA}$ 是实方阵，又 $(\boldsymbol{DA}-\boldsymbol{CA})(\boldsymbol{DA}-\boldsymbol{CA})^{\mathrm{T}}=\boldsymbol{O}$，故 $\boldsymbol{DA}-\boldsymbol{CA}=\boldsymbol{O}$，从而

$$\boldsymbol{DA}=\boldsymbol{CA}$$

注　关于 $\boldsymbol{AA}^{\mathrm{T}}$ 矩阵的秩及其他问题的讨论，我们后文还将述及.

例 8　设 $\boldsymbol{A}\in\mathbf{R}^{m\times n},\boldsymbol{B}\in\mathbf{R}^{n\times p},\boldsymbol{C}\in\mathbf{R}^{p\times s}$，又 $\mathrm{r}(\boldsymbol{A})=n,\mathrm{r}(\boldsymbol{C})=p$，且 $\boldsymbol{ABC}=\boldsymbol{O}$，试证 $\boldsymbol{B}=\boldsymbol{O}$.

证　由设 $\mathrm{r}(\boldsymbol{A}^{\mathrm{T}}\boldsymbol{A})=n$，故 $\boldsymbol{A}^{\mathrm{T}}\boldsymbol{A}$ 可逆. 同理 $\mathrm{r}(\boldsymbol{CC}^{\mathrm{T}})=p$，知 $\boldsymbol{CC}^{\mathrm{T}}$ 可逆.

用 $(\boldsymbol{A}^{\mathrm{T}}\boldsymbol{A})^{-1}\boldsymbol{A}^{\mathrm{T}}$ 左乘 $\boldsymbol{ABC}=\boldsymbol{O}$ 两边，$\boldsymbol{C}^{\mathrm{T}}(\boldsymbol{CC}^{\mathrm{T}})^{-1}$ 右乘两边，式子的左边为

$$(\boldsymbol{A}^{\mathrm{T}}\boldsymbol{A})^{-1}\boldsymbol{A}^{\mathrm{T}}\boldsymbol{ABC}\,\boldsymbol{C}^{\mathrm{T}}(\boldsymbol{CC}^{\mathrm{T}})^{-1}=(\boldsymbol{A}^{\mathrm{T}}\boldsymbol{A})^{-1}(\boldsymbol{A}^{\mathrm{T}}\boldsymbol{A})\boldsymbol{B}(\boldsymbol{CC}^{\mathrm{T}})(\boldsymbol{CC}^{\mathrm{T}})^{-1}=\boldsymbol{B}$$

由 $\boldsymbol{ABC}=\boldsymbol{O}$，故 $\boldsymbol{B}=\boldsymbol{O}$.

注　以上两例均涉及矩阵乘积为 $\boldsymbol{O}$(零矩阵)的问题，这类问题中矩阵秩的结论是相互关联的.

下面的问题也与矩阵的秩有关.

例 9　若 $\boldsymbol{P}\in\mathbf{R}^{m\times m},\boldsymbol{Q}\in\mathbf{R}^{n\times m}$，又 $\mathrm{r}(\boldsymbol{Q})=m$. 若 $\boldsymbol{Q}=\boldsymbol{QP}$，则 $\boldsymbol{P}=\boldsymbol{I}$.

证　令 $\boldsymbol{C}=\boldsymbol{P}-\boldsymbol{I}=(c_{ij})_{m\times m}$，且设 $\boldsymbol{Q}=(q_{ij})_{n\times m}$，因 $\mathrm{r}(\boldsymbol{Q})=m$，则 $m\leqslant n$.

又设 $\boldsymbol{Q}=\begin{pmatrix}\boldsymbol{Q}_1\\\boldsymbol{Q}_2\end{pmatrix}$，其中 $\boldsymbol{Q}_1\in\mathbf{R}^{m\times m}$，且 $|\boldsymbol{Q}_1|\neq0$.

由题设 $\boldsymbol{Q}=\boldsymbol{QP}$，即 $\boldsymbol{Q}(\boldsymbol{P}-\boldsymbol{I})=\boldsymbol{O}$，或 $\boldsymbol{QC}=\boldsymbol{O}$，则 $\boldsymbol{QC}=\begin{pmatrix}\boldsymbol{Q}_1\boldsymbol{C}\\\boldsymbol{Q}_2\boldsymbol{C}\end{pmatrix}=\boldsymbol{O}$.

得 $\boldsymbol{Q}_1\boldsymbol{C}=\boldsymbol{O}$，因 $\boldsymbol{Q}_1$ 满秩，知 $\boldsymbol{C}=\boldsymbol{P}-\boldsymbol{I}=\boldsymbol{O}$，即 $\boldsymbol{P}=\boldsymbol{I}$.

例 10　若 $\boldsymbol{A},\boldsymbol{B}\in\mathbf{R}^{n\times n}$，且 $\boldsymbol{A}$ 可逆，又 $2\boldsymbol{A}^{-1}\boldsymbol{B}=\boldsymbol{B}-4\boldsymbol{I}$，则 $\boldsymbol{AB}=\boldsymbol{BA}$.

证　由题设等式两边左乘 $\boldsymbol{A}$，有 $2\boldsymbol{B}=\boldsymbol{AB}-4\boldsymbol{A}$，故 $(\boldsymbol{A}-2\boldsymbol{I})\boldsymbol{B}=4\boldsymbol{A}$，从而 $(\boldsymbol{A}-2\boldsymbol{I})\dfrac{\boldsymbol{BA}^{-1}}{4}=\boldsymbol{I}$，知

$$(\boldsymbol{A}-2\boldsymbol{I})^{-1}=\frac{1}{4}\boldsymbol{BA}^{-1}\qquad①$$

再对题设等式两边左乘 $\boldsymbol{A}$，有

$$2\boldsymbol{B}=\boldsymbol{AB}-4\boldsymbol{A}\Rightarrow\boldsymbol{AB}-2\boldsymbol{B}-4\boldsymbol{A}=\boldsymbol{O}$$

注意到 $(\boldsymbol{A}-2\boldsymbol{I})\boldsymbol{B}-4(\boldsymbol{A}-2\boldsymbol{I})-8\boldsymbol{I}=\boldsymbol{O}$，即

$$(\boldsymbol{A}-2\boldsymbol{I})(\boldsymbol{B}-4\boldsymbol{I})=8\boldsymbol{I}$$

有

$$(\boldsymbol{A}-2\boldsymbol{I})^{-1}=\frac{1}{8}(\boldsymbol{B}-4\boldsymbol{I})=\frac{1}{8}(2\boldsymbol{A}^{-1}\boldsymbol{B})=\frac{1}{4}\boldsymbol{A}^{-1}\boldsymbol{B}\qquad②$$

从而,由式①及式②,有 $A^{-1}B=BA^{-1}$. 又由

$$A^{-1}AB=IB=BI=BA^{-1}A=(BA^{-1})A=(A^{-1}B)A=A^{-1}BA$$

故 $A^{-1}AB=A^{-1}BA$,即 $AB=BA$.

矩阵的逆可以有一些推广,如广义逆,右逆、左逆等.请看:

例 11 若 $A\in\mathbf{R}^{n\times n}$,$B\in\mathbf{R}^{n\times k}$,又若 $BA=I_n$,则称 B 为 A 的一个左逆.试证:(1)A 存在左逆$\Longleftrightarrow A$ 的列线性无关;(2)A 存在唯一的左逆$\Longleftrightarrow A$ 可逆.

证 (1)"$\Rightarrow$"因 $BA=I_n$,由矩阵乘积的秩的性质有

$$n=\mathrm{r}(BA)\leqslant \mathrm{r}(A)\leqslant n$$

故 $\mathrm{r}(A)=n$,从而 A 的列线性无关.

"$\Leftarrow$"由 $\mathrm{r}(A)=n$,又 $\mathrm{r}(A^{\mathrm{T}}A)=\mathrm{r}(A)=n$,故 $A^{\mathrm{T}}A$ 可逆.令 $B=(A^{\mathrm{T}}A)^{-1}A^{\mathrm{T}}$,则$BA=(A^{\mathrm{T}}A)^{-1}A^{\mathrm{T}}A=I_n$.

(2)"$\Rightarrow$"若 A 左逆唯一,由(1)知 $\mathrm{r}(A)=n$,又 $BA=I_n$,则 $I_n=A^{\mathrm{T}}B^{\mathrm{T}}=A^{\mathrm{T}}(b_1,b_2,\cdots,b_n)$,$b_i$ 为 B 的行向量转置.

则 $A^{\mathrm{T}}b_i=e_i$,其中 $e_i=(0,\cdots,0,1,0,\cdots,0)^{\mathrm{T}}$,$i=1,2,\cdots,n$.

由于 B 唯一,从而 $A^{\mathrm{T}}b_i=e_i$ 的解唯一.故 $A^{\mathrm{T}}x=\mathbf{0}$ 只有零解,又 $AA^{\mathrm{T}}x=\mathbf{0}$ 与 $A^{\mathrm{T}}x=\mathbf{0}$ 同解(证明详见后文),从而 $A^{\mathrm{T}}x=\mathbf{0}$ 仅有零解,则$|AA^{\mathrm{T}}|\neq 0$.

但 $k=\mathrm{r}(AA^{\mathrm{T}})=\mathrm{r}(A)$,又 $\mathrm{r}(A)=n$,从而 $k=n$.故 A 是方阵且可逆.

"$\Leftarrow$"由 A^{-1}存在,而 $A^{-1}A=I$,知 A^{-1}是唯一的左逆.

(2)某些特殊矩阵的性质

有许多特殊矩阵,如前文给过的秩 1 矩阵、数量矩阵(又称纯量矩阵),以及后文将看到的幂等矩阵、幂零矩阵、对称矩阵、反对称矩阵、正交矩阵、正定(对称)矩阵(我们将在二次型一章中专门讨论它)等,它们有一些特殊的性质值得人们关注.

先来看对称矩阵问题.

例 1 若 $A,B\in\mathbf{R}^{n\times n}$,且 $A^{\mathrm{T}}=A,B^{\mathrm{T}}=B$,则$(AB)^{\mathrm{T}}=AB$(即 AB 仍为对称阵)$\Longleftrightarrow AB=BA$.

证 "$\Leftarrow$"若 $AB=BA$,则由 $A^{\mathrm{T}}=A,B^{\mathrm{T}}=B$,有

$$AB=A^{\mathrm{T}}B^{\mathrm{T}}=(BA)^{\mathrm{T}}=(AB)^{\mathrm{T}}$$

"$\Rightarrow$"若$(AB)^{\mathrm{T}}=AB$,则 $AB=(AB)^{\mathrm{T}}=B^{\mathrm{T}}A^{\mathrm{T}}=BA$.

注 由本例结论可证明下面的命题.

命题:若 A,B 为 n 阶正定矩阵,则 AB 亦为正定矩阵$\Longleftrightarrow AB=BA$.

例 2 若 A,B 为对称矩阵,且$|A|\neq 0$,又 $I+AB$ 可逆.试证$(I+AB)^{-1}A$ 为对称矩阵.

证 由题设且注意到下面的矩阵运算

$$(I+AB)^{-1}A=[A^{-1}(I+AB)]^{-1}=(A^{-1}+B)^{-1}$$

由题设 A,B 对称,故 A^{-1},B^{-1}对称,且 $A^{-1}+B$ 和$(A^{-1}+B)^{-1}$亦对称,从而$(I+AB)^{-1}A$ 对称.

注 它的另外证法详见后文.

例 3 若 $A,B,C\in\mathbf{R}^{n\times n}$,且 $A^{\mathrm{T}}=A$(对称),$B^{\mathrm{T}}=B$(对称),$C^{\mathrm{T}}=-C$(反对称),又 $A^2+B^2=C^2$.证明$A=B=C$.

证 设 $A=(a_{ij})_{n\times n}$,$B=(b_{ij})_{n\times n}$,$C=(c_{ij})_{n\times n}$.由题设,有

$$a_{ij}=a_{ji},\quad b_{ij}=b_{ji},\quad c_{ij}=-c_{ji}$$

又设 $A^2+B^2=(u_{ij})_{n\times n}$,$C^2=(v_{ij})_{n\times n}$,考虑它们的对角元

$$u_{ii}=\sum_{j=1}^{n}(a_{ij}^2+b_{ij}^2),\quad v_{ii}=-\sum_{j\neq i}c_{ji}^2,\quad i=1,2,\cdots,n$$

由 $A^2+B^2=C^2$,有 $\sum\limits_{j=1}^{n}(a_{ij}^2+b_{ij}^2)+\sum\limits_{j\neq i}c_{ji}^2=0$,及 A,B,C 为实数阵,从而 $a_{ij}=b_{ij}=0(j=1,2,\cdots,$

n)，且 $c_{ji}=0(i\neq j)$.

又 $\boldsymbol{C}^{\mathrm{T}}=-\boldsymbol{C}$，知 $c_{ij}=0(i=1,2,\cdots,n)$.

从而 $\boldsymbol{A}=\boldsymbol{B}=\boldsymbol{C}=\boldsymbol{O}$.

下面几例与幂等矩阵有关，所谓幂等矩阵系指 $\boldsymbol{A}^2=\boldsymbol{A}$ 的矩阵.

例 4 若 $\boldsymbol{C},\boldsymbol{D},\boldsymbol{A}\in\mathbf{R}^{n\times n}$，又 $\boldsymbol{CAA}^{\mathrm{T}}=\boldsymbol{DAA}^{\mathrm{T}}$，则 $\boldsymbol{CA}=\boldsymbol{DA}$.

证 由题设，有

$$\begin{aligned}(\boldsymbol{DA}-\boldsymbol{CA})(\boldsymbol{DA}-\boldsymbol{CA})^{\mathrm{T}}&=(\boldsymbol{DA}-\boldsymbol{CA})(\boldsymbol{A}^{\mathrm{T}}\boldsymbol{D}^{\mathrm{T}}-\boldsymbol{A}^{\mathrm{T}}\boldsymbol{C}^{\mathrm{T}})\\&=\boldsymbol{DAA}^{\mathrm{T}}\boldsymbol{D}^{\mathrm{T}}-\boldsymbol{DAA}^{\mathrm{T}}\boldsymbol{C}^{\mathrm{T}}-\boldsymbol{CAA}^{\mathrm{T}}\boldsymbol{D}^{\mathrm{T}}+\boldsymbol{CAA}^{\mathrm{T}}\boldsymbol{C}^{\mathrm{T}}\\&=(\boldsymbol{DAA}^{\mathrm{T}}-\boldsymbol{CAA}^{\mathrm{T}})(\boldsymbol{D}^{\mathrm{T}}-\boldsymbol{C}^{\mathrm{T}})=0\end{aligned}$$

故

$$\boldsymbol{DA}=\boldsymbol{CA}$$

例 5 若 $\boldsymbol{A}=\frac{1}{2}(\boldsymbol{B}+\boldsymbol{I})$，证明 $\boldsymbol{A}^2=\boldsymbol{A}\Longleftrightarrow\boldsymbol{B}^2=\boldsymbol{I}$.

证 "$\Leftarrow$"若 $\boldsymbol{B}^2=\boldsymbol{I}$，注意到

$$\boldsymbol{A}^2=\left[\frac{1}{2}(\boldsymbol{B}+\boldsymbol{I})\right]^2=\frac{1}{4}(\boldsymbol{B}^2+2\boldsymbol{B}+\boldsymbol{I})=\frac{1}{4}(2\boldsymbol{B}+2\boldsymbol{I})=\frac{1}{2}(\boldsymbol{B}+\boldsymbol{I})=\boldsymbol{A}$$

"$\Rightarrow$"若 $\boldsymbol{A}^2=\boldsymbol{A}$，即 $\frac{1}{4}(\boldsymbol{B}^2+2\boldsymbol{B}+\boldsymbol{I})=\frac{1}{2}(\boldsymbol{B}+\boldsymbol{I})$，或 $\frac{1}{4}\boldsymbol{B}^2+\frac{1}{4}\boldsymbol{I}=\frac{1}{2}\boldsymbol{I}$，故

$$\boldsymbol{B}^2=\boldsymbol{I}$$

例 6 若 $\boldsymbol{A},\boldsymbol{B}\in\mathbf{R}^{n\times n}$，又 $\boldsymbol{A}^2=\boldsymbol{A}$，$\boldsymbol{B}^2=\boldsymbol{B}$，且 $(\boldsymbol{A}-\boldsymbol{B})^2=\boldsymbol{A}+\boldsymbol{B}$，试证 $\boldsymbol{AB}=\boldsymbol{BA}=\boldsymbol{O}$.

证 由 $(\boldsymbol{A}-\boldsymbol{B})^2=\boldsymbol{A}^2-\boldsymbol{AB}-\boldsymbol{BA}+\boldsymbol{B}^2=\boldsymbol{A}-\boldsymbol{AB}-\boldsymbol{BA}+\boldsymbol{B}$，又 $(\boldsymbol{A}-\boldsymbol{B})^2=\boldsymbol{A}+\boldsymbol{B}$，则

$$\boldsymbol{AB}+\boldsymbol{BA}=\boldsymbol{O} \qquad ①$$

从而

$$\boldsymbol{A}(\boldsymbol{AB}+\boldsymbol{BA})\boldsymbol{B}=\boldsymbol{AB}+(\boldsymbol{AB})^2=\boldsymbol{O} \qquad ②$$

又

$$\boldsymbol{A}(\boldsymbol{AB}+\boldsymbol{BA})\boldsymbol{A}=\boldsymbol{ABA}+\boldsymbol{ABA}=2\boldsymbol{ABA}=\boldsymbol{O}$$

即

$$2\boldsymbol{ABA}=\boldsymbol{O} \qquad ③$$

式③两边右乘 $\boldsymbol{B}$，有 $2\boldsymbol{ABAB}=\boldsymbol{O}$，即 $2(\boldsymbol{AB})^2=\boldsymbol{O}$，或 $(\boldsymbol{AB})^2=\boldsymbol{O}$.

代入式②，有 $\boldsymbol{AB}=\boldsymbol{O}$，再代入式①，得 $\boldsymbol{BA}=\boldsymbol{O}$.

例 7 若 $\boldsymbol{A}\in\mathbf{R}^{n\times n}$，则 $\boldsymbol{A}=\boldsymbol{BC}$，其中 $\boldsymbol{B}$ 为可逆阵，$\boldsymbol{C}$ 为幂等阵(即满足 $\boldsymbol{C}^2=\boldsymbol{C}$).

证 设 $\mathrm{r}(\boldsymbol{AB})=k$，则有可逆阵 $\boldsymbol{P},\boldsymbol{Q}$ 使

$$\boldsymbol{PAQ}=\begin{pmatrix}\boldsymbol{I}_k & \\ & \boldsymbol{O}\end{pmatrix}\Rightarrow\boldsymbol{A}=\boldsymbol{P}^{-1}\begin{pmatrix}\boldsymbol{I}_k & \\ & \boldsymbol{O}\end{pmatrix}\boldsymbol{Q}^{-1}$$

注意到

$$\boldsymbol{A}=\boldsymbol{P}^{-1}\begin{pmatrix}\boldsymbol{I}_k & \\ & \boldsymbol{O}\end{pmatrix}\boldsymbol{Q}^{-1}=\boldsymbol{P}^{-1}\boldsymbol{Q}^{-1}\boldsymbol{Q}\begin{pmatrix}\boldsymbol{I}_k & \\ & \boldsymbol{O}\end{pmatrix}\boldsymbol{Q}^{-1}=(\boldsymbol{QP})^{-1}\boldsymbol{Q}\begin{pmatrix}\boldsymbol{I}_k & \\ & \boldsymbol{O}\end{pmatrix}\boldsymbol{Q}^{-1}$$

再注意到

$$\left[\boldsymbol{Q}\begin{pmatrix}\boldsymbol{I}_k & \\ & \boldsymbol{O}\end{pmatrix}\boldsymbol{Q}^{-1}\right]^2=\boldsymbol{Q}\begin{pmatrix}\boldsymbol{I}_k & \\ & \boldsymbol{O}\end{pmatrix}\boldsymbol{Q}^{-1}\boldsymbol{Q}\begin{pmatrix}\boldsymbol{I}_k & \\ & \boldsymbol{O}\end{pmatrix}\boldsymbol{Q}^{-1}=\boldsymbol{Q}\begin{pmatrix}\boldsymbol{I}_k & \\ & \boldsymbol{O}\end{pmatrix}\boldsymbol{Q}^{-1}$$

其为幂等阵，可令 $\boldsymbol{B}=(\boldsymbol{QP})^{-1}$，$\boldsymbol{C}=\boldsymbol{Q}\begin{pmatrix}\boldsymbol{I}_k & \\ & \boldsymbol{O}\end{pmatrix}\boldsymbol{Q}^{-1}$ 即为所求.

下面的问题涉及所谓幂零矩阵.

例 8 若 $\boldsymbol{A}\in\mathbf{R}^{2\times 2}$ 且 $\boldsymbol{A}^5=\boldsymbol{O}$，试证 $(\boldsymbol{I}-\boldsymbol{A})^{-1}=\boldsymbol{I}+\boldsymbol{A}$.

证 由设 $|\boldsymbol{A}^5|=|\boldsymbol{A}|^5=0$，知 $|\boldsymbol{A}|=0$，且 $\mathrm{r}(\boldsymbol{A})\leqslant 1$.

若 $r(\boldsymbol{A})=0$,即 $\boldsymbol{A}=\boldsymbol{O}$,则结论显然成立;

若 $r(\boldsymbol{A})=1$,知其列元素成比例.设 $\boldsymbol{A}=\begin{pmatrix}a_1 & ka_1\\ a_2 & ka_2\end{pmatrix}=\begin{pmatrix}a_1\\ a_2\end{pmatrix}(1,k)$,则

$$\boldsymbol{A}^2=\begin{pmatrix}a_1\\ a_2\end{pmatrix}(1,k)\cdot\begin{pmatrix}a_1\\ a_2\end{pmatrix}(1,k)=\begin{pmatrix}a_1\\ a_2\end{pmatrix}\left((1,k)\begin{pmatrix}a_1\\ a_2\end{pmatrix}\right)(1,k)$$

$$=(a_1+ka_2)\begin{pmatrix}a_1\\ a_2\end{pmatrix}(1,k)=(a_1+ka_2)\boldsymbol{A}=\lambda\boldsymbol{A}$$

这里 $\lambda=a_1+ka_2$.故

$$\boldsymbol{A}^3=\boldsymbol{A}^2\cdot\boldsymbol{A}=\lambda\boldsymbol{A}\boldsymbol{A}=\lambda^2\boldsymbol{A},\quad \boldsymbol{A}^4=\boldsymbol{A}^2\boldsymbol{A}^2=\lambda^3\boldsymbol{A},\quad \boldsymbol{A}^5=\lambda^4\boldsymbol{A}=\boldsymbol{O}$$

且 $\boldsymbol{A}\neq\boldsymbol{O}$,故 $\lambda=0$.从而 $\boldsymbol{A}^2=\lambda\boldsymbol{A}=\boldsymbol{O}$.而

$$(\boldsymbol{I}-\boldsymbol{A})(\boldsymbol{I}+\boldsymbol{A})=\boldsymbol{I}^2-\boldsymbol{A}+\boldsymbol{A}-\boldsymbol{A}^2=\boldsymbol{I}-\boldsymbol{A}^2=\boldsymbol{I}$$

知

$$(\boldsymbol{I}-\boldsymbol{A})^{-1}=\boldsymbol{I}+\boldsymbol{A}$$

对称和反对称矩阵也是一类重要矩阵,它们也常与所谓的正交矩阵相关联.

例 9 设 $\boldsymbol{A}$ 是正交矩阵,则若 $\boldsymbol{S}$ 是对称阵,$\boldsymbol{A}^{-1}\boldsymbol{S}\boldsymbol{A}$ 亦为对称阵;若 $\boldsymbol{S}$ 是反对称阵,$\boldsymbol{A}^{-1}\boldsymbol{S}\boldsymbol{A}$ 亦为反对称阵.

证 由题设 $\boldsymbol{A}$ 是正交阵,则 $\boldsymbol{A}^{\mathrm{T}}=\boldsymbol{A}^{-1}$.

又 $(\boldsymbol{A}^{-1}\boldsymbol{S}\boldsymbol{A})^{\mathrm{T}}=\boldsymbol{A}^{\mathrm{T}}\boldsymbol{S}^{\mathrm{T}}(\boldsymbol{A}^{-1})^{\mathrm{T}}=\boldsymbol{A}^{-1}\boldsymbol{S}^{\mathrm{T}}\boldsymbol{A}$,可知:

若 $\boldsymbol{S}^{\mathrm{T}}=\boldsymbol{S}$,则 $(\boldsymbol{A}^{-1}\boldsymbol{S}\boldsymbol{A})^{\mathrm{T}}=\boldsymbol{A}^{-1}\boldsymbol{S}^{\mathrm{T}}\boldsymbol{A}=\boldsymbol{A}^{-1}\boldsymbol{S}\boldsymbol{A}$,知 $\boldsymbol{A}^{-1}\boldsymbol{S}\boldsymbol{A}$ 为对称阵;

若 $\boldsymbol{S}^{\mathrm{T}}=-\boldsymbol{S}$,则 $(\boldsymbol{A}^{-1}\boldsymbol{S}\boldsymbol{A})^{\mathrm{T}}=\boldsymbol{A}^{-1}\boldsymbol{S}^{\mathrm{T}}\boldsymbol{A}=-\boldsymbol{A}^{-1}\boldsymbol{S}\boldsymbol{A}$,知 $\boldsymbol{A}^{-1}\boldsymbol{S}\boldsymbol{A}$ 为反对称阵.

下面的例子是关于正交矩阵的,它也涉及代数余子式的概念.

例 10 若 $\boldsymbol{A}=(a_{ij})_{n\times n}$ 是正交矩阵,证明 $a_{ij}=\pm A_{ij}$,其中 A_{ij} 为 a_{ij} 的代数余子式.

证 由题设知 $|\boldsymbol{A}|=\pm1$,又 $\boldsymbol{A}\boldsymbol{A}^*=|\boldsymbol{A}|\boldsymbol{I}=\pm\boldsymbol{I}$,及 $\boldsymbol{A}^{\mathrm{T}}=\boldsymbol{A}^{-1}$,从而 $\boldsymbol{A}^*=\pm\boldsymbol{A}^{-1}=\pm\boldsymbol{A}^{\mathrm{T}}$,即

$$\begin{pmatrix}A_{11} & A_{21} & \cdots & A_{n1}\\ A_{12} & A_{22} & \cdots & A_{n2}\\ \vdots & \vdots & & \vdots\\ A_{1n} & A_{2n} & \cdots & A_{nn}\end{pmatrix}=\pm\begin{pmatrix}a_{11} & a_{21} & \cdots & a_{n1}\\ a_{12} & a_{22} & \cdots & a_{n2}\\ \vdots & \vdots & & \vdots\\ a_{1n} & a_{2n} & \cdots & a_{nn}\end{pmatrix}$$

从而 $a_{ij}=\pm A_{ij}$ 或 $a_{ij}=\begin{cases}A_{ij}, & 若|\boldsymbol{A}|=1\\ -A_{ij}, & 若|\boldsymbol{A}|=-1\end{cases}$.

由 $(\boldsymbol{I}-\boldsymbol{A})(\boldsymbol{I}+\boldsymbol{A})=\boldsymbol{I}^2-\boldsymbol{A}^2=(\boldsymbol{I}+\boldsymbol{A})(\boldsymbol{I}-\boldsymbol{A})$,知 $\boldsymbol{I}+\boldsymbol{A}$ 和 $\boldsymbol{I}-\boldsymbol{A}$ 可交换,利用该性质可解决一些涉及 $\boldsymbol{I}\pm\boldsymbol{A}$ 的问题,请看例子.

例 11 若 $\boldsymbol{A}\in\mathbf{R}^n$ 是反对称阵,则 $\boldsymbol{I}+\boldsymbol{A}$ 可逆,且 $(\boldsymbol{I}-\boldsymbol{A})(\boldsymbol{I}+\boldsymbol{A})^{-1}$ 是正交阵.

证 由反对称阵的特征根是 0 或纯虚数,-1 不是其特征根,则 $|\boldsymbol{I}+\boldsymbol{A}|=(-1)^n|-\boldsymbol{I}-\boldsymbol{A}|\neq0$,知 $\boldsymbol{I}+\boldsymbol{A}$ 可逆.

注意到下面的变换(运算)及 $\boldsymbol{A}^{\mathrm{T}}=-\boldsymbol{A}$ 且 $(\boldsymbol{B}^{-1})^{\mathrm{T}}=(\boldsymbol{B}^{\mathrm{T}})^{-1}$,有

$$\begin{aligned}&(\boldsymbol{I}-\boldsymbol{A})(\boldsymbol{I}+\boldsymbol{A})^{-1}[(\boldsymbol{I}-\boldsymbol{A})(\boldsymbol{I}+\boldsymbol{A})^{-1}]^{\mathrm{T}}\\ =&(\boldsymbol{I}-\boldsymbol{A})(\boldsymbol{I}+\boldsymbol{A})^{-1}[(\boldsymbol{I}+\boldsymbol{A})^{-1}]^{\mathrm{T}}(\boldsymbol{I}-\boldsymbol{A})^{\mathrm{T}}\\ =&(\boldsymbol{I}-\boldsymbol{A})(\boldsymbol{I}+\boldsymbol{A})^{-1}[(\boldsymbol{I}+\boldsymbol{A})^{\mathrm{T}}]^{-1}(\boldsymbol{I}+\boldsymbol{A})\\ =&(\boldsymbol{I}-\boldsymbol{A})(\boldsymbol{I}+\boldsymbol{A})^{-1}(\boldsymbol{I}-\boldsymbol{A})^{-1}(\boldsymbol{I}+\boldsymbol{A})\\ =&(\boldsymbol{I}-\boldsymbol{A})[(\boldsymbol{I}+\boldsymbol{A})^{-1}(\boldsymbol{I}-\boldsymbol{A})^{-1}](\boldsymbol{I}+\boldsymbol{A})\\ =&(\boldsymbol{I}-\boldsymbol{A})[(\boldsymbol{I}-\boldsymbol{A})(\boldsymbol{I}+\boldsymbol{A})]^{-1}(\boldsymbol{I}+\boldsymbol{A})\\ =&(\boldsymbol{I}-\boldsymbol{A})(\boldsymbol{I}^2-\boldsymbol{A}^2)^{-1}(\boldsymbol{I}+\boldsymbol{A})\end{aligned}$$

$$=(\boldsymbol{I}-\boldsymbol{A})[(\boldsymbol{I}+\boldsymbol{A})(\boldsymbol{I}-\boldsymbol{A})]^{-1}(\boldsymbol{I}+\boldsymbol{A})$$
$$=(\boldsymbol{I}-\boldsymbol{A})(\boldsymbol{I}-\boldsymbol{A})^{-1}(\boldsymbol{I}+\boldsymbol{A})^{-1}(\boldsymbol{I}+\boldsymbol{A})=\boldsymbol{I}$$

例 12 若 $\boldsymbol{A}$ 是 n 阶正交矩阵,且 $\boldsymbol{A}+\boldsymbol{I}$ 可逆,则 $\boldsymbol{A}$ 可表示成 $\boldsymbol{A}=(\boldsymbol{I}-\boldsymbol{S})(\boldsymbol{I}+\boldsymbol{S})^{-1}$,其中 $\boldsymbol{S}$ 为反对称矩阵.

证 令 $\boldsymbol{S}=(\boldsymbol{I}-\boldsymbol{A})(\boldsymbol{I}+\boldsymbol{A})^{-1}$,注意到 $\boldsymbol{A}^{\mathrm{T}}=\boldsymbol{A}^{-1}$,则

$$\begin{aligned}\boldsymbol{S}^{\mathrm{T}}&=[(\boldsymbol{I}-\boldsymbol{A})(\boldsymbol{I}+\boldsymbol{A})^{-1}]^{\mathrm{T}}=[(\boldsymbol{I}+\boldsymbol{A})^{-1}]^{\mathrm{T}}(\boldsymbol{I}-\boldsymbol{A})^{\mathrm{T}}\\&=(\boldsymbol{I}+\boldsymbol{A}^{\mathrm{T}})^{-1}(\boldsymbol{I}-\boldsymbol{A}^{\mathrm{T}})=(\boldsymbol{I}+\boldsymbol{A}^{-1})^{-1}(\boldsymbol{I}-\boldsymbol{A}^{-1})\\&=(\boldsymbol{I}+\boldsymbol{A}^{-1})^{-1}\boldsymbol{A}^{-1}\boldsymbol{A}(\boldsymbol{I}-\boldsymbol{A}^{-1})\\&=[(\boldsymbol{I}+\boldsymbol{A}^{-1})^{-1}\boldsymbol{A}^{-1}][\boldsymbol{A}(\boldsymbol{I}-\boldsymbol{A}^{-1})]\\&=(\boldsymbol{A}+\boldsymbol{I})^{-1}(\boldsymbol{A}-\boldsymbol{I})=-(\boldsymbol{I}+\boldsymbol{A})^{-1}(\boldsymbol{I}-\boldsymbol{A})\end{aligned}$$

注意到下面的矩阵运算

$$\begin{aligned}(\boldsymbol{I}+\boldsymbol{A})[(\boldsymbol{I}-\boldsymbol{A})(\boldsymbol{I}+\boldsymbol{A})^{-1}]&=[(\boldsymbol{I}+\boldsymbol{A})(\boldsymbol{I}-\boldsymbol{A})](\boldsymbol{I}+\boldsymbol{A})^{-1}\\&=(\boldsymbol{I}^2-\boldsymbol{A}^2)(\boldsymbol{I}+\boldsymbol{A})^{-1}=(\boldsymbol{I}-\boldsymbol{A})[(\boldsymbol{I}+\boldsymbol{A})(\boldsymbol{I}+\boldsymbol{A})^{-1}]=\boldsymbol{I}-\boldsymbol{A}\end{aligned}$$

及
$$(\boldsymbol{I}+\boldsymbol{A})[(\boldsymbol{I}+\boldsymbol{A})^{-1}(\boldsymbol{I}-\boldsymbol{A})]=[(\boldsymbol{I}+\boldsymbol{A})(\boldsymbol{I}+\boldsymbol{A})^{-1}](\boldsymbol{I}-\boldsymbol{A})=\boldsymbol{I}-\boldsymbol{A}$$

再注意到 $\boldsymbol{I}+\boldsymbol{A}$ 的可逆性,从而 $(\boldsymbol{I}+\boldsymbol{A})^{-1}(\boldsymbol{I}-\boldsymbol{A})=(\boldsymbol{I}-\boldsymbol{A})(\boldsymbol{I}+\boldsymbol{A})^{-1}$,即它们可交换.

注 以上两例亦为美国加州大学伯克利分校1981年博士学位水平测试题.

类似地还可有下面的例子.

例 13 若 $\boldsymbol{A}$ 为反对称阵,则 $\boldsymbol{B}=(\boldsymbol{I}-\boldsymbol{A})(\boldsymbol{I}+\boldsymbol{A})^{-1}$ 是正交矩阵,且 -1 不是 $\boldsymbol{B}$ 的特征根;反之,若 $\boldsymbol{B}$ 是正交矩阵,且无特征根 -1,则存在反对称矩阵 $\boldsymbol{A}$,使 $\boldsymbol{B}=(\boldsymbol{I}-\boldsymbol{A})(\boldsymbol{I}+\boldsymbol{A})^{-1}$.

证 由题设 $\boldsymbol{A}$ 是反对称阵,$\boldsymbol{B}=(\boldsymbol{I}-\boldsymbol{A})(\boldsymbol{I}+\boldsymbol{A})^{-1}$ 是正交阵的证明见前文中的例.由

$$\boldsymbol{I}+\boldsymbol{B}=(\boldsymbol{I}+\boldsymbol{A})(\boldsymbol{I}+\boldsymbol{A})^{-1}+(\boldsymbol{I}-\boldsymbol{A})(\boldsymbol{I}+\boldsymbol{A})^{-1}=[(\boldsymbol{I}+\boldsymbol{A})+(\boldsymbol{I}-\boldsymbol{A})](\boldsymbol{I}+\boldsymbol{A})^{-1}=2\boldsymbol{I}(\boldsymbol{I}+\boldsymbol{A})^{-1}=2(\boldsymbol{I}+\boldsymbol{A})^{-1}$$

知 $|\boldsymbol{I}+\boldsymbol{B}|=2^n|(\boldsymbol{I}+\boldsymbol{A})^{-1}|\neq0$,从而 -1 不是 $\boldsymbol{B}$ 的特征根.

反之,若 $\boldsymbol{B}$ 为正交阵且无特征根 -1,则 $|\boldsymbol{I}+\boldsymbol{B}|\neq0$,从而 $\boldsymbol{I}+\boldsymbol{B}$ 可逆.

取 $\boldsymbol{A}=(\boldsymbol{I}+\boldsymbol{B})^{-1}(\boldsymbol{I}-\boldsymbol{B})$.注意到下面的运算

$$\begin{aligned}\boldsymbol{A}^{\mathrm{T}}&=(\boldsymbol{I}-\boldsymbol{B})^{\mathrm{T}}[(\boldsymbol{I}+\boldsymbol{B})^{\mathrm{T}}]^{-1}=(\boldsymbol{I}-\boldsymbol{B}^{\mathrm{T}})(\boldsymbol{I}+\boldsymbol{B}^{\mathrm{T}})^{-1}=(\boldsymbol{I}-\boldsymbol{B}^{-1})(\boldsymbol{I}+\boldsymbol{B}^{-1})^{-1}\\&=\boldsymbol{I}(\boldsymbol{I}+\boldsymbol{B}^{-1})-\boldsymbol{B}^{-1}(\boldsymbol{I}+\boldsymbol{B}^{-1})^{-1}=(\boldsymbol{I}+\boldsymbol{B}^{-1})^{-1}-[(\boldsymbol{I}+\boldsymbol{B}^{-1})\boldsymbol{B}]^{-1}\\&=(\boldsymbol{I}+\boldsymbol{B}^{-1})^{-1}-(\boldsymbol{B}+\boldsymbol{I})^{-1}=[\boldsymbol{B}^{-1}(\boldsymbol{I}+\boldsymbol{B})]^{-1}-(\boldsymbol{B}+\boldsymbol{I})^{-1}\\&=(\boldsymbol{I}+\boldsymbol{B}^{-1})\boldsymbol{B}-(\boldsymbol{I}+\boldsymbol{B})^{-1}=(\boldsymbol{I}+\boldsymbol{B})^{-1}(\boldsymbol{B}-\boldsymbol{I})=-\boldsymbol{A}\end{aligned}$$

即 $\boldsymbol{A}^{\mathrm{T}}=-\boldsymbol{A}$,知 $\boldsymbol{A}$ 是反对称阵.又由

$$\begin{aligned}\boldsymbol{I}\pm\boldsymbol{A}&=\boldsymbol{I}\pm(\boldsymbol{I}+\boldsymbol{B})^{-1}(\boldsymbol{I}-\boldsymbol{B})\\&=[(\boldsymbol{I}+\boldsymbol{B})^{-1}(\boldsymbol{I}+\boldsymbol{B})]\pm[(\boldsymbol{I}+\boldsymbol{B})^{-1}(\boldsymbol{I}-\boldsymbol{B})]\\&=(\boldsymbol{I}+\boldsymbol{B})^{-1}[(\boldsymbol{I}+\boldsymbol{B})\pm(\boldsymbol{I}-\boldsymbol{B})]\end{aligned}$$

故

$$\begin{aligned}(\boldsymbol{I}+\boldsymbol{A})(\boldsymbol{I}-\boldsymbol{A})^{-1}&=2(\boldsymbol{I}+\boldsymbol{B})\boldsymbol{B}[2(\boldsymbol{I}+\boldsymbol{B})^{-1}]^{-1}\\&=2(\boldsymbol{I}+\boldsymbol{B})^{-1}\boldsymbol{B}\cdot\frac{1}{2}(\boldsymbol{I}+\boldsymbol{B})=(\boldsymbol{I}+\boldsymbol{B})^{-1}(\boldsymbol{I}+\boldsymbol{B})\boldsymbol{B}=\boldsymbol{B}\end{aligned}$$

下面的问题可以视为前例的推广情形.

例 14 若 $\boldsymbol{A}$ 是实对称阵,$\boldsymbol{S}$ 是反对称阵,且 $\boldsymbol{AS}=\boldsymbol{SA}$,又 $\boldsymbol{A}-\boldsymbol{S}$ 可逆.求证 $(\boldsymbol{A}+\boldsymbol{S})(\boldsymbol{A}-\boldsymbol{S})^{-1}$ 是正交阵.

证 由题设 $\boldsymbol{AS}=\boldsymbol{SA}$,则

$$(\boldsymbol{A}+\boldsymbol{S})(\boldsymbol{A}-\boldsymbol{S})=\boldsymbol{A}^2+\boldsymbol{SA}-\boldsymbol{AS}-\boldsymbol{S}^2=\boldsymbol{A}^2-\boldsymbol{S}^2=(\boldsymbol{A}-\boldsymbol{S})(\boldsymbol{A}+\boldsymbol{S})$$

又 $(\boldsymbol{A}-\boldsymbol{S})^{\mathrm{T}}=\boldsymbol{A}^{\mathrm{T}}-\boldsymbol{S}^{\mathrm{T}}=\boldsymbol{A}+\boldsymbol{S}$,而 $\boldsymbol{A}-\boldsymbol{S}$ 可逆,故 $\boldsymbol{A}+\boldsymbol{S}$ 亦可逆.从而

$$[(\boldsymbol{A}+\boldsymbol{S})(\boldsymbol{A}-\boldsymbol{S})^{-1}]^{\mathrm{T}}[(\boldsymbol{A}+\boldsymbol{S})(\boldsymbol{A}-\boldsymbol{S})^{-1}]$$

$$
\begin{aligned}
&=[(\boldsymbol{A}-\boldsymbol{S})^{-1}]^{\mathrm{T}}(\boldsymbol{A}+\boldsymbol{S})^{\mathrm{T}}(\boldsymbol{A}+\boldsymbol{S})(\boldsymbol{A}-\boldsymbol{S})^{-1}\\
&=[(\boldsymbol{A}-\boldsymbol{S})^{\mathrm{T}}]^{-1}(\boldsymbol{A}^{\mathrm{T}}+\boldsymbol{S}^{\mathrm{T}})(\boldsymbol{A}+\boldsymbol{S})(\boldsymbol{A}-\boldsymbol{S})^{-1}\\
&=(\boldsymbol{A}+\boldsymbol{S})^{-1}(\boldsymbol{A}-\boldsymbol{S})(\boldsymbol{A}+\boldsymbol{S})(\boldsymbol{A}-\boldsymbol{S})^{-1}\\
&=(\boldsymbol{A}+\boldsymbol{S})^{-1}(\boldsymbol{A}+\boldsymbol{S})(\boldsymbol{A}-\boldsymbol{S})(\boldsymbol{A}-\boldsymbol{S})^{-1}\\
&=\boldsymbol{I}
\end{aligned}
$$

即$(\boldsymbol{A}+\boldsymbol{S})(\boldsymbol{A}-\boldsymbol{S})^{-1}$是正交矩阵.

矩阵$\boldsymbol{A}+\boldsymbol{u}\boldsymbol{v}^{\mathrm{T}}$(其中$\boldsymbol{u},\boldsymbol{v}\in\mathbf{R}^n,\boldsymbol{A}\in\mathbf{R}^{n\times n}$)是一类特殊矩阵,它有许多特有的性质,请见例子.

例 15 若$\boldsymbol{A},\boldsymbol{B}$皆为$n$($n$是奇数)阶正交阵,则$(\boldsymbol{A}-\boldsymbol{B})(\boldsymbol{A}+\boldsymbol{B})$不可逆(即它是奇异阵).

证 由题设知$\boldsymbol{A}^{\mathrm{T}}\boldsymbol{A}=\boldsymbol{B}^{\mathrm{T}}\boldsymbol{B}=\boldsymbol{I}$.又$|\boldsymbol{A}^{\mathrm{T}}|=|\boldsymbol{A}|,|\boldsymbol{B}^{\mathrm{T}}|=|\boldsymbol{B}|$,则有

$$
\begin{aligned}
|(\boldsymbol{A}-\boldsymbol{B})(\boldsymbol{A}+\boldsymbol{B})|&=|\boldsymbol{A}-\boldsymbol{B}||\boldsymbol{A}+\boldsymbol{B}|=|(\boldsymbol{A}-\boldsymbol{B})^{\mathrm{T}}||\boldsymbol{A}+\boldsymbol{B}|\\
&=|(\boldsymbol{A}^{\mathrm{T}}-\boldsymbol{B}^{\mathrm{T}})(\boldsymbol{A}+\boldsymbol{B})|=|\boldsymbol{A}^{\mathrm{T}}\boldsymbol{A}+\boldsymbol{A}^{\mathrm{T}}\boldsymbol{B}-\boldsymbol{B}^{\mathrm{T}}\boldsymbol{A}-\boldsymbol{B}^{\mathrm{T}}\boldsymbol{B}|\\
&=|\boldsymbol{A}^{\mathrm{T}}\boldsymbol{B}-\boldsymbol{B}^{\mathrm{T}}\boldsymbol{A}|\\
|(\boldsymbol{A}-\boldsymbol{B})(\boldsymbol{A}+\boldsymbol{B})|&=|\boldsymbol{A}-\boldsymbol{B}||\boldsymbol{A}+\boldsymbol{B}|=|\boldsymbol{A}+\boldsymbol{B}||\boldsymbol{A}-\boldsymbol{B}|\\
&=|(\boldsymbol{A}+\boldsymbol{B})^{\mathrm{T}}||\boldsymbol{A}-\boldsymbol{B}|=|(\boldsymbol{A}+\boldsymbol{B})^{\mathrm{T}}(\boldsymbol{A}-\boldsymbol{B})|\\
&=|-\boldsymbol{A}^{\mathrm{T}}\boldsymbol{B}+\boldsymbol{B}^{\mathrm{T}}\boldsymbol{A}|=(-1)^n|\boldsymbol{A}^{\mathrm{T}}\boldsymbol{B}-\boldsymbol{B}^{\mathrm{T}}\boldsymbol{A}|\\
&=-|\boldsymbol{A}^{\mathrm{T}}\boldsymbol{B}-\boldsymbol{B}^{\mathrm{T}}\boldsymbol{A}|
\end{aligned}
$$

从而$|\boldsymbol{A}^{\mathrm{T}}\boldsymbol{B}-\boldsymbol{B}^{\mathrm{T}}\boldsymbol{A}|=-|\boldsymbol{A}^{\mathrm{T}}\boldsymbol{B}-\boldsymbol{B}^{\mathrm{T}}\boldsymbol{A}|$,则$|\boldsymbol{A}^{\mathrm{T}}\boldsymbol{B}-\boldsymbol{B}^{\mathrm{T}}\boldsymbol{A}|=0$.故$(\boldsymbol{A}-\boldsymbol{B})(\boldsymbol{A}+\boldsymbol{B})$为奇异矩阵(不可逆阵).

例 16 若$\boldsymbol{A}\in\mathbf{R}^{n\times n}$,又$\boldsymbol{u},\boldsymbol{v}\in\mathbf{R}^n$,试证:(1)$|\boldsymbol{A}+\boldsymbol{u}\boldsymbol{v}^{\mathrm{T}}|=\boldsymbol{A}+\boldsymbol{v}^{\mathrm{T}}\boldsymbol{A}^*\boldsymbol{u}$;(2)当$\boldsymbol{v}^{\mathrm{T}}\boldsymbol{u}\neq\beta^{-1}$时,则$\boldsymbol{I}-\beta\boldsymbol{u}\boldsymbol{v}^{\mathrm{T}}$可逆;(3)当$\boldsymbol{A}$可逆,且$1+\boldsymbol{v}^{\mathrm{T}}\boldsymbol{A}^{-1}\boldsymbol{u}$时,$\boldsymbol{A}+\boldsymbol{u}\boldsymbol{v}^{\mathrm{T}}$可逆.

证 (1)这个问题我们前文已证,这里再给出一个证法.

先来叙述一个事实:若$\boldsymbol{A},\boldsymbol{B}\in\mathbf{R}^{n\times n}$,又$\Delta_A$表示$\boldsymbol{A}$的一个子式,$\Delta_B$表示$\boldsymbol{B}$中与之对应的代数余子式(规定0阶子式为1),则

$$|\boldsymbol{A}+\boldsymbol{B}|=\sum_{1\leqslant i,j\leqslant 1}(\Delta_A\Delta_B)_{i,j}$$

其中$1\leqslant i,j\leqslant n$表示全部可能的$i,j$.

若$\boldsymbol{B}=\boldsymbol{u}\boldsymbol{v}^{\mathrm{T}}$,又知$\mathrm{r}(\boldsymbol{B})\leqslant 1$,知$\boldsymbol{B}$的2阶子式全为0.

记$\boldsymbol{u}=(\xi_1,\xi_2,\cdots,\xi_n)^{\mathrm{T}},\boldsymbol{v}=(\eta_1,\eta_2,\cdots,\eta_n)^{\mathrm{T}}$,且$\boldsymbol{B}=(\xi_i\eta_j)_{n\times n}$.记$\boldsymbol{A}^*=(a_{ij}{}^*)$,则$a_{ij}{}^*=A_{ij}$,有

$$|\boldsymbol{A}+\boldsymbol{u}\boldsymbol{v}^{\mathrm{T}}|=|\boldsymbol{A}|+\sum_{1\leqslant i,j\leqslant n}\xi_i\eta_jA_{ij}=|\boldsymbol{A}|+\boldsymbol{v}^{\mathrm{T}}\boldsymbol{A}^*\boldsymbol{u}$$

(2)由上知$|\boldsymbol{I}-\beta\boldsymbol{u}\boldsymbol{v}^{\mathrm{T}}|=|\boldsymbol{I}|+\boldsymbol{v}^{\mathrm{T}}\boldsymbol{I}^*(-\beta\boldsymbol{u})=1-\beta\boldsymbol{v}^{\mathrm{T}}\boldsymbol{u}$.

由$\boldsymbol{v}^{\mathrm{T}}\boldsymbol{u}\neq\beta^{-1}$,故$1-\beta\boldsymbol{v}^{\mathrm{T}}\boldsymbol{u}\neq 0$,从而$\boldsymbol{I}-\beta\boldsymbol{u}\boldsymbol{v}^{\mathrm{T}}$可逆.

(3)由$\boldsymbol{A}^*=|\boldsymbol{A}|\boldsymbol{A}^{-1}$,有

$$|\boldsymbol{A}+\boldsymbol{u}\boldsymbol{v}^{\mathrm{T}}|=|\boldsymbol{A}|+\boldsymbol{v}^{\mathrm{T}}\boldsymbol{A}^*\boldsymbol{u}=|\boldsymbol{A}|+|\boldsymbol{A}|\boldsymbol{v}^{\mathrm{T}}\boldsymbol{A}^{-1}\boldsymbol{u}=|\boldsymbol{A}|(1+\boldsymbol{v}^{\mathrm{T}}\boldsymbol{A}^{-1}\boldsymbol{u})\neq 0$$

知$\boldsymbol{A}+\boldsymbol{u}\boldsymbol{v}^{\mathrm{T}}$可逆.

下面的所谓挠动矩阵求逆的式子在最优化课程中是一个极为重要的公式.

例 17 若$\boldsymbol{A}\in\mathbf{R}^{n\times n}$非奇异,$\boldsymbol{u},\boldsymbol{v}\in\mathbf{R}^n$.证明:存在$\alpha$使$(\boldsymbol{A}+\boldsymbol{u}\boldsymbol{v}^{\mathrm{T}})^{-1}=\boldsymbol{A}^{-1}-\dfrac{1}{\alpha}\boldsymbol{A}^{-1}\boldsymbol{u}\boldsymbol{v}^{\mathrm{T}}\boldsymbol{A}^{-1}$,且求$\alpha$.

证 若$\boldsymbol{u}=\boldsymbol{0},\boldsymbol{v}=\boldsymbol{0}$结论显然为真.今设$\boldsymbol{u}\neq\boldsymbol{0},\boldsymbol{v}\neq\boldsymbol{0}$.由

$$(\boldsymbol{A}+\boldsymbol{u}\boldsymbol{v}^{\mathrm{T}})\left(\boldsymbol{A}^{-1}-\frac{1}{\alpha}\boldsymbol{A}^{-1}\boldsymbol{u}\boldsymbol{v}^{\mathrm{T}}\boldsymbol{A}^{-1}\right)=\boldsymbol{I}+\boldsymbol{u}\boldsymbol{v}^{\mathrm{T}}\boldsymbol{A}^{-1}-\frac{1}{\alpha}\boldsymbol{u}\boldsymbol{v}^{\mathrm{T}}\boldsymbol{A}^{-1}-\frac{1}{\alpha}\boldsymbol{u}\boldsymbol{v}^{\mathrm{T}}\boldsymbol{A}^{-1}\boldsymbol{u}\boldsymbol{v}^{\mathrm{T}}\boldsymbol{A}^{-1}$$

又由设及上式应有

$$\boldsymbol{u}\boldsymbol{v}^{\mathrm{T}}\boldsymbol{A}^{-1}-\frac{1}{\alpha}\boldsymbol{u}\boldsymbol{v}^{\mathrm{T}}\boldsymbol{A}^{-1}\frac{1}{\alpha}\boldsymbol{u}\boldsymbol{v}^{\mathrm{T}}\boldsymbol{A}^{-1}\boldsymbol{u}\boldsymbol{v}^{\mathrm{T}}\boldsymbol{A}^{-1}=0$$

即
$$\alpha(\boldsymbol{u}\boldsymbol{v}^{\mathrm{T}}\boldsymbol{A}^{-1})=(\boldsymbol{I}+\boldsymbol{u}\boldsymbol{v}^{\mathrm{T}}\boldsymbol{A}^{-1})\boldsymbol{u}\boldsymbol{v}^{\mathrm{T}}\boldsymbol{A}^{-1}$$

两边右乘 $\boldsymbol{A}\boldsymbol{v}$，有

$$\alpha\boldsymbol{u}\boldsymbol{v}^{\mathrm{T}}\boldsymbol{A}^{-1}\boldsymbol{A}\boldsymbol{v}=(\boldsymbol{I}+\boldsymbol{u}\boldsymbol{v}^{\mathrm{T}}\boldsymbol{A}^{-1})\boldsymbol{u}\boldsymbol{v}^{\mathrm{T}}\boldsymbol{A}^{-1}\boldsymbol{A}\boldsymbol{v}$$

注意到 $\boldsymbol{A}^{-1}\boldsymbol{A}=\boldsymbol{I}$，$\boldsymbol{u}^{\mathrm{T}}\boldsymbol{v}=a\neq 0$，则有 $\alpha\boldsymbol{u}=(\boldsymbol{I}+\boldsymbol{u}\boldsymbol{v}^{\mathrm{T}}\boldsymbol{A}^{-1})\boldsymbol{u}$，即

$$\alpha\boldsymbol{u}=\boldsymbol{u}+\boldsymbol{u}\boldsymbol{v}^{\mathrm{T}}\boldsymbol{A}^{-1}\boldsymbol{u}\quad\text{或}\quad\alpha\boldsymbol{u}^{\mathrm{T}}=\boldsymbol{u}^{\mathrm{T}}+\boldsymbol{u}^{\mathrm{T}}(\boldsymbol{A}^{-1})^{\mathrm{T}}\boldsymbol{v}\boldsymbol{u}^{\mathrm{T}}$$

两边右乘 $\boldsymbol{u}$，有

$$\alpha\boldsymbol{u}^{\mathrm{T}}\boldsymbol{u}=\boldsymbol{u}^{\mathrm{T}}\boldsymbol{u}+\boldsymbol{u}^{\mathrm{T}}(\boldsymbol{A}^{-1})\boldsymbol{v}\boldsymbol{u}^{\mathrm{T}}\boldsymbol{u}$$

由 $\boldsymbol{u}^{\mathrm{T}}\boldsymbol{u}=b\neq 0$，故 $\alpha=1+\boldsymbol{u}^{\mathrm{T}}(\boldsymbol{A}^{-1})^{\mathrm{T}}\boldsymbol{v}$. 注意到以上过程只需逆推即可.

注　此例与“最优化方法”中著名的 Sherman-Morrison 公式有关，该公式即：$\boldsymbol{A}\in\mathbf{R}^{n\times n}$ 非奇异，$\boldsymbol{u},\boldsymbol{v}\in\mathbf{R}^{n}$，又 $1+\boldsymbol{u}^{\mathrm{T}}\boldsymbol{A}^{-1}\boldsymbol{u}\neq 0$，则

$$(\boldsymbol{A}+\boldsymbol{u}\boldsymbol{v}^{\mathrm{T}})^{-1}=\boldsymbol{A}^{-1}-\frac{\boldsymbol{A}^{-1}\boldsymbol{u}\boldsymbol{v}^{\mathrm{T}}\boldsymbol{A}^{-1}}{1+\boldsymbol{v}^{\mathrm{T}}\boldsymbol{A}^{-1}\boldsymbol{u}}$$

其中 $\boldsymbol{A}+\boldsymbol{u}\boldsymbol{v}^{\mathrm{T}}$ 称为 $\boldsymbol{A}$ 的**挠动矩阵**. 当 $\boldsymbol{A}=\boldsymbol{I}$ 时，称之为 Sherman 公式.

最后来看看这些特殊矩阵的分块情形.

例 18　若分块矩阵 $\boldsymbol{P}=\begin{pmatrix}\boldsymbol{A}&\boldsymbol{B}\\\boldsymbol{O}&\boldsymbol{C}\end{pmatrix}$ 是正交阵，其中 $\boldsymbol{A}\in\mathbf{R}^{m\times m}$，$\boldsymbol{C}\in\mathbf{R}^{n\times n}$. 证明：$\boldsymbol{A},\boldsymbol{C}$ 均为正交阵，且 $\boldsymbol{B}=\boldsymbol{O}$.

证　由设 $\boldsymbol{P}\boldsymbol{P}^{\mathrm{T}}=\boldsymbol{I}$，注意到

$$\begin{pmatrix}\boldsymbol{A}&\boldsymbol{B}\\\boldsymbol{O}&\boldsymbol{C}\end{pmatrix}\begin{pmatrix}\boldsymbol{A}&\boldsymbol{B}\\\boldsymbol{O}&\boldsymbol{C}\end{pmatrix}^{\mathrm{T}}=\begin{pmatrix}\boldsymbol{A}&\boldsymbol{B}\\\boldsymbol{O}&\boldsymbol{C}\end{pmatrix}\begin{pmatrix}\boldsymbol{A}^{\mathrm{T}}&\boldsymbol{O}\\\boldsymbol{B}^{\mathrm{T}}&\boldsymbol{C}^{\mathrm{T}}\end{pmatrix}=\begin{pmatrix}\boldsymbol{A}\boldsymbol{A}^{\mathrm{T}}+\boldsymbol{B}\boldsymbol{B}^{\mathrm{T}}&\boldsymbol{B}\boldsymbol{C}^{\mathrm{T}}\\\boldsymbol{C}\boldsymbol{B}^{\mathrm{T}}&\boldsymbol{C}\boldsymbol{C}^{\mathrm{T}}\end{pmatrix}$$

又
$$\begin{pmatrix}\boldsymbol{A}&\boldsymbol{B}\\\boldsymbol{O}&\boldsymbol{C}\end{pmatrix}\begin{pmatrix}\boldsymbol{A}&\boldsymbol{B}\\\boldsymbol{O}&\boldsymbol{C}\end{pmatrix}^{\mathrm{T}}=\begin{pmatrix}\boldsymbol{I}_m&\boldsymbol{O}\\\boldsymbol{O}&\boldsymbol{I}_n\end{pmatrix}$$

从而
$$\boldsymbol{A}\boldsymbol{A}^{\mathrm{T}}+\boldsymbol{B}\boldsymbol{B}^{\mathrm{T}}=\boldsymbol{I}_m,\quad\boldsymbol{B}\boldsymbol{C}^{\mathrm{T}}=\boldsymbol{O},\quad\boldsymbol{C}\boldsymbol{B}^{\mathrm{T}}=\boldsymbol{O},\quad\boldsymbol{C}\boldsymbol{C}^{\mathrm{T}}=\boldsymbol{I}_n$$

因为 $\boldsymbol{C}$ 为正交阵，知其满秩，从而，由 $\boldsymbol{C}\boldsymbol{B}^{\mathrm{T}}=\boldsymbol{O}$，知 $\boldsymbol{B}=\boldsymbol{O}$.

这样 $\boldsymbol{A}\boldsymbol{A}^{\mathrm{T}}=\boldsymbol{I}_m$，$\boldsymbol{C}\boldsymbol{C}^{\mathrm{T}}=\boldsymbol{I}_n$.

矩阵 $\boldsymbol{A}$ 与 $\boldsymbol{B}$ 合同指有可逆阵 $\boldsymbol{P}$ 使 $\boldsymbol{A}=\boldsymbol{P}\boldsymbol{B}\boldsymbol{P}^{\mathrm{T}}$，当然关系 $\boldsymbol{A}=\boldsymbol{P}\boldsymbol{B}\boldsymbol{P}^{-1}$ 成立时，则称 $\boldsymbol{A},\boldsymbol{B}$ 相似，而 $\boldsymbol{A}=\boldsymbol{P}\boldsymbol{B}\boldsymbol{Q}$（$\boldsymbol{P},\boldsymbol{Q}$ 可逆）时，则称 $\boldsymbol{A},\boldsymbol{B}$ 等价.

例 19　若分块矩阵 $\begin{pmatrix}\boldsymbol{A}&\boldsymbol{B}\\\boldsymbol{C}&\boldsymbol{D}\end{pmatrix}$ 对称，又 $\boldsymbol{A}$ 可逆，则该分块矩阵与 $\begin{pmatrix}\boldsymbol{A}&\boldsymbol{O}\\\boldsymbol{O}&\boldsymbol{D}-\boldsymbol{C}\boldsymbol{A}^{-1}\boldsymbol{B}\end{pmatrix}$ 合同.

证　注意到下面分块矩阵的运算

$$\begin{pmatrix}\boldsymbol{I}&\boldsymbol{O}\\-\boldsymbol{C}\boldsymbol{A}^{-1}&\boldsymbol{I}\end{pmatrix}\begin{pmatrix}\boldsymbol{A}&\boldsymbol{B}\\\boldsymbol{C}&\boldsymbol{D}\end{pmatrix}\begin{pmatrix}\boldsymbol{I}&-\boldsymbol{A}^{-1}\boldsymbol{B}\\\boldsymbol{O}&\boldsymbol{I}\end{pmatrix}=\begin{pmatrix}\boldsymbol{A}&\boldsymbol{O}\\\boldsymbol{O}&\boldsymbol{D}-\boldsymbol{C}\boldsymbol{A}^{-1}\boldsymbol{B}\end{pmatrix}$$

由题设 $\begin{pmatrix}\boldsymbol{A}&\boldsymbol{B}\\\boldsymbol{C}&\boldsymbol{D}\end{pmatrix}=\begin{pmatrix}\boldsymbol{A}&\boldsymbol{B}\\\boldsymbol{C}&\boldsymbol{D}\end{pmatrix}^{\mathrm{T}}=\begin{pmatrix}\boldsymbol{A}^{\mathrm{T}}&\boldsymbol{C}^{\mathrm{T}}\\\boldsymbol{B}^{\mathrm{T}}&\boldsymbol{D}^{\mathrm{T}}\end{pmatrix}$，即 $\boldsymbol{A}^{\mathrm{T}}=\boldsymbol{A}$，$\boldsymbol{B}^{\mathrm{T}}=\boldsymbol{C}$，这样

$$\begin{aligned}\begin{pmatrix}\boldsymbol{I}&\boldsymbol{O}\\-\boldsymbol{C}\boldsymbol{A}^{-1}&\boldsymbol{I}\end{pmatrix}^{\mathrm{T}}&=\begin{pmatrix}\boldsymbol{I}&(-\boldsymbol{C}\boldsymbol{A}^{-1})^{\mathrm{T}}\\\boldsymbol{O}&\boldsymbol{I}\end{pmatrix}=\begin{pmatrix}\boldsymbol{I}&-(\boldsymbol{A}^{-1})^{\mathrm{T}}\boldsymbol{C}^{\mathrm{T}}\\\boldsymbol{O}&\boldsymbol{I}\end{pmatrix}\\&=\begin{pmatrix}\boldsymbol{I}&-\boldsymbol{A}^{-1}\boldsymbol{C}^{\mathrm{T}}\\\boldsymbol{O}&\boldsymbol{I}\end{pmatrix}=\begin{pmatrix}\boldsymbol{I}&-\boldsymbol{A}^{-1}\boldsymbol{B}\\\boldsymbol{O}&\boldsymbol{I}\end{pmatrix}\end{aligned}$$

令 $\boldsymbol{P}=\begin{pmatrix}\boldsymbol{I}&\boldsymbol{O}\\-\boldsymbol{C}\boldsymbol{A}^{-1}&\boldsymbol{I}\end{pmatrix}$，则 $\boldsymbol{P}\begin{pmatrix}\boldsymbol{A}&\boldsymbol{B}\\\boldsymbol{C}&\boldsymbol{D}\end{pmatrix}\boldsymbol{P}^{\mathrm{T}}=\begin{pmatrix}\boldsymbol{A}&\boldsymbol{O}\\\boldsymbol{O}&\boldsymbol{D}-\boldsymbol{C}\boldsymbol{A}^{-1}\boldsymbol{B}\end{pmatrix}$.

4. 矩阵表示为矩阵和、矩阵积

矩阵表示为某些矩阵和与积，可视为矩阵的和、积分解（与整数的和、积分解类同），这对于矩阵计算

来讲是十分重要的.先来看矩阵的和分解.

例 1 任何矩阵皆可表示为一个对称矩阵与一个反对称矩阵之和.

证 设 $\boldsymbol{A}\in\mathbf{R}^{n\times n}$,注意到

$$\boldsymbol{A}=\frac{1}{2}\boldsymbol{A}+\frac{1}{2}\boldsymbol{A}+\frac{1}{2}\boldsymbol{A}^{\mathrm{T}}-\frac{1}{2}\boldsymbol{A}^{\mathrm{T}}=\frac{1}{2}(\boldsymbol{A}+\boldsymbol{A}^{\mathrm{T}})+\frac{1}{2}(\boldsymbol{A}-\boldsymbol{A}^{\mathrm{T}})$$

容易验证

$$(\boldsymbol{A}+\boldsymbol{A}^{\mathrm{T}})^{\mathrm{T}}=\boldsymbol{A}^{\mathrm{T}}+(\boldsymbol{A}^{\mathrm{T}})^{\mathrm{T}}=\boldsymbol{A}+\boldsymbol{A}^{\mathrm{T}}$$

$$(\boldsymbol{A}-\boldsymbol{A}^{\mathrm{T}})^{\mathrm{T}}=\boldsymbol{A}^{\mathrm{T}}-(\boldsymbol{A}^{\mathrm{T}})^{\mathrm{T}}=\boldsymbol{A}^{\mathrm{T}}-\boldsymbol{A}=-(\boldsymbol{A}-\boldsymbol{A}^{\mathrm{T}})$$

知它们分别为对称阵和反对称阵.

从而$\frac{1}{2}(\boldsymbol{A}+\boldsymbol{A}^{\mathrm{T}})$与$\frac{1}{2}(\boldsymbol{A}-\boldsymbol{A}^{\mathrm{T}})$亦分别为对称阵和反对称阵.

例 2 试证任何矩阵皆可表示为一个纯量矩阵(即 $k\boldsymbol{I}$ 形式的矩阵)与一个迹为 0 的矩阵之和.

证 设 $\boldsymbol{A}\in\mathbf{R}^{n\times n}$,且 $\operatorname{tr}\boldsymbol{A}=a$.令 $\boldsymbol{B}=\boldsymbol{A}-\frac{a}{n}\boldsymbol{I}$,则 $\boldsymbol{A}=\boldsymbol{B}+\frac{a}{n}\boldsymbol{I}$,这里$\frac{a}{n}\boldsymbol{I}$为纯量矩阵,而 $\boldsymbol{B}$ 满足

$$\operatorname{tr}\boldsymbol{B}=\operatorname{tr}\boldsymbol{A}-\operatorname{tr}\left(\frac{a}{n}\boldsymbol{I}\right)=a-a=0$$

下面是关于矩阵的乘积的分解问题.

例 3 若有对称非奇异矩阵 $\boldsymbol{R}$ 使 $\boldsymbol{RA}=\boldsymbol{A}^{\mathrm{T}}\boldsymbol{R}$,则 $\boldsymbol{A}$ 可分解为两个实对称矩阵之积,且其一可逆.

证 由题设有 $\boldsymbol{A}=\boldsymbol{R}^{-1}\boldsymbol{A}^{\mathrm{T}}\boldsymbol{R}$,或 $\boldsymbol{AR}^{-1}=\boldsymbol{R}^{-1}\boldsymbol{A}^{\mathrm{T}}$.

令 $\boldsymbol{R}^{-1}\boldsymbol{A}^{\mathrm{T}}=\boldsymbol{S}$,则 $\boldsymbol{A}=\boldsymbol{SR}$.注意到

$$\boldsymbol{S}^{\mathrm{T}}=(\boldsymbol{R}^{-1}\boldsymbol{A}^{\mathrm{T}})^{\mathrm{T}}=\boldsymbol{A}(\boldsymbol{R}^{-1})^{\mathrm{T}}=\boldsymbol{AR}^{-1}=\boldsymbol{R}^{-1}\boldsymbol{A}^{\mathrm{T}}$$

知 $\boldsymbol{S}$ 对称.又 $\boldsymbol{R}$ 对称非奇异,故 $\boldsymbol{A}$ 可分解为两个实对称阵之积,且其一可逆.

注 其实对一般实矩阵来讲,上述分解亦成立.

例 4 设 $\boldsymbol{A}\in\mathbf{R}^{m\times n}$,又 $\mathrm{r}(\boldsymbol{A})=r>0$.试证:有 $\boldsymbol{F}\in\mathbf{R}^{m\times r}$,$\boldsymbol{G}\in\mathbf{R}^{r\times n}$,且$\mathrm{r}(\boldsymbol{F})=\mathrm{r}(\boldsymbol{G})=r$,使 $\boldsymbol{A}=\boldsymbol{FG}$.

证 由题设有可逆阵 $\boldsymbol{P}\in\mathbf{R}^{m\times m}$ 和 $\boldsymbol{Q}\in\mathbf{R}^{n\times n}$ 使

$$\boldsymbol{A}=\boldsymbol{P}\begin{pmatrix}\boldsymbol{I}_r & \boldsymbol{O}\\ \boldsymbol{O} & \boldsymbol{O}\end{pmatrix}\boldsymbol{Q}=\boldsymbol{P}\begin{pmatrix}\boldsymbol{I}_r\\ \boldsymbol{O}\end{pmatrix}(\boldsymbol{I}_r,\boldsymbol{O})\boldsymbol{Q}$$

令 $\boldsymbol{F}=\boldsymbol{P}\begin{pmatrix}\boldsymbol{I}_r\\ \boldsymbol{O}\end{pmatrix}$,$\boldsymbol{G}=(\boldsymbol{I}_r,\boldsymbol{O})\boldsymbol{Q}$,则 $\boldsymbol{F},\boldsymbol{G}$ 为所求.

事实上,$\boldsymbol{F}\in\mathbf{R}^{m\times r}$,$\boldsymbol{G}\in\mathbf{R}^{r\times n}$,且 $\mathrm{r}(\boldsymbol{F})=r$,$\mathrm{r}(\boldsymbol{G})=r$.

与之类似的问题可见下面的例子.

例 5 设 $\boldsymbol{A}\in\mathbf{R}^{n\times n}$,且 $\mathrm{r}(\boldsymbol{A})=r$.试证:$\boldsymbol{A}^2=\boldsymbol{A}\Longleftrightarrow$存在矩阵 $\boldsymbol{B}\in\mathbf{R}^{r\times n}$和$\boldsymbol{C}\in\mathbf{R}^{n\times r}$,且 $\mathrm{r}(\boldsymbol{B})=\mathrm{r}(\boldsymbol{C})=r$,使 $\boldsymbol{A}=\boldsymbol{CB}$,且 $\boldsymbol{BC}=\boldsymbol{I}_r$.

证 "$\Rightarrow$"由设 $\boldsymbol{A}^2=\boldsymbol{A}$,则有可逆阵 $\boldsymbol{T}$ 使

$$\boldsymbol{A}=\boldsymbol{T}^{-1}\begin{pmatrix}\boldsymbol{I}_r & \boldsymbol{O}\\ \boldsymbol{O} & \boldsymbol{O}\end{pmatrix}\boldsymbol{T}=\boldsymbol{T}^{-1}\begin{pmatrix}\boldsymbol{I}_r\\ \boldsymbol{O}\end{pmatrix}(\boldsymbol{I}_r,\boldsymbol{O})\boldsymbol{T}$$

令 $\boldsymbol{B}=(\boldsymbol{I}_r,\boldsymbol{O})\boldsymbol{T}\in\mathbf{R}^{r\times n}$,$\boldsymbol{C}=\boldsymbol{T}^{-1}\begin{pmatrix}\boldsymbol{I}_r\\ \boldsymbol{O}\end{pmatrix}\in\mathbf{R}^{n\times r}$,且 $\mathrm{r}(\boldsymbol{B})=\mathrm{r}(\boldsymbol{C})=r$.则

$$\boldsymbol{CB}=\boldsymbol{I}_r$$

"$\Leftarrow$"由题设可有

$$\boldsymbol{A}^2=(\boldsymbol{CB})(\boldsymbol{CB})=\boldsymbol{C}(\boldsymbol{BC})\boldsymbol{B}=\boldsymbol{CI}_r\boldsymbol{B}=\boldsymbol{CB}=\boldsymbol{A}$$

下面的诸例与矩阵分块或分块矩阵有关.

例6 设 $\boldsymbol{A}\in\mathbf{R}^n$ 且可逆，试证：$2n$ 阶矩阵 $\begin{pmatrix}\boldsymbol{A} & \boldsymbol{O}\\ \boldsymbol{O} & \boldsymbol{A}^{-1}\end{pmatrix}$ 总可表示成若干形如 $\begin{pmatrix}\boldsymbol{I} & \boldsymbol{P}\\ \boldsymbol{O} & \boldsymbol{I}\end{pmatrix}$，$\begin{pmatrix}\boldsymbol{I} & \boldsymbol{O}\\ \boldsymbol{Q} & \boldsymbol{I}\end{pmatrix}$ 矩阵之积.

证 注意到下面矩阵等式

$$\begin{pmatrix}\boldsymbol{I} & -\boldsymbol{I}\\ \boldsymbol{O} & \boldsymbol{I}\end{pmatrix}\begin{pmatrix}\boldsymbol{I} & \boldsymbol{O}\\ \boldsymbol{I}-\boldsymbol{A}^{-1} & \boldsymbol{I}\end{pmatrix}\begin{pmatrix}\boldsymbol{I} & \boldsymbol{A}\\ \boldsymbol{O} & \boldsymbol{I}\end{pmatrix}\begin{pmatrix}\boldsymbol{A} & \boldsymbol{O}\\ \boldsymbol{O} & \boldsymbol{A}^{-1}\end{pmatrix}\begin{pmatrix}\boldsymbol{I} & \boldsymbol{O}\\ \boldsymbol{I}-\boldsymbol{A} & \boldsymbol{I}\end{pmatrix}=\begin{pmatrix}\boldsymbol{I} & \boldsymbol{O}\\ \boldsymbol{O} & \boldsymbol{I}\end{pmatrix}$$

因而可有

$$\begin{aligned}\begin{pmatrix}\boldsymbol{A} & \boldsymbol{O}\\ \boldsymbol{O} & \boldsymbol{A}\end{pmatrix}&=\begin{pmatrix}\boldsymbol{I} & \boldsymbol{A}\\ \boldsymbol{O} & \boldsymbol{I}\end{pmatrix}^{-1}\begin{pmatrix}\boldsymbol{I} & \boldsymbol{O}\\ \boldsymbol{I}-\boldsymbol{A}^{-1} & \boldsymbol{I}\end{pmatrix}^{-1}\begin{pmatrix}\boldsymbol{I} & -\boldsymbol{I}\\ \boldsymbol{O} & \boldsymbol{I}\end{pmatrix}^{-1}\begin{pmatrix}\boldsymbol{I} & \boldsymbol{O}\\ \boldsymbol{I}-\boldsymbol{A} & \boldsymbol{I}\end{pmatrix}^{-1}\\ &=\begin{pmatrix}\boldsymbol{I} & -\boldsymbol{A}\\ \boldsymbol{O} & \boldsymbol{I}\end{pmatrix}\begin{pmatrix}\boldsymbol{I} & \boldsymbol{O}\\ \boldsymbol{A}^{-1}-\boldsymbol{I} & \boldsymbol{I}\end{pmatrix}\begin{pmatrix}\boldsymbol{I} & \boldsymbol{I}\\ \boldsymbol{O} & \boldsymbol{I}\end{pmatrix}\begin{pmatrix}\boldsymbol{I} & \boldsymbol{O}\\ \boldsymbol{A}-\boldsymbol{I} & \boldsymbol{I}\end{pmatrix}\end{aligned}$$

例7 设矩阵 $\boldsymbol{A}\in\mathbf{R}^{n\times n}$，必有可逆(非奇异)阵 $\boldsymbol{P}$，使 $\boldsymbol{AP}=(\boldsymbol{Q},\boldsymbol{O})$，这里 $\boldsymbol{Q}^{\mathrm{T}}\boldsymbol{Q}=\boldsymbol{I}$.

证 设 $\mathrm{r}(\boldsymbol{A})=r$，则存在可逆阵 $\boldsymbol{P}$，使

$$\boldsymbol{A}_{11}=(\boldsymbol{a}_1,\boldsymbol{a}_2,\cdots,\boldsymbol{a}_r,\boldsymbol{0},\boldsymbol{0},\cdots,\boldsymbol{0})$$

其中 $\boldsymbol{a}_1,\boldsymbol{a}_2,\cdots,\boldsymbol{a}_r$ 线性无关.

将其标准化，故存在可逆阵 $\boldsymbol{T}$，使

$$(\boldsymbol{a}_1,\boldsymbol{a}_2,\cdots,\boldsymbol{a}_r,\boldsymbol{0},\boldsymbol{0},\cdots,\boldsymbol{0})^{\mathrm{T}}=(\boldsymbol{b}_1,\boldsymbol{b}_2,\cdots,\boldsymbol{b}_r,\boldsymbol{0},\boldsymbol{0},\cdots,\boldsymbol{0})$$

其中

$$\boldsymbol{b}_i^{\mathrm{T}}\boldsymbol{b}_j=\begin{cases}1, & i=j\text{ 时}\\ 0, & i\neq j\text{ 时}\end{cases}$$

则 $\boldsymbol{AP}_1\boldsymbol{T}=(\boldsymbol{Q},\boldsymbol{O})$，或 $\boldsymbol{A}(\boldsymbol{P}_1\boldsymbol{T})=(\boldsymbol{Q},\boldsymbol{O})$.

令 $\boldsymbol{P}_1\boldsymbol{T}=\boldsymbol{P}$，则 $\boldsymbol{P}$ 非奇异，且 $\boldsymbol{AP}=(\boldsymbol{Q},\boldsymbol{O})$. 又 $\boldsymbol{Q}=(\boldsymbol{b}_1,\boldsymbol{b}_2,\cdots,\boldsymbol{b}_r)$，则

$$\boldsymbol{Q}^{\mathrm{T}}\boldsymbol{Q}=\mathrm{diag}\{1,1,\cdots,1\}=\boldsymbol{I}_r$$

例8 若 $\boldsymbol{A}\in\mathbf{R}^n$，又 $\boldsymbol{A}^2=\boldsymbol{A}$，试证：(1)有 $\boldsymbol{P}$ 使 $\boldsymbol{P}^{-1}\boldsymbol{AP}=\begin{pmatrix}\boldsymbol{I}_r & \boldsymbol{O}\\ \boldsymbol{O} & \boldsymbol{O}\end{pmatrix}$；(2)$\boldsymbol{A}$ 可分解为两个实对称阵之积，这里 r 为 $\boldsymbol{A}$ 的秩 $\mathrm{r}(\boldsymbol{A})$.

证 (1)若有可逆阵 $\boldsymbol{R},\boldsymbol{T}$，使 $\boldsymbol{R}^{-1}\boldsymbol{AT}=\begin{pmatrix}\boldsymbol{I}_r & \\ & \boldsymbol{O}\end{pmatrix}$，令

$$\boldsymbol{T}^{-1}\boldsymbol{R}=\begin{pmatrix}\boldsymbol{B}_1 & \boldsymbol{B}_2\\ \boldsymbol{B}_3 & \boldsymbol{B}_4\end{pmatrix}$$

则

$$\boldsymbol{R}^{-1}\boldsymbol{AR}=(\boldsymbol{R}^{-1}\boldsymbol{AT})(\boldsymbol{T}^{-1}\boldsymbol{R})=\begin{pmatrix}\boldsymbol{I}_r & \\ & \boldsymbol{O}\end{pmatrix}\begin{pmatrix}\boldsymbol{B}_1 & \boldsymbol{B}_2\\ \boldsymbol{B}_3 & \boldsymbol{B}_4\end{pmatrix}=\begin{pmatrix}\boldsymbol{B}_1 & \boldsymbol{B}_2\\ \boldsymbol{O} & \boldsymbol{O}\end{pmatrix}$$

又由 $\boldsymbol{A}^2=\boldsymbol{A}$，则

$$\begin{pmatrix}\boldsymbol{B}_1 & \boldsymbol{B}_2\\ \boldsymbol{O} & \boldsymbol{O}\end{pmatrix}=\boldsymbol{R}^{-1}\boldsymbol{AR}=(\boldsymbol{R}^{-1}\boldsymbol{AR})^2=\begin{pmatrix}\boldsymbol{B}_1 & \boldsymbol{B}_2\\ \boldsymbol{O} & \boldsymbol{O}\end{pmatrix}^2=\begin{pmatrix}\boldsymbol{B}_1^{\,2} & \boldsymbol{B}_1\boldsymbol{B}_2\\ \boldsymbol{O} & \boldsymbol{O}\end{pmatrix}$$

故 $(\boldsymbol{B}_1,\boldsymbol{B}_2)=\boldsymbol{B}_1(\boldsymbol{B}_1,\boldsymbol{B}_2)$，亦

$$(\boldsymbol{B}_1-\boldsymbol{I})(\boldsymbol{B}_1,\boldsymbol{B}_2)=\boldsymbol{O}=\boldsymbol{O}(\boldsymbol{B}_1,\boldsymbol{B}_2)$$

由 $(\boldsymbol{B}_1,\boldsymbol{B}_2)$ 为列满秩，从而 $\boldsymbol{B}_1-\boldsymbol{I}=\boldsymbol{O}$，则 $\boldsymbol{R}^{-1}\boldsymbol{AR}=\begin{pmatrix}\boldsymbol{I}_r & \boldsymbol{B}_2\\ \boldsymbol{O} & \boldsymbol{O}\end{pmatrix}$. 注意到

$$\begin{pmatrix}\boldsymbol{I}_r & \boldsymbol{B}_2\\ \boldsymbol{O} & \boldsymbol{I}_{n-r}\end{pmatrix}\begin{pmatrix}\boldsymbol{I}_r & \boldsymbol{B}_2\\ \boldsymbol{O} & \boldsymbol{O}\end{pmatrix}\begin{pmatrix}\boldsymbol{I}_r & -\boldsymbol{B}_2\\ \boldsymbol{O} & \boldsymbol{I}_{n-r}\end{pmatrix}=\begin{pmatrix}\boldsymbol{I}_r & \\ & \boldsymbol{O}\end{pmatrix}$$

(2)令 $\boldsymbol{S}_1=\boldsymbol{P}\begin{pmatrix}\boldsymbol{I}_r & \boldsymbol{O}\\ \boldsymbol{O} & \boldsymbol{O}\end{pmatrix}\boldsymbol{A}^{\mathrm{T}}$，$\boldsymbol{S}_2=(\boldsymbol{P}^{-1})^{\mathrm{T}}\boldsymbol{P}^{-1}$，则 $\boldsymbol{A}=\boldsymbol{S}_1\boldsymbol{S}_2$.

例 9 若 $\boldsymbol{A}^2=\boldsymbol{B}^2=\boldsymbol{I}$,且 $|\boldsymbol{A}|+|\boldsymbol{B}|=0$,证明 $\boldsymbol{A}+\boldsymbol{B}$ 不可逆.

证 由题设且注意到

$$|\boldsymbol{A}||\boldsymbol{A}+\boldsymbol{B}||\boldsymbol{A}(\boldsymbol{A}+\boldsymbol{B})|=|\boldsymbol{A}^2+\boldsymbol{A}|=|\boldsymbol{I}+\boldsymbol{A}|=|\boldsymbol{B}^2+\boldsymbol{A}\boldsymbol{B}|$$
$$=|\boldsymbol{B}(\boldsymbol{B}+\boldsymbol{A})|=|\boldsymbol{B}||\boldsymbol{B}+\boldsymbol{A}|=|\boldsymbol{B}||\boldsymbol{A}+\boldsymbol{B}|$$

故
$$(|\boldsymbol{A}|-|\boldsymbol{B}|)|\boldsymbol{A}+\boldsymbol{B}|=0$$

又 $|\boldsymbol{A}^2|=|\boldsymbol{A}|^2=1$,$|\boldsymbol{B}^2|=|\boldsymbol{B}|^2=1$,且 $|\boldsymbol{A}|+|\boldsymbol{B}|=0$,从而 $|\boldsymbol{A}|-|\boldsymbol{B}|\neq 0$,故 $|\boldsymbol{A}+\boldsymbol{B}|=0$,即 $\boldsymbol{A}+\boldsymbol{B}$ 不可逆.

例 10 $\boldsymbol{A}\in\mathbf{R}^{n\times n}$,且 $\boldsymbol{A}\neq\boldsymbol{O}$,又 $\boldsymbol{A}^*=\boldsymbol{A}^{\mathrm{T}}$. 试证 $\boldsymbol{A}$ 可逆.

证 1 由 $\boldsymbol{A}^*$ 的性质 $\boldsymbol{A}\boldsymbol{A}^*=\boldsymbol{A}^*\boldsymbol{A}=|\boldsymbol{A}|\boldsymbol{I}$,及 $\boldsymbol{A}^*=\boldsymbol{A}^{\mathrm{T}}$,则

$$\boldsymbol{A}\boldsymbol{A}^*=\boldsymbol{A}\boldsymbol{A}^{\mathrm{T}}=|\boldsymbol{A}|\boldsymbol{I}$$

若 $\boldsymbol{A}$ 不可逆,则 $|\boldsymbol{A}|=0$,有 $\boldsymbol{A}\boldsymbol{A}^{\mathrm{T}}=\boldsymbol{O}$. 设

$$\boldsymbol{A}=\begin{pmatrix}\boldsymbol{a}_1\\\boldsymbol{a}_2\\\vdots\\\boldsymbol{a}_n\end{pmatrix}$$

则 $\boldsymbol{a}_i\boldsymbol{a}_i^{\mathrm{T}}=0(i=1,2,\cdots,n)$.

从而 $\boldsymbol{a}_i=\boldsymbol{0}(i=1,2,\cdots,n)$,知 $\boldsymbol{A}=\boldsymbol{O}$,与题设矛盾. 故 $\boldsymbol{A}$ 不可逆不真,从而 $\boldsymbol{A}$ 可逆.

证 2 由 $\boldsymbol{A}$ 与 $\boldsymbol{A}^*$ 的秩的关系

$$\mathrm{r}(\boldsymbol{A}^*)=\begin{cases}n, & \text{若 } \mathrm{r}(\boldsymbol{A})=n\\1, & \text{若 } \mathrm{r}(\boldsymbol{A})=n-1\\0, & \text{若 } \mathrm{r}(\boldsymbol{A})<n-1\end{cases}$$

由题设 $\mathrm{r}(\boldsymbol{A}^*)=\mathrm{r}(\boldsymbol{A}^{\mathrm{T}})=\mathrm{r}(\boldsymbol{A})$,知 $\mathrm{r}(\boldsymbol{A})$ 只能为 n 或 0.

当 $\mathrm{r}(\boldsymbol{A})=n$ 时,知 $\boldsymbol{A}$ 可逆;若 $\mathrm{r}(\boldsymbol{A})=0$,则 $\boldsymbol{A}=\boldsymbol{O}$,与题设矛盾. 故 $\boldsymbol{A}$ 可逆.

研究生入学考试试题选讲

1978~1986 年部分

1. 矩阵的秩

(1)一般矩阵的秩问题

下面我们来看看关于矩阵的一些问题. 先来看关于矩阵的秩的题目.

求具体给定的矩阵的秩,通常用初等变换将矩阵化为上(下)三角阵,然后通过求三角阵的秩,进而求得原来矩阵的秩——因为初等变换不改变矩阵的秩,或变换后的矩阵与原矩阵等价.

例 1 求矩阵 $\boldsymbol{A}$ 的秩,这里 $\boldsymbol{A}=\begin{pmatrix}-2&-8&6&-8&-4\\1&5&-6&6&8\\2&6&-4&4&6\\1&3&0&2&1\\4&6&2&-4&18\end{pmatrix}$.(同济大学,1984)

解 对 $\boldsymbol{A}$ 作如下行、列初等变换

$$\boldsymbol{A}\to\begin{pmatrix}1&4&-3&4&2\\1&-1&3&-2&-2\\0&-2&2&-4&2\\0&1&-3&2&1\\0&-10&14&-20&10\end{pmatrix}\to\begin{pmatrix}1&4&-3&4&2\\0&1&-3&2&1\\0&0&-4&0&4\\0&0&0&0&0\\0&0&-16&0&20\end{pmatrix}\to$$

$$\rightarrow\begin{pmatrix}1&4&-3&4&2\\0&1&-3&2&1\\0&0&1&0&-1\\0&0&0&0&4\\0&0&0&0&0\end{pmatrix}\rightarrow\begin{pmatrix}1&4&-3&2&4\\0&1&-3&1&2\\0&0&1&-1&0\\0&0&0&4&0\\0&0&0&0&0\end{pmatrix}=\widetilde{A}$$

故 $r(A)=r(\widetilde{A})=4$.

例 2 设 A,B 为行数相同的两矩阵，$C=(A,B)$，试证 $r(C)\leqslant r(A)+r(B)$.（昆明工学院，1981）

证 设 $r(A)=t$，$r(B)=s$. 又经过一些初等变换

$$A\rightarrow\begin{pmatrix}I_t&O\\O&O\end{pmatrix},\quad B\rightarrow\begin{pmatrix}I_s&O\\O&O\end{pmatrix}$$

则

$$C_1=\begin{pmatrix}A&O\\O&B\end{pmatrix}\rightarrow\begin{pmatrix}I_t&O&&\\O&O&&\\&&I_s&O\\&&O&O\end{pmatrix}=C_2$$

知其秩为 $t+s$，故

$$r(C_1)=t+s=r(A)+r(B)$$

又由初等变换有

$$C_1\begin{pmatrix}A&O\\O&B\end{pmatrix}\rightarrow\begin{pmatrix}A&B\\O&B\end{pmatrix}=C_3$$

显然 $C=(A,B)$ 为上面右边矩阵 C_3 的子块，故

$$r(C)\leqslant r(C_3)=r(C_1)=r(A)+r(B)$$

注 1 利用初等变换处理矩阵的秩的问题，是方便和直观的，这里的关键是如何构造“新矩阵”.

注 2 仿照本例的方法我们不难证明 $r(A+B)\leqslant r(A)+r(B)$.

例 3 试证 $r(AB)\leqslant\min\{r(A),r(B)\}$.（北方交通大学，1983）

证 （题目中没有给出 A,B 为方阵的假设）设矩阵 A,B 分别为 $A=(a_{ij})_{s\times n}$，$B=(b_{ij})_{n\times m}$.

再令 $b_i=(b_{i1},b_{i2},\cdots,b_{in})$，$i=1,2,\cdots,n$. 故

$$AB=\begin{pmatrix}a_{11}&a_{12}&\cdots&a_{1n}\\a_{21}&a_{22}&\cdots&a_{2n}\\\vdots&\vdots&&\vdots\\a_{s1}&a_{s2}&\cdots&a_{sn}\end{pmatrix}\begin{pmatrix}b_1\\b_2\\\vdots\\b_n\end{pmatrix}=\begin{pmatrix}\sum\limits_{i=1}^{n}a_{1i}b_i\\\sum\limits_{i=1}^{n}a_{2i}b_i\\\vdots\\\sum\limits_{i=1}^{n}a_{si}b_i\end{pmatrix}$$

此即说 AB 的行向量可由 B 的行向量线性表出，故 $r(AB)\leqslant r(B)$.

类似地，令 $a_i=(a_{1i},a_{2i},\cdots,a_{ni})^{\mathrm T}$，$i=1,2,\cdots,n$. 故

$$AB=(a_1,a_2,\cdots,a_n)\begin{pmatrix}b_{11}&b_{12}&\cdots&b_{1m}\\b_{21}&b_{22}&\cdots&b_{2m}\\\vdots&\vdots&&\vdots\\b_{n1}&b_{n2}&\cdots&b_{nm}\end{pmatrix}=\left(\sum_{i=1}^{n}a_ib_{i1},\sum_{i=1}^{n}a_ib_{i2},\cdots,\sum_{i=1}^{n}a_ib_{im}\right)$$

此又说 AB 的列向量可由 A 的列向量线性表出，故 $r(AB)\leqslant r(A)$.

综上 $\mathrm{r}(\boldsymbol{AB})\leqslant\min\{\mathrm{r}(\boldsymbol{A}),\mathrm{r}(\boldsymbol{B})\}$.

注 1 把矩阵的行或列写成向量形式,从而可把矩阵中某些问题转化为向量组的问题去考虑.

注 2 对方阵而言,若 $\boldsymbol{A},\boldsymbol{B}$ 之一满秩(非奇异),则 $\boldsymbol{AB}$ 的秩等于另一矩阵的秩. 比如 $\boldsymbol{A}$ 满秩,则有 $\mathrm{r}(\boldsymbol{AB})=\mathrm{r}(\boldsymbol{B})$;同理,若 $\boldsymbol{B}$ 满秩,则有 $\mathrm{r}(\boldsymbol{AB})=\mathrm{r}(\boldsymbol{A})$.

注 3 若 $\boldsymbol{A},\boldsymbol{B}$ 均为 n 阶方阵,且 $\mathrm{r}(\boldsymbol{A})=s,\mathrm{r}(\boldsymbol{B})=t$,则 $\mathrm{r}(\boldsymbol{AB})\geqslant s+t-n$.

例 4 若 $\boldsymbol{A},\boldsymbol{B}\in\mathbf{R}^{n\times n}$,又 $\mathrm{r}(\boldsymbol{A})=r_1,\mathrm{r}(\boldsymbol{B})=r_2$,试证 $\mathrm{r}(\boldsymbol{AB})\geqslant r_1+r_2-n$.(厦门大学,1983)

证 由题设 $\mathrm{r}(\boldsymbol{A})=r_1$,则有可逆阵 $\boldsymbol{P},\boldsymbol{Q}$ 使

$$\boldsymbol{PAQ}=\begin{pmatrix}\boldsymbol{I}_{r_1} & \boldsymbol{O}\\ \boldsymbol{O} & \boldsymbol{O}\end{pmatrix}$$

设 $\boldsymbol{Q}^{-1}\boldsymbol{B}=\begin{pmatrix}\boldsymbol{B}_1\\ \boldsymbol{B}_2\end{pmatrix}$,其中 $\boldsymbol{B}_1\in\mathbf{R}^{r_1\times n},\boldsymbol{B}_2\in\mathbf{R}^{(n-r_1)\times n}$.

因 $\mathrm{r}(\boldsymbol{AB})=\mathrm{r}(\boldsymbol{PAQQ}^{-1}\boldsymbol{B})$,而

$$\boldsymbol{PAQQ}^{-1}\boldsymbol{B}=\begin{pmatrix}\boldsymbol{I}_{r_1} & \boldsymbol{O}\\ \boldsymbol{O} & \boldsymbol{O}\end{pmatrix}\begin{pmatrix}\boldsymbol{B}_1\\ \boldsymbol{B}_2\end{pmatrix}=\begin{pmatrix}\boldsymbol{B}_1\\ \boldsymbol{O}\end{pmatrix}$$

设 $\mathrm{r}(\boldsymbol{AB})=r$,则 $\mathrm{r}\begin{pmatrix}\boldsymbol{B}_1\\ \boldsymbol{O}\end{pmatrix}=r$,从而 $\mathrm{r}(\boldsymbol{B}_1)=r$.

但 $\mathrm{r}(\boldsymbol{Q}^{-1}\boldsymbol{B})=\mathrm{r}(\boldsymbol{B})=r_2$,故 $\boldsymbol{B}_2$ 中线性无关的行数为 r_2-r,而 $\boldsymbol{B}$ 的行数为 $n-r_1$,则 $r_2-r\leqslant n-r_1$,故

$$r\geqslant r_1+r_2-n$$

注 前文曾指出:矩阵的秩的不等式

$$\min\{\mathrm{r}(\boldsymbol{A}),\mathrm{r}(\boldsymbol{B})\}\geqslant\mathrm{r}(\boldsymbol{AB})\geqslant\mathrm{r}(\boldsymbol{A})+\mathrm{r}(\boldsymbol{B})-n$$

称为西尔维斯特不等式.

例 5 $\boldsymbol{A},\boldsymbol{B}$ 为 n 阶方阵,且 $\mathrm{r}(\boldsymbol{A})=s,\mathrm{r}(\boldsymbol{B})=t$,又 $\boldsymbol{AB}=\boldsymbol{O}$,则 $s+t\leqslant n$.(吉林工业大学,1981;中国人民解放军测绘学院、西北工业大学、西安冶金建筑学校、成都地质学院,1984)

证 1 可由上面例 4 直接获证,注意到 $\mathrm{r}(\boldsymbol{O})=0$.

证 2 今设 $\boldsymbol{B}=(\boldsymbol{b}_1,\boldsymbol{b}_2,\cdots,\boldsymbol{b}_n)$,其中 $\boldsymbol{b}_i=(b_{1i},b_{2i},\cdots,b_{ni})^{\mathrm{T}},i=1,2,\cdots,n$.

显然 $\boldsymbol{b}_i$ 均为齐次方程组 $\boldsymbol{Ax}=\boldsymbol{0}$ 的解.

又 $\mathrm{r}(\boldsymbol{A})=s$,故齐次方程组 $\boldsymbol{Ax}=\boldsymbol{0}$ 的基础解系含有 $n-s$ 个向量.

而 $\mathrm{r}(\boldsymbol{B})=t$,即 $\{\boldsymbol{b}_1,\boldsymbol{b}_2,\cdots,\boldsymbol{b}_n\}$ 的秩为 t,故 $t\leqslant n-s$. 因此 $s+t\leqslant n$.

注 关于矩阵的秩的问题,又常常化为线性方程组解的问题去考虑,这有时也是方便的.

又本例实际上是上例的特例情形. 但此例用处很大,比如讨论 $\boldsymbol{A}$ 的伴随矩阵 $\boldsymbol{A}^*$ 的秩时,就是用此结论得到的($\boldsymbol{A}\in\mathbf{R}^{n\times n}$)

$$\mathrm{r}(\boldsymbol{A}^*)=\begin{cases}n, & \mathrm{r}(\boldsymbol{A})=n\text{ 时}\\ 1, & \mathrm{r}(\boldsymbol{A})=n-1\text{ 时}\\ 0, & \mathrm{r}(\boldsymbol{A})<n-1\text{ 时}\end{cases}$$

下面的问题我们前文已有述及,这里再次给出,且给出另一种证法,一是为了内容的完整,同时说明它的典型与重要.

例 6 若 $\boldsymbol{A}\in\mathbf{R}^{m\times n},\boldsymbol{B}\in\mathbf{R}^{n\times s},\boldsymbol{C}\in\mathbf{R}^{s\times t}$,求证 $\mathrm{r}(\boldsymbol{ABC})\geqslant\mathrm{r}(\boldsymbol{AB})+\mathrm{r}(\boldsymbol{BC})-\mathrm{r}(\boldsymbol{B})$.(厦门大学,1983)

证 前文已述此例,这里再给出一种解法. 注意到下面分块矩阵乘法

$$\begin{pmatrix}\boldsymbol{I} & -\boldsymbol{A}\\ \boldsymbol{O} & \boldsymbol{I}\end{pmatrix}\begin{pmatrix}\boldsymbol{AB} & \boldsymbol{O}\\ \boldsymbol{B} & \boldsymbol{BC}\end{pmatrix}\begin{pmatrix}\boldsymbol{I} & -\boldsymbol{C}\\ \boldsymbol{O} & \boldsymbol{I}\end{pmatrix}=\begin{pmatrix}\boldsymbol{O} & -\boldsymbol{ABC}\\ \boldsymbol{B} & \boldsymbol{O}\end{pmatrix}$$

故由分块矩阵的秩的性质及上面的等式有

$$\mathrm{r}(\boldsymbol{AB})+\mathrm{r}(\boldsymbol{BC})=\mathrm{r}\begin{pmatrix}\boldsymbol{AB} & \boldsymbol{O}\\ \boldsymbol{O} & \boldsymbol{BC}\end{pmatrix}\leqslant\mathrm{r}\begin{pmatrix}\boldsymbol{AB} & \boldsymbol{O}\\ \boldsymbol{B} & \boldsymbol{BC}\end{pmatrix}$$

及

$$\mathrm{r}\begin{pmatrix}\boldsymbol{AB} & \boldsymbol{O}\\ \boldsymbol{B} & \boldsymbol{BC}\end{pmatrix}=\mathrm{r}\begin{pmatrix}\boldsymbol{O} & -\boldsymbol{ABC}\\ \boldsymbol{B} & \boldsymbol{O}\end{pmatrix}=\mathrm{r}(\boldsymbol{ABC})+\mathrm{r}(\boldsymbol{B})$$

从而

$$\mathrm{r}(\boldsymbol{AB})+\mathrm{r}(\boldsymbol{BC})-\mathrm{r}(\boldsymbol{B})\leqslant\mathrm{r}(\boldsymbol{ABC})$$

例7 若 $\boldsymbol{A}$ 为 $m\times n$ 实矩阵，$\boldsymbol{B}$ 为 $n\times 1$ 实矩阵，试证：(1)$\boldsymbol{AB}=\boldsymbol{O}$ 与 $\boldsymbol{A}^{\mathrm{T}}\boldsymbol{AB}=\boldsymbol{O}$ 等价；(2)$\boldsymbol{A}^{\mathrm{T}}\boldsymbol{A}$ 与 $\boldsymbol{A}$ 同秩.（北方交通大学，1983）

证 (1)由设 $\boldsymbol{AB}=\boldsymbol{O}$，两边左乘 $\boldsymbol{A}^{\mathrm{T}}$，有 $\boldsymbol{A}^{\mathrm{T}}\boldsymbol{AB}=\boldsymbol{O}$；

反之，若 $\boldsymbol{A}^{\mathrm{T}}\boldsymbol{AB}=\boldsymbol{O}$，由 $[\boldsymbol{A}^{\mathrm{T}}(\boldsymbol{AB})]^{\mathrm{T}}=\boldsymbol{O}^{\mathrm{T}}$，即 $(\boldsymbol{AB})^{\mathrm{T}}\boldsymbol{A}=\boldsymbol{O}$，这样可有 $(\boldsymbol{AB})^{\mathrm{T}}\boldsymbol{AB}=\boldsymbol{O}$，即向量 $\boldsymbol{AB}$ 自身内积为0，从而 $\boldsymbol{AB}=\boldsymbol{O}$. 综上

$$\boldsymbol{AB}=\boldsymbol{O}\Longleftrightarrow\boldsymbol{A}^{\mathrm{T}}\boldsymbol{AB}=\boldsymbol{O}$$

(2)由 $\boldsymbol{AB}=\boldsymbol{O}\Longleftrightarrow\boldsymbol{A}^{\mathrm{T}}\boldsymbol{AB}=\boldsymbol{O}$，可有 $\boldsymbol{AX}=\boldsymbol{O}\Longleftrightarrow\boldsymbol{A}^{\mathrm{T}}\boldsymbol{AX}=\boldsymbol{O}$，故 $\boldsymbol{A}$ 与 $\boldsymbol{A}^{\mathrm{T}}\boldsymbol{A}$ 同秩（详证见前文中的例）.

注 例的问题(2)曾为厦门大学1981年试题：

问题：若 $\boldsymbol{A}\in\mathbf{R}^{n\times n}$，则秩 $\mathrm{r}(\boldsymbol{A})=\mathrm{r}(\boldsymbol{AA}^{\mathrm{T}})$.（厦门大学，1981）

另证：若 $\boldsymbol{x}\in\mathbf{R}^n$，则 $\boldsymbol{A}^{\mathrm{T}}\boldsymbol{Ax}=\mathbf{0}\Longleftrightarrow\boldsymbol{Ax}=\mathbf{0}$.

事实上，充分性显然，即若 $\boldsymbol{Ax}=\mathbf{0}$，必有 $\boldsymbol{A}^{\mathrm{T}}\boldsymbol{Ax}=\mathbf{0}$.

今证必要性. 若 $\boldsymbol{A}^{\mathrm{T}}\boldsymbol{Ax}=\mathbf{0}$，两边左乘 $\boldsymbol{x}^{\mathrm{T}}$，有 $\boldsymbol{x}^{\mathrm{T}}\boldsymbol{A}^{\mathrm{T}}\boldsymbol{Ax}=\mathbf{0}$，即 $(\boldsymbol{Ax})^{\mathrm{T}}\boldsymbol{Ax}=\mathbf{0}$. 从而 $\boldsymbol{Ax}=\mathbf{0}$.

由上知方程组 $\boldsymbol{A}^{\mathrm{T}}\boldsymbol{Ax}=\mathbf{0}$ 与 $\boldsymbol{Ax}=\mathbf{0}$ 同解. 故 $\mathrm{r}(\boldsymbol{A}^{\mathrm{T}}\boldsymbol{A})=\mathrm{r}(\boldsymbol{A})$.

注意到 $\mathrm{r}(\boldsymbol{A}^{\mathrm{T}})=\mathrm{r}(\boldsymbol{A})$，从而

$$\mathrm{r}(\boldsymbol{A})=\mathrm{r}(\boldsymbol{A}^{\mathrm{T}})=\mathrm{r}[(\boldsymbol{A}^{\mathrm{T}})^{\mathrm{T}}\boldsymbol{A}^{\mathrm{T}}]=\mathrm{r}(\boldsymbol{AA}^{\mathrm{T}})$$

类似地，我们还可有下面的结论：

例8 已知 $\boldsymbol{A},\boldsymbol{B}\in\mathbf{R}^{n\times n}$，且 $\boldsymbol{AB}=\boldsymbol{O}$. 若 $\boldsymbol{A}$ 给定，则必存在满足题设的矩阵 $\boldsymbol{B}$ 使 $\mathrm{r}(\boldsymbol{A})+\mathrm{r}(\boldsymbol{B})=k$，其中 k 满足 $\mathrm{r}(\boldsymbol{A})\leqslant k\leqslant n$.（云南大学，1984）

证 设 $\mathrm{r}(\boldsymbol{A})=r$，则存在 $\boldsymbol{P},\boldsymbol{Q}$（非奇异）使

$$\boldsymbol{PAQ}=\begin{pmatrix}\boldsymbol{I}_r & \\ & \boldsymbol{O}\end{pmatrix}\Rightarrow\boldsymbol{A}=\boldsymbol{P}^{-1}\begin{pmatrix}\boldsymbol{I}_r & \\ & \boldsymbol{O}\end{pmatrix}\boldsymbol{Q}^{-1}$$

对于 $r\leqslant k\leqslant n$ 的 k，我们可令 $\boldsymbol{B}=\boldsymbol{Q}\begin{bmatrix}\boldsymbol{O} & & \\ & \boldsymbol{I}_{k-r} & \\ & & \boldsymbol{O}\end{bmatrix}\boldsymbol{P}$，显然 $\mathrm{r}(\boldsymbol{B})=k-r$. 此时

$$\boldsymbol{AB}=\boldsymbol{P}^{-1}\begin{pmatrix}\boldsymbol{I}_r & \\ & \boldsymbol{O}\end{pmatrix}\boldsymbol{Q}^{-1}\boldsymbol{Q}\begin{bmatrix}\boldsymbol{O} & & \\ & \boldsymbol{I}_{k-r} & \\ & & \boldsymbol{O}\end{bmatrix}\boldsymbol{P}=\boldsymbol{P}^{-1}\begin{pmatrix}\boldsymbol{I}_r & \\ & \boldsymbol{O}\end{pmatrix}\begin{bmatrix}\boldsymbol{O} & & \\ & \boldsymbol{I}_{k-r} & \\ & & \boldsymbol{O}\end{bmatrix}\boldsymbol{P}=\boldsymbol{O}$$

同时

$$\mathrm{r}(\boldsymbol{A})+\mathrm{r}(\boldsymbol{B})=r+(k-r)=k$$

注 利用前面例5的结论我们可以证明：

(1)若 $\boldsymbol{A}\in\mathbf{R}^{n\times n}$，且 $\boldsymbol{A}^2=\boldsymbol{A}$，则 $\mathrm{r}(\boldsymbol{A})+\mathrm{r}(\boldsymbol{I}-\boldsymbol{A})=n$.

略证：一方面，由 $\boldsymbol{A}^2=\boldsymbol{A}$，有 $\boldsymbol{A}(\boldsymbol{I}-\boldsymbol{A})=\boldsymbol{O}$，则 $\mathrm{r}(\boldsymbol{A})+\mathrm{r}(\boldsymbol{I}-\boldsymbol{A})\leqslant n$.

另一方面，$n=\mathrm{r}(\boldsymbol{I})=\mathrm{r}[(\boldsymbol{I}-\boldsymbol{A})+\boldsymbol{A}]\leqslant\mathrm{r}(\boldsymbol{I}-\boldsymbol{A})+\mathrm{r}(\boldsymbol{A})$.

这只需注意到 $\mathrm{r}(\boldsymbol{A})+\mathrm{r}(\boldsymbol{B})\geqslant\mathrm{r}\begin{pmatrix}\boldsymbol{A}\\ \boldsymbol{B}\end{pmatrix}\geqslant\mathrm{r}\begin{pmatrix}\boldsymbol{A}+\boldsymbol{B}\\ \boldsymbol{B}\end{pmatrix}\geqslant\mathrm{r}(\boldsymbol{A}+\boldsymbol{B})$ 即可.

综上，$\mathrm{r}(\boldsymbol{A})+\mathrm{r}(\boldsymbol{I}-\boldsymbol{A})=n$.

另外，我们知道 $\mathrm{r}(\boldsymbol{AB})\leqslant\min\{\mathrm{r}(\boldsymbol{A}),\mathrm{r}(\boldsymbol{B})\}$，其实还有结论：

(2)试证 $r(\boldsymbol{AB})\geqslant r(\boldsymbol{A})+r(\boldsymbol{B})-n$,这里 $\boldsymbol{A},\boldsymbol{B}\in\mathbf{R}^{n\times n}$.

略证:设 $r(\boldsymbol{A})=r_1$,$r(\boldsymbol{B})=r_2$,$r(\boldsymbol{AB})=r$.

有可逆阵 $\boldsymbol{P},\boldsymbol{Q}$ 使 $\boldsymbol{PAQ}=\begin{pmatrix}\boldsymbol{I}_{r_1} & \\ & \boldsymbol{O}\end{pmatrix}$,令 $\boldsymbol{Q}^{-1}\boldsymbol{B}=\begin{pmatrix}\boldsymbol{B}_1\\ \boldsymbol{B}_2\end{pmatrix}$,则

$$r=r(\boldsymbol{AB})=r(\boldsymbol{PAQQ}^{-1}\boldsymbol{B})$$

而

$$\boldsymbol{PAQQ}^{-1}\boldsymbol{B}=\begin{pmatrix}\boldsymbol{I}_{r_1} & \\ & \boldsymbol{O}\end{pmatrix}\begin{pmatrix}\boldsymbol{B}_1\\ \boldsymbol{B}_2\end{pmatrix}=\begin{pmatrix}\boldsymbol{B}_1\\ \boldsymbol{O}\end{pmatrix}$$

又由

$$r_2=r(\boldsymbol{Q}^{-1}\boldsymbol{B})=r\begin{pmatrix}\boldsymbol{B}_1\\ \boldsymbol{B}_2\end{pmatrix}\leqslant r(\boldsymbol{B}_1)+r(\boldsymbol{B}_2)\leqslant r+(n-r_1)$$

故

$$r\geqslant r_1+r_2-n$$

由以上结论我们可以证明例的推广命题:

(3) 若矩阵 $\boldsymbol{A}_i\in\mathbf{R}^{n\times n}(i=1,2,\cdots,p)$,且 $\prod\limits_{i=1}^{p}\boldsymbol{A}_i=\boldsymbol{O}$,则秩和 $\sum\limits_{i=1}^{p}r(\boldsymbol{A}_i)\leqslant n(p-1)$.(清华大学,1985)

略证:由

$$\begin{aligned}r(\boldsymbol{A}_1\boldsymbol{A}_2\cdots\boldsymbol{A}_p)&\geqslant r(\boldsymbol{A}_1)+r(\boldsymbol{A}_1\boldsymbol{A}_2\cdots\boldsymbol{A}_p)-n\\&\geqslant r(\boldsymbol{A}_1)+r(\boldsymbol{A}_2)+r(\boldsymbol{A}_1\boldsymbol{A}_2\cdots\boldsymbol{A}_p)-2n\\&\ \ \vdots\\&\geqslant r(\boldsymbol{A}_1)+r(\boldsymbol{A}_2)+\cdots+r(\boldsymbol{A}_p)-(p-1)n\end{aligned}$$

又 $r(\boldsymbol{A}_1\boldsymbol{A}_2\cdots\boldsymbol{A}_p)=0$. 故 $\sum\limits_{i=1}^{p}r(\boldsymbol{A}_i)\leqslant n(p-1)$.

此外,对于矩阵乘积的秩我们还有下面的命题(证明见前文):

命题 1:若 $\boldsymbol{A},\boldsymbol{B},\boldsymbol{C}\in\mathbf{R}^{n\times n}$,则 $r(\boldsymbol{ABC})\geqslant r(\boldsymbol{AB})+r(\boldsymbol{BC})-r(\boldsymbol{B})$.(厦门大学,1983;中国科技大学,1985)

命题 2:若 $\boldsymbol{A}\in\mathbf{R}^{n\times n}$,则 $r(\boldsymbol{A}^3)+r(\boldsymbol{A})\geqslant 2r(\boldsymbol{A}^2)$.(吉林大学,1985)

显然,后一命题是前一命题的特殊情形.

例 9 若 $\boldsymbol{A}^m=\boldsymbol{O},\boldsymbol{B}^n=\boldsymbol{O}$,即它们是幂零阵,且 $\boldsymbol{AB}=\boldsymbol{BA}$. 试证:$\boldsymbol{AB}$ 和 $\boldsymbol{A}+\boldsymbol{B}$ 也是幂零阵.(南开大学,1982)

证 由设 $\boldsymbol{AB}=\boldsymbol{BA}$,则有 $(\boldsymbol{AB})^{mn}=\boldsymbol{A}^{mn}\boldsymbol{B}^{mn}=(\boldsymbol{A}^m)^n(\boldsymbol{B}^n)^m=\boldsymbol{O}$. 又

$$(\boldsymbol{A}+\boldsymbol{B})^{mn}=\boldsymbol{A}^{mn}+C_{mn}^1\boldsymbol{A}^{mn-1}\boldsymbol{B}+C_{mn}^2\boldsymbol{A}^{mn-2}\boldsymbol{B}^2+\cdots+\boldsymbol{B}^{mn}$$

以上各项中或 $\boldsymbol{A}$ 的指数大于 m,或 $\boldsymbol{B}$ 的指数大于 n,即每一项皆为零矩阵,从而

$$(\boldsymbol{A}+\boldsymbol{B})^{mn}=\boldsymbol{O}$$

例 10 设 $\boldsymbol{A}$ 是秩为 r 的 $m\times r$ 矩阵$(m>r)$,$\boldsymbol{B}$ 是 $r\times s$ 矩阵. 证明:

(1)存在非奇异矩阵 $\boldsymbol{P}$,使 $\boldsymbol{PA}$ 的后 $m-r$ 行全为 0;

(2)$r(\boldsymbol{AB})=r(\boldsymbol{B})$,这里 $r(\boldsymbol{AB})$ 表示矩阵 $\boldsymbol{AB}$ 的秩.(武汉水运工程学院,1985)

证 (1)用 $\boldsymbol{a}_j(j=1,2,\cdots,m)$ 表示 $\boldsymbol{A}$ 的行向量,即

$$\boldsymbol{A}=\begin{pmatrix}\boldsymbol{a}_1\\ \boldsymbol{a}_2\\ \vdots\\ \boldsymbol{a}_m\end{pmatrix}$$

因 $r(\boldsymbol{A})=r$,则存在足标 $i_1<i_2<\cdots<i_r$,使得 $\boldsymbol{a}_{i_1},\boldsymbol{a}_{i_2},\cdots,\boldsymbol{a}_{i_r}$ 线性无关,由此知矩阵

$$\boldsymbol{A}_{rr}=\begin{pmatrix}\boldsymbol{a}_{i_1}\\\boldsymbol{a}_{i_2}\\\vdots\\\boldsymbol{a}_{i_r}\end{pmatrix}_{m\times r}$$

非奇异(可逆或满秩).对 $\boldsymbol{A}$ 作初等行变换

$$\boldsymbol{A}\xrightarrow[i_1\text{ 行}\longleftrightarrow 1\text{ 行}]{\text{交换}}\begin{pmatrix}\boldsymbol{a}_{i_1}\\\boldsymbol{a}_2\\\vdots\\\boldsymbol{a}_1\\\vdots\\\boldsymbol{a}_m\end{pmatrix}\xrightarrow[i_2\text{ 行}\longleftrightarrow 2\text{ 行}]{\text{交换}}\cdots\xrightarrow[i_r\text{ 行}\longleftrightarrow r\text{ 行}]{\text{交换}}\begin{pmatrix}\boldsymbol{a}_{i_1}\\\vdots\\\boldsymbol{a}_{i_r}\\\boldsymbol{a}_{i_{r+1}}\\\vdots\\\boldsymbol{a}_{i_n}\end{pmatrix}$$

也就是存在 $m\times n$ 阶的非奇异矩阵(一些初等矩阵的乘积)$\boldsymbol{P}_1$,使得

$$\boldsymbol{P}_1\boldsymbol{A}=\begin{pmatrix}\boldsymbol{A}_{rr}\\\boldsymbol{A}_{m-r,r}\end{pmatrix}$$

其中

$$\boldsymbol{A}_{m-r,r}=\begin{pmatrix}\boldsymbol{a}_{i_{r+1}}\\\vdots\\\boldsymbol{a}_{i_m}\end{pmatrix}$$

由于 $\mathrm{r}(\boldsymbol{A}_{rr})=r=\mathrm{r}(\boldsymbol{A})$,所以存在数组$\{a_{k_j}\}$,使

$$\boldsymbol{a}_{i_{r+k}}=\sum_{j=1}^{r}a_{k_j}\boldsymbol{a}_{i_j}\quad(k=1,2,\cdots,m-r)$$

对 $\boldsymbol{P}_1\boldsymbol{A}$ 作初等变换

$$\boldsymbol{P}_1\boldsymbol{A}\xrightarrow[(k=1,2,\cdots,m-r)]{\text{变换 }\boldsymbol{a}_{i_{r+k}}-\sum_{j=1}^{r}a_{k_j}\boldsymbol{a}_{i_j}}\begin{pmatrix}\boldsymbol{A}_{rr}\\\boldsymbol{O}\end{pmatrix}$$

即存在 $m\times m$ 阶的非奇异矩阵(一些初等矩阵的乘积)$\boldsymbol{P}_2$,使得

$$\boldsymbol{P}_2(\boldsymbol{P}_1\boldsymbol{A})=\begin{pmatrix}\boldsymbol{A}_{rr}\\\boldsymbol{O}\end{pmatrix}$$

令 $\boldsymbol{P}=\boldsymbol{P}_2\boldsymbol{P}_1$,则 $\boldsymbol{P}$ 非奇异,并且

$$\boldsymbol{P}\boldsymbol{A}=(\boldsymbol{P}_2\boldsymbol{P}_1)\boldsymbol{A}=\boldsymbol{P}_2(\boldsymbol{P}_1\boldsymbol{A})=\begin{pmatrix}\boldsymbol{A}_{rr}\\\boldsymbol{O}\end{pmatrix}$$

(2)对于任意矩阵 $\boldsymbol{Q}$,若 $\boldsymbol{C}$ 非奇异且 $\boldsymbol{CQ}$ 有意义,则 $\mathrm{r}(\boldsymbol{CQ})=\mathrm{r}(\boldsymbol{Q})$.

事实上,首先有 $\mathrm{r}(\boldsymbol{CQ})\leqslant\mathrm{r}(\boldsymbol{Q})$.

另一方面 $\boldsymbol{Q}=\boldsymbol{C}^{-1}\cdot\boldsymbol{CQ}$,所以 $\mathrm{r}(\boldsymbol{Q})\leqslant\mathrm{r}(\boldsymbol{CQ})$.

因此 $\mathrm{r}(\boldsymbol{CQ})=\mathrm{r}(\boldsymbol{Q})$.

根据(1)我们有

$$\boldsymbol{P}(\boldsymbol{AB})=(\boldsymbol{PA})\boldsymbol{B}=\begin{pmatrix}\boldsymbol{A}_{rr}\\\boldsymbol{O}\end{pmatrix}\boldsymbol{B}=\begin{pmatrix}\boldsymbol{A}_{rr}\boldsymbol{B}\\\boldsymbol{O}\end{pmatrix}$$

由 $\boldsymbol{P},\boldsymbol{A}_{rr}$ 非奇异,故 $\mathrm{r}(\boldsymbol{AB})=\mathrm{r}\begin{pmatrix}\boldsymbol{A}_{rr}\boldsymbol{B}\\\boldsymbol{O}\end{pmatrix}=\mathrm{r}(\boldsymbol{A}_{rr}\boldsymbol{B})=\mathrm{r}(\boldsymbol{B})$.

(2)$\boldsymbol{I}-\boldsymbol{A}$ 类矩阵的秩

下面的例子均涉及矩阵 $\boldsymbol{I}-\boldsymbol{A}$ 的秩的问题,此类问题亦为近年来考研常见题型.请看下面的例子.

例 1 若 $\boldsymbol{A},\boldsymbol{B},\boldsymbol{I}\in\mathbf{R}^{n\times n}$,且 $\mathrm{r}(\boldsymbol{A}-\boldsymbol{I})=p$,$\mathrm{r}(\boldsymbol{B}-\boldsymbol{I})=q$,则 $\mathrm{r}(\boldsymbol{AB}-\boldsymbol{I})\leqslant p+q$.(吉林大学,1983)

简析 注意到将 $\boldsymbol{AB}-\boldsymbol{I}$ 变形、分解有 $\boldsymbol{AB}-\boldsymbol{I}=\boldsymbol{A}(\boldsymbol{B}-\boldsymbol{I})+(\boldsymbol{A}-\boldsymbol{I})$.

证 由以上分析及前文例的注,知

$$\begin{aligned}\mathrm{r}(\boldsymbol{AB}-\boldsymbol{I})&=\mathrm{r}[\boldsymbol{A}(\boldsymbol{B}-\boldsymbol{I})+(\boldsymbol{A}-\boldsymbol{I})]\leqslant\mathrm{r}[\boldsymbol{A}(\boldsymbol{B}-\boldsymbol{I})]+\mathrm{r}(\boldsymbol{A}-\boldsymbol{I})\\&\leqslant\mathrm{r}(\boldsymbol{B}-\boldsymbol{I})+\mathrm{r}(\boldsymbol{A}-\boldsymbol{I})=p+q\end{aligned}$$

注 正如初等数学变换中常使用加减一项技巧一样,线性代数中此技巧亦常用,不过这里的对象是向量和矩阵,这里的目的是凑出 $\boldsymbol{A}-\boldsymbol{I}$,$\boldsymbol{B}-\boldsymbol{I}$ 的项来.

例 2 设 $\boldsymbol{A},\boldsymbol{B}$ 为两个 n 阶矩阵,又它们满足关系式 $\boldsymbol{ABA}=\boldsymbol{B}^{-1}$.试证:矩阵秩等式 $\mathrm{r}(\boldsymbol{I}-\boldsymbol{AB})+\mathrm{r}(\boldsymbol{I}+\boldsymbol{AB})=n$.(西北工业大学,1984)

证 1 由题设 $\boldsymbol{ABA}=\boldsymbol{B}^{-1}$,则有 $\boldsymbol{ABAB}=\boldsymbol{I}$,即$(\boldsymbol{AB})^2=\boldsymbol{I}$.

令 $\boldsymbol{AB}=\boldsymbol{C}$,故 $\boldsymbol{C}^2=\boldsymbol{I}$.

从而只需证 $\mathrm{r}(\boldsymbol{I}-\boldsymbol{C})+\mathrm{r}(\boldsymbol{I}+\boldsymbol{C})=n$.

事实上,一方面,由前面的例的注知 $\mathrm{r}(\boldsymbol{A}+\boldsymbol{B})\leqslant\mathrm{r}(\boldsymbol{A})+\mathrm{r}(\boldsymbol{B})$,故

$$\mathrm{r}[(\boldsymbol{I}+\boldsymbol{C})+(\boldsymbol{I}-\boldsymbol{C})]=\mathrm{r}(2\boldsymbol{I})\leqslant\mathrm{r}(\boldsymbol{I}-\boldsymbol{C})+\mathrm{r}(\boldsymbol{I}+\boldsymbol{C})$$

而 $\mathrm{r}(2\boldsymbol{I})=n$,故

$$\mathrm{r}(\boldsymbol{I}-\boldsymbol{C})+\mathrm{r}(\boldsymbol{I}+\boldsymbol{C})\geqslant n \qquad ①$$

另一方面,由关于矩阵秩的西尔维斯特不等式,有

$$\mathrm{r}(\boldsymbol{C})\geqslant\mathrm{r}(\boldsymbol{A})+\mathrm{r}(\boldsymbol{B})-n$$

而 $\boldsymbol{I}-\boldsymbol{C}^2=\boldsymbol{O}$,显然有

$$0=\mathrm{r}[(\boldsymbol{I}-\boldsymbol{C})(\boldsymbol{I}+\boldsymbol{C})]\geqslant\mathrm{r}(\boldsymbol{I}-\boldsymbol{C})+\mathrm{r}(\boldsymbol{I}+\boldsymbol{C})-n$$

即

$$\mathrm{r}(\boldsymbol{I}-\boldsymbol{C})+\mathrm{r}(\boldsymbol{I}+\boldsymbol{C})\leqslant n \qquad ②$$

由式①及式②,有 $\mathrm{r}(\boldsymbol{I}-\boldsymbol{C})+\mathrm{r}(\boldsymbol{I}+\boldsymbol{C})=n$.

证 2 由题设$(\boldsymbol{I}-\boldsymbol{AB})+(\boldsymbol{I}+\boldsymbol{AB})=2\boldsymbol{I}$,知

$$\mathrm{r}(\boldsymbol{I}-\boldsymbol{AB})+\mathrm{r}(\boldsymbol{I}+\boldsymbol{AB})\geqslant\mathrm{r}(2\boldsymbol{I})=n$$

又
$$(\boldsymbol{I}-\boldsymbol{AB})(\boldsymbol{I}+\boldsymbol{AB})=\boldsymbol{I}^2-(\boldsymbol{AB})^2=\boldsymbol{I}-\boldsymbol{ABAB}=\boldsymbol{I}-\boldsymbol{B}^{-1}\boldsymbol{B}=\boldsymbol{I}-\boldsymbol{I}=\boldsymbol{O}$$

则
$$\mathrm{r}(\boldsymbol{I}-\boldsymbol{AB})+\mathrm{r}(\boldsymbol{I}+\boldsymbol{AB})\leqslant n$$

注 1 显然本例是前面问题“若 $\boldsymbol{A},\boldsymbol{B}\in\mathbf{R}^{n\times n}$,又 $\boldsymbol{AB}=\boldsymbol{O}$,则 $\mathrm{r}(\boldsymbol{A})+\mathrm{r}(\boldsymbol{B})\leqslant n$”的推广,这里换种方法再将问题略加说明.

今令 $\boldsymbol{B}=(\boldsymbol{b}_1,\boldsymbol{b}_2,\cdots,\boldsymbol{b}_n)$,则 $\boldsymbol{AB}=(\boldsymbol{Ab}_1,\boldsymbol{Ab}_2,\cdots,\boldsymbol{Ab}_n)=\boldsymbol{O}$,即 $\boldsymbol{AX}=\boldsymbol{O}$ 有 n 组解.若$\mathrm{r}(\boldsymbol{A})=r$,此即说 $\boldsymbol{b}_1,\boldsymbol{b}_2,\cdots,\boldsymbol{b}_n$ 可由其中 $n-r$ 个无关向量线性表出,即 $\mathrm{r}(\boldsymbol{B})\leqslant n-r$.从而

$$\mathrm{r}(\boldsymbol{A})+\mathrm{r}(\boldsymbol{B})\leqslant r+(n-r)=n$$

又由
$$\begin{pmatrix}\boldsymbol{I}-\boldsymbol{AB}\\\boldsymbol{I}+\boldsymbol{AB}\end{pmatrix}\xrightarrow{\text{行初等变换}}\begin{pmatrix}2\boldsymbol{I}\\\boldsymbol{I}+\boldsymbol{AB}\end{pmatrix}\longrightarrow\begin{pmatrix}\boldsymbol{I}\\\boldsymbol{I}+\boldsymbol{AB}\end{pmatrix}$$

同样可有(矩阵经初等变换不改变其秩)

$$\mathrm{r}(\boldsymbol{I}-\boldsymbol{AB})+\mathrm{r}(\boldsymbol{I}+\boldsymbol{AB})\geqslant\mathrm{r}\begin{pmatrix}\boldsymbol{I}-\boldsymbol{AB}\\\boldsymbol{I}+\boldsymbol{AB}\end{pmatrix}=\mathrm{r}\begin{pmatrix}\boldsymbol{I}\\\boldsymbol{I}+\boldsymbol{A}\end{pmatrix}\geqslant\mathrm{r}(\boldsymbol{I})=n$$

注 2 与之类似的问题还有:

(1)若 $\boldsymbol{A}\in\mathbf{R}^{n\times n}$,且 $\boldsymbol{A}^2=\boldsymbol{I}$,则 $\mathrm{r}(\boldsymbol{A}+\boldsymbol{I})+\mathrm{r}(\boldsymbol{A}-\boldsymbol{I})=n$.

略证:一方面 $\mathrm{r}(\boldsymbol{A}+\boldsymbol{I})+\mathrm{r}(\boldsymbol{A}+\boldsymbol{I})\geqslant\mathrm{r}[(\boldsymbol{A}+\boldsymbol{I})+(\boldsymbol{A}-\boldsymbol{I})]=\mathrm{r}(\boldsymbol{AB})=n$,注意到 $\boldsymbol{A}^2=\boldsymbol{I}$,知$|\boldsymbol{A}|=1$.

又$(\boldsymbol{A}+\boldsymbol{I})(\boldsymbol{A}-\boldsymbol{I})=\boldsymbol{A}^2+\boldsymbol{A}-\boldsymbol{A}-\boldsymbol{I}=\boldsymbol{O}$,从而 $\mathrm{r}(\boldsymbol{A}+\boldsymbol{I})+\mathrm{r}(\boldsymbol{A}-\boldsymbol{I})\leqslant n$.

(2)若 $\boldsymbol{A}\in\mathbf{R}^{n\times m}$,且 $\boldsymbol{A}^2=\boldsymbol{A}$,则 $\mathrm{r}(\boldsymbol{A})+\mathrm{r}(\boldsymbol{A}-\boldsymbol{I})=n$.(证明见后文)

注 3 本例可视为后面例子"若 $A\in \mathbf{R}^{s\times n}$，则 $r(I_n-A^{\mathrm{T}}A)-r(I_s-AA^{\mathrm{T}})=n-s$"命题的变形或引申.此外本例题亦可利用幂幺阵的特征值性质去证明.

注 4 关于对合阵和幂等阵间还有下面有趣的命题：

命题 1：若 A 是幂等阵，则 $2A-I$ 必是对合(幂幺)阵；

命题 2：若 B 是对合阵，则 $\frac{1}{2}(B+I)$ 必是幂等阵.

利用特征根、特征向量有时也可解某些矩阵秩的问题.请看下面的例子.

例 3 若 $S=(s_{ij})$ 为 n 阶反对称阵，试证 $I-S$ 为满秩矩阵.(同济大学，1984)

证 设 λ 是 S 的特征值，x 为相应(复的)特征向量，则 $Sx=\lambda x$，$\overline{Sx}=\overline{\lambda x}$，这里 $\bar{x}$ 表示 x 的共轭.而

$$\bar{x}^{\mathrm{T}}(Sx)=-\bar{x}^{\mathrm{T}}S^{\mathrm{T}}x=-(\bar{S}\bar{x})^{\mathrm{T}}x=-(S\bar{x})^{\mathrm{T}}x$$

即 $\lambda\bar{x}^{\mathrm{T}}x=-\bar{\lambda}\bar{x}^{\mathrm{T}}x$，因 x 非零，故 $\lambda+\bar{\lambda}=0$.

显然 S 的特征值是 0 或纯虚数.

故 $f(\lambda)|_{\lambda=1}=|\lambda I-S|_{\lambda=1}=|\lambda I-S|\neq 0$，即 $I-S$ 非奇异.

它的另外证法又见后文例的注.

例 4 若 A,B 为 n 阶矩阵，又 $I-AB$ 可逆，则 $I-BA$ 也可逆.(清华大学、中山大学，1981)

证 1 注意到下面分块矩阵乘法

$$\begin{pmatrix} I & O \\ A & I\end{pmatrix}\begin{pmatrix} I & B \\ O & I-AB\end{pmatrix}=\begin{pmatrix} I & B \\ A & I\end{pmatrix}\Rightarrow|I-AB|=\begin{vmatrix} I & B \\ A & I\end{vmatrix}=(-1)^n\begin{vmatrix} B & I \\ I & A\end{vmatrix}$$

因 $I-AB$ 可逆，故 $I-BA$ 也可逆.

证 2 由 $A(I-BA)=(I-AB)A$，又 $I-AB$ 可逆，有

$$A=(I-AB)^{-1}A(I-BA)$$

又 $$I=(I-BA)+BA=(I-BA)+B[(I-AB)^{-1}A(I-BA)]=[I+B(I-AB)^{-1}A](I-BA)$$

故 $I-BA$ 可逆，且 $(I-BA)^{-1}=I+B(I-AB)^{-1}A$.

注 证 1 看上去很巧，但这种分块矩阵不易想到，证 2 看上去较繁，但它不仅方法自然，还直接给出了 $(I-B)^{-1}$ 的表达式.

另外本题还可证如(它与矩阵特征多项式概念有关)：分两种情况讨论.

(1)若 A 可逆，则由

$$|A-AB|=|A(I-BA)A^{-1}|=|A||I-BA||A^{-1}|=|I-BA|$$

可知，若 $I-AB$ 可逆，则 $I-BA$ 也可逆.

(2)若 A 不可逆，令 $A_1=A+\lambda I$，必存在 u，使当 $\lambda>u$ 时 A_1 可逆.

这样有 $|I-A_1B|=|I-BA_1|$，即

$$|I-(A+\lambda I)B|=|I-B(A+\lambda I)|$$

令 $f_1(\lambda)=|I-(A+\lambda I)B|$，$f_2(\lambda)=|I-B(A+\lambda I)|$，这里 $f_1(\lambda)$，$f_2(\lambda)$ 都是 λ 的 n 次多项式.又 $\lambda>u$ 时，$f_1(\lambda)\equiv f_2(\lambda)$.

当 $\lambda=0$ 时，则有 $|I-AB|=|I-BA|$，也有若 $I-AB$ 可逆，则 $I-BA$ 也可逆.

此外，不难验证：由 $A(I-BA)=(I-AB)A$，有

$$A=(I-AB)^{-1}A(I-BA)$$

又 $$I=(I-BA)+BA=(I-BA)+B(I-AB)^{-1}AB(I-BA)=[I+B(I-AB)^{-1}A](I-BA)$$

故 $$(I-BA)^{-1}=I+B(I-AB)^{-1}A$$

从而 $I-BA$ 非奇异(这里直接给出 $I-BA$ 的逆阵).

又由该结论还可以证明 AB 与 BA 有相同的特征多项式.回想一下，类似的证法前文我们曾介绍过.

例 5 若 A 为 n 阶矩阵，且 $A^3=O$(它被称为幂零阵)，试证 $I-A$ 为非奇异阵.(哈尔滨工业大学，

1982)

证 由设 $\boldsymbol{A}^3=\boldsymbol{O}$,故有 $\boldsymbol{I}-\boldsymbol{A}^3=\boldsymbol{I}$.

又 $\boldsymbol{I}-\boldsymbol{A}^3=(\boldsymbol{I}-\boldsymbol{A})(\boldsymbol{I}+\boldsymbol{A}+\boldsymbol{A}^2)$,故 $(\boldsymbol{I}-\boldsymbol{A})(\boldsymbol{I}+\boldsymbol{A}+\boldsymbol{A}^2)=\boldsymbol{I}$.

即 $\boldsymbol{I}+\boldsymbol{A}+\boldsymbol{A}^2$ 为 $\boldsymbol{I}-\boldsymbol{A}$ 的逆阵,从而 $\boldsymbol{I}-\boldsymbol{A}$ 为非奇异阵(因其有逆).

注 1 这种指出矩阵的逆阵而证明矩阵非奇异的方法是构造性的,也十分巧妙.

注 2 类似的问题及推广可见:

(1)若 $\boldsymbol{A}$ 为 n 阶方阵,且其满足 $\boldsymbol{A}^2+\boldsymbol{A}+\boldsymbol{I}=\boldsymbol{O}$,则矩阵 $\boldsymbol{A}$ 非奇异,并且 $\boldsymbol{A}^{-1}=-(\boldsymbol{A}+\boldsymbol{I})$.(苏州丝绸工学院,1983)

(2)若 $\boldsymbol{A}$ 为 n 阶方阵,又 $\boldsymbol{A}^k=\boldsymbol{O}$($k$ 为正整数),试证 $(\boldsymbol{I}-\boldsymbol{A})^{-1}=\boldsymbol{I}+\boldsymbol{A}+\boldsymbol{A}^2+\cdots+\boldsymbol{A}^{k-1}$.(华东化工学院,1982)

提示:此题与例无本质差异,只是上题的推广而已,注意到由 $\boldsymbol{A}^k=\boldsymbol{O}$,有

$$\boldsymbol{I}^k-\boldsymbol{A}^k=\boldsymbol{I}$$

从而 $\boldsymbol{I}-\boldsymbol{A}^k=(\boldsymbol{I}-\boldsymbol{A})(\boldsymbol{I}+\boldsymbol{A}+\boldsymbol{A}^2+\cdots+\boldsymbol{A}^{k-1})$ 即可.

(3)若 $\boldsymbol{A}\in\mathbf{R}^{n\times n}$,且 $\boldsymbol{A}^3=2\boldsymbol{I}$. 求证矩阵 $\boldsymbol{B}=\boldsymbol{A}^2-2\boldsymbol{A}-2\boldsymbol{I}$ 满秩,并求 $\boldsymbol{B}^{-1}$.

证:由 $\boldsymbol{A}^3=2\boldsymbol{I}$,知 $|\boldsymbol{A}|\neq 0$,且

$$(\boldsymbol{A}-\boldsymbol{I})(\boldsymbol{A}^2+\boldsymbol{A}+\boldsymbol{I})=\boldsymbol{I} \qquad ①$$

又 $\boldsymbol{A}^3+8\boldsymbol{I}=10\boldsymbol{I}$,有

$$(\boldsymbol{A}+2\boldsymbol{I})(\boldsymbol{A}^2-2\boldsymbol{A}+4\boldsymbol{I})=10\boldsymbol{I} \qquad ②$$

知 $|\boldsymbol{A}+2\boldsymbol{I}|\neq 0$,易证 $(\boldsymbol{A}^2+\boldsymbol{A}+\boldsymbol{I})\boldsymbol{B}=\boldsymbol{A}(\boldsymbol{A}+2\boldsymbol{I})$.

由 $|\boldsymbol{A}|\neq 0$,$|\boldsymbol{A}+2\boldsymbol{I}|\neq 0$,知 $\boldsymbol{B}$ 非奇异(满秩),且

$$\boldsymbol{B}^{-1}=(\boldsymbol{A}+2\boldsymbol{I})^{-1}\boldsymbol{A}^{-1}(\boldsymbol{A}^2+\boldsymbol{A}+\boldsymbol{I})$$

由式①及式②,有

$$(\boldsymbol{A}^2+\boldsymbol{A}+\boldsymbol{I})^{-1}=\boldsymbol{A}-\boldsymbol{I},\quad (\boldsymbol{A}+2\boldsymbol{I})^{-1}=\frac{1}{10}(\boldsymbol{A}^2-2\boldsymbol{A}+4\boldsymbol{I})$$

又由 $\boldsymbol{A}^3=2\boldsymbol{I}$,即 $\boldsymbol{A}\cdot\frac{1}{2}\boldsymbol{A}^2=\boldsymbol{I}$,知 $\boldsymbol{A}^{-1}=\frac{1}{2}\boldsymbol{A}^2$. 故

$$\begin{aligned}\boldsymbol{B}^{-1}&=(\boldsymbol{A}+2\boldsymbol{I})^{-1}\boldsymbol{A}^{-1}(\boldsymbol{A}^2+\boldsymbol{A}+\boldsymbol{I})\\&=\frac{1}{20}(\boldsymbol{A}^2-2\boldsymbol{A}+4\boldsymbol{I})\cdot\boldsymbol{A}^2\cdot(\boldsymbol{A}^2+\boldsymbol{A}+\boldsymbol{I})=\frac{1}{10}(\boldsymbol{A}^2+3\boldsymbol{A}+4\boldsymbol{I})\end{aligned}$$

(4)若 $\boldsymbol{A}$ 是 n 阶方阵,有常数项不为 0 的多项式 $f(x)$,使 $f(\boldsymbol{A})=\boldsymbol{O}$,则 $\boldsymbol{A}$ 的特征根全不为 0.(武汉测绘学院,1982)

关于第 3 题只需注意到非奇异阵的特征值全不为 0 即可.

这里想再强调一下,矩阵的某些运算可与代数式运算类比. 只需找准对应关系.

对矩阵 $\boldsymbol{A}$ 的多项式而言,乘法是可交换的,即 $f(\boldsymbol{A})g(\boldsymbol{A})=g(\boldsymbol{A})f(\boldsymbol{A})$.

特别地,$(\boldsymbol{I}-\boldsymbol{A})(\boldsymbol{I}+\boldsymbol{A})=\boldsymbol{I}^2-\boldsymbol{A}^2=(\boldsymbol{I}+\boldsymbol{A})(\boldsymbol{I}-\boldsymbol{A})$.

(3)分块矩阵的秩

关于矩阵秩的更复杂的(指形式上)例子如下所示.

例 1 设 $\boldsymbol{A},\boldsymbol{B},\boldsymbol{C},\boldsymbol{D}$ 为 $n(n\geqslant 1)$ 阶方阵,若矩阵 $\boldsymbol{G}=\begin{pmatrix}\boldsymbol{A}&\boldsymbol{B}\\\boldsymbol{C}&\boldsymbol{D}\end{pmatrix}$. 又若 $\boldsymbol{AC}=\boldsymbol{CA}$,$\boldsymbol{AD}=\boldsymbol{CB}$,且 $\det\boldsymbol{A}\neq 0$,求证 $n\leqslant \mathrm{r}(\boldsymbol{G})<2n$.(东北工学院,1984)

证 今考虑下面的矩阵乘法

$$\begin{pmatrix}\boldsymbol{I}&\boldsymbol{O}\\-\boldsymbol{CA}^{-1}&\boldsymbol{I}\end{pmatrix}\begin{pmatrix}\boldsymbol{A}&\boldsymbol{B}\\\boldsymbol{C}&\boldsymbol{D}\end{pmatrix}=\begin{pmatrix}\boldsymbol{A}&\boldsymbol{B}\\\boldsymbol{O}&\boldsymbol{D}-\boldsymbol{CA}^{-1}\boldsymbol{B}\end{pmatrix}$$

两边取行列式有

$$\begin{vmatrix} \boldsymbol{A} & \boldsymbol{B} \\ \boldsymbol{C} & \boldsymbol{D} \end{vmatrix} = |\boldsymbol{A}||\boldsymbol{D}-\boldsymbol{CA}^{-1}\boldsymbol{B}| = |\boldsymbol{A}(\boldsymbol{D}-\boldsymbol{CA}^{-1}\boldsymbol{B})| = |\boldsymbol{AD}-\boldsymbol{CB}| = 0$$

注意到式左行列式即为$|\boldsymbol{G}|$，故 $\mathrm{r}(\boldsymbol{G})<2n$.

又在矩阵 $\boldsymbol{G}$ 中，因$|\boldsymbol{A}|\neq 0$，即至少有一个 n 阶子式不为零，故 $\mathrm{r}(\boldsymbol{G})\geqslant n$.

综上，$n\leqslant \mathrm{r}(\boldsymbol{G})<2n$.

注 由题设条件还可有下面关于分块矩阵行列式的计算公式.

命题：若 $\boldsymbol{A},\boldsymbol{B},\boldsymbol{C},\boldsymbol{D}\in \mathbf{R}^{n\times n}$，且 $\boldsymbol{AC}=\boldsymbol{CA}$，则 $\begin{vmatrix} \boldsymbol{A} & \boldsymbol{B} \\ \boldsymbol{C} & \boldsymbol{D} \end{vmatrix} = |\boldsymbol{AD}-\boldsymbol{CB}|$.

证：分两种情形考虑.

(1)若$|\boldsymbol{A}|\neq 0$，考虑到分块矩阵乘法

$$\begin{pmatrix} \boldsymbol{I} & \boldsymbol{O} \\ -\boldsymbol{CA}^{-1} & \boldsymbol{I} \end{pmatrix}\begin{pmatrix} \boldsymbol{A} & \boldsymbol{B} \\ \boldsymbol{C} & \boldsymbol{D} \end{pmatrix} = \begin{pmatrix} \boldsymbol{A} & \boldsymbol{B} \\ \boldsymbol{O} & \boldsymbol{D}-\boldsymbol{CA}^{-1}\boldsymbol{B} \end{pmatrix}$$

两边取行列式有(式左第一个矩阵行列式的值为 1)

$$\begin{vmatrix} \boldsymbol{A} & \boldsymbol{B} \\ \boldsymbol{C} & \boldsymbol{D} \end{vmatrix} = \begin{vmatrix} \boldsymbol{A} & \boldsymbol{B} \\ \boldsymbol{O} & \boldsymbol{D}-\boldsymbol{CA}^{-1}\boldsymbol{B} \end{vmatrix} = |\boldsymbol{A}(\boldsymbol{D}-\boldsymbol{CA}^{-1}\boldsymbol{B})| = |\boldsymbol{AD}-\boldsymbol{ACA}^{-1}\boldsymbol{B}|$$

$$= |\boldsymbol{AD}-\boldsymbol{CAA}^{-1}\boldsymbol{B}| = |\boldsymbol{AD}-\boldsymbol{CB}|$$

(2)若$|\boldsymbol{A}|=0$，设 $\lambda_1,\lambda_2,\cdots,\lambda_m$ 为其非零特征根. 故有 $u>0$ 使 $0<\lambda<u$，且使 $\lambda\boldsymbol{I}+\boldsymbol{A}$ 均非奇异(可逆).

由

$$(\lambda\boldsymbol{I}+\boldsymbol{A})\boldsymbol{C}=\boldsymbol{C}(\lambda\boldsymbol{I}+\boldsymbol{A})$$

再由上面的等式有(注意 $\lambda\boldsymbol{I}+\boldsymbol{A}$ 非奇异)

$$\begin{vmatrix} \lambda\boldsymbol{I}+\boldsymbol{A} & \boldsymbol{B} \\ \boldsymbol{C} & \boldsymbol{D} \end{vmatrix} = |(\lambda\boldsymbol{I}+\boldsymbol{A})\boldsymbol{D}-\boldsymbol{CB}|$$

上式两边皆为 λ 的 n 次多项式，由于它的根多于 n 个，故上式为恒等式.

特别地，当 $\lambda=0$ 时，有

$$\begin{vmatrix} \boldsymbol{A} & \boldsymbol{B} \\ \boldsymbol{C} & \boldsymbol{D} \end{vmatrix} = |\boldsymbol{AD}-\boldsymbol{CB}|$$

下面的问题需用分块矩阵来解.

例 2 若 $\boldsymbol{A}\in \mathbf{R}^{s\times n}$，求证 $\mathrm{r}(\boldsymbol{I}_n-\boldsymbol{A}^{\mathrm{T}}\boldsymbol{A})-\mathrm{r}(\boldsymbol{I}_s-\boldsymbol{AA}^{\mathrm{T}})=n-s$.

证 1 考虑 $\boldsymbol{B}=\begin{pmatrix} \boldsymbol{I}_s & \boldsymbol{A} \\ \boldsymbol{A}^{\mathrm{T}} & \boldsymbol{I}_n \end{pmatrix}$，注意到 $\boldsymbol{B}$ 经不同的列的初等变换，可分别化为

$$\boldsymbol{B}\xrightarrow{\text{列初等变换}}\begin{pmatrix} \boldsymbol{I}_s-\boldsymbol{AA}^{\mathrm{T}} & \boldsymbol{A} \\ \boldsymbol{O} & \boldsymbol{I}_n \end{pmatrix} \qquad ①$$

$$\boldsymbol{B}\xrightarrow{\text{列初等变换}}\begin{pmatrix} \boldsymbol{I}_s & \boldsymbol{O} \\ \boldsymbol{A}^{\mathrm{T}} & \boldsymbol{I}_n-\boldsymbol{A}^{\mathrm{T}}\boldsymbol{A} \end{pmatrix} \qquad ②$$

由式①知 $\mathrm{r}(\boldsymbol{B})=\mathrm{r}(\boldsymbol{I}_s-\boldsymbol{AA}^{\mathrm{T}})+\mathrm{r}(\boldsymbol{I}_n)$.

由式②知 $\mathrm{r}(\boldsymbol{B})=\mathrm{r}(\boldsymbol{I}_s)+\mathrm{r}(\boldsymbol{I}_n-\boldsymbol{A}^{\mathrm{T}}\boldsymbol{A})$.

由以上两式知 $\mathrm{r}(\boldsymbol{I}_n-\boldsymbol{A}^{\mathrm{T}}\boldsymbol{A})-\mathrm{r}(\boldsymbol{I}_s-\boldsymbol{AA}^{\mathrm{T}})=n-s$.

上面的解法系由矩阵初等变换来完成的，下面考虑用另外的办法——矩阵乘法构造对角阵，其实它是矩阵经过初等变换时的另一种表达方式而已. 此法看上去技巧性较强，问题的关键是找出这些矩阵等式，而发现它们也许并不困难(请与上面证法做个比较，注意这里是广义的初等矩阵).

证 2 今考虑下面的矩阵运算关系式

$$\begin{pmatrix} \boldsymbol{I}_s & -\boldsymbol{A} \\ \boldsymbol{O} & \boldsymbol{I}_n \end{pmatrix}\begin{pmatrix} \boldsymbol{I}_s & \boldsymbol{A} \\ \boldsymbol{A}^{\mathrm{T}} & \boldsymbol{I}_n \end{pmatrix}\begin{pmatrix} \boldsymbol{I}_s & \boldsymbol{O} \\ -\boldsymbol{A}^{\mathrm{T}} & \boldsymbol{I}_n \end{pmatrix}=\begin{pmatrix} \boldsymbol{I}_s-\boldsymbol{A}\boldsymbol{A}^{\mathrm{T}} & \boldsymbol{O} \\ \boldsymbol{O} & \boldsymbol{I}_n \end{pmatrix}$$

则
$$\mathrm{r}\begin{pmatrix} \boldsymbol{I}_s & \boldsymbol{A} \\ \boldsymbol{A}^{\mathrm{T}} & \boldsymbol{I}_n \end{pmatrix}=\mathrm{r}(\boldsymbol{I}_s-\boldsymbol{A}\boldsymbol{A}^{\mathrm{T}})+\mathrm{r}(\boldsymbol{I}_n)=\mathrm{r}(\boldsymbol{I}_s-\boldsymbol{A}\boldsymbol{A}^{\mathrm{T}})+n$$

又
$$\begin{pmatrix} \boldsymbol{I}_s & \boldsymbol{O} \\ -\boldsymbol{A}^{\mathrm{T}} & \boldsymbol{I}_n \end{pmatrix}\begin{pmatrix} \boldsymbol{I}_s & \boldsymbol{A} \\ \boldsymbol{A}^{\mathrm{T}} & \boldsymbol{I}_n \end{pmatrix}\begin{pmatrix} \boldsymbol{I}_s & -\boldsymbol{A} \\ \boldsymbol{O} & \boldsymbol{I}_n \end{pmatrix}=\begin{pmatrix} \boldsymbol{I}_s & \boldsymbol{O} \\ \boldsymbol{O} & \boldsymbol{I}_n-\boldsymbol{A}^{\mathrm{T}}\boldsymbol{A} \end{pmatrix}$$

故
$$\mathrm{r}\begin{pmatrix} \boldsymbol{I}_s & \boldsymbol{A} \\ \boldsymbol{A}^{\mathrm{T}} & \boldsymbol{I}_n \end{pmatrix}=\mathrm{r}(\boldsymbol{I}_s)+\mathrm{r}(\boldsymbol{I}_n-\boldsymbol{A}^{\mathrm{T}}\boldsymbol{A})=s+\mathrm{r}(\boldsymbol{I}_n-\boldsymbol{A}^{\mathrm{T}}\boldsymbol{A})$$

综上
$$\mathrm{r}(\boldsymbol{I}_n-\boldsymbol{A}^{\mathrm{T}}\boldsymbol{A})+\mathrm{r}(\boldsymbol{I}_s-\boldsymbol{A}\boldsymbol{A}^{\mathrm{T}})=n-s$$

注 以上分块矩阵使用的技巧有时较难想到，只有多看、多想、多分析、多总结方可得知式中的奥妙.此类例子(将某些问题转化为分块矩阵乘法处理)我们后文还会遇到，这是矩阵代数的重要技巧之一.其实在行列式一章中我们已经遇到过这类例子.

(4)矩阵的秩问题杂例

例 1 若$\boldsymbol{A}\in\mathbf{R}^{n\times n}$，则必存在正整数$m$，使$\mathrm{r}(\boldsymbol{A}^m)=\mathrm{r}(\boldsymbol{A}^{m+1})$.(吉林大学，1985)

简析 关于矩阵方幂的秩问题，前文已有不少结论.这里是一则初等数学技巧类比到线性代数中的试题，注意到$\mathrm{r}(\boldsymbol{AB})\leqslant\mathrm{r}(\boldsymbol{A})$的事实.

证 由矩阵乘积的秩的性质，有

$$\mathrm{r}(\boldsymbol{A})\geqslant\mathrm{r}(\boldsymbol{A}^2)\geqslant\mathrm{r}(\boldsymbol{A}^3)\geqslant\cdots\geqslant\mathrm{r}(\boldsymbol{A}^k)\geqslant\cdots$$

由于$\mathrm{r}(\boldsymbol{A})$有限，上面的不等式经有限步之后必将相等，即存在$m$，使

$$\mathrm{r}(\boldsymbol{A}^m)=\mathrm{r}(\boldsymbol{A}^{m+1})$$

注 这是一则使用“抽屉原理”进行证明的命题.

下面的例子又与分块矩阵有关：

例 2 若非奇异阵$\boldsymbol{A}\in\mathbf{R}^{n\times n}$，且$\boldsymbol{A}^{\mathrm{T}}=-\boldsymbol{A}$(反对称)，$\boldsymbol{b}\in\mathbf{R}^n$，又$\boldsymbol{B}=\begin{pmatrix} \boldsymbol{A} & \boldsymbol{b} \\ \boldsymbol{b}^{\mathrm{T}} & 0 \end{pmatrix}$，证明$\mathrm{r}(\boldsymbol{B})=n$.(吉林工业大学、浙江大学，1981)

简析 由奇数阶反对称阵的行列式为0，而$\boldsymbol{A}$可逆，知$\boldsymbol{A}$的阶必为偶数.

证 1 由$\mathrm{r}(\boldsymbol{B})\geqslant\mathrm{r}(\boldsymbol{A})=n$，又$n$为偶数，知$\boldsymbol{B}$的阶为奇数.

令$\boldsymbol{C}=\begin{pmatrix} \boldsymbol{A} & -\boldsymbol{b} \\ \boldsymbol{b}^{\mathrm{T}} & 0 \end{pmatrix}$，显然$\boldsymbol{C}^{\mathrm{T}}=-\boldsymbol{C}$，且$|\boldsymbol{C}|=0$(奇数阶).但

$$|\boldsymbol{B}|=|\boldsymbol{B}^{\mathrm{T}}|=\begin{vmatrix} \boldsymbol{A}^{\mathrm{T}} & \boldsymbol{b} \\ \boldsymbol{b}^{\mathrm{T}} & 0 \end{vmatrix}=\begin{vmatrix} -\boldsymbol{A} & \boldsymbol{b} \\ \boldsymbol{b}^{\mathrm{T}} & 0 \end{vmatrix}=\begin{vmatrix} \boldsymbol{A} & -\boldsymbol{b} \\ \boldsymbol{b}^{\mathrm{T}} & 0 \end{vmatrix}=|\boldsymbol{C}|=0$$

且$|\boldsymbol{A}|\neq0$，故$\mathrm{r}(\boldsymbol{B})=n$.

证 2 由证1及$\mathrm{r}(\boldsymbol{B})\geqslant\mathrm{r}(\boldsymbol{A})$，有

$$|\boldsymbol{B}|=\begin{vmatrix} \boldsymbol{A} & \boldsymbol{b} \\ \boldsymbol{b}^{\mathrm{T}} & 0 \end{vmatrix}=\begin{vmatrix} \boldsymbol{A} & -\boldsymbol{b} \\ \boldsymbol{b}^{\mathrm{T}} & 0 \end{vmatrix}+\begin{vmatrix} \boldsymbol{A} & 2\boldsymbol{b} \\ \boldsymbol{b}^{\mathrm{T}} & 0 \end{vmatrix}+\begin{vmatrix} \boldsymbol{A} & \boldsymbol{0} \\ \boldsymbol{b}^{\mathrm{T}} & 0 \end{vmatrix}=0$$

又$\mathrm{r}(\boldsymbol{A})=n$，从而$\mathrm{r}(\boldsymbol{B})=n$.

证 3 因为奇数阶反对称矩阵的行列式为0，若$\boldsymbol{C}$为奇数m阶反对称阵，由$|\boldsymbol{C}^{\mathrm{T}}|=|\boldsymbol{C}|$，又$\boldsymbol{C}^{\mathrm{T}}=-\boldsymbol{C}$，故

$$|\boldsymbol{C}|=|-\boldsymbol{C}|=(-1)^m|\boldsymbol{C}|=-|\boldsymbol{C}|\quad(m\text{是奇数})$$

即$|\boldsymbol{C}|=-|\boldsymbol{C}|$，故$|\boldsymbol{C}|=0$.

而 $\boldsymbol{A}$ 系非奇异即可逆的反对称阵，故 $\boldsymbol{A}$ 的阶 n 为偶数.

令 $\widetilde{\boldsymbol{B}}=\begin{pmatrix}\boldsymbol{A} & \boldsymbol{b}\\ -\boldsymbol{b}^{\mathrm{T}} & 0\end{pmatrix}$，则 $\widetilde{\boldsymbol{B}}$ 为反对称 $n+1$ 阶矩阵，由 n 是偶数，故 $n+1$ 为奇数，从而 $|\widetilde{\boldsymbol{B}}|=0$.

而 $|\boldsymbol{B}|=-|\widetilde{\boldsymbol{B}}|=0$，且 $\boldsymbol{B}$ 的子阵 $\boldsymbol{A}$ 的行列式不为 0. 从而 $\mathrm{r}(\boldsymbol{B})=n$.

注 构造辅助矩阵 $\boldsymbol{C}$ 是一个重要技巧(这里构造的是反对称阵)，类似的方法前文多处有述. 又本命题亦可用后面例的结论去考虑

$$\det\begin{pmatrix}\boldsymbol{A} & \boldsymbol{B}\\ \boldsymbol{C} & \boldsymbol{D}\end{pmatrix}=\det(\boldsymbol{D}-\boldsymbol{B}\boldsymbol{A}^{-1}\boldsymbol{C})\det\boldsymbol{A}$$

注意到 $\boldsymbol{b}^{\mathrm{T}}\boldsymbol{A}\boldsymbol{b}=0$($\boldsymbol{A}$ 是反对称阵)，故题中矩阵 $\boldsymbol{B}$ 的行列式为 0.

此外我们还可有：

命题 1：若 $\boldsymbol{A}^{\mathrm{T}}=-\boldsymbol{A}$，则 $\mathrm{r}(\boldsymbol{A})$ 定为偶数.(西安交通大学，1984)

命题还可以推广为：

命题 2：若 $\boldsymbol{A}$ 是非奇异(可逆)反对称阵，则 $\boldsymbol{B}=\begin{pmatrix}\boldsymbol{A} & \boldsymbol{C}\\ \boldsymbol{C}^{\mathrm{T}} & \boldsymbol{O}\end{pmatrix}$ 是奇异(不可逆)阵，其中 $\boldsymbol{C}$ 是 $n\times(2k+1)$ 阶矩阵.

例 3 若 $\boldsymbol{A}$ 是 n 阶矩阵，且 $\mathrm{r}(\boldsymbol{A})=1$，试证：存在两个 n 维列向量 $\boldsymbol{a},\boldsymbol{b}$，使 $\boldsymbol{A}=\boldsymbol{a}\boldsymbol{b}^{\mathrm{T}}$.(武汉大学，1981)

证 记 $\boldsymbol{A}=(\boldsymbol{a}_1,\boldsymbol{a}_2,\cdots,\boldsymbol{a}_n)$，其中 $\boldsymbol{a}_i(i=1,2,\cdots,n)$ 为 $\boldsymbol{A}$ 的列向量.

由 $\mathrm{r}(\boldsymbol{A})=1$，则 $\boldsymbol{a}_i$ 中至少有一个非$\boldsymbol{0}$，不妨设 $\boldsymbol{a}_1\neq\boldsymbol{0}$，且其他每一列向量均与 $\boldsymbol{a}_1\boldsymbol{B}$ 平行或其对应分量成比例，即存在常数 $k_2,k_3,\cdots,k_n$，使 $\boldsymbol{a}_i=k_i\boldsymbol{a}_1(i=2,3,\cdots,n)$.

于是 $\boldsymbol{A}=(\boldsymbol{a}_1,k_2\boldsymbol{a}_1,\cdots,k_n\boldsymbol{a}_1)=\boldsymbol{a}_1(1,k_2,\cdots,k_n)$.

令 $\boldsymbol{a}=\boldsymbol{a}_1,\boldsymbol{b}=(1,k_2,\cdots,k_n)$，则 $\boldsymbol{A}=\boldsymbol{a}\boldsymbol{b}^{\mathrm{T}}$.

注 这个命题给出秩 1 矩阵的一种分解形状. 这里是将原问题作了简化，原来命题如下：

命题：若 $\boldsymbol{A}\in\mathbf{R}^{m\times n}$，则 $\mathrm{r}(\boldsymbol{A})\leqslant 1\Longleftrightarrow$ 有 $\boldsymbol{x}\in\mathbf{R}^m,\boldsymbol{y}\in\mathbf{R}^n$ 使 $\boldsymbol{A}=\boldsymbol{x}\boldsymbol{y}^{\mathrm{T}}$.

证：(必要性)若 $\mathrm{r}(\boldsymbol{A})\leqslant 1$，则 $\mathrm{r}(\boldsymbol{A})=0$，显然命题为真.

当 $\mathrm{r}(\boldsymbol{A})=1$ 时，$\boldsymbol{A}$ 有一个列向量不为 0，其余皆为它的某个倍数，不妨设第 1 列 $\boldsymbol{\alpha}_1=(a_{11},a_{21},\cdots,a_{m1})^{\mathrm{T}}\neq\boldsymbol{0}$，则

$$\boldsymbol{A}=\begin{pmatrix}a_{11} & k_2a_{11} & \cdots & k_na_{11}\\ a_{21} & k_2a_{21} & \cdots & k_na_{21}\\ \vdots & \vdots & & \vdots\\ a_{m1} & k_2a_{m1} & \cdots & k_na_{m1}\end{pmatrix}=\begin{pmatrix}a_{11}\\ a_{21}\\ \vdots\\ a_{m1}\end{pmatrix}(1,k_2,\cdots,k_n)$$

(充分性)设 $\boldsymbol{A}=\boldsymbol{x}\boldsymbol{y}^{\mathrm{T}}=\begin{pmatrix}x_1\\ x_2\\ \vdots\\ x_m\end{pmatrix}(y_1,y_2,\cdots,y_n)$，则有

$$\mathrm{r}(\boldsymbol{A})=\mathrm{r}(\boldsymbol{x}\boldsymbol{y}^{\mathrm{T}})\leqslant\min\{\mathrm{r}(\boldsymbol{x}),\mathrm{r}(\boldsymbol{y}^{\mathrm{T}})\}=1$$

下面的例子也是涉及秩 1 矩阵的一个性质.

例 4 设 $\boldsymbol{B}=\boldsymbol{A}\boldsymbol{A}^{\mathrm{T}}$，其中 $\boldsymbol{A}=(a_1,a_2,\cdots,a_n)^{\mathrm{T}}$，且 $a_i(i=1,2,\cdots,n)$ 为非零实数，试证 $\boldsymbol{B}^k=l\boldsymbol{B}$，且求 l(k 是正整数).(清华大学，1985)

证 可知

$$\boldsymbol{B}^k=\underbrace{(\boldsymbol{A}\boldsymbol{A}^{\mathrm{T}})(\boldsymbol{A}\boldsymbol{A}^{\mathrm{T}})\cdots(\boldsymbol{A}\boldsymbol{A}^{\mathrm{T}})}_{k个}=\boldsymbol{A}\underbrace{(\boldsymbol{A}^{\mathrm{T}}\boldsymbol{A})(\boldsymbol{A}^{\mathrm{T}}\boldsymbol{A})\cdots(\boldsymbol{A}^{\mathrm{T}}\boldsymbol{A})}_{(k-1)个}\boldsymbol{A}^{\mathrm{T}}=\Big(\sum_{i=1}^{n}a_i^{\,2}\Big)^{k-1}\boldsymbol{A}\boldsymbol{A}^{\mathrm{T}}=l\boldsymbol{B}$$

其中 $l=\left(\sum_{i=1}^{n}a_i^{\ 2}\right)^{k-1}$.

最后我们还想指出一点,利用“严格对角占优(优势)阵”亦可判断 $\boldsymbol{A}$ 可逆.具体地讲其基于阿达玛(Hadamard)定理(前文我们曾介绍过):

若 $\boldsymbol{A}\in\mathbf{R}^{n\times n}$,$\boldsymbol{A}=(a_{ij})_{n\times n}$,又 $|a_{ij}|>\sum_{\substack{j=1\\j\neq i}}^{n}a_{ij}$,称 $\boldsymbol{A}$ 为严格对角占优(优势)阵.严格对角占优(优势)阵非奇异.

略证 若不然,设 $\boldsymbol{A}$ 奇异,则 $\boldsymbol{Ax}=\boldsymbol{0}$有非 $\boldsymbol{0}$ 解 $\boldsymbol{x}=(x_1,x_2,\cdots,x_n)^{\mathrm{T}}$,即 $\sum_{j=1}^{n}a_{ij}x_j=0(i=1,2,\cdots,n)$,或 $a_{ij}x_i=-\sum_{\substack{j=1\\j\neq i}}^{n}a_{ij}x_j$,$i=1,2,\cdots,n$.从而

$$|a_{ij}||x_i|=\left|-\sum_{\substack{j=1\\j\neq i}}^{n}\right||a_{ij}||x_i|\leqslant\sum_{\substack{j=1\\j\neq i}}^{n}|a_{ij}||x_i|,\quad i=1,2,\cdots,n$$

令 $|x_t|=\max\{|x_1|,|x_2|,\cdots,|x_n|\}$,上面不等式中第 t 个不等式为

$$|a_{tt}||x_i|\leqslant\sum_{\substack{j=1\\j\neq t}}^{n}|a_{ij}||x_i|\leqslant\sum_{\substack{j=1\\j\neq t}}^{n}|a_{ij}||x_t|$$

由题设 x_i 不全为 $0(i=1,2,\cdots,n)$,故 $|x_t|\neq0$.从而 $|a_{tt}|\leqslant\sum_{\substack{j=1\\j\neq i}}^{n}|a_{ij}|$,与设矛盾.

注 显然,下面的问题可循本例证明思路考虑.

问题 1:若 $\boldsymbol{A}=(a_{ij})_{n\times n}$,且$\sum_{j=1}^{n}|a_{ij}|<1(i=1,2,\cdots,n)$.试证 $\boldsymbol{I}-\boldsymbol{A}$ 可逆.

略证:令 $\boldsymbol{x}=(x_1,x_2,\cdots,x_n)\in\mathbf{R}^n$,且令 $\boldsymbol{y}=(\boldsymbol{I}-\boldsymbol{A})\boldsymbol{x}$.

选 k 使 $|x_k|=\max\{|x_1|,|x_2|,\cdots,|x_n|\}$.故

$$\begin{aligned}|y_k|&=\left|x_k-\sum_{j=1}^{n}a_{kj}x_j\right|\geqslant|x_k|-\sum_{j=1}^{n}|a_{kj}||x_j|\\&\geqslant|x_k|-\sum_{j=1}^{n}|a_{kj}||x_k|=|x_k|\left(1-\sum_{j=1}^{n}|a_{kj}|\right)>0\end{aligned}$$

问题 2:若 $\boldsymbol{A}=(a_{ij})_{n\times n}$,又 $a_{ii}>0(i=1,2,\cdots,n)$,$a_{ij}\leqslant0(i\neq j;i,j=1,2,\cdots,n)$,且 $\sum_{i=1}^{n}a_{ij}>0(j=1,2,\cdots,n)$,则 $\det\boldsymbol{A}>0$.

2. 某些特殊矩阵及其性质

某些特殊矩阵如伴随阵、幂等阵、对合阵、幂幺阵、幂零阵等有许多特有的性质.前文我们已经举出过关于它们的秩的例子,下面我们将较为集中地分别谈谈与这些矩阵有关的一些考研命题.

对 n 阶方阵来讲,若 $\boldsymbol{A}^2=\boldsymbol{A}$,则称 $\boldsymbol{A}$ 为幂等阵.下面来看一些关于幂等阵的问题.

例 1 若 $\boldsymbol{A}$ 是 n 阶方阵,且 $\boldsymbol{A}^2=\boldsymbol{A}$,则 $(\boldsymbol{A}+\boldsymbol{I})^k=\boldsymbol{I}+(2^k-1)\boldsymbol{A}$,这里 k 为自然数.(武汉钢铁学院,1982)

证 用数学归纳法.

(1)当 $k=2$ 时,$(\boldsymbol{A}+\boldsymbol{I})^2=\boldsymbol{A}^2+2\boldsymbol{A}+\boldsymbol{I}=\boldsymbol{I}+(2^2-1)\boldsymbol{A}$,命题为真.

(2)设 $k=m$ 时命题为真,即$(\boldsymbol{A}+\boldsymbol{I})^m=\boldsymbol{I}+(2^m-1)\boldsymbol{A}$,今考虑 $k=m+1$ 的情形

$$\begin{aligned}(\boldsymbol{A}+\boldsymbol{I})^{m+1}&=[\boldsymbol{I}+(2^m-1)\boldsymbol{A}](\boldsymbol{A}+\boldsymbol{I})=\boldsymbol{A}+(2^m-1)\boldsymbol{A}^2+\boldsymbol{I}+(2^m-1)\boldsymbol{A}\\&=\boldsymbol{I}+(1+2^m-1+2^m-1)\boldsymbol{A}=\boldsymbol{I}+(2^{m+1}-1)\boldsymbol{A}\end{aligned}$$

即 $k=m+1$ 时命题亦成立,从而对任何自然数命题为真.

例 2 若 A 为 n 阶矩阵，且 $A^2=A$，但 $A\neq I$，则 A 是奇异阵.（山东海洋学院，1984）

证 (1)由设 $A^2=A$，有 $A^2-A=O$，即 $A(A-I)=O$.

又 $A\neq I$，或 $A-I\neq O$，若 A 是非奇异阵，则

$$\mathrm{r}[A(A-I)]=\mathrm{r}(A-I)\neq 0$$

但 $A(A-I)=O$，故 $\mathrm{r}(A-I)=0$，与上矛盾. 从而，A 是奇异阵.

所谓幂幺阵是指 $A^k=I$ 的矩阵，对于 $k=2$ 的情形常称为对合阵. 下面的命题是涉及幂幺阵的秩的问题.

例 3 若 A 为二阶方阵，且 $A^2=I$，又 $A\neq\pm I$，则 $\mathrm{r}(A+I)=\mathrm{r}(A-I)=1$.（山东海洋学院，1984）

证 由设 $A^2-I=O$，有 $(A+I)(A-I)=O$.

今设 $\mathrm{r}(A+I)=s$，$\mathrm{r}(A-I)=t$，由前面例的注的结论知

$$\mathrm{r}[(A+I)(A-I)]\geqslant s+t-2$$

又由题设 $A^2-I=O$，知 $\mathrm{r}[(A+I)(A-I)]=0$. 从而

$$s+t-2=0 \qquad (*)$$

又 $A\neq\pm I$，故 $A\pm I\neq O$. 从而 $s\neq 0$，$t\neq 0$.

再由式(*)知 $s=t=1$（注意到 $s\geqslant 0$，$t\geqslant 0$）.

注 1 其实对一般情形，我们可将命题推广为：

命题：若 A 为 n 阶幂幺阵（即 $A^2=I$），则 $\mathrm{r}(A+I)+\mathrm{r}(A-I)=n$.

略证：一方面，由 $A^2=I$，知 $(A+I)(A-I)=O$，从而

$$\mathrm{r}(A+I)+\mathrm{r}(A-I)\leqslant n$$

另一方面，由下面算式

$$\mathrm{r}(A+I)+\mathrm{r}(A-I)\geqslant\mathrm{r}(A+I+A-I)=\mathrm{r}(2A)=\mathrm{r}(A)=n$$

故 $\mathrm{r}(A+I)+\mathrm{r}(A-I)=n$.

注 2 对于一般的情形，上面命题有下面的引申逆命题.

命题：若 $A\in\mathbf{R}^{n\times n}$，且 $\mathrm{r}(A+I)+\mathrm{r}(A-I)=n$，则 $A^2=I$.

证：由题设且注意下面的运算及矩阵秩的性质

$$\begin{aligned}
n&=\mathrm{r}(A+I)+\mathrm{r}(A-I)=\mathrm{r}\begin{pmatrix}A+I & O\\ O & A-I\end{pmatrix}=\mathrm{r}\begin{pmatrix}A+I & O\\ A+I & A-I\end{pmatrix}=\mathrm{r}\begin{pmatrix}A+I & O\\ A+I & I-A\end{pmatrix}\\
&=\mathrm{r}\begin{pmatrix}A+I & A+I\\ A+I & 2I\end{pmatrix}=\mathrm{r}\begin{bmatrix}-\frac{1}{2}(A+I)^2+A+I & O\\ A+I & 2I\end{bmatrix}\\
&=\mathrm{r}\begin{bmatrix}\frac{1}{2}(I-A)^2 & O\\ A+I & 2I\end{bmatrix}=\mathrm{r}\begin{bmatrix}\frac{1}{2}(I-A)^2 & O\\ O & 2I\end{bmatrix}\\
&=\mathrm{r}\left[\frac{1}{2}(I-A)^2\right]+\mathrm{r}(2I)=\mathrm{r}(I-A^2)+\mathrm{r}(I)
\end{aligned}$$

由 $\mathrm{r}(I)=n$，从而 $\mathrm{r}(I-A^2)=0$，故 $A^2=I$.

例的另一种推广命题是（详见前文）：

若 $A\in\mathbf{R}^{s\times n}$，则 $\mathrm{r}(I_n-A^{\mathrm{T}}A)-\mathrm{r}(I_s-AA^{\mathrm{T}})=n-s$.

我们来看看正交矩阵的性质.

例 4 若 $a\neq 0$ 是 n 维列向量，试证 $I-\frac{2}{a^{\mathrm{T}}a}aa^{\mathrm{T}}$ 是正交矩阵.（南京邮电学院，1982）

证 由公式 $(A+B)^{\mathrm{T}}=A^{\mathrm{T}}+B^{\mathrm{T}}$，及 $(AB)^{\mathrm{T}}=B^{\mathrm{T}}A^{\mathrm{T}}$，有 $\left(I-\frac{2}{a^{\mathrm{T}}a}aa^{\mathrm{T}}\right)^{\mathrm{T}}=I-\frac{2}{a^{\mathrm{T}}a}aa^{\mathrm{T}}$. 而

$$\left(I-\frac{2}{a^{\mathrm T}a}aa^{\mathrm T}\right)\left(I-\frac{2}{a^{\mathrm T}a}aa^{\mathrm T}\right)^{\mathrm T}=\left(I-\frac{2}{a^{\mathrm T}a}aa^{\mathrm T}\right)\left(I-\frac{2}{a^{\mathrm T}a}aa^{\mathrm T}\right)$$

$$=I-\frac{4}{a^{\mathrm T}a}aa^{\mathrm T}-\frac{4}{(a^{\mathrm T}a)^2}a(a^{\mathrm T}a)a^{\mathrm T}=I-\frac{4}{a^{\mathrm T}a}aa^{\mathrm T}-\frac{4}{(a^{\mathrm T}a)^2}(a^{\mathrm T}a)aa^{\mathrm T}$$

$$=I-\frac{4}{a^{\mathrm T}a}aa^{\mathrm T}-\frac{4}{a^{\mathrm T}a}aa^{\mathrm T}=I$$

此即说 $I-\frac{2}{a^{\mathrm T}a}aa^{\mathrm T}$ 为正交矩阵(其转置等于其逆).

注 1 显然下面的问题是本命题的特例:

问题:设 $H=I-2\omega\omega^{\mathrm T}$,其中 I 为 n 阶单位阵,ω 为 n 维单位列向量,试证:(1)H 是对称矩阵;(2)H 是正交矩阵.(华东水利学院,1984)

注 2 前文已述形如 $I-\sigma uv^{\mathrm T}$(其中 u,v 为 n 维列向量,σ 为常数)的矩阵称为**初等矩阵**,且记为 $E(u,v;\sigma)$ 或 $I(u,v;\sigma)$.它们有下述性质:

(1)$\det[E(u,v;\sigma)]=1-\sigma v^{\mathrm T}u$.(安徽工学院,1982)

(2)若 $E(u,v;\sigma)$ 非奇异,则 $E^{-1}(u,v;\sigma)=E(u,v;\tau)$,其中 $\tau=\frac{\sigma}{\sigma v^{\mathrm T}u-1}$.(西安交通大学,1984)

(3)当 $u=v=\omega$ 时,且 $\omega\omega^{\mathrm T}=1$,则 $I-2\omega\omega^{\mathrm T}$ 是正交阵.(复旦大学,1983)

注 3 这里再强调一下:对 n 维列向量 u,v 来讲,$u^{\mathrm T}v$ 是数,$uv^{\mathrm T}$ 是 $n\times n$ 矩阵.

例 5 (1)若 A 是正交阵,则 $|A|=\pm1$.(2)若 A 是正交阵,则 A^* 也是正交阵.(3)若 $A=(a_{ij})_{n\times n}$ 是正交阵,则 $a_{ij}=\pm A_{ij}$(代数余子式),请说明如何确定符号.(吉林工业大学,1983;同济大学,1984)

证 (1)由设 A 是正交阵,故 $A^{\mathrm T}=A^{-1}$.即 $A^{\mathrm T}A=I$,有 $|A^{\mathrm T}A|=|I|=1$.

又 $|A^{\mathrm T}A|=|A^{\mathrm T}||A|=|A|^2$,故 $|A|=\pm1$.

(2)由 $A^{-1}=\frac{A^*}{|A|}$,故 $A^*=|A|A^{-1}=|A|A^{\mathrm T}$,这是因为 A 是正交矩阵.故

$$(A^*)^{\mathrm T}=(|A|A^{\mathrm T})^{\mathrm T}=|A|(A^{\mathrm T})^{\mathrm T}=|A|A=A^*$$

而

$$A^*(A^*)^{\mathrm T}=|A|A^{\mathrm T}\cdot|A|A=|A|^2A^{\mathrm T}A=|A|^2I=I$$

(3)$|A|=\pm1$,又 $AA^*=|A|I=\pm I$,故 $A^*=\pm A^{-1}=\pm A^{\mathrm T}$,即 $a_{ij}=\pm A_{ij}$.

当 $|A|=1$ 时,$a_{ij}=A_{ij}$;当 $|A|=-1$ 时,$a_{ij}=-A_{ij}$.

注 本题结论(2)亦可由性质 $(AB)^*=B^*A^*$ 去考虑.

验证矩阵 A 的正交性,常用 $A^{\mathrm T}A=AA^{\mathrm T}=I$ 去完成,这方面一个更复杂的例子(它在前文例的注中已经提及)如下:

例 6 若 A 是反对称实阵.试证:(1)$A+I$ 为可逆阵;(2)若 $B=(A-I)(A+I)^{-1}$,则 B 是正交阵.(吉林工业大学,1983;同济大学,1984)

证 (1)对任意非零 n 维列向量 x,有

$$x^{\mathrm T}(A+I)x=x^{\mathrm T}Ax+x^{\mathrm T}Ix=x^{\mathrm T}x>0$$

注意 A 是反对称阵,故 $x^{\mathrm T}Ax=0$.

故 $A+I$ 是正定矩阵,显然它非奇异(即可逆).

(2)对于 B 的正交性我们只需注意到

$$\begin{aligned}B^{\mathrm T}&=[(A-I)(A+I)^{-1}]^{\mathrm T}=[(A+I)^{-1}]^{\mathrm T}(A-I)^{\mathrm T}\\&=[(A+I)^{\mathrm T}]^{-1}(A-I)^{\mathrm T}=-(I-A)^{-1}(A+I)\\B^{\mathrm T}B&=-(I-A)^{-1}(A+I)\cdot(A-I)(A-I)^{-1}\\&=-(I-A)^{-1}(A^2-I)(A+I)^{-1}\\&=-(I-A)^{-1}(A-I)\cdot(A+I)(A+I)^{-1}\end{aligned}$$

$$=(\boldsymbol{I}-\boldsymbol{A})^{-1}(\boldsymbol{I}-\boldsymbol{A})\cdot\boldsymbol{I}=\boldsymbol{I}\cdot\boldsymbol{I}=\boldsymbol{I}$$

类似地，可验证 $\boldsymbol{BB}^{\mathrm{T}}=\boldsymbol{I}$.

这里运用了关系式 $(\boldsymbol{A}-\boldsymbol{I})(\boldsymbol{A}+\boldsymbol{I})=\boldsymbol{A}^2-\boldsymbol{I}=(\boldsymbol{A}+\boldsymbol{I})(\boldsymbol{A}-\boldsymbol{I})$.

注 类似地，在题设条件下可证：若 $\boldsymbol{A}+\boldsymbol{I}$ 可逆，$\boldsymbol{I}-\boldsymbol{A}$ 亦可逆.更一般地还可以有下面的结论.

命题1：若 $\boldsymbol{A}$ 为 n 阶实对称矩阵，而 $\boldsymbol{S}$ 为 n 阶实反对称矩阵，又 $\boldsymbol{AS}=\boldsymbol{SA}$，且 $\boldsymbol{A}-\boldsymbol{S}$ 非奇异，试证 $(\boldsymbol{A}+\boldsymbol{S})(\boldsymbol{A}-\boldsymbol{S})^{-1}$ 为正交矩阵.（南京大学，1983）

仿例中(1)的证法，我们还可有：

命题2：若 $\boldsymbol{A}$ 是 n 阶实对称正定阵，而 $\boldsymbol{S}$ 是 n 阶反对称(实)方阵，则行列式 $\det(\boldsymbol{A}+\boldsymbol{S})>0$.（复旦大学，1981）

这只需注意到：任意非零 n 维列向量 $\boldsymbol{x}$，由

$$\boldsymbol{x}^{\mathrm{T}}(\boldsymbol{A}+\boldsymbol{S})\boldsymbol{x}+\boldsymbol{x}^{\mathrm{T}}\boldsymbol{Sx}=\boldsymbol{x}^{\mathrm{T}}\boldsymbol{Ax}=\boldsymbol{x}^{\mathrm{T}}\boldsymbol{Ax}>0$$

故 $\boldsymbol{A}+\boldsymbol{S}$ 为正定阵，从而 $\det(\boldsymbol{A}+\boldsymbol{S})>0$.

顺便讲一句，由此还可有 $\det(\boldsymbol{A}+\boldsymbol{S})>0$，从而 $\boldsymbol{I}+\boldsymbol{S}$ 可逆.

下面的例子是关于正交阵的.

例7 (1)若 $\boldsymbol{A},\boldsymbol{B}$ 都是正交阵，且 $\dfrac{|\boldsymbol{A}|}{|\boldsymbol{B}|}=-1$，则 $\mathrm{r}[(\boldsymbol{A}+\boldsymbol{B})^*]\leqslant 1$.（华东师范大学，1983）

(2)若 $\boldsymbol{A}$ 是正交阵，且 $|\boldsymbol{A}|=-1$，则 $\boldsymbol{A}+\boldsymbol{I}$ 奇异(不可逆).（上海交通大学，1983）

(3)若 $\boldsymbol{A},\boldsymbol{B}$ 是正交阵，且 $|\boldsymbol{A}|+|\boldsymbol{B}|=0$，则 $|\boldsymbol{A}+\boldsymbol{B}|=0$.（兰州大学，1983）

证 (1)由题设 $\boldsymbol{A},\boldsymbol{B}$ 是正交阵，知 $\boldsymbol{AB}^{-1}$ 是正交阵，且由 $|\boldsymbol{AB}^{-1}|=\dfrac{|\boldsymbol{A}|}{|\boldsymbol{B}|}=-1$，由正交矩阵的性质知 -1 为 $\boldsymbol{AB}^{-1}$ 的一个特征根，这样

$$|-\boldsymbol{I}-\boldsymbol{AB}^{-1}|=0 \tag{*}$$

又

$$|-\boldsymbol{I}-\boldsymbol{AB}^{-1}|=|-\boldsymbol{B}-\boldsymbol{A}||\boldsymbol{B}^{-1}|=(-1)^n|\boldsymbol{B}^{-1}||\boldsymbol{A}+\boldsymbol{B}|$$

由 $\boldsymbol{B}$ 正定，知 $|\boldsymbol{B}|\neq 0$，有 $|\boldsymbol{B}^{-1}|\neq 0$，从而由式(*)有 $|\boldsymbol{A}+\boldsymbol{B}|=0$，知

$$\mathrm{r}(\boldsymbol{A}+\boldsymbol{B})\leqslant n-1$$

由伴随矩阵的性质，故 $\mathrm{r}[(\boldsymbol{A}+\boldsymbol{B})^*]\leqslant 1$.

(2)由 $\boldsymbol{A}$ 是正交阵，且 $|\boldsymbol{A}|=-1$，知 $\boldsymbol{A}$ 有特征根 -1，即 $|\boldsymbol{A}+\boldsymbol{I}|=0$，故 $\boldsymbol{I}+\boldsymbol{A}$ 奇异.

或者，若取 $\boldsymbol{B}=\boldsymbol{I}$，再由(1)亦可直接证得.

(3)由 $|\boldsymbol{A}|+|\boldsymbol{B}|=0$，即 $|\boldsymbol{A}|=-|\boldsymbol{B}|$，或 $\dfrac{|\boldsymbol{A}|}{|\boldsymbol{B}|}=-1$，由(1)证知

$$|\boldsymbol{A}+\boldsymbol{B}|=0$$

注 (3)即说 $\boldsymbol{A}+\boldsymbol{B}$ 是奇异(不可逆)阵，或 $\mathrm{r}(\boldsymbol{A}+\boldsymbol{B})\leqslant n-1$.

例8 若 $\boldsymbol{A},\boldsymbol{B}$ 均为 n 阶实对称矩阵，又若 $\boldsymbol{AB}+\boldsymbol{I}$ 可逆，试证 $(\boldsymbol{AB}+\boldsymbol{I})^{-1}\boldsymbol{A}$ 为对称矩阵.（无锡轻工业学院，1986）

证 此问题前文已有证，这里再给一种证法.只需注意到下面的运算

$$\begin{aligned}[(\boldsymbol{AB}+\boldsymbol{I})^{-1}\boldsymbol{A}]^{\mathrm{T}}&=\boldsymbol{A}^{\mathrm{T}}[(\boldsymbol{AB}+\boldsymbol{I})^{-1}]^{\mathrm{T}}=\boldsymbol{A}(\boldsymbol{B}^{\mathrm{T}}\boldsymbol{A}^{\mathrm{T}}+\boldsymbol{I})^{-1}=\boldsymbol{A}(\boldsymbol{BA}+\boldsymbol{I})^{-1}\\&=[(\boldsymbol{BA}+\boldsymbol{I})\boldsymbol{AB}^{-1}]^{-1}=(\boldsymbol{B}+\boldsymbol{A}^{-1})^{-1}=[\boldsymbol{A}^{-1}(\boldsymbol{AB}+\boldsymbol{I})]^{-1}=(\boldsymbol{AB}+\boldsymbol{I})^{-1}\boldsymbol{A}\end{aligned}$$

即 $(\boldsymbol{AB}+\boldsymbol{I})^{-1}\boldsymbol{A}$ 为对称矩阵.

3. 矩阵的计算

(1)矩阵方幂问题

矩阵方幂的计算一般有两种方法：①先通过矩阵乘法，逐次计算、总结规律后，再用数学归纳法证明；②用相似变换先将矩阵对角化，再进行计算.

对于方法②我们后文再作介绍(见“矩阵的特征值和特征向量”一章).

下面我们看看关于矩阵计算的例.

例 1 若 $A=\begin{pmatrix}1&\alpha&\beta\\0&1&\alpha\\0&0&1\end{pmatrix}$,求 A^2,A^3,且推导出 A^n.(中国科技大学,1982)

简析 这里涉及求 A^n,可用将 A 先化为对角阵的方法.由于 A 的特征根 1 为 3 重根,当$\alpha=0$时,$r(A-I)=2$,即找不到 3 个无关的特征向量,因而无法对角化,此外可用试算法找出规律后再进行归纳.

解 直接验算不难有

$$A^2=\begin{pmatrix}1&\alpha&\beta\\0&1&\alpha\\0&0&1\end{pmatrix}\begin{pmatrix}1&\alpha&\beta\\0&1&\alpha\\0&0&1\end{pmatrix}=\begin{pmatrix}1&2\alpha&\alpha^2+2\beta\\0&0&2\alpha\\0&0&1\end{pmatrix}$$

$$A^3=A^2\cdot A=\begin{pmatrix}1&2\alpha&\alpha^2+2\beta\\0&0&2\alpha\\0&0&1\end{pmatrix}\begin{pmatrix}1&\alpha&\beta\\0&1&\alpha\\0&0&1\end{pmatrix}=\begin{pmatrix}1&3\alpha&3\alpha^2+3\beta\\0&1&3\alpha\\0&0&1\end{pmatrix}$$

$$=\begin{pmatrix}1&3\alpha&(1+2)\alpha^2+3\beta\\0&1&3\alpha\\0&0&1\end{pmatrix}=\begin{pmatrix}1&3\alpha&C_3^2\alpha^2+3\beta\\0&1&3\alpha\\0&0&1\end{pmatrix}$$

应用数学归纳法,我们不难证明(不妨再算一两步便能发现规律)

$$A^n=\begin{pmatrix}1&n\alpha&C_n^2\alpha^2+n\beta\\0&1&n\alpha\\0&0&1\end{pmatrix}\qquad(*)$$

(1)$n=1$ 时显然成立.

(2)设 $n=k$ 时结论成立,今考虑 $n=k+1$ 的情形

$$A^{k+1}=A^k\cdot A=\begin{pmatrix}1&k\alpha&C_k^2\alpha^2+k\beta\\0&1&k\alpha\\0&0&1\end{pmatrix}\begin{pmatrix}1&\alpha&\beta\\0&1&\alpha\\0&0&1\end{pmatrix}$$

$$=\begin{pmatrix}1&(k+1)\alpha&C_{k+1}^2\alpha^2+(k+1)\beta\\0&1&(k+1)\alpha\\0&0&1\end{pmatrix}$$

故 $n=k+1$ 时命题成立,从而对任何自然数 n,式$(*)$成立.

注 1 由此例可看出:计算上(下)三角阵的方幂大多是依照例的方法,先归纳总结规律(这里的关键是 A 的方幂中的第 1 行、第 3 列元素中 α^2 的系数 C_n^2 的总结与发现,它通常是凭经验或多算几步来实现,一般上(下)三角阵的方幂运算多是有规律可循的),再去证明,因而在计算一般矩阵方幂时,常常先将它通过变换化成三角阵,然后再计算它的方幂(这便与所谓矩阵的分解内容有关),这方面的例子可见后面有关部分.

注 2 由矩阵理论知:实矩阵皆可与若尔当(Jordan)分块对角矩阵相似,这为我们计算矩阵方幂带来方便.

特别地,当 A 是若尔当标准形,即

$$A=\begin{pmatrix}\lambda&1&&\\&\lambda&\ddots&\\&&\ddots&1\\&&&\lambda\end{pmatrix}_{k\times k}$$

时,可有

$$A^k=\begin{pmatrix}\lambda^k & C_k^1\lambda^{k-1} & C_k^2\lambda^{k-2} & \cdots & C_k^{k-1}\lambda\\ & \lambda^k & C_k^1\lambda^{k-1} & \cdots & C_k^{k-2}\lambda^2\\ & & \ddots & \ddots & \vdots\\ & & & \lambda^k & C_k^1\lambda^{k-1}\\ & & & & \lambda^k\end{pmatrix}$$

它亦可用数学归纳法证得:

(1)$k=1$ 时,命题显然为真;

(2)$k=s$ 时,有等式

$$A^s=\begin{pmatrix}\lambda^s & C_s^1\lambda^{s-1} & C_s^2\lambda^{s-2} & \cdots & C_s^{k-1}\lambda^{s-k+1}\\ & \lambda^s & C_s^2\lambda^{s-1} & \cdots & C_s^{k-2}\lambda^{s-k+2}\\ & & \ddots & \ddots & \vdots\\ & & & \lambda^s & C_s^1\lambda^{s-1}\\ & & & & \lambda^s\end{pmatrix}$$

这里规定当 $k-t>s$ 时,$C_s^{k-t}=0$. 注意到 $A^{s+1}=A^s\cdot A$,由矩阵乘法及组合等式 $C_s^t+C_s^{t+1}=C_{s+1}^{t+1}$,可得 A^{s+1} 的式子为真.

故命题对一般 k 成立.

下面亦是一道独具匠心且有着深刻数学背景的题目.

例2 若 $A=\frac{1}{2}\begin{pmatrix}1 & -\sqrt{3}\\ \sqrt{3} & 1\end{pmatrix}$,又 $A^6=I$,求 A^{11}.(武汉钢铁学院,1985)

解 注意到 $A^6=I$,由 $A^{11}=A^{12}\cdot A^{-1}=(A^6)^2\cdot A^{-1}=A^{-1}$,这样

$$A^{11}=(A^6)^2A^{-1}=A^{-1}=\frac{1}{2}\begin{pmatrix}1 & \sqrt{3}\\ -\sqrt{3} & 1\end{pmatrix}$$

注 ①这里 $A^{11}=A^{12}\cdot A^{-1}=A^{-1}$ 体现出拟题者的独具匠心;

②题目有着深刻的数学背景,平面直角坐标系中的点 $M(a,b)$ 乘以

$$P=\begin{pmatrix}\cos\varphi & -\sin\varphi\\ \sin\varphi & \cos\varphi\end{pmatrix}$$

后得到点 $M'(a',b')$,即 $(a',b')^{\mathrm{T}}=P(a,b)^{\mathrm{T}}$.

其几何意义相当于 M 绕 O 逆时针旋转 φ 角后的位置 M'(图1). 故称 P 为旋转变换矩阵,其实我们可以用数学归纳法证明:(证明见后文)

$$P^n=\begin{pmatrix}\cos\varphi & -\sin\varphi\\ \sin\varphi & \cos\varphi\end{pmatrix}^n=\begin{pmatrix}\cos n\varphi & -\sin n\varphi\\ \sin n\varphi & \cos n\varphi\end{pmatrix}$$

(武汉大学,1981)

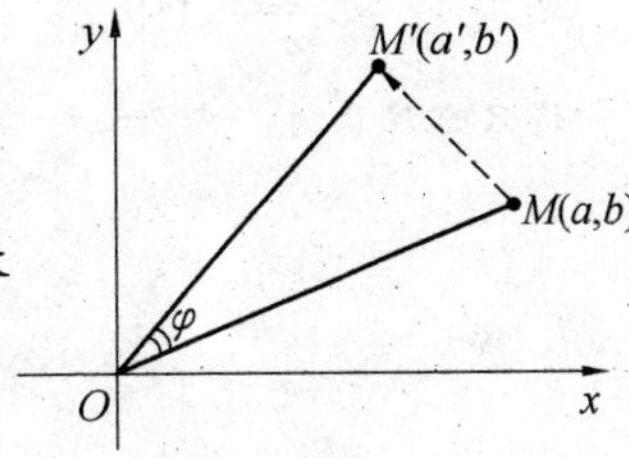

图1

注意到例中 $\varphi=\frac{\pi}{3}$,因此

$$A^6=\begin{pmatrix}\cos\frac{\pi}{3} & -\sin\frac{\pi}{3}\\ \sin\frac{\pi}{3} & \cos\frac{\pi}{3}\end{pmatrix}=\begin{pmatrix}1 & 0\\ 0 & 1\end{pmatrix}$$

即旋转 6 次后回到始点(因为 $6\cdot\dfrac{\pi}{3}=2\pi$).

这样
$$A^{-1}=\begin{pmatrix}\cos\left(-\dfrac{\pi}{3}\right) & -\sin\left(-\dfrac{\pi}{3}\right)\\ \sin\left(-\dfrac{\pi}{3}\right) & \cos\left(-\dfrac{\pi}{3}\right)\end{pmatrix}=\begin{pmatrix}\dfrac{1}{2} & \dfrac{\sqrt{3}}{2}\\ -\dfrac{\sqrt{3}}{2} & \dfrac{1}{2}\end{pmatrix}$$

(图 2,其中 $\boldsymbol{A}$ 表示逆时针旋转,$\boldsymbol{A}^{-1}$ 为逆变).

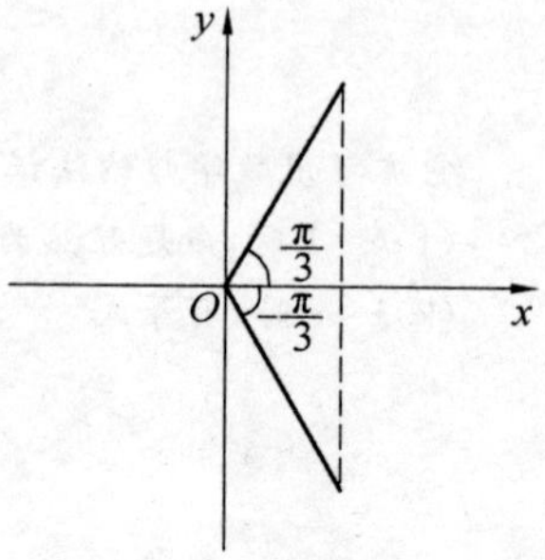

图 2

当然,若题设条件“$\boldsymbol{A}^6=\boldsymbol{I}$”不给,问题难度加大,然而题目味道要浓许多.

此外,若注意 $\boldsymbol{A}$ 是正交阵,即 $\boldsymbol{A}^{-1}=\boldsymbol{A}^{\mathrm{T}}$,结论显然多了.

当然,如果问题再延拓一下可求 $\boldsymbol{A}^{-11}$. 注意到
$$\boldsymbol{A}^{-11}=(\boldsymbol{A}^{11})^{-1}=(\boldsymbol{A}^{-1})^{-1}=\boldsymbol{A}$$

例 3 试证:当 n 为自然数时
$$\begin{pmatrix}\cos\varphi & -\sin\varphi\\ \sin\varphi & \cos\varphi\end{pmatrix}^n=\begin{pmatrix}\cos n\varphi & -\sin n\varphi\\ \sin n\varphi & \cos n\varphi\end{pmatrix}$$
(武汉大学,1981)

证 用数学归纳法.

(1)当 $n=1$ 时,命题显然成立.

(2)设 $n=k$ 时命题成立. 今考虑 $n=k+1$ 的情形
$$\begin{pmatrix}\cos\varphi & -\sin\varphi\\ \sin\varphi & \cos\varphi\end{pmatrix}^{k+1}=\begin{pmatrix}\cos\varphi & -\sin\varphi\\ \sin\varphi & \cos\varphi\end{pmatrix}^{k}\cdot\begin{pmatrix}\cos\varphi & -\sin\varphi\\ \sin\varphi & \cos\varphi\end{pmatrix}=\begin{pmatrix}\cos k\varphi & -\sin k\varphi\\ \sin k\varphi & \cos k\varphi\end{pmatrix}\cdot\begin{pmatrix}\cos\varphi & -\sin\varphi\\ \sin\varphi & \cos\varphi\end{pmatrix}$$
$$=\begin{pmatrix}\cos(k+1)\varphi & -\sin(k+1)\varphi\\ \sin(k+1)\varphi & \cos(k+1)\varphi\end{pmatrix}$$

这里只需注意到正、余弦函数的和、差角公式即可.

综上,$n=k+1$ 命题亦为真,从而对任何自然数命题都成立.

注 1 本题的变形问题为:

试证 $\lim\limits_{n\to\infty}\begin{pmatrix}1 & \dfrac{\alpha}{n}\\ -\dfrac{\alpha}{n} & 1\end{pmatrix}^n=\begin{pmatrix}\cos\alpha & \sin\alpha\\ -\sin\alpha & \cos\alpha\end{pmatrix}$.(南京邮电学院,1985)

这只需注意到
$$\begin{pmatrix}1 & \dfrac{\alpha}{n}\\ -\dfrac{\alpha}{n} & 1\end{pmatrix}=\sqrt{1+\frac{\alpha^2}{n^2}}\begin{pmatrix}\dfrac{n}{\sigma} & \dfrac{\alpha}{\sigma}\\ -\dfrac{\alpha}{\sigma} & \dfrac{n}{\sigma}\end{pmatrix}$$
这里 $\sigma=\sqrt{n^2+\alpha^2}$. 令 $\cos\varphi=\dfrac{n}{\sigma}$,$\sin\varphi=\dfrac{\alpha}{\sigma}$,则
$$\begin{pmatrix}1 & \dfrac{\alpha}{n}\\ -\dfrac{\alpha}{n} & 1\end{pmatrix}^n=\left(1+\frac{\alpha^2}{n^2}\right)^{\frac{n}{2}}\begin{pmatrix}\cos\varphi & \sin\varphi\\ -\sin\varphi & \cos\varphi\end{pmatrix}^n$$
注意到 $\lim\limits_{n\to\infty}\left(1+\dfrac{\alpha^2}{n^2}\right)^{\frac{n}{2}}=1$ 及 $\lim\limits_{n\to\infty}\sin n\varphi=\sin\alpha$ 即可.

注 2 本例的几何意义是明显的. 题设方阵系平面直角坐标系经旋转 φ 角后新系到旧系的过渡矩

阵. 实施 n 次后相当于旋转 $n\varphi$ 角.

计算矩阵的方幂,我们还可用某些递推公式(如果存在的话),比如下例.

例 4 设 $A=\begin{pmatrix}1&0&0\\1&0&1\\0&1&0\end{pmatrix}$,试证:当 $n\geqslant 3$ 时,恒有 $A^n=A^{n-2}+A^2-I$,其中 n 为自然数,并利用它计算 A^{100}.(哈尔滨工业大学,1983)

证 因涉及 A 的 n 次幂,故可用数学归纳法证明.

(1)当 $n=3$ 时,注意到

$$A^3=A^2\cdot A=\begin{pmatrix}1&0&0\\1&0&1\\0&1&0\end{pmatrix}^2\begin{pmatrix}1&0&0\\1&0&1\\0&1&0\end{pmatrix}=\begin{pmatrix}1&0&0\\1&1&0\\1&0&1\end{pmatrix}\begin{pmatrix}1&0&0\\1&0&1\\0&1&1\end{pmatrix}=\begin{pmatrix}1&0&0\\2&0&1\\1&1&0\end{pmatrix}$$

而
$$A^{3-2}+A^2-I=\begin{pmatrix}1&0&0\\1&0&1\\0&1&0\end{pmatrix}+\begin{pmatrix}1&0&0\\1&1&0\\1&0&1\end{pmatrix}-\begin{pmatrix}1&0&0\\0&1&0\\0&0&1\end{pmatrix}=\begin{pmatrix}1&0&0\\2&0&1\\1&1&0\end{pmatrix}$$

知 $A^3=A+A^2-I=A^{3-2}+A^2-I$,命题成立.

(2)设 $n=k$ 时命题等式成立,则当 $n=k+1$ 时,有

$$\begin{aligned}A^{k+1}&=A^k\cdot A=(A^{k-2}+A^2-I)A=A^{(k+1)-2}+A^3-A\\&=A^{(k+1)-2}+(A^{3-2}+A^2-I)-A=A^{(k+1)-2}+A^2-I\end{aligned}$$

命题也成立,故 $n\geqslant 3$ 为任何自然数时,命题俱真.

由上 $\quad A^{100}=A^{98}+A^2-I=A^{96}+2A^2-2I=\cdots=A^2+49A^2-49I=50A^2-49I$

故
$$A^{100}=50A^2-49I=\begin{pmatrix}1&0&0\\50&1&0\\50&0&1\end{pmatrix}$$

再来看一个求矩阵乘积方幂的例子.

例 5 已知 $A=\begin{pmatrix}1&1\\0&1\end{pmatrix}$,$B=\begin{pmatrix}1&2\\3&4\end{pmatrix}$,试求 $(B^{-1}AB)^n$,n 为自然数.(华东水利学院,1984)

解 应用数学归纳法不难证得 $A^n=\begin{pmatrix}1&n\\0&1\end{pmatrix}$. 又 $B^{-1}=\begin{pmatrix}-2&1\\\frac{3}{2}&-\frac{1}{2}\end{pmatrix}$,再由

$$(B^{-1}AB)^n=(B^{-1}AB)(B^{-1}AB)\cdots(B^{-1}AB)=B^{-1}A^nB$$

故
$$(B^{-1}AB)^n=\begin{pmatrix}-2&1\\\frac{3}{2}&-\frac{1}{2}\end{pmatrix}\begin{pmatrix}1&n\\0&1\end{pmatrix}\begin{pmatrix}1&2\\3&4\end{pmatrix}=\begin{pmatrix}1-6n&-8n\\\frac{9n}{2}&1-6n\end{pmatrix}$$

注 本题中的方法及结论 $\begin{pmatrix}1&1\\0&1\end{pmatrix}^n=\begin{pmatrix}1&n\\0&1\end{pmatrix}$ 是重要的和常用的. 计算矩阵方幂的办法通常有两种:①利用递推(先建立递推关系);②利用相似矩阵.

再来看一个分块矩阵计算问题.

例 6 设 $A=\begin{pmatrix}3&4&0&0\\4&-3&0&0\\0&0&2&4\\0&0&0&2\end{pmatrix}$,求 $|A^{2k}|$ 及 A^{2k}(k 为正整数).(西北电讯工程学院,1984)

解 设 $A=\begin{pmatrix}A_1&O\\O&A_2\end{pmatrix}$,其中 $A_1=\begin{pmatrix}3&4\\4&-3\end{pmatrix}$,$A_2=\begin{pmatrix}2&4\\0&2\end{pmatrix}$.

由分块矩阵(准对角块)性质有

$$|\boldsymbol{A}^{2k}|=|\boldsymbol{A}|^{2k}=|\boldsymbol{A}_1|^{2k}|\boldsymbol{A}_2|^{2k}=100^{2k}=10^{4k}$$

而
$$\boldsymbol{A}^{2k}=\begin{pmatrix}\boldsymbol{A}_1^{2k} & \boldsymbol{O}\\ \boldsymbol{O} & \boldsymbol{A}_2^{2k}\end{pmatrix}$$

又
$$\boldsymbol{A}_1^2=\begin{pmatrix}3 & 4\\ 4 & -3\end{pmatrix}\begin{pmatrix}3 & 4\\ 4 & -3\end{pmatrix}=\begin{pmatrix}25 & 0\\ 0 & 25\end{pmatrix}=\begin{pmatrix}5^2 & 0\\ 0 & 5^2\end{pmatrix}$$

故
$$\boldsymbol{A}_1^{2k}=\begin{pmatrix}5^2 & 0\\ 0 & 5^2\end{pmatrix}^k=\begin{pmatrix}5^{2k} & 0\\ 0 & 5^{2k}\end{pmatrix}$$

再
$$\boldsymbol{A}_2^2=2^2\begin{pmatrix}1 & 2\\ 0 & 1\end{pmatrix}^2=2^2\begin{pmatrix}1 & 2\cdot 2\\ 0 & 1\end{pmatrix}$$

归纳地有

$$\boldsymbol{A}_2^n=2^n\begin{pmatrix}1 & 2n\\ 0 & 1\end{pmatrix}$$

从而
$$\boldsymbol{A}_2^{2k}=2^{2k}\cdot\begin{pmatrix}1 & 2\cdot 2k\\ 0 & 1\end{pmatrix}=4^k\begin{pmatrix}1 & 4k\\ 0 & 1\end{pmatrix}=\begin{pmatrix}4^k & k4^{k+1}\\ 0 & 4^k\end{pmatrix}$$

故
$$\boldsymbol{A}^{2k}=\begin{pmatrix}\boldsymbol{A}_1^{2k} & \boldsymbol{O}\\ \boldsymbol{O} & \boldsymbol{A}_2^{2k}\end{pmatrix}=\begin{pmatrix}5^{2k} & 0 & & \\ 0 & 5^{2k} & & \\ & & 4^k & k4^{k+1}\\ & & 0 & 4^k\end{pmatrix}$$

注 由最后一式亦可有$|\boldsymbol{A}^{2k}|=10^{4k}$.

另外,关于矩阵方幂的其他计算方法可见后文.

(2)矩阵多项式问题

下面的例子涉及矩阵多项式运算.

例 若$\boldsymbol{A}\in\mathbf{R}^{n\times n}$,又$\boldsymbol{A}+\boldsymbol{I}$可逆,且$f(\boldsymbol{A})=(\boldsymbol{I}-\boldsymbol{A})(\boldsymbol{I}+\boldsymbol{A})^{-1}$.试证:(1)$[\boldsymbol{I}+f(\boldsymbol{A})](\boldsymbol{I}+\boldsymbol{A})=2\boldsymbol{I}$;(2)$f(f(\boldsymbol{A}))=\boldsymbol{A}$.(中国科技大学,1985)

证 (1)由题设且注意到下面式子的变换,可有

$$[\boldsymbol{I}+f(\boldsymbol{A})](\boldsymbol{I}+\boldsymbol{A})=[\boldsymbol{I}+(\boldsymbol{I}-\boldsymbol{A})(\boldsymbol{I}+\boldsymbol{A})^{-1}](\boldsymbol{I}+\boldsymbol{A})=(\boldsymbol{I}+\boldsymbol{A})+(\boldsymbol{I}-\boldsymbol{A})=2\boldsymbol{I}$$

(2)将$f(\boldsymbol{A})$代替$\boldsymbol{A}$代入题设式有$f(f(\boldsymbol{A}))=[\boldsymbol{I}-f(\boldsymbol{A})][\boldsymbol{I}+f(\boldsymbol{A})]^{-1}$,而由(1)可得$[\boldsymbol{I}+f(\boldsymbol{A})]^{-1}=\frac{1}{2}(\boldsymbol{I}+\boldsymbol{A})$,代入上式,有

$$f(f(\boldsymbol{A}))=[\boldsymbol{I}-(\boldsymbol{I}-\boldsymbol{A})(\boldsymbol{I}+\boldsymbol{A})^{-1}]\cdot\frac{1}{2}(\boldsymbol{I}+\boldsymbol{A})=\frac{1}{2}[(\boldsymbol{I}+\boldsymbol{A})(\boldsymbol{I}-\boldsymbol{A})]=\boldsymbol{A}$$

注 类似的涉及矩阵转置与求逆关系的例子在考研试题中较常见,如:

问题:化简$(\boldsymbol{BC}^{\mathrm{T}}-\boldsymbol{I})^{\mathrm{T}}(\boldsymbol{AB}^{-1})^{\mathrm{T}}+[(\boldsymbol{BA}^{-1})^{\mathrm{T}}]^{-1}$.

(3)矩阵求逆问题

①简单的矩阵求逆

矩阵求逆的办法很多,只要掌握它们,解这类问题就不困难,这方面的例子我们不打算多举,下面仅举一例说明.

例1 求矩阵$\boldsymbol{A}=\begin{pmatrix}1 & -1 & 0 & 0\\ -1 & 1 & -1 & 0\\ 0 & -1 & 1 & -1\\ 0 & 0 & -1 & 1\end{pmatrix}$的逆矩阵$\boldsymbol{A}^{-1}$.(中国科技大学,1982)

解 直接计算$|\boldsymbol{A}|$及它的各主子式,有$|\boldsymbol{A}|=-1$,且

$$A_{11}=-1,\quad A_{21}=0,\quad A_{31}=1,\quad A_{41}=1$$
$$A_{12}=0,\quad A_{22}=0,\quad A_{32}=1,\quad A_{42}=1$$
$$A_{13}=1,\quad A_{23}=1,\quad A_{33}=0,\quad A_{43}=0$$
$$A_{14}=1,\quad A_{24}=1,\quad A_{34}=0,\quad A_{44}=-1$$

故
$$\boldsymbol{A}^{-1}=\frac{\boldsymbol{A}^*}{|\boldsymbol{A}|}=\begin{pmatrix}1&0&-1&-1\\0&0&-1&-1\\-1&-1&0&0\\-1&-1&0&1\end{pmatrix}$$

注 我们已讲过,用记录矩阵法将$(\boldsymbol{A}\vdots\boldsymbol{I})$实施行的初等变换化为$(\boldsymbol{I}\vdots\boldsymbol{B})$形状后,$\boldsymbol{B}$即为$\boldsymbol{A}^{-1}$.当然也可将$\begin{pmatrix}\boldsymbol{A}\\\boldsymbol{I}\end{pmatrix}$对列实施初等变换化为$\begin{pmatrix}\boldsymbol{I}\\\boldsymbol{B}\end{pmatrix}$后,同样有$\boldsymbol{B}=\boldsymbol{A}^{-1}$.

例2 设矩阵$\boldsymbol{A}=\begin{pmatrix}1&0&0&0&0\\0&2&0&0&0\\0&0&3&0&0\\0&0&0&4&0\\0&0&0&0&5\end{pmatrix}$,求$\boldsymbol{A}^{-1}$.(上海交通大学等八院校,1985)

解 由公式$\boldsymbol{A}^{-1}=\frac{\boldsymbol{A}^*}{|\boldsymbol{A}|}$,且注意到$|\boldsymbol{A}|=5!$,则

$$\boldsymbol{A}^{-1}=\frac{1}{5!}\begin{pmatrix}2\times3\times4\times5&0&0&0&0\\0&1\times3\times4\times5&0&0&0\\0&0&1\times2\times4\times5&0&0\\0&0&0&1\times2\times3\times5&0\\0&0&0&0&1\times2\times3\times4\end{pmatrix}$$

$$=\begin{pmatrix}1&0&0&0&0\\0&\frac{1}{2}&0&0&0\\0&0&\frac{1}{3}&0&0\\0&0&0&\frac{1}{4}&0\\0&0&0&0&\frac{1}{5}\end{pmatrix}$$

例3 若$\boldsymbol{A}=\begin{pmatrix}1&0&0&0\\1&1&0&0\\0&0&1&0\\0&0&0&1\end{pmatrix}$,$\boldsymbol{B}=\begin{pmatrix}1&0&0&0\\0&2&0&0\\0&0&3&0\\0&0&0&4\end{pmatrix}$,求$(\boldsymbol{AB})^{-1}$.(中南矿冶学院,1985)

解 由$(\boldsymbol{AB})^{-1}=\boldsymbol{B}^{-1}\boldsymbol{A}^{-1}$,注意到$\boldsymbol{A}$系初等矩阵$\boldsymbol{P}(1(1),2)$,知$\boldsymbol{P}^{-1}(1(1),2)=\boldsymbol{P}(1(-1),2)$.又$\boldsymbol{B}$为对角阵,故

$$A^{-1}=\begin{pmatrix}1&0&0&0\\-1&1&0&0\\0&0&1&0\\0&0&0&1\end{pmatrix},\quad B^{-1}=\begin{pmatrix}1&0&0&0\\0&\frac{1}{2}&0&0\\0&0&\frac{1}{3}&0\\0&0&0&\frac{1}{4}\end{pmatrix}$$

从而
$$(AB)^{-1}=B^{-1}A^{-1}=\begin{pmatrix}1&0&0&0\\-\frac{1}{2}&\frac{1}{2}&0&0\\0&0&\frac{1}{3}&0\\0&0&0&\frac{1}{4}\end{pmatrix}$$

注 它还可以用分块矩阵乘法及求逆公式去解.

下面的求逆问题涉及伴随矩阵问题.

例 4 若 A 为 n 阶可逆矩阵,则其伴随矩阵 A^* 也可逆,且求 $(A^*)^{-1}$.(北京农业大学,1984)

证 由 $A^{-1}=\dfrac{A^*}{|A|}$,故 $A^*=|A|A^{-1}$.

又 $|A|\neq 0$,及 A^{-1} 可逆,故 $A^*=|A|A^{-1}$ 也可逆.

因 $A^*=|A|A^{-1}$,故 $(A^*)^{-1}=(|A|A^{-1})^{-1}=\dfrac{1}{|A|}(A^{-1})^{-1}=\dfrac{A}{|A|}$.

注 1 在题设条件下可求证:(1)A^* 是可逆阵;(2)$(A^*)^{-1}=(A^{-1})^*$.

注意到 $(A^{-1})^*=|A^{-1}|(A^{-1})^{-1}=|A^{-1}|A=|A|^{-1}A$ 及 $(A^*)^{-1}=(|A|A^{-1})^{-1}=|A|^{-1}A$ 即可.

注 2 关于 A^* 的秩的更一般的结论(前文已述及)我们必须牢记

$$\mathrm{r}(A^*)=\begin{cases}n, & 若\ \mathrm{r}(A)=n\\ 1, & 若\ \mathrm{r}(A)=n-1\\ 0, & 若\ \mathrm{r}(A)<n-1\end{cases}$$

这只需注意到 $A^*A=|A|I=O$,从而 $\mathrm{r}(A^*)+\mathrm{r}(A)\leqslant n$ 即可.

下面是一个矩阵和的求逆公式.

例 5 若 A,B 可逆,验证矩阵等式 $(A+B)^{-1}=A^{-1}-A^{-1}(A^{-1}+B^{-1})^{-1}A^{-1}$.(南京邮电学院、甘肃工业大学,1982)

证 注意到下面的式子及变换

$$\begin{aligned}(A+B)[A^{-1}-A^{-1}(A^{-1}+B^{-1})A^{-1}]&=I+BA^{-1}-(I+BA^{-1})(A^{-1}+B^{-1})A^{-1}\\&=I+BA^{-1}-B(B^{-1}+A^{-1})(A^{-1}+B^{-1})^{-1}A^{-1}\\&=I+BA^{-1}-B(A^{-1}+B^{-1})(A^{-1}+B^{-1})^{-1}A^{-1}\\&=I+BA^{-1}-BA^{-1}=I\end{aligned}$$

故
$$(A+B)^{-1}=A^{-1}-A^{-1}(A^{-1}+B^{-1})A^{-1}$$

注 1 这种通过矩阵相乘等于单位矩阵去直接验证矩阵的逆阵方法,是基本和常用的.当然我们还可以右乘 $A+B$ 阵去验证,即计算 $[A^{-1}-A^{-1}(A^{-1}+B^{-1})A^{-1}](A+B)$ 亦可.

注 2 与之类似的命题有:

问题:验证公式:若 $A,B\in\mathbf{R}^{n\times n}$,且 $A,B,A+B,A^{-1}+B^{-1}$ 均满秩(可逆),则 $(A^{-1}+B^{-1})^{-1}=A(A+B)^{-1}B=B(A+B)^{-1}A$.(大连工学院,1981,1995⑤)

事实上 $A^{-1}+B^{-1}=A^{-1}(I+AB^{-1})=A^{-1}+(B+A)B^{-1}$,从而

$$(A^{-1}+B^{-1})^{-1}=[A^{-1}(B+A)B^{-1}]^{-1}=B(B+A)^{-1}A$$

显然$(A+B)^{-1}=B^{-1}(A^{-1}+B^{-1})A^{-1}$可从上式直接得到.

注 3 下面的问题与例 8 无异,但解法利用了例 9 的结论后,则显简洁许多.

问题:若 A 非奇异,$\alpha,\beta\in\mathbf{R}^n$,且 $1+\beta^{\mathrm{T}}A^{-1}\alpha\neq0$,求$(A+\alpha\beta^{\mathrm{T}})^{-1}$.

由 $A+\alpha\beta^{\mathrm{T}}=A[I-A^{-1}\alpha(-\beta^{\mathrm{T}})]$,且注意到 $1+\beta^{\mathrm{T}}A^{-1}\alpha$ 是数,则

$$[I-(A^{-1}\alpha)(-\beta^{\mathrm{T}})]^{-1}=I+(A^{-1}\alpha)[1-(-\beta)^{\mathrm{T}}A^{-1}\alpha]^{-1}(-\beta^{\mathrm{T}})=I-\frac{A^{-1}\alpha\beta^{\mathrm{T}}}{1+\beta^{\mathrm{T}}A^{-1}\alpha}$$

故$(A+\alpha\beta^{\mathrm{T}})^{-1}=A^{-1}-\dfrac{A^{-1}\alpha^{\mathrm{T}}A^{-1}}{1+\beta^{\mathrm{T}}A^{-1}\alpha}$(Sherman-Morrison 公式).

这里又一次推导出 S-M 公式(前文曾有介绍).特别地还有公式

$$(I-AB)^{-1}=I+A(I-BA)^{-1}B \qquad (*)$$

显然它是 S-M 公式的推广或引申,而它同时是例 8 公式的特例.

注 4 与之类同的例子可见分块矩阵求逆问题.

②分块矩阵求逆

下面来看看分块矩阵的求逆问题.

分块矩阵对计算(或证明)某些矩阵问题带来方便(这在前面的例中已经看到),特别是得到了某些结论之后.

先来看一个利用矩阵分块来判断非奇异矩阵和对称矩阵的例子.

例 6 若 A 是对角线元素为 0 的四阶实对称可逆矩阵,I 为四阶单位矩阵,又

$$B=\begin{pmatrix}0&&&\\&0&&\\&&k&\\&&&l\end{pmatrix}\quad(k>0,l>0)$$

(1)试计算 $I+AB$,且指出 A 中元素满足何条件时,$I+AB$ 为可逆矩阵.

(2)当 $I+AB$ 为可逆矩阵时,试证明$(I+AB)^{-1}A$ 为对称矩阵.(清华大学,1984)

解 (1)若设 $A=(a_{ij})_{4\times4}$,则由 A 的对角线元素为 0 且 $A^{\mathrm{T}}=A$,有

$$I+AB=\begin{pmatrix}1&&&\\&1&&\\&&1&\\&&&1\end{pmatrix}+\left(\begin{array}{cc|cc}0&a_{12}&a_{13}&a_{14}\\a_{12}&0&a_{23}&a_{24}\\\hline a_{13}&a_{23}&0&a_{34}\\a_{14}&a_{24}&a_{34}&0\end{array}\right)\cdot\left(\begin{array}{cc|cc}0&&&\\&0&&\\\hline&&k&\\&&&l\end{array}\right)$$

(将后面矩阵 A,B 皆按虚线分块再相乘)

$$=\begin{pmatrix}1&&&\\&1&&\\&&1&\\&&&1\end{pmatrix}+\begin{pmatrix}0&0&ka_{13}&la_{14}\\0&0&ka_{23}&la_{24}\\0&0&0&la_{34}\\0&0&ka_{34}&0\end{pmatrix}=\begin{pmatrix}1&0&ka_{13}&la_{14}\\0&1&ka_{23}&la_{24}\\0&0&1&la_{34}\\0&0&ka_{34}&1\end{pmatrix}$$

由分块矩阵行列式公式,有

$$|I+AB|=\begin{vmatrix}1&0\\0&1\end{vmatrix}\cdot\begin{vmatrix}1&la_{34}\\ka_{34}&1\end{vmatrix}=1-kla_{34}^2$$

故当 $a_{34}\neq\pm\dfrac{1}{\sqrt{kl}}$时,$I+AB$ 为可逆矩阵.

(2)注意到下面式子的运算

$$[(I+AB)^{-1}A]^{\mathrm{T}}=A^{\mathrm{T}}[(I+AB)^{-1}]^{\mathrm{T}}=A[(I+AB)^{\mathrm{T}}]^{-1}=A(I+B^{\mathrm{T}}A^{\mathrm{T}})^{-1}$$

$$=A(I+BA)^{-1}=[(I+BA)A^{-1}]^{-1}=(A^{-1}+B)^{-1}=[A^{-1}(I+AB)]^{-1}$$
$$=(I+AB)^{-1}A$$

故$(I+AB)^{-1}A$为对称矩阵.

注 此例中的(2)还可证如:因可逆矩阵的逆阵为原矩阵,故只需证

$$[(I+AB)^{-1}A]^{-1}=A^{-1}(I+AB)=A^{-1}+B$$

为对称矩阵即可.由

$$(A^{-1}+B)^{\mathrm{T}}=(A^{-1})^{\mathrm{T}}+B^{\mathrm{T}}=(A^{\mathrm{T}})^{-1}+B=A^{-1}+B$$

故$A^{-1}+B$为对称矩阵,从而$(A^{-1}+B)^{-1}=(I+AB)^{-1}A$亦为对称矩阵.

分块矩阵求逆问题一般涉及4个子块的分块方式,具体地讲常有:

若$X=\begin{pmatrix}A & B\\ O & C\end{pmatrix}$,则$X$的逆$X^{-1}=\begin{pmatrix}A^{-1} & -A^{-1}BC^{-1}\\ O & C^{-1}\end{pmatrix}$;

若$Y=\begin{pmatrix}A & O\\ B & C\end{pmatrix}$,则$Y$的逆$Y^{-1}=\begin{pmatrix}A^{-1} & O\\ -C^{-1}BA & C^{-1}\end{pmatrix}$;

若$Z=\begin{pmatrix}O & A\\ C & B\end{pmatrix}$,则$Z$的逆$Z^{-1}=\begin{pmatrix}-C^{-1}BA^{-1} & C^{-1}\\ A^{-1} & O\end{pmatrix}$.

它们的求逆亦可用矩阵块的初等变换的记录矩阵法获得,比如

$$\left(\begin{array}{cc:cc}A & B & I_1 & \\ O & C & & I_2\end{array}\right)\xrightarrow[-BC^{-1}\text{加至上块}]{\text{(行)下块左乘}}\left(\begin{array}{cc:cc}A & O & I_1 & -BC^{-1}\\ O & C & O & I\end{array}\right)$$
$$\xrightarrow[\text{下块左乘 }C^{-1}]{\text{上块右乘 }A^{-1}}\left(\begin{array}{cc:cc}I_1 & O & A^{-1} & -A^{-1}BC^{-1}\\ O & I_2 & O & C^{-1}\end{array}\right)=(I \,\vdots\, X^{-1})$$

其他分块求逆方法类同.特别地

$$\begin{pmatrix}A & O\\ O & B\end{pmatrix}^{-1}=\begin{pmatrix}A^{-1} & O\\ O & B^{-1}\end{pmatrix},\quad \begin{pmatrix}O & A\\ B & O\end{pmatrix}^{-1}=\begin{pmatrix}O & B^{-1}\\ A^{-1} & O\end{pmatrix}$$

下面来看具体例子.

例7 设A和B为可逆矩阵,$X=\begin{pmatrix}O & A\\ B & O\end{pmatrix}$为分块矩阵,求$X^{-1}$.(北京化工学院,1986)

解 设X的逆矩阵为$X^{-1}=\begin{pmatrix}X_{11} & X_{12}\\ X_{21} & X_{22}\end{pmatrix}$,则由$XX^{-1}=\begin{pmatrix}I_1 & O\\ O & I_2\end{pmatrix}$($I_1,I_2$为分块单位矩阵),可知

$$\begin{pmatrix}O & A\\ B & O\end{pmatrix}\begin{pmatrix}X_{11} & X_{12}\\ X_{21} & X_{22}\end{pmatrix}=\begin{pmatrix}I_1 & O\\ O & I_2\end{pmatrix}$$

即

$$\begin{pmatrix}AX_{21} & AX_{22}\\ BX_{11} & BX_{12}\end{pmatrix}=\begin{pmatrix}I_1 & O\\ O & I_2\end{pmatrix}$$

从而$AX_{21}=I_1$,$BX_{11}=O$,$BX_{12}=I_2$,$AX_{22}=O$.

由于A,B可逆,则$X_{21}=A^{-1}$,$X_{12}=B^{-1}$,且$X_{11}=O$,$X_{22}=O$.故

$$X^{-1}=\begin{pmatrix}O & B^{-1}\\ A^{-1} & O\end{pmatrix}$$

例8 设方阵$A=\begin{pmatrix}B & U\\ V & a\end{pmatrix}$可逆,其中,矩阵$B\in\mathbf{R}^{(n-1)\times(n-1)}$,$U\in\mathbf{R}^{(n-1)\times 1}$,$V\in\mathbf{R}^{1\times(n-1)}$,又$a$为非0实数,且已知$B^{-1}$,同时$a\neq VBU$,求证

$$A^{-1}=\begin{pmatrix}B^{-1}+xB^{-1}UVB^{-1} & -xB^{-1}U\\ -xVB^{-1} & x\end{pmatrix}$$

其中 $x=\dfrac{1}{a-\boldsymbol{VB}^{-1}\boldsymbol{U}}$.(西北建工学院,1986)

证 设 $\boldsymbol{A}^{-1}=\begin{pmatrix}\boldsymbol{X} & \boldsymbol{Y}\\ \boldsymbol{Z} & x\end{pmatrix}$,其中,$\boldsymbol{X}\in\mathbf{R}^{(n-1)\times(n-1)}$,$\boldsymbol{Y}\in\mathbf{R}^{(n-1)\times 1}$,$\boldsymbol{Z}\in\mathbf{R}^{1\times(n-1)}$,$x\in\mathbf{R}$ 为实数.

由 $\boldsymbol{A}^{-1}\boldsymbol{A}=\boldsymbol{I}$,即 $\begin{pmatrix}\boldsymbol{X} & \boldsymbol{Y}\\ \boldsymbol{Z} & x\end{pmatrix}\begin{pmatrix}\boldsymbol{B} & \boldsymbol{U}\\ \boldsymbol{V} & a\end{pmatrix}=\begin{pmatrix}\boldsymbol{I}_{n-1} & \boldsymbol{O}\\ \boldsymbol{O} & 1\end{pmatrix}$,根据矩阵乘法有

$$\begin{cases}\boldsymbol{XB}+\boldsymbol{YV}=\boldsymbol{I}_{n-1} & ①\\ \boldsymbol{XU}+\boldsymbol{Y}a=\boldsymbol{0} & ②\\ \boldsymbol{ZB}+x\boldsymbol{V}=\boldsymbol{0} & ③\\ \boldsymbol{ZU}+xa=1 & ④\end{cases}$$

由式①有

$$\boldsymbol{X}=\boldsymbol{B}^{-1}-\boldsymbol{YVB}^{-1} \quad ⑤$$

由式③有

$$\boldsymbol{Z}=-x\boldsymbol{VB}^{-1} \quad ⑥$$

将式⑥代入式④,有 $(-x\boldsymbol{VB}^{-1})\boldsymbol{V}+ax=1$,即

$$x=\frac{1}{a-\boldsymbol{VB}^{-1}\boldsymbol{U}} \quad ⑦$$

将式⑤代入式②,有 $(\boldsymbol{B}^{-1}-\boldsymbol{YVB}^{-1})\boldsymbol{V}+\boldsymbol{Y}a=0$,故

$$\boldsymbol{Y}=-\frac{\boldsymbol{B}^{-1}\boldsymbol{U}}{a-\boldsymbol{VB}^{-1}\boldsymbol{U}}=-x\boldsymbol{B}^{-1}\boldsymbol{U} \quad ⑧$$

将式⑧代入式⑥,有

$$\boldsymbol{Z}=\boldsymbol{B}^{-1}+x\boldsymbol{B}^{-1}\boldsymbol{UVB}^{-1} \quad ⑨$$

综上可有

$$\boldsymbol{A}^{-1}=\begin{pmatrix}\boldsymbol{B}^{-1}+x\boldsymbol{B}^{-1}\boldsymbol{UVB}^{-1} & -x\boldsymbol{B}^{-1}\boldsymbol{U}\\ -x\boldsymbol{VB}^{-1} & x\end{pmatrix}$$

其中 $x=\dfrac{1}{a-\boldsymbol{VB}^{-1}\boldsymbol{U}}$.

以上两例其实只是下面问题的特殊情形而已.

例 9 设有分块矩阵 $\begin{pmatrix}\boldsymbol{A} & \boldsymbol{B}\\ \boldsymbol{C} & \boldsymbol{D}\end{pmatrix}$,其中 $\boldsymbol{A},\boldsymbol{D}$ 均为可逆阵,若 $\boldsymbol{A}-\boldsymbol{BD}^{-1}\boldsymbol{C}$ 可逆(满秩),试证:(1)矩阵 $\begin{pmatrix}\boldsymbol{A} & \boldsymbol{B}\\ \boldsymbol{C} & \boldsymbol{D}\end{pmatrix}$ 可逆;(2)$(\boldsymbol{A}-\boldsymbol{BD}^{-1}\boldsymbol{C})^{-1}=\boldsymbol{A}^{-1}-\boldsymbol{A}^{-1}\boldsymbol{B}(\boldsymbol{CA}^{-1}\boldsymbol{B}-\boldsymbol{D})^{-1}\boldsymbol{CA}^{-1}$.(中国科技大学,1982)

证 (1)注意到下面的分块矩阵等式

$$\begin{pmatrix}\boldsymbol{I}_1 & -\boldsymbol{BD}^{-1}\\ \boldsymbol{O} & \boldsymbol{I}_2\end{pmatrix}\begin{pmatrix}\boldsymbol{A} & \boldsymbol{B}\\ \boldsymbol{C} & \boldsymbol{D}\end{pmatrix}=\begin{pmatrix}\boldsymbol{A}-\boldsymbol{BD}^{-1}\boldsymbol{C} & \boldsymbol{O}\\ \boldsymbol{C} & \boldsymbol{D}\end{pmatrix}$$

两边取行列式有

$$\begin{vmatrix}\boldsymbol{A} & \boldsymbol{B}\\ \boldsymbol{C} & \boldsymbol{D}\end{vmatrix}=|\boldsymbol{A}-\boldsymbol{BD}^{-1}\boldsymbol{C}|\cdot|\boldsymbol{D}|$$

由 $|\boldsymbol{D}|\neq 0$,且 $|\boldsymbol{A}-\boldsymbol{BD}^{-1}\boldsymbol{C}|\neq 0$,知 $\begin{vmatrix}\boldsymbol{A} & \boldsymbol{B}\\ \boldsymbol{C} & \boldsymbol{D}\end{vmatrix}\neq 0$,即 $\begin{pmatrix}\boldsymbol{A} & \boldsymbol{B}\\ \boldsymbol{C} & \boldsymbol{D}\end{pmatrix}$ 非奇异.

(2)因 $\boldsymbol{AA}^{-1}=\boldsymbol{I}$,又设 $\boldsymbol{I}_1$ 是与 $\boldsymbol{D}$ 同阶单位矩阵,故由矩阵乘法运算,有

$$\begin{aligned}&(\boldsymbol{A}-\boldsymbol{BD}^{-1}\boldsymbol{C})[\boldsymbol{A}^{-1}-\boldsymbol{A}^{-1}\boldsymbol{B}(\boldsymbol{CA}^{-1}\boldsymbol{B}-\boldsymbol{D})^{-1}\boldsymbol{CA}^{-1}]\\ =&\boldsymbol{I}-\boldsymbol{B}(\boldsymbol{CA}^{-1}\boldsymbol{B}-\boldsymbol{D})^{-1}\boldsymbol{CA}^{-1}-\boldsymbol{BD}^{-1}\boldsymbol{CA}^{-1}+\boldsymbol{BD}^{-1}\boldsymbol{CA}^{-1}\boldsymbol{B}(\boldsymbol{CA}^{-1}\boldsymbol{B}-\boldsymbol{D})^{-1}\boldsymbol{CA}^{-1}\end{aligned}$$

$$=I+B[(D^{-1}CAB-I_1)(CA^{-1}B-D)^{-1}-D^{-1}]CA^{-1}$$

又因 $$D^{-1}CA^{-1}B-I_1=D^{-1}CA^{-1}B-D^{-1}D=D^{-1}(CA^{-1}B-D)$$

故 $$(D^{-1}CA^{-1}B-I_1)(CA^{-1}B-D)^{-1}=D^{-1}(CA^{-1}B-D)(CA^{-1}B-D)^{-1}=D^{-1}$$

因而 $$(D^{-1}CA^{-1}B-I_1)(CA^{-1}B-D)^{-1}-D^{-1}=O$$

所以 $$(A-BD^{-1}C)[A^{-1}-A^{-1}B(CA^{-1}B-D)^{-1}CA^{-1}]=I$$

即 $$(A-BD^{-1}C)^{-1}=A^{-1}-A^{-1}B(CA^{-1}B-D)^{-1}CA^{-1}$$

注 1 下面诸问题与例类同:

(1)若$\begin{pmatrix}A&B\\C&D\end{pmatrix}$是对称阵,又$D$为非奇异阵,则矩阵$\begin{pmatrix}A&B\\C&D\end{pmatrix}$与矩阵$\begin{pmatrix}A-BD^{-1}C&O\\O&D\end{pmatrix}$合同.(西北电讯工程学院,1982)

我们还可有更一般的结论.

(2)若$A\in \mathbf{R}^{n\times n}$且可逆,而$B\in \mathbf{R}^{n\times m}$,$C\in \mathbf{R}^{m\times n}$,$D\in \mathbf{R}^{m\times m}$.当且仅当$T=(D-CA^{-1}B)^{-1}$存在时,分块矩阵$\begin{pmatrix}A&B\\C&D\end{pmatrix}$可逆,且

$$\begin{pmatrix}A&B\\C&D\end{pmatrix}^{-1}=\begin{pmatrix}A^{-1}+A^{-1}BTCA^{-1}&-A^{-1}BT\\-TCA^{-1}&T\end{pmatrix}$$

(3)若$A,B\in \mathbf{R}^{n\times n}$,且$A+B$及$A-I$可逆,则$D=\begin{pmatrix}A&B\\B&A\end{pmatrix}$可逆,求之.(清华大学,1984)

显然 $$|D|=\begin{vmatrix}A&B\\B&A\end{vmatrix}=\begin{vmatrix}A+B&B\\B+A&A\end{vmatrix}=\begin{vmatrix}A+B&B\\O&A-B\end{vmatrix}=|A+B|\cdot|A-B|\neq 0$$

令$D^{-1}=\begin{pmatrix}D_1&D_2\\D_3&D_4\end{pmatrix}$,由$DD^{-1}=I_{2n}=\begin{pmatrix}I_n&\\&I_n\end{pmatrix}$,按分块阵乘法再比较两边有

$$\begin{cases}AD_1+BD_3=I_n\\BD_1+AD_3=O\\AD_2+BD_4=O\\BD_2+AD_4=I_n\end{cases}$$

得 $$D_1=D_4=\frac{1}{2}[(A+B)^{-1}+(A-B)^{-1}]$$

且 $$D_2=D_3=\frac{1}{2}[(A+B)^{-1}-(A-B)^{-1}]$$

注 2 利用本题结果,我们不难证明下面的命题,它们在前文我们已经介绍过.

(1)设分块矩阵$A=\begin{pmatrix}A_{11}&A_{12}\\O&A_{22}\end{pmatrix}$,其中$A_{ij}(i,j=1,2)$表示$n_i\times n_j$阶矩阵.

①试证:A为可逆矩阵$\Longleftrightarrow A_{11},A_{22}$均为可逆矩阵;②试求$A^{-1}$(注意$A_{11}^{-1},A_{22}^{-1}$为$A_{11},A_{22}$的逆矩阵).(西安冶金建筑学院,1983)

(2)若$A,B,C,D\in \mathbf{R}^{n\times n}$,且$AC=CA$,则$\begin{vmatrix}A&B\\C&D\end{vmatrix}=|AD-BC|$.(武汉大学,1983)

它与上面的命题等价.

该问题亦可直接去解(不用例的结果),或者如前文曾述用分块记录矩阵方法(若运算能进行的话)去解,如

$$\left(\begin{array}{cc:cc}A_{11}&A_{12}&I_1&\\O&A_{22}&&I_2\end{array}\right)\longrightarrow\left(\begin{array}{cc:cc}A_{11}&O&I_1&-A_{12}A_{22}{}^{-1}\\O&A_{22}&O&I_2\end{array}\right)$$

$$\longrightarrow\left(\begin{array}{cc|cc} I_1 & & A_{11}^{-1} & -A_{11}^{-1}A_{12}A_{22}^{-1} \\ & I_2 & O & A_{22}^{-1}\end{array}\right)$$

注3 对于分块矩阵$\begin{pmatrix} A & B \\ C & D\end{pmatrix}$来讲：

(1)若A可逆，则有

$$\begin{pmatrix} A & B \\ C & D\end{pmatrix}=\begin{pmatrix} I & O \\ CA^{-1} & I\end{pmatrix}\begin{pmatrix} A & O \\ O & D-CA^{-1}B\end{pmatrix}\begin{pmatrix} I & A^{-1}B \\ O & I\end{pmatrix}$$

(2)若D可逆，则有

$$\begin{pmatrix} A & B \\ C & D\end{pmatrix}=\begin{pmatrix} I & BD^{-1} \\ O & I\end{pmatrix}\begin{pmatrix} A-BD^{-1}C & O \\ O & D\end{pmatrix}\begin{pmatrix} I & O \\ D^{-1}C & I\end{pmatrix}$$

注4 对于例的结论来讲更一般的可有：

命题：若$A\in \mathbf{R}^{m\times n}$，$D\in \mathbf{R}^{n\times n}$，且它们均可逆，则分块阵$H=\begin{pmatrix} A & B \\ C & D\end{pmatrix}$可逆$\Longleftrightarrow A-BD^{-1}C$和$D-CA^{-1}B$可逆.

证1：由题设A可逆考虑(前文已有证)

$$\begin{pmatrix} A & B \\ C & D\end{pmatrix}\begin{pmatrix} I & -A^{-1}B \\ O & I\end{pmatrix}=\begin{pmatrix} A & O \\ C & D-CA^{-1}B\end{pmatrix}$$

则两边取行列式有

$$\begin{vmatrix} A & B \\ C & D\end{vmatrix}=\begin{vmatrix} A & O \\ C & D-CA^{-1}B\end{vmatrix}=|A|\,|CA^{-1}B| \qquad ①$$

同样，由D可逆考虑

$$\begin{pmatrix} A & B \\ C & D\end{pmatrix}\begin{pmatrix} I & O \\ -D^{-1}C & I\end{pmatrix}=\begin{pmatrix} A-BD^{-1}C & B \\ O & D\end{pmatrix}$$

则

$$\begin{vmatrix} A & B \\ C & D\end{vmatrix}=\begin{vmatrix} A-BD^{-1}C & B \\ O & D\end{vmatrix}=|A-BD^{-1}C|\,|D| \qquad ②$$

因$|A|\neq 0$，$|D|\neq 0$，由式①和式②知：

矩阵H可逆$\Longleftrightarrow |D-CA^{-1}B|\neq 0$，且$|A-BD^{-1}C|\neq 0$

$\Longleftrightarrow D-CA^{-1}B$和$A-BD^{-1}C$可逆(非奇异)

证2：由题设A,D可逆，考虑

$$\begin{pmatrix} A & B \\ C & D\end{pmatrix}\begin{pmatrix} -A^{-1} & O \\ O & D^{-1}\end{pmatrix}\begin{pmatrix} A & B \\ C & D\end{pmatrix}=\begin{pmatrix} BD^{-1}C-A & O \\ O & D-CA^{-1}B\end{pmatrix}$$

两边取行列式有

$$\begin{vmatrix} A & B \\ C & D\end{vmatrix}^2|-A^{-1}|\,|D^{-1}|=|BD^{-1}C-A|\,|D-CA^{-1}B|$$

从而

$$\begin{vmatrix} A & B \\ C & D\end{vmatrix}\neq 0\Longleftrightarrow |BD^{-1}C-A|\,|D-CA^{-1}B|\neq 0$$

$$\Longleftrightarrow |BD^{-1}C-A|\neq 0\text{，且}|D-CA^{-1}B|\neq 0$$

$$\Longleftrightarrow \text{矩阵 } BD^{-1}C-A \text{ 和 } D-CA^{-1}B \text{ 可逆}$$

(4)求解矩阵问题

这个问题其实是方程求解问题的推广，其中的有些问题仍需用求解线性方程来处理.

例 1 设 $AB=A-2B$,其中 $A=\begin{pmatrix}-1&-1&0\\-1&0&1\\2&2&1\end{pmatrix}$,求矩阵 B.(阜新矿业学院等六矿业院校,1985)

解 由题设 $AB=A-2B$,有 $AB+2B=A$,即 $(A+2I)B=A$,从而,若 $A+2I$ 可逆,有 $B=(A+2I)^{-1}A$.

事实上,由 $A+2I=\begin{pmatrix}-1&-1&0\\-1&2&1\\2&2&3\end{pmatrix}$,用记录矩阵方法试求其逆

$$\left(\begin{array}{ccc|ccc}1&-1&0&1&0&0\\-1&2&1&0&1&0\\2&2&3&0&0&1\end{array}\right)\xrightarrow[\text{变换}]{\text{行初等}}\left(\begin{array}{ccc|ccc}1&0&0&-4&-3&1\\0&1&0&-5&-3&1\\0&0&1&6&4&-1\end{array}\right)$$

即
$$(A+2I)^{-1}=\begin{pmatrix}-4&-3&1\\-5&-3&1\\6&4&-1\end{pmatrix}$$

从而
$$B=(A+2I)^{-1}A=\begin{pmatrix}9&6&-2\\10&7&-2\\-12&-8&3\end{pmatrix}$$

例 2 已知矩阵 $A=\begin{pmatrix}\frac{1}{2}&\frac{1}{2}&\frac{1}{3}\\\frac{1}{2}&-\frac{1}{2}&1\\0&0&-\frac{1}{3}\end{pmatrix}$,$B=\begin{pmatrix}1&1&1\\1&-1&1\\-2&0&1\end{pmatrix}$,又 $C=A^{-1}(ABA-B^{-1})$,试求矩阵 C.(清华大学,1986)

解 1 由题设 $C=A^{-1}ABA-A^{-1}B^{-1}=BA-A^{-1}B^{-1}=BA-(BA)^{-1}$.

又 $BA=\begin{pmatrix}1&0&1\\0&1&-1\\-1&-1&-1\end{pmatrix}$,则可求 $(BA)^{-1}=\begin{pmatrix}2&1&1\\-1&0&-1\\-1&-1&-1\end{pmatrix}$.故

$$C=BA-(BA)^{-1}=\begin{pmatrix}-1&-1&0\\1&1&0\\0&0&0\end{pmatrix}$$

解 2 由解 1 知 $C=BA-A^{-1}B^{-1}$,由题设可求得

$$A^{-1}=\begin{pmatrix}1&1&4\\1&-1&-2\\0&0&-3\end{pmatrix},B^{-1}=\begin{pmatrix}\frac{1}{6}&\frac{1}{6}&-\frac{1}{3}\\\frac{1}{2}&-\frac{1}{2}&0\\\frac{1}{3}&\frac{1}{3}&\frac{1}{3}\end{pmatrix}$$

故
$$C=BA-A^{-1}B^{-1}=\begin{pmatrix}-1&-1&0\\1&1&0\\0&0&0\end{pmatrix}$$

解 3 由 $C=A^{-1}(ABA-B^{-1})$,再由题设可求得

$$AB=\begin{pmatrix}\frac{1}{3} & 0 & \frac{4}{3}\\ -2 & 1 & 1\\ \frac{2}{3} & 0 & -\frac{1}{3}\end{pmatrix},\quad ABA-B^{-1}=\begin{pmatrix}0 & 0 & 0\\ -1 & -1 & 0\\ 0 & 0 & 0\end{pmatrix}$$

则

$$C=A^{-1}(ABA-B^{-1})=\begin{pmatrix}-1 & -1 & 0\\ 1 & 1 & 0\\ 0 & 0 & 0\end{pmatrix}$$

例 3 若矩阵 $\boldsymbol{A}$ 是 $\boldsymbol{B}=\begin{pmatrix}1 & -1 & 1\\ 2 & 1 & 0\\ 2 & 1 & 1\end{pmatrix}$ 的逆矩阵，求 $(\boldsymbol{A}+2\boldsymbol{I})^{-1}(\boldsymbol{A}^2-4\boldsymbol{I})$，其中 $\boldsymbol{I}$ 为 3 阶单位阵.（大连海运学院，1985）

解 由 $|\boldsymbol{B}|=1$，则有 $\boldsymbol{A}=\boldsymbol{B}^{-1}=\boldsymbol{B}^*=\begin{pmatrix}1 & 2 & -1\\ -1 & -1 & 1\\ -1 & -3 & 2\end{pmatrix}$.

又由 $\boldsymbol{A}^2-4\boldsymbol{I}=(\boldsymbol{A}+2\boldsymbol{I})(\boldsymbol{A}-2\boldsymbol{I})$，故

$$(\boldsymbol{A}+2\boldsymbol{I})^{-1}(\boldsymbol{A}^2-4\boldsymbol{I})=\boldsymbol{A}-2\boldsymbol{I}=\begin{pmatrix}-1 & 2 & -1\\ -1 & -3 & 1\\ -1 & -3 & 0\end{pmatrix}$$

例 4 设 $\boldsymbol{A}=\begin{pmatrix}0 & 1 & 0\\ 0 & 0 & 1\\ 1 & 0 & 0\end{pmatrix}$，求所有与 $\boldsymbol{A}$ 可交换的（即 $\boldsymbol{AB}=\boldsymbol{BA}$）矩阵 $\boldsymbol{B}$.

解 设 $\boldsymbol{B}=\begin{pmatrix}b_{11} & b_{12} & b_{13}\\ b_{21} & b_{22} & b_{23}\\ b_{31} & b_{32} & b_{33}\end{pmatrix}$，由 $\boldsymbol{AB}=\boldsymbol{BA}$ 可有

$$\boldsymbol{AB}=\begin{pmatrix}b_{21} & b_{22} & b_{23}\\ b_{31} & b_{32} & b_{33}\\ b_{11} & b_{12} & b_{13}\end{pmatrix}=\begin{pmatrix}b_{13} & b_{11} & b_{12}\\ b_{23} & b_{21} & b_{22}\\ b_{33} & b_{31} & b_{32}\end{pmatrix}=\boldsymbol{BA} \qquad (*)$$

故 $\boldsymbol{B}=\begin{pmatrix}b_{11} & b_{12} & b_{13}\\ b_{13} & b_{11} & b_{12}\\ b_{12} & b_{13} & b_{11}\end{pmatrix}$ 或 $\begin{pmatrix}a & b & c\\ c & a & b\\ b & c & a\end{pmatrix}$ 的形状，其中 a,b,c 为任意实数.

注 1 其实 $\boldsymbol{A}$ 是经过交换 1、3 行，又交换 1、2 行的初等阵之积，它左乘某矩阵效果为交换其 1、3 行，再交换其 1、2 行；它右乘某矩阵效果为交换其 1、3 列，再交换其 1、2 列.

如此，上面式（*）结论似乎显然.

注 2 涉及这类矩阵行列交换问题较抽象的结论还有：

(1)若 $\boldsymbol{A}$ 与 $\boldsymbol{B}$ 可交换，且 $\boldsymbol{A}$ 可逆，则 $\boldsymbol{A}^{-1}$ 与 $\boldsymbol{B}$ 亦可交换.（湖南大学，1983）

这只需注意到若 $\boldsymbol{AB}=\boldsymbol{BA}$，两边左乘 $\boldsymbol{A}^{-1}$，则 $\boldsymbol{A}^{-1}\boldsymbol{AB}=\boldsymbol{A}^{-1}\boldsymbol{BA}$，即 $\boldsymbol{B}=\boldsymbol{A}^{-1}\boldsymbol{BA}$. 两边右乘 $\boldsymbol{A}^{-1}$ 有 $\boldsymbol{BA}^{-1}=\boldsymbol{A}^{-1}\boldsymbol{BAA}^{-1}=\boldsymbol{A}^{-1}\boldsymbol{B}$.

(2)试证与所有矩阵皆可交换的矩阵为数量阵，即形如 $\mathrm{diag}\{a,a,\cdots,a\}$ 的矩阵.（上海交通大学，

1981)

其证明见前文例.

1987～2012 年部分

(一)填空题

1. 关于矩阵的秩

关于矩阵的秩的填空题,在全国统一招生试题中时有出现,或由矩阵运算性质,或由矩阵简单运算解得.

题 1 (1992①)设 $\boldsymbol{A}=\begin{pmatrix} a_1b_1 & a_1b_2 & \cdots & a_1b_n \\ a_2b_1 & a_2b_2 & \cdots & a_2b_n \\ \vdots & \vdots & & \vdots \\ a_nb_1 & a_nb_2 & \cdots & a_nb_n \end{pmatrix}$,其中 $a_i\neq 0, b_i\neq 0(i=1,2,\cdots,n)$,则矩阵 $\boldsymbol{A}$ 的秩 $\mathrm{r}(\boldsymbol{A})=$________.

解 1 因为 $\boldsymbol{A}$ 是非零矩阵,且 $\boldsymbol{A}$ 的任意 2 阶子式皆为 0,所以秩 $\mathrm{r}(\boldsymbol{A})=1$.

解 2 对矩阵 $\boldsymbol{A}$ 施用初等行变换:第 1 行乘以 $\left(-\dfrac{a_i}{a_1}\right)$ 加到第 i 行去($i=2,\cdots,n$),可把 $\boldsymbol{A}$ 化为除第 1 行元素不为 0 外,其余各行元素皆为 0 的矩阵. 故秩 $\mathrm{r}(\boldsymbol{AB})=1$.

解 3 若令 $\boldsymbol{\alpha}=(a_1,a_2,\cdots,a_n)$,$\boldsymbol{\beta}=(b_1,b_2,\cdots,b_n)$,则 $\boldsymbol{A}=\boldsymbol{\alpha\beta}^{\mathrm{T}}$,知 $\mathrm{r}(\boldsymbol{A})\leqslant 1$.

又 $a_i\neq 0, b_i\neq 0(i=1,2,\cdots,n)$,知 $\mathrm{r}(\boldsymbol{A})\geqslant 1$. 综上,$\mathrm{r}(\boldsymbol{A})=1$.

题 2 (1993③④)设 4 阶方阵 $\boldsymbol{A}$ 的秩为 2,则其伴随矩阵 $\boldsymbol{A}^*$ 的秩为________.

解 由于 $\boldsymbol{A}$ 的所有 3 阶子式均为 0,故 $\boldsymbol{A}^*$ 的元素全为 0,即其为零阵,因此 $\boldsymbol{A}^*$ 的秩为 0.

注 前文曾指出:记住结论 $\mathrm{r}(\boldsymbol{A}^*)=\begin{cases} n, & 若\ \mathrm{r}(\boldsymbol{A})=n \\ 1, & 若\ \mathrm{r}(\boldsymbol{A})=n-1 \\ 0, & 若\ \mathrm{r}(\boldsymbol{A})<n-1 \end{cases}$,有时可方便地解许多问题.

题 3 (2001③④)设矩阵 $\boldsymbol{A}=\begin{pmatrix} k & 1 & 1 & 1 \\ 1 & k & 1 & 1 \\ 1 & 1 & k & 1 \\ 1 & 1 & 1 & k \end{pmatrix}$ 且秩 $\mathrm{r}(\boldsymbol{A})=3$,则 $k=$________.

解 由题设知 $|\boldsymbol{A}|=0$,因而问题关键还是计算 $|\boldsymbol{A}|$. 将 $|\boldsymbol{A}|$ 的第 2～4 列加到第 1 列后提取 $k+3$,有

$$|\boldsymbol{A}|=(k+3)\begin{vmatrix} 1 & 1 & 1 & 1 \\ 1 & k & 1 & 1 \\ 1 & 1 & k & 1 \\ 1 & 1 & 1 & k \end{vmatrix} \xlongequal[\text{别减去第 1 列}]{\text{第 2～4 列分}} (k+3)\begin{vmatrix} 1 & 0 & 0 & 0 \\ 1 & k-1 & 0 & 0 \\ 1 & 0 & k-1 & 0 \\ 1 & 0 & 0 & k-1 \end{vmatrix}$$

$$=(k+3)(k-1)^3$$

令 $|\boldsymbol{A}|=0$,得 $k=-3$ 或 $k=1$. 但是,当 $k=1$ 时,秩 $\mathrm{r}(\boldsymbol{A})=1$,与题设不符. 故 $k=-3$.

注 这里我们又一次遇到前文我们重点介绍的行列式

$$D_n=\begin{vmatrix} a & x & x & \cdots & x \\ x & a & x & \cdots & x \\ x & x & a & \cdots & x \\ \vdots & \vdots & \vdots & & \vdots \\ x & x & x & \cdots & a \end{vmatrix}=[a+(n-1)x](a-x)^{n-1}$$

若能记住结论,可大大减少计算步骤.

题4 (1996①)设 $\boldsymbol{A}$ 是 4×3 矩阵,且 $\boldsymbol{A}$ 的秩 $r(\boldsymbol{A})=2$,而矩阵 $\boldsymbol{B}=\begin{pmatrix}1&0&2\\0&2&0\\-1&0&3\end{pmatrix}$,则秩 $r(\boldsymbol{AB})=$________.

解 直接计算 $|\boldsymbol{B}|=10\neq0$,因此 $\boldsymbol{B}$ 是满秩矩阵.而满秩矩阵去乘某矩阵,不改变其秩.

故 $r(\boldsymbol{AB})=r(\boldsymbol{A})=2$.

题5 (1997①)设 $\boldsymbol{A}=\begin{pmatrix}1&2&-2\\4&t&3\\3&-1&1\end{pmatrix}$,$\boldsymbol{B}$ 为3阶非零矩阵,且 $\boldsymbol{AB}=\boldsymbol{O}$,则 $t=$________.

解 由题设 $\boldsymbol{B}$ 是非零矩阵,知 $\boldsymbol{Ax}=\boldsymbol{0}$ 有非零解,所以 $|\boldsymbol{A}|=0$.

将 $|\boldsymbol{A}|$ 的第3行乘以2加到第1行,再按分块矩阵行列式计算方法有

$$\begin{vmatrix}1&2&-2\\4&t&3\\3&-1&1\end{vmatrix}=\begin{vmatrix}7&0&0\\4&t&3\\3&-1&1\end{vmatrix}=7(t+3)$$

又由 $7(t+3)=0$,得 $t=-3$.

题6 (2012①)设 $\boldsymbol{\alpha}$ 为3维单位列向量,$\boldsymbol{I}$ 为3阶单位矩阵,则矩阵 $\boldsymbol{I}-\boldsymbol{\alpha\alpha}^{\mathrm{T}}$ 的秩为________.

解 首先 $(\boldsymbol{\alpha\alpha}^{\mathrm{T}})^{\mathrm{T}}=\boldsymbol{\alpha\alpha}^{\mathrm{T}}$ 知其对称,且 $(\boldsymbol{\alpha\alpha}^{\mathrm{T}})\boldsymbol{\alpha}=\boldsymbol{\alpha}(\boldsymbol{\alpha\alpha}^{\mathrm{T}})=\boldsymbol{\alpha}$ 知 $\boldsymbol{\alpha}$ 是 $\boldsymbol{\alpha\alpha}^{\mathrm{T}}$ 相应于特征值为1的特征向量,且设

$$\boldsymbol{P}^{-1}(\boldsymbol{\alpha\alpha}^{\mathrm{T}})\boldsymbol{P}=\begin{pmatrix}1&0&0\\0&0&0\\0&0&0\end{pmatrix},\text{故 }\boldsymbol{P}^{-1}(\boldsymbol{I}-\boldsymbol{\alpha\alpha}^{\mathrm{T}})\boldsymbol{P}=\boldsymbol{P}^{-1}\boldsymbol{IP}-\boldsymbol{P}^{-1}\boldsymbol{\alpha\alpha}^{\mathrm{T}}\boldsymbol{P}=\begin{pmatrix}0&0&0\\0&1&0\\0&0&1\end{pmatrix}$$

从而秩 $r(\boldsymbol{I}-\boldsymbol{\alpha\alpha}^{\mathrm{T}})=2$.

注1 若使 $\boldsymbol{\alpha}=(1,0,0)^{\mathrm{T}}$,则 $\boldsymbol{\alpha\alpha}^{\mathrm{T}}=\begin{pmatrix}1&0&0\\0&0&0\\0&0&0\end{pmatrix}$,直接有 $\boldsymbol{I}-\boldsymbol{\alpha\alpha}^{\mathrm{T}}=\begin{pmatrix}0&0&0\\0&1&0\\0&0&1\end{pmatrix}$.此解法可给出答案,但做法不严谨,对于填空题来讲似乎可以.

注2 其实这里 $\boldsymbol{I}-2\boldsymbol{\omega\omega}^{\mathrm{T}}$ 是一类重要矩阵,比如若 $\boldsymbol{\omega}$ 是单位向量,则:

①矩阵 $\boldsymbol{I}-2\boldsymbol{\omega\omega}^{\mathrm{T}}$ 是正交阵;

②此处初等(变换)阵可分别写为

$$\boldsymbol{P}(i,j)=\boldsymbol{I}-(\boldsymbol{e}_i-\boldsymbol{e}_j)(\boldsymbol{e}_i-\boldsymbol{e}_j)^{\mathrm{T}},\quad \boldsymbol{P}(i(k))=\boldsymbol{I}-(1-k)\boldsymbol{e}_i\boldsymbol{e}_j^{\mathrm{T}},\quad \boldsymbol{P}(i(k),j)=\boldsymbol{I}+k\boldsymbol{e}_i\boldsymbol{e}_j^{\mathrm{T}}$$

其中 $\boldsymbol{e}_i$ 为 $\boldsymbol{I}$ 的第 i 列.

题7 (2007①②④)设矩阵 $\boldsymbol{A}=\begin{pmatrix}0&1&0&0\\0&0&1&0\\0&0&0&1\\0&0&0&0\end{pmatrix}$,则 $\boldsymbol{A}^3$ 的秩为________.

解 因为

$$\boldsymbol{A}^2=\begin{pmatrix}0&1&0&0\\0&0&1&0\\0&0&0&1\\0&0&0&0\end{pmatrix}\begin{pmatrix}0&1&0&0\\0&0&1&0\\0&0&0&1\\0&0&0&0\end{pmatrix}=\begin{pmatrix}0&0&1&0\\0&0&0&1\\0&0&0&0\\0&0&0&0\end{pmatrix}$$

$$A^3=\begin{pmatrix}0&0&1&0\\0&0&0&1\\0&0&0&0\\0&0&0&0\end{pmatrix}\begin{pmatrix}0&1&0&0\\0&0&1&0\\0&0&0&1\\0&0&0&0\end{pmatrix}=\begin{pmatrix}0&0&0&1\\0&0&0&0\\0&0&0&0\\0&0&0&0\end{pmatrix}$$

所以 A^3 的秩为 1.

注 顺便计算

$$\begin{pmatrix}1&1&&\\&1&1&\\&&1&1\\&&&1\end{pmatrix}^3=\left(\begin{pmatrix}1&&&\\&1&&\\&&1&\\&&&1\end{pmatrix}+\begin{pmatrix}0&1&&\\&0&1&\\&&0&1\\&&&0\end{pmatrix}\right)^3$$

$$=\begin{pmatrix}1&&&\\&1&&\\&&1&\\&&&1\end{pmatrix}^3+3\begin{pmatrix}1&&&\\&1&&\\&&1&\\&&&1\end{pmatrix}^2\begin{pmatrix}0&1&&\\&0&1&\\&&0&1\\&&&0\end{pmatrix}+$$

$$3\begin{pmatrix}1&&&\\&1&&\\&&1&\\&&&1\end{pmatrix}\begin{pmatrix}0&1&&\\&0&1&\\&&0&1\\&&&0\end{pmatrix}^2+\begin{pmatrix}0&1&&\\&0&1&\\&&0&1\\&&&0\end{pmatrix}^3$$

$$=\begin{pmatrix}1&&&\\&1&&\\&&1&\\&&&1\end{pmatrix}+\begin{pmatrix}0&3&&\\&0&3&\\&&0&3\\&&&0\end{pmatrix}+\begin{pmatrix}0&0&3&0\\&0&0&3\\&&0&0\\&&&0\end{pmatrix}=\begin{pmatrix}1&3&3&0\\&1&3&3\\&&1&3\\&&&1\end{pmatrix}$$

2. 矩阵求逆

(1)简单的矩阵求逆问题

题 1 (1988③④)若矩阵 $A=\begin{pmatrix}0&0&0&1\\0&0&1&0\\0&1&0&0\\1&0&0&0\end{pmatrix}$,则 $A^{-1}=$________.

解 用记录矩阵法求逆.在$(A\,\vdots\,I)$中交换 A 的 1,4 行,交换 A 的 2,3 行且 I 同时交换有

$$\left(\begin{array}{cccc:cccc}&&&1&1&&&\\&&1&&&1&&\\&1&&&&&1&\\1&&&&&&&1\end{array}\right)\longrightarrow\left(\begin{array}{cccc:cccc}1&&&&&&&1\\&1&&&&&1&\\&&1&&&1&&\\&&&1&1&&&\end{array}\right)$$

由上故得矩阵 A 的逆 $A^{-1}=\begin{pmatrix}&&&1\\&&1&\\&1&&\\1&&&\end{pmatrix}^{-1}=\begin{pmatrix}&&&1\\&&1&\\&1&&\\1&&&\end{pmatrix}$.

注 此题结论可以推广至 n 阶的情形(解法仿上).

题 2 (1994③④)设 $a_i\neq0,i=1,2,\cdots,n$,且

$$A=\begin{pmatrix}0 & a_1 & 0 & \cdots & 0\\ 0 & 0 & a_2 & \cdots & 0\\ \vdots & \vdots & \vdots & & \vdots\\ 0 & 0 & 0 & \cdots & a_{n-1}\\ a_n & 0 & 0 & \cdots & 0\end{pmatrix}$$

则 $A^{-1}=$________.

解 1　用记录矩阵法,先构造矩阵$(A\vdots I)$

$$\left(\begin{array}{ccccc:ccccc}0 & a_1 & 0 & \cdots & 0 & 1 & & & & \\ 0 & 0 & a_2 & \cdots & 0 & & 1 & & & \\ \vdots & \vdots & \vdots & & \vdots & & & \ddots & & \\ 0 & 0 & 0 & \cdots & a_{n-1} & & & & 1 & \\ a_n & 0 & 0 & \cdots & 0 & & & & & 1\end{array}\right)$$

再实施下面变换.

先进行如下行交换:第 n 行与第 1 行,第 n 行与第 2 行,……,第 n 行与第$n-1$行;再将第 1 行除以 a_n,第 2 行除以 a_1,……,第 n 行除以 a_{n-1}.最后即可得到

$$A^{-1}=\begin{pmatrix}0 & 0 & \cdots & 0 & \frac{1}{a_n}\\ \frac{1}{a_1} & 0 & \cdots & 0 & 0\\ 0 & \frac{1}{a_2} & \cdots & 0 & 0\\ \vdots & \vdots & & \vdots & \vdots\\ 0 & 0 & \cdots & \frac{1}{a_{n-1}} & 0\end{pmatrix}$$

解 2　用分块矩阵法把 A 分为 4 块:$(n-1)\times 1$ 零矩阵,$(n-1)\times(n-1)$对角方阵(记为 B),1×1 方阵记为 $C=(a_n)$,$1\times(n-1)$零矩阵.

再根据公式$\begin{pmatrix}O & B\\ C & O\end{pmatrix}^{-1}=\begin{pmatrix}O & C^{-1}\\ B^{-1} & O\end{pmatrix}$,即得 A^{-1}.(可见下面的问题及解答)

(2)分块矩阵的逆

下面涉及分块矩阵求逆的简单问题,其实这类问题前面已谈得很多了.请看下面的例子.

题 1　(1991①)设 4 阶方阵 $A=\begin{pmatrix}5 & 2 & 0 & 0\\ 2 & 1 & 0 & 0\\ 0 & 0 & 1 & -2\\ 0 & 0 & 1 & 1\end{pmatrix}$,则 A 的逆矩阵 $A^{-1}=$________.

解　设 $A_1=\begin{pmatrix}5 & 2\\ 2 & 1\end{pmatrix}$,$A_2=\begin{pmatrix}1 & -2\\ 1 & 1\end{pmatrix}$,则 $A=\begin{pmatrix}A_1 & O\\ O & A_2\end{pmatrix}$.又

$$A_1^{-1}=\begin{pmatrix}1 & -2\\ -2 & 5\end{pmatrix},\quad A_2^{-1}=\begin{pmatrix}\frac{1}{3} & \frac{2}{3}\\ -\frac{1}{3} & \frac{1}{3}\end{pmatrix}$$

于是

$$A^{-1}=\begin{pmatrix}A_1^{-1} & O\\ O & A_2^{-1}\end{pmatrix}=\begin{pmatrix}1 & -2 & 0 & 0\\ -2 & 5 & 0 & 0\\ 0 & 0 & \frac{1}{3} & \frac{2}{3}\\ 0 & 0 & -\frac{1}{3} & \frac{1}{3}\end{pmatrix}$$

题 2 (1991③)设 $\boldsymbol{A}$ 和 $\boldsymbol{B}$ 为可逆矩阵,$\boldsymbol{X}=\begin{pmatrix}\boldsymbol{O} & \boldsymbol{A}\\ \boldsymbol{B} & \boldsymbol{O}\end{pmatrix}$为分块矩阵,则 $\boldsymbol{X}^{-1}=$________.

解 设 $\boldsymbol{X}$ 的逆矩阵为 $\boldsymbol{X}^{-1}=\begin{pmatrix}\boldsymbol{X}_{11} & \boldsymbol{X}_{12}\\ \boldsymbol{X}_{21} & \boldsymbol{X}_{22}\end{pmatrix}$,则由 $\boldsymbol{X}\boldsymbol{X}^{-1}=\begin{pmatrix}\boldsymbol{I}_1 & \boldsymbol{O}\\ \boldsymbol{O} & \boldsymbol{I}_2\end{pmatrix}$($\boldsymbol{I}_1,\boldsymbol{I}_2$ 为分块单位矩阵),可知

$$\begin{pmatrix}\boldsymbol{O} & \boldsymbol{A}\\ \boldsymbol{B} & \boldsymbol{O}\end{pmatrix}\begin{pmatrix}\boldsymbol{X}_{11} & \boldsymbol{X}_{12}\\ \boldsymbol{X}_{21} & \boldsymbol{X}_{22}\end{pmatrix}=\begin{pmatrix}\boldsymbol{I}_1 & \boldsymbol{O}\\ \boldsymbol{O} & \boldsymbol{I}_2\end{pmatrix}$$

即

$$\begin{pmatrix}\boldsymbol{A}\boldsymbol{X}_{21} & \boldsymbol{A}\boldsymbol{X}_{22}\\ \boldsymbol{B}\boldsymbol{X}_{11} & \boldsymbol{B}\boldsymbol{X}_{12}\end{pmatrix}=\begin{pmatrix}\boldsymbol{I}_1 & \boldsymbol{O}\\ \boldsymbol{O} & \boldsymbol{I}_2\end{pmatrix}$$

从而 $\boldsymbol{A}\boldsymbol{X}_{21}=\boldsymbol{I}_1,\boldsymbol{B}\boldsymbol{X}_{11}=\boldsymbol{O},\boldsymbol{B}\boldsymbol{X}_{12}=\boldsymbol{I}_2,\boldsymbol{A}\boldsymbol{X}_{22}=\boldsymbol{O}$.

由于 $\boldsymbol{A},\boldsymbol{B}$ 可逆,则 $\boldsymbol{X}_{21}=\boldsymbol{A}^{-1},\boldsymbol{X}_{12}=\boldsymbol{B}^{-1}$,且 $\boldsymbol{X}_{11}=\boldsymbol{O},\boldsymbol{X}_{22}=\boldsymbol{O}$.故

$$\boldsymbol{X}^{-1}=\begin{pmatrix}\boldsymbol{O} & \boldsymbol{B}^{-1}\\ \boldsymbol{A}^{-1} & \boldsymbol{O}\end{pmatrix}$$

此外,本题用记录矩阵法亦可方便地求解(见前文).

(3)涉及矩阵多项式的求逆问题

题 1 (1989①)设矩阵 $\boldsymbol{A}=\begin{pmatrix}3 & 0 & 0\\ 1 & 4 & 0\\ 0 & 0 & 3\end{pmatrix}$,又 $\boldsymbol{I}=\begin{pmatrix}1 & 0 & 0\\ 0 & 1 & 0\\ 0 & 0 & 1\end{pmatrix}$,则逆矩阵$(\boldsymbol{A}-2\boldsymbol{I})^{-1}=$________.

解 先计算 $\boldsymbol{A}-2\boldsymbol{I}=\begin{pmatrix}1 & 0 & 0\\ 1 & 2 & 0\\ 0 & 0 & 1\end{pmatrix}$,然后用记录矩阵法通过初等变换求逆

$$\left(\begin{array}{ccc:ccc}1 & 0 & 0 & 1 & & \\ 1 & 2 & 0 & & 1 & \\ 0 & 0 & 1 & & & 1\end{array}\right)\xrightarrow[\text{再将第 2 行除以 2}]{\text{用第 2 行减去第 1 行}}\left(\begin{array}{ccc:ccc}1 & & & 1 & 0 & 0\\ & 1 & & -\frac{1}{2} & \frac{1}{2} & 0\\ & & 1 & 0 & 0 & 1\end{array}\right)$$

故

$$(\boldsymbol{A}-2\boldsymbol{I})^{-1}=\begin{pmatrix}1 & 0 & 0\\ 0 & -\frac{1}{2} & \frac{1}{2}\\ 0 & 0 & 1\end{pmatrix}$$

题 2 (2000②)设矩阵 $\boldsymbol{A}=\begin{pmatrix}1 & 0 & 0 & 0\\ -2 & 3 & 0 & 0\\ 0 & -4 & 5 & 0\\ 0 & 0 & -6 & 7\end{pmatrix}$,又 $\boldsymbol{I}$ 为 4 阶单位矩阵,且 $\boldsymbol{B}=(\boldsymbol{I}+\boldsymbol{A})^{-1}(\boldsymbol{I}-\boldsymbol{A})$,则 $(\boldsymbol{I}+\boldsymbol{B})^{-1}=$________.

解 由题设 $\boldsymbol{B}=(\boldsymbol{I}+\boldsymbol{A})^{-1}(\boldsymbol{I}-\boldsymbol{A})$,有 $(\boldsymbol{I}+\boldsymbol{A})\boldsymbol{B}=\boldsymbol{I}-\boldsymbol{A}$,即

$$\boldsymbol{B}+\boldsymbol{A}\boldsymbol{B}+\boldsymbol{A}=\boldsymbol{I}$$

两边加 $\boldsymbol{I}$,有 $\boldsymbol{I}+\boldsymbol{B}+\boldsymbol{A}(\boldsymbol{I}+\boldsymbol{B})=2\boldsymbol{I}$,从而 $(\boldsymbol{I}+\boldsymbol{B})(\boldsymbol{I}+\boldsymbol{A})=2\boldsymbol{I}$,故

$$(\boldsymbol{I}+\boldsymbol{B})^{-1}=\frac{1}{2}(\boldsymbol{I}+\boldsymbol{A})=\begin{pmatrix}1&0&0&0\\-1&2&0&0\\0&-2&3&0\\0&0&-3&4\end{pmatrix}$$

题 3 (2001①)设矩阵 $\boldsymbol{A}$ 满足 $\boldsymbol{A}^2+\boldsymbol{A}-4\boldsymbol{I}=\boldsymbol{O}$,其中 $\boldsymbol{I}$ 为单位矩阵,则 $(\boldsymbol{A}-\boldsymbol{I})^{-1}=$ ________.

解 1 设 a 和 b 为待定常数. 将题设方程化为 $(\boldsymbol{A}-\boldsymbol{I})(\boldsymbol{A}+a\boldsymbol{I})=b\boldsymbol{I}$,即

$$\boldsymbol{A}^2+(a-1)\boldsymbol{A}-(a+b)\boldsymbol{I}=\boldsymbol{O}$$

与题设方程比较,得 $a-1=1,-(a+b)=-4$.

由此解得 $a=2,b=2$. 于是,题设方程化为 $(\boldsymbol{A}-\boldsymbol{I})(\boldsymbol{A}+2\boldsymbol{I})=2\boldsymbol{I}$,即

$$(\boldsymbol{A}-\boldsymbol{I})\left[\frac{1}{2}(\boldsymbol{A}+2\boldsymbol{I})\right]=\boldsymbol{I}$$

故

$$(\boldsymbol{A}-\boldsymbol{I})^{-1}=\frac{1}{2}(\boldsymbol{A}+2\boldsymbol{I})$$

解 2 由题设有 $\boldsymbol{A}^2+\boldsymbol{A}-2\boldsymbol{I}=2\boldsymbol{I}$,即 $(\boldsymbol{A}-\boldsymbol{I})(\boldsymbol{A}+2\boldsymbol{I})=2\boldsymbol{I}$,从而

$$(\boldsymbol{A}-\boldsymbol{I})^{-1}=\frac{1}{2}(\boldsymbol{A}+2\boldsymbol{I})$$

题 4 (2003④)设 $\boldsymbol{A},\boldsymbol{B}$ 均为 3 阶矩阵,$\boldsymbol{I}$ 是 3 阶单位矩阵. 若 $\boldsymbol{AB}=2\boldsymbol{A}+\boldsymbol{B}$,又 $\boldsymbol{B}=\begin{pmatrix}2&0&2\\0&4&0\\2&0&2\end{pmatrix}$,则 $(\boldsymbol{A}-\boldsymbol{I})^{-1}=$ ________.

解 由 $\boldsymbol{AB}=2\boldsymbol{A}+\boldsymbol{B}$,知 $\boldsymbol{AB}-\boldsymbol{B}-2\boldsymbol{A}+2\boldsymbol{I}=2\boldsymbol{I}$(等式两边加 $2\boldsymbol{I}$),即有

$$(\boldsymbol{A}-\boldsymbol{I})(\boldsymbol{B}-2\boldsymbol{I})=2\boldsymbol{I}\quad 或\quad (\boldsymbol{A}-\boldsymbol{I})\cdot\frac{1}{2}(\boldsymbol{B}-2\boldsymbol{I})=\boldsymbol{I}$$

则

$$(\boldsymbol{A}-\boldsymbol{I})^{-1}=\frac{1}{2}(\boldsymbol{B}-2\boldsymbol{I})=\begin{pmatrix}0&0&1\\0&1&0\\1&0&0\end{pmatrix}$$

注 前文已述,且由上三题解法可见,这类问题如同代数式变形,如上两题可分别与下面题目类比:

(1)若 $b=\dfrac{1-a}{1+a}$,求 $\dfrac{1}{1+b}$ 即 $(1+b)^{-1}$;

(2)若 $a^2-a-4=0$,求 $\dfrac{1}{a-1}$ 即 $(a-1)^{-1}$;

(3)若 $ab=2a+b$,且 b 已知,求 $\dfrac{1}{a-1}$ 即 $(a-1)^{-1}$.

只需将 a,b 视为 $\boldsymbol{A},\boldsymbol{B}$,$(1+b)^{-1}$ 视为 $(\boldsymbol{I}+\boldsymbol{B})^{-1}$,$(a-1)^{-1}$ 视为 $(\boldsymbol{A}-\boldsymbol{I})^{-1}$ 即可.

题 5 (2002④)设矩阵 $\boldsymbol{A}=\begin{pmatrix}1&-1\\2&3\end{pmatrix}$,$\boldsymbol{B}=\boldsymbol{A}^2-3\boldsymbol{A}+2\boldsymbol{I}$,则 $\boldsymbol{B}^{-1}=$ ________.

解 注意到 $\boldsymbol{A}^2-3\boldsymbol{A}+2\boldsymbol{I}=(\boldsymbol{A}-2\boldsymbol{I})(\boldsymbol{A}-\boldsymbol{I})$,则

$$\boldsymbol{B}^{-1}=(\boldsymbol{A}-\boldsymbol{I})^{-1}(\boldsymbol{A}-2\boldsymbol{I})^{-1}$$

直接代入计算得 $\boldsymbol{B}^{-1}=\begin{pmatrix}0&\frac{1}{2}\\-1&-1\end{pmatrix}$.

题 6 (1995①)设 3 阶方阵 $\boldsymbol{A},\boldsymbol{B}$ 满足关系式 $\boldsymbol{A}^{-1}\boldsymbol{BA}=6\boldsymbol{A}+\boldsymbol{BA}$,且

$$\boldsymbol{A}=\begin{pmatrix}\frac{1}{3}&0&0\\0&\frac{1}{4}&0\\0&0&\frac{1}{7}\end{pmatrix}$$

则 $\boldsymbol{B}=$________.

解 由设 $\boldsymbol{A}^{-1}\boldsymbol{B}\boldsymbol{A}-\boldsymbol{B}\boldsymbol{A}=6\boldsymbol{A}$，即 $(\boldsymbol{A}^{-1}-\boldsymbol{I})\boldsymbol{B}\boldsymbol{A}=6\boldsymbol{A}$，则

$$(\boldsymbol{A}^{-1}-\boldsymbol{I})\boldsymbol{B}=6\boldsymbol{I}$$

故
$$\boldsymbol{B}=6(\boldsymbol{A}^{-1}-\boldsymbol{I})^{-1}=6\left(\begin{pmatrix}3&&\\&4&\\&&7\end{pmatrix}-\begin{pmatrix}1&&\\&1&\\&&1\end{pmatrix}\right)^{-1}=\begin{pmatrix}3&&\\&2&\\&&1\end{pmatrix}$$

题 7 (1999④)已知 $\boldsymbol{A}\boldsymbol{B}-\boldsymbol{B}=\boldsymbol{A}$，其中 $\boldsymbol{B}=\begin{pmatrix}1&-2&0\\2&1&0\\0&0&2\end{pmatrix}$，则 $\boldsymbol{A}=$________.

解 由设 $\boldsymbol{A}\boldsymbol{B}-\boldsymbol{B}=\boldsymbol{A}$，有 $\boldsymbol{A}\boldsymbol{B}-\boldsymbol{A}-\boldsymbol{B}+\boldsymbol{I}=\boldsymbol{I}$，则 $(\boldsymbol{A}-\boldsymbol{I})(\boldsymbol{B}-\boldsymbol{I})=\boldsymbol{I}$. 故

$$\boldsymbol{A}=\boldsymbol{I}+(\boldsymbol{B}-\boldsymbol{I})^{-1}=\boldsymbol{I}+\begin{pmatrix}1&-2&0\\2&0&0\\0&0&1\end{pmatrix}^{-1}=\begin{pmatrix}1&\frac{1}{2}&0\\-\frac{1}{2}&1&0\\0&0&2\end{pmatrix}$$

(4)涉及秩 1 矩阵求逆问题

题 1 (2003③④)设 n 维向量 $\boldsymbol{\alpha}=(a,0,\cdots,0,a)^{\mathrm{T}}$，其中 $a<0$；又 $\boldsymbol{I}$ 为 n 阶单位矩阵，且矩阵 $\boldsymbol{A}=\boldsymbol{I}-\boldsymbol{\alpha}\boldsymbol{\alpha}^{\mathrm{T}}$，$\boldsymbol{B}=\boldsymbol{I}+\frac{1}{a}\boldsymbol{\alpha}\boldsymbol{\alpha}^{\mathrm{T}}$，其中 $\boldsymbol{A}$ 的逆矩阵为 $\boldsymbol{B}$，则 $a=$________.

解 由题设 $\boldsymbol{A}\boldsymbol{B}=\boldsymbol{I}$，且注意到 $\boldsymbol{\alpha}^{\mathrm{T}}\boldsymbol{\alpha}=2a^2$，则

$$\begin{aligned}\boldsymbol{A}\boldsymbol{B}&=(\boldsymbol{I}-\boldsymbol{\alpha}\boldsymbol{\alpha}^{\mathrm{T}})(\boldsymbol{I}+\frac{1}{a}\boldsymbol{\alpha}\boldsymbol{\alpha}^{\mathrm{T}})=\boldsymbol{I}-\boldsymbol{\alpha}\boldsymbol{\alpha}^{\mathrm{T}}+\frac{1}{a}\boldsymbol{\alpha}\boldsymbol{\alpha}^{\mathrm{T}}-\frac{1}{a}\boldsymbol{\alpha}\boldsymbol{\alpha}^{\mathrm{T}}\cdot\boldsymbol{\alpha}\boldsymbol{\alpha}\boldsymbol{B}^{\mathrm{T}}\\&=\boldsymbol{I}-\boldsymbol{\alpha}\boldsymbol{\alpha}^{\mathrm{T}}+\frac{1}{a}\boldsymbol{\alpha}\boldsymbol{\alpha}^{\mathrm{T}}-\frac{1}{a}\boldsymbol{\alpha}(\boldsymbol{\alpha}^{\mathrm{T}}\boldsymbol{\alpha})\boldsymbol{\alpha}^{\mathrm{T}}=\boldsymbol{I}-\boldsymbol{\alpha}\boldsymbol{\alpha}^{\mathrm{T}}+\frac{1}{a}\boldsymbol{\alpha}\boldsymbol{\alpha}^{\mathrm{T}}-2a\boldsymbol{\alpha}\boldsymbol{\alpha}^{\mathrm{T}}\\&=\boldsymbol{I}+(-1-2a+\frac{1}{a})\boldsymbol{\alpha}\boldsymbol{\alpha}^{\mathrm{T}}\end{aligned}$$

又 $\boldsymbol{A}\boldsymbol{B}=\boldsymbol{I}$，于是有 $-1-2a+\frac{1}{a}=0$，即 $2a^2+a-1=0$，解得

$$a=\frac{1}{2},\quad a=-1$$

由于 $a<0$，故 $a=-1$.

注 对于列向量 $\boldsymbol{\alpha}$ 来讲，必须清楚 $\boldsymbol{\alpha}\boldsymbol{\alpha}^{\mathrm{T}}$ 为矩阵，而 $\boldsymbol{\alpha}^{\mathrm{T}}\boldsymbol{\alpha}$ 为数. 又 $\boldsymbol{\alpha}\boldsymbol{\alpha}^{\mathrm{T}}$ 即为我们前文提到的秩 1 矩阵.

题 2 (2003②)设 $\boldsymbol{\alpha}$ 为 3 维列向量，若 $\boldsymbol{\alpha}\boldsymbol{\alpha}^{\mathrm{T}}=\begin{pmatrix}1&-1&1\\-1&1&-1\\1&-1&1\end{pmatrix}$，则 $\boldsymbol{\alpha}^{\mathrm{T}}\boldsymbol{\alpha}=$________.

解 1 由题设直接计算有

$$(\boldsymbol{\alpha}\boldsymbol{\alpha}^{\mathrm{T}})^2=\begin{pmatrix}1&-1&1\\-1&1&-1\\1&-1&1\end{pmatrix}^2=\begin{pmatrix}3&-3&3\\-3&3&-3\\3&-3&3\end{pmatrix}=3\begin{pmatrix}1&-1&1\\-1&1&-1\\1&-1&1\end{pmatrix}=3\boldsymbol{\alpha}\boldsymbol{\alpha}^{\mathrm{T}}$$

又
$$(\boldsymbol{\alpha}\boldsymbol{\alpha}^{\mathrm{T}})^2=(\boldsymbol{\alpha}\boldsymbol{\alpha}^{\mathrm{T}})(\boldsymbol{\alpha}\boldsymbol{\alpha}^{\mathrm{T}})=\boldsymbol{\alpha}(\boldsymbol{\alpha}^{\mathrm{T}}\boldsymbol{\alpha})\boldsymbol{\alpha}^{\mathrm{T}}=\boldsymbol{\alpha}^{\mathrm{T}}\boldsymbol{\alpha}(\boldsymbol{\alpha}\boldsymbol{\alpha}^{\mathrm{T}})=(\boldsymbol{\alpha}^{\mathrm{T}}\boldsymbol{\alpha})\boldsymbol{\alpha}\boldsymbol{\alpha}^{\mathrm{T}}$$

以上两式比较则 $\boldsymbol{\alpha}^{\mathrm{T}}\boldsymbol{\alpha}=3$.

解 2 由题设 $\boldsymbol{\alpha}$ 是 3 维列向量，且

$$\boldsymbol{\alpha}\boldsymbol{\alpha}^{\mathrm{T}}=\begin{pmatrix}1&-1&1\\-1&1&-1\\1&-1&1\end{pmatrix}\Rightarrow\boldsymbol{\alpha}=\begin{pmatrix}1\\-1\\1\end{pmatrix}$$

则
$$\boldsymbol{\alpha}^{\mathrm{T}}\boldsymbol{\alpha}=(1,-1,1)(1,-1,1)^{\mathrm{T}}=(1,-1,1)\begin{pmatrix}1\\-1\\1\end{pmatrix}=3$$

题3 $\boldsymbol{A}=\boldsymbol{\alpha}^{\mathrm{T}}\boldsymbol{\beta}=(1,-1,-1,1)^{\mathrm{T}}(-1,1,1,-1)$，求$\boldsymbol{A}^6$.

解 $\boldsymbol{A}^6=\boldsymbol{\alpha}^{\mathrm{T}}(\boldsymbol{\beta\alpha}^{\mathrm{T}})(\boldsymbol{\beta\alpha}^{\mathrm{T}})\cdots(\boldsymbol{\beta\alpha}^{\mathrm{T}})\boldsymbol{\beta}=(\boldsymbol{\beta\alpha}^{\mathrm{T}})^5\boldsymbol{\alpha}^{\mathrm{T}}\boldsymbol{\beta}=(-4)^5\boldsymbol{A}=-1\ 024\boldsymbol{A}$.

3. 涉及伴随矩阵A^*的问题

题1 (1995③④)设$\boldsymbol{A}=\begin{pmatrix}1&0&0\\2&2&0\\3&4&5\end{pmatrix}$，$\boldsymbol{A}^*$是$\boldsymbol{A}$的伴随矩阵，则$(\boldsymbol{A}^*)^{-1}=$________.

解 因为$|\boldsymbol{A}|=10\neq0$，所以$\boldsymbol{A}$可逆，又$\boldsymbol{A}^*=|\boldsymbol{A}|\boldsymbol{A}^{-1}$，则
$$(\boldsymbol{A}^*)^{-1}=(|\boldsymbol{A}|\boldsymbol{A}^{-1})^{-1}=\frac{\boldsymbol{A}}{|\boldsymbol{A}|}=\begin{pmatrix}\frac{1}{10}&0&0\\\frac{1}{5}&\frac{1}{5}&0\\\frac{3}{10}&\frac{2}{5}&\frac{1}{2}\end{pmatrix}$$

注1 前文我们多次指出：对满秩矩阵而言，$\boldsymbol{A}^*$与$\boldsymbol{A}^{-1}$仅差一个常数$|\boldsymbol{A}|$，故把它们视为等同.这样做对解题来讲会带来极大方便.

注2 求$(\boldsymbol{A}^{-1})^{-1}$谁也不会先求$\boldsymbol{A}$的逆$\boldsymbol{A}^{-1}$，再求$\boldsymbol{A}^{-1}$的逆$(\boldsymbol{A}^{-1})^{-1}$，若熟知$\boldsymbol{A}^*=|\boldsymbol{A}|\boldsymbol{A}^{-1}$，这类问题便迎刃而解了.

下面的诸题实质上与本例无异(仿例的方法可解).

(1)若矩阵$\boldsymbol{A}=\begin{pmatrix}1&1&1\\1&2&1\\1&1&3\end{pmatrix}$，求$(\boldsymbol{A}^*)^{-1}$.(1993⑤)

答案：仿例的解法可有
$$(\boldsymbol{A}^*)^{-1}=(|\boldsymbol{A}|\boldsymbol{A}^{-1})^{-1}=\begin{pmatrix}5&-2&-1\\-2&2&0\\-1&0&1\end{pmatrix}$$

(2)若$\boldsymbol{A}=\frac{1}{2}\begin{pmatrix}2&0&0\\0&1&3\\0&2&5\end{pmatrix}$，求$(\boldsymbol{A}^*)^{-1}$.(清华大学，1982)

题2 (1998③④)设矩阵$\boldsymbol{A},\boldsymbol{B}$满足$\boldsymbol{A}^*\boldsymbol{BA}=2\boldsymbol{BA}-8\boldsymbol{I}$，其中
$$\boldsymbol{A}=\begin{pmatrix}1&0&0\\0&-2&0\\0&0&1\end{pmatrix}$$
$\boldsymbol{I}$为单位矩阵，又$\boldsymbol{A}^*$为$\boldsymbol{A}$的伴随矩阵，则$\boldsymbol{B}=$________.

解 将题设式$\boldsymbol{A}^*\boldsymbol{BA}=2\boldsymbol{BA}-8\boldsymbol{I}$两边右乘$\boldsymbol{A}^{-1}$，得$\boldsymbol{A}^*\boldsymbol{B}=2\boldsymbol{B}-8\boldsymbol{A}^{-1}$，再左乘$\boldsymbol{A}$有
$$|\boldsymbol{A}|\boldsymbol{B}-2\boldsymbol{AB}=-8\boldsymbol{I}$$
即$(|\boldsymbol{A}|\boldsymbol{I}-2\boldsymbol{A})\boldsymbol{B}=8\boldsymbol{I}$，注意到$|\boldsymbol{A}|=-2$及对角阵求逆结论，故有
$$\boldsymbol{B}=-8(|\boldsymbol{A}|\boldsymbol{I}-2\boldsymbol{A})^{-1}=-8\left(\begin{pmatrix}-2&&\\&-2&\\&&-2\end{pmatrix}-2\begin{pmatrix}1&&\\&-2&\\&&1\end{pmatrix}\right)^{-1}$$

$$=-8\begin{pmatrix}-4 & & \\ & 2 & \\ & & -4\end{pmatrix}^{-1}=\begin{pmatrix}2 & & \\ & -4 & \\ & & 2\end{pmatrix}$$

4. 关于矩阵的幂

题 1 (1994①)已知 $\boldsymbol{\alpha}=(1,2,3)$,$\boldsymbol{\beta}=(1,\frac{1}{2},\frac{1}{3})$,设 $\boldsymbol{AB}=\boldsymbol{\alpha}^{\mathrm{T}}\boldsymbol{\beta}$,则 $\boldsymbol{A}^n=$________.

解 由题设且注意到 $\boldsymbol{\beta}\boldsymbol{\alpha}^{\mathrm{T}}=3$,同时 $\boldsymbol{\alpha}^{\mathrm{T}}\boldsymbol{\beta}=\begin{pmatrix}1 & \frac{1}{2} & \frac{1}{3}\\ 2 & 1 & \frac{2}{3}\\ 3 & \frac{3}{2} & 1\end{pmatrix}$,则

$$\boldsymbol{A}^n=\underbrace{(\boldsymbol{\alpha}^{\mathrm{T}}\boldsymbol{\beta})(\boldsymbol{\alpha}^{\mathrm{T}}\boldsymbol{\beta})\cdots(\boldsymbol{\alpha}^{\mathrm{T}}\boldsymbol{\beta})}_{共n个}=\boldsymbol{\alpha}^{\mathrm{T}}\underbrace{(\boldsymbol{\beta}\boldsymbol{\alpha}^{\mathrm{T}})(\boldsymbol{\beta}\boldsymbol{\alpha}^{\mathrm{T}})\cdots(\boldsymbol{\beta}\boldsymbol{\alpha}^{\mathrm{T}})}_{共n-1个}\boldsymbol{\beta}=3^{n-1}(\boldsymbol{\alpha}^{\mathrm{T}}\boldsymbol{\beta})$$

$$=3^{n-1}\begin{pmatrix}1 & \frac{1}{2} & \frac{1}{3}\\ 2 & 1 & \frac{2}{3}\\ 3 & \frac{3}{2} & 1\end{pmatrix}$$

题 2 (1999③④)设 $\boldsymbol{A}=\begin{pmatrix}1 & 0 & 1\\ 0 & 2 & 0\\ 1 & 0 & 1\end{pmatrix}$,而 $n\geqslant 2$ 为正整数,则 $f(\boldsymbol{A})=\boldsymbol{A}^n-2\boldsymbol{A}^{n-1}=$________.

解 注意到当 $n=2$ 时

$$\boldsymbol{A}^2-2\boldsymbol{A}=\begin{pmatrix}1 & 0 & 1\\ 0 & 2 & 0\\ 1 & 0 & 1\end{pmatrix}^2-2\begin{pmatrix}1 & 0 & 1\\ 0 & 2 & 0\\ 1 & 0 & 1\end{pmatrix}=\begin{pmatrix}0 & 0 & 0\\ 0 & 0 & 0\\ 0 & 0 & 0\end{pmatrix}=\boldsymbol{O}$$

因而当 $n>2$ 时,$f(\boldsymbol{A})=\boldsymbol{A}^{n-2}(\boldsymbol{A}^2-2\boldsymbol{A})=\boldsymbol{A}^{n-2}\cdot\boldsymbol{O}=\boldsymbol{O}$.

故综上 $n\geqslant 2$ 时,$f(\boldsymbol{A})=\boldsymbol{A}^n-2\boldsymbol{A}^{n-1}=\boldsymbol{O}$.

注 如前文所说,矩阵的方幂计算,除了上面两种情况和方法外,还有一种就是利用相似变换,比如要计算 $\boldsymbol{A}^n$,若 $\boldsymbol{A}\sim\boldsymbol{B}$,即有 $\boldsymbol{P}$ 使 $\boldsymbol{A}=\boldsymbol{P}^{-1}\boldsymbol{BP}$,而 $\boldsymbol{B}^n$ 容易计算,则

$$\boldsymbol{A}^n=(\boldsymbol{P}^{-1}\boldsymbol{BP})^n=(\boldsymbol{P}^{-1}\boldsymbol{BP})(\boldsymbol{P}^{-1}\boldsymbol{BP})\cdots(\boldsymbol{P}^{-1}\boldsymbol{BP})=\boldsymbol{P}^{-1}\boldsymbol{B}^n\boldsymbol{P}$$

总之计算 $\boldsymbol{A}$ 的方幂常有以下 5 种方法:

①若 $\boldsymbol{A}=\boldsymbol{\alpha}^{\mathrm{T}}\boldsymbol{\beta}$,则 $\boldsymbol{A}^n=(\boldsymbol{\beta}\boldsymbol{\alpha}^{\mathrm{T}})^{n-1}\boldsymbol{\alpha}^{\mathrm{T}}\boldsymbol{\beta}=(\boldsymbol{\beta}\boldsymbol{\alpha}^{\mathrm{T}})^{n-1}\boldsymbol{A}$;

②若 $\boldsymbol{A}^k=\boldsymbol{O}$,则 $\boldsymbol{A}^{k+m}=\boldsymbol{O}$($m$ 为非负整数);

③若 $\boldsymbol{A}=\boldsymbol{P}^{-1}\boldsymbol{BP}$,则 $\boldsymbol{A}^n=\boldsymbol{P}^{-1}\boldsymbol{B}^n\boldsymbol{P}$;

④先试算总结一般规律,然后证明它(多用数学归纳法);

⑤利用矩阵分块(包括若尔当块).

题 3 (2004④)设 $\boldsymbol{A}=\begin{pmatrix}0 & -1 & 0\\ 1 & 0 & 0\\ 0 & 0 & -1\end{pmatrix}$,$\boldsymbol{B}=\boldsymbol{P}^{-1}\boldsymbol{AP}$,其中 $\boldsymbol{P}$ 为 3 阶可逆矩阵,则 $\boldsymbol{B}^{2\,004}-2\boldsymbol{A}^2=$________.

解 将 $\boldsymbol{B}$ 的幂次转化为 $\boldsymbol{A}$ 的幂次,并注意到 $\boldsymbol{A}^2$ 为对角矩阵即可. 因为

$$A^2=\begin{pmatrix}-1 & 0 & 0\\ 0 & -1 & 0\\ 0 & 0 & 1\end{pmatrix},\quad B^{2\,004}=P^{-1}A^{2\,004}P$$

故 $B^{2\,004}=P^{-1}(A^2)^{1\,002}P=P^{-1}IP=I$,从而

$$B^{2\,004}-2A^2=\begin{pmatrix}9 & 0 & 0\\ 0 & 3 & 0\\ 0 & 0 & -1\end{pmatrix}$$

(二)选择题

1. 矩阵初等变换

题1 (1995①)设3阶矩阵

$$A=\begin{pmatrix}a_{11} & a_{12} & a_{13}\\ a_{21} & a_{22} & a_{23}\\ a_{31} & a_{32} & a_{33}\end{pmatrix},\quad B=\begin{pmatrix}a_{21} & a_{22} & a_{23}\\ a_{11} & a_{12} & a_{13}\\ a_{31}+a_{11} & a_{32}+a_{12} & a_{33}+a_{13}\end{pmatrix}$$

又矩阵 $P_1=\begin{pmatrix}0 & 1 & 0\\ 1 & 0 & 0\\ 0 & 0 & 1\end{pmatrix}$,$P_2=\begin{pmatrix}1 & 0 & 0\\ 0 & 1 & 0\\ 1 & 0 & 1\end{pmatrix}$,则必有 ( )

(A)$AP_1P_2=B$ (B)$AP_2P_1=B$ (C)$P_1P_2A=B$ (D)$P_2P_1A=B$

解 注意到 B 是由 A 依次通过两次行初等变换而得到的:

把 A 的第1行加到第3行,相当于用初等矩阵 P_2 左乘 A;

把 P_2A 的第1,3行对调,相当于用 P_1 左乘 P_2A.

这样则有 $P_1P_2A=B$.

故选(C).

题2 (2001③④)设4阶矩阵

$$A=\begin{pmatrix}a_{11} & a_{12} & a_{13} & a_{14}\\ a_{21} & a_{22} & a_{23} & a_{24}\\ a_{31} & a_{32} & a_{33} & a_{34}\\ a_{41} & a_{42} & a_{43} & a_{44}\end{pmatrix},\quad B=\begin{pmatrix}a_{14} & a_{13} & a_{12} & a_{11}\\ a_{24} & a_{23} & a_{22} & a_{21}\\ a_{34} & a_{33} & a_{32} & a_{31}\\ a_{44} & a_{43} & a_{42} & a_{41}\end{pmatrix}$$

又设矩阵 $P_1=\begin{pmatrix}0 & 0 & 0 & 1\\ 0 & 1 & 0 & 0\\ 0 & 0 & 1 & 0\\ 1 & 0 & 0 & 0\end{pmatrix}$,$P_2=\begin{pmatrix}1 & 0 & 0 & 0\\ 0 & 0 & 1 & 0\\ 0 & 1 & 0 & 0\\ 0 & 0 & 0 & 1\end{pmatrix}$.其中 A 可逆,则 B^{-1} 等于 ( )

(A)$A^{-1}P_1P_2$ (B)$P_1A^{-1}P_2$ (C)$P_1P_2A^{-1}$ (D)$P_2A^{-1}P_1$

解 矩阵 B 是由 A 交换第2,3列且交换第1,4列后得到的,因而

$$B=AP_2P_1(\text{或 }B=AP_1P_2)$$

于是 $B^{-1}=P_1^{-1}P_2^{-1}A^{-1}=P_1P_2A^{-1}$(或者 $B^{-1}=P_2^{-1}P_1^{-1}A^{-1}=P_2P_1A^{-1}$).

故选(C).

题3 (1991①)设 n 阶方阵 A,B,C 满足关系式 $ABC=I$,其中 I 是 n 阶单位矩阵,则必有 ( )

(A)$ACB=I$ (B)$CBA=I$ (C)$BAC=I$ (D)$BCA=I$

解 由 $ABC=I$,知 A 与 BC,或 AB 与 C 两者之积为单位矩阵,故它们是互逆矩阵,且可交换.

因而 $BCA=(BC)A=A(BC)=ABC$,知(D)正确.

故选(D).

题 4 (2004①②)设 $\boldsymbol{A}$ 是 3 阶方阵,将 $\boldsymbol{A}$ 的第 1 列与第 2 列交换得 $\boldsymbol{B}$,再把 $\boldsymbol{B}$ 的第 2 列加到第 3 列得 $\boldsymbol{C}$,则满足 $\boldsymbol{AQ}=\boldsymbol{C}$ 的可逆矩阵 $\boldsymbol{Q}$ 为 ( )

(A)$\begin{pmatrix}0&1&0\\1&0&0\\1&0&1\end{pmatrix}$ (B)$\begin{pmatrix}0&1&0\\1&0&1\\0&0&1\end{pmatrix}$ (C)$\begin{pmatrix}0&1&0\\1&0&0\\0&1&1\end{pmatrix}$ (D)$\begin{pmatrix}0&1&1\\1&0&0\\0&0&1\end{pmatrix}$

解 根据矩阵的初等变换与初等矩阵之间的关系,对题中给出的行(列)变换可通过左(右)乘一相应的初等矩阵来实现.

依题意 $\boldsymbol{B}=\boldsymbol{A}\begin{pmatrix}0&1&0\\1&0&0\\0&0&1\end{pmatrix}$,$\boldsymbol{C}=\boldsymbol{B}\begin{pmatrix}1&0&0\\0&1&1\\0&0&1\end{pmatrix}$,故

$$\boldsymbol{C}=\boldsymbol{A}\begin{pmatrix}0&1&0\\1&0&0\\0&0&1\end{pmatrix}\begin{pmatrix}1&0&0\\0&1&1\\0&0&1\end{pmatrix}=\boldsymbol{A}\begin{pmatrix}0&1&1\\1&0&0\\0&0&1\end{pmatrix}=\boldsymbol{AQ}$$

从而 $\boldsymbol{Q}=\begin{pmatrix}0&1&1\\1&0&0\\0&0&1\end{pmatrix}$,故选(D).

题 5 (2011①②③)设 $\boldsymbol{A}$ 为 3 阶矩阵,将 $\boldsymbol{A}$ 的第 2 列加到第 1 列得矩阵 $\boldsymbol{B}$,再交换 $\boldsymbol{B}$ 的第 2 行与第 3 行得单位矩阵.记

$$\boldsymbol{P}_1=\begin{pmatrix}1&0&0\\1&1&0\\0&0&1\end{pmatrix},\quad \boldsymbol{P}_2=\begin{pmatrix}1&0&0\\0&0&1\\0&1&0\end{pmatrix}$$

则 $\boldsymbol{A}=$ ( )

(A)$\boldsymbol{P}_1\boldsymbol{P}_2$ (B)$\boldsymbol{P}_1^{-1}\boldsymbol{P}_2$ (C)$\boldsymbol{P}_2\boldsymbol{P}_1$ (D)$\boldsymbol{P}_2\boldsymbol{P}_1^{-1}$

解 由已知条件及初等变换矩阵性质(注意 $\boldsymbol{P}_2^{-1}=\boldsymbol{P}_2$)有 $\boldsymbol{P}_2\boldsymbol{AP}_1=\boldsymbol{E}\Rightarrow\boldsymbol{A}=\boldsymbol{P}_2{}^{-1}\boldsymbol{IP}_1{}^{-1}=\boldsymbol{P}_2\boldsymbol{P}_1{}^{-1}$. 故选(D).

题 6 (2012①②③)设 $\boldsymbol{A}$ 为 3 阶矩阵,$\boldsymbol{P}$ 为 3 阶可逆矩阵,且 $\boldsymbol{P}^{-1}\boldsymbol{AP}=\begin{pmatrix}1&0&0\\0&1&0\\0&0&2\end{pmatrix}$. 若 $\boldsymbol{P}=(\boldsymbol{\alpha}_1,\boldsymbol{\alpha}_2,\boldsymbol{\alpha}_3)$,$\boldsymbol{Q}=(\boldsymbol{\alpha}_1+\boldsymbol{\alpha}_2,\boldsymbol{\alpha}_2,\boldsymbol{\alpha}_3)$,则 $\boldsymbol{Q}^{-1}\boldsymbol{AQ}=$

(A)$\begin{pmatrix}1&0&0\\0&2&0\\0&0&1\end{pmatrix}$ (B)$\begin{pmatrix}1&0&0\\0&1&0\\0&0&2\end{pmatrix}$ (C)$\begin{pmatrix}2&0&0\\0&1&0\\0&0&2\end{pmatrix}$ (D)$\begin{pmatrix}2&0&0\\0&2&0\\0&0&1\end{pmatrix}$

解 设 $\boldsymbol{Q}=\boldsymbol{P}\cdot\boldsymbol{P}(2(1),1)$,这里 $\boldsymbol{P}(2(1),1)$ 是初等矩阵,注意到 $\boldsymbol{P}^{-1}(i(k),j)\boldsymbol{\Lambda P}(i(k),j)=\boldsymbol{\Lambda}$,这里

$$\boldsymbol{\Lambda}=\begin{pmatrix}\lambda&&&\\&\lambda&&\\&&\ddots&\\&&&\lambda\end{pmatrix}=\mathrm{diag}\{\lambda,\lambda,\cdots,\lambda\}=\lambda\boldsymbol{I}$$

则

$$\begin{aligned}\boldsymbol{Q}^{-1}\boldsymbol{AQ}&=(\boldsymbol{P}\cdot\boldsymbol{P}(2(1),1)^{-1})\boldsymbol{A}(\boldsymbol{P}\cdot\boldsymbol{P}(2(1),1))=\boldsymbol{P}^{-1}(2(1),1)\boldsymbol{P}^{-1}\boldsymbol{APP}(2(1),1)\\&=\boldsymbol{P}^{-1}(2(1),1)(\boldsymbol{P}^{-1}\boldsymbol{AP})\boldsymbol{P}(2(1),1)\end{aligned}$$

$$=\boldsymbol{P}^{-1}(2(1),1)\begin{pmatrix}1&&\\&1&\\&&2\end{pmatrix}\boldsymbol{P}(2(1),1)=\begin{pmatrix}1&&\\&1&\\&&2\end{pmatrix}$$

故选(B).

注 本例中由于对角阵上前两元素相等，才有 $\boldsymbol{P}^{-1}(i(k),j)\boldsymbol{\Lambda P}(i(k),j)=\boldsymbol{\Lambda}$，这里 $\boldsymbol{\Lambda}=\mathrm{diag}\{\lambda,\lambda,\cdots,\lambda\}$.

注意到 $\boldsymbol{P}^{-1}(i(k),j)=\boldsymbol{P}(i(-k),j)$ 的事实.

又若 $\boldsymbol{P}^{-1}(i(k),j)\boldsymbol{AP}(i(k),j)=\begin{pmatrix}a&&\\&b&\\&&c\end{pmatrix}$，且 $a\neq b\neq c$，则结论如何？

题 7 (2005①②)设 $\boldsymbol{A}$ 为 $n(n\geqslant 2)$ 阶可逆矩阵，交换 $\boldsymbol{A}$ 的第 1 行与第 2 行得矩阵 $\boldsymbol{B}$，$\boldsymbol{A}^*$，$\boldsymbol{B}^*$ 分别为 $\boldsymbol{A}$，$\boldsymbol{B}$ 的伴随矩阵，则 ( )

(A)交换 $\boldsymbol{A}^*$ 的第 1 列与第 2 列得 $\boldsymbol{B}^*$
(B)交换 $\boldsymbol{A}^*$ 的第 1 行与第 2 行得 $\boldsymbol{B}^*$
(C)交换 $\boldsymbol{A}^*$ 的第 1 列与第 2 列得 $-\boldsymbol{B}^*$
(D)交换 $\boldsymbol{A}^*$ 的第 1 行与第 2 行得 $-\boldsymbol{B}^*$

解 因为 $\boldsymbol{B}=\begin{pmatrix}0&1&0\\1&0&0\\0&0&1\end{pmatrix}\boldsymbol{A}$，所以

$$\boldsymbol{B}^*=\boldsymbol{A}^*\begin{pmatrix}0&1&0\\1&0&0\\0&0&1\end{pmatrix}^*=\boldsymbol{A}^*\begin{vmatrix}0&1&0\\1&0&0\\0&0&1\end{vmatrix}\begin{pmatrix}0&1&0\\1&0&0\\0&0&1\end{pmatrix}^{-1}$$

$$=\boldsymbol{A}^*\cdot(-1)\begin{pmatrix}0&1&0\\1&0&0\\0&0&1\end{pmatrix}=-\boldsymbol{A}^*\begin{pmatrix}0&1&0\\1&0&0\\0&0&1\end{pmatrix}$$

即交换 $\boldsymbol{A}^*$ 的第 1 列与第 2 列得 $-\boldsymbol{B}^*$.

因此本题选(C).

注 1 如果对矩阵 $\boldsymbol{A}$ 施行一个初等行(列)变换成为矩阵 $\boldsymbol{B}$，则 $\boldsymbol{B}$ 等于 $\boldsymbol{A}$ 左(右)乘与初等行(列)变换相对应的初等矩阵.初等矩阵都是可逆矩阵.应熟练掌握初等矩阵的定义与性质.

注 2 设 $\boldsymbol{A}$，$\boldsymbol{B}$ 都是 n 阶矩阵，则以下公式应记住

$$|\boldsymbol{AB}|=|\boldsymbol{BA}|,\quad (\boldsymbol{AB})^{\mathrm{T}}=\boldsymbol{B}^{\mathrm{T}}\boldsymbol{A}^{\mathrm{T}},\quad (\boldsymbol{AB})^*=\boldsymbol{B}^*\boldsymbol{A}^*$$

并且当 $\boldsymbol{A}$，$\boldsymbol{B}$ 可逆时，有 $(\boldsymbol{AB})^{-1}=\boldsymbol{B}^{-1}\boldsymbol{A}^{-1}$.

2. 矩阵的秩

题 1 (1993①)已知 $\boldsymbol{Q}=\begin{pmatrix}1&2&3\\2&4&t\\3&6&9\end{pmatrix}$，$\boldsymbol{P}$ 为 3 阶非零矩阵，且满足 $\boldsymbol{PQ}=\boldsymbol{O}$，则 ( )

(A) $t=6$ 时，$\boldsymbol{P}$ 的秩必为 1
(B) $t=6$ 时，$\boldsymbol{P}$ 的秩必为 2
(C) $t\neq 6$ 时，$\boldsymbol{P}$ 的秩必为 1
(D) $t\neq 6$ 时，$\boldsymbol{P}$ 的秩必为 2

解 显然，当 $t=6$ 时，矩阵 $\boldsymbol{Q}$ 的秩 $\mathrm{r}(\boldsymbol{Q})=1$.

又 $\boldsymbol{PQ}=\boldsymbol{O}$，有 $\mathrm{r}(\boldsymbol{P})+\mathrm{r}(\boldsymbol{Q})\leqslant 3$，而 $\boldsymbol{P}$ 为非零矩阵，则

$$1\leqslant \mathrm{r}(\boldsymbol{P})\leqslant 3-1=2$$

今取 $\boldsymbol{P}=\begin{pmatrix}0&0&0\\-3&0&1\\0&0&0\end{pmatrix}$，知 $\boldsymbol{P}$ 的秩 $\mathrm{r}(\boldsymbol{P})=1$，有 $\boldsymbol{PQ}=\boldsymbol{O}$.

又取 $P=\begin{pmatrix}0&0&0\\-3&0&1\\-2&1&0\end{pmatrix}$,由 $\mathrm{r}(P)=2$,亦有 $PQ=O$.

因此排除(A)和(B).

又当 $t\neq 6$ 时,矩阵 Q 的秩 $\mathrm{r}(Q)=2$.

再由 $PQ=O$,知 $\mathrm{r}(P)+\mathrm{r}(Q)\leqslant 3$,故 $\mathrm{r}(P)=1$.

故选(C).

题 2 (1994③)设 A 是 $m\times n$ 矩阵,C 是 n 阶可逆矩阵,矩阵 A 的秩为 r,矩阵 $B=AC$ 的秩为 r_1,则 ( )

(A)$r>r_1$ (B)$r<r_1$ (C)$r=r_1$ (D)r 与 r_1 的关系依 C 而定

解 因为满秩矩阵去乘某矩阵,不改变该矩阵的秩,又 C 为满秩(可逆)矩阵,所以

$$r_1=\mathrm{r}(AC)=\mathrm{r}(A)=r$$

故选(C).

题 3 (1994④)设 A,B 都是 n 阶非零矩阵,且 $AB=O$,则 A 和 B 的秩 ( )

(A)必有一个等于零 (B)都小于 n

(C)一个小于 n,一个等于 n (D)都等于 n

解 因为 A 和 B 都是非零矩阵,所以 $\mathrm{r}(A)\geqslant 1,\mathrm{r}(B)\geqslant 1$. 排除(A).

若 A 和 B 中至少有一个矩阵的秩为 n,不妨设 $\mathrm{r}(A)=n$,则 A^{-1} 存在. 于是

$$B=A^{-1}(AB)=A^{-1}O=O$$

这与 B 是非零矩阵矛盾. 因此 $\mathrm{r}(A)<n,\mathrm{r}(B)<n$. 故选(B).

题 4 (1998③)设 $n(n\geqslant 3)$ 阶矩阵

$$A=\begin{pmatrix}1&a&a&\cdots&a\\a&1&a&\cdots&a\\a&a&1&\cdots&a\\\vdots&\vdots&\vdots&&\vdots\\a&a&a&\cdots&1\end{pmatrix}$$

又若矩阵 A 的秩为 $n-1$,则 a 的值必为 ( )

(A)1 (B)$\dfrac{1}{1-n}$ (C)-1 (D)$\dfrac{1}{n-1}$

解 把行列式 $|A|$ 的第 2～n 列分别加到第 1 列,且从第 1 列提出公因式 $[(n-1)a+1]$,即

$$|A|=[(n-1)a+1]\begin{vmatrix}1&a&a&\cdots&a\\1&1&a&\cdots&a\\1&a&1&\cdots&a\\\vdots&\vdots&\vdots&&\vdots\\1&a&a&\cdots&1\end{vmatrix}\quad\text{(第 2～}n\text{ 列分别减去第 1 列的 }a\text{ 倍)}$$

$$=[(n-1)a+1]\begin{vmatrix}1&0&0&\cdots&0\\1&1-a&0&\cdots&0\\1&0&1-a&\cdots&0\\\vdots&\vdots&\vdots&&\vdots\\1&0&0&\cdots&1-a\end{vmatrix}$$

$$=(1-a)^{n-1}[(n-1)a+1]$$

令 $|A|=0$,得 $a=1$ 或 $a=\dfrac{1}{1-n}$.

但当 $a=1$ 时，$r(\boldsymbol{A})=1$，这与 $r(\boldsymbol{A})=n-1\geqslant 2$ 相抵，不妥.

因而只有 $a=\dfrac{1}{1-n}$.

故选(B).

注 我们再一次遇到了我们前文曾重点介绍的行列式 $\begin{vmatrix} a & x & \cdots & x \\ x & a & \cdots & x \\ \vdots & \vdots & & \vdots \\ x & x & \cdots & a \end{vmatrix}$. 如果熟悉，可直接将行列式的值写出来，这样又免去繁琐的计算.

题5 (2003③)设3阶矩阵 $\boldsymbol{A}=\begin{pmatrix} a & b & b \\ b & a & b \\ b & b & a \end{pmatrix}$，若 $\boldsymbol{A}$ 的伴随矩阵的秩为1，即 $r(\boldsymbol{A}^*)=1$，则必有（　　）

(A)$a=b$ 或 $a+2b=0$　　(B)$a=b$ 或 $a+2b\neq 0$

(C)$a\neq b$ 且 $a+2b=0$　　(D)$a\neq b$ 且 $a+2b\neq 0$

解 根据 $\boldsymbol{A}$ 与其伴随矩阵 $\boldsymbol{A}^*$ 的秩之间的关系知 $r(\boldsymbol{A})=2$，故有

$$\begin{vmatrix} a & b & b \\ b & a & b \\ b & b & a \end{vmatrix}=(a+2b)(a-b)^2=0$$

即有 $a+2b=0$ 或 $a=b$.

但当 $a=b$ 时，$r(\boldsymbol{A})\neq 2$，因而必有 $a\neq b$ 且 $a+2b=0$.

故选(C).

注 再次提醒读者注意：$n(n\geqslant 2)$ 阶矩阵 $\boldsymbol{A}$ 与其伴随矩阵 $\boldsymbol{A}^*$ 的秩之间有下列关系（我们几次提到它，无非是让读者记住）

$$r(\boldsymbol{A}^*)=\begin{cases} n, & r(\boldsymbol{A})=0\text{ 时} \\ 1, & r(\boldsymbol{A})=n-1\text{ 时} \\ 0, & r(\boldsymbol{A})<n-1\text{ 时} \end{cases}$$

题6 (2010①)设 $\boldsymbol{A}$ 是 $m\times n$ 矩阵，$\boldsymbol{B}$ 是 $n\times m$ 矩阵，$\boldsymbol{I}$ 为 m 阶单位阵，若 $\boldsymbol{AB}=\boldsymbol{I}$，则（　　）

(A)$r(\boldsymbol{A})=m, r(\boldsymbol{B})=m$　　(B)$r(\boldsymbol{A})=m, r(\boldsymbol{B})=n$

(C)$r(\boldsymbol{A})=n, r(\boldsymbol{B})=m$　　(D)$r(\boldsymbol{A})=n, r(\boldsymbol{B})=n$

解 由题设，矩阵乘积的秩知

$$m=r(\boldsymbol{I})=r(\boldsymbol{AB})\leqslant\min\{r(\boldsymbol{A}),r(\boldsymbol{B})\}$$
$$\Rightarrow r(\boldsymbol{A})\geqslant m, r(\boldsymbol{B})\geqslant m$$

又由矩阵的秩小于等于其行、列向量组的秩，即 $r(\boldsymbol{A})\leqslant m, r(\boldsymbol{B})\leqslant m$.

从而 $r(\boldsymbol{A})=m, r(\boldsymbol{B})=m$. 故选(A).

3. 涉及伴随矩阵的问题

上面的问题中已经涉及 $\boldsymbol{A}^*$ 的问题. 下面的诸题皆为这类涉及 $\boldsymbol{A}^*$ 的问题.

题1 (1996④)设 n 阶矩阵 $\boldsymbol{A}$ 非奇异$(n\geqslant 2)$，$\boldsymbol{A}^*$ 是 $\boldsymbol{A}$ 的伴随矩阵，则（　　）

(A)$(\boldsymbol{A}^*)^*=|\boldsymbol{A}|^{n-1}\boldsymbol{A}$　　(B)$(\boldsymbol{A}^*)^*=|\boldsymbol{A}|^{n+1}\boldsymbol{A}$

(C)$(\boldsymbol{A}^*)^*=|\boldsymbol{A}|^{n-2}\boldsymbol{A}$　　(D)$(\boldsymbol{A}^*)^*=|\boldsymbol{A}|^{n+2}\boldsymbol{A}$

解 由于 $|\boldsymbol{A}|\neq 0$，有 $\boldsymbol{A}^*=|\boldsymbol{A}|\boldsymbol{A}^{-1}$. 这样便有

$$(\boldsymbol{A}^*)^*=|\boldsymbol{A}^*|(\boldsymbol{A}^*)^{-1}=||\boldsymbol{A}|\boldsymbol{A}^{-1}|(|\boldsymbol{A}|\boldsymbol{A}^{-1})^{-1}=(|\boldsymbol{A}|^n\cdot|\boldsymbol{A}^{-1}|)(|\boldsymbol{A}|^{-1}\boldsymbol{A})=|\boldsymbol{A}|^{n-2}\boldsymbol{A}$$

故选(C).

题 2 (1998②)设 $\boldsymbol{A}$ 中任意 $n(n\geqslant 3)$ 阶方阵,$\boldsymbol{A}^*$ 是其伴随矩阵,又 k 为常数,且 $k\neq 0,\pm 1$,则必有 $(k\boldsymbol{A})^*=$ ( )

(A)$k\boldsymbol{A}^*$　　(B)$k^{n-1}\boldsymbol{A}^*$　　(C)$k^n\boldsymbol{A}^*$　　(D)$k^{-1}\boldsymbol{A}^*$

解 1 设 $\boldsymbol{A}=(a_{ij})_{n\times n}$,$a_{ij}$ 的代数余子式为 A_{ij},则由定义,$\boldsymbol{A}^*=(\boldsymbol{A}_{ji})_{n\times n}$.

因为 A_{ij} 是 $n-1$ 阶行列式(不计系数 $(-1)^{i+j}$),所以矩阵 $k\boldsymbol{A}=(ka_{ij})_{n\times n}$ 的伴随矩阵

$$(k\boldsymbol{A})^*=(k^{n-1}A_{ji})_{n\times n}=k^{n-1}(A_{ji})_{n\times n}=k^{n-1}\boldsymbol{A}^*$$

故选(B).

解 2 (特值法)设 $\boldsymbol{A}=\boldsymbol{I}$(单位矩阵),则注意到

$$(k\boldsymbol{A})^*=(k\boldsymbol{I})^*=|k\boldsymbol{I}|(k\boldsymbol{I})^{-1}=k^n|\boldsymbol{I}|\boldsymbol{I}^{-1}k^{-1}=k^{n-1}(|\boldsymbol{I}|\boldsymbol{I})^{-1}=k^{n-1}\boldsymbol{I}^*=k^{n-1}\boldsymbol{A}^*$$

故选(B).

题 3 (2002④)设 $\boldsymbol{A},\boldsymbol{B}$ 为 n 阶矩阵,$\boldsymbol{A}^*,\boldsymbol{B}^*$ 分别为 $\boldsymbol{A},\boldsymbol{B}$ 对应的伴随矩阵. 分块矩阵 $\boldsymbol{C}=\begin{pmatrix}\boldsymbol{A}&\boldsymbol{O}\\\boldsymbol{O}&\boldsymbol{B}\end{pmatrix}$,则 $\boldsymbol{C}$ 的伴随矩阵 $\boldsymbol{C}^*=$ ( )

(A)$\begin{pmatrix}|\boldsymbol{A}|\boldsymbol{A}^*&\boldsymbol{O}\\\boldsymbol{O}&|\boldsymbol{B}|\boldsymbol{B}^*\end{pmatrix}$　　(B)$\begin{pmatrix}|\boldsymbol{B}|\boldsymbol{B}^*&\boldsymbol{O}\\\boldsymbol{O}&|\boldsymbol{A}|\boldsymbol{A}^*\end{pmatrix}$

(C)$\begin{pmatrix}|\boldsymbol{A}|\boldsymbol{B}^*&\boldsymbol{O}\\\boldsymbol{O}&|\boldsymbol{B}|\boldsymbol{A}^*\end{pmatrix}$　　(D)$\begin{pmatrix}|\boldsymbol{B}|\boldsymbol{A}^*&\boldsymbol{O}\\\boldsymbol{O}&|\boldsymbol{A}|\boldsymbol{B}^*\end{pmatrix}$

解 (逆推法)因为 $\boldsymbol{C}\boldsymbol{C}^*=|\boldsymbol{C}|\boldsymbol{I}=|\boldsymbol{A}||\boldsymbol{B}|\boldsymbol{I}$,故只需对 4 个选项据题设计算 $\boldsymbol{C}$ 与 $\boldsymbol{C}^*$ 的乘积,检验它是否等于 $|\boldsymbol{A}||\boldsymbol{B}|\boldsymbol{I}$. 由于

$$\boldsymbol{C}\boldsymbol{C}^*=\begin{pmatrix}\boldsymbol{A}&\boldsymbol{O}\\\boldsymbol{O}&\boldsymbol{B}\end{pmatrix}\begin{pmatrix}|\boldsymbol{B}|\boldsymbol{A}^*&\boldsymbol{O}\\\boldsymbol{O}&|\boldsymbol{A}|\boldsymbol{B}^*\end{pmatrix}=\begin{pmatrix}|\boldsymbol{B}|\boldsymbol{A}\boldsymbol{A}^*&\boldsymbol{O}\\\boldsymbol{O}&|\boldsymbol{A}|\boldsymbol{B}\boldsymbol{B}^*\end{pmatrix}$$
$$=\begin{pmatrix}|\boldsymbol{B}||\boldsymbol{A}|\boldsymbol{I}_n&\\&|\boldsymbol{A}||\boldsymbol{B}|\boldsymbol{I}_n\end{pmatrix}=|\boldsymbol{A}||\boldsymbol{B}|\boldsymbol{I}$$

故选(D).

4. 与秩 1 矩阵有关的问题

若 $\boldsymbol{\alpha}\in\mathbf{R}^n$,且为行向量,则 $\boldsymbol{\alpha}^{\mathrm{T}}\boldsymbol{\alpha}$ 是一个矩阵,且其秩为 1,如前文所述我们称之为秩 1 矩阵. 下面的题目与之有关.

题 (1995④)设 n 维行向量 $\boldsymbol{\alpha}=\left(\frac{1}{2},0,\cdots,0,\frac{1}{2}\right)$,矩阵 $\boldsymbol{A}=\boldsymbol{I}-\boldsymbol{\alpha}^{\mathrm{T}}\boldsymbol{\alpha}$,又 $\boldsymbol{B}=\boldsymbol{I}+2\boldsymbol{\alpha}^{\mathrm{T}}\boldsymbol{\alpha}$,其中 $\boldsymbol{I}$ 为 n 阶单位矩阵,则 $\boldsymbol{AB}$ 等于 ( )

(A)$\boldsymbol{O}$　　(B)$-\boldsymbol{I}$　　(C)$\boldsymbol{I}$　　(D)$\boldsymbol{I}+\boldsymbol{\alpha}^{\mathrm{T}}\boldsymbol{\alpha}$

解 注意到 $\boldsymbol{\alpha}\boldsymbol{\alpha}\boldsymbol{B}^{\mathrm{T}}=\frac{1}{2}$,再注意到

$$\boldsymbol{AB}=(\boldsymbol{I}-\boldsymbol{\alpha}^{\mathrm{T}}\boldsymbol{\alpha})(\boldsymbol{I}+2\boldsymbol{\alpha}^{\mathrm{T}}\boldsymbol{\alpha})=\boldsymbol{I}-\boldsymbol{\alpha}^{\mathrm{T}}\boldsymbol{\alpha}+2\boldsymbol{\alpha}^{\mathrm{T}}\boldsymbol{\alpha}-2\boldsymbol{\alpha}^{\mathrm{T}}(\boldsymbol{\alpha}\boldsymbol{\alpha}^{\mathrm{T}})\boldsymbol{\alpha}=\boldsymbol{I}$$

故选(C).

5. 矩阵的逆

题 1 (1992④)设 $\boldsymbol{A},\boldsymbol{B},\boldsymbol{A}+\boldsymbol{B}$ 以及 $\boldsymbol{A}^{-1}+\boldsymbol{B}^{-1}$ 均为 n 阶可逆矩阵,则 $(\boldsymbol{A}^{-1}+\boldsymbol{B}^{-1})^{-1}$ 等于 ( )

(A)$\boldsymbol{A}^{-1}+\boldsymbol{B}^{-1}$　　(B)$\boldsymbol{A}+\boldsymbol{B}$　　(C)$\boldsymbol{A}(\boldsymbol{A}+\boldsymbol{B})^{-1}\boldsymbol{B}$　　(D)$(\boldsymbol{A}+\boldsymbol{B})^{-1}$

解 1 设 $\boldsymbol{X}=(\boldsymbol{A}^{-1}+\boldsymbol{B}^{-1})^{-1}$,则

$$\boldsymbol{X}^{-1}=\boldsymbol{A}^{-1}+\boldsymbol{B}^{-1}$$

上式两边左乘 $\boldsymbol{B}$,右乘 $\boldsymbol{A}$,有 $\boldsymbol{B}\boldsymbol{X}^{-1}\boldsymbol{A}=\boldsymbol{B}+\boldsymbol{A}$,这样

$$(\boldsymbol{B}\boldsymbol{X}^{-1}\boldsymbol{A})^{-1}=(\boldsymbol{A}+\boldsymbol{B})^{-1}$$

即 $\boldsymbol{A}^{-1}\boldsymbol{X}\boldsymbol{B}^{-1}=(\boldsymbol{A}+\boldsymbol{B})^{-1}$，从而 $\boldsymbol{X}=\boldsymbol{A}(\boldsymbol{A}+\boldsymbol{B})^{-1}\boldsymbol{B}$.

故选(C).

解 2　注意到下面的式子变形

$$(\boldsymbol{A}^{-1}+\boldsymbol{B}^{-1})^{-1}=[\boldsymbol{B}^{-1}(\boldsymbol{B}\boldsymbol{A}^{-1}+\boldsymbol{I})]^{-1}=[\boldsymbol{B}^{-1}(\boldsymbol{B}+\boldsymbol{A})\boldsymbol{A}^{-1}]^{-1}=\boldsymbol{A}(\boldsymbol{A}+\boldsymbol{B})^{-1}\boldsymbol{B}$$

故选(C).

注　关于这个问题的讨论可见前文的例.又在题设条件下还可有(详见前文)

$$(\boldsymbol{A}+\boldsymbol{B})^{-1}=\boldsymbol{A}^{-1}-\boldsymbol{A}^{-1}(\boldsymbol{A}^{-1}+\boldsymbol{B}^{-1})\boldsymbol{A}^{-1}$$

题 2　(2008①②④)设 $\boldsymbol{A}$ 为 n 阶非零矩阵，$\boldsymbol{E}$ 为 n 阶单位矩阵，若 $\boldsymbol{A}^3=\boldsymbol{O}$，则　(　　)

(A)$\boldsymbol{E}-\boldsymbol{A}$ 不可逆，$\boldsymbol{E}+\boldsymbol{A}$ 不可逆　　(B)$\boldsymbol{E}-\boldsymbol{A}$ 不可逆，$\boldsymbol{E}+\boldsymbol{A}$ 可逆

(C)$\boldsymbol{E}-\boldsymbol{A}$ 可逆，$\boldsymbol{E}+\boldsymbol{A}$ 可逆　　(D)$\boldsymbol{E}-\boldsymbol{A}$ 可逆，$\boldsymbol{E}+\boldsymbol{A}$ 不可逆

解　$\boldsymbol{A}^3=\boldsymbol{O}\Rightarrow\boldsymbol{A}^3+\boldsymbol{E}=\boldsymbol{E}\Rightarrow(\boldsymbol{A}+\boldsymbol{E})(\boldsymbol{A}^2-\boldsymbol{A}+\boldsymbol{E})=\boldsymbol{E}$，所以 $\boldsymbol{A}+\boldsymbol{E}$ 可逆.

$\boldsymbol{A}^3=\boldsymbol{O}\Rightarrow\boldsymbol{A}^3-\boldsymbol{E}=-\boldsymbol{E}\Rightarrow(\boldsymbol{E}-\boldsymbol{A})(\boldsymbol{A}^2+\boldsymbol{A}+\boldsymbol{E})=\boldsymbol{E}$，所以 $\boldsymbol{E}-\boldsymbol{A}$ 可逆，故选(C).

6. 几何应用

题　(1998①)设矩阵 $\boldsymbol{A}=\begin{pmatrix}a_1 & b_1 & c_1\\ a_2 & b_2 & c_2\\ a_3 & b_3 & c_3\end{pmatrix}$ 是满秩的，则直线 $\dfrac{x-a_3}{a_1-a_2}=\dfrac{y-b_3}{b_1-b_2}=\dfrac{z-c_3}{c_1-c_2}$ 与直线 $\dfrac{x-a_1}{a_2-a_3}=\dfrac{y-b_1}{b_2-b_3}=\dfrac{z-c_1}{c_2-c_3}$　(　　)

(A)相交于一点　　(B)重合　　(C)平行但不重合　　(D)异面

解 1　令 $\boldsymbol{l}_1=\{a_1-a_2,b_1-b_2,c_1-c_2\}$，$\boldsymbol{l}_2=\{a_2-a_3,b_2-b_3,c_2-c_3\}$.假设两条直线平行，即 $\boldsymbol{l}_1\,/\!/\,\boldsymbol{l}_2$，则

$$\frac{a_1-a_2}{a_2-a_3}=\frac{b_1-b_2}{b_2-b_3}=\frac{c_1-c_2}{c_2-c_3}$$

因此

$$|\boldsymbol{A}|=\begin{vmatrix}a_1 & b_1 & c_1\\ a_2 & b_2 & c_2\\ a_3 & b_3 & c_3\end{vmatrix}=\begin{vmatrix}a_1-a_2 & b_1-b_2 & c_1-c_2\\ a_2-a_3 & b_2-b_3 & c_2-c_3\\ a_3 & b_3 & c_3\end{vmatrix}=0$$

这与题设 $\boldsymbol{A}$ 为满秩矩阵相矛盾，表明两直线不平行，故排除(B)和(C).

设 M_1 的坐标为(a_1,b_1,c_1)，M_3 的坐标为(a_3,b_3,c_3).因为“两条直线为异面直线的充要条件是混合积$(\boldsymbol{l}_1\times\boldsymbol{l}_2)\cdot\overrightarrow{M_1M_3}\neq0$”，注意到

$$(\boldsymbol{l}_1\times\boldsymbol{l}_2)\cdot\overrightarrow{M_1M_3}=\begin{vmatrix}a_1-a_2 & b_1-b_2 & c_1-c_2\\ a_2-a_3 & b_2-b_3 & c_2-c_3\\ a_3-a_1 & b_3-b_1 & c_3-c_1\end{vmatrix}=0$$

知两直线非异面，所以两条直线共面，又因不平行，则必相交于一点.

故选(A).

解 2　(特值法)取 $\boldsymbol{A}=\begin{pmatrix}1 & 0 & 0\\ 0 & 1 & 0\\ 0 & 0 & 1\end{pmatrix}$，则两直线方程分别为

$$\frac{x-1}{0}=\frac{y}{1}=\frac{z}{-1},\quad \frac{x}{1}=\frac{y}{-1}=\frac{z-1}{0}$$

即 $\begin{cases}x-1=0\\ y=-z\end{cases}$ 和 $\begin{cases}x=-y\\ z-1=0\end{cases}$.由两方程组解得唯一交点$(1,-1,1)$.

故选(A).

(三)计算证明题

1. 矩阵的简单计算

题 1 (1987③④)设矩阵 $\boldsymbol{A}$ 和 $\boldsymbol{B}$ 满足关系式 $\boldsymbol{AB}=\boldsymbol{A}+2\boldsymbol{B}$,其中

$$\boldsymbol{A}=\begin{pmatrix}4&2&3\\1&1&0\\-1&2&3\end{pmatrix}$$

求矩阵 $\boldsymbol{B}$.

解 由 $\boldsymbol{AB}=\boldsymbol{A}+2\boldsymbol{B}$,有 $\boldsymbol{AB}-2\boldsymbol{B}=\boldsymbol{A}$,即$(\boldsymbol{A}-2\boldsymbol{I})\boldsymbol{B}=\boldsymbol{A}$.从而

$$(\boldsymbol{A}-2\boldsymbol{I})=\begin{pmatrix}2&2&3\\1&-1&0\\-1&2&1\end{pmatrix}$$

其逆矩阵

$$(\boldsymbol{A}-2\boldsymbol{I})^{-1}=\begin{pmatrix}1&-4&-3\\1&-5&-3\\-1&6&4\end{pmatrix}$$

故

$$\boldsymbol{B}=(\boldsymbol{A}-2\boldsymbol{I})^{-1}\boldsymbol{A}=\begin{pmatrix}1&-4&-3\\1&-5&-3\\-1&6&4\end{pmatrix}\begin{pmatrix}4&2&3\\1&1&0\\-1&2&3\end{pmatrix}=\begin{pmatrix}3&-8&-6\\2&-9&-6\\-2&12&9\end{pmatrix}$$

题 2 (1987①)设矩阵 $\boldsymbol{A}$ 和 $\boldsymbol{B}$ 满足关系式 $\boldsymbol{AB}=\boldsymbol{A}+2\boldsymbol{B}$,其中

$$\boldsymbol{A}=\begin{pmatrix}3&0&1\\1&1&0\\0&1&4\end{pmatrix}$$

求矩阵 $\boldsymbol{B}$.

解 由 $\boldsymbol{AB}=\boldsymbol{A}+2\boldsymbol{B}$,有$(\boldsymbol{A}-2\boldsymbol{I})\boldsymbol{B}=\boldsymbol{A}$,即 $\boldsymbol{B}=(\boldsymbol{A}-2\boldsymbol{I})^{-1}\boldsymbol{A}$,而

$$(\boldsymbol{A}-2\boldsymbol{I})^{-1}=\begin{pmatrix}1&0&1\\1&-1&0\\0&1&2\end{pmatrix}^{-1}=\begin{pmatrix}2&-1&-1\\2&-2&-1\\-1&1&1\end{pmatrix}$$

故

$$\boldsymbol{B}=\begin{pmatrix}2&-1&-1\\2&-2&-1\\-1&1&1\end{pmatrix}\begin{pmatrix}3&0&1\\1&1&0\\0&1&4\end{pmatrix}=\begin{pmatrix}5&-2&-2\\4&-3&-2\\-2&2&3\end{pmatrix}$$

题 3 (1989③④)已知 $\boldsymbol{X}=\boldsymbol{AX}+\boldsymbol{B}$,其中

$$\boldsymbol{A}=\begin{pmatrix}0&1&0\\-1&1&1\\-1&0&-1\end{pmatrix},\quad \boldsymbol{B}=\begin{pmatrix}1&-1\\2&0\\5&-2\end{pmatrix}$$

求矩阵 $\boldsymbol{X}$.

解 由 $\boldsymbol{X}=\boldsymbol{AX}+\boldsymbol{B}$,知 $\boldsymbol{X}-\boldsymbol{AX}=\boldsymbol{B}$,故有$(\boldsymbol{I}-\boldsymbol{A})\boldsymbol{X}=\boldsymbol{B}$.

而 $\boldsymbol{I}-\boldsymbol{A}=\begin{pmatrix}1&-1&0\\1&0&-1\\1&0&2\end{pmatrix}$,其逆矩阵$(\boldsymbol{I}-\boldsymbol{A})^{-1}=\begin{pmatrix}0&\frac{2}{3}&\frac{1}{3}\\-1&\frac{2}{3}&\frac{1}{3}\\0&-\frac{1}{3}&\frac{1}{3}\end{pmatrix}$,故

$$\boldsymbol{X}=(\boldsymbol{I}-\boldsymbol{A})^{-1}\boldsymbol{B}=\begin{pmatrix}0 & \frac{2}{3} & \frac{1}{3}\\ -1 & \frac{2}{3} & \frac{1}{3}\\ 0 & -\frac{1}{3} & \frac{1}{3}\end{pmatrix}\begin{pmatrix}1 & -1\\ 2 & 0\\ 5 & -2\end{pmatrix}=\begin{pmatrix}3 & -1\\ 2 & 0\\ 1 & -1\end{pmatrix}$$

题 4 (1991④)设 n 阶矩阵 $\boldsymbol{A}$ 和 $\boldsymbol{B}$ 满足条件 $\boldsymbol{A}+\boldsymbol{B}=\boldsymbol{AB}$.

(1)试证 $\boldsymbol{A}-\boldsymbol{I}$ 可逆；

(2)若

$$\boldsymbol{B}=\begin{pmatrix}1 & -3 & 0\\ 2 & 1 & 0\\ 0 & 0 & 2\end{pmatrix}$$

求矩阵 $\boldsymbol{A}$.

简析 依题设条件要证 $\boldsymbol{A}-\boldsymbol{I}$ 可逆，只需考虑有无 $\boldsymbol{X}$ 使 $(\boldsymbol{A}-\boldsymbol{I})\boldsymbol{X}=\boldsymbol{I}$.

试想一下，如果 $a+b=ab$，代数式要凑出因子 $a-1$ 且式中出现某个常数并不难：因为 $ab-a-b=(a-1)(b-1)-1$，对于矩阵来讲可类比给出.

证 (1)由 $\boldsymbol{A}+\boldsymbol{B}=\boldsymbol{AB}$，有 $\boldsymbol{AB}-\boldsymbol{A}-\boldsymbol{B}=\boldsymbol{O}$，即

$$\boldsymbol{AB}-\boldsymbol{A}-\boldsymbol{B}+\boldsymbol{I}=\boldsymbol{I} \quad 或 \quad (\boldsymbol{A}-\boldsymbol{I})(\boldsymbol{B}-\boldsymbol{I})=\boldsymbol{I}$$

此即说 $\boldsymbol{A}-\boldsymbol{I}$ 可逆，且 $(\boldsymbol{A}-\boldsymbol{I})^{-1}=\boldsymbol{B}-\boldsymbol{I}$.

(2)由(1)中 $(\boldsymbol{A}-\boldsymbol{I})(\boldsymbol{B}-\boldsymbol{I})=\boldsymbol{I}$，知 $\boldsymbol{A}=(\boldsymbol{B}-\boldsymbol{I})^{-1}+\boldsymbol{I}$，故

$$\boldsymbol{A}=\begin{pmatrix}0 & -3 & 0\\ 2 & 0 & 0\\ 0 & 0 & 1\end{pmatrix}^{-1}+\boldsymbol{I}=\begin{pmatrix}0 & \frac{1}{2} & 0\\ -\frac{1}{3} & 0 & 0\\ 0 & 0 & 1\end{pmatrix}+\boldsymbol{I}=\begin{pmatrix}1 & \frac{1}{2} & 0\\ -\frac{1}{3} & 1 & 0\\ 0 & 0 & 2\end{pmatrix}$$

题 5 (1992④)设矩阵 $\boldsymbol{A}=\begin{pmatrix}1 & 0 & 1\\ 0 & 2 & 0\\ 1 & 0 & 1\end{pmatrix}$，矩阵 $\boldsymbol{X}$ 满足 $\boldsymbol{AX}+\boldsymbol{I}=\boldsymbol{A}^2+\boldsymbol{X}$，其中 $\boldsymbol{I}$ 为 3 阶单位矩阵，试求出矩阵.

解 由 $\boldsymbol{AX}+\boldsymbol{I}=\boldsymbol{A}^2+\boldsymbol{X}$，有 $\boldsymbol{AX}-\boldsymbol{X}=\boldsymbol{A}^2-\boldsymbol{I}$，即

$$(\boldsymbol{A}-\boldsymbol{I})\boldsymbol{X}=(\boldsymbol{A}-\boldsymbol{I})(\boldsymbol{A}+\boldsymbol{I})$$

其中 $\boldsymbol{A}-\boldsymbol{I}=\begin{pmatrix}0 & 0 & 1\\ 0 & 1 & 0\\ 1 & 0 & 0\end{pmatrix}$ 可逆. 把上式两端左乘以 $(\boldsymbol{A}-\boldsymbol{I})^{-1}$，得

$$\boldsymbol{X}=\boldsymbol{A}+\boldsymbol{I}=\begin{pmatrix}2 & 0 & 1\\ 0 & 3 & 0\\ 1 & 0 & 2\end{pmatrix}$$

题 6 (1997②)已知 $\boldsymbol{A}=\begin{pmatrix}1 & 1 & -1\\ 0 & 1 & 1\\ 0 & 0 & -1\end{pmatrix}$，且 $\boldsymbol{A}^2-\boldsymbol{AB}=\boldsymbol{I}$，其中 $\boldsymbol{I}$ 是 3 阶单位矩阵，求矩阵 $\boldsymbol{B}$.

解 由 $\boldsymbol{A}^2-\boldsymbol{AB}=\boldsymbol{I}$，有 $\boldsymbol{AB}=\boldsymbol{A}^2-\boldsymbol{I}$，从而 $\boldsymbol{B}=\boldsymbol{A}^{-1}(\boldsymbol{A}^2-\boldsymbol{I})=\boldsymbol{A}-\boldsymbol{A}^{-1}$，故

$$\boldsymbol{B}=\boldsymbol{A}-\boldsymbol{A}^{-1}=\begin{pmatrix}1 & 1 & -1\\ 0 & 1 & 1\\ 0 & 0 & -1\end{pmatrix}-\begin{pmatrix}1 & -1 & -2\\ 0 & 1 & 1\\ 0 & 0 & -1\end{pmatrix}=\begin{pmatrix}0 & 2 & 1\\ 0 & 0 & 0\\ 0 & 0 & 0\end{pmatrix}$$

题 7 (2001②)已知矩阵 $\boldsymbol{A}=\begin{pmatrix}1&0&0\\1&1&0\\1&1&1\end{pmatrix}$，$\boldsymbol{B}=\begin{pmatrix}0&1&1\\1&0&1\\1&1&0\end{pmatrix}$，且矩阵 $\boldsymbol{X}$ 满足 $\boldsymbol{AXA}+\boldsymbol{BXB}=\boldsymbol{AXB}+\boldsymbol{BXA}+\boldsymbol{I}$，其中 $\boldsymbol{I}$ 是 3 阶单位阵，求 $\boldsymbol{X}$.

解 由题设矩阵方程变形有$(\boldsymbol{AXA}-\boldsymbol{AXB})-(\boldsymbol{BXA}-\boldsymbol{BXB})=\boldsymbol{I}$，即

$$\boldsymbol{AX}(\boldsymbol{A}-\boldsymbol{B})-\boldsymbol{BX}(\boldsymbol{A}-\boldsymbol{B})=\boldsymbol{I}\quad \text{或}\quad (\boldsymbol{A}-\boldsymbol{B})\boldsymbol{X}(\boldsymbol{A}-\boldsymbol{B})=\boldsymbol{I}$$

知 $\boldsymbol{A}-\boldsymbol{B}$ 可逆，且 $\boldsymbol{X}=[(\boldsymbol{A}-\boldsymbol{B})^{-1}]^2=\left[\begin{pmatrix}1&-1&-1\\0&1&-1\\0&0&1\end{pmatrix}^{-1}\right]^2=\begin{pmatrix}1&2&5\\0&1&2\\0&0&1\end{pmatrix}$.

题 8 (2002②)已知 $\boldsymbol{A},\boldsymbol{B}\in\mathbf{R}^{3\times3}$，且满足 $2\boldsymbol{A}^{-1}\boldsymbol{B}=\boldsymbol{B}-4\boldsymbol{I}$，其中 $\boldsymbol{I}$ 是 3 阶单位矩阵.(1)证明矩阵 $\boldsymbol{A}-2\boldsymbol{I}$ 可逆；(2)若 $\boldsymbol{B}=\begin{pmatrix}1&-2&0\\1&2&0\\0&0&2\end{pmatrix}$，求矩阵 $\boldsymbol{A}$.

证 (1)由题设有 $\boldsymbol{AB}-2\boldsymbol{B}-4\boldsymbol{A}=\boldsymbol{O}$(类比于 $ab-2b-4a$ 的分解出 $a-2$ 的因子)，从而$(\boldsymbol{A}-2\boldsymbol{I})(\boldsymbol{B}-4\boldsymbol{I})=8\boldsymbol{I}$，即$(\boldsymbol{A}-2\boldsymbol{I})\cdot\dfrac{1}{8}(\boldsymbol{B}-4\boldsymbol{I})=\boldsymbol{I}$，故知矩阵 $\boldsymbol{A}-2\boldsymbol{I}$ 可逆，且

$$(\boldsymbol{A}-2\boldsymbol{I})^{-1}=\frac{1}{8}(\boldsymbol{B}-4\boldsymbol{I})$$

(2)由上式有 $\boldsymbol{A}-2\boldsymbol{I}=8(\boldsymbol{B}-4\boldsymbol{I})^{-1}$，即 $\boldsymbol{A}=2\boldsymbol{I}+8(\boldsymbol{B}-4\boldsymbol{I})^{-1}$. 又

$$(\boldsymbol{B}-4\boldsymbol{I})^{-1}=\begin{pmatrix}-\frac{1}{4}&\frac{1}{4}&0\\-\frac{1}{8}&\frac{3}{8}&0\\0&0&-\frac{1}{2}\end{pmatrix}\Rightarrow\boldsymbol{A}=\begin{pmatrix}0&2&0\\-1&-1&0\\0&0&-2\end{pmatrix}$$

题 9 (1990①)设 4 阶矩阵 $\boldsymbol{B}=\begin{pmatrix}1&-1&0&0\\0&1&-1&0\\0&0&1&-1\\0&0&0&1\end{pmatrix}$，$\boldsymbol{C}=\begin{pmatrix}2&1&3&4\\0&2&1&3\\0&0&2&1\\0&0&0&2\end{pmatrix}$，且 $\boldsymbol{A}$ 满足关系式 $\boldsymbol{A}(\boldsymbol{I}-\boldsymbol{C}^{-1}\boldsymbol{B})^{\mathrm{T}}\boldsymbol{C}^{\mathrm{T}}=\boldsymbol{I}$，将关系式化简且求 $\boldsymbol{A}$.

简析 注意到$(\boldsymbol{I}-\boldsymbol{C}^{-1}\boldsymbol{B})^{\mathrm{T}}=\boldsymbol{I}^{\mathrm{T}}-(\boldsymbol{C}^{-1}\boldsymbol{B})^{\mathrm{T}}=\boldsymbol{I}-\boldsymbol{B}^{\mathrm{T}}(\boldsymbol{C}^{-1})^{\mathrm{T}}=\boldsymbol{I}-\boldsymbol{B}^{\mathrm{T}}(\boldsymbol{C}^{\mathrm{T}})^{-1}$，从而$(\boldsymbol{I}-\boldsymbol{C}^{-1}\boldsymbol{B})^{\mathrm{T}}\boldsymbol{C}^{\mathrm{T}}=\boldsymbol{C}^{\mathrm{T}}-\boldsymbol{B}^{\mathrm{T}}$，余下的步骤不难.

解 由 $\boldsymbol{A}(\boldsymbol{I}-\boldsymbol{C}^{-1}\boldsymbol{B})^{\mathrm{T}}\boldsymbol{C}^{\mathrm{T}}=\boldsymbol{A}(\boldsymbol{C}^{\mathrm{T}}-\boldsymbol{B}^{\mathrm{T}})=\boldsymbol{A}(\boldsymbol{C}-\boldsymbol{B})^{\mathrm{T}}=\boldsymbol{I}$，有

$$\boldsymbol{A}=[(\boldsymbol{C}-\boldsymbol{B})^{\mathrm{T}}]^{-1}=(\boldsymbol{C}^{\mathrm{T}}-\boldsymbol{B}^{\mathrm{T}})^{-1}=\begin{pmatrix}1&&&\\2&1&&\\3&2&1&\\4&3&2&1\end{pmatrix}^{-1}=\begin{pmatrix}1&&&\\-2&1&&\\1&-2&1&\\0&1&-2&1\end{pmatrix}$$

题 10 (1998②)设$(2\boldsymbol{I}-\boldsymbol{C}^{-1}\boldsymbol{B})\boldsymbol{A}^{\mathrm{T}}=\boldsymbol{C}^{-1}$，其中 $\boldsymbol{I}$ 是 4 阶单位矩阵，$\boldsymbol{A}^{\mathrm{T}}$ 是 4 阶矩阵 $\boldsymbol{A}$ 的转置矩阵

$$\boldsymbol{B}=\begin{pmatrix}1&2&-3&-2\\&1&2&-3\\&&1&2\\&&&1\end{pmatrix},\quad \boldsymbol{C}=\begin{pmatrix}1&2&0&1\\&1&2&0\\&&1&2\\&&&1\end{pmatrix}$$

求 $\boldsymbol{A}$.

解 由$(2\boldsymbol{I}-\boldsymbol{C}^{-1}\boldsymbol{B})\boldsymbol{A}^{\mathrm{T}}=\boldsymbol{C}^{-1}$，有$\boldsymbol{C}(2\boldsymbol{I}-\boldsymbol{C}^{-1}\boldsymbol{B})\boldsymbol{A}^{\mathrm{T}}=\boldsymbol{I}$，即$(2\boldsymbol{C}-\boldsymbol{B})\boldsymbol{A}^{\mathrm{T}}=\boldsymbol{I}$，从而$\boldsymbol{A}(2\boldsymbol{C}-\boldsymbol{B})^{\mathrm{T}}=\boldsymbol{I}$，即$(2\boldsymbol{C}-\boldsymbol{B})^{\mathrm{T}}$可逆.故

$$\boldsymbol{A}=[(2\boldsymbol{C}-\boldsymbol{B})^{\mathrm{T}}]^{-1}=\begin{pmatrix}1&0&0&0\\2&1&0&0\\3&2&1&0\\4&3&2&1\end{pmatrix}^{-1}=\begin{pmatrix}1&0&0&0\\-2&1&0&0\\1&-2&1&0\\0&1&-2&1\end{pmatrix}$$

题 11 (1999②)若矩阵$\boldsymbol{A}=\begin{pmatrix}1&1&-1\\-1&1&1\\1&-1&1\end{pmatrix}$，又$\boldsymbol{A}^*\boldsymbol{X}=\boldsymbol{A}^{-1}+2\boldsymbol{X}$，求$\boldsymbol{X}$.

解 由题设式左乘$\boldsymbol{A}$，有$\boldsymbol{AA}^*\boldsymbol{X}=\boldsymbol{I}+2\boldsymbol{AX}$，即

$$(\boldsymbol{AA}^*-2\boldsymbol{A})\boldsymbol{X}=\boldsymbol{I}\quad 或\quad (|\boldsymbol{A}|\boldsymbol{I}-2\boldsymbol{A})\boldsymbol{X}=\boldsymbol{I}$$

则$\boldsymbol{X}=(|\boldsymbol{A}|\boldsymbol{I}-2\boldsymbol{A})^{-1}$，又$|\boldsymbol{A}|=4$，故

$$\boldsymbol{X}=(4\boldsymbol{I}-2\boldsymbol{A})^{-1}=\left[4\boldsymbol{I}-2\begin{pmatrix}1&-1&1\\1&1&-1\\-1&1&1\end{pmatrix}\right]^{-1}=\frac{1}{4}\begin{pmatrix}1&1&0\\0&1&1\\1&0&1\end{pmatrix}$$

题 12 (2000①)设矩阵$\boldsymbol{A}$的伴随矩阵$\boldsymbol{A}^*=\begin{pmatrix}1&&&\\1&0&&\\1&0&1&\\0&-3&0&8\end{pmatrix}$，且$\boldsymbol{ABA}^{-1}=\boldsymbol{BA}^{-1}+3\boldsymbol{I}$，其中$\boldsymbol{I}$为4阶单位矩阵，求矩阵$\boldsymbol{B}$.

简析 仿前面问题解法先把$\boldsymbol{B}$的表达式给出，再用$\boldsymbol{A}^*$去表示$\boldsymbol{A}^{-1}$.

解 1 题设式右乘$\boldsymbol{A}$，左乘$\boldsymbol{A}^*$，有$\boldsymbol{A}^*\boldsymbol{AB}=\boldsymbol{A}^*\boldsymbol{B}+3\boldsymbol{A}^*\boldsymbol{A}$，而$\boldsymbol{AA}^*=|\boldsymbol{A}|\boldsymbol{I}$，故$|\boldsymbol{A}|\boldsymbol{B}=\boldsymbol{A}^*\boldsymbol{B}+3|\boldsymbol{A}|\boldsymbol{I}$，从而

$$\boldsymbol{B}=3|\boldsymbol{A}|(|\boldsymbol{A}|\boldsymbol{I}-\boldsymbol{A}^*)^{-1}$$

因$|\boldsymbol{A}^*|=|\boldsymbol{A}|^{n-1}$，又$|\boldsymbol{A}^*|=8$，知$|\boldsymbol{A}|=2$.则

$$\boldsymbol{B}=6(2\boldsymbol{I}-\boldsymbol{A}^*)^{-1}=6\begin{pmatrix}1&&&\\0&1&&\\-1&0&1&\\0&3&0&-6\end{pmatrix}^{-1}=\begin{pmatrix}6&&&\\0&6&&\\6&0&6&\\0&3&0&-1\end{pmatrix}$$

解 2 题设式右乘$\boldsymbol{A}$，有$\boldsymbol{AB}=\boldsymbol{B}+3\boldsymbol{A}$，从而$\boldsymbol{B}=3(\boldsymbol{A}-\boldsymbol{I})^{-1}\boldsymbol{A}$.

因解1知$|\boldsymbol{A}|=2$，又$\boldsymbol{A}=|\boldsymbol{A}|(\boldsymbol{A}^*)^{-1}=2(\boldsymbol{A}^*)^{-1}$，故

$$\boldsymbol{B}=3[2(\boldsymbol{A}^*)^{-1}-\boldsymbol{I}]^{-1}\cdot 2(\boldsymbol{A}^*)^{-1}=\begin{pmatrix}6&&&\\0&6&&\\6&0&6&\\0&3&0&-1\end{pmatrix}$$

2. 矩阵的方幂

前文已述，矩阵方幂的计算大抵有两种方法：

①试算并总结规律，再用数学归纳法证明；②利用相似矩阵性质.

对于方法②我们后文将会介绍，对于方法①前文已有例阐述，下面再来看一个例子.

题 (1988①)已知$\boldsymbol{AP}=\boldsymbol{PB}$，其中$\boldsymbol{B}=\begin{pmatrix}1&0&0\\0&0&0\\0&0&-1\end{pmatrix}$，$\boldsymbol{P}=\begin{pmatrix}1&0&0\\2&-1&0\\2&1&1\end{pmatrix}$，求矩阵$\boldsymbol{A}$及$\boldsymbol{A}^5$.

简析 因为 B 是对角阵，而 $|P|\neq 0$，故有 $A=PBP^{-1}$.

解 由题设知 $|P|\neq 0$，即知 P 非奇异(可逆)，因而有

$$A=PBP^{-1}=\begin{pmatrix}1&0&0\\2&-1&0\\2&1&1\end{pmatrix}\begin{pmatrix}1&0&0\\0&0&0\\0&0&-1\end{pmatrix}\begin{pmatrix}1&0&0\\2&-1&0\\-4&1&1\end{pmatrix}=\begin{pmatrix}1&0&0\\2&0&0\\6&-1&-1\end{pmatrix}$$

而 $A^n=(PBP^{-1})(PBP^{-1})\cdots(PBP^{-1})=PB(P^{-1}P)B(P^{-1}P)\cdots(P^{-1}P)BP^{-1}=PB^nP^{-1}$

注意到 $B^5=[\mathrm{diag}\{1,0,-1\}]^5=\mathrm{diag}\{1^5,0,(-1)^5\}=\mathrm{diag}\{1,0,-1\}=B$

从而 $A^5=PB^5P^{-1}=PBP^{-1}=A$

3. 矩阵求逆

矩阵求逆问题常见的有两类：一是给定矩阵求其逆；二是给定矩阵多项式及其中某些矩阵，而求另外矩阵的逆.

对于前者，我们讲过有4种求解方法：①利用伴随矩阵($A^*=|A|A^{-1}$)；②解方程组；③用记录矩阵方法；④利用凯莱—哈密顿定理.

对于后者，其解法不难，主要利用矩阵运算性质. 这里的关键是凑出要求其逆的矩阵与某矩阵多项式之乘积为单位矩阵，比如若有等式 $A\cdot f(A)=I$，则将有 $A^{-1}=f(A)$. 请看下面的例子.

题1 (1998④)已知 n 阶方阵 A 满足矩阵 $A^2-3A-2I=O$，其中 A 给定，而 I 是单位矩阵. 证明 A 可逆，并求出其逆矩阵 A^{-1}.

解 由 $A^2-3A-2I=O$，得 $A^2-3A=2I$，因而 $A\left[\frac{1}{2}(A-3I)\right]=I$.

此即说 A 可逆，且 $A^{-1}=\frac{1}{2}(A-3I)$.

题2 (1990③)已知对于 n 阶方阵 A，存在自然数 k，使 $A^k=O$. 试证明矩阵 $I-A$ 可逆，并写出其逆矩阵的表达式(I 为 n 阶单位阵).

证 由 $A^k=O$，可得 $I^k-A^k=I$，而 $I^k-A^k=(I-A)(I+A+\cdots+A^{k-1})$，表明 $I-A$ 可逆，且其逆为 $(I-A)^{-1}=I+A+\cdots+A^{k-1}$.

注1 仿例可证：若 $A\in\mathbf{R}^{n\times n}$，且有 $m\in\mathbf{N}$，使 $(I+A)^m=O$，则 A 可逆.

略解：实因 $(I+A)^m=\sum_{k=0}^{m}C_m^kA^kI^{m-k}=\left(\sum_{k=1}^{m}C_m^kA^{k-1}\right)A+I=O$，从而

$$-\left(\sum_{k=1}^{m}C_m^kA^{k-1}\right)A=I$$

即 $-\sum_{k=1}^{m}C_m^kA^{k-1}$ 为 A^{-1}.

注2 更一般地若有多项式 $f(x)=a_0x^n+a_1x^{n-1}+\cdots+a_{n-1}x+a_n=0$，其中 $a_n\neq 0$，又 $f(A)=O$，则 A 可逆，且

$$A^{-1}=-\frac{a_0}{a_n}A^{n-1}-\frac{a_1}{a_n}A^{n-2}-\cdots-\frac{a_{n-1}}{a_n}I$$

题3 (1997①)设 A 是 n 阶可逆方阵，将 A 的第 i 行和第 j 行对换后得到的矩阵记为 B. (1)证明 B 可逆；(2)求 AB^{-1}.

证 (1)设 $I(i,j)$ 表示第 i,j 行交换的初等矩阵，则 $B=I(i,j)A$. 两边取行列式，有

$$|B|=|I(i,j)||A|=-|A|\neq 0$$

故 B 可逆(注意到 $|I(i,j)|=-1$ 的事实).

(2)由题设知 $B=I(i,j)A$，有 $B^{-1}=A^{-1}I^{-1}(i,j)$，故

$$AB^{-1}=I^{-1}(i,j)=I(i,j)$$

题 4 （1993④）已知3阶矩阵$\boldsymbol{A}$的逆矩阵为$\boldsymbol{A}^{-1}=\begin{pmatrix}1&1&1\\1&2&1\\1&1&3\end{pmatrix}$，试求$\boldsymbol{A}$的伴随矩阵$\boldsymbol{A}^*$的逆矩阵.

解 由$\boldsymbol{A}$可逆，知$\boldsymbol{A}^*=|\boldsymbol{A}|\boldsymbol{A}^{-1}$，从而$(\boldsymbol{A}^*)^{-1}=\dfrac{1}{|\boldsymbol{A}|}\boldsymbol{A}=|\boldsymbol{A}^{-1}|\boldsymbol{A}$.而

$$|\boldsymbol{A}^{-1}|=\det\begin{pmatrix}1&1&1\\1&2&1\\1&1&3\end{pmatrix}=\begin{vmatrix}1&1&1\\1&2&1\\1&1&3\end{vmatrix}=2$$

以下用记录矩阵（初等变换）求$\boldsymbol{A}=(\boldsymbol{A}^{-1})^{-1}$，即

$$(\boldsymbol{A}^{-1}\vdots\boldsymbol{I})\xrightarrow{\text{行初等变换}}\left(\begin{array}{ccc:ccc}1&0&0&\frac{5}{2}&-1&-\frac{1}{2}\\0&1&0&-1&1&0\\0&0&1&-\frac{1}{2}&0&\frac{1}{2}\end{array}\right)=(\boldsymbol{I}\vdots\boldsymbol{A})$$

故

$$(\boldsymbol{A}^*)^{-1}=2\begin{pmatrix}\frac{5}{2}&-1&-\frac{1}{2}\\-1&1&0\\-\frac{1}{2}&0&\frac{1}{2}\end{pmatrix}=\begin{pmatrix}5&-2&-1\\-2&2&0\\-1&0&1\end{pmatrix}$$

题 5 （1996①）设$\boldsymbol{A}=\boldsymbol{I}-\boldsymbol{\xi}\boldsymbol{\xi}^{\mathrm{T}}$，其中$\boldsymbol{I}$是$n$阶单位矩阵，$\boldsymbol{\xi}$是$n$维非零列向量，$\boldsymbol{\xi}^{\mathrm{T}}$是$\boldsymbol{\xi}$的转置.证明：(1)$\boldsymbol{A}^2=\boldsymbol{A}$的充要条件是$\boldsymbol{\xi}^{\mathrm{T}}\boldsymbol{\xi}=1$；(2)当$\boldsymbol{\xi}^{\mathrm{T}}\boldsymbol{\xi}=1$时，$\boldsymbol{A}$是不可逆矩阵.

证 (1)由题设及矩阵乘法性质，有

$$\boldsymbol{A}^2=(\boldsymbol{I}-\boldsymbol{\xi}\boldsymbol{\xi}^{\mathrm{T}})(\boldsymbol{I}-\boldsymbol{\xi}\boldsymbol{\xi}^{\mathrm{T}})=\boldsymbol{I}-2\boldsymbol{\xi}\boldsymbol{\xi}^{\mathrm{T}}+\boldsymbol{\xi}(\boldsymbol{\xi}^{\mathrm{T}}\boldsymbol{\xi})\boldsymbol{\xi}^{\mathrm{T}}=\boldsymbol{I}-(2-\boldsymbol{\xi}^{\mathrm{T}}\boldsymbol{\xi})\boldsymbol{\xi}\boldsymbol{\xi}^{\mathrm{T}}$$

又$\boldsymbol{A}^2=\boldsymbol{A}$及$\boldsymbol{A}=\boldsymbol{I}-\boldsymbol{\xi}\boldsymbol{\xi}^{\mathrm{T}}$，知$(2-\boldsymbol{\xi}^{\mathrm{T}}\boldsymbol{\xi})\boldsymbol{\xi}\boldsymbol{\xi}^{\mathrm{T}}=\boldsymbol{\xi}\boldsymbol{\xi}^{\mathrm{T}}$，即$(\boldsymbol{\xi}^{\mathrm{T}}\boldsymbol{\xi}-1)\boldsymbol{\xi}\boldsymbol{\xi}^{\mathrm{T}}=\boldsymbol{O}$，而$\boldsymbol{\xi}\boldsymbol{\xi}^{\mathrm{T}}\neq\boldsymbol{O}$（注意$\boldsymbol{\xi}\neq\boldsymbol{0}$），故$\boldsymbol{\xi}^{\mathrm{T}}\boldsymbol{\xi}=1$.

反之亦然.

(2)用反证法.假设$\boldsymbol{A}$可逆，由$\boldsymbol{A}^2=\boldsymbol{A}$，有$\boldsymbol{A}=\boldsymbol{I}$，又由题设$\boldsymbol{A}=\boldsymbol{I}-\boldsymbol{\xi}\boldsymbol{\xi}^{\mathrm{T}}$，则$\boldsymbol{\xi}\boldsymbol{\xi}^{\mathrm{T}}=\boldsymbol{O}$，从而$\boldsymbol{\xi}=\boldsymbol{0}$.此与题设$\boldsymbol{\xi}$是非零向量相抵，故$\boldsymbol{A}$不可逆.

再来看一个判断分块矩阵可否求逆的问题.

题 6 （1997③④）设$\boldsymbol{A}$为n阶非奇异矩阵，$\boldsymbol{\alpha}$为n维列向量，b为常数，记分块矩阵

$$\boldsymbol{P}=\begin{pmatrix}\boldsymbol{I}&\boldsymbol{0}\\-\boldsymbol{\alpha}^{\mathrm{T}}\boldsymbol{A}^*&|\boldsymbol{A}|\end{pmatrix},\quad\boldsymbol{Q}=\begin{pmatrix}\boldsymbol{A}&\boldsymbol{\alpha}\\\boldsymbol{\alpha}^{\mathrm{T}}&b\end{pmatrix}$$

其中$\boldsymbol{A}^*$是矩阵$\boldsymbol{A}$的伴随矩阵，$\boldsymbol{I}$为n阶单位矩阵.

(1)计算并化简$\boldsymbol{PQ}$；(2)证明：矩阵$\boldsymbol{Q}$可逆的充分必要条件是$\boldsymbol{\alpha}^{\mathrm{T}}\boldsymbol{A}^{-1}\boldsymbol{\alpha}\neq b$.

解 (1)由题设及分块矩阵乘法，有

$$\boldsymbol{PQ}=\begin{pmatrix}\boldsymbol{I}&\boldsymbol{0}\\-\boldsymbol{\alpha}^{\mathrm{T}}\boldsymbol{A}^*&|\boldsymbol{A}|\end{pmatrix}\begin{pmatrix}\boldsymbol{A}&\boldsymbol{\alpha}\\\boldsymbol{\alpha}^{\mathrm{T}}&b\end{pmatrix}=\begin{pmatrix}\boldsymbol{A}&\boldsymbol{\alpha}\\-\boldsymbol{\alpha}^{\mathrm{T}}\boldsymbol{A}^*\boldsymbol{A}+|\boldsymbol{A}|\boldsymbol{\alpha}^{\mathrm{T}}&-\boldsymbol{\alpha}^{\mathrm{T}}\boldsymbol{A}^*\boldsymbol{\alpha}+b|\boldsymbol{A}|\end{pmatrix}$$

$$=\begin{pmatrix}\boldsymbol{A}&\boldsymbol{\alpha}\\\boldsymbol{0}&|\boldsymbol{A}|(b-\boldsymbol{\alpha}^{\mathrm{T}}\boldsymbol{A}^{-1}\boldsymbol{\alpha})\end{pmatrix}$$

这里运用了$\boldsymbol{A}^*$的性质$\boldsymbol{A}^*\boldsymbol{A}=|\boldsymbol{A}|\boldsymbol{I}$，$\boldsymbol{A}^*=|\boldsymbol{A}|\boldsymbol{A}^{-1}$等.

(2)“$\Rightarrow$”若$\boldsymbol{Q}$可逆，则由$|\boldsymbol{A}|\neq0$，从而$|\boldsymbol{P}|\neq0$，知$\boldsymbol{P}$可逆，从而$|\boldsymbol{PQ}|\neq0$.

而$|\boldsymbol{PQ}|=|\boldsymbol{A}|\cdot|\boldsymbol{A}||b-\boldsymbol{\alpha}^{\mathrm{T}}\boldsymbol{A}^{-1}\boldsymbol{\alpha}|=|b-\boldsymbol{\alpha}^{\mathrm{T}}\boldsymbol{A}^{-1}\boldsymbol{\alpha}||\boldsymbol{A}|^2$，因$|\boldsymbol{A}|\neq0$，故$b-\boldsymbol{\alpha}^{\mathrm{T}}\boldsymbol{A}^{-1}\boldsymbol{\alpha}\neq0$，即$b\neq\boldsymbol{\alpha}^{\mathrm{T}}\boldsymbol{A}^{-1}\boldsymbol{\alpha}$.

“$\Leftarrow$”若$b\neq\boldsymbol{\alpha}^{\mathrm{T}}\boldsymbol{A}^{-1}\boldsymbol{\alpha}$，则$b-\boldsymbol{\alpha}^{\mathrm{T}}\boldsymbol{A}^{-1}\boldsymbol{\alpha}\neq0$，从而$|\boldsymbol{PQ}|\neq0$.

又$|\boldsymbol{PQ}|=|\boldsymbol{P}||\boldsymbol{Q}|$，且$|\boldsymbol{P}|\neq0$，从而$|\boldsymbol{Q}|\neq0$，即$\boldsymbol{Q}$可逆.

注 例中涉及$\boldsymbol{A}$的伴随矩阵$\boldsymbol{A}^*$,粗略地看,$\boldsymbol{A}^*$其实与$\boldsymbol{A}^{-1}$是等同的,它们仅差一个因子$|\boldsymbol{A}|$而已.若$\boldsymbol{A}$可逆,由$\boldsymbol{A}^*=|\boldsymbol{A}|\boldsymbol{A}^{-1}$已明确显现$\boldsymbol{A}^*$的本质,这样在求解某些涉及$\boldsymbol{A}^*$的问题时,可以方便地将其化为$\boldsymbol{A}^{-1}$问题处理.从理解上讲$\boldsymbol{A}^{-1}$似乎较$\boldsymbol{A}^*$更易为人们接受.

题 7 (1996④)若$\boldsymbol{A},\boldsymbol{B}\in\mathbf{R}^{n\times n}$,且它们非奇异,证明:(1)$(\boldsymbol{AB})^*=\boldsymbol{B}^*\boldsymbol{A}^*$;(2)$(\boldsymbol{A}^*)^*=|\boldsymbol{A}|^{n-2}\boldsymbol{A}$;(3)求$[(\boldsymbol{A}^*)^*]^{-1}$.

证 (1)由题设知$\boldsymbol{AB}$非奇异,且$(\boldsymbol{AB})^*(\boldsymbol{AB})=|\boldsymbol{AB}|$,从而

$$(\boldsymbol{AB})^*=|\boldsymbol{AB}|(\boldsymbol{AB})^{-1}=|\boldsymbol{A}||\boldsymbol{B}|\boldsymbol{B}^{-1}\boldsymbol{A}^{-1}=(|\boldsymbol{B}|\boldsymbol{B}^{-1})(|\boldsymbol{A}|\boldsymbol{A}^{-1})=\boldsymbol{B}^*\boldsymbol{A}^*$$

(2)证法 1:由$\boldsymbol{A}^*(\boldsymbol{A}^*)^*=|\boldsymbol{A}|^{n-1}$两边同乘以$\dfrac{\boldsymbol{A}}{|\boldsymbol{A}|}$,有

$$\frac{\boldsymbol{A}}{|\boldsymbol{A}|}\boldsymbol{A}^*(\boldsymbol{A}^*)^*=\frac{\boldsymbol{A}}{|\boldsymbol{A}|}|\boldsymbol{A}|^{n-1}\boldsymbol{I}=|\boldsymbol{A}|^{n-2}\boldsymbol{A}$$

即$\boldsymbol{I}(\boldsymbol{A}^*)^*=|\boldsymbol{A}|^{n-2}\boldsymbol{A}$,从而$(\boldsymbol{A}^*)^*=|\boldsymbol{A}|^{n-2}\boldsymbol{A}$.

这里注意到,若$\boldsymbol{A}$可逆(非奇异),则$|\boldsymbol{A}^*|=|\boldsymbol{A}|^{n-1}$.

证法 2:由$\boldsymbol{A}^*=|\boldsymbol{A}|\boldsymbol{A}^{-1}$(注意$\boldsymbol{A}$非奇异),则

$$(\boldsymbol{A}^*)^*=|\boldsymbol{A}^*|(\boldsymbol{A}^*)^{-1}=||\boldsymbol{A}|\boldsymbol{A}^{-1}|\cdot(|\boldsymbol{A}|\boldsymbol{A}^{-1})^{-1}=|\boldsymbol{A}|^n\cdot|\boldsymbol{A}|^{-1}\cdot|\boldsymbol{A}|^{-1}\cdot(\boldsymbol{A}^{-1})^{-1}=|\boldsymbol{A}|^{n-2}\boldsymbol{A}$$

(3)由题设$\boldsymbol{A}$非奇异,知$\boldsymbol{A}^*=|\boldsymbol{A}|\boldsymbol{A}^{-1}$,则

$$(\boldsymbol{A}^*)^*=||\boldsymbol{A}|\boldsymbol{A}^{-1}|(|\boldsymbol{A}|\boldsymbol{A}^{-1})^{-1}=|\boldsymbol{A}|^n\cdot|\boldsymbol{A}|^{-1}\cdot\frac{1}{|\boldsymbol{A}|}\cdot(\boldsymbol{A}^{-1})^{-1}=|\boldsymbol{A}|^{n-2}\boldsymbol{A}$$

故
$$[(\boldsymbol{A}^*)^*]^{-1}=\frac{1}{|\boldsymbol{A}|^{n-2}}\boldsymbol{A}^{-1}=|\boldsymbol{A}|^{2-n}\boldsymbol{A}^{-1}$$

注 1 对于(1),若$\boldsymbol{AB}=\boldsymbol{BA}$,我们还可有$\boldsymbol{A}^*\boldsymbol{B}^*=\boldsymbol{B}^*\boldsymbol{A}^*$.

对于(2),仿上我们可以归纳出伴随矩阵$\boldsymbol{A}^*$的一个性质:

命题:矩阵$\{[(\boldsymbol{A}^*)^*]^*\cdots\}^*$($k$次$*$)若$k$是奇数时,为$a\boldsymbol{A}^{-1}$;若$k$是偶数时,为$b\boldsymbol{A}$,其中$a,b$系由$|\boldsymbol{A}|^r$的方幂给出.

更确切的结论请你归纳总结一下.

注 2 历年来此问题或与此有关的类似的试题还有:

(1)(1990④)若$\boldsymbol{A}$为n阶矩阵,且非奇异(即可逆),则$|\boldsymbol{A}^*|=|\boldsymbol{A}|^{n-1}$.

(2)(天津大学,1983)若$\boldsymbol{A}$为n阶矩阵,且非奇异,则$(\boldsymbol{A}^*)^{-1}=(\boldsymbol{A}^{-1})^*$.

(3)(1991④)若$\boldsymbol{A}$为n阶矩阵,且非奇异,又λ是$\boldsymbol{A}$的一个特征值,则$|\boldsymbol{A}|\lambda^{-1}$是$\boldsymbol{A}^*$的一个特征值.

国内外大学数学竞赛及水平测试题赏析

1. 矩阵的性质

(1)矩阵的秩及其可逆性

例 1 若$\boldsymbol{P},\boldsymbol{Q}\in\mathbf{R}^{n\times n}$,且$\boldsymbol{P}^2=\boldsymbol{P},\boldsymbol{Q}^2=\boldsymbol{Q}$,又$\boldsymbol{I}-(\boldsymbol{P}+\boldsymbol{Q})$非奇异.试证秩$\mathrm{r}(\boldsymbol{A})=\mathrm{r}(\boldsymbol{B})$.(美国加州大学伯克利分校研究生招生试题,1997)

证 由题设$\boldsymbol{I}-(\boldsymbol{P}+\boldsymbol{Q})$满秩,且注意到$\boldsymbol{P}^2=\boldsymbol{P},\boldsymbol{Q}^2=\boldsymbol{Q}$,故

$$\mathrm{r}(\boldsymbol{P})=\mathrm{r}\{\boldsymbol{P}[\boldsymbol{I}-(\boldsymbol{P}+\boldsymbol{Q})]\}=\mathrm{r}\{\boldsymbol{P}-\boldsymbol{P}^2-\boldsymbol{PQ}\}=\mathrm{r}(\boldsymbol{PQ})$$
$$\mathrm{r}(\boldsymbol{Q})=\mathrm{r}\{[\boldsymbol{I}-(\boldsymbol{P}+\boldsymbol{Q})]\boldsymbol{Q}\}=\mathrm{r}\{\boldsymbol{Q}-\boldsymbol{PQ}-\boldsymbol{Q}^2\}=\mathrm{r}(\boldsymbol{PQ})$$

故$\mathrm{r}(\boldsymbol{P})=\mathrm{r}(\boldsymbol{Q})$.

例 2 若两不同的矩阵$\boldsymbol{A},\boldsymbol{B}\in\mathbf{R}^{n\times n}$,且$\boldsymbol{A}^3=\boldsymbol{B}^3$,又$\boldsymbol{A}^2\boldsymbol{B}=\boldsymbol{B}^2\boldsymbol{A}$.试证$\boldsymbol{A}^2+\boldsymbol{B}^2$不可逆.(美国 Putnam Exam,1991)

解 (反证法)今若使 A^2+B^2 可逆,注意下面的运算

$$A-B=(A^2+B^2)^{-1}(A^2+B^2)(A-B)=(A^2+B^2)^{-1}[(A^2+B^2)(A-B)]$$
$$=(A^2+B^2)^{-1}(A^3+B^2AB-A^2B-B^3)=O$$

由题设 $A^3=B^3$,且 $A^2B=B^2A$,从而 $A=B$,与题设矛盾!

故 A^2+B^2 不可逆.

例 3 若矩阵 $A=(a_{ij})_{n\times n}$ 满足 $|a_{ij}|>\sum\limits_{\substack{j\neq i\\ j=1}}^{n}|a_{ij}|$, $1\leqslant i\leqslant n$ 的矩阵是可逆的.(美国加州大学伯克利分校博士学位水平测试题,1995)

证 它的证明见前文阿达玛定理的证.

例 4 若 $X=\begin{pmatrix}A & B\\ C & D\end{pmatrix}$,其中 $A,B,C,D\in \mathbf{R}^{n\times n}$,且彼此可交换.试证 X 可逆$\Longleftrightarrow AD-BC$ 可逆.(美国加州大学伯克利分校博士学位水平测试题,1989)

证 "$\Leftarrow$"由设 A,B,C,D 可交换,考虑下面的矩阵运算

$$\begin{pmatrix}A & B\\ C & D\end{pmatrix}\begin{pmatrix}D & -B\\ -C & A\end{pmatrix}=\begin{pmatrix}AD-BC & BA-AB\\ CD-DC & DA-CB\end{pmatrix}=\begin{pmatrix}AD-BC & O\\ O & AD-BC\end{pmatrix}$$

显然若 $AD-BC$ 可逆,则上式右面的矩阵可逆,进而 X 可逆.

"$\Rightarrow$"若 X 可逆,考虑 $(AD-BC)v=0$ 的向量 v.

由 $\begin{pmatrix}A & B\\ C & D\end{pmatrix}\begin{pmatrix}Dv\\ -Cv\end{pmatrix}=0$ 及 $\begin{pmatrix}A & B\\ C & D\end{pmatrix}\begin{pmatrix}-Bv\\ Av\end{pmatrix}=0$ 时,可有 $Dv=Cv=Bv=Av=0$,即 $X\begin{pmatrix}v\\ v\end{pmatrix}=0$. 当 X 可逆时,$v=0$.

即 $(AD-BC)v=0$ 仅有零解,从而 $AD-BC$ 可逆.

例 5 设 $n\geqslant 2$ 的整数,n^2 个元素恰为 $1,2,\cdots,n^2$ 的 $n\times n$ 矩阵的秩最小是多少?最大是多少?(第 14 届国际大学生数学竞赛,2007)

解 秩最小为 2,最大为 n,为证明此结论,我们必须证明秩不能为 1,但可以为 2,且可以是非奇异矩阵.

(1)证明秩至少为 2.考虑任意一个矩阵 $A=(a_{ij})_{n\times n}$.

按一定次序排列其元素 $1,2,\cdots,n^2$.因为置换矩阵的列(或行)并不影响秩的大小,我们可以假设 $1=a_{11}<a_{21}<\cdots<a_{n1}$, $a_{11}<a_{12}<\cdots<a_{1n}$.因此有 $a_{n1}\geqslant n$, $a_{1n}\geqslant n$,且至少有一个不等式是严格的,所以

$$\det\begin{pmatrix}a_{11} & a_{1n}\\ a_{n1} & a_{nn}\end{pmatrix}=a_{11}a_{nn}-a_{1n}a_{n1}<n^2-n\cdot n=0$$

故
$$\mathrm{r}(A)\geqslant \mathrm{r}\begin{pmatrix}a_{11} & a_{1n}\\ a_{n1} & a_{nn}\end{pmatrix}\geqslant 2$$

(2)秩可以为 2.令 $A=\begin{pmatrix}1 & 2 & \cdots & n\\ n+1 & n+2 & \cdots & 2n\\ \vdots & \vdots & & \vdots\\ n^2-n+1 & n^2-n+2 & \cdots & n^2\end{pmatrix}$,容易验证,它的秩为 2.

(3)秩可以为 n.令矩阵对角线的元素为奇数,对角线上方全为偶数,对角线下方任意,则此矩阵的行列式值为奇数,因此秩为 n.

例 6 设 A 为 $n\times n$ 方阵,I 为 $n\times n$ 单位矩阵,且 $(I+A)^m=O$,求证 A 是非退化(可逆)矩阵.(莫斯科大学生数学竞赛,1976)

证 因为
$$(I+A)^m=\sum_{i=0}^{m}\mathrm{C}_m^iA^i=I+\sum_{i=1}^{m}\mathrm{C}_m^iA^i=O$$

所以
$$I=-\sum_{i=1}^{m}C_m^iA^i=A\left(-\sum_{i=1}^{m}C_m^iA^{i-1}\right)$$
故 $A^{-1}=-\sum_{i=1}^{m}C_m^iA^{i-1}$，于是 A 为非退化的.

例 7 设 A 和 B 为 $n\times n$ 实矩阵，满足 $A^2+B^2=AB$，证明：若 $BA-AB$ 可逆，则 n 可被 3 整除.

证 令 $S=A+\omega B$，其中 $\omega=-\frac{1}{2}+\frac{\sqrt{3}}{2}\mathrm{i}$，即 ω 为 $x^3-1=0$ 的根(3 次单位根).

因为 $S\overline{S}=(A+\omega B)(A+\overline{\omega}B)=A^2+\omega BA+\overline{\omega}AB+B^2=AB+\omega BA+\overline{\omega}AB=\omega(BA-AB)$，又因为 $\det(S\overline{S})=\det S\cdot\det\overline{S}$是实数，且
$$\det[\omega(BA-AB)]=\omega^n\det(BA-AB)$$
又因 $\det(BA-AB)\neq 0$，所以 ω^n 为实数，故 n 可被 3 整除.

例 8 方阵 A 的每列恰好有两个非零元素，一个在对角线上都大于 1，另一个等于 1，问矩阵 A 能否满秩.(莫斯科大学，1975)

解 (反证法)假设 A 是退化(非可逆)的，则其行向量的某个线性组令为 $\mathbf{0}$，即存在不全为 0 的 λ_j $(1\leqslant j\leqslant n)$，有 $\sum_{j=1}^{n}\lambda_j\boldsymbol{\alpha}_j=\mathbf{0}$，其中 $\boldsymbol{\alpha}_j=(\alpha_{j1},\alpha_{j2},\cdots,\alpha_{jn})$.

设 $|\lambda_s|=\max_{1\leqslant j\leqslant n}|\lambda_j|$，则有 $\sum_{j=1}^{n}\lambda_j\alpha_{js}=0$.

因为 α_j 中只有两个非 0 元素，设 $\alpha_{ss}>1$，$\alpha_{rs}=1$，则有
$$\lambda_s\alpha_{ss}+\lambda_r\alpha_{rs}=0\Rightarrow\lambda_r=-\alpha_{ss}\lambda_s$$
从而有 $|\lambda_r|>|\lambda_s|$，这与 $|\lambda_s|=\max_{1\leqslant j\leqslant n}|\lambda_j|$ 矛盾. 所以矩阵 A 一定满秩.

(2)矩阵的计算与确定

例 1 若 $A\in\mathbf{R}^{2\times 2}$. (1)$A^2=-I\Longleftrightarrow A=\begin{pmatrix}\pm\sqrt{pq-1} & -p\\ q & \mp\sqrt{pq-1}\end{pmatrix}$，其中 p,q 满足 $pq\geqslant 1$；(2)不存在 A 使$A^2=\begin{pmatrix}-1 & 0\\ 0 & -1-\varepsilon\end{pmatrix}$，其中 $\varepsilon>0$.(美国加州大学伯克利分校博士学位水平测试题，1985)

证 设 $A=\begin{pmatrix}a & b\\ c & d\end{pmatrix}$，则 $A^2=\begin{pmatrix}a^2+bc & (a+d)b\\ (a+d)b & bc+d^2\end{pmatrix}$.

(1)由题设 $A^2=-I$，则有
$$\begin{cases}a^2+bc=-1 & ①\\ (a+d)b=0 & ②\\ (a+d)c=0 & ③\\ bc+d^2=-1 & ④\end{cases}$$
若 $a+d\neq 0$，由式②有 $b=0$，由式①有 $a^2=-1$，这是不可能的. 故 $a=-d$.

(2)类似地，由题设可有方程组
$$\begin{cases}a^2+bc=-1 & ⑤\\ (a+d)b=0 & ⑥\\ (a+d)c=0 & ⑦\\ bc+d^2=-1-\varepsilon & ⑧\end{cases}$$
同样 $a+d\neq 0$ 不可能成立，从而 $a=-d$，联立式⑤和式⑧得 $\varepsilon=0$，与题设矛盾!

故不存在这样的矩阵 A 使 $A^2=\begin{pmatrix}-1 & 0\\ 0 & -1-\varepsilon\end{pmatrix}$.

例 2 设矩阵 $A\in\mathbf{R}^{2\times2}$，且它不是数量阵. 试证：$\mathbf{R}^{2\times2}$ 上能与 A 交换的 2 阶矩阵 X 有形式 $X=\alpha I+\beta A$，其中 $\alpha,\beta\in\mathbf{R}$.（美国加州大学伯克利分校博士学位水平测试题，1984）

证 设 $A=\begin{pmatrix}a & b\\ c & d\end{pmatrix}$，则 $X=\begin{pmatrix}x & y\\ z & w\end{pmatrix}$. 由 $AX=XA$ 有

$$\begin{cases}bz=yc & ①\\ ay+bw=xb+yd & ②\\ cx+dz=za+wc & ③\end{cases}$$

当 $b=c=0$ 时，由于 A 为非数量阵，故 $b\neq d$，则上面的方程组简化为

$$ay=dy,\quad dz=az\quad\Rightarrow\quad y=z=0$$

故

$$X=\begin{pmatrix}x & 0\\ 0 & w\end{pmatrix}=\left[x-\frac{a(x-w)}{a-d}\right]I+\left(\frac{x-w}{a-d}\right)A$$

当 $b\neq0$ 或 $c\neq0$ 时，不妨设 $b\neq0$，则上面的方程组简化为

$$z=\frac{c}{b}y,\quad w=x-\frac{a-d}{b}y$$

故

$$X=\frac{1}{b}\begin{pmatrix}bx-ay+dy & by\\ cy & bx-ay+dy\end{pmatrix}=\left(\frac{bx-ay}{b}\right)I+\frac{y}{b}A$$

例 3 设 $A\in\mathbf{R}^{3\times3}$，且 $\det A=0$，又 $A_{ij}={a_{ij}}^2$，其中 A_{ij} 为 A 的元素 a_{ij} 的代数余子式. 试证 $A=O$.（美国 Putnam Exam，1947）

证 若 $A=\begin{bmatrix}a & b & c\\ d & e & f\\ g & h & i\end{bmatrix}$，又 $A^*=\begin{bmatrix}a^2 & d^2 & g^2\\ b^2 & e^2 & h^2\\ c^2 & f^2 & i^2\end{bmatrix}$，由 $\det A=0$，知 $\mathrm{r}(A)<3$，从而 $\mathrm{r}(A^*)\leqslant1$. 知 A^* 的 2 阶子式均为 0. 又

$$\det\begin{pmatrix}a^2 & d^2\\ b^2 & e^2\end{pmatrix}=a^2e^2-b^2d^2=0,\quad \det\begin{pmatrix}b^2 & c^2\\ e^2 & f^2\end{pmatrix}=b^2f^2-c^2e^2=0$$

$$\det\begin{pmatrix}c^2 & f^2\\ a^2 & d^2\end{pmatrix}=c^2d^2-a^2f^2=0$$

故

$$ae=\pm bd,\quad bf=\pm ce,\quad cd=\pm af$$

若上式负号全成立，则 $abcdef=-abcdef$，知 a,b,c,d,e,f 中至少有一个为 0.

若至少有一个等式取正号，则 A 的一个 2 阶子式为 0，则 A^* 中仍有一个元素为 0.

又 $\mathrm{r}(A^*)\leqslant1$，知 A^* 至少有一行（或一列）全为 0，从而 A 至少有一行（或一列）全为 0.

这样 A 的其他行（或列）的代数余子式皆为 0，从而 B 的所有其他行（或列）元素全为 0. 故 $A=O$.

例 4 设 A 为 4×2 实矩阵，B 为 2×4 实矩阵，满足

$$AB=\begin{pmatrix}1 & 0 & -1 & 0\\ 0 & 1 & 0 & -1\\ -1 & 0 & 1 & 0\\ 0 & -1 & 0 & 1\end{pmatrix}$$

求 BA.（第 11 届国际大学生数学竞赛，2004）

解 设 $A=\begin{pmatrix}A_1\\ A_2\end{pmatrix}$，$B=(B_1,B_2)$. 则

$$AB=\begin{pmatrix}A_1\\ A_2\end{pmatrix}\cdot(B_1,B_2)=\begin{pmatrix}A_1B_1 & A_1B_2\\ A_2B_1 & A_2B_2\end{pmatrix}$$

再由题设可有 $A_1B_1=A_2B_2=I_2$，$A_1B_2=A_2B_1=-I_2$，所以 $B_1=A_1^{-1}$，$B_2=-A_1^{-1}$，$A_2=B_2^{-1}=-A_1$，故

$$\boldsymbol{BA}=(\boldsymbol{B}_1,\boldsymbol{B}_2)\begin{pmatrix}\boldsymbol{A}_1\\ \boldsymbol{A}_2\end{pmatrix}=\boldsymbol{B}_1\boldsymbol{A}_1+\boldsymbol{B}_2\boldsymbol{A}_2=2\boldsymbol{I}_2=\begin{pmatrix}2&0\\0&2\end{pmatrix}$$

例 5 设 $\boldsymbol{A}=\begin{pmatrix}a&b\\0&c\end{pmatrix}$，其中 a,b,c 为实数，试求使矩阵 $\boldsymbol{A}$ 的 n 次幂 $\boldsymbol{A}^n$ 等于 $\begin{pmatrix}1&0\\0&1\end{pmatrix}$ 的所有 a,b,c.

解 因为 $\boldsymbol{A}^n=\begin{pmatrix}a^n&*\\0&c^n\end{pmatrix}=\begin{pmatrix}1&0\\0&1\end{pmatrix}$，于是有 $a=\pm1,c=\pm1$，所以分以下情况讨论：

(1) $\boldsymbol{A}=\begin{pmatrix}1&b\\0&1\end{pmatrix}$，$\boldsymbol{A}^n=\begin{pmatrix}1&nb\\0&1\end{pmatrix}\Rightarrow b=0$，故 $\boldsymbol{A}=\begin{pmatrix}1&0\\0&1\end{pmatrix}$.

(2) $\boldsymbol{A}=\begin{pmatrix}-1&b\\0&-1\end{pmatrix}=-\begin{pmatrix}1&n(-b)\\0&1\end{pmatrix}\Rightarrow b=0$，故 $\boldsymbol{A}=\begin{pmatrix}-1&0\\0&-1\end{pmatrix}$.

(3) $\boldsymbol{A}=\begin{pmatrix}-1&b\\0&1\end{pmatrix}$ 或 $\boldsymbol{A}=\begin{pmatrix}1&b\\0&-1\end{pmatrix}\Rightarrow\boldsymbol{A}^2=\begin{pmatrix}1&0\\0&1\end{pmatrix}$，故 $\boldsymbol{A}^n=\boldsymbol{A}$.

所以 a,b,c 的搭配形式有 4 种，分别为 $\begin{pmatrix}1&0\\0&1\end{pmatrix}$，$\begin{pmatrix}-1&0\\0&-1\end{pmatrix}$，$\begin{pmatrix}-1&b\\0&1\end{pmatrix}$，$\begin{pmatrix}1&b\\0&-1\end{pmatrix}$.

例 6 若 $\boldsymbol{J}$ 是元素全为 1 的 n 阶矩阵，$\boldsymbol{X}$ 是 n 阶矩阵，证明：矩阵方程 $\boldsymbol{X}=\boldsymbol{XJ}+\boldsymbol{JX}$ 仅有零解(即 X 是一个 n 阶零矩阵).(清华大学数学竞赛，1985)

证 1 由题设知 $\boldsymbol{X}\in\mathbf{R}^{n\times n}$，$\boldsymbol{J}\in\mathbf{R}^{n\times n}$，又

$$\boldsymbol{X}=\boldsymbol{XJ}+\boldsymbol{JX}\tag{$*$}$$

当 $n=1$ 时，由 $x=x+x$，得 $x=0$；

当 $n>1$ 时，式($*$)两边左、右乘 $\boldsymbol{J}$，且注意到 $\boldsymbol{J}^2=n\boldsymbol{J}$，则

$$\boldsymbol{JXJ}=\boldsymbol{JXJ}^2+\boldsymbol{J}^2\boldsymbol{XJ}=2n\boldsymbol{JXJ}$$

即 $(2n-1)\boldsymbol{JXJ}=\boldsymbol{O}$，亦即 $\boldsymbol{JXJ}=\boldsymbol{O}$.

将式($*$)两边左乘 $\boldsymbol{J}$，则有

$$\boldsymbol{JX}=\boldsymbol{JXJ}+\boldsymbol{J}^2\boldsymbol{X}=\boldsymbol{O}+n\boldsymbol{JX}$$

即 $(n-1)\boldsymbol{JX}=\boldsymbol{O}$，亦即 $\boldsymbol{JX}=\boldsymbol{O}$.

类似地，仿上可有 $\boldsymbol{XJ}=\boldsymbol{O}$.

将 $\boldsymbol{JX}=\boldsymbol{O}$，$\boldsymbol{XJ}=\boldsymbol{O}$ 代入式($*$)可有 $\boldsymbol{X}=\boldsymbol{O}$.

证 2 令 $\boldsymbol{X}=(x_{ij})$，$1\leqslant i,j\leqslant n$. 注意到 $\boldsymbol{J}$ 系全由 1 组成的 n 阶矩阵，再由式($*$)可有

$$\begin{pmatrix}x_{11}&x_{12}&\cdots&x_{1n}\\x_{21}&x_{22}&\cdots&x_{2n}\\\vdots&\vdots&&\vdots\\x_{n1}&x_{n2}&\cdots&x_{nn}\end{pmatrix}=\begin{pmatrix}a_1&a_1&\cdots&a_1\\a_2&a_2&\cdots&a_2\\\vdots&\vdots&&\vdots\\a_n&a_n&\cdots&a_n\end{pmatrix}+\begin{pmatrix}b_1&b_2&\cdots&b_n\\b_1&b_2&\cdots&b_n\\\vdots&\vdots&&\vdots\\b_1&b_2&\cdots&b_n\end{pmatrix}$$

其中 $a_i=\sum\limits_{j=1}^{n}x_{ij}\ (i=1,2,\cdots,n)$，$b_j=\sum\limits_{i=1}^{n}x_{ij}\ (j=1,2,\cdots,n)$.

比较上式可有 $x_{ij}=a_i+b_j$，$1\leqslant i,j\leqslant n$，代入式($*$)有

$$\begin{pmatrix}a_1+b_1&a_1+b_2&\cdots&a_1+b_n\\a_2+b_1&a_2+b_2&\cdots&a_2+b_n\\\vdots&\vdots&&\vdots\\a_n+b_1&a_n+b_2&\cdots&a_n+b_n\end{pmatrix}=(\boldsymbol{AB}+\boldsymbol{B})\boldsymbol{J}+\boldsymbol{J}(\boldsymbol{AB}+\boldsymbol{B})$$

$$=n\boldsymbol{AB}+\sum_{k=1}^{n}b_k\boldsymbol{J}+\sum_{k=1}^{n}a_k\boldsymbol{J}+n\boldsymbol{B}$$

其中 $\boldsymbol{A}=\begin{pmatrix} a_1 & a_1 & \cdots & a_1 \\ a_2 & a_2 & \cdots & a_2 \\ \vdots & \vdots & & \vdots \\ a_n & a_n & \cdots & a_n \end{pmatrix}$，$\boldsymbol{B}=\begin{pmatrix} b_1 & b_2 & \cdots & b_n \\ b_1 & b_2 & \cdots & b_n \\ \vdots & \vdots & & \vdots \\ b_1 & b_2 & \cdots & b_n \end{pmatrix}$.

再比较上式两边可有 $a_i+b_j=\sum\limits_{k=1}^{n}a_k+\sum\limits_{k=1}^{n}b_k+n(a_i+b_j)$，即

$$(1-n)(a_i+b_j)=\sum_{k=1}^{n}a_k+\sum_{k=1}^{n}b_k$$

从而
$$a_1=a_2=\cdots=a_n=\lambda,\quad b_1=b_2=\cdots=b_n=\mu$$
即 $\boldsymbol{X}=(\lambda+\mu)\boldsymbol{J}$，代入式(*)，有 $(\lambda+\mu)\boldsymbol{J}=2(\lambda+\mu)n\boldsymbol{J}$，从而 $(2n-1)(\lambda+\mu)\boldsymbol{J}=\boldsymbol{O}$，知 $\lambda+\mu=\boldsymbol{O}$，即 $\boldsymbol{X}=\boldsymbol{O}$.

例 7 若 $\boldsymbol{A}\in\mathbf{R}^{n\times n}$，定义矩阵三角函数 $\sin\boldsymbol{A}=\sum\limits_{k=0}^{\infty}\dfrac{(-1)^k}{(2k+1)!}\boldsymbol{A}^{2k+1}$. 问有无 $\boldsymbol{A}\in\mathbf{R}^{2\times 2}$ 使 $\sin\boldsymbol{A}=\begin{pmatrix}1 & 1\,996\\ 0 & 1\end{pmatrix}$？(美国 Putnam Exam，1996)

证 由 $(\boldsymbol{PAP}^{-1})^k=\boldsymbol{PA}^k\boldsymbol{P}^{-1}$，及 $\sin\boldsymbol{A}$ 定义(转化为 $\boldsymbol{A}$ 的多项式)易证得

$$\sin(\boldsymbol{PBP}^{-1})=\boldsymbol{P}(\sin\boldsymbol{B})\boldsymbol{P}^{-1}$$

又易知 $\sin\begin{pmatrix}\lambda & 0\\ 0 & \lambda\end{pmatrix}\sim\begin{pmatrix}\mu & 0\\ 0 & \mu\end{pmatrix}$，知 $\boldsymbol{A}$ 应类似 $\begin{pmatrix}\lambda & c\\ 0 & \lambda\end{pmatrix}$.

令 $\boldsymbol{U}=\begin{pmatrix}\lambda & c\\ 0 & \lambda\end{pmatrix}$，则 $\boldsymbol{U}^2=\begin{pmatrix}\lambda^3 & 3\lambda^2c\\ 0 & \lambda^3\end{pmatrix}$，…，一般地

$$\boldsymbol{U}^k=\begin{pmatrix}\lambda^{2k+1} & (2k+1)\lambda^{2k}c\\ 0 & \lambda^{2k+1}\end{pmatrix}=\begin{pmatrix}\sum\limits_{k=0}^{\infty}\dfrac{(-1)^k\lambda^{2k+1}}{(2k+1)!} & \sum\limits_{k=0}^{\infty}\dfrac{(-1)^k\lambda^{2k}}{(2k)!}\\ 0 & \sum\limits_{k=0}^{\infty}\dfrac{(-1)^k\lambda^{2k+1}}{(2k+1)!}\end{pmatrix}=\begin{pmatrix}\sin\lambda & c\cos\lambda\\ 0 & \sin\lambda\end{pmatrix}$$

若 $\begin{pmatrix}\sin\lambda & c\cos\lambda\\ 0 & \sin\lambda\end{pmatrix}\sim\begin{pmatrix}1 & 1\,996\\ 0 & 1\end{pmatrix}$，知 $\sin\lambda=1$，这样 $\cos\lambda=0$.

故 $\sin\boldsymbol{U}=\begin{pmatrix}1 & 0\\ 0 & 1\end{pmatrix}$，它不可能相似于 $\begin{pmatrix}1 & 1\,996\\ 0 & 1\end{pmatrix}$.

2. 矩阵问题杂例

例 1 已知矩阵

$$\boldsymbol{A}=\begin{pmatrix}11 & 17 & 25 & 19 & 16\\ 24 & 10 & 13 & 15 & 3\\ 12 & 5 & 14 & 2 & 18\\ 23 & 4 & 1 & 8 & 22\\ 6 & 20 & 7 & 21 & 9\end{pmatrix}$$

试从 $\boldsymbol{A}$ 的既不同行又不同列的元素中取 5 个，使其中最小的元素值最大.(美国 Putnam Exam，1959)

解 既然是从 $\boldsymbol{A}$ 中的既不同行又不同列的元素中取，则其中间 3×3 子阵

$$\begin{pmatrix}10 & 13 & 15\\ 5 & 14 & 2\\ 4 & 1 & 8\end{pmatrix}$$

中至少取一个元素，其中最大的为 15，选取它且将其打上“( )”. 余下再从其余行列取数，这样可以得到取矩阵中打“( )”的诸数如

$$\begin{pmatrix} 11 & 17 & (25) & 19 & 16 \\ 24 & 10 & 13 & (15) & 3 \\ 12 & 5 & 14 & 2 & (18) \\ (23) & 4 & 1 & 8 & 22 \\ 6 & (20) & 7 & 21 & 9 \end{pmatrix}$$

例 2 若$\boldsymbol{A},\boldsymbol{B}\in\mathbf{Z}^{2\times2}$(即元素皆为整数的 2 阶矩阵),又$\boldsymbol{A},\boldsymbol{A}+\boldsymbol{B},\boldsymbol{A}+2\boldsymbol{B},\boldsymbol{A}+3\boldsymbol{B}$和$\boldsymbol{A}+4\boldsymbol{B}$皆可逆,且其逆矩阵的元素亦为整数.证明$\boldsymbol{A}+5\boldsymbol{B}$可逆,且其元素亦为整数.(美国 Putnam Exam,1994)

证 显然对于可逆阵$\boldsymbol{C}\in\mathbf{Z}^{2\times2}$,且$\boldsymbol{C}^{-1}\in\mathbf{Z}^{2\times2}$来讲,有$\det\boldsymbol{C}=\pm1$.

考虑函数$f(x)=\det(\boldsymbol{A}+x\boldsymbol{B})$,由题设知$f(0),f(1),f(2),f(3),f(4)$的值均为$\pm1$,且对 1 或$-1$来讲,至少有一个取 3 次.

但$f(x)$的次数不大于 2,这样二次多项式$f(x)$对 3 个不同值皆取同一值,则$f(x)=\text{const}$(常数),即±1.

因此$f(5)=\det(\boldsymbol{A}+5\boldsymbol{B})=\pm1$,即$\boldsymbol{A}+5\boldsymbol{B}$可逆且其逆矩阵元素亦为整数.

例 3 已知$\boldsymbol{A},\boldsymbol{B}$为$n\times n$实矩阵,假设存在$n+1$个不同实数$t_1,t_2,\cdots,t_{n+1}$使得矩阵$\boldsymbol{C}_i=\boldsymbol{A}+t_i\boldsymbol{B}(i=1,2,\cdots,n+1)$且为幂零的(即$\boldsymbol{C}_i^n=\boldsymbol{O}$),证明:$\boldsymbol{A}$和$\boldsymbol{B}$也都是幂零的.(第 3 届国际大学生数学竞赛,1995)

证 因为$(\boldsymbol{A}+t\boldsymbol{B})^n=\boldsymbol{A}^n+t\boldsymbol{P}_1+t^2\boldsymbol{P}_2+\cdots+t^{n-1}\boldsymbol{P}_{n-1}+t^n\boldsymbol{P}_n$,其中矩阵$\boldsymbol{P}_1,\boldsymbol{P}_2,\cdots,\boldsymbol{P}_{n-1}$与$t$无关.

设$a,p_1,p_2,\cdots,p_{n-1},b$分别为$\boldsymbol{A}^n,\boldsymbol{P}_1,\boldsymbol{P}_2,\cdots,\boldsymbol{P}_{n-1},\boldsymbol{B}^n$的$(i,j)$位置的元素,则由$n$次多项式$bt^n+p_{n-1}t^{n-1}+\cdots+p_2t^2+p_1t+a$至少有$n+1$个根$t_1,t_2,\cdots,t_{n+1}$.所以上面多项式的所有系数为 0,故$\boldsymbol{A}^n=\boldsymbol{O},\boldsymbol{B}^n=\boldsymbol{O},\boldsymbol{P}_i=\boldsymbol{O}$,即$\boldsymbol{A},\boldsymbol{B}$为幂零矩阵.

例 4 设p为质数,又矩阵$\boldsymbol{J}=\begin{pmatrix} a & b \\ c & d \end{pmatrix}$,其中$a,b,c,d$取值于$\{0,1,2,\cdots,p-1\}$,且$a+d\equiv1\pmod{p}$,$ad-bc\equiv0\pmod{p}$.试确定矩阵$\boldsymbol{J}$的个数.(美国 Putnam Exam,1968)

解 今分下列各情形讨论:

(1)若$a=0$,则$d=1$;若$a=1$,则$d=0$.此时$bc=0$.

当$b=0$时,$c=0,1,2,\cdots,p-1$;当$c=0$时,$b=0,1,2,\cdots,p$.

此时求得$\boldsymbol{J}$有$2(p+p-1)=4p-2$个解.

(2)若$a\neq0$或 1,则$a=2,3,\cdots,p-2,p-1$.此时$d=p-1,p-2,\cdots,3,2$.

在此$p-2$种情形下,均有$bc\equiv ad\equiv0\pmod{p}$不成立,故$bc\neq0$.

此时任一对a,d取值,均可取$b=1,2,\cdots,p-2,p-1$,而c取值随之而定.这样$\boldsymbol{J}$有$(p-2)(p-1)$种解.

综上,矩阵$\boldsymbol{J}$总共有$4p-2+(p-2)(p-1)=p^2+p$个.

例 5 (1)若$\boldsymbol{A}\in\mathbf{R}^{n\times n}$,则$\boldsymbol{M}$可写成$\boldsymbol{A}=\boldsymbol{R}+\boldsymbol{S}+c\boldsymbol{I}$,其中$\boldsymbol{R}$是反对称阵,$\boldsymbol{S}$是对称阵,$c\in\mathbf{R}$,$\boldsymbol{I}$是单位阵,且$\operatorname{tr}(\boldsymbol{S})=0$.(2)证明$\operatorname{tr}(\boldsymbol{A}^2)=\operatorname{tr}(\boldsymbol{R}^2)+\operatorname{tr}(\boldsymbol{S}^2)+\frac{1}{n}[\operatorname{tr}(\boldsymbol{A})]^2$.(美国加州大学伯克利分校博士学位水平测试题,1991)

证 (1)令$\boldsymbol{R}=\frac{1}{2}(\boldsymbol{A}-\boldsymbol{A}^{\mathrm{T}})$,$\boldsymbol{S}=\frac{1}{2}(\boldsymbol{A}+\boldsymbol{A}^{\mathrm{T}})-\alpha\boldsymbol{I}$,又$\alpha=\frac{1}{2}\operatorname{tr}(\boldsymbol{A})$.则

$$\boldsymbol{A}=\boldsymbol{R}+\boldsymbol{S}+\alpha\boldsymbol{I}$$

$$\operatorname{tr}\left[\frac{1}{2}(\boldsymbol{A}+\boldsymbol{A}^{\mathrm{T}})-\alpha\boldsymbol{I}\right]=\operatorname{tr}(\boldsymbol{A}-\alpha\boldsymbol{I})=\operatorname{tr}\left[\boldsymbol{A}-\frac{1}{2}\operatorname{tr}(\boldsymbol{A})\boldsymbol{I}\right]=0$$

(2)注意到$\boldsymbol{A}^2=\boldsymbol{R}^2+\boldsymbol{S}^2+\alpha^2\boldsymbol{I}+2\alpha\boldsymbol{R}+2\alpha\boldsymbol{S}+\boldsymbol{RS}+\boldsymbol{SR}$.

由$\boldsymbol{R}$是反对称阵,则$\operatorname{tr}(\boldsymbol{R})=0$,又$\operatorname{tr}(\boldsymbol{S})=0$,此外

$$\mathrm{tr}(\boldsymbol{RS})=\mathrm{tr}[(\boldsymbol{RS})^{\mathrm{T}}]=\mathrm{tr}(\boldsymbol{S}^{\mathrm{T}}\boldsymbol{R}^{\mathrm{T}})=\mathrm{tr}(-\boldsymbol{SR})=-\mathrm{tr}(\boldsymbol{SR})$$

故
$$\mathrm{tr}(\boldsymbol{RS}+\boldsymbol{SR})=0$$

从而
$$\mathrm{tr}(\boldsymbol{A}^2)=\mathrm{tr}(\boldsymbol{R}^2)+\mathrm{tr}(\boldsymbol{S}^2)+\frac{1}{n}[\mathrm{tr}(\boldsymbol{A})]^2$$

注 类似的问题前文已遇见过,那里只是讲"任何矩阵皆可表示为一个对称矩阵和一个反对称矩阵之和",本例是它的推广或变形.

例 6 $\boldsymbol{H}$ 是一个所有元素是 1 或 −1 的 $n\times n$ 矩阵,且它的各行相互正交.假设 $\boldsymbol{H}$ 有一个$a\times b$的子矩阵,其元素皆为 1.证明 $ab\leqslant n$.(美国 Putnam Exam,2004)

证 我们记 $\boldsymbol{H}=[h_{ij}]$,并令 $\boldsymbol{I}$ 和 $\boldsymbol{J}$ 是使得题中所述的子阵元素下标 i 取自于 $\boldsymbol{I}$,且 j 取自于 $\boldsymbol{J}$ 而得到的下标集.令 $\boldsymbol{H}$ 的诸行为 $\boldsymbol{h}_1,\cdots,\boldsymbol{h}_n$,并令 $\boldsymbol{v}=\sum\limits_{i\in\boldsymbol{I}}\boldsymbol{h}_i$.一方面,由于诸行是正交的,因此有

$$\|\boldsymbol{v}\|^2=\sum_{i_1\in\boldsymbol{I}}\sum_{i_2\in\boldsymbol{I}}\boldsymbol{h}_{i_1}\cdot\boldsymbol{h}_{i_2}=\sum_{i\in\boldsymbol{I}}\boldsymbol{h}_i\cdot\boldsymbol{h}_i=an$$

另一方面,$\boldsymbol{v}$ 的第 j 个分量是 $\sum\limits_{i\in\boldsymbol{I}}h_{ij}$,因而

$$\|\boldsymbol{v}\|^2=\sum_{j=1}^{n}\Big(\sum_{i\in\boldsymbol{I}}h_{ij}\Big)^2$$

这里,所有的被加项都是非负的,并且对于 $j\in\boldsymbol{J}$,被加项是 a^2.因而 $\|\boldsymbol{v}\|^2\geqslant a^2b$.

综上有 $a^2b\leqslant an$,即 $ab\leqslant n$.

例 7 若 $\boldsymbol{A}=(a_{ij})_{n\times n}\in\mathbf{R}^{n\times n}$,且对每个自然数 k,令 $\boldsymbol{A}^{[k]}=(a_{ij}^k)_{n\times n}$,试证:若对 $k=1,2,\cdots,n+1$ 均有 $\boldsymbol{A}^k=\boldsymbol{A}^{[k]}$,则对任何自然数 r,总有 $\boldsymbol{A}^r=\boldsymbol{A}^{[r]}$.(美国 Putnam Exam,2010)

证 令 $\boldsymbol{B}=(b_{ij})_{n\times n}$,定义 $\boldsymbol{A}\otimes\boldsymbol{B}=(a_{ij}b_{ij})$,又令 V 是使 $\boldsymbol{AB}=\boldsymbol{A}\otimes\boldsymbol{B}$ 的矩阵 $\boldsymbol{B}$ 的集合.由设

$$\boldsymbol{AB}=\boldsymbol{A}\otimes\boldsymbol{B}$$

可视其为矩阵元素 $\boldsymbol{B}$ 的线性方程组.由题设知

$$\boldsymbol{A},\boldsymbol{A}^2,\boldsymbol{A}^3,\cdots,\boldsymbol{A}^n\in V$$

设 $f(x)$是矩阵 $\boldsymbol{A}$ 的特征多项式.由凯莱—哈密顿定理,知 $f(\boldsymbol{A})=\boldsymbol{O}$.由此,归纳地可将 $\boldsymbol{A}^{n+1},\boldsymbol{A}^{n+2},\boldsymbol{A}^{n+3},\cdots$表示为 $\boldsymbol{A},\boldsymbol{A}^2,\boldsymbol{A}^3,\cdots,\boldsymbol{A}^n$ 的线性组合.从而对于 $k\geqslant1$,总有 $\boldsymbol{A}^k\in V$.

用数学归纳法可证得,当 $r\geqslant1$ 时,总有 $\boldsymbol{A}^r=\boldsymbol{A}^{[r]}$.

最后来看一个矩阵极限问题(前文已有叙).

例 8 计算$\lim\limits_{x\to0}\left[\lim\limits_{n\to\infty}\dfrac{1}{x}(\boldsymbol{A}^n-\boldsymbol{I})\right]$,其中 $\boldsymbol{A}=\begin{pmatrix}1 & \dfrac{x}{n}\\ -\dfrac{x}{n} & 1\end{pmatrix}$,$\boldsymbol{I}=\begin{pmatrix}1&0\\0&1\end{pmatrix}$.(莫斯科工程物理学院,1975)

解 将 $\boldsymbol{A}$ 表示成$a\begin{pmatrix}\cos\varphi & \sin\varphi\\ -\sin\varphi & \cos\varphi\end{pmatrix}$,其中 $a=\sqrt{1+\dfrac{x^2}{n^2}}$,$\varphi=\arcsin\dfrac{x}{\sqrt{n^2+x^2}}$,用归纳法可有

$$\boldsymbol{A}^n=a^n\begin{pmatrix}\cos n\varphi & \sin n\varphi\\ -\sin n\varphi & \cos n\varphi\end{pmatrix}$$

又当 $n\to\infty$时,$a^n=\left(\sqrt{1+\dfrac{x^2}{n^2}}\right)^n\to1$,$\sin n\varphi=\sin\left(n\cdot\arcsin\dfrac{x}{\sqrt{n^2+x^2}}\right)\to\sin x$,且 $\cos n\varphi\to\cos x$.

所以$\lim\limits_{n\to\infty}(\boldsymbol{A}^n-\boldsymbol{I})=\begin{pmatrix}\cos x-1 & \sin x\\ -\sin x & \cos x-1\end{pmatrix}$,从而$\lim\limits_{x\to0}\left[\lim\limits_{n\to\infty}\dfrac{1}{x}(\boldsymbol{A}^n-\boldsymbol{I})\right]=\begin{pmatrix}0&1\\-1&0\end{pmatrix}$.

习 题

1. 叙述两种矩阵求逆的方法,且求$\begin{pmatrix}1&2&3\\2&4&5\\0&1&0\end{pmatrix}$的逆矩阵.(南京大学,1982)

2. 求下列矩阵的逆矩阵：

(1) $\begin{pmatrix}1&1&0\\0&1&1\\1&0&1\end{pmatrix}$；(复旦大学,1982)　　(2) $\begin{pmatrix}0&2&1\\-1&1&4\\2&-1&-3\end{pmatrix}$；(上海交通大学,1983)

(3) $\begin{pmatrix}1&2&0&0\\0&2&0&0\\0&0&3&2\\0&0&0&1\end{pmatrix}$；(合肥工业大学,1982)　　(4) $\begin{pmatrix}3&5&0&0\\-2&-3&0&0\\0&0&3&1\\0&0&4&1\end{pmatrix}$；(内蒙古工学院,1986)

(5) $\begin{pmatrix}1&0&2&-1\\0&-1&1&3\\0&0&2&1\\0&0&0&-1\end{pmatrix}$；(中国科学院,1985)　　(6) $\begin{pmatrix}1&2&3&4\\0&1&2&3\\0&0&1&2\\0&0&0&1\end{pmatrix}$；(武汉钢铁学院,1982)

(7) $\begin{pmatrix}2&7&2&-3\\2&5&1&-2\\5&7&0&0\\3&4&0&0\end{pmatrix}$；(东北工学院,1984)　　(8) $\begin{pmatrix}3&7&-4&1&0\\-2&-5&9&0&-1\\0&0&-1&0&0\\0&0&0&4&0\\0&0&0&0&-1\end{pmatrix}$；(安徽大学,1984)

(9) $\begin{pmatrix}1&&&&\\&2&&&\\&&3&&\\&&&4&\\&&&&5\end{pmatrix}$.(上海交通大学等八院校,1985)

3. 若矩阵 $\boldsymbol{A}=\begin{pmatrix}0&1&0\\a&0&c\\b&0&\frac{1}{2}\end{pmatrix}$.(1)$a,b,c$ 满足何条件时,矩阵 $\boldsymbol{A}$ 的秩为3(满秩)?(2)a,b,c 满足何条件时,$\boldsymbol{A}$ 为对称矩阵?(3)取一组 a,b,c 使 $\boldsymbol{A}$ 为正交矩阵.(新疆工学院,1985)

4. 试证与一切同阶非奇异阵可交换的矩阵是数量(纯量)阵.(上海交通大学,1981)

5. 若 $\boldsymbol{A}=\begin{pmatrix}0&1&&\\&0&1&\\&&0&1\\&&&0\end{pmatrix}$,试证:当且仅当 $\boldsymbol{B}=\begin{pmatrix}a&b&c&d\\&a&b&c\\&&a&b\\&&&a\end{pmatrix}$ 时,$\boldsymbol{AB}=\boldsymbol{BA}$.(北京邮电学院,1981)

6. 若 $\boldsymbol{A}=\begin{pmatrix}1&0&0\\-1&2&0\\1&4&3\end{pmatrix}$,求 $\boldsymbol{A}^{-1}$,$\boldsymbol{A}^{\mathrm{T}}\boldsymbol{A}$ 及计算行列式 $|(4\boldsymbol{I}-\boldsymbol{A})^{\mathrm{T}}(4\boldsymbol{I}-\boldsymbol{A})|$.(清华大学,1982)

7. 若 $\boldsymbol{A}=\begin{pmatrix}1&0&1\\0&2&0\\0&0&1\end{pmatrix}$,求 $(\boldsymbol{A}+3\boldsymbol{I})^{-1}(\boldsymbol{A}^2-9\boldsymbol{I})$.(中南矿冶学院,1982)

8. 若 $\boldsymbol{A}=\frac{1}{2}\begin{pmatrix}2&0&0\\0&1&3\\0&2&5\end{pmatrix}$,求 $|\boldsymbol{A}|$,$\boldsymbol{A}^{-1}$,$(\boldsymbol{A}^*)^{-1}$.(清华大学,1981)

9. 设 $\boldsymbol{A}=\begin{pmatrix}a&b\\c&d\end{pmatrix}$,$\boldsymbol{B}=\begin{pmatrix}e&f\\g&h\end{pmatrix}$,且各元素均非零,又 $\boldsymbol{AB}=\boldsymbol{I}$.(1)试用 e,f,g,h 表示 a,b,c,d;(2)证

明$|\boldsymbol{A}|=\dfrac{d}{e}$.(山东矿业学院,1984)

10. 若2阶方阵$\boldsymbol{A},\boldsymbol{B}$满足$\boldsymbol{A}=\boldsymbol{B}^2$,则称$\boldsymbol{B}$是$\boldsymbol{A}$的平方根.若规定矩阵元素必须是实数,求$\boldsymbol{A}$有平方根的充要条件.(南京大学,1982)

11. (1)若$\boldsymbol{A},\boldsymbol{B}$可交换,且$\boldsymbol{A}$是可逆阵,则$\boldsymbol{A}^{-1},\boldsymbol{B}^{-1}$也可交换.(湖南大学,1982)

(2)若$\boldsymbol{A},\boldsymbol{B}$是同阶可逆矩阵,则$(\boldsymbol{AB})^{-1}=\boldsymbol{B}^{-1}\boldsymbol{A}^{-1}$.(中国科技大学,1982)

12. 若$\boldsymbol{A}$为n阶矩阵,$\boldsymbol{A}^*$为$\boldsymbol{A}$的伴随矩阵.(1)试证$\boldsymbol{A}\cdot\boldsymbol{A}^*=|\boldsymbol{A}|\cdot\boldsymbol{I}$;(2)若$\boldsymbol{A}$为非奇异,试证$\boldsymbol{A}^{-1}=\dfrac{1}{|\boldsymbol{A}|}\boldsymbol{A}^*$;(3)试证$(a\boldsymbol{A})^*=a^{n-1}\boldsymbol{A}^*$($a$为实数);(4)若$\mathrm{r}(\boldsymbol{A})=n$,则$\mathrm{r}(\boldsymbol{A}^*)=n$;(5)若$\boldsymbol{A}$非奇异,则$(\boldsymbol{A}^{-1})^*=(\boldsymbol{A}^*)^{-1}$;(6)若$\boldsymbol{A}$非奇异,试证$(\boldsymbol{A}^*)^*=|\boldsymbol{A}|^{n-2}\boldsymbol{A}$.(北京邮电学院,1983)

13. 若$\boldsymbol{A},\boldsymbol{B}$是$n$阶矩阵,问下列结论是否成立?

(1)若$\boldsymbol{AB}=\boldsymbol{O}$,则$\boldsymbol{A}=\boldsymbol{O}$或$\boldsymbol{B}=\boldsymbol{O}$;(2)$(\boldsymbol{A}+\boldsymbol{B})^2=\boldsymbol{A}^2+2\boldsymbol{AB}+\boldsymbol{B}^2$;(3)$(\boldsymbol{AB})^{\mathrm{T}}=\boldsymbol{A}^{\mathrm{T}}\boldsymbol{B}^{\mathrm{T}}$;(4)若$\boldsymbol{A},\boldsymbol{B}$可逆,则$(\boldsymbol{AB})^{-1}=\boldsymbol{B}^{-1}\boldsymbol{A}^{-1}$;(5)$|k\boldsymbol{A}|=k|\boldsymbol{A}|$,$k$为常数.(上海机械学院,1982)

14. (1)若$\boldsymbol{A}$是正交矩阵,且$|\boldsymbol{A}|=-1$,则$\boldsymbol{A}+\boldsymbol{I}$必不可逆;(2)若$\boldsymbol{A}$是反对称实矩阵,则$\boldsymbol{A}+\boldsymbol{I}$必可逆,且$(\boldsymbol{A}+\boldsymbol{I})^{-1}(\boldsymbol{A}-\boldsymbol{I})$为正交阵.(上海交通大学,1981;同济大学,1984)

15. 若设$\boldsymbol{A}=\begin{pmatrix}\frac{1}{\sqrt{2}} & a & 0\\ 0 & 0 & 1\\ b & c & 0\end{pmatrix}$,试问:(1)$a,b,c$满足何关系时,$\boldsymbol{A}$为可逆阵?(2)$a,b,c$满足何关系时,$\boldsymbol{A}$为对称阵?(3)$a,b,c$满足何关系时,$\boldsymbol{A}$为正交阵?(长春光机学院,1984)

16. 设矩阵$\boldsymbol{A}=\begin{pmatrix}2x & 0 & 0\\ 0 & \cos\frac{\pi}{123} & \sin\frac{\pi}{123}\\ 0 & \sin\frac{\pi}{123} & \cos\frac{\pi}{123}\end{pmatrix}$,试问:(1)$x$取何值时,$\boldsymbol{A}$为可逆(非奇异)阵?(2)$x$取何值时,$\boldsymbol{A}$为正交阵?(天津大学,1983)

17. 若$\boldsymbol{A}=\begin{pmatrix}\frac{1}{2} & -\frac{1}{\sqrt{2}} & -\frac{1}{2}\\ -\frac{1}{\sqrt{2}} & 0 & -\frac{1}{\sqrt{2}}\\ -\frac{1}{2} & -\frac{1}{\sqrt{2}} & \frac{1}{2}\end{pmatrix}$,$\boldsymbol{B}=\begin{pmatrix}1 & -1 & 0\\ -1 & 2 & 1\\ 0 & 1 & 3\end{pmatrix}$.(1)叙述正交矩阵的定义,证明$\boldsymbol{A}$是正交阵;(2)叙述正定矩阵的定义,证明$\boldsymbol{B}$是正定阵.(上海机械学院,1980)

18. 若$\boldsymbol{A},\boldsymbol{B}$均为$n$阶正交阵,则$\boldsymbol{AB}$亦为正交矩阵.(长春光学精密机械学院,1986)

19. 若矩阵$\boldsymbol{B}=(\boldsymbol{B}^{-1})^{\mathrm{T}}$,则$\boldsymbol{B}$是正交矩阵.(西安轻工业学院,1985)

20. 若$\boldsymbol{A}\in\mathbf{R}^{n\times n}$,且$\boldsymbol{A}+\boldsymbol{I}$可逆,又$f(\boldsymbol{A})=(\boldsymbol{I}-\boldsymbol{A})(\boldsymbol{I}+\boldsymbol{A})^{-1}$,其中$f(x)$为多项式函数.求证:(1)$[\boldsymbol{I}+f(\boldsymbol{A})]^{-1}=\dfrac{1}{2}(\boldsymbol{I}+\boldsymbol{A})$;(2)$f(f(\boldsymbol{A}))=\boldsymbol{A}$.

21. 若$\boldsymbol{A}\in\mathbf{R}^{n\times n}$,又记$\boldsymbol{A}=(\boldsymbol{a}_1,\boldsymbol{a}_2,\cdots,\boldsymbol{a}_n)$,其中$\boldsymbol{a}_i\in\mathbf{R}^n(1\leqslant i\leqslant n)$,且$|\boldsymbol{A}|=\alpha$.又若$\boldsymbol{B}=(\boldsymbol{a}_2,\boldsymbol{a}_1+\boldsymbol{a}_3,\boldsymbol{a}_2+\boldsymbol{a}_4,\cdots,\boldsymbol{a}_{n-2}+\boldsymbol{a}_n,\boldsymbol{a}_{n-1})$,求$|\boldsymbol{B}|$.

第 11 章

向量

内容提要

1. 线性空间

定义了加法与数乘的集合 L，对其中任意元素 $\boldsymbol{a},\boldsymbol{b}\in L$ 及数 λ,μ 均有：

(1) $\boldsymbol{a}+\boldsymbol{b}\in L,\lambda\boldsymbol{a}\in L$；

(2) $\boldsymbol{a}+\boldsymbol{b}=\boldsymbol{b}+\boldsymbol{a}$，有零元 $\boldsymbol{0}$，$\boldsymbol{a}$ 有负元 $-\boldsymbol{a}$；

(3) $(\lambda\mu)\boldsymbol{a}=\lambda(\mu\boldsymbol{a}),1\boldsymbol{a}=\boldsymbol{a}$；

(4) $(\lambda+\mu)\boldsymbol{a}=\lambda\boldsymbol{a}+\mu\boldsymbol{a},\lambda(\boldsymbol{a}+\boldsymbol{b})=\lambda\boldsymbol{a}+\lambda\boldsymbol{b}$.

则称 L 为线性空间.

具体的线性空间 $\begin{cases} n\text{ 维向量空间；(实、复向量空间记为 }\mathbf{R}^n,\mathbf{C}^n\text{)} \\ m\times n\text{ 阶矩阵空间；(实、复矩阵空间记为 }\mathbf{R}^{m\times n},\mathbf{C}^{m\times n}\text{)} \\ \text{函数空间；} \\ \cdots\cdots \end{cases}$

2. 向量空间

(1)向量

n 个数 $a_1,a_2,\cdots,a_n$ 组成的有序数组 $(a_1,a_2,\cdots,a_n)$ 称为一个 n 维向量，记 $\boldsymbol{\alpha}=(a_1,a_2,\cdots,a_n)$，其中 a_i 称为第 i 个分量. 有时我们也用列向量 $(a_1,a_2,\cdots,a_n)^{\mathrm{T}}$ 表示.

(2)向量运算

若 n 维向量 $\boldsymbol{\alpha}=(a_1,a_2,\cdots,a_n)$，$\boldsymbol{\beta}=(b_1,b_2,\cdots,b_n)$，又 k 为数，则向量运算见下表：

运　算	定　义	记　号
相　等	$a_i=b_i(i=1,2,\cdots,n)$	$\boldsymbol{\alpha}=\boldsymbol{\beta}$
加　法	$(a_1+b_1,\cdots,a_n+b_n)$	$\boldsymbol{\alpha}+\boldsymbol{\beta}$
数　乘	$(ka_1,ka_2,\cdots,ka_n)$	$k\boldsymbol{\alpha}$
数积(内积)	$a_1b_1+a_2b_2+\cdots+a_nb_n$	$\boldsymbol{\alpha}\cdot\boldsymbol{\beta}$ 或 $(\boldsymbol{\alpha},\boldsymbol{\beta})$

注　向量内积(又称数积)的性质：

① $(\boldsymbol{\alpha},\boldsymbol{\beta})=(\boldsymbol{\beta},\boldsymbol{\alpha})$；

② $(a\boldsymbol{\alpha}\pm b\boldsymbol{\beta},\boldsymbol{\gamma})=a(\boldsymbol{\alpha},\boldsymbol{\gamma})\pm b(\boldsymbol{\beta},\boldsymbol{\gamma})$；

③ $(\boldsymbol{\alpha},\boldsymbol{\alpha})\geqslant 0$，且 $(\boldsymbol{\alpha},\boldsymbol{\alpha})=0\Longleftrightarrow\boldsymbol{\alpha}=\boldsymbol{0}$；

④ $|(\boldsymbol{\alpha},\boldsymbol{\beta})|\leqslant|\boldsymbol{\alpha}||\boldsymbol{\beta}|$，其中 $|\boldsymbol{\alpha}|=\sqrt{(\boldsymbol{\alpha},\boldsymbol{\alpha})}$，$|\boldsymbol{\beta}|=\sqrt{(\boldsymbol{\beta},\boldsymbol{\beta})}$.(柯西不等式)

此外(0,0,…,0)称为**零向量**,记作**0**(或$\boldsymbol{\theta}$).

又$(-a_1,-a_2,\cdots,-a_n)$称为$(a_1,a_2,\cdots,a_n)=\boldsymbol{\alpha}$的**负向量**,记作$-\boldsymbol{\alpha}$.

n维向量对加法与数乘运算构成线性空间,常记成$\mathbf{R}^n$(实向量空间)或$\mathbf{C}^n$(复向量空间).

(3)线性相关与无关

线性组合与线性表出 若$\boldsymbol{\beta},\boldsymbol{\alpha}_1,\boldsymbol{\alpha}_2,\cdots,\boldsymbol{\alpha}_m$都是$n$维向量,且有常数$k_1,k_2,\cdots,k_m$使得

$$\boldsymbol{\beta}=\sum_{i=1}^{m}k_i\boldsymbol{\alpha}_i$$

则称$\boldsymbol{\beta}$为$\boldsymbol{\alpha}_1,\boldsymbol{\alpha}_2,\cdots,\boldsymbol{\alpha}_m$的线性组合,又称$\boldsymbol{\beta}$可由$\boldsymbol{\alpha}_1,\boldsymbol{\alpha}_2,\cdots,\boldsymbol{\alpha}_m$线性表出,记为

$$\boldsymbol{\beta}\leftarrow\{\boldsymbol{\alpha}_1,\boldsymbol{\alpha}_2,\cdots,\boldsymbol{\alpha}_m\}$$

又$\boldsymbol{\beta}\not\leftarrow\{\boldsymbol{\alpha}_1,\boldsymbol{\alpha}_2,\cdots,\boldsymbol{\alpha}_m\}$表示$\boldsymbol{\beta}$不能由向量组$\{\boldsymbol{\alpha}_1,\boldsymbol{\alpha}_2,\cdots,\boldsymbol{\alpha}_m\}$线性表示.

线性相关 对于向量$\boldsymbol{\alpha}_1,\boldsymbol{\alpha}_2,\cdots,\boldsymbol{\alpha}_m$来讲,若存在不全为零的实数$k_1,k_2,\cdots,k_m$使得

$$\sum_{i=1}^{m}k_i\boldsymbol{\alpha}_i=\mathbf{0}$$

则称向量$\boldsymbol{\alpha}_1,\boldsymbol{\alpha}_2,\cdots,\boldsymbol{\alpha}_n$线性相关;否则称线性无关.

极大线性无关组 向量组的部分向量满足:①部分组本身线性无关;②再添组内一个向量则部分组便线性相关,则称该部分组为极大线性无关组.

向量组的秩 极大无关组中向量的个数称为该向量组的秩.

求向量组的秩,常把它们先写成矩阵形式,再用初等变换求出矩阵的秩,它也恰为该向量组的秩.

等价向量组 已知两个向量组:

(Ⅰ):$\boldsymbol{\alpha}_1,\boldsymbol{\alpha}_2,\cdots,\boldsymbol{\alpha}_s$或$\{\boldsymbol{\alpha}_1,\boldsymbol{\alpha}_2,\cdots,\boldsymbol{\alpha}_s\}$;

(Ⅱ):$\boldsymbol{\beta}_1,\boldsymbol{\beta}_2,\cdots,\boldsymbol{\beta}_r$或$\{\boldsymbol{\beta}_1,\boldsymbol{\beta}_2,\cdots,\boldsymbol{\beta}_r\}$.

若(Ⅰ)→(Ⅱ),且(Ⅱ)→(Ⅰ),则称向组(Ⅰ)、(Ⅱ)等价,常记为(Ⅰ)≃(Ⅱ)或(Ⅰ)~(Ⅱ).

等价向量组有性质:

①等价的线性无关向量组所含向量个数相同;

②向量组与其极大线性无关组等价;

③等价向量组的秩相同.

向量组线性相关、无关的判定

若向量组:$\boldsymbol{\alpha}_i=(\alpha_{i1},\alpha_{i2},\cdots,\alpha_{in})^{\mathrm{T}},i=1,2,\cdots,m$,又记$m\times n$矩阵$\mathbf{A}=(\boldsymbol{\alpha}_1,\boldsymbol{\alpha}_2,\cdots,\boldsymbol{\alpha}_n)$,则向量线性相关、线性无关的判定如下:

线性相关判定	①$\mathbf{A}\boldsymbol{x}=\mathbf{0}$有非零解$\boldsymbol{x}=(x_1,\cdots,x_m)^{\mathrm{T}}$; ②组中某一向量可由其他向量线性表出; ③多于$n$个的$n$维向量组; ④包含零向量的向量组; ⑤向量组中的部分向量线性相关,则该组向量(整体)线性相关; ⑥若向量组$\boldsymbol{\alpha}_1,\boldsymbol{\alpha}_2,\cdots,\boldsymbol{\alpha}_r$可由$\boldsymbol{\beta}_1,\boldsymbol{\beta}_2,\cdots,\boldsymbol{\beta}_s$线性表出,且$r>s$,则$\boldsymbol{\alpha}_1,\boldsymbol{\alpha}_2,\cdots,\boldsymbol{\alpha}_r$一定线性相关
线性无关判定	①$\mathbf{A}\boldsymbol{x}=\mathbf{0}$仅有零解; ②线性无关组的部分向量也线性无关; ③若n维向量组$\boldsymbol{\alpha}_1,\boldsymbol{\alpha}_2,\cdots,\boldsymbol{\alpha}_s$线性无关,则在每个向量上添加$k$个分量,变成的$s$个$n+k$维向量组后它们仍然线性无关; ④非零的正交向量组线性无关

(4)向量组的正交

对于两个 n 维向量 $\boldsymbol{\alpha}=(a_1,a_2,\cdots,a_n)^{\mathrm{T}}$，$\boldsymbol{\beta}=(b_1,b_2,\cdots,b_n)^{\mathrm{T}}$，若 $(\boldsymbol{\alpha},\boldsymbol{\beta})=0$ 或 $\boldsymbol{\alpha}^{\mathrm{T}}\boldsymbol{\beta}=0$(若 $\boldsymbol{\alpha},\boldsymbol{\beta}$ 为行向量，则记 $\boldsymbol{\alpha}\boldsymbol{\beta}^{\mathrm{T}}=0$)，则称向量 $\boldsymbol{\alpha},\boldsymbol{\beta}$ 互相正交.

若向量组 $\boldsymbol{\alpha}_1,\boldsymbol{\alpha}_2,\cdots,\boldsymbol{\alpha}_s$ 中任意两向量都正交，则称该**向量组正交**.

正交向量组有性质：①正交向量组线性无关；②零向量与任意向量都正交.

向量组正交化方法(施密特(Schmidt)正交化)

设 $\boldsymbol{\alpha}_1,\boldsymbol{\alpha}_2,\cdots,\boldsymbol{\alpha}_s$ 是一组线性无关向量. 令

$$\boldsymbol{\beta}_1=\boldsymbol{\alpha}_1,\quad \boldsymbol{\beta}_i=\boldsymbol{\alpha}_i-\sum_{k=1}^{i-1}\frac{(\boldsymbol{\alpha}_i,\boldsymbol{\beta}_k)}{(\boldsymbol{\beta}_i,\boldsymbol{\beta}_k)}\boldsymbol{\beta}_k\quad(i=1,2,\cdots,s)$$

则 $\boldsymbol{\beta}_1,\boldsymbol{\beta}_2,\cdots,\boldsymbol{\beta}_s$ 是一组两两正交向量，且 $\boldsymbol{\alpha}_1,\boldsymbol{\alpha}_2,\cdots,\boldsymbol{\alpha}_s$ 与 $\boldsymbol{\beta}_1,\boldsymbol{\beta}_2,\cdots,\boldsymbol{\beta}_s$ 等价.

再令 $\boldsymbol{\gamma}_i=\dfrac{\boldsymbol{\beta}_i}{|\boldsymbol{\beta}_i|}(i=1,2,\cdots,s)$，则 $\boldsymbol{\gamma}_1,\boldsymbol{\gamma}_2,\cdots,\boldsymbol{\gamma}_s$ 为单位正交向量组.

(5)向量的长度

设向量 $\boldsymbol{\alpha}=(\alpha_1,\alpha_2,\cdots,\alpha_n)^{\mathrm{T}}$，则称 $\sqrt{(\boldsymbol{\alpha},\boldsymbol{\alpha})}=\sqrt{\alpha_1^2+\alpha_2^2+\cdots+\alpha_n^2}$ 为向量 $\boldsymbol{\alpha}$ 的长，且记为 $|\boldsymbol{\alpha}|$.

长为 1 的向量称为**单位向量**.

任何非零向量均可单位化(又称法化、归一化、单位标准化)：$\boldsymbol{\alpha}_0=\dfrac{\boldsymbol{\alpha}}{|\boldsymbol{\alpha}|}$.

(6)基与坐标

若向量空间 L 中的任何向量 $\boldsymbol{x}$ 均可用 L 中一组线性无关向量 $\boldsymbol{\alpha}_1,\boldsymbol{\alpha}_2,\cdots,\boldsymbol{\alpha}_n$ 的线性组合表示

$$\boldsymbol{x}=\lambda_1\boldsymbol{\alpha}_1+\lambda_2\boldsymbol{\alpha}_2+\cdots+\lambda_n\boldsymbol{\alpha}_n=\sum_{i=1}^{n}\lambda_i\boldsymbol{\alpha}_i$$

则称 $\boldsymbol{\alpha}_1,\boldsymbol{\alpha}_2,\cdots,\boldsymbol{\alpha}_n$ 为 L 的一组基，而 $(\lambda_1,\lambda_2,\cdots,\lambda_n)$ 称为 $\boldsymbol{x}$ 关于基 $(\boldsymbol{\alpha}_1,\boldsymbol{\alpha}_2,\cdots,\boldsymbol{\alpha}_n)$ 的坐标.

又 $\boldsymbol{e}_1=(1,0,\cdots,0)$，$\boldsymbol{e}_2=(0,1,0,\cdots,0)$，$\cdots$，$\boldsymbol{e}_n=(0,\cdots,0,1)$ 称为 **n 维向量空间标准基**.

一般地，对于 L 的一组基 $\boldsymbol{\alpha}_1,\boldsymbol{\alpha}_2,\cdots,\boldsymbol{\alpha}_n$ 若满足：$(\boldsymbol{\alpha}_i,\boldsymbol{\alpha}_j)=\delta_{ij}\,(1\leqslant i,j\leqslant n)$，则称该基为**标准正交基**.

其中 $\delta_{ij}=\begin{cases}1,i=j\\0,i\neq j\end{cases}$ 为克罗内克符号.

3. 线性变换

若 $\boldsymbol{x}\in L$ (L 为线性空间)，经某种运算 T 使 $T\boldsymbol{x}\in L$，且对于数 $\lambda,\mu\in\mathbf{R}$ 及 $\boldsymbol{y}\in L$ 总有 $T(\lambda\boldsymbol{x}+\mu\boldsymbol{y})=\lambda T\boldsymbol{x}+\mu T\boldsymbol{y}$，则称 T 为 L 上的**一个线性变换**.

L 到 L 上(常记 $L\to L$)的线性变换 T，使 $T\boldsymbol{x}=\boldsymbol{0}$ 的 $\boldsymbol{x}$ 构成的子空间称为**零空间**.

如

$$\boldsymbol{x}=\boldsymbol{C}\boldsymbol{y}\qquad ①$$

其中 $\boldsymbol{C}=(c_{ij})_{n\times n}$，$\boldsymbol{x}=(x_1,x_2,\cdots,x_n)^{\mathrm{T}}$，$\boldsymbol{y}=(y_1,y_2,\cdots,y_n)^{\mathrm{T}}$，就是 $\boldsymbol{x}$ 到 $\boldsymbol{y}$ 的一个线性变换.

若 $|\boldsymbol{C}|\neq 0$，则称该变换为**可逆(或非退化)变换**，且此时有 $\boldsymbol{y}=\boldsymbol{C}^{-1}\boldsymbol{x}$.

当 $\boldsymbol{C}$ 是正交阵时，称该变换为**正交线性变换**，简称**正交变换**.

又若有由 $\boldsymbol{y}_1,\boldsymbol{y}_2,\cdots,\boldsymbol{y}_n$ 到 $\boldsymbol{z}_1,\boldsymbol{z}_2,\cdots,\boldsymbol{z}_n$ 的线性变换

$$\boldsymbol{y}=\boldsymbol{D}\boldsymbol{z}\qquad ②$$

其中 $\boldsymbol{D}=(d_{ij})_{n\times n}$，$\boldsymbol{z}=(z_1,z_2,\cdots,z_n)^{\mathrm{T}}$，则

$$\boldsymbol{x}=\boldsymbol{C}\boldsymbol{y}=\boldsymbol{C}(\boldsymbol{D}\boldsymbol{z})=(\boldsymbol{C}\boldsymbol{D})\boldsymbol{z}$$

仍是一个线性变换，且称为线性变换①与②的积.

经典问题解析

向量是特殊的矩阵，因而研究向量问题可借用矩阵理论来处理，再者可将向量问题化为矩阵去解

决.而线性空间理论是矩阵理论与线性方程组理论的结合发展.

由于向量是一种特殊的矩阵,这样就为解向量问题提供了线索与方法,有时将这类问题化为矩阵问题讨论将是方便和有效的.

向量又与线性方程组问题有关联,所谓向量组线性相关性的讨论,常依线性方程理论去完成.

向量问题与矩阵理论、线性方程组问题的关系如下:

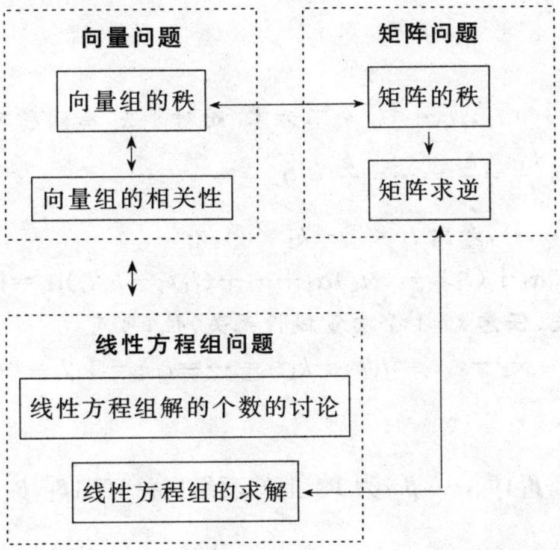

向量组的秩或向量的相关性讨论,是全国研究生统考试题出现较多的一类题型,其实当它们转化为矩阵讨论(除某些情形外)时,有时会变得轻松.这些详见后文,这里先介绍几个例子.

例 1　若 $\boldsymbol{\alpha}_1,\boldsymbol{\alpha}_2,\cdots,\boldsymbol{\alpha}_5\in\mathbf{R}^n$,且它们线性无关,又 $\boldsymbol{\beta}_1=\boldsymbol{\alpha}_1+\boldsymbol{\alpha}_2$,$\boldsymbol{\beta}_2=\boldsymbol{\alpha}_2+\boldsymbol{\alpha}_3$,$\boldsymbol{\beta}_3=\boldsymbol{\alpha}_3+\boldsymbol{\alpha}_4$,$\boldsymbol{\beta}_4=\boldsymbol{\alpha}_4+\boldsymbol{\alpha}_5$,$\boldsymbol{\beta}_5=\boldsymbol{\alpha}_5+\boldsymbol{\alpha}_1$.证明 $\boldsymbol{\beta}_1,\boldsymbol{\beta}_2,\boldsymbol{\beta}_3,\boldsymbol{\beta}_4,\boldsymbol{\beta}_5$ 也线性无关.

证　若令 $k_1\boldsymbol{\beta}_1+k_2\boldsymbol{\beta}_2+k_3\boldsymbol{\beta}_3+k_4\boldsymbol{\beta}_4+k_5\boldsymbol{\beta}_5=0$,即

$$(k_1+k_5)\boldsymbol{\alpha}_1+(k_1+k_2)\boldsymbol{\alpha}_2+(k_2+k_3)\boldsymbol{\alpha}_3+(k_3+k_4)\boldsymbol{\alpha}_4+(k_4+k_5)\boldsymbol{\alpha}_5=0$$

$\boldsymbol{\alpha}_1,\boldsymbol{\alpha}_2,\cdots,\boldsymbol{\alpha}_5$ 线性无关,则

$$\begin{cases}k_1 & & & & +k_5=0\\ k_1+k_2 & & & & =0\\ & k_2+k_3 & & & =0\\ & & k_3+k_4 & & =0\\ & & & k_4+k_5 & =0\end{cases}$$

解得 $k_1=k_2=k_3=k_4=k_5=0$.故 $\boldsymbol{\beta}_1,\boldsymbol{\beta}_2,\boldsymbol{\beta}_3,\boldsymbol{\beta}_4,\boldsymbol{\beta}_5$ 线性无关.

注　它们的推广情形可见后文的例.

例 2　设 $\boldsymbol{\alpha}_1,\boldsymbol{\alpha}_2,\cdots,\boldsymbol{\alpha}_s$ 是 $\mathbf{R}^n$ 上一组线性相关的向量,但 $\boldsymbol{\alpha}_1,\boldsymbol{\alpha}_2,\cdots,\boldsymbol{\alpha}_s$ 中任意 $s-1$ 个向量都线性无关.试证:存在全不为零的数 $k_1,k_2,\cdots,k_s$ 使 $k_1\boldsymbol{\alpha}_1+k_2\boldsymbol{\alpha}_2+\cdots+k_s\boldsymbol{\alpha}_s=\mathbf{0}$.

证　由设 $\boldsymbol{\alpha}_1,\boldsymbol{\alpha}_2,\cdots,\boldsymbol{\alpha}_s$ 线性相关,则存在一组不全为零的数 $k_1,k_2,\cdots,k_s$ 使

$$k_1\boldsymbol{\alpha}_1+k_2\boldsymbol{\alpha}_2+\cdots+k_s\boldsymbol{\alpha}_s=\mathbf{0}$$

下证 k_i 全不为零$(i=1,2,\cdots,s)$.若不然,今设 $k_t=0\ (1\leqslant t\leqslant s)$,由上式有

$$k_1\boldsymbol{\alpha}_1+k_2\boldsymbol{\alpha}_2+\cdots+k_{t-1}\boldsymbol{\alpha}_{t-1}+k_{t+1}\boldsymbol{\alpha}_{t+1}+\cdots+k_s\boldsymbol{\alpha}_s=\mathbf{0}$$

由于 $k_1,k_2,\cdots,k_{t-1},k_{t+1},\cdots,k_s$ 不全为零,知 $\boldsymbol{\alpha}_1,\boldsymbol{\alpha}_2,\cdots,\boldsymbol{\alpha}_{t-1},\boldsymbol{\alpha}_{t+1},\cdots,\boldsymbol{\alpha}_s$ 这 $s-1$ 个向量线性相关,与题设矛盾!

从而 $k_t=0$ 的假设不真,即 $k_i(i=1,2,\cdots,s)$全不为零.

注　在例的题设条件下结论还可为:

(1) 若 $\sum_{i=1}^{s} k_i\boldsymbol{\alpha}_i = \mathbf{0}$，则 k_i 或者全为 0，或者全不为 0($i=1,2,\cdots,n$)；

(2)若有 $k_i, l_i(i=1,2,\cdots,n)$ 使

$$k_1\boldsymbol{\alpha}_1+k_2\boldsymbol{\alpha}_2+\cdots+k_s\boldsymbol{\alpha}_s=\mathbf{0} \quad ①$$
$$l_1\boldsymbol{\alpha}_1+l_2\boldsymbol{\alpha}_2+\cdots+l_s\boldsymbol{\alpha}_s=\mathbf{0} \quad ②$$

其中 $l_1\neq 0$，则 $\frac{k_1}{l_1}=\frac{k_2}{l_2}=\cdots=\frac{k_s}{l_s}$.

略证：(1)例子中已证.

(2)题设 $l_1\neq 0$，由证明(1)知 $l_2, l_3, \cdots, l_s$ 全不为零. 而对于 k_i 有两种可能.

若 $k_1=k_2=\cdots=k_s=0$，则 $\frac{k_1}{l_1}=\frac{k_2}{l_2}=\cdots=\frac{k_s}{l_s}=0$.

若 k_i 全不为零($i=1,2,\cdots,s$)，考虑 $l_1\times$①$-k_1\times$②，有

$$0\boldsymbol{\alpha}_1+(l_1k_2-k_1l_2)\boldsymbol{\alpha}_2+\cdots+(l_1k_s-k_1l_s)\boldsymbol{\alpha}_s=\mathbf{0}$$

由 $\boldsymbol{\alpha}_1, \boldsymbol{\alpha}_2, \cdots, \boldsymbol{\alpha}_s$ 线性无关(任意 $s-1$ 个向量线性无关)性，可有

$$l_1k_2-k_1l_2=l_1k_3-k_1l_3=\cdots=l_1k_s-k_1l_s=0$$

故 $\frac{k_1}{l_1}=\frac{k_2}{l_2}=\frac{k_3}{l_3}=\cdots=\frac{k_s}{l_s}$.

例 3 设 $\{\boldsymbol{\alpha}_1, \boldsymbol{\alpha}_2, \cdots, \boldsymbol{\alpha}_t\}$，$\{\boldsymbol{\beta}_1, \boldsymbol{\beta}_2, \cdots, \boldsymbol{\beta}_s\}$ 为 $\mathbf{R}^n$ 上的两组向量，又 $\{\boldsymbol{\beta}_1, \boldsymbol{\beta}_2, \cdots, \boldsymbol{\beta}_s\}$ 可由 $\{\boldsymbol{\alpha}_1, \boldsymbol{\alpha}_2, \cdots, \boldsymbol{\alpha}_t\}$ 线性表出

$$\begin{cases}\boldsymbol{\beta}_1=a_{11}\boldsymbol{\alpha}_1+a_{12}\boldsymbol{\alpha}_2+\cdots+a_{1t}\boldsymbol{\alpha}_t\\ \boldsymbol{\beta}_2=a_{21}\boldsymbol{\alpha}_1+a_{22}\boldsymbol{\alpha}_2+\cdots+a_{2t}\boldsymbol{\alpha}_t\\ \qquad\vdots\\ \boldsymbol{\beta}_s=a_{s1}\boldsymbol{\alpha}_1+a_{s2}\boldsymbol{\alpha}_2+\cdots+a_{st}\boldsymbol{\alpha}_t\end{cases}$$

令其系数矩阵 $\mathbf{A}=(a_{ij})_{s\times t}$，试证：(1) $\mathrm{r}\{\boldsymbol{\beta}_1, \boldsymbol{\beta}_2, \cdots, \boldsymbol{\beta}_s\}\leqslant \mathrm{r}(\mathbf{A})$；(2) $\{\boldsymbol{\alpha}_1, \boldsymbol{\alpha}_2, \cdots, \boldsymbol{\alpha}_t\}$ 线性相关，则 $\mathrm{r}\{\boldsymbol{\beta}_1, \boldsymbol{\beta}_2, \cdots, \boldsymbol{\beta}_s\}=\mathrm{r}(\mathbf{A})$.

证 (1)设 $\mathrm{r}(\mathbf{A})=r$，不妨设 $\mathbf{A}$ 的前 r 行向量线性无关，则 $\mathbf{A}$ 的每行皆可由它们线性表出，即

$$(a_{i1}, a_{i2}, \cdots, a_{it}) = \left(\sum_{j=1}^{r} k_{ij}a_{j1}, \sum_{j=1}^{r} k_{ij}a_{j2}, \cdots, \sum_{j=1}^{r} k_{ij}a_{jt}\right)$$

其中 $i=1,2,\cdots,s$. 又由题设及上式可有

$$\begin{aligned}\boldsymbol{\beta}_i &= \left(\sum_{j=1}^{r} k_{ij}a_{i1}\right)\boldsymbol{\alpha}_1+\left(\sum_{j=1}^{r} k_{ij}a_{i2}\right)\boldsymbol{\alpha}_2+\cdots+\left(\sum_{j=1}^{r} k_{ij}a_{it}\right)\boldsymbol{\alpha}_t\\ &= \sum_{j=1}^{r}\left[k_{ij}(a_{i1}\boldsymbol{\alpha}_1+a_{i2}\boldsymbol{\alpha}_2+\cdots+a_{it}\boldsymbol{\alpha}_t)\right]=\sum_{j=1}^{r} k_{ij}\boldsymbol{\beta}_i\end{aligned}$$

其中 $i=1,2,\cdots,s$.

上式表明 $\{\boldsymbol{\beta}_1, \boldsymbol{\beta}_2, \cdots, \boldsymbol{\beta}_s\}\leftarrow\{\boldsymbol{\beta}_1, \boldsymbol{\beta}_2, \cdots, \boldsymbol{\beta}_r\}$，即

$$\mathrm{r}\{\boldsymbol{\beta}_1, \boldsymbol{\beta}_2, \cdots, \boldsymbol{\beta}_r\}\leqslant \mathrm{r}\{\boldsymbol{\beta}_1, \boldsymbol{\beta}_2, \cdots, \boldsymbol{\beta}_s\}\leqslant r=\mathrm{r}(\mathbf{A})$$

(2) 若设有 $l_1, l_2, \cdots, l_r$ 使 $\sum_{i=1}^{r} l_i\boldsymbol{\beta}_i=\mathbf{0}$，即

$$(a_{11}l_1+a_{21}l_2+\cdots+a_{r1}l_r)\boldsymbol{\alpha}_1+(a_{12}l_1+a_{22}l_2+\cdots+a_{r2}l_r)\boldsymbol{\alpha}_2+\cdots+$$
$$(a_{1t}l_1+a_{2t}l_2+\cdots+a_{rt}l_t)\boldsymbol{\alpha}_t=\mathbf{0}$$

考虑 $l_1, l_2, \cdots, l_r$ 的线性方程组

$$\begin{cases}a_{11}l_1+a_{21}l_2+\cdots+a_{r1}l_r=0\\ a_{12}l_1+a_{22}l_2+\cdots+a_{r2}l_r=0\\ \qquad\vdots\\ a_{1t}l_1+a_{2t}l_2+\cdots+a_{rt}l_r=0\end{cases} \quad (*)$$

因其系数恰为 $\boldsymbol{A}$ 的前 r 行，它们线性无关，且秩为 r，故式(*)仅有零解

$$l_1 = l_2 = \cdots = l_r = 0$$

又由题设 $\boldsymbol{\alpha}_1,\boldsymbol{\alpha}_2,\cdots,\boldsymbol{\alpha}_t$ 线性无关，从而 $\boldsymbol{\beta}_1,\boldsymbol{\beta}_2,\cdots,\boldsymbol{\beta}_r$ 线性无关.

由(1)知 $\{\boldsymbol{\beta}_1,\boldsymbol{\beta}_2,\cdots,\boldsymbol{\beta}_s\} \leftarrow \{\boldsymbol{\beta}_1,\boldsymbol{\beta}_2,\cdots,\boldsymbol{\beta}_r\}$，从而

$$\mathrm{r}\{\boldsymbol{\beta}_1,\boldsymbol{\beta}_2,\cdots,\boldsymbol{\beta}_s\} = r = \mathrm{r}(\boldsymbol{A})$$

例4 若 $\boldsymbol{\alpha}_1,\boldsymbol{\alpha}_2,\cdots,\boldsymbol{\alpha}_n \in \mathbf{R}^n$ 为 n 个线性无关的向量，又 $\boldsymbol{A}\in\mathbf{R}^{n\times n}$. 证明：$\mathrm{r}(\boldsymbol{A})=n \Longleftrightarrow \boldsymbol{A\alpha}_1,\boldsymbol{A\alpha}_2,\cdots,\boldsymbol{A\alpha}_n$ 线性无关.

证 “$\Rightarrow$”令 $\boldsymbol{B}=(\boldsymbol{\alpha}_1,\boldsymbol{\alpha}_2,\cdots,\boldsymbol{\alpha}_n)$，由设知 $|\boldsymbol{B}|\neq 0$.

由 $\boldsymbol{AB}=(\boldsymbol{A\alpha}_1,\boldsymbol{A\alpha}_2,\cdots,\boldsymbol{A\alpha}_n)$，若 $\mathrm{r}(\boldsymbol{A})=n$，有 $|\boldsymbol{A}|\neq 0$.

而 $|\boldsymbol{AB}|=|\boldsymbol{A}||\boldsymbol{B}|\neq 0$，故 $\boldsymbol{A\alpha}_1,\boldsymbol{A\alpha}_2,\cdots,\boldsymbol{A\alpha}_n$ 线性无关.

“$\Leftarrow$”若 $\boldsymbol{A\alpha}_1,\boldsymbol{A\alpha}_2,\cdots,\boldsymbol{A\alpha}_n$ 线性无关，知 $|\boldsymbol{AB}|\neq 0$，即 $|\boldsymbol{A}||\boldsymbol{B}|\neq 0$.

故 $|\boldsymbol{A}|\neq 0$，从而 $\mathrm{r}(\boldsymbol{A})=n$.

例5 设 $\boldsymbol{\alpha}_i=(a_{i1},a_{i2},\cdots,a_{in})^{\mathrm{T}}(i=1,2,\cdots,r;r<n)$ 是 n 维实向量，且 $\boldsymbol{\alpha}_1,\boldsymbol{\alpha}_2,\cdots,\boldsymbol{\alpha}_r$ 线性无关. 又 $\boldsymbol{\beta}=(b_1,b_2,\cdots,b_n)^{\mathrm{T}}$ 是线性方程组

$$\begin{cases} a_{11}x_1+a_{12}x_2+\cdots+a_{1n}x_n=0 \\ a_{21}x_1+a_{22}x_2+\cdots+a_{2n}x_n=0 \\ \qquad\qquad\vdots \\ a_{r1}x_1+a_{r2}x_2+\cdots+a_{rn}x_n=0 \end{cases} \qquad ①$$

的非零解，试判断向量组 $\boldsymbol{\alpha}_1,\boldsymbol{\alpha}_2,\cdots,\boldsymbol{\alpha}_r,\boldsymbol{\beta}$ 的相关性.

解 今考虑，若

$$\sum_{i=1}^{r} k_i\boldsymbol{\alpha}_i + k\boldsymbol{\beta} = \mathbf{0} \qquad ②$$

因为 $\boldsymbol{\beta}$ 是式①的解，且 $\boldsymbol{\beta}\neq\mathbf{0}$，故 $\boldsymbol{\alpha}_i^{\mathrm{T}}\boldsymbol{\beta}=0$，即

$$\boldsymbol{\beta}^{\mathrm{T}}\boldsymbol{\alpha}_i = 0 \quad (i=1,2,\cdots,r)$$

式②两边左乘 $\boldsymbol{\beta}^{\mathrm{T}}$，有 $\sum_{i=1}^{r} k_i\boldsymbol{\beta}^{\mathrm{T}}\boldsymbol{\alpha}_i + k\boldsymbol{\beta}^{\mathrm{T}}\boldsymbol{\beta} = 0$. 从而 $k\boldsymbol{\beta}^{\mathrm{T}}\boldsymbol{\beta}=0$，又 $\boldsymbol{\beta}\neq\mathbf{0}$，知 $k=0$.

又由式②，有 $\sum_{i=1}^{r} k_i\boldsymbol{\alpha}_i = \mathbf{0}$，由 $\{\boldsymbol{\alpha}_i\}$ 线性无关性，知 $k_i=0(i=1,2,\cdots,r)$.

而再由 $\boldsymbol{\beta}\neq\mathbf{0}$，知 $k=0$. 故 $\{\boldsymbol{\alpha}_1,\boldsymbol{\alpha}_2,\cdots,\boldsymbol{\alpha}_r,\boldsymbol{\beta}\}$ 线性无关.

例6 若 $\boldsymbol{\alpha}_1$ 为矩阵 $\boldsymbol{A}$ 的特征向量，即 $(\boldsymbol{A}-\lambda\boldsymbol{I})\boldsymbol{\alpha}_1=\mathbf{0}$，又向量组 $\boldsymbol{\alpha}_1,\boldsymbol{\alpha}_2,\cdots,\boldsymbol{\alpha}_s$ 满足 $(\boldsymbol{A}-\lambda\boldsymbol{I})\boldsymbol{\alpha}_{i+1}=\boldsymbol{\alpha}_i$ $(i=1,2,\cdots,s-1)$，证明：$\boldsymbol{\alpha}_1,\boldsymbol{\alpha}_2,\cdots,\boldsymbol{\alpha}_s$ 线性无关.

证 若设 $l_1\boldsymbol{\alpha}_1+l_2\boldsymbol{\alpha}_2+\cdots+l_s\boldsymbol{\alpha}_s=\mathbf{0}$，两边左乘 $\boldsymbol{A}-\lambda\boldsymbol{I}$，则

$$(\boldsymbol{A}-\lambda\boldsymbol{I})(l_1\boldsymbol{\alpha}_1+l_2\boldsymbol{\alpha}_2+\cdots+l_s\boldsymbol{\alpha}_s)=\mathbf{0}$$

即

$$l_2\boldsymbol{\alpha}_1+l_3\boldsymbol{\alpha}_2+\cdots+l_s\boldsymbol{\alpha}_{s-1}=\mathbf{0}$$

上式反复左乘 $\boldsymbol{A}-\lambda\boldsymbol{I}$，可有 $l_s\boldsymbol{\alpha}_1=\mathbf{0}$，但由 $\boldsymbol{\alpha}_1\neq\mathbf{0}$(其为 $\boldsymbol{A}$ 的特征向量)，故 $l_s=0$.

代入 $l_1\boldsymbol{\alpha}_1+l_2\boldsymbol{\alpha}_2+\cdots+l_s\boldsymbol{\alpha}_s=\mathbf{0}$，仿上步骤可依次证得

$$l_{s-1}=0,l_{s-2}=0,\cdots,l_2=0,l_1=0$$

故向量 $\boldsymbol{\alpha}_1,\boldsymbol{\alpha}_2,\cdots,\boldsymbol{\alpha}_s$ 线性无关.

例7 若非零向量组 $\boldsymbol{x}_1,\boldsymbol{x}_2,\cdots,\boldsymbol{x}_m\in\mathbf{R}^n$ 满足 $\boldsymbol{x}_i^{\mathrm{T}}\boldsymbol{G}\boldsymbol{x}_j=0(i\neq j)$，其中 $\boldsymbol{G}$ 是 n 阶正定矩阵(称它们为 $\boldsymbol{G}$ 共轭向量组)，试证：$\boldsymbol{x}_1,\boldsymbol{x}_2,\cdots,\boldsymbol{x}_m$ 线性无关.

证 设 $a_1\boldsymbol{x}_1^{\mathrm{T}}+a_2\boldsymbol{x}_2^{\mathrm{T}}+\cdots+a_m\boldsymbol{x}_m^{\mathrm{T}}=\mathbf{0}$，两边右乘 $\boldsymbol{G}\boldsymbol{x}_k(k=1,2,3,\cdots,m)$，有

$$a_1\boldsymbol{x}_1^{\mathrm{T}}\boldsymbol{G}\boldsymbol{x}_k+a_2\boldsymbol{x}_2^{\mathrm{T}}\boldsymbol{G}\boldsymbol{x}_k+\cdots+a_k\boldsymbol{x}_n^{\mathrm{T}}\boldsymbol{G}\boldsymbol{x}_k+\cdots+a_m\boldsymbol{x}_m^{\mathrm{T}}\boldsymbol{G}\boldsymbol{x}_k=0$$

由于 $\boldsymbol{x}_i^{\mathrm{T}}\boldsymbol{G}\boldsymbol{x}_j=0$,这里 $i\neq j$,从而上式化为 $a_k\boldsymbol{x}_k^{\mathrm{T}}\boldsymbol{G}\boldsymbol{x}_k=0$.

因为 $\boldsymbol{x}_k\neq\boldsymbol{0}$,又 $\boldsymbol{G}$ 为正定阵,故 $\boldsymbol{x}_n^{\mathrm{T}}\boldsymbol{G}\boldsymbol{x}_n>0$,则 $a_k=0$.

注意到 $k=1,2,\cdots,m$,从而 $a_k=0(k=1,2,\cdots,m)$.

故 $\boldsymbol{x}_1,\boldsymbol{x}_2,\cdots,\boldsymbol{x}_n$ 线性无关.

注 其实向量 $\boldsymbol{G}$ 共轭是向量正交概念的推广,显然 $\boldsymbol{G}=\boldsymbol{I}$,即为正交概念.

例 8 (2008①)设 $\boldsymbol{\alpha},\boldsymbol{\beta}$ 是 3 维列向量,矩阵 $\boldsymbol{A}=\boldsymbol{\alpha}\boldsymbol{\alpha}^{\mathrm{T}}+\boldsymbol{\beta}\boldsymbol{\beta}^{\mathrm{T}}$,其中 $\boldsymbol{\alpha}^{\mathrm{T}},\boldsymbol{\beta}^{\mathrm{T}}$ 分别为 $\boldsymbol{\alpha},\boldsymbol{\beta}$ 的转置.

证明:(1)秩 $\mathrm{r}(\boldsymbol{A})\leqslant 2$;(2)若 $\boldsymbol{\alpha},\boldsymbol{\beta}$ 线性相关,则秩 $\mathrm{r}(\boldsymbol{A})<2$.

证 (1)$\mathrm{r}(\boldsymbol{A})=\mathrm{r}(\boldsymbol{\alpha}\boldsymbol{\alpha}^{\mathrm{T}}+\boldsymbol{\beta}\boldsymbol{\beta}^{\mathrm{T}})\leqslant\mathrm{r}(\boldsymbol{\alpha}\boldsymbol{\alpha}^{\mathrm{T}})+\mathrm{r}(\boldsymbol{\beta}\boldsymbol{\beta}^{\mathrm{T}})\leqslant\mathrm{r}(\boldsymbol{\alpha})+\mathrm{r}(\boldsymbol{\beta})\leqslant 2$.

(2)若 $\boldsymbol{\alpha},\boldsymbol{\beta}$ 线性相关,不妨设 $\boldsymbol{\beta}=k\boldsymbol{\alpha}$,于是 $\boldsymbol{A}=\boldsymbol{\alpha}\boldsymbol{\alpha}^{\mathrm{T}}+\boldsymbol{\beta}\boldsymbol{\beta}^{\mathrm{T}}=(1+k^2)\boldsymbol{\alpha}\boldsymbol{\alpha}^{\mathrm{T}}$.

所以 $\mathrm{r}(\boldsymbol{A})=\mathrm{r}((1+k^2)\boldsymbol{\alpha}\boldsymbol{\alpha}^{\mathrm{T}}+\boldsymbol{\alpha}\boldsymbol{\alpha}^{\mathrm{T}})=\mathrm{r}(\boldsymbol{\alpha}\boldsymbol{\alpha}^{\mathrm{T}})\leqslant\mathrm{r}(\boldsymbol{\alpha})\leqslant 1<2$.

注 $\mathrm{r}(\boldsymbol{A}\pm\boldsymbol{B})\leqslant\mathrm{r}(\boldsymbol{A})+\mathrm{r}(\boldsymbol{B})$,$\mathrm{r}(\boldsymbol{AB})\leqslant\min\{\mathrm{r}(\boldsymbol{A}),\mathrm{r}(\boldsymbol{B})\}$.

研究生入学考试试题选讲

1978～1986 年部分

1. 向量组的相关性

例 1 设线性方程组 $\boldsymbol{a}=(a_1,a_2,a_3)$,$\boldsymbol{b}=(b_1,b_2,b_3)$,$\boldsymbol{c}=(c_1,c_2,c_3)$线性无关,证明:向量组 $\boldsymbol{d}=(a_1,a_2,a_3,a_4)$,$\boldsymbol{e}=(b_1,b_2,b_3,b_4)$,$\boldsymbol{f}=(c_1,c_2,c_3,c_4)$也线性无关.(上海交通大学等八院校,1985)

证 用反证法.假定题设向量组 $\boldsymbol{d}=(a_1,a_2,a_3,a_4)$,$\boldsymbol{e}=(b_1,b_2,b_3,b_4)$,$\boldsymbol{f}=(c_1,c_2,c_3,c_4)$线性相关,则存在不全为零的 $k_i(i=1,2,3)$,使得

$$k_1\boldsymbol{d}+k_2\boldsymbol{e}+k_3\boldsymbol{f}=\boldsymbol{0}$$

即

$$\begin{pmatrix}a_1&b_1&c_1\\a_2&b_2&c_2\\a_3&b_3&c_3\\a_4&b_4&c_4\end{pmatrix}\begin{pmatrix}k_1\\k_2\\k_3\end{pmatrix}=\begin{pmatrix}0\\0\\0\\0\end{pmatrix}$$

此时,显然也有

$$\begin{pmatrix}a_1&b_1&c_1\\a_2&b_2&c_2\\a_3&b_3&c_3\end{pmatrix}\begin{pmatrix}k_1\\k_2\\k_3\end{pmatrix}=\begin{pmatrix}0\\0\\0\end{pmatrix}$$

也即是

$$k_1\boldsymbol{a}+k_2\boldsymbol{b}+k_3\boldsymbol{c}=\boldsymbol{0}$$

因而 $\boldsymbol{a},\boldsymbol{b},\boldsymbol{c}$ 是线性相关的,这与假设矛盾,即得证 $\boldsymbol{d},\boldsymbol{e},\boldsymbol{f}$ 也是线性无关.

例 2 设向量组 $\boldsymbol{a}_1,\boldsymbol{a}_2,\boldsymbol{a}_3$ 线性无关,问当常数 l,m 满足什么条件时,向量组 $l\boldsymbol{a}_2-\boldsymbol{a}_1,m\boldsymbol{a}_3-\boldsymbol{a}_2,\boldsymbol{a}_1-\boldsymbol{a}_3$ 也线性无关.(上海交通大学等十院校,1986)

解 若 $k_1(l\boldsymbol{a}_2-\boldsymbol{a}_1)+k_2(m\boldsymbol{a}_3-\boldsymbol{a}_2)+k_3(\boldsymbol{a}_1-\boldsymbol{a}_3)=\boldsymbol{0}$,即

$$(-k_1+k_3)\boldsymbol{a}_1+(k_1l-k_2)\boldsymbol{a}_2+(k_2m-k_3)\boldsymbol{a}_3=\boldsymbol{0}$$

从而

$$\begin{cases}k_1-k_3=0\\lk_1-k_2=0\\mk_2-k_3=0\end{cases}$$

又

$$\begin{vmatrix}-1&0&1\\l&-1&0\\0&m&-1\end{vmatrix}=lm-1$$

当 $lm\neq 1$ 时，方程组有唯一零解，即向量组 $l\boldsymbol{a}_2-\boldsymbol{a}_1,m\boldsymbol{a}_2-\boldsymbol{a}_3,\boldsymbol{a}_1-\boldsymbol{a}_3$ 也线性无关.

例3 试证若向量组 $\boldsymbol{\alpha}_1,\boldsymbol{\alpha}_2,\cdots,\boldsymbol{\alpha}_n(n\geqslant 2)$ 线性无关，当且仅当 n 为奇数时，向量组 $\boldsymbol{\alpha}_1+\boldsymbol{\alpha}_2,\boldsymbol{\alpha}_2+\boldsymbol{\alpha}_3,\cdots,\boldsymbol{\alpha}_{n-1}+\boldsymbol{\alpha}_n,\boldsymbol{\alpha}_n+\boldsymbol{\alpha}_1$ 也线性无关.(东北工学院，1984)

证 设
$$\lambda_1(\boldsymbol{\alpha}_1+\boldsymbol{\alpha}_2)+\lambda_2(\boldsymbol{\alpha}_2+\boldsymbol{\alpha}_3)+\cdots+\lambda_{n-1}(\boldsymbol{\alpha}_{n-1}+\boldsymbol{\alpha}_n)+\lambda_n(\boldsymbol{\alpha}_n+\boldsymbol{\alpha}_1)=\boldsymbol{0}$$
即
$$(\lambda_1+\lambda_n)\boldsymbol{\alpha}_1+(\lambda_1+\lambda_2)\boldsymbol{\alpha}_2+(\lambda_{n-1}+\lambda_n)\boldsymbol{\alpha}_n=\boldsymbol{0}$$
由题设 $\boldsymbol{\alpha}_1,\boldsymbol{\alpha}_2,\cdots,\boldsymbol{\alpha}_n$ 线性无关，故
$$\lambda_1+\lambda_n=\lambda_1+\lambda_2=\cdots=\lambda_{n-1}+\lambda_n=0 \qquad (*)$$
该线性方程组的系数行列式为
$$D_n=\begin{vmatrix}1&0&0&\cdots&0&1\\1&1&0&\cdots&0&0\\0&1&1&\cdots&0&0\\\vdots&\vdots&\vdots&&\vdots&\vdots\\0&0&0&\cdots&1&1\end{vmatrix}$$
当 $n=2k$ 时，$D_n=0$(按其第1行展开即可)，则方程组$(*)$有非零解，即 $\lambda_1,\lambda_2,\cdots,\lambda_n$ 不全为0，知 $\boldsymbol{\alpha}_1+\boldsymbol{\alpha}_2,\boldsymbol{\alpha}_2+\boldsymbol{\alpha}_3,\cdots,\boldsymbol{\alpha}_{n-1}+\boldsymbol{\alpha}_n,\boldsymbol{\alpha}_n+\boldsymbol{\alpha}_1$ 线性相关.

当 $n=2k+1$ 时，$D_n=2$，方程组$(*)$有唯一零解，即 $\lambda_1=\lambda_2=\cdots=\lambda_n=0$，知 $\boldsymbol{\alpha}_1+\boldsymbol{\alpha}_2,\boldsymbol{\alpha}_2+\boldsymbol{\alpha}_3,\cdots,\boldsymbol{\alpha}_{n-1}+\boldsymbol{\alpha}_n,\boldsymbol{\alpha}_n+\boldsymbol{\alpha}_1$ 线性无关.

注1 前文我们已说过，如果引进所谓格拉姆矩阵概念，即若 $\boldsymbol{\alpha}_1,\boldsymbol{\alpha}_2,\cdots,\boldsymbol{\alpha}_n\in\mathbf{R}^n$，则
$$\boldsymbol{G}=\begin{pmatrix}(\boldsymbol{\alpha}_1,\boldsymbol{\alpha}_1)&(\boldsymbol{\alpha}_1,\boldsymbol{\alpha}_2)&\cdots&(\boldsymbol{\alpha}_1,\boldsymbol{\alpha}_m)\\(\boldsymbol{\alpha}_2,\boldsymbol{\alpha}_1)&(\boldsymbol{\alpha}_2,\boldsymbol{\alpha}_2)&\cdots&(\boldsymbol{\alpha}_2,\boldsymbol{\alpha}_m)\\\vdots&\vdots&&\vdots\\(\boldsymbol{\alpha}_m,\boldsymbol{\alpha}_1)&(\boldsymbol{\alpha}_m,\boldsymbol{\alpha}_2)&\cdots&(\boldsymbol{\alpha}_m,\boldsymbol{\alpha}_m)\end{pmatrix}$$
称为向量组 $\boldsymbol{\alpha}_1,\boldsymbol{\alpha}_2,\cdots,\boldsymbol{\alpha}_m$ 的格拉姆矩阵.可以证明：

命题：向量组 $\boldsymbol{\alpha}_1,\boldsymbol{\alpha}_2,\cdots,\boldsymbol{\alpha}_m$ 线性无关$\Longleftrightarrow\boldsymbol{G}$ 非奇异(或$|\boldsymbol{G}|\neq 0$).

利用此结论可证许多这类涉及向量组相关性与否的证明.

注2 下面的问题只是本命题的变形.

问题：设 n 阶矩阵 $\boldsymbol{A}$ 的 n 个列向量为 $\boldsymbol{a}_i=(a_{1i},a_{2i},\cdots,a_{ni})^{\mathrm{T}}(i=1,2,\cdots,n)$，$n$ 阶矩阵 $\boldsymbol{B}$ 的 n 个列向量为 $\boldsymbol{a}_1+\boldsymbol{a}_2,\boldsymbol{a}_2+\boldsymbol{a}_3,\cdots,\boldsymbol{a}_{n-1}+\boldsymbol{a}_n,\boldsymbol{a}_n+\boldsymbol{a}_1$.试问：当 $\mathrm{r}(\boldsymbol{A})=n$ 时，线性齐次方程组 $\boldsymbol{Bx}=\boldsymbol{0}$ 是否有非零解？并证明你的结论.(清华大学，1985)

例4 若向量 $\boldsymbol{\alpha}_1,\boldsymbol{\alpha}_2,\cdots,\boldsymbol{\alpha}_t\in\mathbf{R}^n$，其中 $t>2$，且它们线性无关.试证向量组
$$\begin{aligned}\boldsymbol{\beta}_1&=\boldsymbol{\alpha}_2+\boldsymbol{\alpha}_3+\cdots+\boldsymbol{\alpha}_{t-1}+\boldsymbol{\alpha}_t\\\boldsymbol{\beta}_2&=\boldsymbol{\alpha}_1+\boldsymbol{\alpha}_3+\cdots+\boldsymbol{\alpha}_{t-1}+\boldsymbol{\alpha}_t\\&\vdots\\\boldsymbol{\beta}_t&=\boldsymbol{\alpha}_1+\boldsymbol{\alpha}_2+\boldsymbol{\alpha}_3+\cdots+\boldsymbol{\alpha}_{t-1}\end{aligned}$$
也线性无关.(兰州铁道学院，1986)

证1 设有 $k_1,k_2,\cdots,k_t$ 使 $k_1\boldsymbol{\beta}_1+k_2\boldsymbol{\beta}_2+\cdots+k_t\boldsymbol{\beta}_t=\boldsymbol{0}$，即
$$(k_2+k_3+\cdots+k_t)\boldsymbol{\alpha}_1+(k_1+k_3+\cdots+k_t)\boldsymbol{\alpha}_2+\cdots+(k_1+k_2+\cdots+k_{t-1})\boldsymbol{\alpha}_t=\boldsymbol{0}$$
由题设 $\boldsymbol{\alpha}_1,\boldsymbol{\alpha}_2,\cdots,\boldsymbol{\alpha}_t$ 线性无关，故
$$\begin{cases}k_2+k_3+\cdots+k_{t-1}+k_t=0\\k_1+k_3+\cdots+k_{t-1}+k_t=0\\\quad\vdots\\k_1+k_2+k_3+\cdots+k_{t-1}=0\end{cases}\qquad (*)$$

以上诸式相加得

$$(k_1+k_2+k_3+\cdots+k_t)(t-1)=0$$

由 $t>2$,则 $t-1\neq 0$,得 $k_1+k_2+k_3+\cdots+k_t=0$.

用此式分别减去式(*)中诸式,可有 $k_1=k_2=\cdots=k_t=0$.

因而,向量组 $\boldsymbol{\beta}_1,\boldsymbol{\beta}_2,\cdots,\boldsymbol{\beta}_t$ 也线性无关.

证 2 由题设

$$\begin{cases}\boldsymbol{\beta}_1=\boldsymbol{\alpha}_2+\boldsymbol{\alpha}_3+\cdots+\boldsymbol{\alpha}_{t-1}+\boldsymbol{\alpha}_t\\ \boldsymbol{\beta}_2=\boldsymbol{\alpha}_1+\boldsymbol{\alpha}_3+\cdots+\boldsymbol{\alpha}_{t-1}+\boldsymbol{\alpha}_t\\ \qquad\vdots\\ \boldsymbol{\beta}_t=\boldsymbol{\alpha}_1+\boldsymbol{\alpha}_2+\boldsymbol{\alpha}_3+\cdots+\boldsymbol{\alpha}_{t-1}\end{cases}$$

可解得

$$\begin{cases}\boldsymbol{\alpha}_1=\dfrac{2-t}{t-1}\boldsymbol{\beta}_1+\dfrac{1}{t-1}\boldsymbol{\beta}_2+\cdots+\dfrac{1}{t-1}\boldsymbol{\beta}_t\\ \boldsymbol{\alpha}_2=\dfrac{1}{t-1}\boldsymbol{\beta}_2+\dfrac{2-t}{t-1}\boldsymbol{\beta}_2+\cdots+\dfrac{1}{t-1}\boldsymbol{\beta}_t\\ \qquad\vdots\\ \boldsymbol{\alpha}_t=\dfrac{1}{t-1}\boldsymbol{\beta}_1+\dfrac{1}{t-1}\boldsymbol{\beta}_2+\cdots+\dfrac{2-t}{t-1}\boldsymbol{\beta}_t\end{cases}$$

因$\{\boldsymbol{\alpha}_1,\boldsymbol{\alpha}_2,\cdots,\boldsymbol{\alpha}_t\}$与$\{\boldsymbol{\beta}_1,\boldsymbol{\beta}_2,\cdots,\boldsymbol{\beta}_t\}$可互相线性表出,故它们等价,从而秩相等,且均为 t. 故向量组 $\boldsymbol{\beta}_1,\boldsymbol{\beta}_2,\cdots,\boldsymbol{\beta}_t$ 线性无关.

例 5 设 V 是 $\mathbf{R}$ 上的次数不大于 3 的多项式所组成的向量空间. 试讨论 $\boldsymbol{\mu},\boldsymbol{\nu},\boldsymbol{\omega}\in V$ 的线性相关性,其中 $\boldsymbol{\mu}=t^3-4t^2-2t+3$,$\boldsymbol{\nu}=t^3+6t^2-t+4$,$\boldsymbol{\omega}=3t^3+8t^2-8t+7$.(华东纺织工学院,1982)

解 设有常数 $\alpha_1,\alpha_2,\alpha_3$ 使 $\alpha_1\boldsymbol{\mu}+\alpha_2\boldsymbol{\nu}+\alpha_3\boldsymbol{\omega}=\mathbf{0}$,将 $\boldsymbol{\mu},\boldsymbol{\nu},\boldsymbol{\omega}$ 的表达式代入,且比较等式两端 t 方幂的系数,可有

$$\begin{cases}\alpha_1+\alpha_2+3\alpha_3=0\\ 4\alpha_1+6\alpha_2+8\alpha_3=0\\ 2\alpha_1+\alpha_2+8\alpha_3=0\\ 3\alpha_1+4\alpha_2+7\alpha_3=0\end{cases}$$

即

$$\begin{pmatrix}1&1&3\\4&6&8\\2&1&8\\3&4&7\end{pmatrix}\begin{pmatrix}\alpha_1\\ \alpha_2\\ \alpha_3\end{pmatrix}=\begin{pmatrix}0\\0\\0\\0\end{pmatrix}$$

易知该方程组有无穷多组解,故至少有一组不全为 0 的解. 故 $\boldsymbol{\mu},\boldsymbol{\nu},\boldsymbol{\omega}$ 线性相关.

例 6 若 $t_1,t_2,\cdots,t_r$ 是 r 个非零互异实数,又 $r\leqslant n$. 试证:n 维向量组 $\boldsymbol{\alpha}_1=(t_1,t_1^2,\cdots,t_1^n)$,$\boldsymbol{\alpha}_2=(t_2,t_2^2,\cdots,t_2^n)$,$\cdots$,$\boldsymbol{\alpha}_r=(t_r,t_r^2,\cdots,t_r^n)$线性无关.(甘肃工业大学,1984)

证 (1)若 $r=n$,今考虑常数组 $k_i\ (i=1,2,\cdots,n)$ 使 $\sum\limits_{i=1}^{r}k_i\boldsymbol{\alpha}_i=\mathbf{0}$. 即对应方程组

$$\sum_{i=1}^{r}k_it_i^j=0\quad(j=1,2,\cdots,r)\qquad(*)$$

其系数行列式

$$\begin{vmatrix}t_1&t_2&\cdots&t_n\\ t_1^2&t_2^2&\cdots&t_n^2\\ \vdots&\vdots&&\vdots\\ t_1^n&t_2^n&\cdots&t_n^n\end{vmatrix}=\prod_{i=1}^{n}t_i\begin{vmatrix}1&1&\cdots&1\\ t_1&t_2&\cdots&t_n\\ \vdots&\vdots&&\vdots\\ t_2^{n-1}&t_2^{n-1}&\cdots&t_n^{n-1}\end{vmatrix}=\prod_{i=1}^{n}t_i\Big[\prod_{1\leqslant j<i\leqslant n}(t_i-t_j)\Big]\neq 0$$

故式(*)仅有 0 解 $k_i=0(i=1,2,\cdots,n)$,从而 $\boldsymbol{\alpha}_1,\boldsymbol{\alpha}_2,\cdots,\boldsymbol{\alpha}_n$ 线性无关.

(2)当 $1\leqslant r<n$ 时,可添加下面的向量($t_{r+1},t_{r+2},\cdots,t_n$ 非零,且与 $t_1\sim t_r$ 均互异)

$$\boldsymbol{\alpha}_{r+1}=(t_{r+1},t_{r+1}^2,\cdots,t_{r+1}^n),\quad \boldsymbol{\alpha}_{r+2}=(t_{r+2},t_{r+2}^2,\cdots,t_{r+2}^n),\quad \cdots,\quad \boldsymbol{\alpha}_n=(t_n,t_n^2,\cdots,t_n^n)$$

由 $t_i(i=1,2,\cdots,n)$互异且非零,由前面证明知 $\boldsymbol{\alpha}_1,\boldsymbol{\alpha}_2,\cdots,\boldsymbol{\alpha}_n$ 线性无关,而其部分向量组 $\boldsymbol{\alpha}_1,\boldsymbol{\alpha}_2,\cdots,\boldsymbol{\alpha}_r$ 也线性无关.

注　这里我们运用了范德蒙行列式的性质.前文已指出范德蒙行列式是一种重要的行列式,许多数学问题常与该行列式有关,它的展开式我们应当熟记.

另外与该行列式有关的问题可见后面的例子或习题.

例 7　设 $f_1(x),f_2(x),\cdots,f_n(x)$是 n 个在$[a,b]$上连续的函数,试证:$f_1(x),f_2(x),\cdots,f_n(x)$线性相关的充要条件是

$$\begin{vmatrix} \alpha_{11} & \alpha_{12} & \cdots & \alpha_{1n} \\ \alpha_{21} & \alpha_{22} & \cdots & \alpha_{2n} \\ \vdots & \vdots & & \vdots \\ \alpha_{n1} & \alpha_{n2} & \cdots & \alpha_{nn} \end{vmatrix}=0 \tag{*}$$

其中 $\alpha_{ij}=\int_a^b f_i(x)f_j(x)\mathrm{d}x(i,j=1,2,\cdots,n)$.(浙江大学,1984)

证　"⇒"若 $f_i(x)(i=1,2,\cdots,n)$是线性相关的,则存在不全为 0 的实数 $k_1,k_2,\cdots,k_n$ 使

$$\sum_{i=1}^n k_i f_i(x)=0,\quad x\in[a,b]$$

则对于 $1\leqslant j\leqslant n$,有$\int_a^b\left[\sum_{i=1}^n k_i f_i(x)\right]f_j(x)\mathrm{d}x=0$,即

$$\sum_{i=1}^n k_i\alpha_{ij}=0,\quad j=1,2,\cdots,n$$

上面关于 k_i 的线性齐次方程组有非零解,故其系数行列式 $|(\alpha_{ij})_{n\times n}|=0$.

"⇐"若行列式 $|(\alpha_{ij})_{n\times n}|=0$,则有不全为 0 的数 $k_1,k_2,\cdots,k_n$ 使

$$\sum_{i=1}^n k_i\alpha_{ij}=0,\quad j=1,2,\cdots,n$$

即
$$\sum_{i=1}^n k_i\int_a^b f_i(x)f_j(x)\mathrm{d}x=\int_a^b\left[\sum_{i=1}^n k_i f_i(x)\right]f_j(x)\mathrm{d}x=0,\quad j=1,2,\cdots,n$$

记
$$g(x)=\sum_{i=1}^n k_i f_i(x)=0$$

即有
$$\int_a^b g(x)f_i(x)\mathrm{d}x=0,\quad j=1,2,\cdots,n$$

(1) 若 $g(x)=0$,即$\sum_{i=1}^n k_i f_i(x)=0$,知 $f_1(x),f_2(x),\cdots,f_n(x)$ 线性相关;

(2)若$g(x)\neq 0$,设V是$f_1(x),f_2(x),\cdots,f_n(x)$的生成空间,如果$f_1(x),f_2(x),\cdots,f_n(x)$线性无关,则它们是 V 的一组基.

又 $g(x)$是V中的非零元素,且它与V的基中每一元素都正交,这是不可能的.故 $f_1(x),f_2(x),\cdots,f_n(x)$ 线性无关不妥.

综上,$f_1(x),f_2(x),\cdots,f_n(x)$ 线性相关.

注 1　充分性亦可证如:

因为$\int_a^b\left(\sum_{i=1}^n k_i f_i\right)f_j\mathrm{d}x=0$,故有$\sum_{i=1}^n k_i\int_a^b\left(\sum_{i=1}^n k_i f_i\right)f_k\mathrm{d}x=0$,因此$\int_a^b\left(\sum_{i=1}^n k_i f_i\right)^2\mathrm{d}x=0$,从而$\sum_{i=1}^n k_i f_i=0$.

注 2 下面命题显然是本例命题的特殊情形.

命题:证明向量组 $\boldsymbol{\alpha}_1,\boldsymbol{\alpha}_2,\cdots,\boldsymbol{\alpha}_n$ 为线性相关的充要条件是矩阵 $\boldsymbol{C}=(c_{ij})_{n\times n}$ 的行列式为零,其中 $c_{ij}=(\boldsymbol{\alpha}_i,\boldsymbol{\alpha}_j)$.(中国科技大学,1982;北京工业大学,1983;成都地质学院,1984)

2. 向量组的秩和向量的线性表出问题

向量组的秩通常可化为矩阵的秩来处理,但由于向量的特殊性(自身性质),有些问题可有其特殊解法.关于向量组的秩可有下面命题.

命题:对向量组(Ⅰ)、(Ⅱ)而言,若组(Ⅰ)←组(Ⅱ)(即组(Ⅰ)可由组(Ⅱ)线性表出),则 r(Ⅰ)≤r(Ⅱ);又若组(Ⅰ)~组(Ⅱ)("~"表示等价,即(Ⅰ)←(Ⅱ),且(Ⅱ)←(Ⅰ)),则 r(Ⅰ)=r(Ⅱ).

利用这个命题可以解许多关于向量组秩的问题.

例 1 设 $\boldsymbol{a}_1,\boldsymbol{a}_2,\cdots,\boldsymbol{a}_k$ 是一组 n 维向量,其秩为 r;又 $\boldsymbol{b}_1,\boldsymbol{b}_2,\cdots,\boldsymbol{b}_l$ 是另一组 n 维向量,其秩为 s,证明:向量组 $\{\boldsymbol{a}_i+\boldsymbol{b}_j\mid i=1,2,\cdots,k;j=1,2,\cdots,l\}$ 的秩不超过 $\min\{r+s,n\}$.(中国科技大学,1984)

证 若 $n\leqslant r+s$,则结论显然成立.

若 $n>r+s$,不失一般性,今设 $\boldsymbol{a}_1,\boldsymbol{a}_2,\cdots,\boldsymbol{a}_r$ 和 $\boldsymbol{b}_1,\boldsymbol{b}_2,\cdots,\boldsymbol{b}_s$ 分别为题设两组向量的极大线性无关组.则向量组 $\{\boldsymbol{a}_i+\boldsymbol{b}_j\mid i=1,2,\cdots,k;j=1,2,\cdots,l\}$ 中任意向量均可由下面 $r+s$ 个向量 $\boldsymbol{a}_1,\boldsymbol{a}_2,\cdots,\boldsymbol{a}_r,\boldsymbol{b}_1,\boldsymbol{b}_2,\cdots,\boldsymbol{b}_s$ 线性表出.

故向量组 $\{\boldsymbol{a}_i+\boldsymbol{b}_j\}$ 的秩不超过 $r+s=\min\{r+s,n\}$,即

$$\mathrm{r}\{\boldsymbol{a}_i+\boldsymbol{b}_j\}\leqslant\min\{r+s,n\}$$

注 1 我们想再强调一下:向量是矩阵的特例,而许多向量问题若化为矩阵问题考虑,则方便得多.比如本例可解如:设

$$\boldsymbol{A}=(\boldsymbol{a}_1+\boldsymbol{b}_1,\boldsymbol{a}_2+\boldsymbol{b}_2,\cdots,\boldsymbol{a}_k+\boldsymbol{b}_l,\boldsymbol{a}_1,\boldsymbol{a}_2,\cdots,\boldsymbol{a}_k,\boldsymbol{b}_1,\boldsymbol{b}_2,\cdots,\boldsymbol{b}_l)\xrightarrow{\text{经列初等变换}}(0,0,\cdots,0,\boldsymbol{a}_1,\boldsymbol{a}_2,\cdots,\boldsymbol{a}_k,\boldsymbol{b}_1,\boldsymbol{b}_2,\cdots,\boldsymbol{b}_l)$$

则
$$\mathrm{r}\{\boldsymbol{a}_i+\boldsymbol{b}_j\}\leqslant\mathrm{r}(\boldsymbol{A})\leqslant\min\{r+s,n\}$$

这里只需注意矩阵秩的性质即可.

注 2 此题亦为 1989 年全国硕士生招生数学(五)试题.

例 2 若 m 个 n 维向量 $\boldsymbol{\alpha}_1,\boldsymbol{\alpha}_2,\cdots,\boldsymbol{\alpha}_m$ 线性相关,且其中任意 $m-1$ 个向量皆线性无关.证明:这 m 个向量中任何一个向量皆可由其余 $m-1$ 个向量线性表出.(西北轻工业学院,1986)

证 由题设 $\boldsymbol{\alpha}_1,\boldsymbol{\alpha}_2,\cdots,\boldsymbol{\alpha}_m$ 线性相关,则有不全为 0 的实数 $k_1,k_2,\cdots,k_m$ 使

$$k_1\boldsymbol{\alpha}_1+k_2\boldsymbol{\alpha}_2+\cdots+k_m\boldsymbol{\alpha}_m=\boldsymbol{0}$$

下证 $k_1,k_2,\cdots,k_m$ 皆不为 0,若不然,设 $k_i=0$,则有

$$k_1\boldsymbol{\alpha}_1+k_2\boldsymbol{\alpha}_2+\cdots+k_{i-1}\boldsymbol{\alpha}_{i-1}+k_{i+1}\boldsymbol{\alpha}_{i+1}+\cdots+k_m\boldsymbol{\alpha}_m=\boldsymbol{0}$$

上述 $k_1,k_2,\cdots,k_{i-1},k_{i+1},\cdots,k_m$ 不全为 0,即说 $\boldsymbol{\alpha}_1,\boldsymbol{\alpha}_2,\cdots,\boldsymbol{\alpha}_{i-1},\boldsymbol{\alpha}_{i+1},\cdots,\boldsymbol{\alpha}_m$ 线性相关,与题设矛盾!这样

$$\boldsymbol{\alpha}_i=-\frac{k_1}{k_i}\boldsymbol{\alpha}_1-\frac{k_2}{k_i}\boldsymbol{\alpha}_2-\cdots-\frac{k_{i-1}}{k_i}\boldsymbol{\alpha}_{i-1}-\frac{k_{i+1}}{k_i}\boldsymbol{\alpha}_{i+1}-\cdots-\frac{k_m}{k_i}\boldsymbol{\alpha}_m$$

例 3 若向量组 $\boldsymbol{\alpha}_1,\boldsymbol{\alpha}_2,\cdots,\boldsymbol{\alpha}_r$ 线性无关,而向量组 $\boldsymbol{\alpha}_1,\boldsymbol{\alpha}_2,\cdots,\boldsymbol{\alpha}_r,\boldsymbol{\beta}$ 线性相关,则 $\boldsymbol{\beta}$ 必为 $\boldsymbol{\alpha}_1,\boldsymbol{\alpha}_2,\cdots,\boldsymbol{\alpha}_r$ 的线性组合,且其表示法唯一.(上海交通大学,1981)

证 由题设 $\boldsymbol{\alpha}_1,\boldsymbol{\alpha}_2,\cdots,\boldsymbol{\alpha}_r,\boldsymbol{\beta}$ 线性相关,故存在不全为 0 的数 $k_i(i=1,2,\cdots,r+1)$ 使

$$\sum_{i=1}^{r}k_i\boldsymbol{\alpha}_i+k_{r+1}\boldsymbol{\beta}=\boldsymbol{0}$$

若 $k_{r+1}=0$,则 $k_1,k_2,\cdots,k_r$ 不全为 0,而 $\sum\limits_{i=1}^{r}k_i\boldsymbol{\alpha}_i=\boldsymbol{0}$ 与设相抵!故 $k_{r+1}\neq 0$.于是

$$\boldsymbol{\beta}=\sum_{i=1}^{r}\left(-\frac{k_i}{k_{r+1}}\right)\boldsymbol{\alpha}_i=\sum_{i=1}^{r}l_i\boldsymbol{\alpha}_i \qquad ①$$

这里 $l_i=-\dfrac{k_i}{k_{r+1}}(i=1,2,\cdots,r)$.

下证表示法唯一性,若不然,今设另有数组 $m_i(i=1,2,\cdots,r)$ 使

$$\boldsymbol{\beta}=\sum_{i=1}^{r}m_i\boldsymbol{\alpha}_i \qquad ②$$

由式①-②有

$$\sum_{i=1}^{r}(l_i-m_i)\boldsymbol{\alpha}_i=\mathbf{0}$$

但 $\boldsymbol{\alpha}_1,\boldsymbol{\alpha}_2,\cdots,\boldsymbol{\alpha}_r$ 线性无关,故仅当 $l_i-m_i=0(i=1,2,\cdots,r)$时,上式为真.即 $m_i=l_i(i=1,2,\cdots,r)$,亦说 $\boldsymbol{\beta}$ 由 $\boldsymbol{\alpha}_1,\boldsymbol{\alpha}_2,\cdots,\boldsymbol{\alpha}_r$ 表示唯一.

注 关于 $\boldsymbol{\beta}$ 由 $\boldsymbol{\alpha}_1,\boldsymbol{\alpha}_2,\cdots,\boldsymbol{\alpha}_r$ 线性表出唯一性的问题中,$\boldsymbol{\alpha}_1,\boldsymbol{\alpha}_2,\cdots,\boldsymbol{\alpha}_r$ 线性无关是充要的,这可见下面的命题.

命题:若 $\boldsymbol{\beta}$ 可以用向量组 $\boldsymbol{\alpha}_1,\boldsymbol{\alpha}_2,\cdots,\boldsymbol{\alpha}_r$ 线性表出,试证表示法是唯一的充要条件是 $\boldsymbol{\alpha}_1,\boldsymbol{\alpha}_2,\cdots,\boldsymbol{\alpha}_r$ 线性无关.(哈尔滨工业大学,1984;新疆工学院,1985)

证:充分性已证,现证必要性,用反证法.

若 $\boldsymbol{\beta}$ 由 $\boldsymbol{\alpha}_1,\boldsymbol{\alpha}_2,\cdots,\boldsymbol{\alpha}_r$ 唯一线性表出,而 $\boldsymbol{\alpha}_1,\boldsymbol{\alpha}_2,\cdots,\boldsymbol{\alpha}_r$ 线性相关,则有不全为0的数 $k_i(i=1,2,\cdots,r)$ 和 $l_i(i=1,2,\cdots,r)$使

$$\sum_{i=1}^{r}k_i\boldsymbol{\alpha}_i=\mathbf{0}$$

又

$$\boldsymbol{\beta}=\sum_{i=1}^{r}l_i\boldsymbol{\alpha}_i$$

上两式相加有

$$\boldsymbol{\beta}+\mathbf{0}=\boldsymbol{\beta}=\sum_{i=1}^{r}(l_i+k_i)\boldsymbol{\alpha}_i$$

由 $k_i(i=1,2,\cdots,r)$不全为0,故 l_i 与 $l_i+k_i(i=1,2,\cdots,r)$不全相等,从而 $\boldsymbol{\beta}$ 由 $\boldsymbol{\alpha}_1,\boldsymbol{\alpha}_2,\cdots,\boldsymbol{\alpha}_r$ 有两种不同的线性表示,与题设唯一性矛盾!

上面 $\boldsymbol{\alpha}_1,\boldsymbol{\alpha}_2,\cdots,\boldsymbol{\alpha}_r$ 线性相关假设不真,故 $\boldsymbol{\alpha}_1,\boldsymbol{\alpha}_2,\cdots,\boldsymbol{\alpha}_r$ 线性无关.

例4 已知两向量组有相同的秩,且其中的一组可由另一组线性表出,试证这两个向量组等价.(北方交通大学,1984)

证 设两向量组分别为:(Ⅰ)$\boldsymbol{\alpha}_1,\boldsymbol{\alpha}_2,\cdots,\boldsymbol{\alpha}_s$;(Ⅱ)$\boldsymbol{\beta}_1,\boldsymbol{\beta}_2,\cdots,\boldsymbol{\beta}_t$.且它们的秩均为 r.又(Ⅰ)可由(Ⅱ)线性表出,故向量组(Ⅲ)$\boldsymbol{\alpha}_1,\boldsymbol{\alpha}_2,\cdots,\boldsymbol{\alpha}_s,\boldsymbol{\beta}_1,\boldsymbol{\beta}_2,\cdots,\boldsymbol{\beta}_t$ 与向量组(Ⅱ)等价,故其秩为 r.

又若 $\boldsymbol{\alpha}_{i1},\boldsymbol{\alpha}_{i2},\cdots,\boldsymbol{\alpha}_{is}$ 为(Ⅰ)的最大线性无关组,它也是(Ⅲ)的最大线性无关组.因而向量组(Ⅱ)亦可由最大(线性)无关组($\boldsymbol{\alpha}_{i1},\boldsymbol{\alpha}_{i2},\cdots,\boldsymbol{\alpha}_{is}$)线性表出,于是(Ⅱ)可由(Ⅰ)线性表出.

故向量组(Ⅰ)与(Ⅱ)等价.

注1 一般地,若$\{\boldsymbol{\alpha}_1,\boldsymbol{\alpha}_2,\cdots,\boldsymbol{\alpha}_s\}\leftarrow\{\boldsymbol{\beta}_1,\boldsymbol{\beta}_2,\cdots,\boldsymbol{\beta}_t\}$,即(Ⅰ)可由(Ⅱ)线性表出,则 r(Ⅰ)≤r(Ⅱ).用矩阵方法其可证如:考虑

$$\mathrm{r}\begin{pmatrix}\boldsymbol{\alpha}_1\\ \vdots\\ \boldsymbol{\alpha}_s\\ \boldsymbol{\beta}_1\\ \vdots\\ \boldsymbol{\beta}_t\end{pmatrix}=\mathrm{r}\begin{pmatrix}\boldsymbol{A}\\ \boldsymbol{B}\end{pmatrix}=\mathrm{r}\begin{pmatrix}\boldsymbol{O}\\ \boldsymbol{B}\end{pmatrix}=\mathrm{r}(\boldsymbol{B})$$

从而
$$\mathrm{r}(\boldsymbol{A})\leqslant\mathrm{r}\begin{pmatrix}\boldsymbol{A}\\\boldsymbol{B}\end{pmatrix}=\mathrm{r}(\boldsymbol{B})$$

注意到向量组(Ⅰ)可由组(Ⅱ)线性表出,即说矩阵 $\boldsymbol{A}$ 可通过行减 $\boldsymbol{B}$ 的初等变换化 $\boldsymbol{O}$.

注 2 前文我们已指出:某些向量秩问题化为矩阵秩讨论是方便的,这一点务请留心.关于矩阵的秩我们曾指出(结论几乎显然)

$$\mathrm{r}(\boldsymbol{A})-\mathrm{r}(\boldsymbol{B})\leqslant\mathrm{r}(\boldsymbol{A}+\boldsymbol{B})\leqslant\mathrm{r}\begin{pmatrix}\boldsymbol{A}+\boldsymbol{B}\\\boldsymbol{B}\end{pmatrix}=\mathrm{r}\begin{pmatrix}\boldsymbol{A}\\\boldsymbol{A}+\boldsymbol{B}\end{pmatrix}=\mathrm{r}\begin{pmatrix}\boldsymbol{A}\\\boldsymbol{B}\end{pmatrix}\leqslant\mathrm{r}(\boldsymbol{A})+\mathrm{r}(\boldsymbol{B})$$

3. 线性空间和线性变换

例 1 n 维向量空间 $\mathbf{R}^n$ 中向量 $\boldsymbol{\alpha}=(a_1,a_2,\cdots,a_n)$ 与 $\boldsymbol{\beta}=(b_1,b_2,\cdots,b_n)$ 正交的定义为 $(\boldsymbol{\alpha},\boldsymbol{\beta})=\sum_{i=1}^{n}a_ib_i=0$.今若 $\boldsymbol{\alpha}_1,\boldsymbol{\alpha}_2,\cdots,\boldsymbol{\alpha}_{n-1}$ 是 $\mathbf{R}^n$ 中 $n-1$ 个线性无关向量.又向量 $\boldsymbol{\beta}_1,\boldsymbol{\beta}_2$ 分别和 $\boldsymbol{\alpha}_1,\boldsymbol{\alpha}_2,\cdots,\boldsymbol{\alpha}_{n-1}$ 正交,则 $\boldsymbol{\beta}_1$ 和 $\boldsymbol{\beta}_2$ 线性相关.(武汉测绘学院,1984)

证 用反证法.今若不然,假设 $\boldsymbol{\beta}_1,\boldsymbol{\beta}_2$ 线性无关,将它们正交化.

令 $\boldsymbol{\beta}_1^*=\boldsymbol{\beta}_1,\boldsymbol{\beta}_2^*=\boldsymbol{\beta}_2-\dfrac{(\boldsymbol{\beta}_2,\boldsymbol{\beta}_1)}{(\boldsymbol{\beta}_1^*,\boldsymbol{\beta}_1)}\boldsymbol{\beta}_1$,则 $(\boldsymbol{\beta}_1^*,\boldsymbol{\beta}_2^*)=0$.

且易知 $\boldsymbol{\beta}_1^*,\boldsymbol{\beta}_2^*$ 分别与 $\boldsymbol{\alpha}_1,\boldsymbol{\alpha}_2,\cdots,\boldsymbol{\alpha}_{n-1}$ 正交.今证 $\boldsymbol{\alpha}_1,\boldsymbol{\alpha}_2,\cdots,\boldsymbol{\alpha}_{n-1},\boldsymbol{\beta}_1^*,\boldsymbol{\beta}_2^*$ 线性无关.

若
$$l_1\boldsymbol{\alpha}_1+l_2\boldsymbol{\alpha}_2+\cdots+l_{n-1}\boldsymbol{\alpha}_{n-1}+l_n\boldsymbol{\beta}_1^*+l_{n+1}\boldsymbol{\beta}_2^*=\boldsymbol{0}\tag{$*$}$$
用 $\boldsymbol{\beta}_1^*$ 与上式两端做内积,由正交性知 $l_n(\boldsymbol{\beta}_1^*,\boldsymbol{\beta}_1^*)=0$.

又 $(\boldsymbol{\beta}_1^*,\boldsymbol{\beta}_1^*)\neq0$,故 $l_n=0$.

同理用 $\boldsymbol{\beta}_0^*$ 与前式两端做内积可有 $l_{n-1}=0$,则式($*$)化为
$$l_1\boldsymbol{\alpha}_1+l_2\boldsymbol{\alpha}_2+\cdots+l_{n-1}\boldsymbol{\alpha}_{n-1}=\boldsymbol{0}$$

又由 $\boldsymbol{\alpha}_1,\boldsymbol{\alpha}_2,\cdots,\boldsymbol{\alpha}_{n-1}$ 线性无关知 $l_1=l_2=\cdots=l_{n-1}=0$,再 $l_n=l_{n+1}=0$,故知 $\boldsymbol{\alpha}_1,\boldsymbol{\alpha}_2,\cdots,\boldsymbol{\alpha}_{n-1},\boldsymbol{\beta}_1^*,\boldsymbol{\beta}_2^*$ 线性无关.

但 $n+1$ 个 n 维向量必线性相关,上面结论不真,此由 $\boldsymbol{\beta}_1,\boldsymbol{\beta}_2$ 线性无关的假设所至.故向量 $\boldsymbol{\beta}_1,\boldsymbol{\beta}_2$ 线性相关.

注 说到向量组正交问题我们想顺便讲一下概念的推广(前文曾有述)——向量 $\boldsymbol{G}$ 共轭问题.

若 $\boldsymbol{G}\in\mathbf{R}^{n\times n}$ 且为正定阵,又 $\boldsymbol{\alpha}_1,\boldsymbol{\alpha}_2,\cdots,\boldsymbol{\alpha}_m\in\mathbf{R}^n$,且 $\boldsymbol{\alpha}_i^{\mathrm{T}}\boldsymbol{G}\boldsymbol{\alpha}_j=0(i\neq j)$,则称 $\boldsymbol{\alpha}_1,\boldsymbol{\alpha}_2,\cdots,\boldsymbol{\alpha}_m$ 是 $\boldsymbol{G}$ 共轭的.

显然,当 $\boldsymbol{G}=\boldsymbol{I}$ 时,向量组共轭性等价于正交性.容易证明:

命题:若 $\boldsymbol{\alpha}_1,\boldsymbol{\alpha}_2,\cdots,\boldsymbol{\alpha}_m$ 是 $\boldsymbol{G}$ 共轭向量组,则它们必线性无关.

此外,对任意 $\mathbf{R}^n$ 中 n 个线性无关向量 $\boldsymbol{\beta}_1,\boldsymbol{\beta}_2,\cdots,\boldsymbol{\beta}_n$,下面变换生成的向量组是 $\boldsymbol{G}$ 共轭的
$$\boldsymbol{\alpha}_1=\boldsymbol{\beta}_1,\quad\boldsymbol{\alpha}_{k+1}=\boldsymbol{\beta}_{k+1}-\sum_{i=1}^{k}\frac{\boldsymbol{\beta}_{k+1}^{\mathrm{T}}\boldsymbol{G}\boldsymbol{\alpha}_i}{\boldsymbol{\alpha}_i^{\mathrm{T}}\boldsymbol{G}\boldsymbol{\alpha}_i}\boldsymbol{\alpha}_i\,(k=1,2,\cdots,n-1)$$

这个公式与施密特正交化过程类同.如有兴趣,读者不妨自行验证.

我们看看线性变换问题.

例 2 设 $\mathscr{T}$ 为 $\mathbf{R}^3\to\mathbf{R}^3$ 的线性变换,已知
$$\mathscr{T}(1,0,0)=(1,0,1),\quad\mathscr{T}(0,1,0)=(2,1,1),\quad\mathscr{T}(0,0,1)=(-1,1,-2)$$

(1)用矩阵 $\boldsymbol{A}$ 表示此变换 $\mathscr{T}(x_1,x_2,x_3)=(x_1,x_2,x_3)\boldsymbol{A}$;(2)设 $\mathscr{T}(\mathbf{R}^3)=U$,求 U 的一个基底;(3)求出使满足 $\mathscr{T}(\boldsymbol{x})=\boldsymbol{0}(\boldsymbol{x}\in\mathbf{R}^3)$ 的点 $\boldsymbol{x}$ 的全体.(浙江大学,1982)

解 (1)设 $\boldsymbol{e}_1=(1,0,0),\boldsymbol{e}_2=(0,1,0),\boldsymbol{e}_3=(0,0,1)$.由题设有
$$\mathscr{T}(\boldsymbol{e}_1)=\boldsymbol{e}_1+\boldsymbol{e}_3,\quad\mathscr{T}(\boldsymbol{e}_2)=2\boldsymbol{e}_1+\boldsymbol{e}_2+\boldsymbol{e}_3,\quad\mathscr{T}(\boldsymbol{e}_3)=-\boldsymbol{e}_1+\boldsymbol{e}_2-2\boldsymbol{e}_3$$

故 $A^{T}=\begin{pmatrix}1&0&1\\2&1&1\\-1&1&-2\end{pmatrix}$，或 $A=\begin{pmatrix}1&2&-1\\0&1&1\\1&1&2\end{pmatrix}$.

(2)因 e_1,e_2,e_3 是 $\mathbf{R}^3$ 的一组基，又 $|A|=0$，$r(A)=2$，且 $(1,0,1)$ 与 $(2,1,1)$ 线性无关，故 $(1,0,1)$ 与 $(2,1,1)$ 为 U 的一个基底.

实因 U 的任何一个向量 y 在 $\mathbf{R}^3$ 中均有原象

$$x=\alpha_1 x_1+\alpha_2 x_2+\alpha_3 x_3 \quad (\alpha_1,\alpha_2,\alpha_3 \text{ 为实数})$$

而 $y=\mathscr{T}(x)=\alpha_1\mathscr{T}(x_1)+\alpha_2\mathscr{T}(x_2)+\alpha_3\mathscr{T}(x_3)=\alpha_1 y_1+\alpha_2 y_2+\alpha_3 y_3$，注意到 $y_2=3y_1+y_3$，故 $y=(\alpha_1+3\alpha_2)y_1+(\alpha_2+\alpha_3)y_3$.

(3)设所求 $x=(x_1,x_2,x_3)^{T}$，则由 $\mathscr{T}(x)=\mathbf{0}$ 有

$$\begin{cases}x_1+2x_2-x_3=0\\ \quad\ \ x_2+x_3=0\\ x_1+x_2-2x_3=0\end{cases}$$

解得 $x=(x_1,x_2,x_3)^{T}=(3t,-t,t)^{T}$，其中 t 为任意实数.

注 (3)中满足 $\mathscr{T}(x)=\mathbf{0}$ 的全体 x 称为 $\mathscr{T}$ 的零空间.

例 3 设 $\mathscr{T}:\mathbf{R}^3\to\mathbf{R}^3$ 是定义在 $\mathbf{R}^3$ 上的线性变换，又 i,j,k 是 $\mathbf{R}^3$ 的一组基，$\mathscr{T}$ 使得

$$\mathscr{T}(k)=i+2j,\quad \mathscr{T}(j+k)=j+k,\quad \mathscr{T}(i+j+k)=i+j-k$$

(1)求变换 $\mathscr{T}$ 关于此组基所对应的矩阵；(2)求 $\mathscr{T}$ 的秩；(3)求 $\mathscr{T}$ 的零空间；(4)在 $\mathbf{R}^3$ 中另取一组基

$$e_1=2i+3j-2k,\quad e_2=i,\quad e_3=j-k$$

求变换 $\mathscr{T}$ 关于此组新基所对应的矩阵.(浙江大学，1981)

解 (1)由 $\mathscr{T}$ 是 $\mathbf{R}^3\to\mathbf{R}^3$ 的线性变换，故

$$\mathscr{T}(k)=i+2j$$
$$\mathscr{T}(j+k)=\mathscr{T}(j)+\mathscr{T}(k)=j+k$$
$$\mathscr{T}(i+j+k)=\mathscr{T}(i)+\mathscr{T}(j)+\mathscr{T}(k)=i+j-k$$

因此

$$\mathscr{T}(i)=i-2k,\quad \mathscr{T}(j)=-i-j+k,\quad \mathscr{T}(k)=i+2j$$

从而

$$\mathscr{T}(i,j,k)=(i,j,k)\begin{pmatrix}1&-1&1\\0&-1&2\\-2&1&0\end{pmatrix}$$

故 $\mathscr{T}$ 在基 i,j,k 下的矩阵为

$$A=\begin{pmatrix}1&-1&1\\0&-1&2\\-2&1&0\end{pmatrix}$$

(2)由线性变换 $\mathscr{T}$ 的秩即为 A 的秩，不难计算 $r(A)=2$，故 $\mathscr{T}$ 的秩为 2.

(3)设 $x=x_1 i+x_2 j+x_3 k\in\mathscr{T}^{-1}(\mathbf{0})$(即 $\mathscr{T}$ 的零空间)，由 $\mathscr{T}(x)=0$，有

$$Ax=0$$

由 $r(A)=2$，得基础解系 $x=(1,2,1)^{T}$，即 $x=i+2j+k$ 为 $\mathscr{T}^{-1}(\mathbf{0})$ 的基.

(4)由设有 $(e_1,e_2,e_3)=(i,j,k)\begin{pmatrix}2&1&0\\3&0&1\\-2&0&-1\end{pmatrix}$，在 $\mathbf{R}^3$ 中，由基 i,j,k 到基 e_1,e_2,e_3 的过渡矩阵为

$$X=\begin{pmatrix}3&1&0\\3&0&1\\-2&0&-1\end{pmatrix}$$

又
$$X^{-1}=\begin{pmatrix}0&1&1\\1&-2&-2\\0&-2&-3\end{pmatrix}$$

故 $\mathscr{T}$ 在新基 e_1,e_2,e_3 下的矩阵为

$$B=X^{-1}AX=\begin{pmatrix}-8&-2&-2\\13&5&2\\17&6&3\end{pmatrix}$$

再来看一个例子.

例 4 设 $\mathscr{T}$ 为 $\mathbf{R}^3\to\mathbf{R}^3$ 的线性变换,又 $\mathscr{T}$ 关于基 $\varepsilon_1,\varepsilon_2,\varepsilon_3$ 的矩阵为

$$A=\begin{pmatrix}\alpha_{11}&\alpha_{12}&\alpha_{13}\\\alpha_{21}&\alpha_{22}&\alpha_{23}\\\alpha_{31}&\alpha_{32}&\alpha_{33}\end{pmatrix}$$

(1)求 $\mathscr{T}$ 对于基 $\varepsilon_3,\varepsilon_2,\varepsilon_1$ 的矩阵;(2)求 $\mathscr{T}$ 对于基 $\varepsilon_1,k\varepsilon_2,\varepsilon_3$ 的矩阵;(3)求 $\mathscr{T}$ 对于基 $\varepsilon_1+\varepsilon_2,\varepsilon_2,\varepsilon_3$ 的矩阵.(北京工学院,1984)

解 (1)由
$$(\varepsilon_3,\varepsilon_2,\varepsilon_1)=(\varepsilon_1,\varepsilon_2,\varepsilon_3)\begin{pmatrix}0&0&1\\0&1&0\\1&0&0\end{pmatrix}$$

可知所求过渡阵

$$C_1=\begin{pmatrix}0&0&1\\0&1&0\\1&0&0\end{pmatrix}\Rightarrow C_1^{-1}=\begin{pmatrix}0&0&1\\0&1&0\\1&0&0\end{pmatrix}$$

故 $\mathscr{T}$ 对 $\varepsilon_3,\varepsilon_2,\varepsilon_1$ 的矩阵

$$B_1=C_1^{-1}AC_1=\begin{pmatrix}\alpha_{33}&\alpha_{32}&\alpha_{31}\\\alpha_{23}&\alpha_{22}&\alpha_{21}\\\alpha_{13}&\alpha_{12}&\alpha_{11}\end{pmatrix}$$

(2)由
$$(\varepsilon_1,k\varepsilon_2,\varepsilon_3)=(\varepsilon_1,\varepsilon_2,\varepsilon_3)\begin{pmatrix}1&0&0\\0&k&0\\0&0&1\end{pmatrix}$$

可求得过渡阵

$$C_2=\begin{pmatrix}1&0&0\\0&k&0\\0&0&1\end{pmatrix}\Rightarrow C_2^{-1}=\begin{pmatrix}1&0&0\\0&\frac{1}{k}&0\\0&0&1\end{pmatrix}$$

则 $\mathscr{T}$ 对 $\varepsilon_1,k\varepsilon_2,\varepsilon_3$ 的矩阵

$$B_2=C_2^{-1}AC_2=\begin{pmatrix}\alpha_{11}&k\alpha_{12}&\alpha_{13}\\\frac{\alpha_{21}}{k}&\alpha_{22}&\frac{\alpha_{23}}{k}\\\alpha_{31}&\alpha_{32}&\alpha_{33}\end{pmatrix}$$

(3)由
$$(\varepsilon_1+\varepsilon_2,\varepsilon_2,\varepsilon_3)=(\varepsilon_1,\varepsilon_2,\varepsilon_3)\begin{pmatrix}1&0&0\\1&1&0\\0&0&1\end{pmatrix}$$

可求得过渡阵

$$C_3=\begin{pmatrix}1&0&0\\1&1&0\\0&0&1\end{pmatrix}\Rightarrow C_3^{-1}=\begin{pmatrix}1&0&0\\-1&1&0\\0&0&1\end{pmatrix}$$

则$\mathscr{T}$对$\boldsymbol{\varepsilon}_1+\boldsymbol{\varepsilon}_2,\boldsymbol{\varepsilon}_2,\boldsymbol{\varepsilon}_3$的矩阵

$$B_3=C_3^{-1}AC_3=\begin{pmatrix}\alpha_{11}+\alpha_{12}&\alpha_{12}&\alpha_{13}\\\alpha_{21}+\alpha_{22}-\alpha_{11}-\alpha_{12}&\alpha_{22}-\alpha_{12}&\alpha_{23}-\alpha_{13}\\\alpha_{31}+\alpha_{32}&\alpha_{32}&\alpha_{33}\end{pmatrix}$$

例5 若向量组$\boldsymbol{\alpha}_1,\boldsymbol{\alpha}_2,\cdots,\boldsymbol{\alpha}_n$是$n$维向量空间$V$的一组基,证明:向量组$\boldsymbol{\alpha}_1+\boldsymbol{\alpha}_2,\boldsymbol{\alpha}_1+\boldsymbol{\alpha}_2+\boldsymbol{\alpha}_3,\cdots,\boldsymbol{\alpha}_1+\boldsymbol{\alpha}_2+\cdots+\boldsymbol{\alpha}_n$仍是$V$的一组基.又若向量$\boldsymbol{\alpha}$关于前组基$\boldsymbol{\alpha}_1,\boldsymbol{\alpha}_2,\cdots,\boldsymbol{\alpha}_n$的坐标是$(n,n-1,\cdots,2,1)$,求$\boldsymbol{\alpha}$关于后组基的坐标.(中国科技大学,1981)

解 令$\boldsymbol{\beta}_1=\boldsymbol{\alpha}_1,\boldsymbol{\beta}_2=\boldsymbol{\alpha}_1+\boldsymbol{\alpha}_2,\cdots,\boldsymbol{\beta}_n=\boldsymbol{\alpha}_1+\boldsymbol{\alpha}_2+\cdots+\boldsymbol{\alpha}_n$.

由$\sum\limits_{i=1}^{n}k_i\boldsymbol{\alpha}_i=\mathbf{0}$($k_i$为常数,$i=1,2,\cdots,n$),有

$$(k_1+k_2+\cdots+k_n)\boldsymbol{\alpha}_1+(k_2+k_3+\cdots+k_n)\boldsymbol{\alpha}_2+\cdots+k_n\boldsymbol{\alpha}_n=\mathbf{0}$$

由$\boldsymbol{\alpha}_1,\boldsymbol{\alpha}_2,\cdots,\boldsymbol{\alpha}_n$为基,则它们线性无关,必有

$$\begin{cases}k_1+k_2+\cdots+k_n=0\\ \qquad k_2+\cdots+k_n=0\\ \qquad\qquad\vdots\\ \qquad\qquad k_n=0\end{cases}$$

即$k_1=k_2=\cdots=k_n=0$,因而$\boldsymbol{\beta}_1,\boldsymbol{\beta}_2,\cdots,\boldsymbol{\beta}_n$线性无关,故它们可以为$n$维线性空间$V$的一组基.

又由旧基到新基的过渡矩阵为

$$C=\begin{pmatrix}1&1&\cdots&1&1\\&1&\cdots&1&1\\&&\ddots&\vdots&\vdots\\&&&1&1\\&&&&1\end{pmatrix}\Rightarrow C^{-1}=\begin{pmatrix}1&-1&&&\\&1&-1&&\\&&\ddots&\ddots&\\&&&1&-1\\&&&&1\end{pmatrix}$$

故向量$\boldsymbol{\alpha}$关于基$\boldsymbol{\beta}_1,\boldsymbol{\beta}_2,\cdots,\boldsymbol{\beta}_n$的坐标为

$$C^{-1}(n,n-1,\cdots,1)^{\mathrm{T}}=(1,1,\cdots,1)^{\mathrm{T}}$$

由于矩阵在加法与数乘运算下构成线性空间,因而它同样也有线性变换的问题,请看下面的例子.

例6 已知线性变换$\mathscr{T}$在基

$$I=\begin{pmatrix}1&0\\0&1\end{pmatrix},\quad \boldsymbol{\sigma}_x=\begin{pmatrix}0&1\\1&0\end{pmatrix},\quad \boldsymbol{\sigma}_y=\begin{pmatrix}0&-\mathrm{i}\\\mathrm{i}&0\end{pmatrix},\quad \boldsymbol{\sigma}_z=\begin{pmatrix}1&0\\0&-1\end{pmatrix}$$

下的矩阵为

$$F=\begin{pmatrix}&&&1\\&&1&\\&1&&\\1&&&\end{pmatrix}$$

求它在基

$$e_{11}=\begin{pmatrix}1&0\\0&0\end{pmatrix},\quad e_{12}=\begin{pmatrix}0&1\\0&0\end{pmatrix},\quad e_{21}=\begin{pmatrix}0&0\\1&0\end{pmatrix},\quad e_{22}=\begin{pmatrix}0&0\\0&1\end{pmatrix}$$

上的矩阵表示.(安徽大学,1982)

解 先求出新基$e_{11},e_{12},e_{21},e_{22}$在旧基$I,\boldsymbol{\sigma}_x,\boldsymbol{\sigma}_y,\boldsymbol{\sigma}_z$下的坐标.设

$$e_{11}=\begin{pmatrix}1&0\\0&0\end{pmatrix}=k_1\boldsymbol{I}+k_2\boldsymbol{\sigma}_x+k_3\boldsymbol{\sigma}_y+k_4\boldsymbol{\sigma}_z$$

$$=k_1\begin{pmatrix}1&0\\0&1\end{pmatrix}+k_2\begin{pmatrix}0&1\\1&0\end{pmatrix}+k_3\begin{pmatrix}0&-\mathrm{i}\\\mathrm{i}&0\end{pmatrix}+k_4\begin{pmatrix}1&0\\0&-1\end{pmatrix}$$

得线性方程组
$$\begin{cases}k_1\quad\quad+k_4=1\\k_2-\mathrm{i}k_3\quad=0\\k_2+\mathrm{i}k_3\quad=0\\k_1\quad\quad-k_4=0\end{cases}$$

解得
$$k_1=k_4=\frac{1}{2},\quad k_2=k_3=0$$

故
$$e_{11}=\frac{1}{2}\boldsymbol{I}+\frac{1}{2}\boldsymbol{\sigma}_z$$

同理
$$e_{12}=\frac{1}{2}(\boldsymbol{\sigma}_x+\boldsymbol{\sigma}_y),\quad e_{21}=\frac{1}{2}(\boldsymbol{\sigma}_x-\boldsymbol{\sigma}_y),\quad e_{22}=\frac{1}{2}(\boldsymbol{I}-\boldsymbol{\sigma}_z)$$

综上
$$(e_{11},e_{12},e_{21},e_{22})=(\boldsymbol{I},\boldsymbol{\sigma}_x,\boldsymbol{\sigma}_y,\boldsymbol{\sigma}_z)\cdot\frac{1}{2}\begin{pmatrix}1&0&0&1\\0&1&1&0\\0&\mathrm{i}&-\mathrm{i}&0\\1&0&0&-1\end{pmatrix}=(\boldsymbol{I},\boldsymbol{\sigma}_x,\boldsymbol{\sigma}_y,\boldsymbol{\sigma}_z)\boldsymbol{P}$$

由
$$\boldsymbol{P}=\frac{1}{2}\begin{pmatrix}1&0&0&1\\0&1&1&0\\0&\mathrm{i}&-\mathrm{i}&0\\1&0&0&-1\end{pmatrix}\Rightarrow\boldsymbol{P}^{-1}=\begin{pmatrix}1&0&0&1\\0&1&-\mathrm{i}&0\\0&1&\mathrm{i}&0\\1&0&0&-1\end{pmatrix}$$

则线性变换 $\mathscr{F}$ 在 $e_{11},e_{12},e_{21},e_{22}$ 下的矩阵

$$\boldsymbol{B}=\boldsymbol{P}^{-1}\boldsymbol{F}\boldsymbol{P}=\begin{pmatrix}1&0&0&0\\0&0&-\mathrm{i}&0\\0&\mathrm{i}&0&0\\0&0&0&-1\end{pmatrix}$$

例 7 已知 V 是所有二阶方阵 $\begin{pmatrix}a_{11}&a_{12}\\a_{21}&a_{22}\end{pmatrix}$(其中 a_{ij} 为实数,$i,j=1,2$)的集合,对矩阵加法和数乘矩阵构成实数域上的线性空间.

(1)证明 $e_1=\begin{pmatrix}1&0\\0&0\end{pmatrix},e_2=\begin{pmatrix}0&1\\0&0\end{pmatrix},e_3=\begin{pmatrix}0&0\\1&0\end{pmatrix},e_4=\begin{pmatrix}0&0\\0&1\end{pmatrix}$ 是 V 的一组基底;

(2)证明 V 中的变换 $\mathscr{L}:\mathscr{L}(\boldsymbol{A})=\boldsymbol{A}^{\mathrm{T}}(\boldsymbol{A}\in V)$ 是 V 的线性变换,且求 $\mathscr{L}$ 的特征值与特征向量.

(华东工程学院,1981)

证 (1)若 $k_1e_1+k_2e_2+k_3e_3+k_4e_4=0$,即

$$k_1\begin{pmatrix}1&0\\0&0\end{pmatrix}+k_2\begin{pmatrix}0&1\\0&0\end{pmatrix}+k_3\begin{pmatrix}0&0\\1&0\end{pmatrix}+k_4\begin{pmatrix}0&0\\0&1\end{pmatrix}=\begin{pmatrix}k_1&k_2\\k_3&k_4\end{pmatrix}=\begin{pmatrix}0&0\\0&0\end{pmatrix}$$

可有 $k_1=k_2=k_3=k_4=0$,此即说 e_1,e_2,e_3,e_4 线性无关.

又对任何 $\boldsymbol{A}=\begin{pmatrix}a_{11}&a_{12}\\a_{13}&a_{14}\end{pmatrix}\in V$,有 $\boldsymbol{A}$ 均可由 e_1,e_2,e_3,e_4 线性表出

$$\boldsymbol{A}=a_{11}e_1+a_{12}e_2+a_{13}e_3+a_{14}e_4$$

故 e_1,e_2,e_3,e_4 为 V 的一组基.

(2)任取 $\boldsymbol{A},\boldsymbol{B}\in V$,由题设 $\mathscr{L}(\boldsymbol{A})=\boldsymbol{A}^{\mathrm{T}},\mathscr{L}(\boldsymbol{B})=\boldsymbol{B}^{\mathrm{T}}$. 从而

$$\mathscr{L}(\boldsymbol{A}+\boldsymbol{B})=(\boldsymbol{A}+\boldsymbol{B})^{\mathrm{T}}=\boldsymbol{A}^{\mathrm{T}}+\boldsymbol{B}^{\mathrm{T}}=\mathscr{L}(\boldsymbol{A})+\mathscr{L}(\boldsymbol{B})$$

且

$$\mathscr{L}(k\boldsymbol{A})=(k\boldsymbol{A})^{\mathrm{T}}=k\boldsymbol{A}^{\mathrm{T}}=k\mathscr{L}(\boldsymbol{A})\quad (k\text{ 为实数})$$

故 $\mathscr{L}$ 是 V 上的线性变换. 注意到 $\boldsymbol{e}_1^{\mathrm{T}}=\boldsymbol{e}_1,\boldsymbol{e}_2^{\mathrm{T}}=\boldsymbol{e}_3,\boldsymbol{e}_3^{\mathrm{T}}=\boldsymbol{e}_2,\boldsymbol{e}_4^{\mathrm{T}}=\boldsymbol{e}_4$,则

$$\mathscr{L}(\boldsymbol{e}_1,\boldsymbol{e}_2,\boldsymbol{e}_3,\boldsymbol{e}_4)=(\mathscr{L}(\boldsymbol{e}_1),\mathscr{L}(\boldsymbol{e}_2),\mathscr{L}(\boldsymbol{e}_3),\mathscr{L}(\boldsymbol{e}_4))=(\boldsymbol{e}_1^{\mathrm{T}},\boldsymbol{e}_2^{\mathrm{T}},\boldsymbol{e}_3^{\mathrm{T}},\boldsymbol{e}_4^{\mathrm{T}})$$

$$=(\boldsymbol{e}_1,\boldsymbol{e}_3,\boldsymbol{e}_2,\boldsymbol{e}_4)=(\boldsymbol{e}_1,\boldsymbol{e}_2,\boldsymbol{e}_3,\boldsymbol{e}_4)\begin{pmatrix}1&0&0&0\\0&0&1&0\\0&1&0&0\\0&0&0&1\end{pmatrix}$$

故 $\mathscr{L}$ 在 $\boldsymbol{e}_1,\boldsymbol{e}_2,\boldsymbol{e}_3,\boldsymbol{e}_4$ 下的矩阵

$$\boldsymbol{D}=\begin{pmatrix}1&0&0&0\\0&0&1&0\\0&1&0&0\\0&0&0&1\end{pmatrix}$$

由此,$\mathscr{L}$ 的特征问题即为矩阵 $\boldsymbol{D}$ 的特征问题.

又 $\boldsymbol{D}$ 的特征多项式 $f(x)=|\boldsymbol{D}-\lambda\boldsymbol{I}|=(1-\lambda)^3(\lambda+1)$,则 $\boldsymbol{D}$ 的特征值为 $\lambda_1=\lambda_2=\lambda_3=1,\lambda_4=-1$.

由 $(\boldsymbol{D}-\lambda_i\boldsymbol{I})\boldsymbol{x}=\boldsymbol{0}(i=1,2,3,4)$,可解得相应于 $\lambda_i(i=1,2,3,4)$ 的特征向量分别为

$$\boldsymbol{a}_1=\boldsymbol{e}_1,\quad \boldsymbol{a}_2=\boldsymbol{e}_4,\quad \boldsymbol{a}_3=\boldsymbol{e}_2+\boldsymbol{e}_3,\quad \boldsymbol{a}_4=\boldsymbol{e}_2-\boldsymbol{e}_3$$

下面是一个稍微复杂些的例子,它涉及分析的内容.

例 8 在多项式域 $P[x]_n$ 中 $(n>1)$ 求微分变换 $\mathrm{D}f(x)=f'(x)$ 的特征多项式,且证明 D 在任何一组基下的矩阵都不能是对角阵.($P[x]$ 表示数域 P 上次数小于 n 的 x 的多项式全体及零构成的线性空间)(华东师范大学,1984)

解 在空间 $P[x]_n$ 中,微分变换 $\mathrm{D}f(x)=f'(x)$ 在基

$$1,x,\frac{x^2}{2!},\cdots,\frac{x^{n-1}}{(n-1)!}$$

下的矩阵(注意到 $\left[\frac{x^{k-1}}{(k-1)!}\right]'=\frac{x^{k-2}}{(k-2)!}$ 的事实)

$$\boldsymbol{M}=\begin{pmatrix}0&1&&&\\&0&1&&\\&&\ddots&\ddots&\\&&&0&1\\&&&&0\end{pmatrix}$$

故

$$|\lambda\boldsymbol{I}-\boldsymbol{M}|=\begin{vmatrix}\lambda&-1&&&\\&\lambda&-1&&\\&&\ddots&\ddots&\\&&&\lambda&-1\\&&&&\lambda\end{vmatrix}=\lambda^n$$

知 $\boldsymbol{M}$ 仅有特征值 $\lambda=0$. 又将 $\lambda=0$ 代入 $(\lambda\boldsymbol{I}-\boldsymbol{M})\boldsymbol{x}=\boldsymbol{0}$,有

$$(0\cdot\boldsymbol{I}-\boldsymbol{M})\begin{pmatrix}x_1\\x_2\\\vdots\\x_n\end{pmatrix}=-\boldsymbol{M}\begin{pmatrix}x_1\\x_2\\\vdots\\x_n\end{pmatrix}=\boldsymbol{0}$$

其基础解系为(1,0,…,0),即属于$\lambda=0$的特征向量只有一个.

故由$\dim P[x]_n=n>1$,知D在任意基底下的矩阵均不能是对角阵,这里$\dim P[x]_n$表示多项式域$P[x]_n$的维数.

1987～2012年部分

(一)填空题

1. 向量组的秩

题1 (1990①)已知向量组$\boldsymbol{\alpha}_1=(1,2,3,4)$,$\boldsymbol{\alpha}_2=(2,3,4,5)$,$\boldsymbol{\alpha}_3=(3,4,5,6)$,$\boldsymbol{\alpha}_4=(4,5,6,7)$,则该向量组的秩是________.

解 向量组的秩化为矩阵处理是方便的.令$\boldsymbol{A}=(\boldsymbol{\alpha}_1^{\mathrm{T}},\boldsymbol{\alpha}_2^{\mathrm{T}},\boldsymbol{\alpha}_3^{\mathrm{T}},\boldsymbol{\alpha}_4^{\mathrm{T}})$,并对$\boldsymbol{A}$施以行初等变换

$$\boldsymbol{A}=\begin{pmatrix}1&2&3&4\\2&3&4&5\\3&4&5&6\\4&5&6&7\end{pmatrix}\to\begin{pmatrix}1&2&3&4\\0&-1&-2&-3\\0&-2&-4&-6\\0&-3&-6&-9\end{pmatrix}\to\begin{pmatrix}1&2&3&4\\0&-1&-2&-3\\0&0&0&0\\0&0&0&0\end{pmatrix}$$

由最后一个矩阵知$\boldsymbol{A}$的秩为$\mathrm{r}(\boldsymbol{A})=2$,即向量组$\boldsymbol{\alpha}_1,\boldsymbol{\alpha}_2,\boldsymbol{\alpha}_3,\boldsymbol{\alpha}_4$的秩为2.

题2 (1997②)已知向量组$\boldsymbol{\alpha}_1=(1,2,-1,1)$,$\boldsymbol{\alpha}_2=(2,0,t,0)$,$\boldsymbol{\alpha}_3=(0,-4,5,-2)$的秩为2,则$t=$________.

解 由矩阵$\boldsymbol{A}=\begin{pmatrix}\boldsymbol{\alpha}_1\\\boldsymbol{\alpha}_2\\\boldsymbol{\alpha}_3\end{pmatrix}=\begin{pmatrix}1&2&-1&1\\2&0&t&0\\0&-4&5&-2\end{pmatrix}$的一个2阶子式的行列式$D=\begin{vmatrix}1&2\\2&0\end{vmatrix}\neq0$,又含$D$的$\boldsymbol{A}$的3阶子式的行列式$\begin{vmatrix}1&2&-1\\2&0&t\\0&-4&5\end{vmatrix}=0$,可得$4t-12=0$,由此解得$t=3$.

2. 向量组的线性相关与无关

题1 (2002③)设3阶矩阵$\boldsymbol{A}=\begin{pmatrix}1&2&-2\\2&1&2\\3&0&4\end{pmatrix}$,3维列向量$\boldsymbol{\alpha}=(a,1,1)^{\mathrm{T}}$.已知$\boldsymbol{A\alpha}$与$\boldsymbol{\alpha}$线性相关,则$a=$________.

解 由$\boldsymbol{A\alpha}=\begin{pmatrix}1&2&-2\\2&1&2\\3&0&4\end{pmatrix}\begin{pmatrix}a\\1\\1\end{pmatrix}=\begin{pmatrix}a\\2a+3\\3a+4\end{pmatrix}$与$\boldsymbol{\alpha}=\begin{pmatrix}a\\1\\1\end{pmatrix}$线性相关$\Longleftrightarrow$其相应分量成比例,即

$$\frac{a}{a}=\frac{2a+3}{1}=\frac{3a+4}{1}$$

解得$a=-1$.

题2 (2002④)设向量组$\boldsymbol{\alpha}_1=(a,0,c)$,$\boldsymbol{\alpha}_2=(b,c,0)$,$\boldsymbol{\alpha}_3=(0,a,b)$线性无关,则$a,b,c$必满足关系式________.

解 注意到$\det(\boldsymbol{\alpha}_1^{\mathrm{T}},\boldsymbol{\alpha}_2^{\mathrm{T}},\boldsymbol{\alpha}_3^{\mathrm{T}})=\begin{vmatrix}a&b&0\\0&c&a\\c&0&b\end{vmatrix}=2abc$,由题设$\boldsymbol{\alpha}_1,\boldsymbol{\alpha}_2,\boldsymbol{\alpha}_3$线性无关,故$abc\neq0$.

3. 向量空间

这类问题常涉及基底、坐标、过渡矩阵等.

题1 (1987①)已知3维线性空间的一组基底为$\boldsymbol{\alpha}_1=(1,1,0)$,$\boldsymbol{\alpha}_2=(1,0,1)$,$\boldsymbol{\alpha}_3=(0,1,1)$,则向量$\boldsymbol{u}=(2,0,0)$在上述基底下的坐标是________.

解 设所求坐标为(u_1,u_2,u_3),则有$\boldsymbol{u}=u_1\boldsymbol{\alpha}_1+u_2\boldsymbol{\alpha}_2+u_3\boldsymbol{\alpha}_3$,即

$$\begin{cases}u_1+u_2\qquad=2 & ①\\ u_1\qquad+u_3=0 & ②\\ \qquad u_2+u_3=0 & ③\end{cases}$$

式②-③,得$u_1=u_2$,再由式①,②,解得$u_1=u_2=1,u_3=-1$.

故所求基底下,向量$\boldsymbol{u}$的坐标是$(1,1,-1)$.

题2 (2003①)从$\mathbf{R}^2$的基$\boldsymbol{\alpha}_1=\begin{pmatrix}1\\0\end{pmatrix}$,$\boldsymbol{\alpha}_2=\begin{pmatrix}1\\-1\end{pmatrix}$到基$\boldsymbol{\beta}_1=\begin{pmatrix}1\\1\end{pmatrix}$,$\boldsymbol{\beta}_2=\begin{pmatrix}1\\2\end{pmatrix}$的过渡矩阵为________.

解 在n维向量空间$\mathbf{R}^n$中,从基$\boldsymbol{\alpha}_1,\boldsymbol{\alpha}_2,\cdots,\boldsymbol{\alpha}_n$到基$\boldsymbol{\beta}_1,\boldsymbol{\beta}_2,\cdots,\boldsymbol{\beta}_n$的过渡矩阵$\boldsymbol{P}$满足$(\boldsymbol{\beta}_1,\boldsymbol{\beta}_2,\cdots,\boldsymbol{\beta}_n)=(\boldsymbol{\alpha}_1,\boldsymbol{\alpha}_2,\cdots,\boldsymbol{\alpha}_n)\boldsymbol{P}$,因此过渡矩阵$\boldsymbol{P}$为

$$\boldsymbol{P}=(\boldsymbol{\alpha}_1,\boldsymbol{\alpha}_2,\cdots,\boldsymbol{\alpha}_n)^{-1}(\boldsymbol{\beta}_1,\boldsymbol{\beta}_2,\cdots,\boldsymbol{\beta}_n)$$

则从$\mathbf{R}^2$的基$\boldsymbol{\alpha}_1=\begin{pmatrix}1\\0\end{pmatrix}$,$\boldsymbol{\alpha}_2=\begin{pmatrix}1\\-1\end{pmatrix}$到基$\boldsymbol{\beta}_1=\begin{pmatrix}1\\1\end{pmatrix}$,$\boldsymbol{\beta}_2=\begin{pmatrix}1\\2\end{pmatrix}$的过渡矩阵为

$$\boldsymbol{P}=(\boldsymbol{\alpha}_1,\boldsymbol{\alpha}_2)^{-1}(\boldsymbol{\beta}_1,\boldsymbol{\beta}_2)=\begin{pmatrix}1&1\\0&-1\end{pmatrix}^{-1}\begin{pmatrix}1&1\\1&2\end{pmatrix}=\begin{pmatrix}1&1\\0&-1\end{pmatrix}\begin{pmatrix}1&1\\1&2\end{pmatrix}=\begin{pmatrix}2&3\\-1&-2\end{pmatrix}$$

(二)选择题

1. 向量组的线性相关与无关

题1 (1988①)n维向量组$\boldsymbol{\alpha}_1,\boldsymbol{\alpha}_2,\cdots,\boldsymbol{\alpha}_s(3\leqslant s\leqslant n)$线性无关的充分必要条件是 ( )

(A)$\boldsymbol{\alpha}_1,\boldsymbol{\alpha}_2,\cdots,\boldsymbol{\alpha}_s$中任意两个向量都线性无关

(B)$\boldsymbol{\alpha}_1,\boldsymbol{\alpha}_2,\cdots,\boldsymbol{\alpha}_s$中存在一个向量,它不能用其余向量线性表出

(C)$\boldsymbol{\alpha}_1,\boldsymbol{\alpha}_2,\cdots,\boldsymbol{\alpha}_s$中存在一个向量,它能用其余向量线性表出

(D)$\boldsymbol{\alpha}_1,\boldsymbol{\alpha}_2,\cdots,\boldsymbol{\alpha}_s$中任意一个向量都不能用其余向量线性表出

解 因为命题"$\boldsymbol{\alpha}_1,\boldsymbol{\alpha}_2,\cdots,\boldsymbol{\alpha}_s$线性相关的充要条件是至少存在一个向量可以用其余向量线性表出"的逆否命题(它与原命题同真同假)是"$\boldsymbol{\alpha}_1,\boldsymbol{\alpha}_2,\cdots,\boldsymbol{\alpha}_s$线性无关的充要条件是$\boldsymbol{\alpha}_1,\boldsymbol{\alpha}_2,\cdots,\boldsymbol{\alpha}_s$中任意一个向量都不能用其余向量线性表出",所以(D)是向量组线性无关的条件.

故选(D).

题2 (1987③④)假设$\boldsymbol{A}$是n阶方阵,其秩$\mathrm{r}(\boldsymbol{A})=r<n$,那么$\boldsymbol{A}$的$n$个行向量中 ( )

(A)必有r个行向量线性无关

(B)任意r个行向量线性无关

(C)任意r个行向量都构成最大线性无关向量组

(D)任何一个行向量都可以由其他r个行向量线性表出

解 由矩阵秩的定义,$\boldsymbol{A}$的n个行向量构成的向量组的秩也为r,则必存在(但非任意)r个线性无关的行向量.

故选(A).

题3 (1990③④)向量组$\boldsymbol{\alpha}_1,\boldsymbol{\alpha}_2,\cdots,\boldsymbol{\alpha}_s$线性无关的充分条件是 ( )

(A)$\boldsymbol{\alpha}_1,\boldsymbol{\alpha}_2,\cdots,\boldsymbol{\alpha}_s$均不为零向量

(B)$\boldsymbol{\alpha}_1,\boldsymbol{\alpha}_2,\cdots,\boldsymbol{\alpha}_s$中任意两个向量的分量成正比例

(C)$\boldsymbol{\alpha}_1,\boldsymbol{\alpha}_2,\cdots,\boldsymbol{\alpha}_s$中任意一个向量均不能由其余$s-1$个向量线性表示

(D)$\boldsymbol{\alpha}_1,\boldsymbol{\alpha}_2,\cdots,\boldsymbol{\alpha}_s$ 中有一部分向量线性无关

解 (用逆推法)考虑选项(C).(用反证法证其真)

若 $\boldsymbol{\alpha}_1,\boldsymbol{\alpha}_2,\cdots,\boldsymbol{\alpha}_s$ 中任意向量均不能由其余$s-1$个向量线性表出,今假设 $\boldsymbol{\alpha}_1,\boldsymbol{\alpha}_2,\cdots,\boldsymbol{\alpha}_s$ 线性相关,这样在 $\boldsymbol{\alpha}_1,\boldsymbol{\alpha}_2,\cdots,\boldsymbol{\alpha}_s$ 中至少有一个向量可由其余 $s-1$ 个向量线性表示.而这与(C)的前提矛盾.因而前设不真,从而(C)正确.故选(C).

注 1 顺便指出,其余 3 个选项不正确的原因分别是:

取 $\boldsymbol{\alpha}_1=\boldsymbol{\alpha}_2=(1,0)^{\mathrm{T}}\neq\mathbf{0}$,但 $\boldsymbol{\alpha}_1$ 与 $\boldsymbol{\alpha}_2$ 线性相关,故选项(A)不为真.

凡满足选项(B)的向量组 $\boldsymbol{\alpha}_1,\boldsymbol{\alpha}_2,\cdots,\boldsymbol{\alpha}_s$ 必线性相关,故(B)错误.

设 $\boldsymbol{\alpha}_1,\boldsymbol{\alpha}_2,\cdots,\boldsymbol{\alpha}_{s-1}$ 线性无关,又设 $\boldsymbol{\alpha}_s=\boldsymbol{\alpha}_1$,则 $\boldsymbol{\alpha}_1,\boldsymbol{\alpha}_2,\cdots,\boldsymbol{\alpha}_{s-1},\boldsymbol{\alpha}_s$ 线性相关,因此(D)也不为真.

注 2 请注意这里指向量组线性无关的充分条件而非必要条件.

题 4 (2003③)设 $\boldsymbol{\alpha}_1,\boldsymbol{\alpha}_2,\cdots,\boldsymbol{\alpha}_s$ 均为 n 维向量,下列结论不正确的是 ( )

(A)若对于任意一组不全为零的数 $k_1,k_2,\cdots,k_s$ 都有 $k_1\boldsymbol{\alpha}_1+k_2\boldsymbol{\alpha}_2+\cdots+k_s\boldsymbol{\alpha}_s\neq\mathbf{0}$,则 $\boldsymbol{\alpha}_1,\boldsymbol{\alpha}_2,\cdots,\boldsymbol{\alpha}_s$ 线性无关

(B)若 $\boldsymbol{\alpha}_1,\boldsymbol{\alpha}_2,\cdots,\boldsymbol{\alpha}_s$ 线性相关,则对于任意一组不全为零的数 $k_1,k_2,\cdots,k_s$ 都有 $k_1\boldsymbol{\alpha}_1+k_2\boldsymbol{\alpha}_2+\cdots+k_s\boldsymbol{\alpha}_s=\mathbf{0}$

(C)$\boldsymbol{\alpha}_1,\boldsymbol{\alpha}_2,\cdots,\boldsymbol{\alpha}_s$ 线性无关的充分必要条件是此向量组的秩为 s

(D)$\boldsymbol{\alpha}_1,\boldsymbol{\alpha}_2,\cdots,\boldsymbol{\alpha}_s$ 线性无关的必要条件是其中任意两个向量线性无关

解 对于(A),若对于任意一组不全为零的数 $k_1,k_2,\cdots,k_s$,都有 $k_1\boldsymbol{\alpha}_1+k_2\boldsymbol{\alpha}_2+\cdots+k_s\boldsymbol{\alpha}_s\neq\mathbf{0}$,则 $\boldsymbol{\alpha}_1,\boldsymbol{\alpha}_2,\cdots,\boldsymbol{\alpha}_s$ 必线性无关.因为若 $\boldsymbol{\alpha}_1,\boldsymbol{\alpha}_2,\cdots,\boldsymbol{\alpha}_s$ 线性相关,则存在一组不全为零的数 $k_1,k_2,\cdots,k_s$,使得 $k_1\boldsymbol{\alpha}_1+k_2\boldsymbol{\alpha}_2+\cdots+k_s\boldsymbol{\alpha}_s=\mathbf{0}$,与之矛盾.可见(A)成立.

对于(B),若 $\boldsymbol{\alpha}_1,\boldsymbol{\alpha}_2,\cdots,\boldsymbol{\alpha}_s$ 线性相关,则存在一组不全为零的数 $k_1,k_2,\cdots,k_s$,使 $k_1\boldsymbol{\alpha}_1+k_2\boldsymbol{\alpha}_2+\cdots+k_s\boldsymbol{\alpha}_s=\mathbf{0}$,而不是对任意一组.知(B)不成立.

对于(C),$\boldsymbol{\alpha}_1,\boldsymbol{\alpha}_2,\cdots,\boldsymbol{\alpha}_s$ 线性无关,则此向量组的秩为 s;反过来,若向量组 $\boldsymbol{\alpha}_1,\boldsymbol{\alpha}_2,\cdots,\boldsymbol{\alpha}_s$ 的秩为 s,则 $\boldsymbol{\alpha}_1,\boldsymbol{\alpha}_2,\cdots,\boldsymbol{\alpha}_s$ 线性无关,因此(C)成立.

对于(D),$\boldsymbol{\alpha}_1,\boldsymbol{\alpha}_2,\cdots,\boldsymbol{\alpha}_s$ 线性无关,则其任意部分组线性无关,当然其中任意两个向量线性无关,可见(D)也成立.

综上,故选(B).

注 因结论中要求结论“不正确”者,在得到(B)不成立后,余下(C),(D)两项无需再考虑.

题 5 (1992④)设 $\boldsymbol{\alpha}_1,\boldsymbol{\alpha}_2,\cdots,\boldsymbol{\alpha}_m$ 均为 n 维向量,那么,下列结论正确的是 ( )

(A)若 $k_1\boldsymbol{\alpha}_1+k_2\boldsymbol{\alpha}_2+\cdots+k_m\boldsymbol{\alpha}_m=\mathbf{0}$,则 $\boldsymbol{\alpha}_1,\boldsymbol{\alpha}_2,\cdots,\boldsymbol{\alpha}_m$ 线性相关

(B)若对任意一组不全为零的数 $k_1,k_2,\cdots,k_m$ 都有 $k_1\boldsymbol{\alpha}_1+k_2\boldsymbol{\alpha}_2+\cdots+k_m\boldsymbol{\alpha}_m\neq\mathbf{0}$,则 $\boldsymbol{\alpha}_1,\boldsymbol{\alpha}_2,\cdots,\boldsymbol{\alpha}_m$ 线性无关

(C)若 $\boldsymbol{\alpha}_1,\boldsymbol{\alpha}_2,\cdots,\boldsymbol{\alpha}_m$ 线性相关,则对任意一组不全为零的数 $k_1,k_2,\cdots,k_m$ 都有 $k_1\boldsymbol{\alpha}_1+k_2\boldsymbol{\alpha}_2+\cdots+k_m\boldsymbol{\alpha}_m=\mathbf{0}$

(D)若 $0\boldsymbol{\alpha}_1+0\boldsymbol{\alpha}_2+\cdots+0\boldsymbol{\alpha}_m=\mathbf{0}$,则 $\boldsymbol{\alpha}_1,\boldsymbol{\alpha}_2,\cdots,\boldsymbol{\alpha}_m$ 线性无关

解 考虑选项(B).(下面考虑其逆否命题)假设 $\boldsymbol{\alpha}_1,\boldsymbol{\alpha}_2,\cdots,\boldsymbol{\alpha}_m$ 线性相关,则必存在一组不全为零的数 $k_1,k_2,\cdots,k_m$,使得 $k_1\boldsymbol{\alpha}_1+k_2\boldsymbol{\alpha}_2+\cdots+k_m\boldsymbol{\alpha}_m=\mathbf{0}$.它显然为真.

又选项(B)为其逆否命题,它们同真同假.知(B)为真,故选(B).

注 顺便指出,其余 3 个选项不正确的原因分别是:

选项(A)中没有指明 $k_1,k_2,\cdots,k_m$ 不全为零;

选项(C)中需将“对任意”改为“存在”(同时把“都”字去掉)才正确;

选项(D)中的结论对于线性相关的向量组亦成立,从而不为真.

题 6 (1994①)已知向量组 $\boldsymbol{\alpha}_1,\boldsymbol{\alpha}_2,\boldsymbol{\alpha}_3,\boldsymbol{\alpha}_4$ 线性无关,则向量组 ( )

(A)$\boldsymbol{\alpha}_1+\boldsymbol{\alpha}_2,\boldsymbol{\alpha}_2+\boldsymbol{\alpha}_3,\boldsymbol{\alpha}_3+\boldsymbol{\alpha}_4,\boldsymbol{\alpha}_4+\boldsymbol{\alpha}_1$ 线性无关

(B)$\boldsymbol{\alpha}_1-\boldsymbol{\alpha}_2,\boldsymbol{\alpha}_2-\boldsymbol{\alpha}_3,\boldsymbol{\alpha}_3-\boldsymbol{\alpha}_4,\boldsymbol{\alpha}_4-\boldsymbol{\alpha}_1$ 线性无关

(C)$\boldsymbol{\alpha}_1+\boldsymbol{\alpha}_2,\boldsymbol{\alpha}_2+\boldsymbol{\alpha}_3,\boldsymbol{\alpha}_3+\boldsymbol{\alpha}_4,\boldsymbol{\alpha}_4-\boldsymbol{\alpha}_1$ 线性无关

(D)$\boldsymbol{\alpha}_1+\boldsymbol{\alpha}_2,\boldsymbol{\alpha}_2+\boldsymbol{\alpha}_3,\boldsymbol{\alpha}_3-\boldsymbol{\alpha}_4,\boldsymbol{\alpha}_4-\boldsymbol{\alpha}_1$ 线性无关

解 1 将各选项中的 4 个向量依次乘以 k_1,k_2,k_3,k_4 后相加,并令其为 $\mathbf{0}$.

对于选项(C),有

$$k_1(\boldsymbol{\alpha}_1+\boldsymbol{\alpha}_2)+k_2(\boldsymbol{\alpha}_2+\boldsymbol{\alpha}_3)+k_3(\boldsymbol{\alpha}_3+\boldsymbol{\alpha}_4)+k_4(\boldsymbol{\alpha}_4-\boldsymbol{\alpha}_1)=\mathbf{0}$$

即

$$(k_1-k_4)\boldsymbol{\alpha}_1+(k_1+k_2)\boldsymbol{\alpha}_2+(k_2+k_3)\boldsymbol{\alpha}_3+(k_3+k_4)\boldsymbol{\alpha}_4=\mathbf{0}$$

令 $k_1-k_4=k_1+k_2=k_2+k_3=k_3+k_4=0$,此方程组只有零解 $k_1=k_2=k_3=k_4=0$.

由此可知,选项(C)中的向量组线性无关.

解 2 对于(A)组 4 个向量(分别记为①,②,③,④,下同)有关系①-②+③-④=$\mathbf{0}$;

对于(B)组 4 个向量有关系①+②+③+④=$\mathbf{0}$;

对于(D)组 4 个向量有关系①-②+③+④=$\mathbf{0}$.

换言之,它们都线性相关. 故选(C).

题 7 (1998③④)设向量 $\boldsymbol{\alpha}_1,\boldsymbol{\alpha}_2,\boldsymbol{\alpha}_3$ 线性无关,则下列向量组中线性无关的是 ( )

(A)$\boldsymbol{\alpha}_1+\boldsymbol{\alpha}_2,\boldsymbol{\alpha}_2+\boldsymbol{\alpha}_3,\boldsymbol{\alpha}_3-\boldsymbol{\alpha}_1$ (B)$\boldsymbol{\alpha}_1+\boldsymbol{\alpha}_2,\boldsymbol{\alpha}_2+\boldsymbol{\alpha}_3,\boldsymbol{\alpha}_1+2\boldsymbol{\alpha}_2+\boldsymbol{\alpha}_3$

(C)$\boldsymbol{\alpha}_1+2\boldsymbol{\alpha}_2,2\boldsymbol{\alpha}_2+3\boldsymbol{\alpha}_3,3\boldsymbol{\alpha}_3+\boldsymbol{\alpha}_1$ (D)$\boldsymbol{\alpha}_1+\boldsymbol{\alpha}_2+\boldsymbol{\alpha}_3,2\boldsymbol{\alpha}_1+3\boldsymbol{\alpha}_3-2\boldsymbol{\alpha}_3,3\boldsymbol{\alpha}_1+5\boldsymbol{\alpha}_2-5\boldsymbol{\alpha}_3$

解 1 将各选项的 3 个向量依次乘以 k_1,k_2,k_3 后相加,并令其为 $\mathbf{0}$. 对于选项(C)有

$$k_1(\boldsymbol{\alpha}_1+2\boldsymbol{\alpha}_2)+k_2(2\boldsymbol{\alpha}_2+3\boldsymbol{\alpha}_3)+k_3(3\boldsymbol{\alpha}_3+\boldsymbol{\alpha}_1)=\mathbf{0}$$

即

$$(k_1+k_3)\boldsymbol{\alpha}_1+2(k_1+k_2)\boldsymbol{\alpha}_2+3(k_2+k_3)\boldsymbol{\alpha}_3=\mathbf{0}$$

令

$$\begin{cases}k_1+k_3=0\\2(k_1+k_2)=0\\3(k_2+k_3)=0\end{cases}$$

亦即

$$\begin{cases}k_1+k_3=0\\k_1+k_2=0\\k_2+k_3=0\end{cases}$$

此方程组只有零解 $k_1=k_2=k_3=0$. 知选项(C)中的向量组线性无关.

解 2 (特值法)令 $\boldsymbol{\alpha}_1=(1,0,0)^{\mathrm{T}},\boldsymbol{\alpha}_2=(0,1,0)^{\mathrm{T}},\boldsymbol{\alpha}_3=(0,0,1)^{\mathrm{T}}$,则选项(A),(B),(C),(D)的向量组可依次写成如下矩阵

$$\begin{pmatrix}1&0&-1\\1&1&0\\0&1&1\end{pmatrix},\begin{pmatrix}1&0&1\\1&1&2\\0&1&1\end{pmatrix},\begin{pmatrix}1&0&1\\2&2&0\\0&3&3\end{pmatrix},\begin{pmatrix}1&2&3\\1&3&5\\1&-2&-5\end{pmatrix}$$

这 4 个矩阵的行列式的值中仅第 3 个不为 0. 因此(C)组向量线性无关. 故选(C).

解 3 选项(A)中的 3 个向量(仿上题分别记为①,②,③)有关系①-②+③=$\mathbf{0}$;

(B)组中 3 个向量有关系①+②-③=$\mathbf{0}$;

(D)组中 3 个向量有关系①-2×②+③=$\mathbf{0}$;

知它们均线性相关. 由上故选(C).

题 8 (2012①②③)设 $\boldsymbol{\alpha}_1=\begin{pmatrix}0\\0\\c_1\end{pmatrix},\boldsymbol{\alpha}_2=\begin{pmatrix}0\\1\\c_2\end{pmatrix},\boldsymbol{\alpha}_3=\begin{pmatrix}1\\-1\\c_3\end{pmatrix},\boldsymbol{\alpha}_4=\begin{pmatrix}-1\\1\\c_4\end{pmatrix}$,其中 c_1,c_2,c_3,c_4 为任意常数,则下列向量组线性相关的为 ( )

(A)$\boldsymbol{\alpha}_1,\boldsymbol{\alpha}_2,\boldsymbol{\alpha}_3$　　(B)$\boldsymbol{\alpha}_1,\boldsymbol{\alpha}_2,\boldsymbol{\alpha}_4$　　(C)$\boldsymbol{\alpha}_1,\boldsymbol{\alpha}_3,\boldsymbol{\alpha}_4$　　(D)$\boldsymbol{\alpha}_2,\boldsymbol{\alpha}_3,\boldsymbol{\alpha}_4$

解 1　若设 $\boldsymbol{A}=(\boldsymbol{\alpha}_1,\boldsymbol{\alpha}_2,\boldsymbol{\alpha}_3,\boldsymbol{\alpha}_4)$，注意到

$$\boldsymbol{A}\xrightarrow{\text{第 2 行加到第 1 行}}\begin{pmatrix}0&1&0&0\\0&1&-1&1\\c_1&c_2&c_3&c_4\end{pmatrix}$$

显然第 1,3,4 列组成行列式 $\begin{vmatrix}0&0&0\\0&-1&1\\c_1&c_3&c_4\end{vmatrix}=0$(有一行元素为 0).

故选(C).

解 2　注意到向量 $\boldsymbol{\beta}=\boldsymbol{\alpha}_3+\boldsymbol{\alpha}_4=\begin{pmatrix}0\\0\\c_3+c_4\end{pmatrix}$，而 $\boldsymbol{\beta}$ 与 $\boldsymbol{\alpha}_1$ 线性相关，只需注意到向量 $\begin{pmatrix}0\\0\\a\end{pmatrix}$，$\begin{pmatrix}0\\0\\b\end{pmatrix}$ 中若 a,b 全为 0，它们显然线性相关，若 a,b 之一不为 0，则

$$b\begin{pmatrix}0\\0\\a\end{pmatrix}-a\begin{pmatrix}0\\0\\b\end{pmatrix}=\begin{pmatrix}0\\0\\0\end{pmatrix}$$

故选(C).

解 3　注意到下面的行列式按第 1 列展开

$$|\boldsymbol{\alpha}_1,\boldsymbol{\alpha}_3,\boldsymbol{\alpha}_4|=\begin{vmatrix}0&1&-1\\0&-1&1\\c_1&c_3&c_4\end{vmatrix}=c_1\begin{vmatrix}1&-1\\-1&1\end{vmatrix}=0$$

故 $\boldsymbol{\alpha}_1,\boldsymbol{\alpha}_3,\boldsymbol{\alpha}_4$ 线性相关，故选(C).

2. 向量的线性表出问题

向量的线性表出问题与向量组线性相关、线性无关有密切关联，某个向量可由一些向量线性表出，则这些("某个"和"一些")向量肯定线性相关，但相关向量组，并非每个向量皆可由其他向量线性表出.

题 1　(2002②)设向量组 $\boldsymbol{\alpha}_1,\boldsymbol{\alpha}_2,\boldsymbol{\alpha}_3$ 线性无关，向量 $\boldsymbol{\beta}_1$ 可由 $\boldsymbol{\alpha}_1,\boldsymbol{\alpha}_2,\boldsymbol{\alpha}_3$ 线性表示，而向量 $\boldsymbol{\beta}_2$ 不能由 $\boldsymbol{\alpha}_1,\boldsymbol{\alpha}_2,\boldsymbol{\alpha}_3$ 线性表示，则对于任意常数 k，必有　(　)

(A)$\boldsymbol{\alpha}_1,\boldsymbol{\alpha}_2,\boldsymbol{\alpha}_3,k\boldsymbol{\beta}_1+\boldsymbol{\beta}_2$ 线性无关　　(B)$\boldsymbol{\alpha}_1,\boldsymbol{\alpha}_2,\boldsymbol{\alpha}_3,k\boldsymbol{\beta}_1+\boldsymbol{\beta}_2$ 线性相关

(C)$\boldsymbol{\alpha}_1,\boldsymbol{\alpha}_2,\boldsymbol{\alpha}_3,\boldsymbol{\beta}_1+k\boldsymbol{\beta}_2$ 线性无关　　(D)$\boldsymbol{\alpha}_1,\boldsymbol{\alpha}_2,\boldsymbol{\alpha}_3,\boldsymbol{\beta}_1+k\boldsymbol{\beta}_2$ 线性相关

解　取 $k=0$，选项(B)和(C)不为真；取 $k=1$ 选项(D)不为真.

故选(A).

题 2　(1998④)若向量组 $\boldsymbol{\alpha},\boldsymbol{\beta},\boldsymbol{\gamma}$ 线性无关，$\boldsymbol{\alpha},\boldsymbol{\beta},\boldsymbol{\delta}$ 线性相关，则　(　)

(A)$\boldsymbol{\alpha}$ 必可由 $\boldsymbol{\beta},\boldsymbol{\gamma},\boldsymbol{\delta}$ 线性表示　　(B)$\boldsymbol{\beta}$ 必不可由 $\boldsymbol{\alpha},\boldsymbol{\gamma},\boldsymbol{\delta}$ 线性表示

(C)$\boldsymbol{\delta}$ 必可由 $\boldsymbol{\alpha},\boldsymbol{\beta},\boldsymbol{\gamma}$ 线性表示　　(D)$\boldsymbol{\delta}$ 必不可由 $\boldsymbol{\alpha},\boldsymbol{\beta},\boldsymbol{\gamma}$ 线性表示

解 1　由 $\boldsymbol{\alpha},\boldsymbol{\beta},\boldsymbol{\gamma}$ 的线性无关性，知 $\boldsymbol{\alpha}$ 和 $\boldsymbol{\beta}$ 线性无关.

又由 $\boldsymbol{\alpha},\boldsymbol{\beta},\boldsymbol{\delta}$ 的线性相关性，知 $\boldsymbol{\delta}$ 可用 $\boldsymbol{\alpha}$ 和 $\boldsymbol{\beta}$ 线性表示，从而可由 $\boldsymbol{\alpha},\boldsymbol{\beta},\boldsymbol{\gamma}$ 线性表示.

故选(C).

解 2　由 $\boldsymbol{\alpha},\boldsymbol{\beta},\boldsymbol{\gamma}$ 线性无关且 $\boldsymbol{\alpha},\boldsymbol{\beta},\boldsymbol{\delta}$ 线性相关，可否定(B),(D).

取 $\boldsymbol{\alpha}=(1,0,0,0)^{\mathrm{T}},\boldsymbol{\beta}=(0,1,0,0)^{\mathrm{T}},\boldsymbol{\gamma}=(0,0,1,0)^{\mathrm{T}},\boldsymbol{\delta}=(0,1,0,0)^{\mathrm{T}}$，可否定(A).

故选(C).

题 3　(2003①②)设向量组Ⅰ:$\boldsymbol{\alpha}_1,\boldsymbol{\alpha}_2,\cdots,\boldsymbol{\alpha}_r$ 可由向量组Ⅱ:$\boldsymbol{\beta}_1,\boldsymbol{\beta}_2,\cdots,\boldsymbol{\beta}_s$ 线性表示，则　(　)

(A)当 $r<s$ 时，向量组Ⅱ必线性相关　　(B)当 $r>s$ 时，向量组Ⅱ必线性相关

(C)当 $r<s$ 时,向量组Ⅰ必线性相关　　　　　　(D)当 $r>s$ 时,向量组Ⅰ必线性相关

解　由命题:若向量组Ⅰ:$\boldsymbol{\alpha}_1,\boldsymbol{\alpha}_2,\cdots,\boldsymbol{\alpha}_r$ 可由向量组Ⅱ:$\boldsymbol{\beta}_1,\boldsymbol{\beta}_2,\cdots,\boldsymbol{\beta}_s$ 线性表示,则当$r>s$时,向量组Ⅰ必线性相关.知(D)为真且可否定(C).

由其逆否命题:若向量组Ⅰ:$\boldsymbol{\alpha}_1,\boldsymbol{\alpha}_2,\cdots,\boldsymbol{\alpha}_r$ 可由向量组Ⅱ:$\boldsymbol{\beta}_1,\boldsymbol{\beta}_2,\cdots,\boldsymbol{\beta}_s$ 线性表示,且向量组Ⅰ线性无关,则必有 $r\leqslant s$,可否定(A),(B).

故选(D).

题 4　(1999③④)设向量 $\boldsymbol{\beta}$ 可由向量组 $\boldsymbol{\alpha}_1,\boldsymbol{\alpha}_2,\cdots,\boldsymbol{\alpha}_m$ 线性表示,但不能由向量组(Ⅰ):$\boldsymbol{\alpha}_1,\boldsymbol{\alpha}_2,\cdots,\boldsymbol{\alpha}_{m-1}$线性表示,记向量组(Ⅱ):$\boldsymbol{\alpha}_1,\boldsymbol{\alpha}_2,\cdots,\boldsymbol{\alpha}_{m-1},\boldsymbol{\beta}$,则　(　　)

(A)$\boldsymbol{\alpha}_m$ 不能由(Ⅰ)线性表示,也不能由(Ⅱ)线性表示

(B)$\boldsymbol{\alpha}_m$ 不能由(Ⅰ)线性表示,但可由(Ⅱ)线性表示

(C)$\boldsymbol{\alpha}_m$ 可由(Ⅰ)线性表示,也可由(Ⅱ)线性表示

(D)$\boldsymbol{\alpha}_m$ 可由(Ⅰ)线性表示,但不可由(Ⅱ)线性表示

解　由题设,存在数 $k_1,k_2,\cdots,k_m$ 使得

$$\boldsymbol{\beta}=k_1\boldsymbol{\alpha}_1+k_2\boldsymbol{\alpha}_2+\cdots+k_m\boldsymbol{\alpha}_m \tag{$*$}$$

且 $k_m\neq 0$.如 $k_m=0$,上式表明 $\boldsymbol{\beta}$ 可由向量组(Ⅰ)线性表示,这与已知条件矛盾.

将式($*$)两边除以 k_m,表明 $\boldsymbol{\alpha}_m$ 可由向量组(Ⅱ)线性表示,故可排除选项(A)和选项(D).

假设 $\boldsymbol{\alpha}_m$ 又可由向量组(Ⅰ)表示,即

$$\boldsymbol{\alpha}_m=\lambda_1\boldsymbol{\alpha}_1+\lambda_2\boldsymbol{\alpha}_2+\cdots+\lambda_{m-1}\boldsymbol{\alpha}_{m-1}$$

将此式代入式($*$),得知 $\boldsymbol{\beta}$ 也可由(Ⅰ)线性表示,而这与已知条件矛盾.

因此 $\boldsymbol{\alpha}_m$ 不能由向量组(Ⅰ)线性表示,应排除(C).

故选(B).

题 5　(2000①)设 n 维列向量组 $\boldsymbol{\alpha}_1,\boldsymbol{\alpha}_2,\cdots,\boldsymbol{\alpha}_m(m<n)$线性无关,则 n 维列向量组 $\boldsymbol{\beta}_1,\boldsymbol{\beta}_2,\cdots,\boldsymbol{\beta}_m$ 线性无关的充分必要条件为　(　　)

(A)向量组 $\boldsymbol{\alpha}_1,\boldsymbol{\alpha}_2,\cdots,\boldsymbol{\alpha}_m$ 可由向量组 $\boldsymbol{\beta}_1,\boldsymbol{\beta}_2,\cdots,\boldsymbol{\beta}_m$ 线性表示

(B)向量组 $\boldsymbol{\beta}_1,\boldsymbol{\beta}_2,\cdots,\boldsymbol{\beta}_m$ 可由向量组 $\boldsymbol{\alpha}_1,\boldsymbol{\alpha}_2,\cdots,\boldsymbol{\alpha}_m$ 线性表示

(C)向量组 $\boldsymbol{\alpha}_1,\boldsymbol{\alpha}_2,\cdots,\boldsymbol{\alpha}_m$ 与向量组 $\boldsymbol{\beta}_1,\boldsymbol{\beta}_2,\cdots,\boldsymbol{\beta}_m$ 等价

(D)矩阵 $\boldsymbol{A}=(\boldsymbol{\alpha}_1,\boldsymbol{\alpha}_2,\cdots,\boldsymbol{\alpha}_m)$与矩阵 $\boldsymbol{B}=(\boldsymbol{\beta}_1,\boldsymbol{\beta}_2,\cdots,\boldsymbol{\beta}_m)$等价

解　选项(A)、(B)、(C)都不是向量组 $\boldsymbol{\beta}_1,\boldsymbol{\beta}_2,\cdots,\boldsymbol{\beta}_m$ 线性无关的必要条件.

由矩阵 $\boldsymbol{A},\boldsymbol{B}$ 等价的充要条件是 $\mathrm{r}(\boldsymbol{A})=\mathrm{r}(\boldsymbol{B})$,这样

$$\boldsymbol{\alpha}_1,\boldsymbol{\alpha}_2,\cdots,\boldsymbol{\alpha}_m\text{ 线性无关}\Longleftrightarrow \mathrm{r}(\boldsymbol{\alpha}_1,\boldsymbol{\alpha}_2,\cdots,\boldsymbol{\alpha}_m)=m\Longleftrightarrow \mathrm{r}(\boldsymbol{A})=m$$

$$\boldsymbol{\beta}_1,\boldsymbol{\beta}_2,\cdots,\boldsymbol{\beta}_m\text{ 线性无关}\Longleftrightarrow \mathrm{r}(\boldsymbol{\beta}_1,\boldsymbol{\beta}_2,\cdots,\boldsymbol{\beta}_m)=m\Longleftrightarrow \mathrm{r}(\boldsymbol{B})=m$$

所以 $\boldsymbol{\beta}_1,\boldsymbol{\beta}_2,\cdots,\boldsymbol{\beta}_m$ 线性无关的充要条件是 $\mathrm{r}(\boldsymbol{A})=\mathrm{r}(\boldsymbol{B})$,即 $\boldsymbol{A}$ 和 $\boldsymbol{B}$ 等价.

故选(D)

题 6　(1996③④)设有任意两个 n 维向量组 $\boldsymbol{\alpha}_1,\boldsymbol{\alpha}_2,\cdots,\boldsymbol{\alpha}_m$ 和 $\boldsymbol{\beta}_1,\boldsymbol{\beta}_2,\cdots,\boldsymbol{\beta}_m$,若存在两组不全为零的数 $\lambda_1,\lambda_2,\cdots,\lambda_m$ 和 $k_1,k_2,\cdots,k_m$,使$(\lambda_1+k_1)\boldsymbol{\alpha}_1+(\lambda_2+k_2)\boldsymbol{\alpha}_2+\cdots+(\lambda_m+k_m)\boldsymbol{\alpha}_m+(\lambda_1-k_1)\boldsymbol{\beta}_1+(\lambda_2-k_2)\boldsymbol{\beta}_2+\cdots+(\lambda_m-k_m)\boldsymbol{\beta}_m=\boldsymbol{0}$,则　(　　)

(A)$\boldsymbol{\alpha}_1,\boldsymbol{\alpha}_2,\cdots,\boldsymbol{\alpha}_m$ 和 $\boldsymbol{\beta}_1,\boldsymbol{\beta}_2,\cdots,\boldsymbol{\beta}_m$ 都线性相关

(B)$\boldsymbol{\alpha}_1,\boldsymbol{\alpha}_2,\cdots,\boldsymbol{\alpha}_m$ 和 $\boldsymbol{\beta}_1,\boldsymbol{\beta}_2,\cdots,\boldsymbol{\beta}_m$ 都线性无关

(C)$\boldsymbol{\alpha}_1+\boldsymbol{\beta}_1,\boldsymbol{\alpha}_2+\boldsymbol{\beta}_2,\cdots,\boldsymbol{\alpha}_m+\boldsymbol{\beta}_m,\boldsymbol{\alpha}_1-\boldsymbol{\beta}_1,\boldsymbol{\alpha}_2-\boldsymbol{\beta}_2,\cdots,\boldsymbol{\alpha}_m-\boldsymbol{\beta}_m$ 线性无关

(D)$\boldsymbol{\alpha}_1+\boldsymbol{\beta}_1,\boldsymbol{\alpha}_2+\boldsymbol{\beta}_2,\cdots,\boldsymbol{\alpha}_m+\boldsymbol{\beta}_m,\boldsymbol{\alpha}_1-\boldsymbol{\beta}_1,\boldsymbol{\alpha}_2-\boldsymbol{\beta}_2,\cdots,\boldsymbol{\alpha}_m-\boldsymbol{\beta}_m$ 线性相关

解　把题设等式改写为

$$\lambda_1(\boldsymbol{\alpha}_1+\boldsymbol{\beta}_1)+\cdots+\lambda_m(\boldsymbol{\alpha}_m+\boldsymbol{\beta}_m)+k_1(\boldsymbol{\alpha}_1-\boldsymbol{\beta}_1)+\cdots+k_m(\boldsymbol{\alpha}_m-\boldsymbol{\beta}_m)=\boldsymbol{0}$$

由于数组 $\lambda_1,\cdots,\lambda_m,k_1,\cdots,k_m$ 不全为零,即可知(D)中向量组线性无关,知(D)正确.

故选(D).

3. 向量组与矩阵

题 1 (1989①)设 $\boldsymbol{A}$ 是 n 阶矩阵,且 $\boldsymbol{A}$ 的行列式 $|\boldsymbol{A}|=0$,则 $\boldsymbol{A}$ 中 ( )

(A)必有一列元素全为 0

(B)必有两列元素对应成比例

(C)必有一列向量是其余列向量的线性组合

(D)任一列向量是其余列向量的线性组合

解 由 $|\boldsymbol{A}|=0$ 知 $\boldsymbol{A}$ 非可逆,或 $\boldsymbol{A}$ 的 n 个列向量必线性相关,因此必有一列向量是其余列向量的线性组合.

故选(C).

题 2 (1989③④)设 $\boldsymbol{A}$ 为 n 阶方阵,且 $|\boldsymbol{A}|=0$,则 ( )

(A)$\boldsymbol{A}$ 中必有两行(列)的元素对应成比例

(B)$\boldsymbol{A}$ 中任意一行(列)向量是其余各行(列)向量的线性组合

(C)$\boldsymbol{A}$ 中必有一行(列)向量是其余各行(列)向量的线性组合

(D)$\boldsymbol{A}$ 中至少有一行(列)的元素全为 0

解 由 $|\boldsymbol{A}|=0$ 知 $\boldsymbol{A}$ 非可逆,或 $\boldsymbol{A}$ 的 n 个行向量必线性相关,因此必有一行向量是其余行向量的线性组合.

故选(C).

注 以上两题本质上无异,只需注意 $|\boldsymbol{A}|=0$ 说明 $\boldsymbol{A}$ 非可逆即可.

题 3 (1995③④)设矩阵 $\boldsymbol{A}\in\mathbf{R}^{m\times n}$,又 $\boldsymbol{A}$ 的秩 $\mathrm{r}(\boldsymbol{A})=m<n$,若 $\boldsymbol{I}_m$ 为 m 阶单位矩阵,则下述结论中正确的是 ( )

(A)$\boldsymbol{A}$ 的任意 m 个列向量必线性无关

(B)$\boldsymbol{A}$ 的任意一个 m 阶子式不等于零

(C)若矩阵 $\boldsymbol{B}$ 满足 $\boldsymbol{BA}=\boldsymbol{O}$,则 $\boldsymbol{A}=\boldsymbol{O}$

(D)$\boldsymbol{A}$ 通过初等行变换,必可以化为 $(\boldsymbol{I}_m \vdots \boldsymbol{O})$ 的形式

解 选项(A)和(B)中的“任意”改为“存在”结论才正确.选项(D)中“通过初等行变换”改为“通过初等行列变换”才正确.因此排除(A)、(B)、(D).

故选(C).

注 顺便指出,选项(C)的正确性可用如下方法证明:

假设 $\boldsymbol{B}\neq\boldsymbol{O}$,取 $\boldsymbol{B}$ 的 m 维行向量 $\boldsymbol{x}\neq\boldsymbol{0}$.由条件 $\boldsymbol{BA}=\boldsymbol{O}$ 可知 $\boldsymbol{xA}=\boldsymbol{0}$.

两边转置得方程组 $\boldsymbol{A}^{\mathrm{T}}\boldsymbol{x}^{\mathrm{T}}=\boldsymbol{0}^{\mathrm{T}}$.因为 $\mathrm{r}(\boldsymbol{A}^{\mathrm{T}})=m$ 恰好等于未知数的个数,所以其仅有零解,即 $\boldsymbol{x}=\boldsymbol{0}$.这与前提矛盾.

题 4 (2004②)设 $\boldsymbol{A},\boldsymbol{B}$ 为满足 $\boldsymbol{AB}=\boldsymbol{O}$ 的任意两个非零矩阵,则必有 ( )

(A)$\boldsymbol{A}$ 的列向量组线性相关,$\boldsymbol{B}$ 的行向量组线性相关

(B)$\boldsymbol{A}$ 的列向量组线性相关,$\boldsymbol{B}$ 的列向量组线性相关

(C)$\boldsymbol{A}$ 的行向量组线性相关,$\boldsymbol{B}$ 的行向量组线性相关

(D)$\boldsymbol{A}$ 的行向量组线性相关,$\boldsymbol{B}$ 的列向量组线性相关

解 将 $\boldsymbol{A}$ 写成行向量组成的矩阵,可讨论 $\boldsymbol{A}$ 的列向量组的线性相关性;将 $\boldsymbol{B}$ 写成列向量组成的矩阵,可讨论 $\boldsymbol{B}$ 的行向量组的线性相关性.

设 $\boldsymbol{A}=(a_{ij})_{l\times m},\boldsymbol{B}=(b_{ij})_{m\times n}$,记 $\boldsymbol{A}=(\boldsymbol{a}_1,\boldsymbol{a}_2,\cdots,\boldsymbol{a}_m)$,则 $\boldsymbol{AB}=\boldsymbol{O}$,即

$$(\boldsymbol{a}_1,\boldsymbol{a}_2,\cdots,\boldsymbol{a}_m)\begin{pmatrix} b_{11} & b_{12} & \cdots & b_{1n} \\ b_{21} & b_{22} & \cdots & b_{2n} \\ \vdots & \vdots & & \vdots \\ b_{m1} & b_{m2} & \cdots & b_{mn} \end{pmatrix}=(b_{11}\boldsymbol{a}_1+\cdots+b_{m1}\boldsymbol{a}_m,\cdots,b_{1n}\boldsymbol{a}_1+\cdots+b_{mn}\boldsymbol{a}_m)=\boldsymbol{O}$$

(1)由于 $\boldsymbol{B}\neq\boldsymbol{O}$,因此至少有一 $b_{ij}\neq 0(1\leqslant i\leqslant m,1\leqslant j\leqslant n)$,从而由(1)知

$$b_{1j}\boldsymbol{a}_1+b_{2j}\boldsymbol{a}_2+\cdots+b_{ij}\boldsymbol{a}_i+\cdots+b_{mj}\boldsymbol{a}_m=\boldsymbol{0}$$

于是 $\boldsymbol{a}_1,\boldsymbol{a}_2,\cdots,\boldsymbol{a}_m$ 线性相关.

又记 $\boldsymbol{B}=\begin{pmatrix} \boldsymbol{b}_1 \\ \boldsymbol{b}_2 \\ \vdots \\ \boldsymbol{b}_m \end{pmatrix}$,则由 $\boldsymbol{AB}=\boldsymbol{O}$,可有

$$\begin{pmatrix} a_{11} & a_{12} & \cdots & a_{1m} \\ a_{21} & a_{22} & \cdots & a_{2m} \\ \vdots & \vdots & & \vdots \\ a_{l1} & a_{l2} & \cdots & a_{lm} \end{pmatrix}\begin{pmatrix} \boldsymbol{b}_1 \\ \boldsymbol{b}_2 \\ \vdots \\ \boldsymbol{b}_m \end{pmatrix}=\begin{pmatrix} a_{11}\boldsymbol{b}_1+a_{12}\boldsymbol{b}_2+\cdots+a_{1m}\boldsymbol{b}_m \\ a_{21}\boldsymbol{b}_1+a_{22}\boldsymbol{b}_2+\cdots+a_{2m}\boldsymbol{b}_m \\ \vdots \\ a_{l1}\boldsymbol{b}_1+a_{l2}\boldsymbol{b}_2+\cdots+a_{lm}\boldsymbol{b}_m \end{pmatrix}=\boldsymbol{O}$$

由于 $\boldsymbol{A}\neq\boldsymbol{O}$,则至少存在一 $a_{ij}\neq 0(1\leqslant i\leqslant l,1\leqslant j\leqslant m)$,使

$$a_{i1}\boldsymbol{b}_1+a_{i2}\boldsymbol{b}_2+\cdots+a_{ij}\boldsymbol{b}_j+\cdots+a_{im}\boldsymbol{b}_m=\boldsymbol{0}$$

从而 $\boldsymbol{b}_1,\boldsymbol{b}_2,\cdots,\boldsymbol{b}_m$ 线性相关.

故选(A).

4. 向量组的秩与极大无关组

向量组的秩说穿了即是由组内向量组成的矩阵的秩,因而考虑这类问题往往化为矩阵问题似乎更妥.

题 1 (2010②③)若向量组(Ⅰ):$\boldsymbol{\alpha}_1,\boldsymbol{\alpha}_2,\cdots,\boldsymbol{\alpha}_r$ 可由向量组(Ⅱ):$\boldsymbol{\beta}_1,\boldsymbol{\beta}_2,\cdots,\boldsymbol{\beta}_s$ 线性表示,则 (　　)

(A)若向量组(Ⅰ)线性无关,则 $r\leqslant s$

(B)若向量组(Ⅰ)线性相关,则 $r>s$

(C)若向量组(Ⅱ)线性无关,则 $r\leqslant s$

(D)若向量组(Ⅱ)线性相关,则 $r>s$

解 1 设 $\boldsymbol{A}=(\boldsymbol{\alpha}_1,\boldsymbol{\alpha}_2,\cdots,\boldsymbol{\alpha}_r)$,$\boldsymbol{B}=(\boldsymbol{\beta}_1,\boldsymbol{\beta}_2,\cdots,\boldsymbol{\beta}_s)$.

由题设向量组(Ⅰ)可由向量组(Ⅱ)线性表示,则

$$(\boldsymbol{A},\boldsymbol{B})\xrightarrow{\text{列初等变换}}(\boldsymbol{O},\boldsymbol{B})$$

又 $\mathrm{r}(\boldsymbol{A})\leqslant\mathrm{r}(\boldsymbol{A},\boldsymbol{B})=\mathrm{r}(\boldsymbol{O},\boldsymbol{B})=\mathrm{r}(\boldsymbol{B})$.若向量组(Ⅰ)线性无关,则 $\mathrm{r}(\boldsymbol{A})=r$,故选(A).

解 2 由题设向量组(Ⅰ)可由向量组(Ⅱ)线性表示,则向量组的秩

$$\mathrm{r}\{\boldsymbol{\alpha}_1,\boldsymbol{\alpha}_2,\cdots,\boldsymbol{\alpha}_r\}\leqslant\mathrm{r}\{\boldsymbol{\beta}_1,\boldsymbol{\beta}_2,\cdots,\boldsymbol{\beta}_s\}\leqslant s$$

若向量组(Ⅰ)线性无关,则 $\mathrm{r}\{\boldsymbol{\alpha}_1,\boldsymbol{\alpha}_2,\cdots,\boldsymbol{\alpha}_r\}=r$,故选(A).

题 2 (1994④)向量组 $\boldsymbol{\alpha}_1=(1,-1,2,4)$,$\boldsymbol{\alpha}_2=(0,3,1,2)$,$\boldsymbol{\alpha}_3=(3,0,7,14)$,$\boldsymbol{\alpha}_4=(1,-2,2,0)$,$\boldsymbol{\alpha}_5=(2,1,5,10)$的极大线性无关组是 (　　)

(A)$\boldsymbol{\alpha}_1,\boldsymbol{\alpha}_2,\boldsymbol{\alpha}_3$　　(B)$\boldsymbol{\alpha}_1,\boldsymbol{\alpha}_2,\boldsymbol{\alpha}_4$　　(C)$\boldsymbol{\alpha}_1,\boldsymbol{\alpha}_2,\boldsymbol{\alpha}_5$　　(D)$\boldsymbol{\alpha}_1,\boldsymbol{\alpha}_2,\boldsymbol{\alpha}_4,\boldsymbol{\alpha}_5$

解 用题设向量为列作矩阵 $\boldsymbol{A}$,并对其作初等行变换,将其化为阶梯形矩阵

$$\boldsymbol{A}=(\boldsymbol{\alpha}_1^{\mathrm{T}},\boldsymbol{\alpha}_2^{\mathrm{T}},\boldsymbol{\alpha}_3^{\mathrm{T}},\boldsymbol{\alpha}_4^{\mathrm{T}},\boldsymbol{\alpha}_5^{\mathrm{T}})$$

$$=\begin{pmatrix} 1 & 0 & 3 & 1 & 2 \\ -1 & 3 & 0 & -2 & 1 \\ 2 & 1 & 7 & 2 & 5 \\ 4 & 2 & 14 & 0 & 10 \end{pmatrix}\to\begin{pmatrix} 1 & 0 & 3 & 1 & 2 \\ 0 & 3 & 3 & -1 & 3 \\ 0 & 1 & 1 & 0 & 1 \\ 0 & 2 & 2 & -4 & 2 \end{pmatrix}$$

$$\to\begin{pmatrix}1&0&3&1&2\\0&1&1&0&1\\0&1&1&-2&1\\0&3&3&-1&3\end{pmatrix}\to\begin{pmatrix}1&0&3&1&2\\0&1&1&0&1\\0&0&0&-2&0\\0&0&0&0&0\end{pmatrix}$$

知 $\boldsymbol{\alpha}_1,\boldsymbol{\alpha}_2,\boldsymbol{\alpha}_4$ 是极大线性无关组.

故选(B).

注 由计算过程可看出:向量组 $\boldsymbol{\alpha}_1,\boldsymbol{\alpha}_3,\boldsymbol{\alpha}_4$ 或 $\boldsymbol{\alpha}_1,\boldsymbol{\alpha}_4,\boldsymbol{\alpha}_5$ 亦为极大线性无关组,但选项中无此,故只能选(B).

(三)计算证明题

1. 向量的相关性

题 1 (1989③)设 $\boldsymbol{\alpha}_1=(1,1,1),\boldsymbol{\alpha}_2=(1,2,3),\boldsymbol{\alpha}_3=(1,3,t)$.

(1)问当 t 为何值时,向量组 $\boldsymbol{\alpha}_1,\boldsymbol{\alpha}_2,\boldsymbol{\alpha}_3$ 线性无关?

(2)问当 t 为何值时,向量组 $\boldsymbol{\alpha}_1,\boldsymbol{\alpha}_2,\boldsymbol{\alpha}_3$ 线性相关?

(3)当向量组 $\boldsymbol{\alpha}_1,\boldsymbol{\alpha}_2,\boldsymbol{\alpha}_3$ 线性相关时,将 $\boldsymbol{\alpha}_3$ 表示为 $\boldsymbol{\alpha}_1$ 和 $\boldsymbol{\alpha}_2$ 的线性组合.

解 设有数组 k_1,k_2,k_3,使 $k_1\boldsymbol{\alpha}_1+k_2\boldsymbol{\alpha}_2+k_3\boldsymbol{\alpha}_3=\mathbf{0}$,即

$$k_1(1,1,1)+k_2(1,2,3)+k_3(1,3,t)=(0,0,0)$$

由此得方程组

$$\begin{cases}k_1+k_2+k_3=0\\k_1+2k_2+3k_3=0\\k_1+3k_2+tk_3=0\end{cases}\qquad(*)$$

其系数行列式

$$D=\det\begin{pmatrix}1&1&1\\1&2&3\\1&3&t\end{pmatrix}=t-5$$

(1)当 $t\neq5$ 时,$D\neq0$,方程组只有零解:$k_1=k_1=k_3=0$.此时,向量组 $\boldsymbol{\alpha}_1,\boldsymbol{\alpha}_2,\boldsymbol{\alpha}_3$ 线性无关.

(2)当 $t=5$ 时,$D=0$,方程组有非零解,即存在不全为 0 的常数 k_1,k_2,k_3,使 $k_1\boldsymbol{\alpha}_1+k_2\boldsymbol{\alpha}_2+k_3\boldsymbol{\alpha}_3=\mathbf{0}$.此时,向量组 $\boldsymbol{\alpha}_1,\boldsymbol{\alpha}_2,\boldsymbol{\alpha}_3$ 线性相关.

(3)当 $t=5$ 时,方程组的系数矩阵的秩小于 3.由左上角 2 阶子式不为零可知,系数矩阵的秩等于 2.因此,取方程组($*$)的前 2 个方程

$$\begin{cases}k_1+k_2+k_3=0\\k_1+2k_2+3k_3=0\end{cases}$$

令 $k_3=1$,得 $k_1=1,k_2=-2$,即 $\boldsymbol{\alpha}_1-2\boldsymbol{\alpha}_2+\boldsymbol{\alpha}_3=\mathbf{0}$,从而 $\boldsymbol{\alpha}_3=-\boldsymbol{\alpha}_1+2\boldsymbol{\alpha}_2$.

题 2 (1989④)讨论向量组 $\boldsymbol{\alpha}_1=(1,1,0),\boldsymbol{\alpha}_2=(1,3,-1),\boldsymbol{\alpha}_3=(5,3,t)$的线性相关性.

解 设矩阵 $\boldsymbol{A}=\begin{pmatrix}\boldsymbol{\alpha}_1\\\boldsymbol{\alpha}_2\\\boldsymbol{\alpha}_3\end{pmatrix}=\begin{pmatrix}1&1&0\\1&3&-1\\5&3&t\end{pmatrix}$,其行列式

$$|\boldsymbol{A}|=\det\begin{pmatrix}1&1&0\\1&3&-1\\5&3&t\end{pmatrix}=2(t-1)$$

(1)当 $t=1$ 时,$|\boldsymbol{A}|=0,\mathrm{r}(\boldsymbol{A})<3$,其行向量组 $\boldsymbol{\alpha}_1,\boldsymbol{\alpha}_2,\boldsymbol{\alpha}_3$ 线性相关;

(2)当 $t\neq1$ 时,$|\boldsymbol{A}|\neq0,\mathrm{r}(\boldsymbol{A})=3$,其行向量组 $\boldsymbol{\alpha}_1,\boldsymbol{\alpha}_2,\boldsymbol{\alpha}_3$ 线性无关.

题 3 (1988③④)已知向量组 $\boldsymbol{\alpha}_1,\boldsymbol{\alpha}_2,\cdots,\boldsymbol{\alpha}_s(s\geqslant 2)$ 线性无关,设 $\boldsymbol{\beta}_1=\boldsymbol{\alpha}_1+\boldsymbol{\alpha}_2,\boldsymbol{\beta}_2=\boldsymbol{\alpha}_2+\boldsymbol{\alpha}_3,\cdots,\boldsymbol{\beta}_{s-1}=\boldsymbol{\alpha}_{s-1}+\boldsymbol{\alpha}_s,\boldsymbol{\beta}_s=\boldsymbol{\alpha}_s+\boldsymbol{\alpha}_1$. 试讨论向量组 $\boldsymbol{\beta}_1,\boldsymbol{\beta}_2,\cdots,\boldsymbol{\beta}_s$ 的线性相关性.

解 设有一组数 $k_1,k_2,\cdots,k_s$,满足 $k_1\boldsymbol{\beta}_1+k_2\boldsymbol{\beta}_2+\cdots+k_s\boldsymbol{\beta}_s=\mathbf{0}$,则有

$$(k_1+k_2)\boldsymbol{\alpha}_1+(k_1+k_2)\boldsymbol{\alpha}_2+\cdots+(k_{s-1}+k_s)\boldsymbol{\alpha}_s=\mathbf{0}$$

由 $\boldsymbol{\alpha}_1,\boldsymbol{\alpha}_2,\cdots,\boldsymbol{\alpha}_s$ 线性无关的条件知,上式中各系数全为零,即

$$\begin{cases}k_1 & & +k_s=0\\ k_1+k_2 & & =0\\ & \vdots & \\ & k_{s-1}+k_s & =0\end{cases}$$

此方程组的系数行列式为如下的 s 阶行列式,按第1行展开,得

$$D_s=\begin{vmatrix}1&0&0&\cdots&0&1\\1&1&0&\cdots&0&0\\0&1&1&\cdots&0&0\\\vdots&\vdots&\vdots&&\vdots&\vdots\\0&0&0&\cdots&1&1\end{vmatrix}=1+(-1)^{s+1}=\begin{cases}2, & 若\ s\ 为奇数\\0, & 若\ s\ 为偶数\end{cases}$$

(1)若 s 为奇数,则 $D_s=2\neq 0$,故方程组只有零解,即必有 $k_1=k_2=\cdots=k_s=0$,故向量组 $\boldsymbol{\beta}_1,\boldsymbol{\beta}_2,\cdots,\boldsymbol{\beta}_s$ 线性无关;

(2)若 s 为偶数,则 $D_s=0$,故方程组有非零解,即存在不全为零的数组 $k_1,k_2,\cdots,k_s$,使 $k_1\boldsymbol{\beta}_1+k_2\boldsymbol{\beta}_2+\cdots+k_s\boldsymbol{\beta}_s=\mathbf{0}$ 成立,故 $\boldsymbol{\beta}_1,\boldsymbol{\beta}_2,\cdots,\boldsymbol{\beta}_s$ 线性相关.

题 4 (1993④)设 $\boldsymbol{A}$ 是 $m\times n$ 矩阵,$\boldsymbol{B}$ 是 $n\times m$ 矩阵,$\boldsymbol{I}$ 是 n 阶单位矩阵($m>n$). 已知 $\boldsymbol{BA}=\boldsymbol{I}$. 试判断 $\boldsymbol{A}$ 的列向量组是否线性相关,为什么?

解 1 设 $\boldsymbol{A}$ 是 n 个列向量,记为 $\boldsymbol{\alpha}_1,\boldsymbol{\alpha}_2,\cdots,\boldsymbol{\alpha}_n$,即 $\boldsymbol{A}=(\boldsymbol{\alpha}_1,\boldsymbol{\alpha}_2,\cdots,\boldsymbol{\alpha}_n)$.

假设这组向量线性相关,即存在 n 个不全为零的数 $x_1,x_2,\cdots,x_n$,使

$$x_1\boldsymbol{\alpha}_1+x_2\boldsymbol{\alpha}_2+\cdots+x_n\boldsymbol{\alpha}_n=\mathbf{0}$$

或

$$(\boldsymbol{\alpha}_1,\boldsymbol{\alpha}_2,\cdots,\boldsymbol{\alpha}_n)(x_1,x_2,\cdots,x_n)^{\mathrm{T}}=\boldsymbol{Ax}=\mathbf{0}$$

式中 $\boldsymbol{x}=(x_1,x_2,\cdots,x_n)^{\mathrm{T}}$.

用 $\boldsymbol{B}$ 左乘 $\boldsymbol{Ax}=\mathbf{0}$ 的两边,由于 $\boldsymbol{BA}=\boldsymbol{I}$,因此可得 $\boldsymbol{x}=\mathbf{0}$,即 $x_1=x_2=\cdots=x_n=0$,这与 $x_i(1\leqslant i\leqslant n)$ 不全为零的假设相矛盾,故 $\boldsymbol{A}$ 的列向量组线性相关不为真,从而它们线性无关.

解 2 因为 $m>n$,所以 $\mathrm{r}(\boldsymbol{A})\leqslant\min\{m,n\}=n$. 又因为 $\mathrm{r}(\boldsymbol{A})\geqslant\mathrm{r}(\boldsymbol{BA})=\mathrm{r}(\boldsymbol{I})=n$,所以 $\mathrm{r}(\boldsymbol{A})=n$,即 $\boldsymbol{A}$ 的列向量线性无关.

注 下面的问题是上题的变形(提法不同)而已.

(1993①)设 $\boldsymbol{A}$ 是 $n\times m$ 矩阵,$\boldsymbol{B}$ 是 $m\times n$ 矩阵,其中 $n<m$,$\boldsymbol{I}$ 是 n 阶单位矩阵,若 $\boldsymbol{AB}=\boldsymbol{I}$,证明 $\boldsymbol{B}$ 的列向量组线性无关.

证 1:(反证法)设 $\boldsymbol{B}$ 的 n 个列向量记为 $\boldsymbol{\beta}_1,\boldsymbol{\beta}_2,\cdots,\boldsymbol{\beta}_n$,即 $\boldsymbol{B}=(\boldsymbol{\beta}_1,\boldsymbol{\beta}_2,\cdots,\boldsymbol{\beta}_n)$. 假设这组向量线性相关,即存在 n 个不全为零的数 $x_1,x_2,\cdots,x_n$,使 $x_1\boldsymbol{\beta}_1+x_2\boldsymbol{\beta}_2+\cdots+x_n\boldsymbol{\beta}_n=\mathbf{0}$. 改写为

$$(\boldsymbol{\beta}_1,\boldsymbol{\beta}_2,\cdots,\boldsymbol{\beta}_n)(x_1,x_2,\cdots,x_n)^{\mathrm{T}}=\boldsymbol{Bx}=\mathbf{0}$$

式中 $\boldsymbol{x}=(x_1,x_2,\cdots,x_n)^{\mathrm{T}}$.

用 $\boldsymbol{A}$ 左乘 $\boldsymbol{Bx}=\mathbf{0}$ 的两边,由于 $\boldsymbol{AB}=\boldsymbol{I}$,因此可得 $\boldsymbol{x}=\mathbf{0}$,即 $x_1=x_2=\cdots=x_n=0$,这与 $x_i(1\leqslant i\leqslant n)$ 不全为零的假设相矛盾. 故 $\boldsymbol{B}$ 的列向量组线性无关.

证 2:因为 $n<m$,所以 $\mathrm{r}(\boldsymbol{B})\leqslant\min\{m,n\}=n$. 又因为 $\mathrm{r}(\boldsymbol{B})\geqslant\mathrm{r}(\boldsymbol{AB})\geqslant\mathrm{r}(\boldsymbol{I})=n$,所以 $\mathrm{r}(B)=n$,即 $\boldsymbol{B}$ 的列向量组线性无关.

题 5 (1991③)试证明 n 维向量 $\boldsymbol{\alpha}_1,\boldsymbol{\alpha}_2,\cdots,\boldsymbol{\alpha}_n$ 线性无关的充分必要条件是

$$D=\begin{vmatrix} \boldsymbol{\alpha}_1^T\boldsymbol{\alpha}_1 & \boldsymbol{\alpha}_1^T\boldsymbol{\alpha}_2 & \cdots & \boldsymbol{\alpha}_1^T\boldsymbol{\alpha}_n \\ \boldsymbol{\alpha}_2^T\boldsymbol{\alpha}_1 & \boldsymbol{\alpha}_2^T\boldsymbol{\alpha}_2 & \cdots & \boldsymbol{\alpha}_2^T\boldsymbol{\alpha}_n \\ \vdots & \vdots & & \vdots \\ \boldsymbol{\alpha}_n^T\boldsymbol{\alpha}_1 & \boldsymbol{\alpha}_n^T\boldsymbol{\alpha}_2 & \cdots & \boldsymbol{\alpha}_n^T\boldsymbol{\alpha}_n \end{vmatrix}\neq 0$$

其中 $\boldsymbol{\alpha}_i^T$ 是 $\boldsymbol{\alpha}_i$ 的转置,$i=1,2,\cdots,n$.

证 记 $\boldsymbol{A}=(\boldsymbol{\alpha}_1,\boldsymbol{\alpha}_2,\cdots,\boldsymbol{\alpha}_n)$,则问题化为 $\boldsymbol{\alpha}_1,\boldsymbol{\alpha}_2,\cdots,\boldsymbol{\alpha}_n$ 线性无关的充要条件是行列式 $|\boldsymbol{A}|\neq 0$.

又由
$$\boldsymbol{A}^T\boldsymbol{A}=\begin{pmatrix} \boldsymbol{\alpha}_1^T \\ \boldsymbol{\alpha}_2^T \\ \vdots \\ \boldsymbol{\alpha}_n^T \end{pmatrix}(\boldsymbol{\alpha}_1,\boldsymbol{\alpha}_2,\cdots,\boldsymbol{\alpha}_n)=\begin{pmatrix} \boldsymbol{\alpha}_1^T\boldsymbol{\alpha}_1 & \boldsymbol{\alpha}_1^T\boldsymbol{\alpha}_2 & \cdots & \boldsymbol{\alpha}_1^T\boldsymbol{\alpha}_n \\ \boldsymbol{\alpha}_2^T\boldsymbol{\alpha}_1 & \boldsymbol{\alpha}_2^T\boldsymbol{\alpha}_2 & \cdots & \boldsymbol{\alpha}_2^T\boldsymbol{\alpha}_n \\ \vdots & \vdots & & \vdots \\ \boldsymbol{\alpha}_n^T\boldsymbol{\alpha}_1 & \boldsymbol{\alpha}_n^T\boldsymbol{\alpha}_2 & \cdots & \boldsymbol{\alpha}_n^T\boldsymbol{\alpha}_n \end{pmatrix}$$

把上式两边取行列式,有
$$D=|\boldsymbol{A}^T\boldsymbol{A}|=|\boldsymbol{A}^T|\cdot|\boldsymbol{A}|=|\boldsymbol{A}|^2$$
此式说明 $|\boldsymbol{A}|\neq 0$ 与 $D\neq 0$ 等价. 由此得出 $D\neq 0$ 是向量组 $\boldsymbol{\alpha}_1,\boldsymbol{\alpha}_2,\cdots,\boldsymbol{\alpha}_n$ 线性无关的充分必要条件.

注 其实从矩阵的角度看,对任何实矩阵 $\boldsymbol{A}$ 而言,$\boldsymbol{A}^T\boldsymbol{A}$ 是半正定阵. 又若 $\boldsymbol{A}$ 非奇异,则 $\boldsymbol{A}^T\boldsymbol{A}$ 是正定阵. 这样,还可有:

若 $\boldsymbol{\alpha}_1,\boldsymbol{\alpha}_2,\cdots,\boldsymbol{\alpha}_n$ 线性无关,记 $\boldsymbol{A}=(\boldsymbol{\alpha}_1,\boldsymbol{\alpha}_2,\cdots,\boldsymbol{\alpha}_n)$,则 $|\boldsymbol{A}^T\boldsymbol{A}|>0$.

另外,本例是下面命题的另一种叙述:

命题:若 $\boldsymbol{\alpha}_i\in\mathbf{R}^n\,(i=1,2,\cdots,n)$,则向量组 $\{\boldsymbol{\alpha}_1,\boldsymbol{\alpha}_2,\cdots,\boldsymbol{\alpha}_n\}$ 线性无关 $\Longleftrightarrow D=|(\boldsymbol{\alpha}_i,\boldsymbol{\alpha}_j)_{n\times n}|=|(\boldsymbol{\alpha}_i^T\boldsymbol{\alpha}_j)_{n\times n}|\neq 0$,这里 D 是由 $\boldsymbol{\alpha}_i^T\boldsymbol{\alpha}_j\,(i=1,2,\cdots,n)$ 组成的 n 阶行列式(格拉姆行列式)

$$D=\begin{vmatrix} (\boldsymbol{\alpha}_1,\boldsymbol{\alpha}_1) & (\boldsymbol{\alpha}_1,\boldsymbol{\alpha}_2) & \cdots & (\boldsymbol{\alpha}_1,\boldsymbol{\alpha}_n) \\ (\boldsymbol{\alpha}_2,\boldsymbol{\alpha}_1) & (\boldsymbol{\alpha}_2,\boldsymbol{\alpha}_2) & \cdots & (\boldsymbol{\alpha}_2,\boldsymbol{\alpha}_n) \\ \vdots & \vdots & & \vdots \\ (\boldsymbol{\alpha}_n,\boldsymbol{\alpha}_1) & (\boldsymbol{\alpha}_n,\boldsymbol{\alpha}_2) & \cdots & (\boldsymbol{\alpha}_n,\boldsymbol{\alpha}_n) \end{vmatrix}=\begin{vmatrix} \boldsymbol{\alpha}_1^T\boldsymbol{\alpha}_1 & \boldsymbol{\alpha}_1^T\boldsymbol{\alpha}_2 & \cdots & \boldsymbol{\alpha}_1^T\boldsymbol{\alpha}_n \\ \boldsymbol{\alpha}_2^T\boldsymbol{\alpha}_1 & \boldsymbol{\alpha}_2^T\boldsymbol{\alpha}_2 & \cdots & \boldsymbol{\alpha}_2^T\boldsymbol{\alpha}_n \\ \vdots & \vdots & & \vdots \\ \boldsymbol{\alpha}_n^T\boldsymbol{\alpha}_1 & \boldsymbol{\alpha}_n^T\boldsymbol{\alpha}_2 & \cdots & \boldsymbol{\alpha}_n^T\boldsymbol{\alpha}_n \end{vmatrix}$$

显然 $D=|\boldsymbol{A}^T\boldsymbol{A}|$,其中 $\boldsymbol{A}=(\boldsymbol{\alpha}_1,\boldsymbol{\alpha}_2,\cdots,\boldsymbol{\alpha}_n)$.

题 6 (2008②④)设 $\boldsymbol{A}$ 为 3 阶矩阵,$\boldsymbol{\alpha}_1,\boldsymbol{\alpha}_2$ 为 $\boldsymbol{A}$ 的分别属于特征值 $-1,1$ 的特征向量,向量 $\boldsymbol{\alpha}_3$ 满足 $\boldsymbol{A}\boldsymbol{\alpha}_3=\boldsymbol{\alpha}_2+\boldsymbol{\alpha}_3$. (1)证明:$\boldsymbol{\alpha}_1,\boldsymbol{\alpha}_2,\boldsymbol{\alpha}_3$ 线性无关. (2)令 $\boldsymbol{P}=(\boldsymbol{\alpha}_1,\boldsymbol{\alpha}_2,\boldsymbol{\alpha}_3)$,求 $\boldsymbol{P}^{-1}\boldsymbol{A}\boldsymbol{P}$.

证 (1)由题设可知,向量 $\boldsymbol{\alpha}_1,\boldsymbol{\alpha}_2$ 是属于 $\boldsymbol{A}$ 的特征值 $-1,1$ 的特征向量,则 $\boldsymbol{\alpha}_1,\boldsymbol{\alpha}_2$ 线性无关,且 $\boldsymbol{A}\boldsymbol{\alpha}_1=-\boldsymbol{\alpha}_1,\boldsymbol{A}\boldsymbol{\alpha}_2=\boldsymbol{\alpha}_2$.

假设存在数 k_1,k_2,k_3,使得
$$k_1\boldsymbol{\alpha}_1+k_2\boldsymbol{\alpha}_2+k_3\boldsymbol{\alpha}_3=\boldsymbol{0} \quad ①$$
则等式两边乘以 $\boldsymbol{A}$,可得
$$\begin{aligned}\boldsymbol{A}(k_1\boldsymbol{\alpha}_1+k_2\boldsymbol{\alpha}_2+k_3\boldsymbol{\alpha}_3)&=k_1\boldsymbol{A}\boldsymbol{\alpha}_1+k_2\boldsymbol{A}\boldsymbol{\alpha}_2+k_3\boldsymbol{A}\boldsymbol{\alpha}_3\\&=-k_1\boldsymbol{\alpha}_1+k_2\boldsymbol{\alpha}_2+k_3(\boldsymbol{\alpha}_2+\boldsymbol{\alpha}_3)=-k_1\boldsymbol{\alpha}_1+(k_2+k_3)\boldsymbol{\alpha}_2+k_3\boldsymbol{\alpha}_3=\boldsymbol{0}\end{aligned} \quad ②$$
式①－②,则 $2k_1\boldsymbol{\alpha}_1-k_3\boldsymbol{\alpha}_2=\boldsymbol{0}$,从而 $k_1=k_3=0$,代入式①可得 $k_2\boldsymbol{\alpha}_2=\boldsymbol{0}$. 又由于 $\boldsymbol{\alpha}_2\neq\boldsymbol{0}$,所以 $k_2=0$,故 $\boldsymbol{\alpha}_1,\boldsymbol{\alpha}_2,\boldsymbol{\alpha}_3$ 线性无关.

(2)令 $\boldsymbol{P}=(\boldsymbol{\alpha}_1,\boldsymbol{\alpha}_2,\boldsymbol{\alpha}_3)$,则 $\boldsymbol{P}=(\boldsymbol{\alpha}_1,\boldsymbol{\alpha}_2,\boldsymbol{\alpha}_3)$ 可逆. 因为
$$\boldsymbol{A}(\boldsymbol{\alpha}_1,\boldsymbol{\alpha}_2,\boldsymbol{\alpha}_3)=(\boldsymbol{A}\boldsymbol{\alpha}_1,\boldsymbol{A}\boldsymbol{\alpha}_2,\boldsymbol{A}\boldsymbol{\alpha}_3)=(\boldsymbol{\alpha}_1,\boldsymbol{\alpha}_2,\boldsymbol{\alpha}_3)\begin{pmatrix}-1&0&0\\0&1&1\\0&0&1\end{pmatrix}$$

所以
$$\boldsymbol{P}^{-1}\boldsymbol{A}\boldsymbol{P}=\begin{pmatrix}-1&0&0\\0&1&1\\0&0&1\end{pmatrix}$$

2. 向量(组)的线性表出问题

(1)向量的线性表出(不含参数)问题

题 (1992①)设向量组 $\boldsymbol{\alpha}_1,\boldsymbol{\alpha}_2,\boldsymbol{\alpha}_3$ 线性相关,向量组 $\boldsymbol{\alpha}_2,\boldsymbol{\alpha}_3,\boldsymbol{\alpha}_4$ 线性无关,问:

(1)$\boldsymbol{\alpha}_1$ 能否由 $\boldsymbol{\alpha}_2,\boldsymbol{\alpha}_3$ 线性表出?证明你的结论.

(2)$\boldsymbol{\alpha}_4$ 能否由 $\boldsymbol{\alpha}_1,\boldsymbol{\alpha}_2,\boldsymbol{\alpha}_3$ 线性表出?证明你的结论.

解 (1)$\boldsymbol{\alpha}_1$ 能由 $\boldsymbol{\alpha}_2,\boldsymbol{\alpha}_3$ 线性表出,证明如下:

由 $\boldsymbol{\alpha}_2,\boldsymbol{\alpha}_3,\boldsymbol{\alpha}_4$ 线性无关,其部分组 $\boldsymbol{\alpha}_2,\boldsymbol{\alpha}_3$ 线性无关.

又知 $\boldsymbol{\alpha}_1,\boldsymbol{\alpha}_2,\boldsymbol{\alpha}_3$ 线性相关,故 $\boldsymbol{\alpha}_1$ 可由 $\boldsymbol{\alpha}_2,\boldsymbol{\alpha}_3$ 线性表示.

(2)$\boldsymbol{\alpha}_4$ 不能由 $\boldsymbol{\alpha}_1,\boldsymbol{\alpha}_2,\boldsymbol{\alpha}_3$ 线性表出.用反证法:

设 $\boldsymbol{\alpha}_4$ 可由 $\boldsymbol{\alpha}_1,\boldsymbol{\alpha}_2,\boldsymbol{\alpha}_3$ 线性表出,即 $\boldsymbol{\alpha}_4=\lambda_1\boldsymbol{\alpha}_1+\lambda_2\boldsymbol{\alpha}_2+\lambda_3\boldsymbol{\alpha}_3$.

由(1)的结论可设 $\boldsymbol{\alpha}_1=\mu_2\boldsymbol{\alpha}_2+\mu_3\boldsymbol{\alpha}_3$,代入上式得

$$\boldsymbol{\alpha}_4=\lambda_1(\mu_2\boldsymbol{\alpha}_2+\mu_3\boldsymbol{\alpha}_3)+\lambda_2\boldsymbol{\alpha}_2+\lambda_3\boldsymbol{\alpha}_3=(\lambda_1\mu_2+\lambda_2)\boldsymbol{\alpha}_2+(\lambda_1\mu_3+\lambda_3)\boldsymbol{\alpha}_3$$

即 $\boldsymbol{\alpha}_4$ 可由 $\boldsymbol{\alpha}_2,\boldsymbol{\alpha}_3$ 线性表出,从而 $\boldsymbol{\alpha}_2,\boldsymbol{\alpha}_3,\boldsymbol{\alpha}_4$ 线性相关,与已知矛盾.因此 $\boldsymbol{\alpha}_4$ 不能由 $\boldsymbol{\alpha}_1,\boldsymbol{\alpha}_2,\boldsymbol{\alpha}_3$ 线性表出.

(2)含参向量组的线性表出问题

题1 (1991③④)设有3维列向量 $\boldsymbol{\alpha}_1=(1+\lambda,1,1)^{\mathrm{T}},\boldsymbol{\alpha}_2=(1,1+\lambda,1)^{\mathrm{T}},\boldsymbol{\alpha}_3=(1,1,1+\lambda)^{\mathrm{T}},\boldsymbol{\beta}=(0,\lambda,\lambda^2)^{\mathrm{T}}$.问 λ 为何值时:

(1)$\boldsymbol{\beta}$ 可由 $\boldsymbol{\alpha}_1,\boldsymbol{\alpha}_2,\boldsymbol{\alpha}_3$ 线性表示,且表达式唯一?

(2)$\boldsymbol{\beta}$ 可由 $\boldsymbol{\alpha}_1,\boldsymbol{\alpha}_2,\boldsymbol{\alpha}_3$ 线性表示,但表达式不唯一?

(3)$\boldsymbol{\beta}$ 不能由 $\boldsymbol{\alpha}_1,\boldsymbol{\alpha}_2,\boldsymbol{\alpha}_3$ 线性表示?

解 将 $\boldsymbol{\beta}$ 由 $\boldsymbol{\alpha}_1,\boldsymbol{\alpha}_2,\boldsymbol{\alpha}_3$ 线性表示为 $\boldsymbol{\beta}=x_1\boldsymbol{\alpha}_1+x_2\boldsymbol{\alpha}_2+x_3\boldsymbol{\alpha}_3$,这是如下的方程组

$$\begin{pmatrix}1+\lambda & 1 & 1\\ 1 & 1+\lambda & 1\\ 1 & 1 & 1+\lambda\end{pmatrix}\begin{pmatrix}x_1\\ x_2\\ x_3\end{pmatrix}=\begin{pmatrix}0\\ \lambda\\ \lambda^2\end{pmatrix} \tag{*}$$

其系数行列式

$$|\boldsymbol{A}|=\begin{vmatrix}1+\lambda & 1 & 1\\ 1 & 1+\lambda & 1\\ 1 & 1 & 1+\lambda\end{vmatrix}=\lambda^2(\lambda+3)$$

(1)当 $\lambda\neq0$ 与 $\lambda\neq-3$ 时,$|\boldsymbol{A}|\neq0$,方程组(*)有唯一解,亦即 $\boldsymbol{\beta}$ 可由 $\boldsymbol{\alpha}_1,\boldsymbol{\alpha}_2,\boldsymbol{\alpha}_3$ 唯一地线性表示.

(2)当 $\lambda=0$ 时,式(*)是齐次线性方程组,且 $\mathrm{r}(\boldsymbol{A})=1<3$(未知量的个数),方程组有无穷多组解,即 $\boldsymbol{\beta}$ 可由 $\boldsymbol{\alpha}_1,\boldsymbol{\alpha}_2,\boldsymbol{\alpha}_3$ 线性表示,但表达式不唯一.

(3)当 $\lambda=3$ 时,对式 $\boldsymbol{A}$ 的增广矩阵 $\overline{\boldsymbol{A}}=(\boldsymbol{A}\vdots\boldsymbol{b})$ 作行初等变换

$$\overline{\boldsymbol{A}}=\left(\begin{array}{ccc:c}-2 & 1 & 1 & 0\\ 1 & -2 & 1 & -3\\ 1 & 1 & -2 & 9\end{array}\right)\xrightarrow[\text{单位化}]{\text{第1列}}\left(\begin{array}{ccc:c}0 & 3 & -3 & 18\\ 0 & -3 & 3 & -12\\ 1 & 1 & -2 & 9\end{array}\right)\xrightarrow[\text{单位化}]{\text{第2列}}\left(\begin{array}{ccc:c}0 & 0 & 0 & 6\\ 0 & 1 & -1 & 4\\ 1 & 1 & -2 & 9\end{array}\right)$$

由上最末的矩阵知,$\mathrm{r}(\boldsymbol{A})=2\neq\mathrm{r}(\overline{\boldsymbol{A}})=3$,故方程组(*)无解,即 $\boldsymbol{\beta}$ 不能由 $\boldsymbol{\alpha}_1,\boldsymbol{\alpha}_2,\boldsymbol{\alpha}_3$ 线性表示.

注 下面的问题显然与题1类同.

(1999②)设向量组 $\boldsymbol{\alpha}_1=(1,1,1,3)^{\mathrm{T}},\boldsymbol{\alpha}_2=(-1,-3,5,1)^{\mathrm{T}},\boldsymbol{\alpha}_3=(3,2,-1,p+2)^{\mathrm{T}},\boldsymbol{\alpha}_4=(-2,-6,10,p)^{\mathrm{T}}$.

(1)p 为何值时该向量组线性无关?并在此时将向量 $\{\boldsymbol{\alpha}\}=(4,1,6,10)^{\mathrm{T}}$ 用 $\{\boldsymbol{\alpha}_1,\boldsymbol{\alpha}_2,\boldsymbol{\alpha}_3,\boldsymbol{\alpha}_4\}$ 线性表出.

(2)p 为何值时该向量组线性无关?并表出在此时它的秩和一个极大线性无关组.

略解:(1)考虑矩阵$(\boldsymbol{\alpha}_1,\boldsymbol{\alpha}_2,\boldsymbol{\alpha}_3,\boldsymbol{\alpha}_4 \vdots \boldsymbol{\alpha})$经行初等变换化为

$$\begin{pmatrix}1&-1&3&-2&\vdots&4\\1&-3&2&-6&\vdots&1\\1&5&-1&10&\vdots&6\\3&1&p+2&p&\vdots&10\end{pmatrix}\to\begin{pmatrix}1&-1&3&-2&\vdots&4\\1&-2&-1&-4&\vdots&-3\\0&6&-4&12&\vdots&2\\0&4&p-7&p+6&\vdots&-2\end{pmatrix}$$

$$\to\begin{pmatrix}0&-1&3&-2&\vdots&4\\0&-2&-1&-4&\vdots&-3\\0&0&-7&0&\vdots&-1\\0&0&p-9&p-2&\vdots&-8\end{pmatrix}\to\begin{pmatrix}1&-1&3&-2&\vdots&4\\0&-2&-1&-4&\vdots&-3\\0&0&1&0&\vdots&1\\0&0&0&p-2&\vdots&1-p\end{pmatrix}$$

(1)当 $p\neq 2$ 时,向量组 $\boldsymbol{\alpha}_1,\boldsymbol{\alpha}_2,\boldsymbol{\alpha}_3,\boldsymbol{\alpha}_4$ 线性无关.

此时设 $\boldsymbol{\alpha}=x_1\boldsymbol{\alpha}_1+x_2\boldsymbol{\alpha}_2+x_3\boldsymbol{\alpha}_3+x_4\boldsymbol{\alpha}_4$,解得

$$x_1=2,\quad x_2=\frac{3p-4}{p-2},\quad x_3=1,\quad x_4=\frac{1-p}{p-2}$$

(2)当 $p=2$ 时,向量组 $\boldsymbol{\alpha}_1,\boldsymbol{\alpha}_2,\boldsymbol{\alpha}_3,\boldsymbol{\alpha}_4$ 线性相关.

此时向量组的秩等于3,且 $\boldsymbol{\alpha}_1,\boldsymbol{\alpha}_2,\boldsymbol{\alpha}_3$(或 $\boldsymbol{\alpha}_1,\boldsymbol{\alpha}_3,\boldsymbol{\alpha}_4$)为其一个极大线性无关组.

以下诸问题中参数个数多于2个.

题 2 (1991①)已知 $\boldsymbol{\alpha}_1=(1,0,2,3)$,$\boldsymbol{\alpha}_2=(1,1,3,5)$,$\boldsymbol{\alpha}_3=(1,-1,a+2,1)^{\mathrm{T}}$,$\boldsymbol{\alpha}_4=(1,2,4,a+8)$及 $\boldsymbol{\beta}=(1,1,b+3,5)$.

(1)a,b 为何值时,$\boldsymbol{\beta}$ 不能表示成 $\boldsymbol{\alpha}_1,\boldsymbol{\alpha}_2,\boldsymbol{\alpha}_3,\boldsymbol{\alpha}_4$ 的线性组合?

(2)a,b 为何值时,$\boldsymbol{\beta}$ 有 $\boldsymbol{\alpha}_1,\boldsymbol{\alpha}_2,\boldsymbol{\alpha}_3,\boldsymbol{\alpha}_4$ 的唯一的线性表示式?并写出该表示式.

解 设 $\boldsymbol{\beta}=x_1\boldsymbol{\alpha}_1+x_2\boldsymbol{\alpha}_2+x_3\boldsymbol{\alpha}_3+x_4\boldsymbol{\alpha}_4$,即

$$\begin{cases}x_1+x_2+x_3+x_4=1\\ x_2-x_3+2x_4=1\\ 2x_1+3x_2+(a+2)x_3+4x_4=b+3\\ 3x_1+5x_2+x_3+(a+8)x_4=5\end{cases}$$

对方程组的增广矩阵$\overline{\mathbf{A}}=(\mathbf{A}\vdots\boldsymbol{\beta})$作初等行变换,使之化为阶梯形

$$\begin{pmatrix}1&1&1&1&\vdots&1\\0&1&-1&2&\vdots&1\\2&3&a+2&4&\vdots&b+3\\3&5&1&a+8&\vdots&5\end{pmatrix}\to\begin{pmatrix}1&1&1&1&\vdots&1\\0&1&-1&2&\vdots&1\\0&1&a&2&\vdots&b+1\\0&2&-2&a+5&\vdots&2\end{pmatrix}\to\begin{pmatrix}1&1&1&1&\vdots&1\\0&1&-1&2&\vdots&1\\0&0&a+1&0&\vdots&b\\0&0&0&a+1&\vdots&0\end{pmatrix}$$

(1)当 $a=-1$,且 $b\neq 0$ 时,$\mathrm{r}(\mathbf{A})=2\neq\mathrm{r}(\overline{\mathbf{A}})=3$,方程组无解,故 $\boldsymbol{\beta}$ 不能表示成 $\boldsymbol{\alpha}_1,\boldsymbol{\alpha}_2,\boldsymbol{\alpha}_3,\boldsymbol{\alpha}_4$ 的线性组合.

(2)当 $a\neq -1$ 时,$\mathrm{r}(\mathbf{A})=\mathrm{r}(\overline{\mathbf{A}})=4$,方程组有唯一解,即 $\boldsymbol{\beta}$ 可由 $\boldsymbol{\alpha}_1,\boldsymbol{\alpha}_2,\boldsymbol{\alpha}_3,\boldsymbol{\alpha}_4$ 唯一地线性表示. 继续对$\overline{\mathbf{A}}$作初等行变换

$$\overline{\mathbf{A}}\to\begin{pmatrix}1&0&2&-1&\vdots&0\\0&1&-1&2&\vdots&1\\0&0&a+1&0&\vdots&b\\0&0&0&a+1&\vdots&0\end{pmatrix}\to\begin{pmatrix}1&0&0&0&\vdots&\dfrac{-2b}{a+1}\\0&1&0&0&\vdots&\dfrac{a+b+1}{a+1}\\0&0&1&0&\vdots&\dfrac{b}{a+1}\\0&0&0&1&\vdots&0\end{pmatrix}$$

于是
$$\boldsymbol{\beta}=-\frac{2b}{a+1}\boldsymbol{\alpha}_1+\frac{a+b+1}{a+1}\boldsymbol{\alpha}_2+\frac{b}{a+1}\boldsymbol{\alpha}_3+0\cdot\boldsymbol{\alpha}_4$$

题 3 (2003④)设有向量组(Ⅰ):$\boldsymbol{\alpha}_1=(1,0,2)^{\mathrm{T}},\boldsymbol{\alpha}_2=(1,1,3)^{\mathrm{T}},\boldsymbol{\alpha}_3=(1,-1,a+2)^{\mathrm{T}}$ 和向量组(Ⅱ):$\boldsymbol{\beta}_1=(1,2,a+3)^{\mathrm{T}},\boldsymbol{\beta}_2=(2,1,a+6)^{\mathrm{T}},\boldsymbol{\beta}_3=(2,1,a+4)^{\mathrm{T}}$.试问:当 a 为何值时,向量组(Ⅰ)与(Ⅱ)等价?当 a 为何值时,向量组(Ⅰ)与(Ⅱ)不等价?

解 作初等行变换,有

$$(\boldsymbol{\alpha}_1,\boldsymbol{\alpha}_2,\boldsymbol{\alpha}_3 \vdots \boldsymbol{\beta}_1,\boldsymbol{\beta}_2,\boldsymbol{\beta}_3)=\left(\begin{array}{ccc:ccc}1&1&1&1&2&2\\0&1&-1&2&1&1\\2&3&a+2&a+3&a+6&a+4\end{array}\right)$$

$$\rightarrow\left(\begin{array}{ccc:ccc}1&0&2&-1&1&1\\0&1&-1&2&1&1\\0&0&a+1&a-1&a+1&a-1\end{array}\right)$$

(1)当 $a\neq 1$ 时,$\det(\boldsymbol{\alpha}_1,\boldsymbol{\alpha}_2,\boldsymbol{\alpha}_3)=a+1\neq 0$,$\mathrm{r}(\boldsymbol{\alpha}_1,\boldsymbol{\alpha}_2,\boldsymbol{\alpha}_3)=3$,故线性方程组 $x_1\boldsymbol{\alpha}_1+x_2\boldsymbol{\alpha}_2+x_3\boldsymbol{\alpha}_3=\boldsymbol{\beta}_i$ $(i=1,2,3)$均有唯一解,所以 $\boldsymbol{\beta}_1,\boldsymbol{\beta}_2,\boldsymbol{\beta}_3$ 可由向量组(Ⅰ)线性表示.

同样 $\det(\boldsymbol{\beta}_1,\boldsymbol{\beta}_2,\boldsymbol{\beta}_3)=6\neq 0$,$\mathrm{r}(\boldsymbol{\beta}_1,\boldsymbol{\beta}_2,\boldsymbol{\beta}_3)=3$,故 $\boldsymbol{\alpha}_1,\boldsymbol{\alpha}_2,\boldsymbol{\alpha}_3$ 可由向量组(Ⅱ)线性表示.因此向量组(Ⅰ)与(Ⅱ)等价.

(2)当 $a=-1$ 时,有

$$(\boldsymbol{\alpha}_1,\boldsymbol{\alpha}_2,\boldsymbol{\alpha}_3 \vdots \boldsymbol{\beta}_1,\boldsymbol{\beta}_2,\boldsymbol{\beta}_3)\rightarrow\left(\begin{array}{ccc:ccc}1&0&2&-1&1&1\\0&1&-1&2&1&1\\0&0&0&-2&0&-2\end{array}\right)$$

由于 $\mathrm{r}(\boldsymbol{\alpha}_1,\boldsymbol{\alpha}_2,\boldsymbol{\alpha}_3)\neq\mathrm{r}(\boldsymbol{\alpha}_1,\boldsymbol{\alpha}_2,\boldsymbol{\alpha}_3 \vdots \boldsymbol{\beta}_1)$,知线性方程组 $x_1\boldsymbol{\alpha}_1+x_2\boldsymbol{\alpha}_2+x_3\boldsymbol{\alpha}_3=\boldsymbol{\beta}_1$ 无解,故向量 $\boldsymbol{\beta}_1$ 不能由 $\boldsymbol{\alpha}_1,\boldsymbol{\alpha}_2,\boldsymbol{\alpha}_3$ 线性表示.因此,向量组(Ⅰ)与(Ⅱ)不等价.

注 1 涉及参数讨论时,一般联想到利用行列式判断,因此,本题也可这样分析.

因为行列式 $|(\boldsymbol{\alpha}_1,\boldsymbol{\alpha}_2,\boldsymbol{\alpha}_3)|=a+1$,$|(\boldsymbol{\beta}_1,\boldsymbol{\beta}_2,\boldsymbol{\beta}_3)|=6\neq 0$,可见:

(1)当 $a\neq -1$ 时,$\mathrm{r}(\boldsymbol{\alpha}_1,\boldsymbol{\alpha}_2,\boldsymbol{\alpha}_3)=\mathrm{r}(\boldsymbol{\beta}_1,\boldsymbol{\beta}_2,\boldsymbol{\beta}_3)=3$,因此 3 维列向量组 $\boldsymbol{\alpha}_1,\boldsymbol{\alpha}_2,\boldsymbol{\alpha}_3$ 与 $\boldsymbol{\beta}_1,\boldsymbol{\beta}_2,\boldsymbol{\beta}_3$ 等价,即向量组(Ⅰ)与(Ⅱ)等价.

(2)当 $a=-1$ 时,$\mathrm{r}(\boldsymbol{\alpha}_1,\boldsymbol{\alpha}_2,\boldsymbol{\alpha}_3)=2$,而行列式 $|(\boldsymbol{\alpha}_1,\boldsymbol{\alpha}_3,\boldsymbol{\beta}_1)|=4\neq 0$,可见 $\mathrm{r}(\boldsymbol{\alpha}_1,\boldsymbol{\alpha}_2,\boldsymbol{\alpha}_3)=2\neq\mathrm{r}(\boldsymbol{\alpha}_1,\boldsymbol{\alpha}_2,\boldsymbol{\alpha}_3,\boldsymbol{\beta}_1)=3$,因此线性方程组 $x_1\boldsymbol{\alpha}_1+x_2\boldsymbol{\alpha}_2+x_3\boldsymbol{\alpha}_3=\boldsymbol{\beta}_1$ 无解,故向量 $\boldsymbol{\beta}_1$ 不能由 $\boldsymbol{\alpha}_1,\boldsymbol{\alpha}_2,\boldsymbol{\alpha}_3$ 线性表示.

即向量组(Ⅰ)与(Ⅱ)不等价.

注 2 向量组(Ⅰ)与(Ⅱ)等价,相当于$\{\boldsymbol{\alpha}_1,\boldsymbol{\alpha}_2,\boldsymbol{\alpha}_3\}$与$\{\boldsymbol{\beta}_1,\boldsymbol{\beta}_2,\boldsymbol{\beta}_3\}$均为整个向量组$\{\boldsymbol{\alpha}_1,\boldsymbol{\alpha}_2,\boldsymbol{\alpha}_3,\boldsymbol{\beta}_1,\boldsymbol{\beta}_2,\boldsymbol{\beta}_3\}$的一个极大无关组,这时问题转化为求向量组$\{\boldsymbol{\alpha}_1,\boldsymbol{\alpha}_2,\boldsymbol{\alpha}_3,\boldsymbol{\beta}_1,\boldsymbol{\beta}_2,\boldsymbol{\beta}_3\}$的极大无关组,这也可通过初等行变换化阶梯形进行讨论.

题 4 (1998②)若 $\boldsymbol{\alpha}_1=(1,4,0,2)^{\mathrm{T}},\boldsymbol{\alpha}_2=(2,7,1,3)^{\mathrm{T}},\boldsymbol{\alpha}_3=(0,1,-1,a)^{\mathrm{T}},\boldsymbol{\beta}=(3,10,b,4)^{\mathrm{T}}$.

(1)问 a,b 取何值,$\boldsymbol{\beta}$ 不能由 $\boldsymbol{\alpha}_1,\boldsymbol{\alpha}_2,\boldsymbol{\alpha}_3$ 线性表示?

(2)问 a,b 取何值,$\boldsymbol{\beta}$ 可由 $\boldsymbol{\alpha}_1,\boldsymbol{\alpha}_2,\boldsymbol{\alpha}_3$ 线性表示?并写出此表示式.

解 设 $\boldsymbol{\beta}=x_1\boldsymbol{\alpha}_1+x_2\boldsymbol{\alpha}_2+x_3\boldsymbol{\alpha}_3$,即

$$\begin{cases}x_1+2x_2=3\\4x_1+7x_2+x_3=10\\x_2-x_3=b\\2x_1+3x_2+ax_3=4\end{cases}\qquad(*)$$

对方程组增广矩阵 $\overline{\boldsymbol{A}}=(\boldsymbol{A} \vdots \boldsymbol{\beta})$ 作初等行变换,使之化为阶梯形

$$\left(\begin{array}{ccc:c}1&2&0&3\\4&7&1&10\\0&1&-1&b\\2&3&a&4\end{array}\right)\rightarrow\left(\begin{array}{ccc:c}1&2&0&3\\0&-1&1&-2\\0&1&-1&b\\0&-1&a&-2\end{array}\right)\rightarrow\left(\begin{array}{ccc:c}1&2&0&3\\0&-1&1&-2\\0&0&a-1&0\\0&0&0&b-2\end{array}\right)$$

(1)当 $b\neq 2,a\neq 1$ 时,$\mathrm{r}(\boldsymbol{A})=3\neq\mathrm{r}(\overline{\boldsymbol{A}})=4$;当 $b\neq 2,a=1$ 时,$\mathrm{r}(\boldsymbol{A})=2\neq\mathrm{r}(\overline{\boldsymbol{A}})=3$.线性方程组$(*)$无

解,故 $\boldsymbol{\beta}$ 不能由 $\boldsymbol{\alpha}_1,\boldsymbol{\alpha}_2,\boldsymbol{\alpha}_3$ 线性表示.

(2)当 $b=2,a\neq1$ 时,$r(\boldsymbol{A})=r(\overline{\boldsymbol{A}})=3$,方程组(*)有唯一解 $x_1=1,x_2=2,x_3=0$. 于是 $\boldsymbol{\beta}$ 可唯一表示为 $\boldsymbol{\beta}=-\boldsymbol{\alpha}_1+2\boldsymbol{\alpha}_2$.

当 $b=2,a=1$ 时,$r(\boldsymbol{A})=r(\overline{\boldsymbol{A}})=2<3$(未知量个数),方程组(*)有无穷多组解. 此时方程组(*)的同解方程为

$$\begin{cases}x_1+2x_2=3\\-x_2+x_3=-2\end{cases}\Rightarrow\begin{cases}x_1=-2x_3-1\\x_2=x_3+2\end{cases}$$

令 $x_3=k$(k 为任意数),则 $x_1=-(2k+1),x_2=k+2,x_3=k$. 这时 $\boldsymbol{\beta}$ 可由 $\boldsymbol{\alpha}_1,\boldsymbol{\alpha}_2,\boldsymbol{\alpha}_3$ 线性表示为

$$\boldsymbol{\beta}=-(2k+1)\boldsymbol{\alpha}_1+(k+2)\boldsymbol{\alpha}_2+k\boldsymbol{\alpha}_3$$

题 5 (2004③)设 $\boldsymbol{\alpha}_1=(1,2,0)^{\mathrm T},\boldsymbol{\alpha}_2=(1,a+2,-3a)^{\mathrm T},\boldsymbol{\alpha}_3=(-1,-b-2,a+2b)^{\mathrm T},\boldsymbol{\beta}=(1,3,-3)^{\mathrm T}$. 试讨论当 a,b 为何值时:

(1)$\boldsymbol{\beta}$ 不能由 $\boldsymbol{\alpha}_1,\boldsymbol{\alpha}_2,\boldsymbol{\alpha}_3$ 线性表示;

(2)$\boldsymbol{\beta}$ 可由 $\boldsymbol{\alpha}_1,\boldsymbol{\alpha}_2,\boldsymbol{\alpha}_3$ 唯一地线性表示,并求出表示式;

(3)$\boldsymbol{\beta}$ 可由 $\boldsymbol{\alpha}_1,\boldsymbol{\alpha}_2,\boldsymbol{\alpha}_3$ 线性表示,但表示式不唯一,并求出表示式.

解 设有数 k_1,k_2,k_3,使得

$$k_1\boldsymbol{\alpha}_1+k_2\boldsymbol{\alpha}_2+k_3\boldsymbol{\alpha}_3=\boldsymbol{\beta} \tag{*}$$

记 $\boldsymbol{A}=(\boldsymbol{\alpha}_1,\boldsymbol{\alpha}_2,\boldsymbol{\alpha}_3)$. 对矩阵 $(\boldsymbol{A}\vdots\boldsymbol{\beta})$ 施以初等行变换,有

$$(\boldsymbol{A}\vdots\boldsymbol{\beta})=\left(\begin{array}{ccc:c}1&1&-1&1\\2&a+2&-b-2&3\\0&-3a&a+2b&-3\end{array}\right)\to\left(\begin{array}{ccc:c}1&1&-1&1\\0&a&-b&1\\0&0&a-b&0\end{array}\right)$$

(1)当 $a=0$,且 b 为任意常数时,有

$$(\boldsymbol{A}\vdots\boldsymbol{\beta})\to\left(\begin{array}{ccc:c}1&1&-1&1\\0&0&-b&1\\0&0&0&-1\end{array}\right)$$

可知 $r(\boldsymbol{A})\neq r(\boldsymbol{A}\vdots\boldsymbol{\beta})$,故方程组(*)无解,$\boldsymbol{\beta}$ 不能由 $\boldsymbol{\alpha}_1,\boldsymbol{\alpha}_2,\boldsymbol{\alpha}_3$ 线性表示.

(2)当 $\boldsymbol{\alpha}\neq\boldsymbol{0}$,且 $a\neq b$ 时,$r(\boldsymbol{A})=r(\boldsymbol{A}\vdots\boldsymbol{\beta})=3$,故方程组(*)有唯一解

$$k_1=1-\frac{1}{a},\quad k_2=\frac{1}{a},\quad k_3=0$$

则 $\boldsymbol{\beta}$ 可由 $\boldsymbol{\alpha}_1,\boldsymbol{\alpha}_2,\boldsymbol{\alpha}_3$ 唯一地线性表示,其表示式为 $\boldsymbol{\beta}=\left(1-\frac{1}{a}\right)\boldsymbol{\alpha}_1+\frac{1}{a}\boldsymbol{\alpha}_2$.

(3)当 $a=b\neq0$ 时,对 $(\boldsymbol{A}\vdots\boldsymbol{\beta})$ 施以初等行变换,有

$$(\boldsymbol{A}\vdots\boldsymbol{\beta})\to\left(\begin{array}{ccc:c}1&0&0&1-\frac{1}{a}\\0&1&-1&\frac{1}{a}\\0&0&0&0\end{array}\right)$$

可知 $r(\boldsymbol{A})=r(\boldsymbol{A}\vdots\boldsymbol{\beta})=2$,故方程组(*)有无穷多解,其全部解为

$$k_1=1-\frac{1}{a},\quad k_2=\frac{1}{a}+c,\quad k_3=c$$

其中 c 为任意常数. 则 $\boldsymbol{\beta}$ 可由 $\boldsymbol{\alpha}_1,\boldsymbol{\alpha}_2,\boldsymbol{\alpha}_3$ 线性表示,但表示式不唯一,其表示式为

$$\boldsymbol{\beta}=\left(1-\frac{1}{a}\right)\boldsymbol{\alpha}_1+\left(\frac{1}{a}+c\right)\boldsymbol{\alpha}_2+c\boldsymbol{\alpha}_3$$

题 6 (2000③④)若 $\boldsymbol{\alpha}_1=(a,2,10)^{\mathrm T},\boldsymbol{\alpha}_2=(-2,1,5)^{\mathrm T},\boldsymbol{\alpha}_3=(-1,1,4)^{\mathrm T},\boldsymbol{\beta}=(1,b,c)^{\mathrm T}$. 问 a,b,c 满足什么条件时:(1)$\boldsymbol{\beta}$ 可由 $\boldsymbol{\alpha}_1,\boldsymbol{\alpha}_2,\boldsymbol{\alpha}_3$ 线性表出,且表示不唯一? (2)$\boldsymbol{\beta}$ 不能由 $\boldsymbol{\alpha}_1,\boldsymbol{\alpha}_2,\boldsymbol{\alpha}_3$ 线性表出? (3)$\boldsymbol{\beta}$ 可由 $\boldsymbol{\alpha}_1,\boldsymbol{\alpha}_2,\boldsymbol{\alpha}_3$ 线性表出,但不唯一? 并写出一般表达式.

解 令 $\boldsymbol{A}=(\boldsymbol{\alpha}_1,\boldsymbol{\alpha}_2,\boldsymbol{\alpha}_3)$，考虑

$$\boldsymbol{A}(k_1,k_2,k_3)^{\mathrm{T}}=\boldsymbol{\beta} \qquad (*)$$

由

$$\det \boldsymbol{A}=\begin{vmatrix} a & -2 & -1 \\ 2 & 1 & 1 \\ 10 & 5 & 4 \end{vmatrix}=-a-4$$

(1)$a\neq-4$ 时，有 $k_i(i=1,2,3)$ 使得 $\boldsymbol{\beta}=k_1\boldsymbol{\alpha}_1+k_2\boldsymbol{\alpha}_2+k_3\boldsymbol{\alpha}_3$，即 $\boldsymbol{\beta}\leftarrow\{\boldsymbol{\alpha}_1,\boldsymbol{\alpha}_2,\boldsymbol{\alpha}_3\}$ 且唯一.

(2)$a=-4$ 时，将$(\boldsymbol{A}\vdots\boldsymbol{\beta})$实施初等变换化为

$$\overline{\boldsymbol{A}}=(\boldsymbol{A}\vdots\boldsymbol{\beta})=\left(\begin{array}{ccc:c} -4 & -2 & -1 & 1 \\ 2 & 1 & 1 & b \\ 10 & 5 & 4 & c \end{array}\right)\rightarrow\left(\begin{array}{ccc:c} 0 & 0 & 1 & 2b+1 \\ 2 & 1 & 0 & -b-1 \\ 0 & 0 & 0 & 3b-c-1 \end{array}\right)$$

当 $3b-c-1\neq0$ 时，$\mathrm{r}(\boldsymbol{A})\neq\mathrm{r}(\overline{\boldsymbol{A}})$，则方程组$(*)$无解，$\boldsymbol{\beta}$ 不能由 $\boldsymbol{\alpha}_1,\boldsymbol{\alpha}_2,\boldsymbol{\alpha}_3$ 线性表出.

(3)$a=-4$，且 $3b-c-1=0$ 时，$\mathrm{r}(\boldsymbol{A})=\mathrm{r}(\overline{\boldsymbol{A}})=2$，方程组$(*)$有无穷多组解，此时 $\boldsymbol{\beta}$ 可由 $\boldsymbol{\alpha}_1,\boldsymbol{\alpha}_2,\boldsymbol{\alpha}_3$ 线性表出，但不唯一.

此时方程化为

$$\begin{cases} k_2=-2k_1-b-1 \\ k_3=2b+1 \end{cases}$$

令 $k_1=k$(k 为任意常数)，则方程组的通解为

$$(k_1,k_2,k_3)^{\mathrm{T}}=k(1,-2,0)^{\mathrm{T}}+(0,-b-1,2b+1)^{\mathrm{T}}$$

故 $\boldsymbol{\beta}$ 的一般表示式为 $\boldsymbol{\beta}=k\boldsymbol{\alpha}_1-(2k+b+1)\boldsymbol{\alpha}_2+(2b+1)\boldsymbol{\alpha}_3$.

题7 (2006④)设4维向量组 $\boldsymbol{\alpha}_1=(1+a,1,1,1)^{\mathrm{T}}$，$\boldsymbol{\alpha}_2=(2,2+a,2,2)^{\mathrm{T}}$，$\boldsymbol{\alpha}_3=(3,3,3+a,3)^{\mathrm{T}}$，$\boldsymbol{\alpha}_4=(4,4,4,4+a)^{\mathrm{T}}$，问 a 为何值时，$\boldsymbol{\alpha}_1,\boldsymbol{\alpha}_2,\boldsymbol{\alpha}_3,\boldsymbol{\alpha}_4$ 线性相关？当 $\boldsymbol{\alpha}_1,\boldsymbol{\alpha}_2,\boldsymbol{\alpha}_3,\boldsymbol{\alpha}_4$ 线性相关时，求其一个极大线性无关组，并将其余向量用该极大线性无关组线性表出.

解 记

$$\boldsymbol{A}=(\boldsymbol{\alpha}_1,\boldsymbol{\alpha}_2,\boldsymbol{\alpha}_3,\boldsymbol{\alpha}_4)=\begin{pmatrix} 1+a & 2 & 3 & 4 \\ 1 & 2+a & 3 & 4 \\ 1 & 2 & 3+a & 4 \\ 1 & 2 & 3 & 4+a \end{pmatrix}$$

则

$$|\boldsymbol{A}|=\begin{vmatrix} 1+a & 2 & 3 & 4 \\ 1 & 2+a & 3 & 4 \\ 1 & 2 & 3+a & 4 \\ 1 & 2 & 3 & 4+a \end{vmatrix}=(10+a)\begin{vmatrix} 1 & 2 & 3 & 4 \\ 1 & 2+a & 3 & 4 \\ 1 & 2 & 3+a & 4 \\ 1 & 2 & 3 & 4+a \end{vmatrix}$$

$$=(10+a)\begin{vmatrix} 1 & 2 & 3 & 4 \\ 0 & a & 0 & 0 \\ 0 & 0 & a & 0 \\ 0 & 0 & 0 & a \end{vmatrix}=(10+a)a^3$$

所以 $a=-10$ 或 $a=0$ 时，由 $|\boldsymbol{A}|=0$ 知 $\boldsymbol{\alpha}_1,\boldsymbol{\alpha}_2,\boldsymbol{\alpha}_3,\boldsymbol{\alpha}_4$ 线性相关.

(1)$a=-10$ 时，$\boldsymbol{A}=\begin{pmatrix} -9 & 2 & 3 & 4 \\ 1 & -8 & 3 & 4 \\ 1 & 2 & -7 & 4 \\ 1 & 2 & 3 & -6 \end{pmatrix}$，显然它有三阶非零子式 $\begin{vmatrix} 1 & -8 & 3 \\ 1 & 2 & -7 \\ 1 & 2 & 3 \end{vmatrix}$，因此 $\boldsymbol{\alpha}_1,\boldsymbol{\alpha}_2,\boldsymbol{\alpha}_3$ 是一个极大线性无关组，且 $\boldsymbol{\alpha}_4=-\boldsymbol{\alpha}_1-\boldsymbol{\alpha}_2-\boldsymbol{\alpha}_3$.

(2)$a=0$ 时,$\boldsymbol{A}=\begin{pmatrix}1&2&3&4\\1&2&3&4\\1&2&3&4\\1&2&3&4\end{pmatrix}$,显然 $\boldsymbol{\alpha}_1$ 是一个极大线性无关组,并且 $\boldsymbol{\alpha}_2=2\boldsymbol{\alpha}_1,\boldsymbol{\alpha}_3=3\boldsymbol{\alpha}_1,\boldsymbol{\alpha}_4=4\boldsymbol{\alpha}_1$.

(3)涉及向量组秩的线性表出问题

下面问题与前面诸例无本质差异,只是换一种提法而已.

题 1 (2000②)已知向量组(Ⅰ):$\boldsymbol{\beta}_1=(0,1,-1)^{\mathrm{T}},\boldsymbol{\beta}_2=(a,2,1)^{\mathrm{T}},\boldsymbol{\beta}_3,=(b,1,0)^{\mathrm{T}}$ 和向量组(Ⅱ):$\boldsymbol{\alpha}_1=(1,2,-3)^{\mathrm{T}},\boldsymbol{\alpha}_2=(3,0,1)^{\mathrm{T}},\boldsymbol{\alpha}_3=(9,6,-7)^{\mathrm{T}}$.又两个向量组的秩 r(Ⅰ)=r(Ⅱ),且 $\boldsymbol{\beta}_3$ 可由 $\boldsymbol{\alpha}_1,\boldsymbol{\alpha}_2,\boldsymbol{\alpha}_3$ 线性表出,求 a,b 的值.

解 1 令 $\boldsymbol{A}=(\boldsymbol{\alpha}_1,\boldsymbol{\alpha}_2,\boldsymbol{\alpha}_3)=\begin{pmatrix}1&3&9\\2&0&6\\-3&1&-7\end{pmatrix}\xrightarrow[\text{第 1 列}\times(-3),\text{第 2 列}\times(-2)\text{ 加至第 3 列}]{\text{列初等变换}}\begin{pmatrix}1&3&0\\2&0&0\\-3&1&0\end{pmatrix}$

因为 $\mathrm{r}(\boldsymbol{A})=2$,且 $\boldsymbol{\alpha}_1,\boldsymbol{\alpha}_2$ 是向量组(Ⅰ)的极大无关组.所以 r(Ⅰ)=r(Ⅱ),故 $|\boldsymbol{B}|=|(\boldsymbol{\beta}_1,\boldsymbol{\beta}_2,\boldsymbol{\beta}_3)|=0$,得 $a=3b$.

又 $\boldsymbol{\beta}_3\leftarrow\{\boldsymbol{\alpha}_1,\boldsymbol{\alpha}_2,\boldsymbol{\alpha}_3\}\leftarrow\{\boldsymbol{\alpha}_1,\boldsymbol{\alpha}_2\}$,则 $\boldsymbol{\alpha}_1,\boldsymbol{\alpha}_2,\boldsymbol{\beta}_3$ 线性相关.故 $|(\boldsymbol{\alpha}_1,\boldsymbol{\alpha}_2,\boldsymbol{\beta}_3)|=0$,得 $b=5$.

因而 $a=3b=15,b=5$.

解 2 今考虑 $\overline{\boldsymbol{A}}=(\boldsymbol{\alpha}_1,\boldsymbol{\alpha}_2,\boldsymbol{\alpha}_3\vdots\boldsymbol{\beta})$ 经行初等变换可化为

$$(\boldsymbol{\alpha}_1,\boldsymbol{\alpha}_2,\boldsymbol{\alpha}_3,\boldsymbol{\beta})=\left(\begin{array}{ccc:c}1&3&9&b\\0&1&2&1\\0&0&0&0\end{array}\right)\rightarrow\left(\begin{array}{ccc:c}1&3&9&b\\0&1&2&\frac{1}{6}(2b-1)\\0&0&0&\frac{1}{10}(5-b)\end{array}\right)$$

则 $\boldsymbol{\beta}\leftarrow\{\boldsymbol{\alpha}_1,\boldsymbol{\alpha}_2,\boldsymbol{\alpha}_3\}$,即 $\boldsymbol{A}\boldsymbol{x}=\boldsymbol{\beta}$ 有非 $\boldsymbol{0}$ 解,则 $\mathrm{r}(\overline{\boldsymbol{A}})=\mathrm{r}(\boldsymbol{A})$.

知 $\frac{1}{10}(5-b)=0$,得 $b=5$.

又由解 1 知 $|\boldsymbol{B}|=0$,得 $a=3b$,故 $a=15,b=5$.

题 2 (1995③)若向量组(Ⅰ):$\{\boldsymbol{\alpha}_1,\boldsymbol{\alpha}_2,\boldsymbol{\alpha}_3\}$,(Ⅱ):$\{\boldsymbol{\alpha}_1,\boldsymbol{\alpha}_2,\boldsymbol{\alpha}_3,\boldsymbol{\alpha}_4\}$,(Ⅲ):$\{\boldsymbol{\alpha}_1,\boldsymbol{\alpha}_2,\boldsymbol{\alpha}_3,\boldsymbol{\alpha}_5\}$.又 r(Ⅰ)=r(Ⅱ)=3,r(Ⅲ)=4.试证 $\mathrm{r}\{\boldsymbol{\alpha}_1,\boldsymbol{\alpha}_2,\boldsymbol{\alpha}_3,\boldsymbol{\alpha}_5-\boldsymbol{\alpha}_4\}=4$.

证 1 由题设 r(Ⅰ)=r(Ⅱ)=3,知 $\boldsymbol{\alpha}_1,\boldsymbol{\alpha}_2,\boldsymbol{\alpha}_3$ 线性无关,且 $\boldsymbol{\alpha}_1,\boldsymbol{\alpha}_2,\boldsymbol{\alpha}_3,\boldsymbol{\alpha}_4$ 线性相关,从而 $\boldsymbol{\alpha}_4$ 可由 $\boldsymbol{\alpha}_1,\boldsymbol{\alpha}_2,\boldsymbol{\alpha}_3$ 线性表出.令 $\boldsymbol{\alpha}_4=k_1\boldsymbol{\alpha}_1+k_2\boldsymbol{\alpha}_2+k_3\boldsymbol{\alpha}_3$,故

$$\boldsymbol{A}=(\boldsymbol{\alpha}_1,\boldsymbol{\alpha}_2,\boldsymbol{\alpha}_3,\boldsymbol{\alpha}_5-\boldsymbol{\alpha}_4)=(\boldsymbol{\alpha}_1,\boldsymbol{\alpha}_2,\boldsymbol{\alpha}_3,\boldsymbol{\alpha}_5-(k_1\boldsymbol{\alpha}_1+k_2\boldsymbol{\alpha}_2+k_3\boldsymbol{\alpha}_3))$$
$$\xrightarrow{\text{列初等变换}}(\boldsymbol{\alpha}_1,\boldsymbol{\alpha}_2,\boldsymbol{\alpha}_3,\boldsymbol{\alpha}_5)=\boldsymbol{B}$$

从而 r($\boldsymbol{A}$)=r($\boldsymbol{B}$)=r(Ⅲ)=4.

证 2 由证 1 知 $\boldsymbol{\alpha}_4=k_1\boldsymbol{\alpha}_1+k_2\boldsymbol{\alpha}_2+k_3\boldsymbol{\alpha}_3$.今考虑若有 $\lambda_i(i=1,2,3,4)$,使

$$\lambda_1\boldsymbol{\alpha}_1+\lambda_2\boldsymbol{\alpha}_2+\lambda_3\boldsymbol{\alpha}_3+\lambda_4(\boldsymbol{\alpha}_5-\boldsymbol{\alpha}_4)=\boldsymbol{0} \tag{*}$$

即
$$\lambda_1\boldsymbol{\alpha}_1+\lambda_2\boldsymbol{\alpha}_2+\lambda_3\boldsymbol{\alpha}_3+\lambda_4[\boldsymbol{\alpha}_5-(k_1\boldsymbol{\alpha}_1+k_2\boldsymbol{\alpha}_2+k_3\boldsymbol{\alpha}_3)]=\boldsymbol{0}$$

或
$$(\lambda_1-k_1\lambda_4)\boldsymbol{\alpha}_1+(\lambda_2-k_2\lambda_4)\boldsymbol{\alpha}_2+(\lambda_3-k_3\lambda_4)\boldsymbol{\alpha}_3+\lambda_4\boldsymbol{\alpha}_5=\boldsymbol{0}$$

又因 r(Ⅲ)=4,知 $\boldsymbol{\alpha}_1,\boldsymbol{\alpha}_2,\boldsymbol{\alpha}_3,\boldsymbol{\alpha}_5$ 线性无关,因而有

$$\begin{cases}\lambda_1-k_1\lambda_4=0\\\lambda_2-k_2\lambda_4=0\\\lambda_3-k_3\lambda_4=0\\\lambda_4=0\end{cases}$$

解得 $\lambda_1=\lambda_2=\lambda_3=\lambda_4=0$.

由式(*)知 $\boldsymbol{\alpha}_1,\boldsymbol{\alpha}_2,\boldsymbol{\alpha}_3,\boldsymbol{\alpha}_5-\boldsymbol{\alpha}_4$ 线性无关，从而 $\mathrm{r}\{\boldsymbol{\alpha}_1,\boldsymbol{\alpha}_2,\boldsymbol{\alpha}_3,\boldsymbol{\alpha}_5-\boldsymbol{\alpha}_4\}=4$.

证 3 由设 $\mathrm{r}(\text{Ⅰ})=\mathrm{r}(\text{Ⅱ})=3$，则 $\boldsymbol{\alpha}_4=k_1\boldsymbol{\alpha}_1+k_2\boldsymbol{\alpha}_2+k_3\boldsymbol{\alpha}_3$.

若 $\boldsymbol{\alpha}_1,\boldsymbol{\alpha}_2,\boldsymbol{\alpha}_3,\boldsymbol{\alpha}_5-\boldsymbol{\alpha}_4$ 线性相关，则 $\boldsymbol{\alpha}_5-\boldsymbol{\alpha}_4\leftarrow\{\boldsymbol{\alpha}_1,\boldsymbol{\alpha}_2,\boldsymbol{\alpha}_3\}$（注意到 $\boldsymbol{\alpha}_1,\boldsymbol{\alpha}_2,\boldsymbol{\alpha}_3$ 线性无关），从而有

$$\boldsymbol{\alpha}_5-\boldsymbol{\alpha}_4=\lambda_1\boldsymbol{\alpha}_1+\lambda_2\boldsymbol{\alpha}_2+\lambda_3\boldsymbol{\alpha}_3$$

即
$$\boldsymbol{\alpha}_5=\sum_{i=1}^{3}\lambda_i\boldsymbol{\alpha}_i+\boldsymbol{\alpha}_4=\sum_{i=1}^{3}\lambda_i\boldsymbol{\alpha}_i+\sum_{i=1}^{3}k_i\boldsymbol{\alpha}_i=\sum_{i=1}^{3}(\lambda_i+k_i)\boldsymbol{\alpha}_i$$

即 $\boldsymbol{\alpha}_5\leftarrow\{\boldsymbol{\alpha}_1,\boldsymbol{\alpha}_2,\boldsymbol{\alpha}_3\}$ 与 $\mathrm{r}\{\boldsymbol{\alpha}_1,\boldsymbol{\alpha}_2,\boldsymbol{\alpha}_3,\boldsymbol{\alpha}_5\}=4$ 相抵！

故 $\boldsymbol{\alpha}_1,\boldsymbol{\alpha}_2,\boldsymbol{\alpha}_3,\boldsymbol{\alpha}_5-\boldsymbol{\alpha}_4$ 线性无关，知 $\mathrm{r}\{\boldsymbol{\alpha}_1,\boldsymbol{\alpha}_2,\boldsymbol{\alpha}_3,\boldsymbol{\alpha}_5-\boldsymbol{\alpha}_4\}=4$.

题 3 (2005②)确定常数 a，使向量组 $\boldsymbol{\alpha}_1=(1,1,a)^{\mathrm{T}},\boldsymbol{\alpha}_2=(1,a,1)^{\mathrm{T}},\boldsymbol{\alpha}_3=(a,1,1)^{\mathrm{T}}$ 可由向量组 $\boldsymbol{\beta}_1=(1,1,a)^{\mathrm{T}},\boldsymbol{\beta}_2=(-2,a,4)^{\mathrm{T}},\boldsymbol{\beta}_3=(-2,a,a)^{\mathrm{T}}$ 线性表示，但向量组 $\boldsymbol{\beta}_1,\boldsymbol{\beta}_2,\boldsymbol{\beta}_3$ 不能由向量组 $\boldsymbol{\alpha}_1,\boldsymbol{\alpha}_2,\boldsymbol{\alpha}_3$ 线性表示.

解 因

$$(\boldsymbol{B}\vdots\boldsymbol{A})=\left(\begin{array}{ccc:ccc}1&-2&-2&1&1&a\\1&a&a&1&a&1\\a&4&a&a&1&1\end{array}\right)\rightarrow\left(\begin{array}{ccc:ccc}1&-2&-2&1&1&a\\0&a+2&a+2&0&a-1&1-a\\0&4+2a&3a&0&1-a&1-a^2\end{array}\right)$$

$$\rightarrow\left(\begin{array}{ccc:ccc}1&-2&-2&1&1&a\\1&a+2&a+2&0&a-1&1-a\\0&0&a-4&0&3(1-a)&2a-a^2-1\end{array}\right)$$

(1)当 $a=-2$ 时

$$(\boldsymbol{B}\vdots\boldsymbol{A})\rightarrow\left(\begin{array}{ccc:ccc}1&-2&-2&1&1&-2\\0&0&0&0&-3&3\\0&0&-6&0&9&13\end{array}\right)$$

可见 $\mathrm{r}(\boldsymbol{B})=2\neq\mathrm{r}(\boldsymbol{B}\vdots\boldsymbol{A})=3$，此时向量组 $\boldsymbol{\alpha}_1,\boldsymbol{\alpha}_2,\boldsymbol{\alpha}_3$ 不能由向量组 $\boldsymbol{\beta}_1,\boldsymbol{\beta}_2,\boldsymbol{\beta}_3$ 线性表示，因此 $a\neq-2$.

(2)当 $a=4$ 时

$$(\boldsymbol{B}\vdots\boldsymbol{A})\rightarrow\left(\begin{array}{ccc:ccc}1&-2&-2&1&1&4\\0&6&6&0&3&-3\\0&0&0&0&-9&-9\end{array}\right)$$

可见，$\mathrm{r}(\boldsymbol{B})=2\neq\mathrm{r}(\boldsymbol{B}\vdots\boldsymbol{A})=3$，此时向量组 $\boldsymbol{\alpha}_1,\boldsymbol{\alpha}_2,\boldsymbol{\alpha}_3$ 也不能由向量组 $\boldsymbol{\beta}_1,\boldsymbol{\beta}_2,\boldsymbol{\beta}_3$ 线性表示. 因此 $a\neq4$.

(3)当 $a\neq-2$ 且 $a\neq4$ 时，$\mathrm{r}(\boldsymbol{B})=r(\boldsymbol{B}\vdots\boldsymbol{A})=3$，此时向量组 $\boldsymbol{\alpha}_1,\boldsymbol{\alpha}_2,\boldsymbol{\alpha}_3$ 可由向量组 $\boldsymbol{\beta}_1,\boldsymbol{\beta}_2,\boldsymbol{\beta}_3$ 线性表示. 又

$$(\boldsymbol{A}\vdots\boldsymbol{B})=\left(\begin{array}{ccc:ccc}1&1&a&1&-2&-2\\1&a&1&1&a&a\\a&1&1&a&4&a\end{array}\right)\rightarrow\left(\begin{array}{ccc:ccc}1&1&a&1&-2&-2\\0&a-1&a-1&0&a+2&a+2\\0&1-a&1-a^2&0&4+2a&3a\end{array}\right)$$

$$\rightarrow\left(\begin{array}{ccc:ccc}1&1&a&1&-2&-2\\0&a-1&1-a&0&a+2&a+2\\0&0&2-a-a^2&0&6+3a&4a+2\end{array}\right)$$

显然当 $a-1=0$ 或 $2-a-a^2=0$，即 $a=1$ 或 $a=-2$ 时，$\mathrm{r}(\boldsymbol{A})=2\neq\mathrm{r}(\boldsymbol{A}\vdots\boldsymbol{B})=3$，此时向量组 $\boldsymbol{\beta}_1,\boldsymbol{\beta}_2,\boldsymbol{\beta}_3$ 不能由向量组 $\boldsymbol{\alpha}_1,\boldsymbol{\alpha}_2,\boldsymbol{\alpha}_3$ 线性表示.

综上可知，满足题设条件的 $a=1$.

国内外大学数学竞赛及水平测试题赏析

例 1 若 $a,b\in\mathbf{R}$，试证：在 $\mathbf{R}^3$ 中存在 $\boldsymbol{u}=(u_1,u_2,a)$ 和 $\boldsymbol{v}=(v_1,v_2,b)$，使 $\boldsymbol{u}\boldsymbol{v}^{\mathrm{T}}=0\Longleftrightarrow a^2+b^2\leqslant1$.（美国

加州大学伯克利分校博士学位水平测试题,1986)

证 “⇒”若 $uv^{T}=0$,先由柯西－施瓦兹(Cauchy-Schwarz)不等式,有

$$(u_1v_1+u_2v_2)^2\leqslant(u_1^2+u_2^2)(v_1^2+v_2^2)$$

由 $uv^{T}=0$,故 $u_1v_1+u_2v_2+ab=0$,从而

$$(u_1v_1+u_2v_2)^2=(ab)^2$$

由 $\|u\|=\|v\|=1$,故 $1-a^2=u_1^2+u_2^2$,$1-b^2=v_1^2+v_2^2$.

从而 $(ab)^2\leqslant(1-a^2)(1-b^2)=1-a^2-b^2+(ab)^2$,即 $a^2+b^2\leqslant1$.

“⇐”若 $a^2+b^2\leqslant1$,令 $u=(0,\sqrt{1-a^2},a)$,显然 $\|u\|=1$.

今求 v_1,v_2 使 $v_1^2+v_2^2+b_2=1$,且

$$u_2v_2+ab=0 \qquad (*)$$

若 $a=1$,则 $b=0$,可取 $v=(0,1,0)$;

若 $a\neq1$,则由式(*),有 $v_2=-\dfrac{ab}{\sqrt{1-a^2}}$,代入式(*)的前一式有

$$v_1=\frac{\sqrt{1-a^2-b^2}}{\sqrt{1-a^2}}\Rightarrow v=\left(\frac{\sqrt{1-a^2-b^2}}{\sqrt{1-a^2}},-\frac{ab}{\sqrt{1-a^2}},b\right)$$

例2 设 $f_1,f_2,\cdots,f_n$ 是 $[a,b]$ 上的连续实值函数,证明:集合 $\{f_1,f_2,\cdots,f_n\}$ 在 $[a,b]$ 上线性相关 $\Longleftrightarrow \det G=0$,其中 $G=(g_{ij})_{n\times n}$,且 $g_{ij}=\int_a^b f_i(x)f_j(x)\mathrm{d}x$.(美国加州大学伯克利分校博士学位水平测试题,1995)

证 请见前文研究生招生试题中的例.或证如:

“⇐”由设 $\det G=0$,则矩阵 G 是奇异(不可逆)阵.

则方程组 $Gx=0$ 有非零解 $x=a=(a_1,a_2,\cdots,a_n)$.

由 $0=a^{T}Ga=\sum\limits_{i=1}^{n}\sum\limits_{j=1}^{n}\int_a^b a_if_i(x)f_j(x)\mathrm{d}x=\int_a^b\left[\sum\limits_{i=1}^{n}a_if_i(x)\right]^2\mathrm{d}x$,题设 f_i 在 $[a,b]$ 上连续 $(i=1,2,\cdots,n)$,从而 $\sum\limits_{i=1}^{n}a_if_i(x)\equiv0$.

故 $\{f_1,f_2,\cdots,f_n\}$ 在 $[a,b]$ 上线性相关.

“⇒”若 $\{f_1,f_2,\cdots,f_n\}$ 线性相关,则某个 f_i 可表为其余函数 $f_j(j\neq i)$ 的线性组合.

从而 G 的某一行是其余行的线性组合,故 $|G|=0$.

习　　题

1. 判断下列向量是否线性无关,并求出极大无关组:

(1) $\alpha_1=(1,2,3,-1)$,$\alpha_2=(3,2,1,-1)$,$\alpha_3=(2,3,1,1)$,$\alpha_4=(2,2,2,-1)$,$\alpha_5=(5,5,2,0)$;(上海工业大学,1984)

(2) $\alpha_1=(2,1,2,2,-4)$,$\alpha_2=(1,1,-1,0,2)$,$\alpha_3=(0,1,2,1,-1)$,$\alpha_4=(-1,-1,-1,-1,1)$,$\alpha_5=(1,2,1,1,1)$;(山东大学,1981)

(3) $\alpha_1=(1,-1,2,4)$,$\alpha_2=(0,3,1,2)$,$\alpha_3=(3,0,7,14)$,$\alpha_4=(1,-1,2,0)$.(西安交通大学,1986)

2. 判断向量 $\alpha_1=(1,-2,0,3)$,$\alpha_2=(2,5,-1,0)$,$\alpha_3=(3,4,1,2)$ 是否线性相关.(湖南大学,1983)

3. 试问:单位向量 $e_1=(1,0,0)$,$e_2=(0,1,0)$,$e_3=(0,0,1)$ 可否表示成 $\alpha_1=(1,2,3)$,$\alpha_2=(2,3,1)$,$\alpha_3=(-1,1,12)$ 的线性组合?(南京化工学院,1982)

4. (1)讨论 λ 取何值时,向量组 $\beta_1=(6,\lambda+1,7)$,$\beta_2=(\lambda,2,2)$,$\beta_3=(\lambda,1,0)$ 线性相关.(东北工学院,1984)

(2)已知 $\boldsymbol{\alpha}_1=(1\ 2,3)$,$\boldsymbol{\alpha}_2=(3,-1,2)$,$\boldsymbol{\alpha}_3=(2,3,c)$.①$c$ 为何值时 $\boldsymbol{\alpha}_1,\boldsymbol{\alpha}_2,\boldsymbol{\alpha}_3$ 线性无关?②c 为何值时 $\boldsymbol{\alpha}_1,\boldsymbol{\alpha}_2,\boldsymbol{\alpha}_3$ 线性相关?且将 $\boldsymbol{\alpha}_3$ 表示为 $\boldsymbol{\alpha}_1,\boldsymbol{\alpha}_2$ 的线性组合.(吉林工业大学,1984)

5. (1)若向量 $\boldsymbol{\alpha},\boldsymbol{\beta},\boldsymbol{\gamma}$ 线性无关,则 $3\boldsymbol{\alpha}+2\boldsymbol{\beta}+\boldsymbol{\gamma},2\boldsymbol{\alpha}-3\boldsymbol{\beta}-4\boldsymbol{\gamma},-5\boldsymbol{\alpha}+4\boldsymbol{\beta}-\boldsymbol{\gamma}$ 也线性无关;(中国科学院长春光机所,1982)

(2)若向量 $\boldsymbol{\alpha}_1,\boldsymbol{\alpha}_2,\boldsymbol{\alpha}_3$ 线性无关,令 $\boldsymbol{\beta}_1=\boldsymbol{\alpha}_1,\boldsymbol{\beta}_2=\boldsymbol{\alpha}_1+\boldsymbol{\alpha}_2,\boldsymbol{\beta}_3=\boldsymbol{\alpha}_2+\boldsymbol{\alpha}_3,\boldsymbol{\beta}_4=\boldsymbol{\alpha}_1+\boldsymbol{\alpha}_2+\boldsymbol{\alpha}_3$.讨论向量 $\boldsymbol{\beta}_1,\boldsymbol{\beta}_2,\boldsymbol{\beta}_3,\boldsymbol{\beta}_4$ 的线性相关性.(南京化工学院,1986)

(3)若向量 $\boldsymbol{\alpha}_1,\boldsymbol{\alpha}_2,\boldsymbol{\alpha}_3$ 线性无关,问 $\boldsymbol{k}$ 为何值时,$\boldsymbol{\alpha}_2-\boldsymbol{\alpha}_1,k\boldsymbol{\alpha}_3-\boldsymbol{\alpha}_2,\boldsymbol{\alpha}_1-\boldsymbol{\alpha}_3$ 也线性无关?(华东水利学院,1984)

(4)若向量 $\boldsymbol{\alpha}_1,\boldsymbol{\alpha}_2,\boldsymbol{\alpha}_3,\boldsymbol{\alpha}_4$ 线性无关,试判断向量 $\boldsymbol{\alpha}_1+\boldsymbol{\alpha}_2,\boldsymbol{\alpha}_2+\boldsymbol{\alpha}_3,\boldsymbol{\alpha}_3+\boldsymbol{\alpha}_4,\boldsymbol{\alpha}_4+\boldsymbol{\alpha}_1$ 是否线性相关.(长春光机学院,1983;天津大学,1984)

(5)若向量 $\boldsymbol{\alpha}_1,\boldsymbol{\alpha}_2,\boldsymbol{\alpha}_3,\boldsymbol{\alpha}_4,\boldsymbol{\alpha}_5$ 线性无关,则向量 $\boldsymbol{\alpha}_1+\boldsymbol{\alpha}_2,\boldsymbol{\alpha}_2+\boldsymbol{\alpha}_3,\boldsymbol{\alpha}_3+\boldsymbol{\alpha}_4,\boldsymbol{\alpha}_4+\boldsymbol{\alpha}_5,\boldsymbol{\alpha}_5+\boldsymbol{\alpha}_1$ 也线性无关.(北方交通大学,1982)

6. 若4维向量组 $\boldsymbol{\alpha}_{i4}=(\alpha_{i1},\alpha_{i2},\alpha_{i3},\alpha_{i4})^{\mathrm{T}}(i=1,2,3)$ 线性无关,则5维向量组 $\boldsymbol{\alpha}_{i5}=(\alpha_{i1},\alpha_{i2},\alpha_{i3},\alpha_{i4},\alpha_{i5})^{\mathrm{T}}(i=1,2,3)$ 也线性无关.(安徽工学院,1982)

7. (1)若向量组 $\boldsymbol{\alpha}_1,\boldsymbol{\alpha}_2,\cdots,\boldsymbol{\alpha}_k$ 线性相关,当 $n>k$ 时,向量组 $\boldsymbol{\alpha}_1,\boldsymbol{\alpha}_2,\cdots,\boldsymbol{\alpha}_k,\cdots,\boldsymbol{\alpha}_n$ 是否线性相关?

(2)若向量组 $\boldsymbol{\alpha}_1,\boldsymbol{\alpha}_2,\cdots,\boldsymbol{\alpha}_k$ 线性无关,当 $m<k$ 时,向量组 $\boldsymbol{\alpha}_1,\boldsymbol{\alpha}_2,\cdots,\boldsymbol{\alpha}_m$ 是否线性无关?当 $m>k$ 时情况如何?(山东工学院,1981)

8. 试证:若向量组 $\boldsymbol{\alpha}_1,\boldsymbol{\alpha}_2,\cdots,\boldsymbol{\alpha}_m$ 线性无关,则它的任一部分向量也一定线性无关.(中国人民大学,1982)

9. (1)若 $\boldsymbol{\alpha}_1,\boldsymbol{\alpha}_2,\cdots,\boldsymbol{\alpha}_m$ 是 m 个 n 维向量($m<n$),其中任一个向量 $\boldsymbol{\alpha}_i(2\leqslant i\leqslant m)$ 均不能由它前面的 $i-1$ 个向量线性表出,证明:$\boldsymbol{\alpha}_1,\boldsymbol{\alpha}_2,\cdots,\boldsymbol{\alpha}_m$ 线性无关.(武汉水利电力学院,1986)

(2)若 $\boldsymbol{\alpha}_1,\boldsymbol{\alpha}_2,\cdots,\boldsymbol{\alpha}_m$ 是 m 个线性无关的 n 维向量($m\leqslant n$),向量 $\boldsymbol{\beta}_1$ 可由 $\boldsymbol{\alpha}_1,\boldsymbol{\alpha}_2,\cdots,\boldsymbol{\alpha}_m$ 线性表出,但 $\boldsymbol{\beta}_2$ 不能由它们线性表出.证明:向量组 $\boldsymbol{\alpha}_1,\boldsymbol{\alpha}_2,\cdots,\boldsymbol{\alpha}_m,l\boldsymbol{\beta}_1+\boldsymbol{\beta}_2$($l$ 为常数)必线性无关.(成都科技大学,1985)

10. 若向量 $\boldsymbol{\alpha}$ 是向量 $\boldsymbol{\alpha}_1,\boldsymbol{\alpha}_2,\cdots,\boldsymbol{\alpha}_s$ 的线性组合,但不是 $\boldsymbol{\alpha}_1,\boldsymbol{\alpha}_2,\cdots,\boldsymbol{\alpha}_{s-1}$ 的线性组合,则 $\boldsymbol{\alpha}_s$ 是 $\boldsymbol{\alpha}_1,\boldsymbol{\alpha}_2,\cdots,\boldsymbol{\alpha}_{s-1},\boldsymbol{\alpha}$ 的线性组合.(武汉测绘学院,1982)

11. 若向量组 $\boldsymbol{\alpha}_1,\boldsymbol{\alpha}_2,\cdots,\boldsymbol{\alpha}_r,\cdots,\boldsymbol{\alpha}_s$ 的每个向量,均可被 $\boldsymbol{\alpha}_1,\boldsymbol{\alpha}_2,\cdots,\boldsymbol{\alpha}_r$ 线性表出,则 $\boldsymbol{\alpha}_1,\boldsymbol{\alpha}_2,\cdots,\boldsymbol{\alpha}_r$ 是向量组 $\boldsymbol{\alpha}_1,\boldsymbol{\alpha}_2,\cdots,\boldsymbol{\alpha}_r,\cdots,\boldsymbol{\alpha}_s$ 的一个极大线性无关组.(山东海洋学院,1983)

12. 证明向量组 $\boldsymbol{\alpha}_1,\boldsymbol{\alpha}_2,\cdots,\boldsymbol{\alpha}_l,\cdots,\boldsymbol{\alpha}_{k-1},c_1\boldsymbol{\alpha}_l+c_2\boldsymbol{\alpha}_k,\boldsymbol{\alpha}_{k+1},\cdots,\boldsymbol{\alpha}_n$(其中 $c_2\neq0$)线性无关的充要条件是:$\boldsymbol{\alpha}_1,\boldsymbol{\alpha}_2,\cdots,\boldsymbol{\alpha}_l,\cdots,\boldsymbol{\alpha}_{k-1},\boldsymbol{\alpha}_k,\boldsymbol{\alpha}_{k+1},\cdots,\boldsymbol{\alpha}_n$ 线性无关.(北京化工学院,1983)

13. 已知向量组 $\boldsymbol{\alpha}_1,\boldsymbol{\alpha}_2,\cdots,\boldsymbol{\alpha}_s,\boldsymbol{\alpha}_{s+1}(s\geqslant1)$ 线性无关,向量组 $\boldsymbol{\beta}_1,\boldsymbol{\beta}_2,\cdots,\boldsymbol{\beta}_s$ 可表示为 $\boldsymbol{\beta}_i=\boldsymbol{\alpha}_i+t_i\boldsymbol{\alpha}_{s+1}$ $(i=1,2,\cdots,s)$,其中 $t_i(i=1,2,\cdots,s)$ 是数.试证:向量组 $\boldsymbol{\beta}_1,\boldsymbol{\beta}_2,\cdots,\boldsymbol{\beta}_s$ 也线性无关.(清华大学,1983)

14. 在 n 维向量空间 $\mathbf{R}^n$ 中,若 $\boldsymbol{\alpha}_k=(\alpha_{k1},\alpha_{k2},\cdots,\alpha_{kn})(k=1,2,\cdots,n)$ 线性无关,试证:必存在实数 $t_1,t_2,\cdots,t_n$,使 $t_1\boldsymbol{\alpha}_1+t_2\boldsymbol{\alpha}_2+\cdots+t_n\boldsymbol{\alpha}_n=(c,0,\cdots,0)$,其中 $c\neq0$.(西北电讯工程学院,1984)

15. 已知3维线性空间 V 的一组基底为:$\boldsymbol{\alpha}_1=(1,1,0),\boldsymbol{\alpha}_2=(0,0,2),\boldsymbol{\alpha}_3=(0,3,2)$.求向量 $\boldsymbol{\alpha}=(5,8,-2)$ 在 V 中的坐标.(西南交通大学,1984)

16. 设 $\boldsymbol{\alpha}_1=(2,0,0),\boldsymbol{\alpha}_2=(0,1,-1),\boldsymbol{\alpha}_3=(5,6,0)$.(1)试证:$\boldsymbol{\alpha}_1,\boldsymbol{\alpha}_2,\boldsymbol{\alpha}_3$ 构成3维空间的一个基底;(2)求 $\boldsymbol{\alpha}=(1,8,-2)$ 在 $\{\boldsymbol{\alpha}_1,\boldsymbol{\alpha}_2,\boldsymbol{\alpha}_3\}$ 下的坐标;(3)求由 $\boldsymbol{\alpha}_1,\boldsymbol{\alpha}_2,\boldsymbol{\alpha}_3$ 构成的标准正交基.(长春光机学院,1984)

17. 设 $\{\boldsymbol{i},\boldsymbol{j},\boldsymbol{k}\}$ 是 $\mathbf{R}^3$ 上的一个基底,求 $\boldsymbol{\alpha}=\boldsymbol{i}-\boldsymbol{j}-\boldsymbol{k}$ 在 $\mathbf{R}^3$ 上另一基底 $\{\boldsymbol{i},\boldsymbol{i}+\boldsymbol{j},\boldsymbol{i}+\boldsymbol{j}+\boldsymbol{k}\}$ 下的坐标.(天津大学,1984)

18. 一线性变换 $\mathscr{T}$ 将(1,1)变到(3,2,1),将(1,-2)变到(0,-7,-5),试求表示 $\mathscr{T}$ 的矩阵.(苏州丝

绸工学院,1983)

19. $\mathscr{T}$是 $\mathbf{R}^3$ 上的一个线性变换,且将 $\mathbf{R}^3$ 上的一组基 $\boldsymbol{i},\boldsymbol{j},\boldsymbol{k}$ 变为:$\mathscr{T}(\boldsymbol{i})=\boldsymbol{i},\mathscr{T}(\boldsymbol{j})=\boldsymbol{i}-\boldsymbol{j},\mathscr{T}(\boldsymbol{k})=\boldsymbol{i}+\boldsymbol{j}$.求$\mathscr{T}$在 $\boldsymbol{i},\boldsymbol{j},\boldsymbol{k}$ 下的矩阵,且求 $\mathbf{R}^3$ 的子空间 $W=\{\boldsymbol{x}\in\mathbf{R}^3\mid\mathscr{T}(\boldsymbol{x})=\mathbf{0}\}$.(天津大学,1984)

20. 若 $\mathbf{R}^3$ 上的线性变换 $\mathscr{T}$在基 $\boldsymbol{\alpha}_1=(1,1,0),\boldsymbol{\alpha}_2=(1,2,0),\boldsymbol{\alpha}_3=(0,2,-1)$上的矩阵是

$$\boldsymbol{A}=\begin{bmatrix}2&0&3\\0&-2&-1\\1&-1&4\end{bmatrix}$$

又向量 $\boldsymbol{\alpha}$ 在基 $\boldsymbol{\beta}_1=(1,2,3),\boldsymbol{\beta}_2=(1,3,5),\boldsymbol{\beta}_3=(0,2,1)$下的坐标为$(1,-2,1)$.求 $\mathscr{T}(\boldsymbol{\alpha})$在基 $\boldsymbol{\beta}_1,\boldsymbol{\beta}_2,\boldsymbol{\beta}_3$ 下的坐标.(湖南大学,1984)

21. 2 维向量空间 $\mathbf{R}^2$ 中,线性变换 $\mathscr{T}_1$ 对于基 $\boldsymbol{\alpha}_1=(1,2),\boldsymbol{\alpha}_2=(2,1)$的矩阵是$\begin{pmatrix}1&2\\2&3\end{pmatrix}$,$\mathscr{T}_2$ 对于基$\boldsymbol{\beta}_1=(1,1),\boldsymbol{\beta}_2=(1,2)$的矩阵是$\begin{pmatrix}3&3\\2&4\end{pmatrix}$,求 $\mathscr{T}_1+\mathscr{T}_2$ 对于基 $\boldsymbol{\beta}_1,\boldsymbol{\beta}_2$ 及 $\mathscr{T}_1\mathscr{T}_2$ 对于基 $\boldsymbol{\alpha}_1,\boldsymbol{\alpha}_2$ 的矩阵.(北京钢铁学院,1981)

22. 给定 3 维线性空间的两组基:$\boldsymbol{\varepsilon}_1=(1,0,1),\boldsymbol{\varepsilon}_2=(2,1,0),\boldsymbol{\varepsilon}_3=(1,1,1),\boldsymbol{\eta}_1=(1,2,-1),\boldsymbol{\eta}_2=(2,2,-1),\boldsymbol{\eta}_3=(2,-1,-1)$.设 $\mathscr{T}$是该空间的线性变换,且 $\mathscr{T}(\boldsymbol{\varepsilon}_i)=\boldsymbol{\eta}_i\,(i=1,2,3)$.试写出由基 $\boldsymbol{\varepsilon}_1,\boldsymbol{\varepsilon}_2,\boldsymbol{\varepsilon}_3$ 到基 $\boldsymbol{\eta}_1,\boldsymbol{\eta}_2,\boldsymbol{\eta}_3$ 的过渡矩阵.(东北工学院,1984)

23. 设 $\boldsymbol{\varepsilon}_1,\boldsymbol{\varepsilon}_2,\boldsymbol{\varepsilon}_3,\boldsymbol{\varepsilon}_4$ 是 4 维线性空间 V 的一组基,已知线性变换 $\mathscr{T}$在这组基下的矩阵为

$$\begin{pmatrix}1&0&2&1\\-1&2&1&3\\1&2&5&5\\2&-1&1&-2\end{pmatrix}$$

求 $\mathscr{T}$在基 $\boldsymbol{\eta}_1=\boldsymbol{\varepsilon}_1-2\boldsymbol{\varepsilon}_2+\boldsymbol{\varepsilon}_4,\boldsymbol{\eta}_2=3\boldsymbol{\varepsilon}_1-\boldsymbol{\varepsilon}_3-\boldsymbol{\varepsilon}_4,\boldsymbol{\eta}_3=\boldsymbol{\varepsilon}_3+\boldsymbol{\varepsilon}_4,\boldsymbol{\eta}_4=2\boldsymbol{\varepsilon}_4$ 下的矩阵.(成都地质学院,1984)

24. 设 M 为所有 3×4 阶矩阵的集合,它对于矩阵的加法及数乘构成一个线性空间,问 M 的维数是多少?指出 M 的一组基,且求矩阵

$$\boldsymbol{A}=\begin{bmatrix}1&2&3&4\\5&6&7&8\\9&10&11&12\end{bmatrix}$$

在该基下的坐标.(华东水利学院,1984)

25. 设 3 维欧氏空间 V 的基底 $\boldsymbol{e}_1=(1,0,0),\boldsymbol{e}_2=(0,1,0),\boldsymbol{e}_3=(0,0,1)$,求一组法正交基底 $\boldsymbol{\varepsilon}_1,\boldsymbol{\varepsilon}_2,\boldsymbol{\varepsilon}_3$,使 $\boldsymbol{e}_1,\boldsymbol{e}_2,\boldsymbol{e}_3$ 的过渡矩阵为

$$\boldsymbol{C}=\begin{bmatrix}c_{11}&0&0\\c_{21}&c_{22}&0\\c_{31}&c_{32}&c_{33}\end{bmatrix}$$

其中 $c_{ii}>0(i=1,2,3)$,且求出过渡矩阵 $\boldsymbol{C}$.(安徽大学,1984)

第 12 章

线性方程组

内 容 提 要

若

$$A=\begin{pmatrix}\alpha_{11} & \alpha_{12} & \cdots & \alpha_{1n}\\ \alpha_{21} & \alpha_{22} & \cdots & \alpha_{2n}\\ \vdots & \vdots & & \vdots\\ \alpha_{m1} & \alpha_{m2} & \cdots & \alpha_{mn}\end{pmatrix},\quad x=\begin{pmatrix}x_1\\x_2\\ \vdots\\x_n\end{pmatrix},\quad b=\begin{pmatrix}b_1\\b_2\\ \vdots\\b_m\end{pmatrix}$$

则 $\boldsymbol{Ax}=\boldsymbol{b}$ 称为**线性方程组**,如果 $\boldsymbol{b}=\boldsymbol{0}$,则称为**齐次线性方程组**.

齐次线性方程组的基础解系　若 $\boldsymbol{x}_1,\boldsymbol{x}_2,\cdots,\boldsymbol{x}_s$ 是方程组 $\boldsymbol{Ax}=\boldsymbol{0}$ 的一组解,且满足:①它们线性无关,②方程组的任一解均可由它们的线性组合表出;则 $\boldsymbol{x}_1,\boldsymbol{x}_2,\cdots,\boldsymbol{x}_s$ 称为该方程组的**基础解系**.

若秩 $\mathrm{r}(\boldsymbol{A})=s<n$,则齐次方程 $\boldsymbol{Ax}=\boldsymbol{0}$ 的基础解系中含 $n-s$ 个线性无关的解向量,其通解可由这些解向量的线性组合表出.

非齐次线性方程的导出组　齐次线性方程组 $\boldsymbol{Ax}=\boldsymbol{0}$ 称为非齐次线性方程组 $\boldsymbol{Ax}=\boldsymbol{b}$ 的**导出组**.

对于非齐次方程组 $\boldsymbol{Ax}=\boldsymbol{b}$ 的任一解均可表示为 $\boldsymbol{Ax}=\boldsymbol{b}$ 的一个特解与其导出组 $\boldsymbol{Ax}=\boldsymbol{0}$ 的某个解之和;而其通解为 $\boldsymbol{Ax}=\boldsymbol{b}$ 的一个特解与其导出组 $\boldsymbol{Ax}=\boldsymbol{0}$ 的基础解系的线性组合表出.

线性方程组 $\boldsymbol{Ax}=\boldsymbol{b}$ 的解具体地讲可有:

方　程	解的判断	解的性质
线性齐次 $\boldsymbol{Ax}=\boldsymbol{0}$　① $\boldsymbol{A}\in\mathbf{R}^{m\times n}$	①仅有 0 解 $\Longleftrightarrow \mathrm{r}(\boldsymbol{A})=n$. ②有非 0 解 $\Longleftrightarrow \mathrm{r}(\boldsymbol{A})<n$(若 $m=n$,则仅有 0 解 $\Longleftrightarrow \lvert\boldsymbol{A}\rvert\neq 0$;又有非 0 解 $\Longleftrightarrow \lvert\boldsymbol{A}\rvert=0$). ③解空间(可构成向量空间)的维数为 $n-\mathrm{r}(\boldsymbol{A})$	①若 $\boldsymbol{x}_1,\boldsymbol{x}_2$ 是方程的解,则 $k_1\boldsymbol{x}_1+k_2\boldsymbol{x}_2$ 亦是方程的解. ②若 $\mathrm{r}(\boldsymbol{A})=r$,则方程基础解系中含 $n-r$ 个解向量. ③若 $\boldsymbol{x}_1,\boldsymbol{x}_2,\cdots,\boldsymbol{x}_r$ 是方程的基础解系,则方程组的全部解是 $\sum\limits_{i=1}^{r}k_i\boldsymbol{x}_i$(又称其为通解),其中 k_i 是任意常数
线性非齐次 $\boldsymbol{Ax}=\boldsymbol{b}$　② $\boldsymbol{A}\in\mathbf{R}^{m\times n}$	①方程组有解 $\Longleftrightarrow \mathrm{r}(\boldsymbol{A})=\mathrm{r}(\bar{\boldsymbol{A}})$,其中 $\bar{\boldsymbol{A}}=(\boldsymbol{A},\boldsymbol{b})$ 称为 $\boldsymbol{A}$ 的增广矩阵. $\mathrm{r}(\boldsymbol{A})=\mathrm{r}(\bar{\boldsymbol{A}})=n$,方程组有唯一解; $\mathrm{r}(\boldsymbol{A})=\mathrm{r}(\bar{\boldsymbol{A}})<n$,方程组有无穷多组解; $\mathrm{r}(\boldsymbol{A})\neq\mathrm{r}(\bar{\boldsymbol{A}})$,方程组无解. ②若 $m=n$,则方程有解且解是 $x_i=\dfrac{D_i}{D}$,其中 $D=\lvert\boldsymbol{A}\rvert$,$D_i$ 是将 $\boldsymbol{A}$ 的第 i 列换成 $\boldsymbol{b}$ 后所得行列式值(克莱姆(Gramer)规则). ③若 $m=n$,则方程有唯一解 $\Longleftrightarrow \boldsymbol{A}$ 非奇异(可逆),且有 $\boldsymbol{x}=\boldsymbol{A}^{-1}\boldsymbol{b}$. ④解不构成向量空间	①若 $\boldsymbol{x}_1,\boldsymbol{x}_2$ 是方程②的解,则 $\boldsymbol{x}_1-\boldsymbol{x}_2$ 是方程①的解. ②若 $\boldsymbol{x}_1$ 是方程①的解,又 $\boldsymbol{x}_2$ 是方程②的解,则 $\boldsymbol{x}_1+\boldsymbol{x}_2$ 仍是方程②的解. ③若 $\boldsymbol{x}_i(1\leqslant i\leqslant r)$ 是方程②的解,则 $\sum\limits_{i=1}^{r}\lambda_i\boldsymbol{x}_i$ 亦是方程②的解,其中 $\sum\limits_{i=1}^{r}\lambda_i=1$. ④若 $\boldsymbol{y}=\sum\limits_{i=1}^{s}k_i\boldsymbol{x}_i$ 是方程①的通解,且 $\boldsymbol{x}_0$ 是方程②的一个特解,则 $\boldsymbol{x}_0+\boldsymbol{y}$ 是方程②的通解

下面将介绍解齐次与非齐次线性方程组的步骤.

线性齐次方程组解法步骤如下：

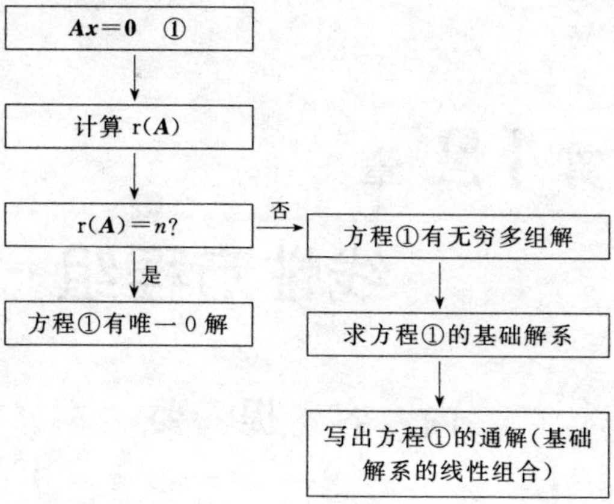

线性非齐次方程组解法步骤如下：

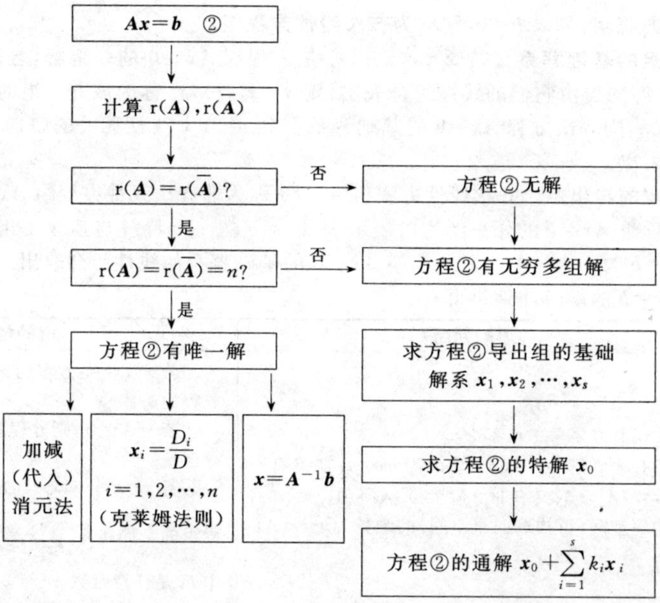

经典问题解析

线性方程组的问题有四个：一是线性方程组解的判定问题(与矩阵问题有关)；二是求解线性方程组(特解或通解)；三是不同线性方程组的同解性；四是与向量空间及矩阵特征问题的关联(或应用). 它们之间的关系如下：

矩阵的性质 —应用于→ 线性方程组
①解的判定问题.
②求解线性方程组.
③不同方程组的同解性.
—应用于→ 讨论向量空间中的问题
—应用于→ 矩阵的特征(向量)问题

1. 解方程组问题

例 1　(1)证明线性方程组

$$\begin{cases} x_1-x_2 & =a_1 \\ x_2-x_3 & =a_2 \\ x_3-x_4 & =a_3 \\ x_4-x_5 & =a_4 \\ x_5-x_1 & =a_5 \end{cases}$$

有解$\Longleftrightarrow \sum\limits_{k=1}^{5} a_k=0$.

(2)在有解的情形下求其通解.

证　(1)考虑方程组的增广矩阵

$$\bar{\boldsymbol{A}}=\left(\begin{array}{ccccc:c} 1 & -1 & & & & a_1 \\ & 1 & -1 & & & a_2 \\ & & 1 & -1 & & a_3 \\ & & & 1 & -1 & a_4 \\ -1 & & & & 1 & a_5 \end{array}\right) \xrightarrow{\text{行初等变换}} \left(\begin{array}{ccccc:c} 1 & -1 & & & & a_1 \\ & 1 & -1 & & & a_2 \\ & & 1 & -1 & & a_3 \\ & & & 1 & -1 & a_4 \\ & & & & 0 & \sum\limits_{k=1}^{5} a_k \end{array}\right)$$

由上式知 $\mathrm{r}(\boldsymbol{A})=4$,而 $\mathrm{r}(\bar{\boldsymbol{A}})=4\Longleftrightarrow \sum\limits_{k=1}^{5} a_k=0$. 即原方程组有解$\Longleftrightarrow \sum\limits_{k=1}^{5} a_k=0$.

(2)当 $\sum\limits_{k=1}^{5} a_k=0$ 时,原方程组与

$$\begin{cases} x_1-x_2 & =a_1 \\ x_2-x_3 & =a_2 \\ x_3-x_4 & =a_3 \\ x_4-x_5 & =a_4 \end{cases}$$

同解,且其解为

$$\begin{cases} x_1=a_1+a_2+a_3+a_4+k \\ x_2=a_2+a_3+a_4+k \\ x_3=a_3+a_4+k \\ x_4=a_4+k \\ x_5=k \end{cases}$$

其中 k 为任意常数.

例 2　解方程组

$$\begin{cases} x_1+x_2+\cdots+x_n=2 \\ x_1+\mathrm{C}_2^1 x_2+\cdots+\mathrm{C}_n^1 x_n=2 \\ x_1+\mathrm{C}_3^2 x_2+\cdots+\mathrm{C}_{n+1}^2 x_n=2 \\ \quad\vdots \\ x_1+\mathrm{C}_n^{n-1} x_2+\cdots+\mathrm{C}_{2n-2}^{n-1} x_n=2 \end{cases}$$

解 题设方程组的系数行列式经行间相消且注意到组合等式,有

$$D_n=\det\begin{pmatrix}1&1&1&\cdots&1\\1&C_2^1&C_3^1&\cdots&C_n^1\\1&C_3^2&C_4^2&\cdots&C_{n+1}^2\\\vdots&\vdots&\vdots&&\vdots\\1&C_n^{n-1}&C_{n+1}^{n-1}&\cdots&C_{2n-2}^{n-1}\end{pmatrix}=\det\begin{pmatrix}1&1&1&\cdots&1\\0&C_1^1&C_2^1&\cdots&C_{n-1}^1\\0&C_2^2&C_3^2&\cdots&C_n^2\\\vdots&\vdots&\vdots&&\vdots\\0&C_{n-1}^{n-1}&C_n^{n-1}&\cdots&C_{2n-3}^{n-1}\end{pmatrix}$$

将上式按第 1 行展开,且重复上面的步骤,可有(注意到 $C_k^k=1$)

$$D_n=D_{n-1}=\cdots=\det\begin{pmatrix}1&C_{n-1}^{n-2}\\1&C_n^{n-1}\end{pmatrix}=\begin{vmatrix}1&C_{n-1}^{n-2}\\1&C_n^{n-1}\end{vmatrix}=1$$

故 $\Delta_1=2D$,且 $\Delta_k=0(k=2,3,\cdots,n)$,这里 Δ_k 表示将常数列 $\boldsymbol{b}=(2,2,\cdots,2)^{\mathrm{T}}$ 代入 D 的第 k 列后所成的新行列式.从而

$$x_1=\frac{\Delta_1}{D}=2,\quad x_2=x_3=\cdots=x_n=0$$

例 3 若 $a_{ij}(1\leqslant i,j\leqslant n)$ 均为整数,则方程组

$$\begin{cases}\dfrac{1}{2}x_1=a_{11}x_1+a_{12}x_2+\cdots+a_{1n}x_n\\\dfrac{1}{2^2}x_2=a_{21}x_1+a_{22}x_2+\cdots+a_{2n}x_n\\\qquad\vdots\\\dfrac{1}{2^n}x_n=a_{n1}x_1+a_{n2}x_2+\cdots+a_{nn}x_n\end{cases}$$

仅有零解.

解 令

$$f(x)=\begin{vmatrix}2a_{11}-x&2a_{12}&\cdots&2a_{1n}\\4a_{21}&4a_{22}-x&\cdots&4a_{2n}\\\vdots&\vdots&&\vdots\\2^na_{n1}&2^na_{n2}&\cdots&2^na_{nn}-x\end{vmatrix}$$

则若题设方程组系数行列式为 D,化成标准形式后,有

$$f(1)=2^{\frac{n(n+1)}{2}}D\quad 或\quad D=2^{\frac{n(n+1)}{2}}f(1)$$

但由 $f(x)=(-1)^nx^n+b_1x^{n-1}+\cdots+b_n$,其中 $b_k(k=1,2,\cdots,n)$ 皆为偶数.故 $f(1)=(-1)^n+b_1+b_2+\cdots+b_n$ 总是奇数,从而 $f(1)\neq 0$.

若 $D\neq 0$,原方程组有唯一零解.

例 4 若 $|a|\neq|b|$,求解方程组

$$\begin{cases}ax_1\qquad\qquad\qquad\qquad+bx_{2n}=1\\\quad ax_2\qquad\qquad+bx_{2n-1}\qquad=1\\\qquad\qquad\vdots\\\qquad ax_n+bx_{n+1}\qquad\qquad=1\\\qquad bx_n+ax_{n+1}\qquad\qquad=1\\\qquad\qquad\vdots\\bx_1\qquad\qquad\qquad\qquad+ax_{2n}=1\end{cases}$$

解 先将原方程组(有 $2n$ 个方程)两两配对成二元一次方程组,可有

$$\begin{cases}ax_i+bx_{2n-i}=1\\bx_i+ax_{2n-i+1}=1\end{cases}\quad(i=1,2,\cdots,n)$$

由此有

$$x_i=\begin{vmatrix}1 & b\\ 1 & a\end{vmatrix}\Big/\begin{vmatrix}a & b\\ b & a\end{vmatrix}=\frac{1}{a+b},\quad x_{2n-i+1}=\frac{1}{a+b}$$

故原方程组的解为

$$x_k=\frac{1}{a+b}\quad (k=1,2,\cdots,n)$$

例 5 求解方程组

$$\begin{cases}x_1+x_2+\cdots+x_n=1\\ a_1x_1+a_2x_2+\cdots+a_nx_n=b\\ \vdots\\ a_1^{n-1}x_1+a_2^{n-1}x_2+\cdots+a_n^{n-1}x_n=b^{n-1}\end{cases}$$

其中 $a_i(i=1,2,\cdots,n)$各不相同.

解 方程组系数矩阵为范德蒙行列式

$$\Delta=\prod_{1\leqslant j<i\leqslant n}(a_i-a_j)\neq 0$$

故原方程组有唯一解.因而

$$x=\frac{\Delta_k}{\Delta}=\frac{\prod\limits_{\substack{i=1\\ i\neq k}}(b-a_i)}{\prod\limits_{\substack{i=1\\ i\neq k}}(a_k-a_i)}$$

其中 $k=1,2,\cdots,n$.

接下来是一个含参数方程组求解问题,这里要对参数进行讨论.

例 6 对 λ 的不同取值,讨论下面方程的可解性,且求解.

$$\begin{cases}(\lambda+1)x_1+x_2+x_3=\lambda^2+2\lambda\\ x_1+(\lambda+1)x_2+x_3=\lambda^3+2\lambda^2\\ x_1+x_2+(\lambda+1)x_3=\lambda^4+2\lambda^3\end{cases}$$

解 方程组系数行列式

$$D=\begin{vmatrix}\lambda+1 & 1 & 1\\ 1 & \lambda+1 & 1\\ 1 & 1 & \lambda+1\end{vmatrix}=\lambda^2(\lambda+3)$$

(1)当 $\lambda\neq 0$ 且 $\lambda\neq -3$ 时,方程组有唯一解

$$x_1=\frac{(\lambda+2)(2-\lambda^2)}{\lambda+3},\quad x_2=\frac{(\lambda+2)(2\lambda-1)}{\lambda+3},\quad x_3=\frac{(\lambda+2)(\lambda^3+2\lambda^2-\lambda-1)}{\lambda+3}$$

(2)当 $\lambda=0$ 时,原方程组与下面方程同解

$$x_1+x_2+x_3=0$$

故其有无穷多组解 $x_1=-k_1-k_2,x_2=k_1,x_3=k_2(k_1,k_2$ 为任意实数).

(3)当 $\lambda=-3$ 时,原方程组化为

$$\begin{cases}-2x_1+x_2+x_3=3\\ x_1-2x_2+x_3=-9\\ x_1+x_2-2x_3=27\end{cases}$$

因其系数矩阵与其增广矩阵的秩不一致,故原方程组无解.

下面是一个可化为线性方程组的非线性方程组问题.这里蕴涵着数学问题转化的重要思想,转化思想也是解数学问题的一种重要技巧.

例 7 解方程组

$$\begin{cases}9xy-2xz-2yz=0\\36xy-12xz-5yz=xyz\\9xy-8xz-3yz=-4xyz\end{cases}$$

解 对于 x,y,z 可分情况讨论如下.

(1)$x=y=z=0$ 显然是方程组的一组解(平凡解).

(2)当 $x\neq 0,y=0$ 时,解得 $z=0$;当 $x=0,y\neq 0$ 时,解得 $z=0$;当 $z\neq 0$ 时,$x=0$,解得 $y=0$.

(3)当 $xyz\neq 0$ 时,原方程组化为

$$\begin{cases}9\cdot\dfrac{1}{z}-2\cdot\dfrac{1}{y}-2\cdot\dfrac{1}{x}=0\\36\cdot\dfrac{1}{z}-12\cdot\dfrac{1}{y}-5\cdot\dfrac{1}{x}=1\\9\cdot\dfrac{1}{z}-8\cdot\dfrac{1}{y}-3\cdot\dfrac{1}{x}=4\end{cases}$$

解其视为$\frac{1}{x},\frac{1}{y},\frac{1}{z}$的线性方程组,可以解得

$$\frac{1}{x}=1,\quad \frac{1}{y}=\frac{1}{2},\quad \frac{1}{z}=\frac{1}{3}$$

即 $x=1,y=2,z=3$.

故原方程组有解(其中 x,y,z 为任意实数):$(0,0,z)$,$(x,0,0)$,$(0,y,0)$,$(1,2,3)$.

利用线性方程组系数矩阵的特点求解方程组的例子,是矩阵性质在解线性方程组中的重要应用,特别是某些特殊矩阵.

例 8 若线性方程组 $\boldsymbol{Ax}=\boldsymbol{b}$,其中

$$\boldsymbol{A}=\begin{pmatrix}\sqrt{3}&1&\sqrt{2}\\\sqrt{3}&1&\sqrt{2}\\0&-2&\sqrt{2}\end{pmatrix},\quad \boldsymbol{b}=\begin{pmatrix}1\\2\\3\end{pmatrix}$$

(1)计算 $\boldsymbol{AA}^{\mathrm{T}}$;(2)求解方程组.

解 (1)容易算得 $\boldsymbol{AA}^{\mathrm{T}}=\begin{pmatrix}6&&\\&6&\\&&6\end{pmatrix}=6\begin{pmatrix}1&&\\&1&\\&&1\end{pmatrix}=6\boldsymbol{I}$;

(2)由 $\boldsymbol{AA}^{\mathrm{T}}=6\boldsymbol{I}$,则$\left(\frac{1}{\sqrt{6}}\boldsymbol{A}\right)\left(\frac{1}{\sqrt{6}}\boldsymbol{A}\right)^{\mathrm{T}}=\boldsymbol{I}$,知$\frac{1}{\sqrt{6}}\boldsymbol{A}$为正交矩阵,从而$\left(\frac{1}{\sqrt{6}\boldsymbol{A}}\right)^{-1}=\left(\frac{1}{\sqrt{6}}\boldsymbol{A}\right)^{\mathrm{T}}$.

又由题设方程组有$\frac{1}{\sqrt{6}}\boldsymbol{Ax}=\frac{1}{\sqrt{6}}\boldsymbol{b}$,从而

$$\boldsymbol{x}=\left(\frac{1}{\sqrt{6}}\boldsymbol{A}\right)^{\mathrm{T}}\cdot\frac{1}{\sqrt{6}}\boldsymbol{b}=\frac{1}{6}\boldsymbol{A}^{\mathrm{T}}\boldsymbol{b}=\frac{1}{6}(-\sqrt{3},-3,5\sqrt{2})^{\mathrm{T}}$$

利用线性方程组的性质也可解决一些其他数学问题.这里仅举一例说明,该例我们前文曾有介绍.

例 9 若 n 次多项式 $f(x)=\sum\limits_{i=0}^{n}a_ix^{n-i}(a_i\in\mathbf{R})$ 有 $n+1$ 个相异实数根,则 $f(x)\equiv 0$.

解 设 $x_i(i=1,2,\cdots,n,n+1)$ 为 $f(x)$ 的 $n+1$ 个不同实根,则

$$\begin{cases}a_0x_1^n+a_1x_1^{n-1}+a_2x_1^{n-2}+\cdots+a_{n-1}x_1+a_n=0\\a_0x_2^n+a_1x_2^{n-1}+a_2x_2^{n-2}+\cdots+a_{n-1}x_2+a_n=0\\\quad\vdots\\a_0x_n^n+a_1x_n^{n-1}+a_2x_n^{n-2}+\cdots+a_{n-1}x_n+a_n=0\\a_0x_{n+1}^n+a_1x_{n+1}^{n-1}+a_2x_{n+1}^{n-2}+\cdots+a_{n-1}x_{n+1}+a_n=0\end{cases}\qquad(*)$$

它可视为 $a_0,a_1,a_2,\cdots,a_n$ 的线性方程组，其系数矩阵行列式（范德蒙行列式）因 x_i 互不相同有

$$|\boldsymbol{D}|=\begin{vmatrix}1 & x_1 & x_1^2 & \cdots & x_1^n\\ 1 & x_2 & x_2^2 & \cdots & x_2^n\\ \vdots & \vdots & \vdots & & \vdots\\ 1 & x_n & x_n^2 & \cdots & x_n^n\\ 1 & x_{n+1} & x_{n+1}^2 & \cdots & x_{n+1}^n\end{vmatrix}\neq 0$$

知（*）仅有零解 $a_i=0(i=0,1,2,\cdots,n)$，从而 $f(x)\equiv 0$.

2. 线性方程组解的性质

判断方程组有无解、有多少组解的问题是线性方程的重要理论，这类问题不少，特别是在考研题中（详见后文）. 先来看几个例子，其中例 1 涉及方程有解的充要条件.

例 1　若 $\boldsymbol{A}\in\mathbf{R}^{m\times n}$，则 $\boldsymbol{Ax}=\boldsymbol{b}$ 有解 $\Longleftrightarrow$ 若 $\boldsymbol{A}^{\mathrm{T}}\boldsymbol{z}=\boldsymbol{0}$，有 $\boldsymbol{b}^{\mathrm{T}}\boldsymbol{z}=\boldsymbol{0}$.

证　"$\Rightarrow$"由 $(\boldsymbol{Ax})^{\mathrm{T}}=\boldsymbol{b}^{\mathrm{T}}$，有 $\boldsymbol{x}^{\mathrm{T}}\boldsymbol{A}^{\mathrm{T}}=\boldsymbol{b}^{\mathrm{T}}$.

若 $\boldsymbol{A}^{\mathrm{T}}\boldsymbol{z}=\boldsymbol{0}$，有 $\boldsymbol{x}^{\mathrm{T}}\boldsymbol{A}^{\mathrm{T}}\boldsymbol{z}=\boldsymbol{0}$，从而 $\boldsymbol{b}^{\mathrm{T}}\boldsymbol{z}=\boldsymbol{0}$.

"$\Leftarrow$"若 $\boldsymbol{A}^{\mathrm{T}}\boldsymbol{z}=\boldsymbol{0}$，有 $\boldsymbol{b}^{\mathrm{T}}\boldsymbol{z}=\boldsymbol{0}$，则 $\begin{pmatrix}\boldsymbol{A}^{\mathrm{T}}\\ \boldsymbol{b}^{\mathrm{T}}\end{pmatrix}\boldsymbol{z}=\boldsymbol{0}$ 与 $\boldsymbol{A}^{\mathrm{T}}\boldsymbol{z}=\boldsymbol{0}$同解，故

$$\mathrm{r}(\boldsymbol{A})=\mathrm{r}(\boldsymbol{A}^{\mathrm{T}})=\mathrm{r}\left[\begin{pmatrix}\boldsymbol{A}^{\mathrm{T}}\\ \boldsymbol{b}^{\mathrm{T}}\end{pmatrix}\right]=\mathrm{r}[(\boldsymbol{A}\vdots\boldsymbol{b})^{\mathrm{T}}]=\mathrm{r}[(\boldsymbol{A}\vdots\boldsymbol{b})]$$

从而知方程组 $\boldsymbol{Ax}=\boldsymbol{b}$ 有解.

再来看几个与矩阵有关的例子.

例 2　若 $\boldsymbol{A}\in\mathbf{R}^{m\times n}$，$\boldsymbol{R}\in\mathbf{R}^{m\times n}$ 及 $\boldsymbol{B}\in\mathbf{R}^{m\times m}$ 且可逆. 又 $\boldsymbol{BA}$ 的行向量皆为 $\boldsymbol{Rx}=\boldsymbol{0}$ 的解，则 $\boldsymbol{A}$ 的每个行向量亦为它的解.

证　由题设显然有 $\boldsymbol{R}(\boldsymbol{BA})^{\mathrm{T}}=\boldsymbol{O}$，即 $\boldsymbol{RA}^{\mathrm{T}}\boldsymbol{B}^{\mathrm{T}}=(\boldsymbol{RA}^{\mathrm{T}})\boldsymbol{B}^{\mathrm{T}}=\boldsymbol{O}$.

又 $\boldsymbol{B}$ 非奇异，从而 $\boldsymbol{RA}^{\mathrm{T}}=\boldsymbol{O}$.（注意 $\boldsymbol{B}$ 右乘 $\boldsymbol{RA}^{\mathrm{T}}$ 满秩不改变 $\boldsymbol{RA}^{\mathrm{T}}$ 的秩）

注　此题若不用矩阵方法解则较繁.

例 3　若 $\boldsymbol{A}\in\mathbf{R}^{n\times n}$，且 $\mathrm{r}(\boldsymbol{A})=r$，若 $\boldsymbol{A}$ 的列向量是某线性齐次方程组的基础解系，又 $\boldsymbol{B}$ 是一个 r 阶可逆矩阵. 试证：$\boldsymbol{AB}$ 的列向量也是该方程组的基础解系.

证　设 $\boldsymbol{A}$ 的列向量是齐次线性方程组 $\boldsymbol{Cx}=\boldsymbol{0}$ 的基础解系，则 $\boldsymbol{CA}=\boldsymbol{O}$，从而 $\boldsymbol{CAB}=\boldsymbol{O}$.

由题设 $\boldsymbol{B}$ 是一个 r 阶可逆矩阵，而 $\boldsymbol{A}$ 有 r 个线性无关的列向量. 则 $\boldsymbol{AB}$ 的 r 个列向量也线性无关，因而也是方程组 $\boldsymbol{Cx}=\boldsymbol{0}$ 的基础解系.

注　下面的命题与例类同.

命题：若 $\boldsymbol{A}\in\mathbf{R}^{n\times n}$，且 $\mathrm{r}(\boldsymbol{A})=r$，又其 r 个列向量为某一齐次线性方程组的基础解系，同时 $\boldsymbol{B}$ 是一个 r 阶可逆矩阵. 证明：$\boldsymbol{AB}$ 的 r 列向量也是该齐次线性方程组的基础解系.

例 4　若 $\boldsymbol{A},\boldsymbol{B}\in\mathbf{R}^{n\times n}$，方程组 $\boldsymbol{ABx}=\boldsymbol{0}$ 与 $\boldsymbol{Bx}=\boldsymbol{0}$ 同解 $\Longleftrightarrow\mathrm{r}(\boldsymbol{AB})=\mathrm{r}(\boldsymbol{B})$.

证　显然当 $\mathrm{r}(\boldsymbol{AB})=n$ 时，$\mathrm{r}(\boldsymbol{A})=\mathrm{r}(\boldsymbol{B})=n$，这时由 $\boldsymbol{ABx}=\boldsymbol{0}$，有 $\boldsymbol{Bx}=\boldsymbol{0}$；反之，若 $\boldsymbol{Bx}=\boldsymbol{0}$，亦有$\boldsymbol{ABx}=\boldsymbol{0}$.

今考虑 $\mathrm{r}(\boldsymbol{AB})<n$ 的情形.

"$\Leftarrow$"若 $\boldsymbol{ABx}=\boldsymbol{0}$ 与 $\boldsymbol{Bx}=\boldsymbol{0}$同解，它们的基础解系相同，因而其系数矩阵的秩相同，即 $\mathrm{r}(\boldsymbol{AB})=\mathrm{r}(\boldsymbol{B})$.

"$\Rightarrow$"若 $\mathrm{r}(\boldsymbol{AB})=\mathrm{r}(\boldsymbol{B})=r$，则 $\boldsymbol{ABx}=\boldsymbol{0}$ 的基础解系中含 $n-r$ 个线性无关的向量.

因 $\boldsymbol{Bx}=\boldsymbol{0}$ 的解均为 $\boldsymbol{ABx}=\boldsymbol{0}$ 的解，知基础解系中 $n-r$ 个线性无关的解均为 $\boldsymbol{Bx}=\boldsymbol{0}$ 的解，从而亦构成 $\boldsymbol{ABx}=\boldsymbol{0}$ 的一个基础解系.

这样 $\boldsymbol{ABx}=\boldsymbol{0}$ 与 $\boldsymbol{Bx}=\boldsymbol{0}$ 同解.

例 5 若实系数线性方程组 $\boldsymbol{A}\boldsymbol{x}=\boldsymbol{b}$,其中 $\boldsymbol{A}\in\mathbf{R}^{m\times n}$,且 $m\geqslant n$,$\boldsymbol{b}\in\mathbf{R}^{m}$.若已知方程有唯一解,求证 $\boldsymbol{A}^{\mathrm{T}}\boldsymbol{A}$ 可逆,且唯一解为 $\boldsymbol{x}=(\boldsymbol{A}^{\mathrm{T}}\boldsymbol{A})^{-1}\boldsymbol{A}^{\mathrm{T}}\boldsymbol{b}$.

证 由题设 $\boldsymbol{A}\boldsymbol{x}=\boldsymbol{b}$ 有唯一解,且相应的齐次方程组 $\boldsymbol{A}\boldsymbol{x}=\boldsymbol{0}$ 亦仅有零解,从而知 $|\boldsymbol{A}^{\mathrm{T}}\boldsymbol{A}|\neq 0$,即知矩阵 $\boldsymbol{A}^{\mathrm{T}}\boldsymbol{A}$ 可逆.

由 $\boldsymbol{A}\boldsymbol{x}=\boldsymbol{b}$ 两边左乘 $(\boldsymbol{A}^{\mathrm{T}}\boldsymbol{A})^{-1}\boldsymbol{A}^{\mathrm{T}}$,有 $\boldsymbol{x}=(\boldsymbol{A}^{\mathrm{T}}\boldsymbol{A})^{-1}\boldsymbol{A}^{\mathrm{T}}\boldsymbol{b}$,注意到

$$\text{式左}=(\boldsymbol{A}^{\mathrm{T}}\boldsymbol{A})^{-1}\boldsymbol{A}^{\mathrm{T}}\boldsymbol{A}\boldsymbol{x}=(\boldsymbol{A}^{\mathrm{T}}\boldsymbol{A})^{-1}(\boldsymbol{A}^{\mathrm{T}}\boldsymbol{A})\boldsymbol{x}=\boldsymbol{x}$$

下面的例子涉及矩阵方程,其实这种问题我们在“矩阵”一章中已有介绍.

例 6 若 $\boldsymbol{A}\in\mathbf{R}^{m\times p}$,$\boldsymbol{B}\in\mathbf{R}^{m\times p}$,试给出矩阵方程 $\boldsymbol{A}\boldsymbol{x}=\boldsymbol{b}$ 有解的充要条件,且证明之,又若 $\mathrm{r}(\boldsymbol{A})=r$,且 $\boldsymbol{x}_0$ 是方程的一个特解,试求其通解.

解 由题设知 $\boldsymbol{X}\in\mathbf{R}^{n\times p}$,即为 n 行 p 列矩阵.

设 $\boldsymbol{X}=(\boldsymbol{x}_1,\boldsymbol{x}_2,\cdots,\boldsymbol{x}_p)$,其中 $\boldsymbol{x}_2=(x_{1i},x_{2i},\cdots,x_{ni})^{\mathrm{T}}$,$i=1,2,\cdots,p$.

再设 $\boldsymbol{B}=(\boldsymbol{b}_1,\boldsymbol{b}_2,\cdots,\boldsymbol{b}_p)$,则有

$$\begin{aligned}\boldsymbol{A}\boldsymbol{x}=\boldsymbol{B}\text{ 有解}&\Longleftrightarrow \boldsymbol{A}\boldsymbol{x}_i=\boldsymbol{b}_i\,(i=1,2,\cdots,p)\text{都有解}\\&\Longleftrightarrow \mathrm{r}(\boldsymbol{A})=\mathrm{r}(\boldsymbol{A}\,\vdots\,\boldsymbol{b}_i),i=1,2,\cdots,p\\&\Longleftrightarrow \mathrm{r}(\boldsymbol{A})=\mathrm{r}(\boldsymbol{A}\,\vdots\,\boldsymbol{B})\end{aligned}$$

又若 $\boldsymbol{A}\boldsymbol{x}=\boldsymbol{0}$,其中 $\boldsymbol{x}\in\mathbf{R}^{m\times 1}$,且 $\boldsymbol{\beta}_1,\boldsymbol{\beta}_2,\cdots,\boldsymbol{\beta}_{n-1}$ 为该方程组的基础解系,同时 $\mathrm{r}(\boldsymbol{A})=r$.

而 $\boldsymbol{X}=(\boldsymbol{\alpha}_1,\boldsymbol{\alpha}_2,\cdots,\boldsymbol{\alpha}_p)$ 是 $\boldsymbol{A}\boldsymbol{X}=\boldsymbol{B}$ 的特解,从而 $\boldsymbol{A}\boldsymbol{X}=\boldsymbol{B}$ 的通解为

$$\boldsymbol{X}=\left(\boldsymbol{\alpha}_1+\sum_{i=1}^{n-r}k_i\boldsymbol{\beta}_i,\boldsymbol{\alpha}_2+\sum_{i=1}^{n-r}l_i\boldsymbol{\beta}_i,\cdots,\boldsymbol{\alpha}_p+\sum_{i=1}^{n-r}r_i\boldsymbol{\beta}_i\right)$$

其中 $k_i,l_i,\cdots,r_i\,(i=1,2,\cdots,n-r)$ 为任意实数.

研究生入学考试试题选讲

1978～1986 年部分

1. 线性方程的解及有无解的判定

我们再来看关于线性方程组的例子,这类问题多为:(1)求解;(2)讨论待定参数的取值,使方程组有或无解.请看下面的例子.

例 1 若 $\boldsymbol{A}\in\mathbf{R}^{m\times n}$,又 $\boldsymbol{x}=(x_1,x_2,\cdots,x_n)^{\mathrm{T}}$,$\boldsymbol{b}=(b_1,b_2,\cdots,b_n)^{\mathrm{T}}$,则 $\boldsymbol{A}^{\mathrm{T}}\boldsymbol{A}\boldsymbol{x}=\boldsymbol{A}^{\mathrm{T}}\boldsymbol{b}$ 一定有解.(厦门大学,1982)

证 考察矩阵 $\boldsymbol{A}^{\mathrm{T}}\boldsymbol{A}$ 的增广矩阵 $(\boldsymbol{A}^{\mathrm{T}}\boldsymbol{A}\,\vdots\,\boldsymbol{A}^{\mathrm{T}}\boldsymbol{b})$,因为

$$\mathrm{r}(\boldsymbol{A}^{\mathrm{T}}\boldsymbol{A})\leqslant\mathrm{r}(\boldsymbol{A}^{\mathrm{T}}\boldsymbol{A}\,\vdots\,\boldsymbol{A}^{\mathrm{T}}\boldsymbol{b})=\mathrm{r}[\boldsymbol{A}^{\mathrm{T}}(\boldsymbol{A}\,\vdots\,\boldsymbol{b})]\leqslant\mathrm{r}(\boldsymbol{A}^{\mathrm{T}})=\mathrm{r}(\boldsymbol{A})=\mathrm{r}(\boldsymbol{A}^{\mathrm{T}}\boldsymbol{A})$$

故 $\mathrm{r}(\boldsymbol{A}^{\mathrm{T}}\boldsymbol{A}\,\vdots\,\boldsymbol{A}^{\mathrm{T}}\boldsymbol{b})=\mathrm{r}(\boldsymbol{A}^{\mathrm{T}}\boldsymbol{A})$,从而知方程组 $\boldsymbol{A}^{\mathrm{T}}\boldsymbol{A}\boldsymbol{x}=\boldsymbol{A}^{\mathrm{T}}\boldsymbol{b}$ 一定有解.

例 2 讨论当 a,b,c 满足什么条件时,方程组

$$\begin{cases}x_1+ax_2+a^2x_3=a^3\\x_1+bx_2+b^2x_3=b^3\\x_1+cx_2+c^2x_3=c^3\end{cases}$$

有唯一解?无穷多解?无解?(中山大学,1982;哈尔滨工业大学,1984)

解 考虑方程组系数矩阵 $\boldsymbol{A}$ 和增广矩阵 $\overline{\boldsymbol{A}}$

$$\boldsymbol{A}=\begin{pmatrix}1&a&a^2\\1&b&b^2\\1&c&c^2\end{pmatrix},\quad\overline{\boldsymbol{A}}=\left(\begin{array}{ccc:c}1&a&a^3&a^3\\1&b&b^2&b^3\\1&c&c^2&c^3\end{array}\right)$$

(1)若 a,b,c 皆不相同，则方程组有唯一解.

实因 $|\boldsymbol{A}|$ 是范德蒙行列式，当 a,b,c 相异时，$|\boldsymbol{A}|\neq 0$，故方程组有唯一解.

(2)若 a,b,c 中至少有两数相等，则方程组有无穷多组解.

这是因为 $\mathrm{r}(\boldsymbol{A})=\mathrm{r}(\bar{\boldsymbol{A}})=r$（它们行向量线性无关的个数相同），且 $r<3$，故方程组有无穷多组解.

综上，若 a,b,c 皆不相等，则方程组有唯一解；否则，方程组有无穷多组解；方程组不可能无解.

例 3　证明方程组 $\begin{cases}\dfrac{1}{2}x_1=a_{11}x_1+a_{12}x_2+a_{13}x_3\\ \dfrac{1}{2}x_2=a_{21}x_1+a_{22}x_2+a_{23}x_3\\ \dfrac{1}{2}x_3=a_{31}x_1+a_{32}x_2+a_{33}x_3\end{cases}$ 只有零解，其中 $a_{ij}\,(i,j=1,2,3)$ 均为整数.（南京邮电学院，1985）

证　令 $\boldsymbol{A}=(a_{ij})_{3\times 3}$，且题设方程组化为标准形后的系数行式为 D，则考虑

$$f(\lambda)=|\boldsymbol{A}-\lambda\boldsymbol{I}|=\begin{vmatrix}a_{11}-\lambda & a_{12} & a_{13}\\ a_{21} & a_{22}-\lambda & a_{23}\\ a_{31} & a_{32} & a_{33}-\lambda\end{vmatrix}$$

则
$$D=f\left(\frac{1}{2}\right)$$

但 $f(\lambda)=(-1)^3\lambda^3+b_1\lambda^2+b_2\lambda+b_3$，$b_i\,(i=1,2,3)$ 为整数. 若

$$D=f\left(\frac{1}{2}\right)=(-1)^3\left(\frac{1}{2}\right)^3+b_1\left(\frac{1}{2}\right)^2+b_2\left(\frac{1}{2}\right)+b_3=0$$

即 $-1+2(b_1+2b_2+4b_3)=-1+2N=0$，$N$ 为某个整数，但这不可能.

故 $-1+2N\neq 0$，从而题设方程组系数行列式不为 0，故其仅有零解.

注　它的推广情形可见习题.

再来看一个例子，不过它是以矩阵、向量形式出现的.

例 4　设 $\boldsymbol{A}=\begin{pmatrix}3a+1 & 5a-2\\ 9-a & 2(a+2)\end{pmatrix}$，$\boldsymbol{b}=\begin{pmatrix}4a-3\\ a+1\end{pmatrix}$，$\boldsymbol{x}=\begin{pmatrix}x_1\\ x_2\end{pmatrix}$，试讨论方程组 $\boldsymbol{Ax}=\boldsymbol{b}$ 的解的情况.（上海工业大学，1981）

解　因 $\boldsymbol{A}$ 的行列式 $|\boldsymbol{A}|=(a-1)(a-2)$，因而有：

(1)当 $a\neq 1$，且 $a\neq 2$ 时，$|\boldsymbol{A}|\neq 0$，$\boldsymbol{A}$ 可逆，且 $\boldsymbol{x}=\boldsymbol{A}^{-1}\boldsymbol{b}=\begin{pmatrix}\dfrac{3a+10}{11(a-2)}\\ \dfrac{a-4}{11(a-2)}\end{pmatrix}$；

(2)当 $a=1$ 时，$\mathrm{r}(\boldsymbol{A})=1$，且 $\mathrm{r}(\bar{\boldsymbol{A}})=1$，这里 $\bar{\boldsymbol{A}}$ 系 $\boldsymbol{Ax}=\boldsymbol{b}$ 的增广矩阵，故此时方程组有无穷多组解

$$\boldsymbol{x}=\left(\frac{1}{4}-\frac{3}{4}t,t\right)^{\mathrm{T}}\quad(t\text{ 为任何实数})$$

(3)当 $a=1$ 时，$\mathrm{r}(\boldsymbol{A})=1$，但 $\mathrm{r}(\bar{\boldsymbol{A}})=2$，故方程组无解.

例 5　求方程组 $\boldsymbol{Ax}=\boldsymbol{b}$ 的全部解向量，其中

$$\boldsymbol{A}=\begin{pmatrix}1 & 1 & 2 & 4\\ 1 & -2 & 2 & -1\\ 3 & 1 & 6 & 2\end{pmatrix},\quad \boldsymbol{b}=\begin{pmatrix}3\\ -1\\ 3\end{pmatrix}$$

（安徽工学院，1985）

解　考虑增广矩阵 $\bar{\boldsymbol{A}}=(\boldsymbol{A}\,\vdots\,\boldsymbol{b})$，对其实施行初等变换

$$\left(\begin{array}{cccc:c}1 & 1 & 2 & 4 & 3\\1 & -2 & 2 & -1 & -1\\3 & 1 & 6 & 2 & 3\end{array}\right)\to\left(\begin{array}{cccc:c}1 & 1 & 2 & 4 & 3\\0 & -3 & 0 & -5 & -4\\0 & -2 & 0 & -10 & -6\end{array}\right)$$

$$\to\left(\begin{array}{cccc:c}1 & 1 & 2 & 4 & 3\\0 & 0 & 0 & 10 & 5\\0 & 1 & 0 & 5 & 3\end{array}\right)\to\left(\begin{array}{cccc:c}1 & 0 & 2 & -1 & 0\\0 & 1 & 0 & 5 & 3\\0 & 0 & 0 & 2 & 1\end{array}\right)$$

即得
$$\begin{cases}x_1 \quad +2x_3 \ -x_4=0\\ \quad x_2 \qquad +5x_4=3\\ \qquad\qquad 2x_4=1\end{cases} \text{或} \begin{cases}x_1 \qquad -x_4=-2x_3\\ \quad x_2 \quad +5x_4=3\\ \qquad\qquad 2x_4=1\end{cases}$$

对应的齐次方程组的解为

$$x_4=0,\quad x_2=0,\quad x_3=1,\quad x_1=-2$$

非齐次方程组的特解为

$$x_4=\frac{1}{2},\quad x_1=\frac{1}{2},\quad x_2=\frac{1}{2},\quad x_3=0$$

故所求解向量$\begin{pmatrix}x_1\\x_2\\x_3\\x_4\end{pmatrix}=\begin{pmatrix}\frac{1}{2}\\\frac{1}{2}\\0\\\frac{1}{2}\end{pmatrix}+c\begin{pmatrix}-2\\0\\1\\0\end{pmatrix}$,$c$ 为任意实数.

注 对线性非齐次方程组而言,其通解可用"相应齐次方程组(导出方程组)的通解+特解"表示.

例 6 证明方程组 $\boldsymbol{Ax}=\boldsymbol{b}$,其中

$$\boldsymbol{A}=\begin{pmatrix}a_{11} & a_{12} & \cdots & a_{1n}\\a_{21} & a_{22} & \cdots & a_{2n}\\\vdots & \vdots & & \vdots\\a_{n1} & a_{n2} & \cdots & a_{nn}\end{pmatrix},\quad \boldsymbol{x}=\begin{pmatrix}x_1\\x_2\\\vdots\\x_n\end{pmatrix},\quad \boldsymbol{b}=\begin{pmatrix}b_1\\b_2\\\vdots\\b_n\end{pmatrix}$$

对任何 $\boldsymbol{b}$ 均有解$\Longleftrightarrow|\boldsymbol{A}|\neq0$.(西安公路学院,1986)

证 "$\Leftarrow$"若$|\boldsymbol{A}|\neq0$,知 $\boldsymbol{A}$ 非奇异(可逆),即 $\mathrm{r}(\boldsymbol{A})=n$,从而对任何 $\boldsymbol{b}\in\mathbf{R}^n$ 均有 $\mathrm{r}(\boldsymbol{A}\vdots\boldsymbol{b})=n$,从而 $\boldsymbol{Ax}=\boldsymbol{b}$有解.

"$\Rightarrow$"记 $\boldsymbol{A}=(\boldsymbol{\alpha}_1,\boldsymbol{\alpha}_2,\cdots,\boldsymbol{\alpha}_n)$,其中 $\boldsymbol{\alpha}_i=(a_{i1},a_{i2},\cdots,a_{in})^{\mathrm{T}}$,则方程组可写为 $x_1\boldsymbol{\alpha}_1+x_2\boldsymbol{\alpha}_2+\cdots+x_n\boldsymbol{\alpha}_n=\boldsymbol{b}$.

由于 $\boldsymbol{b}$ 的任意性,知任何向量 $\boldsymbol{b}$ 皆可由 $\boldsymbol{\alpha}_1,\boldsymbol{\alpha}_2,\cdots,\boldsymbol{\alpha}_n$ 线性表出.

特别地,n 维单位坐标向量 $\boldsymbol{e}_1,\boldsymbol{e}_2,\cdots,\boldsymbol{e}_n$ 亦可由 $\boldsymbol{\alpha}_1,\boldsymbol{\alpha}_2,\cdots,\boldsymbol{\alpha}_n$ 线性表出,则向量组的秩

$$\mathrm{r}(\boldsymbol{e}_1,\boldsymbol{e}_2,\cdots,\boldsymbol{e}_n)\leqslant\mathrm{r}(\boldsymbol{\alpha}_1,\boldsymbol{\alpha}_2,\cdots,\boldsymbol{\alpha}_n)$$

又 $\boldsymbol{\alpha}_1,\boldsymbol{\alpha}_2,\cdots,\boldsymbol{\alpha}_n$ 也可由 $\boldsymbol{e}_1,\boldsymbol{e}_2,\cdots,\boldsymbol{e}_n$ 线性表出,同样向量组的秩

$$\mathrm{r}(\boldsymbol{\alpha}_1,\boldsymbol{\alpha}_2,\cdots,\boldsymbol{\alpha}_n)\leqslant\mathrm{r}(\boldsymbol{e}_1,\boldsymbol{e}_2,\cdots,\boldsymbol{e}_n)$$

故
$$\mathrm{r}(\boldsymbol{\alpha}_1,\boldsymbol{\alpha}_2,\cdots,\boldsymbol{\alpha}_n)=\mathrm{r}(\boldsymbol{e}_1,\boldsymbol{e}_2,\cdots,\boldsymbol{e}_n)=n$$

由上知 $\boldsymbol{A}$ 为满秩即可逆阵,从而$|\boldsymbol{A}|\neq0$.

例 7 试证:实系数线性方程组

$$\sum_{j=1}^{n}a_{ij}x_j=b_i\quad(i=1,2,\cdots,m) \qquad ①$$

有解的充要条件是属于 $\mathbf{R}^m$ 的向量 $\boldsymbol{\beta}=(b_1,b_2,\cdots,b_m)$ 与齐次线性方程组

$$\sum_{j=1}^{n} a_{ij}x_j = 0 \quad (i=1,2,\cdots,m) \qquad ②$$

的解空间正交.(华东师范大学,1984)

证 先证必要性.若方程组①有解 $c_1,c_2,\cdots,c_n$,即

$$\sum_{j=1}^{n} a_{ij}c_j = b_i \quad (i=1,2,\cdots,m)$$

又设 $d_1,d_2,\cdots,d_m$ 为方程组②的任意解,考虑

$$\sum_{i=1}^{m} b_i d_i = \sum_{i=1}^{m}\Big(\sum_{j=1}^{n} a_{ij}c_j\Big)d_i = \sum_{i=1}^{n} c_j\Big(\sum_{j=1}^{m} a_{ij}d_i\Big) = \sum_{j=1}^{n} c_j \cdot 0 = 0$$

即 $(b_1,b_2,\cdots,b_m)$ 与 $(d_1,d_2,\cdots,d_m)$ 正交.

再证充分性.若 $(b_1,b_2,\cdots,b_n)$ 与齐次方程组②的任意解正交,则方程组

$$\begin{cases} a_{11}x_1+\cdots+a_{m1}x_m=0 \\ a_{12}x_1+\cdots+a_{m2}x_m=0 \\ \quad\vdots \\ a_{1n}x_1+\cdots+a_{mn}x_m=0 \end{cases} \quad 与 \quad \begin{cases} a_{11}x_1+\cdots+a_{m1}x_m=0 \\ \quad\vdots \\ a_{1n}x_1+\cdots+a_{mn}x_m=0 \\ b_1x_1+\cdots+b_mx_m=0 \end{cases}$$

同解,故矩阵的秩

$$\mathrm{r}\begin{pmatrix} a_{11} & a_{21} & \cdots & a_{m1} \\ a_{12} & a_{22} & \cdots & a_{m2} \\ \vdots & \vdots & & \vdots \\ a_{1n} & a_{2n} & \cdots & a_{mn} \end{pmatrix} = \mathrm{r}\begin{pmatrix} a_{11} & a_{21} & \cdots & a_{m1} \\ \vdots & \vdots & & \vdots \\ a_{1n} & a_{2n} & \cdots & a_{mn} \\ b_1 & b_2 & \cdots & b_m \end{pmatrix}$$

而它们的转置矩阵即为线性方程组

$$\sum_{j=1}^{n} a_{ij}x_j = b_i \quad (i=1,2,\cdots,m)$$

的系数矩阵及其增广矩阵,从而该方程组有解.

例8 设矩阵 $\boldsymbol{A}$ 的 n 个列向量为 $\boldsymbol{\alpha}_i=(a_{1i},a_{2i},\cdots,a_{ni})^{\mathrm{T}}(i=1,2,\cdots,n)$,$n$ 阶矩阵 $\boldsymbol{B}$ 的 n 个列向量为

$$\boldsymbol{\alpha}_1+\boldsymbol{\alpha}_2,\boldsymbol{\alpha}_2+\boldsymbol{\alpha}_3,\cdots,\boldsymbol{\alpha}_{n-1}+\boldsymbol{\alpha}_n,\boldsymbol{\alpha}_n+\boldsymbol{\alpha}_1$$

试问:当 $\boldsymbol{A}$ 的秩 $\mathrm{r}(\boldsymbol{A})=n$ 时,线性齐次方程组 $\boldsymbol{Bx}=\boldsymbol{0}$ 是否有非零解?证明你的结论.(清华大学,1985)

解 设有常数 $k_1,k_2,\cdots,k_n$ 使

$$k_1(\boldsymbol{\alpha}_1+\boldsymbol{\alpha}_2)+k_2(\boldsymbol{\alpha}_2+\boldsymbol{\alpha}_3)+\cdots+k_{n-1}(\boldsymbol{\alpha}_{n-1}+\boldsymbol{\alpha}_n)+k_n(\boldsymbol{\alpha}_n+\boldsymbol{\alpha}_1)=\boldsymbol{0} \qquad ①$$

即

$$(k_n+k_1)\boldsymbol{\alpha}_1+(k_1+k_2)\boldsymbol{\alpha}_2+\cdots+(k_{n-1}+k_n)\boldsymbol{\alpha}_n=\boldsymbol{0}$$

由题设 $\mathrm{r}(A)=n$,知 $\boldsymbol{\alpha}_1,\boldsymbol{\alpha}_2,\cdots,\boldsymbol{\alpha}_n$ 线性无关.从而

$$\begin{cases} k_1 \qquad\qquad +k_n=0 \\ k_1+k_2 \qquad\qquad =0 \\ \qquad\quad \vdots \\ \qquad\qquad k_{n-1}+k_n=0 \end{cases} \qquad ②$$

其系数行列式

$$D=\begin{vmatrix} 1 & 0 & 0 & \cdots & 0 & 1 \\ 1 & 1 & 0 & \cdots & 0 & 0 \\ \vdots & \vdots & \vdots & & \vdots & \vdots \\ 0 & 0 & 0 & \cdots & 0 & 1 \\ 0 & 0 & 0 & \cdots & 1 & 1 \end{vmatrix} = \begin{cases} 0, & n\text{ 为偶数时} \\ 2, & n\text{ 为奇数时} \end{cases}$$

(1)当 n 为偶数时，方程组②有非零解，即有不全为 0 的 k_i 使前面的式子①成立，亦即 $\boldsymbol{\alpha}_1+\boldsymbol{\alpha}_2,\boldsymbol{\alpha}_2+\boldsymbol{\alpha}_3,\cdots,\boldsymbol{\alpha}_{n-1}+\boldsymbol{\alpha}_n,\boldsymbol{\alpha}_n+\boldsymbol{\alpha}_1$ 线性相关. 此时 $\mathrm{r}(\boldsymbol{B})<n$，知方程组 $\boldsymbol{Bx}=\boldsymbol{0}$ 有非零解.

(2)当 n 为奇数时，方程组②仅有零解满足式①，此时 $\boldsymbol{\alpha}_1+\boldsymbol{\alpha}_2,\boldsymbol{\alpha}_2+\boldsymbol{\alpha}_3,\cdots,\boldsymbol{\alpha}_{n-1}+\boldsymbol{\alpha}_n,\boldsymbol{\alpha}_n+\boldsymbol{\alpha}_1$ 线性无关. 此时 $\mathrm{r}(\boldsymbol{B})=n$，知方程组 $\boldsymbol{Bx}=\boldsymbol{0}$ 仅有零解.

2. 矩阵方程

矩阵方程(组)实际上是线性方程组的变形问题(或者说是线性方程组问题的推广)，有的可以根据矩阵性质及运算准则解决(前文已有叙述)，有的可以根据线性方程组的理论解决，特别是涉及矩阵方程组的解的讨论时.

例 1 已知非奇异矩阵 $\boldsymbol{A}=\begin{pmatrix}a & b\\ b & a\end{pmatrix}$ 及矩阵 $\boldsymbol{B}=\begin{pmatrix}1 & 2 & 3\\ -1 & -2 & -3\end{pmatrix}$.

(1)证明有唯一矩阵 $\boldsymbol{X}=\begin{pmatrix}x_1 & x_3 & x_5\\ x_2 & x_4 & x_6\end{pmatrix}$ 满足 $\boldsymbol{AX}=\boldsymbol{B}$；

(2)把矩阵 $\boldsymbol{X}$ 求出来.(重庆大学，1983)

证 (1)由 $\begin{pmatrix}a & b\\ b & a\end{pmatrix}\begin{pmatrix}x_1 & x_3 & x_5\\ x_2 & x_4 & x_6\end{pmatrix}=\begin{pmatrix}1 & 2 & 3\\ -1 & -2 & -3\end{pmatrix}$，依矩阵乘法及性质有

$$\begin{cases}ax_1+bx_2=1 & ①\\ bx_1+ax_2=-1 & ②\\ ax_3+bx_4=2 & ③\\ bx_3+ax_4=-2 & ④\\ ax_5+bx_6=3 & ⑤\\ bx_5+ax_6=-3 & ⑥\end{cases}$$

上面的方程组的系数行列式(注意到 $\boldsymbol{A}$ 是非奇异阵，因而 $|\boldsymbol{A}|=a^2-b^2\neq 0$)

$$D=\begin{vmatrix}a & b & & & & \\ b & a & & & & \\ & & a & b & & \\ & & b & a & & \\ & & & & a & b\\ & & & & b & a\end{vmatrix}=(a^2-b^2)^3\neq 0$$

故方程组有唯一解，从而有唯一的 $\boldsymbol{X}$ 满足 $\boldsymbol{AX}=\boldsymbol{B}$.

(2)分别联立解式①与式②，式③与式④，式⑤与式⑥，可得

$$x_1=\frac{1}{a-b},\quad x_2=\frac{1}{b-a},\quad x_3=\frac{2}{a-b},\quad x_4=\frac{2}{b-a},\quad x_5=\frac{3}{a-b},\quad x_6=\frac{3}{b-a}$$

故

$$\boldsymbol{X}=\begin{pmatrix}\dfrac{1}{a-b} & \dfrac{2}{b-a} & \dfrac{3}{a-b}\\ \dfrac{1}{b-a} & \dfrac{2}{a-b} & \dfrac{3}{b-a}\end{pmatrix}$$

注 问题(2)还可由 $\boldsymbol{X}=\boldsymbol{A}^{-1}\boldsymbol{B}$ 给出.

例 2 解矩阵方程 $(\boldsymbol{A}+2\boldsymbol{I})\boldsymbol{X}=\boldsymbol{C}$，其中

$$\boldsymbol{A}=\begin{pmatrix}1 & 1\\ 1 & 2\end{pmatrix},\quad \boldsymbol{E}=\begin{pmatrix}1 & 0\\ 0 & 1\end{pmatrix},\quad \boldsymbol{C}=\begin{pmatrix}1 & 1\\ 0 & 1\end{pmatrix}$$

(上海交通大学等十院校，1986)

解 由 $\boldsymbol{A}+2\boldsymbol{I}=\begin{pmatrix}3 & 1\\ 1 & 4\end{pmatrix}$，于是方程化为 $\begin{pmatrix}3 & 1\\ 1 & 4\end{pmatrix}\boldsymbol{X}=\begin{pmatrix}1 & 1\\ 0 & 4\end{pmatrix}$，从而

$$X=\begin{pmatrix}3&1\\1&4\end{pmatrix}^{-1}\begin{pmatrix}1&1\\0&1\end{pmatrix}=\frac{1}{11}\begin{pmatrix}4&-1\\-1&3\end{pmatrix}\begin{pmatrix}1&1\\0&1\end{pmatrix}=\begin{pmatrix}\frac{4}{11}&\frac{3}{11}\\-\frac{1}{11}&\frac{2}{11}\end{pmatrix}$$

例3 试从矩阵方程 $\begin{pmatrix}2&1\\3&2\end{pmatrix}X\begin{pmatrix}-3&2\\5&-3\end{pmatrix}=\begin{pmatrix}-2&4\\3&-1\end{pmatrix}$ 中确定二阶矩阵 X.(天津纺织工学院,1986)

解 容易验证矩阵 $\begin{pmatrix}2&1\\3&2\end{pmatrix}$ 和 $\begin{pmatrix}-3&2\\5&-3\end{pmatrix}$ 均可逆,从而

$$X=\begin{pmatrix}3&1\\3&2\end{pmatrix}^{-1}\begin{pmatrix}-2&4\\3&-1\end{pmatrix}\begin{pmatrix}-3&2\\5&-3\end{pmatrix}^{-1}=\begin{pmatrix}3&-1\\-3&2\end{pmatrix}\begin{pmatrix}-2&4\\3&-1\end{pmatrix}\begin{pmatrix}3&2\\5&3\end{pmatrix}$$
$$=\begin{pmatrix}-7&9\\12&-4\end{pmatrix}\begin{pmatrix}3&2\\5&3\end{pmatrix}=\begin{pmatrix}24&13\\-34&-18\end{pmatrix}$$

与下面类似的问题我们在"矩阵"一章已有介绍,这里再次叙及是由于它们与线性方程组的概念关系致密.

例4 (1)求满足 $A^2=O$ 的一切2阶矩阵 A;(北方交通大学,1983)

(2)求满足 $A^2=I$ 的一切2阶矩阵 A.(北京化工学院,1984)

解 (1)设 $A=\begin{pmatrix}a&b\\c&d\end{pmatrix}$,由题设 $A^2=O$,即

$$\begin{pmatrix}a&b\\c&d\end{pmatrix}\begin{pmatrix}a&b\\c&d\end{pmatrix}=\begin{pmatrix}a^2+bc&ab+bd\\ac+dc&bc+d^2\end{pmatrix}=\begin{pmatrix}0&0\\0&0\end{pmatrix}$$

由上可知 a,b,c,d 满足下面的方程组

$$\begin{cases}a^2+bc=0\\b(a+d)=0\\c(a+b)=0\\bc+d^2=0\end{cases}\qquad(*)$$

①若 $a+d\neq0$,则有 $b=c=0$;进而 $a^2=d^2=0$,故 $A_1=\begin{pmatrix}0&0\\0&0\end{pmatrix}$.

②若 $a+d=0$,则方程组(*)化为

$$\begin{cases}a^2+bc=0\\a=-d\\bc+d^2=0\end{cases}\Rightarrow\begin{cases}若\ a=0\Rightarrow d=0\Rightarrow\begin{cases}b=0,c=0\\b=0,c\neq0\\b\neq0,c=0\end{cases}\\ 若\ a=-d\neq0\Rightarrow\begin{cases}c=-\dfrac{a^2}{b}或-\dfrac{d^2}{b}\\b=-\dfrac{a^2}{c}或-\dfrac{d^2}{c}\end{cases}\end{cases}$$

即 $$A_2=\begin{pmatrix}0&0\\c&0\end{pmatrix},\quad A_3=\begin{pmatrix}0&b\\0&0\end{pmatrix},\quad A_4=\begin{pmatrix}a&b\\-\frac{a^2}{b}&-a\end{pmatrix},\quad A_5=\begin{pmatrix}a&-\frac{a^2}{c}\\c&-a\end{pmatrix}$$

故适合 $A^2=O$ 的二阶阵为上面 $A_1\sim A_5$,共5种形式.

(2)由(1)可知,若 $A=\begin{pmatrix}a&b\\c&d\end{pmatrix}$,则 $A^2=\begin{pmatrix}a^2+bc&b(a+d)\\c(a+d)&bc+d^2\end{pmatrix}$.

故 $A^2=I$ 与下面方程组等价

$$\begin{cases}a^2+bc=1\\ b(a+d)=0\\ c(a+d)=0\\ bc+d^2=1\end{cases}$$

①当 $b\neq 0$ 时，$\boldsymbol{A}_1=\begin{bmatrix}a & b\\ \dfrac{1-a^2}{b} & -a\end{bmatrix}$；

②当 $c\neq 0$ 时，$\boldsymbol{A}_2=\begin{bmatrix}a & \dfrac{1-a^2}{b}\\ c & -a\end{bmatrix}$；

③当 $b=0$ 时，$\boldsymbol{A}_3=\begin{pmatrix}1 & 0\\ 0 & 1\end{pmatrix}$，$\boldsymbol{A}_4=\begin{pmatrix}-1 & 0\\ 0 & -1\end{pmatrix}$，$\boldsymbol{A}_5=\begin{pmatrix}1 & 0\\ c & -1\end{pmatrix}$，$\boldsymbol{A}_6=\begin{pmatrix}-1 & 0\\ c & 1\end{pmatrix}$；

④当 $c=0$ 时，$\boldsymbol{A}_7=\begin{pmatrix}1 & b\\ 0 & -1\end{pmatrix}$，$\boldsymbol{A}_8=\begin{pmatrix}-1 & b\\ 0 & 1\end{pmatrix}$.

故满足 $\boldsymbol{A}^2=\boldsymbol{I}$ 的二阶矩阵为上面的 $\boldsymbol{A}_1\sim\boldsymbol{A}_8$，共 8 种形式.

例 5 设方程 $\boldsymbol{A}^{\mathrm{T}}\boldsymbol{P}+\boldsymbol{P}\boldsymbol{A}-\boldsymbol{P}\boldsymbol{B}\boldsymbol{R}^{-1}\boldsymbol{B}^{\mathrm{T}}\boldsymbol{P}+\boldsymbol{Q}=\boldsymbol{O}$，其中 $\boldsymbol{A}=\begin{pmatrix}0 & 1\\ 0 & 0\end{pmatrix}$，$\boldsymbol{B}=\begin{pmatrix}0\\ 1\end{pmatrix}$，$\boldsymbol{R}=1$，$\boldsymbol{Q}=\begin{pmatrix}1 & 0\\ 0 & \mu\end{pmatrix}$ $(\mu>0)$.

试求 $\boldsymbol{P}=\begin{pmatrix}p_{11} & p_{12}\\ p_{21} & p_{22}\end{pmatrix}$，且使 $p_{11}>0$，$|\boldsymbol{P}|>0$.（哈尔滨工业大学，1982）

解 将 $\boldsymbol{A},\boldsymbol{B},\boldsymbol{R},\boldsymbol{Q}$ 代入题设式有

$$\begin{aligned}&\boldsymbol{A}^{\mathrm{T}}\boldsymbol{P}+\boldsymbol{P}\boldsymbol{A}-\boldsymbol{P}\boldsymbol{B}\boldsymbol{R}^{-1}\boldsymbol{B}^{\mathrm{T}}\boldsymbol{P}+\boldsymbol{Q}\\ =&\begin{pmatrix}0 & 0\\ 1 & 0\end{pmatrix}\begin{pmatrix}p_{11} & p_{12}\\ p_{21} & p_{22}\end{pmatrix}+\begin{pmatrix}p_{11} & p_{12}\\ p_{21} & p_{22}\end{pmatrix}\begin{pmatrix}0 & 1\\ 0 & 0\end{pmatrix}-\begin{pmatrix}p_{11} & p_{12}\\ p_{21} & p_{22}\end{pmatrix}\begin{pmatrix}0\\ 1\end{pmatrix}(1)(0,1)\begin{pmatrix}p_{11} & p_{12}\\ p_{21} & p_{22}\end{pmatrix}+\begin{pmatrix}1 & 0\\ 0 & \mu\end{pmatrix}\\ =&\begin{pmatrix}0 & 0\\ p_{11} & p_{12}\end{pmatrix}+\begin{pmatrix}0 & p_{11}\\ 0 & p_{12}\end{pmatrix}-\begin{pmatrix}p_{12}^2 & p_{11}p_{12}\\ p_{11}p_{12} & p_{22}^2\end{pmatrix}+\begin{pmatrix}1 & 0\\ 0 & \mu\end{pmatrix}\cdot\begin{pmatrix}1-p_{12}^2 & p_{11}-p_{12}p_{22}\\ p_{11}-p_{12}p_{22} & 2p_{12}+\mu-p_{22}^2\end{pmatrix}\\ =&\begin{pmatrix}0 & 0\\ 0 & 0\end{pmatrix}\end{aligned}$$

它等价于方程组

$$\begin{cases}1-p_{12}^2=0\\ p_{11}-p_{12}p_{22}=0\\ 2p_{12}+\mu-p_{22}^2=0\end{cases}$$

即

$$\begin{cases}p_{12}^2=1\\ p_{11}=p_{12}p_{22}\\ 2p_{12}+\mu=p_{22}^2\end{cases}$$

又依要求 $p_{11}>0$，$p_{12}p_{22}-p_{22}^2>0$，解得 $p_{12}=1$，$p_{22}=\sqrt{2+\mu}$（$p_{12}=-1$ 舍去）. 故

$$\boldsymbol{P}=\begin{bmatrix}\sqrt{2+\mu} & 1\\ 1 & \sqrt{2+\mu}\end{bmatrix}$$

注 显然 $\boldsymbol{P}$ 是正定矩阵. 不过若从题设等式中先验证 $\boldsymbol{P}$ 的对称性，则所求结论可为求正定阵 $\boldsymbol{P}$.

我们再来看看矩阵方程组.

例 6 求解联立矩阵方程组

$$\begin{cases}\begin{pmatrix}2 & 1\\1 & 1\end{pmatrix}\boldsymbol{X}+\begin{pmatrix}3 & 2\\1 & 1\end{pmatrix}\boldsymbol{Y}=\begin{pmatrix}9 & 4\\4 & 3\end{pmatrix} & ①\\ \begin{pmatrix}0 & -1\\1 & 3\end{pmatrix}\boldsymbol{X}+\begin{pmatrix}1 & 0\\2 & 1\end{pmatrix}\boldsymbol{Y}=\begin{pmatrix}1 & -2\\5 & 4\end{pmatrix} & ②\end{cases}$$

（安徽工学院，1984）

解 式②左乘$\begin{pmatrix}0 & -1\\1 & 3\end{pmatrix}^{-1}$减去式①左乘$\begin{pmatrix}2 & 1\\1 & 1\end{pmatrix}^{-1}$，得

$$\left(\begin{pmatrix}0 & -1\\1 & 3\end{pmatrix}^{-1}\begin{pmatrix}1 & 0\\2 & 1\end{pmatrix}-\begin{pmatrix}2 & 1\\1 & 1\end{pmatrix}^{-1}\begin{pmatrix}3 & 2\\1 & 1\end{pmatrix}\right)\boldsymbol{Y}=\begin{pmatrix}0 & -1\\1 & 3\end{pmatrix}^{-1}\begin{pmatrix}1 & -2\\5 & 4\end{pmatrix}-\begin{pmatrix}2 & 1\\1 & 1\end{pmatrix}^{-1}\begin{pmatrix}9 & 4\\4 & 3\end{pmatrix}$$

解得$\boldsymbol{Y}=\begin{pmatrix}1 & -1\\2 & 3\end{pmatrix}$，代入式①，可解得$\boldsymbol{X}=\begin{pmatrix}1 & 0\\0 & 1\end{pmatrix}$.

注 本命题若化为线性方程组去考虑，解法较复杂（它是一个八元一次方程组）.这里是仿效线性方程组中“加减消元法”，使问题解法显得直接和简洁.所用工具是逆矩阵.不过此前需验证上两矩阵可逆方可.

1987～2012 年部分

（一）填空题

1. 方程组有、无解及多解的判定

题 1 （1989③）齐次线性方程组$\begin{cases}\lambda x_1+x_2+x_3=0\\x_1+\lambda x_2+x_3=0\\x_1+x_2+x_3=0\end{cases}$只有零解，则 λ 应满足的条件是________.

解 齐次线性方程组只有零解的充要条件是系数行列式不等于零，由行列式的性质有

$$\begin{vmatrix}\lambda & 1 & 1\\1 & \lambda & 1\\1 & \lambda & 1\end{vmatrix}=\begin{vmatrix}\lambda-1 & 0 & 0\\0 & \lambda-1 & 0\\1 & 1 & 1\end{vmatrix}=(\lambda-1)^2\neq 0$$

故当 $\lambda\neq 1$ 时，方程组只有零解.

题 2 （1990③④）若四元线性方程组$\begin{cases}x_1+x_2=-a_1\\x_2+x_3=a_2\\x_3+x_4=-a_3\\x_4+x_1=a_4\end{cases}$有解，则题设常数 a_1,a_2,a_3,a_4 应满足条件________.

解 对增广矩阵 $\overline{\boldsymbol{A}}=(\boldsymbol{A}\vdots\boldsymbol{b})$ 作初等行变换（第 4 行减去第 1，3 行加上第 2 行），使之化为阶梯形

$$\overline{\boldsymbol{A}}=\left(\begin{array}{cccc:c}1 & 1 & 0 & 0 & -a_1\\0 & 1 & 1 & 0 & a_2\\0 & 0 & 1 & 1 & -a_3\\1 & 0 & 0 & 1 & a_4\end{array}\right)\longrightarrow\left(\begin{array}{cccc:c}1 & 1 & 0 & 0 & -a_1\\0 & 1 & 1 & 0 & a_2\\0 & 0 & 1 & 1 & -a_3\\0 & 0 & 0 & 0 & a_1+a_2+a_3+a_4\end{array}\right)$$

依题意方程有解，又由 $r(\boldsymbol{A})=3$，则有 $r(\boldsymbol{A})=r(\overline{\boldsymbol{A}})$，故 $a_1+a_2+a_3+a_4=0$.

题 3 （2001②）设方程$\begin{pmatrix}a & 1 & 1\\1 & a & 1\\1 & 1 & a\end{pmatrix}\begin{pmatrix}x_1\\x_2\\x_3\end{pmatrix}=\begin{pmatrix}1\\1\\-2\end{pmatrix}$有无穷多个解，则 $a=$________.

解 方程组有无穷多解的充要条件是 $r(\boldsymbol{A})=r(\boldsymbol{A}\vdots\boldsymbol{b})<3$.因此,令 $|\boldsymbol{A}|=0$,即

$$|\boldsymbol{A}|=\begin{vmatrix}a&1&1\\1&a&1\\1&1&a\end{vmatrix}\xlongequal[\text{第 1 列提}(a+2)]{\text{第 2,3 列加到}}(a+2)\begin{vmatrix}1&1&1\\1&a&1\\1&1&a\end{vmatrix}\xlongequal[\text{减第 1 列}]{\text{第 2,3 列}}(a+2)(a-1)^2=0$$

①当 $a=1$ 时,增广矩阵 $\overline{\boldsymbol{A}}$ 经第 2,3 行分别减去第 1 行后有

$$\overline{\boldsymbol{A}}=\left(\begin{array}{ccc:c}1&1&1&1\\1&1&1&1\\1&1&1&-2\end{array}\right)\longrightarrow\left(\begin{array}{ccc:c}1&1&1&1\\0&0&0&0\\0&0&0&-3\end{array}\right)$$

因为 $r(\boldsymbol{A})=1\neq r(\overline{\boldsymbol{A}})=2$,故方程组无解.

②当 $a=-2$ 时,$\overline{\boldsymbol{A}}$ 经第 2 行减第 1 行,第 3 行加第 1 行的 2 倍,第 3 行再减去第 2 行后有

$$\overline{\boldsymbol{A}}=\left(\begin{array}{ccc:c}-2&1&1&1\\1&-2&1&1\\1&1&-2&-2\end{array}\right)\longrightarrow\left(\begin{array}{ccc:c}-2&1&1&1\\3&-3&0&0\\0&0&0&0\end{array}\right)$$

由此知 $r(\boldsymbol{A})=r(\overline{\boldsymbol{A}})=2$,方程组有无穷多解.

综上,$a=-2$ 时方程组有无穷多解.

题 4 (2000①)已知方程组 $\begin{pmatrix}1&2&1\\2&3&a+2\\1&a&-2\end{pmatrix}\begin{pmatrix}x_1\\x_2\\x_3\end{pmatrix}=\begin{pmatrix}1\\3\\0\end{pmatrix}$ 无解,则 $a=$________.

解 对增广矩阵 $\overline{\boldsymbol{A}}=(\boldsymbol{A}\vdots\boldsymbol{b})$ 作初等行变换,使之成为阶梯形

$$\overline{\boldsymbol{A}}=\left(\begin{array}{ccc:c}1&2&1&1\\2&3&a+2&3\\1&a&-2&0\end{array}\right)\rightarrow\left(\begin{array}{ccc:c}1&2&1&1\\0&1&-a&-1\\0&0&a^2-2a-3&a-3\end{array}\right)$$

当 $a=-1$ 时,$a^2-2a-3=(a+1)(a-3)=0$,而 $a-3=-4$,则 $r(\boldsymbol{A})=2\neq r(\overline{\boldsymbol{A}})=3$,知方程组无解,故 $a=-1$.

2. 求方程组的特解和通解

题 1 (2004④)设 $\boldsymbol{A}=(a_{ij})_{3\times3}$ 是实正交矩阵,且 $a_{11}=1$,$\boldsymbol{b}=(1,0,0)^{\mathrm{T}}$,则线性方程组 $\boldsymbol{Ax}=\boldsymbol{b}$ 的解是________.

解 利用正交矩阵的性质即可.由题设 $\boldsymbol{Ax}=\boldsymbol{b}$,可有 $\boldsymbol{x}=\boldsymbol{A}^{-1}\boldsymbol{b}$.

而且 $\boldsymbol{A}=(a_{ij})_{3\times3}$ 是实正交矩阵,于是 $\boldsymbol{A}^{\mathrm{T}}=\boldsymbol{A}^{-1}$,$\boldsymbol{A}$ 的每一个行(列)向量均为单位向量,所以

$$\boldsymbol{x}=\boldsymbol{A}^{-1}\boldsymbol{b}=\boldsymbol{A}^{\mathrm{T}}\boldsymbol{b}=\begin{pmatrix}a_{11}\\a_{12}\\a_{13}\end{pmatrix}=\begin{pmatrix}1\\0\\0\end{pmatrix}$$

题 2 (1993①)n 阶矩阵 $\boldsymbol{A}$ 的各行元素之和均为零,且 $\boldsymbol{A}$ 的秩为 $n-1$,则线性方程组 $\boldsymbol{Ax}=\boldsymbol{0}$ 的通解为________.

解 依题设 $\boldsymbol{Ax}=\boldsymbol{0}$ 解空间的维数为 $n-(n-1)=1$,并且 $\boldsymbol{e}=(1,1,\cdots,1)^{\mathrm{T}}$ 是该线性齐次方程组的一个基础解系(因为 $\boldsymbol{Ae}$ 即表示 $\boldsymbol{A}$ 的行列式元素和),则 $\boldsymbol{Ax}=\boldsymbol{0}$ 的通解为 $k(1,1,\cdots,1)^{\mathrm{T}}$,$k$ 为任意实数.

题 3 (1996③)设

$$\boldsymbol{A}=\begin{pmatrix}1&1&1&\cdots&1\\a_1&a_2&a_3&\cdots&a_n\\a_1^2&a_2^2&a_3^2&\cdots&a_n^2\\\vdots&\vdots&\vdots&&\vdots\\a_1^{n-1}&a_2^{n-1}&a_3^{n-1}&\cdots&a_n^{n-1}\end{pmatrix},\quad\boldsymbol{x}=\begin{pmatrix}x_1\\x_2\\x_3\\\vdots\\x_n\end{pmatrix},\quad\boldsymbol{b}=\begin{pmatrix}1\\1\\1\\\vdots\\1\end{pmatrix}$$

其中 $a_i \neq a_j (i \neq j; i,j=1,2,\cdots,n)$，则线性方程组 $\boldsymbol{A}^{\mathrm{T}}\boldsymbol{x}=\boldsymbol{b}$ 的解是 $\boldsymbol{x}=$______.

解　$|\boldsymbol{A}|$是范德蒙行列式，则$|\boldsymbol{A}^{\mathrm{T}}|=|\boldsymbol{A}|\neq 0$，故方程组有唯一解.

根据克莱姆法则或直接观察知 $\boldsymbol{x}=(1,0,0,\cdots,0)^{\mathrm{T}}$.

(二)选择题

1. 线性方程组有、无解判定

题 1　(1989④)设 n 元齐次线性方程组 $\boldsymbol{Ax}=\boldsymbol{0}$ 的系数矩阵 $\boldsymbol{A}$ 的秩为 r，则 $\boldsymbol{Ax}=\boldsymbol{0}$ 有非零解的充分必要条件是　(　　)

(A)$r=n$　　(B)$r<n$　　(C)$r\geqslant n$　　(D)$r>n$

解　由 $\mathrm{r}(\boldsymbol{A})=r$，必有 $r\leqslant n$，因此排除(C)和(D).

若 $r=n$，则 $\boldsymbol{Ax}=\boldsymbol{0}$ 只有零解，但题设 $\boldsymbol{Ax}=\boldsymbol{0}$ 有非零解，知(A)不为真.

故选(B).

题 2　(1997④)非齐次线性方程 $\boldsymbol{Ax}=\boldsymbol{b}$ 中未知量个数为 n，方程矩阵 $\boldsymbol{A}$ 的秩为 r，则　(　　)

(A)$r=m$ 时，方程组 $\boldsymbol{Ax}=\boldsymbol{b}$ 有解　　(B)$r=n$ 时，方程组 $\boldsymbol{Ax}=\boldsymbol{b}$ 有唯一解

(C)$m=n$ 时，方程组 $\boldsymbol{Ax}=\boldsymbol{b}$ 有唯一解　　(D)$r<n$ 时，方程组 $\boldsymbol{Ax}=\boldsymbol{b}$ 有无穷多解

解　取 $\boldsymbol{A}=\begin{pmatrix}1\\1\end{pmatrix}$，$\boldsymbol{x}=x$，$\boldsymbol{b}=\begin{pmatrix}1\\2\end{pmatrix}$，则 $r=n=1$，但 $\boldsymbol{Ax}=\boldsymbol{b}$ 无解，排除(B).

取 $\boldsymbol{A}=\begin{pmatrix}1&1\\1&1\end{pmatrix}$，$\boldsymbol{x}=\begin{pmatrix}x_1\\x_2\end{pmatrix}$，$\boldsymbol{b}=\begin{pmatrix}1\\2\end{pmatrix}$，则 $m=n$，且 $r<n$，但 $\boldsymbol{Ax}=\boldsymbol{b}$ 无解，排除(C)和(D).

又若 $\mathrm{r}(\boldsymbol{A})=r=m$，必有 $\mathrm{r}(\boldsymbol{A}\vdots\boldsymbol{b})\geqslant m=r$，且

$$\mathrm{r}(\boldsymbol{A}\vdots\boldsymbol{b})\leqslant\min\{m,n+1\}=\min\{r,n+1\}=r$$

因此 $\mathrm{r}(\boldsymbol{A}\vdots\boldsymbol{b})=\mathrm{r}(\boldsymbol{A})=r$，故 $\boldsymbol{Ax}=\boldsymbol{b}$ 有解，知(A)为真.

故选(A).

题 3　(1995④)设矩阵 $\boldsymbol{A}\in\mathbf{R}^{m\times n}$ 的秩为 $\mathrm{r}(\boldsymbol{A})=m<n$，又 $\boldsymbol{I}_m$ 为 m 阶单位矩阵，则下述结论中正确的是　(　　)

(A)$\boldsymbol{A}$ 的任意 m 个列向量必线性无关

(B)$\boldsymbol{A}$ 的任意一个 m 阶子式不等于零

(C)$\boldsymbol{A}$ 通过初等行变换，必可以化为$(\boldsymbol{I}_m\vdots\boldsymbol{O})$的形式

(D)非齐次线性方程组 $\boldsymbol{Ax}=\boldsymbol{b}$ 一定有无穷多解

解　选项(A)和(B)中的“任意”改为“存在”，结论才正确. 选项(C)中“通过初等行变换”改为“通过初等行、列变换”才正确. 故(A)、(B)、(C)不为真.

由于 $\boldsymbol{A}$ 有 m 行，且 $\mathrm{r}(\boldsymbol{A})=m<n$，因此 $\mathrm{r}(\boldsymbol{A}\vdots\boldsymbol{b})\geqslant\mathrm{r}(\boldsymbol{A})=m$.

又 $\mathrm{r}(\boldsymbol{A}\vdots\boldsymbol{b})\leqslant\min\{m,n+1\}=m$，只能 $\mathrm{r}(\boldsymbol{A}\vdots\boldsymbol{b})=\mathrm{r}(\boldsymbol{A})=m<n$.

故选(D).

题 4　(1992③)设 $\boldsymbol{A}$ 为 $m\times n$ 矩阵，齐次线性方程组 $\boldsymbol{Ax}=\boldsymbol{0}$ 仅有零解的充分条件是　(　　)

(A)$\boldsymbol{A}$ 的列向量线性无关　　(B)$\boldsymbol{A}$ 的列向量线性相关

(C)$\boldsymbol{A}$ 的行向量线性无关　　(D)$\boldsymbol{A}$ 的行向量线性相关

解　方程组 $\boldsymbol{Ax}=\boldsymbol{0}$ 仅有零解的充分条件是 $\mathrm{r}(\boldsymbol{A})=n\leqslant m$，即 $\boldsymbol{A}$ 的列向量组的秩等于 n(即变元个数)，故应选(A).

事实上，若 $\boldsymbol{A}$ 的行向量线性无关，即 $\mathrm{r}(\boldsymbol{A})=m$，当 $m<n$ 时(注意 n 为变元个数)，$\boldsymbol{Ax}=\boldsymbol{0}$ 有非零解，故(C)不为真；

而在(B)和(D)的条件下，都有 $r(\boldsymbol{A})<n$. 因此(B)和(D)都不为真.

题 5 (2002③)设 $\boldsymbol{A}$ 是 $m\times n$ 矩阵，$\boldsymbol{B}$ 是 $n\times m$ 矩阵，则线性方程组 $(\boldsymbol{AB})\boldsymbol{x}=\boldsymbol{0}$ ( )

(A)当 $n>m$ 时，仅有零解 (B)当 $n>m$ 时，必有非零解

(C)当 $m>n$ 时，仅有零解 (D)当 $m>n$ 时，必有非零解

解 注意到变元 $\boldsymbol{x}$ 为 m 维，当 $m>n$ 时

$$r(\boldsymbol{AB})\leqslant\min\{r(\boldsymbol{A}),r(\boldsymbol{B})\}\leqslant\min\{m,n\}=n<m$$

而 $\boldsymbol{AB}$ 是 $m\times m$ 矩阵，此时方程组 $(\boldsymbol{AB})\boldsymbol{x}=\boldsymbol{0}$ 必有非零解.

故选(D).

题 6 (2001③)设 $\boldsymbol{A}$ 是 n 阶矩阵，$\boldsymbol{\alpha}$ 是 n 维列向量，若 $r\begin{pmatrix}\boldsymbol{A} & \boldsymbol{\alpha}\\ \boldsymbol{\alpha}^{\mathrm{T}} & 0\end{pmatrix}=r(\boldsymbol{A})$，则线性方程组 ( )

(A) $\boldsymbol{Ax}=\boldsymbol{\alpha}$ 必有无穷多解 (B) $\boldsymbol{Ax}=\boldsymbol{\alpha}$ 必有唯一解

(C) $\begin{pmatrix}\boldsymbol{A} & \boldsymbol{\alpha}\\ \boldsymbol{\alpha}^{\mathrm{T}} & 0\end{pmatrix}\begin{pmatrix}\boldsymbol{x}\\ y\end{pmatrix}=\boldsymbol{0}$ 仅有零解 (D) $\begin{pmatrix}\boldsymbol{A} & \boldsymbol{\alpha}\\ \boldsymbol{\alpha}^{\mathrm{T}} & 0\end{pmatrix}\begin{pmatrix}\boldsymbol{x}\\ y\end{pmatrix}=\boldsymbol{0}$ 必有零解

解 因为向量 $\boldsymbol{\alpha}$ 与 $\boldsymbol{A}$ 并无关系，一般情况下可能 $r(\boldsymbol{A}\vdots\boldsymbol{\alpha})\neq r(\boldsymbol{A})$，则(A)、(B)不为真.

又 $\boldsymbol{A}$ 是 n 阶矩阵，所以 $r\begin{pmatrix}\boldsymbol{A} & \boldsymbol{\alpha}\\ \boldsymbol{\alpha}^{\mathrm{T}} & 0\end{pmatrix}=r(\boldsymbol{A})\leqslant n<n+1$.

于是，选项(C)和(D)中的齐次线性方程组的系数矩阵的秩小于未知数的个数，该方程组必有非零解，排除(C).

故选(D).

题 7 (2004③)设 n 阶矩阵 $\boldsymbol{A}$ 的伴随矩阵 $\boldsymbol{A}^*\neq\boldsymbol{O}$，若 $\boldsymbol{\alpha}_1,\boldsymbol{\alpha}_2,\boldsymbol{\alpha}_3,\boldsymbol{\alpha}_4$ 是非齐次线性方程组 $\boldsymbol{Ax}=\boldsymbol{b}$ 的互不相等的解，则对应的齐次线性方程组 $\boldsymbol{Ax}=\boldsymbol{0}$ 的基础解系 ( )

(A)不存在 (B)仅含 1 个非零解向量

(C)含有 2 个线性无关的解向量 (D)含有 3 个线性无关的解向量

解 要确定基础解系含向量的个数，实际上只要确定未知数的个数和系数矩阵的秩.

因为基础解系含向量的个数为 $n-r(\boldsymbol{A})$，而且

$$r(\boldsymbol{A}^*)=\begin{cases}n, & \text{当 } r(\boldsymbol{A})=n \text{ 时}\\ 1, & \text{当 } r(\boldsymbol{A})=n-1 \text{ 时}\\ 0, & \text{当 } r(\boldsymbol{A})<n-1 \text{ 时}\end{cases}$$

根据题设 $\boldsymbol{A}^*\neq\boldsymbol{O}$，于是 $r(\boldsymbol{A})$ 等于 n 或 $n-1$.

又 $\boldsymbol{Ax}=\boldsymbol{b}$ 有互不相等的解，即解不唯一，故 $r(\boldsymbol{A})=n-1$.

从而基础解系仅含有一个解向量，即选(B).

2. 两个方程组解间关系

这里面既包含线性方程组和与它相对应的线性齐次方程组(导出组)解间关系问题，也包含两个普通线性方程组解间关系问题.

题 1 (2000③)设 $\boldsymbol{A}$ 为 n 阶实矩阵，则对于线性方程组(Ⅰ)：$\boldsymbol{Ax}=\boldsymbol{0}$ 和(Ⅱ)：$\boldsymbol{A}^{\mathrm{T}}\boldsymbol{Ax}=\boldsymbol{0}$，必有 ( )

(A)(Ⅱ)的解是(Ⅰ)的解，(Ⅰ)的解也是(Ⅱ)的解

(B)(Ⅱ)的解是(Ⅰ)的解，但(Ⅰ)的解不是(Ⅱ)的解

(C)(Ⅰ)的解不是(Ⅱ)的解，(Ⅱ)的解也不是(Ⅰ)的解

(D)(Ⅰ)的解是(Ⅱ)的解，但(Ⅱ)的解不是(Ⅰ)的解

解 设 $\boldsymbol{x}_0$ 是(Ⅰ)的解，则 $\boldsymbol{Ax}_0=\boldsymbol{0}$，且 $\boldsymbol{A}^{\mathrm{T}}\boldsymbol{Ax}_0=\boldsymbol{A}^{\mathrm{T}}\boldsymbol{0}=\boldsymbol{0}$，表明 $\boldsymbol{x}_0$ 也是(Ⅱ)的解.

反之，设 $\boldsymbol{x}_0$ 是(Ⅱ)的解，则 $\boldsymbol{A}^{\mathrm{T}}\boldsymbol{Ax}_0=\boldsymbol{0}$，有 $\boldsymbol{x}_0^{\mathrm{T}}\boldsymbol{A}^{\mathrm{T}}\boldsymbol{Ax}_0=\boldsymbol{0}$，即 $(\boldsymbol{Ax}_0)^{\mathrm{T}}(\boldsymbol{Ax}_0)=\boldsymbol{0}$，得 $\boldsymbol{Ax}_0=\boldsymbol{0}$. 表明 $\boldsymbol{x}_0$ 也是(Ⅰ)的解.

从而(Ⅰ)、(Ⅱ)同解. 故选(A).

题 2　(1991④)设 $\boldsymbol{A}$ 是 $m\times n$ 矩阵，$\boldsymbol{Ax}=\boldsymbol{0}$ 是非齐次线性方程组 $\boldsymbol{Ax}=\boldsymbol{b}$ 所对应的齐次线性方程组(导出组)，则下列结论正确的是　(　　)

(A)若 $\boldsymbol{Ax}=\boldsymbol{0}$ 仅有零解，则 $\boldsymbol{Ax}=\boldsymbol{b}$ 有唯一解

(B)若 $\boldsymbol{Ax}=\boldsymbol{0}$ 有非零解，则 $\boldsymbol{Ax}=\boldsymbol{b}$ 有无穷多个解

(C)若 $\boldsymbol{Ax}=\boldsymbol{b}$ 有无穷多个解，则 $\boldsymbol{Ax}=\boldsymbol{0}$ 仅有零解

(D)若 $\boldsymbol{Ax}=\boldsymbol{b}$ 有无穷多个解，则 $\boldsymbol{Ax}=\boldsymbol{0}$ 有非零解

解　选项(A)和(B)的题设条件推导不出 $\mathrm{r}(\boldsymbol{A}\vdots\boldsymbol{b})=\mathrm{r}(\boldsymbol{A})$，因此排除(A)和(B).

又选项(C)和(D)的题设条件均为 $\mathrm{r}(\boldsymbol{A}\vdots\boldsymbol{b})=\mathrm{r}(\boldsymbol{A})<n$，知(C)不为真，(D)正确.

故选(D).

题 3　(2003①)设有齐次线性方程组 $\boldsymbol{Ax}=\boldsymbol{0}$ 和 $\boldsymbol{Bx}=\boldsymbol{0}$，其中 $\boldsymbol{A},\boldsymbol{B}$ 均为 $m\times n$ 矩阵，现有 4 个命题：

①若 $\boldsymbol{Ax}=\boldsymbol{0}$ 的解均是 $\boldsymbol{Bx}=\boldsymbol{0}$ 的解，则 $\mathrm{r}(\boldsymbol{A})\geqslant\mathrm{r}(\boldsymbol{B})$；

②若 $\mathrm{r}(\boldsymbol{A})\geqslant\mathrm{r}(\boldsymbol{B})$，则 $\boldsymbol{Ax}=\boldsymbol{0}$ 的解均是 $\boldsymbol{Bx}=\boldsymbol{0}$ 的解；

③若 $\boldsymbol{Ax}=\boldsymbol{0}$ 与 $\boldsymbol{Bx}=\boldsymbol{0}$ 同解，则 $\mathrm{r}(\boldsymbol{A})=\mathrm{r}(\boldsymbol{B})$；

④若 $\mathrm{r}(\boldsymbol{A})=\mathrm{r}(\boldsymbol{B})$，则 $\boldsymbol{Ax}=\boldsymbol{0}$ 与 $\boldsymbol{Bx}=\boldsymbol{0}$ 同解.

以上命题中正确的是　(　　)

(A)①②　　(B)①③　　(C)②④　　(D)③④

解　若 $\boldsymbol{Ax}=\boldsymbol{0}$ 与 $\boldsymbol{Bx}=\boldsymbol{0}$ 同解，则 $n-\mathrm{r}(\boldsymbol{A})=n-\mathrm{r}(\boldsymbol{B})$，即 $\mathrm{r}(\boldsymbol{A})=\mathrm{r}(\boldsymbol{B})$，知命题③真，故可排除(A)、(C)；

但反过来，若 $\mathrm{r}(\boldsymbol{A})=\mathrm{r}(\boldsymbol{B})$，则不能推出 $\boldsymbol{Ax}=\boldsymbol{0}$ 与 $\boldsymbol{Bx}=\boldsymbol{0}$同解.

例如，若 $\boldsymbol{A}=\begin{pmatrix}1&0\\0&0\end{pmatrix}$，$\boldsymbol{B}=\begin{pmatrix}0&0\\0&1\end{pmatrix}$，则 $\mathrm{r}(\boldsymbol{A})=\mathrm{r}(\boldsymbol{B})=1$，但 $\boldsymbol{Ax}=\boldsymbol{0}$ 与 $\boldsymbol{Bx}=\boldsymbol{0}$ 不同解.

可知命题④不成立，应排除(D).

故选(B).

3. 线性方程组解的验证和待定系数

题 1　(1992②)要使 $\boldsymbol{\xi}_1=(1,0,2)^{\mathrm{T}}$，$\boldsymbol{\xi}_2=(0,1,-1)^{\mathrm{T}}$ 都是线性方程组 $\boldsymbol{Ax}=\boldsymbol{0}$ 的解，只要系数矩阵 $\boldsymbol{A}$ 为　(　　)

(A)$(-2,1,1)$　　(B)$\begin{pmatrix}2&0&-1\\0&1&1\end{pmatrix}$　　(C)$\begin{pmatrix}-1&0&2\\0&1&-1\end{pmatrix}$　　(D)$\begin{pmatrix}0&1&-1\\4&-2&-2\\0&1&1\end{pmatrix}$

解　依题意，$\boldsymbol{\xi}_1$，$\boldsymbol{\xi}_2$ 与 $\boldsymbol{A}$ 的行向量是正交的，因此只需对各选项逐一验算.

因为$(-2,1,1)\boldsymbol{\xi}_1=0$，$(-2,1,1)\boldsymbol{\xi}_2=0$，知 $\boldsymbol{A}=(-2,1,1)$.

故选(A).

题 2　(1998③)齐次线性方程组

$$\begin{cases}\lambda x_1+x_2+\lambda^2x_3=0\\x_1+\lambda x_2+x_3=0\\x_1+x_2+\lambda x_3=0\end{cases}$$

的系数矩阵记为 $\boldsymbol{A}$. 若存在 3 阶矩阵 $\boldsymbol{B}\neq\boldsymbol{O}$ 使得 $\boldsymbol{AB}=\boldsymbol{O}$，则　(　　)

(A)$\lambda=-2$ 且 $|\boldsymbol{B}|=0$　　(B)$\lambda=-2$ 且 $|\boldsymbol{B}|\neq0$

(C)$\lambda=1$ 且 $|\boldsymbol{B}|=0$　　(D)$\lambda=1$ 且 $|\boldsymbol{B}|\neq0$

解　由于 $\boldsymbol{AB}=\boldsymbol{O}$ 且 $\boldsymbol{B}\neq\boldsymbol{O}$，表明 $\boldsymbol{Ax}=\boldsymbol{0}$ 有非零解，则必有 $|\boldsymbol{A}|=0$，即

$$|\boldsymbol{A}|=\begin{vmatrix}\lambda & 1 & \lambda^2\\ 1 & \lambda & 1\\ 1 & 1 & \lambda\end{vmatrix}=\begin{vmatrix}0 & 1-\lambda & 0\\ 0 & \lambda-1 & 1-\lambda\\ 1 & 1 & \lambda\end{vmatrix}=(1-\lambda)^2=0$$

解得 $\lambda=1$. 排除(A)和(B).

若 $|\boldsymbol{B}|\neq 0$,则 $\boldsymbol{B}$ 可逆,用 $\boldsymbol{B}^{-1}$ 右乘 $\boldsymbol{AB}=\boldsymbol{O}$,得 $\boldsymbol{ABB}^{-1}=\boldsymbol{OB}^{-1}$,即 $\boldsymbol{A}=\boldsymbol{O}$,而这与 $\boldsymbol{A}$ 为非零矩阵相矛盾,故 $|\boldsymbol{B}|=0$.

故选(C).

注 本题实际上包含两项内容,一是求 λ,一是确定 $\boldsymbol{B}$ 的奇异性与否.

4. 线性方程组的通解

题 1 (2000③④)设 $\boldsymbol{\alpha}_1,\boldsymbol{\alpha}_2,\boldsymbol{\alpha}_3$ 是四元非齐次线性方程组 $\boldsymbol{Ax}=\boldsymbol{b}$ 的 3 个解向量,且 $\mathrm{r}(\boldsymbol{A})=3$,又 $\boldsymbol{\alpha}_1=(1,2,3,4)^{\mathrm{T}}$,$\boldsymbol{\alpha}_2+\boldsymbol{\alpha}_3=(0,1,2,3)^{\mathrm{T}}$,$c$ 为任意常数,则线性方程组 $\boldsymbol{Ax}=\boldsymbol{b}$ 的通解 $\boldsymbol{x}=$ ( )

(A) $\begin{pmatrix}1\\2\\3\\4\end{pmatrix}+c\begin{pmatrix}1\\1\\1\\1\end{pmatrix}$ (B) $\begin{pmatrix}1\\2\\3\\4\end{pmatrix}+c\begin{pmatrix}0\\1\\2\\3\end{pmatrix}$ (C) $\begin{pmatrix}1\\2\\3\\4\end{pmatrix}+c\begin{pmatrix}2\\3\\4\\5\end{pmatrix}$ (D) $\begin{pmatrix}1\\2\\3\\4\end{pmatrix}+c\begin{pmatrix}3\\4\\5\\6\end{pmatrix}$

解 由题设,有如下等式成立

$$\begin{cases}\boldsymbol{A\alpha}_1=\boldsymbol{b} & ①\\ \boldsymbol{A\alpha}_2=\boldsymbol{b} & ②\\ \boldsymbol{A\alpha}_3=\boldsymbol{b} & ③\end{cases}$$

由上面式①知,$\boldsymbol{\alpha}_1=(1,2,3,4)^{\mathrm{T}}$ 是原方程组的一个特解. 又式①×2-(式②+式③)得

$$\boldsymbol{A}[2\boldsymbol{\alpha}_1-(\boldsymbol{\alpha}_2+\boldsymbol{\alpha}_3)]=\boldsymbol{0}$$

即知

$$\boldsymbol{\alpha}=2\boldsymbol{\alpha}_1-(\boldsymbol{\alpha}_2+\boldsymbol{\alpha}_3)=2(1,2,3,4)^{\mathrm{T}}-(0,1,2,3)^{\mathrm{T}}=(2,3,4,5)^{\mathrm{T}}$$

为方程组 $\boldsymbol{Ax}=\boldsymbol{0}$ 的基础解系.

又 $\mathrm{r}(\boldsymbol{A})=3$,知方程组 $\boldsymbol{Ax}=\boldsymbol{b}$ 的通解为 $\boldsymbol{x}=\boldsymbol{\alpha}_1+c\boldsymbol{\alpha}$,$c$ 为任意常数.

故选(C).

题 2 (2011①②)设矩阵 $\boldsymbol{A}=(\boldsymbol{\alpha}_1,\boldsymbol{\alpha}_2,\boldsymbol{\alpha}_3,\boldsymbol{\alpha}_4)$ 是 4 阶矩阵,$\boldsymbol{A}^*$ 为 $\boldsymbol{A}$ 的伴随矩阵. 若 $(1,0,1,0)^{\mathrm{T}}$ 是方程组 $\boldsymbol{Ax}=\boldsymbol{0}$ 的一个基础解系,则 $\boldsymbol{A}^*\boldsymbol{x}=\boldsymbol{0}$ 的基础解系可为 ( )

(A) $\boldsymbol{\alpha}_1,\boldsymbol{\alpha}_3$ (B) $\boldsymbol{\alpha}_1,\boldsymbol{\alpha}_2$ (C) $\boldsymbol{\alpha}_1,\boldsymbol{\alpha}_2,\boldsymbol{\alpha}_3$ (D) $\boldsymbol{\alpha}_2,\boldsymbol{\alpha}_3,\boldsymbol{\alpha}_4$

解 因 $(1,0,1,0)^{\mathrm{T}}$ 为方程组 $\boldsymbol{Ax}=\boldsymbol{0}$ 的一个基础解系,故 $\mathrm{r}(\boldsymbol{A})=3$,知 $\mathrm{r}(\boldsymbol{A}^*)=1$.

于是 $\boldsymbol{A}^*\boldsymbol{x}=\boldsymbol{0}$ 的基础解系中线性无关的向量个数为 3.

又 $(1,0,1,0)^{\mathrm{T}}$ 为 $\boldsymbol{Ax}=\boldsymbol{0}$ 的解,从而 $\boldsymbol{\alpha}_1+\boldsymbol{\alpha}_3=0$. 又 $\boldsymbol{A}^*\boldsymbol{A}=|\boldsymbol{A}|\boldsymbol{I}=\boldsymbol{O}$,知 $\boldsymbol{\alpha}_1,\boldsymbol{\alpha}_2,\boldsymbol{\alpha}_3,\boldsymbol{\alpha}_4$ 均为 $\boldsymbol{A}^*\boldsymbol{x}=\boldsymbol{0}$ 的解. 由于 $\boldsymbol{\alpha}_1,\boldsymbol{\alpha}_3$ 线性相关,故 $\boldsymbol{\alpha}_2,\boldsymbol{\alpha}_3,\boldsymbol{\alpha}_4$ 应为 $\boldsymbol{A}^*\boldsymbol{x}=\boldsymbol{0}$ 的基础解系.

故选(D).

题 3 (1990①)已知 $\boldsymbol{\beta}_1,\boldsymbol{\beta}_2$ 是非齐次线性方程组 $\boldsymbol{Ax}=\boldsymbol{b}$ 的两个不同的解,$\boldsymbol{\alpha}_1,\boldsymbol{\alpha}_2$ 是对应齐次线性方程组 $\boldsymbol{Ax}=\boldsymbol{0}$ 的基础解系,k_1,k_2 为任意常数,则方程组 $\boldsymbol{Ax}=\boldsymbol{b}$ 的通解(一般解)必是 ( )

(A) $k_1\boldsymbol{\alpha}_1+k_2(\boldsymbol{\alpha}_1+\boldsymbol{\alpha}_2)+\frac{1}{2}(\boldsymbol{\beta}_1-\boldsymbol{\beta}_2)$ (B) $k_1\boldsymbol{\alpha}_1+k_2(\boldsymbol{\alpha}_1-\boldsymbol{\alpha}_2)+\frac{1}{2}(\boldsymbol{\beta}_1+\boldsymbol{\beta}_2)$

(C) $k_1\boldsymbol{\alpha}_1+k_2(\boldsymbol{\beta}_1+\boldsymbol{\beta}_2)+\frac{1}{2}(\boldsymbol{\beta}_1-\boldsymbol{\beta}_2)$ (D) $k_1\boldsymbol{\alpha}_1+k_2(\boldsymbol{\beta}_1-\boldsymbol{\beta}_2)+\frac{1}{2}(\boldsymbol{\beta}_1+\boldsymbol{\beta}_2)$

解 由题设有 $\boldsymbol{A\alpha}_1=\boldsymbol{0}$,$\boldsymbol{A\alpha}_2=\boldsymbol{0}$,$\boldsymbol{A\beta}_1=\boldsymbol{b}$,$\boldsymbol{A\beta}_2=\boldsymbol{b}$,将各选项中的表达式代入方程组 $\boldsymbol{Ax}=\boldsymbol{b}$ 中,容易检验选项(A)和(C)中的向量不是方程组的解,因此排除选项(A)和(C).

由于 $\boldsymbol{\alpha}_1,\boldsymbol{\alpha}_1-\boldsymbol{\alpha}_2$ 线性无关，因此它们是齐次方程 $\boldsymbol{A}\boldsymbol{x}=\boldsymbol{0}$ 的基础解系，故知 $k_1\boldsymbol{\alpha}_1+k_2(\boldsymbol{\alpha}_1-\boldsymbol{\alpha}_2)$ 是 $\boldsymbol{A}\boldsymbol{x}=\boldsymbol{0}$ 的通解.

又 $\frac{1}{2}(\boldsymbol{\beta}_1+\boldsymbol{\beta}_2)\neq\boldsymbol{0}$ 是 $\boldsymbol{A}\boldsymbol{x}=\boldsymbol{b}$ 的一个特解，可知 $k_1\boldsymbol{\alpha}_1+k_2(\boldsymbol{\alpha}_1-\boldsymbol{\alpha}_2)+\frac{1}{2}(\boldsymbol{\beta}_1+\boldsymbol{\beta}_2)$ 是 $\boldsymbol{A}\boldsymbol{x}=\boldsymbol{b}$ 的通解.

故选(B).

5. 线性方程组的几何应用

线性方程组的理论与解析几何有着密切的关联，特别是二元、三元线性方程组与平面和空间坐标系中的直线和平面方程对应，这样它们彼此间的性质的交融可提供一批命题.

题 1　(1997①)设 3 维向量组 $\boldsymbol{\alpha}_1=(a_1,a_2,a_3)^{\mathrm{T}},\boldsymbol{\alpha}_2=(b_1,b_2,b_3)^{\mathrm{T}},\boldsymbol{\alpha}_3=(c_1,c_2,c_3)^{\mathrm{T}}$，那么 3 条直线 $a_ix+b_iy+c_i=0(i=1,2,3)$(其中 $a_i^2+b_i^2\neq0,i=1,2,3$)交于一点的充要条件是　(　　)

(A) $\boldsymbol{\alpha}_1,\boldsymbol{\alpha}_2,\boldsymbol{\alpha}_3$ 线性相关　　(B) $\boldsymbol{\alpha}_1,\boldsymbol{\alpha}_2,\boldsymbol{\alpha}_3$ 线性无关

(C) $\mathrm{r}(\boldsymbol{\alpha}_1,\boldsymbol{\alpha}_2,\boldsymbol{\alpha}_3)=\mathrm{r}(\boldsymbol{\alpha}_1,\boldsymbol{\alpha}_2)$　　(D) $\boldsymbol{\alpha}_1,\boldsymbol{\alpha}_2,\boldsymbol{\alpha}_3$ 线性相关，$\boldsymbol{\alpha}_1,\boldsymbol{\alpha}_2$ 线性无关

解　3 条直线交于一点，即齐次线性方程组

$$\begin{cases}a_1x+b_1y+c_1z=0\\a_2x+b_2y+c_2z=0\\a_3x+b_3y+c_3z=0\end{cases}$$

有非零解$(x_0,y_0,1)$，则系数行列式等于零，该方程组系数列向量必线性相关，排除选项(B).

因为有可能 $\mathrm{r}(\boldsymbol{\alpha}_1,\boldsymbol{\alpha}_2,\boldsymbol{\alpha}_3)=\mathrm{r}(\boldsymbol{\alpha}_1,\boldsymbol{\alpha}_2)=1$，即 $\boldsymbol{\alpha}_1$ 和 $\boldsymbol{\alpha}_2$ 线性相关，故知选项(C)不为真.

若 $\boldsymbol{\alpha}_1,\boldsymbol{\alpha}_2,\boldsymbol{\alpha}_3$ 线性相关，且 $\boldsymbol{\alpha}_1,\boldsymbol{\alpha}_2$ 线性相关，则 $\boldsymbol{\alpha}_1$ 和 $\boldsymbol{\alpha}_2$ 的对应分量成正比例，在几何上该 2 条直线平行或重合，与 3 条直线交于一点相矛盾，故 $\boldsymbol{\alpha}_1,\boldsymbol{\alpha}_2$ 线性无关. 这可否定(A)，因为(A)的条件中并不保证 $\boldsymbol{\alpha}_1,\boldsymbol{\alpha}_2$ 线性无关.

故选(D).

题 2　(2002①)设有 3 张不同平面的方程 $a_{i1}x+a_{i2}y+a_{i3}z=b_i(i=1,2,3)$，它们所组成的线性方程组的系数矩阵与增广矩阵的秩都为 2，则这 3 张平面可能的位置关系为　(　　)

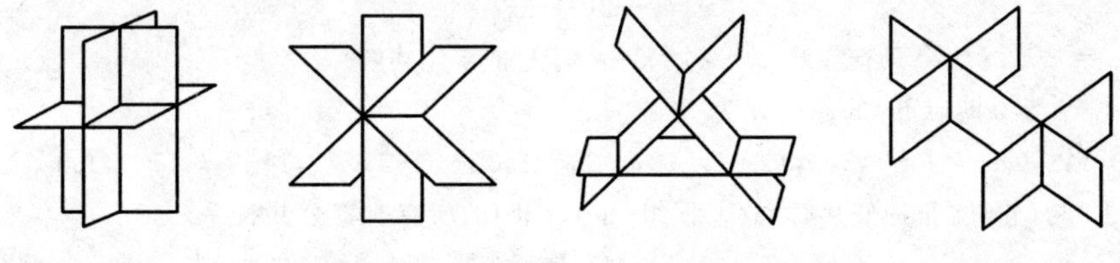

(A)　(B)　(C)　(D)

解 1　设 $\boldsymbol{A}$ 表示线性方程组的系数矩阵，$\overline{\boldsymbol{A}}$ 表示其增广矩阵，则有

$$\begin{cases}a_{11}x+a_{12}y+a_{13}z=b_1 & ①\\a_{21}x+a_{22}y+a_{23}z=b_2 & ②\\a_{31}x+a_{32}y+a_{33}z=b_3 & ③\end{cases}$$

由题设 $\mathrm{r}(\overline{\boldsymbol{A}})=2$. 不妨设 $\overline{\boldsymbol{A}}$ 的前 2 行向量线性无关，则第 3 行是前 2 行的线性组合.

在几何上，相当于平面①和平面②有 1 条交线.

又因为方程③可由方程①和方程②的线性组合而得到，所以交线上的任一点必在平面③上，即 3 张平面共线.

故选(B).

解 2　由空间解析几何知识可有：方程组每个方程代表 1 张平面，则 3 张平面关系中：若

$$r(\overline{\boldsymbol{A}})=r(\boldsymbol{A})=\begin{cases}3, & \text{知方程组有唯一解,即 3 张平面有唯一交点}\\ 2, & \text{知方程组有解空间维数为 2 的(1 条直线)解}\\ 1, & \text{知方程组有解空间维数为 1 的(1 张平面)解}\end{cases}$$

显然(A)表示方程组有唯一解,(C)和(D)表示方程组无解.

故选(B).

(三)计算证明题

1. 齐次方程组的基础解系

题 1 (1994①)若四元方程组(Ⅰ)为$\begin{cases}x_1+x_2=0\\ x_2-x_4=0\end{cases}$,又 $k_1(0,1,1,0)^{\mathrm{T}}+k_2(-1,2,2,1)^{\mathrm{T}}$ 为某齐次方程组(Ⅱ)的通解.(1)求(Ⅰ)的基础解系.(2)方程组(Ⅰ)、(Ⅱ)有无非零公共解?有,则求之;无,请说明理由.

解 (1)容易看出:$\boldsymbol{\alpha}_1=(0,0,1,0)^{\mathrm{T}}$,$\boldsymbol{\alpha}_2=(-1,1,0,1)^{\mathrm{T}}$ 是方程组(Ⅰ)的两个线性无关的解,又由 $r(\boldsymbol{A})=2$知其基础解系可为 $\boldsymbol{\alpha}_1,\boldsymbol{\alpha}_2$.

(2)若方程组(Ⅰ)、(Ⅱ)有非零公共解,只需令(Ⅰ)的通解为 $k_3\boldsymbol{\alpha}_1+k_4\boldsymbol{\alpha}_2$,这样可有

$$k_3(0,0,1,0)^{\mathrm{T}}+k_4(-1,1,0,1)^{\mathrm{T}}=k_1(0,1,1,0)^{\mathrm{T}}+k_2(-1,2,2,1)^{\mathrm{T}}$$

解得

$$k_1=-a,\quad k_2=k_3=k_4=a$$

即

$$a(0,0,1,0)^{\mathrm{T}}+a(-1,1,0,1)^{\mathrm{T}}=(-a,a,a,a)$$

其中 $a\neq0$ 时为两方程组公共非零解.

另外(2)还可解如:将方程组(Ⅱ)的通解表示为

$$(x_1,x_2,x_3,x_4)=(-k_2,k_1+2k_2,k_1+2k_2,k_2)$$

并将它代入方程组(Ⅰ)得

$$\begin{cases}-k_2+4(k_1+2k_2)=0\\ (k_1+2k_2)-k_1=0\end{cases}$$

由此解得 $k_1=-k_2$.(如果只有零解 $k_1=k_2=0$,表明无非零公共解)

当 $k_1=-k_2\neq0$ 时,(Ⅱ)的通解化为

$$k_1(0,1,1,0)+k_2(-1,2,2,1)=k_2[(0,-1,-1,0)+(-1,2,2,1)]=k_2(-1,1,1,1)$$

此向量是(Ⅰ)与(Ⅱ)的非零公共解,故方程组(Ⅰ)、(Ⅱ)的所有非零公共解是

$$k(-1,1,1,1)\quad(k\text{ 是不为零的任意常数})$$

注 亦可直接将方程组(Ⅱ)的解代入方程组(Ⅰ),求得待定的 k_1,k_2 即可.

题 2 (2002④)设四元齐次线性方程组(Ⅰ)为

$$\begin{cases}2x_1+3x_2-x_3=0\\ x_1+2x_2+x_3-x_4=0\end{cases}$$

且已知另一四元齐次线性方程(Ⅱ)的一个基础解系为 $\boldsymbol{\alpha}_1=(2,-1,a+2,1)^{\mathrm{T}}$,$\boldsymbol{\alpha}_2=(-1,2,4,a+8)^{\mathrm{T}}$.(1)求方程组(Ⅰ)的一个基础解系;(2)当 a 为何值时,方程组(Ⅰ)与方程(Ⅱ)有非零公共解?在有非零公共解时,求出全部非零公共解.

解 (1)对方程组(Ⅰ)的系数矩阵作行初等变换,有

$$\boldsymbol{A}=\begin{pmatrix}2&3&-1&0\\1&2&1&-1\end{pmatrix}\to\begin{pmatrix}1&0&-5&3\\0&1&3&-2\end{pmatrix}$$

由此得方程组(Ⅰ)的同解方程组$\begin{cases}x_1=5x_3-3x_4\\ x_2=-3x_3+2x_4\end{cases}$,则由该方程组得方程组(Ⅰ)的一个基础解系为

$$\boldsymbol{\beta}_1=(5,-3,1,0)^{\mathrm{T}},\quad \boldsymbol{\beta}_2=(-3,2,0,1)^{\mathrm{T}}$$

(2)为求方程组(Ⅰ)与方程(Ⅱ)的非零公共解，只需把方程(Ⅱ)的通解

$$\begin{pmatrix}x_1\\x_2\\x_3\\x_4\end{pmatrix}=k_1\boldsymbol{\alpha}_2+k_2\boldsymbol{\alpha}_2=\begin{pmatrix}2k_1-k_2\\-k_1+2k_2\\(a+2)k_1+4k_2\\k_1+(1+8)k_2\end{pmatrix}\quad (k_1,k_2\text{ 为任意常数})$$

代入方程组(Ⅰ)中，经整理得

$$\begin{cases}(a+1)k_1=0\\(a+1)k_1-(a+1)k_2=0\end{cases}$$

其系数行列式为

$$\begin{vmatrix}a+1 & 0\\a+1 & -(a+1)\end{vmatrix}=-(a+1)^2$$

当 $a\neq-1$ 时，方程组(Ⅰ)与方程(Ⅱ)无非零公共解.

当 $a=-1$ 时，方程组(Ⅰ)与方程(Ⅱ)有非零公共解，其全部公共解为

$$(x_1,x_2,x_3,x_4)^{\mathrm{T}}=k_1(2,-1,1,1)^{\mathrm{T}}+k_2(-1,2,4,7)^{\mathrm{T}}$$

其中 k_1,k_2 为不全为零的任意常数.

题 3 (1998④)已知方程组(Ⅰ)$\begin{cases}x_1+x_2-2x_4=-6\\4x_1-x_2-x_3-x_4=-1\\3x_1-x_2-x_3=3\end{cases}$和方程组(Ⅱ)$\begin{cases}x_1+mx_2-x_3-x_4=-5\\nx_2-x_3-2x_4=-11\\x_3-2x_4=1-t\end{cases}$.

(1)求解方程组(Ⅰ)(用其导出组的基础解系表出)；(2)m,n,t 为何值时，方程组(Ⅰ)、(Ⅱ)同解？

解 (1)设方程组(Ⅰ)的系数阵为 $\boldsymbol{A}_1$，增广阵为 $\overline{\boldsymbol{A}}_1=(\boldsymbol{A}_1\vdots\boldsymbol{b})$，对 $\overline{\boldsymbol{A}}_1$ 作行初等变换，有

$$\overline{\boldsymbol{A}}_1\to\left(\begin{array}{cccc:c}1 & & & -1 & -2\\ & 1 & & -1 & -4\\ & & 1 & -2 & -5\end{array}\right)$$

由 $\mathrm{r}(\overline{\boldsymbol{A}}_1)=\mathrm{r}(\boldsymbol{A}_1)=3$，显然 $\boldsymbol{\alpha}=(1,1,2,1)^{\mathrm{T}}$ 是 $\boldsymbol{A}_1\boldsymbol{x}=\boldsymbol{0}$ 的解，且是基础解系.

而 $\boldsymbol{\beta}=(-2,-4,-5,0)^{\mathrm{T}}$ 是 $\boldsymbol{A}_1\boldsymbol{x}=\boldsymbol{b}$ 的一个解.

这样 $\boldsymbol{x}=\boldsymbol{\beta}+k\boldsymbol{\alpha}(k\in\mathbf{R})$是 $\boldsymbol{A}_1\boldsymbol{x}=\boldsymbol{b}$ 的通解.

(2)将 $\boldsymbol{x}$ 代入方程组(Ⅱ)可有

$$\begin{cases}(-2+k)+m(-4+k)-(-5+2k)-k=5\\n(-4+k)-(-5+2k)-2k=-11\\(-5+2k)-2k=1-t\end{cases}$$

解得

$$\begin{cases}m=2\\n=4\\t=6\end{cases}$$

此时，方程组(Ⅰ)的解均为方程组(Ⅱ)的解.

当 $m=2,n=4,t=6$ 时，解方程组(Ⅱ)亦得 $\boldsymbol{x}=\boldsymbol{\beta}+k\boldsymbol{\alpha}$，此即说明方程组(Ⅱ)的解均为方程组(Ⅰ)的解. 从而 $m=2,n=4,t=6$ 时，方程组(Ⅱ)与(Ⅰ)有共同通解

$$\boldsymbol{x}=\boldsymbol{\beta}+k\boldsymbol{\alpha}=(-2,-4,-5,0)^{\mathrm{T}}+k(1,1,2,1)^{\mathrm{T}},\quad k\in\mathbf{R}$$

题 4 (1998①)已知线性方程组

$$(\text{Ⅰ})\begin{cases}a_{11}x_1+a_{12}x_2+\cdots+a_{1,2n}x_{2n}=0\\a_{21}x_1+a_{22}x_2+\cdots+a_{2,2n}x_{2n}=0\\\qquad\vdots\\a_{n1}x_1+a_{n2}x_2+\cdots+a_{n,2n}x_{2n}=0\end{cases}$$

的一个基础解系为$(b_{11},b_{12},\cdots,b_{1,2n})^{\mathrm{T}}$,$(b_{21},b_{22},\cdots,b_{2,2n})^{\mathrm{T}}$,$\cdots$,$(b_{n1},b_{n2},\cdots,b_{n,2n})^{\mathrm{T}}$.试写出线性方程组

$$(\mathrm{II})\begin{cases}b_{11}y_1+b_{12}y_2+\cdots+b_{1,2n}y_{2n}=0\\ b_{21}y_1+b_{22}y_2+\cdots+b_{2,2n}y_{2n}=0\\ \qquad\vdots\\ b_{n1}y_1+b_{n2}y_2+\cdots+b_{n,2n}y_{2n}=0\end{cases}$$

的通解,并说明理由.

解 方程组(Ⅰ)、(Ⅱ)的系数矩阵分别记为$\boldsymbol{A},\boldsymbol{B}$.将方程组(Ⅰ)的基础解系依次代入方程组(Ⅰ)中,用矩阵形式可写成$\boldsymbol{AB}^{\mathrm{T}}=\boldsymbol{O}$.

两边取转置得$\boldsymbol{BA}^{\mathrm{T}}=(\boldsymbol{AB}^{\mathrm{T}})^{\mathrm{T}}=\boldsymbol{O}$.此式表明$\boldsymbol{A}$的$n$个行向量的转置向量为方程组(Ⅱ)的$n$个解向量.

因为$\mathrm{r}(\boldsymbol{B})=n$,所以方程组(Ⅱ)的解空间维数为$2n-n=n$.又$\mathrm{r}(\boldsymbol{A})=2n-n=n$,表明$\boldsymbol{A}$的$n$个行向量线性无关,从而它们的转置向量构成方程组(Ⅱ)的一个基础解系,于是得到方程组(Ⅱ)的通解

$$\boldsymbol{y}=\begin{pmatrix}y_1\\y_2\\\vdots\\y_{2n}\end{pmatrix}=k_1\begin{pmatrix}a_{11}\\a_{12}\\\vdots\\a_{1,2n}\end{pmatrix}+k_2\begin{pmatrix}a_{21}\\a_{22}\\\vdots\\a_{2,2n}\end{pmatrix}+\cdots+k_n\begin{pmatrix}a_{n1}\\a_{n2}\\\vdots\\a_{n,2n}\end{pmatrix}$$

其中$k_1,k_2,\cdots,k_n$为任意常数.

题 5 (2002③)设齐次线性方程组

$$\begin{cases}ax_1+bx_2+bx_3+\cdots+bx_n=0\\ bx_1+ax_2+bx_3+\cdots+bx_n=0\\ \qquad\vdots\\ bx_1+bx_2+bx_3+\cdots+ax_n=0\end{cases}$$

其中$a\neq0,b\neq0,n\geqslant2$,试讨论$a,b$为何值时方程组仅有零解,有无穷多组解.在有无穷多组解时,求出全部解,并用基础解系表示全部解.

解 设方程的系数矩阵用$\boldsymbol{A}$表示,则利用行元素相加法,可得

$$|\boldsymbol{A}|=\begin{vmatrix}a&b&b&\cdots&b\\b&a&b&\cdots&b\\b&b&a&\cdots&b\\\vdots&\vdots&\vdots&&\vdots\\b&b&b&\cdots&a\end{vmatrix}=[a+(n-1)b](a-b)^{n-1}$$

(1)当$a\neq b$且$a\neq(1-n)b$时,方程组仅有零解.

(2)当$a=b$时,对系数矩阵$\boldsymbol{A}$作行初等变换,有

$$\boldsymbol{A}=\begin{pmatrix}a&a&a&\cdots&a\\a&a&a&\cdots&a\\\vdots&\vdots&\vdots&&\vdots\\a&a&a&\cdots&a\end{pmatrix}\to\begin{pmatrix}1&1&1&\cdots&1\\0&0&0&\cdots&0\\\vdots&\vdots&\vdots&&\vdots\\0&0&0&\cdots&0\end{pmatrix}$$

原方程组的同解方程组为$x_1+x_2+\cdots+x_n=0$,其基础解系为

$$\boldsymbol{\alpha}_1=(-1,1,0,\cdots,0)^{\mathrm{T}},\quad\boldsymbol{\alpha}_2=(-1,0,1,\cdots,0)^{\mathrm{T}},\quad\cdots,\quad\boldsymbol{\alpha}_{n-1}=(-1,0,0,\cdots,1)^{\mathrm{T}}$$

方程组的全部解是$\boldsymbol{x}=c_1\boldsymbol{\alpha}_1+c_2\boldsymbol{\alpha}_2+\cdots+c_{n-1}\boldsymbol{\alpha}_{n-1}$($c_1,c_2,\cdots,c_{n-1}$为任意常数).

(3)当$a=(1-n)b$时,对系数矩阵$\boldsymbol{A}$作行初等变换,有

$$A=\begin{pmatrix}(1-n)b & b & b & \cdots & b & b\\ b & (1-n)b & b & \cdots & b & b\\ b & b & (1-n)b & \cdots & b & b\\ \vdots & \vdots & \vdots & & \vdots & \vdots\\ b & b & b & \cdots & b & (1-n)b\end{pmatrix}$$

$$\to\begin{pmatrix}1-n & 1 & 1 & \cdots & 1 & 1\\ 1 & 1-n & 1 & \cdots & 1 & 1\\ 1 & 1 & 1-n & \cdots & 1 & 1\\ \vdots & \vdots & \vdots & & \vdots & \vdots\\ 1 & 1 & 1 & \cdots & 1 & 1-n\end{pmatrix}\to\begin{pmatrix}1 & 0 & \cdots & 0 & -1\\ 0 & 1 & \cdots & 0 & -1\\ \vdots & \vdots & & \vdots & \vdots\\ 0 & 0 & \cdots & 1 & -1\\ 0 & 0 & \cdots & 0 & 0\end{pmatrix}$$

原方程组的同解方程组为 $x_1=x_n,x_2=x_n,\cdots,x_{n-1}=x_n$，其基础解系为 $\boldsymbol{\beta}=(1,1,\cdots,1)^{\mathrm{T}}$. 故方程组的全部解是 $\boldsymbol{x}=c\boldsymbol{\beta}$（$c$ 为任意常数）.

题 6　(2003③)已知齐次线性方程组

$$\begin{cases}(a_1+b)x_1+a_2x_2+a_3x_3+\cdots+a_nx_n=0\\ a_1x_1+(a_2+b)x_2+a_3x_3+\cdots+a_nx_n=0\\ a_1x_1+a_2x_2+(a_3+b)x_3+\cdots+a_nx_n=0\\ \qquad\vdots\\ a_1x_1+a_2x_2+a_3x_3+\cdots+(a_n+b)x_n=0\end{cases}$$

其中 $\sum_{i=1}^{n}a_i\neq 0$. 试讨论 $a_1,a_2,\cdots,a_n$ 和 b 满足何种关系时：(1)方程组仅有零解；(2)方程组有非零解. 在有非零解时，求此方程组的一个基础解系.

解　方程组的系数行列式

$$|\boldsymbol{A}|=\begin{vmatrix}a_1+b & a_2 & a_3 & \cdots & a_n\\ a_1 & a_2+b & a_3 & \cdots & a_n\\ a_1 & a_2 & a_3+b & \cdots & a_n\\ \vdots & \vdots & \vdots & & \vdots\\ a_1 & a_2 & a_3 & \cdots & a_n+b\end{vmatrix}=b^{n-1}\left(b+\sum_{i=1}^{n}a_i\right)$$

(1)当 $b\neq0$ 且 $b+\sum_{i=1}^{n}a_i\neq 0$ 时，$\mathrm{r}(\boldsymbol{A})=n$，方程组仅有零解.

(2)当 $b=0$ 时，原方程组的同解方程组为 $a_1x_1+a_2x_2+\cdots+a_nx_n=0$.

由 $\sum_{i=1}^{n}a_i\neq 0$ 可知，$a_i(i=1,2,\cdots,n)$不全为零. 不妨设 $a_1\neq0$，得原方程组的一个基础解系为

$$\boldsymbol{\alpha}_1=\left(-\frac{a_2}{a_1},1,0,\cdots,0\right)^{\mathrm{T}},\quad \boldsymbol{\alpha}_2=\left(-\frac{a_3}{a_1},1,0,\cdots,0\right)^{\mathrm{T}},\quad \cdots,\quad \boldsymbol{\alpha}_{n-1}=\left(-\frac{a_n}{a_1},1,0,\cdots,0\right)^{\mathrm{T}}$$

当 $b=-\sum_{i=1}^{n}a_i$ 时，有 $b\neq 0$，原方程组的系数矩阵可化为

$$\begin{pmatrix} a_1-\sum_{i=1}^n a_i & a_2 & a_3 & \cdots & a_n \\ a_1 & a_2-\sum_{i=1}^n a_i & a_3 & \cdots & a_n \\ a_1 & a_2 & a_3-\sum_{i=1}^n a_i & \cdots & a_n \\ \vdots & \vdots & \vdots & & \vdots \\ a_1 & a_2 & a_3 & \cdots & a_n-\sum_{i=1}^n a_i \end{pmatrix}$$

(将第1行的-1倍加到其余各行,再从第$2\sim n$行分别同时乘以$-1/\sum_{i=1}^n a_i$倍,再将第n行的$-a_n$倍到第2行的$-a_2$倍加到第1行,再将第1行移到最后一行)

$$\to\begin{pmatrix} a_1-\sum_{i=1}^n a_i & a_2 & a_3 & \cdots & a_n \\ -1 & 0 & 1 & \cdots & 0 \\ \vdots & \vdots & \vdots & & \vdots \\ -1 & 0 & 0 & \cdots & 1 \\ -1 & 0 & 0 & \cdots & 0 \end{pmatrix}\to\begin{pmatrix} -1 & 1 & 0 & \cdots & 0 \\ -1 & 0 & 1 & \cdots & 0 \\ \vdots & \vdots & \vdots & & \vdots \\ -1 & 0 & 0 & \cdots & 1 \\ 0 & 0 & 0 & \cdots & 0 \end{pmatrix}$$

由此得原方程组的同解方程组为$x_2=x_1, x_3=x_1, \cdots, x_n=x_1$.

原方程组的一个基础解系为$\boldsymbol{\alpha}=(1,1,\cdots,1)^{\mathrm{T}}$.

注 本题关键仍在于讨论行列式$|\boldsymbol{A}|$,而该行列式我们已在前文中重点介绍过(行列式一章).

另外,当$b=-\sum_{i=1}^n a_i$时,方程组系数矩阵的秩为$n-1$(因为存在$n-1$阶子式不为零),且显然$\boldsymbol{\alpha}=(1,1,\cdots,1)^{\mathrm{T}}$为方程组的一非零解,即可作为基础解系.

下面的问题显然只是上例的特殊情形.

题 7 (2004①)设有齐次线性方程组

$$\begin{cases}(1+a)x_1+x_2+\cdots+x_n=0\\ 2x_1+(2+a)x_2+\cdots+2x_n=0\\ \qquad\vdots\\ nx_1+nx_2+\cdots+(n+a)x_n=0\end{cases}\quad(n\geqslant 2)\qquad ①$$

试问a取何值时,该方程组有非零解,并求出其通解.

解 1 对方程组的系数矩阵$\boldsymbol{A}$作初等行变换,有

$$\boldsymbol{A}=\begin{pmatrix} 1+a & 1 & 1 & \cdots & 1 \\ 2 & 2+a & 2 & \cdots & 2 \\ \vdots & \vdots & \vdots & & \vdots \\ n & n & n & \cdots & n+a \end{pmatrix}\to\begin{pmatrix} 1+a & 1 & 1 & \cdots & 1 \\ -2a & a & 0 & \cdots & 0 \\ \vdots & \vdots & \vdots & & \vdots \\ -na & 0 & 0 & \cdots & a \end{pmatrix}=\boldsymbol{B}$$

当$a=0$时,$\mathrm{r}(\boldsymbol{A})=1<n$,故方程组有非零解.这时方程组①的同解方程组为

$$x_1+x_2+\cdots+x_s=0\qquad ②$$

由此得方程②的基础解系为

$$\boldsymbol{\eta}_1=(-1,1,0,\cdots,0)^{\mathrm{T}},\quad \boldsymbol{\eta}_2=(-1,0,1,\cdots,0)^{\mathrm{T}},\quad \cdots,\quad \boldsymbol{\eta}_{n-1}=(-1,0,0,\cdots,1)^{\mathrm{T}}$$

于是方程组①的通解为

$$\boldsymbol{x}=k_1\boldsymbol{\eta}_1+\cdots+k_{n-1}\boldsymbol{\eta}_{n-1}$$

其中$k_1,\cdots,k_{n-1}$为任意常数.

当$a\neq 0$时,对矩阵$\boldsymbol{B}$作初等行变换,有

$$\boldsymbol{B} \rightarrow \begin{pmatrix} 1+a & 1 & 1 & \cdots & 1 \\ -2 & 1 & 0 & \cdots & 0 \\ \vdots & \vdots & \vdots & & \vdots \\ -n & 0 & 0 & \cdots & 1 \end{pmatrix} \rightarrow \begin{pmatrix} a+\dfrac{n(n+1)}{2} & 0 & 0 & \cdots & 0 \\ -2 & 1 & 0 & \cdots & 0 \\ \vdots & \vdots & \vdots & & \vdots \\ -n & 0 & 0 & \cdots & 1 \end{pmatrix}$$

可知 $a=-\dfrac{1}{2}n(n+1)$ 时，$\mathrm{r}(\boldsymbol{A})=n-1<n$，故方程组也有非零解. 这时方程组①的同解方程组为

$$\begin{cases} -2x_1+x_2 & =0 \\ -3x_1 \quad +x_3 & =0 \\ \qquad \vdots & \\ -nx_1 \qquad +x_n & =0 \end{cases} \qquad ③$$

由此得方程组③的基础解系为 $\boldsymbol{\eta}=(1,2,\cdots,n)^{\mathrm{T}}$，于是方程组①的通解为 $\boldsymbol{x}=k\boldsymbol{\eta}$，其中 k 为任意常数.

解 2　方程组的系数行列式为

$$|\boldsymbol{A}|=\begin{vmatrix} 1+a & 1 & 1 & \cdots & 1 \\ 2 & 2+a & 2 & \cdots & 2 \\ \vdots & \vdots & \vdots & & \vdots \\ n & n & n & \cdots & n+a \end{vmatrix}=\left[a+\frac{1}{2}n(n+1)\right]a^{n-1}$$

当 $|\boldsymbol{A}|=0$，即 $a=0$ 或 $a=-\dfrac{1}{2}n(n+1)$ 时，方程组有非零解.

当 $a=0$ 时，对系数矩阵 $\boldsymbol{A}$ 作初等行变换，有

$$\boldsymbol{A}=\begin{pmatrix} 1 & 1 & 1 & \cdots & 1 \\ 2 & 2 & 2 & \cdots & 2 \\ \vdots & \vdots & \vdots & & \vdots \\ n & n & n & \cdots & n \end{pmatrix} \rightarrow \begin{pmatrix} 1 & 1 & 1 & \cdots & 1 \\ 0 & 0 & 0 & \cdots & 0 \\ \vdots & \vdots & \vdots & & \vdots \\ 0 & 0 & 0 & \cdots & 0 \end{pmatrix}$$

故方程组的同解方程组为 $x_1+x_2+\cdots+x_n=0$，由此得基础解系为

$$\boldsymbol{\eta}_1=(-1,1,0,\cdots,0)^{\mathrm{T}},\quad \boldsymbol{\eta}_2=(-1,0,1,\cdots,0)^{\mathrm{T}},\quad \cdots,\quad \boldsymbol{\eta}_{n-1}=(-1,0,0,\cdots,1)^{\mathrm{T}}$$

于是方程组的通解为 $\boldsymbol{x}=k_1\boldsymbol{\eta}_1+\cdots+k_{n-1}\boldsymbol{\eta}_{n-1}$，其中 $k_1,\cdots,k_{n-1}$ 为任意常数.

当 $a=-\dfrac{1}{2}n(n+1)$ 时，对系数矩阵 $\boldsymbol{A}$ 作初等行变换，有

$$\boldsymbol{A}=\begin{pmatrix} 1+a & 1 & 1 & \cdots & 1 \\ 2 & 2+a & 2 & \cdots & 2 \\ \vdots & \vdots & \vdots & & \vdots \\ n & n & n & \cdots & n+a \end{pmatrix} \rightarrow \begin{pmatrix} 1+a & 1 & 1 & \cdots & 1 \\ -2a & a & 0 & \cdots & 0 \\ \vdots & \vdots & \vdots & & \vdots \\ -na & 0 & 0 & \cdots & a \end{pmatrix}$$

$$\rightarrow \begin{pmatrix} 1+a & 1 & 1 & \cdots & 1 \\ -2 & 1 & 0 & \cdots & 0 \\ \vdots & \vdots & \vdots & & \vdots \\ -n & 0 & 0 & \cdots & 1 \end{pmatrix} \rightarrow \begin{pmatrix} 0 & 0 & 0 & \cdots & 0 \\ -2 & 1 & 0 & \cdots & 0 \\ \vdots & \vdots & \vdots & & \vdots \\ -n & 0 & 0 & \cdots & 1 \end{pmatrix}$$

故方程组的同解方程组为

$$\begin{cases} -2x_1+x_2 & =0 \\ -3x_1 \quad +x_3 & =0 \\ \qquad \vdots & \\ -nx_1 \qquad +x_n & =0 \end{cases} \qquad ②$$

由此得方程组②的基础解系为 $\boldsymbol{\eta}=(1,2,\cdots,n)^{\mathrm{T}}$，于是题设方程组的通解为 $\boldsymbol{x}=k\boldsymbol{\eta}$，其中 k 为任意常数.

注 显然下面的问题是例的特殊情形.

问题:(2004②)设有齐次线性方程组

$$\begin{cases}(1+a)x_1+x_2+x_3+x_4=0\\2x_1+(2+a)x_2+2x_3+2x_4=0\\3x_1+3x_2+(3+a)x_3+3x_4=0\\4x_1+4x_2+4x_3+(4+a)x_4=0\end{cases}$$

试问 a 取何值时,该方程组有非零解,并求出其通解.

解 1:求含参数齐次线性方程组的解,可由系数行列式为零确定参数的取值,进而求方程组的非零解.

对方程组的系数矩阵 $\boldsymbol{A}$ 作初等行变换,有

$$\begin{pmatrix}1+a&1&1&1\\2&2+a&2&2\\3&3&3+a&3\\4&4&4&4+a\end{pmatrix}\to\begin{pmatrix}1+a&1&1&1\\-2a&a&0&0\\-3a&0&a&0\\-4a&0&0&a\end{pmatrix}=\boldsymbol{B}$$

当 $a=0$ 时,$\mathrm{r}(\boldsymbol{A})=1<4$,故方程组有非零解,其同解方程组为

$$x_1+x_2+x_3+x_4=0$$

由此得基础解系为

$$\boldsymbol{\eta}_1=(-1,1,0,0)^{\mathrm{T}},\quad \boldsymbol{\eta}_2=(-1,0,1,0)^{\mathrm{T}},\quad \boldsymbol{\eta}_3=(-1,0,0,1)^{\mathrm{T}}$$

于是所求方程组的通解为

$$\boldsymbol{x}=k_1\boldsymbol{\eta}_1+k_2\boldsymbol{\eta}_2+k_3\boldsymbol{\eta}_3\quad(k_1,k_2,k_3\text{ 为任意常数})$$

当 $a\neq0$ 时

$$\boldsymbol{B}\to\begin{pmatrix}1+a&1&1&1\\-2&1&0&0\\-3&0&1&0\\-4&0&0&1\end{pmatrix}\to\begin{pmatrix}a+10&0&0&0\\-2&1&0&0\\-3&0&1&0\\-4&0&0&1\end{pmatrix}$$

当 $a=-10$ 时,$\mathrm{r}(\boldsymbol{A})=3<4$,故方程组也有非零解,其同解方程组为

$$\begin{cases}-2x_1+x_2=0\\-3x_1+x_3=0\\-4x_1+x_4=0\end{cases}$$

由此得基础解系为

$$\boldsymbol{\eta}=(1,2,3,4)^{\mathrm{T}}$$

所以所求方程组的通解为 $\boldsymbol{x}=k\boldsymbol{\eta}$,其中 k 为任意常数.

解 2:方程组的系数行列式

$$|\boldsymbol{A}|=\begin{vmatrix}1+a&1&1&1\\2&2+a&2&2\\3&3&3+a&3\\4&4&4&4+a\end{vmatrix}=(a+10)a^3$$

当 $|\boldsymbol{A}|=0$,即 $a=0$ 或 $a=-10$ 时,方程组有非零解.

当 $a=0$ 时,对系数矩阵 $\boldsymbol{A}$ 作初等行变换,有

$$A=\begin{pmatrix}1&1&1&1\\2&2&2&2\\3&3&3&3\\4&4&4&4\end{pmatrix}\to\begin{pmatrix}1&1&1&1\\0&0&0&0\\0&0&0&0\\0&0&0&0\end{pmatrix}$$

故方程组的同解方程组为 $x_1+x_2+x_3+x_4=0$，其基础解系为

$$\boldsymbol{\eta}_1=(-1,1,0,0)^{\mathrm{T}},\quad \boldsymbol{\eta}_2=(-1,0,1,0)^{\mathrm{T}},\quad \boldsymbol{\eta}_3=(-1,0,0,1)^{\mathrm{T}}$$

于是所求方程组的通解为

$$\boldsymbol{x}=k_1\boldsymbol{\eta}_1+k_2\boldsymbol{\eta}_2+k_3\boldsymbol{\eta}_3\quad(k_1,k_2,k_3\text{ 为任意常数})$$

当 $a=-10$ 时，对 $\boldsymbol{A}$ 作初等行变换，有

$$A=\begin{pmatrix}-9&1&1&1\\2&-8&2&2\\3&3&-7&3\\4&4&4&-6\end{pmatrix}\to\begin{pmatrix}-9&1&1&1\\20&-10&0&0\\30&0&-10&0\\40&0&0&-10\end{pmatrix}\to\begin{pmatrix}-9&1&1&1\\-2&1&0&0\\-3&0&1&0\\-4&0&0&1\end{pmatrix}\to\begin{pmatrix}0&0&0&0\\-2&1&0&0\\-3&0&1&0\\-4&0&0&1\end{pmatrix}$$

故方程组的同解方程组为

$$\begin{cases}x_2=2x_1\\x_3=3x_1\\x_4=4x_1\end{cases}$$

其基础解系为 $\boldsymbol{\eta}=(1,2,3,4)^{\mathrm{T}}$，故所求方程组的通解为 $\boldsymbol{x}=k\boldsymbol{\eta}$，其中 k 为任意常数.

下面的方程问题是以矩阵、向量形式出现的.

题 8 （2000①）设 $\boldsymbol{\alpha}=(1,2,1)^{\mathrm{T}},\boldsymbol{\beta}=(1,\frac{1}{2},0)^{\mathrm{T}},\boldsymbol{\gamma}=(0,0,8)^{\mathrm{T}},\boldsymbol{A}=\boldsymbol{\alpha\beta}^{\mathrm{T}},\boldsymbol{B}=\boldsymbol{\beta}^{\mathrm{T}}\boldsymbol{\alpha}$，其中 $\boldsymbol{\beta}^{\mathrm{T}}$ 是 $\boldsymbol{\beta}$ 的转置，求解方程 $2\boldsymbol{B}^2\boldsymbol{A}^2\boldsymbol{x}=\boldsymbol{A}^4\boldsymbol{x}+\boldsymbol{D}^4\boldsymbol{x}+\boldsymbol{\gamma}$.

解 由题设得

$$A=\begin{pmatrix}1\\2\\1\end{pmatrix}\left(1,\frac{1}{2},0\right)=\begin{pmatrix}1&\frac{1}{2}&0\\2&1&0\\1&\frac{1}{2}&0\end{pmatrix},\quad B=\left(1,\frac{1}{2},0\right)\begin{pmatrix}1\\2\\1\end{pmatrix}=2$$

又
$$\boldsymbol{A}^2=\boldsymbol{\alpha\beta}^{\mathrm{T}}\boldsymbol{\alpha\beta}^{\mathrm{T}}=\boldsymbol{\alpha}(\boldsymbol{\beta}^{\mathrm{T}}\boldsymbol{\alpha})\boldsymbol{\beta}^{\mathrm{T}}=2\boldsymbol{A}$$
则
$$\boldsymbol{A}^4=\boldsymbol{A}^2\cdot\boldsymbol{A}^2=2\boldsymbol{A}\cdot2\boldsymbol{A}=4\boldsymbol{A}^2=8\boldsymbol{A}$$

把以上各式代入原方程，经化简可得（其中 $\boldsymbol{I}$ 是 3 阶单位矩阵）

$$8(\boldsymbol{A}-2\boldsymbol{I})\boldsymbol{x}=\boldsymbol{\gamma}$$

令 $\boldsymbol{x}=(x_1,x_2,x_3)^{\mathrm{T}}$，代入上式，得到非齐次线性方程组

$$\begin{cases}-8x_1+4x_2=0\\16x_1-8x_2=0\\8x_1+4x_2-16x_3=8\end{cases}\qquad①$$

对上面的方程组的增广矩阵作初等行变换

$$\bar{A}=\left(\begin{array}{ccc:c}-8&4&0&0\\16&-8&0&0\\8&4&-16&8\end{array}\right)\xrightarrow[\text{变为 }\boldsymbol{e}_1]{\text{将第 1 列}}\left(\begin{array}{ccc:c}1&-\frac{1}{2}&0&0\\0&0&0&0\\0&8&-16&8\end{array}\right)\xrightarrow[\text{变为 }\boldsymbol{e}_3]{\text{将第 2 列}}\left(\begin{array}{ccc:c}1&0&-1&\frac{1}{2}\\0&0&0&0\\0&1&-2&1\end{array}\right)$$

由此知 $\mathrm{r}(\boldsymbol{A}\vdots\boldsymbol{b})=\mathrm{r}(\boldsymbol{A})=2$，原方程组有解，其同解方程组为

$$\begin{cases} x_1 = x_3 + \dfrac{1}{2} \\ x_2 = 2x_3 + 1 \end{cases} \quad ②$$

由同解方程组②求原方程组①的通解有两种方法.

方法 1:令 $x_3=0$,得方程组①的一个特解 $\boldsymbol{\beta}_0=(\frac{1}{2},1,0)^{\mathrm{T}}$.

方程组①的导出组同解于 $x_1=x_3, x_2=2x_3$.

令 $x_3=1$,得该方程组的基础解系 $\boldsymbol{\beta}_1=(1,2,1)^{\mathrm{T}}$.

于是所求方程的通解为 $\boldsymbol{x}=\boldsymbol{\beta}_0+k\boldsymbol{\beta}_1$,即

$$\boldsymbol{x}=(\frac{1}{2},1,0)^{\mathrm{T}}+k(1,2,1)^{\mathrm{T}} \quad (k\text{ 为任意常数})$$

方法 2:令 $x_3=k$(k 为任意常数),由方程组②,得通解

$$\boldsymbol{x}=(k+\frac{1}{2},2k+1,k)^{\mathrm{T}}=k(1,2,1)^{\mathrm{T}}+(\frac{1}{2},1,0)^{\mathrm{T}}$$

2. 解方程组

题 1 (1987③④)解线性方程组

$$\begin{cases} 2x_1-x_2+4x_3-3x_4=-4 \\ x_1+x_3-x_4=-3 \\ 3x_1+x_2+x_3=1 \\ 7x_1+7x_3-3x_4=3 \end{cases}$$

解 对题设方程组的增广矩阵 $\overline{\boldsymbol{A}}=(\boldsymbol{A} \vdots \boldsymbol{b})$作行初等变换

$$\overline{\boldsymbol{A}}=\left(\begin{array}{cccc:c} 2 & -1 & 4 & -3 & -4 \\ 1 & 0 & 1 & -1 & -3 \\ 3 & 1 & 1 & 0 & 1 \\ 7 & 0 & 7 & -3 & 3 \end{array}\right) \xrightarrow[\text{化为 } \boldsymbol{e}_2]{\text{将第 1 列}} \left(\begin{array}{cccc:c} 0 & -1 & 2 & -1 & 2 \\ 1 & 0 & 1 & -1 & 3 \\ 0 & 1 & -2 & 3 & 10 \\ 0 & 0 & 0 & 4 & 24 \end{array}\right)$$

$$\xrightarrow[\text{化为 } \boldsymbol{e}_1]{\text{将第 2 列}} \left(\begin{array}{cccc:c} 0 & 1 & -2 & 1 & -2 \\ 1 & 0 & 1 & -1 & -3 \\ 0 & 0 & 0 & 1 & 6 \\ 0 & 0 & 0 & 0 & 0 \end{array}\right) \xrightarrow[\text{化为 } \boldsymbol{e}_3]{\text{将第 4 列}} \left(\begin{array}{cccc:c} 0 & 1 & -2 & 0 & -8 \\ 1 & 0 & 1 & 0 & 3 \\ 0 & 0 & 0 & 1 & 6 \\ 0 & 0 & 0 & 0 & 0 \end{array}\right)$$

由此看到 $\mathrm{r}(\overline{\boldsymbol{A}})=\mathrm{r}(\boldsymbol{A})=3$,知原方程组有解,其同解方程组为

$$\begin{cases} x_1=-x_3+3 \\ x_2=2x_3-8 \\ x_4=6 \end{cases} \quad (*)$$

由此同解方程组写出原方程组通解的方法有以下两种.

方法 1:令 $x_3=0$,得 $\boldsymbol{\beta}_0=(3,-8,0,6)^{\mathrm{T}}$ 是原方程组的一个特解.

再令常数项为零,得原方程组的齐次方程组的同解方程组

$$\begin{cases} x_1=-x_3 \\ x_2=2x_3 \\ x_4=0 \end{cases}$$

令 $x_3=1$,得 $\boldsymbol{\beta}_1=(-1,2,1,0)^{\mathrm{T}}$ 是基础解系.于是原方程组的通解为

$$\begin{pmatrix} x_1 \\ x_2 \\ x_3 \\ x_4 \end{pmatrix}=k\begin{pmatrix} -1 \\ 2 \\ 1 \\ 0 \end{pmatrix}+\begin{pmatrix} 3 \\ -8 \\ 0 \\ 6 \end{pmatrix} \quad (k\text{ 为任意常数})$$

方法 2:令 $x_3=k$(任意常数),由方程组(*)得通解

$$\begin{pmatrix}x_1\\x_2\\x_3\\x_4\end{pmatrix}=\begin{pmatrix}-k+3\\2k-8\\k\\6\end{pmatrix}=k\begin{pmatrix}-1\\2\\1\\0\end{pmatrix}+\begin{pmatrix}3\\-8\\0\\6\end{pmatrix}$$

题 2 (2004④)设线性方程组

$$\begin{cases}x_1+\lambda x_2+\mu x_3+x_4=0\\2x_1+x_2+x_3+2x_4=0\\3x_1+(2+\lambda)x_2+(4+\mu)x_3+4x_4=1\end{cases}$$

已知 $(1,-1,1,-1)^{\mathrm T}$ 是该方程的一个解.试求:

(1)方程组的全部解,并用对应的齐次线性方程组的基础解系表示它们;

(2)该方程组满足 $x_2=x_3$ 的全部解.

解 含未知参数的线性方程组的求解,当系数矩阵为非方阵时,一般用初等行变换化增广矩阵为阶梯形,然后对参数进行讨论.由于已知方程组的一个解,于是可先由它来(部分)确定未知参数.

将 $(1,-1,1,-1)^{\mathrm T}$ 代入方程组,得 $\lambda=\mu$.对方程组的增广矩阵 $\overline{\boldsymbol A}$ 施以初等行变换,得

$$\overline{\boldsymbol A}=\left(\begin{array}{cccc|c}1&\lambda&\lambda&1&0\\2&1&1&2&0\\3&2+\lambda&2+\lambda&4&1\end{array}\right)\to\left(\begin{array}{cccc|c}1&0&-2\lambda&1-\lambda&-\lambda\\0&1&3&1&1\\0&0&2(2\lambda-1)&2\lambda-1&2\lambda-1\end{array}\right)$$

(1)当 $\lambda\neq\dfrac{1}{2}$ 时,有

$$\overline{\boldsymbol A}\xrightarrow{\text{行初等变换}}\left(\begin{array}{cccc|c}1&0&0&1&0\\0&1&0&-\frac{1}{2}&-\frac{1}{2}\\0&0&1&\frac{1}{2}&\frac{1}{2}\end{array}\right)$$

$r(\boldsymbol A)=r(\overline{\boldsymbol A})=3<4$,故方程组有无穷多解,且 $\boldsymbol\xi_0=\left(0,-\dfrac{1}{2},\dfrac{1}{2},0\right)^{\mathrm T}$ 为其一个特解,对应的齐次线性方程组的基础解系为 $\boldsymbol\xi=(-2,1,-1,2)^{\mathrm T}$,故方程组的全部解为

$$\boldsymbol\xi=\boldsymbol\xi_0+k\boldsymbol\xi=\left(0,-\frac{1}{2},\frac{1}{2},0\right)^{\mathrm T}+k(-2,1,-1,2)^{\mathrm T}\quad(k\text{ 为任意常数})$$

当 $\lambda=\dfrac{1}{2}$ 时,有

$$\overline{\boldsymbol A}\xrightarrow{\text{行初等变换}}\left(\begin{array}{cccc|c}1&0&-1&\frac{1}{2}&-\frac{1}{2}\\0&1&3&1&1\\0&0&0&0&0\end{array}\right)$$

$r(\boldsymbol A)=r(\overline{\boldsymbol A})=2<4$,故方程组有无穷多解,且 $\boldsymbol\xi_0=\left(-\dfrac{1}{2},1,0,0\right)^{\mathrm T}$ 为其一个特解,对应的齐次线性方程组的基础解系为

$$\boldsymbol\xi_1=(1,-3,1,0)^{\mathrm T},\ \boldsymbol\xi_2=(-1,-2,0,2)^{\mathrm T}$$

故方程组的全部解为 $\boldsymbol\xi=\boldsymbol\xi_0+k_1\boldsymbol\xi_1+k_2\boldsymbol\xi_2$,即

$$\boldsymbol\xi=\left(-\frac{1}{2},1,0,0\right)^{\mathrm T}+k_1(1,-3,1,0)^{\mathrm T}+k_2(-1,-2,0,2)^{\mathrm T}$$

其中 k_1,k_2 为任意常数.

(2)当$\lambda\neq\frac{1}{2}$时,由于$x_2=x_3$,即$-\frac{1}{2}+k=\frac{1}{2}-k$,解得$k=\frac{1}{2}$,故方程组的解为

$$\boldsymbol{\xi}=\left(1,-\frac{1}{2},\frac{1}{2},0\right)^{\mathrm{T}}+\frac{1}{2}(-2,1,-1,2)^{\mathrm{T}}=(-1,0,0,1)^{\mathrm{T}}$$

当$\lambda=\frac{1}{2}$时,由于$x_2=x_3$,即$1-3k_1-2k_2=k_1$,解得$k_1=\frac{1}{4}-\frac{1}{2}k_2$,故方程组的全部解为

$$\begin{aligned}\boldsymbol{\xi}&=\left(-\frac{1}{2},1,0,0\right)^{\mathrm{T}}+\left(\frac{1}{4}-\frac{1}{2}k_2\right)(1,-3,1,0)^{\mathrm{T}}+k_2(-1,-2,0,2)^{\mathrm{T}}\\&=\left(-\frac{1}{4},\frac{1}{4},\frac{1}{4},0\right)^{\mathrm{T}}+k_2\left(-\frac{3}{2},-\frac{1}{2},-\frac{1}{2},2\right)^{\mathrm{T}}\quad(k_2\text{ 为任意常数})\end{aligned}$$

注 1　对于问题(2),实际上就是在原来的方程组中增加一个方程,此时新的方程组当$\lambda\neq\frac{1}{2}$时有唯一解,当$\lambda=\frac{1}{2}$时有无穷多解.

在问题(2)中,当$\lambda=\frac{1}{2}$时,解得$k_2=\frac{1}{2}-2k_1$,方程组的全部解也可表示为

$$\boldsymbol{\xi}=(-1,0,0,1)^{\mathrm{T}}+k_1(3,1,1,-4)^{\mathrm{T}}\quad(k_1\text{ 为任意常数})$$

注 2　由题设知$\boldsymbol{\xi}_0=\left(0,-\frac{1}{2},\frac{1}{2},0\right)^{\mathrm{T}}$为一特解,故其通解中可用其换去特解.

3. 含参方程组的讨论

(1)含一个参数的问题

题 1　(1989①)λ为何值时,线性方程组$\begin{cases}x_1+x_3=\lambda\\4x_1+x_2+2x_3=\lambda+2\\6x_1+x_2+4x_3=2\lambda+3\end{cases}$有解,并求出解的一般形式.

解　对方程组的增广矩阵$\overline{\boldsymbol{A}}=(\boldsymbol{A}\vdots\boldsymbol{b})$作初等行变换,使之化为阶梯形

$$\overline{\boldsymbol{A}}=\left(\begin{array}{ccc:c}1&0&1&\lambda\\4&1&2&\lambda+2\\6&1&4&2\lambda+3\end{array}\right)\to\left(\begin{array}{ccc:c}1&0&1&\lambda\\0&1&-2&-3\lambda+2\\0&1&-2&-4\lambda+3\end{array}\right)\to\left(\begin{array}{ccc:c}1&0&1&\lambda\\0&1&-2&-3\lambda+2\\0&0&0&-\lambda+1\end{array}\right)$$

当$\lambda=1$时,$\mathrm{r}(\boldsymbol{A})=\mathrm{r}(\overline{\boldsymbol{A}})=2<3$,方程组有解.此时所对应的同解方程组为

$$\begin{cases}x_1=1-x_3\\x_2=-1+2x_3\end{cases}$$

令$x_3=k$(k为任意常数),则方程组的通解为

$$\begin{pmatrix}x_1\\x_2\\x_3\end{pmatrix}=\begin{pmatrix}1\\-1\\0\end{pmatrix}+k\begin{pmatrix}-1\\2\\1\end{pmatrix}$$

题 2　(1993③)k为何值时,线性方程组$\begin{cases}x_1+x_2+kx_3=4\\-x_1+kx_2+x_3=k^2\\x_1-x_2+2x_3=-4\end{cases}$有唯一解、无解、有无穷多解?在有解的情况下,求出其全部解.

解　将题设方程组的增广矩阵进行行初等变换化为

$$\overline{\boldsymbol{A}}=\left(\begin{array}{ccc:c}1&1&k&4\\-1&k&1&k^2\\1&-1&2&-4\end{array}\right)\to\left(\begin{array}{ccc:c}1&1&k&4\\0&2&k-2&8\\0&0&\frac{(k+1)(4-k)}{2}&k(k-4)\end{array}\right)\qquad①$$

当 $k\neq -1$ 且 $k\neq 4$ 时，$|\boldsymbol{A}|\neq 0$，方程组有唯一解．此时的同解方程组为

$$\begin{cases} x_1+x_2+kx_3=4 & ② \\ 2x_2+(k-2)x_3=8 & ③ \\ (k+1)(4-k)x_3=2k(k-4) & ④ \end{cases}$$

由式④解得 $x_3=-\dfrac{2k}{k+1}$．把 x_3 的解代入式③和式②后，得

$$x_1+x_2-\frac{2k^2}{k+1}=4 \qquad ⑤$$

$$2x_2-\frac{2(k-2)k}{k+1}=8 \qquad ⑥$$

由式⑥解得 $x_2=4+\dfrac{(k-2)k}{k+1}$，再代入式⑤，解得 $x_1=\dfrac{k^2+2k}{k+1}$．

当 $k=-1$ 时，由式①知 $\mathrm{r}(\boldsymbol{A})=2\neq \mathrm{r}(\overline{\boldsymbol{A}})=3$，方程组无解．

当 $k=4$ 时，继续对式①作初等行变换

$$\overline{\boldsymbol{A}}\rightarrow\left(\begin{array}{ccc:c}1&1&4&4\\0&2&2&8\\0&0&0&0\end{array}\right)\rightarrow\left(\begin{array}{ccc:c}1&1&4&4\\0&1&1&4\\0&0&0&0\end{array}\right)\rightarrow\left(\begin{array}{ccc:c}1&0&3&0\\0&1&1&4\\0&0&0&0\end{array}\right)$$

由此知 $\mathrm{r}(\boldsymbol{A})=\mathrm{r}(\overline{\boldsymbol{A}})=2<3$（未知量个数），方程组有无穷多解，此时的同解方程组为

$$\begin{cases} x_1=-3x_3 \\ x_2=-x_3+4 \end{cases}$$

令 $x_3=k$（k 为任意常数），得方程组的全部解为

$$\begin{pmatrix}x_1\\x_2\\x_3\end{pmatrix}=k\begin{pmatrix}-3\\-1\\1\end{pmatrix}+\begin{pmatrix}0\\4\\0\end{pmatrix}$$

题 3　（1995④）λ 为何值时，方程组 $\begin{cases}\lambda x_1+x_2+x_3=\lambda-3\\ x_1+\lambda x_2+x_3=-2\\ x_1+x_2+\lambda x_3=-2\end{cases}$ 有唯一解、无解和有无穷多组解？在方程组有无穷多组解时，试用其导出组的基础解系表示全部解．

解　对方程组增广矩阵 $\overline{\boldsymbol{A}}=(\boldsymbol{A}\,\vdots\,\boldsymbol{b})$ 作初等行变换，使之成为阶梯形

$$\overline{\boldsymbol{A}}=(\boldsymbol{A}\,\vdots\,\boldsymbol{b})\left(\begin{array}{ccc:c}\lambda&1&1&\lambda-3\\1&\lambda&1&-2\\1&1&\lambda&-2\end{array}\right)\xrightarrow{\text{变换第 1,3 两行}}\left(\begin{array}{ccc:c}1&1&\lambda&-2\\1&\lambda&1&-2\\\lambda&1&1&\lambda-3\end{array}\right)$$

$$\xrightarrow[\text{别减第 1 行}]{\text{第 2,3 行分}}\left(\begin{array}{ccc:c}1&1&\lambda&-2\\0&\lambda-1&1-\lambda&0\\0&1-\lambda&1-\lambda^2&3(\lambda-1)\end{array}\right)$$

$$\xrightarrow[\text{第 3 行}]{\text{第 2 行加至}}\left(\begin{array}{ccc:c}1&1&\lambda&-2\\0&\lambda-1&1-\lambda&0\\0&0&-(\lambda+2)(\lambda-1)&3(\lambda-1)\end{array}\right)$$

(1) 当 $\lambda\neq -2$ 且 $\lambda\neq 1$ 时，$\mathrm{r}(\boldsymbol{A})=\mathrm{r}(\overline{\boldsymbol{A}})=3$，方程组有唯一解．

(2) 当 $\lambda=-2$ 时，$\mathrm{r}(\boldsymbol{A})=2\neq \mathrm{r}(\overline{\boldsymbol{A}})=3$，方程组无解．

(3) 当 $\lambda=1$ 时，增广矩阵 $\overline{\boldsymbol{A}}$ 变换后的矩阵第 2，3 行元素皆为 0，则其同解方程为

$$x_1=-2-x_2-x_3$$

令 $x_2=k_1$，$x_3=k_2$（k_1，k_2 都是任意常数），则方程组的全部解

$$\begin{pmatrix}x_1\\x_2\\x_3\end{pmatrix}=\begin{pmatrix}-2\\0\\0\end{pmatrix}+k_1\begin{pmatrix}-1\\1\\0\end{pmatrix}+k_2\begin{pmatrix}-1\\0\\1\end{pmatrix}$$

式中$\boldsymbol{\beta}_1=(-1,1,0)^{\mathrm{T}}$和$\boldsymbol{\beta}_2=(-1,0,1)^{\mathrm{T}}$为基础解系.

题 4 (1997②)λ为何值时,方程组$\begin{cases}2x_1+\lambda x_2-x_3=1\\\lambda x_1-x_2+x_3=2\\4x_1+5x_2-5x_3=-1\end{cases}$有唯一解、有无穷多解、无解?

解 1 对方程组增广矩阵实施行初等变换

$$\left(\begin{array}{ccc|c}2&\lambda&-1&1\\\lambda&-1&1&2\\4&5&-5&-1\end{array}\right)\xrightarrow[\text{变换}]{\text{行初等}}\left(\begin{array}{ccc|c}2&\lambda&-1&1\\\lambda+2&\lambda-1&0&3\\5\lambda+4&0&0&9\end{array}\right)$$

这样可有:

(1)$\lambda\neq-\dfrac{4}{5}$,且$\lambda\neq1$时,方程组有唯一解(因$\mathrm{r}(\boldsymbol{A})=\mathrm{r}(\bar{\boldsymbol{A}})=3$);

(2)$\lambda=-\dfrac{4}{5}$,方程组无解(因$\mathrm{r}(\boldsymbol{A})=2,\mathrm{r}(\bar{\boldsymbol{A}})=3$);

(3)$\lambda=1$时,变换后的增广矩阵为$\left(\begin{array}{ccc|c}2&1&-1&1\\3&0&0&3\\9&0&0&9\end{array}\right)$,此时方程组有无穷多解$\boldsymbol{x}=(1,-1+k,k)^{\mathrm{T}}$,其中$k$是常数(因$\mathrm{r}(\boldsymbol{A})=\mathrm{r}(\bar{\boldsymbol{A}})=2<3$).

解 2 考虑方程组系数行列式

$$D=\begin{vmatrix}2&\lambda&-1\\\lambda&-1&1\\4&5&-5\end{vmatrix}=(\lambda-1)(5\lambda+4)$$

(1)当$\lambda\neq1$,且$\lambda\neq-\dfrac{4}{5}$时,方程组有唯一解;

(2)当$\lambda=1$时,方程组增广矩阵经初等变换可化为

$$\bar{\boldsymbol{A}}\to\left(\begin{array}{ccc|c}1&-1&1&2\\0&1&-1&-1\\0&0&0&0\end{array}\right)\quad\text{或}\quad\left(\begin{array}{ccc|c}2&1&-1&1\\3&0&0&3\\9&0&0&9\end{array}\right)$$

均可知方程组有无穷多组解$\boldsymbol{x}=(1,-1+k,k)^{\mathrm{T}}$,这里$k$是给定常数;

(3)当$\lambda=-\dfrac{4}{5}$时,方程组无解(道理同上).

注 解法1稍简,因为解法2中求得$D=0$时的λ值后,具体讨论时仍需代入方程组中再对其系数阵实施变换;而解法1可一举两得.

下面的例子涉及齐次方程组有非零解问题.

题 5 (1992③)已知3阶矩阵$\boldsymbol{B}\neq\boldsymbol{O}$,且$\boldsymbol{B}$的每一个列向量都是以下方程组的解

$$\begin{cases}x_1+2x_2-2x_3=0\\2x_1-x_2+\lambda x_3=0\\3x_1+x_2-x_3=0\end{cases}$$

(1)求λ的值;(2)证明$|\boldsymbol{B}|=0$.

解 (1)将齐次线性方程组记为$\boldsymbol{Ax}=\boldsymbol{0}$,并记$\boldsymbol{B}=(\boldsymbol{\beta}_1,\boldsymbol{\beta}_2,\boldsymbol{\beta}_3)$,依题意$\boldsymbol{\beta}_1,\boldsymbol{\beta}_2,\boldsymbol{\beta}_3$均为方程组的解,且不全为零,即$\boldsymbol{Ax}=\boldsymbol{0}$有非零解.

因而该方程组系数行列式为零,即

$$|\boldsymbol{A}|=\begin{vmatrix}1 & 2 & -2\\ 2 & -1 & \lambda\\ 3 & 1 & -1\end{vmatrix}=5(\lambda-1)=0$$

得 $\lambda=1$.

(2)由 $\boldsymbol{A\beta}_1=\boldsymbol{0},\boldsymbol{A\beta}_2=\boldsymbol{0},\boldsymbol{A\beta}_3=\boldsymbol{0}$ 可有

$$(\boldsymbol{A\beta}_1,\boldsymbol{A\beta}_2,\boldsymbol{A\beta}_3)=\boldsymbol{A}(\boldsymbol{\beta}_1,\boldsymbol{\beta}_2,\boldsymbol{\beta}_3)=\boldsymbol{O}$$

即 $\boldsymbol{AB}=\boldsymbol{O}$.

今证 $|\boldsymbol{B}|=0$.用反证法.假设 $|\boldsymbol{B}|\neq 0$,则 $\boldsymbol{B}$ 可逆,将 $\boldsymbol{AB}=\boldsymbol{O}$ 的两端右乘以 $\boldsymbol{B}^{-1}$,得 $\boldsymbol{A}=\boldsymbol{O}$,这与 $\boldsymbol{A}$ 为非零矩阵相矛盾,故 $|\boldsymbol{B}|=0$.

题 6 (1992④)设线性方程组 $\begin{cases}x_1+2x_2-2x_3=0\\ 2x_1-x_2+\lambda x_3=0\\ 3x_1+x_2-x_3=0\end{cases}$ 的系数矩阵为 $\boldsymbol{A}$,3 阶矩阵 $\boldsymbol{B}\neq\boldsymbol{O}$,且 $\boldsymbol{AB}=\boldsymbol{O}$,试求 λ.

解 参看前题解答之(1),可求得 $\lambda=1$.

题 7 (2007①②④)设线性方程组

$$\begin{cases}x_1+x_2+x_3=0\\ x_1+2x_2+ax_3=0\\ x_1+4x_2+a^2x_3=0\end{cases}\qquad ①$$

与方程

$$x_1+2x_2+x_3=a-1\qquad ②$$

有公共解,求 a 的值及所有公共解.

解 1 式②的通解为

$$C_1(-2,1,0)^{\mathrm T}+C_2(-1,0,1)^{\mathrm T}+(a-1,0,0)^{\mathrm T}=(-2C_1-C_2+a-1,C_1,C_2)^{\mathrm T}$$

即
$$x_1=-2C_1-C_2+a-1,\quad x_2=C_1,\quad x_3=C_2$$

将它代入式①得

$$\begin{cases}C_1=a-1 & ③\\ (a-1)(C_2+1)=0 & ④\\ (a-1)[C_2(a+1)+3]=0 & ⑤\end{cases}$$

由式④得 $a=1$ 或 $C_2=-1$.

当 $a=1$ 时,$C_1=0$,所以式①,②的公共解为

$$x_1=-C_2,\quad x_2=0,\quad x_3=C_2\quad(C_2\text{ 是任意常数})\qquad ⑥$$

当 $a\neq 1$ 时,$C_2=-1$,代入式⑤得 $a=2$,从而由式③得 $C_1=1$,所以此时式①,②的公共解为

$$x_1=0,\quad x_2=1,\quad x_3=-1\qquad ⑦$$

由上可见,使式①,②有公共解的 $a=1,2$,并且当 $a=1$ 时,公共解为式⑥;当 $a=2$ 时,公共解为式⑦.

解 2 将式①,②组成方程组

$$\begin{cases}x_1+x_2+x_3=0\\ x_1+2x_2+ax_3=0\\ x_1+4x_2+a^2x_3=0\\ x_1+2x_2+x_3=a-1\end{cases}\qquad ⑧$$

对它的增广矩阵 $\overline{A}$ 施行初等行变换

$$\overline{\boldsymbol{A}}=\left(\begin{array}{ccc:c}1&1&1&0\\1&2&a&0\\1&4&a^2&0\\1&2&1&a-1\end{array}\right)\to\left(\begin{array}{ccc:c}1&1&1&0\\0&1&a-1&0\\0&3&a^2-1&0\\0&1&0&a-1\end{array}\right)$$

$$\to\left(\begin{array}{ccc:c}1&1&1&0\\0&1&a-1&0\\0&0&(a-1)(a-2)&0\\0&0&-(a-1)&a-1\end{array}\right)\to\left(\begin{array}{ccc:c}1&1&1&0\\0&1&0&a-1\\0&0&0&(a-1)(a-2)\\0&0&-(a-1)&a-1\end{array}\right)$$

由于式⑧有解,所以 $\mathrm{r}(\overline{\boldsymbol{A}})=\mathrm{r}(\boldsymbol{A})$($\boldsymbol{A}$ 是式⑧的系数矩阵),从而 $(a-1)(a-2)=0$,即 $a=1,2$.

当 $a=1$ 时,式⑧与方程组

$$\begin{cases}x_1+x_2+x_3=0\\x_2=0\end{cases}$$

同解,它的解即式①,②的公共解为 $x_1=C,x_2=0,x_3=-C$(C 是任意常数).

当 $a=2$ 时,式⑧与方程组

$$\begin{cases}x_1+x_2+x_3=0\\x_2=1\\-x_3=1\end{cases}$$

同解,它的解即式①,②的公共解为 $x_1=0,x_2=1,x_3=-1$.

题 8 (2005①②)已知 3 阶矩阵 $\boldsymbol{A}$ 的第一行是 (a,b,c),a,b,c 不全为零,矩阵 $\boldsymbol{B}=\begin{pmatrix}1&2&3\\2&4&6\\3&6&k\end{pmatrix}$($k$ 为常数),且 $\boldsymbol{AB}=\boldsymbol{O}$,求线性方程组 $\boldsymbol{Ax}=\boldsymbol{0}$ 的通解.

解 由 $\boldsymbol{AB}=\boldsymbol{O}$,知 $\mathrm{r}(\boldsymbol{A})+\mathrm{r}(\boldsymbol{B})\leqslant 3$,此外 $\boldsymbol{A}\neq\boldsymbol{0},\boldsymbol{B}\neq\boldsymbol{0}$,所以

$$1\leqslant\mathrm{r}(\boldsymbol{A})\leqslant 2,\quad 1\leqslant\mathrm{r}(\boldsymbol{B})\leqslant 2$$

(1)当 $\mathrm{r}(\boldsymbol{A})=2$ 时,由 $\boldsymbol{AB}=\boldsymbol{O}$,知线性方程组 $\boldsymbol{Ax}=\boldsymbol{0}$ 的基础解系为 $(1,2,3)^{\mathrm{T}}$,从而通解为 $\boldsymbol{x}=t(1,2,3)^{\mathrm{T}}$($t$ 是任意常数).

(2)当 $\mathrm{r}(\boldsymbol{A})=1$ 时,又分如下两种情况.

如果 $k\neq 9$,则由 $\boldsymbol{AB}=\boldsymbol{O}$,知线性方程组 $\boldsymbol{Ax}=\boldsymbol{0}$ 有基础解系,$\boldsymbol{\alpha}_1=(1,2,3)^{\mathrm{T}}$,$\boldsymbol{\alpha}_2=(3,6,k)^{\mathrm{T}}$,从而通解为 $\boldsymbol{x}=t_1\boldsymbol{\alpha}_1+t_2\boldsymbol{\alpha}_2$($t_1,t_2$ 是任意常数).

如果 $k=9$,显然 $\boldsymbol{\alpha}_1=(1,2,3)^{\mathrm{T}}$ 是线性方程组 $\boldsymbol{Ax}=\boldsymbol{0}$ 的解.此外由于线性方程组 $\boldsymbol{Ax}=\boldsymbol{0}$ 与方程 $ax_1+bx_2+cx_3=0$ 同解,设 $a\neq 0$,则有与 $\boldsymbol{\alpha}_1$ 线性无关的解向量 $\boldsymbol{\beta}=\left(-\dfrac{b}{a},1,0\right)^{\mathrm{T}}$,从而线性方程组 $\boldsymbol{Ax}=\boldsymbol{0}$ 的通解为 $\boldsymbol{x}=p_1\boldsymbol{\alpha}_1+p_2\boldsymbol{\beta}$($p_1,p_2$ 是任意常数).

题 9 (2008①②④)设 n 元线性方程组 $\boldsymbol{Ax}=\boldsymbol{b}$,其中矩阵

$$\boldsymbol{A}=\begin{pmatrix}2a&1&\cdots&0&0\\a^2&2a&\cdots&0&0\\\vdots&\vdots&&\vdots&\vdots\\0&0&\cdots&2a&1\\0&0&\cdots&a^2&2a\end{pmatrix}_{n\times n},\quad \boldsymbol{x}=(x_1,x_2,\cdots,x_n)^{\mathrm{T}},\quad \boldsymbol{b}=(1,0,\cdots,0)$$

(1)证明行列式 $|\boldsymbol{A}|=(n+1)a^n$;(2)当 a 为何值时,该方程组有唯一解,并求 x_1;(3)当 a 为何值时,该方程组有无穷多解,并求通解.

证　(1)可知

$$D_n=|\boldsymbol{A}|=\begin{vmatrix}2a & 1 & \cdots & 0 & 0\\ a^2 & 2a & \cdots & 0 & 0\\ \vdots & \vdots & & \vdots & \vdots\\ 0 & 0 & \cdots & 2a & 1\\ 0 & 0 & \cdots & a^2 & 2a\end{vmatrix}=2aD_{n-1}-a^2D_{n-2}$$

现用数学归纳法证明.

$n=2$ 时，$D_2=\begin{vmatrix}2a & 1\\ a^2 & 2a\end{vmatrix}=3a^2=(2+1)a^2$.

假设 $n\leqslant k$ 时，$D_k=(k+1)a^k$，则 $n=k+1$ 时，有

$$D_{k+1}=2aD_k-a^2D_{k-1}=2a(k+1)a^k-a^2ka^{k-1}=(k+2)a^{k+1}$$

综上可得，$|\boldsymbol{A}|=(n+1)a^n$.

(2)$|\boldsymbol{A}|=(n+1)a^n\neq 0$，即 $a\neq 0$ 时，方程组有唯一解. 设将 $\boldsymbol{A}$ 的第 1 列用 b 替换后所得矩阵为 $\boldsymbol{A}_1$，根据克莱姆法则可得

$$x_1=\frac{|\boldsymbol{A}_1|}{|\boldsymbol{A}|}=\frac{D_{n-1}}{(n+1)a^n}=\frac{na^{n-1}}{(n+1)a^n}=\frac{n}{(n+1)a}$$

(3)当 $a=0$ 时，方程组有无穷多解. 此时

$$\boldsymbol{A}=\begin{pmatrix}0 & 1 & \cdots & 0 & 0\\ 0 & 0 & \cdots & 0 & 0\\ \vdots & \vdots & & \vdots & \vdots\\ 0 & 0 & \cdots & 0 & 1\\ 0 & 0 & \cdots & 0 & 0\end{pmatrix}_{n\times n}$$

则 $\boldsymbol{Ax}=\boldsymbol{0}$ 的同解方程组为

$$\begin{cases}x_2=0\\ x_3=0\\ \quad\vdots\\ x_n=0\end{cases}$$

易求得 $\boldsymbol{Ax}=\boldsymbol{0}$ 的基础解系为$(1,0,\cdots,0)^{\mathrm{T}}$.

因为 $\boldsymbol{A}\begin{pmatrix}0\\ 1\\ \vdots\\ 0\end{pmatrix}=\begin{pmatrix}0 & 1 & \cdots & 0 & 0\\ 0 & 0 & \cdots & 0 & 0\\ \vdots & \vdots & & \vdots & \vdots\\ 0 & 0 & \cdots & 0 & 1\\ 0 & 0 & \cdots & 0 & 0\end{pmatrix}_{n\times n}\begin{pmatrix}0\\ 1\\ \vdots\\ 0\end{pmatrix}=\begin{pmatrix}1\\ 0\\ \vdots\\ 0\end{pmatrix}$，所以 $\begin{pmatrix}0\\ 1\\ \vdots\\ 0\end{pmatrix}$ 是 $\boldsymbol{Ax}=\boldsymbol{b}$ 的特解.

从而 $\boldsymbol{Ax}=\boldsymbol{b}$ 的通解为 $\boldsymbol{x}=k(1,0,\cdots,0)^{\mathrm{T}}+(0,1,\cdots,0)^{\mathrm{T}}$，其中 k 为任意常数.

(2)含 2 个参数的问题

下面的问题中方程组里有 2 个参数，解之时需同时讨论它们.

题 1　(2006①②)已知非齐次线性方程组$\begin{cases}x_1+x_2+x_3+x_4=-1\\ 4x_1+3x_2+5x_3-x_4=-1\\ ax_1+x_2+3x_3+bx_4=1\end{cases}$有 3 个线性无关的解.

(1)证明方程组的系数矩阵 $\boldsymbol{A}$ 的秩 $\mathrm{r}(\boldsymbol{A})=2$；(2)求 a,b 的值及方程组的通解.

证　(1)容易看到 $\mathrm{r}(\boldsymbol{A})\geqslant 2$. 此外，由于所给的非齐次线性方程组有 3 个线性无关的解，记为 $\boldsymbol{\alpha}_1,\boldsymbol{\alpha}_2,\boldsymbol{\alpha}_3$，则 $\boldsymbol{\alpha}_1-\boldsymbol{\alpha}_2,\boldsymbol{\alpha}_1-\boldsymbol{\alpha}_3$ 是对应的导出组的解，并且它们线性无关(事实上，如果有数 k_1,k_2 使得 $k_1(\boldsymbol{\alpha}_1-$

$\boldsymbol{\alpha}_2)+k_2(\boldsymbol{\alpha}_1-\boldsymbol{\alpha}_3)=\mathbf{0}$,即$(k_1+k_2)\boldsymbol{\alpha}_1-k_1\boldsymbol{\alpha}_2-k_2\boldsymbol{\alpha}_3=\mathbf{0}$,则由 $\boldsymbol{\alpha}_1,\boldsymbol{\alpha}_2,\boldsymbol{\alpha}_3$ 线性无关得 $k_1=k_2=0$,即 $\boldsymbol{\alpha}_1-\boldsymbol{\alpha}_2$,$\boldsymbol{\alpha}_1-\boldsymbol{\alpha}_3$ 线性无关),由此可知导出组的基础解系中至少包含两个线性无关的解,因此 $r(\mathbf{A})\leqslant 2$,所以

$$r(\mathbf{A})=2$$

(2)对 $\mathbf{A}$ 施行初等行变换

$$\mathbf{A}=\begin{pmatrix}1&1&1&1\\4&3&5&-1\\a&1&3&b\end{pmatrix}\rightarrow\begin{pmatrix}1&1&1&1\\0&-1&1&-5\\0&1-a&3-a&b-a\end{pmatrix}\rightarrow\begin{pmatrix}1&1&1&1\\0&-1&1&-5\\0&0&4-2a&-5+4a+b\end{pmatrix}$$

由 $r(\mathbf{A})=2$,得$\begin{cases}4-2a=0\\-5+4a+b=0\end{cases}$,解此方程组得 $a=2,b=-3$.

对所给非齐次线性方程组的增广矩阵 $\overline{\mathbf{A}}$ 施行初等行变换得

$$\overline{\mathbf{A}}=\left(\begin{array}{cccc:c}1&1&1&1&-1\\4&3&5&-1&-1\\2&1&3&-3&1\end{array}\right)\rightarrow\left(\begin{array}{cccc:c}1&1&1&1&-1\\0&-1&1&-5&3\\2&1&3&-3&1\end{array}\right)\rightarrow\left(\begin{array}{cccc:c}1&1&1&1&-1\\0&-1&1&-5&3\\0&-1&1&-5&3\end{array}\right)$$

$$\rightarrow\left(\begin{array}{cccc:c}1&1&1&1&-1\\0&-1&1&-5&3\\0&0&0&0&0\end{array}\right)\rightarrow\left(\begin{array}{cccc:c}1&0&2&-4&-2\\0&1&-1&5&-3\\0&0&0&0&0\end{array}\right)$$

由此可知,导出组有基础解系$(-2,1,1,0)^{\mathrm{T}}$,$(4,-5,0,1)^{\mathrm{T}}$.

此外,非齐次线性方程组有特解$(2,-3,0,0)^{\mathrm{T}}$,所以通解为

$$(x_1,x_2,x_3,x_4)^{\mathrm{T}}=C_1(-2,1,1,0)^{\mathrm{T}}+C_2(4,-5,0,1)^{\mathrm{T}}+(2,-3,0,0)^{\mathrm{T}}$$

其中 C_1,C_2 是任意常数.

题 2 (1996④)已知线性方程组

$$\begin{cases}x_1+x_2-2x_3+3x_4=0\\2x_1+x_2-6x_3+4x_4=-1\\3x_1+2x_2+px_3+7x_4=-1\\x_1-x_2-6x_3-x_4=t\end{cases}$$

讨论参数 p,t 取何值时,方程组有解、无解;当有解时,试用其导出组的基础解系表示通解.

解 对方程组的增广矩阵 $\overline{\mathbf{A}}=(\mathbf{A}\vdots\boldsymbol{b})$作初等行变换,使之成为阶梯形

$$\overline{\mathbf{A}}=(\mathbf{A}\vdots\boldsymbol{b})=\left(\begin{array}{cccc:c}1&1&-2&3&0\\2&1&-6&4&-1\\3&2&p&7&-1\\1&-1&-6&-1&t\end{array}\right)\rightarrow\left(\begin{array}{cccc:c}1&1&-2&3&0\\0&1&2&2&1\\0&0&p+8&0&0\\0&0&0&0&t+2\end{array}\right)\quad(*)$$

(1)当 $t\neq-2$ 时,对于任意 p,有 $r(\mathbf{A})\neq r(\overline{\mathbf{A}})$,方程组无解.

(2)当 $t=-2$ 时,$r(\mathbf{A})=r(\overline{\mathbf{A}})$,方程组有解,又分如下两种情况.

①当 $p\neq-8$ 时,$r(\mathbf{A})=r(\overline{\mathbf{A}})=3<4$,继续对矩阵$(*)$作初等行变换

$$\overline{\mathbf{A}}\rightarrow\left(\begin{array}{cccc:c}1&0&-4&1&-1\\0&1&2&2&1\\3&0&p+8&0&0\\3&0&0&0&0\end{array}\right)\rightarrow\left(\begin{array}{cccc:c}1&0&0&1&-1\\0&1&0&2&1\\0&0&1&0&0\\0&0&0&0&0\end{array}\right)$$

原方程组的同解方程组为

$$\begin{cases}x_1=-x_4-1\\x_2=-2x_4+1\\x_3=0\end{cases}$$

令 $x_4=k$(k 为任意常数),得原方程组的通解为

$$(x_1,x_2,x_3,x_4)=k(-1,-2,0,1)+(-1,1,0,0)$$

②当 $p=-8$ 时,$r(\boldsymbol{A})=r(\bar{\boldsymbol{A}})=2<4$,继续对矩阵(*)作初等行变换

$$\bar{\boldsymbol{A}}\to\left(\begin{array}{cccc:c}1&0&-4&1&-1\\0&1&2&2&1\\0&0&0&0&0\\0&0&0&0&0\end{array}\right)$$

原方程组的同解方程组为

$$\begin{cases}x_1=4x_3-x_4-1\\x_2=-2x_3-2x_4+1\end{cases}$$

令 $x_3=k_1,x_4=k_2$(k_1,k_2 为任意常数),原方程组的通解为

$$(x_1,x_2,x_3,x_4)=k_1(4,-2,1,0)+k_2(-1,-2,0,1)+(-1,1,0,0)$$

注 下面的诸问题解法与例无异:

1.(1999④)已知线性方程组

$$\begin{cases}x_1+x_2+x_3=0\\ax_1+bx_2+cx_3=0\\a^2x_1+b^2x_2+c^2x_3=0\end{cases}$$

(1)a,b,c 满足何种关系时,方程组仅有零解?

(2)a,b,c 满足何种关系时,方程组有无穷多组解?并用基础解系表示全部解.

解:系数行列式

$$D=\begin{vmatrix}1&1&1\\a&b&c\\a^2&b^2&c^2\end{vmatrix}\xrightarrow[\text{第 3 列减第 1 列}]{\text{第 2 列减第 1 列}}\begin{vmatrix}1&0&0\\a&b-a&c-a\\a^2&b^2-a^2&c^2-a^2\end{vmatrix}=(a-b)(b-c)(c-a)$$

(1)当 $a\neq b,b\neq c,c\neq a$ 时,$D\neq0$,方程组仅有零解.

(2)a 与 b,b 与 c,c 与 a 之间相等与不等的关系还分 4 种情况,并且都有无穷多解.

①当 $a=b\neq c$ 时,同解方程组为 $\begin{cases}x_1+x_2+x_3=0\\x_3=0\end{cases}$,可化为 $\begin{cases}x_1=-x_2\\x_3=0\end{cases}$.

令 $x_2=k_1$(k_1 为任意常数),方程组的全部解为 $k_1(-1,1,0)^{\mathrm{T}}$.

②当 $a=c\neq b$ 时,同解方程组为 $\begin{cases}x_1+x_2+x_3=0\\x_2=0\end{cases}$,可化为 $\begin{cases}x_1=-x_3\\x_2=0\end{cases}$.

令 $x_3=k_2$(k_2 为任意常数),方程组的全部解为 $k_2(-1,0,1)^{\mathrm{T}}$.

③当 $b=c\neq a$ 时,同解方程组为 $\begin{cases}x_1+x_2+x_3=0\\x_1=0\end{cases}$,可化为 $\begin{cases}x_1=0\\x_2=-x_3\end{cases}$.

令 $x_3=k_3$(k_3 为任意常数),方程组的全部解为 $k_3(0,-1,1)^{\mathrm{T}}$.

④当 $a=b=c$ 时,同解方程组为 $x_1+x_2+x_3=0$,即 $x_1=-x_2-x_3$.

令 $x_2=k_4,x_3=k_5$(k_4 和 k_5 皆为任意常数),方程组的全部解为 $k_4(-1,1,0)^{\mathrm{T}}+k_5(-1,0,1)^{\mathrm{T}}$.

2.(1994③)设线性方程组

$$\begin{cases}x_1+a_1x_2+a_1^2x_3=a_1^3\\x_1+a_2x_2+a_2^2x_3=a_2^3\\x_1+a_3x_2+a_3^2x_3=a_3^3\\x_1+a_4x_2+a_4^2x_3=a_4^3\end{cases}$$

(1)证明:若 a_1,a_2,a_3,a_4 两两不相等,则此线性方程组无解;

(2)设 $a_1=a_3=k,a_2=a_4=-k(k\neq0)$,且已知 $\boldsymbol{\beta}_1,\boldsymbol{\beta}_2$ 是该方程组的两个解,其中

$$\boldsymbol{\beta}_1=(-1,1,1)^{\mathrm{T}},\quad \boldsymbol{\beta}_2=(1,1,-1)^{\mathrm{T}}$$

写出此方程组的通解.

证:(1)方程组的增广矩阵 $\overline{\boldsymbol{A}}=(\boldsymbol{A}\vdots\boldsymbol{b})$ 的行列式是范德蒙行列式,即

$$|\overline{\boldsymbol{A}}|=\begin{vmatrix}1 & a_1 & a_1^2 & a_1^3\\ 1 & a_2 & a_2^2 & a_2^3\\ 1 & a_3 & a_3^2 & a_3^3\\ 1 & a_4 & a_4^2 & a_4^3\end{vmatrix}=\prod_{1\leqslant j<i\leqslant n}(a_i-a_j)$$

$$=(a_4-a_3)(a_4-a_2)(a_4-a_1)(a_3-a_2)(a_3-a_1)(a_2-a_1)$$

当 a_1,a_2,a_3,a_4 两两不相等时,$|\overline{\boldsymbol{A}}|\neq0$,$\mathrm{r}(\overline{\boldsymbol{A}})=4$.

而 $\mathrm{r}(\boldsymbol{A})\leqslant3$. 因此 $\mathrm{r}(\overline{\boldsymbol{A}})\neq\mathrm{r}(\boldsymbol{A})$,方程组无解.

(2)当 $a_1=a_3=k,a_2=a_4=-k(k\neq0)$ 时,方程组为

$$\begin{cases}x_1+kx_2+k^2x_3=k^3\\ x_1-kx_2+k^2x_3=-k^3\\ x_1+kx_2+k^2x_3=k^3\\ x_1-kx_2+k^2x_3=-k^3\end{cases}$$

即

$$\begin{cases}x_1+kx_2+k^2x_3=k^3\\ x_1-kx_2+k^2x_3=-k^3\end{cases}$$

因为 $\begin{vmatrix}1 & k\\ 1 & -k\end{vmatrix}=-2k\neq0$,所以 $\mathrm{r}(\overline{\boldsymbol{A}})=\mathrm{r}(\boldsymbol{A})=2<3$,方程组有无穷多解,且其对应的导出方程组(齐次方程组)的基础解系应含有 $3-2=1$(个)解向量,根据线性方程组的性质,这个解向量可求如

$$\boldsymbol{\xi}=\boldsymbol{\beta}_1-\boldsymbol{\beta}_2=(1,1,-1)^{\mathrm{T}}-(-1,1,1)^{\mathrm{T}}=(2,0,-2)^{\mathrm{T}}$$

于是方程组的通解为

$$(x_1,x_2,x_3)^{\mathrm{T}}=\boldsymbol{\beta}_1+c\boldsymbol{\xi}=(-1,1,1)^{\mathrm{T}}+c(2,0,-2)^{\mathrm{T}}$$

这里 c 为任意常数.

3.(1988③④)已知线性方程组

$$\begin{cases}x_1+x_2+2x_3+3x_4=1\\ x_1+3x_2+6x_3+x_4=3\\ 3x_1-x_2-k_1x_3+15x_4=3\\ x_1-5x_2-10x_3+12x_4=k_2\end{cases}$$

当 k_1,k_2 各取何值时,方程组无解、有唯一解、有无穷多组解?在方程组有无穷多组解的情况下,试求出一般解.

解:方程组的增广矩阵经行初等变换可化为

$$\overline{\boldsymbol{A}}\rightarrow\left(\begin{array}{cccc:c}1 & 1 & 2 & 3 & 0\\ & 1 & 2 & -1 & 1\\ & & -k_1+2 & 2 & 4\\ & & & 3 & k_2+5\end{array}\right)$$

(1)当 $k_1\neq2$ 时,$\mathrm{r}(\boldsymbol{A})=\mathrm{r}(\overline{\boldsymbol{A}})=4$,方程组有唯一解.

(2)当 $k_1=2$ 时,增广矩阵可继续行初等变换化为

$$\overline{A}\to\begin{pmatrix}1&1&2&3&\vdots&0\\ &1&2&-1&\vdots&1\\ &&0&1&\vdots&2\\ &&&0&\vdots&k_2-1\end{pmatrix}$$

若 $k_2\neq1$，则 $r(A)=3$，$r(\overline{A})=4$，方程组无解.

(3) $k_1=2$，且 $k_2=1$ 时，此时 $r(A)=r(\overline{A})=3<4$，方程组有无穷多组解，此时 $\overline{A}$ 可化为

$$\overline{A}\to\begin{pmatrix}1&0&0&0&\vdots&-8\\ &1&2&0&\vdots&3\\ &&0&1&\vdots&2\\ &&&0&\vdots&0\end{pmatrix}$$

故此时方程组的通解为 $\boldsymbol{x}=(-8,3-2k,k,2)$，其中 $k\in\mathbf{R}$.

题 3　(1990③④)已知线性方程组

$$\begin{cases}x_1+x_2+x_3+x_4+x_5=a\\ 3x_1+2x_2+x_3+x_4-3x_5=0\\ x_2+2x_3+2x_4+6x_5=b\\ 5x_1+4x_2+3x_3+3x_4-x_5=2\end{cases}$$

(1) a,b 为何值时，方程组有解？

(2)方程组有解时，求出方程组的导出组的一个基础解系.

(3)方程组有解时，求出方程组的全部解.

解　对方程组的增广矩阵 $\overline{A}=(A\vdots b)$ 作行初等变换，可有

$$\overline{A}=\begin{pmatrix}1&1&1&1&1&\vdots&a\\ 3&2&1&1&-3&\vdots&0\\ 0&1&2&2&6&\vdots&b\\ 5&4&3&3&-1&\vdots&2\end{pmatrix}\to\begin{pmatrix}1&0&-1&-1&-5&\vdots&-2a\\ 0&1&2&2&6&\vdots&3a\\ 0&0&0&0&0&\vdots&b-3a\\ 0&0&0&0&0&\vdots&2-2a\end{pmatrix}$$

(1)当 $b-3a=0$ 与 $2-2a=0$ 时，即当 $a=1$ 与 $b=3$ 时，$r(A)=r(B)=2$，方程组有解.

(2)当 $a=1$，且 $b=3$ 时，原方程组的同解方程组为

$$\begin{cases}x_1=x_3+x_4+5x_5-2\\ x_2=-2x_3-2x_4-6x_5+3\end{cases}\qquad(*)$$

它的导出组的基础解系，可令 $\begin{pmatrix}x_3\\x_4\\x_5\end{pmatrix}$ 依次等于 $\begin{pmatrix}1\\0\\0\end{pmatrix}$，$\begin{pmatrix}0\\1\\0\end{pmatrix}$，$\begin{pmatrix}0\\0\\1\end{pmatrix}$，得

$$\boldsymbol{\beta}_1=\begin{pmatrix}1\\-2\\1\\0\\0\end{pmatrix},\quad\boldsymbol{\beta}_2=\begin{pmatrix}1\\-2\\0\\1\\0\end{pmatrix},\quad\boldsymbol{\beta}_3=\begin{pmatrix}5\\-6\\0\\0\\1\end{pmatrix}$$

(3)在方程组(*)中，令 $x_3=k_1$，$x_4=k_2$，$x_5=k_3$，可得原方程组的全部解

$$\boldsymbol{x}=k_1\begin{pmatrix}1\\-2\\1\\0\\0\end{pmatrix}+k_2\begin{pmatrix}1\\-2\\0\\1\\0\end{pmatrix}+k_3\begin{pmatrix}5\\-6\\0\\0\\1\end{pmatrix}+\begin{pmatrix}-2\\3\\0\\0\\0\end{pmatrix}$$

题 4 (1987①)a,b 为何值时,线性方程组

$$\begin{cases}x_1+x_2+x_3+x_4=0\\ x_2+2x_3+2x_4=1\\ -x_2+(a-3)x_3-2x_4=b\\ 3x_1+2x_2+x_3+ax_4=-1\end{cases}$$

有唯一解、无解、有无穷多组解?并求出有无穷多组解时的通解.

解 对方程组的增广矩阵 $\overline{\mathbf{A}}=(\mathbf{A}\vdots\mathbf{b})$ 作初等行变换,使之成为阶梯形

$$\overline{\mathbf{A}}=\left(\begin{array}{cccc:c}1&1&1&1&0\\0&1&2&2&1\\0&-1&a-3&-2&b\\3&2&1&a&-1\end{array}\right)\to\left(\begin{array}{cccc:c}1&1&1&1&0\\0&1&2&2&1\\0&0&a-1&0&b+1\\0&0&0&a-1&0\end{array}\right)\qquad(*)$$

(1)当 $a\neq1$ 时,$\mathrm{r}(\mathbf{A})=\mathrm{r}(\overline{\mathbf{A}})=4$(未知量的个数),方程组有唯一解.

(2)当 $a=1$ 与 $b\neq-1$ 时,由式(*)知,$\mathrm{r}(\mathbf{A})=2\neq\mathrm{r}(\overline{\mathbf{A}})=3$,方程组无解.

(3)当 $a=1$ 与 $b=-1$ 时,$\mathrm{r}(\mathbf{A})=\mathrm{r}(\overline{\mathbf{A}})=2<4$,方程组有无穷多组解.把式(*)中的第 2 列化为$(0,1,0,0)^{\mathrm{T}}$,得到同解方程组

$$\begin{cases}x_1=x_3+x_4-1\\ x_2=-2x_3-2x_4+1\end{cases}$$

令 $x_3=k_1,x_4=k_2$(k_1,k_2 为任意常数),则得到方程组的通解为

$$\begin{pmatrix}x_1\\x_2\\x_3\\x_4\end{pmatrix}=k_1\begin{pmatrix}1\\-2\\1\\0\end{pmatrix}+k_2\begin{pmatrix}1\\-2\\0\\1\end{pmatrix}+\begin{pmatrix}-1\\1\\0\\0\end{pmatrix}$$

题 5 (2005④)若齐次线性方程组(Ⅰ)$\begin{cases}x_1+2x_2+3x_3=0\\2x_1+3x_2+5x_3=0\\x_1+x_2+ax_3=0\end{cases}$和(Ⅱ)$\begin{cases}x_1+bx_2+cx_3=0\\2x_1+b^2x_2+(c+1)x_3=0\end{cases}$同解,求 a,b,c 的值.

解 1 由于方程组(Ⅱ)的系数矩阵的秩不超过 2,所以有非零解.从而由方程组(Ⅰ)和方程组(Ⅱ)同解,知方程组(Ⅰ)也有非零解,因此它的系数矩阵 $\mathbf{A}$ 的秩小于 3.

由于

$$\mathbf{A}=\begin{pmatrix}1&2&3\\2&3&5\\1&1&a\end{pmatrix}\xrightarrow{\text{行初等变换}}\begin{pmatrix}1&2&3\\0&-1&-1\\0&-1&a-3\end{pmatrix}$$

$$\xrightarrow{\text{行初等变换}}\begin{pmatrix}1&2&3\\0&1&1\\0&0&a-2\end{pmatrix}\xrightarrow{\text{行初等变换}}\begin{pmatrix}1&0&1\\0&1&1\\0&0&a-2\end{pmatrix}$$

因此 $a=2$.

此时方程组(Ⅰ)与方程组$\begin{cases}x_1+x_3=0\\x_2+x_3=0\end{cases}$同解,它有解

$$(x_1,x_2,x_3)^{\mathrm{T}}=(-1,-1,1)^{\mathrm{T}}$$

由方程组(Ⅰ)与方程组(Ⅱ)同解知,这个解也是方程组(Ⅱ)的解,将它代入方程组(Ⅱ)得

$$\begin{cases}-1-b+c=0\\-2-b^2+(c+1)=0\end{cases}$$

即
$$\begin{cases} b-c=-1 \\ b^2-c=-1 \end{cases}$$

解此方程组得 $b=1, c=2$ 或 $b=0, c=1$.

于是 a, b, c 可能取的值为 2,1,2 或者 2,0,1.

(1)当 $a=2, b=1, c=2$ 时,方程组(Ⅰ)的系数矩阵为 $\begin{pmatrix} 1 & 0 & 1 \\ 0 & 1 & 1 \\ 0 & 0 & 0 \end{pmatrix}$,而方程组(Ⅱ)的系数矩阵为

$$\begin{pmatrix} 1 & 1 & 2 \\ 2 & 1 & 3 \end{pmatrix} \xrightarrow{\text{行初等变换}} \begin{pmatrix} 1 & 1 & 2 \\ 0 & -1 & -1 \end{pmatrix} \xrightarrow{\text{行初等变换}} \begin{pmatrix} 1 & 0 & 1 \\ 0 & 1 & 1 \end{pmatrix}$$

所以,此时方程组(Ⅰ)与方程组(Ⅱ)同解.

(2)当 $a=2, b=0, c=1$ 时,方程组(Ⅰ)的系数矩阵为 $\begin{pmatrix} 1 & 0 & 1 \\ 0 & 1 & 1 \\ 0 & 0 & 0 \end{pmatrix}$,而方程组(Ⅱ)的系数矩阵为

$$\begin{pmatrix} 1 & 0 & 1 \\ 2 & 0 & 2 \end{pmatrix} \xrightarrow{\text{行初等变换}} \begin{pmatrix} 1 & 0 & 1 \\ 0 & 0 & 0 \end{pmatrix}$$

所以,此时方程组(Ⅰ)与方程组(Ⅱ)不同解.

综上所述,当方程组(Ⅰ)与方程组(Ⅱ)同解时,$a=2, b=1, c=2$.

解 2 由于方程组(Ⅱ)的系数矩阵的秩小于 3,因此它有非零解,从而由方程组(Ⅰ)与方程组(Ⅱ)同解,知由方程组(Ⅰ)和方程组(Ⅱ)所组成的齐次线性方程组

$$\begin{cases} x_1+2x_2+3x_3=0 \\ 2x_1+3x_2+5x_3=0 \\ x_1+x_2+ax_3=0 \\ x_1+bx_2+cx_3=0 \\ 2x_1+b^2x_2+(c+1)x_3=0 \end{cases}$$

有非零解,即它的系数矩阵 $\boldsymbol{M}$ 的秩为 2. 对于 $\boldsymbol{M}$ 施行行初等变换得

$$\boldsymbol{M}=\begin{pmatrix} 1 & 2 & 3 \\ 2 & 3 & 5 \\ 1 & 1 & a \\ 1 & b & c \\ 2 & b^2 & c+1 \end{pmatrix} \to \begin{pmatrix} 1 & 2 & 3 \\ 0 & -1 & -1 \\ 0 & -1 & a-3 \\ 0 & b-2 & c-3 \\ 0 & b^2-4 & c-5 \end{pmatrix} \to \begin{pmatrix} 1 & 0 & 1 \\ 0 & 1 & 1 \\ 0 & 0 & a-2 \\ 0 & 0 & c-b-1 \\ 0 & 0 & c-b^2-1 \end{pmatrix}$$

由于 $\mathrm{r}(\boldsymbol{M})=2$,故由上可得

$$\begin{cases} a-2=0 \\ c-b-1=0 \\ c-b^2-1=0 \end{cases}$$

解此方程组得 $a=2, b=1, c=2$,或 $a=2, b=0, c=1$.

以下同解 1 相同.

4. 向量组与线性方程组的解

题 1 (2002①②)已知 4 阶方阵 $\boldsymbol{A}=(\boldsymbol{\alpha}_1, \boldsymbol{\alpha}_2, \boldsymbol{\alpha}_3, \boldsymbol{\alpha}_4)$,这里 $\boldsymbol{\alpha}_1, \boldsymbol{\alpha}_2, \boldsymbol{\alpha}_3, \boldsymbol{\alpha}_4$ 均为 4 维列向量,其中 $\boldsymbol{\alpha}_2$, $\boldsymbol{\alpha}_3, \boldsymbol{\alpha}_4$ 线性无关,又 $\boldsymbol{\alpha}_1=2\boldsymbol{\alpha}_2-\boldsymbol{\alpha}_3$,如果 $\boldsymbol{\beta}=\boldsymbol{\alpha}_1+\boldsymbol{\alpha}_2+\boldsymbol{\alpha}_3+\boldsymbol{\alpha}_4$,求线性方程组 $\boldsymbol{Ax}=\boldsymbol{\beta}$ 的通解.

解 由题设知所求通解等于 $\boldsymbol{Ax}=\boldsymbol{0}$ 的通解与 $\boldsymbol{Ax}=\boldsymbol{\beta}$ 的一个特解之和.

设 $\boldsymbol{x}=(x_1, x_2, x_3, x_4)^{\mathrm{T}}$,则 $\boldsymbol{Ax}=\boldsymbol{0}$ 为

$$(2\boldsymbol{\alpha}_2-\boldsymbol{\alpha}_3)x_1+\boldsymbol{\alpha}_2x_2+\boldsymbol{\alpha}_3x_3+\boldsymbol{\alpha}_4x_4=\mathbf{0}$$

即
$$(2x_1+x_2)\boldsymbol{\alpha}_2+(-x_1+x_3)\boldsymbol{\alpha}_3+x_4\boldsymbol{\alpha}_4=\mathbf{0}$$

由 $\boldsymbol{\alpha}_2,\boldsymbol{\alpha}_3,\boldsymbol{\alpha}_4$ 线性无关,知

$$\begin{cases}2x_1+x_2=0\\-x_1+x_3=0\\x_4=0\end{cases}$$

其通解为

$$(x_1,x_2,x_3,x_4)^{\mathrm{T}}=k(1,-2,1,0)^{\mathrm{T}}$$

其中 k 为任意常数.

又易看出$(1,1,1,1)^{\mathrm{T}}$ 是 $\boldsymbol{Ax}=\boldsymbol{\beta}$ 的一个特解.故所求通解为

$$\boldsymbol{x}=(1,1,1,1)^{\mathrm{T}}+k(1,-2,1,0)^{\mathrm{T}}$$

其中 k 为任意常数.

题 2 (2001④)设 $\boldsymbol{\alpha}_i=(a_{i1},a_{i2},\cdots,a_{in})^{\mathrm{T}}(i=1,2,\cdots,r,r<n)$是 n 维实向量,且 $\boldsymbol{\alpha}_1,\boldsymbol{\alpha}_2,\cdots,\boldsymbol{\alpha}_r$ 线性无关.又 $\boldsymbol{\beta}=(b_1,b_2,\cdots,b_n)^{\mathrm{T}}$ 是线性方程组

$$\begin{cases}a_{11}x_1+a_{12}x_2+\cdots+a_{1n}x_n=0\\a_{21}x_1+a_{22}x_2+\cdots+a_{2n}x_n=0\\\quad\vdots\\a_{r1}x_1+a_{r2}x_2+\cdots+a_{rn}x_n=0\end{cases}\qquad ①$$

的非零解,试判断向量组 $\boldsymbol{\alpha}_1,\boldsymbol{\alpha}_2,\cdots,\boldsymbol{\alpha}_r,\boldsymbol{\beta}$ 的相关性.

解 1 今考虑若有 $k_1,k_2,\cdots,k_r$ 和 k 使

$$\sum_{i=1}^{r}k_i\boldsymbol{\alpha}_i+k\boldsymbol{\beta}=\mathbf{0}\qquad ②$$

因为 $\boldsymbol{\beta}$ 是方程组①的解,且 $\boldsymbol{\beta}\neq\mathbf{0}$,故 $\boldsymbol{\alpha}_i^{\mathrm{T}}\boldsymbol{\beta}=0$,即 $\boldsymbol{\beta}^{\mathrm{T}}\boldsymbol{\alpha}_i=0(i=1,2,\cdots,r)$.

两边左乘 $\boldsymbol{\beta}^{\mathrm{T}}$,有 $\sum\limits_{i=1}^{r}\boldsymbol{\beta}^{\mathrm{T}}k_i\boldsymbol{\alpha}_i+k\boldsymbol{\beta}^{\mathrm{T}}\boldsymbol{\beta}=0$. 从而 $k\boldsymbol{\beta}^{\mathrm{T}}\boldsymbol{\beta}=0$,又 $\boldsymbol{\beta}\neq\mathbf{0}$,知 $k=0$.

又由式②有 $\sum\limits_{i=1}^{r}k_i\boldsymbol{\alpha}_i=\mathbf{0}$,由$\{\boldsymbol{\alpha}_i\}$的线性无关性,知 $k_i=0(i=1,2,\cdots,r)$.

而再由 $\boldsymbol{\beta}\neq\mathbf{0}$,知 $k=0$. 故$\{\boldsymbol{\alpha}_1,\boldsymbol{\alpha}_2,\cdots,\boldsymbol{\alpha}_r,\boldsymbol{\beta}\}$线性无关.

解 2 设有一组数 $k_1,k_2,\cdots,k_r,k$,使得

$$k_1\boldsymbol{\alpha}_1+k_2\boldsymbol{\alpha}_2+\cdots+k_r\boldsymbol{\alpha}_r+k\boldsymbol{\beta}=\mathbf{0}\qquad ③$$

把 $\boldsymbol{\beta}=(b_1,b_2,\cdots,b_n)^{\mathrm{T}}$ 代入方程组①中,并用向量形式可表示为

$$\boldsymbol{\alpha}_i^{\mathrm{T}}\boldsymbol{\beta}=0\quad(i=1,2,\cdots,r)\qquad ④$$

在式③两边左乘 $\boldsymbol{\beta}^{\mathrm{T}}$ 得

$$k_1\boldsymbol{\beta}^{\mathrm{T}}\boldsymbol{\alpha}_1+k_2\boldsymbol{\beta}^{\mathrm{T}}\boldsymbol{\alpha}_2+\cdots+k_r\boldsymbol{\beta}^{\mathrm{T}}\boldsymbol{\alpha}_r+k\boldsymbol{\beta}^{\mathrm{T}}\boldsymbol{\beta}=0\qquad ⑤$$

由式④和式⑤得 $k\boldsymbol{\beta}^{\mathrm{T}}\boldsymbol{\beta}=0$,但 $\boldsymbol{\beta}^{\mathrm{T}}\boldsymbol{\beta}\neq0$,故 $k=0$.

于是式③变为 $k_1\boldsymbol{\alpha}_1+k_2\boldsymbol{\alpha}_2+\cdots+k_r\boldsymbol{\alpha}_r=\mathbf{0}$. 由于向量组 $\boldsymbol{\alpha}_1,\boldsymbol{\alpha}_2,\cdots,\boldsymbol{\alpha}_n$ 线性无关,所以 $k_1=k_2=\cdots=k_r=0$,因此,向量组 $\boldsymbol{\alpha}_1,\boldsymbol{\alpha}_2,\cdots,\boldsymbol{\alpha}_r,\boldsymbol{\beta}$ 线性无关.

题 3 (1998①)若 $\boldsymbol{A}\in\mathbf{R}^{n\times n}$,且 $\boldsymbol{A}^k\boldsymbol{x}=\mathbf{0}(k\in\mathbf{Z}^+)$有解向量 $\boldsymbol{\alpha}$,但 $\boldsymbol{A}^{k-1}\boldsymbol{\alpha}\neq\mathbf{0}$. 证明向量组$\{\boldsymbol{\alpha}_1,\boldsymbol{A\alpha}_1,\cdots,\boldsymbol{A}^{k-1}\boldsymbol{\alpha}\}$线性无关.

证 若有 λ_i 使

$$\sum_{i=1}^{k}\lambda_i\boldsymbol{A}^{i-1}\boldsymbol{\alpha}=\mathbf{0}\ (这里规定\ \boldsymbol{A}^0=\boldsymbol{I})\qquad (*)$$

又 $\boldsymbol{A}^k\boldsymbol{\alpha}=\mathbf{0}$,但 $\boldsymbol{A}^{k-1}\boldsymbol{\alpha}\neq\mathbf{0}$,知 $\boldsymbol{A}^{k+l}\boldsymbol{\alpha}=\mathbf{0}\ (l=1,2,\cdots,n)$.

将式(*)两端同乘 $\boldsymbol{A}^{k-1}$,且注意上面的结论有 $\lambda_1\boldsymbol{A}^{k-1}\boldsymbol{\alpha}=\mathbf{0}$,由 $\boldsymbol{A}^{k-1}\boldsymbol{\alpha}\neq\mathbf{0}$,知 $\lambda_1=0$.

类似地,将式(*)两端依次乘 $\boldsymbol{A}^{k-2},\boldsymbol{A}^{k-3},\cdots,\boldsymbol{A}$,可分别得到

$$\lambda_2=\lambda_3=\cdots=\lambda_k=0$$

从而$\{\boldsymbol{\alpha},\boldsymbol{A\alpha},\boldsymbol{A}^2\boldsymbol{\alpha},\cdots,\boldsymbol{A}^{k-1}\boldsymbol{\alpha}\}$线性无关.

题 4 (1996③)若 $\boldsymbol{\alpha}_i\in\mathbf{R}^n\ (i=1,2,\cdots,t)$是方程组 $\boldsymbol{Ax}=\mathbf{0}$的基础解系,又 $\boldsymbol{A\beta}\neq\mathbf{0}$,则向量组$\{\boldsymbol{\beta},\boldsymbol{\beta}+\boldsymbol{\alpha}_1,\boldsymbol{\beta}+\boldsymbol{\alpha}_2,\cdots,\boldsymbol{\beta}+\boldsymbol{\alpha}_t\}$线性无关.

证 1 反证法.若不然,设$\{\boldsymbol{\beta},\boldsymbol{\beta}+\boldsymbol{\alpha}_1,\cdots,\boldsymbol{\beta}+\boldsymbol{\alpha}_t\}$线性相关,可有向量组$\{\boldsymbol{\beta},\boldsymbol{\alpha}_1,\boldsymbol{\alpha}_2,\cdots,\boldsymbol{\alpha}_t\}$亦线性相关.

但$\{\boldsymbol{\alpha}_1,\boldsymbol{\alpha}_2,\cdots,\boldsymbol{\alpha}_t\}$线性无关,从而 $\boldsymbol{\beta}\leftarrow\{\boldsymbol{\alpha}_1,\boldsymbol{\alpha}_2,\cdots,\boldsymbol{\alpha}_t\}$.设 $\boldsymbol{\beta}=\sum_{i=1}^{t}k_i\boldsymbol{\alpha}_i$,则 $\boldsymbol{A\beta}=\sum_{i=1}^{t}k_i\boldsymbol{A\alpha}_i=\mathbf{0}$ 与题设矛盾! 故$\{\boldsymbol{\beta},\boldsymbol{\beta}+\boldsymbol{\alpha}_1,\cdots,\boldsymbol{\beta}+\boldsymbol{\alpha}_t\}$线性无关.

证 2 若有 k 及 k_i 使 $k\boldsymbol{\beta}+\sum_{i=1}^{t}k_i(\boldsymbol{\beta}+\boldsymbol{\alpha}_i)=\mathbf{0}$,即

$$\left(k+\sum_{i=1}^{t}k_i\right)\boldsymbol{\beta}=-\sum_{i=1}^{t}k_i\boldsymbol{\alpha}_i \qquad ①$$

两边左乘 $\boldsymbol{A}$,有

$$\left(k+\sum_{i=1}^{t}k_i\right)\boldsymbol{A\beta}=-\sum_{i=1}^{t}k_i(\boldsymbol{A\alpha}_i) \qquad ②$$

又由式 ① 知 $\sum_{i=1}^{t}k_i\boldsymbol{\alpha}_i=\mathbf{0}$,但$\{\boldsymbol{\alpha}_i\}$是基础解系,故它们线性无关,从而$k_1=k_2=\cdots=k_t=0$,由式②知 $k=0$.

故$\{\boldsymbol{\beta},\boldsymbol{\beta}+\boldsymbol{\alpha}_1,\cdots,\boldsymbol{\beta}+\boldsymbol{\alpha}_t\}$线性无关.

题 5 (1997①)若 $\boldsymbol{\alpha}_1=(1,1,2,3)^{\mathrm{T}},\boldsymbol{\alpha}_2=(-1,1,4,-1)^{\mathrm{T}},\boldsymbol{\alpha}_3=(5,-1,-8,9)^{\mathrm{T}}$ 是方程组 $\boldsymbol{Bx}=\mathbf{0}$的解向量,这里 $\boldsymbol{B}\in\mathbf{R}^{5\times4}$,且 $\mathrm{r}(\boldsymbol{B})=2$.求 $\boldsymbol{Bx}=\mathbf{0}$解空间的一个标准正交基.

解 由题设 $\mathrm{r}(\boldsymbol{B})=2$,又变元个数为 4,则方程组解空间的维数是 2.

容易验证 $\boldsymbol{\alpha}_1,\boldsymbol{\alpha}_2$ 线性无关,故它们可以是 $\boldsymbol{Bx}=\mathbf{0}$解空间上的一个基,将基正交化(施密特正交化)

$$\boldsymbol{\beta}_1=\boldsymbol{\alpha}_1=(1,1,2,3)^{\mathrm{T}},\quad \boldsymbol{\beta}_2=\boldsymbol{\alpha}_2-\frac{(\boldsymbol{\alpha}_2,\boldsymbol{\beta}_1)}{(\boldsymbol{\beta}_1,\boldsymbol{\beta}_1)}\boldsymbol{\beta}_1=\left(-\frac{4}{3},\frac{2}{3},\frac{10}{3},-2\right)^{\mathrm{T}}$$

再将它们单位(标准)化(或归一化)

$$\boldsymbol{\eta}_1=\frac{\boldsymbol{\beta}_1}{\|\boldsymbol{\beta}_1\|}=\frac{1}{\sqrt{15}}(1,1,2,3)^{\mathrm{T}},\quad \boldsymbol{\eta}_2=\frac{\boldsymbol{\beta}_2}{\|\boldsymbol{\beta}_2\|}=\frac{1}{\sqrt{39}}(-2,1,5,3)^{\mathrm{T}}$$

题 6 (2001①)若$\{\boldsymbol{\alpha}_i\}\ (i=1,2,\cdots,s)$是方程组 $\boldsymbol{Ax}=\mathbf{0}$ 的一个基础解系.又 $\boldsymbol{\beta}_1=t_1\boldsymbol{\alpha}_1+t_2\boldsymbol{\alpha}_2,\boldsymbol{\beta}_2=t_1\boldsymbol{\alpha}_2+t_2\boldsymbol{\alpha}_3,\cdots,\boldsymbol{\beta}_s=t_1\boldsymbol{\alpha}_s+t_2\boldsymbol{\alpha}_1$.试问当 t_1,t_2 满足何关系时,$\{\boldsymbol{\beta}_i\}\ (i=1,2,\cdots,s)$亦为 $\boldsymbol{Ax}=\mathbf{0}$ 的一个基础解系.

解 显然 $\boldsymbol{\beta}_i\ (i=1,2,\cdots,s)$ 是 $\boldsymbol{Ax}=\mathbf{0}$ 的解.又 $\sum_{i=1}^{s}k_i\boldsymbol{\beta}_i=\mathbf{0}$,即

$$(t_1k_1+t_2k_s)\boldsymbol{\alpha}_1+(t_2k_1+t_1k_2)\boldsymbol{\alpha}_2+\cdots+(t_2k_{s-1}+t_1k_s)\boldsymbol{\alpha}_s=\mathbf{0}$$

由于$\{\boldsymbol{\alpha}_i\}\ (i=1,2,\cdots,s)$线性无关,故

$$\boldsymbol{T}(k_1,k_2,\cdots,k_s)^{\mathrm{T}}=\begin{pmatrix}t_1&0&0&\cdots&0&t_2\\t_2&t_1&0&\cdots&0&0\\0&t_2&t_1&\cdots&0&0\\\vdots&\vdots&\vdots&&\vdots&\vdots\\0&0&0&\cdots&t_2&t_1\end{pmatrix}\begin{pmatrix}k_1\\k_2\\k_3\\\vdots\\k_s\end{pmatrix}=\mathbf{0} \qquad (*)$$

由$|\boldsymbol{T}|=t_1^s+(-1)^{s+1}t_2^s$,故

$$\begin{cases}\text{当 } s \text{ 为偶数时}, & t_1\neq\pm t_2\\ \text{当 } s \text{ 为奇数时}, & t_1\neq -t_2\end{cases}$$

这时,$|\boldsymbol{T}|\neq 0$,此时式(*)只有零解,知$\{\boldsymbol{\beta}_i\}$线性无关,从而它亦为$\boldsymbol{Ax}=\boldsymbol{0}$的一个基础解系.

注 下面的问题和解法与本题无异.

1.(1994④)若$\boldsymbol{\alpha}_1,\boldsymbol{\alpha}_2,\boldsymbol{\alpha}_3$是方程组$\boldsymbol{Ax}=\boldsymbol{0}$的一个基础解系,则$\boldsymbol{\alpha}_1+\boldsymbol{\alpha}_2,\boldsymbol{\alpha}_2+\boldsymbol{\alpha}_3,\boldsymbol{\alpha}_3+\boldsymbol{\alpha}_1$也是方程组的一个基础解系.

证:显然$\boldsymbol{\alpha}_1+\boldsymbol{\alpha}_2,\boldsymbol{\alpha}_2+\boldsymbol{\alpha}_3,\boldsymbol{\alpha}_3+\boldsymbol{\alpha}_1$是$\boldsymbol{Ax}=\boldsymbol{0}$的解(因$\boldsymbol{\alpha}_i$是$\boldsymbol{Ax}=\boldsymbol{0}$的解),关键证明$\boldsymbol{\alpha}_1+\boldsymbol{\alpha}_2,\boldsymbol{\alpha}_2+\boldsymbol{\alpha}_3,\boldsymbol{\alpha}_3+\boldsymbol{\alpha}_1$线性无关即可.若有$k_i(i=1,2,3)$使

$$k_1(\boldsymbol{\alpha}_1+\boldsymbol{\alpha}_2)+k_2(\boldsymbol{\alpha}_2+\boldsymbol{\alpha}_3)+k_3(\boldsymbol{\alpha}_3+\boldsymbol{\alpha}_1)=\boldsymbol{0}$$

即

$$(k_1+k_3)\boldsymbol{\alpha}_1+(k_1+k_2)\boldsymbol{\alpha}_2+(k_2+k_3)\boldsymbol{\alpha}_3=\boldsymbol{0}$$

由题设$\boldsymbol{\alpha}_1,\boldsymbol{\alpha}_2,\boldsymbol{\alpha}_3$线性无关,则

$$\begin{cases}k_1+k_3=0\\ k_1+k_2=0\\ k_2+k_3=0\end{cases} \tag{*}$$

而

$$D=\begin{vmatrix}1&0&1\\1&1&0\\0&1&1\end{vmatrix}\neq 0$$

知方程组(*)仅有零解,即$k_1=k_2=k_3=0$.

从而$\boldsymbol{\alpha}_1+\boldsymbol{\alpha}_2,\boldsymbol{\alpha}_2+\boldsymbol{\alpha}_3,\boldsymbol{\alpha}_3+\boldsymbol{\alpha}_1$线性无关,故它们亦是$\boldsymbol{Ax}=\boldsymbol{0}$的一个基础解系.

2.(2001②)若$\boldsymbol{\alpha}_i(i=1,2,3,4)$是$\boldsymbol{Ax}=\boldsymbol{0}$的一个基础解系.又$\boldsymbol{\beta}_1=\boldsymbol{\alpha}_1+t\boldsymbol{\alpha}_2,\boldsymbol{\beta}_2=\boldsymbol{\alpha}_2+t\boldsymbol{\alpha}_3,\boldsymbol{\beta}_3=\boldsymbol{\alpha}_3+t\boldsymbol{\alpha}_4,\boldsymbol{\beta}_4=\boldsymbol{\alpha}_4+t\boldsymbol{\alpha}_1$.讨论$t$满足什么关系时$\boldsymbol{\beta}_i(i=1,2,3,4)$也是$\boldsymbol{Ax}=\boldsymbol{0}$的一个基础解系.

解:显然$\boldsymbol{\beta}_i(i=1,2,3,4)$亦为$\boldsymbol{Ax}=\boldsymbol{0}$的解,只需使$\boldsymbol{\beta}_i$线性无关即可.由设

$$(\boldsymbol{\beta}_1,\boldsymbol{\beta}_2,\boldsymbol{\beta}_3,\boldsymbol{\beta}_4)=(\boldsymbol{\alpha}_1,\boldsymbol{\alpha}_2,\boldsymbol{\alpha}_3,\boldsymbol{\alpha}_4)\begin{pmatrix}1&0&0&t\\t&1&0&0\\0&t&1&0\\0&0&t&1\end{pmatrix}=(\boldsymbol{\alpha}_1,\boldsymbol{\alpha}_2,\boldsymbol{\alpha}_3,\boldsymbol{\alpha}_4)\boldsymbol{T}$$

由$|\boldsymbol{T}|=t^4-1$,故$t\neq\pm 1$时,$|\boldsymbol{T}|\neq 0$,知$\{\boldsymbol{\beta}_i\}(i=1,2,3,4)$是$\boldsymbol{Ax}=\boldsymbol{0}$的基础解系.

题 7 (2003①②)已知平面上3条不同直线的方程分别为

$$l_1:ax+2by+3c=0$$
$$l_2:bx+2cy+3a=0$$
$$l_3:cx+2ay+3b=0$$

试证:该3条直线交于一点的充分必要条件为$a+b+c=0$.

证1 (必要性)设3条直线l_1,l_2,l_3交于一点,则线性方程组

$$\begin{cases}ax+2by=-3c\\ bx+2cy=-3a\\ cx+2ay=-3b\end{cases} \tag{①}$$

有唯一解.

故其系数矩阵$\boldsymbol{A}=\begin{pmatrix}a&2b\\b&2c\\c&2a\end{pmatrix}$与增广矩阵$\overline{\boldsymbol{A}}=\left(\begin{array}{cc:c}a&2b&-3c\\b&2c&-3a\\c&2a&-3b\end{array}\right)$的秩均为2,于是$|\overline{\boldsymbol{A}}|=0$.即

$$|\bar{\boldsymbol{A}}|=\begin{vmatrix} a & 2b & -3c \\ b & 2c & -3a \\ c & 2a & -3b \end{vmatrix}=6(a+b+c)(a^2+b^2+c^2-ab-ac-bc)$$

$$=3(a+b+c)[(a-b)^2+(b-c)^2+(c-a)^2]$$

但依题设 $(a-b)^2+(b-c)^2+(c-a)^2\neq 0$，故 $a+b+c=0$.

（充分性）由 $a+b+c=0$，则由上证明可知 $|\bar{\boldsymbol{A}}|=0$，故 $\mathrm{r}(\bar{\boldsymbol{A}})<3$. 由

$$\begin{vmatrix} a & 2b \\ b & 2c \end{vmatrix}=2(ac-b^2)=-2[a(a+b)+b^2]=-2\left[\left(a+\frac{1}{2}b\right)^2+\frac{3}{4}b^2\right]\neq 0$$

故 $\mathrm{r}(\boldsymbol{A})=2$. 于是 $\mathrm{r}(\boldsymbol{A})=\mathrm{r}(\bar{\boldsymbol{A}})=2$.

因此方程组①有唯一解，即 3 条直线 l_1, l_2, l_3 交于一点.

证 2 （必要性）设 3 条直线交于一点 (x_0, y_0)，则 $(x_0, y_0, 1)^{\mathrm{T}}$ 为 $\boldsymbol{Ax}=\boldsymbol{0}$ 的非零解，其中

$$\boldsymbol{A}=\begin{pmatrix} a & 2b & 3c \\ b & 2c & 3a \\ c & 2a & 3b \end{pmatrix}$$

于是 $|\boldsymbol{A}|=0$. 注意到 a, b, c 互异及行列式

$$|\boldsymbol{A}|=\det\begin{pmatrix} a & 2b & 3c \\ b & 2c & 3a \\ c & 2a & 3b \end{pmatrix}=-6(a+b+c)(a^2+b^2+c^2-ab-ac-bc)$$

$$=-3(a+b+c)[(a-b)^2+(b-c)^2+(c-a)^2]$$

依题设 $(a-b)^2+(b-c)^2+(c-a)^2\neq 0$，故 $a+b+c=0$.

（充分性）考虑线性方程组

$$\begin{cases} ax+2by=-3c \\ bx+2cy=-3a \\ cx+2ay=-3b \end{cases} \quad ②$$

将方程组②的 3 个方程相加，并由 $a+b+c=0$ 可知，方程组②等价于方程组

$$\begin{cases} ax+2by=-3c \\ bx+2cy=-3a \end{cases} \quad ③$$

又

$$\begin{vmatrix} a & 2b \\ b & 2c \end{vmatrix}=2(ac-b^2)=-2[a(a+b)+b^2]=-[a^2+b^2+(a+b)^2]\neq 0$$

故方程组③有唯一解，进而方程组②有唯一解，即 3 条直线 l_1, l_2, l_3 交于一点.

注 1 本题将 3 条直线的位置关系转化为方程组的解的判定，而解的判定问题又可转化为矩阵的秩计算，进而转化为行列式的计算. 它的推广情形可见前文例的注.

注 2 本题结论又可推广为：

命题：平面上 n 条直线 $l_i: a_ix+b_iy+c_i=0\ (i=1,2,\cdots,n)$ 相交于一点 $\Longleftrightarrow \mathrm{r}(\boldsymbol{A})=\mathrm{r}(\bar{\boldsymbol{A}})=2$，其中

$$\boldsymbol{A}=\begin{pmatrix} a_1 & b_1 \\ a_2 & b_2 \\ \vdots & \vdots \\ a_n & b_n \end{pmatrix},\quad \bar{\boldsymbol{A}}=\begin{pmatrix} a_1 & b_1 & c_1 \\ a_2 & b_2 & c_2 \\ \vdots & \vdots & \vdots \\ a_n & b_n & c_n \end{pmatrix}$$

略证：（必要性）由设 $\boldsymbol{A}$ 为 $2\times n$ 矩阵，则 $\mathrm{r}(\boldsymbol{A})\leqslant 2$. 若 $\mathrm{r}(\boldsymbol{A})=\mathrm{r}(\bar{\boldsymbol{A}})=1$，方程组有无穷多组解，即直线有无穷多个公共点，不妥.

故 $\mathrm{r}(\boldsymbol{A})=\mathrm{r}(\bar{\boldsymbol{A}})=2$.

(充分性)若 $r(\boldsymbol{A})=r(\overline{\boldsymbol{A}})=2$,由克莱姆法则,方程组有唯一解,即直线有唯一交点.

国内外大学数学竞赛及水平测试题赏析

在各种数学竞赛中,涉及线性方程组的问题不多,即使有这类题目,它们也将是另一种"面孔",比如以矩阵、向量形式,或以微分方程组及其他形式等.换言之,线性方程组的问题较这类问题似乎容易些,"改头换面"为增加问题的难度与趣味.来看几个例子.

例 1 给定实数 $a_i,b_i(i=1,2,3,4)$,且 $a_1b_2-a_2b_1\neq 0$.考虑线性方程组

$$\begin{cases}a_1x_1+a_2x_2+a_3x_3+a_4x_4=0\\ b_1x_1+b_2x_2+b_3x_3+b_4x_4=0\end{cases}$$

的 $x_i(i=1,2,3,4)$全不为零的解集.每个这样的解确定一个"正、负号四重组".(1)确定不同四重组的最大可能数目,证明你的结论;(2)研究上述的四重组个数达最大时,实数 $a_i,b_i(i=1,2,3,4)$应当满足的条件.(美国 Putnam Exam,1967)

解 (1)若 x_3,x_4 为自由变元,则有

$$x_1=A_1x_3+B_1x_4,\quad x_2=A_2x_3+B_2x_4,\quad x_3=x_3,\quad x_4=x_4$$

其中 $A_1=\dfrac{a_2b_3-a_3b_2}{a_1b_2-a_2b_1}$,类似地,$A_2,B_1,B_2$ 亦可由 a_i,b_i 表示.

则$\{O;x_3,x_4\}$平面内每个点对应唯一解(x_1,x_2,x_3,x_4),而 x_1 的符号取决于(x_3,x_4)相对于直线 $A_1x_3+B_1x_4$ 的位置,即点(x_3,x_4)在此直线一侧为正,另一侧为负.

同理 x_2,x_3,x_4 的符号分别按它们在 $A_2x_3+B_2x_4=0,x_3=0,x_4=0$ 两侧情况而定.

而上述 4 条直线均过原点 O,它们至多可将平面分成 8 个区域,每个区域内的点对应直线方程全不为零的解所确定的一个"正、负号四重组",故所有不同四重组最大个数是 8 个.

(2)当且仅当 4 条直线不同时,才有最大数 8,它等价于条件

$$A_1\neq 0,\quad A_2\neq 0,\quad B_1\neq 0,\quad B_2\neq 0,\quad A_1B_2-A_2B_1\neq 0$$

它们亦可表示为 $a_ib_j-a_jb_i\neq 0,1\leqslant i<j\leqslant 4$.

下面的例子是利用线性方程组的性质,证明与矩阵相关联的问题.

例 2 若 $\boldsymbol{A}=(a_{ij})_{n\times n}$,且 $\sum\limits_{j=1}^{n}|a_{ij}|<1(i=1,2,\cdots,n)$.试证矩阵 $\boldsymbol{I}-\boldsymbol{A}$ 可逆.(美国加州大学伯克利分校博士学位水平测试题,1993)

证 只需证对任意非零向量 $\boldsymbol{x}$,方程组$(\boldsymbol{I}-\boldsymbol{A})\boldsymbol{x}\neq\boldsymbol{0}$,或$(\boldsymbol{I}-\boldsymbol{A})\boldsymbol{x}=\boldsymbol{0}$ 时,仅有 $\boldsymbol{x}=\boldsymbol{0}$ 解.

事实上,令$(\boldsymbol{I}-\boldsymbol{A})\boldsymbol{x}=\boldsymbol{y}$,且选 k 使 $|x_k|=\max\limits_{1\leqslant i\leqslant n}\{|x_i|\}$,则

$$\begin{aligned}|y_k|&=\left|x_k-\sum_{j=1}^{n}a_{kj}x_j\right|\geqslant|x_k|-\sum_{j=1}^{n}|a_{kj}||x_j|\\&\geqslant|x_k|-\sum_{j=1}^{n}|a_{kj}||x_k|=|x_k|\left(1-\sum_{j=1}^{n}|a_{kj}|\right)>0\end{aligned}$$

这里注意到题设 $\sum\limits_{j=1}^{n}|a_{kj}|<1(i=1,2,\cdots,n)$,从而 $y\neq 0$,而$(\boldsymbol{I}-\boldsymbol{A})\boldsymbol{x}=\boldsymbol{0}$ 仅有零解,则 $\boldsymbol{I}-\boldsymbol{A}$ 可逆.

习 题

1.求下面矩阵 $\boldsymbol{A}$ 的秩 $r(\boldsymbol{A})$,其中

$$\boldsymbol{A}=\begin{pmatrix}1&-1&2&1&0\\2&-2&4&-2&0\\3&0&6&-1&1\\2&1&4&2&1\end{pmatrix}$$

且解方程 $\boldsymbol{Ax}=\boldsymbol{0}$,其中 $\boldsymbol{x}=(x_1,x_2,\cdots,x_5)^{\mathrm{T}}$.(山东工学院,1982)

2. 求下面线性方程组的通解:

(1) $\begin{cases}x_1+x_2-2x_3-x_4=1\\2x_1-x_2+x_3+2x_4=3\\x_1+4x_2-7x_3-5x_4=0\end{cases}$;(上海交通大学,1984)

(2) $\begin{cases}x_1+x_2-2x_3-x_4=1\\2x_1-x_2+x_3+2x_4=3\\x_1-4x_2-7x_3-5x_4=0\end{cases}$.(西安交通大学,1984)

3. (1)求下面方程组的基础解系

$$\begin{cases}2x_1-4x_2+5x_3+3x_4=0\\3x_1-6x_2+4x_3+2x_4=0\\4x_1-8x_2+17x_3+11x_4=0\end{cases}$$

(华东工学院,1984)

(2)已知线性方程组

$$\begin{cases}x_1+x_2+x_3+x_4+x_5=1\\x_2-x_3+2x_4-x_5=1\\2x_1+3x_2+x_3+4x_4+x_5=3\\3x_1+5x_2+x_3+7x_4+x_5=5\end{cases}$$

求:①对应的齐次方程组的基础解系;②方程组的通解.(上海交通大学,1983)

4. 讨论方程组

$$\begin{cases}\lambda x_1+\lambda x_2+2x_3=1\\\lambda x_1+(2\lambda-1)x_2+3x_3=1\\\lambda x_1+\lambda x_2+(\lambda+3)x_3=2\lambda-1\end{cases}$$

有唯一解、有无穷多组解和无解时的 λ 取值.(大连轻工业学院,1986)

5. λ 为何值时方程组

$$\begin{cases}3x_1-x_2+16x_3+2x_4=8\\x_1+x_2-4x_3+6x_4=4\\x_1-x_2+10x_3-2x_4=\lambda\end{cases}$$

有解?并求出它的解.(内蒙古工学院,1986)

6. 已知线性方程组

$$\begin{cases}\lambda x_1+x_2-3x_3=1\\x_1-3x_2+x_3=1\\x_1-x_2-x_3=1\end{cases}$$

试求当 λ 为何值时,方程组有解?有多少解?若方程组有解,求出它们.(重庆大学,1984)

7. λ 为何值时方程组

$$\begin{cases}x_1+(\lambda^2+1)x_2+2x_3=\lambda\\\lambda x_1+\lambda x_2+(2\lambda+1)x_3=0\\x_1+(2\lambda+1)x_2+2x_3=2\end{cases}$$

有唯一解、有无穷多组解、无解?当方程组有解时试求其解.(东北工学院,1984)

8. 已知线性方程组

$$\begin{cases}\lambda x_1+x_2+2x_3=1\\x_1+\lambda x_2+x_3=\lambda^2\\x_1+x_2+\lambda x_3=\lambda^2\end{cases}$$

(1) 对 λ 的不同值，讨论方程组的解的情形；(2) 对 $\lambda=0$ 的情形，将方程组写成矩阵形式；(3) 利用计算逆矩阵的方法，求 $\lambda=0$ 时方程组的解.(长春光机学院，1981；华东水利学院，1984)

9. 已知线性方程组

$$\begin{cases}ax_1+2x_2+3x_3=8\\2ax_1+2x_2+3x_3=10\\x_1+x_2+bx_3=5\end{cases}$$

试问当 a,b 为何值时，方程组有无穷多组解？且求出它.(同济大学，1981)

10. 求线性方程组

$$\begin{cases}(\lambda+3)x_1+x_2+2x_3=\lambda\\\lambda x_1+(\lambda-1)x_2+x_3=\lambda\\3(\lambda+1)x_1+\lambda x_2+(\lambda+3)x_3=3\end{cases}$$

有无穷多组解、有唯一解和无解时的 λ 值.(中山大学，1981；上海机械学院，1982；北京化工学院、西南交通大学，1984；大连海运学院，1985)

11. 已知 x_0,y_0,z_0 是线性方程组

$$\begin{cases}x+z=a\\2x-2y+z=b\\7x-2y+5z=c\end{cases}$$

的一组解.(1)讨论方程组的解是否唯一；(2)求此方程组的解.(上海交通大学，1980)

12. 已知线性方程组

$$\begin{cases}\lambda x_1+x_2+x_3+x_4=\lambda\\x_1+\lambda x_2+x_3+x_4=\lambda\\x_1+x_2+\lambda x_3+x_4=\lambda\\x_1+x_2+x_3+\lambda x_4=\lambda\end{cases}$$

当 λ 为何值时，方程组有唯一解、有无穷多组解、无解？(一机部研究院，1982)

13. λ 为何值时方程组

$$\begin{cases}(2-\lambda)x_1+2x_2-2x_3=1\\2x_1+(5-\lambda)x_2-4x_3=2\\-2x_1-4x_2+(5-\lambda)x_3=-\lambda-1\end{cases}$$

(1)有唯一解；(2)无解；(3)无穷多组解，并求出它的通解.(山东矿业学院，1986)

14. 已知线性方程组：

(1) $\begin{cases}2x_1-x_2+x_3+x_4=1\\x_1+2x_2-x_3+4x_4=2\\x_1+7x_2-4x_3+11x_4=\lambda\end{cases}$；(大连轻工业学院、陕西师范大学，1982)

(2) $\begin{cases}x_1+2x_2+x_3-\lambda x_4=4\\3x_1+6x_2-x_3-3x_4=8\\5x_1+10x_2+x_3-3x_4=17\end{cases}$.(贵州工学院，1982)

当 λ 为何值时方程组有解？并解之.

15. 已知线性方程组

$$\begin{cases}x_1+x_2+x_3+x_4+x_5=1\\3x_1+2x_2+x_3+x_4-3x_5=a\\x_3+2x_3+2x_4-3x_5=3\\5x_1+4x_2+3x_3+3x_4-x_5=b\end{cases}$$

(1)当 a,b 取何值时，此方程组有解？(2)求出其对应的齐次方程组的基础解系；(3)在有解的情况下，求出方程组的一般解.(北京化工学院，1982)

16. 讨论方程组

$$\begin{cases} ax_1+bx_2+cx_3+dx_4=a \\ bx_1-ax_2+dx_3-cx_4=b \\ cx_1-dx_2-ax_3+bx_4=c \\ dx_1+cx_2-bx_3-ax_4=d \end{cases}$$

是否有唯一解，为什么？（山东海洋学院，1984）

17. 证明方程组

$$\begin{cases} \frac{1}{2}x_1=a_{11}x_1+a_{12}x_2+\cdots+a_{1n}x_n \\ \frac{1}{2^2}x_1=a_{21}x_1+a_{22}x_2+\cdots+a_{2n}x_n \\ \qquad\vdots \\ \frac{1}{2^n}x_1=a_{n1}x_1+a_{n2}x_2+\cdots+a_{nn}x_n \end{cases}$$

有唯一零解，其中 $a_{ij}(i,j=1,2,\cdots,n)$ 均为整数.（云南大学，1983）

18. 解矩阵方程 $\boldsymbol{Ax}=\boldsymbol{b}$（用逆矩阵法），其中

$$\boldsymbol{A}=\begin{pmatrix}1&2&3\\2&2&1\\3&4&3\end{pmatrix},\quad \boldsymbol{x}=\begin{pmatrix}x_1\\x_2\\x_3\end{pmatrix},\quad \boldsymbol{b}=\begin{pmatrix}1\\0\\1\end{pmatrix}$$

（山东工学院，1981）

19. 问 a,b 为何值时，矩阵方程 $\boldsymbol{Ax}=\boldsymbol{b}$ 有解？其中

$$\boldsymbol{A}=\begin{pmatrix}a&1&1\\1&b&1\\1&2b&1\end{pmatrix},\quad \boldsymbol{x}=\begin{pmatrix}x_1\\x_2\\x_3\end{pmatrix},\quad \boldsymbol{b}=\begin{pmatrix}4\\3\\5\end{pmatrix}$$

（西安交通大学，1984）

20. 若矩阵 $\boldsymbol{A}=\begin{pmatrix}1&1&-1\\2&a+2&b-2\\0&-3a&a+2b\end{pmatrix}$，$\boldsymbol{b}=\begin{pmatrix}1\\3\\-1\end{pmatrix}$，$\boldsymbol{x}=\begin{pmatrix}x_1\\x_2\\x_3\end{pmatrix}$，就 a,b 取值情形，讨论非齐次方程组 $\boldsymbol{Ax}=\boldsymbol{b}$ 的解的情况，如有解求之.（清华大学，1982）

21. λ 为何值时，矩阵方程 $\boldsymbol{Ax}=\boldsymbol{b}$ 有唯一解、有无穷多组解、无解？其中

$$\boldsymbol{A}=\begin{pmatrix}\lambda&1&1\\1&\lambda&1\\1&1&a\end{pmatrix},\quad \boldsymbol{x}=\begin{pmatrix}x_1\\x_2\\x_3\end{pmatrix},\quad \boldsymbol{b}=\begin{pmatrix}1\\\lambda\\\lambda_2\end{pmatrix}$$

（北京农机学院，1982）

22. 求解下列矩阵方程：

(1) $\begin{pmatrix}a+1&1\\a+4&a\end{pmatrix}\boldsymbol{X}=\begin{pmatrix}b-1&-b-a\\-b+a&b\end{pmatrix}$；（湖南大学，1982）

(2) $\begin{pmatrix}1&2\\3&4\end{pmatrix}\boldsymbol{X}\begin{pmatrix}2&4\\1&3\end{pmatrix}=\begin{pmatrix}0&2\\1&3\end{pmatrix}$；（中南矿冶学院，1983）

(3) $\begin{pmatrix}1&4\\-1&2\end{pmatrix}\boldsymbol{X}\begin{pmatrix}2&0\\-1&1\end{pmatrix}=\begin{pmatrix}3&1\\0&-1\end{pmatrix}$；（大连轻工业学院，1984）

(4) $\begin{pmatrix}2&1\\3&2\end{pmatrix}\boldsymbol{X}=\boldsymbol{X}\begin{pmatrix}2&1\\3&2\end{pmatrix}$.（南京化工学院，1982）

23. 求解下列矩阵方程:

(1)$\boldsymbol{X}\begin{pmatrix}0&1&0\\1&2&0\\1&0&1\end{pmatrix}=\begin{pmatrix}1&0&-1\\0&3&2\\1&-2&0\end{pmatrix}$;(长春光机学院,1982)

(2)$\begin{pmatrix}1&-1&1\\1&1&1\\3&2&1\end{pmatrix}\boldsymbol{X}\begin{pmatrix}1&-1&1\\1&1&0\\3&2&1\end{pmatrix}=\begin{pmatrix}4&2&3\\0&-1&5\\2&1&1\end{pmatrix}$;(北方交通大学,1984)

(3)$\begin{pmatrix}1&0&1\\2&1&0\\0&0&2\end{pmatrix}\boldsymbol{X}=\begin{pmatrix}1\\0\end{pmatrix}$;(甘肃工业大学,1984)

(4)$\boldsymbol{X}\begin{pmatrix}1&1&-1\\2&1&0\\1&-1&1\end{pmatrix}=\begin{pmatrix}1&-1&3\\4&3&2\\1&-2&5\end{pmatrix}$;(西安交通大学,1986)

(5)$\begin{pmatrix}1&-1&1\\0&2&2\\1&-1&0\end{pmatrix}\boldsymbol{X}=\begin{pmatrix}1&-1&1\\1&1&0\\2&1&1\end{pmatrix}$;(无锡轻工业学院,1985)

(6)$\boldsymbol{X}\begin{pmatrix}1&1&-1\\0&2&2\\1&-1&0\end{pmatrix}=\begin{pmatrix}1&-1&1\\1&1&0\\2&1&1\end{pmatrix}$;(吉林工业大学,1985)

(7)$\boldsymbol{X}\begin{pmatrix}1&2&3\\2&2&1\\3&4&3\end{pmatrix}=\begin{pmatrix}2&0&-1\\-1&-2&0\\0&2&3\end{pmatrix}$;(重庆大学,1985)

(8)$\begin{pmatrix}1&1&1&1&1\\&1&1&1&1\\&&1&1&1\\&&&1&1\\&&&&1\end{pmatrix}\boldsymbol{X}=\begin{pmatrix}2&1&&&\\1&2&1&&\\&1&2&1&\\&&1&2&1\\&&&1&2\end{pmatrix}$.(西安冶金建筑学院,1981)

24. (1)设$\boldsymbol{A}=\begin{pmatrix}1&2&1\\3&4&2\\1&2&2\end{pmatrix}$,求满足$\boldsymbol{A}+\boldsymbol{B}=\boldsymbol{AB}$的矩阵$\boldsymbol{B}$.(清华大学,1983)

(2)若$\boldsymbol{A}=\begin{pmatrix}0&0&1&2\\0&0&2&1\\2&1&0&0\\1&3&0&0\end{pmatrix}$,$\boldsymbol{B}=\begin{pmatrix}1\\2\\3\\4\end{pmatrix}$,$\boldsymbol{C}=(1,2)$,$\boldsymbol{D}=\begin{pmatrix}4&2\\-3&1\\2&0\\-1&4\end{pmatrix}$,求满足$\boldsymbol{AX}+\boldsymbol{BC}=\boldsymbol{O}$的$\boldsymbol{X}$.(山东海洋学院,1984)

25. 解矩阵方程组$\begin{cases}\boldsymbol{AX}+\boldsymbol{BY}=\boldsymbol{F}\\\boldsymbol{CX}+\boldsymbol{DY}=\boldsymbol{G}\end{cases}$,其中

$\boldsymbol{A}=\begin{pmatrix}1&2\\0&1\end{pmatrix}$，$\boldsymbol{B}=\begin{pmatrix}3&1\\-1&0\end{pmatrix}$，$\boldsymbol{F}=\begin{pmatrix}13&8\\1&-1\end{pmatrix}$；$\boldsymbol{C}=\begin{pmatrix}2&1\\1&1\end{pmatrix}$，$\boldsymbol{D}=\begin{pmatrix}4&-5\\0&3\end{pmatrix}$，$\boldsymbol{G}=\begin{pmatrix}13&0\\4&9\end{pmatrix}$

（陕西机械学院，1983）

26. 证明矩阵 $\boldsymbol{X}=\begin{pmatrix}x&y\\y&x\end{pmatrix}$ 满足方程 $\boldsymbol{X}^2-2x\boldsymbol{X}+(x^2-y^2)\boldsymbol{I}=\boldsymbol{O}$.（华东水利学院，1984）

第 13 章 矩阵的特征值和特征向量

内 容 提 要

1. 矩阵的特征问题

(1)特征值与特征向量

若 $\boldsymbol{A}$ 是 n 阶矩阵,λ_0 是数,若存在非零列向量 $\boldsymbol{\alpha}$,使 $\boldsymbol{A\alpha}=\lambda_0\boldsymbol{\alpha}$,则 λ_0 称为 $\boldsymbol{A}$ 的一个**特征值(根)**,$\boldsymbol{\alpha}$ 称为 $\boldsymbol{A}$ 的相应于 λ_0 的**特征向量**.

(2)特征多项式和特征方程

多项式 $f(\lambda)=|\boldsymbol{A}-\lambda\boldsymbol{I}|$ 称为 $\boldsymbol{A}$ 的特征多项式;$f(\lambda)=0$ 称为**特征方程**.

(3)特征值、特征向量的求法

特征值、特征向量的求法如下:

计算特征多项式 $|\boldsymbol{A}-\lambda\boldsymbol{I}|$

↓

解特征方程求特征根 $|\boldsymbol{A}-\lambda\boldsymbol{I}|=0$

↓

由 $(\boldsymbol{A}-\lambda_i\boldsymbol{I})\boldsymbol{x}_i=\boldsymbol{0}(i=1,2,\cdots,n)$ 求特征向量 $\boldsymbol{x}_i$(列向量)

特征根的性质:$\sum\limits_{i=1}^{n}\lambda_i=\sum\limits_{i=1}^{n}a_{ii}=\mathrm{tr}\,\boldsymbol{A},\prod\limits_{i=1}^{n}\lambda_i=|\boldsymbol{A}|$,这里 $\boldsymbol{A}=(a_{ij})_{n\times n}$.

(4)矩阵化为对角型

若矩阵 $\boldsymbol{A}$ 有 n 个线性无关的特征向量 $\boldsymbol{x}_1,\boldsymbol{x}_2,\cdots,\boldsymbol{x}_n$,记 $\boldsymbol{X}=(\boldsymbol{x}_1,\boldsymbol{x}_2,\cdots,\boldsymbol{x}_n)$,则

$$\boldsymbol{X}^{-1}\boldsymbol{AX}=\mathrm{diag}\{\lambda_1,\lambda_2,\cdots,\lambda_n\}$$

其中 $\lambda_i(i=1,2,\cdots,n)$为 $\boldsymbol{A}$ 相应于 $\boldsymbol{x}_i$ 的特征值.

注 结论的条件是充要(充分必要)的.

(5)* 凯莱一哈密顿定理

若 $\boldsymbol{A}\in\mathbf{R}^{n\times n}$,又 $f(\lambda)=\det(\boldsymbol{A}-\lambda\boldsymbol{I})$,则 $f(\boldsymbol{A})=\boldsymbol{O}$.

(6)特征向量的性质

①属于不同特征值的特征向量线性无关;

②属于同一特征值的特征向量的线性组合仍属于该特征值的特征向量;

③属于不同特征值的特征向量 $\boldsymbol{\alpha},\boldsymbol{\beta}$ 之和 $\boldsymbol{\alpha}+\boldsymbol{\beta}$ 不是其特征向量.

2. 实对称矩阵的特征问题

(1)实对称矩阵的特征根(值)都是实根;

(2)属于不同特征值的特征向量彼此正交;

(3)实对称矩阵有 n 个线性无关的特征向量.

3. 实对称矩阵的正交相似

定理　任何实对称矩阵 $\boldsymbol{A}$,总可找到一个正交矩阵 $\boldsymbol{T}$,使

$$\boldsymbol{T}^{-1}\boldsymbol{AT}=\boldsymbol{T}^{\mathrm{T}}\boldsymbol{AT}=\mathrm{diag}\{\lambda_1,\lambda_2,\cdots,\lambda_n\}$$

其中 $\lambda_i(i=1,2,\cdots,n)$是 $\boldsymbol{A}$ 的 n 个特征值($\boldsymbol{A}$ 与对角阵合同).

系理　实对称矩阵可以相似于对角阵(称其可对角化).

4. 相似矩阵的性质

若矩阵 $\boldsymbol{A},\boldsymbol{B}$ 相似,即 $\boldsymbol{A}\sim\boldsymbol{B}$,则有下列性质.

①$\boldsymbol{A}^{\mathrm{T}}\sim\boldsymbol{B}^{\mathrm{T}}$;

②若 $\boldsymbol{A},\boldsymbol{B}$ 可逆,则 $\boldsymbol{A}^{-1}\sim\boldsymbol{B}^{-1}$;

③行列式$|\boldsymbol{A}|=|\boldsymbol{B}|$;

④$f(\boldsymbol{A})\sim f(\boldsymbol{B})$,其中 $f(x)$为 x 的多项式($f(\boldsymbol{A}),f(\boldsymbol{B})$为矩阵多项式),且$|f(\boldsymbol{A})|=|f(\boldsymbol{B})|$;

⑤$\mathrm{r}(\boldsymbol{A})=\mathrm{r}(\boldsymbol{B})$;

⑥特征多项式$|\lambda\boldsymbol{I}-\boldsymbol{A}|=|\lambda\boldsymbol{I}-\boldsymbol{B}|$,从而有相同的特征根;

⑦$\mathrm{tr}(\boldsymbol{A})=\mathrm{tr}(\boldsymbol{B})$;

⑧若 $\boldsymbol{B}=\boldsymbol{P}^{-1}\boldsymbol{AP}$,则若 $\boldsymbol{x}$ 是 $\boldsymbol{A}$ 属于 λ 的特征向量,则 $\boldsymbol{P}^{-1}\boldsymbol{x}$ 是 $\boldsymbol{B}$ 属于 λ 的特征向量;

⑨又若 $\boldsymbol{A}\sim\boldsymbol{C}$,则 $\boldsymbol{B}\sim\boldsymbol{C}$.

实对称矩阵正交相似的正交矩阵求法如下:

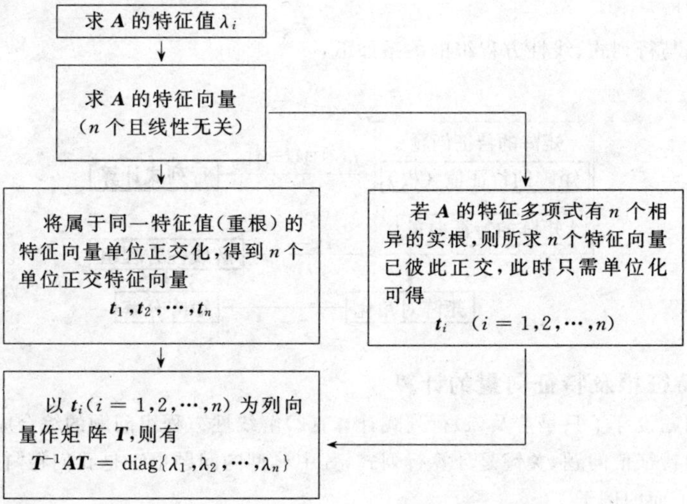

矩阵某些运算的特征值和特征向量如下:

矩　阵	$\boldsymbol{A}$	$k\boldsymbol{A}$	$\boldsymbol{A}^m$	$f(\boldsymbol{A})$	$\boldsymbol{A}^{-1}$	$\boldsymbol{A}^*$	$\boldsymbol{A}^{\mathrm{T}}$	$\boldsymbol{P}^{-1}\boldsymbol{AP}$
特征值	λ	$k\lambda$	λ^m	$f(\lambda)$	$\frac{1}{\lambda}$	$\frac{\lvert\boldsymbol{A}\rvert}{\lambda}$	λ	λ
特征向量	$\boldsymbol{x}$	$\boldsymbol{x}$	$\boldsymbol{x}$	$\boldsymbol{x}$	$\boldsymbol{x}$	$\boldsymbol{x}$		$\boldsymbol{P}^{-1}\boldsymbol{x}$

几种特殊矩阵的某些性质及特征根的形状如下：

矩阵种类	矩阵性质	特征根
幂零阵($A^k=O$)	①$A\pm I$ 非奇异(即可逆或满秩) ②若 $A^k=O$,且 $A\neq O$,则 A 不相似于对角阵	全为 0
幂幺阵($A^k=I$)	均可相似于对角阵	k 次单位根
对合阵($A^2=I$)	①均可相似于对角阵 ②$r(I-A)+r(I+A)=n$	±1
反对称阵	①$I\pm A$ 非奇异 ②特征根全为 $0\Longleftrightarrow A=O$	0 或纯虚数
幂等阵($A^2=A$)	①均可相似于对角阵 ②$r(I-A)+r(A)=n$	0 或 1
正交矩阵	①$\lvert A\rvert=\pm1$,且若$\lvert A\rvert=-1$,则 A 有特征根-1;若 A 为奇数阶,且$\lvert A\rvert=1$,则 A 有特征根 1 ②若 λ 是 A 的特征根,则 λ^{-1} 亦为其特征根	$\lVert\lambda\rVert=1$

经 典 问 题 解 析

矩阵特征问题有二：一是其特征值(根)问题，二是其特征向量问题. 前者涉及特征多项式，无非是行列式知识的应用；后者涉及线性方程组的求解理论及方法. 此外，由此可引发矩阵对角化的讨论，进而会涉及矩阵的分解问题.

矩阵特征问题与行列式、线性方程组的关系如下：

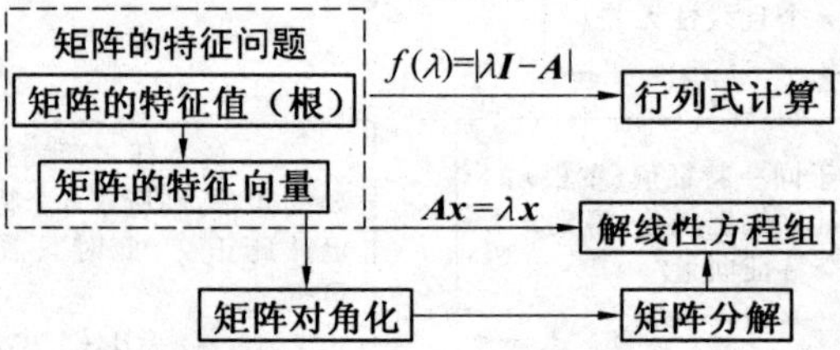

1. 矩阵的特征根及特征向量的计算

矩阵的特征问题说穿了只是涉及(1)行列式计算；(2)解线性方程组问题的综合应用而已.

因而求矩阵的特征值问题，关键是计算行列式，其中典型的问题也正是我们在“行列式”一章中重点介绍的类型. 请看下面的例子.

例 1 求矩阵 $A=\begin{pmatrix} n-1 & -1 & \cdots & -1 \\ -1 & n-1 & \cdots & -1 \\ \vdots & \vdots & & \vdots \\ -1 & -1 & \cdots & n-1 \end{pmatrix}$ 的特征根.

解 由前文我们重点介绍的行列式计算的结论有

$$|\lambda\boldsymbol{I}-\boldsymbol{A}|=\begin{vmatrix}\lambda-(n-1) & 1 & \cdots & 1\\ 1 & \lambda-(n-1) & \cdots & 1\\ \vdots & \vdots & & \vdots\\ 1 & 1 & \cdots & \lambda-(n-1)\end{vmatrix}$$

$$=[\lambda-(n-1)-1]^{n-1}[\lambda-(n-1)+(n-1)]=\lambda(\lambda-n)^{n-1}$$

从而

$$\lambda_1=\lambda_2=\cdots=\lambda_{n-1}=n,\quad \lambda_n=0$$

例 2　试求矩阵 $\boldsymbol{A}=\begin{pmatrix}0 & -1 & & & & \\ 1 & 0 & -1 & & & \\ & 1 & 0 & -1 & & \\ & & \ddots & \ddots & \ddots & \\ & & & 1 & 0 & -1\\ & & & & 1 & 0\end{pmatrix}$ 的特征根.

解　由

$$|\lambda\boldsymbol{I}-\boldsymbol{A}|=|(\lambda\boldsymbol{I}-\boldsymbol{A})^{\mathrm{T}}|=\begin{vmatrix}\lambda & -1 & & & \\ 1 & \lambda & -1 & & \\ & \ddots & \ddots & \ddots & \\ & & 1 & \lambda & -1\\ & & & 1 & \lambda\end{vmatrix}$$

这类三对角行列式我们前文已有介绍,即

$$\begin{vmatrix}\alpha+\beta & \alpha\beta & & & & \\ 1 & \alpha+\beta & \alpha\beta & & & \\ & 1 & \alpha+\beta & \alpha\beta & & \\ & & \ddots & \ddots & \ddots & \\ & & & 1 & \alpha+\beta & \alpha\beta\\ & & & & 1 & \alpha+\beta\end{vmatrix}=\frac{\alpha^{n+1}-\beta^{n+1}}{\alpha-\beta}$$

令 $\alpha+\beta=\lambda,\alpha\beta=-1$,又 α,β 异号,知 $\alpha-\beta\neq 0$.

故 $|\lambda\boldsymbol{I}-\boldsymbol{A}|=\dfrac{\alpha^{n+1}-\beta^{n+1}}{\alpha-\beta}=0$,则 $\alpha^{n+1}=\beta^{n+1}$,即 $\left(\dfrac{\alpha}{\beta}\right)^{n+1}=1$.

由二项方程根的公式有

$$\frac{\alpha}{\beta}=\cos\frac{2k\pi}{n+1}+\mathrm{i}\sin\frac{2k\pi}{n+1}\quad(k=1,2,\cdots,n)$$

由 $\alpha\beta=-1$,知

$$\alpha=\pm\mathrm{i}\left(\cos\frac{k\pi}{n+1}+\mathrm{i}\sin\frac{k\pi}{n+1}\right),\quad \beta=\pm\mathrm{i}\left(\cos\frac{k\pi}{n+1}-\mathrm{i}\sin\frac{k\pi}{n+1}\right)\quad(k=1,2,\cdots,n)$$

故 $\lambda=\alpha+\beta=\pm 2\mathrm{i}\cos\dfrac{k\pi}{n+1}(k=1,2,\cdots,n)$,即 $\boldsymbol{A}$ 的 n 个特征根为 $\lambda_k=2\mathrm{i}\cos\dfrac{k\pi}{n+1}(k=1,2,\cdots,n)$.

注 1　此矩阵满足 $\boldsymbol{A}^{\mathrm{T}}=-\boldsymbol{A}$ 称为负对称阵,由负对称阵性质知其无实的非零特征根,故 $\lambda=\pm 1$ 不是其特征根.

注 2　类似地,可以求矩阵

$$\boldsymbol{A}=\begin{pmatrix}0 & -1 & & & & \\ -1 & 0 & -1 & & & \\ & -1 & 0 & -1 & & \\ & & \ddots & \ddots & \ddots & \\ & & & -1 & 0 & -1\\ & & & & -1 & 0\end{pmatrix}$$

的 n 个特征根为 $\lambda_k=2\cos\frac{k\pi}{n+1}(k=1,2,\cdots,n)$.

再来看一个例子.

例 3 已知 $\boldsymbol{A}=\begin{pmatrix}0&1&0&0&\cdots&0&0\\0&0&1&0&\cdots&0&0\\0&0&0&1&\cdots&0&0\\\vdots&\vdots&\vdots&\vdots&&\vdots&\vdots\\0&0&0&0&\cdots&0&1\\1&0&0&0&\cdots&0&0\end{pmatrix}$. (1)计算 $\boldsymbol{A}^2,\boldsymbol{A}^3,\cdots,\boldsymbol{A}^{n-1}$;(2)求 $\boldsymbol{A}$ 的特征根.

解 (1)用 $\boldsymbol{I}_k$ 表示 k 阶单位矩阵,由

$$\boldsymbol{A}=\begin{pmatrix}&\boldsymbol{I}_{n-1}\\\boldsymbol{I}_1&\end{pmatrix},\quad \boldsymbol{A}^2=\begin{pmatrix}&\boldsymbol{I}_{n-2}\\\boldsymbol{I}_2&\end{pmatrix},\quad \boldsymbol{A}^3=\begin{pmatrix}&\boldsymbol{I}_{n-3}\\\boldsymbol{I}_3&\end{pmatrix}$$

用数学归纳法可证 $\boldsymbol{A}^k=\begin{pmatrix}&\boldsymbol{I}_{n-k}\\\boldsymbol{I}_k&\end{pmatrix}$,其中 $2\leqslant k\leqslant n-1$. 故

$$\boldsymbol{A}^{n-1}=\begin{pmatrix}&\boldsymbol{I}_1\\\boldsymbol{I}_{n-1}&\end{pmatrix}$$

(2)由 $$|\lambda\boldsymbol{I}-\boldsymbol{A}|=\det\begin{pmatrix}\lambda&-1&&&\\&\lambda&-1&&\\&&\ddots&\ddots&\\&&&\lambda&-1\\-1&&&&\lambda\end{pmatrix}=\begin{vmatrix}\lambda&-1&&&\\&\lambda&-1&&\\&&\ddots&\ddots&\\&&&\lambda&-1\\-1&&&&\lambda\end{vmatrix}=\lambda^n-1$$

(行列式按第 1 列展开即得),知 $\boldsymbol{A}$ 的 n 个特征根为 n 个 n 次单位根

$$\omega_k=\cos\frac{2k\pi}{n}+\mathrm{i}\sin\frac{2k\pi}{n}\quad(k=0,1,2,\cdots,n-1)$$

可解得特征向量 $\boldsymbol{\alpha}_{2n-1}=(1,1,\cdots,1)$.

同理可求得当 $\lambda=-n$ 时,相应的特征向量

$$\boldsymbol{\alpha}_{2n}=(1,1,\cdots,1,-1,-1,\cdots,-1)$$

例 4 求下面矩阵的特征值

$$\boldsymbol{A}=\begin{pmatrix}1&2&3&\cdots&n-1&n\\n&1&2&\cdots&n-2&n-1\\\vdots&\vdots&\vdots&&\vdots&\vdots\\3&4&5&\cdots&1&2\\2&3&4&\cdots&n&1\end{pmatrix}$$

解 仿上例解法及结论,令

$$\boldsymbol{C}=\begin{pmatrix}0&1&0&0&\cdots&0\\0&0&1&0&\cdots&0\\\vdots&\vdots&\vdots&\vdots&&\vdots\\0&0&0&0&\cdots&1\\1&0&0&0&\cdots&0\end{pmatrix}$$

可以验证下面的等式(注意到上面例的结论)

$$\boldsymbol{A}=\boldsymbol{I}+2\boldsymbol{C}+3\boldsymbol{C}^2+\cdots+n\boldsymbol{C}^{n-1}=f(\boldsymbol{C})$$

又 $|\lambda\boldsymbol{I}-\boldsymbol{C}|=\lambda^n-1$,知 $\boldsymbol{C}$ 的特征根为 n 个 n 次单位根 $\omega_i(i=1,2,\cdots,n)$.

从而 $\boldsymbol{A}$ 的特征根为 $f(\lambda_i)=f(\omega_i),i=1,2,\cdots,n$.

注　其实例的结论及解法可以推广到一般循环矩阵的情形.

命题：若矩阵 $\boldsymbol{A}=\begin{pmatrix} a_1 & a_2 & a_3 & \cdots & a_n \\ a_n & a_1 & a_2 & \cdots & a_{n-1} \\ \vdots & \vdots & \vdots & & \vdots \\ a_3 & a_4 & a_5 & \cdots & a_2 \\ a_2 & a_3 & a_4 & \cdots & a_1 \end{pmatrix}$，则 $\boldsymbol{A}$ 的 n 个特征根为 $\lambda_i=f(\omega_i)(i=1,2,\cdots,n)$，其中 $f(x)=a_1+a_2x+a_3x^2+\cdots+a_nx^{n-1}$，而 ω_i 为 n 次单位根$(i=1,2,\cdots,n)$.

略解：可以验证（其中矩阵 $\boldsymbol{C}$ 如例的解法中所设）

$$\boldsymbol{A}=a_1\boldsymbol{I}+a_2\boldsymbol{C}+a_3\boldsymbol{C}^2+\cdots+a_n\boldsymbol{C}^{n-1}=f(\boldsymbol{C})$$

而 $\boldsymbol{C}$ 的特征根为 n 次单位根 ω_i，故 $\boldsymbol{A}$ 的特征根为 $f(\omega_i)(i=1,2,\cdots,n)$.

此外，我们还可以有结论：$\boldsymbol{A}$ 的行列式

$$|\boldsymbol{A}|=\prod_{i=1}^{n}f(\omega_i)$$

其中 ω_i 为 n 次单位根$(i=1,2,\cdots,n)$.

例 5　若 $\boldsymbol{J}_n$ 为全部由 1 组成的 n 阶方阵，求矩阵 $\boldsymbol{A}=\begin{pmatrix} \boldsymbol{O} & \boldsymbol{J}_n \\ \boldsymbol{J}_n & \boldsymbol{O} \end{pmatrix}$ 的特征值和特征向量.

解　由分块矩阵的行列式计算公式且注意到 $\boldsymbol{J}_n^2=n\boldsymbol{J}_n$，有

$$|\lambda\boldsymbol{I}-\boldsymbol{A}|=\begin{vmatrix} \lambda\boldsymbol{I}_n & -\boldsymbol{J}_n \\ -\boldsymbol{J}_n & \lambda\boldsymbol{I}_n \end{vmatrix}=|\lambda^2\boldsymbol{I}-\boldsymbol{J}_n^2|=\begin{vmatrix} \lambda^2-n & -n & \cdots & -n \\ -n & \lambda^2-n & \cdots & -n \\ \vdots & \vdots & & \vdots \\ -n & -n & \cdots & \lambda^2-n \end{vmatrix}$$

$$=\lambda^{2n-2}(\lambda+n)(\lambda-n)$$

故 $\boldsymbol{A}$ 的特征根为 $\pm n;0,0,\cdots,0(2n-2$ 重).

(1)$\lambda=0$ 时，由

$$\begin{cases} x_{n+1}+x_{n+2}+\cdots+x_{2n}=0 \\ x_1+x_2+\cdots+x_n=0 \end{cases}$$

求出 $2n-2$ 个线性的特征向量

$$\boldsymbol{\alpha}_i=(1,0,\cdots,0,\underset{\uparrow\,\text{第 } i+1 \text{ 个数}}{-1},0,\cdots,0),\quad i=1,2,\cdots,n-1$$

$$\boldsymbol{\alpha}_j=(0,\cdots,0,\underset{\uparrow\,\text{第 } n+1 \text{ 个数}}{1},0,\cdots,0,\underset{\uparrow\,\text{第 } j+2 \text{ 个数}}{-1},0,\cdots,0),\quad j=n,n+1,\cdots,2n-2$$

(2)$\lambda=n$ 时，由

$$\begin{cases} nx_1 \qquad\qquad -x_{n+1}-\cdots-x_{2n}=0 \\ \qquad\vdots \\ \qquad nx_n-x_{n+1}-\cdots-x_{2n}=0 \\ -x_1-\cdots-x_n+nx_{n+1} \qquad\qquad =0 \\ \qquad\vdots \\ -x_1-\cdots-x_n \qquad\qquad +nx_{2n}=0 \end{cases}$$

解得特征向量为 $\boldsymbol{\alpha}_{2n-1}=(1,1,\cdots,1)$.

同理,当 $\lambda=-n$ 时,也可求得相应的特征向量为

$$\boldsymbol{\alpha}_{2n}=(1,\cdots,1,-1,\cdots,1)$$

利用矩阵特征根的值,去判断矩阵的可逆性我们前文已有述,下面再来看一个例子.

例 6 设矩阵 $\boldsymbol{V}=\begin{pmatrix}1&0&0\\0&\cos\theta&-\sin\theta\\0&\sin\theta&\cos\theta\end{pmatrix}$,其中 $\cos\frac{\theta}{2}\neq0$. 证明 $\boldsymbol{I}+\boldsymbol{V}$ 可逆,且

$$(\boldsymbol{I}-\boldsymbol{V})(\boldsymbol{I}+\boldsymbol{V})^{-1}=\tan\frac{\theta}{2}\begin{pmatrix}0&0&0\\0&0&1\\0&-1&0\end{pmatrix}$$

证 由 $\cos\frac{\theta}{2}\neq0$,则 $\frac{\theta}{2}\neq k\pi+\frac{\pi}{2}$,即 $\theta\neq2k\pi+\pi(k=0,\pm1,\pm2,\cdots)$. 这时 $\cos\theta\neq1$,即 -1 不是 $\boldsymbol{V}$ 的特征根.

故 $|\lambda\boldsymbol{I}-\boldsymbol{V}|\neq0$,即 $|\boldsymbol{I}+\boldsymbol{V}|\neq0$,从而 $\boldsymbol{I}+\boldsymbol{V}$ 可逆.

容易验证 $\tan\frac{\theta}{2}\begin{pmatrix}0&0&0\\0&0&1\\0&-1&0\end{pmatrix}(\boldsymbol{I}+\boldsymbol{V})=\boldsymbol{I}-\boldsymbol{V}$,故 $(\boldsymbol{I}-\boldsymbol{V})(\boldsymbol{I}+\boldsymbol{V})^{-1}=\tan\frac{\theta}{2}\begin{pmatrix}0&0&0\\0&0&1\\0&-1&0\end{pmatrix}$.

下面是关于矩阵特征问题的反问题:已知矩阵的特征值和特征向量,反求矩阵.

例 7 若线性无关向量 $\boldsymbol{\alpha}_1,\boldsymbol{\alpha}_2,\boldsymbol{\alpha}_3\in\mathbf{R}^3$,满足 $\boldsymbol{A}\boldsymbol{\alpha}_1=0,\boldsymbol{A}\boldsymbol{\alpha}_2=2\boldsymbol{\alpha}_1+\boldsymbol{\alpha}_2,\boldsymbol{A}\boldsymbol{\alpha}_3=-\boldsymbol{\alpha}_1+3\boldsymbol{\alpha}_2-\boldsymbol{\alpha}_3$,其中 $\boldsymbol{A}\in\mathbf{R}^{3\times3}$,求 $\boldsymbol{A}$ 的特征值.

解 由设

$$\boldsymbol{A}(\boldsymbol{\alpha}_1,\boldsymbol{\alpha}_2,\boldsymbol{\alpha}_3)=(0,-2\boldsymbol{\alpha}_1+\boldsymbol{\alpha}_2,-\boldsymbol{\alpha}_1+3\boldsymbol{\alpha}_2-\boldsymbol{\alpha}_3)=\begin{pmatrix}0&0&0\\2&1&0\\-1&3&-1\end{pmatrix}(\boldsymbol{\alpha}_1,\boldsymbol{\alpha}_2,\boldsymbol{\alpha}_3)$$

即

$$\boldsymbol{A}=(\boldsymbol{\alpha}_1,\boldsymbol{\alpha}_2,\boldsymbol{\alpha}_3)^{-1}\begin{pmatrix}0&0&0\\2&1&0\\-1&3&-1\end{pmatrix}(\boldsymbol{\alpha}_1,\boldsymbol{\alpha}_2,\boldsymbol{\alpha}_3)\Rightarrow\boldsymbol{A}\sim\begin{pmatrix}0&0&0\\2&1&0\\-1&3&-1\end{pmatrix}$$

即 $\boldsymbol{A}$ 的特征值为 $0,1,-1$.

2. 一般矩阵的特征问题

下面是矩阵特征问题的性质讨论的一些例子.

例 1 若 $\boldsymbol{A}\in\mathbf{R}^{n\times n}$,又 $f(x)$ 是一个常数项不为零的多项式,且 $f(\boldsymbol{A})=\boldsymbol{O}$,则 $\boldsymbol{A}$ 的特征根全不为零.

证 设 $f(x)=a_0+a_1x+a_2x^2+\cdots+a_mx^m$,其中 $a_0\neq0$,则

$$f(\boldsymbol{A})=a_0\boldsymbol{I}+a_1\boldsymbol{A}+a_2\boldsymbol{A}^2+\cdots+a_m\boldsymbol{A}^m=\boldsymbol{O}$$

从而

$$\boldsymbol{A}\left(\frac{a_1}{a_0}\boldsymbol{I}+\frac{a_2}{a_0}\boldsymbol{A}+\cdots+\frac{a_m}{a_0}\boldsymbol{A}^{m-1}\right)=-\boldsymbol{I}\qquad(*)$$

即矩阵 $\boldsymbol{A}$ 可逆,从而 $|\boldsymbol{A}|\neq0$.

若设 $\lambda_1,\lambda_2,\cdots,\lambda_n$ 为 $\boldsymbol{A}$ 的特征值,则由 $|\boldsymbol{A}|=\lambda_1\lambda_2\cdot\cdots\cdot\lambda_n\neq0$,知

$$\lambda_i\neq0\quad(i=1,2,\cdots,n)$$

注 显然由式(*)还可知

$$\boldsymbol{A}^{-1}=-\left(\frac{a_1}{a_0}\boldsymbol{I}+\frac{a_2}{a_0}\boldsymbol{A}+\cdots+\frac{a_m}{a_0}\boldsymbol{A}^{m-1}\right)$$

这亦为我们进行矩阵求逆提供了方法.

例 2　若 $A=(a_{ij})_{n\times n}$ 中 $\sum\limits_{j=1}^{n}|a_{ij}|<1(i=1,2,\cdots,n)$. 又 λ_i 为 A 的特征根，则 $|\lambda_i|<1(i=1,2,\cdots,n)$.

证　设 λ 是 A 的任一特征根，且 $x=(x_1,x_2,\cdots,x_n)$ 为其相应的特征向量，则由 $Ax=\lambda x$，有

$$\sum_{j=1}^{n}a_{ij}x_j=\lambda x_i,\quad i=1,2,\cdots,n$$

设 $|x_k|=\max\limits_{1\leqslant i\leqslant n}\{|x_i|\}$，则有

$$|\lambda|=\left|\frac{\lambda x_k}{x_k}\right|=\left|\frac{\sum\limits_{j=1}^{n}a_{kj}x_j}{x_k}\right|\leqslant\sum_{j=1}^{n}|a_{kj}|\frac{|x_j|}{|x_k|}\leqslant\sum_{j=1}^{n}|a_{kj}|<1$$

注　本例其实是所谓盖尔(S. Gerschgorin)圆盘定理的特例. 该定理为：

矩阵 $A=(a_{ij})_{n\times n}$ 的每个特征值至少位于一个以 a_{ii} 为中心，半径为 $\sum\limits_{j\neq i}|a_{ij}|$ 的圆盘中.

略证：设 x 为 A 的相应于 λ 的特征向量，即

$$Ax=\lambda x \tag{*}$$

将 x 规范化，且使 $x_r=\max\{x_1,x_2,\cdots,x_n\}=1$，则 $|x_i|\leqslant 1(i\neq r)$.

考虑式(*)的第 r 个分量 $\sum\limits_{j=1}^{n}a_{rj}x_j=\lambda x_r=\lambda$，故

$$|\lambda-a_{rr}|\leqslant\sum_{j\neq r}|a_{rj}x_j|\leqslant\sum_{j\neq r}|a_{rj}||x_j|\leqslant\sum_{j\neq r}|a_{rj}|$$

定理得证.

利用该定理，可证明对角占优阵非奇异或可逆(见前文).

因为圆盘 $|z-a_{ij}|\leqslant\sum\limits_{\substack{j=1\\ j\neq i}}|a_{ij}|$ 的并集不含原点，即 0 不是 A 的特征根.

例 3　若矩阵 $A=(a_{ij})_{n\times n}$ 的元素满足 $0\leqslant a_{ij}\leqslant 1(i,j=1,2,\cdots,n)$，又 $\sum\limits_{j=1}^{n}a_{ij}=1(i=1,2,\cdots,n)$. 试证：(1)$A$ 的特征值 λ 满足 $|\lambda|\leqslant 1$；(2)1 是 A 的一个特征值.

证　(1) 设 $x=(x_1,x_2,\cdots,x_n)^{\mathrm T}$ 是 A 属于特征值 λ 的特征向量，故 $x\neq 0$.

令 $|x_k|=\max\{|x_1|,|x_2|,\cdots,|x_n|\}$，则 $|x_k|>0$.

由 $Ax=\lambda x$，取其第 k 个分量有 $\sum\limits_{j=1}^{n}a_{kj}x_j=\lambda x_k$，由设 $0\leqslant a_{ij}\leqslant 1$，有

$$|\lambda-a_{kk}||x_k|=\left|\sum_{j\neq k}a_{ij}x_j\right|\leqslant\sum_{j\neq k}a_{ij}|x_j|\leqslant|x_k|\sum_{j\neq k}a_{kj}$$

故 $|\lambda-a_{kk}|\leqslant\sum\limits_{j\neq k}a_{kj}$，又 $|\lambda|-a_{kk}\leqslant|\lambda-a_{kk}|\leqslant\sum\limits_{j\neq k}a_{kj}$，知 $|\lambda|\leqslant\sum\limits_{j\neq k}a_{kj}\leqslant\sum\limits_{j=1}^{n}a_{kj}=1$.

(2) 取 $e=(1,1,\cdots,1)^{\mathrm T}$，由

$$Ae=\left(\sum_{j=1}^{n}a_{1j},\sum_{j=1}^{n}a_{2j},\cdots,\sum_{j=1}^{n}a_{nj}\right)^{\mathrm T}=(1,1,\cdots,1)^{\mathrm T}=e$$

知 $\lambda=1$ 是 A 的一个特征根.

注 1　此例证明中的方法我们在对角优势阵可逆问题上使用过(见前文).

注 2　例的证法及结论，亦与前面我们曾讲过的所谓盖尔圆盘定理有关.

例 4　设 λ_0 为 n 阶方阵 A 的 k 重特征根，则与 λ_0 相应的 k 个特征向量 $x_1,x_2,\cdots,x_k$ 线性无关$\Longleftrightarrow\mathrm{r}(\lambda_0 I-A)=n-k$.

证　(必要性) 由题设 $x_i(i=1,2,\cdots,k)$ 是线性方程组 $(\lambda_0 I-A)x=0$ 的 k 个线性无关的解. 故 $\mathrm{r}(\lambda_0 I-A)=n-k$.

(充分性)若 $\mathrm{r}(\lambda_0\boldsymbol{I}-\boldsymbol{A})=n-k$,故线性方程$(\lambda_0\boldsymbol{I}-\boldsymbol{A})\boldsymbol{x}=\boldsymbol{0}$有 k 个线性无关的解 $\boldsymbol{x}_i(i=1,2,\cdots,k)$.

由$(\lambda_0\boldsymbol{I}-\boldsymbol{A})\boldsymbol{x}_i=\boldsymbol{0}$,有 $\boldsymbol{A}\boldsymbol{x}_i=\lambda_0\boldsymbol{x}_i(i=1,2,\cdots,k)$,即 $\boldsymbol{A}$ 的相应于特征值 λ_0 的线性无关的特征向量有 k 个.

例 5 设 $\boldsymbol{A}$ 相似于 $\boldsymbol{D}$,其中 $\boldsymbol{D}$ 为对角阵.求证:(1)若有 $\lambda\in\mathbf{R}$ 及 $\boldsymbol{x}\in\mathbf{R}^n$ 使$(\lambda\boldsymbol{I}-\boldsymbol{A})^2\boldsymbol{x}=\boldsymbol{0}$,则$(\lambda\boldsymbol{I}-\boldsymbol{A})\boldsymbol{x}=\boldsymbol{0}$;(2)若 $\boldsymbol{x}_0$ 是 $\boldsymbol{A}$ 属于某一特征值 λ_0 的特征向量,则不存在向量 $\boldsymbol{y}$ 使$(\lambda_0\boldsymbol{I}-\boldsymbol{A})\boldsymbol{y}=\boldsymbol{x}_0$.

证 (1)设有可逆阵 $\boldsymbol{P}$ 使 $\boldsymbol{A}=\boldsymbol{P}^{-1}\boldsymbol{D}\boldsymbol{P}$,其中 $\boldsymbol{D}=\mathrm{diag}\{\boldsymbol{\alpha}_1,\boldsymbol{\alpha}_2,\cdots,\boldsymbol{\alpha}_n\}$,则

$$\lambda\boldsymbol{I}-\boldsymbol{A}=\lambda\boldsymbol{I}-\boldsymbol{P}^{-1}\boldsymbol{D}\boldsymbol{P}=\boldsymbol{P}^{-1}\mathrm{diag}\{\lambda-d_1,\lambda-d_2,\cdots,\lambda-d_n\}\boldsymbol{P}$$

有

$$(\lambda\boldsymbol{I}-\boldsymbol{A})^2=\boldsymbol{P}^{-1}\mathrm{diag}\{(\lambda-d_1)^2,(\lambda-d_2)^2,\cdots,(\lambda-d_n)^2\}\boldsymbol{P}$$

从而

$$\mathrm{r}(\lambda\boldsymbol{I}-\boldsymbol{A})=\mathrm{r}(\lambda\boldsymbol{I}-\boldsymbol{A})^2$$

故方程组$(\lambda\boldsymbol{I}-\boldsymbol{A})\boldsymbol{x}=\boldsymbol{0}$与$(\lambda\boldsymbol{I}-\boldsymbol{A})^2\boldsymbol{x}=\boldsymbol{0}$同解.从而当$(\lambda\boldsymbol{I}-\boldsymbol{A})^2\boldsymbol{x}=\boldsymbol{0}$有解时,$(\lambda\boldsymbol{I}-\boldsymbol{A})\boldsymbol{x}=\boldsymbol{0}$亦有解.

(2)用反证法.由题设 $\boldsymbol{A}$ 与对角阵相似,则 $\boldsymbol{A}$ 有 n 个特征值 λ_i 及相应于它们的 n 个线性无关的特征向量 $\boldsymbol{x}_0,\boldsymbol{x}_1,\cdots,\boldsymbol{x}_{n-1}$ 使 $\boldsymbol{A}\boldsymbol{x}_i=\lambda_i\boldsymbol{x}_i\ (i=0,1,2,\cdots,n-1)$.若有 $\boldsymbol{y}_0$ 使$(\lambda_0\boldsymbol{I}-A)\boldsymbol{y}_0=\boldsymbol{x}_0$,则

$$\boldsymbol{y}_0=\sum_{k=0}^{n-1}k_i\boldsymbol{x}_i$$

$$\begin{aligned}\boldsymbol{x}_0&=(\lambda_0\boldsymbol{I}-\boldsymbol{A})\boldsymbol{y}_0=\lambda_0\boldsymbol{y}_0-\boldsymbol{A}\boldsymbol{y}_0=\lambda_0\sum_{i=0}^{n-1}k_i\boldsymbol{x}_i-\sum_{i=0}^{n-1}k_i\lambda_i\boldsymbol{x}_i\\&=(k_1\lambda_0-k_1\lambda_1)\boldsymbol{x}_1+(k_2\lambda_0-k_2\lambda_2)\boldsymbol{x}_2+\cdots+(k_{n-1}\lambda_0-k_{n-1}\lambda_{n-1})\boldsymbol{x}_{n-1}\end{aligned}$$

注意到 $\boldsymbol{x}_0\neq\boldsymbol{0}$,从而 $\boldsymbol{x}_0,\boldsymbol{x}_1,\cdots,\boldsymbol{x}_n$ 线性相关,与前设矛盾!

例 6 若 $\boldsymbol{x}$ 是矩阵 $\boldsymbol{A}$ 属于特征值 λ_0 的特征向量,试证 λ_0 是 $\boldsymbol{P}^{-1}\boldsymbol{A}\boldsymbol{P}$ 的特征根,且求 $\boldsymbol{P}^{-1}\boldsymbol{A}\boldsymbol{P}$ 属于 λ_0 的特征向量.

证 由 $\boldsymbol{A}\sim\boldsymbol{P}^{-1}\boldsymbol{A}\boldsymbol{P}$,故它们有相同的特征值,即 λ_0 亦为 $\boldsymbol{P}^{-1}\boldsymbol{A}\boldsymbol{P}$ 的特征值.

又题设 $\boldsymbol{A}\boldsymbol{x}=\lambda_0\boldsymbol{x}$,则 $\boldsymbol{P}^{-1}\boldsymbol{A}\boldsymbol{x}=\lambda_0\boldsymbol{P}^{-1}\boldsymbol{x}$.

令 $\boldsymbol{y}=\boldsymbol{P}^{-1}\boldsymbol{x}$,则 $\boldsymbol{x}=\boldsymbol{P}\boldsymbol{y}$,代入上式

$$\boldsymbol{P}^{-1}\boldsymbol{A}\boldsymbol{x}=\boldsymbol{P}^{-1}\boldsymbol{A}(\boldsymbol{P}\boldsymbol{y})=\boldsymbol{P}^{-1}\boldsymbol{A}\boldsymbol{P}\boldsymbol{y},\quad \lambda_0\boldsymbol{P}^{-1}\boldsymbol{x}=\lambda_0\boldsymbol{P}^{-1}(\boldsymbol{P}\boldsymbol{y})=\lambda_0\boldsymbol{y}$$

即$(\boldsymbol{P}^{-1}\boldsymbol{A}\boldsymbol{P})\boldsymbol{y}=\lambda_0\boldsymbol{y}$.由设 $\boldsymbol{x}\neq\boldsymbol{0}$,又 $\boldsymbol{P}$ 可逆,知 $\boldsymbol{P}\boldsymbol{x}\neq\boldsymbol{0}$.

从而 $\boldsymbol{y}=\boldsymbol{P}^{-1}\boldsymbol{x}$ 是 $\boldsymbol{P}^{-1}\boldsymbol{A}\boldsymbol{P}$ 属于 λ_0 的特征向量.

其实,更一般地还有下面的结论.

例 7 若 $\boldsymbol{A}\in\mathbf{R}^{n\times n}$,又 $\varphi(\lambda)$是一多项式,则 $\boldsymbol{A}$ 的所有特征向量皆为矩阵多项式 $\varphi(\boldsymbol{A})$的特征向量.

证 设 $\boldsymbol{\alpha}$ 是 $\boldsymbol{A}$ 属于特征值 λ 的特征向量,即 $\boldsymbol{A}\boldsymbol{\alpha}=\lambda\boldsymbol{\alpha}$.

令 $\varphi(\lambda)=a_m\lambda^m+a_{m-1}\lambda^{m-1}+\cdots+a_1\lambda+a_0$,则

$$\begin{aligned}\varphi(\boldsymbol{A})\boldsymbol{\alpha}&=(a_m\boldsymbol{A}^m+a_{m-1}\boldsymbol{A}^{m-1}+\cdots+a_1\boldsymbol{A}+a_0\boldsymbol{I})\boldsymbol{\alpha}\\&=a_m\boldsymbol{A}^m\boldsymbol{\alpha}+a_{m-1}\boldsymbol{A}^{m-1}\boldsymbol{\alpha}+\cdots+a_1\boldsymbol{A}\boldsymbol{\alpha}+a_0\boldsymbol{I}\boldsymbol{\alpha}\\&=a_m\lambda^m\boldsymbol{\alpha}+a_{m-1}\lambda^{m-1}\boldsymbol{\alpha}+\cdots+a_1\lambda\boldsymbol{\alpha}_1+a_0\boldsymbol{\alpha}\\&=(a_m\lambda^m+a_{m-1}\lambda^{m-1}+\cdots+a_1\lambda+a_0)\boldsymbol{\alpha}\\&=\varphi(\lambda)\boldsymbol{\alpha}\end{aligned}$$

更一般地还可有下面的结论.

例 8 若 $\boldsymbol{A}\in\mathbf{R}^{n\times n}$,又 $\boldsymbol{x}_i$ 为 $\boldsymbol{A}$ 相应于特征值 $\lambda_i(i=1,2,\cdots,n)$的特征向量.又 $g(t)=a_kt^k+a_{k-1}t^{k-1}+\cdots+a_1t+a_0$.试证:若 $g(\boldsymbol{A})$非奇异(可逆),则$g(\lambda_i)\neq0(i=1,2,\cdots,n)$,且求$[g(\boldsymbol{A})]^{-1}$的特征值和特征向量.

证 若 $\lambda_i(i=1,2,\cdots,n)$ 为 $\boldsymbol{A}$ 的特征值,则 $g(\lambda_i)$ 为 $g(\boldsymbol{A})$ 的特征值.

又 $g(\boldsymbol{A})$ 可逆,则 $|g(\boldsymbol{A})|=\prod\limits_{i=1}^{n}g(\lambda_i)\neq0$,从而

$$g(\lambda_i) \neq 0 \quad (i=1,2,\cdots,n)$$

故$[g(\boldsymbol{A})]^{-1}$的特征值为$\dfrac{1}{g(\lambda_i)}(i=1,2,\cdots,n)$.

若$\boldsymbol{A}\boldsymbol{x}_i=\lambda_i\boldsymbol{x}_i(i=1,2,\cdots,n)$,则

$$g(\boldsymbol{A})\boldsymbol{x}_i=g(\lambda_i)\boldsymbol{x}_i \quad (i=1,2,\cdots,n)$$

上式两边同乘$\dfrac{[g(\boldsymbol{A})]^{-1}}{g(\lambda_i)}$,有

$$[g(\boldsymbol{A})]^{-1}\boldsymbol{x}_i=\frac{1}{g(\lambda_i)}\boldsymbol{x}_i \quad (i=1,2,\cdots,n)$$

故 $\boldsymbol{x}_i$ 是$[g(\boldsymbol{A})]^{-1}$属于$\dfrac{1}{g(\lambda_i)}$的特征向量,其中 $i=1,2,\cdots,n$.

例 9　若$\boldsymbol{A}\in \mathbf{R}^{n\times n}$,且$\mathrm{r}(\boldsymbol{A})<n$,则其伴随矩阵$\boldsymbol{A}^*$的$n$个特征根中至少有$n-1$个0,且另一个非零特征根(如果存在的话)等于$\sum\limits_{i=1}^{n}A_{ii}$,这里$A_{ii}$为$\boldsymbol{A}$的代数余子式.

证　由设$\mathrm{r}(\boldsymbol{A})<n$,知$\mathrm{r}(\boldsymbol{A}^*)=0$或1.

当$\mathrm{r}(\boldsymbol{A}^*)=0$时,即$\boldsymbol{A}^*=\boldsymbol{O}$时,结论得证.

当$\mathrm{r}(\boldsymbol{A}^*)=1$时,知有矩阵$\boldsymbol{P}$使

$$\boldsymbol{P}^{-1}\boldsymbol{A}^*\boldsymbol{P}=\begin{pmatrix}\lambda_1 & & & *\\ & \lambda_2 & & \\ & & \ddots & \\ \boldsymbol{O} & & & \lambda_n\end{pmatrix}=\boldsymbol{B}$$

即$\boldsymbol{A}$相似于上三角阵(确切地讲是若尔当阵),由$\mathrm{r}(\boldsymbol{A}^*)=1$,有$\mathrm{r}(\boldsymbol{B})=1$,故知$r_i(i=1,2,\cdots,n)$中有$n-1$个0.

又由$\sum\limits_{i=1}^{n}A_{ii}=\mathrm{tr}\,\boldsymbol{A}^*=\mathrm{tr}\,\boldsymbol{B}=\sum\limits_{i=1}^{n}\lambda_i$,故知$\boldsymbol{A}^*$的另一非零特征根为$\lambda=\sum\limits_{i=1}^{n}A_{ii}$.

例 10　若$\boldsymbol{A}\in \mathbf{R}^{n\times n}(n\geqslant 2)$,试讨论$\boldsymbol{A}$的伴随矩阵$\boldsymbol{A}^*$的特征根、特征向量与$\boldsymbol{A}$的特征根、特征向量的关系.

解　设$\boldsymbol{A}=(a_{ij})_{n\times n}$,以$\boldsymbol{A}$的秩的情况分3种情况讨论之.

(1) 若$\mathrm{r}(\boldsymbol{A})\leqslant n-2$,则$\boldsymbol{A}^*=\boldsymbol{O}$,此时$\boldsymbol{A}^*$的特征根全部为0,任何非零向量皆为其特征向量.此时$\boldsymbol{A}$的特征向量为$\boldsymbol{A}^*$的特征向量.

(2) 若$\mathrm{r}(\boldsymbol{A})=n-1$,由上例知$\boldsymbol{A}^*$有特征值$\sum\limits_{i=1}^{n}A_{ii},0,0,\cdots,0(n-1$重$)$.

由于$\mathrm{r}(\boldsymbol{A}^*)=1$,则$\mu=\sum\limits_{i=1}^{n}A_{ii}\neq 0$.

又$\mathrm{r}(\boldsymbol{A})=n-1$,则$\boldsymbol{A}=(\boldsymbol{a}_1,\boldsymbol{a}_2,\cdots,\boldsymbol{a}_n)$中有$n-1$个线性无关的列向量,不妨设为$\boldsymbol{a}_2,\boldsymbol{a}_3,\cdots,\boldsymbol{a}_n$.注意到$\mathrm{r}(\boldsymbol{A}^*)=1$,则

$$\boldsymbol{A}^*=\begin{pmatrix}A_{11} & A_{21} & \cdots & A_{n1}\\ k_2A_{11} & k_2A_{21} & \cdots & k_2A_{n1}\\ \vdots & \vdots & & \vdots\\ k_nA_{11} & k_nA_{21} & \cdots & k_nA_{n1}\end{pmatrix}$$

故
$$\boldsymbol{A}^*\boldsymbol{a}_i=k_i\Big(\sum_{j=1}^{n}a_{ji}A_{ij}\Big)=\boldsymbol{0},\quad (i=2,3,\cdots,n)$$

从而$\boldsymbol{A}^*\boldsymbol{a}_i=0\cdot\boldsymbol{a}_i,i=2,3,\cdots,n$.此即说$\boldsymbol{a}_2,\boldsymbol{a}_3,\cdots,\boldsymbol{a}_n$是$\boldsymbol{A}^*$属于特征根0(它有$n-1$重)的线性无关的

特征向量.

再求 A^* 属于 μ 的特征向量,设其为 $x=(x_1,x_2,\cdots,x_n)^T$.

由 $A^*x=\mu x$,即 $(A^*-\mu I)x=0$,考虑矩阵

$$A^*-\mu I\longrightarrow\begin{pmatrix}A_{11}-\mu & A_{21} & \cdots & A_{n1}\\ k_2\mu & -c & \cdots & 0\\ \vdots & \vdots & & \vdots\\ k_n\mu & 0 & \cdots & -c\end{pmatrix}\longrightarrow\begin{pmatrix}A_{11}-\mu+k_2A_{21}+\cdots+k_nA_{n1} & A_{21} & \cdots & A_{n1}\\ 0 & -c & \cdots & 0\\ \vdots & \vdots & & \vdots\\ 0 & 0 & \cdots & -c\end{pmatrix}$$

又

$$\mu=\sum_{i=1}^{n}A_{ii}=A_{11}+k_2A_{21}+\cdots+k_nA_{n1}$$

故 $r(A^*-\mu I)=n-1$,则 A^* 属于 μ 的特征向量为

$$x=(1,k_2,k_3,\cdots,k_n)$$

从而 A^* 的全部特征向量为 $x,a_2,a_3,\cdots,a_n$.

(3)若 $r(A)=n$,则 $A^*=|A|A^{-1}$. 如果 $\lambda_i(i=1,2,\cdots,n)$ 是 A 的特征根,则 $\frac{|A|}{\lambda_i}$ 为 A^* 的特征根.

若 ξ_i 是 A 属于 λ_i 的特征向量,由 $A\xi_i=\lambda_i\xi_i$,则 $A^{-1}(A\xi_i)=\lambda_iA^{-1}\xi_i$,即 $\xi_i=\lambda_iA^{-1}\xi_i$,或 $A^{-1}\xi_i=\frac{1}{\lambda_i}\xi_i$ $(i=1,2,\cdots,n)$,知 ξ_i 是 A^{-1} 属于 $\frac{1}{\lambda_i}$ 的特征向量.

从而 $\xi_i(i=1,2,\cdots,n)$ 亦是 A^* 的相应于特征根 $\frac{|A|}{\lambda_i}$ 的特征向量.

例 11 若 $A\in R^{m\times n}$,$B\in R^{n\times m}$,试证 AB 的特征多项式 $f_{AB}(\lambda)$ 和 BA 的特征多项式 $f_{BA}(\lambda)$ 满足 $\lambda^n f_{AB}(\lambda)=\lambda^m f_{BA}(\lambda)$.

证 分两种情形讨论.

(1)当 $m=n$ 时,AB 与 BA 的特征多项式相同,可由

$$\begin{pmatrix}O & I\\ I & O\end{pmatrix}\begin{pmatrix}I & B\\ A & \lambda I\end{pmatrix}\begin{pmatrix}O & I\\ I & O\end{pmatrix}=\begin{pmatrix}\lambda I & A\\ B & I\end{pmatrix}$$

两边取行列式有 $|\lambda I-AB|=|\lambda I-BA|$,从而 $f_{AB}(\lambda)=f_{BA}(\lambda)$.

(2)当 $m\neq n$ 时,不妨设 $m>n$. 考虑补上足够的 0 使它们成为 m 阶方阵

$$\overline{A}=(A,O)_{m\times m},\quad \overline{B}=\begin{pmatrix}B\\ O\end{pmatrix}_{m\times m}$$

这时

$$|\lambda I_m-\overline{A}\,\overline{B}|=|\lambda I_m-\overline{B}\,\overline{A}| \quad ①$$

注意到

$$\overline{A}\,\overline{B}=AB,\quad \overline{B}\,\overline{A}=\begin{pmatrix}BA & O\\ O & O\end{pmatrix}$$

则

$$|\lambda I_m-AB|=|\lambda I_m-AB|=f_{AB}(\lambda) \quad ②$$

而

$$|\lambda I_m-\overline{B}\,\overline{A}|=\begin{vmatrix}\lambda I_n-BA & O\\ O & \lambda I_{m-n}\end{vmatrix}=\lambda^{m-n}|\lambda I_n-BA|=\lambda^{m-n}f_{BA}(\lambda) \quad ③$$

由式①,②,③,从而 $\lambda^m f_{BA}(\lambda)=\lambda^n f_{AB}(\lambda)$.

本例在前文行列式一章例的注中给出过一种解法. 又与例等价的叙述是:

命题:若 $A\in R^{m\times n}$,$B\in R^{n\times m}$,这里 $m\leqslant n$. 在考虑重数时,AB 与 BA 的非零特征值相同.

另证：考虑 $m+n$ 阶分块矩阵乘法

$$\begin{pmatrix} AB & O \\ B & O \end{pmatrix}\begin{pmatrix} I_m & A \\ O & I_n \end{pmatrix}=\begin{pmatrix} AB & ABA \\ B & BA \end{pmatrix}=\begin{pmatrix} I_m & A \\ O & I_n \end{pmatrix}\begin{pmatrix} O & O \\ B & BA \end{pmatrix}$$

及 $\begin{pmatrix} I_m & A \\ O & I_n \end{pmatrix}$ 的可逆性，知 $\begin{pmatrix} AB & O \\ B & O \end{pmatrix}\sim\begin{pmatrix} O & O \\ B & BA \end{pmatrix}$.

又 $\begin{pmatrix} AB & O \\ B & O \end{pmatrix}$ 为下三角分块阵，其特征值为两个对角块 $\boldsymbol{AB}$ 和 $\boldsymbol{O}$ 的特征值的并(集).

类似地，$\begin{pmatrix} O & O \\ B & BA \end{pmatrix}$ 为 $\boldsymbol{BA}$ 和 $\boldsymbol{O}$ 的特征值的并(集).

从而 $\boldsymbol{AB}$ 和 $\boldsymbol{BA}$ 有同样非零特征值(算重数)，而 $\boldsymbol{BA}$ 的其余 $n-m$ 个特征值为 0.

注　由此结论亦可证明 $\mathrm{tr}(AB)=\mathrm{tr}(BA)$，即 $\boldsymbol{AB}$ 与 $\boldsymbol{BA}$ 的迹相等(注意到 $\mathrm{tr}(AB)=\mathrm{tr}(BA)=\sum_{i=1}^{n}\lambda_i$，其中 λ_i 为它们相同的非零特征根).

例 12　证明或否定命题：$\boldsymbol{AB}$ 的每个特征向量皆是 $\boldsymbol{BA}$ 的特征向量.

简析　前文已证 $\boldsymbol{AB}$ 与 $\boldsymbol{BA}$ 有相同的特征多项式，但特征多项式相同的矩阵表示不一定有相同的特征向量.

解　考虑 $A=\begin{pmatrix} 1 & 0 \\ 0 & 1 \end{pmatrix}$，$B=\begin{pmatrix} 1 & 1 \\ 0 & 1 \end{pmatrix}$，则由下面运算

$$AB=\begin{pmatrix} 1 & 2 \\ 1 & 2 \end{pmatrix},\quad BA=\begin{pmatrix} 2 & 2 \\ 1 & 1 \end{pmatrix}$$

知 $\boldsymbol{AB}$ 有特征值 3，相应于它的特征向量 $x=(1,1)^{\mathrm{T}}$ 显然不是 $\boldsymbol{BA}$ 的特征向量.

注意到 $(AB)x=3x$，而 $(BA)x=(4,2)^{\mathrm{T}}\neq\lambda(1,1)^{\mathrm{T}}$.

例 13　设 $A,B\in\mathbf{R}^{n\times n}$，又 $f_B(x)$ 是 $\boldsymbol{B}$ 的特征多项式. 证明：$f_B(A)$ 可逆 $\Longleftrightarrow A,B$ 无相同的特征值.

证　设 λ_i 和 $\mu_i\ (i=1,2,\cdots,n)$ 分别是矩阵 $\boldsymbol{A},\boldsymbol{B}$ 的特征根.

由设 $f_B(\lambda)=|\lambda I-B|=\prod_{i=1}^{n}(\lambda-\mu_i)$，则

$$f_B(\lambda)=\prod_{i=1}^{n}(A-\mu_i I)$$

从而

$$|A-\mu_i I|=(-1)^n|\mu_i I-A|=(-1)^n\prod_{i=1}^{n}(\mu_i-\lambda_k)$$
$$=\prod_{i=1}^{n}(\lambda_k-\mu_i)\quad(i=1,2,\cdots,n)$$

故
$$|f_B(A)|=\left|\prod_{k=1}^{n}(A-\mu_i I)\right|=\prod_{k=1}^{n}(\lambda_k-\mu_i)$$

而
$$\prod_{k=1}^{n}(\lambda_k-\mu_i)\neq 0\Longleftrightarrow\lambda_i\neq\mu_j\quad(1\leqslant i,j\leqslant n)$$

例 14　已知 $\sum_{i=1}^{n}a_i=0$，求下面 n 阶矩阵 $\boldsymbol{A}$ 的特征根，这里

$$A=\begin{pmatrix} a_1^2+1 & a_1a_2+1 & \cdots & a_1a_n+1 \\ a_2a_1+1 & a_2^2+1 & \cdots & a_2a_n+1 \\ \vdots & \vdots & & \vdots \\ a_na_1+1 & a_na_2+1 & \cdots & a_n^2+1 \end{pmatrix}$$

解 设 $\boldsymbol{B}=\begin{pmatrix}a_1 & 1\\ a_2 & 1\\ \vdots & \vdots\\ a_n & 1\end{pmatrix}$，$\boldsymbol{C}=\begin{pmatrix}a_1 & a_2 & \cdots & a_n\\ 1 & 1 & \cdots & 1\end{pmatrix}$，则 $\boldsymbol{A}=\boldsymbol{BC}$，故知 $\mathrm{r}(\boldsymbol{A})\leqslant 2$.

又 $\boldsymbol{A}^{\mathrm{T}}=\boldsymbol{A}$ 及 $|\lambda\boldsymbol{I}-\boldsymbol{A}|=|\lambda\boldsymbol{I}-\boldsymbol{A}^{\mathrm{T}}|$，由前例，从而

$$|\lambda\boldsymbol{I}_n-\boldsymbol{A}|=|\lambda\boldsymbol{I}_n-\boldsymbol{BC}|=\lambda^{n-2}\,|\lambda\boldsymbol{I}_2-\boldsymbol{CB}|$$

而

$$|\lambda\boldsymbol{I}_2-\boldsymbol{CB}|=\begin{vmatrix}\lambda-\sum\limits_{i=1}^n a_i^2 & -\sum\limits_{i=1}^n a_i\\ -\sum\limits_{i=1}^n a_i & \lambda-n\end{vmatrix}=\begin{vmatrix}\lambda-\sum\limits_{i=1}^n a_i^2 & 0\\ 0 & \lambda-n\end{vmatrix}$$

故 $\boldsymbol{A}$ 的 n 个特征根分别为$0,0,\cdots,0(n-2\text{ 重})$ 和 $\sum\limits_{i=1}^n a_i^2$ 及 n.

例 15 若 $\boldsymbol{A}\in\mathbf{R}^{n\times n}$，则 λ 是 $\boldsymbol{A}$ 的特征根$\Longleftrightarrow\boldsymbol{A}-\lambda\boldsymbol{I}$ 不可逆.

证 设$\boldsymbol{\xi}\neq\boldsymbol{0}$是$\boldsymbol{A}$属于$\lambda$的特征向量，则由$\lambda$是$\boldsymbol{A}$的特征根$\Longleftrightarrow\boldsymbol{A\xi}=\lambda\boldsymbol{\xi}$，$\boldsymbol{\xi}\neq\boldsymbol{0}\Longleftrightarrow(\boldsymbol{A}-\lambda\boldsymbol{I})\boldsymbol{\xi}=\boldsymbol{0}$，$\boldsymbol{\xi}\neq\boldsymbol{0}\Longleftrightarrow\boldsymbol{A}-\lambda\boldsymbol{I}$ 不可逆.

下面的例子是已知矩阵的特征向量，反求矩阵的具体形状的问题.

例 16 若 $\boldsymbol{A}\in\mathbf{R}^{n\times n}$，且任意 n 维向量皆为其特征向量，则 $\boldsymbol{A}$ 必可表示为$\lambda\boldsymbol{I}$ 的形式.

证 设 $\boldsymbol{A}=(a_{ij})_{n\times n}$，令 $\boldsymbol{e}_i=(0,0,\cdots,0,1,0\cdots,0)^{\mathrm{T}}$，即第 i 个元素是 1 其余元素是 0 的 n 维向量，且 $\lambda_i(i=1,2,\cdots,n)$为相应的特征值.

由 $\boldsymbol{Ae}_i=\lambda_i\boldsymbol{e}_i$，可知 $a_{ii}=1$，$a_{ij}=0(i\neq j;i,j=1,2,\cdots,n)$，即知 $\boldsymbol{A}$ 有形状 $\mathrm{diag}\{a_{11},a_{22},\cdots,a_{nn}\}$.

再取 $\boldsymbol{e}=(1,1,\cdots,1)^{\mathrm{T}}$，设其相应的特征值为 λ，则由 $\boldsymbol{Ae}=\lambda\boldsymbol{e}$，知 $a_{11}=a_{22}=\cdots=a_{nn}=\lambda$. 从而 $\boldsymbol{A}=\lambda\boldsymbol{I}$.

例 17 若 $\boldsymbol{S}\in\mathbf{R}^{n\times n}$，且 $\boldsymbol{S}^{\mathrm{T}}=-\boldsymbol{S}$，又 $\boldsymbol{I}+\boldsymbol{S}$ 可逆，则 $\boldsymbol{A}=(\boldsymbol{I}-\boldsymbol{S})(\boldsymbol{I}+\boldsymbol{S})^{-1}$无特征根$-1$.

证 由前面两个例子已证若 $\boldsymbol{A}^{\mathrm{T}}\boldsymbol{A}=\boldsymbol{AA}^{\mathrm{T}}=\boldsymbol{I}$，即 $\boldsymbol{A}$ 为正交阵，从而其特征根 λ_i 满足 $|\lambda_i|=1$ $(i=1,2,\cdots,n)$. 又

$$\boldsymbol{I}+\boldsymbol{A}=(\boldsymbol{I}+\boldsymbol{S})(\boldsymbol{I}+\boldsymbol{S})^{-1}+(\boldsymbol{I}-\boldsymbol{S})(\boldsymbol{I}+\boldsymbol{S})^{-1}=[(\boldsymbol{I}+\boldsymbol{S})+(\boldsymbol{I}-\boldsymbol{S})](\boldsymbol{I}+\boldsymbol{S})^{-1}=2(\boldsymbol{I}+\boldsymbol{S})^{-1}$$

从而 $\boldsymbol{I}+\boldsymbol{A}$ 为可逆阵，即$|\boldsymbol{I}+\boldsymbol{A}|\neq 0$，亦可证

$$|-\boldsymbol{I}-\boldsymbol{A}|=(-1)^n|\boldsymbol{I}+\boldsymbol{A}|\neq 0$$

故-1 不是 $\boldsymbol{A}$ 的特征根.

3. 矩阵对角化与矩阵和、积形式分解

利用相似或正交、合同、等价变换，往往可将矩阵对角化，矩阵对角化以后使得许多矩阵问题变得相对容易，这一点我们在前文矩阵求秩的问题中已经看到. 此外，矩阵对角化还有其他用途.

下面来看一个例子，不过它是求变换矩阵 $\boldsymbol{P}$ 的，方法当然涉及配方.

例 1 求可逆阵 $\boldsymbol{P}$ 使$(\boldsymbol{AP})^{\mathrm{T}}(\boldsymbol{AP})$化为对角形，其中 $\boldsymbol{A}=\begin{pmatrix}0 & 1 & & \\ 1 & 0 & & \\ & & 2 & 1\\ & & 1 & 2\end{pmatrix}$.

解 由 $\boldsymbol{A}^{\mathrm{T}}=\boldsymbol{A}$，有$(\boldsymbol{AP})^{\mathrm{T}}(\boldsymbol{AP})=\boldsymbol{P}^{\mathrm{T}}\boldsymbol{A}^2\boldsymbol{P}$，再由分块矩阵运算的性质有

$$\boldsymbol{A}^2=\begin{pmatrix}1 & 0 & & \\ 0 & 1 & & \\ & & 5 & 4\\ & & 4 & 5\end{pmatrix}$$

显然 $f=\boldsymbol{x}^{\mathrm{T}}\boldsymbol{A}^2\boldsymbol{x}=x_1^2+x_2^2+5x_3^2+5x_4^2+8x_3x_4$，注意到经配方

$$f=x_1^2+x_2^2+5\left(x_3+\frac{4}{5}x_4\right)^2+\frac{9}{5}x_4^2$$

则令 $y_1=x_1,y_2=x_2,y_3=x_3+\frac{4}{5}x_4,y_4=x_4$. 这样 f 化为

$$\tilde{f}=y_1^2+y_2^2+5y_3^2+\frac{9}{5}y_4^2$$

而变换矩阵

$$\boldsymbol{P}=\begin{pmatrix}1&&&\\&1&&\\&&1&\frac{4}{5}\\&&&1\end{pmatrix}$$

相应地可有

$$(\boldsymbol{AP})^{\mathrm{T}}(\boldsymbol{AP})=\mathrm{diag}\left\{1,1,5,\frac{9}{5}\right\}$$

显然它比通过矩阵特征问题求 $\boldsymbol{P}$ 简便许多. 当然，这要视问题的具体条件而定.

下面是一个矩阵相似问题，这类问题多与矩阵的特征问题有关.

例 2　设 $\boldsymbol{A}=\begin{pmatrix}a&b\\c&d\end{pmatrix}$，且 $ad-bc=1$，又 $|a+d|>2$. 试证 $\boldsymbol{A}$ 相似于 $\begin{pmatrix}\lambda_0&\\&\lambda_0^{-1}\end{pmatrix}$，且这里 $\lambda_0\neq0,\pm1$.

证　由题设有 $|\lambda\boldsymbol{I}-\boldsymbol{A}|=\lambda^2-(a+d)\lambda+(ad-bc)=\lambda^2-(a+d)\lambda+1$，若其特征根为 λ_0,λ_1，由韦达定理知

$$\lambda_0+\lambda_1=a+d,\quad \lambda_0\lambda_1=1$$

即有 $\lambda_1=\lambda_0^{-1}$. 显然 $\lambda_0\neq0$，又由 $|a+d|>2$，知 $\lambda_0\neq\pm1$.

从而 $\boldsymbol{A}\sim\begin{pmatrix}\lambda_0&\\&\lambda_0^{-1}\end{pmatrix}$，其中 $\lambda_0\neq0,\pm1$.

例 3　设 $\boldsymbol{A}=\begin{pmatrix}a&b\\c&d\end{pmatrix}$，且 $b\neq0$，又 $\boldsymbol{A}$ 有两个相等的特征根 λ_0，求非奇异阵 $\boldsymbol{C}$ 使 $\boldsymbol{CAC}^{-1}=\begin{pmatrix}\lambda_0&1\\0&\lambda_0\end{pmatrix}$.

解　令 $\boldsymbol{C}^{-1}=\begin{pmatrix}x_1&x_2\\x_3&x_4\end{pmatrix}$，由题设有 $\boldsymbol{AC}^{-1}=\boldsymbol{C}^{-1}\begin{pmatrix}\lambda_0&1\\0&\lambda_0\end{pmatrix}$，即

$$\begin{cases}ax_1+bx_3=\lambda_0x_1 & ①\\cx_1+dx_3=\lambda_0x_3 & ②\\ax_2+bx_4=x_1+\lambda_0x_2 & ③\\cx_2+dx_4=x_3+\lambda_0x_4 & ④\end{cases}$$

由式①，②得

$$\begin{cases}(a-\lambda_0)x_1+bx_3=0\\cx_1+(d-\lambda_0)x_3=0\end{cases}$$

其系数矩阵的秩为 1，故知其与方程组 $(a-\lambda_0)x_1+bx_3=0$ 同解. 令 $x_1=b$，得 $x_3=\lambda_0-a$.

将 $x_1=b$ 代入式③，有 $(a-\lambda_0)x_2+bx_4=b$. 令 $x_2=0$，得 $x_4=1$. 从而 $\boldsymbol{C}^{-1}=\begin{pmatrix}b&0\\\lambda_0-a&1\end{pmatrix}$，故

$$\boldsymbol{C}=\begin{pmatrix}\frac{1}{b}&0\\\frac{a-\lambda_0}{b}&1\end{pmatrix}$$

例 4 已知 $\boldsymbol{A}\in\mathbf{R}^{3\times 3}$,$x\in\mathbf{R}^3$,又 $\boldsymbol{x},\boldsymbol{Ax},\boldsymbol{A}^2\boldsymbol{x}$ 线性无关.且满足 $\boldsymbol{A}^3\boldsymbol{x}=3\boldsymbol{Ax}-2\boldsymbol{A}^2\boldsymbol{x}$.(1)记 $\boldsymbol{P}=(\boldsymbol{x},\boldsymbol{Ax},\boldsymbol{A}^2\boldsymbol{x})$,求 3 阶矩阵 $\boldsymbol{B}$ 使 $\boldsymbol{A}=\boldsymbol{PBP}^{-1}$;(2)计算行列式 $\det(\boldsymbol{A}+\boldsymbol{I})$.

解 (1)由题设 $\boldsymbol{A}^3\boldsymbol{x}=3\boldsymbol{Ax}-2\boldsymbol{A}^2\boldsymbol{x}$ 有

$$\boldsymbol{A}^3\boldsymbol{x}+2\boldsymbol{A}^2\boldsymbol{x}-3\boldsymbol{Ax}+a\boldsymbol{x}=a\boldsymbol{x}$$

即$(\boldsymbol{A}^3+2\boldsymbol{A}^2-3\boldsymbol{A}+a\boldsymbol{I})\boldsymbol{x}=a\boldsymbol{x}$,知 $\boldsymbol{x}$ 是 $f(\boldsymbol{A})=\boldsymbol{A}^3+2\boldsymbol{A}^2-3\boldsymbol{A}+a\boldsymbol{I}$ 的相对于特征根 a 的特征向量,这里 $a\in\mathbf{R}$为任意常数.

又若 λ 是 $\boldsymbol{A}$ 的特征根,由 $f(\lambda)$是 $f(\boldsymbol{A})$的特征根,则 λ 满足方程

$$\lambda^3+2\lambda^2-3\lambda+k=k$$

即 $\lambda(\lambda^2+2\lambda-3)=0$,得 $\lambda_1=0,\lambda_2=1,\lambda_3=-3$.知其为 $\boldsymbol{A}$ 的 3 个特征根.

又若 $\boldsymbol{x}$ 是 $\boldsymbol{A}$ 的特征向量,则 $\boldsymbol{x}$ 亦为 $f(\boldsymbol{A})$的特征向量,反之亦然.由 $\boldsymbol{x}$ 是 $f(\boldsymbol{A})$的特征向量,知 $\boldsymbol{x}$ 是 $\boldsymbol{A}$ 的特征向量.

又由题设等式可有$(\boldsymbol{A}^2-2\boldsymbol{A})\boldsymbol{Ax}=3\boldsymbol{Ax}$,知 $\boldsymbol{Ax}$ 是 $\boldsymbol{A}^2-2\boldsymbol{A}$ 的特征向量.同样,由$(\boldsymbol{A}^2-\boldsymbol{A})\boldsymbol{A}^2\boldsymbol{x}=3\boldsymbol{A}^2\boldsymbol{x}$,知 $\boldsymbol{A}^2\boldsymbol{x}$ 亦为 $\boldsymbol{A}^2-2\boldsymbol{A}$ 的特征向量,从而 $\boldsymbol{Ax},\boldsymbol{A}^2\boldsymbol{x}$ 亦是 $\boldsymbol{A}$ 的特征向量.

又 $\boldsymbol{x},\boldsymbol{Ax},\boldsymbol{A}^2\boldsymbol{x}$ 线性无关,故 $\boldsymbol{P}^{-1}\boldsymbol{AP}=\begin{pmatrix}0&&\\&1&\\&&-3\end{pmatrix}$,从而矩阵 $\boldsymbol{B}=\boldsymbol{P}^{-1}\boldsymbol{AP}=\begin{pmatrix}0&&\\&1&\\&&-3\end{pmatrix}$.

(2)由上可有

$$\det(\boldsymbol{A}+\boldsymbol{I})=\det[\boldsymbol{P}^{-1}(\boldsymbol{A}+\boldsymbol{I})\boldsymbol{P}]=\det(\boldsymbol{P}^{-1}\boldsymbol{AP}+\boldsymbol{I})=\det(\boldsymbol{B}+\boldsymbol{I})=|\mathrm{diag}\{2,-2,1\}|=-4$$

注 1 由于题设中 $\boldsymbol{A}$ 没有具体给出,这里的 $\boldsymbol{B}$ 不确定,比如它还可以为

$$\begin{pmatrix}-3&&\\&0&\\&&1\end{pmatrix},\quad\begin{pmatrix}1&&\\&0&\\&&-3\end{pmatrix},\quad\begin{pmatrix}1&&\\&-3&\\&&0\end{pmatrix},\quad\begin{pmatrix}0&&\\&-3&\\&&1\end{pmatrix},\quad\cdots$$

注 2 由题设有 $\boldsymbol{A}^3\boldsymbol{x}+2\boldsymbol{A}^2\boldsymbol{x}-3\boldsymbol{Ax}=\boldsymbol{0}$,即 $\boldsymbol{A}(\boldsymbol{A}^2\boldsymbol{x}+2\boldsymbol{Ax}-3\boldsymbol{x})=\boldsymbol{0}$.因 $\boldsymbol{x},\boldsymbol{Ax},\boldsymbol{A}^2\boldsymbol{x}$ 线性无关,故 $\boldsymbol{A}^2\boldsymbol{x}+2\boldsymbol{Ax}-3\boldsymbol{x}\neq\boldsymbol{0}$,知 $\boldsymbol{Ax}=\boldsymbol{0}$有非零解.从而 $\mathrm{r}(\boldsymbol{A})<3$,知 $\boldsymbol{A}$ 至少有 0 特征根,即 $\boldsymbol{A}$ 不满秩.

例 5 设矩阵

$$\boldsymbol{A}=\begin{pmatrix}1&0&0\\0&2&0\\0&0&-1\end{pmatrix},\quad\boldsymbol{B}=\begin{pmatrix}1&-1&0\\-1&2&0\\0&0&3\end{pmatrix},\quad\boldsymbol{C}=\begin{pmatrix}-2&0&0\\0&1&0\\0&0&1\end{pmatrix},\quad\boldsymbol{D}=\begin{pmatrix}0&1&0\\1&0&0\\0&0&2\end{pmatrix}$$

问 $\boldsymbol{B},\boldsymbol{C},\boldsymbol{D}$ 中:(1)哪些与 $\boldsymbol{A}$ 等价?(2)哪些与 $\boldsymbol{A}$ 合同?(3)哪些与 $\boldsymbol{A}$ 相似?

解 (1)由 $\mathrm{r}(\boldsymbol{A})=\mathrm{r}(\boldsymbol{B})=\mathrm{r}(\boldsymbol{C})=\mathrm{r}(\boldsymbol{D})=3$,故矩阵 $\boldsymbol{B},\boldsymbol{C},\boldsymbol{D}$ 皆与矩阵 $\boldsymbol{A}$ 等价.

(2)注意到下面的矩阵等式,若令

$$\boldsymbol{P}=\begin{pmatrix}&&\sqrt{2}\\&\frac{1}{\sqrt{2}}&\\1&&\end{pmatrix},\quad\boldsymbol{Q}=\begin{pmatrix}0&1&\frac{1}{\sqrt{2}}\\0&1&0\\\frac{1}{\sqrt{2}}&-\frac{1}{\sqrt{2}}&0\end{pmatrix}$$

则

$$\boldsymbol{PAP}^{\mathrm{T}}=\boldsymbol{C},\quad\boldsymbol{QDQ}^{\mathrm{T}}=\boldsymbol{A}$$

故矩阵 $\boldsymbol{C},\boldsymbol{D}$ 与 $\boldsymbol{A}$ 合同,但 $\boldsymbol{B}$ 不与 $\boldsymbol{A}$ 合同,用反证法.

若不然有可逆阵 $\boldsymbol{X}$,使 $\boldsymbol{X}^{\mathrm{T}}\boldsymbol{AX}=\boldsymbol{B}$,则有 $|\boldsymbol{B}|=|\boldsymbol{X}|^2|\boldsymbol{A}|$.

从而 $|\boldsymbol{A}|$ 与 $|\boldsymbol{B}|$ 同号,但由题设知 $|\boldsymbol{A}|<0,|\boldsymbol{B}|>0$,矛盾.

(3)首先 $|\boldsymbol{A}|\neq|\boldsymbol{B}|$,知 $\boldsymbol{B}$ 与 $\boldsymbol{A}$ 不相似.

又 $\boldsymbol{A}$ 与 $\boldsymbol{C}$ 的特征根不相同,故 $\boldsymbol{C}$ 与 $\boldsymbol{A}$ 不相似.

而 $\boldsymbol{A}$ 与 $\boldsymbol{D}$ 有相同的特征根，且均可用相似变换化为相同的对角阵，故 $\boldsymbol{A}\sim\boldsymbol{D}$.

例 6　若单位向量 $\boldsymbol{\alpha},\boldsymbol{\beta}\in\mathbf{R}^{n\times n}$，且 $\boldsymbol{\alpha}^{\mathrm{T}}\boldsymbol{\beta}=0$，则矩阵 $\boldsymbol{\alpha}\boldsymbol{\beta}^{\mathrm{T}}+\boldsymbol{\beta}\boldsymbol{\alpha}^{\mathrm{T}}$ 相似于对角阵 $\mathrm{diag}\{1,-1,0,\cdots,0\}$.

证　由设 $\boldsymbol{\alpha}^{\mathrm{T}}\boldsymbol{\beta}=0$，则 $\boldsymbol{\beta}^{\mathrm{T}}\boldsymbol{\alpha}=(\boldsymbol{\alpha}^{\mathrm{T}}\boldsymbol{\beta})^{\mathrm{T}}=0$. 令 $\boldsymbol{A}=\boldsymbol{\alpha}\boldsymbol{\beta}^{\mathrm{T}}+\boldsymbol{\beta}\boldsymbol{\alpha}^{\mathrm{T}}$，有

$$\boldsymbol{A}\boldsymbol{\alpha}=\boldsymbol{\alpha}\boldsymbol{\beta}^{\mathrm{T}}\boldsymbol{\alpha}+\boldsymbol{\beta}\boldsymbol{\alpha}^{\mathrm{T}}\boldsymbol{\alpha}=\boldsymbol{\alpha}(\boldsymbol{\beta}^{\mathrm{T}}\boldsymbol{\alpha})+\boldsymbol{\beta}(\boldsymbol{\alpha}^{\mathrm{T}}\boldsymbol{\alpha})=\boldsymbol{\beta}$$

且

$$\boldsymbol{A}\boldsymbol{\beta}=\boldsymbol{\alpha}\boldsymbol{\beta}^{\mathrm{T}}\boldsymbol{\beta}+\boldsymbol{\beta}\boldsymbol{\alpha}^{\mathrm{T}}\boldsymbol{\beta}=\boldsymbol{\alpha}(\boldsymbol{\beta}^{\mathrm{T}}\boldsymbol{\beta})+\boldsymbol{\beta}(\boldsymbol{\alpha}^{\mathrm{T}}\boldsymbol{\beta})=\boldsymbol{\alpha}$$

而

$$\boldsymbol{A}(\boldsymbol{\alpha}+\boldsymbol{\beta})=\boldsymbol{\alpha}+\boldsymbol{\beta},\quad \boldsymbol{A}(\boldsymbol{\alpha}-\boldsymbol{\beta})=-(\boldsymbol{\alpha}-\boldsymbol{\beta})$$

由题设 $\boldsymbol{\alpha},\boldsymbol{\beta}$ 为正交单位向量，故 $\boldsymbol{\alpha},\boldsymbol{\beta}$ 进而 $\boldsymbol{\alpha}+\boldsymbol{\beta},\boldsymbol{\alpha}-\boldsymbol{\beta}$ 线性无关，且它们非零. 即 $\boldsymbol{\alpha}+\boldsymbol{\beta},\boldsymbol{\alpha}-\boldsymbol{\beta}$ 为 $\boldsymbol{A}$ 属于特征值 $1,-1$ 的特征向量. 再注意到

$$\mathrm{r}(\boldsymbol{A})=\mathrm{r}(\boldsymbol{\alpha}\boldsymbol{\beta}^{\mathrm{T}}+\boldsymbol{\beta}\boldsymbol{\alpha}^{\mathrm{T}})\leqslant\mathrm{r}(\boldsymbol{\alpha}\boldsymbol{\beta}^{\mathrm{T}})+\mathrm{r}(\boldsymbol{\beta}\boldsymbol{\alpha}^{\mathrm{T}})=2$$

知 $\boldsymbol{A}$ 的非零特征值至多有 2 个.

又 $\boldsymbol{A}^{\mathrm{T}}=(\boldsymbol{\alpha}\boldsymbol{\beta}^{\mathrm{T}}+\boldsymbol{\beta}\boldsymbol{\alpha}^{\mathrm{T}})^{\mathrm{T}}=\boldsymbol{\beta}\boldsymbol{\alpha}^{\mathrm{T}}+\boldsymbol{\alpha}\boldsymbol{\beta}^{\mathrm{T}}=\boldsymbol{A}$，知 $\boldsymbol{A}$ 为对称矩阵，故 $\boldsymbol{A}$ 可相似于对角阵，从而 $\boldsymbol{A}\sim\mathrm{diag}\{1,-1,0,\cdots,0\}$.

例 7　若 $\boldsymbol{A}\in\mathbf{R}^{n\times n}$，且 $\boldsymbol{A}^2-3\boldsymbol{A}+2\boldsymbol{I}=\boldsymbol{O}$，证明 $\boldsymbol{A}$ 可相似于对角阵.

证　由题设知 $\boldsymbol{A}$ 的特征值满足 $\lambda^2-3\lambda+2=0$，即知有根 $\lambda_1=2,\lambda_2=1$.

又 $\boldsymbol{A}^2-3\boldsymbol{A}+2\boldsymbol{I}=(2\boldsymbol{I}-\boldsymbol{A})(\boldsymbol{I}-\boldsymbol{A})=\boldsymbol{O}$，从而

$$\mathrm{r}(2\boldsymbol{I}-\boldsymbol{A})+\mathrm{r}(\boldsymbol{I}-\boldsymbol{A})\leqslant n$$

又 $\mathrm{r}(2\boldsymbol{I}-\boldsymbol{A})+\mathrm{r}(\boldsymbol{I}-\boldsymbol{A})=\mathrm{r}(2\boldsymbol{I}-\boldsymbol{A})+\mathrm{r}(\boldsymbol{A}-\boldsymbol{I})\geqslant\mathrm{r}(2\boldsymbol{I}-\boldsymbol{A}+\boldsymbol{A}-\boldsymbol{I})=\mathrm{r}(\boldsymbol{I})=n$，故

$$\mathrm{r}(2\boldsymbol{I}-\boldsymbol{A})+\mathrm{r}(\boldsymbol{I}-\boldsymbol{A})=n$$

又由 $(2\boldsymbol{I}-\boldsymbol{A})(\boldsymbol{I}-\boldsymbol{A})=\boldsymbol{A}^2-3\boldsymbol{A}+2\boldsymbol{I}=(\boldsymbol{I}-\boldsymbol{A})(2\boldsymbol{I}-\boldsymbol{A})$，知矩阵 $\boldsymbol{I}-\boldsymbol{A}$ 的列向量即为 $(2\boldsymbol{I}-\boldsymbol{A})\boldsymbol{x}=\boldsymbol{0}$ 的线性无关解.

矩阵 $2\boldsymbol{I}-\boldsymbol{A}$ 的列向量必为 $(\boldsymbol{I}-\boldsymbol{A})\boldsymbol{x}=\boldsymbol{0}$ 的线性无关解.

从而 $(2\boldsymbol{I}-\boldsymbol{A})\boldsymbol{x}=\boldsymbol{0}$ 线性无关的解的个数 m_1 与 $(\boldsymbol{I}-\boldsymbol{A})\boldsymbol{x}=\boldsymbol{0}$ 线性无关的解的个数 m_2 之和不小于

$$\mathrm{r}(2\boldsymbol{I}-\boldsymbol{A})+\mathrm{r}(\boldsymbol{I}-\boldsymbol{A})=n$$

又 $m_1+m_2\leqslant n$，从而 $m_1+m_2=n$.

即 $\boldsymbol{A}$ 有 n 个线性无关的特征向量，从而 $\boldsymbol{A}$ 可与对角阵相似.

例 8　若 $\boldsymbol{A}\in\mathbf{R}^{n\times n}$，且 $\lambda_1,\lambda_2,\cdots,\lambda_k$ 是 $\boldsymbol{A}$ 的 k 个不同的特征值. 试证：若矩阵 $\boldsymbol{A}$ 可对角化，则存在 k 个幂等阵 $\boldsymbol{B}_1,\boldsymbol{B}_2,\cdots,\boldsymbol{B}_k$ 使 (1) $\boldsymbol{B}_i\boldsymbol{B}_j=\boldsymbol{O}(i\neq j)$；(2) $\sum\limits_{i=1}^{k}\boldsymbol{B}_i=\boldsymbol{I}$；(3) $\boldsymbol{A}=\sum\limits_{i=1}^{k}\lambda_i\boldsymbol{B}_i$.

证　由题设知存在可逆阵 $\boldsymbol{P}$ 使

$$\boldsymbol{A}=\boldsymbol{P}^{-1}\begin{pmatrix}\lambda_1\boldsymbol{I}_1 & & & \\ & \lambda_2\boldsymbol{I}_2 & & \\ & & \ddots & \\ & & & \lambda_k\boldsymbol{I}_k\end{pmatrix}\boldsymbol{P}$$

其中 $\boldsymbol{I}_i$ 是 $\lambda_i(i=1,2,\cdots,k)$ 的重数阶的单位矩阵.

令

$$\boldsymbol{B}_i=\boldsymbol{P}^{-1}\begin{pmatrix}\boldsymbol{O} & & & & \\ & \ddots & & & \\ & & \boldsymbol{I}_i & & \\ & & & \ddots & \\ & & & & \boldsymbol{O}\end{pmatrix}\boldsymbol{P}\quad(i=1,2,\cdots,k)$$

显然

$$\boldsymbol{B}_i^2=\boldsymbol{P}^{-1}\begin{pmatrix}\boldsymbol{O} & & & & \\ & \ddots & & & \\ & & \boldsymbol{I}_i & & \\ & & & \ddots & \\ & & & & \boldsymbol{O}\end{pmatrix}^2\boldsymbol{P}=\boldsymbol{B}_i\quad(i=1,2,\cdots,k)$$

且
$$B_iB_j = P^{-1}\begin{pmatrix} O & & & & \\ & \ddots & & & \\ & & I_i & & \\ & & & \ddots & \\ & & & & O \end{pmatrix} P \cdot P^{-1}\begin{pmatrix} O & & & & \\ & \ddots & & & \\ & & I_j & & \\ & & & \ddots & \\ & & & & O \end{pmatrix} P = O \quad (i \neq j)$$

又
$$\sum_{i=1}^{k} B_i = P^{-1}\begin{pmatrix} I_1 & & & \\ & I_2 & & \\ & & \ddots & \\ & & & I_k \end{pmatrix} P = P^{-1} IP = I$$

则
$$A = \sum_{i=1}^{k} \lambda_i I_i$$

注 下面的问题可视为例的推广情形：

问题：若 $A \in \mathbf{R}^{n\times n}$，且 $A^2 = A$，又有 $A_i(i = 1,2,\cdots,k)$ 使 $A = \sum_{i=1}^{k} A_i$，且 $\mathrm{r}(A) = \sum_{i=1}^{k} \mathrm{r}(A_i)$. 试证
$$A_i^2 = A_i(1 \leqslant i \leqslant k), \quad A_iA_j = O \quad (1 \leqslant i,j \leqslant n; i \neq j)$$

例 9* 若 A 可以相似于子块形如 $\begin{pmatrix} a & 1 & & \\ & \ddots & \ddots & \\ & & a & 1 \\ & & & a \end{pmatrix}$ 的上三角阵，则 A 可表示为 $A=B+C$，其中 C 为幂零阵(即存在 k 使 $C^k=O$)，B 相似于对角阵，且 $BC=CB$.

证 由设 $A=T^{-1}\begin{pmatrix} J_1 & & & \\ & J_2 & & \\ & & \ddots & \\ & & & J_s \end{pmatrix}T$，其中 $J_i=\begin{pmatrix} \lambda_i & 1 & & \\ & \ddots & \ddots & \\ & & \lambda_i & 1 \\ & & & \lambda_i \end{pmatrix}$，且 J_i 的阶数分别为 $n_i(i=1,2,\cdots,s)$.

令 $C_i=J_i-\lambda_i I_i=\begin{pmatrix} 0 & 1 & & \\ & \ddots & \ddots & \\ & & 0 & 1 \\ & & & 0 \end{pmatrix}$，$i=1,2,\cdots,s$. 容易验证 $(C_i)^{n_i}=O$，$i=1,2,\cdots,n$.

又令 $C=T^{-1}\begin{pmatrix} C_1 & & & \\ & C_2 & & \\ & & \ddots & \\ & & & C_s \end{pmatrix}T$，取 $k=\max\{n_1,n_2,\cdots,n_s\}$，则 $C^n=O$.

再令 $B=T^{-1}\begin{pmatrix} \lambda_1 I_{n_1} & & & \\ & \lambda_2 I_{n_2} & & \\ & & \ddots & \\ & & & \lambda_s I_{n_s} \end{pmatrix}^{\mathrm{T}}$，知 B 相似于对角阵，且

$$B+C=T^{-1}\begin{pmatrix} C_1+\lambda_1 I_{n_1} & & & \\ & C_2+\lambda_2 I_{n_2} & & \\ & & \ddots & \\ & & & C_s+\lambda_s I_{n_s} \end{pmatrix}T=T^{-1}\begin{pmatrix} J_1 & & & \\ & J_2 & & \\ & & \ddots & \\ & & & J_s \end{pmatrix}T$$

$$BC=T^{-1}\begin{pmatrix} \lambda_1 I_{n_1} & & & \\ & \lambda_2 I_{n_2} & & \\ & & \ddots & \\ & & & \lambda_s I_{n_s} \end{pmatrix}TT^{-1}\begin{pmatrix} C_1 & & & \\ & C_2 & & \\ & & \ddots & \\ & & & C_s \end{pmatrix}T=T^{-1}\begin{pmatrix} \lambda_1 C_1 & & & \\ & \lambda_2 C_2 & & \\ & & \ddots & \\ & & & \lambda_s C_s \end{pmatrix}T$$

故 $\boldsymbol{BC}=\boldsymbol{CB}$.

注　例中题设"$\boldsymbol{A}$ 可相似于上三角阵"的假设可以去掉代之"$\boldsymbol{A}$ 是复数矩阵"，结论仍成立.

例 10*　若 $\boldsymbol{A}$ 可以相似于子块形如 $\begin{pmatrix} a & 1 & & & \\ & a & 1 & & \\ & & \ddots & \ddots & \\ & & & a & 1 \\ & & & & a \end{pmatrix}$ 的上三角阵，则 $\boldsymbol{A}$ 可以表示 $\boldsymbol{A}=\boldsymbol{CD}$，其中 $\boldsymbol{C},\boldsymbol{D}$ 是对称阵，且 $\boldsymbol{C}$ 可逆.

证　设矩阵 $\boldsymbol{A}=\boldsymbol{TJT}^{-1}$，其中 $\boldsymbol{J}=\begin{pmatrix} \boldsymbol{J}_1 & & & \\ & \boldsymbol{J}_2 & & \\ & & \ddots & \\ & & & \boldsymbol{J}_s \end{pmatrix}$，则 $\boldsymbol{J}=\boldsymbol{T}^{-1}\boldsymbol{AT}$，且 $\boldsymbol{J}_i=\begin{pmatrix} \lambda_i & 1 & & \\ & \ddots & \ddots & \\ & & \lambda_i & 1 \\ & & & \lambda_i \end{pmatrix}$，$i=1,2,\cdots,s$. 则 $\boldsymbol{A}^{\mathrm{T}}=(\boldsymbol{T}^{\mathrm{T}})^{-1}\boldsymbol{J}^{\mathrm{T}}\boldsymbol{T}^{\mathrm{T}}$.

又令矩阵 $\boldsymbol{H}_i=\begin{pmatrix} & & & 1 \\ & & 1 & \\ & \iddots & & \\ 1 & & & \end{pmatrix}$，其阶数与 $\boldsymbol{J}_i(i=1,2,\cdots,s)$ 一致.

容易验证 $\boldsymbol{J}_i^{\mathrm{T}}=\boldsymbol{H}_i^{-1}\boldsymbol{J}_i\boldsymbol{H}_i$，又若令 $\boldsymbol{H}=\begin{pmatrix} \boldsymbol{J}_1 & & & \\ & \boldsymbol{J}_2 & & \\ & & \ddots & \\ & & & \boldsymbol{J}_s \end{pmatrix}$，则 $\boldsymbol{J}^{\mathrm{T}}=\boldsymbol{H}^{-1}\boldsymbol{JH}$，从而

$$\boldsymbol{A}^{\mathrm{T}}=(\boldsymbol{T}^{\mathrm{T}})^{-1}\boldsymbol{J}^{\mathrm{T}}\boldsymbol{T}^{\mathrm{T}}=(\boldsymbol{T}^{\mathrm{T}})^{-1}(\boldsymbol{H}^{-1}\boldsymbol{JH})\boldsymbol{T}^{\mathrm{T}}=(\boldsymbol{T}^{\mathrm{T}})^{-1}\boldsymbol{H}^{-1}\boldsymbol{T}^{-1}\boldsymbol{ATHT}^{\mathrm{T}}=\boldsymbol{C}^{-1}\boldsymbol{AC}$$

其中 $\boldsymbol{C}=\boldsymbol{THT}^{\mathrm{T}}$.

因为 $\boldsymbol{H}^{\mathrm{T}}=\boldsymbol{H}$，故 $\boldsymbol{C}^{\mathrm{T}}=\boldsymbol{C}$，且 $\boldsymbol{C}$ 可逆.

令 $\boldsymbol{D}=\boldsymbol{C}^{-1}\boldsymbol{A}$，则 $\boldsymbol{A}=\boldsymbol{CD}$，且 $\boldsymbol{D}^{\mathrm{T}}=\boldsymbol{A}^{\mathrm{T}}\boldsymbol{C}^{-1}=(\boldsymbol{C}^{-1}\boldsymbol{AC})\boldsymbol{C}^{-1}=\boldsymbol{C}^{-1}\boldsymbol{A}=\boldsymbol{D}$.

注　例中"$\boldsymbol{A}$ 可相似于上三角阵"的题设可去掉，而换成"$\boldsymbol{A}$ 为 n 阶复数矩阵"即可.

前文我们曾介绍过通过矩阵 $\boldsymbol{A}$ 的特征多项式及凯莱－哈密顿定理求 $\boldsymbol{A}^{-1}$ 的例子(此法虽然不常用，但不乏新颖)，下面再看一个利用矩阵特征多项式表 $\boldsymbol{A}^{-1}$ 为 $\boldsymbol{A}$ 的多项式问题.

例 11　若 $\boldsymbol{A}=\begin{pmatrix} 1 & 2 \\ 1 & -1 \end{pmatrix}$，试将 $\boldsymbol{A}^{-1}$ 表为 $\boldsymbol{A}$ 的多项式.

解 1　由题设知 $f(\lambda)=|\boldsymbol{A}-\lambda\boldsymbol{I}|=\lambda^2-3$.

因 $f(\boldsymbol{A})=\boldsymbol{O}$(亦可直接验证)，从而 $\boldsymbol{A}^2-3\boldsymbol{I}=\boldsymbol{O}$，即 $\boldsymbol{A}^2=3\boldsymbol{I}$，有 $\left(\frac{1}{3}\boldsymbol{A}\right)\boldsymbol{A}=\boldsymbol{I}$，则 $\boldsymbol{A}^{-1}=\frac{1}{3}\boldsymbol{A}$.

解 2　先直接求 $\boldsymbol{A}^{-1}=\dfrac{\boldsymbol{A}^*}{|\boldsymbol{A}|}=\begin{pmatrix} \frac{1}{3} & \frac{2}{3} \\ \frac{1}{3} & -\frac{1}{3} \end{pmatrix}=\frac{1}{3}\begin{pmatrix} 1 & 2 \\ 1 & -1 \end{pmatrix}=\frac{1}{3}\boldsymbol{A}$.

注　这类问题正像函数的某些级数展开，具有一定的重要性. 例题的结论及方法皆可推广，如利用解 1，可将例的结论推广至一般 n 阶非奇异阵的情形.

再来看一个使两个矩阵同时对角化的例子.

例 12　若矩阵 $\boldsymbol{A},\boldsymbol{B}\in\mathbf{R}^{2\times 2}$，且 $\boldsymbol{A}^2=\boldsymbol{B}^2=\boldsymbol{I}$，又 $\boldsymbol{AB}+\boldsymbol{BA}=\boldsymbol{O}$. 证明存在非奇异(可逆)矩阵 $\boldsymbol{T}$ 使

$$\boldsymbol{TAT}^{-1}=\begin{pmatrix} 1 & 0 \\ 0 & -1 \end{pmatrix},\quad \boldsymbol{TBT}^{-1}=\begin{pmatrix} 0 & 1 \\ 1 & 0 \end{pmatrix}$$

证　由 $\boldsymbol{A}^2=\boldsymbol{B}^2=\boldsymbol{I}$，知 $|\boldsymbol{A}|^2=|\boldsymbol{B}|^2=1$. 从而 $\boldsymbol{A},\boldsymbol{B}$ 的特征值均为 ± 1.

但由$AB+BA=O$,知$A\neq\pm I$,且$B\neq\pm I$.这样它们均有相异的特征值,知其可以对角化.

令P使$PAP^{-1}=\begin{pmatrix}1&0\\0&-1\end{pmatrix}$,令$C=PBP^{-1}$,则$C^2=I$.

将$AB+BA=O$左乘P,右乘P^{-1},则有

$$(PAP^{-1})(PBP^{-1})+(PBP^{-1})(PAP^{-1})=O$$

即

$$\begin{pmatrix}1&0\\0&-1\end{pmatrix}C+C\begin{pmatrix}1&0\\0&-1\end{pmatrix}=O$$

故$C=\begin{pmatrix}0&c\\c&0\end{pmatrix}$,$c\neq0$.有$Q=\begin{pmatrix}ck&0\\0&k\end{pmatrix}$,这里$k\in\mathbf{R}$,则$T=QP$时,有

$$TAT^{-1}=\begin{pmatrix}1&0\\0&-1\end{pmatrix},\quad TBT^{-1}=\begin{pmatrix}0&1\\1&0\end{pmatrix}$$

注 其实本例结论可以推广至$n\times n$矩阵的情形.详见后例.

例13 若$A,B\in\mathbf{R}^{3\times3}$,又$AB=A-B$.证明存在可逆阵$P$使$PAP^{-1}$与$PBP^{-1}$同时对角化,这里假设$A$有3个不同的特征根$\lambda_i(i=1,2,3)$.

证 由题设有$(A+I)(I-B)=I$,从而$A+I=(I-B)^{-1}$,且$B=I-(A+I)^{-1}$.由题设A有3个不同的特征根,则有P使

$$PAP^{-1}=\begin{pmatrix}\lambda_1&&\\&\lambda_2&\\&&\lambda_3\end{pmatrix}\Rightarrow PBP^{-1}=\begin{pmatrix}1-\dfrac{1}{\lambda_1+1}&&\\&1-\dfrac{1}{\lambda_2+1}&\\&&1-\dfrac{1}{\lambda_3+1}\end{pmatrix}$$

注1 显然$\lambda_i\neq-1,i=1,2,3$.

注2 由题设可知$AB=BA$,因由$(A+I)^{-1}=I-B\Rightarrow(A+I)(I-B)=I=(I-B)(A+I)\Rightarrow AB=BA$.

注3 结论可推至$n\times n$情形.

注4 若$f(A)f(B)=I$,又A为相似对角阵,则有P使PAP^{-1},PBP^{-1}同时对角化,为命题再推广.

例14* 若$A,B\in\mathbf{R}^{n\times n}$,又$A^2=B^2=I$,且$AB=BA$.试证有非奇异方阵$P$存在,使$PAP^{-1}$和$PBP^{-1}$同时对角化,且对角线上的元素皆为$\pm1$.

证 由$A^2=I$,即$A^2-I=O$,知A的最小(幂零)多项式$\lambda^2-1=(\lambda-1)(\lambda+1)$无重根,知$A$可以对角化,且$A$的特征值为$\pm1$.矩阵$B$亦然.

又$AB=BA$,知有可逆阵P使(证明详见下文)

$$PAP^{-1}=\mathrm{diag}\{\lambda_1,\lambda_2,\cdots,\lambda_n\},\quad PBP^{-1}=\mathrm{diag}\{\mu_1,\mu_2,\cdots,\mu_n\}$$

其中$\lambda_i=\pm1,\mu_i=\pm1(i=1,2,\cdots,n)$.

注1 例的结论可以推广为下列命题.

命题1:若$A,B\in\mathbf{R}^{n\times n}$,又$A^k=B^k=I$,且$AB=BA$,则有非奇异阵$P$使$PAP^{-1}$和$PBP^{-1}$同时对角化,且对角线上的元素为1的$k$次单位根.

命题2:若$A,B\in\mathbf{R}^{n\times n}$,$A^2=A,B^2=B$,又$AB=BA$,则有可逆矩阵$P$使$PAP^{-1}$和$PBP^{-1}$同时对角化.

命题3:若$A,B\in\mathbf{R}^{n\times n}$,且$A,B$皆为对称阵,又$AB=BA$,则有可逆阵$P$使$PAP^{-1}$,$PBP^{-1}$同时对角化.

略证:若$AB=BA$,且$A^{\mathrm{T}}=A$,有正交阵P使

$$P^{\mathrm{T}}AP=\begin{pmatrix}\lambda_1I_1&&&\\&\lambda_2I_2&&\\&&\ddots&\\&&&\lambda_tI_t\end{pmatrix}$$

其中 $\lambda_1,\lambda_2,\cdots,\lambda_t$ 是 $\boldsymbol{A}$ 的相异特征根，$\boldsymbol{I}_i$ 为 $\lambda_i(1\leqslant i\leqslant t)$ 重数阶的单位阵.

由 $(\boldsymbol{P}^{\mathrm{T}}\boldsymbol{AP})(\boldsymbol{P}^{\mathrm{T}}\boldsymbol{BP})=\boldsymbol{P}^{\mathrm{T}}\boldsymbol{ABP}=\boldsymbol{P}^{\mathrm{T}}\boldsymbol{BAP}=\boldsymbol{P}^{\mathrm{T}}\boldsymbol{BPP}^{\mathrm{T}}\boldsymbol{AP}=(\boldsymbol{P}^{\mathrm{T}}\boldsymbol{BP})(\boldsymbol{P}^{\mathrm{T}}\boldsymbol{AP})$，即它们可交换，知 $\boldsymbol{P}^{\mathrm{T}}\boldsymbol{BP}$ 为准对角阵

$$\begin{pmatrix}\boldsymbol{B}_1 & & & \\ & \boldsymbol{B}_2 & & \\ & & \ddots & \\ & & & \boldsymbol{B}_t\end{pmatrix}$$

其中 $\boldsymbol{B}_k$ 与 $\boldsymbol{I}_k$ 同阶 $(k=1,2,\cdots,t)$.

由 $\boldsymbol{B}^{\mathrm{T}}=\boldsymbol{B}$，知 $\boldsymbol{P}^{\mathrm{T}}\boldsymbol{BP}$ 亦对称，故 $\boldsymbol{B}_k$ 对称，有 $\boldsymbol{Q}_k$ 使 $\boldsymbol{Q}_k^{\mathrm{T}}\boldsymbol{B}_k\boldsymbol{Q}_k$ 对角化，从而有

$$\boldsymbol{Q}=\begin{pmatrix}\boldsymbol{Q}_1 & & & \\ & \boldsymbol{Q}_2 & & \\ & & \ddots & \\ & & & \boldsymbol{Q}_t\end{pmatrix}$$

使 $\boldsymbol{Q}^{\mathrm{T}}(\boldsymbol{P}^{\mathrm{T}}\boldsymbol{BP})\boldsymbol{Q}=\boldsymbol{Q}^{\mathrm{T}}\boldsymbol{P}^{\mathrm{T}}\boldsymbol{BPQ}$ 为对角阵，且

$$\boldsymbol{Q}^{\mathrm{T}}\begin{pmatrix}\lambda_1\boldsymbol{I}_1 & & & \\ & \lambda_2\boldsymbol{I}_2 & & \\ & & \ddots & \\ & & & \lambda_t\boldsymbol{I}_t\end{pmatrix}\boldsymbol{Q}=\begin{pmatrix}\lambda_1\boldsymbol{Q}_1^{\mathrm{T}}\boldsymbol{I}_1\boldsymbol{Q}_1 & & & \\ & \lambda_2\boldsymbol{Q}_2^{\mathrm{T}}\boldsymbol{I}_2\boldsymbol{Q}_2 & & \\ & & \ddots & \\ & & & \lambda_t\boldsymbol{Q}_t^{\mathrm{T}}\boldsymbol{I}_t\boldsymbol{Q}_t\end{pmatrix}=\begin{pmatrix}\lambda_1\boldsymbol{I}_1 & & & \\ & \lambda_2\boldsymbol{I}_2 & & \\ & & \ddots & \\ & & & \lambda_t\boldsymbol{I}_t\end{pmatrix}$$

令 $\boldsymbol{T}=\boldsymbol{PQ}$，则 $\boldsymbol{T}^{\mathrm{T}}\boldsymbol{AT},\boldsymbol{T}^{\mathrm{T}}\boldsymbol{BT}$ 为对角阵，即 $\boldsymbol{T}$ 可使 $\boldsymbol{A},\boldsymbol{B}$ 同时对角化.

注 2　若 $\boldsymbol{PAP}^{-1}=\mathrm{diag}\{\lambda_1,\lambda_2,\cdots,\lambda_n\}$，则有

$$\boldsymbol{PA}^2\boldsymbol{P}^{-1}=(\boldsymbol{PAP}^{-1})(\boldsymbol{PAP}^{-1})=\mathrm{diag}\{\lambda_1^2,\lambda_2^2,\cdots,\lambda_n^2\}$$

又 $\boldsymbol{A}^2=\boldsymbol{I}$，知 $\boldsymbol{PA}^2\boldsymbol{P}^{-1}=\boldsymbol{I}$，故 $\lambda_i^2=1$，从而 $\lambda_i=\pm1(i=1,2,\cdots,n)$.

注 3　关于两矩阵同时化为对角形问题还有下面的结论：

命题 4：若 $\boldsymbol{A}$ 是 n 阶正定矩阵，$\boldsymbol{B}$ 是 n 阶实对称阵，则必有非奇异阵 $\boldsymbol{P}$ 使

$$\boldsymbol{P}^{\mathrm{T}}\boldsymbol{AP}=\boldsymbol{I},\quad \boldsymbol{P}^{\mathrm{T}}\boldsymbol{BP}=\mathrm{diag}\{\mu_1,\mu_2,\cdots,\mu_n\}$$

其中 $\mu_1,\mu_2,\cdots,\mu_n$ 是 $|\mu\boldsymbol{A}-\boldsymbol{B}|=0$ 的 n 个实根.

它的证明见下一章的内容.

这是一个所谓矩阵分解的例子，这类问题在矩阵论中十分重要，正如整数的因子分解，多项式的因式分解一样.

例 15　若 $\boldsymbol{A}=\begin{pmatrix}13 & 14 & 4\\ 14 & 24 & 18\\ 4 & 18 & 29\end{pmatrix}$，求矩阵 $\boldsymbol{B}$ 使 $\boldsymbol{B}^2=\boldsymbol{A}$.

解　由题设知 $\boldsymbol{A}$ 为实对称阵，又 $\boldsymbol{A}$ 的特征多项式为

$$|\lambda\boldsymbol{I}-\boldsymbol{A}|=(\lambda-1)(\lambda-16)(\lambda-49)$$

知其特征根为 $\lambda_1=1,\lambda_2=16,\lambda_3=49$. 易求得属于它们的特征向量分别为

$$\boldsymbol{a}_1=(2,-2,1)^{\mathrm{T}},\quad \boldsymbol{a}_2=(2,1,-2)^{\mathrm{T}},\quad \boldsymbol{a}_3=(1,2,2)^{\mathrm{T}}$$

故

$$\boldsymbol{P}=(\boldsymbol{a}_1,\boldsymbol{a}_2,\boldsymbol{a}_3)=\begin{pmatrix}2 & 2 & 1\\ -2 & 1 & 2\\ 1 & -2 & 2\end{pmatrix}$$

且

$$A=P\begin{pmatrix}1&&\\&16&\\&&49\end{pmatrix}P^{-1}=P\begin{pmatrix}1&&\\&4&\\&&7\end{pmatrix}\begin{pmatrix}1&&\\&4&\\&&7\end{pmatrix}P^{-1}$$

$$=P\begin{pmatrix}1&&\\&4&\\&&7\end{pmatrix}P^{-1}P\begin{pmatrix}1&&\\&4&\\&&7\end{pmatrix}P^{-1}=\left[P\begin{pmatrix}1&&\\&4&\\&&7\end{pmatrix}P^{-1}\right]^2$$

从而$B=P\begin{pmatrix}1&&\\&4&\\&&7\end{pmatrix}P^{-1}$为所求,即$A=B^2$.

注 1 该问题的一般情形可见后文正定矩阵中的例(注意到题设矩阵A是正定矩阵),一般情形可有:A是正定矩阵$\Longleftrightarrow$有非奇异阵D使$D^2=A$.

注 2 下面的问题亦与例属同类,且解法无异.

问题:若$A=\begin{pmatrix}20&-2&4\\-2&17&-7\\4&-2&20\end{pmatrix}$,求矩阵$B$使$B^2=A$.

解:$P\begin{pmatrix}4&&\\&4&\\&&5\end{pmatrix}P^{\mathrm T}$,其中$P=\begin{pmatrix}\frac{1}{\sqrt5}&-\frac{4}{3\sqrt5}&\frac{2}{3}\\\frac{2}{\sqrt5}&\frac{2}{3\sqrt5}&-\frac{1}{3}\\0&\frac{5}{3\sqrt5}&\frac{2}{3}\end{pmatrix}$.

下面也是一个两矩阵同时对角化的例子.

例 16 设$A,B\in\mathbf R^{n\times n}$,且$AB=A-B$.证明:(1)$\lambda=1$不是$B$的特征值;(2)若$B$可相似于对角阵,则存在可逆阵$P$使$P^{-1}AP$和$P^{-1}BP$同时对角化.

证 (1)反证法.若不然,今设$\lambda=1$是B的特征值,且$x\neq 0$为其相应的特征向量,则由题设有

$$ABx=(A-B)x\Rightarrow A(Bx)=Ax-Bx\Rightarrow Ax=Ax-x\Rightarrow x=0$$

矛盾,从而$\lambda=1$不是B的特征值.

(2)设可逆阵P使$P^{-1}BP=\mathrm{diag}\{\lambda_1,\lambda_2,\cdots,\lambda_n\}$.

由$AB=A-B$,有$A(I-B)=B$,从而由$\det(I-B)\neq 0$($\lambda=1$不是B的特征值),有$A=B(I-B)^{-1}$.故

$$\begin{aligned}P^{-1}AP&=P^{-1}[B(I-B)^{-1}]P=P^{-1}[BPP^{-1}(I-B)^{-1}]P\\&=P^{-1}BP[P^{-1}(I-B)P]^{-1}=P^{-1}BP[I-P^{-1}BP]^{-1}=\Lambda(I-\Lambda)^{-1}\\&=\mathrm{diag}\{\frac{\lambda_1}{1-\lambda_1},\frac{\lambda_2}{1-\lambda_2},\cdots,\frac{\lambda_n}{1-\lambda_n}\}\end{aligned}$$

4. 与特征问题有关的矩阵行列式问题

与矩阵特征问题有关,或利用矩阵特征理论去解行列式计算问题,是一类技巧性很强的题目.请看下面的例题.

例 1 若$A\in\mathbf R^{n\times n}$,又$A^m=O$.则(1)$I-A$可逆;(2)$|A+I|=1$.

证 (1)由$A^m=O$,知A是幂零阵,其特征根全为0.即1不是A的特征根,从而$|I-A|\neq 0$,故$I-A$可逆.

(2)由设若$A^m=O$,知A的特征根全为0,则有可逆阵T使

$$T^{-1}AT=\begin{pmatrix}0&&&*\\&0&&\\&&\ddots&\\O&&&0\end{pmatrix}\quad(\text{若尔当标准形})\Rightarrow$$

$$T^{-1}(A+I)^{\mathrm{T}}T=\begin{pmatrix}1 & & & * \\ & 1 & & \\ & & \ddots & \\ & O & & 1\end{pmatrix}$$

故
$$|A+I|=|T^{-1}(A+I)^{\mathrm{T}}T|=1$$

注 该例的结论其实可以推广为：

命题：若 $A,B\in\mathbf{R}^{n\times n}$，且 $AB=BA$，又有 m 使 $A^m=O$，则 $|A+B|=|B|$.

仿例中(2)的解法，再结合数学归纳法可证得结论.

例 2 设 $A\in\mathbf{R}^{n\times n}$，且 $|A|=0$，试证对充分小的 $|\varepsilon|>0$，总有 $|A+\varepsilon I|\neq 0$.

证 设 $|A-\lambda I|=0$ 除 0 外的最小特征根为 σ，今考虑：

若 $\sigma=0$，取充分小的 ε 使 $-\varepsilon<\sigma=0$，则 $-\varepsilon$ 不是 A 的特征根；

若 $\sigma\neq 0$，取 $0<|\varepsilon|<|\sigma|$（取 ε 充分小），知 $-\varepsilon$ 不是 A 的特征根.

从而 $|-\varepsilon I-A|\neq 0$，故 $|\varepsilon I+A|\neq 0$.

注 类似的问题有：

问题：$A\in\mathbf{R}^{n\times n}$，且 $A^m=O$，则 $I\pm A$ 可逆.

实因 $A^m=O$，知 A 只有 0 特征根，从而亦知 1 不是 A 的特征多项式 $f(\lambda)=|\lambda I-A|$ 的根，换言之 $|\pm I-A|\neq 0$. 故 $|I\pm A|\neq 0$，知 $I\pm A$ 可逆.

利用矩阵特征多项式及根的性质计算行列式或证明行列式的某些性质，前文我们已有述及，这里再看一例.

例 3 若 $a_{ij}\in\mathbf{Z}$（即整数环或整数集）$(i,j=1,2,\cdots,n)$. 证明行列式

$$D=\begin{vmatrix}a_{11}-\dfrac{1}{2} & a_{12} & \cdots & a_{1n} \\ a_{21} & a_{22}-\dfrac{1}{2} & \cdots & a_{2n} \\ \vdots & \vdots & & \vdots \\ a_{n1} & a_{n2} & \cdots & a_{nn}-\dfrac{1}{2}\end{vmatrix}\neq 0$$

证 设 $A=(a_{ij})_{n\times n}$，则 A 的特征多项式

$$f(\lambda)=|\lambda I-A|=\lambda^n+b_{n-1}\lambda^{n-1}+\cdots+b_0$$

是整系数多项式，而 D 的相应矩阵为 $A-\dfrac{1}{2}I$，从而 $D=(-1)^n f\left(\dfrac{1}{2}\right)$. 若 $f\left(\dfrac{1}{2}\right)=0$，则

$$\frac{1}{2^n}+b_{n-1}\frac{1}{2^{n-1}}+\cdots+b_0=0$$

两边乘以 2^n 即

$$1+2b_{n-1}+2^2b_{n-2}+\cdots+2^nb_0=0$$

令 $M=b_{n-1}+2b_{n-2}+\cdots+2^{n-1}b_0$，上式即为 $1+2M=0$，而 M 是整数，此式不可能成立.

从而 $f\left(\dfrac{1}{2}\right)\neq 0$，即行列式 $D\neq 0$.

例 4 若矩阵 $A\in\mathbf{R}^{n\times n}$，且矩阵 $I-A$ 的特征根的绝对值皆小于 1，求证 $0<|\det A|<2^n$.

证 由题设 $|\lambda I-(I-A)|=|(\lambda-1)I-A|=(-1)^n|(1-\lambda)I-A|$，则若 λ 为 $I-A$ 的特征值，则 $1-\lambda$ 为 A 的特征值.

又 $\det A=\prod\limits_{i=1}^{n}(1-\lambda_i)$. 记 $\lambda_i(i=1,2,\cdots,n)$ 为 $I-A$ 的特征值，则

$$|\det \boldsymbol{A}| = \prod_{i=1}^{n} |1-\lambda_i|$$

又 $|\lambda_i| \leqslant 1 (i=1,2,\cdots,n)$,故

$$0 < \prod_{i=1}^{n}(1-|\lambda_i|) \leqslant \prod_{i=1}^{n}|1-\lambda_i| = \prod_{i=1}^{n}(1+|\lambda_i|) < 2^n$$

例 5 若 $\boldsymbol{A}\in \mathbf{R}^{3\times 3}$,且 $1,-1,2$ 是其特征根.又 $\boldsymbol{B}=\boldsymbol{A}^3-5\boldsymbol{A}^2$.(1)试求 $\boldsymbol{B}$ 的特征值及相似标准形;(2)计算 $|\boldsymbol{B}|$ 和 $|\boldsymbol{A}-5\boldsymbol{I}|$.

解 (1)由设知 $\boldsymbol{B}$ 的 3 个特征根分别为

$$1^3-5\times 1^2=-4,\quad (-1)^3-5\times(-1)^2=-6,\quad 2^3-5\times 2^2=-12$$

因 $\boldsymbol{B}$ 有 3 个相异的特征根,则有可逆阵 $\boldsymbol{P}$ 使 $\boldsymbol{P}^{-1}\boldsymbol{BP}=\mathrm{diag}\{-4,-6,-12\}$.

(2)由题设 $|\boldsymbol{A}|=1\times(-1)\times 2=-2$,又由(1)有

$$|\boldsymbol{B}|=(-4)\times(-6)\times(-12)=-288$$

又
$$|\boldsymbol{B}|=|\boldsymbol{A}^3-5\boldsymbol{A}^2|=|\boldsymbol{A}|^2|\boldsymbol{A}-5\boldsymbol{I}|$$

从而
$$|\boldsymbol{A}-5\boldsymbol{I}|=\frac{|\boldsymbol{B}|}{|\boldsymbol{A}|^2}=\frac{-288}{(-2)^2}=-72$$

例 6 若 $\boldsymbol{A}\in \mathbf{R}^{3\times 3}$,又 $\boldsymbol{\alpha}_1,\boldsymbol{\alpha}_2\in \mathbf{R}^3$ 是为 $\boldsymbol{Ax}=\boldsymbol{0}$ 的基础解系,又有非零阵 $\boldsymbol{B}$ 使 $\boldsymbol{AB}=2\boldsymbol{B}$,求 $|\boldsymbol{A}+\boldsymbol{I}|$.

解 由题设首先知 $\mathrm{r}(\boldsymbol{A})=1$(基础解系有两无关向量).设 $\boldsymbol{B}=(\boldsymbol{\beta}_1,\boldsymbol{\beta}_2,\boldsymbol{\beta}_3)$,因 $\boldsymbol{B}\neq\boldsymbol{O}$,不妨设 $\boldsymbol{\beta}_1\neq\boldsymbol{0}$.则由 $\boldsymbol{AB}=2\boldsymbol{B}\Rightarrow\boldsymbol{A\beta}_1=2\boldsymbol{\beta}_1$,知 2 为 $\boldsymbol{A}$ 的一个特征根,从而 $\boldsymbol{A}$ 有特征根 0,0,2.

因此 $\boldsymbol{A}\sim\begin{pmatrix}0&&\\&0&\\&&2\end{pmatrix}$ 或 $\begin{pmatrix}0&1&\\&0&\\&&2\end{pmatrix}$,从而 $|\boldsymbol{A}+\boldsymbol{I}|=\begin{vmatrix}1&&\\&1&\\&&3\end{vmatrix}$ 或 $\begin{vmatrix}1&1&\\&1&\\&&3\end{vmatrix}$,它们的值为 3.

例 7 若 $\boldsymbol{A}=(a_{ij})_{n\times n}$,且 $\boldsymbol{A}^2=\boldsymbol{A}$.(1)证明 $\boldsymbol{A}$ 可相似于对角阵;(2)求 $\boldsymbol{A}$ 的秩;(3)计算 $|2\boldsymbol{I}-\boldsymbol{A}|$.

证 (1)这个问题我们在"矩阵"一章已有证明,这里再给出一个证法.设 λ 是 $\boldsymbol{A}$(幂等阵)的任一特征值,$\boldsymbol{\alpha}$ 为其相应的特征向量,由题设

$$\boldsymbol{A\alpha}=\lambda\boldsymbol{\alpha},\quad \boldsymbol{A}^2\boldsymbol{\alpha}=\lambda^2\boldsymbol{\alpha}$$

故 $(\lambda^2-\lambda)\boldsymbol{\alpha}=0$.又 $\boldsymbol{\alpha}\neq 0$,知 $\lambda^2-\lambda=0$,从而 $\lambda=0$ 或 1.

故有可逆阵 $\boldsymbol{P}$ 使 $\boldsymbol{P}^{-1}\boldsymbol{AP}=\boldsymbol{J}$,其中

$$\boldsymbol{J}=\begin{pmatrix}\boldsymbol{J}_1&&&\\&\boldsymbol{J}_2&&\\&&\ddots&\\&&&\boldsymbol{J}_s\end{pmatrix},\quad \boldsymbol{J}_k=\begin{pmatrix}0&1&&\\&\ddots&\ddots&\\&&0&1\\&&&0\end{pmatrix}\text{或}\begin{pmatrix}1&1&&\\&\ddots&\ddots&\\&&1&1\\&&&1\end{pmatrix}$$

即所谓若尔当块$(k=1,2,\cdots,s)$.

又 $\boldsymbol{J}^2=(\boldsymbol{P}^{-1}\boldsymbol{AP})(\boldsymbol{P}^{-1}\boldsymbol{AP})=\boldsymbol{P}^{-1}\boldsymbol{A}^2\boldsymbol{P}=\boldsymbol{P}^{-1}\boldsymbol{AP}=\boldsymbol{J}$,从而

$$\boldsymbol{J}^2=\begin{pmatrix}\boldsymbol{J}_1^2&&&\\&\boldsymbol{J}_2^2&&\\&&\ddots&\\&&&\boldsymbol{J}_s^2\end{pmatrix}=\begin{pmatrix}\boldsymbol{J}_1&&&\\&\boldsymbol{J}_2&&\\&&\ddots&\\&&&\boldsymbol{J}_s\end{pmatrix}$$

则 $\boldsymbol{J}_k=\boldsymbol{J}_k^2(k=1,2,\cdots,s)$,因而 $\boldsymbol{J}_k$ 均为元素是 1 或 0 的对角块.

故 $\boldsymbol{A}\sim\begin{pmatrix}\boldsymbol{I}_r&\\&\boldsymbol{O}\end{pmatrix}$ 或 $\boldsymbol{P}^{-1}\boldsymbol{AP}=\begin{pmatrix}\boldsymbol{I}_r&\\&\boldsymbol{O}\end{pmatrix}$,其中 $\boldsymbol{P}$ 可逆.

(2)由 $\mathrm{tr}(\boldsymbol{A})=\mathrm{tr}(\boldsymbol{P}^{-1}\boldsymbol{AP})=\mathrm{r}(\boldsymbol{A})$,即 $\mathrm{r}(\boldsymbol{A})=\mathrm{tr}(\boldsymbol{A})$.

(3)由 $|2\boldsymbol{I}-\boldsymbol{A}|=|\boldsymbol{P}^{-1}||2\boldsymbol{I}-\boldsymbol{A}||\boldsymbol{P}|=|\boldsymbol{P}^{-1}(2\boldsymbol{I}-\boldsymbol{A})\boldsymbol{P}|$,则

$$2|\boldsymbol{I}-\boldsymbol{A}|=\left|2\boldsymbol{I}-\begin{pmatrix}\boldsymbol{I}_r & \\ & \boldsymbol{O}\end{pmatrix}\right|=2^{n-r}$$

注　类似的问题还可见：

若对称矩阵 $\boldsymbol{A}\in\mathbf{R}^{n\times n}$，且 $\boldsymbol{A}^2=\boldsymbol{I}$，又 $\mathrm{r}(\boldsymbol{A}-\boldsymbol{I})=m$，求 $|\boldsymbol{A}-2\boldsymbol{I}|$.

下面的例子涉及矩阵的特征根与其行列式.

例 8　设 $\boldsymbol{A}=(a_{ij})_{n\times n}$，且 $a_{ij}\in\mathbf{Z}(i,j=1,2,\cdots,n)$. 试证：(1) 若整数 λ_0 是 $\boldsymbol{A}$ 的一个特征值，则 $\lambda_0\mid\det\boldsymbol{A}$，这里"|"表示整除之意；(2) 若 $\sum\limits_{j=1}^{n}a_{ij}=\lambda_0(1\leqslant i\leqslant n)$，则 $\lambda_0\mid\det\boldsymbol{A}$.

证　(1) 设 $f(\lambda)=\det(\boldsymbol{A}-\lambda\boldsymbol{I})=(-1)^n\lambda^n+c_1\lambda^{n-1}+\cdots+c_{n-1}\lambda+c_n$.

由于 $\boldsymbol{A}$ 的元素皆为整数，故 c_i 皆为整数 $(1\leqslant i\leqslant n)$，且 $c_n=\det\boldsymbol{A}$(在上式中令 $\lambda=0$ 即可).

若 λ_0 是 $f(\lambda)$ 的整特征值，则由 $\det(\boldsymbol{A}-\lambda_0\boldsymbol{I})=0$，有

$$\det\boldsymbol{A}=c_n=(-1)^{n-1}\lambda_0^n-\sum_{k=1}^{n-1}c_k\lambda_0^{n+k}$$

从而 $\lambda_0\mid\det\boldsymbol{A}$.

(2) 由设知 λ_0 是一个有特征向量 $(1,1,\cdots,1)$ 的特征值.

由(1)知 $\lambda_0\mid\det\boldsymbol{A}$.

这是一个涉及矩阵特征问题的行列式性质，通常称为对角占优或对角优势阵问题，类似的问题前文已有介绍.

例 9　设 $\boldsymbol{A}=(a_{ij})_{n\times n}$，若 $|a_{ii}|>\sum\limits_{\substack{j\neq i\\ j=1}}^{n}|a_{ij}|\ (i=1,2,\cdots,n)$，则 $\boldsymbol{A}$ 的行列式 $\det\boldsymbol{A}\neq 0$.

证　若 $\boldsymbol{x}$ 是属于 $\boldsymbol{A}$ 的特征根 λ 的特征向量，则 $\boldsymbol{A}\boldsymbol{x}=\lambda\boldsymbol{x}$，其第 i 个分量

$$(\lambda-a_{ii})x_i=\sum_{\substack{j\neq i\\ j=1}}^{n}a_{ij}x_j\quad(i=1,2,\cdots,n)$$

令 $|x_k|=\max\{|x_1|,|x_2|,\cdots,|x_n|\}$，由 $\boldsymbol{x}\neq\boldsymbol{0}$，知 $x_k\neq 0$. 则

$$|\lambda-a_{kk}||x_k|=\left|\sum_{\substack{j\neq k\\ j=1}}^{n}a_{kj}x_j\right|\leqslant\sum_{\substack{j\neq k\\ j=1}}^{n}|a_{kj}||x_k|=|x_k|\sum_{\substack{j\neq k\\ j=1}}^{n}|a_{kj}|$$

故 $|\lambda-a_{kk}|\leqslant\sum\limits_{\substack{j\neq k\\ j=1}}^{n}|a_{kj}|<|a_{kk}|$，知 0 不是 $\boldsymbol{A}$ 的特征根. 从而 $\det\boldsymbol{A}\neq 0$.

注　满足题设的矩阵称为**对角优势阵**. 此外，在题设条件下，若 $a_{ii}>0(1\leqslant i\leqslant n)$，还可以证明 $\det\boldsymbol{A}>0$. 显然对矩阵 $\boldsymbol{A}$ 来讲它是可逆或非奇异的. 这些我们后文还将述及.

5. 特征问题杂例

例 1　若 $\boldsymbol{A},\boldsymbol{B}\in\mathbf{R}^{n\times n}$，且 $\mathrm{r}(\boldsymbol{A})+\mathrm{r}(\boldsymbol{B})<n$，则 $\boldsymbol{A},\boldsymbol{B}$ 至少有一个公共特征向量.

证　设 $\mathrm{r}(\boldsymbol{A})=r_{\boldsymbol{A}}$，$\mathrm{r}(\boldsymbol{B})=r_{\boldsymbol{B}}$，则由题设有 $\mathrm{r}(\boldsymbol{A})+\mathrm{r}(\boldsymbol{B})<n$，知 $\boldsymbol{A},\boldsymbol{B}$ 皆有 0 特征根，其个数分别为 $n-r_{\boldsymbol{A}}$ 和 $n-r_{\boldsymbol{B}}$ 个.

考虑 $\boldsymbol{A}\boldsymbol{x}=\boldsymbol{0}$，$\boldsymbol{B}\boldsymbol{x}=\boldsymbol{0}$，它们的非零解也是它们相应于 0 特征根的特征向量，方程组分别有 $n-r_{\boldsymbol{A}}$，$n-r_{\boldsymbol{B}}$ 个线性无关的解向量，分别记它们为组(Ⅰ)、组(Ⅱ). 但

$$(n-r_{\boldsymbol{A}})+(n-r_{\boldsymbol{B}})=2n-(r_{\boldsymbol{A}}+r_{\boldsymbol{B}})>2n-n=n$$

故两向量组中解向量的个数多于 n 个，它们必线性相关.

不妨设组(Ⅰ)中的某向量 $\boldsymbol{\alpha}\leftarrow$组(Ⅱ)(这里"$\leftarrow$"表示线性表出之意)，则 $\boldsymbol{\alpha}$ 即为它们同属于相应于 0 特征根的特征向量.

注意到齐次方程的解的线性组合，仍为其解.

例 2 若 $A\in\mathbf{R}^{n\times n}$,又 $r(A-\alpha I)+r(A-\beta I)+r(A-rI)=2n$,且 $\alpha\neq\beta\neq\gamma\neq 0$,则 A 非奇异.

证 设 λ_i 为 A 的特征值,由设知 $\{\lambda_i-\alpha,\lambda_i-\beta,\lambda_i-\gamma\}$,$i=1,2,\cdots,n$ 中共有 $2n$ 个不为 0,且有 n 个为 0;换言之,对于 λ_j 而言,$\lambda_j-\alpha,\lambda_j-\beta,\lambda_j-\gamma$ 之一为 0,从而 λ_j 或为 α,或为 β,或为 γ,从而由 $\alpha\neq\beta\neq\gamma\neq 0$ 知 A 有 n 个非零特征根,从而 A 可逆,即非奇异.

推广 若 $\sum\limits_{i=1}^{m} r(A-\alpha_i I)=(m-1)n$,则 A 可逆,这里 $\alpha_i\neq\alpha_j\neq 0$.

下面是一个求具体矩阵的特征问题,但它也与矩阵行列式有关,不过这个行列式我们一点不陌生,因为我们前文曾重点介绍过,这里再次遇到,只是将问题换了种提法.

例 3 设 $n\times n$ 矩阵 $A=\sigma\begin{pmatrix}1&\rho&\rho&\cdots&\rho\\ \rho&1&\rho&\cdots&\rho\\ \vdots&\vdots&\vdots&&\vdots\\ \rho&\rho&\rho&\cdots&1\end{pmatrix}$,这里 $0<\rho\leqslant 1,\sigma>0$. 试证它的最大特征值(根)$\lambda_{\max}=\sigma[1+(n-1)\rho]$.

证 所求矩阵特征多项式,实际上是计算行列式,这种矩阵的行列式计算方法,前文(行列式一章)已有介绍. 注意到

$$|\lambda I-A|=\begin{vmatrix}\lambda-\sigma&-\sigma\rho&\cdots&-\sigma\rho\\ -\sigma\rho&\lambda-\sigma&\cdots&-\sigma\rho\\ \vdots&\vdots&&\vdots\\ -\sigma\rho&-\sigma\rho&\cdots&\lambda-\sigma\end{vmatrix}=[\lambda-\sigma+(n-1)(-\sigma\rho)](\lambda-\sigma+\sigma\rho)^{n-1}$$

故 A 的相异特征值为 $\sigma[1+(n-1)3]$ 和 $\sigma(1-\rho)$.

由设 $0<\rho\leqslant 1$,故 $1+(n-1)\rho>1-\rho$. 从而 A 的最大特征值 $\lambda_{\max}=\sigma[1+(n-1)\rho]$.

关于特征值的大小我们还有下面的例子,我们前文已有介绍,这里是换种提法及证明.

例 4 设 A 为 n 阶实对称阵,λ_1 为其最大特征值. 试证 $\lambda_1=\max\limits_{\|u\|=1}(Au,u)$,其中 $u\in\mathbf{R}^n$,$\|u\|$ 表示向量 u 的模即长度,(a,b) 表示 $a^{\mathrm{T}}b$.

证 若 x 为 A 属于 λ_1 的长度为 1 的特征向量,则 $Ax=\lambda_1 x$,且 $\|x\|=1$,故

$$\lambda_1=(Ax,x)=x^{\mathrm{T}}Ax$$

又由 A 为 n 阶实对称阵,故存在正交阵 P 使

$$P^{\mathrm{T}}AP=\begin{pmatrix}\lambda_1&&&\\&\lambda_2&&\\&&\ddots&\\&&&\lambda_n\end{pmatrix}$$

这里 $\lambda_1\geqslant\lambda_2\geqslant\cdots\geqslant\lambda_n$. 作变换 $u=Py$,其中,$u\in\mathbf{R}^n$,且 $\|u\|=1$. 这样首先有 $\|y\|=1$,且

$$(Au,u)=u^{\mathrm{T}}Au=y^{\mathrm{T}}P^{\mathrm{T}}APy=y^{\mathrm{T}}\begin{pmatrix}\lambda_1&&&\\&\lambda_2&&\\&&\ddots&\\&&&\lambda_n\end{pmatrix}y=\sum_{i=1}^{n}\lambda_i y_i^2=\lambda_1\|y\|=\lambda_1$$

故

$$\lambda_1=\max_{\|u\|=1}(Au,u)$$

下面是一道综合性问题,例中涉及代数余子式等概念.

例 5 若 $A\in\mathbf{R}^{n\times n}$,且 $A^{\mathrm{T}}=A$(对称),又 A 可逆. 同时 $f(x_1,x_2,\cdots,x_n)=\sum\limits_{i=1}^{n}\sum\limits_{j=1}^{n}\dfrac{A_{ij}}{|A|}x_ix_j$,其中 A_{ij} 为 $A=(a_{ij})_{n\times n}$ 的代数余子式.

(1) 记 $x=(x_1,x_2,\cdots,x_n)^{\mathrm{T}}$,将 $f(x_1,x_2,\cdots,x_n)$ 写成向量矩阵形式,且证明 $f(x)$ 的矩阵为 A^{-1};

(2)$g(\boldsymbol{x})=\boldsymbol{x}^{\mathrm{T}}\boldsymbol{A}\boldsymbol{x}$ 与 $f(\boldsymbol{x})$ 的标准型(规范)是否相同？说明理由.

解　(1) 由题设 $f(\boldsymbol{x})=\boldsymbol{x}\dfrac{(A_{ij})_{n\times n}}{|\boldsymbol{A}|}\boldsymbol{x}$,因 $\mathrm{r}(\boldsymbol{A})=n$,知 $\boldsymbol{A}$ 非奇异.故

$$\boldsymbol{A}^{-1}=\frac{\boldsymbol{A}^*}{|\boldsymbol{A}|}$$

又
$$(\boldsymbol{A}^{-1})^{\mathrm{T}}=(\boldsymbol{A}^{\mathrm{T}})^{-1}=\left(\frac{\boldsymbol{A}^*}{|\boldsymbol{A}|}\right)^{\mathrm{T}}=\frac{\boldsymbol{A}^{*\mathrm{T}}}{|\boldsymbol{A}|}=\boldsymbol{A}^{-1}$$

知 $\boldsymbol{A}^{-1}$ 对称.

故 $f(\boldsymbol{x})$ 的矩阵为 $\boldsymbol{A}^{-1}$,从而 $\boldsymbol{A}$ 与 $\boldsymbol{A}^{-1}$ 合同,知 $f(\boldsymbol{x})$ 与 $g(\boldsymbol{x})$ 规范标准形相同.

例 6　设 $\boldsymbol{A}=(a_{ij})_{n\times n}$,定义矩阵 $\boldsymbol{A}$ 的迹 $\mathrm{tr}(\boldsymbol{A})=\sum_{i=1}^{n}a_{ii}$,证明:(1)$\mathrm{tr}(\boldsymbol{A})=\mathrm{tr}(\boldsymbol{B}^{-1}\boldsymbol{A}\boldsymbol{B})$;(2) $\mathrm{tr}(\boldsymbol{A}\boldsymbol{A}^{\mathrm{T}})=\sum_{i=1}^{n}\sum_{j=1}^{n}a_{ij}^2$.

证　(1) 设 $\boldsymbol{A}$ 的 n 个特征根为 $\lambda_1,\lambda_2,\cdots,\lambda_n$,由

$$|\lambda\boldsymbol{I}-\boldsymbol{B}^{-1}\boldsymbol{A}\boldsymbol{B}|=|\boldsymbol{B}^{-1}||\lambda\boldsymbol{I}-\boldsymbol{A}||\boldsymbol{B}|=|\lambda\boldsymbol{I}-\boldsymbol{A}|$$

从而
$$\mathrm{tr}(\boldsymbol{B}^{-1}\boldsymbol{A}\boldsymbol{B})=\sum_{i=1}^{n}\lambda_i=\mathrm{tr}(\boldsymbol{A})$$

(2) 由矩阵乘法知

$$\boldsymbol{A}\boldsymbol{A}^{\mathrm{T}}=\begin{pmatrix}\sum_{i=1}^{n}a_{1j}^2 & & & *\\ & \sum_{i=1}^{n}a_{2j}^2 & & \\ & & \ddots & \\ * & & & \sum_{i=1}^{n}a_{nj}^2\end{pmatrix}$$

这里“*”表示矩阵对角线外的其他元素,故 $\mathrm{tr}(\boldsymbol{A}\boldsymbol{A}^{\mathrm{T}})=\sum_{i=1}^{n}\sum_{j=1}^{n}a_{ij}^2$.

注　仿上可解下面的命题:

命题:若 $\boldsymbol{A}\in\mathbf{R}^{n\times n}$,又 $\lambda_1,\lambda_2,\cdots,\lambda_n$ 为其特征根,则 $\sum_{i=1}^{n}\lambda_i^2=\sum_{i=1}^{n}\sum_{j=1}^{n}a_{ij}a_{ji}$.

略证:若 $\boldsymbol{P}^{-1}\boldsymbol{A}\boldsymbol{P}=\begin{pmatrix}\lambda_1 & & *\\ & \lambda_2 & & \\ & & \ddots & \\ \boldsymbol{O} & & & \lambda_n\end{pmatrix}$,则 $\boldsymbol{P}^{-1}\boldsymbol{A}\boldsymbol{P}=\begin{pmatrix}\lambda_1^2 & & *\\ & \lambda_2^2 & & \\ & & \ddots & \\ \boldsymbol{O} & & & \lambda_n^2\end{pmatrix}$.

故 $\sum_{i=1}^{n}\lambda_i^2=\mathrm{tr}(\boldsymbol{A}^2)=\sum_{i=1}^{n}\sum_{j=1}^{n}a_{ij}a_{ji}$.

例 7　若 $\boldsymbol{A}\in\mathbf{R}^{n\times n}$,且 $\boldsymbol{A}^{\mathrm{T}}=\boldsymbol{A}$,证明:存在正的实数 $c\in\mathbf{R}^+$,使任意 $\boldsymbol{\alpha}\in\mathbf{R}^n$ 都有 $|\boldsymbol{\alpha}^{\mathrm{T}}\boldsymbol{A}\boldsymbol{\alpha}|\leqslant c\boldsymbol{\alpha}^{\mathrm{T}}\boldsymbol{\alpha}$.

证 1　令 $\boldsymbol{A}=(a_{ij})$,且 $\boldsymbol{\alpha}=(a_1,a_2,\cdots,a_n)$,且令 $a=\max\limits_{1\leqslant i,j\leqslant n}\{|a_{ij}|\}$.

由绝对值性质及算术－几何平均值不等式,有

$$|\boldsymbol{\alpha}^{\mathrm{T}}\boldsymbol{A}\boldsymbol{\alpha}|=\left|\sum_{i=1}^{n}\sum_{j=1}^{n}a_{ij}a_ia_j\right|\leqslant\sum_{i=1}^{n}\sum_{j=1}^{n}|a_{ij}||a_i||a_j|$$
$$\leqslant a\sum_{i=1}^{n}\sum_{j=1}^{n}|a_i||a_j|\leqslant a\sum_{i=1}^{n}\sum_{j=1}^{n}\left[\frac{1}{2}(a_i^2a_j^2)\right]=an\sum_{i=1}^{n}a_i^2$$

故 $c=an$ 即为所求.

证 2 由设 $\boldsymbol{A}$ 为实对称阵,故有正交阵 $\boldsymbol{T}$ 使

$$\boldsymbol{T}^{\mathrm{T}}\boldsymbol{A}\boldsymbol{T}=\mathrm{diag}\{\lambda_1,\lambda_2,\cdots,\lambda_n\}$$

其中 $\lambda_1,\lambda_2,\cdots,\lambda_n$ 为 $\boldsymbol{A}$ 的特征值.

考虑线性方程组 $\boldsymbol{T}\boldsymbol{x}=\boldsymbol{\alpha}$,有 $\boldsymbol{x}=\boldsymbol{T}^{-1}\boldsymbol{\alpha}=\boldsymbol{T}^{\mathrm{T}}\boldsymbol{\alpha}$,且令 $\lambda=\max\limits_{1\leqslant i\leqslant n}\{|\lambda_i|\}$,从而

$$|\boldsymbol{\alpha}^{\mathrm{T}}\boldsymbol{A}\boldsymbol{\alpha}|=|(\boldsymbol{T}\boldsymbol{x})^{\mathrm{T}}\boldsymbol{A}(\boldsymbol{T}\boldsymbol{x})|=|\boldsymbol{x}^{\mathrm{T}}(\boldsymbol{T}^{\mathrm{T}}\boldsymbol{A}\boldsymbol{T})\boldsymbol{x}|=|\boldsymbol{x}^{\mathrm{T}}\mathrm{diag}\{\lambda_1,\lambda_2,\cdots,\lambda_n\}\boldsymbol{x}|$$
$$\leqslant\lambda\boldsymbol{x}^{\mathrm{T}}\boldsymbol{x}=\lambda(\boldsymbol{T}^{\mathrm{T}}\boldsymbol{\alpha})^{\mathrm{T}}(\boldsymbol{T}^{\mathrm{T}}\boldsymbol{\alpha})=\lambda\boldsymbol{\alpha}^{\mathrm{T}}\boldsymbol{\alpha}$$

例 8 若 n 阶实对称矩阵 $\boldsymbol{A}$ 的所有 1 阶主子式之和为 0,且 2 阶主子式之和亦为 0,求证 $\boldsymbol{A}^n=\boldsymbol{O}$.

证 由题设 $\boldsymbol{A}^{\mathrm{T}}=\boldsymbol{A}$,则 $\boldsymbol{A}$ 有 n 个实特征根 $\lambda_1,\lambda_2,\cdots,\lambda_n$,且存在可逆阵 $\boldsymbol{P}$ 使

$$\boldsymbol{P}^{-1}\boldsymbol{A}\boldsymbol{P}=\mathrm{diag}\{\lambda_1,\lambda_2,\cdots,\lambda_n\}$$

由 $\boldsymbol{A}\sim\mathrm{diag}\{\lambda_1,\lambda_2,\cdots,\lambda_n\}$,则若使 $A_{1i},A_{2j}(i,j=1,2,\cdots)$ 为 $\boldsymbol{A}$ 的 1,2 阶主子式,则

$$\sum_i A_{1j}=\sum_k\lambda_k,\quad \sum_j A_{2j}=\sum_{k\neq l}\lambda_k\lambda_l$$

由 $\sum\lambda^2=(\sum\lambda_k)^2-2\sum\lambda_k\lambda_l=0$,知 $\lambda_1=\lambda_2=\cdots=\lambda_n=0$,即 $\boldsymbol{P}^{-1}\boldsymbol{A}\boldsymbol{P}=\mathrm{diag}\{0,0,\cdots,0\}=\boldsymbol{O}$.
而 $\boldsymbol{P}^{-1}\boldsymbol{A}^n\boldsymbol{P}=(\boldsymbol{P}^{-1}\boldsymbol{A}\boldsymbol{P})(\boldsymbol{P}^{-1}\boldsymbol{A}\boldsymbol{P})\cdots(\boldsymbol{P}^{-1}\boldsymbol{A}\boldsymbol{P})=\boldsymbol{O}$,故 $\boldsymbol{A}^n=\boldsymbol{O}$.

注 其实题设中"实对称阵"的条件去掉,结论仍成立.

例 9 若 $\boldsymbol{A}_1,\boldsymbol{A}_2,\boldsymbol{B}_1,\boldsymbol{B}_2\in\mathbf{R}^{n\times n}$,又 $\boldsymbol{A}_2,\boldsymbol{B}_2$ 可逆,试证:存在可逆阵 $\boldsymbol{P},\boldsymbol{Q}$ 使 $\boldsymbol{P}\boldsymbol{A}_i\boldsymbol{Q}=\boldsymbol{B}_i(i=1,2)\Longleftrightarrow\boldsymbol{A}_1\boldsymbol{A}_2^{-1}\sim\boldsymbol{B}_1\boldsymbol{B}_2^{-1}$.

证 "$\Rightarrow$"若有可逆阵 $\boldsymbol{P},\boldsymbol{Q}$ 使 $\boldsymbol{P}\boldsymbol{A}_1\boldsymbol{Q}=\boldsymbol{B}_1,\boldsymbol{P}\boldsymbol{A}_2\boldsymbol{Q}=\boldsymbol{B}_2$,则

$$\boldsymbol{B}_1\boldsymbol{B}_2^{-1}=(\boldsymbol{P}\boldsymbol{A}_1\boldsymbol{Q})(\boldsymbol{Q}^{-1}\boldsymbol{A}_2^{-1}\boldsymbol{P}^{-1})=\boldsymbol{P}\boldsymbol{A}_1\boldsymbol{A}_2^{-1}\boldsymbol{P}^{-1}$$

即

$$\boldsymbol{B}_1\boldsymbol{B}_2^{-1}\sim\boldsymbol{A}_1\boldsymbol{A}_2^{-1}$$

"$\Leftarrow$"设 $\boldsymbol{B}_1\boldsymbol{B}_2^{-1}=\boldsymbol{X}^{-1}\boldsymbol{A}_1\boldsymbol{A}_2^{-1}\boldsymbol{X}$,则 $\boldsymbol{B}_1=\boldsymbol{X}^{-1}\boldsymbol{A}_1\boldsymbol{A}_2^{-1}\boldsymbol{X}\boldsymbol{B}_2$.

令 $\boldsymbol{P}=\boldsymbol{X}^{-1},\boldsymbol{Q}=\boldsymbol{A}_2^{-1}\boldsymbol{X}\boldsymbol{B}_2$,故 $\boldsymbol{B}_1=\boldsymbol{P}\boldsymbol{A}_1\boldsymbol{Q}$. 又 $\boldsymbol{P}\boldsymbol{A}_2\boldsymbol{Q}=\boldsymbol{P}\boldsymbol{A}_2(\boldsymbol{A}_2^{-1}\boldsymbol{X}\boldsymbol{B}_2)=\boldsymbol{X}^{-1}\boldsymbol{A}_2(\boldsymbol{A}_2^{-1}\boldsymbol{X}\boldsymbol{B}_2)=\boldsymbol{B}_2$.

研究生入学考试试题选讲

1978～1986 年部分

1. 矩阵的特征值及特征向量计算

(1) 矩阵的特征值及其特征向量的计算与证明

例 1 已知 $\boldsymbol{T}^{\mathrm{T}}\boldsymbol{A}\boldsymbol{T}=\begin{pmatrix}1&0&0\\0&3&0\\0&0&7\end{pmatrix}$,其中 $\boldsymbol{T}=\begin{pmatrix}-\frac{1}{\sqrt{3}}&\frac{1}{\sqrt{2}}&\frac{1}{\sqrt{6}}\\\frac{1}{\sqrt{3}}&\frac{1}{\sqrt{2}}&-\frac{1}{\sqrt{6}}\\\frac{1}{\sqrt{3}}&0&\frac{2}{\sqrt{6}}\end{pmatrix}$ 为正交矩阵,且 $\boldsymbol{A}=\begin{pmatrix}3&0&2\\0&3&-2\\2&-2&5\end{pmatrix}$.

(1) 求 $\boldsymbol{A}$ 的特征值和特征向量;(2) 设 λ 为 $\boldsymbol{A}$ 的特征值,证明 $2\lambda^2+3$ 为 $2\boldsymbol{A}^2+3\boldsymbol{I}$ 的特征值,其中 $\boldsymbol{I}$ 为 3 阶单位矩阵.(上海交通大学等院校,1986)

解 (1)因 $\boldsymbol{T}^{\mathrm{T}}=\boldsymbol{T}^{-1}$,故 $\boldsymbol{A}$ 的特征值 $\lambda_1=1,\lambda_2=3,\lambda_3=7$,相应的特征向量是$(-1,1,1),(1,1,0),(1,-1,0)$.

(2) 因 λ 是 $\boldsymbol{A}$ 的特征值,则有非零向量 $\boldsymbol{\xi}$,使 $\boldsymbol{A}\boldsymbol{\xi}=\lambda\boldsymbol{\xi}$.

由

$$(2\boldsymbol{A}^2+3\boldsymbol{I})\boldsymbol{\xi}=2\boldsymbol{A}(\boldsymbol{A}\boldsymbol{\xi})+3\boldsymbol{\xi}=2\boldsymbol{A}(\lambda\boldsymbol{\xi})+3\boldsymbol{\xi}=\lambda\cdot 2\boldsymbol{A}\boldsymbol{\xi}+3\boldsymbol{\xi}$$
$$=\lambda\cdot 2(\lambda\boldsymbol{\xi})+3\boldsymbol{\xi}=2\lambda^2\boldsymbol{\xi}+3\boldsymbol{\xi}=(2\lambda^2+3)\boldsymbol{\xi}$$

故 $2\lambda^2+3$ 是 $2\boldsymbol{A}^2+3\boldsymbol{I}$ 的特征值.

例 2　已知矩阵 $\boldsymbol{A}=\begin{pmatrix}2&-1&-2&1\\-1&2&1&-1\\-1&1&2&-1\\1&-1&-1&2\end{pmatrix}$，且有矩阵 $\boldsymbol{T}$，使 $\boldsymbol{T}^{\mathrm{T}}\boldsymbol{A}\boldsymbol{T}=\begin{pmatrix}1&&&\\&1&&\\&&1&\\&&&5\end{pmatrix}$，其中矩阵

$$\boldsymbol{T}=\begin{pmatrix}\frac{\sqrt{2}}{2}&\frac{\sqrt{6}}{6}&\frac{\sqrt{3}}{6}&\frac{1}{2}\\\frac{\sqrt{2}}{2}&-\frac{\sqrt{6}}{6}&-\frac{\sqrt{3}}{6}&-\frac{1}{2}\\0&\frac{\sqrt{6}}{3}&-\frac{\sqrt{3}}{6}&-\frac{1}{2}\\0&0&-\frac{\sqrt{3}}{2}&\frac{1}{2}\end{pmatrix}$$

(1) 求 $\boldsymbol{A}$ 的特征值和特征向量；(2)求 $2\boldsymbol{A}^2+\boldsymbol{I}$ 的特征值；(3)求把 $2\boldsymbol{A}^2+\boldsymbol{I}$ 化为对角形的变换矩阵.(中国科学院，1984)

解　(1)易于验证 $\boldsymbol{T}^{\mathrm{T}}\boldsymbol{T}=\boldsymbol{T}\boldsymbol{T}^{\mathrm{T}}=\boldsymbol{I}$，故 $\boldsymbol{T}^{\mathrm{T}}=\boldsymbol{T}^{-1}$.

从而知 $\boldsymbol{A}$ 的特征值为 $\lambda_1=\lambda_2=\lambda_3=1,\lambda_4=5$.

故对应于 $\lambda_1,\lambda_2,\lambda_3$ 的特征向量为(1，1，0，0)，(1，−1，2，0)，(1，−1，−1，3)；对应于 λ_4 的特征向量为(1，−1，−1，1).

(2) 设 $f(x)=2x^2+1$，则 $f(\boldsymbol{A})=2\boldsymbol{A}^2+\boldsymbol{I}$ 的特征值为

$$\mu_1=\mu_2=\mu_3=f(\lambda_1)=3,\quad \mu_4=f(\lambda_2)=51$$

(3) 因 $\boldsymbol{T}^{\mathrm{T}}=\boldsymbol{T}^{-1}$，又 $\boldsymbol{T}^{-1}(2\boldsymbol{A}^2+\boldsymbol{I})\boldsymbol{T}=2(\boldsymbol{T}^{-1}\boldsymbol{A}\boldsymbol{T})^2+\boldsymbol{I}=\mathrm{diag}\{3,3,3,51\}$，故所求变换矩阵仍是 $\boldsymbol{T}$.

例 3　设 $a_0,a_1,\cdots,a_{n-1}$ 是 n 个实数，$\boldsymbol{C}=(c_{ij})_{n\times n}$ 是 n 阶方阵

$$\boldsymbol{C}=\begin{pmatrix}0&1&0&\cdots&0&0\\0&0&1&\cdots&0&0\\\vdots&\vdots&\vdots&&\vdots&\vdots\\0&0&0&\cdots&0&1\\-a_0&-a_1&-a_2&\cdots&-a_{n-2}&-a_{n-1}\end{pmatrix}$$

(1) 若 λ 是 $\boldsymbol{C}$ 的特征根，则 $(1,\lambda,\lambda^2,\cdots,\lambda^{n-1})^{\mathrm{T}}$ 是对应于 λ 的特征向量；(2)若 $\boldsymbol{C}$ 的特征根两两相异且为已知，求满秩(可逆)矩阵 $\boldsymbol{P}$，使 $\boldsymbol{P}^{-1}\boldsymbol{C}\boldsymbol{P}=\mathrm{diag}\{\lambda_1,\lambda_2,\cdots,\lambda_n\}$.(南京工学院，1984；武汉水运工程学院，1985)

解 1　(1)由前面行列式一章的例，知 $\boldsymbol{C}$ 的特征多项式

$$|\boldsymbol{C}-\lambda\boldsymbol{I}|=(-1)^n(\lambda^n+a_{n-1}\lambda^{n-1}+\cdots+a_1\lambda+a_0)$$

若 λ 是 $\boldsymbol{C}$ 的特征值，则必有 $\lambda^n=-(a_{n-1}\lambda^{n-1}+\cdots+a_1\lambda+a_0)$，故

$$\boldsymbol{C}\begin{pmatrix}1\\\lambda\\\lambda^2\\\vdots\\\lambda^{n-1}\end{pmatrix}=\begin{pmatrix}\lambda\\\lambda^2\\\lambda^3\\\vdots\\-\sum\limits_{k=0}^{n-1}a_k\lambda^k\end{pmatrix}=\begin{pmatrix}\lambda\\\lambda^2\\\lambda^3\\\vdots\\\lambda^n\end{pmatrix}=\lambda\begin{pmatrix}1\\\lambda\\\lambda^2\\\vdots\\\lambda^{n-1}\end{pmatrix}$$

即 $\boldsymbol{x}=(1,\lambda,\lambda^2,\cdots,\lambda^{n-1})^{\mathrm{T}}$ 为 $\boldsymbol{C}$ 相应于 λ 的特征向量.

(2) 因 $\lambda_i(i=1,2,\cdots,n)$ 是 n 个两两相异的特征值,由(1)其相应特征向量

$$\boldsymbol{x}_i=(1,\lambda_i,\lambda_i^2,\cdots,\lambda_i^{n-1}),\quad i=1,2,\cdots,n$$

是一个线性无关组,又 $\boldsymbol{Cx}_i=\lambda_i\boldsymbol{x}_i$,故有

$$\begin{aligned}\boldsymbol{C}(\boldsymbol{x}_1,\boldsymbol{x}_2,\cdots,\boldsymbol{x}_n)&=(\boldsymbol{Cx}_1,\boldsymbol{Cx}_2,\cdots,\boldsymbol{Cx}_n)=(\lambda_1\boldsymbol{x}_1,\lambda_2\boldsymbol{x}_2,\cdots,\lambda_n\boldsymbol{x}_n)\\&=\begin{pmatrix}\lambda_1&\lambda_2&\cdots&\lambda_n\\\lambda_1^2&\lambda_2^2&\cdots&\lambda_n^2\\\vdots&\vdots&&\vdots\\\lambda_1^n&\lambda_2^n&\cdots&\lambda_n^n\end{pmatrix}=\begin{pmatrix}1&1&\cdots&1\\\lambda_1&\lambda_2&\cdots&\lambda_n\\\vdots&\vdots&&\vdots\\\lambda_1^{n-1}&\lambda_2^{n-1}&\cdots&\lambda_n^{n-1}\end{pmatrix}\begin{pmatrix}\lambda_1&&&\\&\lambda_2&&\\&&\ddots&\\&&&\lambda_n\end{pmatrix}\end{aligned}$$

记 $\boldsymbol{P}=(\boldsymbol{x}_1,\boldsymbol{x}_2,\cdots,\boldsymbol{x}_n)=\begin{pmatrix}1&1&\cdots&1\\\lambda_1&\lambda_2&\cdots&\lambda_n\\\vdots&\vdots&&\vdots\\\lambda_1^{n-1}&\lambda_2^{n-1}&\cdots&\lambda_n^{n-1}\end{pmatrix}$,则 $\boldsymbol{P}^{-1}\boldsymbol{CP}=\mathrm{diag}\{\lambda_1,\lambda_2,\cdots,\lambda_n\}$.

解 2 由题设 $0=|\lambda\boldsymbol{I}-\boldsymbol{C}|=\lambda^n+a_{n-1}\lambda^{n-1}+a_{n-2}\lambda^{n-2}+\cdots+a_1\lambda+a_0$,则

$$-a_0-a_1\lambda-\cdots-a_{n-2}\lambda^{n-2}-a_{n-1}\lambda^{n-1}=\lambda^n$$

注意到

$$\boldsymbol{C}\begin{pmatrix}1\\\lambda\\\lambda^2\\\vdots\\\lambda^{n-2}\\\lambda^{n-1}\end{pmatrix}=\begin{pmatrix}\lambda\\\lambda^2\\\lambda^3\\\vdots\\\lambda^{n-1}\\-\sum\limits_{n=0}^{n-1}a_k\lambda^k\end{pmatrix}=\begin{pmatrix}\lambda\\\lambda^2\\\lambda^3\\\vdots\\\lambda^{n-1}\\\lambda^n\end{pmatrix}=\lambda\begin{pmatrix}1\\\lambda\\\lambda^2\\\vdots\\\lambda^{n-2}\\\lambda^{n-1}\end{pmatrix}$$

根据定义,$(1,\lambda,\lambda^2,\cdots,\lambda^{n-1})^{\mathrm{T}}$ 是 $\boldsymbol{C}$ 的对应于 λ 的特征向量.

(2)根据(1)有 $(1,\lambda,\lambda^2,\cdots,\lambda^{n-1})^{\mathrm{T}}$ 是 $\boldsymbol{C}$ 的对应于 λ 的特征向量.令

$$\boldsymbol{P}=\begin{pmatrix}1&1&\cdots&1\\\lambda_1&\lambda_2&\cdots&\lambda_n\\\lambda_1^2&\lambda_2^2&\cdots&\lambda_n^2\\\vdots&\vdots&&\vdots\\\lambda_1^{n-1}&\lambda_2^{n-1}&\cdots&\lambda_n^{n-1}\end{pmatrix}$$

由题设 $\lambda_i\neq\lambda_j(i\neq j)$,故 $\boldsymbol{P}$ 满秩(范德蒙矩阵).则

$$\boldsymbol{P}^{-1}\boldsymbol{CP}=\begin{pmatrix}\lambda_1&&&\\&\lambda_2&&\\&&\ddots&\\&&&\lambda_n\end{pmatrix}$$

注 矩阵 $\boldsymbol{C}$ 我们在行列式一章中已有介绍,它被称为弗罗比尼乌斯矩阵,又称为 $a_0,a_1,\cdots,a_{n-1}$ 的友阵.

例 4 设 $\lambda_1,\lambda_2,\lambda_3$ 为 3 阶矩阵 $\boldsymbol{A}$ 的特征根,其相应的特征向量分别为(1,1,1),(0,1,1),(0,0,1).求证

$$(\boldsymbol{A}^n)^{\mathrm{T}}=\begin{pmatrix}\lambda_1^n&\lambda_1^n-\lambda_2^n&\lambda_1^n-\lambda_2^n\\0&\lambda_2^n&\lambda_2^n-\lambda_3^n\\0&0&\lambda_3^n\end{pmatrix}$$

其中 n 为给定的正整数.(中山大学,1982)

证 以线性无关的特征向量(1,1,1),(0,1,1),(0,0,1)为列向量,作满秩矩阵 $\boldsymbol{P}$,且求得 $\boldsymbol{P}^{-1}$

$$\boldsymbol{P}=\begin{pmatrix}1&0&0\\1&1&0\\1&1&1\end{pmatrix},\quad \boldsymbol{P}^{-1}=\begin{pmatrix}1&0&0\\-1&1&0\\0&-1&1\end{pmatrix}$$

则
$$\boldsymbol{P}^{-1}\boldsymbol{AP}=\begin{pmatrix}\lambda_1&0&0\\0&\lambda_2&0\\0&0&\lambda_3\end{pmatrix}=\boldsymbol{\Lambda}$$

其中 $\boldsymbol{\Lambda}=\mathrm{diag}\{\lambda_1,\lambda_2,\lambda_3\}$,于是 $\boldsymbol{A}=\boldsymbol{P\Lambda P}^{-1}$,$\boldsymbol{A}^n=\boldsymbol{P\Lambda}^n\boldsymbol{P}^{-1}$.而

$$\boldsymbol{\Lambda}^n=\begin{pmatrix}\lambda_1^n&0&0\\0&\lambda_2^n&0\\0&0&\lambda_3^n\end{pmatrix}$$

故
$$\boldsymbol{A}^n=\boldsymbol{P\Lambda}^n\boldsymbol{P}^{-1}=\begin{pmatrix}\lambda_1^n&0&0\\\lambda_1^n-\lambda_2^n&\lambda_2^n&0\\\lambda_1^n-\lambda_2^n&\lambda_2^n-\lambda_3^n&\lambda_3^n\end{pmatrix}$$

从而
$$(\boldsymbol{A}^n)^{\mathrm{T}}=\begin{pmatrix}\lambda_1^n&\lambda_1^n-\lambda_2^n&\lambda_1^n-\lambda_2^n\\0&\lambda_2^n&\lambda_2^n-\lambda_3^n\\0&0&\lambda_3^n\end{pmatrix}$$

(2) 与矩阵特征问题有关的问题

矩阵的特征问题,为我们把矩阵用相似变换化为"对角形",提供了方便.而矩阵化成对角形后,常使矩阵计算问题得以简化,特别是讨论矩阵的秩、特征根问题,以及求矩阵的行列式和方幂问题.

下面的例子是关于幂等矩阵的,这里将要利用"幂等矩阵的特征值都只能是±1"的结论将它化为对角形处理.

例 1 若 $\boldsymbol{A}$ 为 n 阶实对称幂等矩阵,且 $\mathrm{r}(\boldsymbol{A})=r$.(1)试求矩阵 $\boldsymbol{A}$ 的相似标准形,且说明理由;(2)计算行列式 $|2\boldsymbol{I}-\boldsymbol{A}|$.(清华大学,1982)

解 (1)由前面的例知 $\boldsymbol{A}$ 的特征值只能是 0 或 1.

又因 $\boldsymbol{A}$ 是 n 阶实对称矩阵,则必存在正交阵 $\boldsymbol{P}$ 使

$$\boldsymbol{P}^{-1}\boldsymbol{AP}=\mathrm{diag}\{\lambda_1,\lambda_2,\cdots,\lambda_n\}$$

注意到相似矩阵的秩相等,故 $\boldsymbol{P}^{-1}\boldsymbol{AP}=\mathrm{diag}\{\underbrace{1,1,\cdots,1}_{r个},0,\cdots,0\}$,其中 $r=\mathrm{r}(\boldsymbol{A})$.

因此 $\boldsymbol{A}=\boldsymbol{P}\mathrm{diag}\{1,1,\cdots,1,0,0,\cdots,0\}\boldsymbol{P}^{-1}$,中间的对角阵即为 $\boldsymbol{A}$ 的相似标准形.

(2) 由(1)的结论有

$$\begin{aligned}2\boldsymbol{I}-\boldsymbol{A}&=2\boldsymbol{I}-\boldsymbol{P}\mathrm{diag}\{1,1,\cdots,1,0,0,\cdots,0\}\boldsymbol{P}^{-1}=\boldsymbol{P}[2\boldsymbol{I}-\mathrm{diag}\{1,1,\cdots,1,0,0,\cdots,0\}]\boldsymbol{P}^{-1}\\&=\boldsymbol{P}\mathrm{diag}\{1,1,\cdots,1,2,2,\cdots,2\}\boldsymbol{P}^{-1}\end{aligned}$$

故
$$|2\boldsymbol{I}-\boldsymbol{A}|=|\boldsymbol{P}\mathrm{diag}\{1,1,\cdots,1,2,2,\cdots,2\}\boldsymbol{P}^{-1}|=2^{n-r}$$

注 1 前文我们曾指出,幂等阵(不一定对称)可化为对称阵(相似于).

注 2 由命题结论,我们不难证明下列命题.

命题 1:设 $\boldsymbol{A}$ 为实对称矩阵,且 $\boldsymbol{A}$ 的秩为 r,证明 $\boldsymbol{A}$ 可表示为 r 个秩为 1 的对称方阵之和.(中山大学,1983)

略证:这只需注意到:$\boldsymbol{A}$ 为实对称阵,则有 $\boldsymbol{P}$ 使 $\boldsymbol{P}^{\mathrm{T}}=\boldsymbol{P}^{-1}$,且

$\boldsymbol{A}=\boldsymbol{P}\mathrm{diag}\{1,1,\cdots,1,0,0,\cdots,0\}\boldsymbol{P}^{-1}$

$$=\boldsymbol{P}\mathrm{diag}\{1,0,0,\cdots,0\}\boldsymbol{P}^{-1}+\boldsymbol{P}\mathrm{diag}\{0,1,0,0,\cdots,0\}\boldsymbol{P}^{-1}+\cdots+\boldsymbol{P}\mathrm{diag}\{\underbrace{0,\cdots,0}_{r-1\text{个}},1,0,\cdots,0\}\boldsymbol{P}^{-1}$$

即可.

又若 $\boldsymbol{A}$ 为一般矩阵,则有:

命题 2:若 $\boldsymbol{A}\in\mathbf{R}^{n\times n}$,且 $\mathrm{r}(\boldsymbol{A})=r$,则 $\boldsymbol{A}$ 可表为 r 个秩 1 矩阵的和.

这是一个矩阵化为对角阵的例子.

例 2 设 $\boldsymbol{B}=\boldsymbol{A}\boldsymbol{A}^{\mathrm{T}}$,其中 $\boldsymbol{A}=(a_1,a_2,\cdots,a_n)^{\mathrm{T}}$,这里 $a_i(i=1,2,\cdots,n)$为非零实数.

(1) 证明 $\boldsymbol{B}^k=c\boldsymbol{B}$,且求数 c(k 为正整数);

(2) 求可逆阵 $\boldsymbol{P}$,使 $\boldsymbol{P}^{-1}\boldsymbol{B}\boldsymbol{P}$ 为对角阵,且写出该对角阵.(清华大学,1985)

证 1 (1)由题设

$$\boldsymbol{B}^k=\underbrace{(\boldsymbol{A}\boldsymbol{A}^{\mathrm{T}})(\boldsymbol{A}\boldsymbol{A}^{\mathrm{T}})\cdots(\boldsymbol{A}\boldsymbol{A}^{\mathrm{T}})}_{k\text{个}}=\boldsymbol{A}\underbrace{(\boldsymbol{A}^{\mathrm{T}}\boldsymbol{A})(\boldsymbol{A}^{\mathrm{T}}\boldsymbol{A})\cdots(\boldsymbol{A}^{\mathrm{T}}\boldsymbol{A})}_{k-1\text{个}}\boldsymbol{A}^{\mathrm{T}}=(\boldsymbol{A}^{\mathrm{T}}\boldsymbol{A})^{k-1}\boldsymbol{A}\boldsymbol{A}^{\mathrm{T}}$$

$$=\Big(\sum_{i=1}^n a_i^2\Big)^{k-1}\boldsymbol{B}$$

故

$$c=\Big(\sum_{i=1}^n a_i^2\Big)^{k-1}$$

(2) 由题设

$$\boldsymbol{B}=\boldsymbol{A}\boldsymbol{A}^{\mathrm{T}}=\begin{pmatrix}a_1\\a_2\\\vdots\\a_n\end{pmatrix}(a_1,a_2,\cdots,a_n)=\begin{pmatrix}a_1^2 & a_1a_2 & \cdots & a_1a_n\\ a_2a_1 & a_2^2 & \cdots & a_2a_n\\ \vdots & \vdots & & \vdots\\ a_na_1 & a_na_2 & \cdots & a_n^2\end{pmatrix}$$

则

$$|\lambda\boldsymbol{I}-\boldsymbol{B}|=\begin{vmatrix}\lambda-a_1^2 & -a_1a_2 & \cdots & -a_1a_n\\ -a_2a_1 & \lambda-a_2^2 & \cdots & -a_2a_n\\ \vdots & \vdots & & \vdots\\ -a_na_1 & -a_na_2 & \cdots & \lambda-a_n^2\end{vmatrix}=\Big(\lambda-\sum_{i=1}^n a_i^2\Big)\lambda^{n-1}$$

则 $\boldsymbol{A}$ 的特征根

$$\lambda_1=\sum_{i=1}^n a_i^2,\quad \lambda_2=\lambda_3=\cdots=\lambda_n=0$$

对应 λ_1 的特征向量 $\boldsymbol{\alpha}$ 可由 $\Big[\Big(\sum_{i=1}^n a_i^2\Big)\boldsymbol{I}-\boldsymbol{B}\Big]\boldsymbol{\alpha}=\mathbf{0}$ 求得,即 $\boldsymbol{\alpha}=(a_1,a_2,\cdots,a_n)^{\mathrm{T}}$,令 $\boldsymbol{\xi}_1=\boldsymbol{\alpha}$. 又 $\boldsymbol{\xi}_k=(-a_k,0,\cdots,\underset{\uparrow\atop\text{第}k\text{个数}}{a_1},\cdots,0)^{\mathrm{T}}$ 是对应 λ_k 的特征向量.这样可有

$$\boldsymbol{P}(\boldsymbol{\xi}_1,\boldsymbol{\xi}_2,\cdots,\boldsymbol{\xi}_n)=\begin{pmatrix}a_1 & -a_2 & -a_3 & \cdots & -a_n\\ a_2 & a_1 & 0 & \cdots & 0\\ a_3 & 0 & a_1 & \cdots & 0\\ \vdots & \vdots & \vdots & & \vdots\\ a_n & 0 & 0 & \cdots & a_1\end{pmatrix}\Rightarrow\boldsymbol{P}^{-1}\boldsymbol{B}\boldsymbol{P}=\begin{pmatrix}\sum\limits_{i=1}^n a_i^2 & & & \\ & 0 & & \\ & & \ddots & \\ & & & 0\end{pmatrix}$$

证 2 由设知 $\mathrm{r}(\boldsymbol{B})=1$,知 $\boldsymbol{B}$ 的特征值仅有一个不为 0,其余 $n-1$ 个皆为 0.则有 $\boldsymbol{P}$ 使 $\boldsymbol{P}^{-1}\boldsymbol{B}\boldsymbol{P}=\mathrm{diag}\{\lambda_1,\lambda_2,\cdots,\lambda_n\}$.

又由 $\mathrm{tr}(\boldsymbol{B})=\mathrm{tr}(\boldsymbol{P}^{-1}\boldsymbol{B}\boldsymbol{P})$,有 $\boldsymbol{B}$ 的非零特征根为 $\mathrm{tr}(\boldsymbol{B})=\sum\limits_{i=1}^n a_i^2$,这里 $\mathrm{tr}(\boldsymbol{B})$为矩阵 $\boldsymbol{B}$ 的迹.余下解法同解 1.

再来看一个将矩阵化成对角阵后计算矩阵方幂的例子.

例 3　设 3×3 矩阵 $\boldsymbol{A}=\begin{pmatrix}0 & a & a^2\\ \dfrac{1}{a} & 0 & a\\ \dfrac{1}{a^2} & \dfrac{1}{a} & 0\end{pmatrix}$.(1) 求出一个非奇异矩阵 $\boldsymbol{P}$,使 $\boldsymbol{P}^{-1}\boldsymbol{AP}$ 成对角阵;(2) 计算 $\boldsymbol{A}^n$(n 是自然数).(浙江大学,1981)

解　(1)由 $|\boldsymbol{A}-\lambda\boldsymbol{I}|=0$,可解得 $\lambda_1=2,\lambda_2=\lambda_3=-1$.

又由 $(\boldsymbol{A}-\lambda_i\boldsymbol{I})\boldsymbol{x}=\boldsymbol{0}(i=1,2,3)$,可解得:

对应于 $\lambda_1=2$ 的特征向量 $\boldsymbol{x}_1=(a^2,a,1)^{\mathrm{T}}$;

对应于 $\lambda_2=-1$, $\lambda_3=-1$ 的特征向量 $\boldsymbol{x}_2=(a,-1,0)^{\mathrm{T}}$,$\boldsymbol{x}_3=(a^2,0,-1)^{\mathrm{T}}$.

故 $\boldsymbol{P}=\begin{pmatrix}a^2 & a & a^2\\ a & -1 & 0\\ 1 & 0 & -1\end{pmatrix}$. 又 $\boldsymbol{P}^{-1}=\begin{pmatrix}\dfrac{1}{3a^2} & \dfrac{1}{3a} & \dfrac{1}{3}\\ \dfrac{1}{3a} & -\dfrac{2}{3} & \dfrac{a}{3}\\ \dfrac{1}{3a^2} & \dfrac{1}{3a} & -\dfrac{2}{3}\end{pmatrix}$,则

$$\boldsymbol{P}^{-1}\boldsymbol{AP}=\mathrm{diag}\{2,-1,-1\}=\boldsymbol{D}$$

(2) 由 $\boldsymbol{A}^n=(\boldsymbol{PDP}^{-1})^n=(\boldsymbol{PDP}^{-1})(\boldsymbol{PDP}^{-1})\cdots(\boldsymbol{PDP}^{-1})=\boldsymbol{PD}^n\boldsymbol{P}^{-1}$,而

$$\boldsymbol{D}^n=\mathrm{diag}\{2^n,(-1)^n,(-1)^n\}=\begin{pmatrix}2^n & & \\ & (-1)^n & \\ & & (-1)^n\end{pmatrix}$$

故

$$\boldsymbol{A}^n=\begin{pmatrix}\dfrac{2}{3}[2^{n-1}+(-1)^n] & \dfrac{a}{3}[2^n-(-1)^n] & \dfrac{a^2}{3}[2^n-(-1)^n]\\ \dfrac{1}{3a}[2^n-(-1)^n] & \dfrac{2}{3}[2^{n-1}-(-1)^n] & \dfrac{a}{3}[2^n-(-1)^n]\\ \dfrac{1}{3a^2}[2^n-(-1)^n] & \dfrac{1}{3a}[2^n-(-1)^n] & \dfrac{2}{3}[2^{n-1}+(-1)^n]\end{pmatrix}$$

下面的命题是上面例子的反问题,这个例子我们前文已有介绍,这里再用矩阵特征问题的性质给出一个解法.

例 4　设 $\boldsymbol{A}=\begin{pmatrix}a & b\\ 0 & c\end{pmatrix}$,其中 a,b,c 为实数. 试求使 $\boldsymbol{A}^{100}=\begin{pmatrix}1 & 0\\ 0 & 1\end{pmatrix}$ 的 a,b,c 一切可能值.(中国科技大学,1981)

解 1　矩阵 $\boldsymbol{A}$ 的特征方程是 $\begin{vmatrix}a-\lambda & b\\ 0 & c-\lambda\end{vmatrix}=0$. 当 $a\neq c$ 时,解得 $\lambda_1=a,\lambda_2=c$.

而 λ_1,λ_2 对应的特征向量为

$$\boldsymbol{a}_1=(1,0)^{\mathrm{T}},\quad \boldsymbol{a}_2=\left(\frac{b}{c-a},1\right)^{\mathrm{T}}$$

则

$$\boldsymbol{P}=\begin{pmatrix}1 & \dfrac{b}{c-a}\\ 0 & 1\end{pmatrix}$$

且

$$\boldsymbol{P}^{-1}=\begin{pmatrix}1 & -\dfrac{b}{a-c}\\ 0 & 0\end{pmatrix}=\begin{pmatrix}1 & \dfrac{b}{a-c}\\ 0 & 1\end{pmatrix}$$

故

$$\boldsymbol{P}^{-1}\boldsymbol{AP}=\begin{pmatrix}a & 0\\ 0 & c\end{pmatrix}$$

即
$$\boldsymbol{A}=\boldsymbol{P}\begin{pmatrix}a&0\\0&c\end{pmatrix}\boldsymbol{P}^{-1}$$

今考虑 $\boldsymbol{A}^{100}=\begin{pmatrix}1&0\\0&1\end{pmatrix}$ 的问题.而

$$\boldsymbol{A}^{100}=\boldsymbol{P}\begin{pmatrix}a&0\\0&c\end{pmatrix}^{100}\boldsymbol{P}^{-1}=\begin{pmatrix}a^{100}&\dfrac{b(a^{100}-c^{100})}{a-c}\\0&c^{100}\end{pmatrix}=\begin{pmatrix}1&0\\0&1\end{pmatrix}$$

故 $a=-c=\pm1$,而 b 为任意实数.

解 2 由设及上三角矩阵乘法规律,若

$$\begin{pmatrix}a&b\\0&c\end{pmatrix}^{100}=\begin{pmatrix}a^{100}&f(a,b,c)\\0&c^{100}\end{pmatrix}=\begin{pmatrix}1&0\\0&1\end{pmatrix}$$

首先可有 $a=\pm1,c=\pm1$.下面分情况讨论.

(1) $a=c=1$ 时,$f(a,b,c)=100b=0$,知 $b=0$;

(2) $a=-c=1$ 或 $a=-c=-1$ 时,知 b 任意.

综上,符合题设要求的矩阵为 $\begin{pmatrix}1&0\\0&1\end{pmatrix}$,$\begin{pmatrix}1&b\\0&-1\end{pmatrix}$ 或 $\begin{pmatrix}-1&b\\0&1\end{pmatrix}$,这里 $b\in\mathbf{R}$ 为任意常数.

它的另外解法我们后文还将介绍.

注 1 有些矩阵方幂的计算,可直接利用矩阵乘法进行,这可见前面的例.

这里的 $\boldsymbol{A}$ 的指数 100 有"陷阱之嫌",其实本例实则为 $\boldsymbol{A}^2=\boldsymbol{I}$ 即可,注意到

$$\boldsymbol{A}^2=\begin{pmatrix}a&b\\0&c\end{pmatrix}\begin{pmatrix}a&b\\0&c\end{pmatrix}=\begin{pmatrix}a^2&ab+bc\\0&c^2\end{pmatrix}$$

由此 $a=\pm1,c=\pm1$,且 $ab+bc=0$,得 $a=-c=1$,且 b 任意.

注 2 对于二阶方阵 $\boldsymbol{A}=\begin{pmatrix}a&b\\c&d\end{pmatrix}$,其中 $a,b,c,d\in\mathbf{R}$,使 $\boldsymbol{A}^n=\boldsymbol{I}$,且 $0<k<n$ 时,$\boldsymbol{A}^k\neq\boldsymbol{I}$ 的矩阵分别有下面四类(即 $\boldsymbol{A}^n=\boldsymbol{I}(k<n$ 时 $\boldsymbol{A}^k\neq\boldsymbol{I})$ 的 2 阶矩阵表):

n	2	3	4	6
$\boldsymbol{A}$	$\begin{pmatrix}1&0\\0&-1\end{pmatrix}$	$\begin{pmatrix}0&1\\-1&-1\end{pmatrix}$	$\begin{pmatrix}0&1\\-1&0\end{pmatrix}$	$\begin{pmatrix}0&1\\-1&1\end{pmatrix}$

下面是本例的变形与推广形式,也是较为常见的题型.

例 5 若 $\boldsymbol{A}=\dfrac{1}{3}\begin{pmatrix}-1&0&2\\0&1&2\\2&2&0\end{pmatrix}$,求 $\boldsymbol{A}^{100}$.(河北工学院,1986)

解 由 $|\lambda\boldsymbol{I}-\boldsymbol{A}|=9\lambda(\lambda-1)(\lambda+1)$,知 $\lambda_1=0,\lambda_2=1,\lambda_3=-1$ 为 $\boldsymbol{A}$ 的 3 个特征根,其相应的特征向量可求得

$$\boldsymbol{\xi}_1=(2,-2,1)^{\mathrm{T}},\quad \boldsymbol{\xi}_2=(1,2,2)^{\mathrm{T}},\quad \boldsymbol{\xi}_3=(-2,-1,-2)^{\mathrm{T}}$$

因此 $\boldsymbol{P}=\left(\dfrac{\boldsymbol{\xi}_1}{\|\boldsymbol{\xi}_1\|},\dfrac{\boldsymbol{\xi}_2}{\|\boldsymbol{\xi}_2\|},\dfrac{\boldsymbol{\xi}_3}{\|\boldsymbol{\xi}_3\|}\right)=\dfrac{1}{3}\begin{pmatrix}2&1&-2\\-2&2&-1\\1&2&2\end{pmatrix}$,且 $\boldsymbol{P}^{-1}\boldsymbol{A}\boldsymbol{P}=\mathrm{diag}\{0,1,-1\}$.

故 $\boldsymbol{A}=\boldsymbol{P}\mathrm{diag}\{0,1,-1\}\boldsymbol{P}^{-1}$,注意到 $\boldsymbol{P}^{\mathrm{T}}=\boldsymbol{P}^{-1}$,从而

$$\boldsymbol{A}^{100}=\boldsymbol{P}(\mathrm{diag}\{0,1,-1\})^{100}\boldsymbol{P}^{-1}=\boldsymbol{P}\mathrm{diag}\{0,1,1\}\boldsymbol{P}^{\mathrm{T}}=\frac{1}{9}\begin{pmatrix}5&4&-2\\4&5&2\\-2&2&8\end{pmatrix}$$

显然这里用了 $P^{-1}P=I$，及 $(\mathrm{diag}\{\lambda_1,\lambda_2,\lambda_3\})^k=\mathrm{diag}\{\lambda_1^k,\lambda_2^k,\lambda_3^k\}$.

注　顺便讲一句，同样我们可由 A^{100} 求 A^{-100}，注意到 $A^{-100}=(A^{100})^{-1}$ 即可.

当然对于不可对角化矩阵的方幂，除了一些可用归纳法找出规律的计算题外，有些还需用矩阵特征多项式去考虑，比如下面的问题.

问题 1：若 $A=\begin{bmatrix}\frac{1}{2} & \frac{1}{2}\\ -\frac{1}{2} & \frac{1}{2}\end{bmatrix}$，求 A^{100} 和 A^{-7}.

略解：由 A 的特征多项式 $f(x)=(\lambda-1)^2$，又由 λ^{100} 可表为 $(\lambda-1)^2$ 的多项式

$$\lambda^{100}=g(\lambda)(\lambda-1)^2+a\lambda+b$$

两边微导再令 $\lambda=1$ 代入可得 $a=100$，将 $a=100$ 代入上式，再在上式中令 $\lambda=1$，可得 $b=-99$. 从而由

$$f(A)=(A-I)^2=O\Rightarrow A^{100}=100A-99I\Rightarrow A^{100}=\begin{pmatrix}50 & 50\\ -50 & -49\end{pmatrix}$$

类似地，$A^7=\begin{bmatrix}\frac{9}{2} & \frac{7}{2}\\ -\frac{7}{2} & \frac{5}{2}\end{bmatrix}$，且 $A^{-7}=(A^7)^{-1}=\begin{bmatrix}-\frac{5}{2} & -\frac{7}{2}\\ \frac{7}{2} & \frac{9}{2}\end{bmatrix}$.

问题 2：若 $A=\begin{pmatrix}1 & 2\\ 3 & 4\end{pmatrix}$，求 A^{100}.（中国科技大学，1984）

解：由矩阵

$$A=P\begin{pmatrix}5 & \\ & -1\end{pmatrix}P^{-1}$$

有

$$A^{100}=P\begin{pmatrix}5^{100} & \\ & 1\end{pmatrix}P^{-1}$$

其中矩阵

$$P=\begin{pmatrix}1 & -1\\ 2 & 1\end{pmatrix},\quad P^{-1}=\frac{1}{3}\begin{pmatrix}1 & 1\\ -2 & 1\end{pmatrix}$$

2. 矩阵特征问题的性质

(1)矩阵特征值的性质

例 1　若 λ 是矩阵 A 的特征值，则(1)λ^2 是 A^2 的特征值；(2)又若 A 可逆，则 $\lambda\neq0$，且 $\frac{1}{\lambda}$ 是 A^{-1} 的特征值.（华东工程学院，1982；西北电讯工程学院，1984）

证　由题设 λ 是 A 的特征值，再设 $\boldsymbol{\alpha}$ 为 A 的对应于 λ 的特征向量，这样有

$$A\boldsymbol{\alpha}=\lambda\boldsymbol{\alpha} \tag{*}$$

(1)以 A 左乘式(*)两边，得 $A^2\boldsymbol{\alpha}=A\lambda\boldsymbol{\alpha}=\lambda A\boldsymbol{\alpha}=\lambda^2\boldsymbol{\alpha}$，故 λ^2 是 A^2 的特征值.

(2)因 A 可逆，以 A^{-1} 左乘式(*)两边，得 $A^{-1}A\boldsymbol{\alpha}=A^{-1}\lambda\boldsymbol{\alpha}$，即 $\boldsymbol{\alpha}=\lambda A^{-1}\boldsymbol{\alpha}$.

又 A 是可逆阵，故 $\lambda\neq0$. 从而有 $A^{-1}\boldsymbol{\alpha}=\frac{1}{\lambda}\boldsymbol{\alpha}$，即 $\frac{1}{\lambda}$ 是 A^{-1} 的特征值.

注 1　本命题可推广如：

命题：若 λ 是 A 的特征值，则 $f(\lambda)$ 是 $f(A)$ 的特征值，这里 $f(x)$ 是 x 的多项式.

注 2　下面的命题只是注 1 结论的特例（证明见后文）：

问题 1：若 λ_0 是矩阵 A 的特征根，则 $(\lambda_0+1)^2$ 是 $(A+I)^2$ 的特征根.（湖南大学，1984）

注 3　类似于解例的思路我们不难证明：

问题 2：若 A 非奇异，又 x_0 是 A 属于 λ_0 的特征向量，则① $\frac{|A|}{\lambda_0}$ 是 A^* 的特征值；② x_0 是 A^* 对应于该

特征值的特征向量.(云南大学,1983)

关于幂等阵、对合阵的特征问题可有下面的命题:

例 2 (1)若 $\boldsymbol{A}$ 是 n 阶方阵,且 $\boldsymbol{A}^2=\boldsymbol{I}$,则 $\boldsymbol{A}$ 的特征值只能是 ±1.(安徽工学院,1982)

(2)若 $\boldsymbol{A}^2=\boldsymbol{A}$,则 $\boldsymbol{A}$ 的特征值只能是 0 或 1.(吉林工业大学,1981;天津大学、成都地质学院,1984)

(3)若 $\boldsymbol{A}^k=\boldsymbol{O}$($k$ 是正整数),则 $\boldsymbol{A}$ 无非零特征值.(中国科学院,1983)

证 (1)若 λ 是 $\boldsymbol{A}$ 的特征值,$\boldsymbol{x}$ 为 $\boldsymbol{A}$ 对应于 λ 的特征向量,则 $\boldsymbol{Ax}=\lambda\boldsymbol{x}$.

上式两边左乘 $\boldsymbol{A}$,有 $\boldsymbol{AAx}=\boldsymbol{A}\lambda\boldsymbol{x}$,即 $\boldsymbol{A}^2\boldsymbol{x}=\lambda(\boldsymbol{Ax})=\lambda^2\boldsymbol{x}$.

由 $\boldsymbol{A}^2=\boldsymbol{I}$,故 $\boldsymbol{x}=\lambda^2\boldsymbol{x}$.又 $\boldsymbol{x}\neq\boldsymbol{0}$,故 $\lambda^2=1$,有 $\lambda=\pm1$.

(2)仿(1)可有 $\boldsymbol{A}^2\boldsymbol{x}=\lambda^2\boldsymbol{x}$,又 $\boldsymbol{A}^2=\boldsymbol{A}$,故又有 $\boldsymbol{A}^2\boldsymbol{x}=\boldsymbol{Ax}=\lambda\boldsymbol{x}$.

从而 $\lambda^2\boldsymbol{x}-\lambda\boldsymbol{x}=\boldsymbol{0}$.又 $\boldsymbol{x}\neq\boldsymbol{0}$,故 $\lambda^2\boldsymbol{x}-\lambda\boldsymbol{x}=\boldsymbol{0}$,即 $\lambda=0$ 或 $\lambda=1$.

(3)若 λ 是 $\boldsymbol{A}$ 的特征值,则 λ^k 是 $\boldsymbol{A}^k$ 的特征值.

而 $\boldsymbol{A}^k=\boldsymbol{O}$,其特征值全部是 0,故 $\lambda^k=0$,从而 $\lambda=0$.

注 1 以上诸命题亦可用前面例的注 1 的结论证明.

注 2 又利用(1)的结果,我们可以证明前文例的结论:

问题 1:若 $\boldsymbol{A}^2=\boldsymbol{I}$,则 $\mathrm{r}(\boldsymbol{I}+\boldsymbol{A})+\mathrm{r}(\boldsymbol{I}-\boldsymbol{A})=n$,这里 $\boldsymbol{A}$ 是 n 阶方阵,反之亦然.

利用(1)的结果,我们还可证明下列问题(有些前文曾给出其他证法).

问题 2:若 $\boldsymbol{A}^k=\boldsymbol{I}$($k$ 是自然数),则 $\boldsymbol{A}$ 可相似于对角阵.(北京航空学院,1982)

这里给出 $k=2$ 的情形的证明如下:

证:令 $\boldsymbol{B}=\boldsymbol{A}+\boldsymbol{I}$,则有可逆阵 $\boldsymbol{P},\boldsymbol{Q}$ 使 $\boldsymbol{B}=\boldsymbol{P}\begin{pmatrix}\boldsymbol{I}_r & \boldsymbol{O}\\ \boldsymbol{O} & \boldsymbol{O}\end{pmatrix}\boldsymbol{Q}$.

又由 $\boldsymbol{B}^2=\boldsymbol{A}^2+2\boldsymbol{A}+\boldsymbol{I}=\boldsymbol{I}+2\boldsymbol{A}+\boldsymbol{I}=2(\boldsymbol{A}+\boldsymbol{I})=2\boldsymbol{B}$,知

$$\boldsymbol{P}\begin{pmatrix}\boldsymbol{I}_r & \boldsymbol{O}\\ \boldsymbol{O} & \boldsymbol{O}\end{pmatrix}\boldsymbol{QP}\begin{pmatrix}\boldsymbol{I}_r & \boldsymbol{O}\\ \boldsymbol{O} & \boldsymbol{O}\end{pmatrix}\boldsymbol{Q}=2\boldsymbol{P}\begin{pmatrix}\boldsymbol{I}_r & \boldsymbol{O}\\ \boldsymbol{O} & \boldsymbol{O}\end{pmatrix}\boldsymbol{Q}$$

记 $\boldsymbol{QP}=\boldsymbol{R}=\begin{pmatrix}\boldsymbol{R}_1 & \boldsymbol{R}_2\\ \boldsymbol{R}_3 & \boldsymbol{R}_4\end{pmatrix}$,又 $\begin{pmatrix}\boldsymbol{I}_r & \boldsymbol{O}\\ \boldsymbol{O} & \boldsymbol{O}\end{pmatrix}\begin{pmatrix}\boldsymbol{R}_1 & \boldsymbol{R}_2\\ \boldsymbol{R}_3 & \boldsymbol{R}_4\end{pmatrix}\begin{pmatrix}\boldsymbol{I}_r & \boldsymbol{O}\\ \boldsymbol{O} & \boldsymbol{O}\end{pmatrix}=\begin{pmatrix}2\boldsymbol{I}_r & \boldsymbol{O}\\ \boldsymbol{O} & \boldsymbol{O}\end{pmatrix}$,有 $\boldsymbol{R}_1=2\boldsymbol{I}_r$.

注意到 $\boldsymbol{Q}=\boldsymbol{RP}^{-1}$,于是,有

$$\boldsymbol{B}=\boldsymbol{P}\begin{pmatrix}\boldsymbol{I}_r & \boldsymbol{O}\\ \boldsymbol{O} & \boldsymbol{O}\end{pmatrix}\begin{pmatrix}2\boldsymbol{I}_r & \boldsymbol{R}_2\\ \boldsymbol{R}_3 & \boldsymbol{R}_4\end{pmatrix}\boldsymbol{P}^{-1}=\boldsymbol{P}\begin{pmatrix}2\boldsymbol{I}_r & \boldsymbol{R}_2\\ \boldsymbol{O} & \boldsymbol{O}\end{pmatrix}\boldsymbol{P}^{-1}$$

又记 $\boldsymbol{S}=\begin{bmatrix}2\boldsymbol{I}_r & -\dfrac{\boldsymbol{R}_2}{2}\\ \boldsymbol{O} & \boldsymbol{I}\end{bmatrix}\boldsymbol{P}^{-1}$,由 $\boldsymbol{S}^{-1}\boldsymbol{P}^{-1}\boldsymbol{BPS}=\begin{pmatrix}2\boldsymbol{I}_r & \boldsymbol{O}\\ \boldsymbol{O} & \boldsymbol{O}\end{pmatrix}$,从而

$$\boldsymbol{S}^{-1}\boldsymbol{P}^{-1}\boldsymbol{APS}=\boldsymbol{S}^{-1}\boldsymbol{P}^{-1}(\boldsymbol{B}-\boldsymbol{I})\boldsymbol{PS}=\begin{pmatrix}\boldsymbol{I}_r & \boldsymbol{O}\\ \boldsymbol{O} & -\boldsymbol{I}_r\end{pmatrix}$$

令 $\boldsymbol{T}=\boldsymbol{PS}$,则 $\boldsymbol{T}^{-1}\boldsymbol{AT}=\begin{pmatrix}\boldsymbol{I}_r & \boldsymbol{O}\\ \boldsymbol{O} & -\boldsymbol{I}_r\end{pmatrix}$.

问题 3:若 $\boldsymbol{A}^2=\boldsymbol{A}$,则 $\mathrm{r}(\boldsymbol{A})+\mathrm{r}(\boldsymbol{I}-\boldsymbol{A})=n$,其中 $\boldsymbol{A}\in\mathbf{R}^{n\times n}$,反之亦然.

注 3 关于幂等阵除上面问题 3 的性质外,其特征问题还有下面的结论.

命题 1:若 $\boldsymbol{A}^2=\boldsymbol{A}$,则 $\boldsymbol{A}$ 可相似于对角阵,且 $\mathrm{r}(\boldsymbol{A})=\mathrm{tr}(\boldsymbol{A})$.(上海交通大学,1982)

略证:先证 $\mathrm{r}(\boldsymbol{\Lambda})=\mathrm{tr}(\boldsymbol{\Lambda})$,其中 $\boldsymbol{\Lambda}=\mathrm{diag}\{\lambda_1,\lambda_2,\cdots,\lambda_n\}$,$\lambda_i$ 为 $\boldsymbol{A}$ 的特征根($i=1,2,\cdots,n$).进而可有 $\mathrm{r}(\boldsymbol{A})=\mathrm{tr}(\boldsymbol{A})$,注意到 $\mathrm{tr}(\boldsymbol{A})=\mathrm{tr}(\boldsymbol{\Lambda})$.(关于相应矩阵有相同迹的证明见后文)

命题 2:若 $\boldsymbol{A}^2=\boldsymbol{A}$,则(1)$\boldsymbol{I}+\boldsymbol{A}$ 是非奇异阵;(2)$(\boldsymbol{I}+\boldsymbol{A})^k=\boldsymbol{I}+(2^k-1)\boldsymbol{A}$.(天津大学,1984)

略证:(1)由例的证明知 -1 不是 $\boldsymbol{A}$ 的特征值,它显然不是 $\boldsymbol{A}$ 的特征多项式(方程)$|\lambda\boldsymbol{I}-\boldsymbol{A}|=0$ 的根,

即 $|-\boldsymbol{I}-\boldsymbol{A}|\neq 0$.

(2)用数学归纳法.

又 $|-\boldsymbol{I}-\boldsymbol{A}|=(-1)^n|\boldsymbol{I}+\boldsymbol{A}|$,从而 $|\boldsymbol{I}+\boldsymbol{A}|\neq 0$,即 $\boldsymbol{I}+\boldsymbol{A}$ 是可逆阵.

类似地,我们还可以通过矩阵特征根判断某些更复杂矩阵的可逆性.比如:

问题 4:若 $\boldsymbol{A}\in\mathbf{R}^{n\times n}$,且 $\boldsymbol{A}^3=2\boldsymbol{I}$,又 $\boldsymbol{B}=\boldsymbol{A}^2-2\boldsymbol{A}+2\boldsymbol{I}$.求证 $\boldsymbol{B}$ 可逆,且求之.(南京大学,1984)

略解:由 $\boldsymbol{A}^3=2\boldsymbol{I}$,知 0,1,−2 不是 $\boldsymbol{A}$ 的特征根,即不是 $f(\lambda)=|\lambda\boldsymbol{I}-\boldsymbol{A}|$ 的根.

又 $\boldsymbol{B}=\boldsymbol{A}^2-2\boldsymbol{A}+2\boldsymbol{I}=\boldsymbol{A}^3+\boldsymbol{A}^2-2\boldsymbol{I}=\boldsymbol{A}(\boldsymbol{A}-\boldsymbol{I})(\boldsymbol{A}+2\boldsymbol{A})$,则 $|\boldsymbol{B}|=|\boldsymbol{A}||\boldsymbol{A}-\boldsymbol{I}||\boldsymbol{A}+2\boldsymbol{A}|\neq 0$,知 $\boldsymbol{B}$ 可逆,且 $\boldsymbol{B}^{-1}=a\boldsymbol{A}^2+b\boldsymbol{A}+c\boldsymbol{I}$.由 $\boldsymbol{B}\boldsymbol{B}^{-1}=\boldsymbol{I}$,可有(比较两边系数)$a=\dfrac{1}{10},b=\dfrac{3}{10},c=\dfrac{2}{5}$.故

$$\boldsymbol{B}^{-1}=\frac{1}{10}\boldsymbol{A}^2+\frac{3}{10}\boldsymbol{A}+\frac{2}{5}\boldsymbol{I}$$

注 4　由(3)的结论我们还可证明:

命题 3:若 $\boldsymbol{A}\neq\boldsymbol{O}$,但 $\boldsymbol{A}^k=\boldsymbol{O}$($k$ 是自然数),则 $\boldsymbol{A}$ 不可以相似于对角阵.(北京航空学院,1982;东北工学院,1984)

略解:由题设,若 $\boldsymbol{A}^k=\boldsymbol{O}$,则 $\boldsymbol{A}$ 的特征值只能是 0.

若 $\boldsymbol{A}$ 相似于对角阵,则只能相似于 $\boldsymbol{O}$ 阵,从而 $\boldsymbol{A}$ 也是 $\boldsymbol{O}$ 阵,与题设相抵!

类似地,我们还有:

命题 4:若 $\boldsymbol{A}$ 为实对称阵,且 $\boldsymbol{A}^2=\boldsymbol{O}$,则 $\boldsymbol{A}=\boldsymbol{O}$.(中国科学院,1985)

略解:由 $\boldsymbol{A}$ 为实对称阵,则有 $\boldsymbol{P}$ 使 $\boldsymbol{P}^{-1}\boldsymbol{A}^2\boldsymbol{P}=\mathrm{diag}\{0,0,\cdots,0\}$,即 $\boldsymbol{A}^2$ 仅有 0 特征根(n 重).从而

$$\boldsymbol{P}^{-1}\boldsymbol{A}^2\boldsymbol{P}=(\boldsymbol{P}^{-1}\boldsymbol{A}\boldsymbol{P})(\boldsymbol{P}^{-1}\boldsymbol{A}\boldsymbol{P})=(\boldsymbol{P}^{-1}\boldsymbol{A}\boldsymbol{P})^2=\mathrm{diag}\{0,0,\cdots,0\}$$

即 $\boldsymbol{P}^{-1}\boldsymbol{A}\boldsymbol{P}=\mathrm{diag}\{0,0,\cdots,0\}$,从而 $\boldsymbol{A}=\boldsymbol{P}\mathrm{diag}\{0,0,\cdots,0\}\boldsymbol{P}^{-1}=\boldsymbol{O}$.

注 5　问题 2 为 1988 年全国硕士生招生数学(四)试题.

(2)矩阵特征向量的性质

与矩阵特征值、特征多项式有关的问题,便是特征向量问题.它们合起来常称为矩阵的"特征问题".

例 1　设 $\boldsymbol{x},\boldsymbol{y}$ 是矩阵 $\boldsymbol{A}$ 属于不同特征根 $\lambda_1,\lambda_2(\lambda_1\neq\lambda_2)$ 的特征向量,试证 $a\boldsymbol{x}+b\boldsymbol{y}$($a,b$ 为常数,$ab\neq 0$)必不是 $\boldsymbol{A}$ 的特征向量.(大连海运学院,1982)

证　用反证法.若 $a\boldsymbol{x}+b\boldsymbol{y}$ 是 $\boldsymbol{A}$ 的特征向量,则有 λ 使

$$\boldsymbol{A}(a\boldsymbol{x}+b\boldsymbol{y})=\lambda(a\boldsymbol{x}+b\boldsymbol{y})$$

而 $\boldsymbol{x},\boldsymbol{y}$ 是 $\boldsymbol{A}$ 属于 λ_1,λ_2 的特征向量,故 $\boldsymbol{A}\boldsymbol{x}=\lambda_1\boldsymbol{x},\boldsymbol{A}\boldsymbol{y}=\lambda_2\boldsymbol{y}$.

由上三式可有 $a\lambda_1\boldsymbol{x}+b\lambda_2\boldsymbol{y}=a\lambda\boldsymbol{x}+b\lambda\boldsymbol{y}$,即

$$a(\lambda_1-\lambda)\boldsymbol{x}+b(\lambda_2-\lambda)\boldsymbol{y}=\boldsymbol{0}$$

由 $\lambda_1\neq\lambda_2$,故 $\boldsymbol{x},\boldsymbol{y}$ 线性无关.又 $a\neq 0,b\neq 0$,则有

$$\lambda_1-\lambda=0,\quad \lambda_2-\lambda=0$$

即

$$\lambda=\lambda_1=\lambda_2$$

这与题设 $\lambda_1\neq\lambda_2$ 相抵!从而 $a\boldsymbol{x}+b\boldsymbol{y}(ab\neq 0)$ 必不是 $\boldsymbol{A}$ 的特征向量.

向量的正交是向量间的一种特殊关系,但它很重要,对于 2 维,3 维空间来讲,向量正交的几何意义是它们垂直.换言之,向量正交可视为垂直概念的推广.

例 2　试证属于实对称矩阵 $\boldsymbol{A}$ 的不同特征值的特征向量必正交.(武汉测绘学院,1982)

证　设 $\boldsymbol{x}_1,\boldsymbol{x}_2$ 为 $\boldsymbol{A}$ 的属于不同特征值 λ_1,λ_2 的特征向量,则

$$\boldsymbol{A}\boldsymbol{x}_1=\lambda_1\boldsymbol{x}_1,\quad \boldsymbol{A}\boldsymbol{x}_2=\lambda_2\boldsymbol{x}_2$$

显然 $\boldsymbol{x}_1^{\mathrm{T}}\boldsymbol{A}^{\mathrm{T}}=\lambda_1\boldsymbol{x}_1^{\mathrm{T}}$,但 $\boldsymbol{A}$ 是实对称阵,故 $\boldsymbol{A}^{\mathrm{T}}=\boldsymbol{A}$.

所以 $\lambda_1\boldsymbol{x}_1^{\mathrm{T}}\boldsymbol{x}_2=(\lambda_1\boldsymbol{x}_1^{\mathrm{T}})\boldsymbol{x}_2=\boldsymbol{x}_1^{\mathrm{T}}\boldsymbol{A}^{\mathrm{T}}\boldsymbol{x}_2=\boldsymbol{x}_1^{\mathrm{T}}\boldsymbol{A}\boldsymbol{x}_2=\boldsymbol{x}_1^{\mathrm{T}}(\lambda_2\boldsymbol{x}_2)=\lambda_2\boldsymbol{x}_1^{\mathrm{T}}\boldsymbol{x}_2$,即 $(\lambda_1-\lambda_2)\boldsymbol{x}_1^{\mathrm{T}}\boldsymbol{x}_2=0$.

因 $\lambda_1 \neq \lambda_2$，故 $\boldsymbol{x}_1^{\mathrm{T}}\boldsymbol{x}_2=0$，即 $\boldsymbol{x}_1,\boldsymbol{x}_2$ 正交.

下面再来看几个有关矩阵多项式的特征向量问题.

例 3 若 $\boldsymbol{\alpha}$ 为方阵 $\boldsymbol{A}$ 的属于 λ_0 的特征向量，证明矩阵 $(\boldsymbol{A}+\boldsymbol{I})^2$ 有特征值 $(\lambda+1)^2$，且 $\boldsymbol{\alpha}$ 为 $(\boldsymbol{A}+\boldsymbol{I})^2$ 属于此特征值的特征向量.(湖南大学，1984)

证 由设 $|\lambda_0\boldsymbol{I}-\boldsymbol{A}|=0$，故有 $|(\lambda_0+1)\boldsymbol{I}-(\boldsymbol{A}+\boldsymbol{I})|=|\lambda_0\boldsymbol{I}-\boldsymbol{A}|=0$. 从而

$$|(\lambda_0+1)\boldsymbol{I}-(\boldsymbol{A}+\boldsymbol{I})||(\lambda_0+1)\boldsymbol{I}+(\boldsymbol{A}+\boldsymbol{I})|=0$$

即
$$|[(\lambda_0+1)\boldsymbol{I}-(\boldsymbol{A}+\boldsymbol{I})][(\lambda_0+1)\boldsymbol{I}+(\boldsymbol{A}+\boldsymbol{I})]|=0$$

故
$$|[(\lambda_0+1)^2\boldsymbol{I}-(\boldsymbol{A}+\boldsymbol{I})^2]|=0$$

此即说 $(\lambda_0+1)^2$ 是 $(\boldsymbol{A}+\boldsymbol{I})^2$ 的特征值.

又 $\boldsymbol{A\alpha}=\lambda_0\boldsymbol{\alpha}$，有 $(\boldsymbol{A}+\boldsymbol{I})\boldsymbol{\alpha}=\boldsymbol{A\alpha}+\boldsymbol{I\alpha}=\lambda\boldsymbol{\alpha}+\boldsymbol{\alpha}=(\lambda_0+1)\boldsymbol{\alpha}$，而

$$\begin{aligned}(\boldsymbol{A}+\boldsymbol{I})^2\boldsymbol{\alpha}&=(\boldsymbol{A}+\boldsymbol{I})[(\boldsymbol{A}+\boldsymbol{I})\boldsymbol{\alpha}]=(\boldsymbol{A}+\boldsymbol{I})(\lambda_0+1)\boldsymbol{\alpha}\\&=(\lambda_0+1)[(\boldsymbol{A}+\boldsymbol{I})\boldsymbol{\alpha}]=(\lambda_0+1)(\lambda_0+1)\boldsymbol{\alpha}=(\lambda_0+1)^2\boldsymbol{\alpha}\end{aligned}$$

即 $\boldsymbol{\alpha}$ 是 $(\boldsymbol{A}+\boldsymbol{I})^2$ 相应于 $(\lambda_0+1)^2$ 的特征向量.

例 4 试证相似矩阵有相同的特征多项式.(北京工学院，1984)

证 若矩阵 $\boldsymbol{A}\sim\boldsymbol{B}$，则有 $\boldsymbol{P}$ 使 $\boldsymbol{A}=\boldsymbol{PBP}^{-1}$，这样

$$|\boldsymbol{A}-\lambda\boldsymbol{I}|=|\boldsymbol{PBP}^{-1}-\lambda\boldsymbol{I}|=|\boldsymbol{P}(\boldsymbol{B}-\lambda\boldsymbol{I})\boldsymbol{P}^{-1}|=|\boldsymbol{P}||\boldsymbol{B}-\lambda\boldsymbol{I}||\boldsymbol{P}^{-1}|=|\boldsymbol{P}||\boldsymbol{B}-\lambda\boldsymbol{I}||\boldsymbol{P}|^{-1}=|\boldsymbol{B}-\lambda\boldsymbol{I}|$$

即相似矩阵 $\boldsymbol{A},\boldsymbol{B}$ 有相同的特征多项式.

注 1 下面的命题可用本题结论证得：

若 $\boldsymbol{A},\boldsymbol{B}$ 为 n 阶非奇异方阵，则 $\boldsymbol{AB}$ 与 $\boldsymbol{BA}$ 有相同的特征多项式.(西安冶金建筑学院，1986)

这只需注意到 $\boldsymbol{AB}=\boldsymbol{A}(\boldsymbol{BA})\boldsymbol{A}^{-1}$，即 $\boldsymbol{AB}$ 与 $\boldsymbol{BA}$ 相似即可.

注 2 *关于相似矩阵的特征向量，有如下关系(详见前文)：*

命题：若 $\boldsymbol{A}=\boldsymbol{PBP}^{-1}$，又 $\boldsymbol{x}$ 是 $\boldsymbol{B}$ 属于 λ 的特征向量，则 $\boldsymbol{y}=\boldsymbol{Px}$ 是 $\boldsymbol{A}$ 属于 λ 的特征向量.

例 5 若 $\boldsymbol{A},\boldsymbol{B}\in\mathbf{R}^{n\times n}$，且它们非奇异，证明 $\boldsymbol{AB}$ 与 $\boldsymbol{BA}$ 有相同的特征值.(西北冶金建筑学院，1986)

证 设 λ 是 $\boldsymbol{AB}$ 的特征值，相应的特征向量为 $\boldsymbol{x}\neq\boldsymbol{0}$，则 $(\boldsymbol{AB})\boldsymbol{x}=\lambda\boldsymbol{x}$.

两边左乘 $\boldsymbol{B}$，再由 $\boldsymbol{B}$ 可逆，则 $\boldsymbol{x}\neq\boldsymbol{0}$ 时 $\boldsymbol{Bx}\neq\boldsymbol{0}$，有 $\boldsymbol{B}(\boldsymbol{AB})\boldsymbol{x}=\lambda\boldsymbol{Bx}$.

而 $\boldsymbol{B}(\boldsymbol{AB})\boldsymbol{x}=(\boldsymbol{BA})\boldsymbol{Bx}$，则 $(\boldsymbol{BA})\boldsymbol{Bx}=\lambda(\boldsymbol{Bx})$. 从而 $\boldsymbol{Bx}$ 是 $\boldsymbol{BA}$ 相应于特征值 λ 的特征向量，亦说 $\boldsymbol{BA}$ 有特征值 λ.

故 $\boldsymbol{AB}$ 与 $\boldsymbol{BA}$ 的特征值相同.

例 6 若 $\boldsymbol{A}$ 非奇异，则 $\boldsymbol{AB}$ 与 $\boldsymbol{BA}$ 有相同的特征多项式.(山东工业大学，1984)

证 只需证得 $|\lambda\boldsymbol{I}-\boldsymbol{AB}|=|\lambda\boldsymbol{I}-\boldsymbol{BA}|$ 即可. 注意到 $\boldsymbol{A}$ 的可逆性，则有

$$|\lambda\boldsymbol{I}-\boldsymbol{AB}|=|\boldsymbol{A}^{-1}||\lambda\boldsymbol{I}-\boldsymbol{AB}||\boldsymbol{A}|=|\lambda\boldsymbol{I}-\boldsymbol{A}^{-1}\boldsymbol{ABA}|=|\lambda\boldsymbol{I}-\boldsymbol{BA}|$$

注 *这里运用了 $|\boldsymbol{A}^{-1}||\boldsymbol{A}|=1$(注意它们都是数)及 $|\boldsymbol{AB}|=|\boldsymbol{A}||\boldsymbol{B}|$，此证法中 $\boldsymbol{A}$ 可逆是重要的.*

命题的稍弱变形：$\boldsymbol{AB}$ 的每一个特征值也是 $\boldsymbol{BA}$ 的特征值；反之亦然.

其实即便 $\boldsymbol{A}$ 奇异(非可逆)时，命题结论依然成立，请见下例.

例 7 若 $\boldsymbol{A},\boldsymbol{B}\in\mathbf{R}^{n\times n}$，则 $\boldsymbol{AB}$ 与 $\boldsymbol{BA}$ 有相同的特征多项式.(厦门大学，1982)

证 1 考虑矩阵等式，则

$$\begin{pmatrix}\boldsymbol{O}&\boldsymbol{I}\\\boldsymbol{I}&\boldsymbol{O}\end{pmatrix}\begin{pmatrix}\boldsymbol{I}&\boldsymbol{B}\\\boldsymbol{A}&\lambda\boldsymbol{I}\end{pmatrix}\begin{pmatrix}\boldsymbol{O}&\boldsymbol{I}\\\boldsymbol{I}&\boldsymbol{O}\end{pmatrix}=\begin{pmatrix}\lambda\boldsymbol{I}&\boldsymbol{A}\\\boldsymbol{B}&\boldsymbol{I}\end{pmatrix}$$

两边取行列式 $|\lambda\boldsymbol{I}-\boldsymbol{AB}|=|\lambda\boldsymbol{I}-\boldsymbol{BA}|$. 故 $f_{\boldsymbol{AB}}(\lambda)=f_{\boldsymbol{BA}}(\lambda)$.

证 2 若 $\mathrm{r}(\boldsymbol{A})=r$，则有非奇异阵 $\boldsymbol{P},\boldsymbol{Q}$ 使 $\boldsymbol{PAQ}=\begin{pmatrix}\boldsymbol{I}_r&\\&\boldsymbol{O}\end{pmatrix}$. 今令 $\boldsymbol{Q}^{-1}\boldsymbol{BP}^{-1}=\begin{pmatrix}\boldsymbol{B}_1&\boldsymbol{B}_2\\\boldsymbol{B}_3&\boldsymbol{B}_4\end{pmatrix}$，则有

$$PABP^{-1}=PAQQ^{-1}BP^{-1}=(PAQ)(Q^{-1}BP^{-1})=\begin{pmatrix}B_1 & B_2\\ O & O\end{pmatrix}$$

同理,有

$$Q^{-1}BAQ=(Q^{-1}BP^{-1})(PAQ)=\begin{pmatrix}B_1 & O\\ B_3 & O\end{pmatrix}$$

从而$|\lambda I-AB|=\lambda^{n-r}|\lambda I-B_1|$,且$|\lambda I-BA|=\lambda^{n-r}|\lambda I-B_1|$,即$|\lambda I-AB|=|\lambda I-BA|$.

其实命题对于一般 $m\times n$ 矩阵(长方阵)亦为真.

证 3 若 A 可逆,则如上面证明.若 A 不可逆,因 A 至多有 n 个特征根,故必存在 t_0 使当 $t>t_0$ 时,$|A-tI|\neq 0$,从而 $A-tI$ 可逆.

这样矩阵$(A-tI)B=B(A-tI)$有相同的特征多项式,即

$$|\lambda I-(A-tI)B|=|\lambda I-(A-tI)|$$

当 $t>t_0$ 时皆成立.将上式改写为

$$|\lambda I-AB+tB|=|\lambda I-BA+tB|$$

对每个固定的λ,上式两端皆为 t 的多项式,又它们当 $t>t_0$ 时总相等,由“行列式”一章中例的注知它们恒等.从而可令 $t=0$,便有$|\lambda I-AB|=|\lambda I-BA|$.

故 AB 与 BA 有相同的特征值.

例 8 若 $\lambda_1,\lambda_2,\cdots,\lambda_n$ 为矩阵$A=(a_{ij})_{n\times n}$的 n 个特征值,试证:

(1) $\prod\limits_{i=1}^{n}\lambda_i=|A|$;(西安冶金建筑学院,1984)

(2) $\sum\limits_{i=1}^{n}\lambda_i=\sum\limits_{i=1}^{n}a_{ii}=\mathrm{tr}(A)$;(3) $\sum\limits_{i=1}^{n}\lambda_i^2=\sum\limits_{i,k=1}^{n}a_{ik}a_{ki}$.(中国科技大学,1982;西安电讯工程学院,1984)

证 (1)由题设 $\lambda_1,\lambda_2,\cdots,\lambda_n$ 为 A 的 n 个特征值,则

$$|\lambda I-A|\equiv(\lambda-\lambda_1)(\lambda-\lambda_2)\cdot\cdots\cdot(\lambda-\lambda_n)\equiv\lambda^n-(\lambda_1+\lambda_2+\cdots\lambda_n)\lambda^{n-1}+\cdots+(-1)^n\lambda_1\lambda_2\cdot\cdots\cdot\lambda_n \quad (*)$$

令 $\lambda=0$,有$(-1)^n\prod\limits_{i=1}^{n}\lambda_i=|-A|=(-1)^n|A|$,从而$\prod\limits_{i=1}^{n}\lambda_i=|A|$.

(2) 由式(*)及$|\lambda I-A|=|\lambda I-(a_{ij})_{n\times n}|$的行列式展开后,比较两边 λ^{n-1} 项的系数可有

$$\sum_{i=1}^{n}\lambda_i=\sum_{i=1}^{n}a_{ii}=\mathrm{tr}(A)$$

(3) 由(2)的结论知:A^2 的特征值为 $\lambda_1^2,\lambda_2^2,\cdots,\lambda_n^2$,故有

$$\sum_{i=1}^{m}\lambda_i^2=\mathrm{tr}(A^2)$$

(如前文)这里 $\mathrm{tr}(A^2)$表示 A^2 的迹,即 A^2 的主对角线元素和.

设 $A^2=(b_{ij})_{n\times n}$,则 $b_{ij}=\sum\limits_{k=1}^{n}a_{ik}a_{kj}\ (i,j=1,2,\cdots,n)$.故

$$\mathrm{tr}(A^2)=\sum_{i=1}^{n}b_{ii}=\sum_{i=1}^{n}\sum_{k=1}^{n}a_{ik}a_{ki}$$

即

$$\sum_{i=1}^{n}\lambda_i^2=\sum_{i,k=1}^{n}a_{ik}a_{ki}$$

注 1 利用(1)的结论,我们不难证明:

命题 1:若 n 阶矩阵 A 的行列式$|A|=0$,则 A 定有 0 特征根.(长春地质学院,1981)

注 2 关于矩阵的迹我们还有结论:

命题 2:对于 $A,B\in \mathbf{R}^{n\times n}$,总有:(1)$\mathrm{tr}(AB)=\mathrm{tr}(BA)$;(2)若 $A=P^{-1}BP$,则 $\mathrm{tr}(A)=\mathrm{tr}(B)$.

略证：结论(1)可以直接验证，结论(2)可由(1)得到，注意到

$$\mathrm{tr}(\boldsymbol{A})=\mathrm{tr}[\boldsymbol{P}^{-1}(\boldsymbol{BP})]=\mathrm{tr}[(\boldsymbol{BP})\boldsymbol{P}^{-1}]=\mathrm{tr}(\boldsymbol{BPP}^{-1})=\mathrm{tr}(\boldsymbol{B})$$

例 9 若 $\boldsymbol{A}\in\mathbf{R}^{n\times n}$，且 $|\boldsymbol{A}|=5$，又 $\boldsymbol{A}^*$ 为 $\boldsymbol{A}$ 的伴随矩阵. 求 $\boldsymbol{B}=\boldsymbol{AA}^*$ 的特征值及特征向量.(兰州铁道学院，1986)

解 由设 $\boldsymbol{B}=\boldsymbol{AA}^*=|\boldsymbol{A}|\boldsymbol{I}=\begin{pmatrix}5&&&\\&5&&\\&&\ddots&\\&&&5\end{pmatrix}$，又 $|\lambda\boldsymbol{I}-\boldsymbol{B}|=\begin{vmatrix}\lambda-5&&&\\&\lambda-5&&\\&&\ddots&\\&&&\lambda-5\end{vmatrix}=(\lambda-5)^n$，故 $\lambda=5$ 是矩阵 $\boldsymbol{B}$ 的 n 重根.

而 $\boldsymbol{B}$ 的特征向量是方程组 $(\boldsymbol{B}-5\boldsymbol{I})\boldsymbol{x}=\boldsymbol{0}$ 的全体非零解. 即 $\boldsymbol{Ox}=\boldsymbol{0}$ 的全体非零解，$\boldsymbol{x}$ 可为任意 n 维向量.

特别地，可取 $\boldsymbol{x}=\sum\limits_{i=1}^{m}k_i\boldsymbol{e}_i$，其中 $\boldsymbol{e}_i=(0,\cdots,0,1,0,\cdots,0)$(第 i 个元素为 1).

例 10 若 n 阶矩阵 $\boldsymbol{A}$ 的任一行中 n 个元素和均为 a，试证 $\lambda=a$ 是 $\boldsymbol{A}$ 的特征值，且 $(1,1,\cdots,1)$ 是 $\boldsymbol{A}$ 属于 $\lambda=a$ 的特征向量.(成都地质学院，1984)

证 设矩阵 $\boldsymbol{A}=\begin{pmatrix}a_{11}&a_{12}&\cdots&a_{1n}\\a_{21}&a_{22}&\cdots&a_{2n}\\\vdots&\vdots&&\vdots\\a_{n1}&a_{n2}&\cdots&a_{nn}\end{pmatrix}$，且 $\boldsymbol{x}=\begin{pmatrix}1\\1\\\vdots\\1\end{pmatrix}$. 注意到下面的等式

$$\boldsymbol{Ax}=\begin{pmatrix}a_{11}&a_{12}&\cdots&a_{1n}\\a_{21}&a_{22}&\cdots&a_{2n}\\\vdots&\vdots&&\vdots\\a_{n1}&a_{n2}&\cdots&a_{nn}\end{pmatrix}\begin{pmatrix}1\\1\\\vdots\\1\end{pmatrix}=\begin{pmatrix}\sum\limits_{k=1}^{n}a_{1k}\\\sum\limits_{k=1}^{n}a_{2k}\\\vdots\\\sum\limits_{k=1}^{n}a_{nk}\end{pmatrix}=\begin{pmatrix}a\\a\\\vdots\\a\end{pmatrix}=a\boldsymbol{x}$$

故 $\lambda=a$ 是 $\boldsymbol{A}$ 的特征值，且 $\boldsymbol{x}=(1,1,\cdots,1)$ 是 $\boldsymbol{A}$ 属于 $\lambda=a$ 的特征向量.

注 1 这里是根据矩阵特征值与特征向量的定义直接去验证的. 此外，我们还有结论：

命题：若 $\boldsymbol{A}\in\mathbf{R}^{n\times n}$，且每行元素的和皆为 a，对任意自然数 m，有 $\boldsymbol{A}^m$ 的每行元素之和皆为 a^m.

注 2 下面的问题与例类同，但可视为例的延伸(亦属构造性求解).

问题：若 $\boldsymbol{A}\in\mathbf{R}^{n\times n}$，知 $\boldsymbol{A}$ 有特征根 $1,-3$ 和 0. 又有 $\boldsymbol{x}\in\mathbf{R}^n$ 且 $\boldsymbol{x}\neq\boldsymbol{0}$，使 $\boldsymbol{A}^3\boldsymbol{x}+2\boldsymbol{A}^2\boldsymbol{x}-3\boldsymbol{Ax}=\boldsymbol{0}$，求 $\boldsymbol{A}$ 的相应于特征根 $1,-3,0$ 的特征向量.

略解：由题设等式可有

$$\boldsymbol{A}[(\boldsymbol{A}^2+3\boldsymbol{A})\boldsymbol{x}]=1\cdot[(\boldsymbol{A}^2+3\boldsymbol{A})\boldsymbol{x}],\quad \boldsymbol{A}[(\boldsymbol{A}^2-\boldsymbol{A})\boldsymbol{x}]=-3[(\boldsymbol{A}^2-\boldsymbol{A})\boldsymbol{x}]$$

及 $\boldsymbol{A}[(\boldsymbol{A}^2+2\boldsymbol{A}-3\boldsymbol{I})\boldsymbol{x}]=\boldsymbol{0}$ 直接可得要求的特征向量.

3. 矩阵对角化及其特征问题的反问题

(1)矩阵对角化

例 1 若 $\boldsymbol{A},\boldsymbol{B}\in\mathbf{R}^{3\times 3}$，且可逆. λ_i^{-1}(λ_i 是正整数)是 $\boldsymbol{A}$ 的特征值($i=1,2,3$)，又 $-5,1,7$ 是 $\boldsymbol{B}$ 的特征值. 若 $\boldsymbol{B}=(\boldsymbol{A}^{-1})^2-6\boldsymbol{A}$，求 $\lambda_1,\lambda_2,\lambda_3$，且写出 $\boldsymbol{A},\boldsymbol{A}^{-1},\boldsymbol{B}$ 的标准形.(大连轻工业学院，1985)

解 1 由题设有 $\boldsymbol{P}$ 使

$$\boldsymbol{P}^{-1}\boldsymbol{AP}=\mathrm{diag}\left\{\frac{1}{\lambda_1},\frac{1}{\lambda_2},\frac{1}{\lambda_3}\right\}=\boldsymbol{A}\tag{*}$$

则 $\boldsymbol{A}=\boldsymbol{P}\boldsymbol{\Lambda}\boldsymbol{P}^{-1}$，而 $\boldsymbol{A}^{-1}=(\boldsymbol{P}\boldsymbol{\Lambda}\boldsymbol{P}^{-1})^{-1}=\boldsymbol{P}\boldsymbol{\Lambda}^{-1}\boldsymbol{P}^{-1}$，又 $(\boldsymbol{A}^{-1})^2=\boldsymbol{P}(\boldsymbol{\Lambda}^{-1})^2\boldsymbol{P}^{-1}$，以及 $-6\boldsymbol{A}=\boldsymbol{P}(-6\boldsymbol{\Lambda})\boldsymbol{P}^{-1}$，故

$$\boldsymbol{B}=\boldsymbol{P}\mathrm{diag}\left\{\lambda_1^2-\frac{6}{\lambda_1},\lambda_2^2-\frac{6}{\lambda_2},\lambda_3^2-\frac{6}{\lambda_3}\right\}\boldsymbol{P}^{-1}$$

又 $\boldsymbol{B}$ 的特征根分别为 $-5,1,7$，比较上式则有 $\lambda_1=1,\lambda_2=2,\lambda_3=3$.

故由式(*)可有 $\boldsymbol{A}\sim\mathrm{diag}\left\{1,\frac{1}{2},\frac{1}{3}\right\}$，从而 $\boldsymbol{A}^{-1}\sim\mathrm{diag}\{1,2,3\}$，且 $\boldsymbol{B}\sim\mathrm{diag}\{-5,1,7\}$.

解 2　由题设必有 3 阶可逆阵 $\boldsymbol{X}$，使

$$\boldsymbol{X}^{-1}\boldsymbol{A}\boldsymbol{X}=\begin{pmatrix}\frac{1}{\lambda_1}&&\\&\frac{1}{\lambda_2}&\\&&\frac{1}{\lambda_3}\end{pmatrix}=\mathrm{diag}\left\{\frac{1}{\lambda_1},\frac{1}{\lambda_2},\frac{1}{\lambda_3}\right\}$$

故
$$\boldsymbol{A}=\boldsymbol{X}\mathrm{diag}\left\{\frac{1}{\lambda_1},\frac{1}{\lambda_2},\frac{1}{\lambda_3}\right\}\boldsymbol{X}=\boldsymbol{X}\begin{pmatrix}\frac{1}{\lambda_1}&&\\&\frac{1}{\lambda_2}&\\&&\frac{1}{\lambda_3}\end{pmatrix}\boldsymbol{X}^{-1}$$

而 $\boldsymbol{A}^{-1}=\left[\boldsymbol{X}\begin{pmatrix}\frac{1}{\lambda_1}&&\\&\frac{1}{\lambda_2}&\\&&\frac{1}{\lambda_3}\end{pmatrix}\boldsymbol{X}^{-1}\right]^{-1}=\boldsymbol{X}\begin{pmatrix}\frac{1}{\lambda_1}&&\\&\frac{1}{\lambda_2}&\\&&\frac{1}{\lambda_3}\end{pmatrix}^{-1}\boldsymbol{X}^{-1}=\boldsymbol{X}\begin{pmatrix}\lambda_1&&\\&\lambda_2&\\&&\lambda_3\end{pmatrix}\boldsymbol{X}^{-1}$

于是
$$(\boldsymbol{A}^{-1})^2=\boldsymbol{X}\begin{pmatrix}\lambda_1^2&&\\&\lambda_2^2&\\&&\lambda_3^2\end{pmatrix}\boldsymbol{X}^{-1}$$

又
$$-6\boldsymbol{A}=-6\boldsymbol{X}\begin{pmatrix}\frac{1}{\lambda_1}&&\\&\frac{1}{\lambda_2}&\\&&\frac{1}{\lambda_3}\end{pmatrix}\boldsymbol{X}^{-1}=\boldsymbol{X}\begin{pmatrix}-\frac{6}{\lambda_1}&&\\&-\frac{6}{\lambda_2}&\\&&-\frac{6}{\lambda_3}\end{pmatrix}\boldsymbol{X}^{-1}$$

由题设 $\boldsymbol{B}=(\boldsymbol{A}^{-1})^2-6\boldsymbol{A}$，故有

$$\boldsymbol{X}^{-1}\boldsymbol{B}\boldsymbol{X}=\boldsymbol{X}^{-1}\left[\boldsymbol{X}\begin{pmatrix}\lambda_1^2&&\\&\lambda_2^2&\\&&\lambda_3^2\end{pmatrix}\boldsymbol{X}^{-1}+\boldsymbol{X}\begin{pmatrix}-\frac{6}{\lambda_1}&&\\&-\frac{6}{\lambda_2}&\\&&-\frac{6}{\lambda_3}\end{pmatrix}\boldsymbol{X}^{-1}\right]\boldsymbol{X}$$

$$=\begin{pmatrix}\lambda_1^2-\frac{6}{\lambda_1}&&\\&\lambda_2^2-\frac{6}{\lambda_2}&\\&&\lambda_3^2-\frac{6}{\lambda_3}\end{pmatrix}=\begin{pmatrix}-5&&\\&1&\\&&7\end{pmatrix}$$

于是可得方程组

$$\begin{cases}\lambda_1^3-5\lambda_1-6=0\\ \lambda_2^3-\lambda_2-6=0\\ \lambda_3^3-7\lambda_3-6=0\end{cases}$$

即

$$\begin{cases}(\lambda_1-1)(\lambda_1^2+\lambda_1+6)=0\\ (\lambda_2-2)(\lambda_2^2+2\lambda_2+3)=0\\ (\lambda_3-3)(\lambda_3^2+3\lambda_2+2)=0\end{cases}$$

因为 $\lambda_1,\lambda_2,\lambda_3$ 是正整数,故 $\lambda_1=1,\lambda_2=2,\lambda_3=3$.

综上,$\boldsymbol{A},\boldsymbol{A}^{-1}$ 和 $\boldsymbol{B}$ 的标准形依次为

$$\begin{pmatrix}1&&\\&\frac{1}{2}&\\&&\frac{1}{3}\end{pmatrix},\quad\begin{pmatrix}1&&\\&2&\\&&3\end{pmatrix},\quad\begin{pmatrix}-5&&\\&1&\\&&7\end{pmatrix}$$

下面也是一个矩阵化为对角阵的例子,我们在前文已有略解,这里给出它的详细解答.

例 2 设 $\boldsymbol{B}=\boldsymbol{\alpha}\boldsymbol{\alpha}^{\mathrm{T}}$,其中 $\boldsymbol{\alpha}=(a_1,a_2,\cdots,a_n)^{\mathrm{T}}$,又 $a_i\in\mathbf{R}(i=1,2,\cdots,n)$.(1)试证 $\boldsymbol{B}^k=c\boldsymbol{B}$($c$ 为常数),且求 c;(2)求 $\boldsymbol{P}$ 使 $\boldsymbol{P}^{-1}\boldsymbol{B}\boldsymbol{P}$ 为对角阵.(清华大学,1985)

证 注意到 $\boldsymbol{\alpha}\boldsymbol{\alpha}^{\mathrm{T}}$ 是矩阵,而 $\boldsymbol{\alpha}^{\mathrm{T}}\boldsymbol{\alpha}$ 是数的事实,则:

(1)由题意知

$$\begin{aligned}\boldsymbol{B}^k&=(\boldsymbol{\alpha}\boldsymbol{\alpha}^{\mathrm{T}})^k=\boldsymbol{\alpha}(\boldsymbol{\alpha}^{\mathrm{T}}\boldsymbol{\alpha})\boldsymbol{\alpha}^{\mathrm{T}}\cdots\boldsymbol{\alpha}(\boldsymbol{\alpha}^{\mathrm{T}}\boldsymbol{\alpha})\boldsymbol{\alpha}^{\mathrm{T}}\cdots\boldsymbol{\alpha}(\boldsymbol{\alpha}^{\mathrm{T}}\boldsymbol{\alpha})\boldsymbol{\alpha}^{\mathrm{T}}=(\boldsymbol{\alpha}^{\mathrm{T}}\boldsymbol{\alpha})^{k-1}\boldsymbol{\alpha}\boldsymbol{\alpha}^{\mathrm{T}}\\&=(\boldsymbol{\alpha}^{\mathrm{T}}\boldsymbol{\alpha})^{k-1}\boldsymbol{B}=\left(\sum_{i=1}^n a_i^2\right)^{k-1}\boldsymbol{B}\end{aligned}$$

故

$$c=\left(\sum_{i=1}^n a_i^2\right)^{k-1}$$

(2) 由

$$|\lambda\boldsymbol{I}-\boldsymbol{B}|=\begin{vmatrix}\lambda-a_1^2&-a_1a_2&\cdots&-a_1a_n\\-a_2a_1&\lambda-a_2^2&\cdots&-a_2a_n\\\vdots&\vdots&&\vdots\\-a_na_1&-a_na_2&\cdots&\lambda-a_n^2\end{vmatrix}\quad(\text{第 1 行乘}-\frac{a_k}{a_1}\text{加至第 }k\text{ 行})$$

$$=\begin{vmatrix}\lambda-a_1^2&-a_1a_2&-a_1a_3&\cdots&-a_1a_n\\-\frac{a_2}{a_1}\lambda&\lambda&0&\cdots&0\\-\frac{a_3}{a_1}\lambda&0&\lambda&\cdots&0\\\vdots&\vdots&\vdots&&\vdots\\-\frac{a_n}{a_1}&0&0&\cdots&\lambda\end{vmatrix}\quad(\text{第 }k\text{ 列乘}\frac{a_k}{a_1}\text{加至第 1 列})$$

$$=\begin{vmatrix}\lambda-\sum_{i=1}^n a_i^2&-a_1a_2&-a_1a_3&\cdots&-a_1a_n\\0&\lambda&0&\cdots&0\\0&0&\lambda&\cdots&0\\\vdots&\vdots&\vdots&&\vdots\\0&0&0&\cdots&\lambda\end{vmatrix}=\left(\lambda-\sum_{i=1}^n a_i^2\right)\lambda^{n-1}$$

则有 $\boldsymbol{B}$ 的特征根 $\lambda_1=\sum_{i=1}^{n}a_i^2,\lambda_2=\lambda_3=\cdots=\lambda_n=0$.

显然 $\boldsymbol{\xi}_1=\boldsymbol{\alpha}$ 是对应 λ_1 的特征向量，$\boldsymbol{\xi}_k=(-a_k,0,\cdots,\underset{\substack{\uparrow\\ \text{第}k\text{个数}}}{a_1},\cdots,0)^{\mathrm{T}}$ 是对应 λ_k 的特征向量. 这样可有

$$\boldsymbol{P}=\begin{pmatrix} a_1 & -a_2 & -a_3 & \cdots & -a_n \\ a_2 & a_1 & 0 & \cdots & 0 \\ a_3 & 0 & a_1 & \cdots & 0 \\ \vdots & \vdots & \vdots & & \vdots \\ a_n & 0 & 0 & \cdots & a_1 \end{pmatrix}$$

且
$$\boldsymbol{P}^{-1}\boldsymbol{B}\boldsymbol{P}=\operatorname{diag}\left\{\sum_{i=1}^{n}a_i^2,0,\cdots,0\right\}=\begin{pmatrix} \sum_{i=1}^{n}a_i^2 & & & \\ & 0 & & \\ & & \ddots & \\ & & & 0 \end{pmatrix}$$

(2)矩阵特征问题的反问题

下面的问题是特征问题的“反问题”.

例 1　构造一个 3 阶实对称阵，使其特征值为 1,1,−1，且对应特征值 1 有特征向量 $(1,1,1)^{\mathrm{T}}$ 和 $(2,2,1)^{\mathrm{T}}$.(复旦大学,1982)

解 1　只需找出一个正交矩阵 $\boldsymbol{P}$，使 $\boldsymbol{P}^{\mathrm{T}}$ 的第 1 列及第 2 列是 $\boldsymbol{A}$ 的对应于 1 的特征向量，而把第 3 列取作 $\boldsymbol{A}$ 的对应于 −1 的特征向量，则可由

$$\boldsymbol{PAP}^{\mathrm{T}}=\begin{pmatrix} 1 & & \\ & 1 & \\ & & -1 \end{pmatrix}=\boldsymbol{B}$$

求出 $\boldsymbol{A}$. 这样，由上式可有 $\boldsymbol{A}=\boldsymbol{P}^{\mathrm{T}}\boldsymbol{BP}$，再两边转置，故 $\boldsymbol{A}^{\mathrm{T}}=(\boldsymbol{P}^{\mathrm{T}}\boldsymbol{BP})^{\mathrm{T}}=\boldsymbol{P}^{\mathrm{T}}\boldsymbol{B}^{\mathrm{T}}\boldsymbol{P}=\boldsymbol{P}^{\mathrm{T}}\boldsymbol{BP}=\boldsymbol{A}$，即 $\boldsymbol{A}$ 是一个对称矩阵.

记 $\boldsymbol{\alpha}_1=(2,2,1),\boldsymbol{\alpha}_2=(1,1,1)$，先求 $\boldsymbol{\alpha}_3$ 使 $\boldsymbol{\alpha}_1,\boldsymbol{\alpha}_2,\boldsymbol{\alpha}_3$ 线性无关.

因为行列式 $\begin{vmatrix} 2 & 1 & 1 \\ 2 & 1 & 0 \\ 1 & 1 & 0 \end{vmatrix}\neq 0$，故取 $\boldsymbol{\alpha}_3=(1,0,0)$.

再将 $\boldsymbol{\alpha}_1,\boldsymbol{\alpha}_2,\boldsymbol{\alpha}_3$ 规范(标准)正交(又称正交归一)化

$$\boldsymbol{\beta}_1=\frac{\boldsymbol{\alpha}_1}{|\boldsymbol{\alpha}_1|}=\frac{1}{3}(2,2,1),\quad \boldsymbol{\beta}_2=\frac{\boldsymbol{\alpha}_2-(\boldsymbol{\alpha}_2,\boldsymbol{\beta}_1)\boldsymbol{\beta}_1}{|\boldsymbol{\alpha}_2-(\boldsymbol{\alpha}_2,\boldsymbol{\beta}_1)\boldsymbol{\beta}_1|}=\frac{1}{3\sqrt{2}}(-1,-1,4)$$

$$\boldsymbol{\beta}_3=\frac{\boldsymbol{\alpha}_3-(\boldsymbol{\alpha}_3,\boldsymbol{\beta}_2)\boldsymbol{\beta}_2-(\boldsymbol{\alpha}_3,\boldsymbol{\beta}_1)\boldsymbol{\beta}_1}{|\boldsymbol{\alpha}_3-(\boldsymbol{\alpha}_3,\boldsymbol{\beta}_2)\boldsymbol{\beta}_2-(\boldsymbol{\alpha}_3,\boldsymbol{\beta}_1)\boldsymbol{\beta}_1|}=\sqrt{2}\left(\frac{1}{2},-\frac{1}{2},0\right)$$

故 $\boldsymbol{P}^{\mathrm{T}}=\begin{pmatrix} \frac{2}{3} & -\frac{1}{3\sqrt{2}} & \frac{\sqrt{2}}{2} \\ \frac{2}{3} & -\frac{1}{3\sqrt{2}} & -\frac{\sqrt{2}}{2} \\ \frac{1}{3} & \frac{4}{3\sqrt{2}} & 0 \end{pmatrix}$，于是 $\boldsymbol{A}=\boldsymbol{P}^{\mathrm{T}}\boldsymbol{BP}=\begin{pmatrix} 0 & 1 & 0 \\ 1 & 0 & 0 \\ 0 & 0 & 1 \end{pmatrix}$.

解 2　由设 $\boldsymbol{A}^{\mathrm{T}}=\boldsymbol{A}$，故 $\boldsymbol{A}$ 属于不同特征根的特征向量必正交. 先将题设特征向量归一或标准化(它们均属特征根 1)，分别有：$\frac{1}{3}(2,2,1)^{\mathrm{T}},\frac{1}{3\sqrt{2}}(-1,-1,4)^{\mathrm{T}}$.

令 $P=\begin{pmatrix}\frac{2}{3} & -\frac{1}{3\sqrt{2}} & x_1\\ \frac{2}{3} & -\frac{1}{3\sqrt{2}} & x_2\\ \frac{1}{3} & \frac{4}{3\sqrt{2}} & x_3\end{pmatrix}$，由 P 的正交性，有$\begin{cases}2x_1+2x_2+x_3=0\\ x_1+x_2+4x_3=0\\ x_1^2+x_2^2+x_3^2=1\end{cases}$，得方程组的非零解

$$x_1=\frac{\sqrt{2}}{2},\quad x_2=-\frac{\sqrt{2}}{2},\quad x_3=0$$

则

$$P=\begin{pmatrix}\frac{2}{3} & -\frac{1}{3\sqrt{2}} & \frac{\sqrt{2}}{2}\\ \frac{2}{3} & -\frac{1}{3\sqrt{2}} & -\frac{\sqrt{2}}{2}\\ \frac{2}{3} & \frac{4}{3\sqrt{2}} & 0\end{pmatrix}$$

又 $P^{\mathrm{T}}AP=\begin{pmatrix}1 & & \\ & 1 & \\ & & -1\end{pmatrix}$，且 $P^{\mathrm{T}}=P^{-1}$，故

$$A=P\begin{pmatrix}1 & & \\ & 1 & \\ & & -1\end{pmatrix}P^{\mathrm{T}}=\begin{pmatrix}0 & 1 & 0\\ 1 & 0 & 0\\ 0 & 0 & 1\end{pmatrix}$$

注　以上两解无本质差异，解法 2 似乎更自然(免去施密特正交化步骤及公式记忆). 当然我们也可用上例的注的方法来解此问题.

例 2　已知 6,3,3 是 3 阶实对称阵 A 的三个特征值，又向量 $(-1,0,1)^{\mathrm{T}}$，$(1,-2,1)^{\mathrm{T}}$ 是 A 属于特征值 3 的两个特征向量. (1)求 A 属于特征值 6 的特征向量；(2)求矩阵 A. (清华大学,1986)

解　(1)设 A 属于 6 的特征向量为 (x_1,x_2,x_3).

由“属于实对称阵的不同特征向量彼此正交”的事实，可有

$$\begin{cases}-x_1+0x_2+x_3=0\\ x_1-2x_2+x_3=0\end{cases}$$

因为 $\mathrm{r}\begin{pmatrix}-1 & 0 & 1\\ 1 & -2 & 1\end{pmatrix}=2$，知上两方程的基础解系含一个线性无关的解向量：$k(1,1,1)^{\mathrm{T}}$，其中 $k\neq 0$，它亦为 A 属于特征值 6 的特征向量.

(2)设 P 为过渡矩阵，即

$$P^{-1}AP=\begin{pmatrix}6 & & \\ & 3 & \\ & & 3\end{pmatrix}$$

或

$$A=P\begin{pmatrix}6 & & \\ & 3 & \\ & & 3\end{pmatrix}P^{-1}$$

由(1)可有

$$P=\begin{pmatrix}\frac{1}{\sqrt{3}} & -\frac{1}{\sqrt{2}} & \frac{1}{\sqrt{6}}\\ \frac{1}{\sqrt{3}} & 0 & -\frac{2}{\sqrt{6}}\\ \frac{1}{\sqrt{3}} & \frac{1}{\sqrt{2}} & \frac{1}{\sqrt{6}}\end{pmatrix}$$

且 $\boldsymbol{P}^{-1}=\boldsymbol{P}^{\mathrm{T}}$（$\boldsymbol{P}$ 为正交阵），从而

$$\boldsymbol{A}=\boldsymbol{P}\begin{pmatrix}6&&\\&3&\\&&3\end{pmatrix}\boldsymbol{P}^{-1}=\begin{pmatrix}4&1&1\\1&4&1\\1&1&4\end{pmatrix}$$

4. 矩阵特征问题杂例

例 1　已知 $\boldsymbol{A}=\begin{pmatrix}13&14&4\\14&24&18\\4&18&29\end{pmatrix}$，求满足 $\boldsymbol{X}^2=\boldsymbol{A}$ 的矩阵 $\boldsymbol{X}$.（中山大学，1982）

解　由 $|\lambda\boldsymbol{I}-\boldsymbol{A}|=\begin{vmatrix}\lambda-13&-14&-14\\-14&\lambda-24&-18\\-4&-18&\lambda-29\end{vmatrix}=(\lambda-1)(\lambda-16)(\lambda-49)$，则 $\lambda_1=1,\lambda_2=16,\lambda_3=49$ 为 $\boldsymbol{A}$ 的三个特征值.

由 $\boldsymbol{A}\boldsymbol{x}=\lambda\boldsymbol{x}$，不难求出相应于它们的 $\boldsymbol{A}$ 的特征向量分别为

$$\boldsymbol{\xi}_1=(2,-2,1)^{\mathrm{T}},\quad \boldsymbol{\xi}_2=(2,1,-2)^{\mathrm{T}},\quad \boldsymbol{\xi}_3=(1,2,2)^{\mathrm{T}}$$

故 $\boldsymbol{P}=(\boldsymbol{\xi}_1,\boldsymbol{\xi}_2,\boldsymbol{\xi}_3)=\begin{pmatrix}2&2&1\\-2&1&2\\1&-2&2\end{pmatrix}$，且使 $\boldsymbol{A}=\boldsymbol{P}\begin{pmatrix}1&&\\&16&\\&&49\end{pmatrix}\boldsymbol{P}^{-1}$.

取 $\boldsymbol{X}=\boldsymbol{P}\begin{pmatrix}\pm1&&\\&\pm4&\\&&\pm7\end{pmatrix}\boldsymbol{P}^{-1}$，则有 $\boldsymbol{X}^2=\boldsymbol{A}$.

例 2　设 $\boldsymbol{A}=\begin{pmatrix}1&1\\1&0\end{pmatrix}$，又 $\begin{pmatrix}f_k\\g_k\end{pmatrix}=\boldsymbol{A}^k\begin{pmatrix}1\\0\end{pmatrix}$，$k=1,2,3,\cdots$ (1) 求 $\boldsymbol{A}$ 的特征值和特征向量.(2) 试证 $g_k=\dfrac{1}{\sqrt5}\left[\left(\dfrac{1+\sqrt5}{2}\right)^2-\left(\dfrac{1-\sqrt5}{2}\right)^2\right]$.（南京邮电学院，1984）

解　(1) $\boldsymbol{A}$ 的特征方程 $|\lambda\boldsymbol{I}-\boldsymbol{A}|=\lambda^2-\lambda-1=0$，得 $\boldsymbol{A}$ 的特征值

$$\lambda_1=\frac{1+\sqrt5}{2},\quad \lambda_2=\frac{1-\sqrt5}{2}$$

由 $(\lambda_i\boldsymbol{I}-\boldsymbol{A})\boldsymbol{x}=\boldsymbol{0}(i=1,2)$，可求得相应于 λ_1,λ_2 的特征向量

$$\boldsymbol{\alpha}_1=\left(1,\frac{-1+\sqrt5}{2}\right)^{\mathrm{T}},\quad \boldsymbol{\alpha}_2=\left(1,\frac{-1-\sqrt5}{2}\right)^{\mathrm{T}}$$

(2) 由上知矩阵 $\boldsymbol{P}=\begin{pmatrix}1&1\\\dfrac{-1+\sqrt5}{2}&\dfrac{-1-\sqrt5}{2}\end{pmatrix}$ 使 $\boldsymbol{P}^{-1}\boldsymbol{A}\boldsymbol{P}=\mathrm{diag}\left\{\dfrac{1+\sqrt5}{2},\dfrac{1-\sqrt5}{2}\right\}$. 故

$$\boldsymbol{A}^k=\boldsymbol{P}\begin{pmatrix}\dfrac{1+\sqrt5}{2}&0\\0&\dfrac{1-\sqrt5}{2}\end{pmatrix}^k\boldsymbol{P}^{-1}=\frac{1}{\sqrt5}\begin{pmatrix}\lambda_1^{k+1}-\lambda_2^{k+1}&\lambda_1^k-\lambda_2^k\\\lambda_1^k-\lambda_2^k&\lambda_1^{k-1}-\lambda_2^{k-1}\end{pmatrix}$$

这里
$$\lambda_1=\frac{1+\sqrt5}{2},\quad \lambda_2=\frac{1-\sqrt5}{2}$$

由题设 $\begin{pmatrix}f_k\\g_k\end{pmatrix}=\boldsymbol{A}^k\begin{pmatrix}1\\0\end{pmatrix}$，得 $g_k=\dfrac{1}{\sqrt5}\left[\left(\dfrac{1+\sqrt5}{2}\right)^k-\left(\dfrac{1-\sqrt5}{2}\right)^k\right]$.

注　这里 g_k 即为所谓斐波那契数列 1,1,2,3,5,8,13,⋯的通项，此种通项表示式又称比内公式（它

是用无理数方幂表示整数).

容易验证:$g_{k+1}=g_k+g_{k-1}$. 此外,g_k 还有许多有趣的性质.

例 3 设 $\boldsymbol{A}_1,\boldsymbol{A}_2,\boldsymbol{B}_1,\boldsymbol{B}_2\in\mathbf{R}^{n\times n}$,其中 $\boldsymbol{A}_2,\boldsymbol{B}_2$ 可逆.试证:存在可逆矩阵 $\boldsymbol{P},\boldsymbol{Q}$ 使 $\boldsymbol{PA}_i\boldsymbol{Q}=\boldsymbol{B}_i\,(i=1,2)$ 成立$\Longleftrightarrow \boldsymbol{A}_1\boldsymbol{A}_2^{-1}$ 和 $\boldsymbol{B}_1\boldsymbol{B}_2^{-1}$ 相似.(南开大学,1983)

证 (必要性)若有可逆阵 $\boldsymbol{P},\boldsymbol{Q}$ 使 $\boldsymbol{PA}_i\boldsymbol{Q}=\boldsymbol{B}_i\,(i=1,2)$,则

$$\boldsymbol{A}_1=\boldsymbol{P}^{-1}\boldsymbol{B}_1\boldsymbol{Q}^{-1},\quad \boldsymbol{A}_2^{-1}=\boldsymbol{Q}\boldsymbol{B}_2^{-1}\boldsymbol{P}$$

故 $\boldsymbol{A}_1\boldsymbol{A}_2^{-1}=(\boldsymbol{P}^{-1}\boldsymbol{B}_1\boldsymbol{Q}^{-1})(\boldsymbol{Q}\boldsymbol{B}_2^{-1}\boldsymbol{P})=\boldsymbol{P}^{-1}\boldsymbol{B}_1\boldsymbol{B}_2^{-1}\boldsymbol{P}=\boldsymbol{P}^{-1}(\boldsymbol{B}_1\boldsymbol{B}_2^{-1})\boldsymbol{P}$,即 $\boldsymbol{A}_1\boldsymbol{A}_2^{-1}\sim\boldsymbol{B}_1\boldsymbol{B}_2^{-1}$.

(充分性)设 $\boldsymbol{A}_1\boldsymbol{A}_2^{-1}\sim\boldsymbol{B}_1\boldsymbol{B}_2^{-1}$,则有可逆阵 $\boldsymbol{P}$ 使 $\boldsymbol{A}_1\boldsymbol{A}_2^{-1}=\boldsymbol{P}^{-1}(\boldsymbol{B}_1\boldsymbol{B}_2^{-1})\boldsymbol{P}$,则 $\boldsymbol{A}_1=\boldsymbol{P}^{-1}\boldsymbol{B}_1\boldsymbol{B}_2^{-1}\boldsymbol{PA}_2$,且 $\boldsymbol{PA}_1=\boldsymbol{B}_1\boldsymbol{B}_2^{-1}\boldsymbol{PA}_2$.

令 $\boldsymbol{A}_2^{-1}\boldsymbol{P}^{-1}\boldsymbol{B}_2=\boldsymbol{Q}$,可有 $\boldsymbol{PA}_1\boldsymbol{Q}=\boldsymbol{B}_1(\boldsymbol{B}_2^{-1}\boldsymbol{PA}_2)(\boldsymbol{A}_2^{-1}\boldsymbol{P}^{-1}\boldsymbol{B}_2)=\boldsymbol{B}_1$,$\boldsymbol{PA}_2\boldsymbol{Q}=\boldsymbol{PA}_2(\boldsymbol{A}_2^{-1}\boldsymbol{P}^{-1}\boldsymbol{B}_2)=\boldsymbol{B}_2$.

即有可逆阵 $\boldsymbol{P},\boldsymbol{Q}$ 使 $\boldsymbol{PA}_i\boldsymbol{Q}=\boldsymbol{B}_i\,(i=1,2)$.

例 4 若 $\alpha\in\mathbf{R},\boldsymbol{x}\in\mathbf{R}^{n\times1},\boldsymbol{y}\in\mathbf{R}^{1\times n}$,试证行列式 $|\boldsymbol{I}-\alpha\boldsymbol{xy}|=1-\alpha\boldsymbol{yx}$.(中山大学,1982)

证 令 $\boldsymbol{x}^{\mathrm{T}}=(x_1,x_2,\cdots,x_n)$,$\boldsymbol{y}=(y_1,y_2,\cdots,y_n)$,则矩阵 $\alpha\boldsymbol{xy}$ 的特征多项式

$$|\lambda\boldsymbol{I}-\alpha\boldsymbol{xy}|=\lambda^n+a_{n-1}\lambda^{n-1}+\cdots+a_1\lambda+a_0 \tag{*}$$

因矩阵 $\alpha\boldsymbol{xy}$ 的秩 $\mathrm{r}(\alpha\boldsymbol{xy})\leqslant1$,知其二阶及二阶以上子式均为 0.

若 λ_i 是式(*)的 n 个根,$\sum\limits_{i=1}^{n}\lambda_i=\mathrm{tr}(\alpha\boldsymbol{xy})$,这里"tr"表示矩阵的迹.

又由韦达定理知 $\sum\limits_{i=1}^{n}\lambda_i=-a_{n-1}$,故

$$-a_{n-1}=\mathrm{tr}(\alpha\boldsymbol{xy})=-\alpha\sum_{i=1}^{n}x_iy_i=-\alpha\boldsymbol{yx}$$

且 $a_{n-2}=a_{n-3}=\cdots=a_1=a_0=0$.因而 $|\lambda\boldsymbol{I}-\alpha\boldsymbol{xy}|=\lambda^n-\alpha\boldsymbol{yx}\lambda^{n-1}$.

取 $\lambda=1$,有 $|\boldsymbol{I}-\alpha\boldsymbol{xy}|=1-\alpha\boldsymbol{yx}$.

注 这个问题我们在前文曾给出过一种解法,这里注意到 $\boldsymbol{xy}$ 是矩阵,而 $\boldsymbol{yx}$ 是数.

例 5 设 $\boldsymbol{A}=(a_{ij})_{n\times n}$,且 $a_{ij}=a\neq0\,(1\leqslant i,j\leqslant n)$.求证:必有实系数多项式 $\varphi(x)$,使 $\varphi(\boldsymbol{A})$ 为 $\boldsymbol{A}+na\boldsymbol{I}$ 的逆矩阵,(南京大学,1984)

证 由题设可有

$$f(\lambda)=|\lambda\boldsymbol{I}-\boldsymbol{A}|=\begin{vmatrix}\lambda-a & -a & \cdots & -a\\ -a & \lambda-a & \cdots & -a\\ \vdots & \vdots & & \vdots\\ -a & -a & \cdots & \lambda-a\end{vmatrix}=\lambda^{n-1}(\lambda-na)$$

知 $-na$ 不是 $f(\lambda)$ 的特征根,且 $|-na\boldsymbol{I}-\boldsymbol{A}|=(-1)^n|\boldsymbol{A}+na\boldsymbol{I}|\neq0$,故矩阵 $\boldsymbol{A}+na\boldsymbol{I}$ 可逆.从而知有

$$g(x)=b_mx^m+b_{m-1}x^{m-1}+\cdots+b_1x+b_0$$

且 $b_0\neq0$,使 $g(\boldsymbol{A}+na\boldsymbol{I})=\boldsymbol{O}$,即

$$b_m(\boldsymbol{A}+na\boldsymbol{I})^m+b_{m-1}(\boldsymbol{A}+na\boldsymbol{I})^{m-1}+\cdots+b_1(\boldsymbol{A}+na\boldsymbol{I})+b_0\boldsymbol{I}=\boldsymbol{O}$$

或

$$\left[-\frac{b_m}{b_0}(\boldsymbol{A}+na\boldsymbol{I})^{m-1}-\frac{b_{m-1}}{b_0}(\boldsymbol{A}+na\boldsymbol{I})^{m-2}-\cdots-\frac{b_1}{b_0}\boldsymbol{I}\right]\boldsymbol{A}=\boldsymbol{I}$$

令 $\varphi(x)=-\dfrac{b_m}{b_0}x^{m-1}-\dfrac{b_{m-1}}{b_0}x^{m-2}-\cdots-\dfrac{b_2}{b_0}x-\dfrac{b_1}{b_0}$,则 $\varphi(\boldsymbol{A}+na\boldsymbol{I})$ 即为 $\boldsymbol{A}$ 的逆矩阵.

例 6 若 $\boldsymbol{A},\boldsymbol{B}$ 可逆,且 $\boldsymbol{A}^{-1}\boldsymbol{BAB}^{-1}$ 有一特征根为 1,则 $\boldsymbol{AB}-\boldsymbol{BA}$ 不可逆.(哈尔滨建工学院,1985)

证 由题设 $\boldsymbol{A}^{-1}\boldsymbol{BAB}^{-1}$ 有一特征根为 1,即有 $|\boldsymbol{I}-\boldsymbol{A}^{-1}\boldsymbol{BAB}^{-1}|=0$.

故 $|\boldsymbol{A}|\cdot|\boldsymbol{I}-\boldsymbol{A}^{-1}\boldsymbol{BAB}^{-1}|\cdot|\boldsymbol{B}|=0$,即 $|\boldsymbol{AB}-\boldsymbol{BA}|=0$,知矩阵 $\boldsymbol{AB}-\boldsymbol{BA}$ 不可逆.

我们还想指出一点:实对称阵的特征根有许多性质,它们在矩阵计算中很有用.下面的例子我们前文已有介绍,这里再次给出它的一个证法.

例 7　若 $\lambda_1 \leqslant \lambda_2 \leqslant \cdots \leqslant \lambda_n$ 是 n 阶实对称阵 $\boldsymbol{A}$ 的 n 个特征根(值),则

$$\lambda_1 = \min_{x \neq 0} \frac{\boldsymbol{x}^{\mathrm{T}} \boldsymbol{A} \boldsymbol{x}}{\boldsymbol{x}^{\mathrm{T}} \boldsymbol{x}}, \quad \lambda_n = \max_{x \neq 0} \frac{\boldsymbol{x}^{\mathrm{T}} \boldsymbol{A} \boldsymbol{x}}{\boldsymbol{x}^{\mathrm{T}} \boldsymbol{x}}$$

(南京大学,1985)

证　由题设 $\boldsymbol{A}^{\mathrm{T}} = \boldsymbol{A}$,即 $\boldsymbol{A}$ 为对称矩阵,则有正交阵 $\boldsymbol{P}$ 使 $\boldsymbol{A} = \boldsymbol{P}^{\mathrm{T}} \boldsymbol{\Lambda} \boldsymbol{P}$,其中 $\boldsymbol{\Lambda} = \mathrm{diag}\{\lambda_1, \lambda_2, \cdots, \lambda_n\}$.

而 $\boldsymbol{x}^{\mathrm{T}} \boldsymbol{A} \boldsymbol{x} = \boldsymbol{x}^{\mathrm{T}} (\boldsymbol{P}^{\mathrm{T}} \boldsymbol{\Lambda} \boldsymbol{P}) \boldsymbol{x} = (\boldsymbol{P}\boldsymbol{x})^{\mathrm{T}} \boldsymbol{\Lambda} (\boldsymbol{P}\boldsymbol{x})$,令 $\boldsymbol{P}\boldsymbol{x} = \boldsymbol{y} = (y_1, y_2, \cdots, y_n)^{\mathrm{T}}$,则 $\boldsymbol{x}^{\mathrm{T}} \boldsymbol{A} \boldsymbol{x} = \sum_{i=1}^{n} \lambda_i y_i^2$.从而

$$\lambda_1 \sum_{i=1}^{n} y_i^2 \leqslant \sum_{i=1}^{n} \lambda_i y_i^2 = \boldsymbol{x}^{\mathrm{T}} \boldsymbol{A} \boldsymbol{x} \leqslant \lambda_n \sum_{i=1}^{n} y_i^2 \Rightarrow \lambda_1 \leqslant \frac{\boldsymbol{x}^{\mathrm{T}} \boldsymbol{A} \boldsymbol{x}}{\boldsymbol{y}^{\mathrm{T}} \boldsymbol{y}} \leqslant \lambda_n$$

而 $\boldsymbol{y}^{\mathrm{T}} \boldsymbol{y} = (\boldsymbol{P}\boldsymbol{x})^{\mathrm{T}} (\boldsymbol{P}\boldsymbol{x}) = \boldsymbol{x}^{\mathrm{T}} \boldsymbol{P}^{\mathrm{T}} \boldsymbol{P} \boldsymbol{x} = \boldsymbol{x}^{\mathrm{T}} \boldsymbol{x}$,注意到 $\boldsymbol{P}^{\mathrm{T}} \boldsymbol{P} = \boldsymbol{I}$,故 $\lambda_1 \leqslant \frac{\boldsymbol{x}^{\mathrm{T}} \boldsymbol{A} \boldsymbol{x}}{\boldsymbol{x}^{\mathrm{T}} \boldsymbol{x}} \leqslant \lambda_n$.

当 $\boldsymbol{x}$ 取 λ_1, λ_n 所对应的特征向量时,上面不等式左、右两边等号成立,从而

$$\lambda_1 = \min_{x \neq 0} \frac{\boldsymbol{x}^{\mathrm{T}} \boldsymbol{A} \boldsymbol{x}}{\boldsymbol{x}^{\mathrm{T}} \boldsymbol{x}}, \quad \lambda_n = \max_{x \neq 0} \frac{\boldsymbol{x}^{\mathrm{T}} \boldsymbol{A} \boldsymbol{x}}{\boldsymbol{x}^{\mathrm{T}} \boldsymbol{x}}$$

其中 $\frac{\boldsymbol{x}^{\mathrm{T}} \boldsymbol{A} \boldsymbol{x}}{\boldsymbol{x}^{\mathrm{T}} \boldsymbol{x}}$ 称为瑞利(Rayleigh)商.

1987～2012 年部分

(一)填空题

1. 矩阵的特征值

题 1　(1999①)设 n 阶矩阵 $\boldsymbol{A}$ 的元素全为 1,则 $\boldsymbol{A}$ 的 n 个特征值是________.

解　显然 $|\boldsymbol{A} - \lambda \boldsymbol{I}|$ 是我们在"行列式"一章中重点介绍的题型(将第 2～n 列加至第 1 列后提公因子等),故

$$|\boldsymbol{A} - \lambda \boldsymbol{I}| = \begin{vmatrix} 1-\lambda & 1 & \cdots & 1 \\ 1 & 1-\lambda & \cdots & 1 \\ \vdots & \vdots & & \vdots \\ 1 & 1 & \cdots & 1-\lambda \end{vmatrix} = (n-\lambda) \begin{vmatrix} 1 & 1 & \cdots & 1 \\ 1 & 1-\lambda & \cdots & 1 \\ \vdots & \vdots & & \vdots \\ 1 & 1 & \cdots & 1-\lambda \end{vmatrix}$$

$$= (n-\lambda) \begin{vmatrix} 1 & 0 & \cdots & 0 \\ 1 & -\lambda & \cdots & 0 \\ \vdots & \vdots & & \vdots \\ 1 & 0 & \cdots & -\lambda \end{vmatrix} = (-1)^{n-1} (n-\lambda) \lambda^{n-1}$$

令 $|\boldsymbol{A} - \lambda \boldsymbol{I}| = 0$,得 n 个特征值 $n, 0, \cdots, 0$($n-1$ 重 0).

题 2　(1992④)矩阵 $\boldsymbol{A} = \begin{pmatrix} 1 & 1 & 1 & 1 \\ 1 & 1 & 1 & 1 \\ 1 & 1 & 1 & 1 \\ 1 & 1 & 1 & 1 \end{pmatrix}$ 的非零特征值是________.

解　$\boldsymbol{A}$ 的特征方程为

$$|\boldsymbol{A} - \lambda \boldsymbol{I}| = \begin{vmatrix} 1-\lambda & 1 & 1 & 1 \\ 1 & 1-\lambda & 1 & 1 \\ 1 & 1 & 1-\lambda & 1 \\ 1 & 1 & 1 & 1-\lambda \end{vmatrix} = 0$$

用行元素相加法可求得$|\boldsymbol{A}-\lambda\boldsymbol{I}|=-(4-\lambda)\lambda^3$. 由此知非零特征值是4.

题 3 (2002②)矩阵$\boldsymbol{A}=\begin{pmatrix}0&-2&-2\\2&2&-2\\-2&-2&2\end{pmatrix}$的非零特征值是________.

解 由题设矩阵的特征方程为$|\boldsymbol{A}-\lambda\boldsymbol{I}|$,再由行列式性质可有

$$|\boldsymbol{A}-\lambda\boldsymbol{I}|=\begin{vmatrix}-\lambda&-2&-2\\2&2-\lambda&-2\\-2&-2&2-\lambda\end{vmatrix}\xlongequal[\text{上第3行}]{\text{第2行加}}\begin{vmatrix}-\lambda&-2&-2\\0&-\lambda&-\lambda\\-2&-2&2-\lambda\end{vmatrix}\xlongequal[\text{第2列}]{\text{第3列减}}\begin{vmatrix}-\lambda&-2&0\\0&-\lambda&0\\-2&-2&4-\lambda\end{vmatrix}=\lambda^2(4-\lambda)$$

故$\boldsymbol{A}$的非零特征值$\lambda=4$.

题 4 (1998①)设$\boldsymbol{A}$为n阶矩阵,$|\boldsymbol{A}|\neq 0$,$\boldsymbol{A}^*$为$\boldsymbol{A}$的伴随矩阵,$\boldsymbol{I}$为n阶单位矩阵. 若$\boldsymbol{A}$有特征值λ,则$(\boldsymbol{A}^*)^2+\boldsymbol{I}$必有特征值________.

解 据"若$\boldsymbol{A}$有特征值λ,则矩阵多项式$f(\boldsymbol{A})$有特征值$f(\lambda)$",注意到$|\boldsymbol{A}|\neq 0$,知$\boldsymbol{A}$可逆且$\lambda\neq 0$,又

$$(\boldsymbol{A}^*)^2+\boldsymbol{I}=(|\boldsymbol{A}|\boldsymbol{A}^{-1})^2+\boldsymbol{I}$$

故所求特征值为$(|\boldsymbol{A}|\lambda^{-1})^2+1=|\boldsymbol{A}|^2\lambda^{-2}+1$.

题 5 (2009①)若3维列向量$\boldsymbol{\alpha},\boldsymbol{\beta}$满足$\boldsymbol{\alpha}^{\mathrm{T}}\boldsymbol{\beta}=2$,其中$\boldsymbol{\alpha}^{\mathrm{T}}$为$\boldsymbol{\alpha}$的转置,则矩阵$\boldsymbol{\beta}\boldsymbol{\alpha}^{\mathrm{T}}$的非零特征值为________.

解 1 由题设知$\boldsymbol{\alpha},\boldsymbol{\beta}\neq\boldsymbol{0}$. 又$\mathrm{r}(\boldsymbol{AB})\leqslant\min\{\mathrm{r}(\boldsymbol{A}),\mathrm{r}(\boldsymbol{B})\}$,从而

$$1\leqslant \mathrm{r}(\boldsymbol{\alpha}^{\mathrm{T}}\boldsymbol{\beta})\leqslant\min\{\mathrm{r}(\boldsymbol{A}),\mathrm{r}(\boldsymbol{B})\}=1$$

故$\mathrm{r}(\boldsymbol{\alpha}^{\mathrm{T}}\boldsymbol{\beta})=1$. 这样$\boldsymbol{A}$的特征多项式$|\lambda\boldsymbol{I}-\boldsymbol{A}|=\lambda^3-\left(\sum_{i=1}^{3}a_{ii}\right)\lambda^2$,知$\lambda_1=\sum_{i=1}^{3}a_{ii}$,$\lambda_i=0(i=2,3)$,从而矩阵$\boldsymbol{\beta}\boldsymbol{\alpha}^{\mathrm{T}}$的非零特征值为$\sum_{i=1}^{3}a_{ii}=\boldsymbol{\alpha}^{\mathrm{T}}\boldsymbol{\beta}=2$.

解 2 由解1知$\mathrm{r}(\boldsymbol{\alpha}^{\mathrm{T}}\boldsymbol{\beta})=1$. 又$(\boldsymbol{\beta}\boldsymbol{\alpha}^{\mathrm{T}})\boldsymbol{\beta}=\boldsymbol{\beta}(\boldsymbol{\alpha}^{\mathrm{T}}\boldsymbol{\beta})=2\boldsymbol{\beta}$,知$\boldsymbol{\beta}$为$\boldsymbol{\beta}\boldsymbol{\alpha}^{\mathrm{T}}$的属于特征值2的特征向量. 从而$\boldsymbol{\beta}\boldsymbol{\alpha}^{\mathrm{T}}$的非零特征值为2.

注 1 该问题的变形为:

(1)(2009②)设$\boldsymbol{\alpha},\boldsymbol{\beta}$为3维列向量,若矩阵$\boldsymbol{\alpha}\boldsymbol{\beta}^{\mathrm{T}}$相似于$\begin{pmatrix}2&&\\&0&\\&&0\end{pmatrix}$,则$\boldsymbol{\beta}^{\mathrm{T}}\boldsymbol{\alpha}=$________.

(2)(2009③)设$\boldsymbol{\alpha}=(1,1,1)^{\mathrm{T}}$,$\boldsymbol{\beta}=(1,0,k)^{\mathrm{T}}$. 若矩阵$\boldsymbol{\alpha}\boldsymbol{\beta}^{\mathrm{T}}$相似于$\begin{pmatrix}3&&\\&0&\\&&0\end{pmatrix}$,则$k=$________.

它们的解法与上面问题解法类同. 请记住相似矩阵有相同的特征值和迹.

注 2 结论可推广至n维向量与n阶矩阵.

2. 矩阵的特征向量

题 (1992④)若$\boldsymbol{A}=\begin{pmatrix}1&1&1&1\\1&1&1&1\\1&1&1&1\\1&1&1&1\end{pmatrix}$,则与其非零特征值相对应的特征向量是________.

解 由题设可有

$$\boldsymbol{A}\begin{pmatrix}1\\1\\1\\1\end{pmatrix}=\begin{pmatrix}1&1&1\\1&1&1\\1&1&1\\1&1&1\end{pmatrix}\begin{pmatrix}1\\1\\1\\1\end{pmatrix}=4\begin{pmatrix}1\\1\\1\\1\end{pmatrix}$$

知 4 是 $\boldsymbol{A}$ 的特征值(根)，且$(1,1,1,1)^{\mathrm{T}}$ 是与之相对应的特征向量.

由 $\mathrm{r}(\boldsymbol{A})=1$，知 $\boldsymbol{A}$ 仅有一个非零特征值(根). 故$(1,1,1,1)^{\mathrm{T}}$ 是 $\boldsymbol{A}$ 的与非零特征值相对应的特征向量.

(二)选择题

1. 矩阵的特征值和特征向量

题 1　(1993④)设 $\lambda=2$ 是非奇异矩阵 $\boldsymbol{A}$ 的一个特征值，则矩阵 $\left(\frac{1}{3}\boldsymbol{A}^2\right)^{-1}$ 有一特征值等于　(　　)

(A)$\frac{4}{3}$　　(B)$\frac{3}{4}$　　(C)$\frac{1}{2}$　　(D)$\frac{1}{4}$

解　若 λ 是 $\boldsymbol{A}$ 的一个特征值，则 $f(\lambda)$ 是矩阵多项式 $f(\boldsymbol{A})$ 的一个特征值.

所以 $\left(\frac{1}{3}\times 2^2\right)^{-1}=\frac{3}{4}$ 是 $\left(\frac{1}{3}\boldsymbol{A}^2\right)^{-1}$ 的一个特征值.

故选(B).

题 2　(1991③)设 $\boldsymbol{A}$ 为 n 阶可逆矩阵，λ 是 $\boldsymbol{A}$ 的一个特征根，则其伴随矩阵 $\boldsymbol{A}^*$ 的特征根之一是　(　　)

(A)$\lambda^{-1}|\boldsymbol{A}|^n$　　(B)$\lambda^{-1}|\boldsymbol{A}|$　　(C)$\lambda|\boldsymbol{A}|$　　(D)$\lambda|\boldsymbol{A}|^n$

解　设 $\boldsymbol{x}(\boldsymbol{x}\neq\boldsymbol{0})$ 是 $\boldsymbol{A}$ 的与 λ 相对应的特征向量，则有 $\boldsymbol{A}\boldsymbol{x}=\lambda\boldsymbol{x}$，这样

$$\boldsymbol{A}^{-1}\boldsymbol{x}=\frac{1}{\lambda}\boldsymbol{x}$$

从而 $|\boldsymbol{A}|\boldsymbol{A}^{-1}\boldsymbol{x}=\frac{|\boldsymbol{A}|}{\lambda}\boldsymbol{x}$，即 $\boldsymbol{A}^*\boldsymbol{x}=\frac{|\boldsymbol{A}|}{\lambda}\boldsymbol{x}$，故 $\frac{|\boldsymbol{A}|}{\lambda}$ 是 $\boldsymbol{A}^*$ 的一个特征值.

故选(B).

题 3　(2002③)设 $\boldsymbol{A}$ 是 n 阶实对称矩阵，$\boldsymbol{P}$ 是 n 阶可逆矩阵. 已知 n 维列向量 $\boldsymbol{\alpha}$ 是 $\boldsymbol{A}$ 的属于特征值 λ 的特征向量，则矩阵 $(\boldsymbol{P}^{-1}\boldsymbol{A}\boldsymbol{P})^{\mathrm{T}}$ 属于特征值 λ 的特征向量是　(　　)

(A)$\boldsymbol{P}^{-1}\boldsymbol{\alpha}$　　(B)$\boldsymbol{P}^{\mathrm{T}}\boldsymbol{\alpha}$　　(C)$\boldsymbol{P}\boldsymbol{\alpha}$　　(D)$(\boldsymbol{P}^{-1})^{\mathrm{T}}\boldsymbol{\alpha}$

解　设 $\boldsymbol{\beta}$ 是 $(\boldsymbol{P}^{-1}\boldsymbol{A}\boldsymbol{P})^{\mathrm{T}}$ 属于 λ 的特征向量，由题设 $\boldsymbol{A}$ 是实对称矩阵，且 $\boldsymbol{\alpha}$ 为 $\boldsymbol{A}$ 属于 λ 的特征向量，即 $\boldsymbol{A}\boldsymbol{\alpha}=\lambda\boldsymbol{\alpha}$，则 $(\boldsymbol{P}^{-1}\boldsymbol{A}\boldsymbol{P})^{\mathrm{T}}\boldsymbol{\beta}=\lambda\boldsymbol{\beta}$，即 $\boldsymbol{P}^{\mathrm{T}}\boldsymbol{A}(\boldsymbol{P}^{-1})^{\mathrm{T}}\boldsymbol{\beta}=\lambda\boldsymbol{\beta}$.

把各选项中的向量依次代入上式 $\boldsymbol{\beta}$ 中，选项(B)为真. 实因：由 $\boldsymbol{P}^{\mathrm{T}}\boldsymbol{A}(\boldsymbol{P}^{-1})^{\mathrm{T}}(\boldsymbol{P}^{\mathrm{T}}\boldsymbol{\alpha})=\boldsymbol{P}^{\mathrm{T}}\boldsymbol{A}\boldsymbol{\alpha}=\lambda\boldsymbol{P}^{\mathrm{T}}\boldsymbol{\alpha}$，其与 $\boldsymbol{A}\boldsymbol{\alpha}=\lambda\boldsymbol{\alpha}$ 等价.

故选(B).

2. 矩阵相似问题

题 1　(1993③)n 阶方阵 $\boldsymbol{A}$ 具有 n 个不同的特征值是 $\boldsymbol{A}$ 与对角阵相似的　(　　)

(A)充分必要条件　　(B)充分而非必要条件

(C)必要而非充分条件　　(D)既非充分也非必要条件

解　$\boldsymbol{A}$ 具有 n 个不同的特征值是 $\boldsymbol{A}$ 与对角阵相似的充分条件(有它一定成立，无它未必不成立)，而不是必要条件. 例如，取 $\boldsymbol{A}=\boldsymbol{I}$，则有 $\boldsymbol{A}\sim\boldsymbol{I}$，但 $\boldsymbol{A}$ 的特征值仅有 n 重 1.　(　　)

故选(B).

题 2　(1999③)设 $\boldsymbol{A},\boldsymbol{B}$ 为 n 阶矩阵，且 $\boldsymbol{A}$ 与 $\boldsymbol{B}$ 相似，$\boldsymbol{I}$ 为 n 阶单位矩阵，则　(　　)

(A)矩阵 $\lambda\boldsymbol{I}-\boldsymbol{A}=\lambda\boldsymbol{I}-\boldsymbol{B}$　　(B)$\boldsymbol{A}$ 与 $\boldsymbol{B}$ 有相同的特征值和特征向量

(C)$\boldsymbol{A}$ 与 $\boldsymbol{B}$ 都相似于一个对角矩阵　　(D)对任意常数 t，矩阵 $t\boldsymbol{I}-\boldsymbol{A}$ 与 $t\boldsymbol{I}-\boldsymbol{B}$ 相似

解　(1)$\boldsymbol{A}\sim\boldsymbol{B}$ 推导不出 $\boldsymbol{A}=\boldsymbol{B}$，例如 $\boldsymbol{A}=\begin{pmatrix}1&1\\0&2\end{pmatrix}\sim\begin{pmatrix}1&0\\0&2\end{pmatrix}=\boldsymbol{B}$，但 $\boldsymbol{A}\neq\boldsymbol{B}$，故 $\lambda\boldsymbol{I}-\boldsymbol{A}\neq\lambda\boldsymbol{I}-\boldsymbol{B}$，故排除

(A).

(2)若 $\boldsymbol{A}\sim\boldsymbol{B}$,则 $\boldsymbol{A}$ 与 $\boldsymbol{B}$ 有相同的特征值,但不一定有相同的特征向量,故排除(B).

(3)因为并非所有矩阵都与对角阵相似,所以排除(C).

(4)设 $\boldsymbol{P}^{-1}\boldsymbol{AP}=\boldsymbol{B}$,则对任意常数 t,可有

$$\boldsymbol{P}^{-1}(t\boldsymbol{I}-\boldsymbol{A})\boldsymbol{P}=t\boldsymbol{I}-\boldsymbol{P}^{-1}\boldsymbol{AP}=t\boldsymbol{I}-\boldsymbol{B}$$

因此 $t\boldsymbol{I}-\boldsymbol{A}\sim t\boldsymbol{I}-\boldsymbol{B}$,故选(D).

题 3 (2003④)设矩阵 $\boldsymbol{B}=\begin{pmatrix}0&0&1\\0&1&0\\1&0&0\end{pmatrix}$,又矩阵 $\boldsymbol{A}$ 相似于矩阵 $\boldsymbol{B}$,则矩阵的秩 $\mathrm{r}(\boldsymbol{A}-2\boldsymbol{I})$ 与秩 $\mathrm{r}(\boldsymbol{A}-\boldsymbol{I})$ 之和为 ( )

(A)2 (B)3 (C)4 (D)5

解 因为矩阵 $\boldsymbol{A}\sim\boldsymbol{B}$,于是有矩阵 $\boldsymbol{A}-2\boldsymbol{I}\sim\boldsymbol{B}-2\boldsymbol{I}$,矩阵 $\boldsymbol{A}-\boldsymbol{I}\sim\boldsymbol{B}-\boldsymbol{I}$.又相似矩阵有相同的秩,而

$$\mathrm{r}(\boldsymbol{B}-2\boldsymbol{I})=\mathrm{r}\begin{pmatrix}-2&0&1\\0&-1&0\\1&0&-2\end{pmatrix}=3,\quad \mathrm{r}(\boldsymbol{B}-\boldsymbol{I})=\mathrm{r}\begin{pmatrix}-1&0&1\\0&0&0\\1&0&-1\end{pmatrix}=1$$

则有
$$\mathrm{r}(\boldsymbol{A}-2\boldsymbol{I})+\mathrm{r}(\boldsymbol{A}-\boldsymbol{I})=\mathrm{r}(\boldsymbol{B}-2\boldsymbol{I})+\mathrm{r}(\boldsymbol{B}-\boldsymbol{I})=4$$

故选(C).

题 4 (1997③)设 $\boldsymbol{A},\boldsymbol{B}$ 为同阶可逆矩阵,则 ( )

(A)$\boldsymbol{AB}=\boldsymbol{BA}$ (B)存在可逆阵 $\boldsymbol{P}$,使 $\boldsymbol{P}^{-1}\boldsymbol{AP}=\boldsymbol{B}$

(C)存在可逆阵 $\boldsymbol{C}$,使 $\boldsymbol{C}^{\mathrm{T}}\boldsymbol{AC}=\boldsymbol{B}$ (D)存在可逆阵 $\boldsymbol{P}$ 和 $\boldsymbol{Q}$,使 $\boldsymbol{PAQ}=\boldsymbol{B}$

解 因为矩阵乘法不具有交换性,所以排除选项(A).

若取 $\boldsymbol{A}=\begin{pmatrix}1&0\\0&-1\end{pmatrix}$,$\boldsymbol{B}=\begin{pmatrix}1&0\\0&1\end{pmatrix}$,它们都可逆,但它们的特征值不全相同,所以 $\boldsymbol{A}$ 与 $\boldsymbol{B}$ 不相似,故排除(B).

虽然 $\boldsymbol{A}$ 与 $\boldsymbol{B}$ 可逆,但它们不一定合同,故排除(C).

同阶可逆矩阵是等价的(即秩相等),即若 $\boldsymbol{A}$ 和 $\boldsymbol{B}$ 是同阶可逆矩阵(显然满秩),则存在可逆矩阵 $\boldsymbol{P}$ 和 $\boldsymbol{Q}$,使 $\boldsymbol{PAQ}=\boldsymbol{B}$.

故选(D).

题 5 (2001①)设矩阵 $\boldsymbol{A}=\begin{pmatrix}1&1&1&1\\1&1&1&1\\1&1&1&1\\1&1&1&1\end{pmatrix}$,且 $\boldsymbol{B}=\begin{pmatrix}4&0&0&0\\0&0&0&0\\0&0&0&0\\0&0&0&0\end{pmatrix}$,则矩阵 $\boldsymbol{A}$ 与 $\boldsymbol{B}$ ( )

(A)合同且相似 (B)合同但不相似 (C)不合同但相似 (D)不合同且不相似

解 1 因
$$|\boldsymbol{A}-\lambda\boldsymbol{I}|=(4-\lambda)\begin{vmatrix}1&1&1&1\\1&1-\lambda&1&1\\1&1&1-\lambda&1\\1&1&1&1-\lambda\end{vmatrix}=-(4-\lambda)\lambda^3$$

故 $\boldsymbol{A}$ 的特征值为 $\lambda_1=4,\lambda_2=\lambda_3=\lambda_4=0$.

又因 $\boldsymbol{A}$ 为实对称矩阵,所以必存在正交矩阵 $\boldsymbol{P}$,使

$$\boldsymbol{P}^{\mathrm{T}}\boldsymbol{AP}=\boldsymbol{P}^{-1}\boldsymbol{AP}=\mathrm{diag}\{4,0,0,0\}=\boldsymbol{B}$$

知 $\boldsymbol{A}$ 与 $\boldsymbol{B}$ 既合同又相似.

故选(A).

解 2　由题设可有 $\boldsymbol{A}(1,0,0,0)^{\mathrm{T}}=4(1,0,0,0)^{\mathrm{T}}$，知 $(1,0,0,0)^{\mathrm{T}}$ 是 $\boldsymbol{A}$ 的对应于特征值 4 的特征向量(显然 4 是特征值).

又 $\mathrm{r}(\boldsymbol{A})=1$，知其仅有一个非零特征值. 又由 $\boldsymbol{A}$ 为实对称阵，知有正交阵 $\boldsymbol{P}$，使

$$\boldsymbol{P}^{\mathrm{T}}\boldsymbol{A}\boldsymbol{P}=\boldsymbol{P}^{-1}\boldsymbol{A}\boldsymbol{P}=\operatorname{diag}\{4,0,0,0\}=\boldsymbol{B}$$

故选(A).

(三)计算证明题

1. 矩阵特征问题

(1)矩阵的特征值、特征向量

题 1　(1987③④)求矩阵 $\boldsymbol{A}=\begin{pmatrix}-3&-1&2\\0&-1&4\\-1&0&1\end{pmatrix}$ 的实特征值及对应的特征向量.

解　由题设有 $\boldsymbol{A}$ 的特征方程

$$|\boldsymbol{A}-\lambda\boldsymbol{I}|=\begin{vmatrix}-3-\lambda&-1&2\\0&-1-\lambda&4\\-1&0&1-\lambda\end{vmatrix}=(1-\lambda)(\lambda^2+4\lambda+5)=0$$

解得 $\boldsymbol{A}$ 的唯一的实特征值 $\lambda=1$.

设与 $\lambda=1$ 相应的 $\boldsymbol{A}$ 的特征向量 $\boldsymbol{x}=(x_1,x_2,x_3)^{\mathrm{T}}$，则有齐次方程组

$$(\boldsymbol{A}-\boldsymbol{I})\boldsymbol{x}=\begin{pmatrix}-4&-1&2\\0&-2&4\\-1&0&0\end{pmatrix}\begin{pmatrix}x_1\\x_2\\x_3\end{pmatrix}=\boldsymbol{0}$$

即得同解方程组 $\begin{cases}x_1=0\\x_2=2x_3\end{cases}$，解得相应的特征向量 $\boldsymbol{x}=k(0,2,1)^{\mathrm{T}}$，其中 $k\neq0$ 为任意实常数.

题 2　(1989③④)设 3 阶矩阵 $\boldsymbol{A}=\begin{pmatrix}-1&2&2\\2&-1&-2\\2&-2&-1\end{pmatrix}$.(1)试求矩阵 $\boldsymbol{A}$ 的特征值；(2)利用(1)小题的结果，求矩阵 $\boldsymbol{I}+\boldsymbol{A}^{-1}$ 的特征值，其中 $\boldsymbol{I}$ 是 3 阶单位矩阵.

解　(1)由题设 $\boldsymbol{A}$ 的特征方程为

$$|\boldsymbol{A}-\lambda\boldsymbol{I}|=\begin{vmatrix}-1-\lambda&2&2\\2&-1-\lambda&-2\\2&-2&-1-\lambda\end{vmatrix}=-(\lambda-1)^2(\lambda+5)=0$$

由此得矩阵 $\boldsymbol{A}$ 的特征值为 1,1,−5.

(2)设 $\boldsymbol{x}(\boldsymbol{x}\neq\boldsymbol{0})$ 是矩阵 $\boldsymbol{A}$ 的特征值 λ 所对应的特征向量，则有 $\boldsymbol{A}\boldsymbol{x}=\lambda\boldsymbol{x}$，即 $\boldsymbol{x}=\lambda\boldsymbol{A}^{-1}\boldsymbol{x}$，或 $\boldsymbol{A}^{-1}\boldsymbol{x}=\dfrac{1}{\lambda}\boldsymbol{x}$，得

$$(\boldsymbol{I}+\boldsymbol{A}^{-1})\boldsymbol{x}=\left(1+\frac{1}{\lambda}\right)\boldsymbol{x}$$

由上式知，矩阵 $\boldsymbol{I}+\boldsymbol{A}^{-1}$ 的特征值为 $1+\dfrac{1}{\lambda}$，即 $2,2,\dfrac{4}{5}$.

题 3　(1989①)假设 λ 为 n 阶可逆矩阵 $\boldsymbol{A}$ 的一个特征值，证明：(1)$\dfrac{1}{\lambda}$ 为 $\boldsymbol{A}^{-1}$ 的特征值；(2)$\dfrac{|\boldsymbol{A}|}{\lambda}$ 为 $\boldsymbol{A}$ 的伴随矩阵 $\boldsymbol{A}^*$ 的特征值.

证 (1)由题设,存在非零向量 $\boldsymbol{\xi}$ 满足 $\boldsymbol{A\xi}=\lambda\boldsymbol{\xi}$. 等式两边同时左乘 $\boldsymbol{A}^{-1}$,得 $\boldsymbol{\xi}=\lambda(\boldsymbol{A}^{-1}\boldsymbol{\xi})$.

由于 $\boldsymbol{\xi}$ 非零,故 $\lambda\neq 0$,于是有 $\boldsymbol{A}^{-1}\boldsymbol{\xi}=\frac{1}{\lambda}\boldsymbol{\xi}$,知 $\frac{1}{\lambda}$ 为矩阵 $\boldsymbol{A}^{-1}$ 的特征值.

(2)又因为 $\boldsymbol{A}^{-1}\boldsymbol{\xi}=\frac{1}{\lambda}\xi$,有 $|\boldsymbol{A}|\boldsymbol{A}^{-1}\boldsymbol{\xi}=\frac{|\boldsymbol{A}|}{\lambda}\boldsymbol{\xi}$,从而 $\boldsymbol{A}^*\boldsymbol{\xi}=\frac{|\boldsymbol{A}|}{\lambda}\boldsymbol{\xi}$,亦即 $\frac{|\boldsymbol{A}|}{\lambda}$ 为 $\boldsymbol{A}^*$ 的特征值.

题 4 (1996④)设有 4 阶方阵 $\boldsymbol{A}$ 满足条件 $|\sqrt{2}\boldsymbol{I}+\boldsymbol{A}|=0$, $\boldsymbol{AA}^{\mathrm{T}}=2\boldsymbol{I}$, $|\boldsymbol{A}|<0$,其中 $\boldsymbol{I}$ 是 4 阶单位阵. 求方阵 $\boldsymbol{A}$ 的伴随矩阵 $\boldsymbol{A}^*$ 的一个特征值.

解 由 $|\sqrt{2}\boldsymbol{I}+\boldsymbol{A}|=|\boldsymbol{A}-(-\sqrt{2})\boldsymbol{I}|=0$,知 $\lambda=-\sqrt{2}$ 是 $\boldsymbol{A}$ 的一个特征值.

又由 $\boldsymbol{AA}^{\mathrm{T}}=2\boldsymbol{I}$,得 $|\boldsymbol{A}|^2=|2\boldsymbol{I}|=2^4=16$. 由题设 $|\boldsymbol{A}|<0$,知 $|\boldsymbol{A}|=-4$.

因此 $\boldsymbol{A}^*$ 的一个特征值是 $\frac{|\boldsymbol{A}|}{\lambda}=\frac{-4}{-\sqrt{2}}=2\sqrt{2}$.

题 5 (1990④)设方阵 $\boldsymbol{A}$ 满足条件 $\boldsymbol{A}^{\mathrm{T}}\boldsymbol{A}=\boldsymbol{I}$,其中 $\boldsymbol{A}^{\mathrm{T}}$ 是 $\boldsymbol{A}$ 的转置矩阵,$\boldsymbol{I}$ 为单位阵,试证明 $\boldsymbol{A}$ 的实特征向量所对应的特征值的绝对值等于 1.

证 设 $\boldsymbol{x}$ 是 $\boldsymbol{A}$ 的实特征向量,它所对应的特征值为 λ,则有 $\boldsymbol{Ax}=\lambda\boldsymbol{x}$.

故 $(\boldsymbol{Ax})^{\mathrm{T}}(\boldsymbol{Ax})=(\lambda\boldsymbol{x})^{\mathrm{T}}(\lambda\boldsymbol{x})$,从而 $\boldsymbol{x}^{\mathrm{T}}\boldsymbol{A}^{\mathrm{T}}\boldsymbol{Ax}=\lambda^2\boldsymbol{x}^{\mathrm{T}}\boldsymbol{x}$.

由 $\boldsymbol{A}^{\mathrm{T}}\boldsymbol{A}=\boldsymbol{I}$,得 $(1-\lambda^2)\boldsymbol{x}^{\mathrm{T}}\boldsymbol{x}=0$. 又由 $\boldsymbol{x}\neq\boldsymbol{0}$,则 $\boldsymbol{x}^{\mathrm{T}}\boldsymbol{x}=\|\boldsymbol{x}\|^2>0$,故 $1-\lambda^2=0$,即 $|\lambda|=1$.

题 6 (1999①③)设矩阵 $\boldsymbol{A}=\begin{pmatrix}a & -1 & c\\ 5 & b & 3\\ 1-c & 0 & -a\end{pmatrix}$,且 $|\boldsymbol{A}|=-1$. 又 $\boldsymbol{\alpha}=(-1,-1,1)^{\mathrm{T}}$ 是 $\boldsymbol{A}$ 的伴随矩阵 $\boldsymbol{A}^*$ 属于 λ_0 的特征向量. 求 a,b,c 及 λ_0.

解 由 $\boldsymbol{AA}^*=|\boldsymbol{A}|\boldsymbol{I}=-\boldsymbol{I}$ 及 $\boldsymbol{A}^*\boldsymbol{\alpha}=\lambda_0\boldsymbol{\alpha}$,则 $\boldsymbol{AA}^*\boldsymbol{\alpha}=-\boldsymbol{I\alpha}=-\boldsymbol{\alpha}$.

又 $\boldsymbol{A}(\boldsymbol{A}^*\boldsymbol{\alpha})=\boldsymbol{A}(\lambda_0\boldsymbol{\alpha})=\lambda_0\boldsymbol{A\alpha}$,故 $\lambda_0\boldsymbol{A\alpha}=-\boldsymbol{\alpha}$,即

$$\lambda_0\begin{pmatrix}a & -1 & c\\ 5 & b & 3\\ 1-c & 0 & -a\end{pmatrix}\begin{pmatrix}-1\\ -1\\ 1\end{pmatrix}=-\begin{pmatrix}-1\\ -1\\ 1\end{pmatrix}$$

从而

$$\begin{cases}\lambda_0(-a+1+c)=1 & ①\\ \lambda_0(-5-b+3)=1 & ②\\ \lambda_0(-1+c-a)=-1 & ③\end{cases}$$

由式①,③,有 $\lambda_0=1$,代入式①,②,得 $b=-3$, $a=c$. 注意到行列式

$$\begin{vmatrix}a & -1 & c\\ 5 & b & 3\\ 1-c & 0 & -a\end{vmatrix}=\begin{vmatrix}a & -1 & a\\ 5 & -3 & -3\\ 1-a & 0 & -a\end{vmatrix}=a-3=-1\Rightarrow a=2$$

综上,$a=c=2$, $b=-3$, $\lambda_0=1$.

题 7 (1991④)已知向量 $\boldsymbol{\alpha}=(1,k,1)^{\mathrm{T}}$ 是矩阵 $\boldsymbol{A}=\begin{pmatrix}2 & 1 & 1\\ 1 & 2 & 1\\ 1 & 1 & 2\end{pmatrix}$ 的逆矩阵 $\boldsymbol{A}^{-1}$ 的特征向量,试求常数 k 的值.

解 设 λ 是 $\boldsymbol{A}^{-1}$ 的相应于特征向量 $\boldsymbol{\alpha}$ 的特征值,则 $\boldsymbol{A}^{-1}\boldsymbol{\alpha}=\lambda\boldsymbol{\alpha}$,有 $\boldsymbol{\alpha}=\lambda\boldsymbol{A\alpha}$,由此得方程组

$$\begin{pmatrix}1\\ k\\ 1\end{pmatrix}=\lambda\begin{pmatrix}2 & 1 & 1\\ 1 & 2 & 1\\ 1 & 1 & 2\end{pmatrix}\begin{pmatrix}1\\ k\\ 1\end{pmatrix}=\lambda\begin{pmatrix}3+k\\ 2+2k\\ 3+k\end{pmatrix}\Rightarrow\begin{cases}\lambda(3+k)=1\\ 2\lambda(1+k)=k\end{cases}$$

解得 $\lambda_1=\frac{1}{4}, k_1=1; \lambda_2=1, k_2=-2$. 此时 $\boldsymbol{\alpha}$ 是 $\boldsymbol{A}^{-1}$ 的特征向量.

题 8　(1994③④)设 $\boldsymbol{A}=\begin{pmatrix}0 & 0 & 1\\ x & 1 & y\\ 1 & 0 & 0\end{pmatrix}$ 有 3 个线性无关的特征向量,求 x 和 y 应满足的条件.

解　由题设矩阵 $\boldsymbol{A}$ 的特征方程为

$$|\boldsymbol{A}-\lambda\boldsymbol{I}|=\begin{vmatrix}-\lambda & 0 & 1\\ x & 1-\lambda & y\\ 1 & 0 & -\lambda\end{vmatrix}=(1-\lambda)(\lambda^2-1)=-(\lambda-1)^2(\lambda+1)=0$$

解得其特征值 $\lambda_1=\lambda_2=1, \lambda_3=-1$.

为使这 3 个特征值所对应的特征向量线性无关,只需与 $\lambda=1$(二重根)相对应的方程组 $(\boldsymbol{A}-\boldsymbol{I})\boldsymbol{x}=\boldsymbol{0}$ 有两个基础解,即秩 $\mathrm{r}(\boldsymbol{A}-\boldsymbol{I})=1$. 因而矩阵

$$\boldsymbol{A}-\boldsymbol{I}=\begin{pmatrix}-1 & 0 & 1\\ x & 0 & y\\ 1 & 0 & -1\end{pmatrix}$$

的 2 阶子式皆为 0. 因而 $\begin{vmatrix}-1 & 1\\ x & y\end{vmatrix}=-x-y=0$.

故矩阵 $\boldsymbol{A}$ 有 3 个线性无关的特征向量必须满足条件 $x+y=0$.

题 9　(1995①)设 3 阶实对称矩阵 $\boldsymbol{A}$ 的特征值为 $\lambda_1=-1, \lambda_2=\lambda_3=1$, 对应于 λ_1 的特征向量为 $\boldsymbol{\xi}_1=(0,1,1)^{\mathrm{T}}$, 求 $\boldsymbol{A}$.

解　由题设 $\boldsymbol{A}$ 为实对称阵,则与 $\lambda_2=1$ 和 $\lambda_3=1$ 相应的特征向量 $\boldsymbol{\xi}_2$ 和 $\boldsymbol{\xi}_3$ 皆与 $\boldsymbol{\xi}_1$ 正交,因此欲求 $\boldsymbol{\xi}_2$ 和 $\boldsymbol{\xi}_3$ 只需求齐次线性方程组 $\boldsymbol{\xi}_1^{\mathrm{T}}\boldsymbol{x}=\boldsymbol{0}$ 的基础解系. 设 $\boldsymbol{x}=(x_1,x_2,x_3)^{\mathrm{T}}$, 由 $x_2+x_3=0$, 解得 $x_2=-x_3$, 进而有

$$\boldsymbol{\xi}_2=\begin{pmatrix}1\\0\\0\end{pmatrix},\quad \boldsymbol{\xi}_3=\begin{pmatrix}0\\-1\\1\end{pmatrix}$$

因为
$$\boldsymbol{A}(\boldsymbol{\xi}_1,\boldsymbol{\xi}_2,\boldsymbol{\xi}_3)=(\boldsymbol{A}\boldsymbol{\xi}_1,\boldsymbol{A}\boldsymbol{\xi}_2,\boldsymbol{A}\boldsymbol{\xi}_3)=(\lambda_1\boldsymbol{\xi}_1,\lambda_2\boldsymbol{\xi}_2,\lambda_3\boldsymbol{\xi}_3)$$

所以
$$\boldsymbol{A}=(\lambda_1\boldsymbol{\xi}_1,\lambda_2\boldsymbol{\xi}_2,\lambda_3\boldsymbol{\xi}_3)(\boldsymbol{\xi}_1,\boldsymbol{\xi}_2,\boldsymbol{\xi}_3)^{-1}=\begin{pmatrix}0 & 1 & 0\\ -1 & 0 & -1\\ -1 & 0 & 1\end{pmatrix}\begin{pmatrix}0 & 1 & 0\\ 1 & 0 & -1\\ 1 & 0 & 1\end{pmatrix}^{-1}=\begin{pmatrix}1 & 0 & 1\\ 0 & 0 & -1\\ 0 & -1 & 0\end{pmatrix}$$

题 10　(2002①)设 $\boldsymbol{A},\boldsymbol{B}$ 为同阶方阵. (1)如果 $\boldsymbol{A},\boldsymbol{B}$ 相似,试证 $\boldsymbol{A},\boldsymbol{B}$ 的特征多项式相等;(2)举一个二阶方阵的例子说明(1)的逆命题不成立;(3)当 $\boldsymbol{A},\boldsymbol{B}$ 均为实对称矩阵时,试证(1)的逆命题成立.

证　(1)若 $\boldsymbol{A},\boldsymbol{B}$ 相似,则存在可逆矩阵 $\boldsymbol{P}$ 使 $\boldsymbol{P}^{-1}\boldsymbol{A}\boldsymbol{P}=\boldsymbol{B}$, 于是

$$|\boldsymbol{B}-\lambda\boldsymbol{I}|=|\boldsymbol{P}^{-1}\boldsymbol{A}\boldsymbol{P}-\lambda\boldsymbol{I}|=|\boldsymbol{P}^{-1}(\boldsymbol{A}-\lambda\boldsymbol{I})\boldsymbol{P}|=|\boldsymbol{P}^{-1}||\boldsymbol{A}-\lambda\boldsymbol{I}||\boldsymbol{P}|=|\boldsymbol{A}-\lambda\boldsymbol{I}|$$

(2)取 $\boldsymbol{A}=\begin{pmatrix}1 & 0\\ 0 & 1\end{pmatrix}, \boldsymbol{B}=\begin{pmatrix}1 & 1\\ 0 & 1\end{pmatrix}$, 则 $|\boldsymbol{A}-\lambda\boldsymbol{I}|=(1-\lambda)^2=|\boldsymbol{B}-\lambda\boldsymbol{I}|$.

因为单位矩阵 $\boldsymbol{A}$ 只能与自身相似,所以 $\boldsymbol{A}$ 不能与 $\boldsymbol{B}$ 相似.

(3)已知 $\boldsymbol{A}$ 和 $\boldsymbol{B}$ 有相等的特征值,设为 $\lambda_1,\lambda_2,\cdots,\lambda_n$. 又因 $\boldsymbol{A}$ 和 $\boldsymbol{B}$ 都是实对称阵,所以必有

$$\boldsymbol{A}\sim\mathrm{diag}\{\lambda_1,\lambda_2,\cdots,\lambda_n\},\quad \boldsymbol{B}\sim\mathrm{diag}\{\lambda_1,\lambda_2,\cdots,\lambda_n\}$$

由相似矩阵的自反性和传递性,即知 $\boldsymbol{A}\sim\boldsymbol{B}$.

题 11　(1990③)设 $\boldsymbol{A}\in\mathbf{R}^{n\times n}$, 若 $\boldsymbol{x}_1,\boldsymbol{x}_2$ 是矩阵 $\boldsymbol{A}$ 属于不同特征值 λ_1,λ_2 的两个特征向量,则 $\boldsymbol{x}_1+\boldsymbol{x}_2$ 不是 $\boldsymbol{A}$ 的特征向量.

略证 (反证法)假设 $\boldsymbol{x}_1,\boldsymbol{x}_2$ 是 $\boldsymbol{A}$ 的特征向量,则存在数 λ,使

$$\boldsymbol{A}(\boldsymbol{x}_1+\boldsymbol{x}_2)=\lambda(\boldsymbol{x}_1+\boldsymbol{x}_2)$$

由题设 $\boldsymbol{A}\boldsymbol{x}_1=\lambda_1\boldsymbol{x}_1,\boldsymbol{A}\boldsymbol{x}_2=\lambda_2\boldsymbol{x}_2$,且 $\lambda_1\neq\lambda_2$,则有

$$\boldsymbol{A}(\boldsymbol{x}_1+\boldsymbol{x}_2)=\boldsymbol{A}\boldsymbol{x}_1+\boldsymbol{A}\boldsymbol{x}_2=\lambda_1\boldsymbol{x}_1+\lambda_2\boldsymbol{x}_2$$

比较以上两式,有 $\lambda_1\boldsymbol{x}_1+\lambda_2\boldsymbol{x}_2=\lambda(\boldsymbol{x}_1+\boldsymbol{x}_2)$,即 $(\lambda_1-\lambda)\boldsymbol{x}_1+(\lambda_2-\lambda)\boldsymbol{x}_2=\boldsymbol{0}$.

由于 $\boldsymbol{x}_1,\boldsymbol{x}_2$ 线性无关,因此 $\lambda_1-\lambda=\lambda_2-\lambda=0$,即 $\lambda_1=\lambda_2$,矛盾.

故 $\boldsymbol{x}_1+\boldsymbol{x}_2$ 不是 $\boldsymbol{A}$ 的特征向量.

题 12 (2006①②④)设 3 阶实对称矩阵 $\boldsymbol{A}$ 的各行元素之和均为 3,向量 $\boldsymbol{\alpha}_1=(-1,2,-1)^{\mathrm{T}},\boldsymbol{\alpha}_2=(0,-1,1)^{\mathrm{T}}$ 是线性方程组 $\boldsymbol{A}\boldsymbol{x}=\boldsymbol{0}$ 的两个解.(1)求 $\boldsymbol{A}$ 的特征值与特征向量;(2)求正交矩阵 $\boldsymbol{Q}$ 和对角矩阵 $\boldsymbol{\Lambda}$,使得 $\boldsymbol{Q}^{\mathrm{T}}\boldsymbol{A}\boldsymbol{Q}=\boldsymbol{\Lambda}$.

解 (1)由于 $\boldsymbol{A}$ 的各行元素之和均为 3,所以有

$$\boldsymbol{A}\begin{pmatrix}1\\1\\1\end{pmatrix}=3\begin{pmatrix}1\\1\\1\end{pmatrix}$$

因此 $\lambda=3$ 是 $\boldsymbol{A}$ 的特征值,它对应的特征向量为 $C(1,1,1)^{\mathrm{T}}$(其中 C 是不为零的任意常数).

由于线性方程组 $\boldsymbol{A}\boldsymbol{x}=\boldsymbol{0}$ 有两个解 $\boldsymbol{\alpha}_1=(-1,2,-1)^{\mathrm{T}},\boldsymbol{\alpha}_2=(0,-1,1)^{\mathrm{T}}$,所以有

$$\boldsymbol{A}\boldsymbol{\alpha}_1=0\boldsymbol{\alpha}_1,\quad \boldsymbol{A}\boldsymbol{\alpha}_1=0\boldsymbol{\alpha}_2$$

因此 $\lambda=0$(二重)是 $\boldsymbol{A}$ 的特征值,它对应的特征向量为 $C_1\boldsymbol{\alpha}_1+C_2\boldsymbol{\alpha}_2=C_1(-1,2,-1)^{\mathrm{T}}+C_2(0,-1,1)^{\mathrm{T}}$($C_1,C_2$ 是不全为零的常数).

(2) 记 $\boldsymbol{\xi}_1=(1,1,1)^{\mathrm{T}}$,则 $\boldsymbol{\xi}_1,\boldsymbol{\alpha}_1,\boldsymbol{\alpha}_2$ 是 $\boldsymbol{A}$ 的三个特征向量,现将 $\boldsymbol{\alpha}_1,\boldsymbol{\alpha}_2$ 正交化

$$\boldsymbol{\xi}_2=\boldsymbol{\alpha}_1=(-1,2-1)^{\mathrm{T}}$$

$$\boldsymbol{\xi}_3=\boldsymbol{\alpha}_2-\frac{(\boldsymbol{\alpha}_2,\boldsymbol{\xi}_2)}{(\boldsymbol{\xi}_2,\boldsymbol{\xi}_2)}\boldsymbol{\xi}_2=(0,-1,1)^{\mathrm{T}}-\frac{-3}{6}(-1,2,-1)^{\mathrm{T}}=\left(-\frac{1}{2},0,\frac{1}{2}\right)^{\mathrm{T}}$$

于是 $\boldsymbol{\xi}_1,\boldsymbol{\xi}_2,\boldsymbol{\xi}_3$ 是正交向量组,现将它们单位化

$$\boldsymbol{\beta}_1=\frac{1}{|\boldsymbol{\xi}_1|}\boldsymbol{\xi}_1=\left(\frac{1}{\sqrt{3}},\frac{1}{\sqrt{3}},\frac{1}{\sqrt{3}}\right)^{\mathrm{T}},\quad \boldsymbol{\beta}_2=\frac{1}{|\boldsymbol{\xi}_2|}\boldsymbol{\xi}_2=\left(-\frac{1}{\sqrt{6}},\frac{2}{\sqrt{6}},-\frac{1}{\sqrt{6}}\right)^{\mathrm{T}}$$

$$\boldsymbol{\beta}_3=\frac{1}{|\boldsymbol{\xi}_3|}\boldsymbol{\xi}_3=\left(-\frac{1}{\sqrt{2}},0,\frac{1}{\sqrt{2}}\right)^{\mathrm{T}}$$

因此,所求的正交矩阵 $\boldsymbol{Q}=(\boldsymbol{\beta}_1,\boldsymbol{\beta}_2,\boldsymbol{\beta}_3)=\begin{pmatrix}\frac{1}{\sqrt{3}}&-\frac{1}{\sqrt{6}}&\frac{1}{\sqrt{2}}\\\frac{1}{\sqrt{3}}&\frac{2}{\sqrt{6}}&0\\\frac{1}{\sqrt{3}}&-\frac{1}{\sqrt{6}}&\frac{1}{\sqrt{2}}\end{pmatrix}$,对角矩阵 $\boldsymbol{\Lambda}=\begin{pmatrix}3&&\\&0&\\&&0\end{pmatrix}$.

它们成立 $\boldsymbol{Q}^{\mathrm{T}}\boldsymbol{A}\boldsymbol{Q}=\boldsymbol{\Lambda}$.

(2)矩阵特征问题的反问题

题 1 (1997③)设 3 阶实对称矩阵 $\boldsymbol{A}$ 的特征值是 1,2,3;矩阵 $\boldsymbol{A}$ 的属于特征值 1,2 的特征向量分别是 $\boldsymbol{\alpha}_1=(-1,-1,1)^{\mathrm{T}},\boldsymbol{\alpha}_2=(1,-2,-1)^{\mathrm{T}}$.(1)求 $\boldsymbol{A}$ 的属于特征值 3 的特征向量;(2)求矩阵 $\boldsymbol{A}$.

解 (1)设 $\boldsymbol{A}\boldsymbol{\alpha}_3=\lambda_3\boldsymbol{\alpha}_3$,由题设知 $\boldsymbol{A}$ 为实对称阵,故它们属于不同特征值的特征向量正交,即 $\boldsymbol{\alpha}_1^{\mathrm{T}}\boldsymbol{\alpha}_3=0$,$\boldsymbol{\alpha}_2^{\mathrm{T}}\boldsymbol{\alpha}_3=0$.若设 $\boldsymbol{\alpha}_3=(x_1,x_2,x_3)^{\mathrm{T}}$,则有

$$\begin{cases}-x_1-x_2+x_3=0\\x_1-2x_2-x_3=0\end{cases}$$

解得 $\boldsymbol{\alpha}_3=k(1,0,1)^{\mathrm{T}}$,这里 k 为非零任意常数.

(2)取 $k=1$,得 $\boldsymbol{\alpha}_3=(1,0,1)^{\mathrm{T}}$,令 $\boldsymbol{P}=\left(\frac{\boldsymbol{\alpha}_1}{\|\boldsymbol{\alpha}_1\|},\frac{\boldsymbol{\alpha}_2}{\|\boldsymbol{\alpha}_2\|},\frac{\boldsymbol{\alpha}_3}{\|\boldsymbol{\alpha}_3\|}\right)$,则 $\boldsymbol{P}$ 为正交阵,即 $\boldsymbol{P}^{-1}=\boldsymbol{P}^{\mathrm{T}}$,从而

$$\boldsymbol{A}=\boldsymbol{P}\begin{pmatrix}1&&\\&2&\\&&3\end{pmatrix}\boldsymbol{P}^{\mathrm{T}}=\frac{1}{6}\begin{pmatrix}13&-2&5\\-2&10&2\\5&2&13\end{pmatrix}$$

题 2 (2004③)设三阶实对称矩阵 $\boldsymbol{A}$ 的秩为 2,$\lambda_1=\lambda_2=6$ 是 $\boldsymbol{A}$ 的二重特征值.若 $\boldsymbol{\alpha}_1=(1,1,0)^{\mathrm{T}}$,$\boldsymbol{\alpha}_2=(2,1,1)^{\mathrm{T}}$都是 $\boldsymbol{A}$ 的属于特征值 6 的特征向量.(1)求 $\boldsymbol{A}$ 的另一特征值和对应的特征向量;(2)求矩阵 $\boldsymbol{A}$.

解 由矩阵 $\boldsymbol{A}$ 的秩为 2,可知 $\boldsymbol{A}$ 的另一特征值为 0.再由实对称矩阵不同特征值所对应的特征向量正交,可得相应的特征向量,由此可求矩阵 $\boldsymbol{A}$.

(1)因为 $\lambda_1=\lambda_2=6$ 是 $\boldsymbol{A}$ 的二重特征值,故 $\boldsymbol{A}$ 的属于特征值 6 的线性无关的特征向量有2个.

由题设知 $\boldsymbol{\alpha}_1=(1,1,0)^{\mathrm{T}}$,$\boldsymbol{\alpha}_2=(2,1,1)^{\mathrm{T}}$ 为 $\boldsymbol{A}$ 的属于特征值 6 的线性无关的特征向量.

又 $\boldsymbol{A}$ 的秩为 2,于是 $|\boldsymbol{A}|=0$,所以 $\boldsymbol{A}$ 的另一特征值 $\lambda_3=0$.设 $\lambda_3=0$ 所对应的特征向量为 $\boldsymbol{\alpha}=(x_1,x_2,x_3)^{\mathrm{T}}$,则有 $\boldsymbol{\alpha}_1{}^{\mathrm{T}}\boldsymbol{\alpha}=0$,$\boldsymbol{\alpha}_2{}^{\mathrm{T}}\boldsymbol{\alpha}=0$,即

$$\begin{cases}x_1+x_2=0\\2x_1+x_2+x_3=0\end{cases}$$

得基础解系为 $\boldsymbol{\alpha}=(-1,1,1)^{\mathrm{T}}$,故 $\boldsymbol{A}$ 的属于特征值$\lambda_3=0$ 的全部特征向量为

$$k\boldsymbol{\alpha}=k(-1,1,1)^{\mathrm{T}}\quad(k\text{ 为任意非零的常数})$$

(2)令矩阵 $\boldsymbol{P}=(\boldsymbol{\alpha}_1,\boldsymbol{\alpha}_2,\boldsymbol{\alpha})$,则 $\boldsymbol{P}^{-1}\boldsymbol{A}\boldsymbol{P}=\begin{pmatrix}6&&\\&6&\\&&0\end{pmatrix}$,所以

$$\boldsymbol{A}=\boldsymbol{P}\begin{pmatrix}6&&\\&6&\\&&0\end{pmatrix}\boldsymbol{P}^{-1}=\begin{pmatrix}1&2&-1\\1&1&1\\0&1&1\end{pmatrix}\begin{pmatrix}6&&\\&6&\\&&0\end{pmatrix}\begin{pmatrix}0&1&-1\\\frac{1}{3}&-\frac{1}{3}&\frac{2}{3}\\-\frac{1}{3}&\frac{1}{3}&\frac{1}{3}\end{pmatrix}=\begin{pmatrix}4&2&2\\2&4&-2\\2&-2&4\end{pmatrix}$$

题 3 (1995④)若 $\boldsymbol{\alpha}_1=(1,2,2)^{\mathrm{T}}$,$\boldsymbol{\alpha}_2=(2,-2,1)^{\mathrm{T}}$,$\boldsymbol{\alpha}_3=(-2,-1,2)^{\mathrm{T}}$,又 $\boldsymbol{A}\in\mathbf{R}^{3\times3}$,即为 3 阶矩阵,且 $\boldsymbol{A}\boldsymbol{\alpha}_k=k\boldsymbol{\alpha}_k(k=1,2,3)$,试求矩阵 $\boldsymbol{A}$.

解 问题化为矩阵运算是方便的:令

$$\boldsymbol{P}=(\boldsymbol{\alpha}_1,\boldsymbol{\alpha}_2,\boldsymbol{\alpha}_3),\quad \boldsymbol{B}=(\boldsymbol{\alpha}_1,2\boldsymbol{\alpha}_2,3\boldsymbol{\alpha}_3)$$

依题设有 $\boldsymbol{A}(\boldsymbol{\alpha}_1,\boldsymbol{\alpha}_2,\boldsymbol{\alpha}_3)=(\boldsymbol{\alpha}_1,2\boldsymbol{\alpha}_2,3\boldsymbol{\alpha}_3)$,即 $\boldsymbol{AP}=\boldsymbol{B}$.又 $|\boldsymbol{P}|\neq0$,则 $\boldsymbol{A}=\boldsymbol{BP}^{-1}$,故

$$\boldsymbol{A}=\boldsymbol{BP}^{-1}=(\boldsymbol{\alpha}_1,2\boldsymbol{\alpha}_2,3\boldsymbol{\alpha}_3)\cdot\frac{1}{9}\begin{pmatrix}1&2&2\\2&-2&1\\-2&-1&2\end{pmatrix}=\frac{1}{3}\begin{pmatrix}7&0&-2\\0&5&-2\\-2&-2&6\end{pmatrix}$$

题 4 (2007①②③)设三阶实对称矩阵 $\boldsymbol{A}$ 的特征值$\lambda_1=1$,$\lambda_2=2$,$\lambda_3=-2$,$\boldsymbol{\alpha}_1=(1,-1,1)^{\mathrm{T}}$ 是 $\boldsymbol{A}$ 的属于λ_1 的一个特征向量.记 $\boldsymbol{B}=\boldsymbol{A}^5-4\boldsymbol{A}^3+\boldsymbol{E}$,其中 $\boldsymbol{E}$ 为三阶单位矩阵.(1) 验证 $\boldsymbol{\alpha}_1$ 是矩阵 $\boldsymbol{B}$ 的特征向量,并求 $\boldsymbol{B}$ 的全部特征值与特征向量;(2) 求矩阵 $\boldsymbol{B}$.

解 (1) 由 $\boldsymbol{A}\boldsymbol{\alpha}_1=\lambda_1\boldsymbol{\alpha}_1=\boldsymbol{\alpha}_1$,得 $\boldsymbol{A}^3\boldsymbol{\alpha}_1=\boldsymbol{A}^5\boldsymbol{\alpha}_1=\boldsymbol{\alpha}_1$,所以

$$\boldsymbol{B}\boldsymbol{\alpha}_1=(\boldsymbol{A}^5-4\boldsymbol{A}^3+\boldsymbol{E})\boldsymbol{\alpha}_1=\boldsymbol{A}^5\boldsymbol{\alpha}_1-4\boldsymbol{A}^3\boldsymbol{\alpha}_1+\boldsymbol{\alpha}_1=\boldsymbol{\alpha}_1-4\boldsymbol{\alpha}_1+\boldsymbol{\alpha}_1=-2\boldsymbol{\alpha}_1$$

从而 $\boldsymbol{\alpha}_1$ 是 $\boldsymbol{B}$ 的属于特征值 $\eta_1=-2$ 的特征向量.

$\boldsymbol{B}$ 的特征值为 $\eta_i=\lambda_i^5-4\lambda_i^3+1, i=1,2,3$，即 $\eta_1=-2, \eta_2=1, \eta_3=1$.

由 $\boldsymbol{A}$ 是实对称矩阵知，$\boldsymbol{B}$ 也是实对称矩阵，因此 $\boldsymbol{B}$ 的属于特征值 1 的特征向量 $(x,y,z)^{\mathrm{T}}$ 与 $\boldsymbol{\alpha}_1$ 正交，于是有 $x-y+z=0$. 这个方程的基础解系为

$$\boldsymbol{\beta}_1=(1,1,0)^{\mathrm{T}}, \quad \boldsymbol{\beta}_2=(-1,0,1)^{\mathrm{T}}$$

(它们即为 $\boldsymbol{B}$ 的属于 η_2, η_3 的特征向量) 所以，$\boldsymbol{B}$ 的全部特征向量为 $C\boldsymbol{\alpha}_1$ (C 是不为零的任意常数)，$C_1\boldsymbol{\beta}_1+C_2\boldsymbol{\beta}_2$ (C_1, C_2 是不全为零的任意常数).

(2) 记 $\boldsymbol{P}=(\boldsymbol{\alpha}_1,\boldsymbol{\beta}_1,\boldsymbol{\beta}_2)=\begin{pmatrix}1&1&-1\\-1&1&0\\1&0&1\end{pmatrix}$，则 $\boldsymbol{P}^{-1}=\begin{pmatrix}\frac{1}{3}&-\frac{1}{3}&\frac{1}{3}\\ \frac{1}{3}&\frac{2}{3}&\frac{1}{3}\\ -\frac{1}{3}&\frac{1}{3}&\frac{2}{3}\end{pmatrix}$，且 $\boldsymbol{P}^{-1}\boldsymbol{B}\boldsymbol{P}=\begin{pmatrix}-2&&\\&1&\\&&1\end{pmatrix}$，

所以

$$\boldsymbol{B}=\boldsymbol{P}\begin{pmatrix}-2&&\\&1&\\&&1\end{pmatrix}\boldsymbol{P}^{-1}=\begin{pmatrix}1&1&-1\\-1&1&0\\1&0&1\end{pmatrix}\begin{pmatrix}-2&&\\&1&\\&&1\end{pmatrix}\begin{pmatrix}\frac{1}{3}&-\frac{1}{3}&\frac{1}{3}\\ \frac{1}{3}&\frac{2}{3}&\frac{1}{3}\\ -\frac{1}{3}&\frac{1}{3}&\frac{2}{3}\end{pmatrix}$$

$$=\begin{pmatrix}-2&1&-1\\2&1&0\\-2&0&1\end{pmatrix}\begin{pmatrix}\frac{1}{3}&-\frac{1}{3}&\frac{1}{3}\\ \frac{1}{3}&\frac{2}{3}&\frac{1}{3}\\ -\frac{1}{3}&\frac{1}{3}&\frac{2}{3}\end{pmatrix}=\begin{pmatrix}0&1&-1\\1&0&1\\-1&1&0\end{pmatrix}$$

题 5 (1992①) 若 $\boldsymbol{A}\in\mathbf{R}^{3\times3}$，对应于 $\boldsymbol{A}$ 的特征值 $\lambda_1=1, \lambda_2=2, \lambda_3=3$ 的特征向量分别为 $\boldsymbol{\xi}_1=(1,1,1)^{\mathrm{T}}, \boldsymbol{\xi}_2=(1,2,4)^{\mathrm{T}}, \boldsymbol{\xi}_3=(1,3,9)^{\mathrm{T}}$，又 $\boldsymbol{\beta}=(1,1,3)^{\mathrm{T}}$. (1) 用 $\boldsymbol{\xi}_i\,(i=1,2,3)$ 表示 $\boldsymbol{\beta}$；(2) 求 $\boldsymbol{A}^n\boldsymbol{\beta}$ (这里 $n\in\mathbf{Z}^+$ 即为自然数).

解 1 (1) 注意到 $\boldsymbol{\xi}_1, \boldsymbol{\xi}_2, \boldsymbol{\xi}_3$ 线性无关，令 $\boldsymbol{\beta}=k_1\boldsymbol{\xi}_1+k_2\boldsymbol{\xi}_2+k_3\boldsymbol{\xi}_3$，即

$$k_1\begin{pmatrix}1\\1\\1\end{pmatrix}+k_2\begin{pmatrix}1\\2\\4\end{pmatrix}+k_3\begin{pmatrix}1\\3\\9\end{pmatrix}=\begin{pmatrix}1\\1\\3\end{pmatrix} \quad 或 \quad \begin{pmatrix}1&1&1\\1&2&3\\1&4&9\end{pmatrix}\begin{pmatrix}k_1\\k_2\\k_3\end{pmatrix}=\begin{pmatrix}1\\1\\3\end{pmatrix}$$

解得

$$\begin{pmatrix}k_1\\k_2\\k_3\end{pmatrix}=\begin{pmatrix}1&1&1\\1&2&3\\1&4&9\end{pmatrix}^{-1}\begin{pmatrix}1\\1\\3\end{pmatrix}=\begin{pmatrix}2\\-1\\1\end{pmatrix}$$

故 $\boldsymbol{\beta}=2\boldsymbol{\xi}_1-\boldsymbol{\xi}_2+\boldsymbol{\xi}_3$.

(2) 由题设及结论 (1) 知

$$\boldsymbol{A}^n\boldsymbol{\beta}=\boldsymbol{A}^n(2\boldsymbol{\xi}_1-\boldsymbol{\xi}_2+\boldsymbol{\xi}_3)=2\boldsymbol{A}^n\boldsymbol{\xi}_1-\boldsymbol{A}^n\boldsymbol{\xi}_2+\boldsymbol{A}^n\boldsymbol{\xi}_3=2\lambda_1^n\boldsymbol{\xi}_1-\lambda_2^n\boldsymbol{\xi}_2+\lambda_3^n\boldsymbol{\xi}_3$$

$$=2\cdot1^n\cdot\boldsymbol{\xi}_1-2^n\cdot\boldsymbol{\xi}_2+3^n\cdot\boldsymbol{\xi}_3=\begin{pmatrix}2-2^{n+1}+3^n\\2-2^{n+2}+3^{n+1}\\2-2^{n+3}+3^{n+2}\end{pmatrix}$$

解 2 (1) 设 $\boldsymbol{\beta}=x_1\boldsymbol{\xi}_1+x_2\boldsymbol{\xi}_2+x_3\boldsymbol{\xi}_3$，为求解该方程组，对增广矩阵作初等行变换

$$(\boldsymbol{\xi}_1,\boldsymbol{\xi}_2,\boldsymbol{\xi}_3 \vdots \boldsymbol{\beta})=\left(\begin{array}{ccc:c}1&1&1&1\\1&2&3&1\\1&4&9&3\end{array}\right)\to\left(\begin{array}{ccc:c}1&0&0&2\\0&1&0&-2\\0&0&1&1\end{array}\right)$$

由此知 $x_1=2, x_2=-2, x_3=1$. 因此 $\boldsymbol{\beta}=2\boldsymbol{\xi}_1-2\boldsymbol{\xi}_2+\boldsymbol{\xi}_3$.

(2)由题设 $\boldsymbol{A}\boldsymbol{\xi}_1=\lambda_i\boldsymbol{\xi}_1(i=1,2,3)$，则 $\boldsymbol{A}^n\boldsymbol{\xi}_1=\lambda_i^n\boldsymbol{\xi}_1$. 于是

$$\begin{aligned}\boldsymbol{A}^n\boldsymbol{\beta}&=\boldsymbol{A}^n(2\boldsymbol{\xi}_1-2\boldsymbol{\xi}_2+\boldsymbol{\xi}_3)=2(\boldsymbol{A}^n\boldsymbol{\xi}_1)-2(\boldsymbol{A}^n\boldsymbol{\xi}_2)+\boldsymbol{A}^n\xi_3\\&=2\begin{pmatrix}1\\1\\1\end{pmatrix}-2^{n+1}\begin{pmatrix}1\\2\\4\end{pmatrix}+3^n\begin{pmatrix}1\\3\\9\end{pmatrix}=\begin{pmatrix}2-2^{n+1}+3^n\\2-2^{n+2}+3^{n+1}\\2-2^{n+3}+3^{n+2}\end{pmatrix}\end{aligned}$$

注　$\boldsymbol{\alpha}$ 是 $\boldsymbol{A}$ 的属于 λ 的特征向量，则 $\boldsymbol{A}^n\boldsymbol{\alpha}=\lambda^n\boldsymbol{\alpha}$.

类似地，我们可以解下面涉及 $\boldsymbol{A}^*$ 的特征问题.

题 6　(2003④)设矩阵 $\boldsymbol{A}=\begin{pmatrix}2&1&1\\1&2&1\\1&1&a\end{pmatrix}$ 可逆，向量 $\boldsymbol{\xi}=\begin{pmatrix}1\\b\\1\end{pmatrix}$ 为矩阵 $\boldsymbol{A}^*$ 的一个特征向量，λ 是 $\boldsymbol{\xi}$ 对应的特征值，其中 $\boldsymbol{A}^*$ 是矩阵 $\boldsymbol{A}$ 的伴随矩阵，试求 a,b 和 λ 的值.

解　由题设矩阵 $\boldsymbol{A}^*$ 属于特征值 λ 的特征向量为 $\boldsymbol{\xi}$，由于矩阵 $\boldsymbol{A}$ 可逆，故 $\boldsymbol{A}^*$ 可逆. 于是 $\lambda\neq0$，$|\boldsymbol{A}|\neq0$，且 $\boldsymbol{A}^*\boldsymbol{\xi}=\lambda\xi$.

上式两边同时左乘矩阵 $\boldsymbol{A}$，得 $\boldsymbol{A}\boldsymbol{A}^*\boldsymbol{\xi}=\lambda\boldsymbol{A}\boldsymbol{\xi}$，则 $\boldsymbol{A}\boldsymbol{\xi}=\dfrac{|\boldsymbol{A}|}{\lambda}\xi$，即

$$\begin{pmatrix}2&1&1\\1&2&1\\1&1&a\end{pmatrix}\begin{pmatrix}1\\b\\1\end{pmatrix}=\frac{|\boldsymbol{A}|}{\lambda}\begin{pmatrix}1\\b\\1\end{pmatrix}$$

可推出

$$\begin{cases}3+b=\dfrac{|\boldsymbol{A}|}{\lambda} & ①\\ 2+2b=\dfrac{|\boldsymbol{A}|}{\lambda}b & ②\\ a+b+1=\dfrac{|\boldsymbol{A}|}{\lambda} & ③\end{cases}$$

由式①，②，解得 $b=1$ 或 $b=-2$；由式①，③，解得 $a=2$.

由于 $|\boldsymbol{A}|=\begin{vmatrix}2&1&1\\1&2&1\\1&1&a\end{vmatrix}=3a-2=4$，根据式①知，特征向量 $\boldsymbol{\xi}$ 所对应的特征值 $\lambda=\dfrac{|\boldsymbol{A}|}{3+b}=\dfrac{4}{3+b}$.

故当 $b=1$ 时，$\lambda=1$；当 $b=2$ 时，$\lambda=4$.

题 7　(1998③④)设向量 $\boldsymbol{\alpha}=(a_1,a_2,\cdots,a_n)^{\mathrm{T}}$，$\boldsymbol{\beta}=(b_1,b_2,\cdots,b_n)^{\mathrm{T}}$，它们为非零向量，$n$ 阶矩阵 $\boldsymbol{\alpha}^{\mathrm{T}}\boldsymbol{\beta}=0$. 记 $\boldsymbol{A}=\boldsymbol{\alpha}\boldsymbol{\beta}^{\mathrm{T}}$. 求：(1)$\boldsymbol{A}^2$；(2)$\boldsymbol{A}$ 的特征根和特征向量.

解　(1)由 $\boldsymbol{A}^2=(\boldsymbol{\alpha}\boldsymbol{\beta}^{\mathrm{T}})(\boldsymbol{\alpha}\boldsymbol{\beta}^{\mathrm{T}})=\boldsymbol{\alpha}(\boldsymbol{\beta}^{\mathrm{T}}\boldsymbol{\alpha})\boldsymbol{\beta}^{\mathrm{T}}=(\boldsymbol{\beta}^{\mathrm{T}}\boldsymbol{\alpha})\boldsymbol{\alpha}\boldsymbol{\beta}^{\mathrm{T}}=\boldsymbol{O}$.

(2)若 $\boldsymbol{x}\neq\boldsymbol{0}$ 是 $\boldsymbol{A}$ 属于 λ 的特征向量，则 $\boldsymbol{A}\boldsymbol{x}=\lambda\boldsymbol{x}$.

而 $\boldsymbol{A}^2\boldsymbol{x}=\boldsymbol{A}(\boldsymbol{A}\boldsymbol{x})=\lambda\boldsymbol{A}\boldsymbol{x}=\lambda^2\boldsymbol{x}$，但 $\boldsymbol{A}^2=\boldsymbol{O}$，又 $\boldsymbol{x}\neq\boldsymbol{0}$，知 $\lambda^2=0$，故$\lambda=0$. 从而知 $\boldsymbol{A}$ 的全部特征根皆为 0.

由$(\lambda\boldsymbol{I}-\boldsymbol{\alpha}\boldsymbol{\beta}^{\mathrm{T}})\boldsymbol{x}=\boldsymbol{0}$ 中用 $\lambda=0$ 代入可有 $-\boldsymbol{\alpha}\boldsymbol{\beta}^{\mathrm{T}}\boldsymbol{x}=\boldsymbol{0}$，即 $\boldsymbol{\alpha}(\boldsymbol{\beta}^{\mathrm{T}}\boldsymbol{x})=\boldsymbol{0}$，显然

$$\boldsymbol{x}_1=\left(-\frac{b_2}{b_1},1,0,\cdots,0\right)^{\mathrm{T}},\quad \boldsymbol{x}_2=\left(-\frac{b_3}{b_1},0,1,0,\cdots,0\right)^{\mathrm{T}},\quad\cdots,\quad \boldsymbol{x}_{n-1}=\left(-\frac{b_n}{b_1},0,\cdots,0,1\right)^{\mathrm{T}}$$

必满足 $\boldsymbol{\beta}^{\mathrm{T}}\boldsymbol{x}=0$.

又 $\mathrm{r}(\boldsymbol{A})=1$，知 $\boldsymbol{A}$ 有 $n-1$ 个属于 $\lambda=0$(它有 $n-1$ 重)的线性无关的特征向量.

从而，$\boldsymbol{A}$ 属于 $\lambda=0$ 的全部特征向量为 $\boldsymbol{\xi}=\sum\limits_{i=1}^{n-1}c_i\boldsymbol{x}_i$，这里 $c_i(1\leqslant i\leqslant n-1)$不全为 0.

注 1 注意到 $\boldsymbol{\beta}^{\mathrm{T}}\boldsymbol{\alpha}$ 是数,由 $(\boldsymbol{\beta}^{\mathrm{T}}\boldsymbol{\alpha})^{\mathrm{T}}=\boldsymbol{\alpha}^{\mathrm{T}}\boldsymbol{\beta}$,知 $\boldsymbol{\alpha}^{\mathrm{T}}\boldsymbol{\beta}=\boldsymbol{\beta}^{\mathrm{T}}\boldsymbol{\alpha}$. 又由 $\boldsymbol{A}^2=(\boldsymbol{\beta}^{\mathrm{T}}\boldsymbol{\alpha})\boldsymbol{A}$,即

$$\boldsymbol{A}^2=\left(\sum_{i=1}^{n}a_ib_i\right)\boldsymbol{A}$$

注 2 上述两例的变形式可引申为:

问题:若 $\boldsymbol{A}=\begin{pmatrix}a_1b_1 & a_1b_2 & \cdots & a_1b_n\\ a_2b_1 & a_2b_2 & \cdots & a_2b_n\\ \vdots & \vdots & & \vdots\\ a_nb_1 & a_nb_2 & \cdots & a_nb_n\end{pmatrix}$,求 $\boldsymbol{A}$ 的特征值和特征向量.

略解:注意若 $\boldsymbol{\alpha}=(a_1,a_2,\cdots,a_n)^{\mathrm{T}}$,$\boldsymbol{\beta}=(b_1,b_2,\cdots,b_n)^{\mathrm{T}}$,则 $\boldsymbol{A}=\boldsymbol{\alpha}\boldsymbol{\beta}^{\mathrm{T}}$,从而知 $\mathrm{r}(\boldsymbol{A})=1$.

故再由 $\boldsymbol{A}(a_1,a_2,\cdots,a_n)^{\mathrm{T}}=\left(\sum\limits_{i=1}^{n}a_ib_i\right)(a_1,a_2,\cdots,a_n)^{\mathrm{T}}$,知 $\boldsymbol{A}$ 有 $n-1$ 重 0 特征根和一重非零特征根 $\sum\limits_{i=1}^{n}a_ib_i$,且 $(a_1,a_2,\cdots,a_n)^{\mathrm{T}}$ 为其相应的特征向量(其余的特征向量位于超平面 $\sum\limits_{i=1}^{n}b_ix_i=0$ 上).

2. 矩阵相似与对角化

(1)矩阵对角化问题

题 1 (2004①②)设矩阵 $\boldsymbol{A}=\begin{pmatrix}1 & 2 & -3\\ -1 & 4 & -3\\ 1 & a & 5\end{pmatrix}$ 的特征方程有二重根,求 a 的值,并讨论 $\boldsymbol{A}$ 是否可相似对角化.

解 由矩阵特征根的定义可确定 a 的值,由线性无关的特征向量的个数与 $\lambda\boldsymbol{I}-\boldsymbol{A}$ 的秩之间的关系确定 $\boldsymbol{A}$ 是否可对角化. $\boldsymbol{A}$ 的特征多项式为

$$|\lambda\boldsymbol{I}-\boldsymbol{A}|=\begin{vmatrix}\lambda-1 & -2 & 3\\ 1 & \lambda-4 & 3\\ -1 & -a & \lambda-5\end{vmatrix}=\begin{vmatrix}\lambda-2 & 2-\lambda & 0\\ 1 & \lambda-4 & 3\\ -1 & -a & \lambda-5\end{vmatrix}$$

$$=(\lambda-2)\begin{vmatrix}1 & -1 & 0\\ 1 & \lambda-4 & 3\\ -1 & -a & \lambda-5\end{vmatrix}=(\lambda-2)\begin{vmatrix}1 & 0 & 0\\ 1 & \lambda-3 & 3\\ -1 & -a-1 & \lambda-5\end{vmatrix}$$

$$=(\lambda-2)(\lambda^2-8\lambda+18+3a)$$

若 $\lambda=2$ 是特征方程的二重根,则有 $2^2-16+18+3a=0$,解得 $a=-2$.

当 $a=-2$ 时,$\boldsymbol{A}$ 的特征值为 2,2,6,矩阵

$$2\boldsymbol{I}-\boldsymbol{A}=\begin{pmatrix}1 & -2 & 3\\ 1 & -2 & 3\\ -1 & 2 & -3\end{pmatrix}$$

的秩为 1,其相应的线性方程组有两个线性无关的解向量.

故 $\lambda=2$ 对应的线性无关的特征向量有两个,从而 $\boldsymbol{A}$ 可相似对角化.

若 $\lambda=2$ 不是特征方程的二重根,又由题设 $\lambda^2-8\lambda+18+3a$ 为完全平方,从而由判别式 $\Delta=b^2-4ac=0$,这时有 $18+3a=16$,解得 $a=-\dfrac{2}{3}$.

当 $a=-\dfrac{2}{3}$ 时,$\boldsymbol{A}$ 的特征值为 2,4,4,这时矩阵

$$4\boldsymbol{I}-\boldsymbol{A}=\begin{pmatrix}3 & -2 & 3\\ 1 & 0 & 3\\ -1 & \dfrac{2}{3} & -1\end{pmatrix}$$

的秩为 2. 故 $\lambda=4$ 对应的线性无关的特征向量仅有一个，从而 $\boldsymbol{A}$ 不可相似对角化.

题 2　(1999④)设矩阵 $\boldsymbol{A}=\begin{pmatrix}3&2&-2\\-k&-1&k\\4&2&-3\end{pmatrix}$，问当 k 为何值时，存在可逆阵 $\boldsymbol{P}$ 使 $\boldsymbol{P}^{-1}\boldsymbol{AP}$ 化成对角阵？并求出 $\boldsymbol{P}$ 和相应的对角阵.

解　若 $\boldsymbol{A}$ 有 3 个线性无关的特征向量，则 $\boldsymbol{A}$ 可对角化. 由题设有 $\boldsymbol{A}$ 的特征多项式为 $|\lambda\boldsymbol{I}-\boldsymbol{A}|=(\lambda-1)(\lambda+1)^2$，故 $\lambda_1=\lambda_2=-1$，$\lambda_3=1$ 是 $\boldsymbol{A}$ 的特征根.

又 $\lambda_1=\lambda_2=-1$ 是重根，其相应的两个特征向量线性无关的必要条件是 $\mathrm{r}(-\boldsymbol{I}-\boldsymbol{A})=1$.

由题设，矩阵 $-\boldsymbol{I}-\boldsymbol{A}=\begin{pmatrix}-4&-2&2\\k&0&-k\\-4&-2&2\end{pmatrix}$，若秩 $\mathrm{r}(-\boldsymbol{I}-\boldsymbol{A})=1$，则有 $k=0$. 代入 $\boldsymbol{A}$ 后，由 $\boldsymbol{Ax}=\lambda\boldsymbol{x}$，即 $\boldsymbol{Ax}=-\boldsymbol{x}$ 和 $\boldsymbol{Ax}=\boldsymbol{x}$ 可分别解得相应于 $\lambda_1=\lambda_2=-1$ 和 $\lambda_3=1$ 的特征向量分别为

$$\boldsymbol{\alpha}_1=(-1,2,0)^{\mathrm{T}},\quad \boldsymbol{\alpha}_2=(1,0,2)^{\mathrm{T}},\quad \boldsymbol{\alpha}_3=(1,0,1)^{\mathrm{T}}$$

则

$$\boldsymbol{P}=\begin{pmatrix}-1&1&1\\2&0&0\\0&2&1\end{pmatrix}\quad 且\quad \boldsymbol{P}^{-1}\boldsymbol{AP}=\begin{pmatrix}-1&&\\&-1&\\&&1\end{pmatrix}$$

题 3　(1996③)设矩阵

$$\boldsymbol{A}=\begin{pmatrix}0&1&0&0\\1&0&0&0\\0&0&y&1\\0&0&1&2\end{pmatrix}$$

(1)已知 $\boldsymbol{A}$ 的一个特征值为 3，试求 y；(2)求矩阵 $\boldsymbol{P}$，使 $(\boldsymbol{AP})^{\mathrm{T}}(\boldsymbol{AP})$ 为对角矩阵.

解　(1)由题设 $\boldsymbol{A}$ 的特征方程为

$$|\boldsymbol{A}-\lambda\boldsymbol{I}|=\begin{vmatrix}-\lambda&1&0&0\\1&-\lambda&0&0\\0&0&y-\lambda&1\\0&0&1&2-\lambda\end{vmatrix}=(\lambda^2-1)[(y-\lambda)(2-\lambda)-1]=0$$

将 $\lambda=3$ 代入上面的特征方程中，解得 $y=2$.

(2) $(\boldsymbol{AP})^{\mathrm{T}}(\boldsymbol{AP})=\boldsymbol{P}^{\mathrm{T}}\boldsymbol{A}^2\boldsymbol{P}$，式中 $\boldsymbol{A}^2=\begin{pmatrix}0&1&0&0\\1&0&0&0\\0&0&2&1\\0&0&1&2\end{pmatrix}^2=\begin{pmatrix}1&0&0&0\\0&1&0&0\\0&0&5&4\\0&0&4&5\end{pmatrix}$.

由 $|\boldsymbol{A}^2-\lambda\boldsymbol{I}|=(1-\lambda)^3(9-\lambda)=0$，解得 $\boldsymbol{A}^2$ 的特征值分别为

$$\lambda_1=\lambda_2=\lambda_3=1,\quad \lambda_4=9$$

再由 $\boldsymbol{Ax}=\lambda\boldsymbol{x}$ 分别求出对应于它们的特征向量

$$\boldsymbol{x}_1=\begin{pmatrix}1\\0\\0\\0\end{pmatrix},\quad \boldsymbol{x}_2=\begin{pmatrix}0\\1\\0\\0\end{pmatrix},\quad \boldsymbol{x}_3=\begin{pmatrix}0\\0\\-1\\1\end{pmatrix},\quad \boldsymbol{x}_4=\begin{pmatrix}0\\0\\1\\1\end{pmatrix}$$

这些特征向量彼此相互正交，故再只需把它们单位化

$$\boldsymbol{p}_1=\begin{pmatrix}1\\0\\0\\0\end{pmatrix},\quad \boldsymbol{p}_2=\begin{pmatrix}0\\1\\0\\0\end{pmatrix},\quad \boldsymbol{p}_3=\begin{pmatrix}0\\0\\\frac{1}{\sqrt{2}}\\1\end{pmatrix},\quad \boldsymbol{p}_4=\begin{pmatrix}0\\0\\\frac{1}{\sqrt{2}}\\1\end{pmatrix}$$

这样可令

$$\boldsymbol{P}=(\boldsymbol{p}_1,\boldsymbol{p}_2,\boldsymbol{p}_3,\boldsymbol{p}_4)=\begin{pmatrix}1&0&0&0\\0&1&0&0\\0&0&-\frac{1}{\sqrt{2}}&\frac{1}{\sqrt{2}}\\0&0&\frac{1}{\sqrt{2}}&\frac{1}{\sqrt{2}}\end{pmatrix}$$

显然 $\boldsymbol{P}$ 为正交矩阵,且有

$$(\boldsymbol{AP})^{\mathrm{T}}(\boldsymbol{AP})=\boldsymbol{P}^{\mathrm{T}}\boldsymbol{A}^2\boldsymbol{P}=\begin{pmatrix}1&0&0&0\\0&1&0&0\\0&0&1&0\\0&0&0&9\end{pmatrix}$$

题 4 (1997①)已知 $\boldsymbol{\xi}=(1,1,-1)^{\mathrm{T}}$ 是矩阵 $\boldsymbol{A}=\begin{pmatrix}2&-1&2\\5&a&3\\-1&b&-2\end{pmatrix}$ 的一个特征向量.(1)试确定参数 a,b 及特征向量 $\boldsymbol{\xi}$ 所对应的特征值;(2)问 $\boldsymbol{A}$ 能否相似于对角阵?说明理由.

解 (1)由 $\boldsymbol{A\xi}=\lambda\boldsymbol{\xi}$ 或 $(\boldsymbol{A}-\lambda\boldsymbol{I})\boldsymbol{\xi}=\boldsymbol{0}$,这里 λ 系 $\boldsymbol{A}$ 相应于特征向量 $\boldsymbol{\xi}$ 的特征根.这样可得方程组

$$\begin{cases}2-1-2=\lambda\\5+a-3=\lambda\\-1+b+2=-\lambda\end{cases}\Rightarrow\begin{cases}(2-\lambda)-1-2=0\\5+(a-\lambda)-3=0\\-1+b+(2+\lambda)=0\end{cases}$$

解得 $\lambda=-1,a=-3,b=0$.

(2)由(1)知 $a=-3,b=0$,从而 $\boldsymbol{A}=\begin{pmatrix}2&-1&2\\5&-3&3\\-1&0&2\end{pmatrix}$,从而 $|\lambda\boldsymbol{I}-\boldsymbol{A}|=(\lambda+1)^3$,知 $\lambda=-1$ 是 $\boldsymbol{A}$ 的 3 重特征根.

但容易算得 $\mathrm{r}(-\boldsymbol{I}-\boldsymbol{A})=2$,故 $\boldsymbol{A}$ 找不出与 3 重根 $\lambda=-1$ 相对的 3 个线性无关的特征向量,知 $\boldsymbol{A}$ 无法对角化.

题 5 (1997③④)若 $\boldsymbol{A}=\begin{pmatrix}1&-1&1\\2&4&-2\\-3&-3&a\end{pmatrix}$,$\boldsymbol{B}=\begin{pmatrix}2&&\\&2&\\&&b\end{pmatrix}$,又 $\boldsymbol{A}$ 与 $\boldsymbol{B}$ 相似.(1)求 a,b 的值;(2)求可逆阵 $\boldsymbol{P}$ 使 $\boldsymbol{P}^{-1}\boldsymbol{AP}=\boldsymbol{B}$.

解 (1)因为 $\boldsymbol{A}\sim\boldsymbol{B}$,所以 $|\boldsymbol{A}-\lambda\boldsymbol{I}|=|\boldsymbol{B}-\lambda\boldsymbol{I}|$,即

$$\begin{vmatrix}1-\lambda&-1&1\\2&4-\lambda&-2\\-3&-3&a-\lambda\end{vmatrix}=\begin{vmatrix}2-\lambda&0&0\\0&2-\lambda&0\\0&0&b-\lambda\end{vmatrix}$$

把上式左边行列式的第 3 列化为 $\boldsymbol{e}_1=(1,0,0)^{\mathrm{T}}$ 可得

$$(\lambda-2)[\lambda^2-(a+3)\lambda+3(a-1)]=(2-\lambda)^2(b-\lambda)$$

这是关于 λ 的恒等式，故可令 $\lambda=0$，得 $6(a-1)=4b$. 上式两边除以 $(2-\lambda)$ 后，令 $\lambda=2$，得 $a=5$，从而 $b=6$.

(2)因为 $\boldsymbol{A}\sim\boldsymbol{B}$，两者具有相同的特征值 $\lambda_1=\lambda_2=2,\lambda_3=6$.

对于 $\lambda_1=\lambda_2=2$，特征方程组 $(\boldsymbol{A}-2\boldsymbol{I})\boldsymbol{x}=\boldsymbol{0}$ 可化为 $x_1+x_2-x_3=0$. 由此解得两个基础解

$$\boldsymbol{\alpha}_1=(1,-1,0)^{\mathrm{T}},\quad \boldsymbol{\alpha}_2=(1,0,1)^{\mathrm{T}}.$$

对于 $\lambda_1=6$，方程组 $(\boldsymbol{A}-6\boldsymbol{I})\boldsymbol{x}=\boldsymbol{0}$ 可化为 $\begin{cases}-3x_1+x_2=0\\2x_1+x_2=0\end{cases}$，由此解得一个基础解 $\boldsymbol{\alpha}_3=(1,-2,3)^{\mathrm{T}}$.

故 $\boldsymbol{\alpha}_1,\boldsymbol{\alpha}_2,\boldsymbol{\alpha}_3$ 分别为属于 $\lambda_1=\lambda_2=2,\lambda_3=6$ 的特征向量. 令

$$\boldsymbol{P}=(\boldsymbol{\alpha}_1,\boldsymbol{\alpha}_2,\boldsymbol{\alpha}_3)=\begin{pmatrix}1&1&1\\-1&0&-2\\0&1&3\end{pmatrix}\Rightarrow \boldsymbol{P}_2^{-1}\boldsymbol{A}\boldsymbol{P}_2=\boldsymbol{B}$$

题 6　(2000④)设矩阵 $\boldsymbol{A}=\begin{pmatrix}1&-1&1\\x&4&y\\-3&-3&5\end{pmatrix}$ 有三个线性无关的特征向量，且 $\lambda_1=\lambda_2=2$（$\lambda=2$ 是 $\boldsymbol{A}$ 的二重根）. 求可逆矩阵 $\boldsymbol{P}$ 使 $\boldsymbol{P}^{-1}\boldsymbol{A}\boldsymbol{P}$ 为对角阵.

解　由于 $\lambda_1=\lambda_2=2$，且矩阵 $\boldsymbol{A}$ 的线性无关向量有三个，换言之，对于 $\boldsymbol{A}$ 的此二重根 $\boldsymbol{A}$ 有两个线性无关的特征向量，从而 $\mathrm{r}(2\boldsymbol{I}-\boldsymbol{A})=1$. 注意到

$$2\boldsymbol{I}-\boldsymbol{A}=\begin{pmatrix}1&1&-1\\-x&-2&-y\\3&3&-3\end{pmatrix}$$

显然 $x:2:y=1:1:-1$ 时，即 $x=2,y=-2$ 时，$\mathrm{r}(2\boldsymbol{I}-\boldsymbol{A})=1$.

将 x,y 代入后，由 $|\lambda\boldsymbol{I}-\boldsymbol{A}|=(\lambda-2)^2(\lambda-6)$，知 $\lambda_1=\lambda_2=2,\lambda_3=6$.

再由方程组 $\boldsymbol{A}\boldsymbol{x}=\lambda\boldsymbol{x}$，解得其相应的特征向量分别为

$$\boldsymbol{\alpha}_1=(1,-1,0)^{\mathrm{T}},\quad \boldsymbol{\alpha}_2=(1,0,1)^{\mathrm{T}},\quad \boldsymbol{\alpha}_3=(1,-2,3)^{\mathrm{T}}$$

则 $\boldsymbol{P}=(\boldsymbol{\alpha}_1,\boldsymbol{\alpha}_2,\boldsymbol{\alpha}_3)$，且 $\boldsymbol{P}^{-1}\boldsymbol{A}\boldsymbol{P}=\mathrm{diag}\{2,2,6\}$.

题 7　(2001③④)设矩阵 $\boldsymbol{A}=\begin{pmatrix}1&1&a\\1&a&1\\a&1&1\end{pmatrix}$，$\boldsymbol{\beta}=\begin{pmatrix}1\\1\\-2\end{pmatrix}$. 已知线性方程组 $\boldsymbol{A}\boldsymbol{x}=\boldsymbol{\beta}$ 有解但不唯一. 试求：(1)a 的值；(2)正交矩阵 $\boldsymbol{Q}$，使 $\boldsymbol{Q}^{\mathrm{T}}\boldsymbol{A}\boldsymbol{Q}$ 为对角阵.

解　(1)由题意，线性方程组 $\boldsymbol{A}\boldsymbol{x}=\boldsymbol{\beta}$ 有解但不唯一，所以 $|\boldsymbol{A}|=0$，且秩 $\mathrm{r}(\boldsymbol{A})=$ 秩 $\mathrm{r}(\boldsymbol{A}\,\vdots\,\boldsymbol{\beta})$. 由

$$|\boldsymbol{A}|=\begin{vmatrix}1&1&a\\1&a&1\\a&1&1\end{vmatrix}=-(a-1)^2(a+2)$$

令 $|\boldsymbol{A}|=0$，解得 $a=1$ 或 $a=-2$.

当 $a=1$ 时，$\mathrm{r}(\boldsymbol{A})\neq\mathrm{r}(\boldsymbol{A}\,\vdots\,\boldsymbol{\beta})$，此时方程组无解；

当 $a=-2$ 时，$\mathrm{r}(\boldsymbol{A})=\mathrm{r}(\boldsymbol{A}\,\vdots\,\boldsymbol{\beta})$，此时方程组的解存在但不唯一.

于是只有 $a=-2$ 适合题意.

(2)把 $a=-2$ 代入 $\boldsymbol{A}$ 中，计算特征多项式

$$|\boldsymbol{A}-\lambda\boldsymbol{I}|=\begin{vmatrix}1-\lambda&1&-2\\1&-2-\lambda&1\\-2&1&1-\lambda\end{vmatrix}=\lambda(3-\lambda)(3+\lambda)$$

得 $\boldsymbol{A}$ 的特征值分别为 $\lambda_1=3,\lambda_2=-3,\lambda_3=0$. 进而可求得它们相应的特征向量分别是

$$\boldsymbol{\alpha}_1=(1,0,-1)^{\mathrm{T}},\quad \boldsymbol{\alpha}_2=(1,-2,1)^{\mathrm{T}},\quad \boldsymbol{\alpha}_3=(1,0,1)^{\mathrm{T}}$$

将它们分别单位化,得

$$\boldsymbol{\beta}_1=\left(\frac{1}{\sqrt{2}},0,-\frac{1}{\sqrt{2}}\right)^{\mathrm{T}},\quad \boldsymbol{\beta}_2=\left(\frac{1}{\sqrt{6}},-\frac{2}{\sqrt{6}},-\frac{1}{\sqrt{6}}\right)^{\mathrm{T}},\quad \boldsymbol{\beta}_3=\left(\frac{1}{\sqrt{3}},\frac{1}{\sqrt{3}},\frac{1}{\sqrt{3}}\right)^{\mathrm{T}}$$

令 $\boldsymbol{Q}=(\boldsymbol{\beta}_1,\boldsymbol{\beta}_2,\boldsymbol{\beta}_3)=\begin{pmatrix}\frac{1}{\sqrt{2}} & \frac{1}{\sqrt{6}} & \frac{1}{\sqrt{3}}\\ 0 & -\frac{2}{\sqrt{6}} & \frac{1}{\sqrt{3}}\\ -\frac{1}{\sqrt{2}} & \frac{1}{\sqrt{6}} & \frac{1}{\sqrt{3}}\end{pmatrix}$,则 $\boldsymbol{Q}^{\mathrm{T}}\boldsymbol{A}\boldsymbol{Q}=\begin{pmatrix}3 & 0 & 0\\ 0 & -3 & 0\\ 0 & 0 & 0\end{pmatrix}$.

题 8 (2003②)若矩阵 $\boldsymbol{A}=\begin{pmatrix}2 & 2 & 0\\ 8 & 2 & a\\ 0 & 0 & 6\end{pmatrix}$ 相似于对角阵 $\boldsymbol{\Lambda}$,试确定常数 a 的值,并求可逆矩阵 $\boldsymbol{P}$ 使 $\boldsymbol{P}^{-1}\boldsymbol{A}\boldsymbol{P}=\boldsymbol{\Lambda}$.

解 矩阵 $\boldsymbol{A}$ 的特征多项式为

$$|\lambda\boldsymbol{I}-\boldsymbol{A}|=\begin{vmatrix}\lambda-2 & -2 & 0\\ -8 & \lambda-2 & -a\\ 0 & 0 & \lambda-6\end{vmatrix}=(\lambda-6)[(\lambda-2)^2-16]=(\lambda-6)^2(\lambda+2)$$

故 $\boldsymbol{A}$ 的特征值分别为 $\lambda_1=\lambda_2=6,\lambda_3=-2$.

由于 $\boldsymbol{A}$ 相似于对角阵 $\boldsymbol{\Lambda}$,故对应重根 $\lambda_1=\lambda_2=6$ 应有两个线性无关的特征向量,即 $3-\mathrm{r}(6\boldsymbol{I}-\boldsymbol{A})=2$,于是有 $\mathrm{r}(6\boldsymbol{I}-\boldsymbol{A})=1$. 由

$$6\boldsymbol{I}-\boldsymbol{A}=\begin{pmatrix}4 & -2 & 0\\ -8 & 4 & -a\\ 0 & 0 & 0\end{pmatrix}\xrightarrow{\text{行初等变换}}\begin{pmatrix}2 & -1 & 0\\ 0 & 0 & a\\ 0 & 0 & 0\end{pmatrix}$$

知 $a=0$. 于是对应于 $\lambda_1=\lambda_2=6$ 的两个线性无关的特征向量可取为

$$\boldsymbol{\xi}_1=(0,0,1)^{\mathrm{T}},\quad \boldsymbol{\xi}_2=(1,2,0)^{\mathrm{T}}$$

当 $\lambda_2=-2$ 时,$-2\boldsymbol{I}-\boldsymbol{A}=\begin{pmatrix}-4 & -2 & 0\\ -8 & -4 & 0\\ 0 & 0 & -8\end{pmatrix}\xrightarrow{\text{行初等变换}}\begin{pmatrix}2 & 1 & 0\\ 0 & 0 & 1\\ 0 & 0 & 0\end{pmatrix}$.

解方程组 $\begin{cases}2x_1+x_2=0\\ x_3=0\end{cases}$,得对应于 $\lambda_3=-2$ 的特征向量 $\boldsymbol{\xi}_3=(1,-2,0)^{\mathrm{T}}$.

令 $\boldsymbol{P}=\begin{pmatrix}0 & 1 & 1\\ 0 & 2 & -2\\ 1 & 0 & 0\end{pmatrix}$,则 $\boldsymbol{P}$ 可逆,且有 $\boldsymbol{P}^{-1}\boldsymbol{A}\boldsymbol{P}=\boldsymbol{\Lambda}$.

下面的问题我们在"行列式"一章已有述及,只是提法不同而已.

题 9 (2004③)设 n 阶矩阵 $\boldsymbol{A}=\begin{pmatrix}1 & b & \cdots & b\\ b & 1 & \cdots & b\\ \vdots & \vdots & & \vdots\\ b & b & \cdots & 1\end{pmatrix}$.(1)求 $\boldsymbol{A}$ 的特征值和特征向量;(2)求可逆矩阵 $\boldsymbol{P}$,使得 $\boldsymbol{P}^{-1}\boldsymbol{A}\boldsymbol{P}$ 为对角矩阵.

解 (1)问题的该小问我们并不陌生(见前文例),但这里要讨论参数 b.

①当 $b\neq0$ 时,注意到行列式

$$|\lambda I-A|=\begin{vmatrix}\lambda-1 & -b & \cdots & -b\\ -b & \lambda-1 & \cdots & -b\\ \vdots & \vdots & & \vdots\\ -b & -b & \cdots & \lambda-1\end{vmatrix}=[\lambda-1-(n-1)b][\lambda-(1-b)]^{n-1}$$

故 A 的特征值为 $\lambda_1=1+(n-1)b,\lambda_2=\cdots=\lambda_n=1-b$.

对于 $\lambda_1=1+(n-1)b$,设 A 的属于特征值 λ_1 的一个特征向量为 ξ_1,则

$$\begin{pmatrix}1 & b & \cdots & b\\ b & 1 & \cdots & b\\ \vdots & \vdots & & \vdots\\ b & b & \cdots & 1\end{pmatrix}\xi_1=[1+(n-1)b]\xi_1$$

解得 $\xi_1=(1,1,\cdots,1)^{\mathrm{T}}$. 故全部特征向量为 $k\xi_1=k(1,1,\cdots,1)^{\mathrm{T}}$($k$ 为任意非零常数).

对于 $\lambda_2=\cdots=\lambda_n=1-b$,解齐次线性方程组$[(1-b)I-A]x=\mathbf{0}$,由其系数阵经初等变换可化为

$$\begin{pmatrix}-b & -b & \cdots & -b\\ -b & -b & \cdots & -b\\ \vdots & \vdots & & \vdots\\ -b & -b & \cdots & -b\end{pmatrix}\to\begin{pmatrix}1 & 1 & \cdots & 1\\ 0 & 0 & \cdots & 0\\ \vdots & \vdots & & \vdots\\ 0 & 0 & \cdots & 0\end{pmatrix}$$

解得基础解系

$$\xi_2=(1,-1,0,\cdots,0)^{\mathrm{T}},\quad \xi_3=(1,0,-1,\cdots,0)^{\mathrm{T}},\quad \cdots,\quad \xi_n=(1,0,0,\cdots,-1)^{\mathrm{T}}$$

故全部特征向量为 $k_2\xi_2+\cdots+k_n\xi_n$($k_2,\cdots,k_n$ 是不全为零的常数).

②当 $b=0$ 时,特征值 $\lambda_1=\lambda_2=\cdots=\lambda_n=1$,此时任意非零向量均为其特征向量.

(2)仿照(1)分 $b\neq0$ 和 $b=0$ 两种情况讨论.

①当 $b\neq0$ 时,由 A 有 n 个线性无关的特征向量 $\xi_1,\xi_2,\cdots,\xi_n$,令 $P=(\xi_1,\xi_2,\cdots,\xi_n)$,则

$$P^{-1}AP=\mathrm{diag}\{1+(n-1)b,1-b,\cdots,1-b\}$$

②当 $b=0$ 时,$A=I$,对任意可逆矩阵 P,均有 $P^{-1}AP=I$.

注 特征向量 $\xi_1=(1,1,\cdots,1)^{\mathrm{T}}$ 也可由求解齐次线性方程组$(\lambda_1I-A)x=\mathbf{0}$ 得出.

题 10 (1992③)设矩阵 $A=\begin{pmatrix}-2 & 0 & 0\\ 2 & x & 2\\ 3 & 1 & 1\end{pmatrix}$,$B=\begin{pmatrix}-1 & & \\ & -2 & \\ & & y\end{pmatrix}$,又 A 与 B 相似. (1)求 x,y 的值;(2)求可逆阵 P 使 $P^{-1}AP=B$.

简析 由 $A\sim B$,知$|\lambda I-A|=|\lambda I-B|$,而 B 有特征根$-1,2$ 和 y,这样只需计算$|\lambda I-A|$,再与$|\lambda I-B|$比较.

解 (1)由$|\lambda I-A|=(\lambda+2)[\lambda^2-(x+1)\lambda+(x-2)]$,又 $A\sim B$,且知 B 有特征根$-1,2$ 和 y,而由上式知 A 有特征根-2,它亦是 B 的特征根,从而有 $y=-2$.

显然,$-1,2$ 适合 $\lambda^2-(x+1)\lambda+(x-2)=0$,有 $x=0$.

(2)易求得 A 对应于$-1,2,-2$ 的特征向量分别为

$$\alpha_1=(0,2,-1)^{\mathrm{T}},\quad \alpha_2=(0,1,1)^{\mathrm{T}},\quad \alpha_3=(1,0,-1)^{\mathrm{T}}$$

从而 $P=(\alpha_1,\alpha_2,\alpha_3)$可使 $P^{-1}AP=B$.

最后看一个应用问题.

题 11 (2000①)某试验性生产线每年 1 月份进行熟练工与非熟练工的人数统计,然后将$\frac{1}{6}$熟练工支援其他生产部门,其缺额由招收新的非熟练工补齐,新、老非熟练工经过培训及实践至年终考核有$\frac{2}{5}$

成为熟练工. 设第 n 年 1 月份统计的熟练工和非熟练工所占百分比分别为 x_n 和 y_n，记为向量 $(x_n, y_n)^{\mathrm{T}}$.

(1)求 $(x_{n+1}, y_{n+1})^{\mathrm{T}}$ 与 $(x_n, y_n)^{\mathrm{T}}$ 的关系式，并写成向量矩阵形式：$(x_{n+1}, y_{n+1})^{\mathrm{T}} = \boldsymbol{A}(x_n, y_n)^{\mathrm{T}}$；

(2)验证 $\boldsymbol{\eta}_1 = (4,1)^{\mathrm{T}}, \boldsymbol{\eta}_2 = (-1,1)^{\mathrm{T}}$ 是 $\boldsymbol{A}$ 的两个线性无关的特征向量，并求出相应的特征值；

(3)当 $(x_1, y_1)^{\mathrm{T}} = \left(\frac{1}{2}, \frac{1}{2}\right)^{\mathrm{T}}$ 时，求 $(x_{n+1}, y_{n+1})^{\mathrm{T}}$.

解 (1)由题设第 $n+1$ 年的熟练工由两部分组成：一是上一年未调走的熟练工(即 $\frac{5}{6}x_n$)；二是上一年非熟练工经培训而变成的熟练工，即 $\frac{2}{5}\left(\frac{1}{6}x_n + y_n\right)$. 因此得到

$$\begin{cases} x_{n+1} = \dfrac{5}{6}x_n + \dfrac{2}{5}\left(\dfrac{1}{6}x_n + y_n\right) \\ y_{n+1} = \dfrac{3}{5}\left(\dfrac{1}{6}x_n + y_n\right) \end{cases} \Rightarrow \begin{cases} x_{n+1} = \dfrac{9}{10}x_n + \dfrac{2}{5}y_n \\ y_{n+1} = \dfrac{1}{10}x_n + \dfrac{3}{5}y_n \end{cases}$$

如设 $\boldsymbol{A} = \begin{bmatrix} \frac{9}{10} & \frac{2}{5} \\ \frac{1}{10} & \frac{3}{5} \end{bmatrix}$，则有 $\begin{pmatrix} x_{n+1} \\ y_{n+1} \end{pmatrix} = \boldsymbol{A}\begin{pmatrix} x_n \\ y_n \end{pmatrix}$.

(2)令 $\boldsymbol{P} = (\boldsymbol{\eta}_1, \boldsymbol{\eta}_2) = \begin{pmatrix} 4 & -1 \\ 1 & 1 \end{pmatrix}$，则有 $|\boldsymbol{P}| = 5 \neq 0$，知 $\boldsymbol{\eta}_1, \boldsymbol{\eta}_2$ 线性无关.

因 $\boldsymbol{A}\boldsymbol{\eta}_1 = (4,1)^{\mathrm{T}} = \boldsymbol{\eta}_1$，故 $\boldsymbol{\eta}_1$ 为 $\boldsymbol{A}$ 的特征向量，且相应的特征值为 $\lambda_1 = 1$.

因 $\boldsymbol{A}\boldsymbol{\eta}_1 = \left(-\frac{1}{2}, \frac{1}{2}\right)^{\mathrm{T}} = \frac{1}{2}\boldsymbol{\eta}_2$，故 $\boldsymbol{\eta}_2$ 为 $\boldsymbol{A}$ 的特征向量，且相应的特征值为 $\lambda_2 = \frac{1}{2}$.

(3)由上可有 $\begin{pmatrix} x_{n+1} \\ y_{n+1} \end{pmatrix} = \boldsymbol{A}\begin{pmatrix} x_n \\ y_n \end{pmatrix} = \boldsymbol{A}^n\begin{pmatrix} x_{n-1} \\ y_{n-1} \end{pmatrix} = \cdots = \boldsymbol{A}^n\begin{pmatrix} x_1 \\ y_1 \end{pmatrix} = \boldsymbol{A}^n\begin{bmatrix} \frac{1}{2} \\ \frac{1}{2} \end{bmatrix}$.

又由 $\boldsymbol{P}^{-1}\boldsymbol{A}\boldsymbol{P} = \begin{pmatrix} \lambda_1 & 0 \\ 0 & \lambda_2 \end{pmatrix}$，有 $\boldsymbol{A} = \begin{pmatrix} \lambda_1 & 0 \\ 0 & \lambda_2 \end{pmatrix}$，因此

$$\boldsymbol{A}^n = \boldsymbol{P}\begin{pmatrix} \lambda_1 & 0 \\ 0 & \lambda_2 \end{pmatrix}\boldsymbol{P}^{-1} = \frac{1}{5}\begin{pmatrix} 4 & -1 \\ 1 & 1 \end{pmatrix}\begin{bmatrix} 1 & 0 \\ 0 & \frac{1}{2^n} \end{bmatrix}\begin{pmatrix} 1 & 1 \\ -1 & 4 \end{pmatrix} = \frac{1}{5}\begin{bmatrix} 4+\left(\frac{1}{2}\right)^n & 4-4\left(\frac{1}{2}\right)^n \\ 1-\left(\frac{1}{2}\right)^n & 1+4\left(\frac{1}{2}\right)^n \end{bmatrix}$$

故
$$\begin{pmatrix} x_{n+1} \\ y_{n+1} \end{pmatrix} = \boldsymbol{A}^n\begin{bmatrix} \frac{1}{2} \\ \frac{1}{2} \end{bmatrix} = \frac{1}{10}\begin{bmatrix} 8-\frac{3}{2^n} \\ 2+\frac{3}{2^n} \end{bmatrix}$$

题 12 (2005④)设 $\boldsymbol{A}$ 为 3 阶矩阵，$\boldsymbol{\alpha}_1, \boldsymbol{\alpha}_2, \boldsymbol{\alpha}_3$ 是线性无关的 3 维列向量，且满足

$$\boldsymbol{A}\boldsymbol{\alpha}_1 = \boldsymbol{\alpha}_1 + \boldsymbol{\alpha}_2 + \boldsymbol{\alpha}_3, \quad \boldsymbol{A}\boldsymbol{\alpha}_2 = 2\boldsymbol{\alpha}_2 + \boldsymbol{\alpha}_3, \quad \boldsymbol{A}\boldsymbol{\alpha}_3 = 2\boldsymbol{\alpha}_2 + 3\boldsymbol{\alpha}_3$$

(1)求矩阵 $\boldsymbol{B}$，使得 $\boldsymbol{A}(\boldsymbol{\alpha}_1, \boldsymbol{\alpha}_2, \boldsymbol{\alpha}_3) = (\boldsymbol{\alpha}_1, \boldsymbol{\alpha}_2, \boldsymbol{\alpha}_3)\boldsymbol{B}$；(2)求矩阵 $\boldsymbol{A}$ 的特征值；(3)求可逆矩阵 $\boldsymbol{P}$，使得 $\boldsymbol{P}^{-1}\boldsymbol{A}\boldsymbol{P}$ 为对角矩阵.

解 (1)由题设

$$\boldsymbol{A}(\boldsymbol{\alpha}_1, \boldsymbol{\alpha}_2, \boldsymbol{\alpha}_3) = (\boldsymbol{\alpha}_1 + \boldsymbol{\alpha}_2 + \boldsymbol{\alpha}_3, 2\boldsymbol{\alpha}_2 + \boldsymbol{\alpha}_3, 2\boldsymbol{\alpha}_2 + 3\boldsymbol{\alpha}_3) = (\boldsymbol{\alpha}_1, \boldsymbol{\alpha}_2, \boldsymbol{\alpha}_3)\begin{bmatrix} 1 & 0 & 0 \\ 1 & 2 & 2 \\ 1 & 1 & 3 \end{bmatrix}$$

所以，满足 $A(\alpha_1,\alpha_2,\alpha_3)=(\alpha_1,\alpha_2,\alpha_3)B$ 的矩阵 B 为 $B=\begin{pmatrix}1&0&0\\1&2&2\\1&1&3\end{pmatrix}$.

(2)由 $|\lambda I-B|=\begin{vmatrix}\lambda-1&0&0\\-1&\lambda-2&-2\\-1&-1&\lambda-3\end{vmatrix}=(\lambda-1)^2(\lambda-4)$，知 B 的特征值为 $\lambda=1$(二重)和 $\lambda=4$.

由于 $\alpha_1,\alpha_2,\alpha_3$ 线性无关，知矩阵 $C=(\alpha_1,\alpha_2,\alpha_3)$ 可逆，所以 $C^{-1}AC=B$，即 $A\sim B$，从而 A 有与 B 相同的特征值 1(二重)和 4.

(3)下面将 B 化为相似对角形矩阵.

记 B 属于 $\lambda=1$ 的特征向量为 $x=(x_1,x_2,x_3)^T$，则 x 满足 $(I-B)x=0$，解此方程组得相应于特征值 1 的两个线性无关的特征向量 $\xi_1=(-1,1,0)^T$，$\xi_2=(-2,0,1)^T$.

记 B 属于 $\lambda=4$ 的特征向量为 $y=(y_1,y_2,y_3)^T$，则 y 满足 $(4I-B)y=0$，解此方程组得相应于特征值 4 的特征向量 $\xi_3=(0,1,1)^T$.

记 $Q=(\xi_1,\xi_2,\xi_3)=\begin{pmatrix}-1&-2&0\\1&0&1\\0&1&1\end{pmatrix}$，则 $Q^{-1}BQ=\begin{pmatrix}1&&\\&1&\\&&4\end{pmatrix}$，即 $B=Q\begin{pmatrix}1&&\\&1&\\&&4\end{pmatrix}Q^{-1}$.

从而由(1)得

$$AC=CQ\begin{pmatrix}1&&\\&1&\\&&4\end{pmatrix}Q^{-1}\Rightarrow(CQ)^{-1}A(CQ)=\begin{pmatrix}1&&\\&1&\\&&4\end{pmatrix}$$

故有
$$P=CQ=(\alpha_1,\alpha_2,\alpha_3)\begin{pmatrix}-1&-2&0\\1&0&1\\0&1&1\end{pmatrix}=(-\alpha_1+\alpha_2,-2\alpha_1+\alpha_3,\alpha_2+\alpha_3)$$

使 $P^{-1}AP=\begin{pmatrix}1&&\\&1&\\&&4\end{pmatrix}$(对角阵).

(2)矩阵相似问题

题 1　(1988①)已知矩阵 $A=\begin{pmatrix}2&0&0\\0&0&1\\0&1&x\end{pmatrix}$ 与 $B=\begin{pmatrix}2&0&0\\0&y&0\\0&0&-1\end{pmatrix}$ 相似.(1)求 x 与 y 的值；(2)求一个满足 $P^{-1}AP=B$ 的可逆矩阵 P.

解　(1)由题设 $A\sim B$，知 $|A|=|B|$，且 $\operatorname{tr}(A)=\operatorname{tr}(B)$(迹相等). 注意到 $|A|=-2$，$|B|=-2y$，故可得方程组

$$-2=-2y,\quad 2+x=2+y+(-1)$$

由此解得 $x=0$，$y=1$.

(2)将 $x=0$，$y=1$ 分别代入矩阵 A 和 B 中，有

$$A=\begin{pmatrix}2&0&0\\0&0&1\\0&1&0\end{pmatrix},\quad B=\begin{pmatrix}2&0&0\\0&1&0\\0&0&-1\end{pmatrix}$$

因为 $A\sim B$，它们具有相同的特征值，所以由 B 可知 A 的特征值为

$$\lambda_1=2,\quad \lambda_2=1,\quad \lambda_3=-1$$

又考虑线性(特征)方程组

$$(\boldsymbol{A}-\lambda\boldsymbol{I})\boldsymbol{x}=\boldsymbol{0} \tag{*}$$

当 $\lambda_1=2$ 时,式(*)可化为 $\begin{cases}-2x_2+x_3=0\\x_2-2x_3=0\end{cases}$,由此求得相应的特征向量 $\boldsymbol{\xi}_1=(1,0,0)^{\mathrm{T}}$.

当 $\lambda_2=1$ 时,式(*)可化为 $\begin{cases}x_1=0\\x_2-x_3=0\end{cases}$,由此求得相应的特征向量 $\boldsymbol{\xi}_2=(0,1,1)^{\mathrm{T}}$.

当 $\lambda_3=-1$ 时,式(*)可化为 $\begin{cases}x_1=0\\x_2+x_3=0\end{cases}$,由此求得相应的特征向量 $\boldsymbol{\xi}_3=(0,1,-1)^{\mathrm{T}}$.

令 $\boldsymbol{P}=(\boldsymbol{\xi}_1,\boldsymbol{\xi}_2,\boldsymbol{\xi}_3)=\begin{pmatrix}1&0&0\\0&1&1\\0&0&-1\end{pmatrix}$,则 $\boldsymbol{P}$ 可逆,且 $\boldsymbol{P}^{-1}\boldsymbol{AP}=\boldsymbol{B}$.

题 2 (2003①)设矩阵 $\boldsymbol{A}=\begin{pmatrix}3&2&2\\2&3&2\\2&2&3\end{pmatrix}$,$\boldsymbol{P}=\begin{pmatrix}0&1&0\\1&0&1\\0&0&1\end{pmatrix}$,$\boldsymbol{B}=\boldsymbol{P}^{-1}\boldsymbol{A}^*\boldsymbol{P}$,求 $\boldsymbol{B}+2\boldsymbol{I}$ 的特征值与特征向量.($\boldsymbol{A}^*$ 为 $\boldsymbol{A}$ 的伴随矩阵)

解 1 设 $\boldsymbol{\eta}$ 为 $\boldsymbol{A}$ 的相应特征值 λ 的特征向量,则 $\boldsymbol{A\eta}=\lambda\boldsymbol{\eta}$. 由题设知 $|\boldsymbol{A}|=7\neq0$,知 $\boldsymbol{A}$ 无 0 特征根,故 $\lambda\neq0$.

又 $\boldsymbol{A}^*\boldsymbol{A}=|\boldsymbol{A}|\boldsymbol{I}$,则 $\boldsymbol{A}^*\boldsymbol{A\eta}=\boldsymbol{A}^*\lambda\boldsymbol{\eta}$,且 $\boldsymbol{A}^*\boldsymbol{\eta}=\dfrac{|\boldsymbol{A}|}{\lambda}\boldsymbol{\eta}$. 故 $\boldsymbol{B}(\boldsymbol{P}^{-1}\boldsymbol{\eta})=\boldsymbol{P}^{-1}\boldsymbol{A}^*\boldsymbol{P}(\boldsymbol{P}^{-1}\boldsymbol{\eta})=\dfrac{|\boldsymbol{A}|}{\lambda}(\boldsymbol{P}^{-1}\boldsymbol{\eta})$,从而

$$(\boldsymbol{B}+2\boldsymbol{I})\boldsymbol{P}^{-1}\boldsymbol{\eta}=\left(\frac{|\boldsymbol{A}|}{\lambda}+2\right)\boldsymbol{P}^{-1}\boldsymbol{\eta}$$

即 $\dfrac{|\boldsymbol{A}|}{\lambda}+2$ 为 $\boldsymbol{B}+2\boldsymbol{I}$ 的特征根,其相应的特征向量为 $\boldsymbol{P}^{-1}\boldsymbol{\eta}$. 由 $|\lambda\boldsymbol{I}-\boldsymbol{A}|=(\lambda-1)^2(\lambda-7)$,知 $\lambda_1=\lambda_2=1,\lambda_3=7$.

相应 $\lambda_1=\lambda_2=1$ 有线性无关的特征向量 $\boldsymbol{\eta}_1=(-1,1,0)^{\mathrm{T}}$,$\boldsymbol{\eta}_2=(-1,0,1)^{\mathrm{T}}$,相应 $\lambda_3=7$ 的特征向量 $\boldsymbol{\eta}_3=(1,1,1)^{\mathrm{T}}$.

又由题设可求得

$$\boldsymbol{P}^{-1}=\begin{pmatrix}0&1&-1\\1&0&0\\0&0&1\end{pmatrix}$$

从而 $\boldsymbol{B}+2\boldsymbol{I}$ 的特征根及其相应的特征向量分别为:

$\boldsymbol{B}+2\boldsymbol{I}$ 的特征根 $\dfrac{|\boldsymbol{A}|}{\lambda_i}+2$,即 9,9,3;其相应的特征向量 $\boldsymbol{\xi}_i=\boldsymbol{P}^{-1}\boldsymbol{\eta}_i$,即 $(1,-1,0)^{\mathrm{T}}$,$(-1,-1,1)^{\mathrm{T}}$ 和 $(0,1,1)^{\mathrm{T}}$.

解 2 经计算可得

$$\boldsymbol{A}^*=\begin{pmatrix}5&-2&-2\\-2&5&-2\\-2&-2&5\end{pmatrix},\quad \boldsymbol{P}^{-1}=\begin{pmatrix}0&1&-1\\1&0&0\\0&0&1\end{pmatrix}$$

且 $\boldsymbol{B}=\boldsymbol{P}^{-1}\boldsymbol{A}^*\boldsymbol{P}=\begin{pmatrix}7&0&0\\-2&5&-4\\-2&-2&3\end{pmatrix}$. 从而 $\boldsymbol{B}+2\boldsymbol{I}=\begin{pmatrix}9&0&0\\-2&7&-4\\-2&-2&5\end{pmatrix}$,则

$$|\lambda\boldsymbol{I}-(\boldsymbol{B}+2\boldsymbol{I})|=\begin{vmatrix}\lambda-9&0&0\\2&\lambda-7&4\\2&2&\lambda-5\end{vmatrix}=(\lambda-9)^2(\lambda-3)$$

故 $\boldsymbol{B}+2\boldsymbol{I}$ 的特征值为 $\lambda_1=\lambda_2=9,\lambda_3=3$.

当 $\lambda_1=\lambda_2=9$ 时,解 $(9\boldsymbol{I}-\boldsymbol{A})\boldsymbol{x}=\boldsymbol{0}$,得线性无关的特征向量为

$$\boldsymbol{\eta}_1=(-1,-1,0)^{\mathrm{T}},\quad \boldsymbol{\eta}_2=(-2,0,1)^{\mathrm{T}}$$

则属于特征值 $\lambda_1=\lambda_2=9$ 的所有特征向量为

$$k_1\boldsymbol{\eta}_1+k_2\boldsymbol{\eta}_2=k_1(-1,-1,0)^{\mathrm{T}}+k_2(-2,0,1)^{\mathrm{T}}$$

其中 k_1,k_2 是不全为零的任意常数.

当 $\lambda_3=3$ 时,解 $(3\boldsymbol{I}-\boldsymbol{A})\boldsymbol{x}=\boldsymbol{0}$,得 $\boldsymbol{\eta}_3=(0,1,1)^{\mathrm{T}}$.

故属于特征值 $\lambda_3=3$ 的所有特征向量为 $k_3\boldsymbol{\eta}_3=k_3(0,1,1)^{\mathrm{T}}$,其中 $k_3\neq0$ 为任意常数.

注　本题解 2 直接计算 $\boldsymbol{A}^*,\boldsymbol{P}^{-1},\boldsymbol{B},\boldsymbol{B}+2\boldsymbol{I}$ 求得 $\boldsymbol{B}+2\boldsymbol{I}$ 的特征问题,较解 1 稍繁.

类似地,我们可以解下面涉及 $\boldsymbol{A}^*$ 的特征问题.

3. 与矩阵特征问题有关的行列式计算

题 1　(1994①)设 $\boldsymbol{A}$ 是 n 阶方阵,$2,4,\cdots,2n$ 是 $\boldsymbol{A}$ 的 n 个特征值,$\boldsymbol{I}$ 是 n 阶单位阵.计算行列式 $|\boldsymbol{A}-3\boldsymbol{I}|$ 的值.

解　由于 $\boldsymbol{A}$ 的特征值为 $2,4,\cdots,2n$,因此 $\boldsymbol{A}-3\boldsymbol{I}$ 的特征值为 $u=\lambda-3$,即 $-1,1,\cdots,2n-3$.于是

$$|\boldsymbol{A}-3\boldsymbol{I}|=(-1)\cdot1\cdot3\cdot5\cdot\cdots\cdot(2n-3)=-(2n-3)!!$$

题 2　(2001①)已知 3 阶矩阵 $\boldsymbol{A}$ 与 3 维向量 $\boldsymbol{x}$,使得向量组 $\boldsymbol{x},\boldsymbol{Ax},\boldsymbol{A}^2\boldsymbol{x}$ 线性无关,且满足 $\boldsymbol{A}^3\boldsymbol{x}=3\boldsymbol{Ax}-2\boldsymbol{A}^2\boldsymbol{x}$.

(1)记 $\boldsymbol{P}=(\boldsymbol{x},\boldsymbol{Ax},\boldsymbol{A}^2\boldsymbol{x})$,求 3 阶矩阵 $\boldsymbol{B}$,使 $\boldsymbol{A}=\boldsymbol{PBP}^{-1}$;

(2)计算行列式 $|\boldsymbol{A}+\boldsymbol{I}|$.

解 1　(1)设矩阵 $\boldsymbol{B}=\begin{pmatrix}a_1&a_2&a_3\\b_1&b_2&b_3\\c_1&c_2&c_3\end{pmatrix}$,则由 $\boldsymbol{A}=\boldsymbol{PBP}^{-1}$ 即 $\boldsymbol{AP}=\boldsymbol{PB}$,得

$$\boldsymbol{AP}=(\boldsymbol{Ax},\boldsymbol{A}^2\boldsymbol{x},\boldsymbol{A}^3\boldsymbol{x})=(\boldsymbol{x},\boldsymbol{Ax},\boldsymbol{A}^2\boldsymbol{x})\begin{pmatrix}a_1&a_2&a_3\\b_1&b_2&b_3\\c_1&c_2&c_3\end{pmatrix}$$

依向量、矩阵乘法且比较两端有

$$\begin{cases}\boldsymbol{Ax}=a_1\boldsymbol{x}+b_1\boldsymbol{Ax}+c_1\boldsymbol{A}^2\boldsymbol{x} & ①\\ \boldsymbol{A}^2\boldsymbol{x}=a_2\boldsymbol{x}+b_2\boldsymbol{Ax}+c_2\boldsymbol{A}^2\boldsymbol{x} & ②\\ \boldsymbol{A}^3\boldsymbol{x}=a_3\boldsymbol{x}+b_3\boldsymbol{Ax}+c_3\boldsymbol{A}^2\boldsymbol{x} & ③\end{cases}$$

由于 $\boldsymbol{x},\boldsymbol{Ax},\boldsymbol{A}^2\boldsymbol{x}$ 线性无关,可比较方程两边同类项系数,故由式①可得 $a_1=0,b_1=1,c_1=0$;由式②可得 $a_2=0,b_2=0,c_2=1$.

将 $\boldsymbol{A}^3\boldsymbol{x}=3\boldsymbol{Ax}-2\boldsymbol{A}^2\boldsymbol{x}$ 代入式③,得 $3\boldsymbol{Ax}-2\boldsymbol{A}^2\boldsymbol{x}=a_3\boldsymbol{x}+b_3\boldsymbol{Ax}+c_3\boldsymbol{A}^2\boldsymbol{x}$,由此可得 $a_3=0,b_3=3,c_3=-2$.

综上可得

$$\boldsymbol{B}=\begin{pmatrix}0&0&0\\1&0&3\\0&1&-2\end{pmatrix}$$

(2)由(1)知 $\boldsymbol{A}$ 与 $\boldsymbol{B}$ 相似,故 $\boldsymbol{A}+\boldsymbol{I}$ 与 $\boldsymbol{B}+\boldsymbol{I}$ 相似,从而

$$|\boldsymbol{A}+\boldsymbol{I}|=|\boldsymbol{B}+\boldsymbol{I}|=\begin{vmatrix}1&0&0\\1&1&3\\0&1&-1\end{vmatrix}=-4$$

解 2　(1)由题设 $\boldsymbol{B}$ 满足 $\boldsymbol{A}=\boldsymbol{PBP}^{-1}$,则 $\boldsymbol{AP}=\boldsymbol{PB}$.又

$$\boldsymbol{AP}=\boldsymbol{A}(\boldsymbol{x},\boldsymbol{Ax},\boldsymbol{A}^2\boldsymbol{x})=(\boldsymbol{Ax},\boldsymbol{A}^2\boldsymbol{x},\boldsymbol{A}^3\boldsymbol{x})=(\boldsymbol{Ax},\boldsymbol{A}^2\boldsymbol{x},3\boldsymbol{Ax}-2\boldsymbol{A}^2\boldsymbol{x})$$

$$=(\boldsymbol{x},\boldsymbol{Ax},\boldsymbol{A}^2\boldsymbol{x})\begin{pmatrix}0&0&0\\1&0&3\\0&1&-2\end{pmatrix}=\boldsymbol{P}\begin{pmatrix}0&0&0\\1&0&3\\0&1&-2\end{pmatrix}$$

比较 $\boldsymbol{AP}=\boldsymbol{PB}$,知 $\boldsymbol{B}=\begin{pmatrix}0&0&0\\1&0&3\\0&1&-2\end{pmatrix}$.

(2)解法同解 1.

注 这里关键一步在于将$(\boldsymbol{Ax},\boldsymbol{A}^2\boldsymbol{x},3\boldsymbol{Ax}-2\boldsymbol{A}^2\boldsymbol{x})$写成关于$(\boldsymbol{x},\boldsymbol{Ax},\boldsymbol{A}^2\boldsymbol{x})$的矩阵表达式,从而轻易得到 $\boldsymbol{B}$.

题 3 (2002④)设实对称矩阵 $\boldsymbol{A}=\begin{pmatrix}a&1&1\\1&a&-1\\1&-1&a\end{pmatrix}$,求可逆矩阵 $\boldsymbol{P}$,使 $\boldsymbol{P}^{-1}\boldsymbol{AP}$ 为对角形矩阵,并计算行列式$|\boldsymbol{A}-\boldsymbol{I}|$的值.

解 矩阵 $\boldsymbol{A}$ 的特征多项式

$$|\boldsymbol{A}-\lambda\boldsymbol{I}|=\begin{vmatrix}a-\lambda&1&1\\1&a-\lambda&-1\\1&-1&a-\lambda\end{vmatrix}=(1+a-\lambda)^2(a-2-\lambda)$$

故得矩阵 $\boldsymbol{A}$ 的特征值$\lambda_1=\lambda_2=a+1,\lambda_3=a-2$.进而可得与之相应的 3 个线性无关的特征向量

$$\boldsymbol{\alpha}_1=(1,1,0)^{\mathrm{T}},\quad \boldsymbol{\alpha}_2=(1,0,1)^{\mathrm{T}},\quad \boldsymbol{\alpha}_3=(-1,1,1)^{\mathrm{T}}$$

令 $\boldsymbol{P}=(\boldsymbol{\alpha}_1,\boldsymbol{\alpha}_2,\boldsymbol{\alpha}_3)=\begin{pmatrix}1&1&-1\\1&0&1\\0&1&1\end{pmatrix}$,则 $\boldsymbol{P}^{-1}\boldsymbol{AP}=\begin{pmatrix}a+1&&\\&a+1&\\&&a-2\end{pmatrix}$.

因此 $\boldsymbol{A}\sim\mathrm{diag}\{a+1,a+1,a-2\}$,所以它们具有相同的特征多项式,故

$$|\boldsymbol{A}-\boldsymbol{I}|=|\mathrm{diag}\{a+1,a+1,a-2\}-\boldsymbol{I}|=\begin{vmatrix}a&0&0\\0&a&0\\0&0&a-3\end{vmatrix}=a^2(a-3)$$

国内外大学数学竞赛及水平测试题赏析

1. 特征根的计算问题

例 1 证明矩阵 $\boldsymbol{A}=\begin{pmatrix}0&5&1&0\\5&0&5&0\\1&5&0&5\\0&0&5&0\end{pmatrix}$ 有两正、两负 4 个特征根.(美国加州大学伯克利分校研究生招生试题,1994)

证 注意到$\sum\limits_{i=1}^{n}\lambda_i=\mathrm{tr}(\boldsymbol{A})$,$\prod\limits_{i=1}^{n}\lambda_i=|\boldsymbol{A}|\cdot(-1)^n$.由 $\boldsymbol{A}^{\mathrm{T}}=\boldsymbol{A}$ 知矩阵 $\boldsymbol{A}$ 对称,故其有 4 个实根.

由设及 $\mathrm{tr}(\boldsymbol{A})=0$,知 $\sum\limits_{i=1}^{4}\lambda_i=0$,知其至少有 1 个正的、1 个负的特征根(注意到$|\boldsymbol{A}|\neq 0$).

又$|\boldsymbol{A}|>0$,知 $\boldsymbol{A}$ 无特征根 0,从而 $\boldsymbol{A}$ 的 4 个特征根可能的情况为:

①3 正 1 负;②2 正 2 负;③1 正 3 负.

由$|\boldsymbol{A}|>0$,且$\prod\limits_{i=1}^{4}\lambda_i=|\boldsymbol{A}|$,从而 $\boldsymbol{A}$ 的特征根为两正、两负.

注 本题若直接计算亦可,但较繁.

例 2 设矩阵

$$A=\begin{pmatrix} k & 1 & & & & \\ 1 & k & 1 & & & \\ & 1 & k & 1 & & \\ & & \ddots & \ddots & \ddots & \\ & & & 1 & k & 1 \\ & & & & 1 & k \end{pmatrix}_{n\times n}$$

其中 $k\in\mathbf{R}$,又 $\lambda_{\min}$ 和 $\lambda_{\max}$ 分别表示 A 的最小和最大特征值.证明 $\lambda_{\min}\leqslant k-1$,且 $k+1\leqslant\lambda_{\max}$.(美国加州大学伯克利分校博士学位水平测试题,1985)

证 矩阵 A 的特征根计算,我们前文已经给出过,下面我们用另外的方法证明例的结论.

令 $\boldsymbol{v}=(1,1,0,\cdots,0)^{\mathrm{T}}$,则 $A\boldsymbol{v}=(k+1,k+1,1,0,\cdots,0)^{\mathrm{T}}$,从而

$$\frac{\boldsymbol{v}^{\mathrm{T}}A\boldsymbol{v}}{\boldsymbol{v}^{\mathrm{T}}\boldsymbol{v}}=k+1$$

类似地,令 $A\boldsymbol{u}=(1,-1,0,\cdots,0)^{\mathrm{T}}$,则 $A\boldsymbol{u}=(k-1,k-1,-1,0,\cdots,0)^{\mathrm{T}}$,从而 $\dfrac{\boldsymbol{u}^{\mathrm{T}}A\boldsymbol{u}}{\boldsymbol{u}^{\mathrm{T}}\boldsymbol{u}}=k-1$.

由瑞利定理,若 $\boldsymbol{x}\neq\mathbf{0}$,总有 $\lambda_{\min}\leqslant\dfrac{\boldsymbol{x}^{\mathrm{T}}A\boldsymbol{x}}{\boldsymbol{x}^{\mathrm{T}}\boldsymbol{x}}\leqslant\lambda_{\max}$,故结论得证.

例 3 若 2 阶实对称矩阵具有特征值 λ_1,λ_2,试求元素 a_{12} 可能取的最大值和最小值.(莫斯科物理技术学院,1976)

解 因为 2 阶实对称矩阵 $(a_{ij})_{2\times2}$ 可以表示为

$$\begin{pmatrix} a_{11} & a_{12}\\ a_{21} & a_{22}\end{pmatrix}=\begin{pmatrix} \cos t & \sin t\\ -\sin t & \cos t\end{pmatrix}\begin{pmatrix} \lambda_1 & 0\\ 0 & \lambda_2\end{pmatrix}\begin{pmatrix} \cos t & -\sin t\\ \sin t & \cos t\end{pmatrix}$$

所以

$$a_{12}=(\lambda_2-\lambda_1)\cos t\sin t=\frac{1}{2}(\lambda_1-\lambda_2)\sin 2t$$

故

$$(a_{12})_{\max}=\frac{1}{2}\mid\lambda_1-\lambda_2\mid,\quad (a_{12})_{\min}=\frac{1}{2}\mid\lambda_1-\lambda_2\mid$$

2. 矩阵特征问题的性质

例 1 若矩阵 $A=(a_{ij})_{n\times n}$,且 $A^{\mathrm{T}}=A$,又 $a_{ij}\geqslant 0(1\leqslant i,j\leqslant n)$.试证 A 有一个元素非负的特征向量.(美国加州大学伯克利分校博士学位水平测试题,1992)

证 设 $\lambda_i(i=1,2,\cdots,n)$ 为 A 的特征根,且 $\lambda_0=\max\limits_{1\leqslant i\leqslant n}\{\lambda_i\}$,则

$$\lambda_0=\max\{\boldsymbol{x}^{\mathrm{T}}A\boldsymbol{x}\mid \boldsymbol{x}\in\mathbf{R}^n,\|\boldsymbol{x}\|=1\}\tag{*}$$

当且仅当 $\boldsymbol{u}$ 是 A 属于 λ_0 的单位特征向量时,上式取最大.

设 $\boldsymbol{u}=(u_1,u_2,\cdots,u_n)^{\mathrm{T}}$,又设 $\boldsymbol{v}=(\mid u_1\mid,\mid u_2\mid,\cdots,\mid u_n\mid)^{\mathrm{T}}$.

注意到题设 $a_{ij}\geqslant 0(1\leqslant i,j\leqslant n)$,则 $\boldsymbol{v}^{\mathrm{T}}A\boldsymbol{v}\geqslant\boldsymbol{u}^{\mathrm{T}}A\boldsymbol{u}=\lambda_0$,但由式(*)知 $\boldsymbol{v}^{\mathrm{T}}A\boldsymbol{v}\leqslant\boldsymbol{u}^{\mathrm{T}}A\boldsymbol{u}$,从而 $\boldsymbol{v}^{\mathrm{T}}A\boldsymbol{v}=\boldsymbol{u}^{\mathrm{T}}A\boldsymbol{u}=\lambda_0$,即 $\boldsymbol{v}$ 是 A 对应于特征值 λ_0 的特征向量.

例 2 若 $A=(a_{ij})_{n\times n}\in\mathbf{R}^{n\times n}$,且 $a_{ij}\geqslant 0(i,j=1,2,\cdots,n)$,又 $\sum\limits_{j=1}^{n}a_{ij}=1$,则 A 的特征根必不大于 1.(美国加州大学伯克利分校博士学位水平测试题,1991)

证 令 $\boldsymbol{x}=(x_1,x_2,\cdots,x_n)^{\mathrm{T}}$ 是 A 的属于特征值 λ 的特征向量,又 x_i 是分量绝对值最大者.由 $A\boldsymbol{x}=\lambda\boldsymbol{x}$,则有 $\lambda x_i=\sum\limits_{j=1}^{n}a_{ij}x_j$,这样

$$\mid\lambda\mid\mid x_i\mid\leqslant\sum_{j=1}^{n}a_{ij}\mid x_j\mid\leqslant\mid x_i\mid\sum_{j=1}^{n}a_{ij}=\mid x_i\mid$$

故 $|\lambda| \leqslant 1$.

例 3 若 $\boldsymbol{A},\boldsymbol{B} \in \mathbf{R}^{n\times n}$. 证明或否定:(1)$\boldsymbol{AB}$ 的特征值均是 $\boldsymbol{BA}$ 的特征值;(2)$\boldsymbol{AB}$ 的特征向量均为 $\boldsymbol{BA}$ 的特征向量.(美国加州大学伯克利分校博士学位水平测试题,1997)

解 (1) 令 $\boldsymbol{x}$ 为 $\boldsymbol{AB}$ 对于特征值 λ 的特征向量,则

$$\boldsymbol{BA}(\boldsymbol{Bx}) = \boldsymbol{B}(\boldsymbol{ABx}) = \boldsymbol{B}(\lambda\boldsymbol{x}) = \lambda\boldsymbol{Bx}$$

故 λ 是 $\boldsymbol{BA}$ 的特征值($\boldsymbol{Bx}$ 为其特征向量).

(2) 结论不一定成立.

如 $\boldsymbol{A} = \begin{pmatrix} 1 & 1 \\ 1 & 1 \end{pmatrix}$,$\boldsymbol{B} = \begin{pmatrix} 1 & 1 \\ 0 & 1 \end{pmatrix}$,则 $\boldsymbol{AB} = \begin{pmatrix} 1 & 2 \\ 1 & 2 \end{pmatrix}$,$\boldsymbol{BA} = \begin{pmatrix} 2 & 2 \\ 1 & 1 \end{pmatrix}$.

而由 $\begin{pmatrix} 1 & 2 \\ 1 & 2 \end{pmatrix}\begin{pmatrix} 1 \\ 1 \end{pmatrix} = 3\begin{pmatrix} 1 \\ 1 \end{pmatrix}$,知 $\boldsymbol{\alpha} = (1,1)^{\mathrm{T}}$ 是 $\boldsymbol{AB}$ 的特征向量,但它不是 $\boldsymbol{BA}$ 的特征向量.

例 4 若 $\boldsymbol{A} = (a_{ij})_{r\times r}$,且元素 a_{ij} 均为整数($1 \leqslant i,j \leqslant r$).(1) 若整数 μ 是 $\boldsymbol{A}$ 的一个特征值,则 μ 为 $\det \boldsymbol{A}$ 的一个因子;(2)$\boldsymbol{A}$ 的每行元素和皆为 μ $\left(即 \sum_{j=1}^{r} a_{ij} = \mu, 1 \leqslant i \leqslant r\right)$,则 μ 是 $\det \boldsymbol{A}$ 的一个因子.(美国加州大学伯克利分校博士学位水平测试题,1991)

证 (1) 设 $f(\lambda) = |\lambda\boldsymbol{I} - \boldsymbol{A}| = \lambda^r + c_1\lambda^{r-1} + \cdots + c_{r-1}\lambda + c_r$.

由 $\boldsymbol{A}$ 的元素皆为整数,故 $c_i\,(i = 1,2,\cdots,r-1)$ 亦为整数.

又 $\det \boldsymbol{A} = c_r$,若 μ 是 $\boldsymbol{A}$ 的特征值,则

$$f(\mu) = \mu^r + c_1\mu^{r-1} + \cdots + c_{r-1}\mu + c_r = 0$$

因而 $\det \boldsymbol{A} = -\mu^r - c_1\mu^{r-1} - \cdots - c_{r-1}\mu = \mu(-\mu^{r-1} - c_1\mu^{r-2} - \cdots - c_{r-1})$,故 $\mu \mid \det \boldsymbol{A}$.

(2) 由设知 $\boldsymbol{A}(1,1,\cdots,1)^{\mathrm{T}} = (\mu,\mu,\cdots,\mu)^{\mathrm{T}} = \mu(1,1,\cdots,1)^{\mathrm{T}}$,知 $(1,1,\cdots,1)^{\mathrm{T}}$ 是 $\boldsymbol{A}$ 相应于 μ 的特征向量,且 μ 是 $\boldsymbol{A}$ 的特征值,由(1) 知 $\mu \mid \det \boldsymbol{A}$.

例 5* 若 $\boldsymbol{A},\boldsymbol{B} \in \mathbf{R}^{n\times n}$,且 $\boldsymbol{A}^{\mathrm{T}} = \boldsymbol{A}$,$\overline{\boldsymbol{B}}^{\mathrm{T}} = \boldsymbol{B}$(或记 $\boldsymbol{B}^{\mathrm{H}} = \boldsymbol{B}$ 即转置共轭),又 $\boldsymbol{A}$ 为正定矩阵,证明 $\boldsymbol{AB}$ 所有特征根为实数.(美国加州大学伯克利分校博士学位水平测试题,1985)

证 由题设 $\boldsymbol{A}$ 正定,则有满秩对称矩阵 $\boldsymbol{C}$ 使 $\boldsymbol{A} = \boldsymbol{C}^2$(详见下一章内容).

由 $\boldsymbol{C}^{-1}(\boldsymbol{AB})\boldsymbol{C} = \boldsymbol{C}^{-1}(\boldsymbol{C}^2\boldsymbol{B})\boldsymbol{C} = \boldsymbol{CBC}$,从而由 $(\boldsymbol{CBC})^{\mathrm{H}} = \boldsymbol{C}^{\mathrm{H}}\boldsymbol{B}^{\mathrm{H}}\boldsymbol{C}^{\mathrm{H}} = \boldsymbol{CBC}$,知其特征根全部为实数. 而 $\boldsymbol{AB} \sim \boldsymbol{CBC}$,故 $\boldsymbol{AB}$ 的特征根亦全部为实数.

3. 矩阵特征问题的应用及其他

计算矩阵方幂前文已有介绍,下面给出的方法也很特别.

例 1 若 $\boldsymbol{A} = \begin{pmatrix} \frac{3}{2} & \frac{1}{2} \\ -\frac{1}{2} & \frac{1}{2} \end{pmatrix}$,求 $\boldsymbol{A}^{100}$ 和 $\boldsymbol{A}^{-7}$.(美国加州大学伯克利分校博士学位水平测试题,1987)

解 由 $f(\lambda) = |\lambda\boldsymbol{I} - \boldsymbol{A}| = \lambda^2 - 2\lambda + 1 = (\lambda - 1)^2$.

又由欧几里得(Euclid)除法,设 $t^{100} = g(t)(t-1)^2 + at + b$,两边求导得

$$100t^{99} = g'(t)(t-1)^2 + 2g(t)(t-1) + a$$

用 $t = 1$ 代入上两方程,可求得 $a = 100$,$b = -99$.

注意到由凯莱一哈密顿定理,有 $f(\boldsymbol{A}) = \boldsymbol{O}$,则 $\boldsymbol{A}^{100} = 100\boldsymbol{A} - 99\boldsymbol{I}$,从而

$$\boldsymbol{A}^{100} = \begin{pmatrix} 51 & 50 \\ -50 & -49 \end{pmatrix}$$

类似地,$\boldsymbol{A}^7 = 7\boldsymbol{A} - 6\boldsymbol{I} = \begin{pmatrix} \frac{9}{2} & \frac{7}{2} \\ -\frac{7}{2} & -\frac{5}{2} \end{pmatrix}$,故 $\boldsymbol{A}^{-7} = \begin{pmatrix} -\frac{5}{2} & -\frac{7}{2} \\ \frac{7}{2} & \frac{9}{2} \end{pmatrix}$.

注　当然问题亦可先求出 $\boldsymbol{A}$ 的特征值和特征向量，然后将 $\boldsymbol{A}$ 化为对角阵，比如 $\boldsymbol{A}=\boldsymbol{P}\begin{pmatrix}\lambda_1 & \\ & \lambda_2\end{pmatrix}\boldsymbol{P}^{-1}$，再去计算 $\boldsymbol{A}^{100}$ 和 $\boldsymbol{A}^{-7}$.

下面的例子在某种程度上可看成求解方程组问题，又可视为矩阵方幂计算的反问题.

例 2　设 $\boldsymbol{M}\in\mathbf{R}^{3\times3}$，且 $\boldsymbol{M}^3=\boldsymbol{I}$，$\boldsymbol{M}\neq\boldsymbol{I}$. (1)求 $\boldsymbol{M}$ 的实特征值；(2)给出一个这样的矩阵.（美国加州大学伯克利分校博士学位水平测试题，1977）

解　(1)由凯莱－哈密顿定理知 $\boldsymbol{M}$ 的最小化零多项式为

$$x^3-1=(x-1)(x^2+x+1)$$

而 $x^2+x+1=0$ 无实根，从而 $\boldsymbol{M}$ 仅有实特征根 1.

(2)由前文的例知矩阵 $\boldsymbol{J}=\begin{pmatrix}\cos\dfrac{2\pi}{3} & \sin\dfrac{2\pi}{3}\\ -\sin\dfrac{2\pi}{3} & \cos\dfrac{2\pi}{3}\end{pmatrix}$ 的特征多项式为 x^2+x+1. 从而 $\boldsymbol{M}=\begin{pmatrix}1 & \\ & \boldsymbol{J}\end{pmatrix}$ 满足 $\boldsymbol{M}^3=\boldsymbol{I}$，且 $\boldsymbol{M}\neq\boldsymbol{I}$.

再来看一个关于矩阵分解的例子，它利用了矩阵相似概念.

例 3　若矩阵 $\boldsymbol{A}=\begin{pmatrix}1 & 3 & -1\\ 0 & 4 & 5\\ 0 & 0 & 9\end{pmatrix}$，求满足 $\boldsymbol{B}^2=\boldsymbol{A}$ 的所有矩阵 $\boldsymbol{B}$.（美国加州大学伯克利分校博士学位水平测试题，1992）

解　由 $|\lambda\boldsymbol{I}-\boldsymbol{A}|=0$ 可求得矩阵 $\boldsymbol{A}$ 的特征根 $\lambda_1=1,\lambda_2=4,\lambda_3=9$.

且由 $(\lambda\boldsymbol{I}-\boldsymbol{A})\boldsymbol{x}=\boldsymbol{0}$，可求得 $\boldsymbol{x}_1,\boldsymbol{x}_2,\boldsymbol{x}_3$ 使

$$\boldsymbol{P}=(\boldsymbol{x}_1,\boldsymbol{x}_2,\boldsymbol{x}_3)=\begin{pmatrix}1 & 1 & 1\\ 0 & 1 & 1\\ 0 & 0 & 1\end{pmatrix}\Rightarrow\boldsymbol{P}^{-1}=\begin{pmatrix}1 & -1 & 0\\ 0 & 1 & -1\\ 0 & 0 & 1\end{pmatrix}$$

及 $\boldsymbol{A}=\boldsymbol{P}\begin{pmatrix}1 & & \\ & 4 & \\ & & 9\end{pmatrix}\boldsymbol{P}^{-1}=\boldsymbol{P}\begin{pmatrix}\pm1 & & \\ & \pm2 & \\ & & \pm3\end{pmatrix}\boldsymbol{P}^{-1}=\boldsymbol{P}\begin{pmatrix}\pm1 & & \\ & \pm2 & \\ & & \pm3\end{pmatrix}\boldsymbol{P}^{-1}\boldsymbol{P}\begin{pmatrix}\pm1 & & \\ & \pm2 & \\ & & \pm3\end{pmatrix}\boldsymbol{P}^{-1}$

故所求矩阵 $\boldsymbol{B}=\boldsymbol{P}\begin{pmatrix}\pm1 & & \\ & \pm2 & \\ & & \pm3\end{pmatrix}\boldsymbol{P}^{-1}$. 由于“±”号取舍不同，所以共有 8 种情形.

利用矩阵特征根计算矩阵行列式问题，我们在前文，特别是“行列式”一章已有介绍，来看下面的例子.

例 4　若 $\boldsymbol{A}=\begin{pmatrix}0 & 1 & 1 & \cdots & 1\\ 1 & 0 & 1 & \cdots & 1\\ 1 & 1 & 0 & \cdots & 1\\ \vdots & \vdots & \vdots & & \vdots\\ 1 & 1 & 1 & \cdots & 0\end{pmatrix}$，求 $\boldsymbol{A}$ 的特征根，且计算 $\det\boldsymbol{A}$.（美国加州大学伯克利分校博士学位水平测试题，1996）

解　由题设 $\boldsymbol{A}$ 可表示为 $\boldsymbol{A}=\boldsymbol{u}\boldsymbol{u}^{\mathrm{T}}-\boldsymbol{I}$，其中 $\boldsymbol{u}=(1,1,\cdots,1)^{\mathrm{T}}$.

若 $\boldsymbol{x}$ 是 $\boldsymbol{A}$ 相应于特征值 λ 的特征向量，则 $\boldsymbol{A}\boldsymbol{x}=\lambda\boldsymbol{x}$，其中 $\boldsymbol{x}\neq\boldsymbol{0}$，这样

$$\boldsymbol{u}\boldsymbol{u}^{\mathrm{T}}\boldsymbol{x}-\boldsymbol{x}=(\boldsymbol{u}^{\mathrm{T}}\boldsymbol{x})\boldsymbol{u}-\boldsymbol{x}=\lambda\boldsymbol{x}$$

故 $\boldsymbol{x}$ 与 $\boldsymbol{u}$ 或平行，或正交. 若设 $\boldsymbol{x}=\boldsymbol{u}$，注意到 $\boldsymbol{u}^{\mathrm{T}}\boldsymbol{u}=n$，则由 $(\boldsymbol{u}^{\mathrm{T}}\boldsymbol{u})\boldsymbol{u}-\boldsymbol{u}=(n-1)\boldsymbol{u}=\lambda\boldsymbol{u}$，知 $\lambda=n-1$.

又 $r(\boldsymbol{A}+\boldsymbol{I})=1$，则 $|\boldsymbol{A}-(-1)\boldsymbol{I}|=0$，知 $\boldsymbol{A}$ 有 $n-1$ 重特征根 -1. 从而 $\det\boldsymbol{A}=(-1)^{n-1}(n-1)$.

注 1 本题可用第 9 章经典例题中例 10 的结论直接给出.

注 2 若 $\boldsymbol{u},\boldsymbol{v}\in\mathbf{R}^n$，则 $\det|\boldsymbol{I}+\boldsymbol{u}\boldsymbol{v}^{\mathrm{T}}|=1+\boldsymbol{u}^{\mathrm{T}}\boldsymbol{v}$.

实因 $(\boldsymbol{u}\boldsymbol{v}^{\mathrm{T}})\boldsymbol{u}=\boldsymbol{u}(\boldsymbol{v}^{\mathrm{T}}\boldsymbol{u})=(\boldsymbol{v}^{\mathrm{T}}\boldsymbol{u})\boldsymbol{u}$，则 $\boldsymbol{v}^{\mathrm{T}}\boldsymbol{u}$ 是 $\boldsymbol{u}\boldsymbol{v}^{\mathrm{T}}$ 的一个特征根，且 $r(\boldsymbol{u}\boldsymbol{v}^{\mathrm{T}})=1$，故

$$\boldsymbol{u}\boldsymbol{v}^{\mathrm{T}}=\boldsymbol{P}\mathrm{diag}\{\boldsymbol{v}^{\mathrm{T}}\boldsymbol{u},\boldsymbol{J}_1,\cdots,\boldsymbol{J}_m\}\boldsymbol{P}^{-1}$$

其中 $\boldsymbol{J}_k=\begin{pmatrix}0&1&&\\&0&\ddots&\\&&\ddots&1\\&&&0\end{pmatrix}$ 为若尔当阵. 又 $(\boldsymbol{v}^{\mathrm{T}}\boldsymbol{u})^{\mathrm{T}}=\boldsymbol{u}^{\mathrm{T}}\boldsymbol{v}$(它是数)，从而

$$\boldsymbol{P}^{-1}(\boldsymbol{I}+\boldsymbol{u}\boldsymbol{v}^{\mathrm{T}})\boldsymbol{P}=\mathrm{diag}\{\boldsymbol{u}^{\mathrm{T}}\boldsymbol{v}+1,\tilde{\boldsymbol{J}}_1,\cdots,\tilde{\boldsymbol{J}}_m\}$$

其中 $\tilde{\boldsymbol{J}}_k=\begin{pmatrix}1&1&&\\&1&\ddots&\\&&\ddots&1\\&&&1\end{pmatrix}$，则 $|\boldsymbol{I}+\boldsymbol{u}\boldsymbol{v}^{\mathrm{T}}|=|\boldsymbol{P}^{-1}(\boldsymbol{I}+\boldsymbol{u}\boldsymbol{v}^{\mathrm{T}})\boldsymbol{P}|=1+\boldsymbol{u}^{\mathrm{T}}\boldsymbol{v}$.

例 5 (1)证明：对于任意自然数 m，存在 $m\times m$ 实矩阵 $\boldsymbol{A}$，满足 $\boldsymbol{A}^3=\boldsymbol{A}+\boldsymbol{I}$. 其中 $\boldsymbol{I}$ 为 m 阶单位阵.

(2)证明：对任意满足 $\boldsymbol{A}^3=\boldsymbol{A}+\boldsymbol{I}$ 的 $m\times m$ 实矩阵 $\boldsymbol{A}$，有 $\det\boldsymbol{A}>0$.（第 6 届国际大学生数学竞赛，1999）

证 (1)因为对角阵 $\boldsymbol{A}=\lambda\boldsymbol{I}$ 是方程 $\boldsymbol{A}^3=\boldsymbol{A}+\boldsymbol{I}$ 的解当且仅当

$$\lambda^3=\lambda+1\quad(\text{因为 }\boldsymbol{A}^3-\boldsymbol{A}-\boldsymbol{I}=(\lambda^3-\lambda-1)\boldsymbol{I})\tag{*}$$

因为三次方程(至少)有(一个)实数解，所以存在满足方程(*)的 λ，可令 $\boldsymbol{A}=\lambda\boldsymbol{I}$，则结论得证.

(2)因为多项 $\lambda,\lambda^3-\lambda-1$ 有一个正实根 λ，和两个共轭复根 λ_2 和 λ_3.

若矩阵 $\boldsymbol{A}$ 满足 $\boldsymbol{A}^3=\boldsymbol{A}+\boldsymbol{I}$，则其特征值只能为 λ_1,λ_2 或 λ_3(其中 λ_2,λ_3 的重数相同)，这是因为 $\boldsymbol{A}$ 为实矩阵，其特征多项式只有实系数.

设 α 为 λ_1 的重数，β 为 λ_2 和 λ_3 的重数，则 $\det\boldsymbol{A}=\lambda_1^{\alpha}(\lambda_2\lambda_3)^{\beta}>0$.

例 6 若 $\boldsymbol{A}\in\mathbf{R}^{n\times n}$，且 $\boldsymbol{A}^{\mathrm{T}}=\boldsymbol{A}$，又 $\boldsymbol{A}^5+\boldsymbol{A}^3+\boldsymbol{A}=3\boldsymbol{I}$，则 $\boldsymbol{A}=\boldsymbol{I}$.（美国加州大学伯克利分校博士学位水平测试题，1983）

证 设 $f(t)=t^5+t^3+t-3$，由题设知 $f(\boldsymbol{A})=\boldsymbol{O}$.

由 $\boldsymbol{A}$ 的(最小)化零多项式 $u(t)|f(t)$，又 $\boldsymbol{A}^{\mathrm{T}}=\boldsymbol{A}$，知 $\boldsymbol{A}$ 的特征根皆为实数，故 $u(t)=0$ 仅有实根.

由 $f'(t)=5t^4+3t^2+1>0$，故 $f(t)$ 单增，从而 $f(t)=0$ 仅有一实根.

又 $f(1)=0$，且 $f'(t)\neq0$，故 $f(t)=(t-1)g(t)$，这里 $g(t)$ 无实根.

从而 $u(t)|(t-1)$，即 $\boldsymbol{A}$ 的(最小)化零多项式 $u(t)=t-1$. 由此可知 $\boldsymbol{A}-\boldsymbol{I}=\boldsymbol{O}$，即 $\boldsymbol{A}=\boldsymbol{I}$.

下面也是利用矩阵特征根进行矩阵其他运算的例子.

例 7 若 $\boldsymbol{A}\in\mathbf{R}^{2\times2}$，$\boldsymbol{A}^2=\boldsymbol{B}^2=\boldsymbol{I}$，且 $\boldsymbol{AB}+\boldsymbol{BA}=\boldsymbol{O}$，证明存在非奇异阵 $\boldsymbol{T}$ 使

$$\boldsymbol{TAT}^{-1}=\begin{pmatrix}1&0\\0&-1\end{pmatrix},\quad\boldsymbol{TBT}^{-1}=\begin{pmatrix}0&1\\1&0\end{pmatrix}$$

（美国加州大学伯克利分校博士学位水平测试题，1996）

证 由 $\boldsymbol{A}^2=\boldsymbol{B}^2=\boldsymbol{I}$，知 $\boldsymbol{A},\boldsymbol{B}$ 的特征根均为 ±1.

又由 $\boldsymbol{AB}+\boldsymbol{BA}=\boldsymbol{O}$，知 $\boldsymbol{A}\neq\pm\boldsymbol{I}$，$\boldsymbol{B}\neq\pm\boldsymbol{I}$(否则另一矩阵为 $\boldsymbol{O}$).

设有 $\boldsymbol{S}$ 使 $\boldsymbol{SAS}^{-1}=\begin{pmatrix}1&0\\0&-1\end{pmatrix}$，考虑 $\boldsymbol{C}=\boldsymbol{SBS}^{-1}$，则

$$\boldsymbol{C}^2=(\boldsymbol{SBS}^{-1})(\boldsymbol{SBS}^{-1})=\boldsymbol{SB}^2\boldsymbol{S}^{-1}=\boldsymbol{I}$$

且由 $\boldsymbol{S}(\boldsymbol{AB}+\boldsymbol{BA})\boldsymbol{S}^{-1}=\boldsymbol{O}$，则

$$(SAS^{-1})(SBS^{-1})+(SBS^{-1})(SAS^{-1})=O$$

即
$$C(SAS^{-1})=C\begin{pmatrix}1&0\\0&-1\end{pmatrix}=O$$

故 $C=\begin{pmatrix}1&\frac{1}{c}\\c&0\end{pmatrix}$，$c\neq 0$. 再取 $D=\begin{pmatrix}ck&0\\0&k\end{pmatrix}$，则 $T=DS$ 满足

$$TAT^{-1}=\begin{pmatrix}1&0\\0&-1\end{pmatrix},\quad TBT^{-1}=\begin{pmatrix}0&1\\1&0\end{pmatrix}$$

注　问题的结论可以推到 n 阶矩阵的情形.

例 8　若矩阵 $A\in\mathbf{R}^{n\times n}$，且 $A^{\mathrm{T}}=A$. 又对所有 $v\in\mathbf{R}^n$ 有 $v^{\mathrm{T}}Av\geqslant 0$，且 $AB+BA=O$. 证明 $AB=BA=O$，且给出一个 $A\neq O,B\neq O$ 的例子.(美国加州大学伯克利分校博士学位水平测试题，1996)

证　由题设 $A^{\mathrm{T}}=A$，故有 Q 使 $A=QDQ^{-1}$，其中 $D=\mathrm{diag}\{d_1,d_2,\cdots,d_n\}$，且 $d_i\geqslant 0(i=1,2,\cdots,n)$.

于是，由 $AB+BA=O$，有 $O=Q^{-1}(AB+BA)Q=DQ^{-1}BQ+Q^{-1}BQD$.

令 $C=Q^{-1}BQ$，则上式化为 $DC+CD=O$.

从而矩阵各元素满足 $(d_i+d_j)c_{ij}=0$，故或 $c_{ij}=0$ 或 $d_i=d_j=0(1\leqslant i,j\leqslant n)$，从而 $d_ic_{ij}=d_jc_{ij}=0$，故 $DC=CD=O$，从而

$$AB=BA=O$$

这种例子如 $A=\begin{pmatrix}1&0\\0&0\end{pmatrix}$，$B=\begin{pmatrix}0&0\\0&1\end{pmatrix}$.

矩阵极限问题多涉及矩阵方幂运算，而这种运算又常与矩阵特征问题相关联(确切地讲是矩阵解析问题).

例 9　若 $d_n(n\geqslant 1)$ 是矩阵 A^n-I 元素的最大公因子，这里 $A=\begin{pmatrix}3&2\\4&3\end{pmatrix}$，$I=\begin{pmatrix}1&0\\0&1\end{pmatrix}$，证明 $\lim\limits_{n\to\infty}d_n=\infty$.(美国 Putnam Exam，1994)

证　由 $|\lambda I-A|=\begin{vmatrix}\lambda-3&-2\\-4&\lambda-3\end{vmatrix}=(\lambda-3)^2-8=\lambda^2-6\lambda+1$，容易算得 A 的特征值分别为 $\lambda_1=3+2\sqrt{2}$，$\lambda_2=3-2\sqrt{2}$.

这样 A^n 的元素皆可表示为 $\alpha_1\lambda_1^n+\alpha_2\lambda_2^n$ 的形式. 由

$$A=\begin{pmatrix}\frac{1}{2}(\lambda_1+\lambda_2)&\frac{1}{2\sqrt{2}}(\lambda_1-\lambda_2)\\\frac{1}{\sqrt{2}}(\lambda_1-\lambda_2)&\frac{1}{2}(\lambda_1+\lambda_2)\end{pmatrix},\quad A^2=\begin{pmatrix}\frac{1}{2}(\lambda_1^2+\lambda_2^2)&\frac{1}{2\sqrt{2}}(\lambda_1^2-\lambda_2^2)\\\frac{1}{\sqrt{2}}(\lambda_1^2-\lambda_2^2)&\frac{1}{2}(\lambda_1^2+\lambda_2^2)\end{pmatrix}$$

用数学归纳法可以证明

$$A^n=\begin{pmatrix}\frac{1}{2}(\lambda_1^n+\lambda_2^n)&\frac{1}{2\sqrt{2}}(\lambda_1^n-\lambda_2^n)\\\frac{1}{\sqrt{2}}(\lambda_1^n-\lambda_2^n)&\frac{1}{2}(\lambda_1^n+\lambda_2^n)\end{pmatrix}$$

又若 $\mu_1=1+\sqrt{2}$，$\mu_2=1-\sqrt{2}$，则 $\lambda_1=\mu_1^2$，$\lambda_2=\mu_2^2$.

又 $\frac{1}{2\sqrt{2}}(\mu_1^n+\mu_2^n)$ 和 $\frac{1}{2}(\mu_1^n+\mu_2^n)$ 均为有理数，则由 d_n 是 A^n-I 的最大公因子，可有

$$d_n=\left(\frac{\lambda_1^n+\lambda_2^n}{2}-1,\ \frac{\lambda_1^n-\lambda_2^n}{2\sqrt{2}}\right)=\left(\frac{\mu_1^{2n}+\mu_2^{2n}}{2}-1,\ \frac{\mu_1^{2n}-\mu_2^{2n}}{2\sqrt{2}}\right)$$

$$= \left(\frac{(\mu_1^n-\mu_2^n)^2}{2},\ \frac{(\mu_1^n-\mu_2^n)(\mu_1^n+\mu_2^n)}{2\sqrt{2}}\right)=\frac{\mu_1^n\pm\mu_2^n}{\sqrt{2}}\left(\frac{\mu_1^n\pm\mu_2^n}{\sqrt{2}},\ \frac{\mu_1^n\mp\mu_2^n}{2}\right)$$

这里(x,y)表示x,y的最大公因子,且注意到$\mu_1\mu_2=-1$,则

$$\frac{\mu_1^{2n}+\mu_2^{2n}}{2}-1=\frac{\mu_1^{2n}+\mu_2^{2n}-2}{2}-1=\frac{\mu_1^{2n}+\mu_2^{2n}\pm 2\mu_1^n\mu_2^n}{2}=\frac{1}{2}(\mu_1^n\pm\mu_2^n)^2$$

又$|\mu_1|>1$,$|\mu_2|<1$,故$\lim\limits_{n\to\infty}(\mu_1^n-\mu_2^n)=\infty$. 从而$\lim\limits_{n\to\infty}d_n=\infty$.

注 结论又可推广到下面情形.

命题:若$\boldsymbol{A}\in\mathbf{R}^{2\times 2}$,其元素皆为整数,且$\det\boldsymbol{A}=1$,又$\operatorname{tr}(\boldsymbol{A})=\pm 1$. 若$d_n$是$\boldsymbol{A}^n-\boldsymbol{I}$的元素的最大公因子,则$\lim\limits_{n\to\infty}d_n=\infty$.

下面的例子是属于微分方程组的,但它也与矩阵特征问题有关.

例 10 设$x_1,x_2,\cdots,x_n$是t的可微实值函数,且

$$\begin{cases}\dot{x}_1=a_{11}x_1+a_{12}x_2+\cdots+a_{1n}x_n\\ \dot{x}_2=a_{21}x_1+a_{22}x_2+\cdots+a_{2n}x_n\\ \qquad\vdots\\ \dot{x}_n=a_{n1}x_1+a_{n2}x_2+\cdots+a_{nn}x_n\end{cases}$$

其中$a_{ij}\geqslant 0(1\leqslant i,j\leqslant n)$. 又对任何$i$当$t\to\infty$时,$x_i(t)\to 0$. 试讨论$x_1,x_2,\cdots,x_n$的线性相关性.(美国 Putnam Exam,1995)

解 令$\boldsymbol{x}=(x_1,x_2,\cdots,x_n)^{\mathrm{T}}$,$\boldsymbol{A}=(a_{ij})_{n\times n}$,由题设有$\dfrac{\mathrm{d}\boldsymbol{x}}{\mathrm{d}t}=\boldsymbol{A}\boldsymbol{x}$.

今考虑$y=\sum\limits_{i=1}^{n}\alpha_i x_i$,其中$\alpha_i(i=1,2,\cdots,n)$是待定常数.

又令$\boldsymbol{v}=(\alpha_1,\alpha_2,\cdots,\alpha_n)^{\mathrm{T}}$,则$y=\boldsymbol{v}^{\mathrm{T}}\boldsymbol{x}$,这样

$$\frac{\mathrm{d}y}{\mathrm{d}t}=\boldsymbol{v}^{\mathrm{T}}\frac{\mathrm{d}\boldsymbol{x}}{\mathrm{d}t}=\boldsymbol{v}^{\mathrm{T}}\boldsymbol{A}\boldsymbol{x}=(\boldsymbol{A}^{\mathrm{T}}\boldsymbol{v})^{\mathrm{T}}\boldsymbol{x}$$

特别地,若$\boldsymbol{v}$是$\boldsymbol{A}^{\mathrm{T}}$相应于特征值$\lambda$的特征向量,则有

$$\frac{\mathrm{d}}{\mathrm{d}t}(\boldsymbol{A}^{\mathrm{T}}\boldsymbol{v})^{\mathrm{T}}\boldsymbol{x}(\lambda\boldsymbol{v})^{\mathrm{T}}\boldsymbol{x}=\lambda\boldsymbol{v}^{\mathrm{T}}\boldsymbol{x}=\lambda y$$

则$y=c\mathrm{e}^{\lambda t}$,这里$c$为常数.

又$a_{ij}\geqslant 0$,则$\boldsymbol{A}^{\mathrm{T}}$的迹$\operatorname{tr}(\boldsymbol{A}^{\mathrm{T}})=\sum\limits_{k=1}^{n}a_{kk}>0$,知$\boldsymbol{A}^{\mathrm{T}}$至少有一个特征值是非负的,设其为$\lambda$.

令$\boldsymbol{v}=(\alpha_1,\alpha_2,\cdots,\alpha_n)^{\mathrm{T}}$,是$\boldsymbol{A}^{\mathrm{T}}$相应于$\lambda$的特征向量,由上讨论知$y=c\mathrm{e}^{\lambda t}$,其中$\operatorname{Re}(\lambda)>0$.

另一方面,当$t\to\infty$时,$x_i(t)\to 0$. 又y是x_i的线性组合,故$t\to\infty$时,$y(t)\to 0$.

但当$t\geqslant 0$时,$|\mathrm{e}^{\lambda t}|=\mathrm{e}^{\operatorname{Re}(\lambda)t}\geqslant 1$,故$c\mathrm{e}^{\lambda t}\to 0$,从而$c=0$.

由于$\boldsymbol{v}=(\alpha_1,\alpha_2,\cdots,\alpha_n)^{\mathrm{T}}$是$\boldsymbol{A}$的特征向量,知其非零,故由$y=\boldsymbol{v}^{\mathrm{T}}\boldsymbol{x}=0$,知$x_i$是线性相关的.

注 这里问题中的"线性相关性",显然是在另一种意义上的.

例 11 若$\boldsymbol{A}\in\mathbf{R}^{n\times n}$,则$\boldsymbol{A}^{\mathrm{T}}=\boldsymbol{A}\Longleftrightarrow\boldsymbol{A}\boldsymbol{A}^{\mathrm{T}}=\boldsymbol{A}^2$.(第一、三届全国大学生数学夏令营)

证 先证充分性,显然$\boldsymbol{K}=\boldsymbol{A}-\boldsymbol{A}^{\mathrm{T}}$为$n$阶反对称方阵,由

$$\operatorname{tr}(\boldsymbol{K}\boldsymbol{K}^{\mathrm{T}})=\operatorname{tr}[(\boldsymbol{A}-\boldsymbol{A}^{\mathrm{T}})(\boldsymbol{A}^{\mathrm{T}}-\boldsymbol{A})]=\operatorname{tr}[\boldsymbol{A}\boldsymbol{A}^{\mathrm{T}}-(\boldsymbol{A}^{\mathrm{T}})^2-\boldsymbol{A}^2+\boldsymbol{A}^{\mathrm{T}}\boldsymbol{A}]$$

且$\operatorname{tr}(\boldsymbol{A}^{\mathrm{T}})^2=\operatorname{tr}(\boldsymbol{A}^2)^{\mathrm{T}}=\operatorname{tr}\boldsymbol{A}^2$,又$\operatorname{tr}(\boldsymbol{A}^{\mathrm{T}}\boldsymbol{A})=\operatorname{tr}(\boldsymbol{A}\boldsymbol{A}^{\mathrm{T}})$,故$\operatorname{tr}(\boldsymbol{K}\boldsymbol{K}^{\mathrm{T}})=2\operatorname{tr}(\boldsymbol{A}\boldsymbol{A}^{\mathrm{T}}-\boldsymbol{A}^2)=0$.

记$\boldsymbol{K}=(a_{ij})$,则$\sum a_{ij}^2=\operatorname{tr}(\boldsymbol{K}\boldsymbol{K}^{\mathrm{T}})=0$. 由$a_{ij}\in\mathbf{R}$,则$a_{ij}=0$,$1\leqslant i,j\leqslant n$. 故$\boldsymbol{K}=\boldsymbol{A}-\boldsymbol{A}^{\mathrm{T}}=\boldsymbol{O}$,即$\boldsymbol{A}=\boldsymbol{A}^{\mathrm{T}}$.

必要性显然成立.

习 题

1. 求下列矩阵的特征值和特征向量.

(1)$A=\begin{pmatrix}0&0&1\\0&1&0\\1&0&0\end{pmatrix}$;(中山大学,1981)

(2)$A=\begin{pmatrix}2&0&-2\\0&4&0\\-2&0&5\end{pmatrix}$;(中国科学院,1982;华东水利学院,1984)

(3)$A=\begin{pmatrix}2&1&1&1\\1&2&1&1\\1&1&2&1\\1&1&1&2\end{pmatrix}$;(北京工业大学,1983)

(4)$A=\begin{pmatrix}1&2&2&0\\2&1&2&0\\2&2&1&0\\1&0&-1&5\end{pmatrix}$;(山东大学,1982)

(5)$A=\begin{pmatrix}2&1&0\\1&3&1\\0&1&2\end{pmatrix}$,且验证其特征向量是否正交.(中国科学院,1982)

2. 求矩阵 $A=\begin{pmatrix}2&-2&0\\-2&1&-2\\0&-2&0\end{pmatrix}$ 的特征值和特征向量.(天津纺织工学院,1986)

3. 设 $A=\begin{pmatrix}1&1&0\\0&2&1\\0&0&3\end{pmatrix}$,试求一可逆矩阵 P 使 $P^{-1}AP$ 为对角阵,且写出该对角阵.(南京化工学院,1986)

4. 若 $A=\begin{pmatrix}1&2&-1\\0&0&0\\0&0&0\end{pmatrix}$,试求可逆矩阵 P 使 $P^{-1}AP$ 为对角阵,且写出该对角阵.(清华大学,1985)

5. 对下列矩阵 A,求正交矩阵 T,使 $T^{-1}AT$(或 $T^{T}AT$)成为对角阵.

(1)$A=\begin{pmatrix}3&1&1\\1&2&0\\1&0&2\end{pmatrix}$;(太原工学院,1982)

(2)$A=\begin{pmatrix}3&-1&0\\-1&-2&-1\\0&-1&3\end{pmatrix}$;(中国科技大学,1982)

(3)$A=\begin{pmatrix}2&0&4\\0&6&0\\4&0&2\end{pmatrix}$;(山东海洋学院,1984)

(4)$A=\begin{pmatrix}4&2&2\\2&4&2\\2&2&4\end{pmatrix}$;(成都电讯工程学院,1984)

(5)$A=\begin{pmatrix}0 & \frac{1}{2} & \frac{1}{2}\\ \frac{1}{2} & 0 & \frac{1}{2}\\ \frac{1}{2} & \frac{1}{2} & 0\end{pmatrix}$;(山东大学,1981)

(6)$A=\begin{pmatrix}3 & 2 & 4\\ 2 & 0 & 2\\ 4 & 2 & 3\end{pmatrix}$;(浙江大学,1981)

(7)$A=\begin{pmatrix}1 & 0 & 1\\ 0 & 0 & 1\\ 1 & 1 & 2\end{pmatrix}$;(西南交通大学,1981)

(8)$A=\begin{pmatrix}2 & -2 & 0\\ -2 & 1 & -2\\ 0 & -2 & 0\end{pmatrix}$;(中南矿冶学院,1985)

(9)$A=\begin{pmatrix}2 & -2 & 0\\ -2 & 1 & -2\\ 0 & 2 & 0\end{pmatrix}$;(厦门大学,1980)

(10)$A=\begin{pmatrix}-1 & -3 & 3 & -3\\ -3 & -1 & -3 & 3\\ 3 & -3 & -1 & -3\\ -3 & 3 & -3 & -1\end{pmatrix}$;(山东海洋学院,1984)

(11)$A=\begin{pmatrix}2 & -1 & -1 & 1\\ -1 & 2 & 1 & -1\\ -1 & 1 & 2 & -1\\ 1 & -1 & -1 & 2\end{pmatrix}$.(西南交通大学,1984)

6. 已知 $\mathbf{R}^4$ 中,4 个向量分别为:$\boldsymbol{\alpha}_1=(1,-1,-1,1)^{\mathrm{T}}$,$\boldsymbol{\alpha}_2=(-1,1,-1,1)^{\mathrm{T}}$,$\boldsymbol{\alpha}_3=(-1,-1,1,1)^{\mathrm{T}}$,$\boldsymbol{\alpha}_4=(1,1,1,1)^{\mathrm{T}}$.(1)求 $A=(\boldsymbol{\alpha}_1,\boldsymbol{\alpha}_2,\boldsymbol{\alpha}_3,\boldsymbol{\alpha}_4)$的特征值;(2)求证 $B=\frac{1}{2}A$ 为正交矩阵,且 B 与 B^{-1} 有相同的特征值.(浙江大学,1984)

7. 计算下面矩阵的方幂.

(1)若 $A=\begin{pmatrix}2 & -2\\ -1 & 3\end{pmatrix}$,求 A^n(n 为正整数);(中国人民解放军测绘学院,1984)

(2)设 $A=\begin{pmatrix}0 & 1\\ -1 & 0\end{pmatrix}$,试求 $A^n(n=1,2,3,4,\cdots)$;

(3)若 $A=\begin{pmatrix}-1 & 1 & 0\\ -4 & 3 & 0\\ 1 & 0 & 2\end{pmatrix}$,求 A^n,其中 n 为正整数;(北京邮电学院,1983)

(4)若 $A=\begin{pmatrix}1 & 2\\ 3 & 4\end{pmatrix}$,求 A^{100};(中国科技大学,1984)

(5)若 $A=\begin{pmatrix}3 & -10 & -6\\ 1 & -4 & -3\\ -1 & 5 & 4\end{pmatrix}$,求 A^{100};(中山大学,1984)

(6)设$A=\begin{pmatrix}2&1\\2&3\end{pmatrix}$.①求可逆阵$P$使$P^{-1}AP$成为对角阵;②求$A^{100}$.(合肥工业大学,1984)

8. 已知矩阵$A=\begin{pmatrix}-4&-10&0\\1&3&0\\3&6&1\end{pmatrix}$.(1)求$A$的特征值和特征向量;(2)求$A^{100}$.(清华大学,1981)

9. 若矩阵$A=\begin{pmatrix}2&-2&0\\-2&1&-2\\0&-2&0\end{pmatrix}$,求正交矩阵$T$使$T^{T}AT$为对角形,且求$A^{100}$.(西北工业大学,1984)

10. (1)试将矩阵$A=\begin{pmatrix}4&2&2\\0&4&0\\0&-2&2\end{pmatrix}$化为对角形,且计算$A^k$($k$为自然数).(北京大学,1982)

(2)将矩阵$A=\begin{pmatrix}0&a&a^2\\\frac{1}{a}&0&a\\\frac{1}{a^2}&\frac{1}{a}&0\end{pmatrix}$化为对角形,且计算$A^n$($n$是自然数).(浙江大学,1981)

11. (1)若$A=\begin{pmatrix}6&0\\0&-1\end{pmatrix}$,证明不存在非奇异矩阵$P$,使$PAP^{-1}=\begin{pmatrix}1&1\\5&4\end{pmatrix}$.(长春光机学院,1983)

(2)若矩阵$A=\begin{pmatrix}1&4\\3&2\end{pmatrix}$,求非奇异(可逆)矩阵$P$,使$PAP^{-1}=\begin{pmatrix}5&0\\0&-2\end{pmatrix}$.(大连物化所,1982)

12. (1)试证实矩阵$A=\begin{pmatrix}\alpha&\beta\\\beta&\delta\end{pmatrix}$的特征值为实数;(2)设$A=\begin{pmatrix}a&b\\c&d\end{pmatrix}$,且$b\neq0$,求非奇异阵$C$,使$CAC^{-1}=\begin{pmatrix}\lambda_0&1\\0&\lambda_0\end{pmatrix}$,这里$\lambda_0$为$A$的两个特征根.(北京邮电学院,1983)

13. 若矩阵$A=\begin{pmatrix}-2&0&0\\2&x&2\\3&1&1\end{pmatrix}$与$B=\begin{pmatrix}-1&0&0\\0&2&0\\0&0&y\end{pmatrix}$相似.(1)求$x,y$;(2)求满足$P^{-1}AP=B$的可逆矩阵$P$.(清华大学,1983)

14. 已知矩阵$A=\begin{pmatrix}0.9&0.2\\0.1&0.8\end{pmatrix}$,又$S^{-1}=\begin{pmatrix}1&1\\1&-2\end{pmatrix}$,求$S\begin{pmatrix}\lambda_1&0\\0&\lambda_2\end{pmatrix}S^{-1}$,其中$\lambda_1,\lambda_2$为$A$的两个特征值.(大连工学院,1982)

15. 若3阶矩阵A的特征值为$1,-1,2$,设$B=A^3-5A^2$.试求:(1)B的特征值及相似标准形,说明理由;(2)$|B|$和$|A-5I|$.(清华大学,1982)

16. 设矩阵$A=\begin{pmatrix}-4&-10\\3&7\end{pmatrix}$,向量$\begin{pmatrix}u_n\\v_n\end{pmatrix}$($n=1,2,\cdots$)满足$\begin{pmatrix}u_1\\v_1\end{pmatrix}=\begin{pmatrix}2\\-3\end{pmatrix}$,$\begin{pmatrix}u_{n+1}\\v_{n+1}\end{pmatrix}=A\begin{pmatrix}u_n\\v_n\end{pmatrix}$.

(1)当$P=\begin{pmatrix}2&-5\\-1&3\end{pmatrix}$时,求$P^{-1}AP$;(2)求$A^n$;(3)求$u_n,v_n$.(西安地质学院,1984)

第14章

二 次 型

内 容 提 要

1. 二次型(二次齐式)

(1)二次型及其矩阵表示

二次型 常系数 n 元二次齐次多项式 $f(x_1,x_2,\cdots,x_n)=\sum\limits_{i=1}^{n}\sum\limits_{j=1}^{n}a_{ij}x_ix_j$ 称为二次型或二次齐式，其中 $a_{ij}=a_{ji}$.

若令 $\boldsymbol{A}=(a_{ij})_{n\times n}$，$\boldsymbol{x}^{\mathrm{T}}=(x_1,x_2,\cdots,x_n)$，则二次型可表示为

$$f(x_1,x_2,\cdots,x_n)=\boldsymbol{x}^{\mathrm{T}}\boldsymbol{A}\boldsymbol{x} \tag{*}$$

上面式(*)称为**二次型的矩阵形式**，$\boldsymbol{A}$ 称为二次型的矩阵. 显然 $\boldsymbol{A}^{\mathrm{T}}=\boldsymbol{A}$，即 $\boldsymbol{A}$ 是实对称矩阵.

(2)二次型化为标准形

由对称矩阵 $\boldsymbol{A}$ 有性质：

对称矩阵 $\boldsymbol{A}$ $\xrightarrow{\text{有非奇异阵 } \boldsymbol{P}}$ $\boldsymbol{P}^{\mathrm{T}}\boldsymbol{A}\boldsymbol{P}=\mathrm{diag}\{1,\cdots,1,-1,\cdots,-1,0,\cdots,0\}$

对称矩阵 $\boldsymbol{A}$ $\xrightarrow{\text{有正交阵 } \boldsymbol{T}}$ $\boldsymbol{T}^{-1}\boldsymbol{A}\boldsymbol{T}=\boldsymbol{T}^{\mathrm{T}}\boldsymbol{A}\boldsymbol{T}=\mathrm{diag}\{\lambda_1,\lambda_2,\cdots,\lambda_n\}$

故对于二次型可有：

二次型 f $\xrightarrow[\text{线性变换}]{\text{非奇异}}$ $y_1^2+y_2^2+\cdots+y_s^2-y_{s+1}^2-\cdots-y_{s+t}^2$(规范式)

二次型 f $\xrightarrow[\text{线性变换}]{\text{正 交}}$ $\lambda_1y_1^2+\lambda_2y_2^2+\cdots+\lambda_ny_n^2$(标准形)

惯性定律 二次型经非退化线性变换化为规范式 $y_1^2+\cdots+y_s^2-y_{s+1}^2-\cdots-y_{s+t}^2$ 是唯一的，对二次型来讲它的规范式中正、负惯性指标 s,t 是定数.

而 $s-t$ 称为二次型 f 的符号差.

(3)二次型化为标准形的方法

①配方法

若二次型含有 x_i 的平方项，则把含 x_i 的项集中后配成完全平方项，如此逐个配方；

若二次型无 x_i 的平方项，但 $a_{ij}\neq0(i\neq j)$，可作(非奇异)变换(即 $\boldsymbol{y}=\boldsymbol{P}\boldsymbol{x}$，其中 $\boldsymbol{P}$ 可逆)

$$\begin{cases} x_i = y_i - y_j \\ x_j = y_i + y_j \\ x_k = y_k \quad (k \neq i, j; k = 1, 2, \cdots, n) \end{cases}$$

则将化二次为含有平方项的二次齐式，再按前面办法配方.

②初等变换法

$$\begin{pmatrix} \boldsymbol{A} & \boldsymbol{I} \\ \boldsymbol{I} & \boldsymbol{O} \end{pmatrix} \xrightarrow[\text{进行同样初等变换}]{\text{对行且对列}} \begin{pmatrix} \boldsymbol{P}^{\mathrm{T}}\boldsymbol{A}\boldsymbol{P} & \boldsymbol{P}^{\mathrm{T}} \\ \boldsymbol{P} & \boldsymbol{O} \end{pmatrix}$$

则 $\boldsymbol{P}^{\mathrm{T}}\boldsymbol{A}\boldsymbol{P}$ 为对角形矩阵.

③特征向量法

注意到"对称矩阵的相应于不同特征值的特征向量正交"的事实即可.

特征向量法化二次型为典式程序如下：

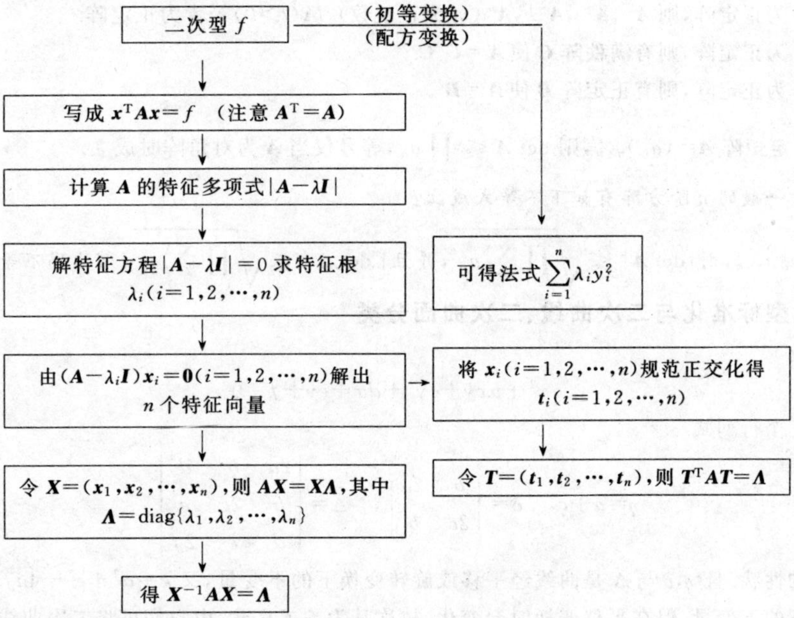

④雅可比(Jacobi)法

若二次型 $f=\sum_{i=1}^{n}\sum_{j=1}^{n}a_{ij}x_i x_j$ 的矩阵 $\boldsymbol{A}=(a_{ij})_{n\times n}$，又 $\boldsymbol{A}$ 的顺序主子式 $|\boldsymbol{A}_i|\neq 0, i=1,2,\cdots,n-1$，则 f 可化为

$$|\boldsymbol{A}_1|\ {y_1}^2+\sum_{k=2}^{n}\frac{|\boldsymbol{A}_k|}{|\boldsymbol{A}_{k-1}|}{y_k}^2$$

注意若对于某个 k 来讲 $|\boldsymbol{A}_{k-1}|\neq 0$，$|\boldsymbol{A}_k|=0$，则 ${y_k}^2$ 项系数为 0.

当然，若先将 $\boldsymbol{A}$ 通过行初等变换化为三角阵，则计算更为简便.

2. 正定二次型

各类二次型及判定如下：

定义			惯性指标	A 的各级主子式	A 的特征值	矩阵 A
$\boldsymbol{A}\in\mathbf{R}^{n\times n}$，对任意 $\boldsymbol{x}\in\mathbf{R}^{n}$，且 $\boldsymbol{x}\neq\mathbf{0}$，若 $f=\boldsymbol{x}^{\mathrm{T}}\boldsymbol{A}\boldsymbol{x}$	>0	正　定	$s=n$	$\boldsymbol{A}_k>0$	$\lambda_i>0$ $(i=1,2,\cdots,n)$	正定阵
	$\geqslant 0$	半正定(非负)	$s<n$ $t=0$	$\boldsymbol{A}_k\geqslant 0$	$\lambda_i\geqslant 0$ $(i=1,2,\cdots,n)$	半正定阵
	<0	负　定	$t=n$	$(-1)^k\boldsymbol{A}_k<0$	$\lambda_i<0$ $(i=1,2,\cdots,n)$	负定阵
	$\leqslant 0$	半负定(非正)	$t<n$ $s=0$	$(-1)^k\boldsymbol{A}_k\leqslant 0$	$\lambda_i\leqslant 0$ $(i=1,2,\cdots,n)$	半负定阵
	不　定	不　定	$s\neq 0$ $t\neq 0$	$\boldsymbol{A}_k$ 符号不定	λ_i 有正有负 $(i=1,2,\cdots,n)$	不定阵

3. 正定矩阵的性质

(1) 若 $\boldsymbol{A}$ 正定，则 $\boldsymbol{A}$ 的顺序主子式 $A_{ii}>0(i=1,2,\cdots,n)$.

(2) 若 $\boldsymbol{A}$ 正定，则 $\boldsymbol{A}$ 的特征根全部为正值.

(3) 若 $\boldsymbol{A},\boldsymbol{B}$ 为正定阵，则 $\boldsymbol{A}+\boldsymbol{B}$ 亦为正定阵；又若 $\boldsymbol{AB}=\boldsymbol{BA}$，则 $\boldsymbol{AB}$ 亦为正定阵.

(4) 若 $\boldsymbol{A}$ 为正定阵，则 $\boldsymbol{A}^{\mathrm{T}},\boldsymbol{A}^{*},\boldsymbol{A}^{-1},\boldsymbol{A}^{m}$($m$ 为正整数)，$l\boldsymbol{A}(l>0)$等皆为正定阵.

(5) 若 $\boldsymbol{A}$ 为正定阵，则有满秩阵 $\boldsymbol{C}$ 使 $\boldsymbol{A}=\boldsymbol{C}^{\mathrm{T}}\boldsymbol{C}$.

(6) 若 $\boldsymbol{A}$ 为正定阵，则有正定阵 $\boldsymbol{B}$ 使 $\boldsymbol{A}=\boldsymbol{B}^2$.

(7) 若正定矩阵 $\boldsymbol{A}=(a_{ij})_{n\times n}$，则 $\det\boldsymbol{A}\leqslant\prod\limits_{i=1}^{n}a_{ii}$，等号仅当 $\boldsymbol{A}$ 为对角阵时成立.

注　对于一般的 n 阶方阵有如下不等式成立：

若 $\boldsymbol{A}=(a_{ij})_{n\times n}$，则 $|\det\boldsymbol{A}|\leqslant\sqrt{\prod\limits_{i=1}^{n}\sum\limits_{j=1}^{n}a_{ij}^2}$，并且 $|\det\boldsymbol{A}|\leqslant\sqrt{\prod\limits_{j=1}^{n}\sum\limits_{i=1}^{n}a_{ij}^2}$(阿达玛不等式).

4. 二次型标准化与二次曲线、二次曲面分类

二次曲线

$$ax^2+bxy+cy^2+dx+ey+f=0 \qquad (*)$$

系数组成的三个行列式

$$\eta=a+c,\quad \delta=\begin{vmatrix} b & 2a\\ 2c & b\end{vmatrix},\quad \Delta=\begin{vmatrix} 2a & b & d\\ b & 2c & e\\ d & e & 2f\end{vmatrix}$$

决定着曲线的性状. 且 η,δ 与 Δ 是曲线经平移或旋转变换下的不变量，又 $\kappa=d^2+e^2-4af-4cf$ 是曲线在旋转变换下的不变量，但在平移变换时会变化，故称其为半不变量. 由它们可将二次曲线分类，具体的平面二次曲线分类如下：

型　别	判定条件		类　别	简化后的方程
$\delta>0$(椭圆型)	$\Delta\neq 0$	$\eta\Delta<0$	椭　圆	$a'x_1^2+c'y_1^2=\dfrac{\Delta}{2\delta}$ $b>$(或$<$)0 时，$a'>$(或$<$)c' a',c' 是 $\lambda^2-H\lambda-\dfrac{\delta}{4}=0$ 的根
		$\eta\Delta>0$	虚椭圆	
	$\Delta=0$		点椭圆	
$\delta<0$(双曲型)	$\Delta\neq 0$		双曲线	
	$\Delta=0$		两相交直线	

续表

型 别	判定条件		类 别	简化后的方程
$\delta=0$（抛物型）	$\Delta\neq0$		抛物线	$\eta y_2^2\pm\sqrt{-\dfrac{\Delta}{2\eta}}x_2=0\quad(b<0)$
	$\Delta=0$	$\kappa>0$	两平行直线	$\eta y_2^2-\dfrac{\kappa}{4\eta}=0\quad(b<0)$
		$\kappa=0$	两重合直线	
		$\kappa<0$	两虚直线	

此外，从线性代数分支中二次型观点看，对于平面曲线 $\boldsymbol{x}^{\mathrm{T}}\boldsymbol{A}\boldsymbol{x}=0$（注意此时 $\boldsymbol{x}=(x,y,1)^{\mathrm{T}}$），可依其系数矩阵

$$\boldsymbol{A}=\frac{1}{2}\begin{pmatrix}2a & b & d\\ b & 2c & 3\\ d & e & 2f\end{pmatrix}$$

特征根符号的情况，通过正交变换也可化为下面九种曲线之一：

①椭圆：$\dfrac{x^2}{\lambda^2}+\dfrac{y^2}{\mu^2}-1=0$；

②虚椭圆：$\dfrac{x^2}{\lambda^2}+\dfrac{y^2}{\mu^2}+1=0$；

③点圆：$\dfrac{x^2}{\lambda^2}+\dfrac{y^2}{\mu^2}=0$；

④双曲线：$\dfrac{x^2}{\lambda^2}-\dfrac{y^2}{\mu^2}-1=0$；

⑤两条直线：$\dfrac{x^2}{\lambda^2}-\dfrac{y^2}{\mu^2}=0$；

⑥抛物线：$x^2-2py=0$；

⑦两条平行直线：$x^2-\mu^2=0$；

⑧两条平行虚直线：$x^2+\mu^2=0$；

⑨两条重合直线：$x^2=0$.

其中 λ,μ,p 皆为正整数，且 $\lambda\geqslant\mu$. 这里 $k\lambda,k\mu(k\neq0)$ 即为二次曲线（二次型）相应矩阵 $\boldsymbol{A}$ 的特征根.

再强调一下：这里 $\boldsymbol{A}$ 系下面的向量、矩阵写法里的矩阵

$$(x,y,1)\boldsymbol{A}(x,y,1)^{\mathrm{T}}=0$$

此外，空间二次面若 $f(x_1,x_2,x_3)=\boldsymbol{x}^{\mathrm{T}}\boldsymbol{A}\boldsymbol{x}$，这里 $\boldsymbol{x}\in\mathbf{R}^3,\boldsymbol{A}\in\mathbf{R}^{3\times3}$，且 $\boldsymbol{A}^{\mathrm{T}}=\boldsymbol{A}$，则 $f(x_1,x_2,x_3)=1$ 或 0 时，二次曲面依 $\boldsymbol{A}$ 的特征值符号分类如下：

$\boldsymbol{A}$ 的三个特征值符号	$f(x_1,x_2,x_3)=1$	$f(x_1,x_2,x_3)=0$
$+++$	椭球面	点
$---$	虚椭球面	点
$++-$	单叶双曲面	二次锥面
$+--$	双叶双曲面	二次锥面
$++0$	椭圆柱面	直线
$+-0$	双曲柱面	一对相交平面

对于 n 维欧几里得空间二次型即为二次超曲面，二次型通过坐标变换化为标准形，即是化成超曲面的标准形. 一般来讲二次超曲面方程由

$$\boldsymbol{x}^{\mathrm{T}}\boldsymbol{A}\boldsymbol{x}+2\boldsymbol{\alpha}^{\mathrm{T}}\boldsymbol{x}+a=(\boldsymbol{x},1)\widetilde{\boldsymbol{A}}(\boldsymbol{x},1)^{\mathrm{T}}=0 \qquad (*)$$

给出，其中 $\widetilde{\boldsymbol{A}}=\begin{pmatrix}\boldsymbol{A} & \boldsymbol{\alpha}^{\mathrm{T}}\\ \boldsymbol{\alpha} & a\end{pmatrix}$ 为 $n+1$ 阶实对称阵.

记 $\delta(\boldsymbol{A})$ 表示 $\boldsymbol{A}$ 的正、负特征根个数之差，且 $\mathrm{r}(\boldsymbol{A})=r,\mathrm{r}(\widetilde{\boldsymbol{A}})=\tilde{r},\delta(\boldsymbol{A})=t,\delta(\widetilde{\boldsymbol{A}})=\tilde{t}$. 设 $t>0$ 或 $t=0$，$\tilde{t}\geqslant0$，则 $\tilde{r}=r$ 或 $\tilde{r}=r+1$ 或 $\tilde{r}=r+2$，且 $t=\tilde{t}$ 或 $t=\tilde{t}\pm1$. 则二次超曲面化成各类标准形有如下结论：

条件		结论(所化标准形形状)
$\tilde{r}=r$ 或 $\tilde{t}=t$		$y_1^2+y_2^2+\cdots+y_p^2-y_{p+1}^2-\cdots-y_r^2=0$ 其中 $p=\frac{1}{2}(r+t)$
$\tilde{r}=r+1$	$\tilde{t}=t+1$	$y_1^2+y_2^2+\cdots+y_q^2-y_{q+1}^2-\cdots-y_r^2-1=0$ 其中 $q=\frac{1}{2}(r-t)\leqslant\frac{r}{2}$
	$\tilde{t}=t-1(t\geqslant 1)$	$y_1^2+y_2^2+\cdots+y_q^2-y_{q+1}^2-\cdots-y_r^2-1=0$ 其中 $q=\frac{1}{2}r-t>\frac{r}{2}$
$\tilde{r}=r+2,\tilde{t}=t$		$y_1^2+y_2^2+\cdots+y_p^2-y_{p+1}^2-\cdots-y_r^2+2y_n=0$ 其中 $q=\frac{1}{2}(r-t)$

经典问题解析

二次型常涉及两类问题：一是二次型化为标准形，二是二次型正定性判别.

二次型化为标准形常与矩阵特征问题或矩阵对角化问题有关联；而二次型的正定性问题与矩阵正定性判别是互通的，或者可将它们视为同一问题的不同提法或表现形式(见下图). 矩阵特征问题与行列式性质等，将是处理这一问题的手段.

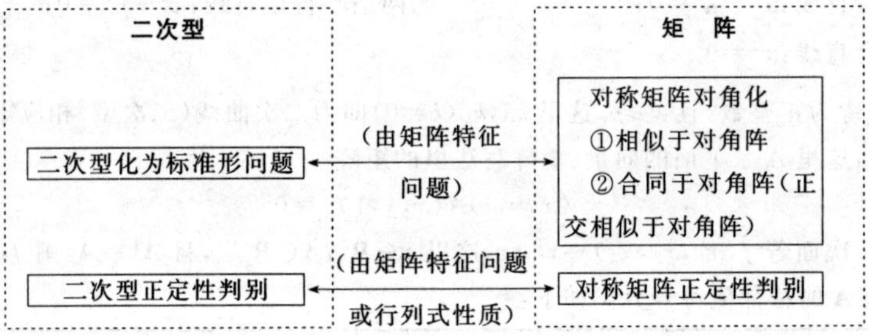

1. 矩阵及二次型正定性判别与性质

(1)二次型与矩阵正定的性质

二次型化为标准形及正定性判定通常有以下几种方法：

①配方法再通过非退化线性变换(即 $\boldsymbol{y}=\boldsymbol{P}\boldsymbol{x}$，其中 $\boldsymbol{P}$ 为可逆或非奇异阵)化为标准形后判断；

②用相应矩阵的特征值、特征向量，再将该矩阵化为标准形后判断；

③用相应矩阵的顺序主子式符号判断；

④某些特殊定法(如：若 $\boldsymbol{A}=\boldsymbol{Q}^{\mathrm{T}}\boldsymbol{Q}$，且 $\boldsymbol{Q}$ 可逆，则 $\boldsymbol{A}$ 正定，反之亦然).

先来看配方法的例子. 不过使用此法当心变换(由配方结果而得到)必须是满秩的，否则解法不正确. 这一点详见后文例及注.

例 1 将二次型 $f=4x_1x_2-2x_1x_3-2x_2x_3+3x_3^2$ 化为标准形，且写出相应的线性变换.

解 原二次型变形为

$$f=3\left[x_3^2-2\left(\frac{1}{3}x_1+\frac{1}{3}x_2\right)+\left(\frac{1}{3}x_1+\frac{1}{3}x_2\right)^2\right]-\frac{1}{3}x_1^2-\frac{1}{3}x_2^2+\frac{10}{3}x_1x_2$$

$$=3\left(-\frac{1}{3}x_1-\frac{1}{3}x_2+x_3\right)^2-\frac{1}{3}[x_1^2-10x_1x_2+(5x_2)^2]+\frac{25}{3}x_2^2-\frac{1}{3}x_2^2$$

令 $\begin{cases} y_1=-\dfrac{1}{3}x_1-\dfrac{1}{3}x_2+x_3 \\ y_2=x_1-x_2 \\ y_3=x_3 \end{cases}$ 或 $\begin{cases} x_1=y_2-5y_3 \\ x_2=y_2 \\ x_3=y_1+\dfrac{1}{3}y_2-\dfrac{4}{3}y_3 \end{cases}$

可以验证变换矩阵是满秩的，故变换是非退化的，则 $f=3{y_1}^2-\dfrac{1}{3}{y_2}^2+8{y_3}^2$.

注 注意到题解中的变换矩阵是满秩的，故变换是非退化的，否则这种变换不能实施. 这一点务请当心！(详见后文例)

因而用配方法化二次型为标准形问题，必须先检验变换的退化与否，即变换相应矩阵可逆与否.

仿上例配方法可求解下面类似的问题.

例 2 若二次型 $f=\boldsymbol{x}^{\mathrm{T}}\boldsymbol{A}\boldsymbol{x}$，$g=\boldsymbol{x}^{\mathrm{T}}\boldsymbol{A}^{-1}\boldsymbol{x}$，其中

$$\boldsymbol{A}=\begin{pmatrix} 0 & 1 & & \\ 1 & 0 & & \\ & & 2 & 1 \\ & & 1 & 2 \end{pmatrix},\quad \boldsymbol{x}=\begin{pmatrix} x_1 \\ x_2 \\ x_3 \\ x_4 \end{pmatrix}$$

求它们的标准形.

解 首先由题设及分块矩阵求逆公式，有

$$\boldsymbol{A}^{-1}=\begin{pmatrix} 0 & 1 & & \\ 1 & 0 & & \\ & & \dfrac{2}{3} & -\dfrac{1}{3} \\ & & -\dfrac{1}{3} & \dfrac{2}{3} \end{pmatrix}$$

则

$$f=2x_1x_2+2{x_3}^2+2x_3x_4+2{x_4}^2$$

而

$$g=2x_1x_2+\frac{2}{3}{x_3}^2-\frac{2}{3}x_3x_4+\frac{2}{3}{x_4}^2$$

令 $x_1=y_1+y_2$，$x_2=y_1-y_2$，$x_3=y_3$，$x_4=y_4$，则

$$f=2{y_1}^2-2{y_2}^2+2{y_3}^2+2y_3y_4+2{y_4}^2=2{y_1}^2-2{y_2}^2+2\left[{y_3}^2+y_3y_4+\left(\frac{y_4}{2}\right)^2\right]-\frac{{y_4}^2}{2}+2{y_4}^2$$

再令 $z_1=y_1$，$z_2=y_2$，$z_3=y_3+\dfrac{y_4}{2}$，$z_4=y_4$，它是满秩的，则

$$f=2{z_1}^2-2{z_2}^2+2{z_3}^2+\frac{3}{2}{z_4}^2$$

类似地，可有 $g=2{z_1}^2-2{z_2}^2+\dfrac{2}{3}{z_3}^2+\dfrac{1}{2}{z_4}^2$.

例 3 证明二次型 $f=n\sum\limits_{i=1}^{n}{x_i}^2-\left(\sum\limits_{i=1}^{n}x_i\right)^2$ 半正定.

证 注意到下面的式子变形

$$\begin{aligned} f&=n\sum_{i=1}^{n}{x_i}^2-\left(\sum_{i=1}^{n}{x_i}^2+2\sum_{1\leqslant i<j\leqslant n}x_ix_j\right)=(n-1)\sum_{i=1}^{n}{x_i}^2-2\sum_{i<j}x_ix_j \\ &=\sum_{1\leqslant i<j\leqslant n}({x_i}^2-2x_ix_j+{x_j}^2)=\sum_{1\leqslant i<j\leqslant n}(x_i-x_j)^2\geqslant 0 \end{aligned}$$

下面介绍一个利用雅可比方法化二次型为标准形的问题.

例 4 化二次型 $f(x_1,x_2,x_3)={x_1}^2+2{x_2}^2+10{x_3}^2+2x_1x_2+8x_2x_3+2x_1x_3$ 为标准形.

解 1 由题设 f 相应的矩阵 $\boldsymbol{A}=\begin{pmatrix}1&1&1\\1&2&4\\1&4&10\end{pmatrix}$，则

$$|\boldsymbol{A}_1|=1,\quad |\boldsymbol{A}_2|=\begin{vmatrix}1&1\\1&2\end{vmatrix},\quad |\boldsymbol{A}_3|=|\boldsymbol{A}|=0$$

故原二次型可化为 $|\boldsymbol{A}_1|y_1{}^2+\dfrac{|\boldsymbol{A}_2|}{|\boldsymbol{A}_1|}y_2{}^2=y_1{}^2+y_2{}^2$.

解 2 先对 $\boldsymbol{A}$ 实施行初等变换有

$$\boldsymbol{A}\to\begin{pmatrix}1&1&1\\0&1&3\\0&3&9\end{pmatrix}\to\begin{pmatrix}1&1&1\\0&1&3\\0&0&0\end{pmatrix}$$

由变换后矩阵的顺序主子式依次为 $|\boldsymbol{A}_1|=1,|\boldsymbol{A}_2|=1,|\boldsymbol{A}_3|=0$，则二次型可化为

$$|\boldsymbol{A}_1|y_1{}^2+\frac{|\boldsymbol{A}_2|}{|\boldsymbol{A}_1|}y_2{}^2=y_1{}^2+y_2{}^2$$

注 例的解法也揭示了正定矩阵的判定法则：各级顺序主子式全大于 0.

下面是一个含参二次型正定性的讨论问题，然而涉及的矩阵及其行列式我们并不陌生.

例 5 设二次型 $f=a\sum\limits_{i=1}^{n}x_i{}^2+b\sum\limits_{i=1}^{n}x_ix_{n-i+1}$，其中 a,b 为待定实常数. 问 a,b 满足何条件，二次型 f 正定？

解 (1)当 $n=2k$ 时，由题设 f 对应的矩阵为

$$\boldsymbol{A}=\begin{pmatrix}a&&&&&b\\&\ddots&&&\iddots&\\&&a&b&&\\&&b&a&&\\&\iddots&&&\ddots&\\b&&&&&a\end{pmatrix}_{n\times n}$$

其第 i 级顺序主子式 $|\boldsymbol{A}_i|$ $(1\leqslant i\leqslant 2k)$ 由 i 的不同取值分别为：

①当 $i=1,\cdots,k$ 时，$|\boldsymbol{A}_i|=a^i(i=1,2,\cdots,k)$；

②当 $i=k+1,\cdots,2k$ 时，$|\boldsymbol{A}_i|=a^{k-j}(a^2-b^2)^j(j=1,2,\cdots,k)$.

故当 $a>0$，且 $a^2>b^2$ 时，f 正定.

(2)当 $n=2k+1$ 时，由题设 f 对应的矩阵为

$$\boldsymbol{A}=\begin{pmatrix}a&&&&&&b\\&\ddots&&&&\iddots&\\&&a&&b&&\\&&&a+b&&&\\&&b&&a&&\\&\iddots&&&&\ddots&\\b&&&&&&a\end{pmatrix}_{n\times n}$$

其顺序主子式 $|\boldsymbol{A}_i|$ $(1\leqslant i\leqslant 2k+1)$ 由 i 的不同取值分别为：

①$|\boldsymbol{A}_i|=a^i(i=1,2,\cdots,k)$；

②$|\boldsymbol{A}_{k+1}|=(a+b)a^m$；

③$|\boldsymbol{A}_{k+1+j}|=(a+b)a^{k-j}(a^2-b^2)^j(j=1,2,\cdots,k)$.

故当 $a>0, a^2>b^2, a+b>0$ 时，f 正定.

类似的问题可见下例.

例 6 若 $\boldsymbol{B}$ 为二次型 $f=\sum_{i=1}^{n}(1-b_i)x_i^{\,2}+\sum_{1\leqslant i<j\leqslant n}2x_ix_j$ 的相应矩阵，其中 $b_i>0\ (i=1,2,\cdots,n)$，$1-\sum_{i=1}^{n}\frac{1}{b_i}>0$. 试讨论二次型 $g=\boldsymbol{x}^{\mathrm{T}}(\boldsymbol{B}-\boldsymbol{A}^{\mathrm{T}}\boldsymbol{A})\boldsymbol{x}$ 的正定性，其中 $\boldsymbol{A}$ 为任意可逆矩阵.

解 由题设二次型 f 的相应矩阵

$$\boldsymbol{B}=\begin{pmatrix}1-b_1 & 1 & 1 & \cdots & 1\\ 1 & 1-b_2 & 1 & \cdots & 1\\ 1 & 1 & 1-b_3 & \cdots & 1\\ \vdots & \vdots & \vdots & & \vdots\\ 1 & 1 & 1 & \cdots & 1-b_n\end{pmatrix}$$

由 $\boldsymbol{B}$ 的各级顺序主子式 $|\boldsymbol{B}_k|$ 为

$$|\boldsymbol{B}_k|=(-1)^k\prod_{i=1}^{k}b_i\cdot\left(1-\sum_{j=1}^{n}\frac{1}{b_j}\right)\quad (k=1,2,\cdots,n)$$

它们正负号相间，故知 $\boldsymbol{B}$ 为负定阵.

又由题设 $\boldsymbol{A}$ 可逆，则 $\boldsymbol{A}^{\mathrm{T}}\boldsymbol{A}$ 是正定阵，这样 $-\boldsymbol{A}^{\mathrm{T}}\boldsymbol{A}$ 为负定阵，从而 $\boldsymbol{B}-\boldsymbol{A}^{\mathrm{T}}\boldsymbol{A}$ 为负定阵.

故 $g=\boldsymbol{x}^{\mathrm{T}}(\boldsymbol{B}-\boldsymbol{A}^{\mathrm{T}}\boldsymbol{A})\boldsymbol{x}$ 为负定二次型.

来看一个关于矩阵正定性讨论的例子.

例 7 讨论实数 a 的取值范围使下面矩阵 $\boldsymbol{A}$ 正定

$$\boldsymbol{A}=\begin{pmatrix}a+3 & 2 & 2 & \cdots & 2 & 2\\ 2 & a & 1 & \cdots & 1 & 1\\ 2 & 1 & a & \cdots & 1 & 1\\ \vdots & \vdots & \vdots & & \vdots & \vdots\\ 2 & 1 & 1 & \cdots & a & 1\\ 2 & 1 & 1 & \cdots & 1 & a\end{pmatrix}$$

解 记 $\boldsymbol{\alpha}=(2,1,\cdots,1)^{\mathrm{T}}\in\mathbf{R}^k$，则由 $|\boldsymbol{I}_n-\boldsymbol{AB}|=|\boldsymbol{I}_m-\boldsymbol{BA}|$（见前文），有

$$\begin{aligned}|\boldsymbol{A}_k|&=|(a-1)\boldsymbol{I}_k+\boldsymbol{\alpha\alpha}^{\mathrm{T}}|=(a-1)^k\left|\boldsymbol{I}_k+\frac{1}{a-1}\boldsymbol{\alpha\alpha}^{\mathrm{T}}\right|=(a-1)^k\left|\boldsymbol{I}_1+\frac{1}{a-1}\boldsymbol{\alpha}^{\mathrm{T}}\boldsymbol{\alpha}\right|\\&=(a-1)^{k-1}(a-1+k+2)=(a-1)^{k-1}(a+k+2)\end{aligned}$$

则 $\boldsymbol{A}$ 正定 $\Longleftrightarrow|\boldsymbol{A}_k|>0\Longleftrightarrow a>1$，且 $a>-k+2, k=1,2,\cdots,n$.

下面的例子是由矩阵的特征根判断矩阵的正定性的.

例 8 若 $\boldsymbol{A}$ 为 n 阶实对称矩阵，且 $\boldsymbol{A}^3-3\boldsymbol{A}^2+5\boldsymbol{A}-3\boldsymbol{I}=\boldsymbol{O}$，试证 $\boldsymbol{A}$ 为正定矩阵.（注：若知 $f(\lambda)$ 是 $\boldsymbol{A}$ 的特征多项式，则 $f(\boldsymbol{A})=\boldsymbol{O}$）

证 设 λ 为 $\boldsymbol{A}$ 的特征根，由凯莱—哈密顿定理知 $\lambda^3-3\lambda^2+5\lambda-3$ 为 $\boldsymbol{A}$ 的化零多项式.

又 $(\lambda-1)(\lambda^2-2\lambda+3)=0$，知其有根 $\lambda=1$ 或 $\lambda=1\pm\sqrt{2}\mathrm{i}$.

由 $\boldsymbol{A}$ 为 n 阶实对称阵，故 $\boldsymbol{A}$ 只有实特征根，这样 $\boldsymbol{A}$ 只能仅有特征根 1（n 重），从而 $\boldsymbol{A}$ 为正定矩阵.

注 这个问题我们前文有介绍，那里是讨论 $\boldsymbol{A}$ 的特征根.

（2）矩阵的正定性及性质

例 1 若 $\boldsymbol{A}\in\mathbf{R}^{n\times n}$ 且 $\boldsymbol{A}^{\mathrm{T}}=\boldsymbol{A}$. 试证 $\mathrm{r}(\boldsymbol{A})=n\Longleftrightarrow$ 存在 $\boldsymbol{B}\in\mathbf{R}^{n\times n}$ 使 $\boldsymbol{AB}+\boldsymbol{B}^{\mathrm{T}}\boldsymbol{A}$ 正定.

证 （必要性）由 $\mathrm{r}(\boldsymbol{A})=n$，故取 $\boldsymbol{B}=\boldsymbol{A}^{-1}$，有 $(\boldsymbol{B}^{\mathrm{T}})^{-1}=(\boldsymbol{B}^{-1})^{\mathrm{T}}$，这样

$$\boldsymbol{AB}+\boldsymbol{B}^{\mathrm{T}}\boldsymbol{A}=\boldsymbol{AA}^{-1}+(\boldsymbol{A}^{-1})^{\mathrm{T}}\boldsymbol{A}=\boldsymbol{I}+(\boldsymbol{A}^{\mathrm{T}})^{-1}\boldsymbol{A}=\boldsymbol{I}+\boldsymbol{A}^{-1}\boldsymbol{A}=2\boldsymbol{I}$$

知其为正定阵.

(充分性)取 $a\neq 0$,由 $AB+B^TA$ 正定有

$$a^T(AB+B^TA)a=(Aa)^TBa+(Ba)^TAa>0$$

显然 $Aa\neq 0$,否则上式不成立.

由 $a\neq 0$ 的任意性及 $Aa\neq 0$,知 $Ax=0$ 仅有零解,从而 $r(A)=n$.

注 关于必要性的证明还可以证如:

取 $B=A^*AA^*$,则

$$AB+B^TA=AA^*AA^*+(A^*)^TA^T(A^*)^TA=|A|^2I+|A|^2I=2|A|^2I$$

从而 $AB+B^TA$ 正定.

或取 $B=A$,则 $AB+B^TA=2A^2$.

例 2 $A\in \mathbf{R}^{n\times n}$ 对称正定,$B\in \mathbf{R}^{n\times m}$,又 $r(B)=m$.试证 B^TAB 亦为正定阵.

证 由 $(B^TAB)^T=B^TA^TB=B^TAB$,知其对称.

又任意 $x\neq 0$,有 $Bx\neq 0$.否则若 $Bx=0$,有 $B^TBx=0$.

又 $r(B^TB)=r(B)=m$,知 B^TB 可逆,故方程仅有零解与 $x\neq 0$ 前设矛盾!故 $Bx\neq 0$.

进而 $x^T(B^TAB)x=(Bx)^TA(Bx)>0$,从而 B^TAB 正定.

注 与本例类同的命题如:

若对称矩阵 $A,B\in \mathbf{R}^{n\times n}$,且 $r(A+B)=n$,则 A^TA+B^TB 为正定矩阵.

例 3 若 $A-I$ 与 $A+I$ 均为正定矩阵,则 A^2-I 亦为正定矩阵.

证 注意到,若 X,Y 为正定矩阵,则 XY 亦为正定矩阵 $\Longleftrightarrow XY=YX$.

又由 $(A-I)(A+I)=A^2-I=(A+I)(A-I)$,再由上面的结论及题设,故 $(A+I)(A-I)=A^2-I$ 为正定矩阵.

例 4 若矩阵 A,B 均为正定矩阵.试证:(1)方程 $|\lambda A-B|=0$ 的根均大于 0;(2)方程 $|\lambda A-B|=0$ 的所有的根皆为 1 的充要条件是 $A=B$.

证 (1)由题设 A,B 皆为正定矩阵,故有非奇异阵 T 使

$$T^TAT=\begin{pmatrix}\lambda_1 & & & \\ & \lambda_2 & & \\ & & \ddots & \\ & & & \lambda_n\end{pmatrix},\quad T^TBT=\begin{pmatrix}\mu_1 & & & \\ & \mu_2 & & \\ & & \ddots & \\ & & & \mu_n\end{pmatrix}$$

其中 $\lambda_i,\mu_i>0(i=1,2,\cdots,n)$.这样

$$|T^T(\lambda A-B)T|=|\lambda(T^TAT)-T^TBT|=\begin{vmatrix}\lambda\lambda_1-\mu_1 & & & \\ & \lambda\lambda_2-\mu_2 & & \\ & & \ddots & \\ & & & \lambda\lambda_n-\mu_n\end{vmatrix}$$

注意到 $|T^T(\lambda A-B)T|=|T^T||\lambda A-B||T|$,且 $|T|\neq 0$,知 $|\lambda A-B|=0$ 的根为 $\lambda=\dfrac{\mu_i}{\lambda_i}>0(i=1,2,\cdots,n)$.

(2) $|\lambda A-B|=0$ 的根皆为 $1\Longleftrightarrow \dfrac{\mu_i}{\lambda_i}=1(i=1,2,\cdots,n)\Longleftrightarrow \lambda_i=\mu_i(i=1,2,\cdots,n)\Longleftrightarrow T^TAT=T^TBT\Longleftrightarrow A=B$.

例 5 若 A,B 皆为 n 阶正定矩阵,且 $AB=BA$,证明 AB 亦为正定矩阵.

证 1 首先由 $(AB)^T=B^TA^T=BA=AB$,知 AB 对称.又由设 A 正定,则 A^{-1} 亦然,于是有非奇异阵 Q,使 $Q^TA^{-1}Q=I$.

又 B 正定,故 B 对称,进而 $Q^TBQ=G$ 对称,于是有正交阵 U 使

$$U^{T}GU=\mathrm{diag}\{\lambda_1,\lambda_2,\cdots,\lambda_n\}=D$$

令 $P=QU$，则 $P^{T}A^{-1}P=U^{T}Q^{T}A^{-1}QU=U^{T}(Q^{T}A^{-1}Q)U=U^{T}IU=I$，且

$$P^{T}BP=U^{T}Q^{T}BQQU=U^{T}GU=D$$

由 B 正定，故 $P^{T}BP$ 亦正定. 因而 $\lambda_i>0\ (i=1,2,\cdots,n)$，知 D 正定.

又 $|\lambda I-AB|=|A||\lambda A^{-1}-B|$，及 $|A|>0$，且

$$|P^{T}||\lambda A^{-1}-B||P|=|\lambda(P^{T}A^{-1}P)-P^{T}BP|=|\lambda I-D|$$

故 $|\lambda I-AB|$ 与 $|\lambda A^{-1}-B|$ 的特征根相同，亦即与 $|\lambda I-D|$ 的特征根相同.

由 D 正定，从而 AB 正定.（注意到 AB 对称）

证 2 如果知道命题"矩阵 A 正定$\Longleftrightarrow$有非奇异（可逆）阵 Q 使 $A=QQ^{T}$"，则例还可证如：

首先 $(AB)^{T}=B^{T}A^{T}=BA=AB$，知 AB 对称.

又由 A,B 正定，知有非奇异阵 R,S 使 $A=RR^{T}$，$B=SS^{T}$，则 $AB=RR^{T}SS^{T}$，又

$$R^{-1}ABR=R^{-1}(RR^{T}SS^{T})R=R^{T}SS^{T}R=R^{T}S(R^{T}S)^{T}$$

由 R,S 非奇异，知 RS 非奇异，从而 $R^{-1}ABR$ 正定.

又 $AB\sim R^{-1}ABR$，知 AB 正定.

证 3 由题设 $AB=BA$，则存在可逆阵 T 使 A,B 同时化为对角形

$$T^{-1}AT=\mathrm{diag}\{\lambda_1,\lambda_2,\cdots,\lambda_n\},\quad T^{-1}BT=\mathrm{diag}\{\mu_1,\mu_2,\cdots,\mu_n\}$$

由 A,B 正定，则 $\lambda_i>0,\mu_i>0\ (i=1,2,\cdots,n)$，又

$$T^{-1}ABT=T^{-1}ATT^{-1}BT=(T^{-1}AT)(T^{-1}BT)=\mathrm{diag}\{\lambda_1\mu_1,\lambda_2\mu_2,\cdots,\lambda_n\mu_n\}$$

由 $\lambda_i\mu_i>0\ (i=1,2,\cdots,n)$ 及 AB 对称（见证 2），知 AB 正定.

注 1 例中的条件与结论是充要的.

注 2 本题还可用正定阵各顺序主子式大于 0 去证，如：

由设可知 $(AB)^{T}=(BA)^{T}=A^{T}B^{T}=AB$，则 AB 对称.

又由题设 A 正定，有正交阵 T 使

$$C=T^{T}AT=\begin{pmatrix}\lambda_1 & & & \\ & \lambda_2 & & \\ & & \ddots & \\ & & & \lambda_n\end{pmatrix},\quad \lambda_i>0\quad(i=1,2,\cdots,n)$$

又 B 正定，故 $T^{T}BT=D$ 亦正定，故 $T^{T}(AB)T=(T^{T}AT)(T^{T}BT)=CD$.

用 C_k,D_k 表示 C,D 的 $k\ (1\leqslant k\leqslant n)$ 级顺序主子式（注意 C 为对角阵），有

$$CD=\begin{pmatrix}C_k & O\\ O & C_{22}\end{pmatrix}\begin{pmatrix}D_k & D_{12}\\ D_{21} & D_{22}\end{pmatrix}=\begin{pmatrix}C_kD_k & C_kD_{12}\\ C_{22}D_{21} & C_{22}D_{22}\end{pmatrix}$$

从而 $|C_kD_k|=|C_k||D_k|=(\lambda_1\lambda_2\cdots\lambda_k)|D_k|$，$k=1,2,\cdots,n$.

由 $\lambda_i>0\ (i=1,2,\cdots,k)$，$|D_k|>0$，从而 $|C_kD_k|>0$，$k=1,2,\cdots,n$，即 CD 正定.

关于正定矩阵乘法的一种推广即 $A*B$，华罗庚教授对此有下面结论：

命题：如果 $A=(a_{ij})_{n\times n}$，$B=(b_{ij})_{n\times n}$，记 $A*B=(a_{ij}b_{ij})_{n\times n}$. 若 A,B 为正定阵，则：(1) $A*B$ 亦为正定阵；(2) 矩阵 $(a_{ij}^{k})_{n\times n}=\underbrace{A*A*\cdots*A}_{k\text{个}A}$ 亦为正定阵（华罗庚定理）.

如果去掉 $AB=BA$ 这个条件，那么 AB 的特征根有下面的性质：

例 6 若 A,B 均为同阶对称正定矩阵，试证 AB 的特征值均大于 0.

证 1 由题设 A,B 为正定对称矩阵，则有可逆阵 P,Q 使

$$A=P^{\mathrm{T}}P,B=Q^{\mathrm{T}}Q\Rightarrow AB=P^{\mathrm{T}}PQ^{\mathrm{T}}Q=P^{\mathrm{T}}PQ^{\mathrm{T}}QP^{\mathrm{T}}(P^{\mathrm{T}})^{-1} \tag{*}$$

即 $AB\sim PQ^{\mathrm{T}}QP^{\mathrm{T}}=(QP^{\mathrm{T}})^{\mathrm{T}}(QP^{\mathrm{T}})$，而 $PQ^{\mathrm{T}}QP^{\mathrm{T}}$ 正定，即 AB 的特征根皆为正数.

证 2 由 $|\lambda I-AB|=|\lambda I-BA|$，再注意到(仿证 1)

$$AB=P^{\mathrm{T}}PQ^{\mathrm{T}}Q=P^{\mathrm{T}}(PQ^{\mathrm{T}}Q),\quad (PQ^{\mathrm{T}}Q)P^{\mathrm{T}}=(QP^{\mathrm{T}})^{\mathrm{T}}(QP^{\mathrm{T}})$$

而 $(PQ^{\mathrm{T}}Q)P^{\mathrm{T}}$ 正定，又由式(*)知 AB 的特征值与 $PQ^{\mathrm{T}}QP^{\mathrm{T}}$ 的特征值相同，从而 AB 的特征值皆为正数.

证 3 由 A 正定，则有非奇异阵 P 使 $PAP^{\mathrm{T}}=I$. 这样

$$PABP^{-1}=PAP^{\mathrm{T}}(P^{\mathrm{T}})^{-1}BP^{-1}=(P^{-1})^{\mathrm{T}}BP^{-1}$$

因 B 正定，故 $(P^{-1})^{\mathrm{T}}BP^{-1}$ 亦正定，又 $PABP^{-1}=(P^{-1})^{\mathrm{T}}BP^{-1}$，知 AB 与之相似，故它们有相同的特征根.

由 $(P^{-1})^{\mathrm{T}}BP^{-1}$ 正定知其特征根皆正，从而 AB 的特征值均大于 0.

证 4 因设 B 正定，则有可逆阵 C 使 $B=C^2$，则

$$AB=AC^2=C^{-1}CACC=C^{-1}(C^{\mathrm{T}}AC)C$$

由 A 正定，则 $C^{\mathrm{T}}AC$ 正定，从而 AB 与正定阵 $C^{\mathrm{T}}AC$ 相似，则 AB 的特征值皆为正值.

证 5 若设 x 为 AB 属于特征值 λ 的特征向量，则

$$ABx=\lambda x\Rightarrow Bx=\lambda A^{-1}x$$

故 $x^{\mathrm{T}}Bx=\lambda x^{\mathrm{T}}A^{-1}x$.

由 A 正定，则 A^{-1} 正定，从而 $x^{\mathrm{T}}A^{-1}x>0$ (因 $x\neq 0$). 又 B 正定，若 $x\neq 0$，则 $x^{\mathrm{T}}Bx>0$. 从而 $\lambda>0$.

注 上面结论可推广为：

命题 1：若 A,B 皆为 n 阶实对称阵，且 $AB=BA$. 又若 λ 是 AB 的一个特征根，则一定存在 A 的一个特征根 s 和 B 的一个特征根 t，使 $\lambda=st$.

略证：由题设 A,B 是实对称阵，又 $AB=BA$. 则有正交阵 $P^{\mathrm{T}}=P^{-1}$ 使 A,B 同时化为对角阵

$$A=P^{-1}\begin{pmatrix}s_1&&&\\&s_2&&\\&&\ddots&\\&&&s_n\end{pmatrix}P,\quad B=P^{-1}\begin{pmatrix}t_1&&&\\&t_2&&\\&&\ddots&\\&&&t_n\end{pmatrix}P$$

这样
$$PABP^{-1}=PAP^{-1}PBP^{-1}=(PAP^{-1})(PBP^{-1})=\begin{pmatrix}s_1t_1&&&\\&s_2t_2&&\\&&\ddots&\\&&&s_nt_n\end{pmatrix}$$

由相似矩阵有相同的特征根，知 AB 与 $PABP^{-1}$ 的特征根相同. 若设 $\lambda_i(i=1,2,\cdots,n)$ 为 AB 的特征根，则 $\lambda_i=s_it_i(i=1,2,\cdots,n)$.

关于矩阵同时对角化我们有下面的命题.

命题 2：若 $A,B\in\mathbf{R}^{n\times n}$，且 $A^{\mathrm{T}}=A,B^{\mathrm{T}}=B$. 又 $AB=BA$，则有正交阵 P 使 $P^{\mathrm{T}}AP,P^{\mathrm{T}}BP$ 同时化为对角阵.

命题 3：若 $A,B\in\mathbf{R}^{n\times n}$，$A$ 为正定矩阵，B 为对称阵，则有非奇异阵 P 使 $P^{\mathrm{T}}AP,P^{\mathrm{T}}BP$ 同时化为对角阵.(详见后文)

此外我们还有：

命题 4：若 A,B 为 n 阶实对称阵，又 A 的特征值皆大于 a，B 的特征值皆大于 b，则 $A+B$ 的特征值皆大于 $a+b$.(证明见后文)

例 7 设 $A=(a_{ij})_{n\times n},B=(b_{ij})_{n\times n}$ 均为正定矩阵，又 $C=(c_{ij})_{n\times n}$，其中 $c_{ij}=a_{ij}b_{ij}$ $(1\leqslant i,j\leqslant n)$，则 C 亦为正定矩阵.

证 设 $f(x_1,x_2,\cdots,x_n)=\boldsymbol{x}^{\mathrm{T}}\boldsymbol{C}\boldsymbol{x}=\sum_{i,j=1}^{n}a_{ij}b_{ij}x_ix_j$，其中 $\boldsymbol{x}=(x_1,x_2,\cdots,x_n)^{\mathrm{T}}$.

由题设 $\boldsymbol{B}$ 为正定矩阵，则有可逆矩阵 $\boldsymbol{M}=(m_{ij})_{n\times n}$ 使 $\boldsymbol{B}=\boldsymbol{M}\boldsymbol{M}^{\mathrm{T}}$，故

$$b_{ij}=\sum_{k=1}^{n}m_{ik}m_{kj}\quad(1\leqslant i,j\leqslant n)$$

从而
$$\boldsymbol{x}^{\mathrm{T}}\boldsymbol{C}\boldsymbol{x}=\sum_{i,j=1}^{n}a_{ij}\left(\sum_{k=1}^{n}m_{ik}m_{kj}\right)x_ix_j=\sum_{i,j,k=1}^{n}a_{ij}(m_{ik}x_i)(m_{kj}x_j)$$

若 $\boldsymbol{x}\neq\boldsymbol{0}$，则由 $\boldsymbol{x}^{\mathrm{T}}\boldsymbol{B}\boldsymbol{x}>\boldsymbol{0}$，即 $\boldsymbol{x}^{\mathrm{T}}\boldsymbol{M}\boldsymbol{M}^{\mathrm{T}}\boldsymbol{x}=(\boldsymbol{x}^{\mathrm{T}}\boldsymbol{M})(\boldsymbol{x}^{\mathrm{T}}\boldsymbol{M})^{\mathrm{T}}>0$，从而 $\boldsymbol{x}^{\mathrm{T}}\boldsymbol{M}$ 的分量不全为 0.

由于 $\boldsymbol{x}$ 的任意性，知 $\boldsymbol{x}^{\mathrm{T}}\boldsymbol{C}\boldsymbol{x}>0$，即 $\boldsymbol{C}$ 正定.

例 8 若 $\boldsymbol{v}\in\mathbf{R}^n$，又 $\sigma\in\mathbf{R}$，且 $1+\sigma\boldsymbol{v}^{\mathrm{T}}\boldsymbol{v}>0$，则：(1) $\boldsymbol{I}+\sigma\boldsymbol{v}\boldsymbol{v}^{\mathrm{T}}$ 正定；(2) 若 $\boldsymbol{A}$ 为 n 阶正定矩阵，又 $1+\sigma\boldsymbol{v}^{\mathrm{T}}\boldsymbol{A}\boldsymbol{v}>0$，则 $\boldsymbol{A}+\sigma\boldsymbol{v}\boldsymbol{v}^{\mathrm{T}}$ 是正定矩阵.

证 (1) 由柯西不等式，有 $(\boldsymbol{x}^{\mathrm{T}}\boldsymbol{y})^2\leqslant(\boldsymbol{x}^{\mathrm{T}}\boldsymbol{x})(\boldsymbol{y}^{\mathrm{T}}\boldsymbol{y})$.

故对任意 $\boldsymbol{x}\in\mathbf{R}^n$ 且 $\boldsymbol{x}\neq\boldsymbol{0}$，由 $\boldsymbol{x}^{\mathrm{T}}\boldsymbol{x}>0$，有

$$\boldsymbol{x}^{\mathrm{T}}(\boldsymbol{I}+\sigma\boldsymbol{v}\boldsymbol{v}^{\mathrm{T}})\boldsymbol{x}=\boldsymbol{x}^{\mathrm{T}}\boldsymbol{x}+\sigma(\boldsymbol{x}^{\mathrm{T}}\boldsymbol{v})(\boldsymbol{v}^{\mathrm{T}}\boldsymbol{x})=\boldsymbol{x}^{\mathrm{T}}\boldsymbol{x}+\sigma(\boldsymbol{x}^{\mathrm{T}}\boldsymbol{v})^2$$

当 $\sigma\geqslant0$ 时，$\boldsymbol{x}^{\mathrm{T}}(\boldsymbol{I}+\sigma\boldsymbol{v}\boldsymbol{v}^{\mathrm{T}})\boldsymbol{x}\geqslant\boldsymbol{x}^{\mathrm{T}}\boldsymbol{x}>0$；当 $\sigma<0$ 时，$\boldsymbol{x}^{\mathrm{T}}(\boldsymbol{I}+\sigma\boldsymbol{v}\boldsymbol{v}^{\mathrm{T}})\boldsymbol{x}\geqslant\sigma(\boldsymbol{x}^{\mathrm{T}}\boldsymbol{x})(\boldsymbol{v}^{\mathrm{T}}\boldsymbol{v})=\boldsymbol{x}^{\mathrm{T}}\boldsymbol{x}(1+\sigma\boldsymbol{v}^{\mathrm{T}}\boldsymbol{v})>0$.

由于 $\boldsymbol{x}$ 的任意性知 $\boldsymbol{I}+\sigma\boldsymbol{v}\boldsymbol{v}^{\mathrm{T}}$ 正定.

(2) 对任意非零的 $\boldsymbol{x}\in\mathbf{R}^n$，当 $\sigma\geqslant0$ 时

$$\boldsymbol{x}^{\mathrm{T}}(\boldsymbol{A}+\sigma\boldsymbol{v}\boldsymbol{v}^{\mathrm{T}})\boldsymbol{x}=\boldsymbol{x}^{\mathrm{T}}\boldsymbol{A}\boldsymbol{x}+\sigma(\boldsymbol{x}^{\mathrm{T}}\boldsymbol{v})^2>0$$

知 $\boldsymbol{A}+\sigma\boldsymbol{v}\boldsymbol{v}^{\mathrm{T}}$ 正定.

当 $\sigma<0$ 时，由 $\boldsymbol{A}$ 正定，知 $\boldsymbol{A}^{-1}$ 正定，且有非奇异阵 $\boldsymbol{P}$ 使 $\boldsymbol{A}=\boldsymbol{P}^{\mathrm{T}}\boldsymbol{P}$，且 $\boldsymbol{A}^{-1}=\boldsymbol{P}^{-1}\boldsymbol{P}^{-\mathrm{T}}$. 这样若 $\boldsymbol{x}\neq\boldsymbol{0}$，则 $\boldsymbol{P}\boldsymbol{x}\neq\boldsymbol{0}$，且

$$\begin{aligned}\boldsymbol{x}^{\mathrm{T}}(\boldsymbol{A}+\sigma\boldsymbol{v}\boldsymbol{v}^{\mathrm{T}})\boldsymbol{x}&=\boldsymbol{x}^{\mathrm{T}}\boldsymbol{A}\boldsymbol{x}+\sigma(\boldsymbol{x}^{\mathrm{T}}\boldsymbol{v})^2=\boldsymbol{x}^{\mathrm{T}}\boldsymbol{P}^{\mathrm{T}}\boldsymbol{P}\boldsymbol{x}+\sigma(\boldsymbol{x}^{\mathrm{T}}\boldsymbol{P}^{\mathrm{T}}\boldsymbol{P}^{-\mathrm{T}}\boldsymbol{v})\\&=(\boldsymbol{P}\boldsymbol{x})^{\mathrm{T}}(\boldsymbol{P}\boldsymbol{x})+\sigma[(\boldsymbol{P}\boldsymbol{x})^{\mathrm{T}}(\boldsymbol{P}^{-\mathrm{T}}\boldsymbol{v})]^2\\&\geqslant(\boldsymbol{P}\boldsymbol{x})^{\mathrm{T}}(\boldsymbol{P}\boldsymbol{x})+\sigma(\boldsymbol{P}\boldsymbol{x})^{\mathrm{T}}(\boldsymbol{P}\boldsymbol{x})[(\boldsymbol{P}^{-\mathrm{T}}\boldsymbol{v})^{\mathrm{T}}(\boldsymbol{P}^{-\mathrm{T}}\boldsymbol{v})]=(\boldsymbol{P}\boldsymbol{x})^{\mathrm{T}}(\boldsymbol{P}\boldsymbol{x})[1+\sigma\boldsymbol{v}^{\mathrm{T}}\boldsymbol{P}^{-1}\boldsymbol{P}^{-\mathrm{T}}\boldsymbol{v}]\\&=(\boldsymbol{P}\boldsymbol{x})^{\mathrm{T}}(\boldsymbol{P}\boldsymbol{x})[1+\sigma\boldsymbol{v}^{\mathrm{T}}\boldsymbol{A}^{-1}\boldsymbol{v}]>0\end{aligned}$$

故 $\sigma<0$ 时，$\boldsymbol{A}+\sigma\boldsymbol{v}\boldsymbol{v}^{\mathrm{T}}$ 亦正定.

例 9 若 $\boldsymbol{A}\in\mathbf{R}^{n\times n}$，且 $\boldsymbol{A}^{\mathrm{T}}=-\boldsymbol{A}$，试证 $\boldsymbol{I}-\boldsymbol{A}^2$ 为正定矩阵.

证 由 $(\boldsymbol{I}-\boldsymbol{A}^2)^{\mathrm{T}}=\boldsymbol{I}^{\mathrm{T}}-(\boldsymbol{A}^2)^{\mathrm{T}}=\boldsymbol{I}-(\boldsymbol{A}^{\mathrm{T}})^2=\boldsymbol{I}-(-\boldsymbol{A})^2=\boldsymbol{I}-\boldsymbol{A}^2$，知 $\boldsymbol{I}-\boldsymbol{A}^2$ 为实对称阵.

又对任意 $\boldsymbol{x}\neq\boldsymbol{0}$，总有

$$\boldsymbol{x}^{\mathrm{T}}(\boldsymbol{I}-\boldsymbol{A}^2)\boldsymbol{x}=\boldsymbol{x}^{\mathrm{T}}(\boldsymbol{I}+\boldsymbol{A}^{\mathrm{T}}\boldsymbol{A})\boldsymbol{x}=\boldsymbol{x}^{\mathrm{T}}\boldsymbol{x}+(\boldsymbol{A}\boldsymbol{x})^{\mathrm{T}}(\boldsymbol{A}\boldsymbol{x})>0$$

故 $\boldsymbol{I}-\boldsymbol{A}^2$ 是正定矩阵.

2. 正定矩阵的乘积形式分解与对角化

正定矩阵可以对角化(因为它对称，可利用相似变换或合同变换或正交变换来实施)，同时正定矩阵的特征值皆为正数，故它又可以分解为 $\boldsymbol{A}=\boldsymbol{Q}\boldsymbol{Q}^{\mathrm{T}}$ 或 $\boldsymbol{A}=\boldsymbol{S}^2$ 的形式等，这些分解是十分重要的，许多问题的解答需用此性质.

另外矩阵对角化常使某些矩阵问题变得相对容易处理.

例 1 若 $\boldsymbol{A}$ 为 n 阶正定矩阵，则有正定对称阵 $\boldsymbol{S}$ 使 $\boldsymbol{A}=\boldsymbol{S}^2$.

证 由题设若 $\boldsymbol{A}$ 正定，则 $\boldsymbol{A}^{\mathrm{T}}=\boldsymbol{A}$，且有正定阵 $\boldsymbol{T}$ 使

$$\boldsymbol{T}^{\mathrm{T}}\boldsymbol{A}\boldsymbol{T}=\mathrm{diag}\{\lambda_1,\lambda_2,\cdots,\lambda_n\},\quad\lambda_i>0\quad(i=1,2,\cdots,n)$$

则

$$A=T\mathrm{diag}\{\lambda_1,\lambda_2,\cdots,\lambda_n\}T^{\mathrm{T}}=T\begin{pmatrix}\lambda_1&&&\\&\lambda_2&&\\&&\ddots&\\&&&\lambda_n\end{pmatrix}T^{\mathrm{T}}=T\begin{pmatrix}\sqrt{\lambda_1}&&&\\&\sqrt{\lambda_2}&&\\&&\ddots&\\&&&\sqrt{\lambda_n}\end{pmatrix}\begin{pmatrix}\sqrt{\lambda_1}&&&\\&\sqrt{\lambda_2}&&\\&&\ddots&\\&&&\sqrt{\lambda_n}\end{pmatrix}T^{\mathrm{T}}$$

$$=T\begin{pmatrix}\sqrt{\lambda_1}&&&\\&\sqrt{\lambda_2}&&\\&&\ddots&\\&&&\sqrt{\lambda_n}\end{pmatrix}T^{\mathrm{T}}T\begin{pmatrix}\sqrt{\lambda_1}&&&\\&\sqrt{\lambda_2}&&\\&&\ddots&\\&&&\sqrt{\lambda_n}\end{pmatrix}T^{\mathrm{T}}$$

令矩阵 $S=T\mathrm{diag}\{\sqrt{\lambda_1},\sqrt{\lambda_2},\cdots,\sqrt{\lambda_n}\}T^{\mathrm{T}}$，则 $A=S^2$.

注 反之亦然，且正定矩阵 A 还可以分解为 $A=QQ^{\mathrm{T}}$，其中 Q 为可逆阵.

下面的矩阵分解利用了正定矩阵性质.

例 2 若 $A\in\mathbf{R}^{n\times n}$ 且可逆，则存在正定阵 S 和正交阵 T 使 $A=TS$.

证 由 A 可逆知 $A^{\mathrm{T}}A$ 正定对称，则存在正定阵 S 使 $A^{\mathrm{T}}A=S^2$. 从而

$$A=(A^{\mathrm{T}})^{-1}S^2=[(A^{\mathrm{T}})^{-1}S]S$$

令 $T=(A^{\mathrm{T}})^{-1}S$，由

$$TT^{\mathrm{T}}=(A^{\mathrm{T}})^{-1}SS^{\mathrm{T}}A^{-1}=(A^{\mathrm{T}})^{-1}S^2A^{-1}=(A^{\mathrm{T}})^{-1}A^{\mathrm{T}}AA^{-1}=I$$

知 $A=TS$，其中 T 为正交阵，S 为正定阵.

注 矩阵的乘积分解，宛如整数的质因数分解、多项式的质因子分解一样重要，特别是对于某些矩阵的计算来讲更是如此.

下面是关于矩阵乘积分解的一些关系和主要结果：

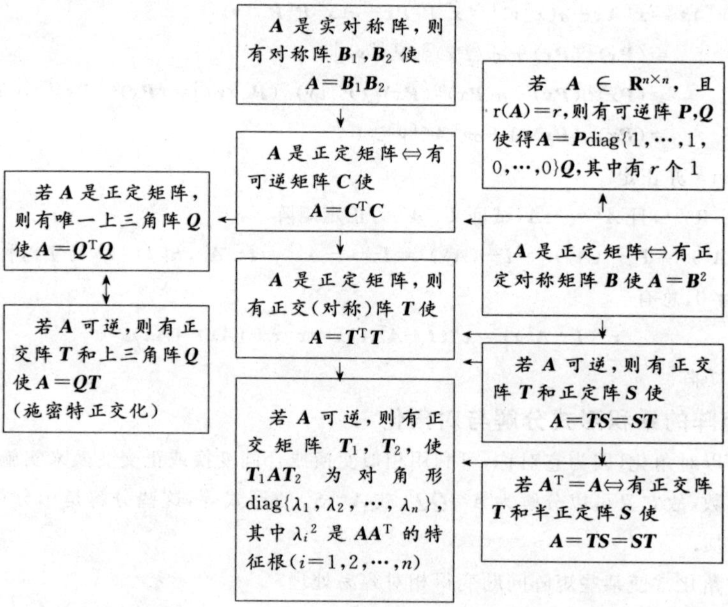

下面的例子是利用正定矩阵性质处理问题的.

例 3 若 $A\in\mathbf{R}^{n\times n}$ 且满秩(可逆). 试证存在正交阵 P_1,P_2 使 $P_1^{-1}AP_2=\mathrm{diag}\{\lambda_1,\lambda_2,\cdots,\lambda_n\}$，且 $\lambda_i>0$ $(i=1,2,\cdots,n)$.

证 由设 $\boldsymbol{A}$ 满秩，则 $\boldsymbol{AA}^{\mathrm{T}}$ 为正定阵，故存在正交阵 $\boldsymbol{P}_1$ 使

$$\boldsymbol{P}_1(\boldsymbol{AA}^{\mathrm{T}})\boldsymbol{P}_1=\mathrm{diag}\{\mu_1,\mu_2,\cdots,\mu_n\}$$

其中 $\mu_i>0\ (i=1,2,\cdots,n)$. 令 $\sqrt{\mu_i}=\lambda_i$，则 $\lambda_i>0\ (i=1,2,\cdots,n)$.

再令 $\boldsymbol{C}=\mathrm{diag}\{\lambda_1,\lambda_2,\cdots,\lambda_n\}$，则 $\boldsymbol{P}_1^{\mathrm{T}}\boldsymbol{AA}^{\mathrm{T}}\boldsymbol{P}_1=\boldsymbol{C}^2$.

又令 $\boldsymbol{P}_2=\boldsymbol{A}^{\mathrm{T}}\boldsymbol{P}_1\boldsymbol{C}^{-1}$，知 $\boldsymbol{P}_2$ 为实矩阵且

$$\boldsymbol{P}_2^{\mathrm{T}}\boldsymbol{P}_2=(\boldsymbol{A}^{\mathrm{T}}\boldsymbol{P}_1\boldsymbol{C}^{-1})^{\mathrm{T}}(\boldsymbol{A}^{\mathrm{T}}\boldsymbol{P}_1\boldsymbol{C}^{-1})=(\boldsymbol{C}^{\mathrm{T}})^{-1}\boldsymbol{P}_1^{\mathrm{T}}\boldsymbol{AA}^{\mathrm{T}}\boldsymbol{P}_1\boldsymbol{C}^{-1}=\boldsymbol{C}^{-1}\boldsymbol{C}^2\boldsymbol{C}^{-1}=\boldsymbol{I}$$

知 $\boldsymbol{P}_2$ 是正交阵. 从而

$$\boldsymbol{P}_1^{-1}\boldsymbol{AP}_2=\boldsymbol{P}_1^{\mathrm{T}}\boldsymbol{A}(\boldsymbol{A}^{\mathrm{T}}\boldsymbol{P}_1\boldsymbol{C}^{-1})=\boldsymbol{C}^2\boldsymbol{C}^{-1}=\boldsymbol{C}=\mathrm{diag}\{\lambda_1,\lambda_2,\cdots,\lambda_n\}.$$

注 例的结论还可进一步加强为：

命题：若 $\boldsymbol{A}$ 为 n 阶满秩(可逆)矩阵，则存在正交阵 $\boldsymbol{P}_1,\boldsymbol{P}_2$ 使

$$\boldsymbol{P}_1^{-1}\boldsymbol{AP}_2=\mathrm{diag}\{\lambda_1,\lambda_2,\cdots,\lambda_n\}$$

且 $\lambda_1\geqslant\lambda_2\geqslant\cdots\geqslant\lambda_n>0$.

证明见后文例. 其实我们还可以有更强的结论：

命题：若 $\boldsymbol{A}\in\mathbf{R}^{n\times n}$，且 $\mathrm{r}(\boldsymbol{A})=r$，则存在 n 阶正定矩阵 $\boldsymbol{P}$ 和 m 阶正交矩阵 $\boldsymbol{Q}$ 使 $\boldsymbol{PAQ}=\mathrm{diag}\{\lambda_1,\lambda_2,\cdots,\lambda_r,0,\cdots,0\}$，其中 $\lambda_i{}^2(i=1,2,\cdots,r)$ 是 $\boldsymbol{AA}^{\mathrm{T}}$ 的非零特征根.

例 4 设 $\boldsymbol{Q}$ 为 n 阶正定阵，$\boldsymbol{p}_1,\boldsymbol{p}_2,\cdots,\boldsymbol{p}_n$ 为非零 n 维向量，且 $\boldsymbol{P}_i{}^{\mathrm{T}}\boldsymbol{QP}_j=d_i\delta_{ij}\ (1\leqslant i,j\leqslant n)$，其中 δ_{ij} 为克罗内克函数，即

$$\delta_{ij}=\begin{cases}1, & 若\ i=j\\0, & 若\ i\neq j\end{cases}\quad(1\leqslant i,j\leqslant n)$$

记 $\boldsymbol{D}=\mathrm{diag}\{d_1,d_2,\cdots,d_n\}$，$\boldsymbol{P}=(\boldsymbol{p}_1,\boldsymbol{p}_2,\cdots,\boldsymbol{p}_n)$. 试证：$\boldsymbol{D},\boldsymbol{P}$ 非奇异，且 $\boldsymbol{P}^{\mathrm{T}}\boldsymbol{QP}=\boldsymbol{D}$，$\boldsymbol{Q}^{-1}=\boldsymbol{PD}^{-1}\boldsymbol{P}^{\mathrm{T}}$.

证 由题设注意到下面变形和运算

$$\boldsymbol{P}^{\mathrm{T}}\boldsymbol{QP}=\begin{pmatrix}\boldsymbol{p}_1{}^{\mathrm{T}}\\\boldsymbol{p}_2{}^{\mathrm{T}}\\\vdots\\\boldsymbol{p}_n{}^{\mathrm{T}}\end{pmatrix}\boldsymbol{Q}(\boldsymbol{p}_1,\boldsymbol{p}_2,\cdots,\boldsymbol{p}_n)=\begin{pmatrix}\boldsymbol{p}_1{}^{\mathrm{T}}\boldsymbol{Qp}_1 & \boldsymbol{p}_1{}^{\mathrm{T}}\boldsymbol{Qp}_2 & \cdots & \boldsymbol{p}_1{}^{\mathrm{T}}\boldsymbol{Qp}_n\\\boldsymbol{p}_2{}^{\mathrm{T}}\boldsymbol{Qp}_1 & \boldsymbol{p}_2{}^{\mathrm{T}}\boldsymbol{Qp}_2 & \cdots & \boldsymbol{p}_2{}^{\mathrm{T}}\boldsymbol{Qp}_n\\\vdots & \vdots & & \vdots\\\boldsymbol{p}_n{}^{\mathrm{T}}\boldsymbol{Qp}_1 & \boldsymbol{p}_n{}^{\mathrm{T}}\boldsymbol{Qp}_2 & \cdots & \boldsymbol{p}_n{}^{\mathrm{T}}\boldsymbol{Qp}_n\end{pmatrix}=\begin{pmatrix}d_1 & & & \\ & d_2 & & \\ & & \ddots & \\ & & & d_n\end{pmatrix}$$

故 $\boldsymbol{P}^{\mathrm{T}}\boldsymbol{QP}=\boldsymbol{D}$.

若 $\boldsymbol{D}$ 奇异(不可逆)，则至少有一个 $d_k=0$，从而 $\boldsymbol{p}_k{}^{\mathrm{T}}\boldsymbol{Qp}_k{}^{\mathrm{T}}=d_k=0$，这与 $\boldsymbol{Q}$ 正定的题设相抵，故其行列式 $|\boldsymbol{D}|\neq0$，即矩阵 $\boldsymbol{D}$ 非奇异.

由 $|\boldsymbol{P}^{\mathrm{T}}||\boldsymbol{Q}||\boldsymbol{P}|=|\boldsymbol{D}|\neq0$，知 $\boldsymbol{P}$ 非奇异. 从而 $\boldsymbol{D}^{-1}=\boldsymbol{P}^{-1}\boldsymbol{Q}^{-1}(\boldsymbol{P}^{\mathrm{T}})^{-1}$，故 $\boldsymbol{Q}^{-1}=\boldsymbol{PD}^{-1}\boldsymbol{P}^{\mathrm{T}}$.

例 5 已知 $\boldsymbol{A}\in\mathbf{R}^{n\times n}$，且秩 $\mathrm{r}(\boldsymbol{A})=n$. 求证：(1)存在正交阵 $\boldsymbol{P},\boldsymbol{Q}$ 使 $\boldsymbol{P}^{-1}\boldsymbol{AQ}=\mathrm{diag}\{\lambda_1,\lambda_2,\cdots,\lambda_n\}$，其中 $\lambda_i>0\ (i=1,2,\cdots,n)$；(2)存在正交阵 $\boldsymbol{T},\boldsymbol{U}$ 使 $\boldsymbol{TAU}=\mathrm{diag}\{\lambda_1',\lambda_2',\cdots,\lambda_n'\}$，其中 $\lambda_1'\geqslant\lambda_2'\geqslant\cdots\geqslant\lambda_n'>0$.

证 (1)由题设 $\boldsymbol{A}$ 可逆，则 $\boldsymbol{AA}^{\mathrm{T}}$ 正定，故存在正交阵 $\boldsymbol{P}$ 使

$$\boldsymbol{P}^{\mathrm{T}}(\boldsymbol{AA}^{\mathrm{T}})\boldsymbol{P}=\mathrm{diag}\{\mu_1,\mu_2,\cdots,\mu_n\}$$

其中 $\mu_i>0\ (i=1,2,\cdots,n)$.

令 $\lambda_i=\sqrt{\mu_i}$，则 $\lambda_i>0\ (i=1,2,\cdots,n)$.

再令 $\boldsymbol{C}=\mathrm{diag}\{\lambda_1,\lambda_2,\cdots,\lambda_n\}$，则 $\boldsymbol{P}^{\mathrm{T}}\boldsymbol{AA}^{\mathrm{T}}\boldsymbol{P}=\boldsymbol{C}^2$. 且令 $\boldsymbol{Q}=\boldsymbol{A}^{\mathrm{T}}\boldsymbol{PC}^{-1}$，知 $\boldsymbol{Q}$ 是实矩阵. 再注意到

$$\boldsymbol{Q}^{\mathrm{T}}\boldsymbol{Q}=(\boldsymbol{C}^{\mathrm{T}})^{-1}\boldsymbol{P}^{\mathrm{T}}\boldsymbol{AA}^{\mathrm{T}}\boldsymbol{PC}^{-1}=\boldsymbol{C}^{-1}\boldsymbol{C}^2\boldsymbol{C}^{-1}=\boldsymbol{I}$$

故 $\boldsymbol{Q}$ 是正交矩阵，且 $\boldsymbol{P}^{-1}\boldsymbol{AQ}=\boldsymbol{P}^{\mathrm{T}}\boldsymbol{A}(\boldsymbol{A}^{\mathrm{T}}\boldsymbol{PC}^{-1})=\boldsymbol{C}^2\boldsymbol{C}^{-1}=\boldsymbol{C}$.

(2)由(1)知有 $\boldsymbol{P},\boldsymbol{Q}$ 使 $\boldsymbol{P}^{-1}\boldsymbol{AQ}=\mathrm{diag}\{\lambda_1,\lambda_2,\cdots,\lambda_n\}$，其中 $\lambda_i>0\ (i=1,2,\cdots,n)$.

交换上式右矩阵的行列可使

$$\mathrm{diag}\{\lambda_1,\lambda_2,\cdots,\lambda_n\}\rightarrow\mathrm{diag}\{\lambda_1',\lambda_2',\cdots,\lambda_n'\}$$

其中 $\lambda_1' \geqslant \lambda_2' \geqslant \cdots \geqslant \lambda_n' > 0$，而交换行列只相当于矩阵左、右乘初等阵 $\boldsymbol{P}(i,j)$，而 $\boldsymbol{P}(i,j)$ 左右乘正交阵后仍为正交阵.

注 矩阵对角化(相似于对角阵)的某些结果及关系如下：

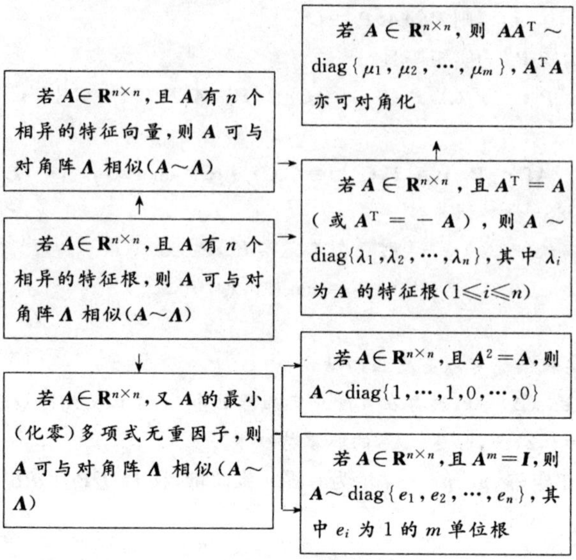

另外，若 $\boldsymbol{A}\in\mathbf{R}^{n\times n}$，且 $\mathrm{r}(\boldsymbol{A})=r$，则有可逆阵 $\boldsymbol{P},\boldsymbol{Q}$，使 $\boldsymbol{PAQ}=\mathrm{diag}\{1,\cdots,1,0,\cdots,0\}$($r$ 个 1).

又若 $\boldsymbol{A}\in\mathbf{R}^{n\times n}$，且 $\boldsymbol{A}^{\mathrm{T}}=\boldsymbol{A}$，则 $\boldsymbol{A}$ 可(正交)相似于对角阵，亦可合同于对角阵.

例 6 若 $\boldsymbol{A}$ 是 n 阶正定阵，$\boldsymbol{B}$ 是 n 阶实对称阵，则有非奇异阵 $\boldsymbol{P}$ 使 $\boldsymbol{P}^{\mathrm{T}}\boldsymbol{AP}=\boldsymbol{I}$，且 $\boldsymbol{P}^{\mathrm{T}}\boldsymbol{BP}=\mathrm{diag}\{\mu_1,\mu_2,\cdots,\mu_n\}$，其中 $\mu_i(i=1,2,\cdots,n)$ 是 $|\mu\boldsymbol{A}-\boldsymbol{B}|=0$ 的 n 个实根.

证 由 $\boldsymbol{A}$ 正定，有 $\boldsymbol{Q}$ 使 $\boldsymbol{Q}^{\mathrm{T}}\boldsymbol{AQ}=\boldsymbol{I}$. 又 $\boldsymbol{B}$ 对称，则 $\boldsymbol{Q}^{\mathrm{T}}\boldsymbol{BQ}$ 亦对称. 则存在正交阵 $\boldsymbol{U}$ 使

$$\boldsymbol{U}^{\mathrm{T}}(\boldsymbol{Q}^{\mathrm{T}}\boldsymbol{BQ})\boldsymbol{U}=\mathrm{diag}\{\mu_1,\mu_2,\cdots,\mu_n\}$$

其中 μ_i 是 $\boldsymbol{Q}^{\mathrm{T}}\boldsymbol{BQ}$ 的特征值.

又 $\boldsymbol{U}^{\mathrm{T}}\boldsymbol{Q}^{\mathrm{T}}\boldsymbol{AQU}=\boldsymbol{U}^{\mathrm{T}}\boldsymbol{IU}=\boldsymbol{I}$，记 $\boldsymbol{P}=\boldsymbol{QU}$，则

$$\boldsymbol{P}^{\mathrm{T}}\boldsymbol{AP}=\boldsymbol{I},\quad \boldsymbol{P}^{\mathrm{T}}\boldsymbol{BP}=\mathrm{diag}\{\lambda_1,\lambda_2,\cdots,\lambda_n\}$$

注意到

$$\boldsymbol{P}^{\mathrm{T}}(\mu\boldsymbol{A}-\boldsymbol{B})\boldsymbol{P}=\mathrm{diag}\{\mu-\mu_1,\mu-\mu_2,\cdots,\mu-\mu_n\}$$

故 $|\boldsymbol{P}|^2|\mu\boldsymbol{A}-\boldsymbol{B}|=\prod\limits_{i=1}^{n}(\mu-\mu_i)$，知 μ_i 是 $|\mu\boldsymbol{A}-\boldsymbol{B}|=0$ 的根.

注 这是一个十分重要的命题，用它可解决不少矩阵问题.

又关于矩阵同时对角化的问题，亦可见前文“矩阵的特征值和特征向量”一章中的例子. 这些结论或这种方法对于处理很多棘手的矩阵问题变得相对容易.

3. 加边矩阵的正定性讨论

下面是一些加边矩阵的行列式问题，本质上讲，它们属于二次型问题. 请看：

例 1 若 $\boldsymbol{A}$ 为 n 阶正定矩阵，且记 $\boldsymbol{x}=(x_1,x_2,\cdots,x_n)^{\mathrm{T}}$，试证明二次型 $f(x_1,x_2,\cdots,x_n)=\begin{vmatrix}\boldsymbol{A} & \boldsymbol{x}\\ \boldsymbol{x}^{\mathrm{T}} & 0\end{vmatrix}$ 负定(即 $f(x_1,x_2,\cdots,x_n)$ 为负定二次型).

证 令 $\boldsymbol{Q}=\begin{pmatrix}\boldsymbol{I} & -\boldsymbol{A}^{-1}\boldsymbol{x}\\ \boldsymbol{0} & 1\end{pmatrix}$，则 $|\boldsymbol{Q}|=1$. 对 $\boldsymbol{Q}^{\mathrm{T}}\begin{pmatrix}\boldsymbol{A} & \boldsymbol{x}\\ \boldsymbol{x}^{\mathrm{T}} & 0\end{pmatrix}\boldsymbol{Q}=\begin{pmatrix}\boldsymbol{A} & \boldsymbol{0}\\ \boldsymbol{0} & -\boldsymbol{x}^{\mathrm{T}}\boldsymbol{A}^{-1}\boldsymbol{x}\end{pmatrix}$ 两边取行列式，则

$$f(x_1,x_2,\cdots,x_n)=\begin{vmatrix}\boldsymbol{A} & \boldsymbol{0}\\ \boldsymbol{0} & -\boldsymbol{x}^{\mathrm{T}}\boldsymbol{A}^{-1}\boldsymbol{x}\end{vmatrix}=|\boldsymbol{A}|(-\boldsymbol{x}^{\mathrm{T}}\boldsymbol{A}^{-1}\boldsymbol{x})<0$$

由上式对任意非 $\boldsymbol{0}$ 的 $\boldsymbol{x}$ 成立，知 $f(x_1,x_2,\cdots,x_n)$ 负定.

例 2 设 $\boldsymbol{A}=(a_{ij})_{n\times n}$，且 $\boldsymbol{x}=(x_1,x_2,\cdots,x_n)^{\mathrm{T}}$，$\boldsymbol{y}=(y_1,y_2,\cdots,y_n)^{\mathrm{T}}$，又 $\boldsymbol{A}^*$ 是 $\boldsymbol{A}$ 的伴随矩阵. 试证：

(1) $\begin{vmatrix}\boldsymbol{A} & -\boldsymbol{y}\\ \boldsymbol{x}^{\mathrm{T}} & 0\end{vmatrix}=\boldsymbol{x}\boldsymbol{A}^*\boldsymbol{y}$；(2)若 $\boldsymbol{A}$ 是正定矩阵，则对 $\boldsymbol{x}\in\mathbf{R}^n$，且 $\boldsymbol{x}\neq\boldsymbol{0}$ 有 $\begin{vmatrix}\boldsymbol{A} & -\boldsymbol{x}\\ \boldsymbol{x}^{\mathrm{T}} & 0\end{vmatrix}>0$.

证 (1)设 a_{ij} 的代数余子式为 $A_{ij}(1\leqslant i,j\leqslant n)$. 将题设行列式按末列(或末行)展开可有

$$\begin{vmatrix}\boldsymbol{A} & -\boldsymbol{y}\\ \boldsymbol{x}^{\mathrm{T}} & 0\end{vmatrix}=\sum_{i,j=1}^{n}A_{ij}x_jy_i=(x_1,x_2,\cdots,x_n)\begin{pmatrix}A_{11} & A_{21} & \cdots & A_{n1}\\ A_{12} & A_{22} & \cdots & A_{n2}\\ \vdots & \vdots & & \vdots\\ A_{1n} & A_{2n} & \cdots & A_{nn}\end{pmatrix}\begin{pmatrix}y_1\\ y_2\\ \vdots\\ y_n\end{pmatrix}=\boldsymbol{x}^{\mathrm{T}}\boldsymbol{A}^{-1}\boldsymbol{y}$$

(2)若 $\boldsymbol{A}$ 正定，则 $\boldsymbol{A}^*$ 亦正定，从而对 $\boldsymbol{x}\neq\boldsymbol{0},\boldsymbol{x}\in\mathbf{R}^n$ 有

$$\begin{vmatrix}\boldsymbol{A} & -\boldsymbol{x}\\ \boldsymbol{x}^{\mathrm{T}} & 0\end{vmatrix}=\boldsymbol{x}^{\mathrm{T}}\boldsymbol{A}^*\boldsymbol{x}>0$$

注 问题(2)亦可由上例结论得到.

例 3 设 $\boldsymbol{A}=(a_{ij})_{n\times n}$，且为正定矩阵，又 $\boldsymbol{A}_{n-1}$ 为 $\boldsymbol{A}$ 的 $n-1$ 阶主子式. 证明 $\boldsymbol{a}^{\mathrm{T}}\boldsymbol{A}_{n-1}^*\boldsymbol{a}<a_{nn}|\boldsymbol{A}_{n-1}|$，其中 $\boldsymbol{a}=(a_{1n},a_{2n},\cdots,a_{n-1,n})^{\mathrm{T}}$.

证 由题设及行列式性质有

$$|\boldsymbol{A}|=\begin{vmatrix}\boldsymbol{A}_{n-1} & \boldsymbol{a}\\ \boldsymbol{a}^{\mathrm{T}} & a_{nn}\end{vmatrix}=\begin{vmatrix}\boldsymbol{A}_{n-1} & \boldsymbol{0}\\ \boldsymbol{a}^{\mathrm{T}} & a_{nn}\end{vmatrix}+\begin{vmatrix}\boldsymbol{A}_{n-1} & \boldsymbol{a}\\ \boldsymbol{a}^{\mathrm{T}} & 0\end{vmatrix}=a_{nn}|\boldsymbol{A}_{n-1}|-\begin{vmatrix}\boldsymbol{A}_{n-1} & -\boldsymbol{a}\\ \boldsymbol{a}^{\mathrm{T}} & 0\end{vmatrix}$$

由上例知 $\begin{vmatrix}\boldsymbol{A}_{n-1} & -\boldsymbol{a}\\ \boldsymbol{a}^{\mathrm{T}} & 0\end{vmatrix}=\boldsymbol{a}^{\mathrm{T}}\boldsymbol{A}^*\boldsymbol{a}$，又由 $\boldsymbol{A}$ 正定知

$$|\boldsymbol{A}|=a_{nn}|\boldsymbol{A}_{n-1}|-\begin{vmatrix}\boldsymbol{A}_{n-1} & -\boldsymbol{a}\\ \boldsymbol{a}^{\mathrm{T}} & 0\end{vmatrix}=a_{nn}|\boldsymbol{A}_{n-1}|-\boldsymbol{a}^{\mathrm{T}}\boldsymbol{A}_{n-1}^*\boldsymbol{a}>0$$

故 $\boldsymbol{a}^{\mathrm{T}}\boldsymbol{A}_{n-1}^*\boldsymbol{a}<a_{nn}|\boldsymbol{A}_{n-1}|$.

关于矩阵正定性判定常与某些不等式有关联. 下面的分块矩阵正定性的讨论就是属于这类问题.

例 4 若 $\widetilde{\boldsymbol{A}}=\begin{pmatrix}\boldsymbol{A} & \boldsymbol{\alpha}\\ \boldsymbol{\alpha} & b\end{pmatrix}$，其中 $\boldsymbol{A}\in\mathbf{R}^{n\times n}$ 是正定阵，$\boldsymbol{\alpha}\in\mathbf{R}^n$，$b\in\mathbf{R}$，则 $\widetilde{\boldsymbol{A}}$ 正定 $\Longleftrightarrow b>\boldsymbol{\alpha}^{\mathrm{T}}\boldsymbol{A}^{-1}\boldsymbol{\alpha}$.

证 令 $\boldsymbol{D}=\begin{pmatrix}\boldsymbol{I} & \boldsymbol{A}^{-1}\boldsymbol{\alpha}\\ \boldsymbol{0} & 1\end{pmatrix}$，则 $\boldsymbol{D}^{\mathrm{T}}\widetilde{\boldsymbol{A}}\boldsymbol{D}=\begin{pmatrix}\boldsymbol{A} & \boldsymbol{0}\\ \boldsymbol{0} & b-\boldsymbol{\alpha}^{\mathrm{T}}\boldsymbol{A}^{-1}\boldsymbol{\alpha}\end{pmatrix}$. 又 $\boldsymbol{A}$ 是正定阵，则

$$\widetilde{\boldsymbol{A}}\text{ 正定}\Longleftrightarrow\boldsymbol{D}^{\mathrm{T}}\widetilde{\boldsymbol{A}}\boldsymbol{D}\text{ 正定}\Longleftrightarrow b-\boldsymbol{\alpha}^{\mathrm{T}}\boldsymbol{A}^{-1}\boldsymbol{\alpha}>0$$

注 2005 年数(三)中 21 题是该命题的变形或推广情形.

4. 与正定矩阵有关的不等式问题

与正(负)定或半正定矩阵有关的不等式较多，但它们多是解析不等式的变形.

例 1 若 $\boldsymbol{a}_i\in\mathbf{R}^n$，且 $\boldsymbol{a}_i^{\mathrm{T}}\boldsymbol{a}_i=1$，又 $\boldsymbol{A}=(\boldsymbol{a}_1,\boldsymbol{a}_2,\cdots,\boldsymbol{a}_n)$ 为 n 阶矩阵. 求证 $|\det\boldsymbol{A}|\leqslant1$，等号当且仅当 $\boldsymbol{a}_1,\boldsymbol{a}_2,\cdots,\boldsymbol{a}_n$ 两两正交时成立.

证 由题设知 $\mathrm{r}(\boldsymbol{A})\geqslant1$，故 $\boldsymbol{A}^{\mathrm{T}}\boldsymbol{A}$ 是半正定矩阵，注意到

$$\boldsymbol{A}^{\mathrm{T}}\boldsymbol{A}=\begin{pmatrix}\boldsymbol{a}_1^{\mathrm{T}}\boldsymbol{a}_1 & \boldsymbol{a}_1^{\mathrm{T}}\boldsymbol{a}_2 & \cdots & \boldsymbol{a}_1^{\mathrm{T}}\boldsymbol{a}_n\\ \boldsymbol{a}_2^{\mathrm{T}}\boldsymbol{a}_1 & \boldsymbol{a}_2^{\mathrm{T}}\boldsymbol{a}_2 & \cdots & \boldsymbol{a}_2^{\mathrm{T}}\boldsymbol{a}_n\\ \vdots & \vdots & & \vdots\\ \boldsymbol{a}_n^{\mathrm{T}}\boldsymbol{a}_1 & \boldsymbol{a}_n^{\mathrm{T}}\boldsymbol{a}_2 & \cdots & \boldsymbol{a}_n^{\mathrm{T}}\boldsymbol{a}_n\end{pmatrix}$$

由前例可有 $|\boldsymbol{A}|^2=|\boldsymbol{A}^{\mathrm{T}}\boldsymbol{A}|\leqslant\prod_{k=1}^{n}\boldsymbol{a}_k^{\mathrm{T}}\boldsymbol{a}_k=1$,即 $|\det\boldsymbol{A}|\leqslant 1$.

又若 $|\det\boldsymbol{A}|=1$,则 $|\boldsymbol{A}^{\mathrm{T}}\boldsymbol{A}|=1$,知 $\mathrm{r}(\boldsymbol{A}^{\mathrm{T}}\boldsymbol{A})=n$,从而 $\boldsymbol{A}^{\mathrm{T}}\boldsymbol{A}$ 是正定矩阵.

又 $\boldsymbol{\alpha}_i$ 是单位向量,而 $|\boldsymbol{A}^{\mathrm{T}}\boldsymbol{A}|=\prod_{k=1}^{n}\boldsymbol{a}_k^{\mathrm{T}}\boldsymbol{a}_k=1$.用数学归纳法可证:

若 n 阶实正定对称矩阵 $\boldsymbol{A}=(a_{ij})_{n\times n}$,则 $|\boldsymbol{A}|=\prod_{k=1}^{n}a_{kk}$,当且仅当 $\boldsymbol{A}$ 是对角阵.

从而 $\boldsymbol{a}_i^{\mathrm{T}}\boldsymbol{a}_i=0\ (i\neq j,1\leqslant i,j\leqslant n)$.

反之,若 $\boldsymbol{A}\boldsymbol{A}^{\mathrm{T}}$ 半正定,其只有有限多个特征根,故存在 $\lambda>0$ 使

$$|-\lambda\boldsymbol{I}-\boldsymbol{A}^{\mathrm{T}}\boldsymbol{A}|\neq 0\quad 或\quad |\lambda\boldsymbol{I}+\boldsymbol{A}^{\mathrm{T}}\boldsymbol{A}|\neq 0$$

由 $\boldsymbol{A}^{\mathrm{T}}\boldsymbol{A}$ 半正定,$\lambda\boldsymbol{I}$ 正定,则 $\lambda\boldsymbol{I}+\boldsymbol{A}^{\mathrm{T}}\boldsymbol{A}$ 正定.

而

$$\lambda\boldsymbol{I}+\boldsymbol{A}^{\mathrm{T}}\boldsymbol{A}=\begin{pmatrix}\lambda+\boldsymbol{a}_1^{\mathrm{T}}\boldsymbol{a}_1 & \boldsymbol{a}_1^{\mathrm{T}}\boldsymbol{a}_2 & \cdots & \boldsymbol{a}_1^{\mathrm{T}}\boldsymbol{a}_n\\ \boldsymbol{a}_2^{\mathrm{T}}\boldsymbol{a}_1 & \lambda+\boldsymbol{a}_2^{\mathrm{T}}\boldsymbol{a}_2 & \cdots & \boldsymbol{a}_2^{\mathrm{T}}\boldsymbol{a}_n\\ \vdots & \vdots & & \vdots\\ \boldsymbol{a}_n^{\mathrm{T}}\boldsymbol{a}_1 & \boldsymbol{a}_n^{\mathrm{T}}\boldsymbol{a}_2 & \cdots & \lambda+\boldsymbol{a}_n^{\mathrm{T}}\boldsymbol{a}_n\end{pmatrix}\tag{*}$$

故

$$|\lambda\boldsymbol{I}+\boldsymbol{A}^{\mathrm{T}}\boldsymbol{A}|\leqslant\prod_{k=1}^{n}(\lambda+\boldsymbol{a}_k^{\mathrm{T}}\boldsymbol{a}_k)$$

由 $\boldsymbol{a}_i^{\mathrm{T}}\boldsymbol{a}_j=0\ (i\neq j;1\leqslant i,j\leqslant n)$,及式(*)知 $|\lambda\boldsymbol{I}+\boldsymbol{A}^{\mathrm{T}}\boldsymbol{A}|\leqslant\prod_{k=1}^{n}(\lambda+\boldsymbol{a}_k^{\mathrm{T}}\boldsymbol{a}_k)$ 对无穷多个 λ 等式成立,特别地,令 $\lambda=0$,则

$$|\boldsymbol{A}|^2=|\boldsymbol{A}^{\mathrm{T}}\boldsymbol{A}|=\prod_{k=1}^{n}\boldsymbol{a}_k^{\mathrm{T}}\boldsymbol{a}_k$$

例 2 若 $\boldsymbol{A}=(a_{ij})_{n\times n}$ 为 n 阶正定矩阵,则:(1) $\max\limits_{1\leqslant i,j\leqslant n}|a_{ij}|$ 必在 $\boldsymbol{A}$ 的主对角线上;(2) $|a_{ij}|<\sqrt{a_{ii}a_{jj}}$,其中 $i\neq j$.

证 (1)反证法.若不然,设 $|a_{kl}|=\max\limits_{1\leqslant i,j\leqslant n}|a_{ij}|$,且 $k\neq l$,则 $2|a_{kl}|\geqslant|a_{kk}|+|a_{ll}|$.

由题设 $\boldsymbol{A}$ 正定,任意 $\boldsymbol{x}\in\mathbf{R}^n$ 且 $\boldsymbol{x}\neq\boldsymbol{0}$,有 $\boldsymbol{x}^{\mathrm{T}}\boldsymbol{A}\boldsymbol{x}>0$.

取 $\boldsymbol{x}_1=\boldsymbol{e}_k+\boldsymbol{e}_l,\boldsymbol{x}_2=\boldsymbol{e}_k-\boldsymbol{e}_l$,则有

$$\boldsymbol{x}_1^{\mathrm{T}}\boldsymbol{A}\boldsymbol{x}_1=a_{kk}+a_{ll}+2a_{kl}>0,\quad \boldsymbol{x}_2^{\mathrm{T}}\boldsymbol{A}\boldsymbol{x}_2=a_{kk}+a_{ll}-2a_{kl}>0$$

故 $a_{kk}+a_{ll}>2a_{kl}$,由 $a_{kk}>0,a_{ll}>0$,知 $2|a_{kl}|<|a_{kk}|+|a_{ll}|$,与前设矛盾!从而前设不为真,命题为真.

(2)由题设 $\boldsymbol{A}$ 正定,从而主子式(注意到 $a_{ii}>0,a_{jj}>0$)

$$\begin{vmatrix}a_{ii} & a_{ij}\\ a_{ji} & a_{jj}\end{vmatrix}=a_{ii}a_{jj}-a_{ij}^2>0$$

这里注意到由 $\boldsymbol{A}^{\mathrm{T}}=\boldsymbol{A}$,有 $a_{ij}=a_{ji}$,从而 $|a_{ij}|<\sqrt{a_{ii}a_{jj}}$.

注 若(2)成立,则结论(1)还可证如:

设 a_{kk} 为 $\boldsymbol{A}$ 的主对角线上的最大元素,由(2)有

$$|a_{ij}|<\sqrt{a_{ii}a_{jj}}\leqslant\sqrt{a_{kk}a_{kk}}=a_{kk}$$

例 3 若 $\boldsymbol{x},\boldsymbol{y}\in\mathbf{R}^n,\boldsymbol{A}\in\mathbf{R}^{n\times n}$.(1)若 $\boldsymbol{A}$ 半正定,则 $(\boldsymbol{x}^{\mathrm{T}}\boldsymbol{A}\boldsymbol{y})^2\leqslant(\boldsymbol{x}^{\mathrm{T}}\boldsymbol{A}\boldsymbol{x})(\boldsymbol{y}^{\mathrm{T}}\boldsymbol{A}\boldsymbol{y})$;(2)若 $\boldsymbol{A}$ 正定,则 $(\boldsymbol{x}^{\mathrm{T}}\boldsymbol{y})^2\leqslant(\boldsymbol{x}^{\mathrm{T}}\boldsymbol{A}\boldsymbol{y})(\boldsymbol{x}^{\mathrm{T}}\boldsymbol{A}^{-1}\boldsymbol{y})$.

证 为了方便,这里有时记内积或数积 $(\boldsymbol{x},\boldsymbol{y})=\boldsymbol{x}^{\mathrm{T}}\boldsymbol{y}$,易证

$$(\boldsymbol{x},\boldsymbol{y})^2\leqslant(\boldsymbol{x},\boldsymbol{x})(\boldsymbol{y},\boldsymbol{y})\quad(三角不等式)$$

(1)若 $\boldsymbol{A}$ 半正定,则有 $\boldsymbol{Q}$ 使 $\boldsymbol{A}=\boldsymbol{Q}^{\mathrm{T}}\boldsymbol{Q}$.故

$$(x^{T}Ay)^2=(x^{T}Q^{T}Qy)^2=[(Qx)^{T}(Qy)]^2=(Qx,Qy)^2$$
$$\leqslant(Qx,Qx)(Qy,Qy)=(x^{T}Q^{T}Qx)(y^{T}Q^{T}Qy)=(x^{T}Ax)(y^{T}Ay)$$

(2)若 A 正定,亦有 Q 使 $A=Q^{T}Q=Q^2$,且 Q 正定.这时

$$(x^{T}y)^2=(x^{T}Q^{T}Q^{-1}y)^2=(Qx,Q^{-1}y)^2\leqslant(Qx,Qx)(Q^{-1}y,Q^{-1}y)$$
$$=(x^{T}Q^{T}Qx)[y^{T}(Q^{-1})^{T}(Q^{-1}y)]$$
$$=[x^{T}(Q^{T}Q)x][y^{T}(Q^{T}Q)^{-1}y]=(x^{T}Ax)(y^{T}A^{-1}y)$$

这里注意到 $Q^2=A$ 及 $(Q^{-1})^{T}=(Q^{T})^{-1}$.

注 问题(1)还可以证如:

证:当 $y=0$ 时,不等式显然成立.

当 $y\neq 0$ 时,考虑下面算式

$$(x+ty)^{T}A(x+ty)=x^{T}Ax+t^2y^{T}Ay+2tx^{T}Ay$$

由 $(x+ty)^{T}A(x+ty)\geqslant 0$,知上式对一切实数 t 皆成立,故其视为 t 的二次三项式,知其判别式

$$\Delta=b^2-4ac=4(x^{T}Ay)^2-4(x^{T}Ax)(y^{T}Ay)\leqslant 0\Rightarrow(x^{T}Ay)^2\leqslant(x^{T}Ax)(y^{T}Ay)$$

上式等号当且仅当 $x+ty=0$ 即 x,y 线性相关时成立.

以下几例与矩阵的行列式有关.

例4 若 $A,B\in\mathbf{R}^{n\times n}$,且 A 半正定,B 正定.则:(1) $|A+I|\geqslant 1$,等号当且仅当 $A=O$ 时成立;(2) $|A+B|\geqslant|B|$,等号当且仅当 $A=O$ 时成立.

证 (1)由题设 A 半正定,则有正交阵 P 使 $P^{-1}AP=\mathrm{diag}\{\lambda_1,\lambda_2,\cdots,\lambda_n\}$,其中 $\lambda_i\geqslant 0(i=1,2,\cdots,n)$ 为 A 的特征根.则

$$|A+I|=|P^{-1}||A+I||P|=|P^{-1}(A+I)P|=|P^{-1}AP+I|=|\mathrm{diag}\{\lambda_1+1,\lambda_2+1,\cdots,\lambda_n+1\}|\geqslant 1$$

其中等号当且仅当 $A=O$ 时成立.

(2)由题设 A 半正定,B 正定,则有 P,Q 使 $A=P^{T}P,B=Q^{T}Q$.

再令 $C=\begin{pmatrix}Q\\P\end{pmatrix}$,则有 $|B|=|Q^{T}Q|\leqslant|C^{T}C|=|Q^{T}Q+P^{T}P|=|A+B|$.

例5 若 $A,B,A-B$ 均为半正定矩阵,证明 $|B|\leqslant|A|$.

证 若 $|B|=0$,由 A 半正定,则 $|A|\geqslant 0$,故 $|B|\leqslant|A|$.若 $|B|\neq 0$,则 B 为正定矩阵.则有正定阵 G 使 $B=G^2$.

故 $\tilde{A}=(G^{-1})^{T}AG^{-1}=G^{-1}AG^{-1}$ 为正定,故有正交阵 Q 使

$$Q^{T}\tilde{A}Q=\mathrm{diag}\{\lambda_1,\lambda_2,\cdots,\lambda_n\},\quad \lambda_i\geqslant 0\quad(i=1,2,\cdots,n)$$

又 $A-B$ 半正定,则 $(G^{-1})^{T}(A-B)G^{-1}=G^{-1}(A-B)G^{-1}$ 亦为半正定.而

$$Q^{-1}[G^{-1}(A-B)G^{-1}]Q=\mathrm{diag}\{\lambda_1,\lambda_2,\cdots,\lambda_n\}-I=\mathrm{diag}\{\lambda_1-1,\lambda_2-1,\cdots,\lambda_n-1\}$$

且 $\lambda_i-1\geqslant 0$,即 $\lambda_i\geqslant 1\ (i=1,2,\cdots,n)$.故

$$|B|^{-1}|A|=|G^{-2}||A|=|G^{-1}AG^{-1}|=\prod_{i=1}^{n}\lambda_i\geqslant 1$$

由 $|B|^{-1}|A|\geqslant 1$,有 $|A|\geqslant|B|$.

下面的例子还涉及分块矩阵问题.

例6 若分块矩阵 $A=\begin{pmatrix}A_{11}&A_{12}\\A_{21}&A_{22}\end{pmatrix}$ 是半正定矩阵,则 $|A|\leqslant|A_{11}||A_{22}|$.

证 若 $|A|=0$,由 A 半正定,知其主子式 $|A_{11}|\geqslant 0$,$|A_{22}|\geqslant 0$,则 $|A|\leqslant|A_{11}||A_{22}|$.

若 $|A|\neq 0$,知 A 满秩,从而 A 正定,这样其主子式 $|A_{11}|>0$,$|A_{22}|>0$,且 A_{11},A_{22} 皆正定.

令 $D=\begin{pmatrix}I&-A_{11}^{-1}A_{22}\\O&I\end{pmatrix}$,则 $D^{T}AD=\begin{pmatrix}A_{11}&O\\O&A_{22}-A_{21}A_{11}^{-1}A_{12}\end{pmatrix}$ 也是正定矩阵.

故 $\boldsymbol{A}_{22}-\boldsymbol{A}_{21}\boldsymbol{A}_{11}^{-1}\boldsymbol{A}_{12}$ 为正定矩阵. 又由 $\boldsymbol{A}_{21}\boldsymbol{A}_{11}^{-1}\boldsymbol{A}_{12}=(\boldsymbol{A}_{12})\boldsymbol{A}_{11}^{-1}\boldsymbol{A}_{12}$ 半正定,则 $\boldsymbol{A}_{22}-(\boldsymbol{A}_{22}-\boldsymbol{A}_{21}\boldsymbol{A}_{11}^{-1}\boldsymbol{A}_{12})$ 半正定.

由上例知 $|\boldsymbol{A}_{22}|\geqslant|\boldsymbol{A}_{22}-\boldsymbol{A}_{21}\boldsymbol{A}_{11}^{-1}\boldsymbol{A}_{12}|$,故 $|\boldsymbol{A}|=|\boldsymbol{A}_{11}||\boldsymbol{A}_{22}-\boldsymbol{A}_{21}\boldsymbol{A}_{11}^{-1}\boldsymbol{A}_{12}|\leqslant|\boldsymbol{A}_{11}||\boldsymbol{A}_{22}|$.

注 用数学归纳法我们还可以将结论推广为:

若半正定阵 $\boldsymbol{A}=\begin{pmatrix}\boldsymbol{A}_{11} & \boldsymbol{A}_{12} & \cdots & \boldsymbol{A}_{1n}\\ \boldsymbol{A}_{21} & \boldsymbol{A}_{22} & \cdots & \boldsymbol{A}_{2n}\\ \vdots & \vdots & & \vdots\\ \boldsymbol{A}_{n1} & \boldsymbol{A}_{n2} & \cdots & \boldsymbol{A}_{nn}\end{pmatrix}$,其中 $\boldsymbol{A}_{ij}\,(1\leqslant i,j\leqslant n)$ 为子块阵,则 $|\boldsymbol{A}|\leqslant\prod\limits_{k=1}^{n}|\boldsymbol{A}_{kk}|$.

这样一来对于正定矩阵 $\boldsymbol{A}=(a_{ij})_{n\times n}$ 的阿达玛不等式 $|\boldsymbol{A}|\leqslant a_{11}\cdot a_{22}\cdot\cdots\cdot a_{nn}$ 只是它的特例(见后面的例子).

下面是我们在上例的注中已说过的一个著名不等式问题.

例 7 若 n 阶阵 $\boldsymbol{A}=(a_{ij})_{n\times n}$ 对称正定,试证 $|\boldsymbol{A}|=\det\boldsymbol{A}\leqslant a_{11}\cdot a_{22}\cdot\cdots\cdot a_{nn}$(阿达玛不等式).

证 用数学归纳法. 当 $k=1$ 时命题当然为真.

若设 $k=n-1$ 时命题为真,今考虑 $k=n$ 的情形. 令 $\boldsymbol{A}_{n-1}$ 是 $\boldsymbol{A}$ 的顺序主子式,又设 $\boldsymbol{a}^{\mathrm{T}}=(a_{1n},a_{2n},\cdots,a_{n,n-1})$,则

$$\boldsymbol{A}=\begin{pmatrix}\boldsymbol{A}_{n-1} & \boldsymbol{a}\\ \boldsymbol{a}^{\mathrm{T}} & a_{nn}\end{pmatrix}$$

若 $\boldsymbol{a}=\boldsymbol{0}$,则 $|\boldsymbol{A}|=a_{nn}|\boldsymbol{A}_{n-1}|$.

由归纳假设知 $|\boldsymbol{A}_{n-1}|\leqslant a_{11}\cdot a_{22}\cdot\cdots\cdot a_{n-1,n-1}$,从而 $|\boldsymbol{A}|\leqslant a_{11}\cdot a_{22}\cdot\cdots\cdot a_{nn}$.

若 $\boldsymbol{a}\neq\boldsymbol{0}$,则

$$|\boldsymbol{A}|=\begin{vmatrix}\boldsymbol{A}_{n-1} & \boldsymbol{a}\\ \boldsymbol{a}^{\mathrm{T}} & 0\end{vmatrix}+\begin{vmatrix}\boldsymbol{A}_{n-1} & \boldsymbol{0}\\ \boldsymbol{a}^{\mathrm{T}} & a_{nn}\end{vmatrix}$$

又由题设矩阵 $\boldsymbol{A}$ 正定,知 $\begin{vmatrix}\boldsymbol{A}_{n-1} & \boldsymbol{a}\\ \boldsymbol{a}^{\mathrm{T}} & 0\end{vmatrix}\leqslant 0$. 故 $|\boldsymbol{A}|\leqslant|\boldsymbol{A}_{n-1}|a_{nn}=a_{11}\cdot a_{22}\cdot\cdots\cdot a_{nn}$.

即 $k=n$ 时命题为真,从而对任何自然数 n 命题为真.

此外还有 $\det\boldsymbol{A}=a_{11}\cdot a_{22}\cdot\cdots\cdot a_{nn}\Longleftrightarrow a_{ij}=0\ (i\neq j;i,j=1,2,\cdots,n)$.

注 1 关于 $\begin{vmatrix}\boldsymbol{A}_{n-1} & \boldsymbol{a}\\ \boldsymbol{a}^{\mathrm{T}} & 0\end{vmatrix}\leqslant 0$ 的证明如下(类似的证法亦可见前文):

由 $\boldsymbol{A}_{n-1}$ 是 $\boldsymbol{A}$ 的 $n-1$ 阶主子式,由 $\boldsymbol{A}$ 正定知 $\boldsymbol{A}_{n-1}$ 正定,且 $\boldsymbol{A}$ 可逆. 考虑

$$\begin{pmatrix}\boldsymbol{I}_{n-1} & \boldsymbol{0}\\ -\boldsymbol{a}^{\mathrm{T}}\boldsymbol{A}_{n-1}^{-1} & 1\end{pmatrix}\begin{pmatrix}\boldsymbol{A}_{n-1} & \boldsymbol{a}\\ \boldsymbol{a}^{\mathrm{T}} & 0\end{pmatrix}=\begin{pmatrix}\boldsymbol{A}_{n-1} & \boldsymbol{a}\\ \boldsymbol{0} & -\boldsymbol{a}^{\mathrm{T}}\boldsymbol{A}_{n-1}^{-1}\boldsymbol{a}\end{pmatrix}$$

两边取行列式,即

$$\begin{vmatrix}\boldsymbol{A}_{n-1} & \boldsymbol{a}\\ \boldsymbol{a}^{\mathrm{T}} & 0\end{vmatrix}=-\boldsymbol{a}^{\mathrm{T}}\boldsymbol{A}_{n-1}^{-1}\boldsymbol{a}\,|\boldsymbol{A}_{n-1}|$$

由 $|\boldsymbol{A}_{n-1}|>0$,及 $-\boldsymbol{a}^{\mathrm{T}}\boldsymbol{A}_{n-1}^{-1}\boldsymbol{a}\leqslant 0$,故 $\begin{vmatrix}\boldsymbol{A}_{n-1} & \boldsymbol{a}\\ \boldsymbol{a}^{\mathrm{T}} & 0\end{vmatrix}\leqslant 0$.

其实我们还可以有更强的结论:

命题 1:若 $\boldsymbol{A}=(\boldsymbol{a}_{ij})_{n\times n}$ 是正定对称阵,则 $\det\begin{pmatrix}\boldsymbol{A} & \boldsymbol{y}\\ \boldsymbol{y}^{\mathrm{T}} & 0\end{pmatrix}$ 是 $\boldsymbol{y}=(y_1,y_2,\cdots,y_n)^{\mathrm{T}}$ 的负定二次型.

略证:由设知 $|\boldsymbol{A}|>0$,且 $\boldsymbol{A}$ 可逆. 取 $\boldsymbol{Q}=\begin{pmatrix}\boldsymbol{I}_n & -\boldsymbol{A}^{-1}\boldsymbol{y}\\ \boldsymbol{0} & 1\end{pmatrix}$,则 $|\boldsymbol{Q}|=1$. 注意到

$$Q^{\mathrm{T}}\begin{pmatrix}\boldsymbol{A} & \boldsymbol{y}\\ \boldsymbol{y}^{\mathrm{T}} & 0\end{pmatrix}Q=\begin{pmatrix}\boldsymbol{I}_n & \boldsymbol{0}\\ -\boldsymbol{y}^{\mathrm{T}}\boldsymbol{A}^{-1} & 1\end{pmatrix}\begin{pmatrix}\boldsymbol{A} & \boldsymbol{y}\\ \boldsymbol{y}^{\mathrm{T}} & 0\end{pmatrix}\begin{pmatrix}\boldsymbol{I}_n & -\boldsymbol{A}^{-1}\boldsymbol{y}\\ \boldsymbol{0} & 1\end{pmatrix}=\begin{pmatrix}\boldsymbol{A} & \boldsymbol{0}\\ \boldsymbol{0} & -\boldsymbol{y}^{\mathrm{T}}\boldsymbol{A}^{-1}\boldsymbol{y}\end{pmatrix}$$

两边取行列式 $\begin{vmatrix}\boldsymbol{A} & \boldsymbol{y}\\ \boldsymbol{y}^{\mathrm{T}} & 0\end{vmatrix}=-(\boldsymbol{y}^{\mathrm{T}}\boldsymbol{A}^{-1}\boldsymbol{y})\,|\boldsymbol{A}|$，因 $|\boldsymbol{A}|>0$，又 $\boldsymbol{A}$ 正定，故 $\boldsymbol{A}^{-1}$ 亦正定，从而若 $\boldsymbol{y}\neq 0$，则 $-\boldsymbol{y}^{\mathrm{T}}\boldsymbol{A}^{-1}\boldsymbol{y}<0\Rightarrow\det\begin{pmatrix}\boldsymbol{A} & \boldsymbol{y}\\ \boldsymbol{y}^{\mathrm{T}} & 0\end{pmatrix}=\begin{vmatrix}\boldsymbol{A} & \boldsymbol{y}\\ \boldsymbol{y}^{\mathrm{T}} & 0\end{vmatrix}$ 是负定二次型. 注意到，行列式 $\begin{vmatrix}\boldsymbol{A} & \boldsymbol{y}\\ \boldsymbol{y}^{\mathrm{T}} & 0\end{vmatrix}$ 是关于 $\boldsymbol{y}$ 的二次型.

注 2 例还可以考虑下面的证法：

令 $\boldsymbol{B}=\boldsymbol{DAD}$，其中 $\boldsymbol{D}=\mathrm{diag}\left\{\frac{1}{\sqrt{a_{11}}},\frac{1}{\sqrt{a_{22}}},\cdots,\frac{1}{\sqrt{a_{nn}}}\right\}$，可证 $\det\boldsymbol{B}\leqslant 1$.

因 $\boldsymbol{A}$ 为正定阵，关于 $a_{ii}>0\ (i=1,2,\cdots,n)$ 见下面的注.

注 3 关于正定矩阵还有许多重要而有趣的不等式性质，比如(详见前文例)：

(1) 若 $\boldsymbol{A}=(a_{ij})_{n\times n}$ 为正定矩阵：$a_{ii}>0\ (i=1,2,\cdots,n)$.

只需考虑到 $a_{ii}=\boldsymbol{e}_i^{\mathrm{T}}\boldsymbol{A}\boldsymbol{e}_i>0\ (i=1,2,\cdots,n)$ 即可，其中 $\boldsymbol{e}_i$ 为单位阵的第 i 列.

(2) 若 $\boldsymbol{A},\boldsymbol{B}\in\mathbf{R}^{n\times n}$，且均为正定阵，则

$$\det[\lambda\boldsymbol{A}+(1-\lambda)\boldsymbol{B}]\geqslant(\det\boldsymbol{A})^{\lambda}(\det\boldsymbol{B})^{1-\lambda},\quad 0\leqslant\lambda\leqslant 1$$

证明见下面的例子.

注 4 此外我们还可以证明下面的命题.

命题 2：若 $\boldsymbol{M}=(m_{ij})_{n\times n}$ 为可逆矩阵，则 $|\boldsymbol{M}|^2\leqslant\prod\limits_{j=1}^{n}\left(\sum\limits_{i=1}^{n}m_{ij}^2\right)$.

这只需注意到，若 $\boldsymbol{M}$ 可逆，则 $\boldsymbol{M}^{\mathrm{T}}\boldsymbol{M}$ 正定即可.

例 8 若 $\boldsymbol{A},\boldsymbol{B}\in\mathbf{R}^{n\times n}$ 对称正定，又 $\alpha\in[0,1]$，则有 $\det[\alpha\boldsymbol{A}+(1-\alpha)\boldsymbol{B}]\geqslant(\det\boldsymbol{A})^{\alpha}(\det\boldsymbol{B})^{1-\alpha}$.

证 令 $\boldsymbol{C}\equiv\boldsymbol{B}^{-1}\boldsymbol{A}$，则 $\boldsymbol{C}$ 正定，且设 $\lambda_1,\lambda_2,\cdots,\lambda_n$ 为其特征根，则

$$\det[\alpha\boldsymbol{A}+(1-\alpha)\boldsymbol{B}]=\det\{\boldsymbol{B}[\alpha\boldsymbol{B}^{-1}\boldsymbol{A}+(1-\alpha)\boldsymbol{I}]\}=\det\boldsymbol{B}\det[\alpha\boldsymbol{C}+(1-\alpha)\boldsymbol{I}]$$

注意到 $\boldsymbol{B}$ 正定，知 $\det\boldsymbol{B}>0$，故题设不等式等价于

$$\det[\alpha\boldsymbol{C}+(1-\alpha)\boldsymbol{I}]\geqslant(\det\boldsymbol{A})^{\alpha}(\det\boldsymbol{B})^{-\alpha}=[\det(\boldsymbol{B}^{-1}\boldsymbol{A})]^{\alpha}=(\det\boldsymbol{C})^{\alpha}$$

或

$$\prod_{i=1}^{n}(\alpha\lambda_i+1-\alpha)\geqslant\left(\prod_{i=1}^{n}\lambda_i\right)^{\alpha}=\prod_{i=1}^{n}\lambda_i^{\alpha}$$

这样只需证 $\alpha t+(1-\alpha)\geqslant t^{\alpha}$，这里 $\alpha\in[0,1]$.

令 $f(\alpha)=t^{\alpha}$，这样只需证 $\alpha f(1)+(1-\alpha)f(0)\geqslant f(\alpha)$，$\alpha\in[0,1]$.

由 $f(\alpha)=t^{\alpha}$ 是凸函数，上面不等式显然成立，等号当且仅当 $\alpha=0$ 或 1 时成立.

最后我们来看一个涉及正定矩阵的极值问题(它是不等式问题的推广或引申)，类似的例子，我们后文还将叙及.

例 9 若 $\boldsymbol{x}\in\mathbf{R}^n$，且 $\boldsymbol{x}=(x_1,x_2,\cdots,x_n)$，试证 $\sum\limits_{k=1}^{n}x_k^2-\sum\limits_{k=1}^{n-1}x_kx_{k+1}>0$，且求其最小值，并求在 $x_n=1$ 下的最小值.

证 由题设 $f(\boldsymbol{x})=\sum\limits_{k=1}^{n}x_k^2-\sum\limits_{k=1}^{n-1}x_kx_{k+1}=\boldsymbol{xAx}^{\mathrm{T}}$，则

$$\boldsymbol{A}=\begin{pmatrix}1 & -\frac{1}{2} & & & \\ -\frac{1}{2} & 1 & & & \\ & \ddots & \ddots & \ddots & \\ & & -\frac{1}{2} & 1 & -\frac{1}{2}\\ & & & -\frac{1}{2} & 1\end{pmatrix}$$

其各阶顺序主子式 $A_m=\dfrac{m+1}{2^m}$，$m=1,2,\cdots,n$，知 $\boldsymbol{A}$ 正定.

从而 $f(\boldsymbol{x})=\boldsymbol{x}\boldsymbol{A}\boldsymbol{x}^{\mathrm{T}}$ 仅当 $\boldsymbol{x}=\boldsymbol{0}$ 时取最小值 $f_{\min}(\boldsymbol{x})=0$.

又当 $x_n=1$ 时，记 $\boldsymbol{A}=\begin{pmatrix}\boldsymbol{A}_{n-1} & \boldsymbol{\alpha}^{\mathrm{T}}\\ \boldsymbol{\alpha} & 1\end{pmatrix}$，其中 $\boldsymbol{\alpha}=\left(0,\cdots,0,-\dfrac{1}{2}\right)\in\mathbf{R}^{n-1}$，再取

$$\boldsymbol{P}=\begin{pmatrix}\boldsymbol{I}_{n-1} & \boldsymbol{O}\\ -\boldsymbol{\alpha}\boldsymbol{A}_{n-1}^{-1} & 1\end{pmatrix}\Rightarrow\boldsymbol{P}\boldsymbol{A}\boldsymbol{P}^{\mathrm{T}}=\begin{pmatrix}\boldsymbol{A}_{n-1} & \\ & a\end{pmatrix}$$

这里 $a=1-\boldsymbol{\alpha}\boldsymbol{A}_{n-1}^{-1}\boldsymbol{\alpha}^{\mathrm{T}}$. 令 $\tilde{\boldsymbol{x}}=(x_1,x_2,\cdots,x_{n-1},1)$，从而

$$f(\boldsymbol{x})=\boldsymbol{x}\boldsymbol{A}\boldsymbol{x}^{\mathrm{T}}=\tilde{\boldsymbol{x}}\boldsymbol{P}^{-1}\begin{pmatrix}\boldsymbol{A}_{n-1} & \\ & a\end{pmatrix}\boldsymbol{P}\tilde{\boldsymbol{x}}^{\mathrm{T}}=\tilde{\boldsymbol{y}}\begin{pmatrix}\boldsymbol{A}_{n-1} & \\ & a\end{pmatrix}\tilde{\boldsymbol{y}}^{\mathrm{T}}$$

这里 $\tilde{\boldsymbol{y}}=\tilde{\boldsymbol{x}}\boldsymbol{P}^{-1}=(\boldsymbol{y},1)$.

由 $\boldsymbol{y}\boldsymbol{A}_{n-1}\boldsymbol{y}^{\mathrm{T}}\geqslant0$，从而 $x_n=1$ 时，$f(\boldsymbol{x})$ 的最小值为 $a=1-\boldsymbol{\alpha}\boldsymbol{A}_{n-1}^{-1}\boldsymbol{\alpha}^{\mathrm{T}}$.

5. 杂例

这是一个涉及矩阵特征根根界的例子，甚耐人寻味.

例 1 若 $\boldsymbol{A},\boldsymbol{B}$ 均为 n 阶实对称矩阵. 又 $\boldsymbol{A}$ 的特征根全大于 a，$\boldsymbol{B}$ 的特征根全大于 b，试证 $\boldsymbol{A}+\boldsymbol{B}$ 的特征根全大于 $a+b$.

证 设 λ 为 $\boldsymbol{A}+\boldsymbol{B}$ 的任一特征根，其相应特征向量 $\boldsymbol{x}\neq\boldsymbol{0}$ 且使 $(\boldsymbol{A}+\boldsymbol{B})\boldsymbol{x}=\lambda\boldsymbol{x}$.

由 $[(\boldsymbol{A}-a\boldsymbol{I})+(\boldsymbol{B}-b\boldsymbol{I})]\boldsymbol{x}=[(\boldsymbol{A}+\boldsymbol{B})-(a+b)\boldsymbol{I}]\boldsymbol{x}=[\lambda-(a+b)]\boldsymbol{x}$，知 $\lambda-(a+b)$ 为实对称阵 $(\boldsymbol{A}-a\boldsymbol{I})+(\boldsymbol{B}-b\boldsymbol{I})$ 的特征根.

设 μ 为 $\boldsymbol{A}-a\boldsymbol{I}$ 的任一特征根，且有 $\boldsymbol{y}\neq\boldsymbol{0}$，使 $(\boldsymbol{A}-a\boldsymbol{I})\boldsymbol{y}=\mu\boldsymbol{y}$，即

$$\boldsymbol{A}\boldsymbol{y}=(a+\mu)\boldsymbol{y}$$

从而 $a+\mu$ 为 $\boldsymbol{A}$ 的特征值. 又由题设知 $a+\mu>a$，故 $\mu>0$.

此即说 $\boldsymbol{A}-a\boldsymbol{I}$ 的任一特征根均为正值，故实对称阵 $\boldsymbol{A}-a\boldsymbol{I}$ 为正定阵.

同理，矩阵 $\boldsymbol{B}-b\boldsymbol{I}$ 为正定阵.

这样 $(\boldsymbol{A}-a\boldsymbol{I})+(\boldsymbol{B}-b\boldsymbol{I})$ 亦为正定矩阵，从而 $\lambda-(a+b)>0$，即 $\boldsymbol{A}+\boldsymbol{B}$ 的任一特征根皆大于 $a+b$.

下面是更一般的结论.

例 2 (1)若 $\boldsymbol{A}$ 为 n 阶实对称阵，其特征值在区间 $[a,b]$ 上的充要条件是：对 $\lambda_0<a$，有 $\boldsymbol{A}-\lambda_0\boldsymbol{I}$ 正定，对 $\lambda_0>b$，有 $\boldsymbol{A}-\lambda_0\boldsymbol{I}$ 负定；(2)若 $\boldsymbol{A},\boldsymbol{B}$ 皆为 n 阶实对称阵，又 $\boldsymbol{A}$ 的特征值在区间 $[a,b]$ 上，$\boldsymbol{B}$ 的特征值在区间 $[c,d]$ 上，则 $\boldsymbol{A}+\boldsymbol{B}$ 的特征值在区间 $[a+c,b+d]$ 上.

证 (1)设 $\boldsymbol{A}$ 有特征根 $\lambda_1,\lambda_2,\cdots,\lambda_n$，由

$$|\lambda\boldsymbol{I}-(\boldsymbol{A}-\lambda_0\boldsymbol{I})|=|(\lambda+\lambda_0)\boldsymbol{I}-\boldsymbol{A}|$$

知 $\lambda+\lambda_0=\lambda_i$，从而 $\lambda=\lambda_i-\lambda_0$ 是 $\boldsymbol{A}-\lambda_0\boldsymbol{I}$ 的特征值，其中 $1\leqslant i\leqslant n$. 这样

不等式 $a\leqslant\lambda_i\leqslant b\ (1\leqslant i\leqslant n)$ 成立 $\Longleftrightarrow$ 对任意 λ_0 有 $a-\lambda_0\leqslant\lambda_i-\lambda_0\leqslant b-\lambda_0\ (1\leqslant i\leqslant n)$

$\Longleftrightarrow$ 若 $\lambda_0<a$，$\lambda_i-\lambda_0>0$；若 $\lambda_0>b$，$\lambda_i-\lambda_0<0\ (1\leqslant i\leqslant n)$

$\Longleftrightarrow$ 若 $\lambda_0<a$，则 $\boldsymbol{A}-\lambda_0\boldsymbol{I}$ 是正定阵；若 $\lambda_0>b$，则 $\boldsymbol{A}-\lambda_0\boldsymbol{I}$ 是负定阵

(2)对任意实数 λ_0 考虑矩阵 $\boldsymbol{A}+\boldsymbol{B}-\lambda_0\boldsymbol{I}$.

当 $\lambda_0<a+c$ 时，令 $\lambda_0=\lambda_1+\lambda_2$，其中 $\lambda_1<a$，$\lambda_2<c$. 由题设 $\boldsymbol{A}$ 的特征值在 $[a,b]$ 上，则由(1)知 $\boldsymbol{A}-\lambda_1\boldsymbol{I}$ 和 $\boldsymbol{B}-\lambda_2\boldsymbol{I}$ 是正定的.

故 $(\boldsymbol{A}+\boldsymbol{B})-\lambda_0\boldsymbol{I}=(\boldsymbol{A}-\lambda_1\boldsymbol{I})+(\boldsymbol{B}-\lambda_2\boldsymbol{I})$ 是正定矩阵.

当 $\lambda_0>b+d$ 时，令 $\lambda_0=\mu_1+\mu_2$，其中 $\mu_1>b$，$\mu_2>d$，由题设及(1)知 $\boldsymbol{A}-\mu_1\boldsymbol{I}$ 和 $\boldsymbol{B}-\mu_1\boldsymbol{I}$ 是负定的.

故 $(\boldsymbol{A}+\boldsymbol{B})-\lambda_0\boldsymbol{I}=(\boldsymbol{A}-\mu_1\boldsymbol{I})+(\boldsymbol{B}-\mu_2\boldsymbol{I})$ 是负定的.

再由(1)知,$\boldsymbol{A}+\boldsymbol{B}$ 的特征值位于区间$[a+c,b+d]$上.

注1 如此一来前例可视为本例的特殊情形,这只需注意到:

若实对称矩阵 $\boldsymbol{A},\boldsymbol{B}$ 的特征根分别大于 a 和 b,又它们个数有限,则有正实数 ε 和 δ,以及实数 m 使 $\boldsymbol{A},\boldsymbol{B}$ 的特征根分别落在区间$[a+\varepsilon,m]$和$[b+\delta,m]$上,从而 $\boldsymbol{A}+\boldsymbol{B}$ 的特征根落在$[a+b+\varepsilon+\delta,2m]$上,注意到 ε 和 δ 为正数,知$\boldsymbol{A}+\boldsymbol{B}$ 的特征根全都大于 $a+b$.

注2 此题亦为1988年美国加州大学伯克利分校博士学位水平测试题.它的另证详见后文.

研究生入学考试试题选讲

1978～1986 年部分

1. 二次型

(1)化二次型为标准形

例1 试用正交变换将二次型 $f(x,y,z)=2x^2+2y^2+3z^2+2xy$ 化为标准形(法式),并写出所用的正交变换.(上海交通大学等八院校,1985)

解 由
$$f(x,y,z)=2x^2+2y^2+3z^2+2xy=(x,y,z)\begin{pmatrix}2&1&0\\1&2&0\\0&0&3\end{pmatrix}\begin{pmatrix}x\\y\\z\end{pmatrix}$$

故其对应矩阵 $\boldsymbol{A}=\begin{pmatrix}2&1&0\\1&2&0\\0&0&3\end{pmatrix}$,而 $\boldsymbol{A}$ 的特征方程为$|\lambda\boldsymbol{I}-\boldsymbol{A}|=0$,即
$$\begin{vmatrix}\lambda-2&-1&0\\-1&\lambda-2&0\\0&0&\lambda-3\end{vmatrix}=0$$
或
$$(\lambda-1)(\lambda-3)^2=0$$
故得特征根 $\lambda_1=1,\lambda_2=\lambda_3=3$.

对应于特征根 $\lambda=1$ 的特征向量可由$(\boldsymbol{I}-\boldsymbol{A})\boldsymbol{x}=\boldsymbol{0}$ 即
$$\begin{pmatrix}-1&-1&0\\-1&-1&0\\0&0&-2\end{pmatrix}\begin{pmatrix}x_1\\x_2\\x_3\end{pmatrix}=\begin{pmatrix}0\\0\\0\end{pmatrix}$$
解得,故对应于 $\lambda=1$ 的全部特征向量为$(x_1,x_2,x_3)^{\mathrm{T}}=(-k,k,0)^{\mathrm{T}}$.

取 $k=1$ 得一特征向量为$(-1,1,0)^{\mathrm{T}}$,将其标准化为 $\boldsymbol{\xi}_1=\left(-\frac{1}{\sqrt{2}},\frac{1}{\sqrt{2}},0\right)^{\mathrm{T}}$.

对应于特征根 $\lambda=3$ 的特征向量可由$(3\boldsymbol{I}-\boldsymbol{A})\boldsymbol{x}=\boldsymbol{0}$ 即
$$\begin{pmatrix}1&-1&0\\-1&1&0\\0&0&0\end{pmatrix}\begin{pmatrix}x_1\\x_2\\x_3\end{pmatrix}=\begin{pmatrix}0\\0\\0\end{pmatrix}$$
解得,故对应于 $\lambda=3$ 的全部特征向量为$(x_1,x_2,x_3)^{\mathrm{T}}=(k,k,l)^{\mathrm{T}}$.

取 $k=1,l=0$ 和 $k=0,l=1$ 得二特征向量为$(1,1,0)^{\mathrm{T}}$ 和$(0,0,1)^{\mathrm{T}}$,将其标准化为 $\boldsymbol{\xi}_2=\left(\frac{1}{\sqrt{2}},\frac{1}{\sqrt{2}},0\right)^{\mathrm{T}}$

和 $\boldsymbol{\xi}_3=(0,0,1)^{\mathrm{T}}$. 因此有正交矩阵

$$\boldsymbol{T}=(\boldsymbol{\xi}_1,\boldsymbol{\xi}_2,\boldsymbol{\xi}_3)=\begin{pmatrix}-\frac{1}{\sqrt{2}} & \frac{1}{\sqrt{2}} & 0\\ \frac{1}{\sqrt{2}} & \frac{1}{\sqrt{2}} & 0\\ 0 & 0 & 1\end{pmatrix}$$

且在此正交变换

$$\begin{cases}x=-\frac{1}{\sqrt{2}}x_1+\frac{1}{\sqrt{2}}y_1\\ y=\frac{1}{\sqrt{2}}x_1+\frac{1}{\sqrt{2}}y_1\\ z=z_1\end{cases}$$

作用下二次型 f 即可化为标准形 $f=x_1^2+3y_1^2+3z_1^2$.

例 2 设二次型 $f(x_1,x_2,x_3)=3x_1^2+3x_2^2+5x_3^2+4x_1x_3-4x_2x_3$. (1)写出二次型的矩阵表示;(2)求正交阵 $\boldsymbol{P}$,作变换 $(x_1,x_2,x_3)^{\mathrm{T}}=\boldsymbol{P}(y_1,y_2,y_3)^{\mathrm{T}}$,化二次型为 y_1,y_2,y_3 的平方和.(清华大学,1984)

解 (1)二次型的矩阵表示为

$$f(x_1,x_2,x_3)=(x_1,x_2,x_3)\begin{pmatrix}3 & 0 & 2\\ 0 & 3 & -2\\ 2 & -2 & 5\end{pmatrix}\begin{pmatrix}x_1\\ x_2\\ x_3\end{pmatrix}$$

(2)$\boldsymbol{A}$ 的特征方程为 $|\boldsymbol{A}-\lambda\boldsymbol{I}|=(3-\lambda)(\lambda-7)(\lambda-1)=0$,解得特征值为

$$\lambda_1=1,\quad \lambda_2=3,\quad \lambda_3=7$$

由 $(\boldsymbol{A}-\lambda_i\boldsymbol{I})\boldsymbol{x}=\boldsymbol{0}(i=1,2,3,4)$,可求得相应于 $\lambda_1,\lambda_2,\lambda_3$ 的特征向量

$$\boldsymbol{x}_1=(-1,1,1)^{\mathrm{T}},\quad \boldsymbol{x}_2=(1,1,0)^{\mathrm{T}},\quad \boldsymbol{x}_3=(1,-1,2)^{\mathrm{T}}$$

将它们规范化(单位化)后,可得

$$\boldsymbol{P}=\begin{pmatrix}-\frac{1}{\sqrt{3}} & \frac{1}{\sqrt{2}} & \frac{1}{\sqrt{6}}\\ \frac{1}{\sqrt{3}} & \frac{1}{\sqrt{2}} & -\frac{1}{\sqrt{6}}\\ \frac{1}{\sqrt{3}} & 0 & \frac{2}{\sqrt{6}}\end{pmatrix}$$

且 $\boldsymbol{P}^{\mathrm{T}}\boldsymbol{A}\boldsymbol{P}=\mathrm{diag}\{1,3,7\}=\boldsymbol{\Lambda}$,令 $\boldsymbol{x}=\boldsymbol{P}\boldsymbol{y}$,可有

$$f(x_1,x_2,x_3)=\boldsymbol{x}^{\mathrm{T}}\boldsymbol{A}\boldsymbol{x}=\boldsymbol{y}^{\mathrm{T}}\boldsymbol{P}^{\mathrm{T}}\boldsymbol{A}\boldsymbol{P}\boldsymbol{y}=\boldsymbol{y}^{\mathrm{T}}\boldsymbol{\Lambda}\boldsymbol{y}=y_1^2+3y_2^2+7y_3^2$$

将二次型化为标准形问题,除了运用矩阵特征问题方法外,还可用配方办法,请看例子.

例 3 用非退化线性变换将二次型 $f=x_1x_2+x_3x_4+\cdots+x_{2n-1}x_{2n}$ 化为标准形.(北京广播学院,1981)

解 考虑非退化线性变换

$$\begin{cases}x_1=y_1+y_2\\ x_2=y_1-y_2\\ \vdots\\ x_{2n-1}=y_{2n-1}+y_{2n}\\ x_{2n}=y_{2n-1}-y_{2n}\end{cases}$$

即 $\boldsymbol{x}=\boldsymbol{P}\boldsymbol{y}$，其中

$$\boldsymbol{x}=(x_1,x_2,\cdots,x_n)^{\mathrm{T}},\quad \boldsymbol{y}=(x_1,y_2,\cdots,y_n)^{\mathrm{T}}$$

$$\boldsymbol{P}=\begin{pmatrix}1&1&&&&&\\1&-1&&&&&\\&&1&1&&&\\&&1&-1&&&\\&&&&\ddots&&\\&&&&&1&1\\&&&&&1&-1\end{pmatrix}$$

注意到 $|\boldsymbol{P}|=\begin{vmatrix}1&1\\1&-1\end{vmatrix}^n=(-2)^n\neq0$，知其非奇异，故变换非退化. 故

$$f=\sum_{i=1}^{n}x_{2i-1}x_{2i}=\sum_{i=1}^{n}(y_{2i-1}^2-y_{2i}^2)=\sum_{i=1}^{n}y_{2i-1}^2-\sum_{i=1}^{n}y_{2i}^2$$

下面是一道二次型的综合问题，它涉及矩阵的最大特征值问题.

例 4 对一般实 n 元二次型 $f=\boldsymbol{x}^{\mathrm{T}}\boldsymbol{A}\boldsymbol{x}$，其中 $\boldsymbol{x}=(x_1,x_2,\cdots,x_n)^{\mathrm{T}}$，证明该二次型 f 在 $x_1^2+x_2^2+\cdots+x_n^2=1$ 下的最大值，恰为矩阵 $\boldsymbol{A}$ 的最大特征值.（清华大学，1984）

证 由 $\boldsymbol{A}$ 为实对称矩阵，故存在正交阵 $\boldsymbol{P}$ 使 $\boldsymbol{P}^{\mathrm{T}}\boldsymbol{A}\boldsymbol{P}=\mathrm{diag}\{\lambda_1,\lambda_2,\cdots,\lambda_n\}$，其中 $\lambda_i(i=1,2,\cdots,n)$ 为 $\boldsymbol{A}$ 的特征值，且它们皆为实数.

考虑变换 $\boldsymbol{x}=\boldsymbol{P}\boldsymbol{y}$，其中 $\boldsymbol{y}=(y_1,y_2,\cdots,y_n)^{\mathrm{T}}$，则

$$f=\boldsymbol{x}^{\mathrm{T}}\boldsymbol{A}\boldsymbol{x}=\boldsymbol{y}^{\mathrm{T}}\boldsymbol{P}^{\mathrm{T}}\boldsymbol{A}\boldsymbol{P}\boldsymbol{y}=\lambda_1y_1^2+\lambda_2y_2^2+\cdots+\lambda_ny_n^2$$

又
$$\sum_{i=1}^{n}x_i^2=\boldsymbol{x}^{\mathrm{T}}\boldsymbol{x}=(\boldsymbol{P}\boldsymbol{y})^{\mathrm{T}}(\boldsymbol{P}\boldsymbol{y})=\boldsymbol{y}^{\mathrm{T}}\boldsymbol{P}^{\mathrm{T}}\boldsymbol{P}\boldsymbol{y}=\boldsymbol{y}^{\mathrm{T}}\boldsymbol{y}=\sum_{i=1}^{n}y_i^2$$

故 $f=\boldsymbol{x}^{\mathrm{T}}\boldsymbol{A}\boldsymbol{x}$ 在 $\sum\limits_{i=1}^{n}x_i^2=1$ 下的最大值，即是 $f=\sum\limits_{i=1}^{n}\lambda_iy_i^2$ 在 $\sum\limits_{i=1}^{n}y_i^2=1$ 下的最大特征值.

设 λ_1 为 $\boldsymbol{A}$ 的最大特征值，则一方面 $f=\sum\limits_{i=1}^{n}\lambda_iy_i^2\leqslant\lambda_1\left(\sum\limits_{i=1}^{n}y_i^2\right)=\lambda_1$；另一方面，取 $(y_1,y_2,\cdots,y_n)=(1,0,\cdots,0)$，它显然满足 $\sum\limits_{i=1}^{n}y_i^2=1$，但这时 $f=\lambda_1$（即取到 λ_1）.

故在 $\sum\limits_{i=1}^{n}x_i^2=1$ 时，$f_{\max}=\lambda_1$.

注 1 该例我们在矩阵的特征值和特征向量一章曾有介绍（只是问题提法不同）. 此外，本题还可证如（用拉格朗日乘子法）：

证：设 $F(x_1,x_2,\cdots,x_n)=f(x_1,x_2,\cdots,x_n)-\lambda(x_1^2+x_2^2+\cdots+x_n^2)$.

由条件（方程）$\dfrac{\partial F}{\partial x_i}=0(i=1,2,\cdots,n)$，即

$$\begin{cases}\dfrac{1}{2}\cdot\dfrac{\partial F}{\partial x_1}=(a_{11}-\lambda)x_1+a_{12}x_2+\cdots+a_{1n}x_n=0\\ \dfrac{1}{2}\cdot\dfrac{\partial F}{\partial x_2}=(a_{21}-\lambda)x_1+(a_{22}-\lambda)x_2+\cdots+a_{2n}x_n=0\\ \qquad\vdots\\ \dfrac{1}{2}\cdot\dfrac{\partial F}{\partial x_n}=(a_{n1}-\lambda)x_1+a_{n2}x_2+\cdots+(a_{nn}-\lambda)x_n=0\end{cases}\qquad ①$$

消去 $x_1,x_2,\cdots,x_n$ 得关于 λ 的 n 次方程

$$\begin{vmatrix} a_{11}-\lambda & a_{12} & \cdots & a_{1n} \\ a_{21} & a_{22}-\lambda & \cdots & a_{2n} \\ \vdots & \vdots & & \vdots \\ a_{n1}-\lambda & a_{n2} & \cdots & a_{nn}-\lambda \end{vmatrix}=0 \qquad ②$$

若 λ 是上面方程的根，则有不全为零的 $x_1,x_2,\cdots,x_n$ 满足式①. 以 $x_1,x_2,\cdots,x_n$ 分别乘式①中诸式，再求和，有

$$f(x_1,x_2,\cdots,x_n)-\lambda(x_1^2+x_2^2+\cdots+x_n^2)=0$$

由题设 $x_1^2+x_2^2+\cdots+x_n^2=1$，则有 $f(x_1,x_2,\cdots,x_n)=\lambda$. 即若 λ 满足式②，则 λ 在对应点 $(x_1,x_2,\cdots,x_n)$ 的值为 λ.

注 2 与之类似的命题如：

命题：若 $\boldsymbol{x}^0=(x_1^0,x_2^0,\cdots,x_n^0)$ 是实二次型 $f=\boldsymbol{x}^{\mathrm{T}}\boldsymbol{A}\boldsymbol{x}$ 在 $\sum_{i=1}^{n}x_i^2=1$ 的极值点，则或者 $\boldsymbol{A}\boldsymbol{x}^0=\boldsymbol{0}$ 或者 $\boldsymbol{x}^0$ 是 $\boldsymbol{A}$ 的特征向量.（兰州大学，1980）

仿注 1 的证法，由式①可有

$$\boldsymbol{A}(x_1,x_2,\cdots,x_n)^{\mathrm{T}}=\lambda(x_1,x_2,\cdots,x_n)^{\mathrm{T}}$$

故 $\boldsymbol{A}\boldsymbol{x}^0=\lambda\boldsymbol{x}^0$，此即说 $\boldsymbol{x}^0$ 或为 $\boldsymbol{A}\boldsymbol{x}=\boldsymbol{0}$ 的根（$\lambda=0$ 时）或为 $\boldsymbol{A}$ 的特征向量（$\lambda\neq 0$）.

(2)二次型几何应用及其他

二次型化为标准形问题有着深刻的几何背景，说得简单一些，即是将某些几何图形（曲线、曲面、几何体）方程通过平移和旋转变换化成标准标方程.

如图 1 中的椭圆在 $\{O;x,y\}$ 系下的方程

$$ax^2+bxy+cy^2+dx+ey+f=0$$

即为一般二次型，而在 $\{O';x',y'\}$ 系下即为标准形

$$\frac{x'^2}{a^2}+\frac{y'^2}{b^2}=1$$

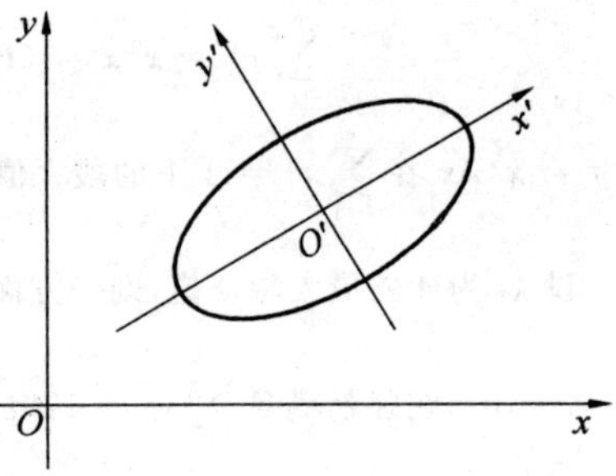

图 1

例 设 $ax^2+by^2+cz^2+2exy+2fyz+2gzx=1$ 为一椭球面，试证其三个半轴的长恰为 $\boldsymbol{A}=\begin{pmatrix} a & e & g \\ e & b & f \\ g & f & c \end{pmatrix}$ 的三个特征值平方根的倒数.（北京航空学院，1982）

证 由椭球的三个半轴恰为 $\rho=\sqrt{x^2+y^2+z^2}$ 的极值，又函数 $\rho=\sqrt{x^2+y^2+z^2}$ 与 $\varphi=x^2+y^2+z^2$ 有相同的极值. 记

$$F(x,y,z)=x^2+y^2+z^2-\frac{1}{\lambda}(ax^2+by^2+cz^2+2exy+2fyz+2gzx-1)$$

令 $F'_x=F'_y=F'_z=0$，有

$$\begin{cases} (a-\lambda)x+ey+gz=0 & ① \\ ex+(b-\lambda)y+fz=0 & ② \\ gx+fy+(c-\lambda)z=0 & ③ \end{cases}$$

易知上面方程组有非零解 $\Longleftrightarrow \begin{vmatrix} a-\lambda & e & g \\ e & b-\lambda & f \\ g & f & c-\lambda \end{vmatrix}=0$.

此恰为矩阵 $\boldsymbol{A}$ 的特征（多项式）方程 $|\boldsymbol{A}-\lambda\boldsymbol{I}|=0$，故 λ 恰好为其 $\boldsymbol{A}$ 的特征根.

又题设椭球面有心且非退化二次曲线，则$|\boldsymbol{A}|\neq 0$.

式①·x+式②·y+式③·z，得

$$\lambda(x^2+y^2+z^2)=ax^2+by^2+cz^2+2exy+2fyz+2gzx=1$$

从而 $x^2+y^2+z^2=\dfrac{1}{\lambda_i}$，即 $\sqrt{x^2+y^2+z^2}=\dfrac{1}{\sqrt{\lambda_i}}(i=1,2,3)$.

注 注意到题设椭球面方程实则为$(x,y,z)\boldsymbol{A}(x,y,z)^{\mathrm{T}}=1$.

2. 矩阵及二次型正定问题

(1)矩阵正定问题

在二次型问题中，还有所谓"正定"、"负定"等问题. 当然，它通常仍是通过矩阵去处理的. 我们先来看看关于矩阵正定判别的例子.

例 1 若 $\boldsymbol{A}$ 是 n 阶正定矩阵，证明 $\boldsymbol{A}^{-1}$ 也是正定矩阵.(东北工学院，1984)

证 由 $\boldsymbol{A}$ 是正定阵，则有非奇异阵 $\boldsymbol{P}$ 使 $\boldsymbol{P}^{\mathrm{T}}\boldsymbol{A}\boldsymbol{P}=\boldsymbol{I}$. 又 $\boldsymbol{I}=\boldsymbol{I}^{-1}=(\boldsymbol{P}^{\mathrm{T}}\boldsymbol{A}\boldsymbol{P})^{-1}=\boldsymbol{P}^{-1}\boldsymbol{A}^{-1}(\boldsymbol{P}^{-1})^{\mathrm{T}}$. 故 $\boldsymbol{A}^{-1}$ 是正定阵.

注 1 结论还可以用矩阵特征问题理论去证，注意到，若 λ_i 为 $\boldsymbol{A}$ 的特征根，则 $\dfrac{1}{\lambda_i}$ 为 $\boldsymbol{A}^{-1}$ 的特征根即可. 又注意到 $\lambda_i>0\ (i=1,2,\cdots,n)$.

注 2 问题还可证如：由 $\boldsymbol{A}$ 是正定阵，则二次型 $\boldsymbol{x}^{\mathrm{T}}\boldsymbol{A}\boldsymbol{x}$ 是正定二次型.

作线性变换 $\boldsymbol{x}=\boldsymbol{A}^{-1}\boldsymbol{y}$，由 $\boldsymbol{A}$ 对称，则 $\boldsymbol{A}^{-1}$ 亦对称.

故 $\boldsymbol{x}^{\mathrm{T}}\boldsymbol{A}\boldsymbol{x}=\boldsymbol{y}^{\mathrm{T}}(\boldsymbol{A}^{-1})^{\mathrm{T}}\boldsymbol{A}\boldsymbol{A}^{-1}\boldsymbol{y}=\boldsymbol{y}^{\mathrm{T}}\boldsymbol{A}^{-1}\boldsymbol{y}$，从而 $\boldsymbol{y}^{\mathrm{T}}\boldsymbol{A}^{-1}\boldsymbol{y}$ 为正定二次型，故 $\boldsymbol{A}^{-1}$ 为正定矩阵.

关于负定矩阵，我们前文曾有介绍. 对于一个对称矩阵 $\boldsymbol{A}\in\mathbf{R}^{n\times n}$ 来讲，若任何非零向量 $\boldsymbol{x}\in\mathbf{R}^n$ 均有 $\boldsymbol{x}^{\mathrm{T}}\boldsymbol{A}\boldsymbol{x}<0$，则 $\boldsymbol{A}$ 称为负定矩阵，显然，若 $\boldsymbol{A}$ 为正定矩阵，则 $-\boldsymbol{A}$ 为负定矩阵. 下面的例子涉及矩阵负定问题.

例 2 试证：若 n 阶矩阵 $\boldsymbol{A}=(a_{ij})_{n\times n}$ 是正定的，则 $a_{ii}>0$；是负定的，则$a_{ii}<0$，这里 $i=1,2,\cdots,n$.(成都地质学院，1984)

证 若 $\boldsymbol{A}$ 是正定的，则恒有

$$f(x_1,x_2,\cdots,x_n)=\boldsymbol{x}^{\mathrm{T}}\boldsymbol{A}\boldsymbol{x}=\sum_{i=j=1}^{n}a_{ij}x_ix_j>0$$

当且仅当 $x_1=x_2=\cdots=x_n=0$ 时，$f(x_1,x_2,\cdots,x_n)=0$.

今取 $x_j=0(j=1,2,\cdots,i-1,i+1,\cdots,n)$，$x_i=1(i=1,2,\cdots,n)$，则由

$$f(0,\cdots0,x_i,0,\cdots,0)=a_{ii}x_ix_i>0\Rightarrow a_{ii}>0\quad(i=1,2,\cdots,n)$$

若 $\boldsymbol{A}$ 是负定的，则 $g(x_1,x_2,\cdots,x_n)=\sum\limits_{i,j=1}^{n}(-a_{ij})x_ix_j$ 是正定的.

由上证明知$-a_{ii}>0$，即 $a_{ii}<0(i=1,2,\cdots,n)$.

但若 $\boldsymbol{A}$ 可逆但非负定，亦有可能$|\boldsymbol{A}|<0$，请看下列的命题：

例 3 若 $\boldsymbol{A}$ 是正定矩阵，则 $\boldsymbol{A}^*$ 也是正定矩阵.(北京师范大学，1982)

证 1 由题设 $\boldsymbol{A}$ 是正定矩阵，故 $\boldsymbol{A}$ 的特征根$\lambda_i>0\ (i=1,2,\cdots,n)$，知矩阵 $\boldsymbol{A}$ 非奇异(可逆).

又 $\boldsymbol{A}^*=|\boldsymbol{A}|\boldsymbol{A}^{-1}$，故 $\boldsymbol{A}^*$ 的全部特征根为 $\lambda_i^*=\dfrac{|\boldsymbol{A}|}{\lambda_i}\ (i=1,2,\cdots,n)$.

由 $\boldsymbol{A}$ 正定，故$|\boldsymbol{A}|>0$，从而 $\lambda_i^*>0(i=1,2,\cdots,n)$，因此 $\boldsymbol{A}^*$ 正定.

证 2 由设 $\boldsymbol{A}$ 正定，则有非奇异阵 $\boldsymbol{Q}$ 使 $\boldsymbol{A}=\boldsymbol{Q}\boldsymbol{Q}^{\mathrm{T}}$(条件是充要的).

从而 $\boldsymbol{A}^*=(\boldsymbol{Q}\boldsymbol{Q}^{\mathrm{T}})^*=(\boldsymbol{Q}^{\mathrm{T}})^*\boldsymbol{Q}^*=(\boldsymbol{Q}^*)^{\mathrm{T}}\boldsymbol{Q}^*$，知 $\boldsymbol{A}^*$ 是正定阵.

注 1 注意到$(\boldsymbol{A}\boldsymbol{B})^*=\boldsymbol{B}^*\boldsymbol{A}^*$及正定矩阵可表示为 $\boldsymbol{Q}\boldsymbol{Q}^{\mathrm{T}}$(充要条件)的事实.

注 2 $\boldsymbol{A}$ 为半正定时，$\boldsymbol{A}^*$ 亦为半正定阵.

例 4 设 $\boldsymbol{A}$ 是实对称矩阵，则存在实数 m，使当 $\mu\geqslant m$ 时，$\mu\boldsymbol{I}+\boldsymbol{A}$ 总是正定的.(华东师范大学，1984)

证 由设 $\boldsymbol{A}$ 对称，则 $(\mu\boldsymbol{I}+\boldsymbol{A})^{\mathrm{T}}=\mu\boldsymbol{I}+\boldsymbol{A}^{\mathrm{T}}=\mu\boldsymbol{I}+\boldsymbol{A}$，知其也对称.若记矩阵

$$\boldsymbol{A}=\begin{pmatrix} a_{11} & a_{12} & \cdots & a_{1n} \\ a_{21} & a_{22} & \cdots & a_{2n} \\ \vdots & \vdots & & \vdots \\ a_{n1} & a_{n2} & \cdots & a_{nn} \end{pmatrix}$$

考虑 $\mu\boldsymbol{I}+\boldsymbol{A}$ 的顺序主子式

$$D_k(\mu)=\begin{vmatrix} a_{11}+\mu & a_{12} & \cdots & a_{1k} \\ a_{21} & a_{22}+\mu & \cdots & a_{2k} \\ \vdots & \vdots & & \vdots \\ a_{k1} & a_{k2} & \cdots & a_{kk}+\mu \end{vmatrix}\quad (k=1,2,\cdots,n)$$

显然有 $m>0$，使当 $\mu\geqslant m$ 时，有 $a_{ij}+\mu>\sum\limits_{i\neq j}|a_{ij}|,i=1,2,\cdots,n$.(对角占优阵)

从而 $D_k(\mu)>0(k=1,2,\cdots,n)$. 即 $\mu\geqslant m$ 时，$\mu\boldsymbol{A}+\boldsymbol{A}$ 是正定的.

注 本题可解如：由 $\boldsymbol{A}$ 是实对称阵，有非奇异阵 $\boldsymbol{P}$ 使

$$\boldsymbol{P}^{-1}\boldsymbol{AP}=\mathrm{diag}\{\lambda_1,\lambda_2,\cdots,\lambda_n\}=\boldsymbol{\Lambda}$$

又 $\boldsymbol{P}^{-1}(\mu\boldsymbol{I}+\boldsymbol{A})\boldsymbol{P}=\boldsymbol{P}^{-1}(\mu\boldsymbol{I})\boldsymbol{P}+\boldsymbol{P}^{-1}\boldsymbol{AP}=\mu\boldsymbol{I}+\lambda=\mathrm{diag}\{\mu+\lambda_1,\mu+\lambda_2,\cdots,\mu+\lambda_n\}$

取 $m>\min\{\lambda_1,\lambda_2,\cdots,\lambda_n\}$，当 $\mu\geqslant m$ 时，$\mu+\lambda_i>0(i=1,2,\cdots,n)$，知 $\boldsymbol{P}^{-1}(\mu\boldsymbol{I}+\boldsymbol{A})\boldsymbol{P}$ 正定，从而 $\mu\boldsymbol{I}+\boldsymbol{P}$ 亦正定.

例 5 设 $x_0,x_1,\cdots,x_n$ 是两两相异的数，且 $k\leqslant n$，又

$$\boldsymbol{V}=\begin{pmatrix} 1 & 1 & \cdots & 1 \\ x_0 & x_1 & \cdots & x_n \\ x_0^2 & x_1^2 & \cdots & x_n^2 \\ \vdots & \vdots & & \vdots \\ x_0^k & x_1^k & \cdots & x_n^k \end{pmatrix}$$

求证：矩阵 $\boldsymbol{VV}^{\mathrm{T}}$ 为正定矩阵.(南京邮电学院，1984)

证 设 $\boldsymbol{\alpha}=(\alpha_1,\alpha_2,\cdots,\alpha_{k+1})^{\mathrm{T}}$ 是任意非零向量，则

$$\boldsymbol{\alpha}^{\mathrm{T}}\boldsymbol{VV}^{\mathrm{T}}\boldsymbol{\alpha}=(\boldsymbol{V}^{\mathrm{T}}\boldsymbol{\alpha})^{\mathrm{T}}(\boldsymbol{V}^{\mathrm{T}}\boldsymbol{\alpha})=\Big(\sum_{i=1}^{k}x_0^i\alpha_{i+1}\Big)^2+\Big(\sum_{i=1}^{k}x_1^i\alpha_{i+1}\Big)^2+\cdots+\Big(\sum_{i=1}^{k}x_n^i\alpha_{i+1}\Big)^2\geqslant 0$$

今证 $\boldsymbol{\alpha}^{\mathrm{T}}\boldsymbol{VV}^{\mathrm{T}}\boldsymbol{\alpha}\neq 0$. 用反证法. 若 $\boldsymbol{\alpha}^{\mathrm{T}}\boldsymbol{VV}^{\mathrm{T}}\boldsymbol{\alpha}=0$，由上应有

$$\sum_{i=1}^{k}x_j^i\alpha_{i+1}=0\quad(j=1,2,\cdots,n)$$

上式可视为 $\alpha_i(i=1,2,\cdots,k+1)$ 的线性方程组，从中取任意 $k+1$ 个方程，不妨取前$k+1$个方程组成方程组

$$\sum_{i=1}^{k}x_j^i\alpha_{i+1}=0\quad(j=1,2,\cdots,k)\tag{*}$$

方程组系数矩阵行列式为范德蒙行列式

$$\begin{vmatrix} 1 & x_0 & \cdots & x_0^k \\ 1 & x_1 & \cdots & x_1^k \\ \vdots & \vdots & & \vdots \\ 1 & x_k & \cdots & x_k^k \end{vmatrix}=\prod_{0\leqslant j<i\leqslant k}(x_i-x_j)\neq 0$$

故方程组(*)仅有零解.这与$\boldsymbol{\alpha}$非零相抵!

因此$\boldsymbol{\alpha}^{\mathrm{T}}\boldsymbol{V}\boldsymbol{V}^{\mathrm{T}}\boldsymbol{\alpha}>0$,由于$\boldsymbol{\alpha}$是任意非零向量,故$\boldsymbol{V}\boldsymbol{V}^{\mathrm{T}}$正定.

注1 若$\boldsymbol{V}$是方阵,则证明轻松多了.

首先由题设知$\boldsymbol{V}$是满秩矩阵(注意到$x_0,x_1,x_2,\cdots,x_n$两两相异).又$(\boldsymbol{V}\boldsymbol{V}^{\mathrm{T}})^{\mathrm{T}}=(\boldsymbol{V}^{\mathrm{T}})^{\mathrm{T}}\boldsymbol{V}=\boldsymbol{V}\boldsymbol{V}^{\mathrm{T}}$,知其对称.且对任意$\boldsymbol{x}\in\mathbf{R}^n$,若$\boldsymbol{x}\neq\boldsymbol{0}$,由$\boldsymbol{x}(\boldsymbol{V}\boldsymbol{V}^{\mathrm{T}})\boldsymbol{x}^{\mathrm{T}}=(\boldsymbol{x}\boldsymbol{V})(\boldsymbol{x}\boldsymbol{V})^{\mathrm{T}}>0$,知$\boldsymbol{V}\boldsymbol{V}^{\mathrm{T}}$为正定矩阵.

又$\boldsymbol{A}$为正定阵,其可表示为$\boldsymbol{V}\boldsymbol{V}^{\mathrm{T}}$的形式是重要的,这里$\boldsymbol{V}$为满秩阵.

注2 由于$k\leqslant n$,这里$\boldsymbol{V}$是方阵.其实,这个结论还可以推广.

命题1:若$\boldsymbol{A}\in\mathbf{R}^{m\times n}(m<n)$且行满秩,则$\boldsymbol{A}\boldsymbol{A}^{\mathrm{T}}$为正定阵.

证:由$(\boldsymbol{A}\boldsymbol{A}^{\mathrm{T}})^{\mathrm{T}}=(\boldsymbol{A}^{\mathrm{T}})^{\mathrm{T}}\boldsymbol{A}^{\mathrm{T}}=\boldsymbol{A}\boldsymbol{A}^{\mathrm{T}}$,知其对称.又若$\boldsymbol{x}\in\mathbf{R}^m$,有$\boldsymbol{x}(\boldsymbol{A}\boldsymbol{A}^{\mathrm{T}})\boldsymbol{x}^{\mathrm{T}}=\boldsymbol{x}\boldsymbol{A}\boldsymbol{A}^{\mathrm{T}}\boldsymbol{x}^{\mathrm{T}}=\boldsymbol{x}\boldsymbol{A}(\boldsymbol{x}\boldsymbol{A})^{\mathrm{T}}\geqslant0$.

由$\mathrm{r}(\boldsymbol{A})=m$,则有$\boldsymbol{x}\boldsymbol{A}=\boldsymbol{0}\Longleftrightarrow\boldsymbol{x}=\boldsymbol{0}$(这里$\boldsymbol{x}$为行向量).

故当$\boldsymbol{x}\neq\boldsymbol{0},\boldsymbol{x}\in\mathbf{R}^n$时,$\boldsymbol{x}(\boldsymbol{A}\boldsymbol{A}^{\mathrm{T}})\boldsymbol{x}^{\mathrm{T}}>0$,即$\boldsymbol{A}\boldsymbol{A}^{\mathrm{T}}$正定.

对于$\boldsymbol{A}$为方阵的情形,上面命题条件与结论是充要的.前文已述利用这个结论可证明许多命题,比如非奇异阵分解命题.

命题2:若$\boldsymbol{A}$为非奇异实阵,则$\boldsymbol{A}$必可表示为$\boldsymbol{SR}$,其中$\boldsymbol{S}$为对称正定阵,$\boldsymbol{R}$为正交矩阵.

证:由$\boldsymbol{A}$非奇异知$\boldsymbol{A}\boldsymbol{A}^{\mathrm{T}}$正定,故存在正定阵$\boldsymbol{S}$使$\boldsymbol{A}\boldsymbol{A}^{\mathrm{T}}=\boldsymbol{S}^2$,则

$$\boldsymbol{A}=\boldsymbol{S}^2(\boldsymbol{A}^{\mathrm{T}})^{-1}=\boldsymbol{S}[\boldsymbol{S}(\boldsymbol{A}^{-1})^{\mathrm{T}}]$$

令$\boldsymbol{R}=\boldsymbol{S}(\boldsymbol{A}^{\mathrm{T}})^{-1}$,则$\boldsymbol{R}$为可逆阵,且

$$\boldsymbol{R}\boldsymbol{R}^{\mathrm{T}}=[\boldsymbol{S}(\boldsymbol{A}^{\mathrm{T}})^{-1}][\boldsymbol{S}(\boldsymbol{A}^{\mathrm{T}})^{-1}]^{\mathrm{T}}=\boldsymbol{S}(\boldsymbol{A}^{\mathrm{T}})^{-1}\boldsymbol{A}^{-1}\boldsymbol{S}^{\mathrm{T}}=\boldsymbol{S}(\boldsymbol{A}\boldsymbol{A}^{\mathrm{T}})^{-1}\boldsymbol{S}=\boldsymbol{S}(\boldsymbol{S}^2)^{-1}\boldsymbol{S}=\boldsymbol{S}\boldsymbol{S}^{-1}\boldsymbol{S}^{-1}\boldsymbol{S}=\boldsymbol{I}$$

故$\boldsymbol{R}$为正交矩阵,从而$\boldsymbol{A}=\boldsymbol{SR}$.

这里的证明也是构造性的,换言之证明过程中具体指出了$\boldsymbol{R}=\boldsymbol{S}(\boldsymbol{A}^{\mathrm{T}})^{-1}$.

例6 若$\boldsymbol{P},\boldsymbol{Q},\boldsymbol{B}\in\mathbf{R}^{n\times n}$,且$\boldsymbol{P},\boldsymbol{Q}$为正定阵.试证:$\boldsymbol{P}-\boldsymbol{B}^{\mathrm{T}}\boldsymbol{P}^{-1}\boldsymbol{B}$正定$\Longleftrightarrow\boldsymbol{Q}-\boldsymbol{B}\boldsymbol{P}^{-1}\boldsymbol{B}^{\mathrm{T}}$正定.(南开大学,1981)

证 由题设$\boldsymbol{P}$为正定矩阵,故$\boldsymbol{P}^{\mathrm{T}}=\boldsymbol{P},(\boldsymbol{P}^{-1})^{\mathrm{T}}=\boldsymbol{P}^{-1}$.

今设$\boldsymbol{T}=\begin{pmatrix}\boldsymbol{I}&\boldsymbol{O}\\-\boldsymbol{P}^{-1}\boldsymbol{B}^{\mathrm{T}}&\boldsymbol{I}\end{pmatrix}$,则$\boldsymbol{T}^{\mathrm{T}}=\begin{pmatrix}\boldsymbol{I}&-\boldsymbol{B}\boldsymbol{P}^{-1}\\\boldsymbol{O}&\boldsymbol{I}\end{pmatrix}$,故$\boldsymbol{T}^{\mathrm{T}}\begin{pmatrix}\boldsymbol{Q}&\boldsymbol{B}\\\boldsymbol{B}^{\mathrm{T}}&\boldsymbol{P}\end{pmatrix}\boldsymbol{T}=\begin{pmatrix}\boldsymbol{Q}-\boldsymbol{B}\boldsymbol{P}\boldsymbol{B}^{\mathrm{T}}&\boldsymbol{O}\\\boldsymbol{O}&\boldsymbol{P}\end{pmatrix}$.

又设$\boldsymbol{T}_1=\begin{pmatrix}\boldsymbol{I}&\boldsymbol{O}\\-\boldsymbol{Q}^{-1}\boldsymbol{B}&\boldsymbol{I}\end{pmatrix}$,则$\boldsymbol{T}_1{}^{\mathrm{T}}=\begin{pmatrix}\boldsymbol{I}&-\boldsymbol{B}^{\mathrm{T}}\boldsymbol{Q}^{-1}\\\boldsymbol{O}&\boldsymbol{I}\end{pmatrix}$,且$\boldsymbol{T}_1{}^{\mathrm{T}}\begin{pmatrix}\boldsymbol{P}&\boldsymbol{B}^{\mathrm{T}}\\\boldsymbol{B}&\boldsymbol{Q}\end{pmatrix}\boldsymbol{T}_1=\begin{pmatrix}\boldsymbol{P}-\boldsymbol{B}^{\mathrm{T}}\boldsymbol{Q}^{-1}\boldsymbol{B}&\boldsymbol{O}\\\boldsymbol{O}&\boldsymbol{Q}\end{pmatrix}$,即矩阵$\begin{pmatrix}\boldsymbol{P}&\boldsymbol{B}^{\mathrm{T}}\\\boldsymbol{B}&\boldsymbol{Q}\end{pmatrix}$与$\begin{pmatrix}\boldsymbol{P}-\boldsymbol{B}^{\mathrm{T}}\boldsymbol{Q}^{-1}\boldsymbol{B}&\boldsymbol{O}\\\boldsymbol{O}&\boldsymbol{Q}\end{pmatrix}$合同.

又矩阵$\begin{pmatrix}\boldsymbol{Q}&\boldsymbol{B}\\\boldsymbol{B}^{\mathrm{T}}&\boldsymbol{P}\end{pmatrix}$与$\begin{pmatrix}\boldsymbol{P}&\boldsymbol{B}^{\mathrm{T}}\\\boldsymbol{B}&\boldsymbol{Q}\end{pmatrix}$合同,由合同关系的传递性,知矩阵$\begin{pmatrix}\boldsymbol{Q}-\boldsymbol{B}\boldsymbol{P}^{-1}\boldsymbol{B}^{\mathrm{T}}&\boldsymbol{O}\\\boldsymbol{O}&\boldsymbol{P}\end{pmatrix}$与$\begin{pmatrix}\boldsymbol{Q}-\boldsymbol{B}^{\mathrm{T}}\boldsymbol{Q}^{-1}\boldsymbol{B}&\boldsymbol{O}\\\boldsymbol{O}&\boldsymbol{Q}\end{pmatrix}$合同.

由$\boldsymbol{P},\boldsymbol{Q}$正定,故$\boldsymbol{P}-\boldsymbol{B}^{\mathrm{T}}\boldsymbol{Q}^{-1}\boldsymbol{B}$正定$\Longleftrightarrow\boldsymbol{Q}-\boldsymbol{B}\boldsymbol{P}^{-1}\boldsymbol{B}^{\mathrm{T}}$正定.

(2)与矩阵正定相关的问题

例1 设$\boldsymbol{A}$是一个n阶实对称矩阵,且$\det\boldsymbol{A}=|\boldsymbol{A}|<0$.证明存在实$n$维向量$\boldsymbol{\alpha}$,使得$\boldsymbol{\alpha}^{\mathrm{T}}\boldsymbol{A}\boldsymbol{\alpha}<0$.(北京工学院,1983;华中工学院,1984)

证 由设$\boldsymbol{A}$是n阶实对称矩阵,且$|\boldsymbol{A}|<0$,故二次型

$$f(x_1,x_2,\cdots,x_n)=\boldsymbol{x}^{\mathrm{T}}\boldsymbol{A}\boldsymbol{x}$$

的秩为n,且不是正定的,其标准形中负惯性指标至少是1.

若f可经过非奇异线性变换$\boldsymbol{x}=\boldsymbol{C}\boldsymbol{y}$化成

$$f=x^{\mathrm{T}}Ax=y^{\mathrm{T}}C^{\mathrm{T}}ACy=y_1^2+y_2^2+\cdots+y_s^2-y^2y_{s+1}-\cdots-y_n^2 \qquad (*)$$

其中 $1\leqslant s<n$. 显然,当 $y_0=e_n^{\mathrm{T}}=(0,0,\cdots,0,1)^{\mathrm{T}}$ 时,上式右端小于零.

又 $x=Cy$ 中,C 是非奇异矩阵,故 $y_0\neq 0$,则 $\alpha=Cy_0\neq 0$,可使 $f=\alpha^{\mathrm{T}}A\alpha<0$,这只需注意到

$$f(y_0)=y_0^{\mathrm{T}}(C^{\mathrm{T}}AC)y_0=0^2+\cdots+0^2-1=-1<0$$

又 $y_0^{\mathrm{T}}(C^{\mathrm{T}}AC)y_0=(Cy_0)^{\mathrm{T}}A(Cy_0)=\alpha^{\mathrm{T}}A\alpha$,故 $f(\alpha)=-1<0$.

注 1 与例相较一个更强的命题是:

命题:A 为 n 阶实对称矩阵,x_1 和 x_2 为两个线性无关的 n 维向量,且 $x_1^{\mathrm{T}}Ax_2>0$,$x_2^{\mathrm{T}}Ax_2<0$. 试证:有且仅有两个与 x_1,x_2 线性相关的 n 维向量 x_3,x_4($x_3\neq x_4$)使 $x_3^{\mathrm{T}}Ax_3=x_4^{\mathrm{T}}Ax_4=0$.(西北电讯工程学院,1984)

注 2 与之相似的问题还有:

问题:若对任意 $\alpha\in\mathbf{R}^n$ 恒有 $\alpha^{\mathrm{T}}A\alpha=0$,则 $A^{\mathrm{T}}=-A$.

略证:若 $A=(a_{ij})_{n\times n}$,令 e_i 为单位矩阵 I 的第 i 列. 依次取 $\alpha=e_i$ 和 $\alpha=e_i+e_j$,可有

$$e_i^{\mathrm{T}}Ae_i=a_{ij},\quad (e_i+e_j)^{\mathrm{T}}A(e_i+e_j)=a_{ij}+a_{ji}=0$$

例 2 若 S 是实对称矩阵,则如果 $AS+SA^{\mathrm{T}}$ 是正定矩阵,则 S 为可逆矩阵.(南开大学,1981)

证 由题设 $AS+SA^{\mathrm{T}}$ 为正定矩阵,则对任何非零的 $x\in\mathbf{R}^{n\times 1}$ 均有

$$x(AS+SA^{\mathrm{T}})x^{\mathrm{T}}>0$$

即

$$xASx^{\mathrm{T}}+xSA^{\mathrm{T}}x^{\mathrm{T}}=(xA)(xS)^{\mathrm{T}}+(xS)(xA)^{\mathrm{T}}>0$$

亦即对任何非零的 x,均有 $xS\neq 0$,或 $S^{\mathrm{T}}x^{\mathrm{T}}=0$,即线性方程组 $S^{\mathrm{T}}x^{\mathrm{T}}=0$ 仅有零解,从而 $|S^{\mathrm{T}}|=|S|\neq 0$,故 S 可逆.

例 3 试将二次型 $f(x_1,x_2,x_3)=ax_1^2+bx_2^2+ax_3^2+2cx_1x_3$ 化为标准形,求出变换矩阵,且指出 a,b,c 满足何条件时,$f(x_1,x_2,x_3)$ 为正定.(中国科技大学,1982)

解 1 令

$$\begin{cases}x_1=y_1-y_2\\x_2=y_2\\x_3=y_1+y_3\end{cases}$$

即

$$x=\begin{pmatrix}1&0&-1\\0&1&0\\1&0&1\end{pmatrix}y=Py$$

代入 $f(x_1,x_2,x_3)$,有

$$f=(2a+2c)y_1^2+by_2^2+(2a-2c)y_3^2$$

其中变换矩阵为 P.

又当 $2a+2c>0$,$b>0$,$2a-2c>0$,即 $a>|c|$,$b>0$ 时,f 为正定二次型.

解 2 对 a 取值分两种情形.

(1)当 $a=0$ 时,$f=bx_2{}^2+2cx_1x_3$,令 $(x_1,x_2,x_3)^{\mathrm{T}}=P(y_1,y_2,y_3)^{\mathrm{T}}$,则 $f=2cy_1{}^2+by_2{}^2-2cy_3{}^2$,此时 f 不能为正定二次型.

(2)当 $a\neq 0$ 时,f 可配方如

$$f=a\left[x_1{}^2+\frac{2c}{a}x_1x_3+\left(\frac{c}{a}x_3\right)^2\right]+bx_2{}^2+\left(a-\frac{c^2}{a}\right)x_3{}^2$$

令变换

$$\begin{pmatrix}y_1\\y_2\\y_3\end{pmatrix}=\begin{pmatrix}1&0&\frac{c}{a}\\0&1&0\\0&0&1\end{pmatrix}\begin{pmatrix}x_1\\x_2\\x_3\end{pmatrix}$$

则 f 可化如

$$f=ay_1^{\,2}+by_2^{\,2}+\left(a-\frac{c^2}{a}\right)y_3^{\,2}$$

当 $a>0,b>0,a-\frac{c^2}{a}>0$ 时，f 为正定二次型. 此时变换矩阵为

$$\begin{pmatrix}1 & 0 & \frac{c}{a}\\ 0 & 1 & 0\\ 0 & 0 & 1\end{pmatrix}^{-1}=\begin{pmatrix}1 & 0 & -\frac{c}{a}\\ 0 & 1 & 0\\ 0 & 0 & 1\end{pmatrix}$$

例 4 设 $\boldsymbol{Q}$ 为 n 阶正定阵，$\boldsymbol{p}_1,\boldsymbol{p}_2,\cdots,\boldsymbol{p}_n$ 为非零的 n 维列向量，且 $\boldsymbol{p}_i^{\mathrm{T}}\boldsymbol{Q}\boldsymbol{p}_i=\delta_{ij}d_i(i,j=1,2,\cdots,n)$，$\delta_{ij}$ 是克罗内克记号. 又记 $\boldsymbol{D}=\mathrm{diag}\{b_1,b_2,\cdots,b_n\}$，$\boldsymbol{P}=(\boldsymbol{p}_1,\boldsymbol{p}_2,\cdots,\boldsymbol{p}_n)$. 试证 $\boldsymbol{D},\boldsymbol{P}$ 为非奇异矩阵，且 $\boldsymbol{Q}^{-1}=\boldsymbol{P}\boldsymbol{D}^{-1}\boldsymbol{P}^{\mathrm{T}}$.（复旦大学，1982）

证 设 $\boldsymbol{P}=(p_{ij})_{n\times n}$，$\boldsymbol{Q}=(q_{ij})_{n\times n}$，又记 $\boldsymbol{P}^{\mathrm{T}}=(\tilde{p}_{ij})_{n\times n}$，故 $\tilde{p}_{ij}=p_{ij}$. 于是

$$\boldsymbol{p}_i^{\mathrm{T}}\boldsymbol{Q}\boldsymbol{p}_i=(\tilde{p}_{i1},\tilde{p}_{i2},\cdots,\tilde{p}_{in})\boldsymbol{Q}\begin{pmatrix}p_{1j}\\ p_{2j}\\ \vdots\\ p_{nj}\end{pmatrix}=\sum_{k,l=1}^{n}\tilde{p}_{ik}q_{kl}p_{lj}=\sum_{k,l=1}^{n}p_{ki}q_{kl}p_{lj}=\delta_{ij}d_i\quad(i,j=1,2,\cdots,n)$$

其中 δ_{ij} 是克罗内克记号

$$\delta_{ij}=\begin{cases}0, & i\neq j\text{ 时}\\ 1, & i=j\text{ 时}\end{cases}$$

则当 $i=j$ 时

$$\sum_{k,l=1}^{n}q_{kl}p_{ki}p_{lj}=d_i \qquad ①$$

因 $\boldsymbol{Q}$ 正定，上式左端 $\sum\limits_{k,l=1}^{n}q_{kl}x_kx_l$ 为正定二次型. 当 $x_k=p_{ki}$，$x_l=p_{lj}(k,l=1,2,\cdots,n)$ 时的值，因 p_{ij} 不全为零，故式①左端大于零，即 $d_i>0$. 从而 $|\boldsymbol{D}|=d_1\cdot d_2\cdot\cdots\cdot d_n>0$，故 $\boldsymbol{D}$ 非奇异.

由矩阵乘法及式①知矩阵 $\boldsymbol{P}^{\mathrm{T}}\boldsymbol{Q}\boldsymbol{P}$ 的第 i 行、第 j 列元素是

$$\sum_{k,l=1}^{n}\tilde{p}_{ik}q_{kl}p_{lj}=\sum_{k,l=1}^{n}p_{ki}q_{kl}p_{lj}=\delta_{ij}d_i$$

而 $\delta_{ij}d_i$ 是 $\boldsymbol{D}$ 的第 i 行、第 j 列元素，故

$$\boldsymbol{P}^{\mathrm{T}}\boldsymbol{Q}\boldsymbol{P}=\boldsymbol{D} \qquad ②$$

从而 $|\boldsymbol{P}^{\mathrm{T}}||\boldsymbol{Q}||\boldsymbol{P}|=|\boldsymbol{D}|$，即 $|\boldsymbol{P}|^2|\boldsymbol{Q}|=|\boldsymbol{D}|$.

又 $|\boldsymbol{P}|\neq 0$，$|\boldsymbol{Q}|\neq 0$，故 $|\boldsymbol{P}|\neq 0$，因而 $\boldsymbol{P}$ 为非奇异阵. 将式②两边取逆阵

$$\boldsymbol{P}^{-1}\boldsymbol{Q}^{-1}(\boldsymbol{P}^{\mathrm{T}})^{-1}=\boldsymbol{D}^{-1}$$

即

$$\boldsymbol{Q}^{-1}=\boldsymbol{P}\boldsymbol{D}^{-1}\boldsymbol{P}^{\mathrm{T}}$$

例 5 设 5×5 矩阵 $\boldsymbol{A}=\begin{pmatrix}1 & 1 & & & \\ 1 & 3 & & & \\ & & a & a^2 & a^3\\ & & 0 & a & a^2\\ & & 0 & 0 & a\end{pmatrix}$，又向量 $\boldsymbol{x}=\begin{pmatrix}x_1\\ x_2\\ x_3\\ x_4\\ x_5\end{pmatrix}$.

(1)给出矩阵 $\boldsymbol{A}$ 可逆的条件，并求 $\boldsymbol{A}^{-1}$. (2)当 $\boldsymbol{A}$ 不可逆时，二次型 $\boldsymbol{x}^{\mathrm{T}}\boldsymbol{A}\boldsymbol{x}$ 是否正定，说明理由.（清华大学，1985）

解 设$\boldsymbol{A}=\begin{pmatrix}\boldsymbol{A}_1 & \boldsymbol{O}\\ \boldsymbol{O} & \boldsymbol{A}_2\end{pmatrix}$,其中$\boldsymbol{A}_1=\begin{pmatrix}1 & 1\\ 1 & 3\end{pmatrix}$,$\boldsymbol{A}_2=\begin{pmatrix}a & a^2 & a^3\\ 0 & a & a^2\\ 0 & 0 & a\end{pmatrix}$.

(1)由分块矩阵行列式性质知

$$|\boldsymbol{A}|=\begin{vmatrix}1 & 1\\ 1 & 3\end{vmatrix}\begin{vmatrix}a & a^2 & a^3\\ 0 & a & a^2\\ 0 & 0 & a\end{vmatrix}=2a^3$$

故若$\boldsymbol{A}$可逆,则$|\boldsymbol{A}|\neq 0$,即$a\neq 0$.则

$$\boldsymbol{A}^{-1}=\begin{pmatrix}\boldsymbol{A}_1^{-1} & \boldsymbol{O}\\ \boldsymbol{O} & \boldsymbol{A}_2^{-1}\end{pmatrix}$$

又
$$\boldsymbol{A}_1^{-1}=\frac{1}{|\boldsymbol{A}_1|}\boldsymbol{A}_1^{-1}=\frac{1}{2}\begin{pmatrix}2 & -1\\ -1 & 1\end{pmatrix}$$

用记录矩阵法可求$\boldsymbol{A}_2^{-1}$

$$\left(\begin{array}{ccc:ccc}a & a^2 & a^3 & 1 & 0 & 0\\ 0 & a & a^2 & 0 & 1 & 0\\ 0 & 0 & a & 0 & 0 & 1\end{array}\right)\rightarrow\left(\begin{array}{ccc:ccc}1 & 0 & 0 & \frac{1}{a} & -1 & 0\\ 0 & 1 & 0 & 0 & \frac{1}{a} & -1\\ 0 & 0 & 1 & 0 & 0 & \frac{1}{a}\end{array}\right)$$

故
$$\boldsymbol{A}_2^{-1}=\begin{pmatrix}\frac{1}{a} & -1 & 0\\ 0 & \frac{1}{a} & -1\\ 0 & 0 & \frac{1}{a}\end{pmatrix}$$

从而

$$\boldsymbol{A}^{-1}=\begin{pmatrix}1 & -\frac{1}{2} & & & \\ -\frac{1}{2} & \frac{1}{2} & & & \\ & & \frac{1}{a} & -1 & 0\\ & & 0 & \frac{1}{a} & -1\\ & & 0 & 0 & \frac{1}{a}\end{pmatrix}$$

(2)$\boldsymbol{A}$不可逆时,$|\boldsymbol{A}|=0$,即$a=0$,此时二次型如

$$\boldsymbol{x}^{\mathrm{T}}\boldsymbol{A}\boldsymbol{x}=(x_1,x_2,x_3,x_4,x_5)\begin{pmatrix}1 & 1 & & & \\ 1 & 3 & & & \\ & & 0 & 0 & 0\\ & & 0 & 0 & 0\\ & & 0 & 0 & 0\end{pmatrix}\begin{pmatrix}x_1\\ x_2\\ x_3\\ x_4\\ x_5\end{pmatrix}=x_1^2+2x_1x_2+3x_2^2$$

它不是正定型.理由如下三者之一:

①取$\boldsymbol{x}=(0,0,1,0,0)^{\mathrm{T}}\neq 0$,得$\boldsymbol{x}^{\mathrm{T}}\boldsymbol{A}\boldsymbol{x}=0$;

②由$|\boldsymbol{A}|=0$,知$\boldsymbol{A}$不是正定矩阵,即$\boldsymbol{x}^{\mathrm{T}}\boldsymbol{A}\boldsymbol{x}$不是正定二次型;

③正定矩阵的主对角线上元素全为正，而 A 此时不是.

故 A 非正定，进而 x^TAx 不是正定二次型.

注 构造矩阵是一种技巧，这通常很难有规律可循，比如解下面的问题.

问题：若矩阵 $B\in\mathbf{R}^{n\times k}$，$C\in\mathbf{R}^{n\times(n-k)}$，且 $B^T=B$，$C^T=C$. 则行列式

$$\begin{vmatrix} B^TB & B^TC \\ C^TB & C^TC \end{vmatrix}\leqslant|B^TB|\cdot|C^TC|$$

证：令 $A=(B,C)$，则 A^TA 为半正定. 又 $A^TA=\begin{pmatrix} B^TB & B^TC \\ C^TB & C^TC \end{pmatrix}$.

若 $|A|=0$，注意到 B^TB，C^TC 半正定，知 $|B^TB|\geqslant0$，$|C^TC|\geqslant0$，结论成立.

若 $|A|\neq0$，由 A^TA 正定，今设 $A^TA=\begin{pmatrix} A_{11} & A_{12} \\ A_{21} & A_{22} \end{pmatrix}$，其中 $A_{11}=B^TB$，$A_{12}=B^TC$，$A_{21}=C^TB$，$A_{22}=C^TC$.

考虑 $D=\begin{pmatrix} I & -A_{11}^{-1}A_{12} \\ O & I \end{pmatrix}$，则 $D^TA^TAD=\begin{pmatrix} A_{11} & O \\ O & A_{22}-A_{21}A_{11}^{-1}A_{12} \end{pmatrix}$. 从而

$$|A^TA|=|A_{11}|\cdot|A_{22}-A_{21}A_{11}^{-1}A_{12}|\leqslant|A_{11}|\cdot|A_{22}|$$

即

$$|A^TA|\leqslant|B^TB|\cdot|C^TC|$$

下面是一则复二次型问题.

例 6* 已知 $a_k>0$，$k=1,2,\cdots,100$，又 $f(t)=\sum\limits_{k=1}^{100}a_k\cos kt$. 求证对任意实数 $t_1,t_2,\cdots,t_n$，与任意复数 $c_1,c_2,\cdots,c_n$ 均有 $\sum\limits_{j=1}^{n}\sum\limits_{i=1}^{n}(t_j-t_i)c_j\bar{c}_i\geqslant0$，这里 $\bar{c}$ 表示复数 c 的共轭.（武汉水利工程学院，1985）

证 由题设有

$$f(t_j-t_i)=\sum_{k=1}^{100}a_k\cos k(t_j-t_i)=\sum_{k=1}^{100}a_k(\cos kt_j\cos kt_i+\sin kt_j\sin kt_i)$$

考察以下矩阵

$$B=\begin{pmatrix} 1 & 1 & \cdots & 1 \\ 1 & 1 & \cdots & 1 \\ \vdots & \vdots & & \vdots \\ 1 & 1 & \cdots & 1 \end{pmatrix}_{n\times n}\xrightarrow[i=2,3,\cdots,n]{\substack{\text{第 } i \text{ 行减第 1 行} \\ \text{第 } i \text{ 列减第 1 列}}}\begin{pmatrix} 1 & 0 & \cdots & 0 \\ 0 & 0 & \cdots & 0 \\ \vdots & \vdots & & \vdots \\ 0 & 0 & \cdots & 0 \end{pmatrix}_{n\times n}=C$$

所以 B 合同于 C，由于 C 是半正定矩阵，因此 B 也是半正定矩阵，根据矩阵的正定性理论：

对于任意复向量 $\boldsymbol{\alpha}=(\alpha_1,\cdots,\alpha_n)$，恒有 $\boldsymbol{\alpha}B\bar{\boldsymbol{\alpha}}^T\geqslant0$，这里 $\bar{\boldsymbol{\alpha}}$ 表示复向量 $\boldsymbol{\alpha}$ 的共轭. 由此，可以推得

$$\begin{aligned}\sum_{j=1}^{n}\sum_{i=1}^{n}(t_j-t_i)c_jc_i &= \sum_{k=1}^{100}a_k\Big(\sum_{j=1}^{n}\sum_{i=1}^{n}\cos kt_j\cos kt_ic_j\bar{c}_i+\sum_{j=1}^{n}\sum_{i=1}^{n}\sin kt_j\sin kt_ic_j\bar{c}_i\Big) \\ &= \sum_{k=1}^{100}a_k\Big[\sum_{j=1}^{n}\sum_{i=1}^{n}(c_j\cos kt_j)(\overline{c_i\cos kt_i})+\sum_{j=1}^{n}\sum_{i=1}^{n}(c_j\sin kt_j)(\overline{c_i\sin kt_i})\Big] \\ &= \sum_{k=1}^{100}a_k\big[(c_1\cos kt_1,\cdots,c_n\cos kt_n)B(\overline{c_1\cos kt_1},\cdots,\overline{c_n\cos kt_n})^T+ \\ &\quad (c_1\sin kt_1,\cdots,c_n\sin kt_n)B(\overline{c_1\sin kt_1},\cdots,\overline{c_n\sin kt_n})^T\big] \\ &\geqslant \sum_{k=1}^{100}a_k(0+0)=0\end{aligned}$$

3. 二次型的线性变换

下面的问题涉及二次型线性变换，本质上看，它不过是矩阵运算概念的引申与拓展，在计算上仍须使用矩阵工具.

例 求把二次型 $f=2x_1^2+9x_2^2+3x_3^2+8x_1x_2-4x_1x_3-10x_2x_3$ 化为二次型 $g=2y_1^2+3y_2^2+6y_3^2-4y_1y_2-4y_1y_3+8y_2y_3$ 的满秩线性变换.(南京邮电学院,1985)

解 设 f 和 g 的相应系数矩阵分别记为 $\boldsymbol{A},\boldsymbol{B}$,则

$$\boldsymbol{A}=\begin{pmatrix}2&4&-2\\4&9&-5\\-2&-5&3\end{pmatrix},\quad \boldsymbol{B}=\begin{pmatrix}2&-2&-2\\-2&3&4\\-2&4&6\end{pmatrix}$$

考虑下面矩阵的列初等变换

$$\begin{pmatrix}\boldsymbol{A}\\\boldsymbol{I}\end{pmatrix}=\begin{pmatrix}2&4&-2\\4&9&-5\\-2&-5&3\\1&0&0\\0&1&0\\0&0&1\end{pmatrix}\to\begin{pmatrix}2&0&0\\0&1&-1\\0&-1&1\\1&-2&1\\0&1&0\\0&0&1\end{pmatrix}\to\begin{pmatrix}2&0&0\\0&1&0\\0&0&0\\1&-2&-1\\0&1&1\\0&0&1\end{pmatrix}=\begin{pmatrix}\boldsymbol{C}\\\boldsymbol{P}\end{pmatrix}$$

$$\begin{pmatrix}\boldsymbol{B}\\\boldsymbol{I}\end{pmatrix}=\begin{pmatrix}2&-2&-2\\-2&3&4\\-2&4&6\\1&0&0\\0&1&0\\0&0&1\end{pmatrix}\to\begin{pmatrix}2&0&0\\0&1&2\\0&2&4\\1&1&1\\0&1&0\\0&0&1\end{pmatrix}\to\begin{pmatrix}2&0&0\\0&1&0\\0&0&0\\1&1&-1\\0&1&-2\\0&0&1\end{pmatrix}=\begin{pmatrix}\boldsymbol{C}\\\boldsymbol{Q}\end{pmatrix}$$

由 $\boldsymbol{P}^{\mathrm{T}}\boldsymbol{A}\boldsymbol{P}=\boldsymbol{C},\boldsymbol{Q}^{\mathrm{T}}\boldsymbol{B}\boldsymbol{Q}=\boldsymbol{C}$,则 $\boldsymbol{P}^{\mathrm{T}}\boldsymbol{A}\boldsymbol{P}=\boldsymbol{Q}^{\mathrm{T}}\boldsymbol{B}\boldsymbol{Q}$,故

$$(\boldsymbol{Q}^{\mathrm{T}})^{-1}\boldsymbol{P}^{\mathrm{T}}\boldsymbol{A}\boldsymbol{P}\boldsymbol{Q}^{-1}=(\boldsymbol{P}\boldsymbol{Q}^{-1})^{\mathrm{T}}\boldsymbol{A}(\boldsymbol{P}\boldsymbol{Q}^{-1})$$

因而从 $\boldsymbol{A}$ 到 $\boldsymbol{B}$ 的满秩线性变换的矩阵为 $\boldsymbol{P}\boldsymbol{Q}^{-1}$.

下面求 $\boldsymbol{Q}^{-1}$,用记录矩阵方法有(由行初等变换)

$$(\boldsymbol{Q}\,\vdots\,\boldsymbol{I})=\left(\begin{array}{ccc:ccc}1&1&-1&1&0&0\\0&1&-2&0&1&0\\0&0&1&0&0&1\end{array}\right)\to\left(\begin{array}{ccc:ccc}1&1&0&1&0&1\\0&1&0&0&1&2\\0&0&1&0&0&1\end{array}\right)\to\left(\begin{array}{ccc:ccc}1&0&0&1&-1&-1\\0&1&0&0&1&2\\0&0&1&0&0&1\end{array}\right)$$

$$=(\boldsymbol{I}\,\vdots\,\boldsymbol{Q}^{-1})$$

故
$$\boldsymbol{P}\boldsymbol{Q}^{-1}=\begin{pmatrix}1&-2&-1\\0&1&1\\0&0&1\end{pmatrix}\begin{pmatrix}1&-1&-1\\0&1&2\\0&0&1\end{pmatrix}=\begin{pmatrix}1&-3&-6\\0&1&3\\0&0&1\end{pmatrix}$$

为所求.所求线性变换为

$$\begin{pmatrix}x_1\\x_2\\x_3\end{pmatrix}=\begin{pmatrix}1&-3&6\\0&1&3\\0&0&1\end{pmatrix}\begin{pmatrix}y_1\\y_2\\y_3\end{pmatrix}$$

1987～2012 年部分

(一)填空题

这类问题一般有两种:①化二次型为标准形;②讨论矩阵的正定问题.

1. 化二次型为标准形

题 1 (2000①)已知实二次型

$$f(x_1,x_2,x_3)=a(x_1^2+x_2^2+x_3^2)+4x_1x_2+4x_1x_3+4x_2x_3$$

经正交变换 $\boldsymbol{x}=\boldsymbol{P}\boldsymbol{y}$ 可化成标准形 $f=6y_1^2$,则 $a=$________.

解 由题设二次型相对应的矩阵 $\boldsymbol{A}=\begin{pmatrix}a&2&2\\2&a&2\\-2&2&a\end{pmatrix}$,又 $\boldsymbol{PAP}^{\mathrm{T}}=\begin{pmatrix}6&0&0\\0&0&0\\0&0&0\end{pmatrix}$,其中 $\boldsymbol{P}$ 为正交阵($\boldsymbol{P}^{\mathrm{T}}=\boldsymbol{P}^{-1}$).正交变换亦为相似变换,变换前后 $\boldsymbol{A}$ 的迹不变(详见前文).

由 $\mathrm{tr}(\boldsymbol{A})=\mathrm{tr}(\boldsymbol{PAP}^{-1})=\mathrm{tr}(\boldsymbol{PAP}^{\mathrm{T}})$,有 $3a=6$,知 $a=2$.

题 2 (2004③)二次型 $f(x_1,x_2,x_3)=(x_1+x_2)^2+(x_2-x_3)^2+(x_3+x_1)^2$ 的秩为________.

解 1 二次型的秩即对应的矩阵的秩,亦即标准形中平方项的项数,故利用初等变换或配方法均可获解.因为

$$f(x_1,x_2,x_3)=(x_1+x_2)^2+(x_2-x_3)^2+(x_3+x_1)^2=2x_1{}^2+2x_2{}^2+2x_3{}^2+2x_1x_2+2x_1x_3-2x_2x_3$$

于是二次型的矩阵为 $\boldsymbol{A}=\begin{pmatrix}2&1&1\\1&2&-1\\1&-1&2\end{pmatrix}$,由初等变换得 $\boldsymbol{A}\rightarrow\begin{pmatrix}1&-1&2\\0&3&-3\\0&3&-3\end{pmatrix}\rightarrow\begin{pmatrix}1&-1&2\\0&3&-3\\0&0&0\end{pmatrix}$.

从而 $\mathrm{r}(\boldsymbol{A})=2$,即二次型的秩为 2.

解 2 注意下面的代数式变形

$$\begin{aligned}f(x_1,x_2,x_3)&=(x_1+x_2)^2+(x_2-x_3)^2+(x_3+x_1)^2\\&=2x_1{}^2+2x_2{}^2+2x_3{}^2+2x_1x_2+2x_1x_3-2x_2x_3\\&=2\left(x_1+\frac{1}{2}x_2+\frac{1}{2}x_3\right)^2+\frac{3}{2}(x_2-x_3)^2=2y_1{}^2+\frac{3}{2}y_2{}^2\end{aligned}$$

其中 $y_1=x_1+\frac{1}{2}x_2+\frac{1}{2}x_3$,$y_2=x_2-x_3$.所以二次型的秩为 2.

注 显然若用变换 $y_1=x_1+x_2$,$y_2=x_2-x_3$,$y_3=x_3+x_1$,则 f 可化为 $y_1{}^2+y_2{}^2+y_3{}^2$,此时二次型的秩为 3,但这样并不能说 f 的秩是 3,因为上述变换不是满秩或非奇异的,这一点务须当心.

题 3 (2011③)设二次型 $f(x_1,x_2,x_3)=\boldsymbol{x}^{\mathrm{T}}\boldsymbol{A}\boldsymbol{x}$ 的秩为 1,$\boldsymbol{A}$ 的各行元素之和为 3,则 f 在正交变换 $\boldsymbol{x}=\boldsymbol{Q}\boldsymbol{y}$ 下的标准形为________.

解 由题设矩阵 $\boldsymbol{A}$ 中行元素之和为 3,故有 $\boldsymbol{A}\begin{pmatrix}1\\1\\1\end{pmatrix}=3\begin{pmatrix}1\\1\\1\end{pmatrix}$,即 $\lambda=3$ 为 $\boldsymbol{A}$ 的一个特征值.

又二次型的秩为 1,于是 $\boldsymbol{A}$ 的另外两个特征值都为 0.所以 $f(x_1,x_2,x_3)$ 在正交变换 $\boldsymbol{x}=\boldsymbol{Q}\boldsymbol{y}$ 下的标准形为 $f(y_1,y_2,y_3)=3y_1^2$.

题 4 (2011①)若二次曲面方程 $x^2+3y^2+z^2+2axy+2xz+2yz=4$ 经正交变换化为 $y_1^2+4z_1^2=4$,则 $a=$________.

解 令二次曲面方程相应的矩阵为

$$\boldsymbol{A}=\begin{pmatrix}1&a&1\\a&3&1\\1&1&1\end{pmatrix}$$

依题意存在正交矩阵 $\boldsymbol{Q}$ 使

$$\boldsymbol{Q}^{-1}\boldsymbol{AQ}=\boldsymbol{Q}^{\mathrm{T}}\boldsymbol{AQ}=\begin{pmatrix}0&&\\&1&\\&&4\end{pmatrix}$$

知 0,1,4 为 $\boldsymbol{A}$ 的三个特征值. 将 $\lambda=0$ 代入 $\boldsymbol{A}$ 的特征方程 $|\lambda\boldsymbol{I}-\boldsymbol{A}|=0$,解得 $a=1$.

题 5 (2011②)二次型 $f(x_1,x_2,x_3)=x_1^2+3x_2^2+x_3^2+2x_1x_2+2x_1x_3+2x_2x_3$,则 $f(x_1,x_2,x_3)$ 的正惯性指标为________.

解 1 (特征值法)由题设二次型 $f(x_1,x_2,x_3)$ 的相应矩阵为

$$\boldsymbol{A}=\begin{pmatrix}1&1&1\\1&3&1\\1&1&1\end{pmatrix}$$

又由其特征方程 $|\lambda\boldsymbol{I}-\boldsymbol{A}|=0$ 得 $\boldsymbol{A}$ 的 3 个特征值分别为 0,1,4,知其正惯性指标为 2.

解 2 (配方法)将题设二次型配方后得

$$f(x_1,x_2,x_3)=(x_1+x_2+x_3)^2+2x_2^2$$

令 $y_1=x_1+x_2+x_3$, $y_2=x_2$, $y_3=x_3$,又知此变换为满秩变换(变换矩阵可逆),故知 $f(x_1,x_2,x_3)$ 的正惯性指标为 2.

2. 矩阵(二次型)正定问题

题 (2004③)若二次型 $f(x_1,x_2,x_3)=2x_1^2+x_2^2+x_3^2+2x_1x_2+tx_2x_3$ 是正定的,则 t 的取值范围是________.

解 由题设知二次型的矩阵 $\boldsymbol{A}=\begin{pmatrix}2&1&0\\1&1&\frac{t}{2}\\9&\frac{t}{2}&1\end{pmatrix}$ 为正定阵,则 $\boldsymbol{A}$ 的顺序主子式为正.

显然 $D_1>0$, $D_2>0$. 又 $D_3=|\boldsymbol{A}|=1-\dfrac{t^2}{2}>0$,解得 $-\sqrt{2}<t<\sqrt{2}$.

(二)选择题

题 1 (1990③)下面结论中:

①若 $\boldsymbol{A}\in\mathbf{R}^{n\times n}$ 有 n 个正的特征根,则 $\boldsymbol{A}$ 是正定矩阵.

②若 $\boldsymbol{A},\boldsymbol{B}$ 为 n 阶正定矩阵,则对任意 $a,b\in\mathbf{R}$,矩阵 $a\boldsymbol{A}+b\boldsymbol{B}$ 正定.

③若 $\boldsymbol{A},\boldsymbol{B}$ 为 n 阶正定矩阵,则 $\boldsymbol{AB}$ 也是正定矩阵.

④若 $\boldsymbol{A}$ 为 n 阶正定矩阵,则 $\boldsymbol{A}^{-1}$ 也是正定矩阵.

正确的有 ( )

(A)1 个 (B)2 个 (C)3 个 (D)4 个

解 考虑 $\begin{pmatrix}1&3\\0&2\end{pmatrix}$ 的特征根为 1,2 皆可正,但矩阵不对称,故非正定矩阵,知结论①不为真.

令 $\boldsymbol{A}=\begin{pmatrix}1&\\&1\end{pmatrix}$, $\boldsymbol{B}=\begin{pmatrix}2&\\&2\end{pmatrix}$,且令 $a=1$, $b=-2$,则矩阵 $a\boldsymbol{A}+b\boldsymbol{B}=-\boldsymbol{A}=\begin{pmatrix}-1&\\&-1\end{pmatrix}$ 不是正定矩阵,知结论②不为真.

令 $\boldsymbol{A}=\begin{pmatrix}1&1\\1&2\end{pmatrix}$, $\boldsymbol{B}=\begin{pmatrix}1&-1\\-1&2\end{pmatrix}$,它们都是正定矩阵,但 $\boldsymbol{AB}=\begin{pmatrix}0&1\\-1&3\end{pmatrix}$ 不是,知结论③不为真.

由 $\boldsymbol{A}$ 为正定矩阵,则 $\boldsymbol{A}^{\mathrm{T}}=\boldsymbol{A}$,从而 $(\boldsymbol{A}^{-1})^{\mathrm{T}}=(\boldsymbol{A}^{\mathrm{T}})^{-1}=\boldsymbol{A}^{-1}$,知 $\boldsymbol{A}^{-1}$ 对称.

且若 $\boldsymbol{A}$ 的 n 个特征根 $\lambda_1,\lambda_2,\cdots,\lambda_n$ 均为正,则 $\boldsymbol{A}^{-1}$ 的 n 个特征根 $\dfrac{1}{\lambda_1},\dfrac{1}{\lambda_2},\cdots,\dfrac{1}{\lambda_n}$ 亦为正. 故 $\boldsymbol{A}^{-1}$ 是正定矩阵.

综上,正确结论仅有 1 个,故选(A).

注 对于结论③来讲其不为真的理由，若 $\boldsymbol{A},\boldsymbol{B}$ 为正定矩阵，当 $\boldsymbol{AB}=\boldsymbol{BA}$ 时，$\boldsymbol{AB}$ 亦为正定矩阵. 但一般情况下 $\boldsymbol{AB}=\boldsymbol{BA}$ 不一定成立.

而结论④一般可认为它是真命题而无需再验证.

对结论②若将“$a,b\in\mathbf{R}$”改为“$a,b\in\mathbf{R}^{+}$”，则 $a\boldsymbol{A}+b\boldsymbol{B}$ 为正定矩阵的命题成立.

题 2 (2008①)设 $\boldsymbol{A}$ 为3阶实对称矩阵，如果二次曲面方程$(x,y,z)\boldsymbol{A}\begin{pmatrix}x\\y\\z\end{pmatrix}=1$ 在正交变换下的标准方程的图形如图所示，则 $\boldsymbol{A}$ 的正特征值的个数为 ( )

(A)0 (B)1 (C)2 (D)3

解 旋转双叶双曲面的标准形式为$\dfrac{x^2}{a^2}-\dfrac{y^2}{b^2}-\dfrac{z^2}{b^2}=1$，所以 $\boldsymbol{A}$ 的正特征值的个数为1，故选(B).

注 本题为一线性代数与空间解析几何的综合题，参照本节内容提要.

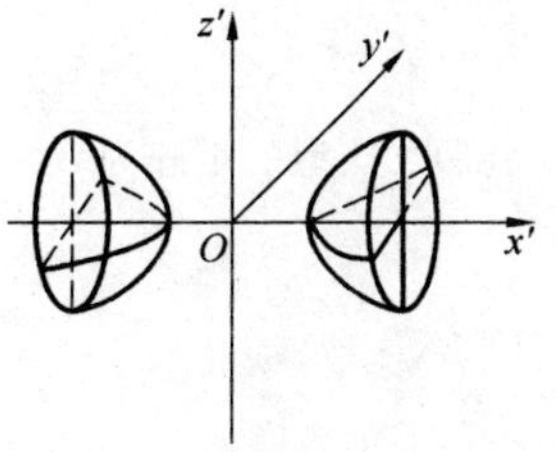

图 2

(三)计算证明题

1. 化二次型为标准形

(1)二次型的标准化

题 1 (1990①)求正交变换将二次型 $f=x_1^2+4x_2^2+4x_3^2-4x_1x_2+4x_1x_2-8x_2x_3$ 化成标准形.

解 题设二次型相应的矩阵 $\boldsymbol{A}=\begin{pmatrix}1&-2&2\\-2&4&-4\\2&-4&4\end{pmatrix}$，则 $\boldsymbol{A}$ 的特征多项式为

$$|\boldsymbol{A}-\lambda\boldsymbol{I}|=\begin{vmatrix}1-\lambda&-2&2\\-2&4-\lambda&-4\\2&-4&4-\lambda\end{vmatrix}=-\lambda^2(\lambda-9)$$

故 $\boldsymbol{A}$ 的特征值是 $\lambda_1=\lambda_2=0,\lambda_3=9$.

对于 $\lambda_1=\lambda_2=0$，可求得与之对应的互相正交的特征向量

$$\boldsymbol{p}_1=(0,1,1)^{\mathrm{T}},\quad \boldsymbol{p}_2=(4,1,-1)^{\mathrm{T}}$$

对于 $\lambda_3=9$，可求得对应的特征向量 $\boldsymbol{p}_3=(1,-2,2)^{\mathrm{T}}$.

将 $\boldsymbol{p}_1,\boldsymbol{p}_2,\boldsymbol{p}_3$ 单位化，依次为

$$\boldsymbol{\xi}_1=\frac{\boldsymbol{p}_1}{\|\boldsymbol{p}_1\|}=\begin{pmatrix}0\\\frac{1}{\sqrt{2}}\\\frac{1}{\sqrt{2}}\end{pmatrix},\quad \boldsymbol{\xi}_2=\frac{\boldsymbol{p}_2}{\|\boldsymbol{p}_2\|}=\begin{pmatrix}\frac{4}{3\sqrt{2}}\\\frac{1}{3\sqrt{2}}\\\frac{-1}{\sqrt{2}}\end{pmatrix},\quad \boldsymbol{\xi}_3=\frac{\boldsymbol{p}_3}{\|\boldsymbol{p}_3\|}=\begin{pmatrix}\frac{1}{3}\\\frac{-2}{3}\\\frac{2}{3}\end{pmatrix}$$

设 $\boldsymbol{P}=(\boldsymbol{\xi}_1,\boldsymbol{\xi}_2,\boldsymbol{\xi}_3)$，这是正交矩阵，则在正交变换(显然非奇异)

$$\begin{pmatrix}x_1\\x_2\\x_3\end{pmatrix}=\begin{pmatrix}0&\frac{4}{3\sqrt{2}}&\frac{1}{3}\\\frac{1}{\sqrt{2}}&\frac{1}{3\sqrt{2}}&-\frac{2}{3}\\\frac{1}{\sqrt{2}}&-\frac{1}{3\sqrt{2}}&\frac{2}{3}\end{pmatrix}\begin{pmatrix}y_1\\y_2\\y_3\end{pmatrix}$$

下，二次型成为 $f=9y_3^2$，即为所求的标准形.

题 2 (1995③)已知二次型

$$f(x_1,x_2,x_3)=4x_2^2-3x_3^2+4x_1x_2-4x_1x_3+8x_2x_3$$

(1)写出二次型 f 的矩阵表达式；

(2)用正交变换将二次型 f 化为标准形，并写出相应的正交矩阵.

解 (1)二次型相应的矩阵形式为

$$f(x_1,x_2,x_3)=(x_1,x_2,x_3)\begin{pmatrix}0&2&-2\\2&4&4\\-2&4&-3\end{pmatrix}\begin{pmatrix}x_1\\x_2\\x_3\end{pmatrix}=\boldsymbol{x}^{\mathrm{T}}\boldsymbol{A}\boldsymbol{x}$$

(2)二次型的矩阵为 $\boldsymbol{A}=\begin{pmatrix}0&2&-2\\2&4&4\\-2&4&-3\end{pmatrix}$，其特征多项式为

$$|\boldsymbol{A}-\lambda\boldsymbol{I}|=\begin{vmatrix}-\lambda&2&-2\\2&4-\lambda&4\\-2&4&-3-\lambda\end{vmatrix}=-(1-\lambda)(36-\lambda^2)$$

因此 $\boldsymbol{A}$ 的特征值为 $\lambda_1=1,\lambda_2=6,\lambda_3=-6$. 由此知，二次型的标准形为

$$f=y_1^2+6y_2^2-6y_3^2$$

以下求化为标准形所用的正交矩阵.

线性(特征)方程组 $(\boldsymbol{A}-\lambda\boldsymbol{I})\boldsymbol{x}=\boldsymbol{0}$，当 $\lambda_1=1$ 时化为 $(\boldsymbol{A}-\boldsymbol{I})\boldsymbol{x}=\boldsymbol{0}$. 由于

$$\boldsymbol{A}-\boldsymbol{I}=\begin{pmatrix}-1&2&-2\\2&3&4\\-2&4&-4\end{pmatrix}\xrightarrow[\text{单位化}]{\text{第 1 列}}\begin{pmatrix}1&-2&2\\0&7&0\\0&0&0\end{pmatrix}\xrightarrow[\text{单位化}]{\text{第 2 列}}\begin{pmatrix}1&0&2\\0&1&0\\0&0&0\end{pmatrix}$$

知其同解方程组为 $\begin{cases}x_1=-2x_3\\x_2=0\end{cases}$，得其相应的特征向量 $\boldsymbol{\alpha}_1=(2,0,-1)^{\mathrm{T}}$.

同理，对于 $\lambda_2=6$，可求得特征向量 $\boldsymbol{\alpha}_2=(1,5,2)^{\mathrm{T}}$.

对于 $\lambda_3=-6$，可求得特征向量 $\boldsymbol{\alpha}_3=(1,-1,2)^{\mathrm{T}}$.

所求得的特征向量是互相正交的. 将它们单位化

$$\boldsymbol{p}_1=\frac{\boldsymbol{\alpha}_1}{\|\boldsymbol{\alpha}_1\|}=\begin{pmatrix}\frac{2}{\sqrt5}\\0\\\frac{-1}{\sqrt5}\end{pmatrix},\quad \boldsymbol{p}_2=\frac{\boldsymbol{\alpha}_2}{\|\boldsymbol{\alpha}_2\|}=\begin{pmatrix}\frac{1}{\sqrt{30}}\\\frac{5}{\sqrt{30}}\\\frac{2}{\sqrt{30}}\end{pmatrix},\quad \boldsymbol{p}_3=\frac{\boldsymbol{\alpha}_3}{\|\boldsymbol{\alpha}_3\|}=\begin{pmatrix}\frac{1}{\sqrt6}\\\frac{-1}{\sqrt6}\\\frac{2}{\sqrt6}\end{pmatrix}$$

由此可得正交矩阵

$$\boldsymbol{P}=(\boldsymbol{p}_1,\boldsymbol{p}_2,\boldsymbol{p}_3)=\begin{pmatrix}\frac{2}{\sqrt5}&\frac{1}{\sqrt{30}}&\frac{1}{\sqrt6}\\0&\frac{5}{\sqrt{30}}&\frac{-1}{\sqrt6}\\\frac{-1}{\sqrt5}&\frac{2}{\sqrt{30}}&\frac{2}{\sqrt6}\end{pmatrix}$$

对二次型 f 作正交变换 $(x_1,x_2,x_3)^{\mathrm{T}}=\boldsymbol{P}(y_1,y_2,y_3)^{\mathrm{T}}$，则可将题给二次型化为标准形.

题 3 (2003③)设二次型 $f(x_1,x_2,x_3)=\boldsymbol{x}^{\mathrm{T}}\boldsymbol{A}\boldsymbol{x}=ax_1^2+2x_2^2-2x_3^2+2bx_1x_3\,(b>0)$，其中二次型的矩

阵 A 的特征值之和为1,特征值之积为 -12.

(1)求 a,b 的值;

(2)利用正交变换将二次型 f 化为标准形,并写出所用的正交变换和对应的正交矩阵.

解 (1)二次型 f 的矩阵为 $A=\begin{pmatrix}a&0&b\\0&2&0\\b&0&-2\end{pmatrix}$. 设 A 的特征值为 $\lambda_i(i=1,2,3)$,由题设有

$$\lambda_1+\lambda_2+\lambda_3=\mathrm{tr}(A)=a+2+(-2)=1$$

$$\lambda_1\lambda_2\lambda_3=|A|=\begin{vmatrix}a&0&b\\0&2&0\\b&0&-2\end{vmatrix}=-4a-2b^2=-12$$

解得 $a=1,b=-2$.

(2)由矩阵 A 的特征多项式

$$|\lambda I-A|=\begin{vmatrix}\lambda-1&0&-2\\0&\lambda-2&0\\-2&0&\lambda+2\end{vmatrix}=(\lambda-2)^2(\lambda+3)$$

得 A 的特征值 $\lambda_1=\lambda_2=2,\lambda_3=-3$.

当 $\lambda_1=\lambda_2=2$ 时,由 $(2I-A)x=0$,得其基础解系 $\xi_1=(2,0,1)^{\mathrm T},\xi_2=(0,1,0)^{\mathrm T}$.

当 $\lambda_3=-3$ 时,由 $(-3I-A)x=0$,得其基础解系 $\xi_3=(1,0,-2)^{\mathrm T}$.

由 $A^{\mathrm T}=A$ 知 ξ_1,ξ_2,ξ_3 是正交向量组,只需将 ξ_1,ξ_2,ξ_3 单位化,有

$$\eta_1=\left(\frac{2}{\sqrt5},0,\frac{1}{\sqrt5}\right)^{\mathrm T},\quad \eta_2=(0,1,0)^{\mathrm T},\quad \eta_3=\left(\frac{1}{\sqrt5},0,-\frac{2}{\sqrt5}\right)^{\mathrm T}$$

令 $Q=(\eta_1,\eta_2,\eta_3)=\begin{pmatrix}\frac{2}{\sqrt5}&0&\frac{1}{\sqrt5}\\0&1&0\\\frac{1}{\sqrt5}&0&-\frac{2}{\sqrt5}\end{pmatrix}$,则 $Q^{\mathrm T}AQ=\begin{pmatrix}2&0&0\\0&2&0\\0&0&-3\end{pmatrix}$,且二次型的标准形为

$$f=2y_1^2+2y_2^2-3y_3^2$$

注 本题求 a,b 也可先计算矩阵特征多项式,再利用根与系数的关系确定:二次型 f 的矩阵 A 对应的特征多项式为

$$|\lambda I-A|=\begin{vmatrix}\lambda-a&0&-b\\0&\lambda-2&0\\-b&0&\lambda+2\end{vmatrix}=(\lambda-2)[\lambda^2-(a-2)\lambda-(2a+b)^2]$$

设 A 的特征值为 $\lambda_1,\lambda_2,\lambda_3$,则 $\lambda_1=2$,又由韦达定理知

$$\lambda_2+\lambda_3=a-2,\quad \lambda_2\lambda_3=-(2a+b^2)$$

由题设得 $\lambda_1+\lambda_2+\lambda_3=2+(a-2)=1,\lambda_1\lambda_2\lambda_3=-2(2a+b^2)=-12$.

再由上解得 $a=1,b=2$.

题4 (2001③)若 A 为 n 阶实对称矩阵,秩 $\mathrm r(A)=n$,又 A_{ij} 是 $A=(a_{ij})_{n\times n}$ 中元素 a_{ij} 的代数余子式 $(i,j=1,2,\cdots,n)$,二次型

$$f(x_1,x_2,\cdots,x_n)=\sum_{i=1}^{n}\sum_{j=1}^{n}\frac{A_{ij}}{|A|}x_ix_j$$

(1)记 $x=(x_1,x_2,\cdots,x_n)^{\mathrm T}$,把 $f(x_1,x_2,\cdots,x_n)$ 写成矩阵形式,并证明二次型 $f(x)$ 的矩阵为 A^{-1};

(2)二次型 $g(x)=x^{\mathrm T}Bx$ 与 $f(x)$ 的规范型是否相同?说明理由.

解 (1)二次型 $f(x_1,x_2,\cdots,x_n)$ 的矩阵形式为 $f(\boldsymbol{x})=\boldsymbol{x}^{\mathrm{T}}\boldsymbol{B}\boldsymbol{x}$,其中

$$\boldsymbol{B}=\frac{1}{|\boldsymbol{A}|}\begin{pmatrix}A_{11}&A_{21}&\cdots&A_{n1}\\A_{12}&A_{22}&\cdots&A_{n2}\\\vdots&\vdots&&\vdots\\A_{1n}&A_{2n}&\cdots&A_{nn}\end{pmatrix}$$

因秩 $\mathrm{r}(\boldsymbol{A})=n$,知 $\boldsymbol{A}$ 可逆,故 $\boldsymbol{B}=\frac{1}{|\boldsymbol{A}|}\boldsymbol{A}^{*}=\boldsymbol{A}^{-1}$.

又因 $(\boldsymbol{A}^{-1})^{\mathrm{T}}=(\boldsymbol{A}^{\mathrm{T}})^{-1}=\boldsymbol{A}^{-1}$,故 $\boldsymbol{A}^{-1}$ 也是实对称矩阵,因此二次型 $f(\boldsymbol{x})$ 的矩阵为 $\boldsymbol{A}^{-1}$.

(2)因为 $\boldsymbol{A}^{\mathrm{T}}\boldsymbol{A}^{-1}\boldsymbol{A}=\boldsymbol{A}^{\mathrm{T}}(\boldsymbol{A}^{-1}\boldsymbol{A})=\boldsymbol{A}^{\mathrm{T}}=\boldsymbol{A}$,所以 $\boldsymbol{A}$ 与 $\boldsymbol{A}^{-1}$ 合同,于是 $g(\boldsymbol{x})=\boldsymbol{x}^{\mathrm{T}}\boldsymbol{A}\boldsymbol{x}$ 与 $f(\boldsymbol{x})$ 有相同的标准形.

题 5 (2012①②③)已知 $\boldsymbol{A}=\begin{pmatrix}1&0&1\\0&1&1\\-1&0&a\\0&a&-1\end{pmatrix}$,二次型 $f(x_1,x_2,x_3)=\boldsymbol{x}^{\mathrm{T}}(\boldsymbol{A}^{\mathrm{T}}\boldsymbol{A})\boldsymbol{x}$ 的秩为 2.

(1)求实数 a 的值;

(2)求正交变换 $\boldsymbol{x}=\boldsymbol{Q}\boldsymbol{y}$ 将 f 化为标准形.

解 (1)因为 $\mathrm{r}(\boldsymbol{A}^{\mathrm{T}}\boldsymbol{A})=\mathrm{r}(\boldsymbol{A})$,对 $\boldsymbol{A}$ 施以初等行变换

$$\boldsymbol{A}=\begin{pmatrix}1&0&1\\0&1&1\\-1&0&a\\0&a&-1\end{pmatrix}\to\begin{pmatrix}1&0&1\\0&1&1\\0&0&a+1\\0&0&0\end{pmatrix}$$

所以,当 $a=-1$ 时,$\mathrm{r}(\boldsymbol{A})=2$.

(2)由于 $a=-1$,所以 $\boldsymbol{A}^{\mathrm{T}}\boldsymbol{A}=\begin{pmatrix}2&0&2\\0&2&2\\2&2&4\end{pmatrix}$. 矩阵 $\boldsymbol{A}^{\mathrm{T}}\boldsymbol{A}$ 的特征多项式为

$$|\lambda\boldsymbol{I}-\boldsymbol{A}^{\mathrm{T}}\boldsymbol{A}|=\begin{vmatrix}\lambda-2&0&-2\\0&\lambda-2&-2\\-2&-2&\lambda-4\end{vmatrix}=\lambda(\lambda-2)(\lambda-6)$$

于是 $\boldsymbol{A}^{\mathrm{T}}\boldsymbol{A}$ 的特征值为 $\lambda_1=2,\lambda_2=6,\lambda_3=0$.

当 $\lambda_1=2$ 时,由方程组 $(2\boldsymbol{I}-\boldsymbol{A}^{\mathrm{T}}\boldsymbol{A})\boldsymbol{x}=\boldsymbol{0}$,可得属于 2 的一个单位特征向量 $\frac{1}{\sqrt{2}}\begin{pmatrix}1\\-1\\0\end{pmatrix}$;

当 $\lambda_2=6$ 时,由方程组 $(6\boldsymbol{I}-\boldsymbol{A}^{\mathrm{T}}\boldsymbol{A})\boldsymbol{x}=\boldsymbol{0}$,可得属于 6 的一个单位特征向量 $\frac{1}{\sqrt{6}}\begin{pmatrix}1\\1\\2\end{pmatrix}$;

当 $\lambda_3=0$ 时,由方程组 $\boldsymbol{A}^{\mathrm{T}}\boldsymbol{A}\boldsymbol{x}=\boldsymbol{0}$,可得属于 0 的一个单位特征向量 $\frac{1}{\sqrt{3}}\begin{pmatrix}1\\1\\-1\end{pmatrix}$.

令 $\boldsymbol{Q}=\begin{pmatrix}\frac{1}{\sqrt{2}}&\frac{1}{\sqrt{6}}&\frac{1}{\sqrt{3}}\\-\frac{1}{\sqrt{2}}&\frac{1}{\sqrt{6}}&\frac{1}{\sqrt{3}}\\0&\frac{2}{\sqrt{6}}&-\frac{1}{\sqrt{3}}\end{pmatrix}$,则 f 在正交变换 $\boldsymbol{x}=\boldsymbol{Q}\boldsymbol{y}$ 下的标准形为 $f=2y_1^2+6y_2^2$.

题6 (2005①)已知二次型 $f(x_1,x_2,x_3)=(1-a)x_1^2+(1-a)x_2^2+2x_3^2+2(1+a)x_1x_2$ 的秩为2.

(1)求 a 的值;(2)求正交变换 $\boldsymbol{x}=\boldsymbol{Q}\boldsymbol{y}$,把 $f(x_1,x_2,x_3)$ 化成标准形;(3)求方程 $f(x_1,x_2,x_3)=0$ 的解.

解 (1)二次型 $f(x_1,x_2,x_3)$ 的矩阵为

$$\boldsymbol{A}=\begin{pmatrix}1-a & 1+a & 0\\ 1+a & 1-a & 0\\ 0 & 0 & 2\end{pmatrix}$$

由于 $|\boldsymbol{A}|=-8a$ 及 $\mathrm{r}(\boldsymbol{A})=2$,得 $|\boldsymbol{A}|=0$,即 $a=0$.

(2)由(1)得

$$\boldsymbol{A}=\begin{pmatrix}1 & 1 & 0\\ 1 & 1 & 0\\ 0 & 0 & 2\end{pmatrix}$$

于是,由

$$|\lambda\boldsymbol{I}-\boldsymbol{A}|=\begin{vmatrix}\lambda-1 & -1 & 0\\ -1 & \lambda-1 & 0\\ 0 & 0 & \lambda-2\end{vmatrix}=\lambda(\lambda-2)^2$$

知 $\boldsymbol{A}$ 有特征值 $\lambda=0,2$(二重),且属于 $\lambda=0$ 的特征向量为 $\boldsymbol{\alpha}_1=(1,-1,0)^{\mathrm{T}}$,属于 $\lambda=2$ 的特征向量为 $\boldsymbol{\alpha}_2=(1,1,0)^{\mathrm{T}}$ 和 $\boldsymbol{\alpha}_3=(0,0,1)$. 显然 $\boldsymbol{\alpha}_1,\boldsymbol{\alpha}_2,\boldsymbol{\alpha}_3$ 两两正交,现将它们单位化

$$\boldsymbol{\beta}_1=\frac{1}{|\boldsymbol{\alpha}_1|}\boldsymbol{\alpha}_1=\left(\frac{1}{\sqrt{2}},-\frac{1}{\sqrt{2}},0\right)^{\mathrm{T}},\quad \boldsymbol{\beta}_2=\frac{1}{|\boldsymbol{\alpha}_2|}\boldsymbol{\alpha}_2=\left(\frac{1}{\sqrt{2}},\frac{1}{\sqrt{2}},0\right)^{\mathrm{T}},\quad \boldsymbol{\beta}_3=\boldsymbol{\alpha}_3=(0,0,1)^{\mathrm{T}}$$

于是所求的正交矩阵为

$$\boldsymbol{Q}=\begin{pmatrix}\frac{1}{\sqrt{2}} & \frac{1}{\sqrt{2}} & 0\\ -\frac{1}{\sqrt{2}} & \frac{1}{\sqrt{2}} & 0\\ 0 & 0 & 1\end{pmatrix}$$

正交变换 $\boldsymbol{x}=\boldsymbol{Q}\boldsymbol{y}$(其中 $\boldsymbol{x}=(x_1,x_2,x_3)^{\mathrm{T}},\boldsymbol{y}=(y_1,y_2,y_3)^{\mathrm{T}}$)将 f 化为标准形,即

$$f(x_1,x_2,x_3)=0y_1^2+2y_2^2+2y_3^2=2y_2^2+2y_3^2$$

(3)由于 $0y_1^2+2y_2^2+2y_3^2=0$ 有解 $y_1=C,y_2=y_3=0$(C 为任意常数),所以 $f(x_1,x_2,x_3)=0$ 的解为

$$\begin{pmatrix}x_1\\ x_2\\ x_3\end{pmatrix}=\boldsymbol{Q}\begin{pmatrix}C\\ 0\\ 0\end{pmatrix}=\begin{pmatrix}\frac{1}{\sqrt{2}} & \frac{1}{\sqrt{2}} & 0\\ -\frac{1}{\sqrt{2}} & \frac{1}{\sqrt{2}} & 0\\ 0 & 0 & 1\end{pmatrix}\begin{pmatrix}C\\ 0\\ 0\end{pmatrix}=\begin{pmatrix}\frac{C}{\sqrt{2}}\\ -\frac{C}{\sqrt{2}}\\ 0\end{pmatrix}$$

即 $x_1=k,x_2=-k,x_3=0$(k 为任意常数).

(2)二次型的几何问题

题1 (1996①)已知二次型 $f=5x_1^2+5x_2^2+cx_3^2-2x_1x_2+6x_1x_3-6x_2x_3$ 相应矩阵的秩为2.(1)求 c 及其特征根;(2)当 $f=1$ 时,它是何种曲面?

解 (1)由题设知

$$\boldsymbol{A}=\begin{pmatrix}5 & -2 & 3\\ -2 & 5 & -3\\ 3 & -3 & c\end{pmatrix}$$

且 $\mathrm{r}(\boldsymbol{A})=2$,故 $|\boldsymbol{A}|=0$ 得 $c=3$. 代入 $\boldsymbol{A}$ 且由 $|\lambda\boldsymbol{I}-\boldsymbol{A}|=\lambda(4-\lambda)(\lambda-9)$,得 $\lambda_1=0,\lambda_2=4,\lambda_3=9$.

(2)若二次型 $f(x_1,x_2,x_3)=1$,可化为 $4y_2^2+9y_3^2=1$,其表示椭圆柱面.

题 2 (1998①)若设二次型 $x^2+ay^2+z^2+2bxy+2xz+2yz=4$ 经正交变换 $(x,y,z)^{\mathrm{T}}=\boldsymbol{P}(\xi,\eta,\zeta)^{\mathrm{T}}$ 化为椭圆柱面 $\eta^2+4\zeta^2=4$. 求 a,b 的值及正交阵 $\boldsymbol{P}$.

解 由题设有

$$\boldsymbol{A}=\begin{pmatrix}1&b&1\\b&a&1\\1&1&1\end{pmatrix}$$

又

$$\boldsymbol{P}^{\mathrm{T}}\boldsymbol{A}\boldsymbol{P}=\begin{pmatrix}0&&\\&1&\\&&4\end{pmatrix}=\boldsymbol{\Lambda}$$

由 $|\lambda\boldsymbol{I}-\boldsymbol{A}|=|\lambda\boldsymbol{I}-\boldsymbol{\Lambda}|$ 或 $|\lambda\boldsymbol{I}-\boldsymbol{A}|=0$ 有根 0,1,4,可得 $a=3,b=1$. 进而求得 $\boldsymbol{A}$ 的属于 0,1,4 的特征向量并将它们标准化后,有

$$\boldsymbol{\alpha}_1=\left(\frac{1}{\sqrt{2}},0,-\frac{1}{\sqrt{2}}\right)^{\mathrm{T}},\quad \boldsymbol{\alpha}_2=\left(\frac{1}{\sqrt{3}},-\frac{1}{\sqrt{3}},\frac{1}{\sqrt{3}}\right)^{\mathrm{T}},\quad \boldsymbol{\alpha}_3=\left(\frac{1}{\sqrt{6}},\frac{2}{\sqrt{6}},\frac{1}{\sqrt{6}}\right)^{\mathrm{T}}$$

从而 $\boldsymbol{P}=(\boldsymbol{\alpha}_1,\boldsymbol{\alpha}_2,\boldsymbol{\alpha}_3)$.

注 *若 $\boldsymbol{A}\sim\boldsymbol{B}$,有 $\mathrm{tr}(\boldsymbol{A})=\mathrm{tr}(\boldsymbol{B})$,且 $|\boldsymbol{A}|=|\boldsymbol{B}|$,亦可求得 a,b 的值,注意 $\mathrm{tr}(\boldsymbol{\Lambda})=1+4=5$,$|\boldsymbol{\Lambda}|=4$ 即可.*

2. 矩阵正定问题

题 1 (2002③)设 $\boldsymbol{A}$ 为 3 阶实对称矩阵,且满足条件 $\boldsymbol{A}^2+2\boldsymbol{A}=\boldsymbol{O}$,已知 $\boldsymbol{A}$ 的秩 $\mathrm{r}(\boldsymbol{A})=2$.

(1)求 $\boldsymbol{A}$ 的全部特征值;

(2)当 k 为何值时,矩阵 $\boldsymbol{A}+k\boldsymbol{I}$ 为正定矩阵,其中 $\boldsymbol{I}$ 为 3 阶单位矩阵.

解 (1)设 $f(x)$ 为 x 的多项式,λ 是矩阵 $\boldsymbol{A}$ 的特征值,根据 $f(\lambda)$ 必是 $f(\boldsymbol{A})$ 的特征值,则由 $\boldsymbol{A}^2+2\boldsymbol{A}=\boldsymbol{O}$,知 $\lambda^2+2\lambda=0$,解得 $\lambda_1=0,\lambda_2=-2$.

因为 $\boldsymbol{A}$ 为实对称矩阵,且秩 $\mathrm{r}(\boldsymbol{A})=2$,所以 $\boldsymbol{A}\sim\mathrm{diag}\{\lambda_1,\lambda_2,\lambda_3\}=\mathrm{diag}\{0,-2,\lambda_3\}$,式中 λ_3 只能取 0 或 -2.

若 $\lambda_3=0$,则 $\mathrm{r}(\boldsymbol{A})=\mathrm{r}(\mathrm{diag}\{0,-2,0\})=1$,这与 $\mathrm{r}(\boldsymbol{A})=2$ 矛盾.

故矩阵 $\boldsymbol{A}$ 的全部特征值为 $\lambda_1=0,\lambda_2=\lambda_3=-2$.

(2)易验证矩阵 $\boldsymbol{A}+k\boldsymbol{I}$ 仍为实对称矩阵.

由(1)知 $\boldsymbol{A}+k\boldsymbol{I}$ 的全部特征值为 $-2+k,-2+k,k$.

于是,当 $k>2$ 时矩阵 $\boldsymbol{A}+k\boldsymbol{I}$ 的全部特征值大于零. 因此,矩阵 $\boldsymbol{A}+k\boldsymbol{I}$ 为正定矩阵.

题 2 (1998③)设矩阵 $\boldsymbol{A}=\begin{pmatrix}1&0&1\\0&2&0\\1&0&1\end{pmatrix}$,矩阵 $\boldsymbol{B}=(k\boldsymbol{I}+\boldsymbol{A})^2$,其中 k 为实数,$\boldsymbol{I}$ 为 3 阶单位矩阵,求对角阵 $\boldsymbol{\Lambda}$,使 $\boldsymbol{B}$ 与 $\boldsymbol{\Lambda}$ 相似,并求 k 为何值时,$\boldsymbol{B}$ 为正定矩阵.

解 只需求出 $\boldsymbol{B}$ 的特征值 μ_1,μ_2,μ_3,则有 $\boldsymbol{B}\sim\boldsymbol{\Lambda}=\mathrm{diag}\{\mu_1,\mu_2,\mu_3\}$. 为此要先求出 $\boldsymbol{A}$ 的特征值. 由 $\boldsymbol{A}$ 的特征多项式

$$|\boldsymbol{A}-\lambda\boldsymbol{I}|=\begin{vmatrix}1-\lambda&0&1\\0&2-\lambda&0\\1&0&1-\lambda\end{vmatrix}=-(2-\lambda)^2\lambda$$

得 $\boldsymbol{A}$ 的特征值为 $\lambda_1=\lambda_2=2,\lambda_3=0$.

由于 $\boldsymbol{B}$ 是 $\boldsymbol{A}$ 的多项式，$\boldsymbol{B}$ 的特征值依次为 $\mu_1=\mu_2=(k+2)^2,\mu_3=k^2$. 于是

$$\boldsymbol{\Lambda}=\begin{pmatrix}(k+2)^2 & 0 & 0\\ 0 & (k+2)^2 & 0\\ 0 & 0 & k^2\end{pmatrix}$$

由上面的结果知：当 $k\neq-2$，且 $k\neq0$ 时，$\boldsymbol{B}$ 的全部特征值均为正数，又因为 $\boldsymbol{B}$ 是对称矩阵，所以当 $k\neq-2$ 且 $k\neq0$ 时，$\boldsymbol{B}$ 为正定矩阵.

题 3 (1992③)设矩阵 $\boldsymbol{A},\boldsymbol{B}$ 分别为 m,n 阶正定矩阵，试判定分块矩阵 $\boldsymbol{C}=\begin{pmatrix}\boldsymbol{A} & \boldsymbol{O}\\ \boldsymbol{O} & \boldsymbol{B}\end{pmatrix}$ 是否是正定矩阵.

证 1 首先由 $\boldsymbol{A}^{\mathrm{T}}=\boldsymbol{A},\boldsymbol{B}^{\mathrm{T}}=\boldsymbol{B}$，易证 $\boldsymbol{C}^{\mathrm{T}}=\boldsymbol{C}$. 再设 $\boldsymbol{x}\in\mathbf{R}^m,\boldsymbol{y}\in\mathbf{R}^n$，则 $\boldsymbol{z}=\begin{pmatrix}\boldsymbol{x}\\ \boldsymbol{y}\end{pmatrix}\in\mathbf{R}^{m+n}$.

若 $\boldsymbol{z}\neq\boldsymbol{0}$，则 $\boldsymbol{x},\boldsymbol{y}$ 之一不为 $\boldsymbol{0}$，不妨设 $\boldsymbol{x}\neq\boldsymbol{0}$，此时

$$\boldsymbol{z}^{\mathrm{T}}\boldsymbol{C}\boldsymbol{z}=(\boldsymbol{x}^{\mathrm{T}},\boldsymbol{y}^{\mathrm{T}})\begin{pmatrix}\boldsymbol{A} & \boldsymbol{O}\\ \boldsymbol{O} & \boldsymbol{B}\end{pmatrix}\begin{pmatrix}\boldsymbol{x}\\ \boldsymbol{y}\end{pmatrix}=\boldsymbol{x}^{\mathrm{T}}\boldsymbol{A}\boldsymbol{x}+\boldsymbol{y}^{\mathrm{T}}\boldsymbol{B}\boldsymbol{y}$$

因为 $\boldsymbol{x}\neq\boldsymbol{0}$，又 $\boldsymbol{A}$ 正定，则 $\boldsymbol{x}^{\mathrm{T}}\boldsymbol{A}\boldsymbol{x}>0$，且由 $\boldsymbol{B}$ 为正定阵，则 $\boldsymbol{y}^{\mathrm{T}}\boldsymbol{B}\boldsymbol{y}\geqslant0$.

从而任意 $\boldsymbol{z}\neq\boldsymbol{0}$，皆有 $\boldsymbol{z}^{\mathrm{T}}\boldsymbol{C}\boldsymbol{z}>0$，即 $\boldsymbol{C}$ 为正定阵.

证 2 考虑特征多项式(行列式) $|\lambda\boldsymbol{I}_{m+n}-\boldsymbol{C}|=\begin{vmatrix}\lambda\boldsymbol{I}_m-\boldsymbol{A} & \\ & \lambda\boldsymbol{I}_n-\boldsymbol{B}\end{vmatrix}=|\lambda\boldsymbol{I}_m-\boldsymbol{A}||\lambda\boldsymbol{I}_n-\boldsymbol{B}|$.

若 $|\lambda\boldsymbol{I}_{m+n}-\boldsymbol{C}|=0$，则 $|\lambda\boldsymbol{I}_m-\boldsymbol{A}|=0$ 或 $|\lambda\boldsymbol{I}_n-\boldsymbol{B}|=0$.

由 $\boldsymbol{A},\boldsymbol{B}$ 的正定性，知 $\boldsymbol{A}$ 的特征根 $\lambda_1,\lambda_2,\cdots,\lambda_m>0$，$\boldsymbol{B}$ 的特征根 $\lambda_{m+1},\lambda_{m+2},\cdots,\lambda_{m+n}>0$，但是 $\lambda_1,\lambda_2,\cdots,\lambda_{m+n}$ 恰好为 $\boldsymbol{C}$ 的全部特征根，而 $\lambda_i>0(i=1,2,\cdots,m+n)$，又 $\boldsymbol{C}^{\mathrm{T}}=\boldsymbol{C}$，从而 $\boldsymbol{C}$ 是正定矩阵.

证 3 由 $\boldsymbol{A},\boldsymbol{B}$ 的正定性，知有 $\boldsymbol{P},\boldsymbol{Q}$ 使

$$\boldsymbol{P}^{-1}\boldsymbol{A}\boldsymbol{P}=\boldsymbol{\Lambda}_1,\quad \boldsymbol{Q}^{-1}\boldsymbol{B}\boldsymbol{Q}=\boldsymbol{\Lambda}_2$$

这里 $\boldsymbol{\Lambda}_1,\boldsymbol{\Lambda}_2$ 为对角阵，且其对角线上的元素全为正值. 若令 $\boldsymbol{R}=\begin{pmatrix}\boldsymbol{P} & \boldsymbol{O}\\ \boldsymbol{O} & \boldsymbol{Q}\end{pmatrix}$，考虑

$$\boldsymbol{R}^{-1}\boldsymbol{C}\boldsymbol{R}=\begin{pmatrix}\boldsymbol{P}^{-1} & \\ & \boldsymbol{Q}^{-1}\end{pmatrix}\begin{pmatrix}\boldsymbol{A} & \\ & \boldsymbol{B}\end{pmatrix}\begin{pmatrix}\boldsymbol{P} & \\ & \boldsymbol{Q}\end{pmatrix}=\begin{pmatrix}\boldsymbol{P}^{-1}\boldsymbol{A}\boldsymbol{P} & \\ & \boldsymbol{Q}^{-1}\boldsymbol{B}\boldsymbol{Q}\end{pmatrix}=\begin{pmatrix}\boldsymbol{\Lambda}_1 & \\ & \boldsymbol{\Lambda}_2\end{pmatrix}=\boldsymbol{\Lambda}$$

其为对角上元素全正的对角阵.

换言之，$\boldsymbol{C}\sim\boldsymbol{\Lambda}$，而 $\boldsymbol{\Lambda}$ 是正定阵，又 $\boldsymbol{C}^{\mathrm{T}}=\boldsymbol{C}$，知 $\boldsymbol{C}$ 亦为正定阵.

注 1 本题的几种证法基本囊括了正定矩阵的判别方法(如果矩阵是抽象即没有具体给出的话)；对于具体给定的矩阵正定性判别，还可用顺序主子式恒正等方法.

注 2 这个问题稍简. 问题稍加变换便会使问题相对复杂，比如要证以下命题.

命题 1：若 $\boldsymbol{A}$ 正定，$\boldsymbol{B}$ 正定阵，则 $\boldsymbol{AB}$ 是正定阵 $\Longleftrightarrow\boldsymbol{AB}=\boldsymbol{BA}$.

命题证明或用 $\boldsymbol{AB}$ 与 $\boldsymbol{BA}$ 的特征多项式相同或用下面命题(前文我们曾介绍过).

命题 2：若 $\boldsymbol{A}$ 是 n 阶正定阵，$\boldsymbol{B}$ 是 n 阶实对称阵，则有非奇异阵 $\boldsymbol{P}$ 使

$$\boldsymbol{P}^{\mathrm{T}}\boldsymbol{A}\boldsymbol{P}=\boldsymbol{I},\quad \boldsymbol{P}^{\mathrm{T}}\boldsymbol{B}\boldsymbol{P}=\mathrm{diag}\{\lambda_1,\lambda_2,\cdots,\lambda_n\}$$

这里 λ_i 是关于 λ 的多项式即 $|\lambda\boldsymbol{A}-\boldsymbol{B}|=0$ 的根.

题 4 (2005③)设 $\boldsymbol{D}=\begin{pmatrix}\boldsymbol{A} & \boldsymbol{C}\\ \boldsymbol{C}^{\mathrm{T}} & \boldsymbol{B}\end{pmatrix}$ 为正定矩阵，其中 $\boldsymbol{A},\boldsymbol{B}$ 分别为 m,n 阶对称矩阵，$\boldsymbol{C}$ 为 $m\times n$ 阶矩阵.

(1)计算 $\boldsymbol{P}^{\mathrm{T}}\boldsymbol{DP}$,其中 $\boldsymbol{P}=\begin{pmatrix}\boldsymbol{I}_m & -\boldsymbol{A}^{-1}\boldsymbol{C}\\ \boldsymbol{O} & \boldsymbol{I}_n\end{pmatrix}$;(2)利用(1)的结果判断矩阵 $\boldsymbol{B}-\boldsymbol{C}^{\mathrm{T}}\boldsymbol{A}^{-1}\boldsymbol{C}$ 是否为正定矩阵,且证明你的结论.

解 (1)由分块矩阵乘法可有

$$\boldsymbol{P}^{\mathrm{T}}\boldsymbol{DP}=\begin{pmatrix}\boldsymbol{I}_m & -\boldsymbol{A}^{-1}\boldsymbol{C}\\ \boldsymbol{O} & \boldsymbol{I}_n\end{pmatrix}\begin{pmatrix}\boldsymbol{A} & \boldsymbol{C}\\ \boldsymbol{C}^{\mathrm{T}} & \boldsymbol{B}\end{pmatrix}\begin{pmatrix}\boldsymbol{I}_m & -\boldsymbol{A}^{-1}\boldsymbol{C}\\ \boldsymbol{O} & \boldsymbol{I}_n\end{pmatrix}$$

$$=\begin{pmatrix}\boldsymbol{I}_m & \boldsymbol{O}\\ -\boldsymbol{C}^{\mathrm{T}}\boldsymbol{A}^{-1} & \boldsymbol{I}_n\end{pmatrix}\begin{pmatrix}\boldsymbol{A} & \boldsymbol{O}\\ \boldsymbol{C}^{\mathrm{T}} & \boldsymbol{B}-\boldsymbol{C}^{\mathrm{T}}\boldsymbol{A}^{-1}\boldsymbol{C}\end{pmatrix}=\begin{pmatrix}\boldsymbol{A} & \boldsymbol{O}\\ \boldsymbol{O} & \boldsymbol{B}-\boldsymbol{C}^{\mathrm{T}}\boldsymbol{A}^{-1}\boldsymbol{C}\end{pmatrix}$$

(2)考虑任意 $m+n$ 维列向量 $\boldsymbol{y}=\begin{pmatrix}\boldsymbol{0}\\ \boldsymbol{x}\end{pmatrix}$,其中 $\boldsymbol{x}\in\mathbf{R}^{1\times n}$,且非零,又 $\boldsymbol{0}\in\mathbf{R}^{1\times m}$,故 $\boldsymbol{y}$ 为非零向量.又 $\boldsymbol{P}$ 可逆($|\boldsymbol{P}|=1$),知 $\boldsymbol{Py}$ 非零,而

$$(\boldsymbol{Py})^{\mathrm{T}}\boldsymbol{D}(\boldsymbol{Py})=\boldsymbol{y}^{\mathrm{T}}(\boldsymbol{P}^{\mathrm{T}}\boldsymbol{DP})\boldsymbol{y}=(\boldsymbol{0}^{\mathrm{T}},\boldsymbol{x}^{\mathrm{T}})$$

$$\begin{pmatrix}\boldsymbol{A} & \boldsymbol{O}\\ \boldsymbol{O} & \boldsymbol{B}-\boldsymbol{C}^{\mathrm{T}}\boldsymbol{A}^{-1}\boldsymbol{C}\end{pmatrix}\begin{pmatrix}\boldsymbol{O}\\ \boldsymbol{y}\end{pmatrix}=(\boldsymbol{O}^{\mathrm{T}},\boldsymbol{x}^{\mathrm{T}}(\boldsymbol{B}-\boldsymbol{C}^{\mathrm{T}}\boldsymbol{A}^{-1}\boldsymbol{C}))\begin{pmatrix}\boldsymbol{0}\\ \boldsymbol{x}\end{pmatrix}=\boldsymbol{x}^{\mathrm{T}}(\boldsymbol{B}-\boldsymbol{C}^{\mathrm{T}}\boldsymbol{A}^{-1}\boldsymbol{C})\boldsymbol{x}$$

又由题设 $\boldsymbol{D}$ 正定,则 $(\boldsymbol{Py})^{\mathrm{T}}\boldsymbol{D}(\boldsymbol{Py})>0$,从而 $\boldsymbol{x}^{\mathrm{T}}(\boldsymbol{B}-\boldsymbol{C}^{\mathrm{T}}\boldsymbol{A}^{-1}\boldsymbol{C})\boldsymbol{x}>0$,对任意非零向量 $\boldsymbol{x}$ 成立.又 $\boldsymbol{A},\boldsymbol{B}$ 为对称阵,$\boldsymbol{C}^{\mathrm{T}}\boldsymbol{A}^{-1}\boldsymbol{C}$ 亦为对称阵.综上知 $\boldsymbol{B}-\boldsymbol{C}^{\mathrm{T}}\boldsymbol{A}^{-1}\boldsymbol{C}$ 是正定矩阵.

题 5 (1999③)设 $\boldsymbol{A}$ 为 $m\times n$ 实矩阵,$\boldsymbol{I}$ 为 n 阶单位矩阵,已知 $\boldsymbol{B}=\lambda\boldsymbol{I}+\boldsymbol{A}^{\mathrm{T}}\boldsymbol{A}$,试证:当 $\lambda>0$ 时,矩阵 $\boldsymbol{B}$ 为正定矩阵.

证 因为 $\boldsymbol{B}^{\mathrm{T}}=(\lambda\boldsymbol{I}+\boldsymbol{A}^{\mathrm{T}}\boldsymbol{A})^{\mathrm{T}}=\lambda\boldsymbol{I}+\boldsymbol{A}^{\mathrm{T}}\boldsymbol{A}=\boldsymbol{B}$,所以 $\boldsymbol{B}$ 为 n 阶对称矩阵.

对于任意的实 n 维向量 $\boldsymbol{x}$,有

$$\boldsymbol{x}^{\mathrm{T}}\boldsymbol{Bx}=\boldsymbol{x}^{\mathrm{T}}(\lambda\boldsymbol{I}+\boldsymbol{A}^{\mathrm{T}}\boldsymbol{A})\boldsymbol{x}=\lambda\boldsymbol{x}^{\mathrm{T}}\boldsymbol{x}+\boldsymbol{x}^{\mathrm{T}}\boldsymbol{A}^{\mathrm{T}}\boldsymbol{Ax}=\lambda\boldsymbol{x}^{\mathrm{T}}\boldsymbol{x}+(\boldsymbol{Ax})^{\mathrm{T}}(\boldsymbol{Ax})$$

当 $\boldsymbol{x}\neq\boldsymbol{0}$ 时,有 $\boldsymbol{x}^{\mathrm{T}}\boldsymbol{x}>0$,$(\boldsymbol{Ax})^{\mathrm{T}}(\boldsymbol{Ax})\geqslant 0$.因此,当 $\lambda>0$ 时,对任意的 $\boldsymbol{x}\neq\boldsymbol{0}$,有

$$\boldsymbol{x}^{\mathrm{T}}\boldsymbol{Bx}=\lambda\boldsymbol{x}^{\mathrm{T}}\boldsymbol{x}+(\boldsymbol{Ax})^{\mathrm{T}}\boldsymbol{Ax}>0$$

即 $\boldsymbol{B}$ 为正定矩阵.

注 首先本例是依照正定矩阵定义来判断的,注意 $\boldsymbol{x}^{\mathrm{T}}\boldsymbol{Ax}$ 即为二次型.此外我们依题中的方法还有:

命题 1:若 $\boldsymbol{A}\in\mathbf{R}^{m\times n}$,且 $\mathrm{r}(\boldsymbol{A})=n$,则 $\boldsymbol{A}^{\mathrm{T}}\boldsymbol{A}$ 为正定阵.

略证:注意 $\boldsymbol{A}$ 非方阵,只需分 $m\geqslant n$ 和 $m<n$(由题设知不可能)两种情形考虑即可.事实上 $\boldsymbol{A}^{\mathrm{T}}\boldsymbol{A}$ 可视为正定矩阵的分解式,我们可以证明(简单的情形我们前文已有介绍).

命题 2:若 $\boldsymbol{A}\in\mathbf{R}^{n\times n}$ 是正定矩阵,(1)一定有 $\boldsymbol{B}$,使 $\boldsymbol{B}^2=\boldsymbol{A}$,且 $\boldsymbol{B}$ 为正定阵;(2)一定有 $\boldsymbol{Q}$,使 $\boldsymbol{Q}^{\mathrm{T}}\boldsymbol{Q}=\boldsymbol{A}$,且 $\boldsymbol{Q}$ 为正定阵.

简证:(1)若 $\boldsymbol{A}$ 正定,则有 $\boldsymbol{P}$ 使 $\boldsymbol{P}^{-1}\boldsymbol{AP}=\mathrm{diag}\{\lambda_1,\lambda_2,\cdots,\lambda_n\}$,其中 $\lambda_i>0\ (i=1,2,\cdots,n)$.故

$$\boldsymbol{A}=\boldsymbol{P}\mathrm{diag}\{\lambda_1,\lambda_2,\cdots,\lambda_n\}\boldsymbol{P}^{-1}=\boldsymbol{P}\begin{bmatrix}\lambda_1 & & & \\ & \lambda_2 & & \\ & & \ddots & \\ & & & \lambda_n\end{bmatrix}\boldsymbol{P}^{-1}$$

令

$$\boldsymbol{Q}=\begin{bmatrix}\sqrt{\lambda_1} & & & \\ & \sqrt{\lambda_2} & & \\ & & \ddots & \\ & & & \sqrt{\lambda_n}\end{bmatrix}$$

则

$$\boldsymbol{A}=\boldsymbol{PQQP}^{-1}=\boldsymbol{PQP}^{-1}\boldsymbol{PQP}^{-1}=\boldsymbol{B}\cdot\boldsymbol{B}=\boldsymbol{B}^2$$

其中
$$B=PQP^{-1}=P\mathrm{diag}\{\sqrt{\lambda_1},\sqrt{\lambda_2},\cdots,\sqrt{\lambda_n}\}P^{-1}$$

(2)若 P 是正交阵，则 $P^{-1}=P^{\mathrm{T}}$，此时

$$Q=P\mathrm{diag}\{\sqrt{\lambda_1},\sqrt{\lambda_2},\cdots,\sqrt{\lambda_n}\}P^{\mathrm{T}}$$

则 $A=Q^{\mathrm{T}}Q$.

由上结论我们还可以从 $|A|^2=|A^2|=|A^{\mathrm{T}}||A|=|A^{\mathrm{T}}A|$，又一次得

$$|A|\leqslant\sqrt{\prod_{i=1}^{n}\sum_{j=1}^{n}a_{ij}^2}\quad\text{（阿达玛不等式）}$$

题 6　(1999①)设 A 为 m 阶实对称矩阵且正定，B 是 $m\times n$ 实矩阵，B^{T} 为 B 的转置矩阵，试证：$B^{\mathrm{T}}AB$ 为正定矩阵的充分必要条件是 B 的秩 $\mathrm{r}(B)=n$.

证　(必要性)设 $B^{\mathrm{T}}AB$ 为正定矩阵，则对任意的实 n 维向量 $x\neq 0$，均有

$$x^{\mathrm{T}}(B^{\mathrm{T}}AB)x>0$$

即 $(Bx)^{\mathrm{T}}A(Bx)>0$，必有 $Bx\neq 0$，即 $Bx=0$ 只有零解，从而 $\mathrm{r}(B)=n$.

(充分性)因 $(B^{\mathrm{T}}AB)^{\mathrm{T}}=B^{\mathrm{T}}A^{\mathrm{T}}B=B^{\mathrm{T}}AB$，故 $B^{\mathrm{T}}AB$ 为实对称矩阵.

若 $\mathrm{r}(B)=n$，则方程组 $Bx=0$ 只有零解. 从而对任意实 n 维列向量 $x\neq 0$ 有 $Bx\neq 0$.

因为 A 为正定矩阵，所以对于 $Bx\neq 0$，有 $(Bx)^{\mathrm{T}}A(Bx)>0$.

于是当 $x\neq 0$ 时，$x^{\mathrm{T}}(B^{\mathrm{T}}AB)x>0$，故 $B^{\mathrm{T}}AB$ 为正定矩阵.

题 7　(1991①)设 A 是 n 阶正定阵，I 是 n 阶单位阵，证明 $A+I$ 的行列式大于 1.

证　设 A 的 n 个特征值为 $\lambda_1,\lambda_2,\cdots,\lambda_n$，由题设 A 是正定矩阵，知 $\lambda_i>0(i=1,2,\cdots,n)$.

而 $A+I$ 的 n 个特征值为 $\lambda_1+1,\lambda_2+1,\cdots,\lambda_n+1$.

于是 $|A+I|=(\lambda_1+1)\cdot(\lambda_2+1)\cdot\cdots\cdot(\lambda_n+1)>1$.

3. 二次型正定问题

题 1　(1991③)考虑二次型 $f=x_1^2+4x_2^2+4x_3^2+2\lambda x_1x_2-2x_1x_3+4x_2x_3$，问 λ 取何值时，f 为正定二次型？

解　二次型 f 的矩阵为 $A=\begin{pmatrix}1&\lambda&-1\\\lambda&4&2\\-1&2&4\end{pmatrix}$，$A$ 的顺序主子式为

$$D_1=1,\quad D_2=\begin{vmatrix}1&\lambda\\\lambda&4\end{vmatrix}=4-\lambda^2,\quad D_3=\begin{vmatrix}1&\lambda&-1\\\lambda&4&2\\-1&2&4\end{vmatrix}=-4(\lambda-1)(\lambda+2)$$

令 $D_2=4-\lambda^2>0,D_3=-4(\lambda-1)(\lambda+2)>0$，解此不等式组得 $-2<\lambda<1$，此时二次型 f 是正定的.

题 2　(2000③)设 n 元实二次型 $f(x_1,x_2,\cdots,x_n)=(x_1+a_1x_2)^2+(x_2+a_2x_3)^2+\cdots+(x_{n-1}+a_{n-1}x_n)^2+(x_n+a_nx_1)^2$，其中 $a_i(i=1,2,\cdots,n)$ 为实数. 问 $a_1,a_2,\cdots,a_n$ 满足何种条件时，二次型 $f(x_1,x_2,\cdots,x_n)$ 为正定二次型？

解　由于 f 的表达式各项均为两项和的平方，所以 $f\geqslant 0$，而且等号成立当且仅当

$$x_1+a_1x_2=0,\quad x_2+a_2x_3=0,\quad \cdots,\quad x_{n-1}+a_{n-1}x_n=0,\quad x_n+a_nx_1=0$$

该方程组仅有零解当且仅当其系数行列式

$$\begin{vmatrix}1&a_1&0&\cdots&0&0\\0&1&a_2&\cdots&0&0\\\vdots&\vdots&\vdots&&\vdots&\vdots\\0&0&0&\cdots&1&a_{n-1}\\a_n&0&0&\cdots&0&1\end{vmatrix}\xlongequal[\text{展开}]{\text{按第一行}}1+(-1)^{n+1}a_1\cdot a_2\cdot\cdots\cdot a_n\neq 0$$

于是,当 $1+(-1)^{n-1}a_1\cdot a_2\cdot\cdots\cdot a_n\neq 0$ 时,即当 $a_1\cdot a_2\cdot\cdots\cdot a_n\neq(-1)^n$ 时,对于任意的不全为零的 $x_1,x_2,\cdots,x_n$,有 $f(x_1,x_2,\cdots,x_n)>0$,即二次型为正定.

下面的问题看上去没有提及矩阵正定或二次型正定问题,但二次型的标准形中已蕴涵二次型的正定性.

题 3 (1993①)已知二次型 $f(x_1,x_2,x_3)=2x_1^2+3x_2^2+3x_3^2+2ax_2x_3\,(a>0)$,通过正交变换化为标准形 $f=y_1^2+2y_2^2+5y_3^2$,求参数 a 及所用的正交变换矩阵.

解 二次型 f 的矩阵 $\boldsymbol{A}=\begin{pmatrix}2&0&0\\0&3&a\\0&a&3\end{pmatrix}$,标准形的矩阵 $\boldsymbol{B}=\begin{pmatrix}1&0&0\\0&2&0\\0&0&5\end{pmatrix}$.

由于 $\boldsymbol{A}\sim\boldsymbol{B}$,因此 $|\boldsymbol{A}|=|\boldsymbol{B}|$,即 $2(9-a^2)=10$.

由此得 $a=\pm 2$. 因为 $a>0$,所以 $a=2$.

又由矩阵 $\boldsymbol{A}=\begin{pmatrix}2&0&0\\0&3&2\\0&2&3\end{pmatrix}$ 的特征值为 $\lambda_1=1,\lambda_2=2,\lambda_3=5$. 依次可由 $\boldsymbol{Ax}=\lambda\boldsymbol{x}$ 求得相应的特征向量

$$\boldsymbol{p}_1=\begin{pmatrix}0\\1\\-1\end{pmatrix},\quad \boldsymbol{p}_2=\begin{pmatrix}1\\0\\0\end{pmatrix},\quad \boldsymbol{p}_3=\begin{pmatrix}0\\1\\1\end{pmatrix}$$

它们单位化后分别为

$$\boldsymbol{\xi}_1=\frac{\boldsymbol{p}_1}{\|\boldsymbol{p}_1\|}=\begin{pmatrix}0\\\frac{1}{\sqrt{2}}\\-\frac{1}{\sqrt{2}}\end{pmatrix},\quad \boldsymbol{\xi}_2=\frac{\boldsymbol{p}_2}{\|\boldsymbol{p}_2\|}=\begin{pmatrix}1\\0\\0\end{pmatrix},\quad \boldsymbol{\xi}_3=\frac{\boldsymbol{p}_3}{\|\boldsymbol{p}_3\|}=\begin{pmatrix}0\\\frac{1}{\sqrt{2}}\\\frac{1}{\sqrt{2}}\end{pmatrix}$$

故所用正交变换矩阵

$$\boldsymbol{P}=(\boldsymbol{\xi}_1,\boldsymbol{\xi}_2,\boldsymbol{\xi}_3)=\begin{pmatrix}0&1&0\\\frac{1}{\sqrt{2}}&0&\frac{1}{\sqrt{2}}\\-\frac{1}{\sqrt{2}}&0&\frac{1}{\sqrt{2}}\end{pmatrix}$$

题 4 (1993③)设二次型 $f=x_1^2+x_2^2+x_3^2+2\alpha x_1x_2+2\beta x_2x_3+2x_1x_3$ 经正交变换 $\boldsymbol{x}=\boldsymbol{Py}$ 化成 $f=y_2^2+2y_3^2$,其中 $\boldsymbol{x}=(x_1,x_2,x_3)^{\mathrm{T}}$ 和 $\boldsymbol{y}=(y_1,y_2,y_3)^{\mathrm{T}}$ 都是 3 维列向量,$\boldsymbol{P}$ 是 3 阶正交矩阵,试求常数 α,β.

解 变换前后二次型的矩阵分别为

$$\boldsymbol{A}=\begin{pmatrix}1&\alpha&1\\\alpha&1&\beta\\1&\beta&1\end{pmatrix},\quad \boldsymbol{B}=\begin{pmatrix}0&0&0\\0&1&0\\0&0&2\end{pmatrix}$$

由于 $\boldsymbol{P}$ 是正交矩阵,故 $\boldsymbol{P}^{\mathrm{T}}\boldsymbol{AP}=\boldsymbol{P}^{-1}\boldsymbol{AP}=\boldsymbol{B}$,即 $\boldsymbol{A}\sim\boldsymbol{B}$.

因此 $\boldsymbol{A}$ 和 $\boldsymbol{B}$ 具有相同的特征值:$\lambda_1=0,\lambda_2=1,\lambda_3=2$. 这些特征值应满足 $|\boldsymbol{A}-\lambda\boldsymbol{I}|=0$.

令 $\lambda=\lambda_1=0$,则有

$$|\boldsymbol{A}-0\boldsymbol{I}|=\begin{vmatrix}1&\alpha&1\\\alpha&1&\beta\\1&\beta&1\end{vmatrix}=-(\beta-\alpha)^2=0 \qquad ①$$

令 $\lambda=\lambda_2=1$，则有

$$|\boldsymbol{A}-\boldsymbol{I}|=\begin{vmatrix}0&\alpha&1\\\alpha&0&\beta\\1&\beta&0\end{vmatrix}=2\alpha\beta=0 \qquad ②$$

由式①和式②，即得 $\alpha=\beta=0$.

题 5 (2010①)已知二次型 $f(x_1,x_2,x_3)=\boldsymbol{x}^{\mathrm{T}}\boldsymbol{A}\boldsymbol{x}$ 在正交变换 $\boldsymbol{x}=\boldsymbol{Q}\boldsymbol{y}$ 下的标准形为 $y_1^2+y_2^2$，且 $\boldsymbol{Q}$ 的第 3 列为 $\left(\frac{\sqrt{2}}{2},0,\frac{\sqrt{2}}{2}\right)^{\mathrm{T}}$. (1)求矩阵 $\boldsymbol{A}$；(2)证明矩阵 $\boldsymbol{A}+\boldsymbol{E}$ 为正定矩阵，其中 $\boldsymbol{E}$ 为 3 阶单位矩阵.

解 已知二次型的标准形以及化二次型为标准形的正交变换所对应的矩阵中的某一列反求二次型的矩阵，要考虑二次型标准形的形式以及正交矩阵的性质等.

由题设 $\boldsymbol{A}$ 的属于特征值为 1,1,0，且 $(1,0,1)^{\mathrm{T}}$ 为 $\boldsymbol{A}$ 的属于特征值 0 的一个特征向量.

设 $\boldsymbol{x}=(x_1,x_2,x_3)^{\mathrm{T}}$ 为 $\boldsymbol{A}$ 的属于特征值 1 的特征向量. 因为 $\boldsymbol{A}$ 的属于不同特征值的特征向量正交，所以 $\boldsymbol{x}^{\mathrm{T}}=x_1+x_3=0$，取 $\left(\frac{1}{\sqrt{2}},0,-\frac{1}{\sqrt{2}}\right)$，$(0,1,0)^{\mathrm{T}}$ 为 $\boldsymbol{A}$ 的属于特征值 1 的相互正交的单位特征向量.

令
$$\boldsymbol{Q}=\begin{pmatrix}\frac{1}{\sqrt{2}}&0&\frac{1}{\sqrt{2}}\\0&1&0\\-\frac{1}{\sqrt{2}}&0&\frac{1}{\sqrt{2}}\end{pmatrix}\Rightarrow\boldsymbol{Q}^{\mathrm{T}}\boldsymbol{A}\boldsymbol{Q}=\begin{pmatrix}1&&\\&1&\\&&0\end{pmatrix}$$

(1)由上式可得

$$\boldsymbol{A}=\boldsymbol{Q}\begin{pmatrix}1&&\\&1&\\&&0\end{pmatrix}\boldsymbol{Q}^{\mathrm{T}}=\begin{pmatrix}\frac{1}{\sqrt{2}}&0&\frac{1}{\sqrt{2}}\\0&1&0\\-\frac{1}{\sqrt{2}}&0&\frac{1}{\sqrt{2}}\end{pmatrix}\begin{pmatrix}1&&\\&1&\\&&0\end{pmatrix}\begin{pmatrix}\frac{1}{\sqrt{2}}&0&-\frac{1}{\sqrt{2}}\\0&1&0\\\frac{1}{\sqrt{2}}&0&\frac{1}{\sqrt{2}}\end{pmatrix}$$

$$=\begin{pmatrix}\frac{1}{\sqrt{2}}&0&-\frac{1}{\sqrt{2}}\\0&1&0\\-\frac{1}{\sqrt{2}}&0&\frac{1}{\sqrt{2}}\end{pmatrix}$$

(2)由(1)可知 $\boldsymbol{A}$ 的特征值为 1,1,0，则 $\boldsymbol{A}+\boldsymbol{E}$ 的特征值为 2,2,1 均大于零，又 $\boldsymbol{A}+\boldsymbol{E}$ 为实对称矩阵，所以 $\boldsymbol{A}+\boldsymbol{E}$ 为正定矩阵.

注 二次型总可以通过正交变换 $\boldsymbol{x}=\boldsymbol{P}\boldsymbol{y}$，使其化为标准形

$$f(x_1,x_2,\cdots,x_n)=\lambda_1y_1^2+\lambda_2y_2^2+\cdots+\lambda_ny_n^2$$

其中 $\lambda_1,\lambda_2,\cdots,\lambda_n$ 是二次型对应的矩阵 $\boldsymbol{A}$ 的特征值.

国内外大学数学竞赛及水平测试题赏析

人们通常用矩阵特征值的符号去判断矩阵的正定性，反过来利用矩阵去判断其特征根符号也是一种常用的手段.

例 1 试证 n 阶矩阵

$$A=\begin{pmatrix}2&-1&&&&\\-1&2&-1&&&\\&-1&2&-1&&\\&&\ddots&\ddots&\ddots&\\&&&-1&2&-1\\&&&&-1&2\end{pmatrix}$$

的 n 个特征根皆正.(美国加州大学伯克利分校博士学位水平测试,1990)

简析 若能证明 $\boldsymbol{A}$ 正定,则可证得结论.这只需验证其各级顺序主子式或直接由正定阵的定义证明(类似的问题前文曾介绍过).

证 考虑二次型 $f=\boldsymbol{xAx}^{\mathrm{T}}$,令 $\boldsymbol{x}=(x_1,x_2,\cdots,x_n)\neq\boldsymbol{0}$,则可有

$$\boldsymbol{xAx}^{\mathrm{T}}=2x_1^2-x_1x_2-x_1x_2+2x_2^2-x_2x_3-\cdots-x_{n-1}x_n+2x_n^2=x_1^2+\sum_{k=2}^{n}(x_{k-1}-x_n)^2+x_n^2\geqslant0$$

其中 $(x_{k-1}-x_n)^2$ 至少有一项大于 0;否则有 $x_1=x_2=\cdots=x_n$. 又 $\boldsymbol{x}\neq\boldsymbol{0}$,知此时 x_1 或 x_n 皆不为 0,从而 $\boldsymbol{xAx}^{\mathrm{T}}>0$. 即 $\boldsymbol{A}$ 为正定阵,从而其特征根皆正.

注 1 如前所说,题设矩阵称为三对角阵.涉及这类矩阵的问题还有:

问题 1: 试证 n 阶三对角矩阵

$$\begin{pmatrix}a_1&b_1&&&&\\b_1&a_2&b_2&&&\\&b_2&a_3&b_3&&\\&&\ddots&\ddots&\ddots&\\&&&b_{n-2}&a_{n-1}&b_n\\&&&&b_{n-1}&a_n\end{pmatrix}_{n\times n}$$

有 n 个相异的特征根,这里 a_i 相异 $(i=1,2,\cdots,n)$,b_j 相异且 $b_j\neq0(j=1,2,\cdots,n)$.

问题 2:若 n 阶三对角阵

$$A=\begin{pmatrix}a&1&&&&\\1&a&1&&&\\&1&a&1&&\\&&\ddots&\ddots&\ddots&\\&&&1&a&1\\&&&&1&a\end{pmatrix}$$

其中 $a\in\mathbf{R}$. 则 $\lambda_{\min}\leqslant a-1$ 且 $\lambda_{\max}\geqslant a+1$,这里 $\lambda_{\max}$,$\lambda_{\min}$ 分别表示 $\boldsymbol{A}$ 的最大、最小特征根.

略解:令 $\boldsymbol{u}=(1,1,0,\cdots,0)^{\mathrm{T}}$,则 $\boldsymbol{u}^{\mathrm{T}}\boldsymbol{u}=2$,且

$$\boldsymbol{u}^{\mathrm{T}}\boldsymbol{Au}=(a+1,a+1,1,0,\cdots,0)\boldsymbol{u}=2(a+1)$$

从而

$$\frac{\boldsymbol{u}^{\mathrm{T}}\boldsymbol{Au}}{\boldsymbol{u}^{\mathrm{T}}\boldsymbol{u}}=a+1$$

同理,令 $\boldsymbol{v}=(1,-1,0,\cdots,0)^{\mathrm{T}}$,则 $\dfrac{\boldsymbol{v}^{\mathrm{T}}\boldsymbol{Av}}{\boldsymbol{v}^{\mathrm{T}}\boldsymbol{v}}=a-1$.

由前文曾介绍的瑞利定理有 $\lambda_{\min}\leqslant\dfrac{\boldsymbol{x}^{\mathrm{T}}\boldsymbol{Ax}}{\boldsymbol{x}^{\mathrm{T}}\boldsymbol{x}}\leqslant\lambda_{\max}$,可证得命题.

注 2 讨论这类矩阵行列式的内容,可见行列式一章中的例,在那里我们容易求得 $|\lambda\boldsymbol{I}-\boldsymbol{A}|$ 的展开式,进而求得 $|\lambda\boldsymbol{I}-\boldsymbol{A}|=0$ 的根.这样亦可直接证验 $\boldsymbol{A}$ 的特征根皆为正值.

下面是一个矩阵分解的题目,这类问题我们前文已多有介绍,下面再来看一个例子.

例 2 若矩阵 $\boldsymbol{A}\in\mathbf{R}^{n\times n}$,且 $\boldsymbol{A}$ 可逆.证明存在唯一正交矩阵 $\boldsymbol{Q}$ 和唯一正定矩阵 $\boldsymbol{B}$ 使 $\boldsymbol{A}=\boldsymbol{QB}$.(美国加

州大学伯克利分校博士学位水平测试，1985）

证　由设 $\boldsymbol{A}$ 可逆，则 $\boldsymbol{A}^{\mathrm{T}}\boldsymbol{A}$ 是正定矩阵，则有正定阵 $\boldsymbol{B}$ 使 $\boldsymbol{A}^{\mathrm{T}}\boldsymbol{A}=\boldsymbol{B}^2$.

考虑 $\boldsymbol{P}=\boldsymbol{B}\boldsymbol{A}^{-1}$，即 $\boldsymbol{P}\boldsymbol{A}=\boldsymbol{B}$. 令 $\boldsymbol{Q}=\boldsymbol{P}^{-1}$，则 $\boldsymbol{A}=\boldsymbol{Q}\boldsymbol{B}$，又

$$\boldsymbol{P}^{\mathrm{T}}\boldsymbol{P}=(\boldsymbol{A}^{\mathrm{T}})^{-1}\boldsymbol{B}^{\mathrm{T}}\boldsymbol{B}\boldsymbol{A}^{-1}=(\boldsymbol{A}^{\mathrm{T}})^{-1}\boldsymbol{B}^2\boldsymbol{A}^{-1}=(\boldsymbol{A}^{\mathrm{T}})^{-1}\boldsymbol{A}^{\mathrm{T}}\boldsymbol{A}\boldsymbol{A}^{-1}=\boldsymbol{I}$$

知矩阵 $\boldsymbol{P}$ 进而矩阵 $\boldsymbol{Q}$ 为正交矩阵.

下证唯一性. 用反证法. 若不然，令 $\boldsymbol{A}$ 又可表示为 $\boldsymbol{A}=\boldsymbol{Q}_1\boldsymbol{B}_1$，其中 $\boldsymbol{Q}_1$ 是正交阵，$\boldsymbol{B}_1$ 是正定阵，于是

$$\boldsymbol{B}^2=\boldsymbol{A}^{\mathrm{T}}\boldsymbol{A}=\boldsymbol{B}_1^{\mathrm{T}}\boldsymbol{Q}_1^{\mathrm{T}}\boldsymbol{Q}_1\boldsymbol{B}_1=\boldsymbol{B}_1^2$$

从而 $\boldsymbol{B}=\boldsymbol{B}_1$. 又 $\boldsymbol{A}$ 可逆，进而 $\boldsymbol{B}$ 可逆. 由 $\boldsymbol{A}=\boldsymbol{Q}\boldsymbol{B}=\boldsymbol{Q}_1\boldsymbol{B}$，可得 $\boldsymbol{Q}=\boldsymbol{Q}_1$.

注　类似的问题我们前文已有讨论，这里不过增加了唯一性的证明而已.

下面的问题则与所谓瑞利商即 $\dfrac{\boldsymbol{x}^{\mathrm{T}}\boldsymbol{A}\boldsymbol{x}}{\boldsymbol{x}^{\mathrm{T}}\boldsymbol{x}}$ 有关.

例 3　若 $\boldsymbol{A},\boldsymbol{B}\in\mathbf{R}^{n\times n}$，且 $\boldsymbol{A}^{\mathrm{T}}=\boldsymbol{A}$，又 $\boldsymbol{B}$ 为正定矩阵. 若 $\boldsymbol{x}\neq\boldsymbol{0}$，定义 $g(\boldsymbol{x})=\dfrac{\boldsymbol{x}^{\mathrm{T}}\boldsymbol{A}\boldsymbol{x}}{\boldsymbol{x}^{\mathrm{T}}\boldsymbol{B}\boldsymbol{x}}$.（1）求 $g(\boldsymbol{x})$ 的极大值；（2）证明 $g(\boldsymbol{x})$ 的极大点是某个与 $\boldsymbol{A},\boldsymbol{B}$ 有关的矩阵的特征向量.（美国加州大学伯克利分校博士学位水平测试，1985）

解　由题设 $\boldsymbol{B}$ 正定，则有可逆阵 $\boldsymbol{C}$ 使 $\boldsymbol{B}=\boldsymbol{C}^{\mathrm{T}}\boldsymbol{C}$. 对于 $\boldsymbol{x}\neq\boldsymbol{0}$，由 $\dfrac{\boldsymbol{x}^{\mathrm{T}}\boldsymbol{A}\boldsymbol{x}}{\boldsymbol{x}^{\mathrm{T}}\boldsymbol{B}\boldsymbol{x}}=\dfrac{\boldsymbol{x}^{\mathrm{T}}\boldsymbol{A}\boldsymbol{x}}{\boldsymbol{x}^{\mathrm{T}}\boldsymbol{C}^{\mathrm{T}}\boldsymbol{C}\boldsymbol{x}}=\dfrac{\boldsymbol{x}^{\mathrm{T}}\boldsymbol{A}\boldsymbol{x}}{(\boldsymbol{C}\boldsymbol{x})^{\mathrm{T}}(\boldsymbol{C}\boldsymbol{x})}$，令 $\boldsymbol{y}=\boldsymbol{C}\boldsymbol{x}$，则

$$\text{式右}=\frac{(\boldsymbol{C}^{-1}\boldsymbol{y})^{\mathrm{T}}\boldsymbol{A}(\boldsymbol{C}^{-1}\boldsymbol{y})}{\boldsymbol{y}^{\mathrm{T}}\boldsymbol{y}}=\frac{\boldsymbol{y}^{\mathrm{T}}(\boldsymbol{C}^{-1})^{\mathrm{T}}\boldsymbol{A}\boldsymbol{C}^{-1}\boldsymbol{y}}{\boldsymbol{y}^{\mathrm{T}}\boldsymbol{y}}$$

由 $[(\boldsymbol{C}^{-1})^{\mathrm{T}}\boldsymbol{A}\boldsymbol{C}^{-1}]^{\mathrm{T}}=(\boldsymbol{C}^{-1})^{\mathrm{T}}\boldsymbol{A}^{\mathrm{T}}\boldsymbol{C}^{-1}=(\boldsymbol{C}^{-1})^{\mathrm{T}}\boldsymbol{A}\boldsymbol{C}^{-1}$，由前述瑞利定理

$$\frac{\boldsymbol{y}^{\mathrm{T}}(\boldsymbol{C}^{-1})^{\mathrm{T}}\boldsymbol{A}\boldsymbol{C}^{-1}\boldsymbol{y}}{\boldsymbol{y}^{\mathrm{T}}\boldsymbol{y}}\leqslant\lambda_{\max}$$

且最大值在 $(\boldsymbol{C}^{-1})^{\mathrm{T}}\boldsymbol{A}\boldsymbol{C}^{-1}$ 相应的特征向量处达到，令其为 $\boldsymbol{y}_0$，则 $g(\boldsymbol{x})$ 的最大值在 $\boldsymbol{x}=\boldsymbol{C}^{-1}\boldsymbol{y}_0$ 处达到. 而 $\boldsymbol{x}$ 是矩阵 $(\boldsymbol{C}^{-1})^{\mathrm{T}}\boldsymbol{A}$ 的一个特征向量.

下面的问题前文已有介绍，这里再给出另外一种证法.

例 4　若 $\boldsymbol{A},\boldsymbol{B}\in\mathbf{R}^{n\times n}$，且 $\boldsymbol{A}^{\mathrm{T}}=\boldsymbol{A}$，$\boldsymbol{B}^{\mathrm{T}}=\boldsymbol{B}$. 又 $\boldsymbol{A}$ 的特征根位于区间 $[a,b]$，且 $\boldsymbol{B}$ 的特征根位于区间 $[c,d]$，则 $\boldsymbol{A}+\boldsymbol{B}$ 的特征根位于区间 $[a+c,b+d]$.（美国加州大学伯克利分校博士学位水平测试，1988）

证　由瑞利定理，有 $\lambda_{\min}\leqslant\dfrac{\boldsymbol{x}^{\mathrm{T}}\boldsymbol{A}\boldsymbol{x}}{\boldsymbol{x}^{\mathrm{T}}\boldsymbol{x}}\leqslant\lambda_{\max}$，这里 $\lambda_{\max}$，$\lambda_{\min}$ 分别为 $\boldsymbol{A}$ 的最大、最小特征值.

故由题设 $a\leqslant\dfrac{\boldsymbol{x}^{\mathrm{T}}\boldsymbol{A}\boldsymbol{x}}{\boldsymbol{x}^{\mathrm{T}}\boldsymbol{x}}\leqslant b$，$c\leqslant\dfrac{\boldsymbol{x}^{\mathrm{T}}\boldsymbol{B}\boldsymbol{x}}{\boldsymbol{x}^{\mathrm{T}}\boldsymbol{x}}\leqslant d$，从而

$$a+c\leqslant\frac{\boldsymbol{x}^{\mathrm{T}}(\boldsymbol{A}+\boldsymbol{B})\boldsymbol{x}}{\boldsymbol{x}^{\mathrm{T}}\boldsymbol{x}}\leqslant b+d$$

又对矩阵 $\boldsymbol{A}+\boldsymbol{B}$ 而言，首先注意到 $(\boldsymbol{A}+\boldsymbol{B})^{\mathrm{T}}=\boldsymbol{A}^{\mathrm{T}}+\boldsymbol{B}^{\mathrm{T}}=\boldsymbol{A}+\boldsymbol{B}$，故

$$\lambda_{\min}\geqslant a+c,\quad \lambda_{\max}\leqslant b+d$$

接下来是一个从矩阵多项式判断矩阵正定的问题，它巧妙地运用了凯莱—哈密顿定理.

例 5　设 $\boldsymbol{A}=(a_{ij})_{n\times n}$，且 $a_{ii}>0(1\leqslant i\leqslant n)$，$a_{ij}\leqslant 0(i\neq j;1\leqslant i,j\leqslant n)$，又 $\sum\limits_{i=1}^{n}a_{ij}>0(1\leqslant i\leqslant n)$. 证明 $\det\boldsymbol{A}>0$.（美国加州大学伯克利分校博士学位水平测试，1983）

证　由题设显然有 $a_{jj}>\sum\limits_{\substack{i=1\\i\neq j}}^{n}|a_{ij}|\ (1\leqslant i\leqslant n)$，即 $\boldsymbol{A}$ 是严格列对角优势阵，则 $\det\boldsymbol{A}>0$.

注意到 $|\boldsymbol{A}^{\mathrm{T}}|=|\boldsymbol{A}|$ 即可.

习　题

1. 已知矩阵 $\boldsymbol{A}=\begin{pmatrix}\alpha & \beta \\ \beta & -\alpha\end{pmatrix}$，其中 $\alpha>0,\beta>0$，且 $\alpha^2+\beta^2=1$. (1) $\boldsymbol{A}$ 是否是对称阵、可逆阵、正交阵、正定阵？为什么？(2)求 $\boldsymbol{A}$ 的特征值和特征向量. (3)求一线性变换，将 $\boldsymbol{A}$ 对应的二次型化为标准形.(重庆大学，1984)

2. 若矩阵 $\boldsymbol{A}=\begin{bmatrix}2 & 1 & -1 \\ 1 & 3 & 0 \\ -1 & 0 & 1\end{bmatrix}$，请用两种方法证明它是正定矩阵.(南京大学，1982)

3. 设矩阵 $\boldsymbol{A}=\begin{bmatrix}0 & 1 & 0 & 0 \\ 1 & 0 & 0 & 0 \\ 0 & 0 & 2 & 1 \\ 0 & 0 & 1 & 2\end{bmatrix}$. (1)分别写出以 $\boldsymbol{A}$ 和 $\boldsymbol{A}^{-1}$ 为矩阵的二次型；(2)求 $\boldsymbol{A},\boldsymbol{A}^{-1},\boldsymbol{A}^2+\boldsymbol{A}$ 的特征值；(3)求相应于 $\boldsymbol{A},\boldsymbol{A}^{-1}$ 的二次型的法式(标准形).(北方交通大学，1982)

4. 将下列二次型化为标准形，且写出正交变换矩阵：

(1) $f=2x_1^2+5x_2^2+5x_3^2-4x_1x_2-4x_1x_2-8x_1x_2=1$；(上海交通大学，1981)

(2) $f=3(x_1^2+x_2^2+x_3^2)+2x_1x_2-2x_2x_4+2x_1x_3+x_2x_4$；(北方交通大学，1981)

(3) $f=2x_1^2+5x_2^2+5x_3^2+4x_1x_2-4x_1x_3-8x_2x_3$；(厦门大学，1981)

(4) $f=4x_1x_2-2x_1x_2+2x_2x_3+3x_3^2$；(南京大学，1982)

(5) $f=2x_1^2+6x_2^2+2x_3^2-8x_1x_3=1$；(哈尔滨工业大学，1983)

(6) $f=2x_1^2+5x_2^2+5x_3^2+4x_1x_2-4x_1x_3-8x_2x_3$；(东北工学院，1984)

(7) $f=2x_1^2+5x_2^2+5x_3^2+4x_1x_2-4x_1x_3-8x_2x_3=1$；(空军地空导弹学院，1986)

(8) $f=x_1^2+4x_2^2+2x_3^2-4x_1x_2-8x_1x_3-4x_1x_3$；(大连海运学院，1986)

(9) $f=x_1^2+2x_2^2+3x_3^2-4x_1x_2-4x_2x_3$；(西安交通大学，1986)

(10) $f=2x_1x_2-2x_3x_4$；(北方交通大学，1985；西安冶金建筑学院，1986)

(11) $f=x_1^2+x_2^2+2x_3^2+4x_1x_2+2x_1x_3+2x_2x_3$；(重庆大学，1985)

(12) $f=x_1^2+x_2^2+6x_3^2+4x_1x_2+6x_1x_3+6x_2x_3$.(合肥工业大学，1985)

5. (1)试求一正交变换，将二次曲面 $2x^2+5y^2+5z^2-4xy-4xz-8yz=1$ 化为标准形.(成都电讯工程学院，1984)

(2)化二次型 $f(x_1,x_2,x_3)=x_1x_2+x_1x_3-3x_1x_3$ 为平方和，且写出所用的线性变换.(东北工学院，1984)

6. 已知二次型 $f=x_1^2+3x_2^2-3x_3^2+2\sqrt{3}+x_1x_3$. (1)写出 f 的相应矩阵 $\boldsymbol{A}$ 且求其秩；(2)求 $\boldsymbol{A}$ 的特征值和特征向量；(3)用正交变换把 f 化为标准形.(无锡轻工业学院，1984)

7. 已知二次型 $f=x_1^2+4x_1x_2+6x_1x_3+x_2^2+6x_2x_3$. (1)将 f 写成 $\boldsymbol{x}^{\mathrm{T}}\boldsymbol{A}\boldsymbol{x}$ 的形式；(2)求 $\boldsymbol{A}$ 的特征值，将 f 化成标准形.(中南矿冶学院，1982)

8. 已知二次型 $f=2(x^2+y^2+z^2+xy+yz+zx)$. (1)求 f 对应的矩阵 $\boldsymbol{A}$ 的特征值及全部特征向量；(2)用正交变换将 f 化为标准形；(3)试问 $f=1$ 在空间表示何种曲面？(西安交通大学，1984)

9. 将二次型 $f=2x_1x_2+2x_1x_3-2x_2x_4-2x_2x_3+2x_2x_4+2x_3x_4$ 化为法式，且求出正交(变换)矩阵，并判定二次型是否正定.(成都电讯工程学院，1982)

10. 试证二次型 $f=\sum\limits_{i=1}^{n}x_i^2+\sum\limits_{1\leqslant i<j\leqslant n}x_ix_j$ 为正定的.(大连海运学院，1982)

11. (1)把二次型 $2x_1^2+4x_2^2+5x_3^2-4x_1x_3$ 写成矩阵形式 $\boldsymbol{x}^{\mathrm{T}}\boldsymbol{A}\boldsymbol{x}$;(2)求矩阵 $\boldsymbol{A}$ 的特征值和特征向量;(3)求一个从 x_1,x_2,x_3 到 y_1,y_2,y_3 的线性变换,它可以消去二次型中的交叉乘积项,并写出得到的 y_1,y_2,y_3 的标准二次型.(中国科学院,1984)

12. t 为何值时,二次型 $f=x_1^2+x_2^2+5x_3^2+2tx_1x_2-2x_1x_3+4x_2x_3$ 是正定的?(北京化工学院、武汉水利电力学院,1986)

13. t 为何值时,二次型 $f=2x_1^2+x_2^2+x_3^2+2x_1x_2+tx_1x_3$ 是正定的?(西北建筑工程学院,1986)

概率统计篇

第 15 章
随机事件和概率

内 容 提 要

(一) 随机事件

1. 随机事件

随机试验 可以在相同条件下重复的试验,且试验所有可能发生的结果是已知的,但每次试验到底是其中哪种结果预先不能确定.

随机事件 在随机试验中可能出现也可能不出现的事件,通常用 $A,B,C,\cdots$ 表示.

必然事件 在每次试验中必须出现的事件,通常用 U 或 Ω 表示.

不可能事件 在每次试验中必然不出现的事件,通常用 $\varnothing$ 表示.

随机事件、必然事件、不可能事件等通称事件.

2. 事件间的关系及运算

(1) 事件间的关系

关　系	定　义	记　号
包含(子事件)	若事件 A 出现必须导致事件 B 出现,则称 B 包含 A 或 A 含于 B,且称 A 是 B 的子事件	$A\subset B$ 或 $B\supset A$
相等(等价)	若 $A\subset B$ 且 $B\supset A$,则称事件 A,B 相等(等价)	$A=B$

注 关于包含关系的规定:对任何事件 A,有 $\varnothing\subset A, A\subset U$.

(2) 事件间的运算

运　算	定　义	记　号
和 事 件	事件 A,B 至少有一个出现的事件叫 A,B 的和事件	$A\cup B$
积 事 件	事件 A,B 同时出现的事件叫 A,B 的积事件	$A\cap B$ 或 AB
差 事 件	出现事件 A 而不出现事件 B 的事件叫作 A,B 的差事件	$A-B$ 或 $A\backslash B$
余 事 件(补、逆事件)	事件 A,B 满足 $A\cup B=U, AB=\varnothing$,则 A,B 互称另一事件的余事件	$B=\overline{A}, A=\overline{B}$

(3) 互斥事件与互逆事件

关 系	定 义	记 号
互斥事件(互不相容事件)	若事件 A,B 的积事件为不可能事件,则 A,B 互为互斥事件	$AB=\varnothing$
互逆(余)事件(对立事件)	若事件 A,B 满足 $A\cup B=U,AB=\varnothing$,则称 A,B 为互逆事件	$A\cup B=U,AB=\varnothing$

3. 基本空间

由随机事件可能发生的结果组成的集合叫基本空间,常用 U 表示.

从集合论角度,我们还可以重新定义随机事件等.

随机事件 若 D 是基本空间的一个子集,称"试验结果属于 D"为一个随机事件.

基本事件 基本空间中的单个元素组成的事件.

(1) 事件间关系及运算与集合的关系及运算对照

记 号	集 合	事 件
U,Ω	空 间	必然事件、基本空间
$\varnothing$	空 集	不可能事件
$a,b,\cdots$	元 素	基本事件
$A\subset B$	A 是 B 的子集	A 是 B 的子事件
$A\cup B$	A,B 的并集	A,B 的和事件
$A\cap B$	A,B 的交集	A,B 的积事件
$A-B$	A,B 的差集	A,B 的差事件
$\overline{A}$	A 的余集	A 的逆(余)事件

(2) 事件间运算的算律

运 算	算 律
和	$A\cup B=B\cup A$(交换律),$(A\cup B)\cup C=A\cup(B\cup C)$(结合律)
积	$A\cap B=B\cap A$(交换律),$(A\cap B)\cap C=A\cap(B\cap C)$(结合律)
和、积	$A\cap(B\cup C)=(A\cap B)\cup(A\cap C)$,$A\cup(B\cap C)=(A\cup B)\cap(A\cup C)$(分配律)
和、积、余	$\overline{A\cup B}=\overline{A}\cap\overline{B}$,$\overline{A\cap B}=\overline{A}\cup\overline{B}$(对偶律)
和、积	$A\cup(A\cap B)=A$,$A\cap(A\cup B)=A$(吸收律)

(二) 随机事件的概率

1. 概率的定义

方 式	内 容
古 典 定 义	对古典概型所有可能试验结果全体 $U=\{e_1,e_2,\cdots,e_n\}$,事件 $A=\{e_{k_1},e_{k_2},\cdots,e_{k_r}\}$ $(k_1,k_2,\cdots,k_r$ 为 $1\sim n$ 中 r 个不同的数),事件 A 的概率 $P(A)=\dfrac{r}{n}$
几 何 概 率	即借助几何上的度量定义的概率,有 $P(A)=\dfrac{\mu(A)}{\mu(U)}$,这里 $\mu(A),\mu(U)$ 表示 A,U 的测度(如长度、面积、体积)
统 计 定 义	随着试验次数 n 的增大,事件 A 出现的频率 $\dfrac{r}{n}$ 在区间 $[0,1]$ 上某个数字 p 附近摆动,则事件 A 的概率为 $P(A)=p$

续　表

方　式	内　容
公理化定义	设函数 $P(A)$ 的定义域为所有随机事件组成的集合，且满足： (1)对任一随机事件 A，有 $0\leqslant P(A)\leqslant 1$； (2)$P(U)=1, P(\varnothing)=0$； (3)对两两互斥的可数多个随机事件 $A_1, A_2, \cdots$ 有 $P(A_1\cup A_2\cup\cdots)=P(A_1)+P(A_2)+\cdots$ 则称函数 $P(A)$ 为事件 A 的概率

2. 概率的性质

(1) 设随机事件 $A_1, A_2, \cdots, A_n$ 两两互斥，则

$$P(A_1\cup A_2\cup\cdots\cup A_n)=P(A_1)+P(A_2)+\cdots+P(A_n)$$

(2) $P(\overline{A})=1-P(A)$；

(3) $P(B-A)=P(B)-P(A)+P(A\overline{B})$，特别地若 $A\subset B$，则

$$P(B-A)=P(B)-P(A)$$

(4) $P(A\cup B)=P(A)+P(B)-P(AB)$（广义加法定理），且可推广为

$$P(A\cup B\cup C)=P(A)+P(B)+P(C)-P(AB)-P(AC)-P(BC)+P(ABC)$$

一般地

$$P(A_1\cup A_2\cup\cdots\cup A_n)$$
$$=\sum_{i=1}^{n}P(A_n)-\sum_{1\leqslant i<j\leqslant n}P(A_iA_j)+\sum_{1\leqslant i<j<k\leqslant n}P(A_iA_jA_k)-\cdots+(-1)^{n-1}P(A_1A_2\cdots A_n)$$

特别地，若 A_i, A_j 两两互斥，则 $P(\bigcup\limits_{i=1}^{n}A_i)=\sum\limits_{i=1}^{n}P(A_i)$.

3. 条件概率

设 A, B 为两随机事件，且 $P(A)>0$，则称 $P(B|A)=\dfrac{P(AB)}{P(A)}$ 为事件 A 发生的条件下事件 B 发生的条件概率.

于是可有下面两个乘法公式

$$P(AB)=P(A)P(B|A),\quad 若\ P(A)>0$$
$$P(AB)=P(B)P(A|B),\quad 若\ P(B)>0$$

类似地可推广为：$P(ABC)=P(A)P(B|A)P(C|AB)$，这里 $P(AB)>0$.

一般地

$$P(A_1A_2\cdots A_n)=P(A_1)P(A_2|A_1)P(A_3|A_1A_2)\cdots P(A_{n-1}|A_1A_2\cdots A_{n-2})P(A_n|A_1A_2\cdots A_{n-1})$$

这里 $P(A_1A_2\cdots A_{n-1})>0$.

4. 几个公式

全概率公式　设事件 $A_1, A_2, \cdots, A_n$ 两两互斥，且事件 B 为事件 $A_1\cup A_2\cup\cdots\cup A_n$ 的子事件，则

$$P(B)=\sum_{i=1}^{n}P(A_i)P(B\mid A_i)$$

贝叶斯(Bayes)公式　若事件 $A_1, A_2, \cdots, A_n$ 两两互斥，且事件 B 为事件 $A_1\cup A_2\cup\cdots\cup A_n$ 的子事件，又 $P(A_i)>0(i=1,2,\cdots,n)$，$P(B)>0$，则

$$P(A_i\mid B)=\frac{P(A_i)P(B\mid A_i)}{P(B)}=\frac{P(A_i)P(B\mid A_i)}{\sum\limits_{i=1}^{n}P(A_i)P(B\mid A_i)}$$

5. 事件独立性

(1) 独立事件

若事件 A,B 满足 $P(AB)=P(A)P(B)$,则称 A,B 为独立事件.

若 $A,B;\overline{A},\overline{B};\overline{A},B;A,\overline{B}$ 中有一对是相互独立的,则另外三对也相互独立.

又设 n 个事件 $A_1,A_2,\cdots,A_n$,若对任一组 $k_1,k_2,\cdots,k_s(2\leqslant s\leqslant n$,且 k_i 取不同的值,$i=1,2,\cdots,s)$,等式 $P(A_{k_1}A_{k_2}\cdots A_{k_s})=P(A_{k_1})P(A_{k_2})\cdots P(A_{k_s})$ 总成立,则称 $A_1,A_2,\cdots,A_n$ 总体独立,简称相互独立.

两两独立与相互独立是两个不同的概念.

(2) 性质

若 $A_1,A_2,\cdots,A_n$ 相互独立,则有

$$P(\bigcap_{k=1}^{n}A_k)=\prod_{k=1}^{n}P(A_k),\quad P(\bigcup_{k=1}^{n}A_k)=1-\prod_{k=1}^{n}[1-P(A_k)]$$

(3) 一些基本公式的联系

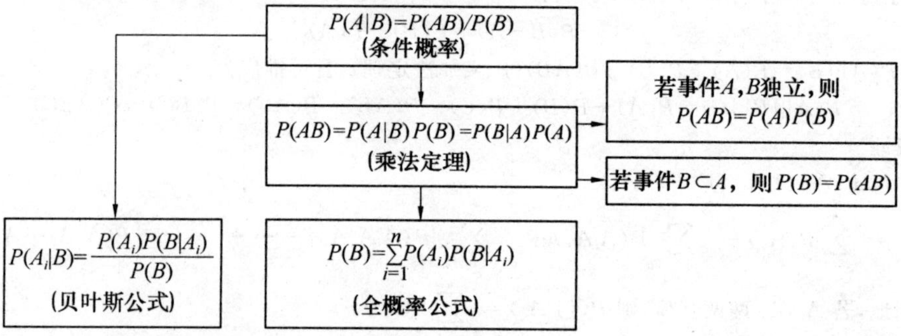

(4) 互斥、互逆及独立事件的比较

事件	定义	概率性质
互斥事件	$A\cap B=\varnothing$,则 A,B 为互斥事件	$P(A+B)=P(A)+P(B)$
互逆事件	$A\cup B=U$,且 $A\cap B=\varnothing$,则 A,B 为互逆事件	$P(B)=1-P(A)$(注意到 $B=\overline{A}$)
独立事件	$P(AB)=P(A)P(B)$,则 A,B 为独立事件	①$P(AB)=P(A)P(B)$. ②事件 $A,B;\overline{A},\overline{B};\overline{A},B;A,\overline{B}$ 每对两两独立

注 由 A,B 互逆可以推出 A,B 互斥,但反之不然.又若 A,B 互斥或互逆,且 $P(A)\neq 0,P(B)\neq 0$,则 A,B 不相互独立.

6. 二项概率公式

(1) 独立重复试验

独立重复试验指完全重复,且相互独立的试验.

伯努利(Bernoulli)试验 试验结果只有两个(A 和 $\overline{A}$),若令 $P(A)=p,P(\overline{A})=q$,有 $p+q=1$,则称此试验为伯努利试验(概型).

(2) 二项概率公式

每个试验中事件 A 出现的概率为 p,则 n 次独立重复试验中 A 出现 k 次的概率(今记 $q=1-p$)

$$P_n(k)=C_n^k p^k(1-p)^{n-k}=C_n^k p^k q^{n-k},\quad k=0,1,2,\cdots,n$$

经典问题解析

1. 随机事件及其概率问题

(1) 随机事件

例 1　若 A,B 为两事件，试证若 A 与 $\overline{A}B$ 互不相容，则 $A\cup B=A\cup \overline{A}B$.

证 1　由 $B\Omega=B$，其中 $\Omega=A\cup\overline{A}$ 及 $A\cup AB=A$，有

$$A\cup B=A\cup B\Omega=A\cup B(A\cup\overline{A})=A\cup AB\cup\overline{A}B=(A\cup AB)\cup\overline{A}B=A\cup\overline{A}B$$

证 2　若任一 $e\in A\cup B$，有 $e\in A$ 或 $e\notin A$，而 $e\in B$，即 $e\in\overline{A}B$，有 $e\in A\cup\overline{A}B$，故 $A\cup B\subset A\cup\overline{A}B$.

反之，任一 $e\in A\cup\overline{A}B$，有 $e\in A$ 或 $e\in\overline{A}B$，无论何种情况均有 $e\in A\cup B$，可见 $A\cup\overline{A}B\subset A\cup B$.

综上，$A\cup B=A\cup\overline{A}B$.

例 2　证明下列结论或举反例否定之：(1) 若 A,B 相互独立，且 B,C 相互独立，则 A,C 相互独立；(2) 若 A,B 相互独立，且 $C\subset A$，及 $D\subset B$，则 C,D 相互独立；(3) 若 A,B,C 相互独立，则 $\overline{A},\overline{B},\overline{C}$ 亦相互独立.

证　(1) 不一定. 如盒中有标号分别为 1,2,3,4 的四个球，每次从中摸一个(有放回)，则摸到每个标号球的概率均为 $\frac{1}{4}$.

令 $A=C=\{$摸到标号是 1 或 2 的球$\}$，$B=\{$摸到标号是 1 或 3 的球$\}$.

则 $P(A)=P(B)=P(C)=\frac{1}{2}$. 又 $P(AB)=P(BC)=\frac{1}{4}$，知 A,B 相互独立，B,C 相互独立，但 A,C 相互不独立(因为 $P(AC)\neq P(A)P(C)$).

(2) 不一定. 比如事件 A,B,C 同上，且令 $D=\{$摸到标号是 1 的球$\}$.

由上知 A,B 相互独立，且 $C\subset A,D\subset B$，但 C,D 相互不独立，因为

$$P(CD)=\frac{1}{4},\quad P(C)P(D)=\frac{1}{2}\times\frac{1}{4}=\frac{1}{8}$$

(3) 根据题意，有

$$P(\overline{A}\,\overline{B})=P(\overline{A\cup B})=1-P(A\cup B)=1-[P(A)+P(B)-P(AB)]$$
$$=1-P(A)-P(B)+P(A)P(B)=[1-P(A)][1-P(B)]=P(\overline{A})\cdot P(\overline{B})$$

同理可证：$P(\overline{A}\,\overline{C})=P(\overline{A})P(\overline{C})$，$P(\overline{B}\,\overline{C})=P(\overline{B})\cdot P(\overline{C})$. 又

$$P(\overline{A}\,\overline{B}\,\overline{C})=P(\overline{A\cup B\cup C})=1-P(A\cup B\cup C)$$
$$=1-[P(A)+P(B)+P(C)-P(AB)-P(BC)-P(AC)+P(ABC)]$$
$$=[1-P(A)][1-P(B)][1-P(C)]=P(\overline{A})P(\overline{B})P(\overline{C})$$

结论得证.

(2) 随机事件的概率

例 1　设事件 A,B 相互独立，且 $P(A)>0$. 试证：事件 $A,B,A\cup B$ 相互独立 $\Longleftrightarrow P(A\cup B)=1$.

证　"$\Leftarrow$"若事件 A,B 相互独立，则有 $P(A\cap B)=P(A)P(B)$，今若 $P(A\cup B)=1$，有

$$P[A\cap(A\cup B)]=P(A)=P(A)P(A\cup B)$$

及

$$P[B\cap(A\cup B)]=P(B)=P(B)P(A\cup B)$$

和

$$P[A\cap(A\cup B)\cap B]=P(A\cap B)=P(A)P(B)=P(A)P(A\cup B)P(B)$$

由以上诸式可知事件 $A,B,A\cup B$ 相互独立.

"$\Rightarrow$"若事件 $A,B,A\cup B$ 相互独立，则

$$P[A\cap(A\cup B)]=P(A)P(A\cup B)$$

而
$$P[A\cap(A\cup B)]=P(A)$$
从而
$$P(A)P(A\cup B)=P(A)$$

由 $P(A)>0$,故 $P(A\cup B)=1$.

例 2 若 $0<P(A)<1$,且 $P(B|A)=P(B|\overline{A})$,试证 A,B 相互独立.

证 1 由题设有事件 $A\neq\Omega$,且 $A\neq\varnothing$,则
$$P(B)=P(B|A)P(A)+P(B|\overline{A})P(\overline{A})=P(B|A)P(A)+P(B|A)P(\overline{A})$$
$$=P(B|A)[P(A)+P(\overline{A})]=P(B|A)$$
故由乘法定理有 $P(AB)=P(A)P(B|A)=P(A)P(B)$,即 A,B 相互独立.

证 2 由题设 $P(B|A)=P(B|\overline{A})$,有
$$\frac{P(AB)}{P(A)}=\frac{P(\overline{A}B)}{P(\overline{A})}=\frac{P(B)-P(AB)}{1-P(A)}$$
则
$$P(AB)[1-P(A)]=P(A)P(B)-P(A)P(AB)$$
注意到 $P(A)>0$,故
$$P(AB)=P(A)P(B)$$

注 上述条件是充要的.事实上,若 A,B 独立,知 $\overline{A},B$ 亦独立.

故 $P(B|A)=P(B)$,$P(B|\overline{A})=P(B)$,从而 $P(B|A)=P(B|\overline{A})$.

例 3 若 $P(A|B)+P(\overline{A}|\overline{B})=1$,且 $P(B)\neq 0$,则 A,B 独立.

证 由 $P(B)=P(AB\cup\overline{A}B)=P(B)P(A|B)+P(B)P(\overline{A}|B)\Rightarrow P(A|B)+P(\overline{A}|B)=1$.

又由题设有:$P(\overline{A}|B)=P(\overline{A}|\overline{B})$,从而
$$P(\overline{A})=P(\overline{A}B\cup\overline{A}\,\overline{B})=P(B)P(\overline{A}|B)+P(\overline{B})P(\overline{A}|\overline{B})$$
$$=[P(B)+P(\overline{B})]P(\overline{A}|B)=P(\overline{A}|B)$$
知 $\overline{A},B$ 独立 $\Rightarrow A,B$ 独立.

例 4 若事件 A,B 满足 $P(A|B)=P(A|\overline{B})$,试证 $P(B|A)=P(B|\overline{A})$.

证 由题设条件概率定义(公式)有
$$\frac{P(AB)}{P(B)}=\frac{P(A\overline{B})}{P(\overline{B})}\Rightarrow P(\overline{B})P(AB)=P(B)P(A\overline{B})$$
代入 $P(A\overline{B})=P(A)-P(AB)$,$P(\overline{B})=1-P(B)$,得
$$[1-P(B)]P(AB)=P(B)[P(A)-P(AB)]$$
化简得 $P(AB)=P(A)P(B)$.

由对称性,上式两边同时减去 $P(A)P(AB)$,有
$$[1-P(A)]P(AB)=P(A)[P(B)-P(AB)]$$
注意到 $1-P(A)=P(\overline{A})$,及 $P(B)=P(AB)+P(\overline{A}B)$,有
$$P(\overline{A})P(AB)=P(A)P(\overline{A}B)$$
即 $\dfrac{P(AB)}{P(A)}=\dfrac{P(\overline{A}B)}{P(\overline{A})}$,从而 $P(B|A)=P(B|\overline{A})$.

例 5 若随机事件 A,B 互不相容,且 $P(A)=p$,$P(B)=q$.试求以下事件概率:$P(A\cup B)$,$P(\overline{A}\cup B)$,$P(\overline{A}\cap B)$和 $P(\overline{A}\cap\overline{B})$.

解 注意到 A,B 互不相容,再由题设、事件运算及其概率性质可有
$$P(A\cup B)=P(A)+P(B)=p+q$$
又由 A,B 不相容有 $AB=\varnothing$,知 $B\subset\overline{A}$,有
$$P(\overline{A}\cup B)=P(\overline{A})=1-P(A)=1-p$$
由 $AB=\varnothing$ 知 $P(A\cap B)=0$,且 $P(\overline{A}\cap B)=P(B)=q$.从而

$$P(\overline{A}\cap\overline{B})=P(\overline{A\cup B})=1-P(A\cup B)=1-(p+q)$$

下面是关于概率不等式的问题.

例 6　对于随机事件 A,B,设 $P(A)=p$(其中 $0<p<1$),又 $P(B)=1-\sqrt{p}$. 试证 $P(\overline{A}\cap\overline{B})>0$.

证　由题设、事件运算及概率性质有

$$P(\overline{A}\cap\overline{B})=P(\overline{A})+P(\overline{B})-P(\overline{A}\cup\overline{B})=(1-p)+[1-(1-\sqrt{p})]-P(\overline{A}\cup\overline{B})$$
$$\geqslant 1-p+\sqrt{p}-1=\sqrt{p}-p=\sqrt{p}(1-\sqrt{p})>0$$

例 7　若 A,B,C 为三事件,且 $P(B)=k_1P(A)$,$P(C)=k_2P(A)$,其中 $k_1,k_2>0$,又 $k_1+k_2>1$,$P(BC)\leqslant P(A)$. 证明 $P(A)\leqslant\dfrac{1}{k_1+k_2-1}$.

证　由概率加法公式有

$$\begin{aligned}&P(A\cup B\cup C)\\&=P(A)+P(B)+P(C)-P(AB)-P(AC)-P(BC)+P(ABC)\\&=P(A)+P(B)+P(C)-[P(AB)+P(AC)-P(ABC)]-P(BC)\\&=P(A)+P(B)+P(C)-P[A(B\cup C)]-P(BC)\end{aligned}$$

又 $P(A\cup B\cup C)\leqslant 1$,及题设 $P(BC)\leqslant P(A)$ 和 $P[A(B\cup C)]\leqslant P(A)$,可有

$$P(B)+P(C)-P(A)\leqslant 1\Rightarrow(k_1+k_2-1)P(A)\leqslant 1$$

从而 $P(A)\leqslant\dfrac{1}{k_1+k_2-1}$.

例 8　对任意事件 A,B 均有 $P(A\cup B)P(AB)\leqslant P(A)P(B)$.

证　由事件及其概率的性质有

$$\begin{aligned}&P(A\cup B)P(AB)\\&=P(A-B)P(AB)+P(B-A)P(AB)+P(AB)P(AB)\\&\leqslant P(A-B)P(B-A)+P(A-B)P(AB)+\\&\quad P(B-A)P(AB)+P(AB)P(AB)\\&=[P(A-B)+P(AB)][P(B-A)+P(AB)]\\&=P(A)P(B)\end{aligned}$$

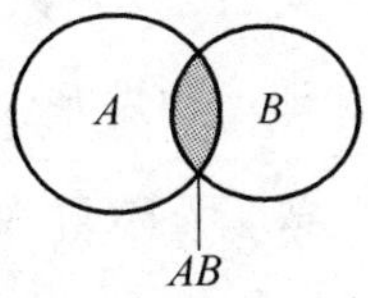

图 1

注　这里事件 $A\cup B=(A-B)\cup(B-A)\cup AB$ 及 AB 与 $(B-A)\cup AB$ 的关系可从图 1 中看清,这也是解答本题的关键.

例 9　设事件 A,B 相互独立,事件 C 满足 $AB\subset C$,且 $\overline{C}\subset\overline{A}\,\overline{B}$. 试证 $P(A)P(C)\leqslant P(AC)$.

证　由题设 $AB\subset C$,又 $\overline{C}\subset\overline{A}\,\overline{B}$,知 $C\subset A\cup B$,则 $AB\subset C\subset A\cup B$,有

$$AC=AB\cup\overline{B}C,\quad C=(B-B\overline{C})\cup\overline{B}C$$

注意到 $AB,\overline{B}C$ 互不相容,$B-B\overline{C},\overline{B}C$ 互不相容,及 $B\overline{C}\subset B$ 有

$$P(AC)=P(AB)+P(\overline{B}C)\qquad①$$
$$P(C)=P(B-B\overline{C})+P(\overline{B}C)=P(B)-P(B\overline{C})+P(\overline{B}C)\qquad②$$

由题设 A,B 相互独立,有 $P(AB)=P(A)P(B)$,又 $P(A)\leqslant 1$,从而

$$P(AB)+P(\overline{B}C)\geqslant P(A)P(B)+P(A)[P(\overline{B}C)-P(B\overline{C})]=P(A)[P(B)-P(B\overline{C})+P(\overline{B}C)]$$

由式①及式②,从而

$$P(AC)\geqslant P(A)P(C)$$

例 10　对事件 A,B 来讲,关系式①:$P^2(AB)+P^2(\overline{A}B)+P^2(A\overline{B})+P^2(\overline{A}\,\overline{B})=\dfrac{1}{4}$成立$\Longleftrightarrow$ $P(A)=P(B)=\dfrac{1}{2}$,且 $P(AB)=\dfrac{1}{4}$.

证 “$\Leftarrow$”由 $P(AB)=\frac{1}{4}$ 及 $P(A)=P(B)=\frac{1}{2}$ 知 A,B 相互独立，从而 $\overline{A},B;A,\overline{B}$ 和 $\overline{A},\overline{B}$ 皆相互独立，且 $P(\overline{A})=P(\overline{B})=\frac{1}{2}$. 从而可有

$$\begin{aligned}&P^2(AB)+P^2(\overline{A}B)+P^2(A\overline{B})+P^2(\overline{A}\,\overline{B})\\&=[P(A)P(B)]^2+[P(\overline{A})P(B)]^2+[P(A)P(\overline{B})]^2+[P(\overline{A})P(\overline{B})]^2\\&=4\times\left(\frac{1}{4}\right)^2=\frac{1}{4}\end{aligned}\qquad ①$$

“$\Rightarrow$”由 $P(AB)+P(\overline{A}B)+P(A\overline{B})+P(\overline{A}\,\overline{B})=1$，两边平方且注意到题设等式①有

$$\begin{aligned}&P(AB)P(\overline{A}B)+P(AB)P(A\overline{B})+P(AB)P(\overline{A}\,\overline{B})+P(\overline{A}B)P(A\overline{B})+\\&P(\overline{A}B)P(\overline{A}\,\overline{B})+P(A\overline{B})P(\overline{A}\,\overline{B})=\frac{3}{8}\end{aligned}\qquad ②$$

再利用题设等式①可有

$$\begin{aligned}&[P(AB)-P(\overline{A}B)]^2+[P(AB)-P(A\overline{B})]^2+[P(AB)-P(\overline{A}\,\overline{B})]^2+[P(\overline{A}B)-P(\overline{AB})]^2+\\&[P(\overline{A}B)-P(\overline{A}\,\overline{B})]^2+[P(A\overline{B})-P(\overline{A}\,\overline{B})]^2\\&=3\text{ 倍式①左}-2\text{ 倍式②右}\quad\text{(去括号、合并同类项、化简)}\\&=0\end{aligned}$$

从而 $P(AB)=P(\overline{A}B)=P(\overline{AB})=P(\overline{A}\,\overline{B})=P(A\overline{B})$，且知它们均为 $\frac{1}{4}$. 同时

$$P(A)=P(AB)+P(\overline{AB})=\frac{1}{2},\quad P(B)=P(AB)+P(\overline{A}B)=\frac{1}{2}$$

例 11*　若 $P(A_n)=1$，其中 $n=1,2,3,\cdots$. 试证 $P(\bigcap\limits_{n=1}^{\infty}A_n)=1$.

证　由设 $P(A_n)=1$ 知 $P(\overline{A}_n)=0,n=1,2,3,\cdots$.

故 $0\leqslant P(\overline{\bigcap\limits_{n=1}^{\infty}A_n})=P(\bigcup\limits_{n=1}^{\infty}\overline{A}_n)\leqslant\sum\limits_{n=1}^{\infty}P(\overline{A}_n)=0$，即 $P(\overline{\bigcap\limits_{n=1}^{\infty}A_n})=0$，从而

$$P(\bigcap_{n=1}^{\infty}A_n)=1-P(\overline{\bigcap_{n=1}^{\infty}A_n})=1$$

例 12*　设 $P(\bigcup\limits_{k=1}^{\infty}\bigcap\limits_{n=k}^{\infty}A_n)>0$，试证级数 $\sum\limits_{n=1}^{\infty}P(A_n)$ 发散.

证　由设 $P(\bigcup\limits_{k=1}^{\infty}\bigcap\limits_{n=k}^{\infty}A_n)>0$ 知 $P(A_n)$ 的下极限

$$\varliminf_{n\to\infty}P(A_n)\geqslant P(\varliminf_{n\to\infty}A_n)=P(\bigcup_{k=1}^{\infty}\bigcap_{n=k}^{\infty}A_n)>0$$

即 $\varliminf\limits_{n\to\infty}P(A_n)\neq 0$，故级数 $\sum\limits_{n=1}^{\infty}P(A_n)$ 发散(通项不趋向 0).

例 13*　对于事件 $A_1,A_2,\cdots$，若 $\sum\limits_{n=1}^{\infty}P(A_n)<\infty$，则 $P(\varlimsup\limits_{n\to\infty}A_n)=0$.

证　由事件运算性质有 $\varlimsup\limits_{n\to\infty}A_n=\bigcap\limits_{k=1}^{\infty}\bigcup\limits_{n=k}^{\infty}A_n$，知

$$0\leqslant P(\varlimsup_{n\to\infty}A_n)=P(\bigcap_{k=1}^{\infty}\bigcup_{n=k}^{\infty}A_n)\leqslant P(\bigcup_{n=k}^{\infty}A_n)\leqslant\sum_{n=k}^{\infty}P(A_n)\qquad (*)$$

又 $\sum\limits_{n=1}^{\infty}P(A_n)<\infty$，即级数收敛，故 $\lim\limits_{k\to\infty}\sum\limits_{n=k}^{\infty}P(A_n)=0$(级数收敛的柯西条件).

式(*)两边取 $k\to\infty$ 且注意不等式可有 $P(\varlimsup\limits_{n\to\infty}A_n)=0$.

2. 古典概率问题

(1) 与排列组合有关的概率问题

例 1　在 1～9 这 9 个数字中，有放回地从中抽出 n 个，求它们的乘积被 10 整除的概率.

解　从 9 个数中有放回地抽出 n 个数，共有 9^n 种抽法(基本事件数).

若 n 个数乘积能被 10 整除，这些数中必有尾数含有偶数和 5 者.

上述抽法中：不含 5(还剩 8 个数)的抽法有 8^n 种，不含偶数(还剩 5 个数)的抽法有 5^n 种，不含 5 和偶数(即不含 5 又不含偶数这时还剩 4 个数)的抽法有 4^n 种.

故不含 5 或偶数的抽法共有 $8^n+5^n-4^n$ 种. 从而所求概率

$$p=1-\frac{8^n+5^n-4^n}{9^n}=1-\left(\frac{8}{9}\right)^n-\left(\frac{5}{9}\right)^n+\left(\frac{4}{9}\right)^n$$

例 2　将一枚均匀的硬币连抛 5 次，试求正面至少连续出现 3 次的概率.

解　抛 5 次硬币，正(用 1 表示)、反(用 0 表示)面出现顺序共有 2^5 种(总事件数).

其中，从第 1 次抛开始至少连续 3 次出现正面的有 4 种(11100，11101，11110，11111)；

从第 2 次抛开始至少连续出现正面的有 2 种(01110，01111)；

从第 3 次抛开始连续至少出现 3 次正面的有 2 种(00111，10111).

即在 2^5 种可能结果里至少连续出现 3 次正面共有 $4+2+2=8$ 种. 故所求概率

$$p=\frac{8}{2^5}=\frac{1}{4}$$

例 3　参加某国际比赛的 16 名选手中有 3 名中国人，1 名日本人. 预赛抽签分四组(每组四人). 求：(1)3 名中国选手恰好分在同一组的概率；(2)3 名中国选手恰好分在两个组的概率；(3)日本选手所在组中有中国选手的概率.

解　将 16 名选手平均分四组共有

$$N=\frac{C_{16}^4C_{12}^4C_8^4C_4^4}{4!}=\frac{16!}{(4!)^4}$$

种分法(总事件数).

(1) 3 名中国选手分在同一组共有

$$N_1=\frac{C_{13}^1C_{12}^4C_8^4C_4^4}{3!}=\frac{13!}{3!\ (4!)^3}$$

种分法(有利事件数)，故其概率为 $p_1=\dfrac{N_1}{N}=\dfrac{1}{35}$.

(2) 3 名中国选手恰好分在两组共有

$$N_2=\frac{C_3^1C_{13}^3C_{10}^2C_8^4C_4^4}{2!}=\frac{3\times 13!}{3!\ (2!)^2(4!)^2}$$

种分法，其概率为 $p_2=\dfrac{N_2}{N}=\dfrac{18}{35}$.

(3) 先考虑日本选手所在组中无中国选手的情况共有

$$\overline{N}_3=\frac{C_{12}^3C_{12}^4C_8^4C_4^4}{3!}=\frac{(12!)^2}{(3!)^2(4!)^3 9!}$$

故日本选手所在组中有中国选手的概率为 $p_3=1-\dfrac{\overline{N}_3}{N}=\dfrac{47}{91}$.

例 4　有 n 双尺码不同的鞋(共 $2n$ 只)混放在一起，现将它们随机地分到 n 个人，每人两只. 试求：(1)事件 $A=\{$每人分到的鞋都为一双$\}$；(2)事件 $B=\{$每人分到的鞋左、右脚各一只$\}$的概率.

解 $2n$ 只鞋分给 n 个人共有 $\dfrac{(2n)!}{(2!)^n}=\dfrac{(2n)!}{2^n}$ 种分法.

(1) 事件 A 包含的基本事件数为 $n!$,则

$$P(A)=n!\bigg/\left[\frac{(2n)!}{2^n}\right]=\frac{2^n\cdot n!}{(2n)!}=\frac{1}{(2n-1)!!}$$

(2) 事件 B 包含的基本事件数为 $(n!)^2$,则

$$P(B)=(n!)^2\bigg/\left[\frac{(2n)!}{2^n}\right]=\frac{2^n(n!)^2}{(2n)!}=\frac{n!}{(2n-1)!!}$$

(2) 几何概率问题

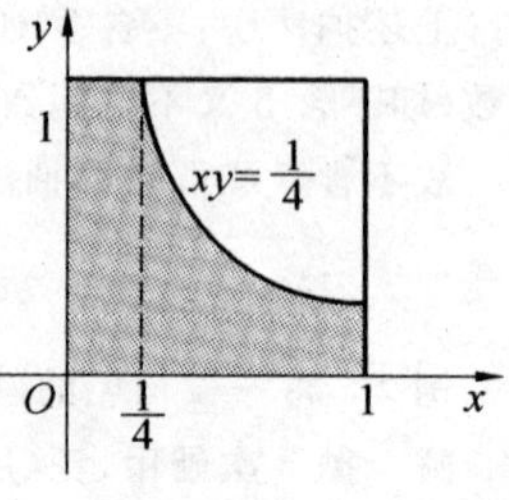

图 2

例 1 任取两个正的真分数,求它们乘积不大于$\dfrac{1}{4}$的概率.

解 设 x,y 为所取的真分数,由设有 $0<x<1$,且 $0<y<1$.若将 (x,y) 视为笛卡儿坐标系下点的坐标,则它们位于图 2 单位正方形内.

又 $xy\leqslant\dfrac{1}{4}$,其对应的点位于图中阴影部分区域内.故所求概率为

$$p=\frac{1}{4}+\int_{\frac{1}{4}}^{1}\frac{1}{4x}\mathrm{d}x=\frac{1}{4}+\frac{1}{4}\ln 4\approx 0.597$$

投针计算圆周率问题 —— 蒲丰问题是古典几何概率中著名的经典问题.

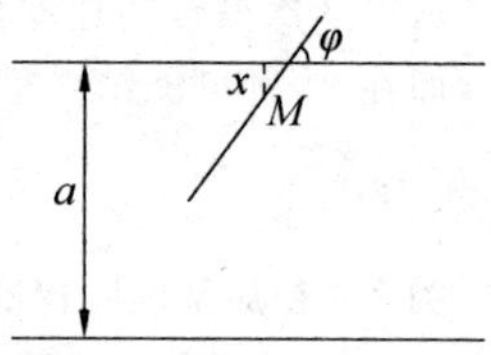

图 3

例 2 平面上画有一系列距离为 a 的平行线,向其上任投一长为 l $(l<a)$ 的针,求针与平行线之一相交的概率.

解 如图 3 所示,设针的中点 M 到其最近的平行线距离为 x,针与其所夹角为 φ,则 $0\leqslant x\leqslant\dfrac{a}{2}$,$0\leqslant\varphi\leqslant\pi$.这样

针与平行线之一相交 $\Longleftrightarrow x\leqslant\dfrac{l}{2}\sin\varphi$

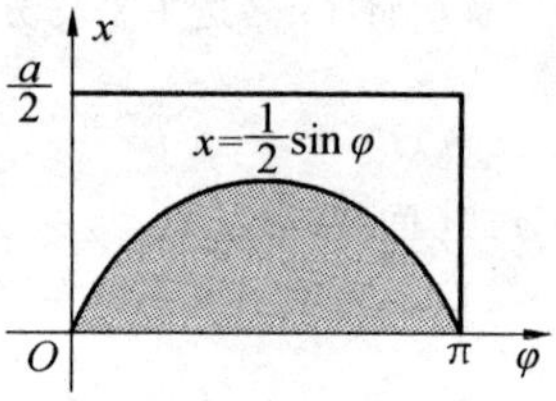

图 4

如图 4 所示,建立坐标系$\{O;\varphi,x\}$.则基本事件可用边长为 π 及$\dfrac{a}{2}$的矩形表示,针与直线相交的事件如图中阴影部分.故所求概率为

$$p=\left(\int_0^{\pi}\frac{l}{2}\sin\varphi\mathrm{d}\varphi\right)\bigg/\left(\frac{\pi a}{2}\right)=\frac{2l}{\pi a}$$

注 1 若针长 $l=\dfrac{a}{2}$,可有 $\pi\approx\dfrac{1}{p}$.这个问题称为"蒲丰(G,L. L. Buffon)问题".显然由此可算得圆周率 π 的近似值.

据资料记载,有人用此方法算得一些 π 值如下表:

试 验 者	年 份	投针次数	π的近似值
沃尔夫(Wolf)	1853	5 000	3.159 6
史密斯(Smith)	1855	3 204	3.155 3
福克斯(Fox)	1894	1 120	3.149 3
拉泽里尼(Lazzarini)	1901	3 408	3.141 592 9

注 2 由此思想引发出一种新的数学分支——蒙特卡罗(随机模拟)法.该方法是先将问题建立一个概率模型,使之参数等于问题的解,然后用抽样试验(或计算机模拟)来计算所求参数的统计特征,最后给出解的近似.

例 3 在区间$(0,a)$上任取三点,使坐标原点 O 到该三点的线段可构成三角形的概率.

解　设三点为 x,y,z,这样有 $0<x,y,z<a$. 此时三点与边长为 a 的正方体内一点对应.

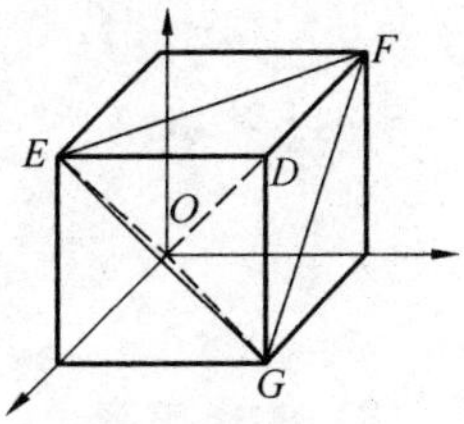

图 5

由三角形构成条件

$$x+y>z,\quad y+z>x,\quad z+x>y$$

这样的点落入由平面 $x+y=z,y+z=x,z+x=y$ 及 $x=a,y=a,z=a$ 构成的多面体(六面体)$O-EFG-D$ 内,如图 5 所示,而多面体体积 $V_{O-EFG-D}=V_{正方体}-3V_{三棱锥}=a^3-3\cdot\frac{1}{6}a^3=\frac{a^3}{2}$,从而所求概率

$$p=\frac{\frac{a^3}{2}}{a^3}=\frac{1}{2}$$

例 4　如图 6,有一质点位于四面体 $O—ABC$ 的一个顶点上,每隔 1 s 以相等的可能性移向邻近的一个顶点,设在 $t=0$ 时质点位于 O 处,设第 n s 时质点在 O,A,B,C 的事件为 O_n,A_n,B_n,C_n. (1)证明 $P(O_{n+1})=P(A_n)\cdot P(O_{n+1}|A_n)+P(B_n)P(O_{n+1}|B_n)+P(C_n)P(O_{n+1}|C_n)$;(2)证明 $P(O_{n+1})=\frac{1}{3}-\frac{1}{3}P(O_n)$;(3)求 $\lim\limits_{h\to\infty}P(O_n)$.

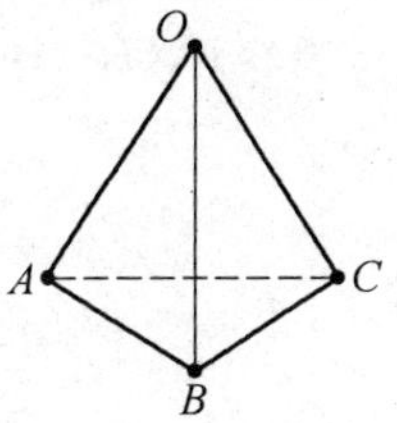

图 6

证　(1) 由全概率公式有

$$P(O_{n+1})=P(A_n)P(O_{n+1}|A_n)+P(B_n)P(O_{n+1}|B_n)+P(C_n)P(O_{n+1}|C_n)+P(O_n)P(O_{n+1}|O_n)$$

显然 $P(O_n)P(O_{n+1}|O_n)=0$(质点不会从 O 相继移到 O).

(2) 又 $P(O_{n+1}|A_n)=P(O_{n+1}|B_n)=P(O_{n+1}|C_n)=\frac{1}{3}$,且

$$P(O_n)+P(A_n)+P(B_n)+P(C_n)=1$$

故 $P(O_{n+1})=\frac{1}{3}[P(A_n)+P(B_n)+P(C_n)]=\frac{1}{3}[1-P(O_n)]$.

(3) 为推出递推式考虑:$a_{n+1}=\frac{1}{3}(1+a_n)$,可得 $a=\frac{1}{4}(a_n\to a)$. 因而可有

$$P(O_{n+1})-\frac{1}{4}=-\frac{1}{3}\left[P(O_n)-\frac{1}{4}\right]=\left(-\frac{1}{3}\right)^2\left[P(O_{n-1})-\frac{1}{4}\right]=\cdots=\frac{3}{4}\left(-\frac{1}{3}\right)^{n+1}$$

故 $P(O_n)=\frac{1}{4}+\frac{3}{4}\left(-\frac{1}{3}\right)^{n+1}$,从而 $\lim\limits_{n\to\infty}P(O_n)=\frac{1}{4}$.

3. 条件概率(乘法定理)问题

(1) 数字问题

例　任取一整数 N,求当 N 的:(1)平方;(2)四次方;(3)乘任意整数后,所得数的尾数为 1 的概率.

解　(1)设 $H_1=\{$取一正整数$\}$;$H_2=\{$取一负整数$\}$;$A=\{$取一尾数是 1 的平方数$\}$,则 H_1,H_2 互斥,且 $A\subset H_1\cup H_2$. 故

$$P(A)=P(H_1)P(A|H_1)+P(H_2)P(A|H_2)$$

又 $P(H_1)=P(H_2)=\frac{1}{2}$. 而 N^2 的尾数为 1 者,N 的尾数只能是 1 或 9.

这样有 $P(A|H_1)=\frac{2}{10}=\frac{1}{5}$. 同理 $P(A|H_2)=\frac{1}{5}$. 故

$$P(A)=\frac{1}{2}\times\frac{1}{5}+\frac{1}{2}\times\frac{1}{5}=\frac{1}{5}$$

(2) 注意到平方尾数是 1 的自然数 N 的尾数只能是 1 或 9,而四次方尾数是 1 的自然数 N 的尾数可为 1,

3,7,9.

令 $B=\{$取一尾数是 1 的四次方数$\}$,仿上分析,则 $P(B|H_1)=\frac{4}{10}=\frac{2}{5}$. 同理 $P(B|H_2)=\frac{2}{5}$. 故

$$P(B)=\frac{1}{2}\times\frac{2}{5}+\frac{1}{2}\times\frac{2}{5}=\frac{2}{5}$$

(3) 令 $C=\{$取整数 N 其乘任意整数后尾数为 1$\}$,则 $C=\varnothing$(此事件不可能发生),故

$$P(C)=P(\varnothing)=0$$

(2) 摸球问题

例 1 设有黑白球各 4 个. 从中任取 4 个放入甲盒,余下的放入乙盒. 然后从两盒各取一球,颜色恰好相同. 试问放入甲盒的 4 个球中有几个白球的概率最大? 它的值是多少?

解 设 $A=\{$从甲、乙两盒各取一球,颜色相同$\}$,又设 $H_k=\{$甲盒中有 k 个白球$\}$, $k=0,1,2,3,4$. 显然 H_1,H_2,H_3 互不相容,且 $A\subset H_1\cup H_2\cup H_3$.(注意 H_0, H_4 发生时, A 不会发生)而

$$P(H_1)=\frac{C_4^1C_4^3}{C_8^4}=\frac{8}{35}$$

且

$$P(A|H_1)=\frac{C_1^1C_3^1+C_3^1C_1^1}{C_4^1C_4^1}=\frac{3}{8}$$

又

$$P(H_2)=\frac{C_4^2C_4^2}{C_8^4}=\frac{18}{35}$$

且

$$P(A|H_2)=\frac{C_2^1C_2^1+C_2^1C_2^1}{C_4^1C_4^1}=\frac{4}{8}$$

及

$$P(H_3)=\frac{C_4^3C_4^1}{C_8^4}=\frac{8}{35}$$

且

$$P(A|H_3)=\frac{C_3^1C_1^1+C_1^1C_3^1}{C_4^1C_4^1}=\frac{3}{8}$$

故

$$P(A)=\sum_{k=1}^{3}P(H_k)P(A\mid H_k)=\frac{3}{7}$$

从而由 $P(H_k|A)=\frac{P(H_k)P(A|H_k)}{P(A)}(k=1,2,3)$,有

$$P(H_1|A)=\frac{1}{5},\quad P(H_2|A)=\frac{3}{5},\quad P(H_3|A)=\frac{1}{5}$$

此即说甲盒 4 个球中有 2 个白球的概率最大,且为 $\frac{3}{5}$.

下面的摸球问题稍稍复杂一些.

例 2 若甲罐有 m 个黑球,乙罐有 m 个白球. 从乙随机地取出一球放入甲中,然后再从甲随机地取出一球称为一次交换. 求经过 m 次交换后,甲罐中有 m 个白球的概率.

解 令 $A=\{$经 m 次交换后,甲中有 m 个白球$\}$, $A_k=\{$第 k 次交换中,从乙取出一白球放入甲中,然后从甲取出一黑球放入乙中$\}$, $k=1,2,\cdots,m$. 则

$$\begin{aligned}P(A)&=P(A_1A_2\cdots A_m)=P(A_1)P(A_2|A_1)P(A_3|A_1A_2)\cdots P(A_m|A_1A_2\cdots A_{m-1})\\&=\frac{mm}{m(m+1)}\cdot\frac{(m-1)(m-1)}{m(m+1)}\cdot\frac{(m-2)(m-2)}{m(m+1)}\cdot\cdots\cdot\frac{[m-(m-1)][m-(m-1)]}{m(m+1)}\\&=\frac{(m!)^2}{m^m(m+1)^m}\end{aligned}$$

下面的例子与二项概率公式有关，虽然看上去它也涉及摸球问题.

例 3　甲袋中有 1 个黑球、2 个白球，乙袋中有 3 个白球. 每次从两袋中各任取一球放入对方袋中. 试求 n 次交换后黑球仍在甲袋中的概率.

解　设 X 表示 n 次取球中取到黑球的次数，由题设知 $X\sim\mathscr{B}\left(n,\frac{1}{3}\right)$. 而黑球仍在甲袋的概率即为 X 取偶数(包括 0)的概率，设其为 $\tilde{p}$，则

$$\tilde{p}=C_n^0p^0(1-p)^n+C_n^2p^2(1-p)^{n-2}+\cdots+C_n^mp^m(1-p)^{n-m}$$

其中 $p=\frac{1}{3}$，且 m 为不超过 n 的最大偶数.

由 $\sum\limits_{k=0}^{n}C_n^kp^k(1-p)^{n-k}=1$，及

$$\sum_{k=0}^{n}C_n^k(-p)^k(1-p)^{n-k}=[-p+(1-p)]^n=(1-2p)^n$$

故两式两边相加且与前式比较有 $2\tilde{p}=1+(1-2p)^n$，则

$$\tilde{p}=\frac{1}{2}[1+(1-2p)^n]=\frac{1}{2}\left(1+\frac{1}{3^n}\right)$$

研究生入学考试试题选讲

1978～1986 年部分

1. 随机事件及其概率问题

例 1　甲、乙、丙、丁四人玩扑克，甲、丙为一家，乙、丁为一家，假定把 52 张牌随机地分给每人 13 张，且定义事件：$B_1=\{$甲、丙两人共拿到 3 张 A$\}$，$B_2=\{$乙、丁两人共拿到 3 张 A$\}$，$C=\{$玩牌者有一家(两人)拿到 3 张 A$\}$.

(1) B_1,B_2 是否是互斥事件？(2)B_1,B_2 是否是独立事件？(3)求概率 $P(C)$(以组合数表示即可，不必求出最后数值).(中国科学院，1982)

解　(1) 一副扑克只有 4 张 A，故事件 B_1,B_2 不可能同时产生，即 B_1,B_2 为互斥事件.

(2) 由(1)知 $P(B_1\cap B_2)=0$.

事件 B_1 可以看作是事件：{一人拿 26 张牌得到 3 张 A}，故所有可能得牌的情形共有 C_{52}^{26} 种，而 B_1 发生的有 $C_4^3C_{52-4}^{26-3}=C_4^3C_{48}^{23}$ 种. 这样

$$P(B_1)=\frac{4C_{48}^{23}}{C_{52}^{26}}>0$$

而 B_2 与 B_1 是对称的，则 $P(B_1)=P(B_2)$，因而 $P(B_1)P(B_2)>0$.

故 $P(B_1\cap B_2)\neq P(B_1)P(B_2)$，即 B_1,B_2 不是独立事件.

(3) 由题设有 $C=B_1\cup B_2$，又 B_1,B_2 互斥，因而

$$P(C)=P(B_1)+P(B_2)=\frac{8C_{48}^{23}}{C_{52}^{26}}$$

应该注意到：随机事件的互斥(积事件为空集，又称不相容)与独立(两件事件发生的概率彼此互不影响)是两个不同概念，我们必须善于区分. 再请看下面的例题.

例 2　试证：若 $P(A)>0$，且 $P(B)>0$，则随机事件 A,B 相互独立与 A,B 互不相容不能同时成立.(上海机械学院，1982；东北工学院，1984)

证　(用反证法)若事件 A,B 相互独立与互不相容同时成立，则有

$$\begin{cases}P(AB)=P(A)P(B)\\P(AB)=0\end{cases}$$

于是由 A,B 的独立性有 $P(A)P(B)=P(AB)=0$.

这样 $P(A)$,$P(B)$ 中至少之一为 0,这与题设 $P(A)>0$,$P(B)>0$ 相抵!

故前设不真,从而命题结论正确.

注 例 1(2)的问题是本命题的特例.

例 3 若对于事件 A,B,C 有 $P(ABC)=P(A)P(B)P(C)$,能否推出 $P(AB)=P(A)P(B)$?(陕西师范大学,1984)

解 不一定.若 $P(C)=0$,则对互相不独立的事件 A,B 来讲,也有 $P(ABC)=0$,从而 $P(ABC)=P(A)P(B)P(C)$,但这时 $P(AB)\neq P(A)P(B)$.

即使 $P(C)>0$,上面关系也不一定成立.我们来看个反例:

若有一均匀的正八面体,在其第 1,2,3,4 面染上红色(不一定将整个面全染);在第 1,2,3,5 面染上白色;第 1,6,7,8 面染上蓝色.

今设 $A=\{$抛一次正八面体朝下的面出现红色$\}$;$B=\{$抛一次正八面体朝下的面出现白色$\}$;$C=\{$抛一次正八面体朝下的面出现蓝色$\}$.

显然 $P(A)=P(B)=P(C)=\frac{4}{8}=\frac{1}{2}$.又 $P(ABC)=\frac{1}{8}$,$P(A)P(B)P(C)=\frac{1}{2^3}=\frac{1}{8}$,有

$$P(ABC)=P(A)P(B)P(C)$$

但 $P(AB)=\frac{3}{8}$,而 $P(A)P(B)=\frac{1}{4}$,故 $P(AB)\neq P(A)P(B)$.

从而若 $P(ABC)=P(A)P(B)P(C)$,则不一定有 $P(AB)=P(A)P(B)$.

注 此命题的"反问题"即:

若 $P(AB)=P(A)P(B)$,且 $P(AC)=P(A)P(C)$,又 $P(BC)=P(B)P(C)$,试问 $P(ABC)=P(A)\cdot P(B)P(C)$ 成立否?

答案也是不一定,请看下面的例子.

若在一个均匀四面体的第 1 面上涂上红色,在第 2 面上涂上蓝色,在第三面上涂上白色,在第四面上则涂上红、蓝、白三色.

今令 $A=\{$抛一次四面体底面出现红色$\}$;$B=\{$抛一次四面体底面出现蓝色$\}$;$C=\{$抛一次四面体底面出现白色$\}$.

则 $P(A)=P(B)=P(C)=\frac{2}{4}=\frac{1}{2}$,又 $P(AB)=\frac{1}{4}=P(A)P(B)$,同理

$$P(AC)=P(A)P(C),\quad P(BC)=P(B)P(C)$$

但 $P\{ABC\}=\frac{1}{4}$,而 $P(A)P(B)P(C)=\frac{1}{8}$.故

$$P(ABC)\neq P(A)P(B)P(C)$$

另一个例子由伯恩斯坦(S. Bernstein)给出:

考虑掷两骰子的试验,设 $A=\{$第一颗骰子出现奇数点$\}$,$B=\{$第二颗骰子出现奇数点$\}$,$C=\{$两骰子点数和是奇数$\}$,且设样本空间有 36 个样本点.则

$$P(A)=P(B)=P(C)=\frac{1}{2},\quad P(AB)=P(BC)=P(AC)=\frac{1}{4}$$

知 A,B,C 两两独立.

但 $P(ABC)=0\neq\frac{1}{8}=P(A)P(B)P(C)$,因而事件 A,B,C 不相互独立.

例 4　系统由三个元件连接而成，如图 7 所示，已知每一元件的寿命服从指数分布，概率密度为：$f(t)=\begin{cases}e^{-t}, & t>0\\ 0, & t\leqslant 0\end{cases}$. 求用下面方式联结的系统寿命大于 T(T 为大于 0 的正值)的概率(假设每个元件的寿命都是相互独立的).(山东矿业学院，1986)

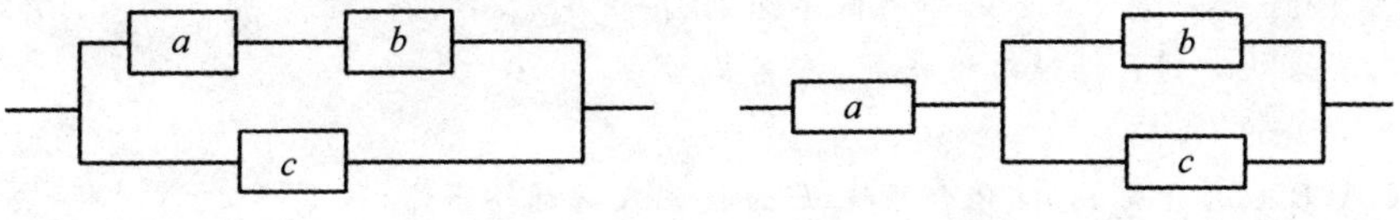

图 7

解　设 A,B,C 分别代表元件 a,b,c 寿命大于 T 的事件，则

$$P(A)=P(B)=P(C)=\int_T^{+\infty}e^{-t}\,dt=-e^{-t}\Big|_T^{+\infty}=e^{-T}$$

又设 D 为系统寿命大于 T 的事件，则：

(1) 情形(a)中，$D=AB\cup C$，故

$$P(D)=P(AB)+P(C)-P(ABC)=P(A)P(B)+P(C)-P(A)P(B)P(C)=e^{-T}+e^{-2T}-e^{-3T}$$

(2) 情形(b)中，$D=A\cap(B\cup C)$，故

$$\begin{aligned}P(D)&=P(A)P(B\cup C)=P(A)[P(B)+P(C)-P(BC)]\\&=P(A)P(B)+P(A)P(C)-P(A)P(B)P(C)=2e^{-2T}-e^{-3T}\end{aligned}$$

例 5　设有电路如图 8 所示，其中 a,b,c,d 表示继电器的接点，设每一继电器接点导通的概率均为 $\frac{1}{2}$，且各继电器接点导通与否相互独立.

(1) 求 L 至 R 为通路的概率；

(2) 已知 L 至 R 为通路，求 a 与 b 同时导通的概率.

(北方交通大学，1985)

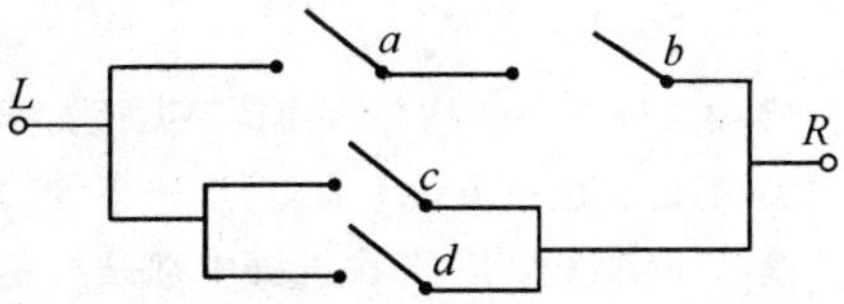

图 8

解　(1) 设事件 A,B,C,D 分别表示 a,b,c,d 继电器接点导通，且设事件 E 表示 L 至 R 为通路，于是 $E=AB\cup C\cup D$，故

$$\begin{aligned}P(E)&=P(AB\cup C\cup D)\\&=P(AB)+P(C)+P(D)-P(ABC)-P(ABD)-P(CD)+P(ABCD)\\&=P(A)P(B)+P(C)+P(D)-P(A)P(B)P(C)-P(A)P(B)P(D)-\\&\quad P(C)P(D)+P(A)P(B)P(C)P(D)\\&=\left(\frac{1}{2}\right)^2+\frac{1}{2}+\frac{1}{2}-\left(\frac{1}{2}\right)^3-\left(\frac{1}{2}\right)^3-\left(\frac{1}{2}\right)^2+\left(\frac{1}{2}\right)^4=\frac{13}{16}\end{aligned}$$

(2) 依题意，L 至 R 为通路有下面 13 种可能.

① 只有一条通路的情形

$$(AB)\overline{C}\,\overline{D},\quad (\overline{A}\,\overline{B})\overline{C}D,\quad (\overline{A}\,\overline{B})C\overline{D},\quad (A\overline{B})C\overline{D},\quad (\overline{A}B)C\overline{D},\quad (A\overline{B})\overline{C}D,\quad (\overline{A}B)\overline{C}D$$

② 同时有两条通路的情形

$$(AB)C\overline{D},\quad (AB)\overline{C}D,\quad (\overline{A}\,\overline{B})CD,\quad (\overline{A}B)CD,\quad (A\overline{B})CD$$

③ 同时有三条通路的情形：$(AB)CD$.

在此 13 条通路中，a 与 b 同时导通的仅有

$$(AB)\overline{C}\,\overline{D},\quad (AB)\overline{C}D,\quad (AB)C\overline{D},\quad (AB)CD$$

等 4 种情形.

因而在 L 至 R 为通路时，a 与 b 同时导通的概率为 $P(AB|E)=\dfrac{4}{13}$.

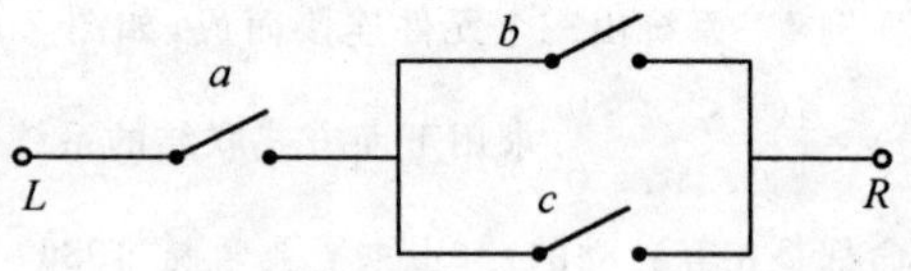

图 9

注 下面问题是上例的引申：

设有电路如图 9，开关 a,b,c 闭合的概率分别为 0.8，0.7 和 0.5. 求从 L 到 R 为通路的概率.(长春光学精密机械学院，1985)

略解：设 A,B,C 为开关 a,b,c 闭合事件，E 为 L 到 R 为通路事件，则

$$P(E)=P[A(B\cup C)]=P(A)P(B\cup C)=P(A)[P(B)+P(C)-P(B)P(C)]$$
$$=0.8(0.7+0.5-0.7\times 0.5)=0.68$$

2. 古典概率问题

(1) 与组合有关的概率问题

例 1 有 5 张 1 角的、3 张 3 角的及 2 张 5 角的戏票，任意取出 3 张戏票，求：(1)其中至少有 2 张是同价格的概率；(2)3 张戏票共值 7 角的概率.(同济大学，1984)

解 (1)将{3 张戏票中至少有两张是同价格}这一事件记为 A，则其对立事件 $\overline{A}$={3 张戏票价格互不相同}. 这样

$$P(A)=1-P(\overline{A})=1-\frac{C_5^1C_3^1C_2^1}{C_{10}^3}=\frac{3}{4}$$

(2){取出的 3 张戏票共值 7 角}的事件记为 B，其抽取方法有 $C_2^1C_5^2+C_3^2C_5^1=35$(种)，故

$$P(B)=\frac{35}{C_{10}^3}=\frac{7}{24}$$

例 2 设有一个均匀四面体，四面分别涂上红、绿、黄、白色，现将四面体连续掷 3 次. 试求："在 3 次抛掷中都是红色或黄色不着地"这一事件的概率.(合肥工业大学，1984)

解 设 A 为事件"3 次抛掷中都是红色不着地"；B 为事件"3 次抛掷中都是黄色不着地"；C 为事件"3 次抛掷中都是红色或黄色不着地".

显然事件 $C=A\cup B$. 又随机试验可视为"从 4 个不同元素中每次取 3 个不同元素的可重复试验"，故

$$P(A)=\frac{3^3}{4^3},\quad P(B)=\frac{3^3}{4^3},\quad P(AB)=\frac{2^3}{4^3}$$

$$P(C)=P(A\cup B)=P(A)+P(B)-P(AB)=\frac{3^3}{4^3}+\frac{3^3}{4^3}-\frac{2^3}{4^3}=\frac{23}{32}$$

注 在 $AB\neq\varnothing$ 时，请注意 $P(A\cup B)=P(A)+P(B)-P(AB)$.

下面的例子与上面的例子是属于同一类型的问题，只是它们的提法不同.

例 3 从数字 0,1,2,3,4 中任取一个数字，假定每个数字以等概率被取中，取后放回，先后取出 3 个数字，试求下列事件的概率：

(1) A_1={3 个数字全不相同}；(2)A_2={某数字恰好出现 2 次}；(3)A_3={取出的 3 个数字，自左向右排列所得的三位数是偶数}.(长春光机学院，1984)

解 由古典概率公式 $P(A)=\dfrac{A\text{事件出现的次数}}{\text{总事件数}}$，又 5 个数有放回地取 3 个数的事件总数为 5^3，这样：

(1) $P(A_1)=\dfrac{C_5^3}{5^3}=\dfrac{2}{25}$；(3 个数字均不同的事件总数 C_5^3)

(2) $P(A_2)=\dfrac{4\cdot C_3^2}{5^3}=\dfrac{12}{125}$；(比如 3 个数字中有两个 0 的情形有：以 00 打头的有 001,002,003,004 四种；以 00 结尾的有四种；两个 0 一前一后的又有四种；总共有 $4\cdot C_3^2$ 种)

(3) $P(A_3)=\dfrac{A_4^2+2(A_4^2-3)}{A_5^3-A_4^2}=\dfrac{5}{8}$.(注意这是一个排列问题)

注　这类取数字组成数问题须注意一点:0 不能打头.因而计算事件数时,必须减去 0 打头的情形.

例 4　(1) 某人有 n 把钥匙,其中仅有一把可打开锁,他逐个试开(无放回),证明 k 次才能打开锁的概率 $\dfrac{1}{n}$ 与 k 无关;(2)n 个人订了 n 张票,其中有 k 张是甲票,令 n 个人依次抽取一张,试证每人抽得甲票的概率均为 $\dfrac{k}{n}$.(东北师范大学,1983)

证　(1) n 把钥匙无放回地抽取 k 把,共有 A_n^k 种取法,其中第 k 次才能把锁打开的取法有 A_{n-1}^{k-1} 种,故第 k 次才能把锁打开的概率为

$$p=\frac{A_{n-1}^{k-1}}{A_n^k}=\frac{1}{n},\quad k=1,2,\cdots,n$$

即它与 k 无关.

(2) n 张票 n 个人依次各抽取一张共有 $n!$ 种抽法,其中第 j 人抽到甲票的抽法有 $k(n-1)!$ 种,故第 j 人抽到甲票的概率为

$$p=\frac{k(n-1)!}{n!}=\frac{k}{n},\quad j=1,2,\cdots,n$$

即每人抽到甲票的概率均为 $\dfrac{k}{n}$.

注　此类问题属于抓阄模型,但本题不能直接使用,因为它是证明题,即要证明这个结论.

例 5　甲、乙两人轮流对一目标射击,先命中者获胜,又两人命中的概率分别为 p_1,p_2,若甲先射击,问两人获胜的概率各为多少.(华中师范学院,1981)

解　设 $A=\{$甲胜$\}$,$B=\{$乙胜$\}$,$C=\{$甲、乙均未获胜$\}$.又设:

$A_i=\{$甲在第 i 次射击时命中$\}$,$i=1,3,5,\cdots$;

$B_j=\{$乙在第 j 次射击时命中$\}$,$j=2,4,6,\cdots$.

则 $A=A_1\cup\overline{A}_1\overline{B}_2A_3\cup\overline{A}_1\overline{B}_2\overline{A}_3\overline{B}_4A_5\cup\cdots$,每次射击的又由独立性有

$$\begin{aligned}P(A)&=P(A_1)+P(\overline{A}_1\overline{B}_2A_3)+P(\overline{A}_1\overline{B}_2\overline{A}_3\overline{B}_4A_5)+\cdots\\&=p_1+q_1q_2p_1+q_1^2q_2^2p_1+\cdots=\frac{p_1}{1-q_1q_2}\end{aligned}$$

其中 $q_i=1-p_i$,$i=1,2$.又

$$\begin{aligned}P(C)&=P(\bigcap_{i=1}^{\infty}\overline{A}_i\overline{B}_i)=\lim_{n\to\infty}P(\bigcap_{i=1}^{n}\overline{A}_i\overline{B}_i)=\lim_{n\to\infty}\prod_{i=1}^{n}P(\overline{A}_i\overline{B}_i)\\&=\lim_{n\to\infty}\prod_{i=1}^{n}P(\overline{A}_i)P(\overline{B}_i)=\lim_{n\to\infty}(1-p_1)^n(1-p_2)^n=0\end{aligned}$$

又 $A\cup B\cup C=\Omega$,且 A,B,C 互不相容,故

$$P(B)=1-P(A)-P(C)=1-\frac{p_1}{1-q_1q_2}=\frac{q_1(1-q_2)}{1-q_1q_2}=\frac{q_1p_2}{1-q_1q_2}$$

例 6　木箱内装有 35 个球,每个球上都标有 1～35 的不相同的一个号码,设号码是 n 的球的质量是 $\left(\dfrac{n^2}{3}-5n+23\right)$g,计算:

(1) 如果任意取出一球(不受其质量影响),其质量的数值小于号码数的概率;

(2) 若同时任意取出两球,它们质量相同的概率.(武汉钢铁学院,1983)

解　(1) 依题意"质量小于号码",即 $\dfrac{n^2}{3}-5n+23<n$,亦即

$$n^2-18n+69<0$$

解得 $9-2\sqrt{3}<n<9+2\sqrt{3}$，即 $n=6,7,8,9,10,11,12$. 从而所求概率

$$p_1=\frac{C_7^1}{C_{35}^1}=\frac{1}{5}$$

(2) 设质量相等的球的号码为 $n_1,n_2(n_1\neq n_2)$. 而

$$\frac{n_1^2}{3}-5n_1+23=\frac{n_2^2}{3}-5n_2+23$$

即 $(n_1-n_2)\left(\frac{n_1+n_2}{3}-5\right)=0$，由 $n_1-n_2\neq 0$，故 $n_1+n_2=15$. 故 (n_1,n_2) 只能取

$$(1,14),\quad (2,13),\quad (3,12),\quad (4,11),\quad (5,10),\quad (6,9),\quad (7,8)$$

等七种情形. 从而所求概率

$$p_2=\frac{C_7^1}{C_{35}^2}=\frac{1}{105}$$

再来看一个由伯努利试验的例子. 这类问题的实质是组合计算.

例 7 设有成功概率是 p，失败概率是 q 的伯努利试验，E_n 表示 n 次独立试验中有偶数次成功的事件. 试证 $P(E_n)=\frac{1}{2}[1+(1-2p)^n]$.（中国科技大学，1983）

证 设 ξ 为 n 次独立伯努利试验成功的次数，则

$$P(\xi=k)=C_n^k p^k(1-p)^{n-k},\quad k=0,1,2,\cdots,n$$

(1) 当 n 为奇数时

$$\begin{aligned}P(E_n)&=P(\xi\text{为偶数})=C_n^0p^0(1-p)^n+C_n^2p^2(1-p)^{n-2}+\cdots+C_n^{n-1}p^{n-1}(1-p)\\&=\frac{1}{2}[p+(1-p)]^n-[p-(1-p)]^n=\frac{1}{2}[1+(1-2p)^n]\end{aligned}$$

(2) 当 n 为偶数时

$$\begin{aligned}P(E_n)&=P(\xi\text{为偶数})=C_n^0p^0(1-p)^n+C_n^2p^2(1-p)^{n-2}+\cdots+C_n^np^n(1-p)^0\\&=\frac{1}{2}\{[p+(1-p)]^n-[p-(1-p)]^n\}=\frac{1}{2}[1+(1-2p)^n]\end{aligned}$$

综上

$$P(E_n)=\frac{1}{2}[1+(1-2p)^n]$$

(2) 几何概率问题

我们再看看关于几何概率方面的例子. 其前一例亦涉及一元二次方程根的讨论问题.

例 1 设 p 在 $[0,5]$ 上随机地取值，求方程 $x^2+px+\frac{p}{4}+\frac{1}{2}=0$ 有实根的概率.（山东矿业学院，1984）

解 一元二次方程有实数根 $\Longleftrightarrow$ 其判别式 $\Delta\geqslant 0$.

而 $\Delta=p^2-4\left(\frac{p}{4}+\frac{1}{2}\right)=p^2-p-2=(p+1)(p-2)$，解得 $p\leqslant -1$ 或 $p\geqslant 2$，如图 10 所示.

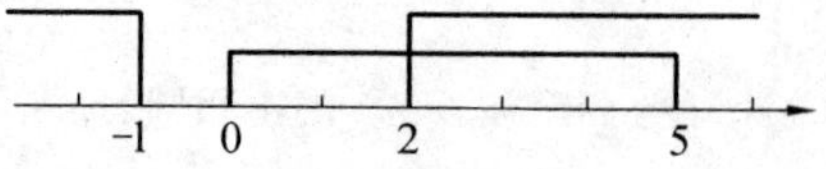

图 10

故所求概率为 $p=\frac{[0,5]\cap\{(-\infty,-1]\cup[2,+\infty)\}\text{的长度}}{[0,5]\text{的长度}}=\frac{3}{5}$.

注 本题的另外解法可见后面的例题.

例 2 如图 11 所示，将长方形分割成两个梯形和两个三角形. 随机地向长方形内投 10 个点，求两个三角形各落入 2 个点，两个梯形分别落入 2 个点和 4 个点的概率.（北京师范大学，1981）

解　如图不难算得四图形面积比为

$$D_1 : D_2 : D_3 : D_4 = 3 : 1 : 4 : 4$$

记 $E_i=\{点落入 D_i\}, i=1,2,3,4$. 易求得

$$P(E_1)=\frac{1}{4},\quad P(E_2)=\frac{1}{12},\quad P(E_3)=\frac{1}{3},\quad P(E_4)=\frac{1}{3}$$

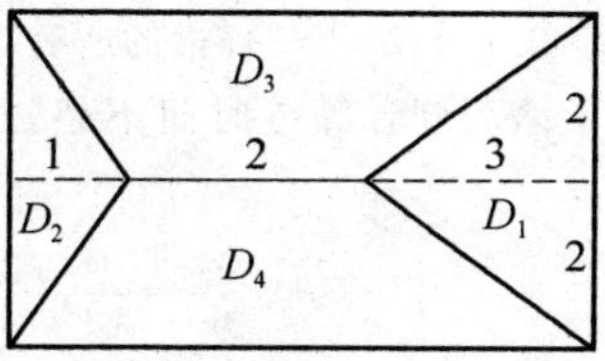

图 11

故所求概率可视为每次皆有上述四个结果的 10 次重复独立试验，因而

$$\begin{aligned}p&=P\{E_1 发生 2 次, E_2 发生 2 次, E_3 发生 2 次, E_4 发生 4 次\}+\\&\quad P\{E_1 发生 2 次, E_2 发生 2 次, E_3 发生 4 次, E_4 发生 2 次\}\\&=\frac{10!}{2!\ 2!\ 2!\ 4!}P^2(E_1)P^2(E_2)P^2(E_3)P^4(E_4)+\\&\quad \frac{10!}{2!\ 2!\ 4!\ 2!}P^2(E_1)P^2(E_2)P^4(E_3)P^2(E_4)\\&=\frac{2\times 10!}{2!\ 2!\ 2!\ 4!}\left(\frac{1}{4}\right)^2\left(\frac{1}{12}\right)^2\left(\frac{1}{3}\right)^6=\frac{175}{7\ 776}\end{aligned}$$

这里 $\frac{10!}{2!\ 2!\ 2!\ 4!}$ 系由 $C_{10}^2C_8^2C_6^2C_4^4$ 所得，而 $\frac{10!}{2!\ 2!\ 4!\ 2!}$ 系由 $C_{10}^2C_8^2C_6^4C_2^2$ 所得.

例 3　设一线段 AB 长为 2，中点为 O. 在 $\overline{AB}$ 上随机地取一点 X，设 X 在线段 $\overline{AB}$ 上任一位置的可能性相同. 求 $\overline{AX}, \overline{XB}, \overline{AO}$ 能构成三角形的概率.（中山大学，1982）

解　设样本在空间由 X 构成的闭区间 $[-1,1]$，其长为 2，依题设，$\overline{AX}, \overline{XB}, \overline{AO}$ 能构成三角形的主要条件是

$$\overline{AX}+\overline{XB}>\overline{AO} \quad ①$$
$$\overline{AX}+\overline{AO}>\overline{XB} \quad ②$$
$$\overline{XB}+\overline{AO}>\overline{AX} \quad ③$$

注意到 $\overline{AO}=1$，结合图 12 分析不难有（这里 x 为 X 的坐标）：

①等价于 $-1<x<1$；②等价于 $(x+1)+1>1-x$，即 $x>-\frac{1}{2}$；③等价于 $(1-x)+1>x+1$，即 $x<\frac{1}{2}$.

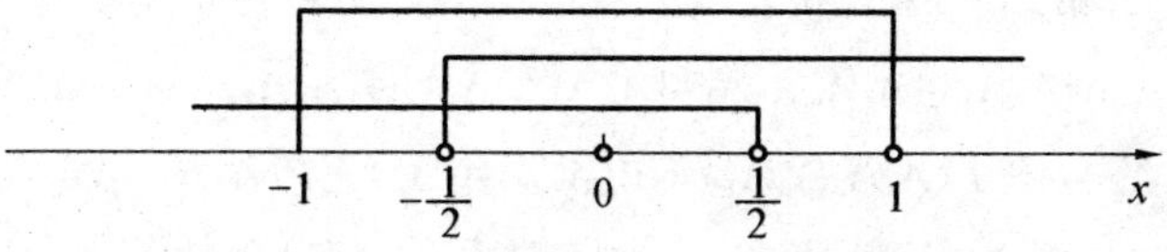

图 12

综上 $\overline{AX}, \overline{XB}, \overline{AO}$ 能构成三角形的充要条件是 $-\frac{1}{2}<x<\frac{1}{2}$，故所求概率为 $p=\frac{1}{2}$.

例 4　甲、乙两人约定在中午 12 时 30 分在某地见面，如果甲来到的时间在 12 时 15 分到 12 时45 分之间均匀分布，乙独立地到达，而且到达的时间是 12 时到 13 时之间均匀分布.（1）试求先到的人等待另一人到达的时间不超过 5 min 的概率；（2）已知在两人见面的条件之下，甲先到的概率为多少？

解　（1）以 y, x 分别表示甲、乙两人到达的时刻，那么

$$12 时 15 分\leqslant y\leqslant 12 时 45 分,\quad 12 时\leqslant x\leqslant 13 时$$

即

$$12.25\leqslant y\leqslant 12.75（换成时）,\quad 12\leqslant x\leqslant 13$$

若 (x,y) 表示平面上的点坐标，则所有基本事件可以用这平面上长为 2、宽为 1 的长方形：12.25≤

$y\leqslant 12.75, 12\leqslant x\leqslant 13$内的所有点表示，如图 13 所示.

若先到者等待时间不超过 5 min，两人见面的充要条件是

$$|x-y|\leqslant \frac{5}{60}=\frac{1}{12},$$ 图中阴影所示区域

故所求概率为

$$p_1=\frac{\text{阴影部分面积}}{\text{矩形面积}}=\frac{1\times\frac{1}{2}-\frac{1}{2}\left(\frac{5}{12}\right)^2-\frac{1}{2^2}\left(\frac{11}{12}+\frac{5}{12}\right)}{1\times\frac{1}{2}}=\frac{23}{144}$$

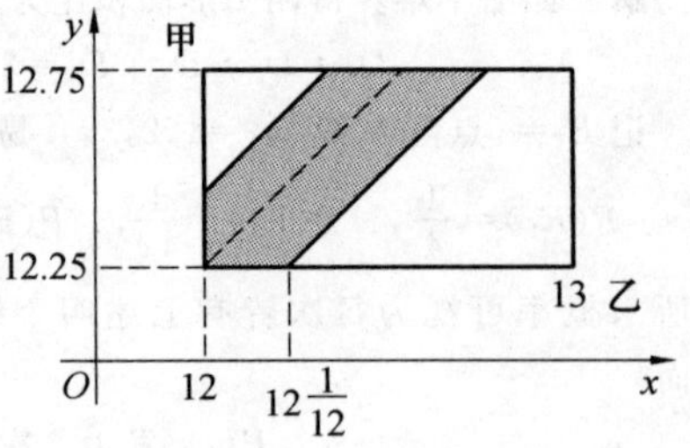

图 13

这里，阴影部分面积＝矩形面积－(白)三角形面积－(白)梯形面积.

(2) 已知两人见面条件下，甲先到的事件可用在阴影部分中且满足 $y<x$ 的点表示，这样所求概率为

$$p_2=\frac{\text{虚线下方阴影部分面积}}{\text{矩形面积}}=\frac{\text{阴影部分面积}-\text{虚线上方阴影部分面积}}{\text{矩形面积}}$$
$$=\left\{\frac{23}{288}-\frac{1}{2}\left[\left(\frac{1}{2}\right)^2-\left(\frac{1}{2}-\frac{1}{12}\right)^2\right]\right\}\Big/\left(1\times\frac{1}{2}\right)=\frac{1}{12}$$

3. 条件概率问题

下面的例子是属于乘法定理的(属于条件概率).

例 1 某医院用自制新药医治某种病毒所导致的流行性感冒，在 400 名流感病人中进行临床试验，有 200 人服用此药，另外 200 人未服，经过五天后，有 210 人痊愈，其中 190 人是服此新药的. 试用概率方法表示这种新药对医治此流行感冒的疗效.(太原工学院，1982)

解 设事件 $B=\{$服新药者$\}$，$A=\{$痊愈者$\}$，因而，所求新药对此流感的疗效即为$P(A|B)$. 由

$$P(A|B)=\frac{P(AB)}{P(B)}=\frac{P(A)P(B|A)}{P(B)}=\left(\frac{210}{400}\times\frac{190}{210}\right)\Big/\left(\frac{200}{400}\right)=95\%$$

例 2 某人依次进行 4 门课程考试，第一门课程考试及格概率为 p，以后各门课程考试及格的概率依前一门课程考试及格与否分别为 p 和 $\frac{p}{2}$，在 4 门考试中如果至少有 3 门课程及格，则此人被录取. 求此人被录取的概率.(西南交通大学，1984)

解 设 A_i 表示事件"第 i 门课程考试及格"$(i=1,2,3,4)$，又 A 表示"至少有 3 门课程考试及格"，则

$$A=A_4A_3A_2A_1\cup\overline{A}_4A_3A_2A_1\cup A_4\overline{A}_3A_2A_1\cup A_4A_3\overline{A}_2A_1\cup A_4A_3A_2\overline{A}_1$$

故 $$P(A)=P(A_4A_3A_2A_1)+P(\overline{A}_4A_3A_2A_1)+P(A_4\overline{A}_3A_2A_1)+P(A_4A_3\overline{A}_2A_1)+P(A_4A_3A_2\overline{A}_1)$$

若 $p=0$，则 $P(A)=0$；若 $p=1$，则 $P(A)=1$. 现在考虑 $0<p<1$ 的情形.

由题设及概率乘法定理有

$$P(A_4A_3A_2A_1)=P(A_4|A_3A_2A_1)\cdot P(A_3|A_2A_1)\cdot P(A_2|A_1)\cdot P(A_1)$$
$$=p\cdot p\cdot p\cdot p=p^4$$
$$P(\overline{A}_4A_3A_2A_1)=P(\overline{A}_4|A_3A_2A_1)\cdot P(A_3|A_2A_1)\cdot P(A_2|A_1)\cdot P(A_1)$$
$$=(1-p)\cdot p\cdot p\cdot p=p^3-p^4$$
$$P(A_4\overline{A}_3A_2A_1)=P(A_4|\overline{A}_3A_2A_1)\cdot P(\overline{A}_3|A_2A_1)\cdot P(A_2|A_1)\cdot P(A_1)$$
$$=\frac{p}{2}\cdot(1-p)\cdot p\cdot p=\frac{1}{2}(p^3-p^4)$$
$$P(A_4A_3\overline{A}_2A_1)=P(A_4|A_3\overline{A}_2A_1)\cdot P(A_3|\overline{A}_2A_1)\cdot P(\overline{A}_2|A_1)\cdot P(A_1)$$
$$=p\cdot\frac{p}{2}\cdot(1-p)\cdot p=\frac{1}{2}(p^3-p^4)$$

$$P(A_4A_3A_2\overline{A}_1)=P(A_4|A_3A_2\overline{A}_1)\cdot P(A_3|A_2\overline{A}_1)\cdot P(A_2|\overline{A}_1)\cdot P(\overline{A}_1)$$
$$=p\cdot p\cdot\frac{p}{2}\cdot(1-p)=\frac{1}{2}(p^3-p^4)$$

故此人被录取的概率为

$$P(A)=p^4+(p^3-p^4)+\frac{1}{2}(p^3-p^4)+\frac{1}{2}(p^3-p^4)+\frac{1}{2}(p^3-p^4)=\frac{1}{2}p^3(5-3p)$$

注 这里考虑问题的顺序是 A_4,A_3,A_2,A_1，这是为了乘法定理中便于使用公式和计算.

4. 与全概率公式及贝叶斯公式有关的问题

(1)产品合格不合格问题

例 1 某工厂有甲、乙、丙三个车间，它们生产同一种产品，其产量之比为 5：3：2. 已知它们生产的产品中正品率分别是 0.95，0.96 和 0.98. 求从全厂三个车间产品中任取一种是次品的概率.（中山大学，1981）

解 设事件 $A=\{$从全厂产品中任取一件是次品$\}$，$B_1=\{$所取产品是甲车间生产的$\}$，$B_2=\{$所取产品是乙车间生产的$\}$，$B_3=\{$所取产品是丙车间生产的$\}$.

由题设有 $P(B_1)=\frac{5}{10}$，$P(B_2)=\frac{3}{10}$，$P(B_3)=\frac{2}{10}$，且

$$P(A|B_1)=1-0.95=0.05,\quad P(A|B_2)=1-0.96=0.04,\quad P(A|B_3)=1-0.98=0.02$$

由全概率公式

$$P(A)=\sum_{i=1}^{3}P(B_i)P(A\mid B_i)=\frac{5}{10}\times\frac{5}{100}+\frac{3}{10}\times\frac{4}{100}+\frac{2}{10}\times\frac{2}{100}=\frac{41}{1\,000}$$

例 2 现有一批产品是由三家工厂生产的，已知其中一家的废品率是 $\frac{1}{5}$，另两家的废品率都是 $\frac{1}{10}$，今从这批产品中任取一件(假定这一件来自哪个工厂是等可能的)进行检验，问取到的是废品的概率.（上海交通大学等八院校，1985）

解 设 B_i 为取出的产品是第 i 家工厂生产的事件，$i=1,2,3$；且 A 为取出的产品是废品的事件.

依题意有 $P(B_i)=\frac{1}{3}$，$i=1,2,3$. 又

$$P(A\mid B_1)=\frac{1}{5},\quad P(A\mid B_2)=P(A\mid B_3)=\frac{1}{10}$$

故由全概率公式有

$$P(A)=\frac{1}{3}\times\frac{1}{5}+\frac{1}{3}\times\frac{1}{10}+\frac{1}{3}\times\frac{1}{10}=\frac{2}{15}$$

下面的例子是与上面的例子类似的.

例 3 有一批产品，其中合格品有 a 件，不合格品有 b 件，已知这 $a+b$ 件中已被取出 k 件，但不知取出的产品中合格品有多少件，求再从剩下的产品中任取一件是合格品的概率.（东北工学院，1984）

解 设 B_i 为“已取出 k 件产品中恰有 i 件合格品”($i=0,1,2,\cdots,k$) 事件，则

$$P(B_i)=\frac{C_a^iC_b^{k-i}}{C_{a+b}^k},\quad i=0,1,2,\cdots,k$$

再设 A 为事件“从剩下的产品中任取一件是合格品”，则

$$P(A\mid B_i)=\frac{a-i}{a+b-k},\quad i=0,1,2,\cdots,k$$

故由全概率公式，所求概率为

$$P(A)=\sum_{i=0}^{k}P(A\mid B_i)P(B_i)=\sum_{i=0}^{k}\frac{a-i}{a+b-k}\cdot\frac{C_a^iC_b^{k-i}}{C_{a+b}^k}$$

注 下面的诸问题与本例类同.

问题：一批产品共100件(其中有4件次品，其余皆正品)．今取出3件检验，若发现有次品，则认为该批产品不合格．但检验时，一件正品被误判为次品的概率为0.05，而一件次品被判为正品的概率为0.01．求该批产品验后被认为合格的概率．(湘潭大学，1983)

解：令 $A=\{$该批产品合格$\}$，$B_i=\{$取出的3件产品有 i 件次品$\}$，$i=0,1,2,3$．则 B_0,B_1,B_2,B_3，且 $\bigcup\limits_{i=0}^{3}B_i=\Omega$．由题设知

$$P(B_0)=\frac{C_4^0C_{96}^3}{C_{100}^3},\quad P(B_1)=\frac{C_4^1C_{96}^2}{C_{100}^3},\quad P(B_2)=\frac{C_4^2C_{96}^1}{C_{100}^3},\quad P(B_3)=\frac{C_4^3C_{96}^0}{C_{100}^3}$$

又

$$P(A\mid B_0)=0.95^3,\quad P(A\mid B_1)=0.01\times 0.95^2$$
$$P(A\mid B_2)=0.01^2\times 0.95,\quad P(A\mid B_3)=0.01^3$$

由全概率公式可有

$$\begin{aligned}P(A)&=\sum_{i=0}^{3}P(B_i)P(A\mid B_i)\\&=\frac{1}{C_{100}^3}(0.95^3C_4^0C_{96}^3)+0.01\times 0.95^2+0.01^2\times 0.95C_4^2C_{96}^1+0.01^3C_4^3C_{96}^0\end{aligned}$$

例4 商店销售一批收音机，共10台，其中3台次品，但是已经售出了2台，问从剩下的收音机中，任取一台是正品的概率是多少？(上海交通大学等十院校，1986)

解 设 $A=\{$从剩下收音机中任取一台为正品$\}$；$A_k=\{$售出2台中恰有 k 台为正品$\}(k=0,1,2)$．则

$$P(A_k)=\frac{C_7^kC_3^{2-k}}{C_{10}^2},\quad k=0,1,2$$

从而可得

$$P(A_0)=\frac{3}{45},\quad P(A_1)=\frac{21}{45},\quad P(A_2)=\frac{21}{45}$$

又

$$P(A|A_k)=\frac{7-k}{8},\quad P(A|A_0)=\frac{7}{8},\quad P(A|A_1)=\frac{6}{8},\quad P(A|A_2)=\frac{5}{8}$$

由全概率公式可有

$$P(A)=\sum_{k=0}^{2}P(A\mid A_k)P(A_k)=\frac{21}{360}+\frac{126}{360}+\frac{105}{360}=0.7$$

例5 有两批产品：第一批20件，其中5件特等品；第二批12件，其中2件特等品．今按下面方式抽样：(1)将两批产品混在一起，从中抽取2件；(2)从第一批中任意抽取2件放入第二批中，再从第二批中抽取2件．试求两种抽取方式抽出产品为特等品的概率．(成都科技大学，1985)

解 (1) 混合后两产品共32件，特等品7件，故此时概率

$$p=\frac{C_7^2}{C_{32}^2}=\frac{21}{496}=0.042\ 34$$

(2) 设 $A=\{$抽取2件产品为特等品$\}$，$B_i=\{$从第一批抽取2件中恰有 i 件特等品$\}$，$i=0,1,2$．则

$$P(B_0)=\frac{C_{15}^2}{C_{20}^2}=\frac{21}{38},\quad P(B_1)=\frac{C_{15}^1C_5^1}{C_{20}^2}=\frac{15}{38},\quad P(B_2)=\frac{C_5^2}{C_{20}^2}=\frac{1}{19}$$

又

$$P(A|B_0)=\frac{C_2^2}{C_{14}^2}=\frac{1}{91},\quad P(A|B_1)=\frac{C_3^2}{C_{14}^2}=\frac{3}{91},\quad P(A|B_2)=\frac{C_4^2}{C_{14}^2}=\frac{6}{91}$$

由全概率公式有

$$P(A)=\sum_{i=0}^{2}P(A\mid B_i)P(B_i)=\frac{1}{91}\times\frac{21}{38}+\frac{3}{91}\times\frac{15}{38}+\frac{6}{91}\times\frac{2}{38}=0.022\ 56$$

例 6　某厂生产 50 kg 装水泥，40 包为一批，现发现某批中混入两包 40 kg 装的和一包 60 kg 装的，为减少该批水泥出厂机会，将每批水泥分成 20 包一堆的两堆，称其一堆. 问将混有三包质量不一的那批分成两堆时求：(1)三包质量不一的水泥分在一堆内；(2)两包 40 kg 重的分在一堆，一包 60 kg 的分在另一堆内；(3)一包 40 kg 重的分在一堆，另一包 40 kg 重的和一包 60 kg 重的同分在另一堆的概率.

若按上面办法分堆检查时，未发现问题而运走了一堆后，有人提出该批水泥可能有问题后，又将尚未运走的一堆分堆再称其一半，结果仍未发现问题而放行. 试问此时放行的水泥有问题的概率有多大. (吉林大学，1982)

解　将 40 包水泥分成两堆，每堆 20 包，共有 C_{40}^{20} 种方法.

设 $A=$｛三包质量不一的水泥放在一堆｝，$B=$｛两包 40 kg 重的水泥放在一堆，另一包重 60 kg 的分在另一堆｝，$C=$｛一包 40 kg 的分在一堆，另一 40 kg 的包和 60 kg 的包分在另一堆｝. 则：

(1) 事件 A 的概率

$$P(A)=\frac{2C_{37}^{17}}{C_{40}^{20}}=\frac{9}{39}$$

(2) 事件 B 的概率

$$P(B)=\frac{2C_{37}^{18}}{C_{40}^{20}}=\frac{10}{39}$$

(3) 事件 C 的概率

$$P(C)=\frac{2C_2^1C_{37}^{19}}{C_{40}^{20}}=\frac{20}{39}$$

再设 $H_1=$｛前一堆 20 包中有一包 40 kg、一包 60 kg 的｝，$H_2=$｛前一堆 20 包全部合格｝，$D=$｛错将有问题的这批水泥放行｝.

显然 H_1，H_2 互不相容，则 $D\subset H_1\cup H_2$，且

$$P(H_1)=\frac{C_2^1C_{37}^{18}}{C_{40}^{20}}=\frac{10}{39},\quad P(D|H_1)=\frac{C_{19}^{9}}{C_{20}^{9}}=\frac{1}{2}$$

$$P(H_2)=\frac{C_{37}^{20}}{C_{40}^{20}}=\frac{9}{78},\quad P(D|H_2)=\frac{C_{17}^{10}+C_2^1C_{17}^{8}}{C_2^1C_{17}^{8}}=\frac{7}{19}$$

故

$$P(D)=P(H_1)P(D|H_1)+P(H_2)P(D|H_2)=\frac{10}{39}\times\frac{1}{2}+\frac{9}{78}\times\frac{7}{19}=\frac{253}{1\ 482}$$

例 7　设有四箱产品，其次品率分别为 0.1，0.2，0.3 和 0.4，现从任一箱中取一件产品，经检验为合格品，并将此产品放回原箱中. 试求仍在该箱中取出一件次品的概率. (郑州大学，1984)

解　令 $A=$｛第一次取出的是合格品｝，$A_i=$｛第一次是从 i 箱中取出的｝；$B=$｛再从该箱取出的是次品｝；$B_i=$｛第一次取出的合格品来自第 i 箱｝，$i=1,2,3,4$.

显然，$A_1\sim A_4$ 互不相容，且 $\bigcup_{i=1}^{4}A_i=\Omega$；$B_1\sim B_4$ 互不相容，且 $\bigcup_{i=1}^{4}B_i=\Omega$. 又

$$P(A_1)=P(A_2)=P(A_3)=P(A_4)=0.25$$

$$P(A|A_1)=0.9,\quad P(A|A_2)=0.8,\quad P(A|A_3)=0.7,\quad P(A|A_4)=0.6$$

由全概率公式可有

$$P(A)=\sum_{i=1}^{4}P(A_i)P(A\mid A_i)=0.25\times(0.9+0.8+0.7+0.6)=0.75$$

由贝叶斯公式可有

$$P(B_1)=P(A_1\mid A)=\frac{P(A_1)P(A\mid A_1)}{P(A)}=\frac{0.25\times0.9}{0.75}=\frac{9}{30}$$

$$P(B_2)=P(A_2\mid A)=\frac{P(A_2)P(A\mid A_2)}{P(A)}=\frac{0.25\times 0.8}{0.75}=\frac{8}{30}$$

$$P(B_3)=P(A_3\mid A)=\frac{P(A_3)P(A\mid A_3)}{P(A)}=\frac{0.25\times 0.7}{0.75}=\frac{7}{30}$$

$$P(B_4)=P(A_4\mid A)=\frac{P(A_4)P(A\mid A_4)}{P(A)}=\frac{0.25\times 0.6}{0.75}=\frac{6}{30}$$

又

$$P(B\mid B_1)=0.1,\quad P(B\mid B_2)=0.2,\quad P(B\mid B_3)=0.3,\quad P(B\mid B_4)=0.4$$

故所求的概率为

$$P(B)=\sum_{i=1}^{4}P(B_i)P(B\mid B_i)=\frac{9}{30}\times 0.1+\frac{8}{30}\times 0.2+\frac{7}{30}\times 0.3+\frac{6}{30}\times 0.4=\frac{7}{30}$$

下面的问题与前面关于产品问题本质上无异,只是提法不同而已.

例 8 对飞机进行两次独立射击,第一次命中率为 0.4,第二次命中率为 0.5;飞机击中一弹而被击落的概率为 0.2,击中两弹而被击落的概率为 0.6.(1)求射击两次飞机被击中一次的概率;(2)求射击两次飞机被击中两次的概率;(3)求射击两次飞机被击落的概率;(4)求飞机被击落是由于击中一弹的概率.

解 设事件 B={飞机被击落},A_1={射击两次击中一次},A_2={射击两次击中两次},A_0={射击两次一次未击中},C_i={第 i 次射击击中}($i=1,2$).

(1) 事件 A_1 的概率为

$$\begin{aligned}P(A_1)&=P(C_1\overline{C}_2)+P(\overline{C}_1C_2)=P(C_1)P(\overline{C}_2)+P(\overline{C}_1)P(C_2)\\&=0.4\times(1-0.5)+(1-0.4)\times 0.5=0.5\end{aligned}$$

(2) 事件 A_2 的概率为

$$P(A_2)=P(C_1C_2)=P(C_1)P(C_2)=0.4\times 0.5=0.2$$

(3) 由全概率公式知 $P(B)=\sum\limits_{i=0}^{2}P(B\mid A_i)P(A_i)$,又

$$P(A_0)=P(\overline{C}_1\overline{C}_2)=P(\overline{C}_1)P(\overline{C}_2)=(1-0.4)(1-0.5)=0.3$$

而 $P(B|A_0)=0$,$P(B|A_1)=0.2$,$P(B|A_2)=0.6$,从而

$$\begin{aligned}P(B)&=P(B|A_0)P(A_0)+P(B|A_1)P(A_1)+P(B|A_2)P(A_2)\\&=0.3\times 0+0.5\times 0.2+0.2\times 0.6=0.1\times 0.12=0.22\end{aligned}$$

(4) 由贝叶斯公式 $P(A_i|B)=\dfrac{P(A_i)P(B|A_i)}{P(B)}$,故

$$P(A_1|B)=\frac{P(A_1)P(B|A_1)}{P(B)}=\frac{0.5\times 0.2}{0.22}=\frac{5}{11}$$

(2) 摸球问题

本质上讲,这类问题与前面产品问题无大异,把摸球问题中"黑球"视为"不合格产品",把"白球"视为"合格产品"(或相反),摸球问题即可化为前述产品质量问题.

例 1 由装有 3 个白球和 2 个黑球的箱中,随机地取出 2 个球,然后放到装有 4 个白球和 4 个黑球的箱子中.试计算最后从第二只箱子中取出一球是白球的概率.

解 设事件 B={从第二只箱子取出一球为白球},A_1={从第一只箱子取两球为一白一黑},A_2={从第一只箱子取两球皆为黑球},A_3={从第一只箱子取两球皆为白球}.则

$$B=B(A_1\cup A_2\cup A_3)=BA_1\cup BA_2\cup BA_3$$

这样

$$P(B)=P(BA_1)+P(BA_2)+P(BA_3)=\sum_{i=1}^{3}P(A_i)P(B\mid A_i)$$

$$=\frac{C_3^1C_2^1}{C_5^2}\times\frac{5}{10}+\frac{1}{C_5^2}\times\frac{4}{10}+\frac{C_3^2}{C_5^2}\times\frac{6}{10}=\frac{6}{10}\times\frac{1}{2}+\frac{1}{10}\times\frac{2}{5}+\frac{3}{10}\times\frac{3}{5}=\frac{13}{25}$$

例 2　两个盒子，第一个装 m_1 个红球和 n_1 个黑球，第二个装 m_2 红球和 n_2 个黑球．今从两盒各取一球放在一起再从中取出一球．(1)求该球是红球的概率；(2)若发现该球是红球，求它是从第一个盒子中取出的概率．（厦门大学，1982）

解　(1) 令 $A=\{$取一红球$\}$，$B_1=\{$从第一盒中取一红球$\}$，$B_2=\{$从第二盒子取一红球$\}$．则

$$P(B_1B_2)=\frac{m_1m_2}{(m_1+n_1)(m_2+n_2)},\quad P(A|B_1B_2)=1$$

$$P(B_1\overline{B}_2)=\frac{m_1n_2}{(m_1+n_1)(m_2+n_2)},\quad P(A|B_1\overline{B}_2)=\frac{1}{2}$$

$$P(\overline{B}_1B_2)=\frac{n_1m_2}{(m_1+n_1)(m_2+n_2)},\quad P(A|\overline{B}_1\overline{B}_2)=\frac{1}{2}$$

由全概率公式有

$$P(A)=P(B_1B_2)P(A|B_1B_2)+P(B_1\overline{B}_2)P(A|B_1\overline{B}_2)+P(\overline{B}_1B_2)P(A|\overline{B}_1B_2)$$
$$=\frac{2m_1m_2+m_1n_2+n_1m_2}{2(m_1+n_1)(m_2+n_2)}$$

(2) 由题设及条件概率公式有

$$P(\overline{B}_1|A)=\frac{P(AB_1)}{P(A)}=\frac{P(AB_1B_2)+P(AB_1\overline{B}_2)}{P(A)}$$
$$=\frac{P(B_1B_2)P(A|B_1B_2)+P(B_1\overline{B}_2)P(A|B_1\overline{B}_2)}{P(A)}$$
$$=\frac{2m_1m_2+m_1n_2}{2m_1m_2+m_1n_2+n_1m_2}$$

又下面的问题亦属此类．

例 3　两个罐中第一个装有 6 个白球、4 个红球和 10 个黑球，第二罐中装有 3 个白球、10 个红球和 7 个黑球．今从两罐各取一球，结果为一黑一红．求黑球是从第一罐中取出的概率．（中山大学，1984）

解　设 $A=\{$取出一黑球一红球$\}$，$B_1=\{$从第一罐取出一红球，从第二罐中取出一黑球$\}$，$B_2=\{$从第一罐中取出一黑球，从第二罐中取出一红球$\}$．则

$$A=B_1\cup B_2$$

由上设则有

$$P(B_1)=\frac{C_4^1C_7^1}{C_{20}^1C_{20}^1}=\frac{7}{100},\quad P(B_2)=\frac{C_{10}^1C_{10}^1}{C_{20}^1C_{20}^1}=\frac{25}{100}=\frac{1}{4}$$
$$P(A|B_1)=1,\quad P(A|B_2)=1$$

由全概率公式可有

$$P(A)=P(B_1)P(A|B_1)+P(B_2)P(A|B_2)=\frac{7}{100}+\frac{1}{4}=\frac{8}{25}$$

从而取出一黑一红球中，黑球取自第一罐的概率为

$$P(B_2|A)=\frac{P(B_2)P(A|B_2)}{P(A)}=\left(\frac{1}{4}\right)\Big/\left(\frac{8}{25}\right)=\frac{25}{32}$$

再来看两个例子，它们也属于贝叶斯公式或条件概率，实质上也是产品质量问题或摸球问题的变形而已，但涉及二项分布或伯努利分布．

例 4　一袋中装有 m 枚正品硬币，n 枚次品硬币（两面皆印成国徽），在袋中任取一枚，已知将它掷 r 次，每次都得到国徽面，问这枚硬币是正品的概率是多少．（浙江大学，1983）

解　设 $A=\{$在袋中取一硬币掷 r 次，每次都得到国徽面$\}$，$B=\{$在袋中取一枚硬币为正品$\}$，$C=\{$在袋中取一枚硬币为次品$\}$．

由题设知 $P(B)P(C)>0$,又 $B\cup C=\Omega$(必然事件).而

$$P(AB)=P(B)P(A|B)=\left(\frac{m}{m+n}\right)\left(\frac{1}{2}\right)^r$$

故

$$P(A)=P(AB)+P(AC)=P(B)P(A|B)+P(C)P(A|C)$$
$$=\frac{m}{m+n}\cdot\left(\frac{1}{2}\right)^r+\frac{n}{m+n}\cdot 1=\frac{1}{m+n}\left(\frac{m}{2^r}+n\right)$$

故
$$P(B|A)=\frac{P(AB)}{P(A)}=\frac{m}{m+2^r n}$$

例 5 某养鸡场一天孵出 n 只小鸡的概率为

$$P_n=\begin{cases}ap^n, & n\geqslant 1\\ 1-\dfrac{a-p}{1-p}, & n=0\end{cases}$$

其中 $0<p<1$,且 $0<a<\dfrac{1-p}{p}$.若认为孵出一只公鸡和一只母鸡是等可能的.

(1)求证:一天孵出 k 只母鸡的概率为$\dfrac{2ap^k}{(2-p)^{k+1}}$;(2)已知一天已孵出一只母鸡,问还孵出一只公鸡的概率是多少?(北京钢铁学院,1981)

证 设 A_k 是一天孵出 k 只母鸡的事件,B_n 是一天孵出 n 只小鸡的事件.

显然 B_i,B_j 互不相容,且事件 $\bigcup\limits_{n=0}^{\infty}B_n$ 为必然事件,又

$$P(B_n)=P_n,\quad P(A_k\mid B_k)=C_n^k\left(\frac{1}{2}\right)^k\left(\frac{1}{2}\right)^{n-k}=C_n^k\left(\frac{1}{2}\right)^n$$

(1) 一天孵出 k 只母鸡的概率

$$P(A_k)=\sum_{n=k,k\geqslant 1}^{\infty}P(B_k)P(A_k\mid B_k)=\sum_{n=k}^{\infty}ap^nC_n^k\left(\frac{1}{2}\right)^n$$
$$=a\left(\frac{p}{2}\right)^k\frac{1}{k!}\sum_{n=k}^{\infty}\frac{n!}{(n-k)!}\left(\frac{p}{2}\right)^{n-k}=a\left(\frac{p}{2}\right)^k\frac{1}{k!}\left(\frac{1}{1-x}\right)^{(k)}\Bigg|_{x=\frac{p}{2}}$$
$$=a\left(\frac{p}{2}\right)^k\frac{1}{(1-x)^{k+1}}\Bigg|_{x=\frac{p}{2}}=a\left(\frac{p}{2}\right)^k\cdot\left[1\Big/\left(1-\frac{p}{2}\right)^{k+1}\right]$$
$$=\frac{2ap^k}{(2-p)^{k+1}}$$

这里利用了逐项微导求级数和,即对和函数求导的方法.

(2) 某天已孵出一只母鸡,即 A_1 发生,在此条件下还孵出一只公鸡,即 B_2 发生.因之所求概率为 A_1 发生条件下 B_2 发生的概率

$$P(B_2\mid A_1)=\frac{P(B_2A_1)}{P(A_1)}=\frac{P(A_1\mid B_2)P(B_2)}{P(A_1)}$$
$$=\left[C_2^1\left(\frac{1}{2}\right)^2ap^2\right]\Big/\left[\frac{2ap}{(2-p)^2}\right]=\frac{1}{4}p(2-p)^2$$

注 利用某些函数的导数、积分或幂级数展开求级数和,不仅在微积分中经常使用,在概率论分支中也常常使用.

例 6 连续做某种试验,结果或成功或失败,已知当第 k 次成功,第 $k+1$ 次也成功的概率为$\dfrac{1}{2}$;当第 k 次失败,第 $k+1$ 次成功的概率为$\dfrac{3}{4}$.若首次试验成功、失败的概率均为$\dfrac{1}{2}$,求第 n 次试验成功的概率.(厦门大学,1984)

解　令 $A_k=\{$第 k 次试验成功$\}$，且 $P(A_k)=p_k$，$k=1,2,\cdots$，则

$$\begin{aligned}P(A_k)&=P(A_{k-1})P(A_k|A_{k-1})+P(\overline{A}_{k-1})P(A_k|\overline{A}_{k-1})\\&=\frac{1}{2}P(A_{k-1})+\frac{3}{4}P(\overline{A}_{k-1})=\frac{1}{2}P(A_{k-1})+\frac{3}{4}[1-P(A_{k-1})]\\&=\frac{3}{4}-\frac{1}{4}P(A_{k-1}),\quad k\geqslant 2\end{aligned}$$

即 $p_k=\frac{3}{4}-\frac{1}{4}p_{k-1}$，$k\geqslant 2$，故有

$$\begin{aligned}p_n&=\frac{3}{4}-\frac{1}{4}p_{n-1}\\\left(-\frac{1}{4}\right)p_{n-1}&=\frac{3}{4}\left(-\frac{1}{4}\right)+\left(-\frac{1}{4}\right)^2p_{n-2}\\\left(-\frac{1}{4}\right)^2p_{n-2}&=\frac{3}{4}\left(-\frac{1}{4}\right)^2+\left(-\frac{1}{4}\right)^3p_{n-3}\\&\vdots\\\left(-\frac{1}{4}\right)^{n-2}p_2&=\frac{3}{4}\left(-\frac{1}{4}\right)^{n-2}+\left(-\frac{1}{4}\right)^{n-1}p_1\end{aligned}$$

上面诸式逐次代入上一式可有(注意 $p_1=\frac{1}{2}$)

$$\begin{aligned}p_n&=\frac{3}{4}+\frac{3}{4}\left(-\frac{1}{4}\right)+\frac{3}{4}\left(-\frac{1}{4}\right)^3+\cdots+\frac{3}{4}\left(-\frac{1}{4}\right)^{n-2}+\left(-\frac{1}{4}\right)^{n-1}p_1\\&=\frac{3}{4}\sum_{k=0}^{n-2}\left(-\frac{1}{4}\right)^k+\left(-\frac{1}{4}\right)^{n-1}p_1\\&=\frac{3}{5}-\frac{1}{10}\left(-\frac{1}{4}\right)^{n-1},\quad n\geqslant 1\end{aligned}$$

注 1　参见本书前文例.

注 2　原题还有求首次成功次数的数学期望和方差的问题.

略解：设 ξ 为试验首次成功的试验次数，易求得

$$P\{\xi=1\}=\frac{1}{2},P\{\xi=k\}=\frac{3}{8}\left(-\frac{1}{4}\right)^{k-2},\quad k=2,3,\cdots$$

则 $E(\xi)=\frac{5}{3}$，$D(\xi)=\frac{2}{3}$.

1987～2012 年部分

(一)填空题

1. 随机事件的概率

(1) 一般随机事件的概率

题 1　(1989①) 已知随机事件 A 的概率 $P(A)=0.5$，随机事件 B 的概率 $P(B)=0.6$ 及条件概率 $P(B|A)=0.8$，则和事件 $A\cup B$ 的概率 $P(A\cup B)=$________.

解　根据概率加法公式和条件概率公式，有

$$\begin{aligned}P(A\cup B)&=P(A)+P(B)-P(AB)=P(A)+P(B)-P(A)P(B|A)\\&=0.5+0.6-0.5\times 0.8=0.7\end{aligned}$$

题 2　(1990①)设随机事件 A，B 及其和事件 $A\cup B$ 的概率分别是 0.4，0.3 和 0.6. 若 $\overline{B}$ 表示 B 的对立事件，则 $P(A\overline{B})=$________.

解 由概率加法公式可有

$$P(AB)=P(A)+P(B)-P(A\cup B)=0.4+0.3-0.6=0.1$$

又因为 $A=A(B\cup\overline{B})=AB\cup A\overline{B}$,所以

$$P(A\overline{B})=P(A)-P(AB)=0.4-0.1=0.3$$

题 3 (1991④)设 A,B 为随机事件,$P(A)=0.7$,$P(A-B)=0.3$,则 $P(\overline{AB})=$ ________.

解 由 $A=AB\cup A\overline{B}=AB\cup(A-B)$,且 $AB(A-B)=ABA\overline{B}=\varnothing$,所以

$$P(AB)=P(A)-P(A-B)=0.7-0.3=0.4$$

故

$$P(\overline{AB})=1-P(AB)=0.6$$

题 4 (1992①)已知 $P(A)=P(B)=P(C)=\frac{1}{4}$,$P(AB)=0$,$P(AC)=P(BC)=\frac{1}{16}$,则 A,B,C 全不发生的概率为________.

解 事件 A,B,C 全不发生应为 $\overline{A}\,\overline{B}\,\overline{C}$. 根据摩根(Morgen)定律和加法公式,有

$$\begin{aligned}P(\overline{A}\,\overline{B}\,\overline{C})&=P(\overline{A\cup B\cup C})=1-P(A\cup B\cup C)\\&=1-[P(A)+P(B)+P(C)-P(AB)-P(AC)-P(BC)+P(ABC)]\\&=1-\left(\frac{1}{4}+\frac{1}{4}+\frac{1}{4}-0-\frac{1}{16}-\frac{1}{16}-0\right)=\frac{3}{8}\end{aligned}$$

注意到 $ABC\subset AB$,从而 $0\leqslant P(ABC)\leqslant P(AB)=0$,则 $P(ABC)=0$.

题 5 (1992④)设对于事件 A,B,C,有 $P(A)=P(B)=P(C)=\frac{1}{4}$,$P(AB)=P(BC)=0$,$P(AC)=\frac{1}{8}$,则 A,B,C 三个事件至少出现一个的概率为________.

解 注意到 $A\cap B\cap C\subset A\cap B$,有 $P(ABC)\leqslant P(AB)=0$,于是,根据加法公式,所求概率为

$$\begin{aligned}P(A\cup B\cup C)&=P(A)+P(B)+P(C)-P(AB)-P(AC)-P(BC)+P(ABC)\\&=\frac{1}{4}+\frac{1}{4}+\frac{1}{4}-0-0-\frac{1}{8}+0=\frac{5}{8}\end{aligned}$$

题 6 (1994①)已知 A,B 两个事件满足条件 $P(AB)=P(\overline{A}\,\overline{B})$,且 $P(A)=p$,则 $P(B)=$ ________.

解 1 (特值法)假设 $A\cup B=\Omega$,且 A 和 B 互相独立,则 $\overline{A}$ 和 $\overline{B}$ 也相互独立. 于是由题设等式可得

$$P(A)P(B)=P(\overline{A})P(\overline{B})=[1-P(A)][1-P(B)]$$

由此解得

$$P(B)=1-P(A)=1-p$$

解 2 根据摩根(Morgen)定律和加法公式,有

$$\begin{aligned}P(AB)&=P(\overline{A}\,\overline{B})=P(\overline{A\cup B})=1-P(A\cup B)\\&=1-[P(A)+P(B)-P(AB)]=1-P(A)-P(B)+P(AB)\end{aligned}$$

故

$$P(B)=1-P(A)=1-p$$

题 7 (1997④)设 A,B 是任意两个随机事件,则 $P\{(\overline{A}\cup B)(A\cup B)(\overline{A}\cup\overline{B})(A\cup\overline{B})\}=$ ________.

解 因为由事件运算公式有

$$(\overline{A}\cup B)(A\cup B)=\overline{A}A\cup\overline{A}B\cup BA\cup BB=\varnothing\cup(\overline{A}\cup A)B\cup B=B$$

$$(\overline{A}\cup\overline{B})(A\cup\overline{B})=\overline{A}A\cup\overline{A}\overline{B}\cup\overline{B}A\cup\overline{B}\overline{B}=\varnothing\cup(\overline{A}\cup A)\overline{B}\cup\overline{B}=\overline{B}$$

所以

$$(\overline{A}\cup B)(A\cup B)(\overline{A}\cup\overline{B})(A\cup\overline{B})=B\overline{B}=\varnothing$$

故

$$P\{(\overline{A}\cup B)(A\cup B)(\overline{A}\cup\overline{B})(A\cup\overline{B})\}=0$$

题 8 (1999①)设两两相互独立的三事件 A,B,C 满足条件:$ABC=\varnothing$,$P(A)=P(B)=P(C)<\frac{1}{2}$,

且已知$P(A\cup B\cup C)=\frac{9}{16}$，则 $P(A)=$________.

解　由加法定理可有

$$P(A\cup B\cup C)=P(A)+P(B)+P(C)-P(AB)-P(AC)-P(BC)+P(ABC)$$
$$=3P(A)-3P^2(A)$$

又由题设得

$$3P(A)-3P^2(A)=\frac{9}{16}$$

即
$$P^2(A)-P(A)+\frac{3}{16}=0$$

设 $P(A)=x$，得 $3x^2-3x+\frac{9}{16}=0$. 解得 $x_1=\frac{1}{4}$，$x_2=\frac{3}{4}\left(>\frac{1}{2}\right)$舍去，故 $P(A)=\frac{1}{4}$.

题 9　(2012①③)设 A,B,C 是随机事件，A 与 C 不相容，$P(AB)=\frac{1}{2}$，$P(C)=\frac{1}{3}$，则$P(AB|\overline{C})=$________.

解　由题设知，由 $AB=AB\Omega=AB(C+\overline{C})=ABC+AB\overline{C}$，$AC=\varnothing$，则 $ABC=\varnothing$，有 $P(ABC)=0$，又

$$P(AB|\overline{C})=\frac{P(AB\overline{C})}{P(\overline{C})}=\frac{P(AB)-P(ABC)}{1-P(C)}=\frac{P(AB)}{1-P(C)}=\frac{\frac{1}{2}}{1-\frac{1}{3}}=\frac{3}{4}$$

题 10　(1988④)假设 $P(A)=0.4$，$P(A\cup B)=0.7$，那么：(1)若 A 与 B 互不相容，则 $P(B)=$________；(2)若 A 与 B 相互独立，则 $P(B)=$________.

解　(1) 注意到若 A,B 互不相容，则

$$P(B)=P(A\cup B)-P(A)=0.7-0.4=0.3$$

(2) 由设 A,B 相互独立，故 $P(AB)=P(A)P(B)$，则

$$P(A\cup B)=P(A)+P(B)-P(AB)=P(A)+P(B)-P(A)P(B)$$

得
$$P(B)=\frac{P(A\cup B)-P(A)}{1-P(A)}=\frac{0.7-0.4}{1-0.4}=0.5$$

题 11　(2000①)设两个相互独立的事件 A 和 B 都不发生的概率为$\frac{1}{9}$，A 发生 B 不发生的概率与 B 发生 A 不发生的概率相等，则 $P(A)=$________.

解 1　依题设有

$$P(\overline{A}\,\overline{B})=\frac{1}{9},\quad P(A\overline{B})=P(\overline{A}B)$$
$$P(A\overline{B})=P(A)-P(AB),\quad P(\overline{A}B)=P(B)-P(AB)$$

有 $P(A)-P(AB)=P(B)-P(AB)$，得 $P(A)=P(B)$. 又

$$P(\overline{A}\,\overline{B})=1-P(\overline{\overline{A}\,\overline{B}})=1-P(A\cup B)=1-P(A)-P(B)+P(A)P(B)$$

有 $1-2P(A)+P^2(A)=\frac{1}{9}$，即$[P(A)-1]^2=\frac{1}{9}$，解得

$$P(A)-1=-\frac{1}{3}\left(\text{已舍去}+\frac{1}{3}\right)\Rightarrow P(A)=\frac{2}{3}$$

解 2　依题设 $P(\overline{A}\ \overline{B})=\frac{1}{9}$，且 $P(A\overline{B})=P(\overline{A}B)$. 由于 $A,B,\overline{A},\overline{B}$ 相互独立，因此有

$$P(A)P(\overline{B})=P(\overline{A})P(B)$$

则$[1-P(\overline{A})]P(\overline{B})=P(\overline{A})[1-P(\overline{B})]$，由此知 $P(\overline{A})=P(\overline{B})$.

又 $P(\overline{A})P(\overline{B})=\frac{1}{9}$，得 $P^2(\overline{A})=\frac{1}{9}$，有 $P(\overline{A})=\pm\frac{1}{3}$. 故

$$P(A)=1-P(\overline{A})=1-\frac{1}{3}=\frac{2}{3},\quad \text{已舍去 } P(\overline{A})=-\frac{1}{3}$$

(2) 古典概率问题

①涉及排列组合的简单概率问题

题 1 (1992③)将 C,C,E,E,I,N,S 等七个字母随机地排成一行，那么，恰好排成英文单词 SCIENCE 的概率为________.

解 基本事件总数为 7!，根据乘法原理，有利的基本事件数为

$$C_1^1\times C_2^1\times C_1^1\times C_2^1\times C_1^1\times C_1^1\times C_1^1=4$$

因此所求概率为

$$p(A)=\frac{C_1^1\times C_2^1\times C_1^1\times C_2^1\times C_1^1\times C_1^1\times C_1^1}{7!}=\frac{2\times 2}{7\times 6\times 5\times 4\times 3\times 2\times 1}=\frac{1}{1\ 260}$$

题 2 (1997①)袋中有 50 个乒乓球，其中 20 个黄球，30 个白球，今有两人依次随机地从袋中各取一球，取后不放回，则第二个人取得黄球的概率是________.

解 这类问题如同摸球，即让 50 人去摸取，每人摸取到黄球的概率均为 $p=\frac{20}{50}=\frac{2}{5}$.

②几何概率问题

题 3 (1998①)若在区间(0,1)内任取两个数，则事件"两数之和小于$\frac{6}{5}$"的概率为______.

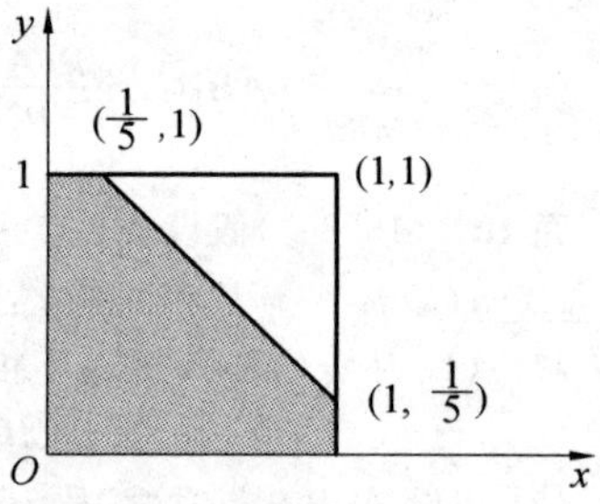

图 14

解 这是一个几何概型问题，若以 x,y 表示在(0,1)中随机地取得的两个数，则点(x,y)的全体是如图 14 所示的单位正方形，而{两数之和小于$\frac{6}{5}$}事件发生的充要条件为

$$x+y<\frac{6}{5}$$

即落在图中阴影部分的点(x,y)的全体.

根据几何概率计算公式，所求概率即为图中阴影部分面积与边长为 1 的正方形面积之比，即

$$P\left\{x+y<\frac{6}{5}\right\}=1-\frac{1}{2}\times\left(\frac{4}{5}\right)^2=\frac{17}{25}$$

题 4 (2007①③④)在区间(0,1)中随机地取两个数，则这两个数之差的绝对值小于$\frac{1}{2}$的概率为________.

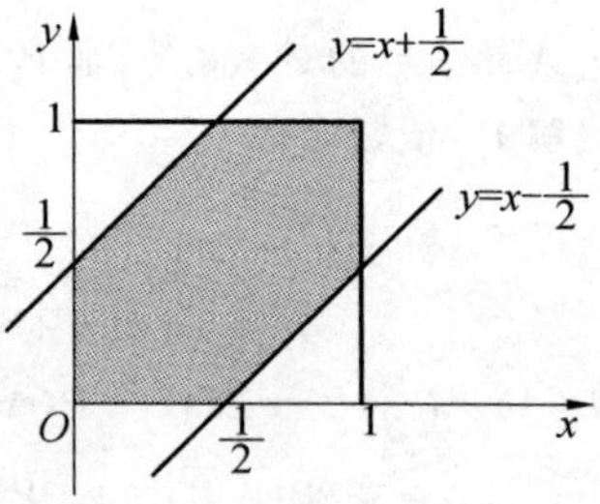

图 15

解 因为随机变量 X,Y 相互独立，都在(0,1)内服从均匀分布，概率密度为

$$f_X(x)=\begin{cases}1, & x\in(0,1)\\0, & \text{其他}\end{cases},\quad f_Y(y)=\begin{cases}1, & y\in(0,1)\\0, & \text{其他}\end{cases}$$

所以，$P\left\{|Y-X|<\frac{1}{2}\right\}=\iint\limits_{|Y-X|<\frac{1}{2}} f_X(x)f_Y(y)\mathrm{d}\sigma=\iint\limits_D \mathrm{d}\sigma$($D$ 如图 15 中阴影部分所示) $=1^2-2\left(\frac{1}{2}\times\frac{1}{2}\times\frac{1}{2}\right)=\frac{3}{4}$.

题 5　(1991①)随机地向半圆 $0<y<\sqrt{2ax-x^2}$（a 为正常数）内掷一点，点落在半圆内任何区域的概率与区域面积成正比，则原点和该点的连线与 Ox 轴的夹角小于 $\frac{\pi}{4}$ 的概率________.

解 1　由题设半圆面积 $S=\frac{1}{2}\pi a^2$. 又 $y<\sqrt{2ax-x^2}$ 与 $0\leqslant x\leqslant\frac{\pi}{4}$ 所围图形面积为 S_1，如图 16 所示，则

$$S_1=\int_0^{\frac{\pi}{4}}\mathrm{d}\theta\int_0^{2a\cos\theta}\rho\mathrm{d}\rho=\int_0^{\frac{\pi}{4}}\frac{1}{2}\rho^2\Big|_0^{2a\cos\theta}\mathrm{d}\theta$$

$$=\frac{1}{2}\int_0^{\frac{\pi}{4}}4a^2\cos^2\theta\mathrm{d}\theta=a^2\int_0^{\frac{\pi}{4}}(1+\cos 2\theta)\mathrm{d}\theta$$

$$=a^2\left(\theta+\frac{1}{2}\sin 2\theta\right)\Big|_0^{\frac{\pi}{4}}=a^2\left(\frac{\pi}{4}+\frac{1}{2}\right)$$

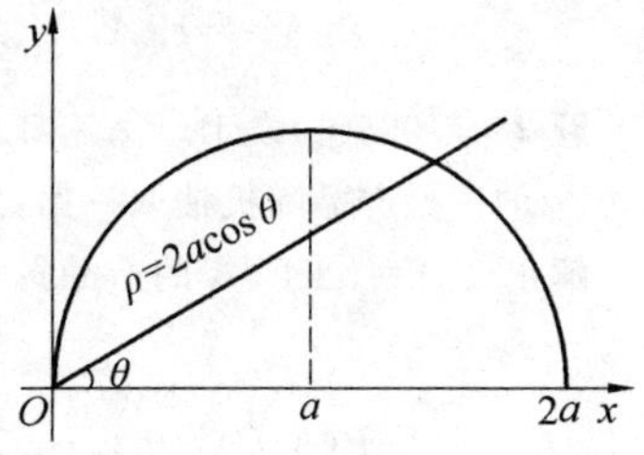

图 16

故所求概率 $p=\frac{S_1}{S}=\frac{2}{\pi a^2}\cdot a^2\left(\frac{\pi}{4}+\frac{1}{2}\right)=\frac{1}{2}+\frac{1}{\pi}$.

解 2　设用 X 和 Y 分别表示随机投点的横坐标和纵坐标. 于是投点 (X,Y) 的样本空间 Ω 是圆心位于 $(a,0)$，半径为 a 的上半圆（见图 17），其面积为 $S(\Omega)=\frac{1}{2}\pi a^2$.

而所求事件 A 是图中阴影部分，其面积为

$$S(A)=\frac{1}{2}a^2+\frac{1}{4}\pi a^2$$

从而所求事件概率为

$$P(A)=\frac{S(A)}{S(\Omega)}=\frac{\frac{1}{2}a^2+\frac{\pi}{4}a^2}{\frac{1}{2}\pi a^2}=\frac{1}{2}+\frac{1}{\pi}$$

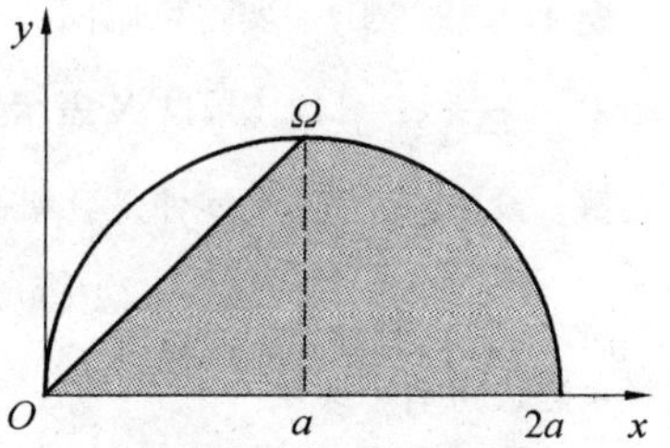

图 17

③条件概率及全概率公式应用问题

题 6　(2005①③④)从数 1,2,3,4 中任取一个数，记为 X，再从 $1,\cdots,X$ 中任取一个数，记为 Y，则 $P\{Y=2\}=$________.

解　由全概率公式有

$$P\{Y=2\}=P\{X=1\}P\{Y=2|X=1\}+P\{X=2\}P\{Y=2|X=2\}+$$
$$P\{X=3\}P\{Y=2|X=3\}+P\{X=4\}P\{Y=2|X=4\}$$
$$=\frac{1}{4}\times\left(0+\frac{1}{2}+\frac{1}{3}+\frac{1}{4}\right)=\frac{13}{48}$$

2. 条件概率问题

题 1　(1993①)一批产品共有 10 个正品和 2 个次品，任意抽取两次，每次抽一个，抽后不再放回，则第二次抽出的是次品的概率为________.

解 1　抽到次品的概率与抽取的次序无关，每次抽到次品的概率均为

$$p=\frac{2}{12}=\frac{1}{6}$$

解 2　今视产品各不相同. 这样“任意抽取两次”所形成的样本空间中基本事件的总数应是排列数 A_{12}^2.

而“第二次抽出的是次品”所含基本事件个数可如下考虑：第二次抽取是次品，共有 2 种情况；而第一次抽取其余 $\mathrm{A}_{11}^1=11$ 个产品中的某个.

因此所求概率为 $p=\dfrac{2A_{11}^1}{A_{12}^2}=\dfrac{1}{6}$.

解 3 设 $A_i=\{$第 i 次抽出次品$\}(i=1,2)$. 产品分为正品和次品实际上是对样本空间的一种划分. 根据全概率公式,有

$$P(A_2)=P(A_1)P(A_2|A_1)+P(\overline{A}_1)P(A_2|\overline{A}_1)=\frac{2}{12}\times\frac{1}{11}+\frac{10}{12}\times\frac{2}{11}=\frac{1}{6}$$

题 2 (1996①)设工厂 A 和工厂 B 的次品率分别为 1% 和 2%,现从由 A 和 B 的产品分别占 60% 和 40% 的一批产品随机抽取一件,发现是次品,则该次品属 A 生产的概率是________.

解 设 $A=\{$工厂 A 的产品$\}$,$B=\{$工厂 B 的产品$\}$,$C=\{$产品是次品$\}$. 根据贝叶斯公式,所求概率为

$$P(A|C)=\frac{P(A)P(C|A)}{P(A)P(C|A)+P(B)P(C|B)}=\frac{0.6\times0.01}{0.6\times0.01+0.4\times0.02}=\frac{3}{7}$$

题 3 (1994④)假设一批产品中一、二、三等品各占 60%,30%,10%,从中随意取出一件,结果不是三等品,则取到的是一等品的概率为________.

解 设 $A_i=\{$取出的产品为第 i 等品$\}$,$i=1,2,3$. 由题意知,A_1,A_2,A_3 互不相容. 又 $P(A_1)=0.6$,$P(A_3)=0.1$. 因此所求概率

$$P(A_1|\overline{A}_3)=\frac{P(A_1\overline{A}_3)}{P(\overline{A}_3)}=\frac{P(A_1)}{1-P(A_3)}=\frac{0.6}{1-0.1}=\frac{2}{3}$$

题 4 (1996④)一实习生用同一台机器接连独立地制造了三个同种零件,第 i 个零件为不合格品的概率 $P_i=\dfrac{1}{i+1}(i=1,2,3)$,以 X 表示三个零件中合格品个数,则 $P\{X=2\}=$________.

解 设 $A_i=\{$第 i 个零件是合格品$\}$,则

$$P(\overline{A}_i)=\frac{1}{i+1},\quad P(A_i)=1-\frac{1}{i+1}=\frac{i}{i+1}$$

这样由题设可有

$$\begin{aligned}P\{X=2\}&=P(\overline{A}_1A_2A_3)+P(A_1\overline{A}_2A_3)+P(A_1A_2\overline{A}_3)\\&=P(\overline{A}_1)P(A_2)P(A_3)+P(A_1)P(\overline{A}_2)P(A_3)+P(A_1)P(A_2)P(\overline{A}_3)\\&=\frac{1}{2}\times\frac{2}{3}\times\frac{3}{4}+\frac{1}{2}\times\frac{1}{3}\times\frac{1}{4}+\frac{1}{2}\times\frac{2}{3}\times\frac{1}{4}=\frac{11}{24}\end{aligned}$$

题 5 (1993④)设 10 件产品中有 4 件不合格品,从中任取两件,已知两件中有一件是不合格品,则另一件也是不合格品的概率为________.

解 设 $A=\{$两件中有一件是不合格品$\}$,$B=\{$另一件也是不合格品$\}$,则所求概率为

$$P(B|A)=\frac{P(AB)}{P(A)}$$

事件 AB 表示任取的两件全是不合格品,因此

$$P(AB)=\frac{C_4^2}{C_{10}^2}=\frac{2}{15}$$

又 $\overline{A}$ 表示两件全是合格品,则

$$P(A)=1-P(\overline{A})=1-\frac{C_6^2}{C_{10}^2}=\frac{2}{3}$$

由贝叶斯公式,故所求概率为

$$P(B|A)=\frac{P(AB)}{P(A)}=\left(\frac{2}{15}\right)\Big/\left(\frac{2}{3}\right)=\frac{1}{5}$$

题 6 (1987①)三个箱子,第一个箱子中有 4 个黑球 1 个白球;第二个箱子中有 3 个黑球 3 个白球;第三个箱子有 3 个黑球 5 个白球. 现随机地取一个箱子,再从这个箱子中取出 1 个球,这个球为白球的

概率等于________,已知取出的球是白球,此球属于第二个箱子的概率为________.

解 1　设 $A=\{$取到白球$\}$,$\overline{A}=\{$取到黑球$\}$;$H_i=\{$恰取到第 i 箱$\}$,$i=1,2,3$.则

$$P(H_1)=P(H_2)=P(H_3)=\frac{1}{3}$$

且

$$P(A|H_1)=\frac{1}{5},\quad P(A|H_2)=\frac{3}{6}=\frac{1}{2},\quad P(A|H_3)=\frac{5}{8}$$

有

$$P(A)=\frac{1}{3}\left(\frac{1}{5}+\frac{1}{2}+\frac{5}{8}\right)=\frac{53}{120}$$

故

$$P(H_2|A)=\frac{P(H_2)P(A|H_2)}{P(A)}=\left(\frac{1}{3}\times\frac{1}{2}\right)\bigg/\left(\frac{53}{120}\right)=\frac{20}{53}$$

解 2　考虑如下两步:(1)任取一个箱子;(2)从箱子中取到一个白球.

三箱中任取一箱子的概率为$\frac{1}{3}$,而从第一、二、三箱子中任取一球为白球的概率分别为$\frac{1}{5}$,$\frac{1}{2}$,$\frac{5}{8}$.

故 $P\{$取到白球$\}=\frac{1}{3}\left(\frac{1}{5}+\frac{1}{2}+\frac{5}{8}\right)=\frac{53}{120}$.

取出的白球,是从第二箱中取出的概率为

$$\left(\frac{1}{3}\times\frac{1}{2}\right)\bigg/\left(\frac{53}{120}\right)=\frac{20}{53}$$

题 7　(1989①)甲、乙两人独立地对同一目标射击一次,其命中率分别为 0.6 和 0.5,现已知目标被命中,则它是甲射中的概率为______.

解　设 $A=\{$甲命中目标$\}$,$B=\{$乙命中目标$\}$,则$\{$目标被命中$\}=A\cup B$.由题设事件 A,B 的独立性知

$$P(A\cup B)=P(A)+P(B)-P(AB)=P(A)+P(B)-P(A)P(B)=0.8$$

故由贝叶斯公式所求概率为

$$P[A|(A\cup B)]=\frac{P[A(A\cup B)]}{P(A\cup B)}=\frac{P(A)}{P(A\cup B)}=\frac{0.6}{0.8}=0.75$$

3.伯努利概型

题 1　(1987①)设在一次试验中,事件 A 发生的概率为 p.现进行 n 次独立试验,则 A 至少发生一次的概率为______;而事件 A 至多发生一次的概率为______.

解　设 $X=\{$在 n 次独立试验中事件 A 发生的次数$\}$,则 $X\sim\mathscr{B}(n,p)$.故

(1)A 至少发生一次的概率

$$P\{X\geqslant 1\}=1-P\{X=0\}=1-(1-p)^n$$

(2)A 至多发生一次的概率

$$P\{X\leqslant 1\}=P\{X=0\}+P\{X=1\}=(1-p)^n+np(1-p)^{n-1}$$

题 2　(1988①)设三次独立试验中,事件 A 出现的概率相等.若已知 A 至少出现一次的概率等于$\frac{19}{27}$,则事件 A 在一次试验中出现的概率为________.

解　设 $P(A)=p$,$X=\{$在 3 次独立试验中事件 A 出现的次数$\}$,则 $X\sim\mathscr{B}(3,p)$.

依题意有 $P\{X\geqslant 1\}=\frac{19}{27}$,即 $1-P\{X=0\}=\frac{19}{27}$.则 $1-(1-p)^n=\frac{19}{27}$,得 $p=\frac{1}{3}$.

题 3　(1990③)一射手对同一目标独立地进行四次射击,若至少命中一次的概率为$\frac{80}{81}$,则该射手的命中率为________.

解　设命中率为 p,又设 X 为命中次数,则 $X\sim\mathscr{B}(4,p)$.依题意有

$$\frac{80}{81}=P\{X\geqslant 1\}=1-P\{X=0\}=1-(1-p)^4$$

解得 $p=\frac{2}{3}$.

题 4 (1994②)设随机变量 X 的概率密度为

$$f(x)=\begin{cases}2x, & 0<x<1\\ 0, & \text{其他}\end{cases}$$

以 Y 表示对 X 的三次独立重复观察中事件$\{X\leqslant\frac{1}{2}\}$出现的次数,则 $P\{Y=2\}=$________.

解 设 $A=\{X\leqslant\frac{1}{2}\}$,则

$$P(A)=P\{X\leqslant\frac{1}{2}\}=\int_0^{\frac{1}{2}}2x\mathrm{d}x=\frac{1}{4}$$

这样 $Y\sim\mathscr{B}(3,P(A))=\mathscr{B}\left(3,\frac{1}{4}\right)$,故

$$P\{Y=2\}=\mathrm{C}_3^2\left(\frac{1}{4}\right)^2\times\left(\frac{3}{4}\right)=\frac{9}{64}$$

题 5 (1997③)设随机变量 X 服从参数为$(2,p)$的二项分布,随机变量 Y 服从参数为$(3,p)$的二项分布,若$P\{X\geqslant 1\}=\frac{5}{9}$,则 $P\{Y\geqslant 1\}=$________.

解 设事件不发生的概率 $q=1-p$,依题意

$$\frac{5}{9}=P\{X\geqslant 1\}=1-P\{X=0\}$$

由 $P\{X=0\}=\mathrm{C}_2^0p^0q^2=q^2=\frac{4}{9}$,得 $q=\frac{2}{3}$. 知 $p=\frac{1}{3}$. 故

$$P\{Y\geqslant 1\}=1-P\{Y=0\}=1-\mathrm{C}_3^0p^0q^3=1-q^3=1-\left(\frac{2}{3}\right)^3=\frac{19}{27}$$

(二)选择题

题 1 (1989③④)以 A 表示事件{甲种产品畅销,乙种产品滞销},则其对立事件 $\overline{A}$ 为 ( )

(A){甲种产品滞销,乙种产品畅销} (B){甲、乙两种产品均畅销}

(C){甲种产品滞销} (D){甲种产品滞销或乙种产品畅销}

解 设 A_1 表示{甲产品畅销},A_2 表示{乙产品畅销},则 $A=A_1\overline{A}_2$.

由摩根定律知 $\overline{A}=\overline{A_1\overline{A}_2}=\overline{A}_1\cup\overline{\overline{A}}_2=\overline{A}_1\cup A_2$.

故选(D).

题 2 (2001④)对于任意两事件 A 和 B,与 $A\cup B=B$ 不等价的是 ( )

(A)$A\subset B$ (B)$\overline{B}\subset\overline{A}$

(C)$\overline{A}B=\varnothing$ (D)$\overline{A}B=\varnothing$

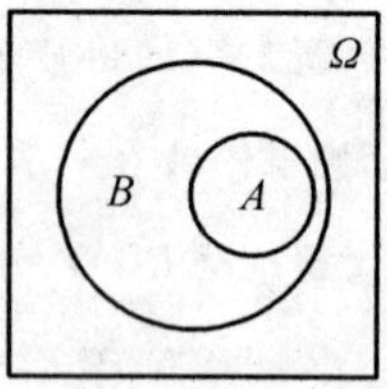

图 18

解 1 (图解法)由图 18 容易观察出:选项(A),(B),(C)均与条件 $A\cup B=B$ 等价. 而当 $A\neq B$ 时由 $A\cup B=B$ 推导不出选项(D).

换言之 $A\cup B=B$ 与 $\overline{A}B=\varnothing$不等价. 故选(D).

解 2 (特殊值法)取 $A=\varnothing$,$B=\Omega$(必然事件),显然选项(A),(B),(C)成立,而选项(D)不成立,故选(D).

注 注意到 $A\subset B\Longleftrightarrow\overline{B}\subset\overline{A}\Longleftrightarrow A\overline{B}\neq\varnothing\Longleftrightarrow A\cup B=B$.

题 3 (2003④)对于任意两事件 A 和 B ( )

(A)若 $AB\neq\varnothing$,则 A,B 一定独立　　(B)若 $AB\neq\varnothing$,则 A,B 有可能独立

(C)若 $AB=\varnothing$,则 A,B 一定独立　　(D)若 $AB=\varnothing$,则 A,B 一定不独立

解 若 $AB\neq\varnothing$,推不出 $P(AB)=P(A)P(B)$,因此推不出 A,B 一定独立,排除(A);若 $AB=\varnothing$,有 $P(AB)=0$,但 $P(A)P(B)$ 是否为零不确定,则(C),(D)不一定成立.

故选(B).

题 4 (1987③)若两事件 A 和 B 同时出现的概率 $P(AB)=0$,则 ( )

(A)A 和 B 不相容(相斥)　　(B)AB 是不可能事件

(C)AB 未必是不可能事件　　(D)$P(A)=0$ 或 $P(B)=0$

解 若事件 $A\cap B$ 恰好是某连续型随机变量 X 在某一点 x_0 处的取值,例如取事件 $A=\{X\leqslant x_0\}$,$B=\{X\geqslant x_0\}$,则 $P(AB)=P\{X=x_0\}=0$,但事件 $AB=\{X=x_0\}$ 非不可能事件.

故选(C).

注 事实上,选项(A),(B),(D)都是 $P(AB)=0$ 的充分条件,但不必要.

题 5 (1987④)对于任意两事件 A 和 B,有 $P(A-B)=$ ( )

(A)$P(A)-P(B)$　　(B)$P(A)-P(B)+P(AB)$

(C)$P(A)-P(AB)$　　(D)$P(A)+P(\overline{B})-P(\overline{AB})$

解 由于以下三式成立

$$A=A(B\cup\overline{B})=AB\cup A\overline{B},\quad (AB)(A\overline{B})=AAB\overline{B}=\varnothing,\quad A\overline{B}=A-B$$

则 $P(A)=P(AB)+P(A\overline{B})$,即 $P(A-B)=P(A\overline{B})=P(A)-P(AB)$.

故选(C).

题 6 (1990③)设 A,B 为两随机事件,且 $B\subset A$,则下列式子正确的是 ( )

(A)$P(A\cup B)=P(A)$　　(B)$P(AB)=P(A)$

(C)$P(B|A)=P(B)$　　(D)$P(B-A)=P(B)-P(A)$

解 因为 $B\subset A$,所以 $B=AB$,且

$$A\cup B=A\cup AB=A(\Omega\cup B)=A\Omega=A$$

于是 $P(A\cup B)=P(A)$.

故选(A).

题 7 (1992③④)设当事件 A 与 B 同时发生时,事件 C 必发生,则 ( )

(A)$P(C)\leqslant P(A)+P(B)-1$　　(B)$P(C)\geqslant P(A)+P(B)-1$

(C)$P(C)=P(AB)$　　(D)$P(C)=P(A\cup B)$

解 1 (直接计算)由 $C\supset AB$ 和加法公式,得

$$\begin{aligned}P(C)&\geqslant P(AB)=P(A)+P(B)-P(A\cup B)\\&\geqslant P(A)+P(B)-1\end{aligned}$$

故选(B).

解 2 (特殊值法)取 $A=B=\varnothing$,$C=\Omega$.显然 $AB\subset C$.

代入四个选项中所得的结果分别是

$$(A)1\leqslant -1,\quad (B)1\geqslant -1,\quad (C)1=0,\quad (D)1=0$$

显然只有(B)正确.故选(B).

题 8 (1991③④)设 A 和 B 是任意两个概率不为零的不相容事件,则下列结论中肯定正确的是 ( )

(A)$\overline{A}$ 和 $\overline{B}$ 不相容　　(B)$\overline{A}$ 与 $\overline{B}$ 相容

(C)$P(AB)=P(A)P(B)$　　(D)$P(A-B)=P(A)$

解 由题设知 $AB=\varnothing$. 又 $A\overline{B}\cup AB=A$ 及 $P(AB)+P(A\overline{B})=P(A)$,知

$$P(A-B)=P(A\overline{B})=P(A)-P(AB)=P(A)$$

故选(D).

题 9 (1993③)假设事件 A 和 B 满足 $P(B|A)=1$,则 ( )

(A)A 是必然事件 (B)$P(B|\overline{A})=0$ (C)$A\supset B$ (D)$A\subset B$

解 由题设 $P(B|A)=1$,有 $\dfrac{P(AB)}{P(A)}=1$,即 $P(AB)=P(A)$,从而可知 $A\subset B$.

故选(D).

题 10 (1994③④)设 $0<P(A)<1,0<P(B)<1$,又 $P(A|B)+P(\overline{A}|\overline{B})=1$,则 ( )

(A)事件 A 和 B 互不相容 (B)事件 A 和 B 互相对立

(C)事件 A 和 B 互不独立 (D)事件 A 和 B 相互独立

解 1 (特殊值法)设随机变量 X 在$[0,1]$上服从均匀分布.

取 $A=\{\frac{1}{4}\leqslant X\leqslant\frac{3}{4}\},B=\{0\leqslant X\leqslant\frac{1}{2}\}$. 容易验证,其符合题设,此时

$$P(A|B)=P(\overline{A}|\overline{B})=\frac{1}{2}$$

排除选项(A)和(B).

又因为 $P(AB)=P\{\frac{1}{4}\leqslant X\leqslant\frac{1}{2}\}=\frac{1}{4},P(A)P(B)=\frac{1}{2}\times\frac{1}{2}=\frac{1}{4}$,所以

$$P(AB)=P(A)P(B)$$

故选(D).

解 2 (直接计算)由题设 $P(A|B)+P(\overline{A}|\overline{B})=1$,有

$$P(A|B)=1-P(\overline{A}|\overline{B})=P(A|\overline{B})$$

故
$$\frac{P(AB)}{P(B)}=\frac{P(A\overline{B})}{P(\overline{B})}=\frac{P(\overline{B}|A)P(A)}{1-P(B)}=\frac{[1-P(B|A)]P(A)}{1-P(B)}=\frac{P(A)-P(AB)}{1-P(B)}$$

由此解得 $P(AB)=P(A)P(B)$.

故选(D).

题 11 (1996③)已知 $0<P(B)<1$ 且 $P\{(A_1\cup A_2)|B\}=P(A_1|B)+P(A_2|B)$,则下列选项成立的是 ( )

(A)$P[(A_1\cup A_2)|\overline{B}]=P(A_1|\overline{B})+P(A_2|\overline{B})$ (B)$P(A_1B\cup A_2B)=P(A_1B)+P(A_2B)$

(C)$P(A_1\cup A_2)=P(A_1\cup B)+P(A_2|B)$ (D)$P(B)=P(A_1)P(B|A_1)+P(A_2)P(B|A_2)$

解 将题设等式两边乘以 $P(B)$得

$$P[(A_1\cup A_2)|B]P(B)=P(A_1|B)P(B)+P(A_2|B)P(B)$$

由乘法公式知,此式恰是选项(B).

题 12 (1998①)设 A,B 是两个随机事件,且 $0<P(A)<1$,及 $P(B)>0$,同时 $P(B|A)=P(B|\overline{A})$,则必有 ( )

(A)$P(A|B)=P(\overline{A}|B)$ (B)$P(A|B)\neq P(\overline{A}|B)$

(C)$P(AB)=P(A)P(B)$ (D)$P(AB)\neq P(A)P(B)$

解 1 (直接推理法)由 $P(B|A)=P(B|\overline{A})$,有 $\dfrac{P(AB)}{P(A)}=\dfrac{P(\overline{A}B)}{P(\overline{A})}$,则

$$\frac{P(AB)}{P(A)}=\frac{P(\overline{A}|B)P(B)}{1-P(A)}=\frac{[1-P(A|B)]P(B)}{1-P(A)}=\frac{P(B)-P(AB)}{1-P(A)}$$

解得 $P(AB)=P(A)P(B)$.

故选(C).

解 2　(特值法)今设随机变量 X 在$[0,1]$上服从均匀分布. 再取

$$A=\{0\leqslant X\leqslant \frac{1}{2}\}, B=\{\frac{1}{4}\leqslant X\leqslant \frac{3}{4}\}$$

则有 $P(B|A)=P(B|\overline{A})=\frac{1}{2}$.

此时 $P(A|B)=P(\overline{A}|B)=\frac{1}{2}$, 且 $P(AB)=P(A)P(B)=\frac{1}{2}$, 于是可排除选项(B)和(D).

再取 $A=\{0\leqslant X\leqslant \frac{1}{3}\}, B=\{\frac{1}{6}\leqslant X\leqslant \frac{2}{3}\}$, 则有

$$P(B|A)=P(B|\overline{A})=\frac{1}{2}$$

此时 $P(A|B)=\frac{1}{3}$, 而 $P(\overline{A}|B)=\frac{2}{3}$, 可排除选项(A).

故选(C).

题 13　(1996④)设 A,B 为任意两个事件, 且 $A\subset B, P(B)>0$, 则下列选项必然成立的是　(　　)

(A)$P(A)<P(A|B)$　　(B)$P(A)\leqslant P(A|B)$

(C)$P(A)>P(A|B)$　　(D)$P(A)\geqslant P(A|B)$

解 1　因 $A\subset B$, 则 $A\cap B=A$, 且 $P(AB)=P(A)$, 因而

$$P(A|B)=\frac{P(AB)}{P(B)}=\frac{P(A)}{P(B)}\geqslant P(A),\quad 由\ 0<P(B)\leqslant 1$$

即 $P(A)\leqslant P(A|B)$.

故选(B).

解 2　由 $A\subset B$ 得 $A=AB$. 于是

$$P(A)=P(AB)=P(B)P(A|B)\leqslant P(A|B)$$

故选(B).

题 14　(1998④)设 A,B,C 是三个相互独立的随机事件, 且 $0<P(C)<1$. 则在下列给定的四对事件中不相互独立的是　(　　)

(A)$\overline{A\cup B}$与 C　　(B)$\overline{AC}$与 $\overline{C}$　　(C)$\overline{A-B}$与 $\overline{C}$　　(D)$\overline{AB}$与 $\overline{C}$

解　由事件 A,B,C 相互独立可知, 事件 A 与 B 的和、差、积(或其逆)与事件 C 或 $\overline{C}$ 也相互独立. 因此选项(A), (C)和(D)被排除. 故选(B).

注　关于上述其余三选项中事件独立性可证明如:

选项(A): $P(\overline{A\cup B}C)=P(\overline{A}\overline{B}C)=P(\overline{A})P(\overline{B})P(C)=P(\overline{A}\overline{B})P(C)=P(\overline{A\cup B})P(C)$, 表明 $\overline{A\cup B}$与 C 相互独立.

选项(C): $P\{(A-B)C\}=P(A\overline{B}C)=P(A)P(\overline{B})P(C)=P(A\overline{B})P(C)=P(A-B)P(C)$, 表明 $A-B$ 与 C 相互独立, 因此$\overline{A-B}$与 $\overline{C}$ 相互独立.

选项(D)类似地可证$\overline{AB}$与 $\overline{C}$ 相互独立.

此外, 严格地讲题设还应加条件 $AC\neq\varnothing$, 否则$\overline{AC}=\Omega$, 则$\overline{AC}$与 $\overline{C}$ 也相互独立.

题 15　(2004②)设 A,B,C 三个事件两两独立, 则 A,B,C 相互独立的充分必要条件是　(　　)

(A)A 与 BC 独立　　(B)AB 与 $A\cup C$ 独立

(C)AB 与 AC 独立　　(D)$A\cup B$ 与 $A\cup C$ 独立

解　由题设 A,B,C 三个事件两两独立, 则 $P(ABC)=P(A)P(B)P(C)$.

又由 $P(BC)=P(B)P(C)$ 得知

$$P(ABC)=P(A)P(B)P(C)\Longleftrightarrow P(ABC)=P(A)P(BC)$$

故选(A).

注 由题设 A,B,C 两两独立,能肯定成立的结论只有选项(A).

题 16 (2003③)将一枚均匀硬币独立地掷两次,今引进事件:$A_1=\{$掷第一次出现正面$\}$,$A_2=\{$掷第二次出现正面$\}$,$A_3=\{$正、反面各出现一次$\}$,$A_4=\{$正面出现两次$\}$,则事件 ( )

(A)A_1,A_2,A_3 相互独立 (B)A_2,A_3,A_4 相互独立

(C)A_1,A_2,A_3 两两独立 (D)A_2,A_3,A_4 两两独立

解 由题设有 $P(A_1)=\dfrac{1}{2}$,$P(A_2)=\dfrac{1}{2}$,$P(A_3)=\dfrac{1}{2}$,$P(A_4)=\dfrac{1}{4}$,且

$$P(A_1A_2)=\frac{1}{4},\quad P(A_1A_3)=\frac{1}{4},\quad P(A_2A_3)=\frac{1}{4},\quad P(A_2A_4)=\frac{1}{4}$$

及

$$P(A_1A_2A_3)=P(\varnothing)=0$$

这样可有

$$P(A_1A_2)=P(A_1)P(A_2),\quad P(A_1A_3)=P(A_1)P(A_3),\quad P(A_2A_3)=P(A_2)P(A_3)$$

及

$$P(A_1A_2A_3)\neq P(A_1)P(A_2)P(A_3),\quad P(A_2A_4)\neq P(A_2)P(A_4)$$

故 A_1,A_2,A_3 两两独立但不相互(整体)独立;A_2,A_3,A_4 不两两独立更不相互(整体)独立.

故选(C).

题 17 (2003②)在电炉上安装了四个温控器,其显示温度的误差是随机的.在使用过程中,只要有两个温控器显示的温度不低于临界温度 t_0,电炉就断电,以 E 表示事件“电炉断电”,而 $T_{(1)}\leqslant T_{(2)}\leqslant T_{(3)}\leqslant T_{(4)}$ 为四个温控器显示的按递增顺序排列的温度值,则事件 E 等于 ( )

(A)$\{T_{(1)}\geqslant t_0\}$ (B)$\{T_{(2)}\geqslant t_0\}$ (C)$\{T_{(3)}\geqslant t_0\}$ (D)$\{T_{(4)}\geqslant t_0\}$

解 当事件$\{T_{(3)}\geqslant t_0\}$和$\{T_{(4)}\geqslant t_0\}$发生时事件 E 发生.

又因为事件$\{T_{(3)}\geqslant t_0\}$发生时事件$\{T_{(4)}\geqslant t_0\}$必发生,故选(C).

(三)计算证明题

1. 古典概率问题

(1)与排列组合有关的概率问题

古典概率的问题除几何概率外,大多会与排列、组合问题有联系,下面我们看看这方面的例子.

题 (1990③④)从 0,1,2,…,9 十个数字中任意选出三个不同的数字,试求下列事件的概率:$A_1=\{$三个数字中不含 0 与 5(既不含 0 又不含 5)$\}$;$A_2=\{$三个数字中不含 0 或 5$\}$;$A_3=\{$三个数字中含 0 但不含 5$\}$.

解 题设的十个数字中任选三个不同数字的基本事件总数均为 C_{10}^3.

(1)事件 A_1 中不含 0 和 5,只需从十个数字里除 0,5 外,余下的 8 个数字中选出 3 个,即有利事件数是 C_8^3.因而 $P(A_1)=\dfrac{C_8^3}{C_{10}^3}=\dfrac{7}{15}$.

(2)为方便计考虑事件 A_2 的逆事件$\overline{A}_2=\{$三个数字中含 0 或 5$\}$.

这样在$\overline{A}_2$ 中由于 0 和 5 必选,其有利事件数是 C_8^1.因而

$$P(A_2)=1-P(\overline{A}_2)=1-\frac{C_8^1}{C_{10}^3}=\frac{14}{15}$$

(3)考虑事件 A_3,因其一定含 0,同时不含 5,故只需从余下的 8 个数中选出 2 个.因而

$$P(A_3)=\frac{C_8^2}{C_{10}^3}=\frac{7}{30}$$

(2)其他古典概率问题

下面的例子几乎与上例类同,它们均涉及不等式,只是从不同角度提出问题而已.

题　(1996③④)考虑一元二次方程 $x^2+Bx+C=0$,其中 B,C 分别是将一枚骰子接连掷两次先后出现的点数,求该方程有实根的概率 p 和有重根的概率 q.

解 1　(枚举法)考虑方程的判别式

$$\Delta=B^2-4C=4\left(\frac{B^2}{4}-C\right)$$

题设两种情形的充分必要条件分别是 $\Delta\geqslant 0$ 和 $\Delta=0$.

又随机试验:一枚骰子接连掷两次,基本事件总数为 $N=36$,而 B,C 各有 1,2,3,4,5,6 等六个可能值,因此有下表.

B(或 C)	1	2	3	4	5	6	Σ
$D=\frac{B^2}{4}$	$\frac{1}{4}$	1	$2\frac{1}{4}$	4	$6\frac{1}{4}$	9	
$\Delta\geqslant 0$,即 $D\geqslant C$	0	1	2	4	6	6	19
$\Delta=0$,即 $D=C$	0	1	0	1	0	0	2

从上表可看出方程有实根和重根的概率分别为 $p=\frac{19}{36}$,$q=\frac{2}{36}=\frac{1}{18}$.

解 2　(另一种枚举法)一枚骰子掷两次,其基本事件总数为 36.方程有实根的充分必要条件是 $B^2\geqslant 4C$,由下表看到,满足题设的事件数是 19(画✓).

$4C$ \\ B^2	1	4	9	16	25	36
4		✓	✓	✓	✓	✓
8			✓	✓	✓	✓
12				✓	✓	✓
16				✓	✓	✓
20					✓	✓
24					✓	✓

因此方程有实根的概率为 $p=\frac{19}{36}$.

由表也可看到,满足 $B^2=4C$ 的仅有 2 个事件,故方程有重根的概率为

$$q=\frac{2}{36}=\frac{1}{18}$$

(3)事件与概率

题　(2002④)设 A,B 是任意两事件,其中 A 的概率不等于 0 和 1,证明:$P(B|A)=P(B|\overline{A})$ 是事件 A 与 B 独立的充分必要条件.

证　充分性.设 $P(B|A)=P(B|\overline{A})$,则 $\frac{P(AB)}{P(A)}=\frac{P(\overline{A}B)}{P(\overline{A})}$,即 $\frac{P(AB)}{P(A)}=\frac{P(B)-P(AB)}{1-P(A)}$.

由此得到 $P(AB)=P(A)P(B)$.所以 A,B 独立.

必要性.设 A,B 独立,则 $\overline{A}$ 与 B 独立.所以

$$P(B|A)=P(B),\quad P(B|\overline{A})=P(B)$$

因此有 $P(B|A)=P(B|\overline{A})$.

2. 与全概率公式及贝叶斯公式有关的问题

题 1　(1987③④)假设有两箱同种零件:第一箱内装 50 件,其中 10 件一等品;第二箱内装 30 件,其中 18 件一等品.现从两箱中随意挑出一箱,然后从该箱中先后随机取两个零件(取出的零件均不放回).

试求：

(1)先取出的零件是一等品的概率 p；

(2)在先取出的零件是一等品的条件下，第二次取出的零件仍然是一等品的条件概率 q.

解 设 $A_i=\{$第 i 箱被挑出$\}(i=1,2)$，其为完备事件集，且 $P(A_1)=P(A_2)=\frac{1}{2}$.

又设 $B_j=\{$第 j 次取出的零件是一等品$\}(j=1,2)$.

(1)由全概率公式，先取出的零件是一等品的概率

$$P(B_1)=P(B_1|A_1)P(A_1)+P(B_1|A_2)P(A_2)=\frac{1}{5}\times\frac{1}{2}+\frac{3}{5}\times\frac{1}{2}=\frac{2}{5}$$

(2)由条件概率的定义和全概率公式，有

$$P(B_2|B_1)=\frac{P(B_1B_2)}{P(B_1)}=\frac{1}{P(B_1)}[P(B_1B_2|A_1)P(A_1)+P(B_1B_2|A_2)P(A_2)]$$

$$=\frac{5}{2}\left(\frac{C_{10}^2}{C_{50}^2}\times\frac{1}{2}+\frac{C_{18}^2}{C_{30}^2}\times\frac{1}{2}\right)=\frac{1}{4}\left(\frac{9}{49}+\frac{51}{29}\right)=0.486$$

下面的问题虽然与前述问题类同，但涉及了随机变量的数字特征问题，该方面内容详见后面的章节.

题 2 (2003①)已知甲、乙两箱中装有同种产品，其中甲箱中装有 3 件合格品和 3 件次品，乙箱中仅装有 3 件合格品. 从甲箱中任取 3 件放入乙箱后，求：

(1)乙箱中次品件数的数学期望；

(2)从乙箱中任取一件产品是次品的概率.

解 (1)X 的可能取值为 0,1,2,3，而 X 的概率分布为

$$P\{X=k\}=\frac{C_3^kC_3^{3-k}}{C_6^3},\quad k=0,1,2,3$$

即为下表所列：

x	0	1	2	3
$P\{x=k\}$	$\frac{1}{20}$	$\frac{9}{20}$	$\frac{9}{20}$	$\frac{1}{20}$

因此

$$E(X)=0\times\frac{1}{20}+1\times\frac{9}{20}+2\times\frac{9}{20}+3\times\frac{1}{20}=\frac{3}{2}$$

(2)设 A 表示事件“从乙箱中任取一件产品是次品”，由于事件$\{X=0\}$，$\{X=1\}$，$\{X=2\}$，$\{X=3\}$构成完备事件组，因此根据全概率公式，有

$$P(A)=\sum_{k=0}^{3}P\{X=k\}P\{A\mid X=k\}=\sum_{k=0}^{3}P\{X=k\}\cdot\frac{k}{6}$$

$$=\frac{1}{6}\sum_{k=0}^{3}kP\{X=k\}=\frac{1}{6}E(X)=\frac{1}{6}\cdot\frac{3}{2}=\frac{1}{4}$$

下面的问题也是关于产品合格与否的问题，它还涉及贝叶斯公式.

题 3 (1988③④)玻璃杯成箱出售，每箱 20 只，假设各箱含 0,1,2 只残次品的概率相应为 0.8,0.1 和 0.1，一顾客欲购一箱玻璃杯，在购买时，售货员随意取一箱，而顾客随机地察看 4 只，若无残次品，则买下该箱玻璃杯，否则退回. 试求：

(1)顾客买下该箱的概率 α；

(2)在顾客买下的一箱中，确实没有残次品的概率 β.

解 设 $A_i=\{$箱中有 i 件残次品$\}(i=0,1,2)$，则

$$P(A_0)=0.8,\quad P(A_1)=0.1,\quad P(A_2)=0.1$$

由上知 $A_0\cup A_1\cup A_2$ 是完备事件集. 又设 $B=\{$顾客买下该箱$\}$，则

$$P(B|A_0)=1,\quad P(B|A_1)=\frac{C_{19}^4}{C_{20}^4}=\frac{4}{5},\quad P(B|A_2)=\frac{C_{18}^4}{C_{20}^4}=\frac{12}{19}$$

(1)由全概率公式，有

$$\alpha=P(B)=\sum_{i=0}^{2}P(B\mid A_i)P(A_i)=1\times 0.8+\frac{4}{5}\times 0.1+\frac{12}{19}\times 0.1\approx 0.943$$

(2) 由贝叶斯公式，有

$$\beta=P(A_0\mid B)=\frac{P(B\mid A_0)P(A_0)}{P(B)}=\frac{1\times 0.8}{0.943}\approx 0.848$$

题4 (1998③)设有来自三个地区的各10名、15名和25名考生的报名表，其中女生报名表分别为3份、7份和5份. 随机地取一个地区的报名表，从中先后抽出两份. (1)求先抽到的一份是女生表的概率 p；(2)已知后抽到的一份是男生表，求先抽到的一份是女生表的概率 q.

解 设 $A_i=\{$取到第 i 地区报名表$\}(i=1,2,3)$，显然 $P(A_1)=P(A_2)=P(A_3)=\frac{1}{3}$，知 $A_1\cup A_2\cup A_3$ 是完备事件集. 又设 $B_j=\{$第 j 次抽到的报名表是女生表$\}(j=1,2)$. 注意“先后抽取两份”.

(1) 由全概率公式有

$$p=P(B_1)=\sum_{i=1}^{3}P(B_1\mid A_i)P(A_i)=\frac{1}{3}\left(\frac{3}{10}+\frac{7}{15}+\frac{5}{25}\right)=\frac{29}{90}$$

(2)由条件概率公式有 $q=P(B_1|\overline{B}_2)=\dfrac{P(B_1\overline{B}_2)}{P(\overline{B}_2)}$，由题设及全概率公式有

$$P(\overline{B}_2|A_1)=\frac{7}{10},\quad P(\overline{B}_2|A_2)=\frac{8}{15},\quad P(\overline{B}_2|A_3)=\frac{20}{25}$$

$$P(B_1\overline{B}_2|A_1)=\frac{C_3^1C_7^1}{C_{10}^1C_9^1}=\frac{7}{30},\quad P(B_1\overline{B}_2|A_2)=\frac{C_7^1C_8^1}{C_{15}^1C_{14}^1}=\frac{8}{30}$$

$$P(B_1\overline{B}_2|A_3)=\frac{C_5^1C_{20}^1}{C_{25}^1C_{24}^1}=\frac{5}{30}$$

且
$$P(\overline{B}_2)=\sum_{i=1}^{3}P(\overline{B}_2\mid A_i)P(A_i)=\frac{1}{3}\left(\frac{7}{10}+\frac{8}{15}+\frac{20}{25}\right)=\frac{61}{90}$$

及
$$P(B_1\overline{B}_2)=\sum_{i=1}^{3}P(B_1\overline{B}_2\mid A_i)P(A_i)=\frac{1}{3}\left(\frac{7}{30}+\frac{8}{30}+\frac{5}{30}\right)=\frac{2}{9}$$

故
$$q=\frac{P(B_1\overline{B}_2)}{P(\overline{B}_2)}=\frac{2}{9}\times\frac{90}{61}=\frac{20}{61}$$

国内外大学数学竞赛题赏析

1. 涉及事件的概率

例1 有 n 个事件 $A_1,A_2,\cdots,A_n$，其中每个事件发生的概率至少为 $1-a$，这里 $a<\frac{1}{4}$，又当 $|i-j|>1$ 时，A_i 与 A_j 彼此独立，然而 A_i 与 A_{i+1} 可互依(不独立). 设正数 $u_k(k=0,1,2,\cdots)$ 由递推式 $u_{k+1}=u_k-au_{k-1}$，$u_0=1$，$u_1=1-a$ 所定义. 试问：所有事件 $A_1,A_2,\cdots,A_n$ 全发生的概率至少是 u_n 的事件成立否？(美国 Putnam Exam，1976)

解 首先当 $n\geqslant 5$ 时，结论不真，除非假设 A_i 与 $A_1,A_2,\cdots,A_{i-1}(3\geqslant i\geqslant n)$ 是相互整体独立的. 比如当 $n=5$ 时有下面反例：

设 $h=\frac{33}{37}$，$k=\frac{1}{64+h}$，事件 A_i 发生的情况在下表第一行，而 $P(A_i)$ 是下表第二行所对应的 A_i 的数字和. 则每个 $P(A_i)$ 是 $49k$，而对于所有的 i,j，其中 $|i-j|>1$，有 $P(A_i\cap A_j)=37k$.

A_i 发生的情况 B	$A_1A_2A_4A_5$	A_4	$A_1A_3A_4A_5$	$A_1A_2A_3A_4A_5$	$A_1A_2A_3A_4$
$P(B)$	$12k$	$3k$	$6k$	$7k$	$12k$
A_i 发生的情况 B	$A_2A_3A_4A_5$	$A_1A_3A_5$	$A_1A_2A_3A_5$	$A_2A_3A_5$	$A_3A_4A_5$
$P(B)$	$6k$	$3k$	$9k$	$3k$	$3k$

由设易验算得 $(49k)^2=37k$，故原先事件无关的假设成立.

又 $P(A_i)=1-a$，这里 $a=k(15+h)<\frac{1}{4}$. 然而对任意的 $a\leqslant\frac{1}{4}$，有 a 满足 $a\geqslant\frac{7}{64}$，使 $k<\frac{1}{64}$ 且

$$P(A_1\cap A_2\cap A_3\cap A_4\cap A_5)=7k<\frac{7}{64}$$

例 2 若事件 $\{A_i\}$ 发生的概率 $p_i=P(A_i)$，$i=1,2,\cdots,n$. 证明有事件 B 且 $P(B)=q$ 使

$$\sum_{i=1}^{n}\frac{1}{|q-p_i|}\leqslant 8n\left(1+\frac{1}{3}+\frac{1}{5}+\cdots+\frac{1}{2n-1}\right)$$

（美国 Putnam Exam，1979）

证 由题设知 $0\leqslant p_i\leqslant 1$，且 $0\leqslant q\leqslant 1$. 对于 $k=0,1,\cdots,2n-1$，考虑 $2n$ 个开区间

$$I_k=\left(\frac{k}{2n},\frac{k+1}{2n}\right)$$

其中至少有 n 个 I_k 不包含任何 p_i，用 q_i 表示这类区间的中点，令 $|q_i-p_i|=d_{ij}$，再令

$$r=8n\left(1+\frac{1}{3}+\frac{1}{5}+\cdots+\frac{1}{2n-1}\right)$$

对任何固定的 i，$d_{ii}\geqslant\frac{1}{4n}$ 均成立（区间 I_i 长度为 $\frac{1}{2n}$，且 q_i 为其中点），而且至多有两个 j 使 $d_{ij}\geqslant\frac{3}{4n}$ 不成立，至多 4 个 j 使 $d_{ij}\geqslant\frac{5}{4n}$ 不成立，等.

于是不难证明 $\sum_{j=1}^{n}\frac{1}{d_{ij}}\leqslant 2\sum_{k=0}^{n-1}\frac{4n}{1+2k}=r$，从而有 $\sum_{j=1}^{n}\left(\sum_{i=1}^{n}\frac{1}{d_{ij}}\right)=\sum_{i=1}^{n}\left(\sum_{j=1}^{n}\frac{1}{d_{ij}}\right)=nr$.

故必有某个 j 使 $\sum_{i=1}^{n}\frac{1}{d_{ij}}\leqslant r$ 成立，只需令发生概率为 $q_j=q$ 的事件为 B，则 B 即为所求.

2. 古典概率

(1) 掷硬币与投骰子

例 1 抛掷一个硬币，每次正面出现得 1 分，反面出现得 2 分，试证恰好得到 n 分的概率是 $\frac{1}{3}\left[2+\left(-\frac{1}{2}\right)^n\right]$.（第 12 届加拿大数学奥林匹克，1980）

证 令 p_n 表示恰好得到 n 分的概率.

不恰好得到 n 分的唯一情况是得到 $n-1$ 分以后再掷出一次反面.

因为“不恰好得到 n 分”的事件的概率是 $1-p_n$，“恰好得到 $n-1$ 分”的概率是 p_{n-1}.“掷出第一次反面”的概率是 $\frac{1}{2}$，所以有 $1-p_n=\frac{1}{2}p_{n-1}$，有

$$p_n-\frac{2}{3}=\frac{1}{2}p_{n-1}+\frac{1}{3}=-\frac{1}{2}\left(p_{n-1}-\frac{2}{3}\right)$$

于是数列 $\left\{p_n-\frac{2}{3}\right\}$，$n=1,2,3,\cdots$ 是以 $p_1-\frac{2}{3}=\frac{1}{2}-\frac{2}{3}=-\frac{1}{6}$ 为首项，以 $-\frac{1}{2}$ 为公比的等比

数列. 从而 $p_n-\frac{2}{3}=-\frac{1}{6}\times\left(-\frac{1}{2}\right)^{n-1}$，即

$$p_n=\frac{1}{3}\left[2+\left(-\frac{1}{2}\right)^n\right]$$

例 2　把一枚质地均匀的硬币抛掷 5 次，正面朝上恰为一次的可能性不为 0，而且与正面朝上恰好两次的概率相同. 令既约分数 $\frac{i}{j}$ 为硬币在 5 次抛掷中有 3 次正面朝上的概率，求 $i+j$ 的值.（第 7 届美国数学邀请赛，1989）

解　令 r 为掷硬币一次正面朝上的概率，则在 n 次掷硬币中，有 k 次正面朝上的概率为 $C_n^k r^k(1-r)^{n-k}$.

由题设正面朝上恰为一次的概率与正面朝上恰为两次的概率相同，可得方程

$$C_5^1 r(1-r)^4=C_5^2 r^2(1-r)^3$$

解得 $r=0,\frac{1}{3}$ 或 1.

又依题意，事件概率不为 0 或 1，因此 $r=\frac{1}{3}$. 并且 5 次掷中 3 次正面朝上的概率为

$$\frac{i}{j}=C_5^3 r^3(1-r)^2=10\times\left(\frac{1}{3}\right)^3\times\left(\frac{2}{3}\right)^2=\frac{40}{243}$$

所以

$$i+j=40+243=283$$

例 3　一个均匀的硬币投掷 10 次，令 $\frac{i}{j}$ 为正面不连续出现的概率，其中 i,j 互质（无公因数），求 $i+j$.（第 8 届美国数学邀请赛，1990）

解　投 10 次硬币，正面不连续出现的可能性有如下各种情况：

10 次都是反面的可能性有 1 种；

9 次是反面，1 次是正面的可能性有 C_{10}^1 种；

8 次是反面，2 次是正面（但不连续出现），则正面不连续出现的可能可视为出现这两次正面的投掷插入 8 次反面投掷的空当之中，所以有 C_9^2 种可能；

同样，7 次反面，3 次正面（但不连续）有 C_8^3 种可能；

6 次反面，4 次正面（但不连续）有 C_7^4 种可能；

5 次反面，5 次正面（但不连续）有 C_6^5 种可能.

而出现反面不大于 4 次的投掷中，不会出现正面都不连续发生的情况.

又因为 10 次投掷硬币共有 $2^{10}=1\,024$ 种可能. 从而

$$p=\frac{i}{j}=\frac{1+C_{10}^1+C_9^2+C_8^3+C_7^4+C_6^5}{1\,024}=\frac{144}{1\,024}=\frac{9}{64}$$

于是

$$i+j=9+64=73$$

例 4　今有 n 枚银币 $c_1,c_2,\cdots,c_n$，对每个 $k(1\leqslant k\leqslant n)$ 银币 c_k（不均匀即有偏）向上抛时，落下时正面朝上的概率为 $\frac{1}{2k+1}$. 求此 n 枚银币上抛时，有奇数个正面朝上的概率（表为 n 的有理数）.（美国 Putnam Exam，2001）

解　设 p_k 为第 k 枚银币上抛时正面朝上的概率，则 $p_k=\frac{1}{2k+1}$，且令 $q_k=1-p_k$，$1\leqslant k\leqslant n$. 又设

$$Q(x)=\prod_{k=1}^{n}(p_k x+q_k)=a_0+a_1x+\cdots+a_nx^n$$

则 m 枚银币正面朝上的概率

$$p_m = a_m, \quad \text{即 } Q(x) \text{ 中 } x^m \text{ 的系数}$$

故所求概率

$$p = a_1 + a_3 + a_5 + \cdots$$

注意到 $Q(1) = \sum_{k=0}^{n} a_k, Q(-1) = \sum_{k=0}^{n} (-1)^k a_k$,故

$$p = \frac{1}{2}[Q(1) - Q(-1)] = \frac{1}{2}\left[1 - \prod_{k=1}^{n}(1-2p_k)\right]$$

$$= \frac{1}{2}\left[1 - \prod_{k=1}^{n}\frac{2k-1}{2k+1}\right] = \frac{1}{2}\left[1 - \frac{1}{2n+1}\right] = \frac{n}{2n+1}$$

例 5 掷一个骰子 n 次,求所得值(点数)的和可被 5 整除的概率.(第 6 届国际大学生数学竞赛,1999)

解 对于任意非负整数 n 和模 5 的剩余类 r,用 $P_n^{(r)}$ 表示第 n 次所掷的和模 5 余 r 的概率.显然

$$P_0^{(0)} = 1, \quad P_0^{(1)} = P_0^{(2)} = P_0^{(3)} = P_0^{(4)} = 0$$

对于任意 $n > 0$.我们有 $P_n^{(r)} = \sum_{i=1}^{6} \frac{1}{6} P_{n-1}^{(r-i)}$.由该递推公式:可以得出

$$P_n^{(r)} = \begin{cases} \frac{1}{5} + \frac{4}{5 \cdot 6^n}, & n \equiv 0 \pmod 5 \\ \frac{1}{5} - \frac{1}{5 \cdot 6^n}, & \text{其他} \end{cases}$$

例 6 给定三个全等(同样)的 n 面骰子,它们的对应面标上同样的任意整数.证明如果随机投掷它们,那么向上的三个面上的数字之和能被 3 整除的概率大于或等于 $\frac{1}{4}$.(第 8 届美国数学奥林匹克,1979)

证 设 m 面骰子上有 n_0 个面上的整数能被 3 整除,有 n_1 个面上的整数被 3 除余 1,有 n_2 个面上的整数被 3 除余 2,其中

$$n_0 \geqslant 0, \quad n_1 \geqslant 0, \quad n_2 \geqslant 0, \quad n_0 + n_1 + n_2 = n$$

先考虑掷骰子的一切可能结果.

由于是随机投掷,因此每一个骰子都可使 n 个面的任何一个面向上,有 n 种结果,又由于每个骰子都是互相独立的,所以每次掷骰子的一切可能结果的种类数是

$$n \cdot n \cdot n = n^3 = (n_1 + n_2 + n_3)^3$$

再考虑向上三面整数之和能被 3 整除的各种可能的种数有下面 n 种情形:三个数都是 3 的倍数,共有 n_0^3 种;三个数都是被 3 除余 1 的数,共有 n_1^3 种;三个数都是被 3 除余 2 的数,共有 n_2^3 种.

一个数是 3 的倍数(共 n_0 种),一个数是被 3 除余 1 的数(共 n_1 种),一个数是被 3 除余 2 的数(共 n_2 种),并考虑所有不同顺序,则共有 $A_3^3 n_0 n_1 n_2 = 6n_0 n_1 n_2$ 种.

于是三个数之和能被 3 整除的各种情形的总数为 $n_0^3 + n_1^3 + n_2^3 + 6n_0 n_1 n_2$.

因此,所求事件的概率是

$$p = \frac{n_0^3 + n_1^3 + n_2^3 + 6n_0 n_1 n_2}{(n_0 n_1 n_2)^3}$$

下面我们证明 $p \geqslant \frac{1}{4}$,即证明 $4(n_0^3 + n_1^3 + n_2^3 + 6n_0 n_1 n_2) \geqslant (n_0 + n_1 + n_2)^3$.

注意到

$$4(n_0^3 + n_1^3 + n_2^3 + 6n_0 n_1 n_2) - (n_0 + n_1 + n_2)^3$$
$$= 3(n_0^3 + n_1^3 + n_2^3 + 6n_0 n_1 n_2 - n_0 n_1^2 - n_0 n_2^2 - n_1 n_2^2 - n_1 n_0^2 - n_2 n_0^2 - n_2 n_1^2)$$

$$=3[n_0^3-n_0(n_1-n_2)^2+n_1^3-n_1(n_0-n_2)^2+n_2^3-n_2(n_0-n_1)^2]$$
$$=3[n_0(n_0+n_1-n_2)(n_0-n_1+n_2)+n_1(n_1+n_0-n_2)(n_1-n_0+n_2)+n_2(n_2+n_0-n_1)(n_2-n_0+n_1)] \qquad (*)$$

考虑到 n_0,n_1,n_2 的对称性，不妨设 $n_0\geqslant n_1\geqslant n_2$.

当 $n_0\leqslant n_1+n_2$ 时，由于式($*$)中各数 $n_0,n_1,n_2,n_0+n_1-n_2,n_0-n_1+n_2,n_1+n_0-n_2,n_1-n_0+n_2,n_2+n_0-n_1,n_2-n_0+n_1$ 均为非负数，所以式($*$)非负.

当 $n_0>n_1+n_2$ 时，由于 n_0,n_1,n_2 是整数，因此 $n_0\geqslant n_1+n_2+1$. 由式($*$)得

$$\begin{aligned}&4(n_0^3+n_1^3+n_2^3+6n_0n_1n_2)-(n_0+n_1+n_2)^3\\ \geqslant&3[(n_1+n_2+1)(n_0+n_1-n_2)(n_0-n_1+n_2)+\\ &n_1(n_1+n_0-n_2)(n_1-n_0+n_2)+n_2(n_2+n_0-n_1)(n_2-n_0+n_1)]\\ =&(n_0+n_1-n_2)(n_0-n_1+n_2)+n_1(n_1+n_0-n_2)\cdot 2n_2+n_2(n_0+n_2-n_1)\cdot 2n_1\\ \geqslant&0\end{aligned}$$

所以式($*$)非负，因此有 $p\geqslant\frac{1}{4}$.

例 7　某人在篮球场上自由投篮. 第 1 次投进了，第 2 次未投进. 并且此后她进下一个球的概率等于此前她进球的比. 在她前 100 次投篮恰好进 50 个球的概率是多少？(美国 Putnam Exam, 2002)

解　假设 $1<i_2<i_3<\cdots<i_m$ 为她投中的序号，而 $2<j_2<j_3<\cdots<j_n$ 为未投中的序号. 则此事件发生的概率是

$$\begin{aligned}p&=\frac{1}{i_2-1}\cdot\frac{2}{i_3-1}\cdot\frac{3}{i_4-1}\cdot\cdots\cdot\frac{m-1}{i_m-1}\cdot\frac{1}{j_2-1}\cdot\frac{2}{j_3-1}\cdot\cdots\cdot\frac{n-1}{j_n-1}\\&=\frac{(m-1)!\,(n-1)!}{2\cdot3\cdot\cdots\cdot(m+n-1)}=\frac{(m-1)!\,(n-1)!}{(m+n-1)!}\end{aligned}$$

又选择 $\{i_2,\cdots,i_m\}\subseteq\{3,\cdots,m+n\}$ 的数目是 $\binom{m+n-2}{m-1}$，因而总概率是

$$P=\binom{m+n-2}{n-1}p=\binom{m+n-2}{m-1}\frac{(m-1)!\,(n-1)!}{(m+n-1)!}=\frac{1}{m+n-1}$$

(2)数字、操作及其他概率问题

例 1　假设一个随机数选择器只能从 1,2,…,9 这九个数字中选一个，并且以等概率作这些选择. 试确定在 $n(n>1)$ 次选择后，选出的 n 个数的乘积能被 10 整除的概率.(第 1 届美国数学奥林匹克, 1972)

解　为使选出的 n 个数的乘积能被 10 整除，其中至少有一次选 5，并且至少有一次选择偶数 2,4,6,8 之一.

设事件 A 表示没有一次选择 5，事件 B 表示没有一次选择偶数，约定 $P(E)$ 表示事件 E 的概率，则所求的概率是 $1-P(A\cup B)$，从而有

$$1-P(A\cup B)=1-P(A)-P(B)+P(A\cap B)=1-\left(\frac{8}{9}\right)^n-\left(\frac{5}{9}\right)^n+\left(\frac{4}{9}\right)^n=1-\frac{8^n+5^n-4^n}{9^n}$$

于是选出的 n 个数的乘积能被 10 整除的概率为 $1-\frac{8^n+5^n-4^n}{9^n}$.

例 2　若从任意 10^{99} 的正约数中选取一个，它正好也是 10^{88} 的倍数的概率为 $\frac{m}{n}$，其中 m 和 n 互质，求 $m+n$.(第 6 届美国数学邀请赛, 1988)

解　10^{99} 的约数都具有 $2^a\cdot5^b$，其中 a 和 b 满足 $0\leqslant a\leqslant99,0\leqslant b\leqslant99$.

因此 10^{99} 有 $(99+1)(99+1)=100\times100$ 个正约数.

在这些正约数中,要成为 $10^{88}=2^{88}\times5^{88}$ 的倍数必须满足 $88\leqslant a\leqslant99$,$88\leqslant b\leqslant99$,即 a 和 b 各有 12 种选择.

因此所求的概率为

$$\frac{m}{n}=\frac{12\times12}{100\times100}=\frac{9}{625}$$

所以

$$m+n=625+9=634$$

例 3 一个园丁要把三棵枫树、四棵橡树、五棵桦树栽成一行,他随机地确定这些树的排列顺序,各种不同的安排都是等概率的.用 $\frac{m}{n}$ 表示任何两棵桦树都不相邻的概率(其中 m,n 互质即化成最简分数以后),求 $m+n$.(第 2 届美国数学邀请赛,1984)

解 12 棵树的不同排列顺序共有 12! 种.

12 棵树中共有 7 棵非桦树(3 棵枫树和 4 棵橡树),为使任何两棵桦树不相邻,可把 5 棵桦树放在非桦树的空当中,由于 7 棵非桦树共有 8 个空当,所以 5 棵桦树的安排方法有

$$A_8^5=8\times7\times6\times5\times4(\text{种})$$

而 7 棵非桦树的排列方法有 $A_7^7=7!$(种).因此任两棵桦树不相邻的排法共有

$$7!\times8\times7\times6\times5\times4(\text{种})$$

于是所求的概率是

$$p=\frac{7!\times8\times7\times6\times5\times4}{12!}=\frac{7}{99}$$

即 $\frac{m}{n}=\frac{7}{99}$,故

$$m+n=99+7=106$$

例 4 将 $\frac{n(n+1)}{2}$ 个不同的数随机地排成如下的三角形阵

```
            *
          *   *
        *   *   *
            ⋮
  *   *   *  …  *   *   *
```

设 M_k 为第 k 行(从上往下)的最大数,试求 $M_1<M_2<\cdots<M_n$ 的概率.(第 22 届加拿大数学奥林匹克,1990)

解 记所求概率为 p_n,则 $p_1=1$.对于 $n+1$ 行,最大数 $\frac{(n+1)(n+2)}{2}$ 应在第 $n+1$ 行,其概率为

$$\frac{n+1}{\frac{(n+1)(n+2)}{2}}=\frac{2}{n+2}$$

接下来可任意地将其他数填满第 $n+1$ 行,此后再将余下的 $\frac{n(n+1)}{2}$ 个数填入前 n 行,符合要求的概率为 p_n,故 $p_{n+1}=\frac{2}{n+2}p_n$.

1	9	8	7
1	9	8	7
1	8	9	7
1	8	7	9

图 19

所以

$$p_n=\frac{2}{n+1}\cdot\frac{2}{n}\cdot\cdots\cdot\frac{2}{3}p_1=\frac{2^n}{(n+1)!}$$

例 5 对一个由互不相同的实数组成的已知序列 $r_1,r_2,r_3,\cdots,r_n$,进行一次操作是指将其第二项与第一项比较,当且仅当第二项较小时,将它们互换位置,然后比较第二项与第三项,当且仅当第三项较小

时互换它们的位置，如此继续下去，直到将最后一项与它新的前一项比较，当且仅当最后一项较小时，将它们互换位置. 例如图 19 中显示了序列 1，9，8，7 是如何通过一次操作转换成序列 1，8，7，9 的，每步所比较的两数用“——”在它们下面标出.

显然，任一已知序列均可通过一次或多次这样的操作，使最后排成一列递增序列.

现假设 $n=40$，且 $r_1, r_2, \cdots, r_{40}$ 互不相同，并随机地排列，设 $\frac{p}{q}$（既约分数）表示通过一次操作将原来第 20 项（r_{20}）换至第 30 项的概率，求 $p+q$ 的值.（第 5 届美国数学邀请赛，1987）

解　我们注意这样一个事实：

按题中定义的操作对任一序列 $r_1, r_2, \cdots, r_k$ 施行一次操作后，最后一个数必然是序列中最大的数. 31 个数的总排列方式有 31！种，第 31 位最大，第 2 位次大的排列方式有 29！种.

因此，在一个初始序列 $r_1, r_2, \cdots, r_{20}, \cdots, r_{30}, r_{31}, \cdots, r_{40}$ 中，r_{20} 要通过一次操作换到第 30 个位置的充要条件是：

在前 31 个数 $r_1, r_2, \cdots, r_{20}, \cdots, r_{30}, r_{31}$ 中，r_{31} 是最大的一个数，r_{30} 是仅小于 r_{31} 的第二个大的数. 31 个数的总排列方式有 31！种，第 31 位最大，第 30 位次大的排列方式有 29！种.

故所求概率为：$\frac{p}{q}=\frac{29!}{31!}=\frac{1}{31\times 30}=\frac{1}{930}$. 所以 $p+q=1+930=931$.

例 6　一张圆桌边有 9 把椅子，4 人随机地就座，问没有两人相邻的概率是多少？（新加坡数学竞赛，1987）

解　第一个人可坐任意位置，其余三个总共有 $8\times 7\times 6$ 种围坐方法.

另一方面，若要求没有两人相邻，那么第一个人可坐任意位置，其余 3 人按顺时针间隔落座有 6 种方法，最后多余一把椅子可以有 4 个位置，这样方法总数是 $4\times 6=24$.

所以所求概率为 $p=\frac{24}{8\times 7\times 6}=\frac{1}{14}$.

例 7　在公历纪年中，年数不被 4 整除的是平年；年数被 4 整除，但不是 100 倍数的是闰年；年数能被 100 整除但不能被 400 整除的是平年；年数能被 400 整除的是闰年. 平年有 365 天，闰年有 366 天，证明圣诞节在星期三的概率不是 $\frac{1}{7}$.（美国 Putnam Exam，1950）

证　由闰年规定不难算得，连续 400 年中，有 303 个平年，97 个闰年，共

$$303\times 365+97\times 366=146\ 097(\text{天})$$

而 $7|146\ 097$，这一点也可由

$$400\equiv 1(\bmod 7),\quad 365\equiv 1(\bmod 7),\quad 97\equiv -1(\bmod 7)$$

亦可知.

在 400 年中有 20 871 个星期. 因而圣诞节（或其他一天）在星期中轮流出现的日子有 400 次，而 N 年中圣诞节在星期三的概率是 $\frac{N}{400}$.

但由于若 N 是整数，知 $7N\neq 400$. 故 $\frac{N}{400}\neq\frac{1}{7}$.

（3）游戏问题的概率

例 1　某人在篮球场上自由地投篮，第 1 个投中了，但第 2 个未投中，并且，此后该人投中下一个球的概率等于他此前进球的比例. 求该人前 100 次投篮中恰好投中 50 个的概率.（美国 Putnam Exam，2002）

解　令 $1<i_2<i_3<\cdots<i_m$ 为投中的投篮序号，而 $2<j_2<j_3<\cdots<j_n$ 为未投中的序号，则此种事件发生的概率为

$$p_0=\left(\frac{1}{i_2-1}\cdot\frac{2}{i_3-1}\cdot\frac{3}{i_4-1}\cdot\cdots\cdot\frac{m-1}{i_m-1}\right)\left(\frac{1}{j_2-1}\cdot\frac{2}{j_3-1}\cdot\frac{n-1}{j_n-1}\right)\quad(\text{打开括号})$$

$$=\frac{(m-1)!\ (n-1)!}{2\cdot3\cdot\cdots\cdot(m+n-1)}=\frac{(m-1)!\ (n-1)!}{(m+n-1)!}$$

注意到$\{i_2,i_3,\cdots,i_m\}\subset\{3,4,\cdots,m+n\}$,而这种选择共有$C_{m+2-1}^{m-1}$种,从而所求概率为

$$p=C_{m+2-1}^{m-1}p_0=\frac{C_{m+2-1}^{m-1}(m-1)!\ (n-1)!}{(m+n-1)!}$$

例 2 一种单人纸牌游戏,其规则如下:将 6 对不相同的纸牌放入一个书包中,游戏者每次随机地从书包中抽牌并放回,不过当抽到成对的牌时,就将其放到一边.如果游戏者每次总取三张牌,共抽到的三张牌中两两互不成对,游戏就结束,否则抽牌继续进行,直到书包中没有纸牌为止.设书包空的概率为$\frac{p}{q}$,这里 p,q 为互质正整数,求 $p+q$.(第 12 届美国数学邀请赛,1994)

解 设书包中有 n 对互不相同的牌,其中 $n\geqslant2$,则前三张牌中有 2 张成对的概率为

$$p=\frac{\text{取 3 张中有 2 张成对的取法种数}}{\text{取 3 张牌的取法种数}}=\frac{C_n^1\cdot C_{2n-2}^1}{C_{2n}^3}=\frac{3}{2n-1}$$

设 $P(n)$是当书包中有 n 对互不相同的牌时,按题中规则开始抽牌,使书包空的概率.显然

$$\begin{cases}P(2)=1\\P(n)=\dfrac{3}{2n-1}\cdot P(n-1),\quad n\geqslant3\end{cases}$$

反复利用这个递推公式可得

$$P(n)=\frac{3}{2n-1}\cdot\frac{3}{2n-3}\cdot\cdots\cdot\frac{3}{5}\cdot P(2)$$

特别地令 $n=6$,得

$$P(6)=\frac{3}{11}\cdot\frac{3}{9}\cdot\frac{3}{7}\cdot\frac{3}{5}\cdot P(2)=\frac{9}{385}$$

即$\frac{p}{q}=\frac{9}{385}$.故

$$p+q=9+385=394$$

例 3 一副纸牌共有 $2n$ 张,这些牌上分别记以数 $1\sim2n$.考虑下面这种纸牌游戏:先随机地洗牌,再给 A,B 两个游戏者每人分发 n 张.从 A 开始,两人轮流出牌且报告所出牌上的数.一旦所有已出牌上的全部数字之和能被 $2n+1$ 整除,则游戏结束,最后一个出牌者胜.假设 A,B 皆有各自的最优策略,求 A 赢的概率是多少.(美国 Putnam Exam,1993)

解 A 赢的概率为 0,下面证明之.

显然,第一轮 A 不会赢,因为牌中没有 $2n+1$ 的倍数者.

此外,假设某轮又轮到 B 出牌,且此时两人所出牌上的数字之和为 T(它不能被 $2n+1$ 整除),而此时 A,B 手中分别有标号为 $x_1,x_2,\cdots,x_k;y_1,y_2,\cdots,y_{k+1}$的纸牌.

注意到此时 $T+y_1,T+y_2,\cdots,T+y_{k+1}$,除以 $2n+1$ 有不同的余数,故至少有一个 y_i 与 $2n+1-x_1$,$2n+1-x_2,\cdots,2n+1-x_k$ 的关于模 $2n+1$ 不同余,此时 B 可以出标有 y_i 的纸牌,而后 A 再出牌时,就不可能使已出牌标号总和被$2n+1$整除,此时 B 可以据最优策略出牌而获胜.

例 4 三名象棋选手按下列规则参加循环赛:首先 A 与 B 比赛,然后胜者与 C 比赛,新的胜者与前次的败者比赛等,如果有谁接连两次取胜,则该人获得冠军,比赛结束.

(1)如果第一盘 A 胜,则 A,B,C 分别获得冠军的概率各为多少?

(2)如果三人棋艺相当,每人获得冠军的概率各是多少?(莫斯科财经学院,1977)

解 若第一盘 A 与 B 比赛,且 A 获胜,用 P_1,P_2,P_3 分别表示此种情况下 A,B,C 获得冠军的胜

率，则 P_1,P_2,P_3 应满足以下关系式

$$\begin{cases}P_1+P_2+P_3=1\\ P_1=\dfrac{1}{2}+\dfrac{1}{2}P_3\\ P_2=\dfrac{1}{2}P_1\end{cases}\Rightarrow\begin{cases}P_1=\dfrac{4}{7}\\ P_2=\dfrac{2}{7}\\ P_3=\dfrac{1}{7}\end{cases}$$

(1)由于第一盘 A 赢，则此时他们三人获得冠军的概率分别为 $\frac{4}{7},\frac{2}{7},\frac{1}{7}$.

(2)若每人棋艺相当，则 A,B 获得冠军的概率相等为 $\frac{1}{2}P_1+\frac{1}{2}P_3=\frac{5}{14}$，$C$ 获得冠军的概率为 $1-\frac{5}{14}-\frac{5}{14}=\frac{4}{14}$.

例 5　在区间[1, 2 002]中等可能地随机取一整数 n，此数对你是保密的，你的任务是通过奇数次的竞猜将 n 找出；但在每次被告知猜错后，还告诉你所猜的数比 n 大或小. 接下来再猜. 证明：你有一个策略使你猜中的概率大于 $\frac{2}{3}$.(美国 Putnam Exam，2002)

证　下面的策略可使你猜中的概率大于 $\frac{2}{3}$.

对以 $k=0,1,2,\cdots$ 为序数，或者预先选定的数 n 至多为 $3k$，或者大于 $3k$，但无论如何皆以 $3k+1$ 作为猜测的第 1 次. 如果 $3k+1=n$，你便赢了(此时猜测的次数是奇数).

否则，$3k+1$ 将被宣布为太大或太小，若宣布它太小这时你可猜 $3k+3$. 如果它是 n，你已猜中了但却输了(你猜了偶数次)；如果又被宣布太大，你可猜 $3k+2$ 即可，此时肯定猜中，且你胜了. 如果仍宣布太小，接下来可化为 $k+1$ 的情形，即猜 $3(k+1)+1$.

对于 $3k+1$ 被宣布为太大的情况仿上讨论即可. 这样若 $n\equiv1(\bmod 3)$ 或 $n\equiv2(\bmod 3)$，则你即胜.

由于 $2\,002\equiv1(\bmod 3)$，这样你会对 $2\times667+1=1\,335$ 个 n 有机会获胜，则此时你获胜的概率为

$$p=\frac{1\,335}{2\,002}=\frac{2\times667+1}{3\times667+1}>\frac{2}{3}$$

例 6　设 n 个人中的任一个把三个数 1,2,3 随机地写在 $3\times n$ 矩阵的某一列上，n 个人的写法是彼此独立的. 设三行的和分别为 a,b,c，并且重新排列(若有必要的话)使 $a\leqslant b\leqslant c$，证明对于某个 $n\geqslant1\,995$，出现 $b=a+1$ 和 $c=a+2$ 的概率(可能)至少为出现 $a=b=c$ 的情况的 4 倍.(美国 Putnam Exam，2002)

证　对于正整数 n，令 $S(n)$ 表示命题："出现 $b=a+1$ 及 $c=a+2$ 的情形至少为出现 $a=b=c$ 的情形的 4 倍."

先证明：若命题 $S(n)$ 不真，则 $S(n+1)$ 成立. 特别地 $S(n)$ 对 $n=1\,995$ 和 $n=1\,996$ 至少有一个真.

又令 x_n 表示对任何正整数 n 时形成 $b=a+1$ 和 $c=a+2$ 的矩阵(第Ⅰ类)方式数(其中 a,b,c 为重排后的矩阵每行元素和，且 $a\leqslant b\leqslant c$，及 $a+b+c=6n$).

再令 y_n 表示形成 $a=b=c$ 的矩阵(第Ⅱ类)的方式数，z_n 表示形成 $a=b$ 和 $c=a+3$ 的矩阵(第Ⅲ类)的方式数.

若 $S(n)$ 假，则有 $4y_n>x_n$. 此时若有一个 $n+1$ 列的矩阵，其每行之和相等，则其之前 n 列所形成的矩阵属于第Ⅰ类. 相反地，若由以第Ⅰ类矩阵形成的每个矩阵，恰有一种第Ⅱ类 $n+1$ 列矩阵方式与之照应，故有 $y_{n+1}=x_n$.

类似地讨论可知 $z_{n+1}\geqslant x_n$(此时对第Ⅰ类行和分别为 $a,a+1,a+2$ 的矩阵，各自加 2,1,3，变为行和是 $a+2,a+2,a+5$ 的矩阵)

$$\begin{array}{c}\text{行和}\\ \begin{pmatrix} * & * & \cdots & * \\ * & * & \cdots & * \\ * & * & \cdots & * \end{pmatrix}\begin{matrix} a \\ a+1 \\ a+2 \end{matrix}\end{array} \xrightarrow{\text{加 }2,1,3} \begin{array}{c}\text{行和}\\ \begin{pmatrix} * & * & \cdots & * & 2 \\ * & * & \cdots & * & 1 \\ * & * & \cdots & * & 3 \end{pmatrix}\begin{matrix} a+2 \\ a+2 \\ a+5 \end{matrix}\end{array}$$

且 $x_{n+1}\geqslant 6y_n+2x_n+2z_n$，这只需注意到下面变化即可

$$\begin{array}{c}\text{行和}\\ \begin{pmatrix} * & * & \cdots & * \\ * & * & \cdots & * \\ * & * & \cdots & * \end{pmatrix}\begin{matrix} a+1 \\ a+1 \\ a+1 \end{matrix}\end{array} \xrightarrow{\text{加 }1,2,3} \begin{array}{c}\text{行和}\\ \begin{pmatrix} * & * & \cdots & * & 1 \\ * & * & \cdots & * & 2 \\ * & * & \cdots & * & 3 \end{pmatrix}\begin{matrix} a+2 \\ a+3 \\ a+4 \end{matrix}\end{array}$$

$$\begin{pmatrix} * & * & \cdots & * \\ * & * & \cdots & * \\ * & * & \cdots & * \end{pmatrix}\begin{matrix} a \\ a+1 \\ a+2 \end{matrix} \xrightarrow{\text{加 }2,3,1} \begin{pmatrix} * & * & \cdots & * & 2 \\ * & * & \cdots & * & 3 \\ * & * & \cdots & * & 1 \end{pmatrix}\begin{matrix} a+2 \\ a+4 \\ a+3 \end{matrix}$$

$$\begin{pmatrix} * & * & \cdots & * \\ * & * & \cdots & * \\ * & * & \cdots & * \end{pmatrix}\begin{matrix} a \\ a+1 \\ a+2 \end{matrix} \xrightarrow{\text{加 }3,1,2} \begin{pmatrix} * & * & \cdots & * & 3 \\ * & * & \cdots & * & 1 \\ * & * & \cdots & * & 2 \end{pmatrix}\begin{matrix} a+3 \\ a+2 \\ a+4 \end{matrix}$$

$$\begin{pmatrix} * & * & \cdots & * \\ * & * & \cdots & * \\ * & * & \cdots & * \end{pmatrix}\begin{matrix} a \\ a \\ a+3 \end{matrix} \xrightarrow{\text{加 }2,3,1} \begin{pmatrix} * & * & \cdots & * & 2 \\ * & * & \cdots & * & 3 \\ * & * & \cdots & * & 1 \end{pmatrix}\begin{matrix} a+2 \\ a+3 \\ a+4 \end{matrix}$$

从而可有

$$\frac{x_{n+1}}{y_{n+1}}=\frac{x_{n+1}}{x_n}\geqslant 6\frac{y_n}{x_n}+2+2\frac{z_n}{x_n}\geqslant 6\frac{y_n}{x_n}+2+2\frac{x_{n-1}}{x_n}=6\frac{y_n}{x_n}+2+2\frac{y_n}{x_n}=8\frac{y_n}{x_n}+2$$

又由设 $\dfrac{y_n}{x_n}>\dfrac{1}{4}$，故 $\dfrac{x_{n+1}}{y_{n+1}}\geqslant\dfrac{8}{4}+2=4$，所以 $4y_{n+1}\leqslant x_{n+1}$.

例 7 父亲、母亲、儿子决定举行某种游戏的家庭比赛，每局由两人参加，没有和局. 因为父亲是最弱手，所以让他选定第一局的两个参加者，每局获胜者与未参加此局比赛的人进行下一局的比赛，在比赛中某人首先获胜两局就算取得锦标. 如果儿子是最强的，那么从直观上看，父亲若决定自己与母亲进行首局比赛将使他获得锦标的概率最大. 试证这种策略确实是最优的(假定任一选手每局战胜其他选手的概率在整个比赛过程中不变).（第 3 届美国数学奥林匹克，1974）

证 设 F,M,S 分别表示父亲、母亲和儿子. 又用记号 $W>L$ 表示某一局 W 战胜 L.

如果 F 与 M 进行首局比赛，那么对于下述三种相互独立的情形的任一种，F 总能获得锦标：(1)$F>M,F>S$；(2)$F>M,S>F,M>S,F>M$；(3)$M>F,S>M,F>S,F>M$.

如果 F 与 S 进行首局比赛，与上面的情况类似，F 在下列三种情形下的任一种均可以获得锦标：(4)$F>S,F>M$；(5)$F>S,M>F,S>M,F>S$；(6)$S>F,M>S,F>M,F>S$.

如果 M 与 S 进行首局比赛，那么 F 在以下两种情形的任一种均可以获得锦标：(7)$S>M,F>S,F>M$；(8)$M>S,F>M,F>S$.

设 $F>M$ 的概率为 $\overline{FM}$，其余类推.

注意到 $\overline{FM}+\overline{MF}=1$.

如果 F 与 M 进行首局比赛，那么 F 获锦标的概率是

$$p_{FM}=(\overline{FM}\cdot\overline{FS})+(\overline{FM}\cdot\overline{SF}\cdot\overline{MS}\cdot\overline{FM})+(\overline{MF}\cdot\overline{SM}\cdot\overline{FS}\cdot\overline{FM})$$

如果 F 与 S 进行首局比赛，那么 F 获得锦标的概率是

$$p_{FS}=(\overline{FS}\cdot\overline{FM})+(\overline{FS}\cdot\overline{MF}\cdot\overline{SM}\cdot\overline{FS})+(\overline{SF}\cdot\overline{MS}\cdot\overline{FM}\cdot\overline{FS})$$

如果 M 与 S 进行首局比赛，那么 F 获锦标的概率是

$$p_{MS}=(\overline{SM}\cdot\overline{FS}\cdot\overline{FM})+(\overline{MS}\cdot\overline{FM}\cdot\overline{FS})=\overline{FS}\cdot\overline{FM}(\overline{SM}+\overline{MS})=\overline{FS}\cdot\overline{FM}$$

显然

$$p_{MS}<\min\{p_{FM},p_{FS}\}$$

下面比较 p_{FM} 和 p_{FS}

$$\begin{aligned}p_{FM}-p_{FS}&=(\overline{FM}\cdot\overline{SF}\cdot\overline{MS}\cdot\overline{FM})+(\overline{MF}\cdot\overline{SM}\cdot\overline{FS}\cdot\overline{FM})-\\&\quad(\overline{FS}\cdot\overline{MF}\cdot\overline{SM}\cdot\overline{FS})-(\overline{SF}\cdot\overline{MS}\cdot\overline{FM}\cdot\overline{FS})\\&=(\overline{FM}-\overline{FS})(\overline{SF}\cdot\overline{MS}\cdot\overline{FM}+\overline{MF}\cdot\overline{SM}\cdot\overline{FS})\end{aligned}$$

由于三选手中 S 是最强的，则 $\overline{FM}>\overline{FS}$，所以 $p_{FM}>p_{FS}$. 即 F 与 M 进行首局比赛的策略是最优的.

(4) 涉及几何的概率问题及几何概率

① 涉及几何的概率问题

下面的问题涉及几何，但它在本身并不属于几何概率问题.

例 1　在集合 $\left\{-3,-\frac{5}{4},-\frac{1}{2},0,\frac{1}{3},1,\frac{4}{5},2\right\}$ 中不放回地取两个数，求所取两个数为一对正交直线斜率的概率.(美国 Mathcounts 数学竞赛试题，1988)

解　两个数为一对正交直线的斜率，即两个数的乘积为 -1. 满足这个条件的数对有：-3 和 $\frac{1}{3}$，$-\frac{5}{4}$ 和 $\frac{4}{5}$，$-\frac{1}{2}$ 和 2，共 3 对.

在 8 个数中取两个数，共有 $C_8^2=\frac{8\times 7}{2}=28$(种)取法，故所求概率为 $p=\frac{3}{28}$.

例 2　在给定的圆周上随机地选取 A,B,C,D,E,F 六个点，这些点的选取是独立的，而且相对于弧长而言是等可能的. 求三角形 $\triangle ABC$，$\triangle DEF$ 不相交(即没有公共点)的概率.(第 12 届美国数学奥林匹克，1983)

解　注意到分布在圆周上的六个不同的点循环排列数为

$$A_5^5=5!=120$$

并且由于分布的对称性，这些排列有相同的概率，其中 $\triangle ABC$ 和 $\triangle DEF$ 不相交的不同的排列数是

$$A_3^3\times A_3^3=3!\times 3!=36$$

这是由 A,B,C 的内部顺序和 D,E,F 的内部顺序决定的.

因此，$\triangle ABC$ 和 $\triangle DEF$ 不相交的概率是

$$p=\frac{36}{120}=\frac{3}{10}$$

例 3　在一个给定的正 $2n+1$ 边形的顶点中随机地选取三个不同的顶点，如果一切这种取法的可能性是相等的. 求这个正多边形的中心位于随机所取的三点构成的三角形内部的概率.(第 2 届美国数学奥林匹克，1973)

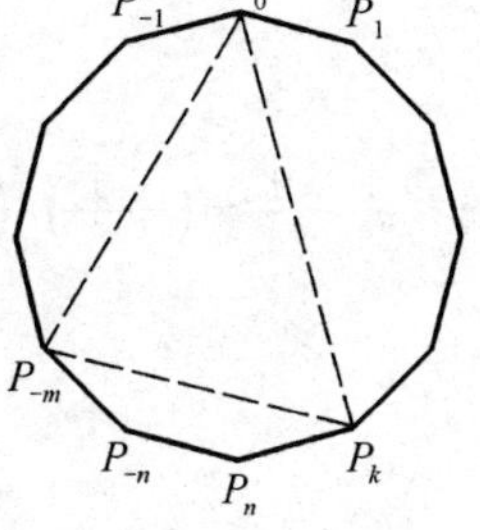

图 20

解　如图 20 所示，先固定三角形的一个顶点，记为 P_0，在 P_0 两侧的顶点依次记为 $P_1,P_2,\cdots,P_n$ 及 $P_{-1},P_{-2},\cdots,P_{-n}$.

要使正多边形的中心在三角形的内部，必须且只需三角形的其余两顶点一为 $P_k(k>0)$，一为 $P_{-m}(m>0)$，且 $k+m>n$.

因此对于每个固定的 k，这样的三角形共有 k 个

$$\triangle P_0P_kP_{-(n-k+1)},\quad \triangle P_0P_kP_{-(n-k+2)},\quad \cdots,\quad \triangle P_0P_kP_{-n}$$

这里 k 取 $1,2,\cdots,n$,则

$$\sum_{k=1}^{n} k = 1+2+\cdots+n = \frac{n(n+1)}{2}$$

因为共有 $2n+1$ 个顶点,所以含有正多边形中心的三角形共有

$$\frac{2n+1}{3}\cdot\frac{n(n+1)}{2}=\frac{(2n+1)\cdot n\cdot(n+1)}{6}$$

个,而由 $2n+1$ 个顶点组成的所有三角形共有

$$C_{2n+1}^{3}=\frac{(2n+1)\cdot 2n\cdot(2n-1)}{6}$$

因此所求的概求为

$$p=\frac{\dfrac{(2n+1)n(n+1)}{6}}{\dfrac{(2n+1)\cdot 2n\cdot(2n-1)}{6}}=\frac{n+1}{2(2n-1)}$$

例 4 设正四面体的四个顶点分别是 A,B,C,D,又各棱长度均为 1 m.有一个小虫从点 A 开始按以下规则爬行前进:在每一个顶点处用同样的概率选择通过这个顶点的三条棱之一,并一直爬到这个棱的尽头,设它爬了 7 m 以后恰好位于顶点 A 的概率是 $p=\frac{n}{729}$.求 n 的值.(第 3 届美国数学邀请赛,1985 年)

解 1 设 a_n 表示小虫走过 n m 后又达到点 A 的概率($n=0,1,2,\cdots$).

若小虫爬过$(n-1)$m 而不在点 A,则概率是 $1-a_{n-1}$,而从 A 外的一点向 A 爬来的概率是 $\frac{1}{3}$,因此有

$$a_n=\frac{1}{3}(1-a_{n-1}) \tag{$*$}$$

又知 $a_0=1$,即小虫从 A 出发,我们可以逐步由式($*$)算出

$$a_1=0,\quad a_2=\frac{1}{3},\quad a_3=\frac{2}{9},\quad a_4=\frac{7}{27},\quad a_5=\frac{20}{81},\quad a_6=\frac{61}{243},\quad a_7=\frac{182}{729}$$

由题设有 $a_7=\frac{n}{729}=\frac{182}{729}$,故得 $n=182$.

解 2 也可由式($*$)求出 a_n 的通项公式

$$a_n-\frac{1}{4}=-\frac{1}{3}\left(a_{n-1}-\frac{1}{4}\right)$$

从而有 $a_n-\frac{1}{4}=\left(-\frac{1}{3}\right)^n\left(a_0-\frac{1}{4}\right)$,即 $a_n-\frac{1}{4}=\frac{3}{4}\times\left(-\frac{1}{3}\right)^n$,所以

$$a_n=\frac{3}{4}\times\left(-\frac{1}{3}\right)^n+\frac{1}{4},\quad n=0,1,2,\cdots$$

即
$$a_n=\frac{1}{4}+\frac{3}{4}\left(-\frac{1}{3}\right)^n$$

特别地 $a_7=\frac{182}{729}$,从而 $n=182$.

②几何概率

例 5 已知两正数 $\alpha,\beta(\alpha<\beta)$,若在长为 β 的线段上,随机地任取两点,求所取两点间距离不小于 α 的概率.(美国 Putnam Exam,1961)

解　它等价于下面的几何概率问题：

在以(0,0)，$(\beta,0)$，(β,β)，$(0,\beta)$为顶点的正方形内随机地取点(x,y)使$|x-y|>\alpha$的概率.

显然，所取之点即为直线$x-y=\pm\alpha$所划分的正方形的两个“角”(图21中阴影部分)，它们的面积和恰为以$\beta-\alpha$为边的正方形面积，又大正方形面积为β^2，故所求概率为

$$p=\frac{(\beta-\alpha)^2}{\beta^2}=\left(1-\frac{\alpha}{\beta}\right)^2$$

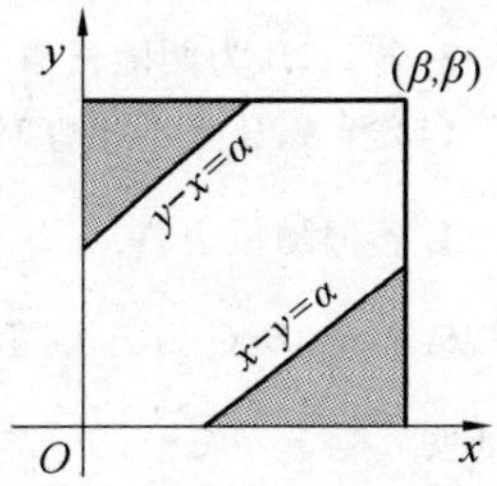

图 21

例 6　在一个球面上随机地任取四点.求球心位于以此四点为顶点的四面体内部的概率.(选点的方式理解为：关于球面上的一致分布独立地选取每个点)(美国 Putnam Exam，1992)

解　若A,B,C,D不共面，则点E在其内部，当且仅当E关于A，B,C,D的重心坐标是正的，即E可在$\{O,x,y,z\}$坐标系下唯一地表示为

$$\overrightarrow{OE}=w\overrightarrow{OA}+x\overrightarrow{OB}+y\overrightarrow{OC}+z\overrightarrow{OD}$$

其中$w+x+y+z=1$.

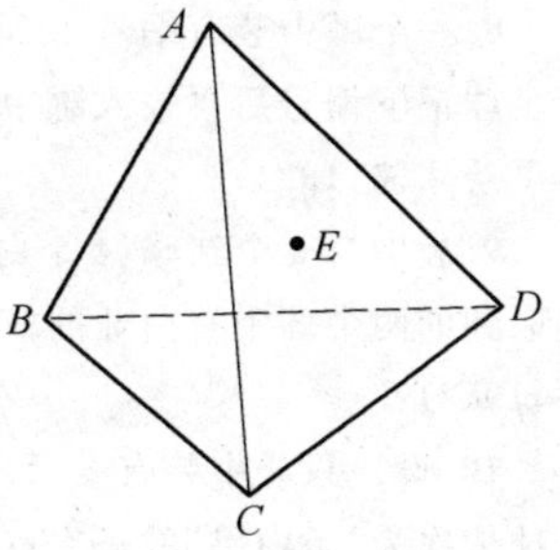

图 22

如图22所示，若E在$ABCD$四面体内部，当且仅当$w>0,x>0$，$y>0,z>0$，又若E是原点，则E在$ABCD$内部的充要条件为

$$w\overrightarrow{OA}+x\overrightarrow{OB}+y\overrightarrow{OC}+z\overrightarrow{OD}=0 \qquad (*)$$

有一解(w,x,y,z).

由于式(*)的解空间维数是1，故对任一个非零解该条件成立，且条件为充要的.

今假设球心位于坐标原点O，且令第一个选取的点P作为北极，其余3个点P_1,P_2,P_3是随机地选取.

在每个P_i选取时分两步，第一步选一条随机直径$Q_{i_1}Q_{i_2}$，第二步在端点Q_{i_1}，Q_{i_2}中随机地选一点为P_j，由于3条直径端点共有$2^3=8$种可能的选取(且是等可能的)，因而8个四面体$PQ_{1j_1}Q_{2j_2}Q_{3j_3}$(这里$j_i=1,2,i=1,2,3$)也是等可能的.退化的情形概率为0.再不妨设每个四面体顶点不共面.

类似地也可以假设球心不在四面体表面，令(w,x,y,z)是方程

$$w\overrightarrow{OA}+x\overrightarrow{OB}+y\overrightarrow{OC}+z\overrightarrow{OD}=0$$

的一个非零解，则$\overrightarrow{OQ_{i_1}}=\overrightarrow{OQ_{i_2}}$，且8个方程

$$w\overrightarrow{OP}+x\overrightarrow{OQ_{1j_1}}+y\overrightarrow{OQ_{2j_2}}+z\overrightarrow{OQ_{3j_3}}=0$$

分别有解：(w,x,y,z)，$(w,x,y,-z)$，$(w,x,-y,z)$，$(w,-x,y,z)$，$(w,x,-y,-z)$，$(w,-x,-y,z)$，$(w,-x,y,-z)$，$(w,-x,-y,-z)$.

显然8个方程中，仅有一个的解其分量有相同的符号，故这8种可解的四面体中仅有一个包含原点.

这样，对于3条直径所有初始选择，包含球心的只有一种，它的概率是$\frac{1}{8}$，此即为所求.

注　该问题显然是前面例3的推广情形，但此处问题变得相对复杂.

习　题

1. 设随机事件A,B互不相容，又$P(A)=p_1$，$P(B)=p_2$，其中$0<p_1+p_2<1$，试求$P(\overline{A}B)$和$P(\overline{AB})$.(苏州丝绸工学院，1985)

2. 设 A,B 为随机事件,又 $P(A)=a,P(B)=b$,求证 $P(A|B)\geqslant\frac{a+b-1}{b}$.(湖北财经学院,1985)

3. 若 A,B 为两随机事件,又 $P(A)=0.4,P(A\cup B)=0.7$.

(1)当 A,B 互不相容时,求 $P(A|\overline{B})$;(2)当 A,B 相互独立时,求 $P(B)$.(广西大学,1985)

4. 若两随机事件 A,B 满足 $P(A)=P(B)=\frac{1}{2}$,证明 $P(AB)=P(\overline{A}\overline{B})$.

5. 若 A,B,C 为三个随机事件,且 $P(A)=a,P(B)=2a,P(C)=3a$,又 $P(AB)=P(AC)=P(BC)=b$,证明 $a\leqslant\frac{1}{4},b\leqslant\frac{1}{4}$.

6. 若随机事件 A_1,A_2,A_3 同时发生必导致事件 A 发生,证明 $P(A)\geqslant P(A_1)+P(A_2)+P(A_3)-2$.

7. 若随机事件 A,B 满足 $P(A)=p,P(B)=1-r$,证明 $\frac{p-r}{1-r}\leqslant P(A|B)\leqslant\frac{p}{1-r}$.

8. 一个罐中装有编号 1,2,…,10 的球各一个,它们的外形完全一样.今随机地从罐中摸球,每摸出一个球记下编号后再放入罐中,先后共摸六次.求所记下编号中最大号码恰为 6 的概率.(中国人民解放军测绘学院,1984)

9. 袋中有 6 个红球、4 个白球(它们的外形一样).每次取两球,取后放回,连取三次.求:(1)至少有一次取到的两个球中有白球的概率;(2)恰好有两次取到的两球中是一红球和一白球的概率.(北方交通大学,1982)

10. 设一只袋中装有 a 只白球、b 只黑球($a\geqslant3,b\geqslant3$).从中连续地取出三只球(无放回),试求:(1)三只球依次为“黑白黑”的概率;(2)三只球中恰有两只黑球的概率;(3)第三只球为黑球的概率.(西安交通大学,1984)

11. 一个罐子中有 3 个白球、4 个黑球.从罐子中第一次取出 2 个球,如颜色相同则放回后再取第二次;否则不放回.求第二次取出 2 球颜色不同的概率.(西安交通大学,1984)

12. 一个袋中有 5 个白球和 5 个黑球,从中任取 3 个球放入另一空袋中;再从第二个袋子中不放回地取两次(每次取一球).若已知第一次取出的是黑球,求第二次取出的是白球的概率.(西安交通大学,1984)

13. 一袋中有红球 3 个、白球 2 个;另一袋中有红球 1 个、白球 4 个.(1)今随机地选一袋,且从中取一球发现是红球,求此球是从第一袋中取出的概率;(2)若将两袋中的球混合后再从中抽取 3 个球,求此三球中恰有 1 个红球和 2 个白球的概率.(合肥工业大学,1985)

14. 一盒中盛有大小相同的球 10 个,其中白球 7 个,黑球 3 个,现随机地从中取出两个球放入另一空盒中,然后再从此盒中随机地取出一球,试求它为白球的概率.(华东师范大学,1984)

15. 甲盒中有 5 只白球与 5 只黑球,从中取出 5 只放入空盒乙中,再从乙盒中取出 3 只球放入空盒丙中,最后从丙盒中取出一球是白球,试求第一次从甲盒中取出的 5 只球全是白球的概率.(陕西机械学院,1984)

16. 两批同样产品,第一批 12 件,第二批 8 件,每批中均有一件次品.今从第一批中取一件放入第二批,混合后再从第二批中取一件,求它是次品的概率.(同济大学,1982)

17. 甲、乙、丙三组工人加工同样的零件,加工时的次品率分别为 0.01, 0.02 和 0.03;加工量甲组是乙组的 2 倍,丙组是乙组的一半.加工的零件混合后从中任取一件发现是次品,求它不是乙组加工的概率.(中国人民大学,1982)

18. 甲、乙两炮各自独立地向敌机开火,甲炮命中率为 0.8,乙炮命中率为 0.6,求甲、乙两炮同时向敌机开火击中敌机的概率.(太原工学院,1982)

19. 两架飞机——一架主机和一架僚机被派去轰炸某个目标.无线电导航设备只装在主机上,没有导航设备的飞机就不可能到达目标.飞机到达目标前要通过对方高射炮阵地,每架飞机被击中的概率均为 0.2. 到达目标后,各机独立进行轰炸,每机命中目标的概率都是 0.3,求目标被击中的概率.(中国人民解放军测绘学院,1984)

20. 对飞机进行两次独立射击,第一次射击的命中率为 0.4,第二次射击的命中率为 0.5. 飞机击中一弹而被击落的概率为 0.2,击中两弹而被击落的概率为 0.6. 求射击两弹而击落飞机的概率.(鞍山钢铁学院,1982)

21. 三个猎人同时射击一只猎物,每人打子弹一发. 结果仅有一发子弹打中猎物. 如果他们三人的命中率分别是 0.4,0.5 和 0.7. 求猎物被第一、第二、第三名猎人打中的概率.(上海交通大学,1983)

22. 某射击小组共有 20 名射手,其中一级射手 4 人,二级射手 8 人,三级射手 7 人,四级射手 1 人. 一、二、三、四级射手能通过选拔进入比赛的概率分别为 0.9,0.7,0.5,0.2,求任选一名射手能通过选拔进入比赛的概率.(西北工业大学,1984)

23. 一工人看三台机床,在一小时中甲、乙、丙三台机床需要工人看管的概率分别是 0.9,0.8 和 0.85. 求在一小时中:(1)没有一台机床需要照看的概率;(2)至少有一台机床不需要照看的概率;(3)至多有一台机床需要照看的概率.(陕西机械学院,1984)

24. 已知产品中 96%是合格的,现有一种简化的检查方法,它把真正的合格品确认为合格品的概率为 0.98,而误认废品为合格品的概率为 0.05. 求在该简化方法检验下,一件合格产品确认是合格品的概率.(武汉钢铁学院,1982)

25. 1 000 个灯泡中出现坏灯泡数从 0 到 5 是等可能的.

(1)求从 1 000 个灯泡中,任意取出 100 个灯泡都是好灯泡的概率;(2)随机地抽取 100 个都是好的,求此 1 000 个灯泡都是好灯泡的概率.(北方交通大学,1983)

26. 进行四次独立试验,在每次试验中,事件 A 出现的概率为 0.3,如果事件 A 出现不少于 2 次事件 B 出现的概率为 1,如果事件 A 出现 1 次事件 B 出现的概率为 0.6,如果 A 不出现则 B 亦不出现. 求事件 B 出现的概率.(大连轻工业学院,1982)

27. 某人投六颗匀称的骰子 200 次,试估计得到 k 次"六颗骰子的点数各不相同"的概率,其中 $k=0$,1,2,3,4,5.(武汉地质学院,1982)

28. 某射手射靶,得十分的概率为 0.5,得九分的概率为 0.3,得八分的概率为 0.1,得七分的概率为 0.05,得六分的概率为 0.05. 现射击 100 次,求总分大于 900 分而不大于 930 分的概率.(西安交通大学,1984)

29. 设每门高射炮发射炮弹击中敌机的概率都是 0.6. 今有三门高射炮同时对敌机发射一枚炮弹. (1)求击中敌机的概率;(2)如果一敌机来犯,欲以不低于 99%的概率击中它,问至少需要多少门高射炮(对各高射炮同时发射一次而言).

(**附** lg 4=0.692 1,lg 5=0.699 0,lg 6=0.778 2)(西安交通大学,1984)

30. 在每次试验中,事件 A 出现的概率为 p. 求证:在 n 次试验中,事件 A 出现奇数次和偶数次的概率分别是 $\frac{1}{2}[1-(q-p)^n]$ 和 $\frac{1}{2}[1+(q-p)^n]$,其中 $q=1-p$.(西安交通大学,1984)

第16章 随机变量及其分布

内容提要

(一)一维随机变量

1. 随机变量

记随机试验的基本空间为$U=\{\omega\}$,又$\xi\{\omega\}$是定义在U上的单值实函数,若对任一实数x来说,“$\xi\{\omega\}\leqslant x$”是事件(即$\xi\{\omega\}\leqslant x$有确定概率),则称ξ是(定义在U上的)随机变量.

我们可用图1显示这种关系.

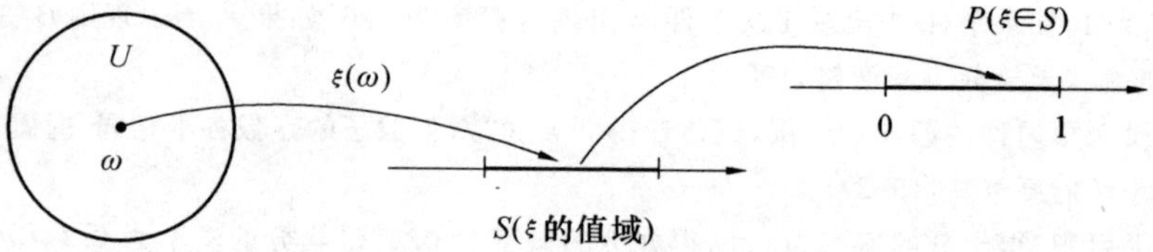

图1

又若$\xi_1(\omega),\xi_2(\omega),\cdots,\xi_n(\omega)$是定义在同一基本空间$U$上的$n$个随机变量,则称$\boldsymbol{\xi}=(\xi_1,\xi_2,\cdots,\xi_n)$为$n$维随机向量,又称$n$维随机变量.

2. 分布函数

若ξ是一个随机变量,则称$F(x)=P\{\xi\leqslant x\}(-\infty<x<+\infty)$为$\xi$的分布函数.

(1)分布函数性质

①$0\leqslant F(x)\leqslant 1(-\infty<x<+\infty)$;

②$F(x_1)\leqslant F(x_2)$,当$x_1<x_2$时($F(x)$单调不减);

③$\lim\limits_{x\to-\infty}F(x)=0$,$\lim\limits_{x\to+\infty}F(x)=1$;

④$\lim\limits_{x\to x_0+}F(x)=F(x_0)$,$-\infty<x_0<+\infty$($F(x)$右连续).

注 若定义$F(x)=P\{\xi<x\}$为ξ的分布函数,则$F(x)$是左连续的,即

$$F(x_0-0)=F(x_0)$$

关于分布函数的左或右连续,不同教材会有不同处理,但考研大纲上规定了**右连续**.

(2)一个公式(用分布函数计算概率)

若$F(x)$为随机变量ξ的分布函数,则

$$P\{a<\xi\leqslant b\}=F(b)-F(a)$$

3. 随机变量的概率分布

关于随机变量的概率分布及其性质可见下表.

随机变量的概率分布表

	离散型	连续型
分布律或分布密度	$\begin{array}{c\|cccc} \xi & x_1 & x_2 & \cdots & x_n\ \cdots \\ \hline p & p_1 & p_2 & \cdots & p_n\ \cdots \end{array}$	$f(x)$
分布函数	$F(x)=\sum\limits_{x_k\leqslant x}p(x_k)$	$F(x)=\int_{-\infty}^{x}f(x)\mathrm{d}x$
性　质	$0\leqslant p_i\leqslant 1(i=1,2,\cdots)$ $\sum\limits_{-\infty}^{+\infty}p_i=1$	①$f(x)\geqslant 0(-\infty<x<+\infty)$ ② $\int_{-\infty}^{+\infty}f(x)\mathrm{d}x=1$ ③$P\{a<\xi\leqslant b\}=\int_{b}^{a}f(x)\mathrm{d}x$ ④ $P\{\xi=a\}=0$(x 为 $f(x)$ 的连续点) ⑤$F'(x)=f(x)$

注　我们注意到:从"离散"到"连续"的演进,公式中只是把"$\sum$"变成"$\int$"而已.

4. 几种重要的分布

在概率论中,我们常会遇到一些重要的随机变量的分布. 比如对离散的情形有 0－1 分布、两点分布、均匀分布、二项分布、泊松分布、几何分布等;对连续的情形有均匀分布、正态分布、指数分布等. 关于它们的分布率或概率密度详见下表,它们的性质请见后文.

几种重要的分布表

分　布		分布律或概率密度	注　　记
离散型	0－1 分布	$P\{\xi=1\}=p$ $P\{\xi=0\}=1-p$	两点分布的特例
	两点分布	$P\{\xi=a\}=p$ $P\{\xi=b\}=1-p$	
	均匀分布	$P\{\xi=a_i\}=\dfrac{1}{N}(i=1,2,\cdots,n)$	
	二项分布	$P\{\xi=k\}=\mathrm{C}_n^k p^k(1-p)^{n-k}$ $(k=0,1,\cdots,n)$	简记 $\mathscr{B}(n,p)$(有放回);n 较大,p 较小～$\mathscr{B}(\lambda)$,$\lambda=np$(无放回)
	超几何分布	$P\{\xi=k\}=\dfrac{\mathrm{C}_M^k\mathrm{C}_{N-M}^{n-k}}{\mathrm{C}_N^n}$ $(k=0,1,2,\cdots,\min\{n,M\})$	简记 $H(N,M,n)$
	几何分布	$P\{\xi=k\}=pq^{k-1}$ $(k=0,1,2,\cdots)$	简记 $G(p)$ 且 $q=1-p$. 若 $X\sim G(p)$,则$P\{X=m+k\|X>m\}=P(X=k)$
	泊松(Poisson)分布	$P\{\xi=k\}=\dfrac{\lambda^k}{k!}\mathrm{e}^{-\lambda},\lambda>0$ $(k=1,2,\cdots)$	简记 $\mathscr{P}(\lambda)$或 $\pi(\lambda)$

续 表

分 布		分布律或概率密度	注 记
连续型	均匀分布	$f(x)=\begin{cases}\frac{1}{b-a}, & x\in[a,b]\\ 0, & x\overline{\in}[a,b]\end{cases}$	简记 $U[a,b]$
	正态分布	$f(x)=\frac{1}{\sqrt{2\pi}\sigma}e^{-\frac{(x-\mu)^2}{2\sigma^2}}$ $(-\infty<x<+\infty)$	简记 $N(\mu,\sigma^2)$. 若 $X\sim N(\mu,\sigma^2)$,则 $\frac{X-\mu}{\sigma}\sim N(0,1)$
	标　准 正态分布	$f(x)=\frac{1}{\sqrt{2\pi}}e^{-\frac{x^2}{2}}$ $(-\infty<x<+\infty)$	简记 $N(0,1)$. $\varphi(0)=\frac{1}{\sqrt{2\pi}},\Phi(0)=\frac{1}{2},\Phi(-a)=1-\Phi(a)$
	指数分布	$f(x)=\begin{cases}\lambda e^{-\lambda x}, & x\geqslant 0\\ 0, & 其他\end{cases}\quad(\lambda>0)$	简记 $E(\lambda)$. 若 $X\sim E(\lambda)$,则 $P\{X>s+t\mid X>s\}=P\{X>t\}$

(二)二维随机变量

1. 分布函数

二维随机变量(ξ,η)的分布函数为 $F(x,y)=P\{\xi\leqslant x,\eta\leqslant y\}$,其中 x,y 为任意实数.

2. 概率密度

分离散及连续两种情况,详见下表.

	离 散 型	连 续 性
分布密度 (性质)	$P\{\xi=a_i,\eta=b_j\}=p_{ij}$	$f(x,y)$
	①$0\leqslant p_{ij}\leqslant 1$ ②$\sum\limits_{i,j}p_{ij}=1$	①$f(x,y)\geqslant 0$ ②$\int_{-\infty}^{+\infty}\int_{-\infty}^{+\infty}f(x,y)\mathrm{d}x\mathrm{d}y=1$ ③$P\{(\xi,\eta)\in D\}=\iint\limits_D f(x,y)\mathrm{d}x\mathrm{d}y$
分布函数 (性质)	$F(x,y)=\sum\limits_{\substack{x_i\leqslant x\\ y_j\leqslant y}}p_{ij}$	$F(x,y)=\int_{-\infty}^{x}\int_{-\infty}^{y}f(x,y)\mathrm{d}x\mathrm{d}y$
		$P\{a<\xi\leqslant b,c<\eta\leqslant d\}$ $=F(b,d)-F(b,c)-F(a,d)+F(a,c)$
边缘分布 函数	$F_\xi(x)=\sum\limits_{x_i\leqslant x}\sum\limits_{j=1}^{\infty}p_{ij}$ $F_\eta(y)=\sum\limits_{y_j\leqslant y}\sum\limits_{i=1}^{\infty}p_{ij}$	$F_\xi(x)=\int_{-\infty}^{x}\left[\int_{-\infty}^{+\infty}f(x,y)\mathrm{d}y\right]\mathrm{d}x$ $F_\eta(y)=\int_{-\infty}^{y}\left[\int_{-\infty}^{+\infty}f(x,y)\mathrm{d}x\right]\mathrm{d}y$
边缘分布 密度	$p_{i\cdot}=\sum\limits_j p_{ij}\ (i=1,2,\cdots)$ $p_{\cdot j}=\sum\limits_i p_{ij}\ (j=1,2,\cdots)$	$\varphi_\xi(x)=\int_{-\infty}^{+\infty}f(x,y)\mathrm{d}y$ $\varphi_\eta(y)=\int_{-\infty}^{+\infty}f(x,y)\mathrm{d}x$

3. 边缘分布

随机变量(ξ,η)的两个边缘分布函数为(具体计算公式见上表)

$$F_{\xi}(x)=P\{\xi\leqslant x,\eta<+\infty\}=F(x,+\infty)$$

$$F_{\eta}(y)=P\{\xi<+\infty,\eta\leqslant y\}=F(+\infty,y)$$

二维随机变量的分布情况包括概率密度、分布函数及边缘分布密度及函数，见图2.

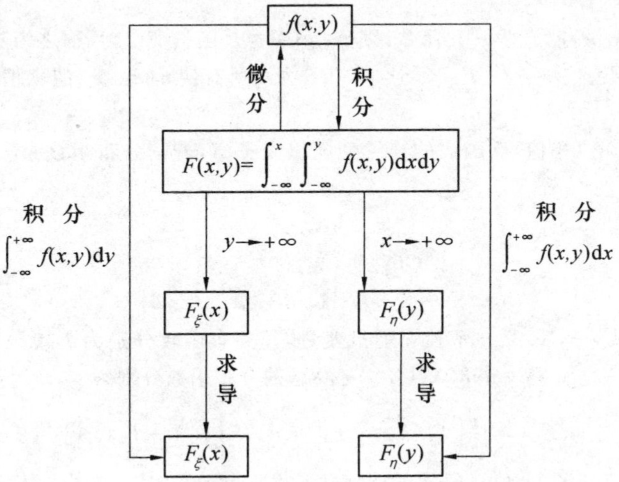

图2

4. 条件分布

关于随机变量的条件分布可见下表.

离　散　型	连　续　型
若 $P\{\eta=y_j\}>0$，称 $$P\{\xi=x_i\mid\eta=y_j\}=\frac{p_{ij}}{p_{\cdot j}}$$ 为在 $\eta=y_j$ 下 ξ 的条件分布； 若 $P\{\xi=x_i\}>0$，称 $$P\{\eta=y_j\mid\xi=x_i\}=\frac{p_{ij}}{p_{i\cdot}}$$ 为在 $\xi=x_i$ 下 η 的条件分布	若 $f_{\eta}(y)>0$，则 $$f(x\mid y)=\frac{f(x,y)}{f_{\eta}(y)}$$ 为当 $\eta=y$ 时 ξ 的条件分布密度； 若 $f_{\xi}(x)>0$，则 $$f(y\mid x)=\frac{f(x,y)}{f_{\xi}(x)}$$ 为当 $\xi=x$ 时 η 的条件分布密度

5. 随机变量的独立性

随机变量独立　随机变量 ξ,η 相互独立是指当下述关系成立时

$$P\{\xi\leqslant x,\eta\leqslant y\}=P\{\xi\leqslant x\}\cdot P\{\eta\leqslant y\}$$

即 $F(x,y)=F_{\xi}(x)\cdot F_{\eta}(y)$，这里 x,y 为任意实数.

随机变量 ξ,η 相互独立的充要条件：

二维离散型随机变量 ξ,η 相互独立 $\Longleftrightarrow p_{ij}=f_{i\cdot}\cdot f_{\cdot j}(i,j=1,2,\cdots)$.

二维连续型随机变量 ξ,η 相互独立 $\Longleftrightarrow f(x,y)=f_{\xi}(x)\cdot f_{\eta}(y)$.

注　相互独立性的概念可推广至多个随机变量上去.

n 个随机变量 $\xi_1,\xi_2,\cdots,\xi_n$ 相互独立是指：对实数轴上给定的 n 个集合 $S_1,S_2,\cdots,S_n$，以下诸事件 $\{\xi_1\in S_1\},\{\xi_2\in S_2\},\cdots,\{\xi_n\in S_n\}$ 相互独立.

(三)随机变量的函数分布

1. 随机变量的函数

(1)一维随机变量函数

设ξ为一维随机变量，$g(x)$为一元函数，则$\eta=g(\xi)$也是随机变量，且称之为随机变量ξ的函数．这样$P\{\eta\leqslant y\}=P\{g(\xi)\leqslant y\}=P\{\xi\in S\}$，其中$S$为由所有使$g(x)<y$的$x$值组成的集合．

两个重要命题

命题1　对任意存在(单值)反函数的连续型随机变量X，若其分布函数为$F(x)$，则随机变量$Y=F(X)$的分布函数为

$$G(y)=\begin{cases}0, & y<0\\ y, & 0\leqslant y<1\\ 1, & y\geqslant 1\end{cases}$$

命题2　若$X_1,X_2,\cdots,X_n$是n个独立随机变量，其分布函数分别为$F_1(x),F_2(x),\cdots,F_n(x)$，则$Y_1=\max\{X_1,X_2,\cdots,X_n\}$和$Y_2=\min\{X_1,X_2,\cdots,X_n\}$的分布函数分别为

$$F_{Y_1}=\prod_{k=1}^{n}F_k(x),\quad F_{Y_2}=1-\prod_{k=1}^{n}[1-F_k(x)]$$

特别地当$X_1,X_2,\cdots,X_n$为独立同分布且分布函数皆为$F(x)$时

$$F_{Y_1}=[F(x)]^n,\quad F_{Y_2}=1-[1-F(x)]^n$$

(2)二维随机变量函数

设$P(\xi,\eta)$为二维随机变量，$g(x,y)$为二元函数，则$\zeta=g(\xi,\eta)$是一维随机变量，且称其为二维随机变量(ξ,η)的函数．

2. 随机变量的函数分布

	离　散　型	连　续　型
一维随机变量	ξ的分布律为 $P\{\xi=x_i\}=p_i\quad(i=1,2,\cdots)$ $\eta=g(\xi)$的分布律为 $P\{\eta=g(x_i)\}=p_i\quad(i=1,2,\cdots)$	ξ的分布密度为$f(x)$．又$y=g(x)$严格单调，其反函数$g^{-1}(y)$有连续导数： $f(x)$单增时，有 $y_\eta(y)=f[g^{-1}(y)][g^{-1}(y)]'$ $f(x)$单减时，有 $y_\eta(y)=-f[g^{-1}(y)][g^{-1}(y)]'$ 或合并写为 $y_\eta(y)=f[g^{-1}(y)]\mid[g^{-1}(y)]'\mid$
二维随机变量	若$P\{\xi=x_i,\eta=y_j\}=p_{ij},\zeta=g(\xi,\eta)$，则 $P\{\zeta=z_k\}=P\{g(\xi,\eta)=z_k\}$ $=\sum\limits_{g(x_i,y_j)=z_k}P\{\xi=x_i,\eta=y_j\}$	(ξ,η)的密度为$f(x,y)$，又$\zeta=g(\xi,\eta)$，则ζ的分布函数 $F(z)=P\{\zeta\leqslant z\}=\iint\limits_D f(x,y)\mathrm{d}x\mathrm{d}y$ 其中$D:\{(x,y)\mid g(x,y)\leqslant z\}$

(1)$\zeta=\xi+\eta$的分布

若随机变量(ξ,η)的分布密度为$f(x,y)$，又$\zeta=\xi+\eta$的分布函数为$F_\zeta(z)$，则

$$F_\zeta(z)=\int_{-\infty}^{z}\left\{\int_{-\infty}^{+\infty}f(x,v-x)\mathrm{d}x\right\}\mathrm{d}v=\int_{-\infty}^{z}\left\{\int_{-\infty}^{+\infty}f(u-y,y)\mathrm{d}y\right\}\mathrm{d}u$$

且$\zeta=\xi+\eta$的分布密度$f_\zeta(z)$为

$$f_\zeta(z)=\int_{-\infty}^{+\infty}f(x,z-x)\mathrm{d}x=\int_{-\infty}^{+\infty}f(z-y,y)\mathrm{d}y$$

显然，当 ξ,η 相互独立时有

$$F_\zeta(z)=\int_{-\infty}^{z}\left\{\int_{-\infty}^{+\infty}f_\xi(x)f_\eta(v-x)\mathrm{d}x\right\}\mathrm{d}v=\int_{-\infty}^{z}\left\{\int_{-\infty}^{+\infty}f_\xi(u-y)\cdot f_\eta(y)\mathrm{d}y\right\}\mathrm{d}u$$

$$f_\zeta(z)=\int_{-\infty}^{+\infty}f_\xi(x)f_\eta(z-x)\mathrm{d}x=\int_{-\infty}^{+\infty}f_\xi(z-y)\cdot f_\eta(y)\mathrm{d}y$$

(2) 二维均匀分布

若 $(X,Y)\sim U(D)$，则 $f(x,y)=\begin{cases}\dfrac{1}{S(D)}, & (x,y)\in D\\ 0, & \text{其他}\end{cases}$. 这里 $S(D)$ 表示区域 D 的几何度量(测度).

(3) 二维正态分布

若随机变量 (ξ,η) 有概率密度

$$f(x,y)=\exp\left\{-\frac{1}{2(1-\rho^2)}\left[\frac{(x-\mu_1)^2}{{\sigma_2}^2}-2\rho\frac{(x-\mu_1)(y-\mu_2)}{\sigma_1\sigma_2}-\frac{(y-\mu_2)^2}{{\sigma_2}^2}\right]\right\}\Big/2\pi\sigma_1\sigma_2\sqrt{1-\rho^2}$$

$$(-\infty<x<+\infty,-\infty<y<+\infty)$$

其中 $\mu_1,\mu_2;\sigma_1,\sigma_2;\rho$ 均为常数，且 $\mu_1>0,\mu_2>0,|\rho|<1$，则称 (ξ,η) 服从二维正态分布.

若随机变量 (ξ,η) 服从二维正态分布，则 $\xi\sim N(\mu_1,{\sigma_1}^2),\eta\sim N(\mu_2,{\sigma_2}^2)$.

又随机变量 ξ,η 相互独立 $\Longleftrightarrow\rho=0$.

若随机变量 ξ,η 相互独立，则 $\xi+\eta\sim N(\mu_1+\mu_2,{\sigma_1}^2+{\sigma_2}^2)$，进而

$$c_1\xi+c_2\eta\sim N(c_1\mu_1+c_2\mu_2,c_1^2\sigma_1^2+c_2^2\sigma_2^2+2c_1c_2\rho\sigma_1\sigma_2)$$

ξ 关于 $\eta=y$ 的条件分布为 $N(\mu_1+\rho\frac{\sigma_1}{\sigma_2}(y-\mu_2),\sigma_2(1-\rho^2))$；$\eta$ 关于 $\xi=x$ 的条件分布为 $N(\mu_2+\rho\frac{\sigma_1}{\sigma_2}(x-\mu_1),\sigma_2^2(1-\rho^2))$.

(4)二维泊松分布

若随机变量 ξ,η 相互独立，且 $\xi\sim\mathscr{P}(\lambda_1)$，又 $\eta\sim\mathscr{P}(\lambda_2)$，则 $\xi+\eta\sim\mathscr{P}(\lambda_1+\lambda_2)$.

(5)$\xi=\max\{X_1,X_2\},\eta=\min\{X_1,X_2\}$ 的分布

见上面的命题 2.

经典问题解析

1. 一维随机变量的概率分布

例 1 盒内装有分别标上号码 0,1,1,2 的四个球，今从盒中有放回地取出两球，其上号码积记为 X，求 X 的分布.

解 设 ξ,η 分别表示所取两球上的号码，则 $X=\xi\eta$，知 X 只能取 0,1,2,4.

$$P\{X=0\}=P\{\xi=0\text{ 或 }\eta=0\}=P\{\xi=0\}+P\{\eta=0\}-P\{\xi=0,\eta=0\}$$
$$=P\{\xi=0\}+P\{\eta=0\}-P\{\xi=0\}P\{\eta=0\}=\frac{1}{4}+\frac{1}{4}-\frac{1}{4}\times\frac{1}{4}=\frac{7}{16}$$

$$P\{X=1\}=P\{\xi=1,\eta=1\}=P\{\xi=1\}P\{\eta=1\}=\frac{1}{2}\times\frac{1}{2}=\frac{1}{4}$$

$$P\{X=2\}=P\{\xi=1,\eta=2\}+P\{\xi=2,\eta=1\}$$
$$=P\{\xi=1\}P\{\eta=2\}+P\{\xi=2\}P\{\eta=1\}=\frac{2}{4}\times\frac{1}{4}+\frac{1}{4}\times\frac{2}{4}=\frac{1}{4}$$

$$P\{X=4\}=P\{\xi=2,\eta=2\}=P\{\xi=2\}P\{\eta=2\}=\frac{1}{16}$$

综上知 X 的分布率如下表所示：

x	0	1	2	4
$P\{X=x\}$	$\frac{7}{16}$	$\frac{1}{4}$	$\frac{1}{4}$	$\frac{1}{16}$

例 2 有 3 个盒，第一盒装 4 个红球 1 个黑球；第二盒装 3 个红球 2 个黑球；第三盒装 2 个红球 3 个黑球. 今任取一盒，从中任取 3 个球，若 ξ 表示红球个数，求 ξ 的概率分布.

解 令 $A_k=\{$任取 1 盒取到 k 盒$\}$，$k=1,2,3$. 则 $P(A_k)=\frac{1}{3}$，其中 $k=1,2,3$，且 ξ 可能有值为 0，1，2，3. 有

$$P\{\xi=0\}=P\{\xi=0|A_3\}\cdot P\{A_3\}=\frac{1}{3}\cdot\frac{1}{C_5^3}=\frac{1}{30}$$

$$P\{\xi=1\}=P\{\xi=1|A_2\}\cdot P\{A_2\}+P\{\xi=1|A_3\}\cdot P\{A_3\}=\frac{1}{3}\frac{C_3^1}{C_5^3}+\frac{1}{3}\frac{C_2^1C_3^2}{C_5^3}=\frac{9}{30}=\frac{3}{10}$$

$$P\{\xi=2\}=\sum_{k=1}^{3}P\{\xi=2\mid A_k\}\cdot P\{A_k\}=\frac{1}{3}\frac{C_4^2}{C_5^3}+\frac{1}{3}\frac{C_3^2C_2^1}{C_5^3}+\frac{1}{3}\frac{C_3^1}{C_5^3}=\frac{15}{30}=\frac{1}{2}$$

$$P\{\xi=3\}=P\{\xi=3|A_1\}\cdot P\{A_1\}+P\{\xi=3|A_2\}\cdot P\{A_2\}=\frac{1}{3}\frac{C_4^3}{C_5^3}+\frac{1}{3}\frac{1}{C_5^3}=\frac{5}{30}=\frac{1}{6}$$

又 $P\{\xi=3\}$. 亦可从 $1-(P\{\xi=0\}+P\{\xi=1\}+P\{\xi=2\})$ 直接算得. 综上 ξ 的分布率如下表所示：

ξ	0	1	2	3
p	$\frac{1}{30}$	$\frac{3}{10}$	$\frac{1}{2}$	$\frac{1}{6}$

例 3 袋中有 N 个球，分别编 $1,2,\cdots,N$ 号，今从中任取 n 个 $(0<n<N)$，若以 ξ 表示在被取出的球中，其编号比所有未取出球编号都大的球的个数，试求 ξ 的概率分布.

解 由设 ξ 的可能值为 $k=1,2,\cdots,n$，又设事件 $A_k=\{\xi=k\}=\{$在取出球中有编号 $N,N-1,\cdots,N-(k-1)$ 的球，其余 $n-k$ 个球是从编号为 $1,2,\cdots,N-(k+1)$ 中取出$\}$. 则

$$P(A_k)=P\{\xi=k\}=\frac{C_{N-k-1}^{n-1}}{C_N^n},\quad k=0,1,2,\cdots,n$$

例 4 (2006①③④)设随机变量 X 的概率密度为 $f_X(x)=\begin{cases}\frac{1}{2}, & -1<x<0\\ \frac{1}{4}, & 0\leqslant x<2\\ 0, & 其他\end{cases}$，令 $Y=X^2$，$F(x,y)$ 为二维随机变量 (X,Y) 的分布函数，求：(1) Y 的概率密度 $f_Y(y)$；(2) $F\left(-\frac{1}{2},4\right)$.

解 (1)记 Y 的分布函数为 $F_Y(y)$，则 $F_Y(y)=P\{Y\leqslant y\}=P(X^2\leqslant y)$. 于是，当 $y<0$ 时，$P\{X^2\leqslant y\}=P\{\varnothing\}=0$；当 $y\geqslant 0$ 时，有

$$P\{X^2\leqslant y\}=P\{-\sqrt{y}\leqslant X\leqslant\sqrt{y}\}=\int_{-\sqrt{y}}^{\sqrt{y}}f_x(x)\mathrm{d}x$$

$$=\begin{cases}\int_{-\sqrt{y}}^{0}\frac{1}{2}\mathrm{d}x+\int_0^{\sqrt{y}}\frac{1}{4}\mathrm{d}x, & 0\leqslant y<1\\ \int_{-1}^{0}\frac{1}{2}\mathrm{d}x+\int_0^{\sqrt{y}}\frac{1}{4}\mathrm{d}x, & 1\leqslant y<4\\ \int_{-1}^{0}\frac{1}{2}\mathrm{d}x+\int_0^{2}\frac{1}{4}\mathrm{d}x, & y>4\end{cases}=\begin{cases}\frac{3}{4}\sqrt{y}, & 0\leqslant y<1\\ \frac{1}{2}+\frac{1}{4}\sqrt{y}, & 1\leqslant y\leqslant 4\\ 1, & y>4\end{cases}$$

即

$$F_Y(y)=\begin{cases}0, & y<0\\ \dfrac{3}{4}\sqrt{y}, & 0\leqslant y<1\\ \dfrac{1}{2}+\dfrac{1}{4}\sqrt{y}, & 1\leqslant y\leqslant 4\\ 1, & y>4\end{cases}=\begin{cases}0, & y\leqslant 0\\ \dfrac{3}{4}\sqrt{y}, & 0<y<1\\ \dfrac{1}{2}+\dfrac{1}{4}\sqrt{y}, & 1\leqslant y\leqslant 4\\ 1, & y>4\end{cases}$$

$$f_Y(y)=\frac{\mathrm{d}F_Y(y)}{\mathrm{d}y}=\begin{cases}\dfrac{3}{8\sqrt{y}}, & 0<y<1\\ \dfrac{1}{8\sqrt{y}}, & 1\leqslant y\leqslant 4\\ 0, & 其他\end{cases}$$

$$\begin{aligned}(2)F\left(-\frac{1}{2},4\right)&=P\left\{X\leqslant-\frac{1}{2},Y\leqslant 4\right\}=P\left\{X\leqslant-\frac{1}{2},X^2\leqslant 4\right\}\\&=P\left\{X\leqslant-\frac{1}{2},-2\leqslant X\leqslant 2\right\}=P\left\{-2\leqslant X\leqslant-\frac{1}{2}\right\}\\&=\int_{-2}^{-\frac{1}{2}}f_X(x)\mathrm{d}x=\int_{-1}^{-\frac{1}{2}}\frac{1}{2}\mathrm{d}x=\frac{1}{4}\end{aligned}$$

例 5　设 X 是有连续分布函数 $F(X)$ 的随机变量，令 $Y=F(X)$，求 Y 的分布函数和概率密度函数.

解　由题设 $F(x)$ 是分布函数，知 $F(x)$ 单调不减，且 $0\leqslant F(x)\leqslant 1$.

定义函数 $F^{-1}(y)=\inf\{x\mid F(x)>y\}$，$0\leqslant y\leqslant 1$.（inf 表示“下确界”，即使 $F(x)>y$ 最大的 x 或最大的下界）

当 $y<0$ 时，$F_Y(y)=P\{Y\leqslant y\}=P\{F(X)\leqslant y\}=0$；

当 $0\leqslant y<1$ 时，$F_Y(y)=P\{Y\leqslant y\}=P\{F(X)\leqslant y\}=P\{X\leqslant F^{-1}(y)\}=F\{F^{-1}(y)\}=y$；

当 $y\geqslant 1$ 时，$F_Y(y)=P\{Y\leqslant y\}=P\{F(x)\leqslant y\}=1$.

故 $Y=F(x)$ 的分布函数为

$$F_Y(y)=\begin{cases}0, & y<0\\ y, & 0\leqslant y\leqslant 1\\ 1, & y>1\end{cases}$$

从而 $Y=F(x)$ 的概率密度函数为

$$f_Y(y)=\begin{cases}1, & 0\leqslant y\leqslant 1\\ 0, & 其他\end{cases}$$

注　这个结论揭示的有趣事实是重要的，且可作为命题用.

下面是一则应用题，它与通讯线路以及电子电路设计有关（两者当属同一类问题，只不过提法不同）.

例 6　若某信息经三条信道独立地自 A 传输到 B，又这三条信道传输时间的概率密度分别为 $f_1(t)$，$f_2(t)$，$f_3(t)$（$0\leqslant t<+\infty$），求信息最先到达 B 的概率密度函数.

解　若第 i 条信道到达 B 的时间为 ξ_i（$i=1,2,3$），又最先到达 B 的时间为 ξ，则对于 $x\geqslant 0$ 有

$$\begin{aligned}F_\xi(x)&=P\{\xi<x\}=1-P\{\xi\geqslant x\}=1-P\{\xi_1\geqslant x\}P\{\xi_2\geqslant x\}P\{\xi_3\geqslant x\}\\&=1-[1-F_{\xi_1}(x)][1-F_{\xi_2}(x)][1-F_{\xi_3}(x)]\end{aligned}$$

故 ξ 的概率密度 $f_\xi(x)=F'_\xi(x)$，即

$$\begin{aligned}f_\xi(x)=&f_1(x)\int_x^\infty f_2(t)\mathrm{d}t\int_x^\infty f_3(t)\mathrm{d}t+f_2(x)\int_x^\infty f_1(t)\mathrm{d}t\int_x^\infty f_3(t)\mathrm{d}t+\\&f_3(x)\int_x^\infty f_1(t)\mathrm{d}t\int_x^\infty f_2(t)\mathrm{d}t,\quad 0\leqslant t<+\infty\end{aligned}$$

2. 多维随机变量的概率分布

例 1 若随机变量以概率 1 取常数 c,证明 ξ 与任一随机变量相互独立.

证 易证若 $P(A)=0$ 或 1,则对任一事件 B,知 A,B 相互独立.

若 $x<c$,则 $P\{\xi\leqslant x\}=0$,于是可有

$$F(x,y)=P\{\xi\leqslant x,\eta\leqslant y\}=P\{\xi\leqslant x\}P\{\eta\leqslant y\}=F_\xi(x)F_\eta(y)$$

若 $x\geqslant c$,则 $P\{\xi\leqslant x\}=1$,于是可有

$$F(x,y)=P\{\xi\leqslant x,\eta\leqslant y\}=P\{\xi\leqslant x\}P\{\eta\leqslant y\}=F_\xi(x)F_\eta(y)$$

故对任意 x,y 均有 $F(x,y)=F_\xi(x)F_\eta(y)$,即 ξ 与 η 相互独立.

注 下面问题与例类同.

设随机变量 X 满足 $P\{X=0\}=1$,又 Y 为任意的随机变量.证明 X 与 Y 相互独立.

证:令事件 $A=\{X\leqslant x\},B=\{Y\leqslant y\}$,则

$$P(A)=P\{X\leqslant x\}=F_X(x),P(B)=P\{Y\leqslant y\}=F_Y(Y)$$

由

$$P\{X=0\}=1\Rightarrow P(A)=F_X(x)=\begin{cases}0, & x<0\\ 1, & x\geqslant 0\end{cases}$$

若 $x<0$,则

$$P(A)=F_X(x)=0\Rightarrow F(x,y)=P(A,B)\leqslant P(A)=0$$

即

$$F(x,y)=0\cdot F_Y(y)=F_X(x)F_Y(y)$$

若 $x\geqslant 0$,则 $P(A)=F_X(x)=1\Rightarrow P(\overline{A})=0$. 于是

$$F(x,y)=P(AB)=P(B)-P(\overline{A}B)=P(B)=1\cdot F_Y(x)=F_X(x)F_Y(y)$$

可见对任意 x,y 有 $F(x,y)=F_X(x)\cdot F_Y(y)$,即 X,Y 相互独立.

例 2 随机变量 $X_1,X_2,\cdots,X_n$ 独立同分布,其密度函数为

$$f(x)=\begin{cases}2\mathrm{e}^{-2(x-a)}, & x>a\\ 0, & x\leqslant a\end{cases}\quad (a\text{ 为常数})$$

试求 $Y=\min\limits_{1\leqslant i\leqslant n}\{X_i\}$ 的概率密度.

解 由题设 $X_1,X_2,\cdots,X_n$ 的分布函数均为

$$F(x)=\int_{-\infty}^{x}f(t)\mathrm{d}t=\begin{cases}1-\mathrm{e}^{-2(x-a)}, & x>a\\ 0, & x\leqslant a\end{cases}$$

从而 Y 的分布函数和概率密度分别为

分布函数

$$\begin{aligned}F_Y(y)&=P\{Y\leqslant y\}=P\{\min_{1\leqslant i\leqslant n}\{X_i\}\leqslant y\}=1-P\{\min_{1\leqslant i\leqslant n}\{X_i\}>y\}\\&=1-P\{X_1>y,X_2>y,\cdots,X_n>y\}\\&=1-P\{X_1>y\}\cdot P\{X_2>y\}\cdot\cdots\cdot P\{X_n>y\}\\&=1-[1-F(y)]^n=\begin{cases}1-\mathrm{e}^{-2n(y-a)}, & y>a\\ 0, & y\leqslant a\end{cases}\end{aligned}$$

概率密度

$$f_Y(y)=F'_Y(y)=\begin{cases}2n\mathrm{e}^{-2n(y-a)}, & y>a\\ 0, & y\leqslant a\end{cases}$$

注 显然由上可求 Y 的数学期望

$$E(Y)=\int_{-\infty}^{+\infty} y f_Y(y)\mathrm{d}y=\int_a^{+\infty} 2ny\mathrm{e}^{-2n(y-a)}\mathrm{d}y=\frac{1}{2n}+a$$

例 3　设 $X_1,X_2,\cdots,X_n$ 为 n 个相互独立的随机变量,且均服从威尔(C. H. H. Weyl)分布(参数为 β,η),即分布密度函数为

$$f_i(x)=f(x)=\begin{cases}\dfrac{\beta}{\eta}\left(\dfrac{x}{\eta}\right)^{\beta-1}\mathrm{e}^{-\left(\frac{x}{\eta}\right)^{\beta}}, & x>0\\ 0, & 其他\end{cases}\quad (i=1,2,\cdots,n)$$

证明 $\min\{X_1,X_2,\cdots,X_n\}$ 仍服从威尔分布.

证　设 X_i 的分布函数为 $F_i(x)=F(x)$,记 $Y=\min\{X_1,X_2,\cdots,X_n\}$,且其分布函数 $G(y)$. 则

$$\begin{aligned}G(y)&=P\{Y\leqslant y\}=1-P\{Y>y\}=1-P\{X_1>y,X_2>y,\cdots,X_n>y\}\\&=1-\prod_{i=1}^{n}P\{X_i>y\}=1-\prod_{i=1}^{n}[1-P\{X_i\leqslant y\}]=1-[1-F(y)]^n\end{aligned}$$

而当 $y>0$ 时,有

$$F(y)=\int_{-\infty}^{y} f(x)\mathrm{d}x=\int_0^y \frac{\beta}{\eta}\left(\frac{x}{\eta}\right)^{\beta-1}\mathrm{e}^{-\left(\frac{x}{\eta}\right)^{\beta}}\mathrm{d}x=\int_0^{\frac{y}{\eta}}\mathrm{e}^{-t^{\beta}}\mathrm{d}(t^{\beta})=1-\mathrm{e}^{-\left(\frac{y}{\eta}\right)^{\beta}}$$

故　$$G(y)=1-\left[1-\left(1-\mathrm{e}^{-\left(\frac{y}{\eta}\right)^{\beta}}\right)\right]^n=1-\left[\mathrm{e}^{-n\left(\frac{y}{\eta}\right)^{\beta}}\right]^n=1-\exp\left\{-\left[y\Big/\left(\frac{\eta}{n^{\frac{1}{\beta}}}\right)\right]^{\beta}\right\}$$

即 Y 服从参数为 $\beta,\dfrac{\eta}{n^{\frac{1}{\beta}}}$ 的威尔分布.

注　应用前文我们介绍过的求 $\min\{X_1,X_2,\cdots,X_n\}$ 分布函数的公式,亦可直接求得结论.

例 4　设 $X_i(i=1,2,\cdots,13)$ 是相互独立且概率密度均为 $f(x)(-\infty<x<+\infty)$ 的随机变量,求 $\min\{X_{11},X_{12},X_{13}\}>\max\{X_1,X_2,\cdots,X_{10}\}$ 的概率.

解　令 $\xi=\min\{X_{11},X_{12},X_{13}\}$,$\eta=\max\{X_1,X_2,\cdots,X_{10}\}$.

又由设 X_i 的分布函数为 $F(x)=\int_{-\infty}^{x} f(x)\mathrm{d}x$,易知 ξ,η 相互独立,且它们的分布函数分别为

$$F_\xi(u)=1-[1-F(u)]^3,\quad F_\eta(v)=[F(v)]^{10}$$

故概率密度分别为

$$f_\xi(u)=3[1-F(u)]^2 f(u)=3f(u)-6F(u)f(u)+3F^2(u)f(u)$$
$$f_\eta(v)=10F^9(v)f(v)$$

故所求概率

$$\begin{aligned}P(\xi>\eta)&=\int_{-\infty}^{+\infty}\mathrm{d}u\int_{-\infty}^{u} f_\xi(u)f_\eta(v)\mathrm{d}v\\&=3\int_{-\infty}^{+\infty}F^{10}(u)f(u)\mathrm{d}u-6\int_{-\infty}^{+\infty}F^{11}(u)f(u)\mathrm{d}u+3\int_{-\infty}^{+\infty}F^{12}(u)f(u)\mathrm{d}u\\&=\frac{3}{11}-\frac{1}{2}+\frac{3}{13}=\frac{1}{286}\end{aligned}$$

这里用到了结论:若随机变量 $X_1,X_2,\cdots,X_n$ 独立同分布,分布函数为$F(x)$,且令 $Y_1=\max\{X_1,X_2,\cdots,X_n\}$,$Y_2=\min\{X_1,X_2,\cdots,X_n\}$,则 Y_1,Y_2 的分布函数分别为

$$F_{Y_1}=F^n(x),F_{Y_2}=1-F^n(x)$$

例 5　设二维随机变量(X,Y)的概率密度函数为

$$f(x,y)=\begin{cases}\dfrac{1}{4}, & -1\leqslant x<1,0\leqslant y\leqslant 2\\ 0, & 其他\end{cases}$$

求二次曲面 $f=x_1^2+2x_2^2+Yx_3^2+2x_1x_2+2Xx_2x_3=0$ 为椭球面的概率.

解 题设二次曲面 f 的相应系数矩阵为

$$\boldsymbol{A}=\begin{pmatrix}1&1&X\\1&2&0\\X&0&Y\end{pmatrix}$$

若 f 为椭球面,则 $\boldsymbol{A}$ 的特征值均恒正或均恒负,即 $\boldsymbol{A}$ 正定或负定.

注意到 $\boldsymbol{A}$ 的顺序余子式,$A_{11}=1>0$,$A_{12}=\begin{vmatrix}1&1\\1&2\end{vmatrix}=1>0$,故 $\boldsymbol{A}$ 只能正定.

从而
$$\det\boldsymbol{A}=\begin{vmatrix}1&1&X\\1&2&0\\X&0&Y\end{vmatrix}=Y-2X^2>0$$

故 $f=0$ 为椭圆的概率为

$$P\{Y-2X^2>0\}=\int_{-1}^{1}\mathrm{d}x\int_{2x^2}^{2}\frac{1}{4}\mathrm{d}y=\frac{2}{3}$$

例 6 令 $n\geqslant 4$ 给定,并设 $P_1,P_2,\cdots,P_n$ 是 n 个在一个圆周上随机地、独立地、均匀地选取的点.考虑顶点为所有 P_i 的凸 n 边形.这个多边形至少有一个顶角为锐角的概率是多少?(美国 Putnam Exam,2004)

解 令 A,B 和 C 表示圆周上 3 个相继的点.说 $\angle ABC$ 是锐角,等价于说在圆周上由 A 经过 B 到 C 的弧的度量大于 π.这样,如果它们不相邻的话,在圆周上没有足够的地方可以有两个锐角,在题设情形下,存在唯一一个点,在该点处的角是钝角,而按逆时针方向相邻的一个点处是锐角.

假设 $0\leqslant\theta\leqslant 1$ 和 $0\leqslant\phi\leqslant\frac{1}{2}$.$n$ 个点中恰有一个点位于弧$(2\pi\theta,2\pi\theta+2\pi\Delta\theta)$上,并且恰有一个点位于弧$(2\pi(\theta+\phi),2\pi(\theta+\phi)+2\pi\Delta\theta)$上的概率近似为 $n(n-1)\Delta\theta\Delta\phi$.

如果没有 2 个或多个点位于这两条弧的某一条上,或 2 条弧没有重合部分,那么这个估计是精确的.

当 $\Delta\theta$ 和 $\Delta\phi$ 较小的时候,有 2 个或多个点位于这 2 条弧的某一条上,或 2 条弧有重合部分,这 2 种可能性可以被忽略.

令 A 表示在第一段弧上的点,B 表示在第二段弧上的点.为了在点 B 处的角是锐角,所有其他的点必定位于从 A 到它的对径点的半圆周上.这个概率是 $\frac{1}{2^{n-2}}$.

令 A' 表示 A 的对径点,B' 表示 B 的对径点.我们不想所有这些剩下的点都在 A' 与 B' 之间.这一事件的概率至少是 $(\phi-\Delta\theta)^{n-2}$,但是不大于 $(\phi+\Delta\phi)^{n-2}$.

这样题中所述事件的概率为

$$n(n-1)\int_0^1\int_0^{\frac{1}{2}}\left(\frac{1}{2^{n-2}}-\phi^{n-2}\right)\mathrm{d}\phi\mathrm{d}\theta=n(n-1)\left(\frac{1}{2^{n-1}}-\frac{1}{2^{n-1}(n-1)}\right)=\frac{n(n-2)}{2^{n-1}}$$

研究生入学考试试题选讲

1978 ~ 1986 年部分

1. 随机变量的概率分布问题

(1) 一元(维)随机变量的概率分布

我们来看一些关于随机变量的分布问题,先来看离散型的,本质上讲它们只是计算事件概率问题的延伸.

例 1 在 n 个零件中,有 $k(<n)$ 个次品,若每次取出次品不放回,试求在取得正品之前,已取出次品

数的分布律(概率分布).(安徽工学院,1982)

解　设随机变量 ξ 为取得正品前已取出次品的数目,则

$$P\{\xi = m\} = \frac{k}{n} \cdot \frac{k-1}{n-1} \cdot \frac{k-2}{n-2} \cdot \cdots \cdot \frac{k-(m-1)}{n-(m-1)} \cdot \frac{k-m}{n-m}, \quad m = 1,2,\cdots,k$$

故 ξ 的分布律为下表所示:

ξ	0	1	2	…	k
$P\{\xi = m\}$	$\frac{n-k}{n}$	$\frac{k}{n}\cdot\frac{n-k}{n-1}$	$\frac{k}{n}\cdot\frac{k-1}{n-1}\cdot\frac{n-k}{n-2}$	…	$\frac{k!}{A_n^k}\cdot\frac{n-k}{n-k}$

例2　一个袋子里有 6 个一样的球,其中 3 个球各标有 1 个点,2 个球各标有 2 个点,1 个球上标有 3 个点.从袋子里取出 3 个球,3 个球上点数之和以 X 表示①.

(1) 求 X 的概率分布;(2) 求 X 的数学期望;(3) 求 X 的方差;(4) 若任取 10 次,求 8 次出现 $X = 6$ 的概率;(5) 设 $Y = 2X$,求 Y 的概率分布.(长沙铁道学院,1981)

解　(1) 由计算不难得到 X 的分布律为:

x	3	4	5	6	7
$P\{X = x\}$	$\frac{C_3^3}{C_6^3} = \frac{1}{20}$	$\frac{C_3^2 C_2^1}{C_6^3} = \frac{6}{20}$	$\frac{C_3^2 C_1^1 C_2^1 C_2^2}{C_6^3} = \frac{6}{20}$	$\frac{C_3^1 C_2^1 C_1^1}{C_6^3} = \frac{6}{20}$	$\frac{C_2^2 C_1^1}{C_6^3} = \frac{1}{20}$

(2) 数学期望 $E(X) = \sum_{i=3}^{7} a_i p_i = 3 \times \frac{1}{20} + 4 \times \frac{6}{20} + 5 \times \frac{6}{20} + 6 \times \frac{6}{20} + 7 \times \frac{1}{20} = 5.$

(3) 方差 $D(X) = E(X^2) - [E(X)]^2 = 3^2 \times \frac{1}{20} + 4^2 \times \frac{1}{20} + 5^2 \times \frac{6}{20} + 6^2 \times \frac{6}{20} + 7^2 \times \frac{1}{20} - 25$

$= 26 - 25 = 1.$

(4) 设每次取后放回,此时因 $P\{X = 6\} = \frac{6}{20} = p$,则任取 10 次出现 $X = k$ 的概率为

$$P_{10}(k) = C_{10}^k p^k (1-p)^{10-k}$$

故取 10 次出现 8 次 $X = 6$ 的概率为

$$P_{10}(8) = C_{10}^8 \left(\frac{6}{20}\right)^8 \left(1 - \frac{6}{20}\right)^2 = 1.446 \times 10^6$$

(5)$Y = 2X$ 的概率分布如下表所示:

x	3	4	5	6	7
y	6	8	10	12	14
$P\{Y = y\}$	$\frac{1}{20}$	$\frac{6}{20}$	$\frac{6}{20}$	$\frac{6}{20}$	$\frac{1}{20}$

例 3　设随机变量的分布律为 $P\{X = k\} = a\frac{\lambda^k}{k!}(k = 0,1,2,\cdots)$,这里 $\lambda > 0$(常数).

(1) 试确定常数 a;(2)k 取何值时,$P\{X = k\}$ 为最大.(太原机械学院,1982)

解　(1) 因为若 $P\{X = x_k\} = p_k(k = 1,2,\cdots)$,则 $\sum_{k=0}^{\infty} p_k = 1$.

故 $\sum_{k=1}^{\infty} P\{X = k\} = \sum_{k=0}^{\infty} a\frac{\lambda^k}{k!} = a\sum_{k=0}^{\infty}\frac{\lambda^k}{k!} = ae^k = 1$,从而 $a = e^{-k}$.

(2) 注意到

① 由于各院校所拟试题采用不同数学符号,故试题中有时亦用 $X,Y,\cdots$ 表示随机变量,一般用 $\xi,\eta,\cdots$ 表示.

$$\frac{P\{X=k\}}{P\{X=k-1\}}=\left(\frac{\lambda^k e^{-k}}{k!}\right)\Big/\left[\frac{\lambda^{k-1}e^{-k}}{(k-1)!}\right]=\frac{\lambda}{k}$$

若 $k<\lambda$,则$\frac{\lambda}{k}>1$;若 $k=\lambda$,则$\frac{\lambda}{k}=1$;若 $k>\lambda$,则$\frac{\lambda}{k}<1$.

故若λ为整数,则当$k=\lambda,k=\lambda-1$时$P\{X=k\}$取最大值;若λ为非整数,则$k=[\lambda]$时$P\{X=k\}$取最大值,这里$[\lambda]$表示不超过λ的最大整数.

(2) 多元(维)随机变量的概率分布

① 离散型问题

例 1 连续掷 5 次均匀硬币,令ξ表示出现正面的次数,η表示连续出现 3 次正面的次数. 求ξ,η及(ξ,η)的概率分布.(中国科学院,1984)

解 由设不难有$P\{\xi=k\}=\frac{C_5^k}{2^6}(k=0,1,2,3,4,5)$,故$\xi$的概率分布为:

k	0	1	2	3	4	5
$P\{\xi=k\}$	$\frac{1}{32}$	$\frac{5}{32}$	$\frac{10}{32}$	$\frac{10}{32}$	$\frac{5}{32}$	$\frac{1}{32}$

连续出现 3 次正面的情形只有第 1,2,3 次,第 2,3,4 次,第 3,4,5 次 3 种,故

$$P\{\eta=0\}=\frac{29}{32},\quad P\{\eta=1\}=\frac{3}{32}$$

因而η的概率分布为:

m	0	1
$P\{\eta=m\}$	$\frac{29}{32}$	$\frac{3}{32}$

又$P\{\xi=k,\eta=m\}=P\{\xi=k\}P\{\eta=m\mid\xi=k\}(k=0,1,2,3,4,5;m=0,1)$,则$(\xi,\eta)$的概率分布为:

η \ ξ	0	1	2	3	4	5
0	$\frac{1}{32}$	$\frac{5}{32}$	$\frac{10}{32}$	$\frac{7}{32}$	$\frac{5}{32}$	$\frac{1}{32}$
1	0	0	0	$\frac{3}{32}$	0	0

例 2 已知二维随机变量(ξ,η)的分布密度为:

(ξ,η)	(1,2)	(1,2)	(1,3)	(2,1)	(2,2)	(2,3)
p	$\frac{1}{6}$	$\frac{1}{9}$	$\frac{1}{18}$	$\frac{1}{3}$	α	β

问当α,β为何值时,随机变量ξ,η是相互独立的?(同济大学,1981)

解 由题设(ξ,η)的分布律可改写为:

ξ \ η	1	2	3
1	$\frac{1}{6}$	$\frac{1}{9}$	$\frac{1}{18}$
2	$\frac{1}{3}$	α	β

这样,关于ξ,η的边缘分布分别为:

ξ 的边缘分布

ξ	1	2
$p_{i\cdot}$	$\frac{1}{3}$	$\frac{1}{3}+\alpha+\beta$

η 的边缘分布

η	1	2	3
$p_{\cdot j}$	$\frac{1}{2}$	$\frac{1}{9}+\alpha$	$\frac{1}{18}+\beta$

问题要求 ξ,η 相互独立，而 ξ,η 相互独立 $\Longleftrightarrow p_{ij}=p_{i\cdot}\cdot p_{\cdot j}(i,j=1,2,\cdots)$.

由 $P\{\xi=1,\eta=2\}=P\{\xi=1\}\cdot P\{\eta=2\}$，有 $\frac{1}{9}=\frac{1}{3}\cdot\left(\frac{1}{9}+\alpha\right)$，得 $\alpha=\frac{2}{9}$；

又由 $P\{\xi=1,\eta=3\}=P\{\xi=1\}\cdot P\{\eta=3\}$，有 $\frac{1}{18}=\frac{1}{3}\cdot\left(\frac{1}{18}+\beta\right)$，得 $\beta=\frac{1}{9}$.

经验算可知：$\alpha=\frac{2}{9},\beta=\frac{1}{9}$ 时，随机变量 ξ,η 相互独立.

下面来看一个关于二元随机变量条件分布的问题.

例 3　若随机变量 X_1 和 X_2 相互独立，且具有共同的几何分布，即

$$P\{X_i=k\}=pq^{k-1},\quad k=1,2,\cdots;i=1,2$$

试证 $P\{X_1=k\mid X_1+X_2=n\}=\frac{1}{n-1},k=1,2,\cdots,n$.（苏州丝绸工学院，1983；河北大学，1983）

证　由题设及条件概率公式且注意到 X_1,X_2 相互独立，则有

$$P\{X_1=k\mid X_1+X_2=n\}=\frac{P\{X_1=k,X_1+X_2=n\}}{P\{X_1+X_2=n\}}$$

$$=\frac{P\{X_1=k,X_2=n-k\}}{P\{X_1+X_2=n\}}=\frac{P\{X_1=k\}P\{X_2=n-k\}}{P\{X_1+X_2=n\}}$$

由题设 $P\{X_1=k\}=pq^{k-1},P\{X_2=n-k\}=pq^{n-k-1}$，有

$$P\{X_1+X_2=n\}=\sum_{k=1}^{n-1}P\{X_1=k,X_2=n-k\}=\sum_{k=1}^{n-1}P\{X_1=k\}P\{X_2=n-k\}$$

$$=\sum_{k=1}^{n-1}pq^{k-1}\cdot pq^{n-k-1}=\sum_{k=1}^{n-1}p^2q^{n-2}=(n-1)p^2q^{n-2}$$

故 $P\{X_1=k\mid X_1+X_2=n\}=\frac{pq^{k-1}pq^{n-k-1}}{(n-1)p^2q^{n-2}}=\frac{1}{n-1}$.

注　*若在 $P\{X_1=k\mid X_1+X_2=n\}$ 中允许 $k\geqslant 0$，则此时条件分布律为*

$$P\{X_1=k\mid X_1+X_2=n\}=\begin{cases}\frac{1}{n+1}, & 1<k\leqslant n\\ 0, & k>n\end{cases}$$

因为此时

$$P\{X_1+X_2=n\}=\sum_{k=0}^{n}P\{X_1=k\}P\{X_2=n-k\}=\sum_{k=0}^{n}(pq^k\cdot pq^{n-k})=(n+1)p^2q^n$$

② 连续型问题

下面看看关于二维连续型随机变量分布问题的例子.

例 4　设随机变量 (X,Y) 在矩形域 $a\leqslant x\leqslant b,c\leqslant y\leqslant d$ 上服从均匀分布（即分布密度 $f(x,y)$ 在此区域上为常数）.(1) 求联合分布密度；(2) 检验随机变量 X,Y 是否独立；(3) 求 (X,Y) 的联合分布函数.（浙江大学，1984）

解　(1) 设 (X,Y) 的分布密度函数为 $f(x,y)$，由题设

$$f(x,y)=\begin{cases}A, & a\leqslant x\leqslant b,c\leqslant y\leqslant d\\ 0, & \text{其他}\end{cases}$$

又 $\int_{-\infty}^{+\infty}\int_{-\infty}^{+\infty}f(x,y)\mathrm{d}x\mathrm{d}y=1$，有 $\int_a^b\int_c^d A\mathrm{d}x\mathrm{d}y=1$，即 $A\cdot(b-a)(d-c)=1$，得

$$A=\frac{1}{(b-a)(c-d)}$$

故

$$f(x,y)=\begin{cases}\dfrac{1}{(b-a)(c-d)}, & a\leqslant x\leqslant b,c\leqslant y\leqslant d\\ 0, & \text{其他}\end{cases}$$

(2) 显然 X,Y 的边缘分布密度 $f_X(x),f_Y(y)$ 为

$$f_X(x)=\int_{-\infty}^{+\infty}f(x,y)\mathrm{d}y=\begin{cases}\displaystyle\int_c^d\frac{\mathrm{d}y}{(b-a)(d-c)}=\frac{1}{b-a}, & a\leqslant x\leqslant b\\ 0, & \text{其他}\end{cases}$$

$$f_Y(y)=\int_{-\infty}^{+\infty}f(x,y)\mathrm{d}x=\begin{cases}\displaystyle\int_a^b\frac{\mathrm{d}x}{(b-a)(d-c)}=\frac{1}{d-c}, & c\leqslant y\leqslant d\\ 0, & \text{其他}\end{cases}$$

由 $f_X(x)\cdot f_Y(y)=f(x,y)$,知 X,Y 相互独立.

(3) 由题设 (X,Y) 的分布函数为

$$F(x,y)=\int_{-\infty}^{x}\int_{-\infty}^{y}f(x,y)\mathrm{d}x\mathrm{d}y$$

$$=\begin{cases}0, & x\leqslant a\ \text{或}\ y\leqslant c\\ \displaystyle\int_a^x\int_c^y\frac{\mathrm{d}x\mathrm{d}y}{(b-a)(d-c)}, & a\leqslant x\leqslant b,c\leqslant y\leqslant d\\ \displaystyle\int_a^x\int_c^d\frac{\mathrm{d}x\mathrm{d}y}{(b-a)(d-c)}, & a\leqslant x\leqslant b,y\geqslant d\\ \displaystyle\int_a^b\int_c^y\frac{\mathrm{d}x\mathrm{d}y}{(b-a)(d-c)}, & x\geqslant b,c\leqslant y\leqslant d;\\ 1, & x\geqslant b,y\geqslant d\end{cases}$$

$$=\begin{cases}0, & x\leqslant a\ \text{或}\ y\leqslant c\\ \dfrac{(x-a)(y-c)}{(b-a)(d-c)}, & a\leqslant x\leqslant b,c\leqslant y\leqslant d\\ \dfrac{x-a}{b-a}, & a\leqslant x\leqslant b,y\geqslant d\\ \dfrac{y-c}{d-c}, & x\geqslant b,c\leqslant y\leqslant d\\ 1, & x\geqslant b,y\geqslant d\end{cases}$$

例 5 设二维随机变量 (ξ,η) 的联合分布函数为

$$F(x,y)=A\left(B+\arctan\frac{x}{2}\right)\left(C+\arctan\frac{y}{3}\right)$$

其中 $A\neq 0$.(1) 求 A,B,C;(2) 试问 ξ 与 η 是否独立?(中山大学,1982)

解 (1) 由联合分布函数性质知

$$1=F(-\infty,+\infty)=A\left(B+\frac{\pi}{2}\right)\left(C+\frac{\pi}{2}\right) \tag{①}$$

$$0=F(-\infty,y)=A\left(B-\frac{\pi}{2}\right)\left(C+\arctan\frac{y}{3}\right) \tag{②}$$

$$0=F(x,-\infty)=A\left(B+\arctan\frac{x}{2}\right)\left(C-\frac{\pi}{2}\right) \tag{③}$$

因 $A\neq 0$,由式 ② 和式 ③ 可解得 $B=C=\dfrac{\pi}{2}$,代入式 ① 可得 $A=\dfrac{1}{\pi^2}$.故

$$F(x,y)=\frac{1}{\pi^2}\left(\frac{\pi}{2}+\arctan\frac{x}{2}\right)\left(\frac{\pi}{2}+\arctan\frac{y}{3}\right)$$

(2) 由上可知 ξ,η 的边缘分布函数分别为

$$F_\xi(x)=F(x,+\infty)=\frac{1}{\pi}\left(\frac{\pi}{2}+\arctan\frac{x}{2}\right)$$

$$F_\eta(y)=F(+\infty,y)=\frac{1}{\pi}\left(\frac{\pi}{2}+\arctan\frac{y}{3}\right)$$

则 $F(x,y)=F_\xi(x)F_\eta(y)$，知 ξ,η 相互独立.

例 6　设随机变量(X,Y)的概率密度为

$$f(x,y)=\begin{cases}ke^{-(3x+4y)}, & x>0,y>0\\ 0, & \text{其他}\end{cases}$$

(1) 确定常数 k；(2) 求(X,Y)的分布函数；(3) 求概率 $P\{0<X\leqslant 1,0<Y\leqslant 2\}$.（长春光学精密机械学院，1986）

解　(1) 由题设可有

$$\int_{-\infty}^{+\infty}\int_{-\infty}^{+\infty}ke^{-(3x+4y)}\,dx\,dy=\int_0^{+\infty}\int_0^{+\infty}ke^{-(3x+4y)}\,dx\,dy=1$$

而
$$\int_0^{+\infty}\int_0^{+\infty}ke^{-(3x+4y)}\,dx\,dy=k\int_0^{+\infty}e^{-3x}\,dx\int_0^{+\infty}e^{-4y}\alpha y=\frac{k}{12}=1$$

故
$$k=12$$

(2) 由(1)及二元分布函数公式可有(X,Y)的分布函数为

$$F(x,y)=12\int_0^y dy\int_0^x e^{-(3x+4y)}\,dx=(1-e^{-3x})(1-e^{-4y})$$

(3) 由上及二元随机变量概率计算公式有

$$P\{0<x\leqslant 1,0<y\leqslant 2\}=F(1,2)-F(1,0)-F(0,1)+F(0,0)=(1-e^{-3})(1-e^{-8})$$

下面的例子是关于概率分布中密度函数性质问题的.

例 7　(1) 试问 $P\{X=n\}=\dfrac{1}{n(n-1)}$($n\geqslant 2$ 的自然数)是随机变量 X 的一种概率分布吗？为什么？

(2) 设 f,g 和 h 是 3 个密度函数，对于 $\alpha\geqslant 0,\beta\geqslant 0,\gamma\geqslant 0$，要使 $\alpha f+\beta q+\gamma h$ 是密度函数，α,β,γ 应满足什么条件？（武汉地质学院，1982）

解　(1) 由 $P\{X=n\}=\dfrac{1}{n(n-1)}\geqslant 0(n=2,3,\cdots)$，又

$$\sum_{n=2}^{+\infty}P\{X=n\}=\sum_{n=2}^{+\infty}\frac{1}{n(n-1)}=\sum_{n=2}^{+\infty}\left(\frac{1}{n-1}-\frac{1}{n}\right)=\lim_{n\to+\infty}\left(1-\frac{1}{n}\right)=1$$

故 $P\{X=n\}=\dfrac{1}{n(n-1)}$（其中 $n\geqslant 2$）是随机变量 X 的概率分布.

(2) 因为 f,g,h 为概率密度函数，故 $f\geqslant 0,g\geqslant 0,h\geqslant 0$，且

$$\int_{-\infty}^{+\infty}f\,dx=\int_{-\infty}^{+\infty}g\,dx=\int_{-\infty}^{+\infty}h\,dx=1$$

由于 $\alpha\geqslant 0,\beta\geqslant 0,\gamma\geqslant 0$，故 $\alpha f+\beta g+\gamma h\geqslant 0$.

又 $\alpha f+\beta g+\gamma h$ 为密度函数，必须$\int_{-\infty}^{+\infty}(\alpha f+\beta g+\gamma h)\,dx=1$. 即

$$\alpha\int_{-\infty}^{+\infty}f\,dx+\beta\int_{-\infty}^{+\infty}g\,dx+\gamma\int_{-\infty}^{+\infty}h\,dx=1$$

亦即 $\alpha+\beta+\gamma=1$.

上例的后一问题，为连续型随机变量问题. 下面再来看几个例子.

2. 随机变量函数的概率分布

(1) 一元(维)的情形

下面是关于随机变量的函数分布问题.

例 1 设随机变量 ξ 的概率密度函数为

$$\varphi_\xi(x)=\begin{cases}\dfrac{x^2}{81}, & -3<x<6\\ 0, & 其他\end{cases}$$

求随机变量 $\eta=\dfrac{1}{3}(12-\xi)$ 的概率密度函数.(同济大学,1984)

解 因函数 $y=\dfrac{1}{3}(12-x)$ 的反函数为 $x=12-3y$,且当 $-3<x<6$ 时,有 $2<y<5$,因而连续型随机变量 η 的分布函数为

$$F(y)=P\{\eta<y\}=P\{\frac{1}{3}(12-\xi)<y\}=P\{\xi>12-3y\}$$

$$=1-P\{\xi\leqslant 12-3y\}=1-\int_{-3}^{12-3y}\frac{x^2}{81}\mathrm{d}x,\quad 其中\ 2<y<5$$

故随机变量 η 的概率密度函数为

$$\varphi_\eta(y)=F'(y)=-\frac{1}{81}(12-3y)^2(-3)=\frac{1}{3}(4-y)^2,\quad 其中\ 2<y<5$$

当 $y\leqslant 2$ 和 $y\geqslant 5$ 时,$\varphi_\eta(y)=0$,综上有

$$\varphi_\eta(y)=\begin{cases}\dfrac{1}{3}(4-y)^2, & 2<y<5\\ 0, & 其他\end{cases}$$

例 2 设随机变量 ξ 的密度函数为

$$f(x)=\begin{cases}C\mid\cos x\mid, & 0\leqslant x\leqslant 2\pi\\ 0, & 其他\end{cases}$$

(1) 求常数 C;(2) 写出 ξ 的分布函数.(西南交通大学,1984)

解 (1) 由概率密度函数及余弦函数性质有

$$1=\int_{-\infty}^{+\infty}f(x)\mathrm{d}x=\int_0^{2\pi}C\mid\cos x\mid\mathrm{d}x=4C\int_0^{\frac{\pi}{2}}\cos x\mathrm{d}x=4C$$

故 $C=\dfrac{1}{4}$.

(2) 由 $F(x)=\int_{-\infty}^{x}f(t)\mathrm{d}t$,考虑到余弦函数性质分段讨论之:

当 $0<x\leqslant\dfrac{\pi}{2}$ 时,有

$$\int_{-\infty}^{x}f(t)\mathrm{d}t=\frac{1}{4}\int_0^x\cos t\mathrm{d}t=\frac{1}{4}\sin x$$

当 $\dfrac{\pi}{2}<x\leqslant\dfrac{3\pi}{2}$ 时,有

$$\int_{-\infty}^{x}f(t)\mathrm{d}t=\frac{1}{4}\int_0^{\frac{\pi}{2}}\cos t\mathrm{d}t+\frac{1}{4}\int_{\frac{\pi}{2}}^{x}(-\cos t)\mathrm{d}t=\frac{1}{2}-\frac{1}{4}\sin x$$

当 $\dfrac{3\pi}{2}<x\leqslant 2\pi$ 时,有

$$\int_{-\infty}^{x}f(t)\mathrm{d}t=\frac{1}{4}\int_0^{\frac{\pi}{2}}\cos t\mathrm{d}t+\frac{1}{4}\int_{\frac{\pi}{2}}^{\frac{3\pi}{2}}(-\cos t)\mathrm{d}t+\int_{\frac{3\pi}{2}}^{x}\cos t\mathrm{d}t=1+\frac{1}{4}\sin x$$

综上，我们有

$$F(x)=\begin{cases}0, & x\leqslant 0\\ \frac{1}{4}\sin x, & 0<x\leqslant\frac{\pi}{2}\\ \frac{1}{2}-\frac{1}{4}\sin x, & \frac{\pi}{2}<x\leqslant\frac{3\pi}{2}\\ 1+\frac{1}{4}\sin x, & \frac{3\pi}{2}<x\leqslant 2\pi\\ 1, & x>2\pi\end{cases}$$

例 3　如图 3 所示，设随机变量 ξ 在 $\left[-\frac{1}{2},\frac{1}{2}\right]$ 上服从均匀分布，又函数

$$g(x)=\begin{cases}0, & x\leqslant 0\\ \ln x, & x>0\end{cases}$$

求 $g(\xi)$ 的分布函数.（厦门大学，1982）

解　由题设知 ξ 的密度函数为

$$f_\xi(x)=\begin{cases}1, & x\in\left[-\frac{1}{2},\frac{1}{2}\right]\\ 0, & 其他\end{cases}$$

故

$$F_{g(\xi)}(y)=P\{g(\xi)<y\}=\int\limits_{g(x)<y}f_\xi(x)\mathrm{d}x=\int\limits_{\substack{g(x)<y\\|x|\leqslant\frac{1}{2}}}\mathrm{d}x$$

当 $y\leqslant\ln\frac{1}{2}$ 时，有

$$F_{g(\xi)}(y)=\int_0^{e^y}\mathrm{d}x=e^y$$

当 $\ln\frac{1}{2}<y\leqslant 0$ 时，有

$$F_{g(\xi)}(y)=\int_0^{\frac{1}{2}}\mathrm{d}x=\frac{1}{2}$$

当 $y>0$ 时，有

$$F_{g(\xi)}(y)=\int_{-\frac{1}{2}}^{\frac{1}{2}}\mathrm{d}x=1$$

故 $g(\xi)$ 的分布函数

$$F_{g(\xi)}(y)=\begin{cases}e^y, & y\leqslant\ln\frac{1}{2}\\ \frac{1}{2}, & \ln\frac{1}{2}<y\leqslant 0\\ 1, & y>0\end{cases}$$

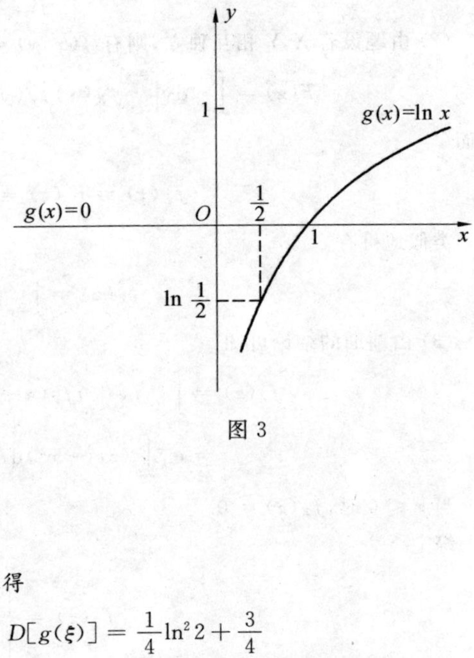

图 3

注　*原题中还要求 $E[g(\xi)]$ 和 $D[g(\xi)]$，不难求得*

$$E[g(\xi)]=-\frac{1}{2}(1+\ln 2),\quad D[g(\xi)]=\frac{1}{4}\ln^2 2+\frac{3}{4}$$

下面的例子我们前文已有类似的介绍，不过那里用的是几何概率，这里则考虑用概率去求解.

例 4　若随机变量 ξ 服从 $[0,5]$ 上的均匀分布，求方程 $x^2+\xi x+1=0$ 有实根的概率.（无锡轻工业学院，1986）

解　由题设 ξ 的密度函数为

$$f(x)=\begin{cases}\dfrac{1}{5}, & 0\leqslant x\leqslant 5\\ 0, & 其他\end{cases}$$

若方程有实根,则其判别式 $\Delta=\xi^2-4\geqslant 0$,即 $\xi\leqslant -2$ 或 $\xi\geqslant 2$.

从而方程有实根的概率为

$$P\{\xi\leqslant -2\}+P\{\xi\geqslant 2\}=\int_{-\infty}^{-2}f(x)\mathrm{d}x+\int_{2}^{+\infty}f(x)\mathrm{d}x=\int_2^5\frac{1}{5}\mathrm{d}x=\frac{3}{5}$$

(2) 多元(维)的情形

① 一般分布形式的概率密度

先来看两个一般随机变量和的分布问题,例中概率密度是一个抽象函数,至于具体函数的此类问题不过是该问题的特例罢了.

例1 设(X,Y)的概率密度为$f(x,y)$,又$Z=X+Y$.试求:(1)Z的分布函数(写出两种形式);(2)Z的概率密度(即卷积公式,写出两种形式);(3) 若 X,Y 相互独立,且概率密度分别为

$$f_X(x)=\begin{cases}x\mathrm{e}^{-x}, & x>0\\ 0, & x\leqslant 0\end{cases},\quad f_Y(x)=\begin{cases}y\mathrm{e}^{-y}, & y>0\\ 0, & y\leqslant 0\end{cases}$$

试求 $Z=X+Y$ 的概率密度.(北方交通大学,1984)

解 (1) 设 Z 的分布函数为 $F(z)$,则

$$F(z)=P\{Z\leqslant z\}=\iint\limits_{x+y\leqslant z}f(x,y)\mathrm{d}x\mathrm{d}y=\int_{-\infty}^{+\infty}\left[\int_{-\infty}^{z-x}f(x,y)\mathrm{d}y\right]\mathrm{d}x$$

类似地

$$F(z)=\int_{-\infty}^{+\infty}\left[\int_{-\infty}^{z-y}f(x,y)\mathrm{d}x\right]\mathrm{d}y$$

(2) 由题设若 X,Y 相互独立,则有 $f(x,y)=f_X(x)f_Y(y)$,故

$$F(z)=\int_{-\infty}^{+\infty}\mathrm{d}y\int_{-\infty}^{z-y}f_X(x)f_Y(y)\mathrm{d}x=\int_{-\infty}^{z}\int_{-\infty}^{+\infty}[f_X(u-y)f_Y(y)]\mathrm{d}u$$

从而

$$f_Z(z)=F'(z)=\int_{\infty}^{+\infty}f_X(u-y)f_Y(y)\mathrm{d}y$$

类似地可有

$$f_Z(z)=\int_{-\infty}^{+\infty}f_X(x)f_Y(z-x)\mathrm{d}x$$

(3) 由前面的结论可知

$$\begin{aligned}f_Z(z)&=\int_{-\infty}^{+\infty}f_X(x)f_Y(z-x)\mathrm{d}x=\int_0^x x\mathrm{e}^{-x}(z-x)\mathrm{e}^{-(z-x)}\mathrm{d}x\\&=\mathrm{e}^{-z}\int_0^z(zx-x^2)\mathrm{d}x=\frac{1}{6}z^3\mathrm{e}^{-z},\quad z>0\end{aligned}$$

当 $z\leqslant 0$ 时,$f_Z(z)=0$.

综上

$$f_Z(z)=\begin{cases}\dfrac{1}{6}z^3\mathrm{e}^{-z}, & z>0\\ 0, & z\leqslant 0\end{cases}$$

注 类似的问题如下.

问题:设随机变量 ξ,η 相互独立,且都服从概率密度为

$$f(x)=\begin{cases}\mathrm{e}^{-x}, & x>0\\ 0, & x\leqslant 0\end{cases}$$

的分布.(1) 求 $\xi+\eta$ 的分布密度;(2) 求 $E(\xi\eta)$.(同济大学,1982)

略解:(1) 的解可仿例得到:由 ξ,η 的独立性知 $f(x,y)=f_\xi(x)f_\eta(y)$,则

$$f_Z(z)=\int_{-\infty}^{+\infty}f(x,z-x)\mathrm{d}x=\begin{cases}\int_0^z \mathrm{e}^{-z}\mathrm{d}x=z\mathrm{e}^{-z}, & z>0\\ 0, & z\leqslant 0\end{cases}$$

(2) 只需注意到

$$E(\xi\eta)=E(\xi)\cdot E(\eta)=\int_0^{+\infty}xf_\xi(x)\mathrm{d}x\cdot\int_0^{+\infty}yf_\eta(y)\mathrm{d}y=\int_0^{+\infty}x\mathrm{e}^{-x}\mathrm{d}x\cdot\int_0^{+\infty}y\mathrm{e}^{-y}\mathrm{d}y$$

$$=\left[\int_0^{+\infty}x\mathrm{e}^{-x}\mathrm{d}x\right]^2=\left[-x\mathrm{e}^{-x}\Big|_0^{+\infty}+\int_0^{+\infty}\mathrm{e}^{-x}\mathrm{d}x\right]^2=1$$

② 具体函数形式的概率分布

例 2 设 ξ,η 为两独立的随机变量,服从均匀分布且都取值于 $(-1,1)$,又它们的分布函数同为

$$F(x)=P\{\xi\leqslant x\}=\begin{cases}0, & x\leqslant -1\\ \dfrac{1}{2}(x+1), & -1<x\leqslant 1\\ 1, & x>1\end{cases}$$

求 (ξ,η) 及 $\xi+\eta$ 的分布函数.(厦门大学,1982)

解 由题设 ξ,η 相互独立、同分布,知 (ξ,η) 的分布函数

$$F_{\xi,\eta}(x,y)=F(x)F(y)=\begin{cases}0, & -1<x\leqslant 1,y\leqslant -1\\ \dfrac{1}{4}(x+1)(y+1), & -1<x\leqslant 1,-1<y\leqslant 1\\ \dfrac{1}{2}(x+1), & -1<x\leqslant 1,y>1\\ \dfrac{1}{2}(y+1), & x>1,-1<y\leqslant 1\\ 1, & \text{其他}\end{cases}$$

则 (ξ,η) 的联合密度为

$$f(x,y)=\begin{cases}\dfrac{1}{4}, & -1<x<1,-1<y<1\\ 0, & \text{其他}\end{cases}$$

这样 $\xi+\eta$ 的分布函数为

$$F_{\xi+\eta}(z)=P\{\xi+\eta\leqslant z\}=\iint\limits_{x+y\leqslant z}f(x,y)\mathrm{d}x\mathrm{d}y$$

若图 4 利用积分性质可有

$$F_{\xi+\eta}(z)=\begin{cases}0, & z\leqslant -2\\ \dfrac{1}{8}(z+2)^2, & -2<z\leqslant 0\\ 1-\dfrac{1}{8}(z-2)^2, & 0<z\leqslant 2\\ 1, & z>0\end{cases}$$

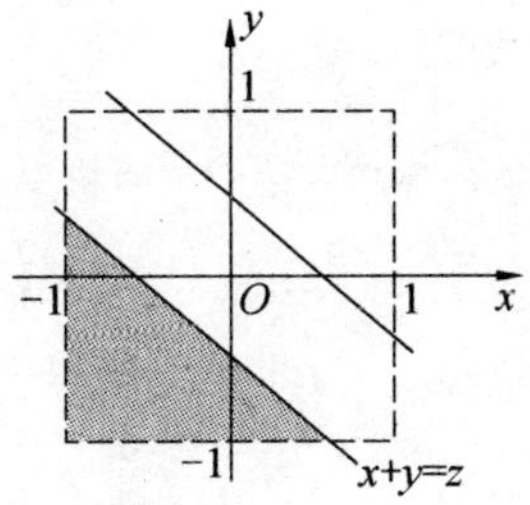

图 4

例 3 设 (X,Y) 的概率密度服从二维正态分布

$$\varphi(x,y)=\frac{1}{2\pi}\mathrm{e}^{-\frac{x^2+y^2}{2}},\quad -\infty<x<+\infty,-\infty<y<+\infty$$

求 $Z=\sqrt{X^2+Y^2}$ 的分布函数.(上海工业大学,1981;东北工学院,1984)

解 设 Z 的分布函数为 $F(z)$,则显然:

当 $z\leqslant 0$ 时,$F(z)=P\{Z\leqslant z\}=0$;

当 $z>0$ 时,有

$$F(z)=P\{Z\leqslant z\}=P\{X^2+Y^2\leqslant z^2\}$$
$$=\iint_{x^2+y^2\leqslant z^2}\frac{1}{2\pi}e^{-\frac{x^2+y^2}{2}}dxdy=\frac{1}{2\pi}\int_0^{2\pi}d\theta\int_0^z e^{-\frac{r^2}{2}}rdr=\int_0^z re^{-\frac{r^2}{2}}dr$$

注意这里的积分利用了极坐标变换.

故 Z 的分布密度为

$$f(z)=\frac{dF}{dz}=\begin{cases}0, & z\leqslant 0\\ ze^{-\frac{z^2}{2}}, & z>0\end{cases}$$

注 由于题中没有要求给出 z 的分布函数,而只需求分布密度,故积分 $\int_0^z re^{-\frac{r^2}{2}}dr$ 不必积出,这样将它求导时将是方便、显见的,否则将会舍近取远.

例 4 设随机变量 X 与 Y 相互独立,它们的概率密度和分布函数分别为 $f_X(x)$,$F_X(x)$ 和 $f_Y(y)$,$F_Y(y)$.(1) 求 $Z=\min\{X,Y\}$ 的概率密度;(2) 若 X 服从(0,1)上的均匀分布,Y 服从(0,2)上的均匀分布,求 $Z=\min\{X,Y\}$ 的概率密度.(北方交通大学,1985)

解 (1) 依题设及 $Z=\min\{X,Y\}$ 分布函数公式

$$F_Z(Z)=1-[1-F_X(z)][1-F_Y(z)]$$

故 Z 的概率密度为

$$f_Z(z)=F'_Z(z)=\{1-[1-F_X(z)][1-F_Y(z)]\}'$$
$$=F'_X(z)[1-F_Y(z)]+F_Y{}'(z)[1-F_X(z)]$$
$$=f_X(z)[1-F_Y(z)]+f_Y(z)[1-F_X(z)]$$

(2) 依题设,X,Y 的概率密度分别为

$$f_X(x)=\begin{cases}1, & 0<x<1\\ 0, & \text{其他}\end{cases},\quad f_Y(y)=\begin{cases}\frac{1}{2}, & 0<y<2\\ 0, & \text{其他}\end{cases}$$

则它们的分布函数分别为

$$F_X(x)=\begin{cases}0, & 0<x\\ x, & 0\leqslant x<1\\ 1, & x\geqslant 1\end{cases},\quad F_Y(y)=\begin{cases}0, & y<0\\ \frac{1}{2}y, & 0\leqslant y<2\\ 1, & y\geqslant 2\end{cases}$$

于是 $Z=\min\{X,Y\}$ 的概率密度为

$$f_Z(z)=\begin{cases}1\cdot\left(1-\frac{1}{2}z\right)+\frac{1}{2}(1-z), & 0<z<1\\ 0\cdot\left(1-\frac{1}{2}z\right)+\frac{1}{2}(1-1), & 1\leqslant z<2\\ 0, & \text{其他}\end{cases}=\begin{cases}\frac{3}{2}-z, & 0<z<1\\ 0, & \text{其他}\end{cases}$$

③ 某些特殊形式函数分布

例 5 求 $\xi_1,\xi_2,\cdots,\xi_n$ 相互独立,且分别服从参数为 $\lambda_1,\lambda_2,\cdots,\lambda_n$ 的指数分布,试求 $\eta=\max\{\xi_1,\xi_2,\cdots,\xi_n\}$ 的分布.(东北师范大学,1983)

解 由题设知 $\xi_i(i=1,2,\cdots,n)$ 的密度函数与分布函数分别为

$$f_i(x)=\begin{cases}\lambda_i e^{-\lambda_i x}, & x\geqslant 0\\ 0, & x<0\end{cases},\quad F_i(x)=\begin{cases}1-e^{-\lambda_i x}, & x\geqslant 0\\ 0, & x<0\end{cases}$$

由 ξ_i 的相互独立性知 $\eta = \max\{\xi_1, \xi_2, \cdots, \xi_n\}$ 的分布函数为

$$F_\eta(x) = P\{\eta \leqslant x\} = P\{\max(\xi_1, \xi_2, \cdots, \xi_n) \leqslant x\}$$
$$= P\{\xi_1 \leqslant x, \xi_2 \leqslant x, \cdots, \xi_n \leqslant x\} = \prod_{i=1}^{n} P\{\xi_i \leqslant x\} = \prod_{i=1}^{n} F_i(x)$$

当 $x < 0$ 时，$F_\eta(x) = 0$；当 $x \geqslant 0$ 时，$F_\eta(x) = \prod_{i=1}^{n}(1 - \mathrm{e}^{-\lambda_i x})$.

综上

$$F_\eta(x) = \begin{cases} \prod_{i=1}^{n}(1 - \mathrm{e}^{-\lambda_i x}), & x \geqslant 0 \\ 0, & x < 0 \end{cases}$$

例 6　若 ξ_1, ξ_2 独立同分布于 $(0,1)$ 内的均匀分布，记 $\eta_1 = \min\{\xi_1, \xi_2\}$，$\eta_2 = \max\{\xi_1, \xi_2\}$，试求 (η_1, η_2) 的概率密度.（厦门大学，1989）

解　由题设知 ξ_1, ξ_2 的分布密度及分布函数分别为

$$f_{\xi_1}(x) = f_{\xi_2} = p(x) = \begin{cases} 1, & 0 < x < 1 \\ 0, & \text{其他} \end{cases}$$

$$F_{\xi_1}(x) = F_{\xi_2} = F(x) = \begin{cases} 0, & x < 0 \\ x, & 0 \leqslant x < 1 \\ 1, & x \geqslant 1 \end{cases}$$

故 η_1, η_2 的分布函数及分布密度分别为

$$F_{\eta_1}(x) = 1 - [1 - F(x)]^2 = \begin{cases} 0, & x < 0 \\ 1 - (1 - x)^2, & 0 \leqslant x < 1 \\ 1, & x \geqslant 1 \end{cases}$$

$$f_{\eta_1}(x) = \begin{cases} 2 - (1 - x), & 0 \leqslant x < 1 \\ 0, & \text{其他} \end{cases}$$

$$F_{\eta_2}(x) = F^2(x) = \begin{cases} 0, & x < 0 \\ x^2, & 0 \leqslant x < 1 \\ 1, & x \geqslant 1 \end{cases}$$

$$f_{\eta_2}(x) = \begin{cases} 2x, & 0 < x < 1 \\ 0, & \text{其他} \end{cases}$$

则 (η_1, η_2) 的分布函数可求，如：

① 当 $y \leqslant x$ 时，有

$$P\{\eta_1 < x, \eta_2 < y\} = P\{\min(\xi_1, \xi_2) < x, \max(\xi_1, \xi_2) < y\}$$
$$= P\{\max(\xi_1, \xi_2) < y\} = P\{\xi_1 < y_2, \xi_2 < y_2\} = F^2(y)$$

② 当 $x < y$ 时，有

$$P\{\eta_1 < x, \eta_2 < y\} = P\{\min(\xi_1, \xi_2) < x, \max(\xi_1, \xi_2) < y\}$$
$$= 2[P\{\xi_1 < x, \xi_2 < x\} + P\{\xi_1 < x, x \leqslant \xi_2 < y\}]$$
$$= 2\{F^2(x) + F(x)[F(y) - F(x)]\} = 2F(x)F(y)$$

故 (η_1, η_2) 的分布函数为

$$F(x, y) = \begin{cases} 2F(x)F(y), & x < y \\ F^2(y), & x \geqslant y \end{cases}$$

从而 (η_1, η_2) 的概率密度函数为

$$f(x,y)=\begin{cases}2f(x)f(y), & x<y\\ 0, & x\geqslant y\end{cases}=\begin{cases}2, & 0<x<y<1\\ 0, & 其他\end{cases}$$

例 7 设$\{\xi_1,\xi_2,\cdots,\xi_n,\cdots\}$是一串独立同分布随机变量,对任意的 n 有 $P\{\xi_n=j\}=\dfrac{1}{10}$,$j=0,1,2,\cdots,9$. 试求随机变量 $\eta=\sum\limits_{i=1}^{\infty}\dfrac{\xi_i}{10^i}$ 的分布.(东北师范大学,1983)

解 当$0\leqslant x\leqslant 1$时,设$x=0.j_1j_2j_3\cdots$,其中$j_k=0,1,2,\cdots,9(k=1,2,\cdots)$,又由题设$\xi_i$相互独立且同分布于$P\{\xi_n=j\}=\dfrac{1}{10}$,这里$j=0,1,\cdots,9$,故

$$\begin{aligned}F_\eta(x)&=P\{\eta<x\}=P\left\{\sum_{i=1}^{\infty}\frac{\xi_i}{10^i}<0.j_1j_2j_3\cdots\right\}=P\left\{\sum_{i=1}^{\infty}\frac{\xi_i}{10^i}<\sum_{i=1}^{\infty}\frac{j_i}{10^i}\right\}\\&=\sum_{i=1}^{\infty}P\{\xi_1=j_1,\xi_2=j_2,\cdots,\xi_i=j_i,\xi_{i+1}<j_{i+1}\}\\&=\sum_{i=0}^{\infty}\Big(\prod_{k=1}^{i+1}P\{\xi_k=j_k\}\Big)\\&=\sum_{i=0}^{\infty}\frac{1}{10^i}\Big(\sum_{k=1}^{i}P\{\xi_{k+1}=k\}\Big)\\&=\sum_{i=0}^{\infty}\frac{1}{10^2}\cdot\frac{j_{i+1}}{10^{i+1}}=\sum_{i=1}^{\infty}\frac{j_i}{10^i}=x\end{aligned}$$

又由$0\leqslant\eta\leqslant 1$可知:当$x<0$时,$F_\eta(x)=0$;当$x>1$时,$F_\eta(x)=1$. 故

$$F_\eta(x)=\begin{cases}0, & x<0\\ x, & 0\leqslant x\leqslant 1\\ 1, & x>1\end{cases}$$

即η服从$[0,1]$上的均匀分布.

3. 与随机变量问题有关的随机变量的概率

例 1 某种无线电元件的使用寿命(单位:h)X服从如下分布

$$f(x)=\begin{cases}\dfrac{100}{x^2}, & x\geqslant 100\\ 0, & x<100\end{cases}$$

一架收音机内装有三个此种元件,试问:(1) 在使用最初 150 h 内,没有一个元件烧坏的概率是多少?(2) 在使用最初 150 h 内,只有一个元件烧坏的概率是多少?(北京农业机械化学院,1982)

解 (1) 设随机变量X_1,X_2,X_3分别为收音机内的三个元件的使用寿命,由设它们均服从同一分布,且相互独立.

这样,在使用 150 h 内,没有一个元件烧坏的概率为

$$\begin{aligned}p_1&=P\{X_1>150,X_2>150,X_3>150\}\\&=P\{X_1>150\}\cdot P\{X_2>150\}\cdot P\{X_3>150\}\\&=\left[\int_{150}^{+\infty}f(x)\mathrm{d}x\right]^3=\left[\int_{150}^{+\infty}\frac{100}{x^2}\mathrm{d}x\right]^3=\left(\frac{2}{3}\right)^3=\frac{8}{27}\end{aligned}$$

(2) 在使用最初 150 h 内,只有一个元件烧坏的事件是指其中任一个元件烧坏,而其余两只完好,故由互斥事件的加法公式知所求概率

$$\begin{aligned}p_2&=P\{X_1\leqslant 150,X_2>150,X_3>150\}+P\{X_1>150,X_2\leqslant 150,\\&\quad X_3>150\}+P\{X_1>150,X_2>150,X_3\leqslant 150\}\\&=3\left[\int_{100}^{150}f(x)\mathrm{d}x\right]\left[\int_{150}^{+\infty}f(x)\mathrm{d}x\right]^2=3\left[\int_{100}^{150}\frac{100}{x^2}\mathrm{d}x\right]\left[\int_{150}^{+\infty}\frac{100}{x^2}\mathrm{d}x\right]^2=\frac{4}{9}\end{aligned}$$

例 2　测量某一目标的距离时，测量误差服从 $\mu=-50,\alpha=100$ 的正态分布(单位:m).试求测量距离的误差按其绝对值不超过 150 m 的概率.

附表　表示正态分布表 $\Phi(z)=\int_{-\infty}^{z}\frac{1}{\sqrt{2\pi}}e^{-\frac{u^2}{2}}du$

z	0	1	2
0.8	0.788 1	0.791 0	0.793 9
1.0	0.841 3	0.843 8	0.846 1
1.5	0.933 2	0.934 5	0.935 7
2.0	0.977 2	0.977 8	0.978 3
2.5	0.993 8	0.994 0	0.994 1

(上海交通大学八院校,1985)

解　设 X 为测量距离的误差，于是 X 的概率密度为

$$f(x)=\frac{1}{100\sqrt{2\pi}}e^{-\frac{(x+50)^2}{20\,000}}$$

测量距离的误差按其绝对值不超过 150 m 的概率为

$$P\{|X|<150\}=P\{-150<X<150\}=\Phi\left(\frac{150+50}{100}\right)-\Phi\left(\frac{-150+50}{100}\right)$$

$$=\Phi(2)-\Phi(-1)=\Phi(2)+\Phi(1)-1=0.977\,2+0.841\,3-1=0.818\,5$$

4. 杂例

下面的例子是关于独立的、连续型二维随机变量的，它又与一元二次方程有否根相联系(这类涉及二次方程有否根的问题我们前文曾有述).

例 1　设随机变量 X 有概率密度函数

$$f_X(x)=\begin{cases}2x, & 0<x<1\\ 0, & \text{其他}\end{cases}$$

随机变量 Y 有概率密度函数

$$f_Y(y)=\begin{cases}e^{-y}, & y>0\\ 0, & \text{其他}\end{cases}$$

又设 X,Y 相互独立.问 u 的二次方程 $u^2-2Xu+Y=0$ 具有实根的概率是多少.(浙江大学,1984)

解　设二维随机变量 (X,Y) 的密度函数为 $f(x,y)$，由题设 X,Y 独立，故有

$$f(x,y)=f_X(x)\cdot f_Y(y)$$

又设事件 $Z=\{u^2-2Xu+Y=0\text{ 有实根}\}$，因 $u^2-2Xu+Y=0$ 有实根，则有 $\Delta=4X^2-4Y\geqslant 0$，亦即 $X^2-Y\geqslant 0$.从而事件 $Z=\{X^2-Y\geqslant 0\}$.故

$$P(Z)=P\{X^2-Y\geqslant 0\}=\iint\limits_{y<x^2}f(x,y)dxdy=\int_0^1dx\int_0^{x^2}2xe^{-y}dy=e^{-1}$$

注 1　若题设改为:X,Y 在$[0,1]$上皆为均匀分布，则方程 $u^2+Xu+Y=0$ 有实根的概率可求如:由设(x,y)的联合分布密度为

$$p(\xi,\eta)=\begin{cases}1, & 0\leqslant\xi,\eta\leqslant 1\\ 0, & \text{其他}\end{cases}$$

由 $u^2+Xu+Y=0$ 有实根 $\Longleftrightarrow \Delta = X^2-4Y\geqslant 0$,即 $Y\leqslant \dfrac{X^2}{4}\Longleftrightarrow(X,Y)$ 取值于图 5 阴影部分,从而

$$p=\iint\limits_A p(\xi,\eta)\mathrm{d}\xi\mathrm{d}\eta=\int_0^1\mathrm{d}\xi\int_0^{\frac{\xi^2}{4}}\mathrm{d}\eta=\frac{1}{12}$$

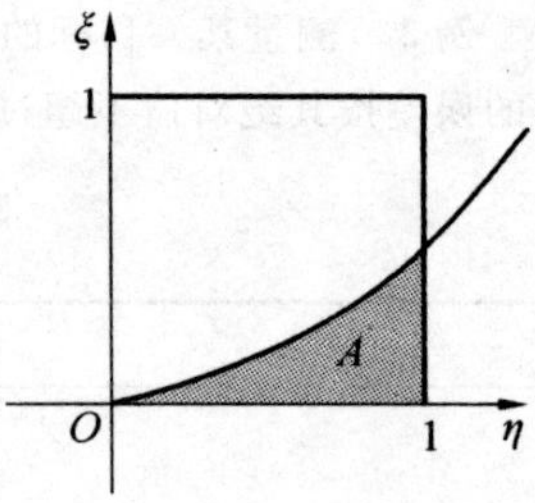

图 5

注 2 更一般地,"若 X,Y 在 $[-a,a]$ 上皆服从均匀分布,则方程 $u^2+Xu+Y=0$ 有实根的概率"问题可解如

$$p(\xi,\eta)=\begin{cases}\dfrac{1}{4a^2}, & |\xi|\leqslant a,\ |\eta|\leqslant a\\ 0, & 其他\end{cases}$$

从而

$$P\{X^2\geqslant 4Y\}=\iint\limits_{\xi^2\geqslant 4\eta}p(\xi,\eta)\mathrm{d}\xi\mathrm{d}\eta=\iint\limits_{\substack{\xi^2\geqslant 4\eta\\|\xi|\leqslant a,|\eta|\leqslant a}}\frac{1}{4a^2}\mathrm{d}\xi\mathrm{d}\eta$$

分两种情形讨论(见图 6):

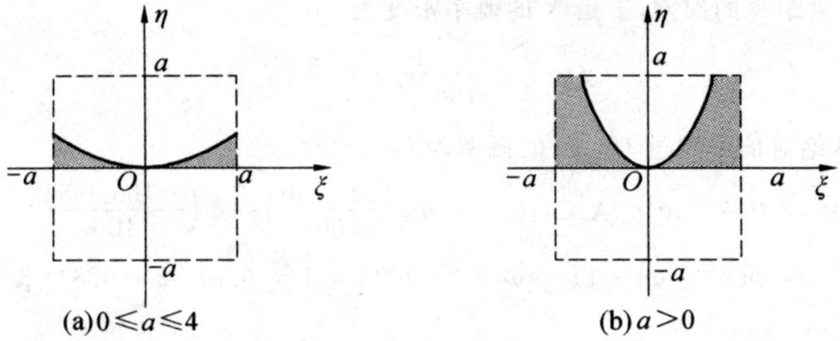

图 6

(1)$0\leqslant a\leqslant 4$ 时,$P\{X^2\geqslant 4Y\}=2\int_0^a\mathrm{d}\xi\int_{-a}^{\frac{\xi^2}{4}}\frac{1}{4a^2}\mathrm{d}\eta=\frac{a}{24}+\frac{1}{2}$;

(2)$a>4$ 时,$P\{X^2\geqslant 4Y\}=1-2\int_0^a\mathrm{d}\eta\int_0^{2\sqrt{\eta}}\frac{1}{4a^2}\mathrm{d}\xi=1-\frac{2}{3\sqrt{a}}$.

下面的问题是上例的变形或引申.

例 2 设 ξ,η 相互独立且同于 $(0,1)$ 内均匀分布的随机变量,求直线 $L:\xi x+\eta y=0$ 与抛物线 $H:y=Ax^2+C$ 相交的概率,这里 A,C 为常数.(复旦大学,1981)

解 L 与 H 相交 $\Longleftrightarrow\begin{cases}y=Ax^2+C\\ y=-\dfrac{\xi}{\eta}x\end{cases}$ 有解,即

$$Ax^2+\frac{\xi}{\eta}x+C=0 \qquad ①$$

有解.

(1) 当 $AC=0$ 时,式 ① 显然有解,则 L,H 相交的概率 $p=1$.

(2) 当 $AC\neq 0$ 时,式 ① 有解 $\Longleftrightarrow$

$$\left(\frac{\xi}{\eta}\right)^2-4AC\geqslant 0 \qquad ②$$

① 若 $AC<0$,则式 ① 必有解,此时 L,H 相交的概率 $p=1$;

② 若 $AC>0$,不等式 ② 成立 $\Longleftrightarrow \eta<\dfrac{\xi}{2\sqrt{AC}}$,此时 L,H 相交的概率为 $p=P\left\{\eta<\dfrac{\xi}{2\sqrt{AC}}\right\}$. 考虑

图 7.

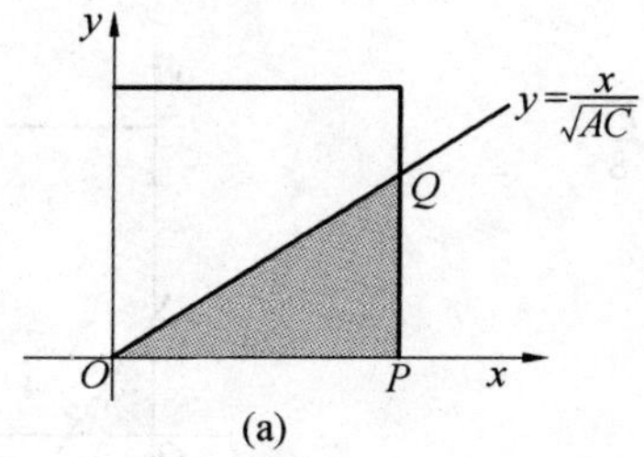

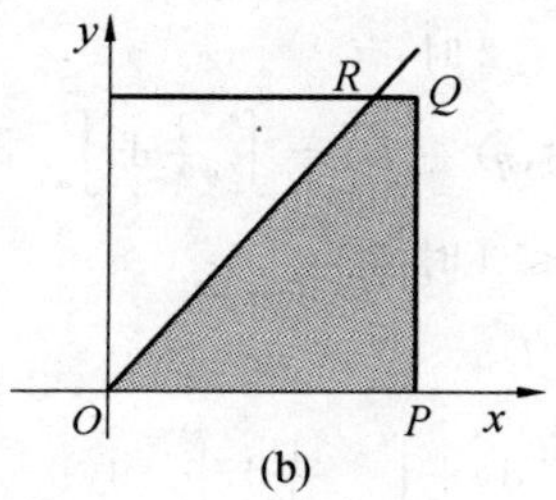

图 7

若 $AC \geqslant \frac{1}{4}$，则 $p = S_{\triangle OPQ} = \frac{1}{4\sqrt{AC}}$；若 $0 < AC < \frac{1}{4}$，则 $p = S_{梯形OPQR} = 1 - \sqrt{AC}$.

综上

$$p = \begin{cases} 1, & AC \leqslant 0 \\ 1 - \sqrt{AC}, & 0 < AC < \frac{1}{4} \\ \frac{1}{4\sqrt{AC}}, & AC \geqslant \frac{1}{4} \end{cases}$$

例 3 设两人随机地分布在长 l km 的公路上，求两人距离不小于 d 的概率（$0 \leqslant d \leqslant l$）.（湘潭大学，1984）

解 如图8所示，令 ξ_i 表示第 i 人（$i = 1,2$）在马路上的位置坐标，由于他们随机地分布在 $[0,l]$ 上，故 ξ_1, ξ_2 独立同分布于

$$f(x) = \begin{cases} \frac{1}{l}, & 0 \leqslant x \leqslant l \\ 0, & 其他 \end{cases}$$

令 $\eta_1 = \min\{\xi_1, \xi_2\}$，$\eta_2 = \max\{\xi_1, \xi_2\}$，则 (η_1, η_2) 的联合密度为

$$f(x,y) = \begin{cases} \frac{1}{l^2}, & 0 \leqslant x \leqslant y \leqslant l \\ 0, & 其他 \end{cases}$$

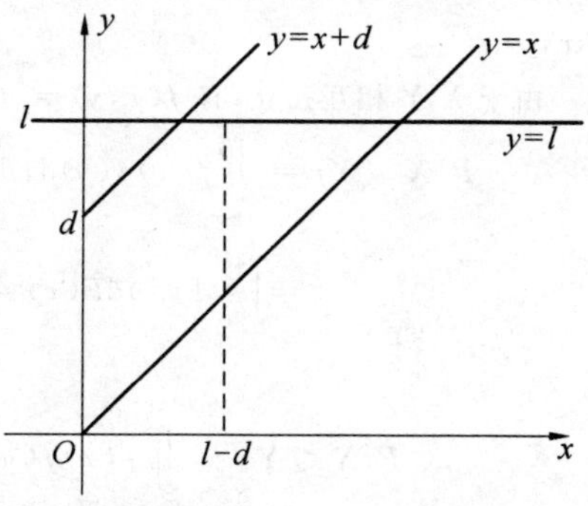

图 8

故所求的概率为

$$P\{\eta_2 - \eta_1 \geqslant d\} = \iint_{y-x\geqslant d} f(x,y)\mathrm{d}x\mathrm{d}y = \int_0^{l-d}\mathrm{d}x\int_{x+d}^{l}\frac{2}{l^2}\mathrm{d}y$$

$$= \frac{2}{l^2}\int_0^{l-d}(l-x-d)\mathrm{d}x = \frac{1}{l}(l-d)^2$$

下面是一则一般函数分布的概率问题，它用到的知识不过是无穷限积分而已.

例 4 已知二维随机变量 (ξ,η) 的分布密度为

$$f(x,y) = \begin{cases} \frac{1}{4}, & (x,y) \in \{(x,y) \mid 0 \leqslant x \leqslant 2, 0 \leqslant y \leqslant 2\} \\ 0, & 其他 \end{cases}$$

又

$$D = \{(x,y) \mid 0 \leqslant x \leqslant 2, 0 \leqslant y \leqslant 2, x + y = k, -\infty < k < +\infty\}$$

求 $P\{(\xi,\eta) \in D\}$.（工程技术学院，1985）

解 显然，$P\{(\xi,\eta) \in D\} = \iint_D f(x,y)\mathrm{d}x\mathrm{d}y$. 因 k 取值不同 D 亦不同，故须就 k 的情况进行讨论，如

图 9 所示.

(1) 当 $k<0$ 时,$D=\varnothing$,$P\{(\xi,\eta)\in D\}=0$;

(2) 当 $0\leqslant k\leqslant 2$ 时,有

$$P\{(\xi,\eta)\in D\}=\int_0^k \frac{1}{4}\mathrm{d}x\int_0^{k-x}\mathrm{d}y=\frac{k^2}{8}$$

(3) 当 $2<k\leqslant 4$ 时,有

$$\begin{aligned}&P\{(\xi,\eta)\in D\}\\&=\int_0^{k-2}\frac{1}{4}\mathrm{d}x\int_0^2\mathrm{d}y+\int_{k-2}^2\frac{1}{4}\mathrm{d}x\int_0^{k-x}\mathrm{d}y\\&=\frac{k}{4}\left(2-\frac{k}{2}\right)+\frac{k}{2}-1=-\frac{1}{8}k^2+k-1\end{aligned}$$

(4) 当 $k>4$ 时,$P\{(\xi,\eta)\in D\}=1$.

综上可有

$$P\{(\xi,\eta)\in D\}=\begin{cases}0, & k<0\\ \dfrac{k^2}{8}, & 0\leqslant k\leqslant 2\\ -\dfrac{1}{8}k^2+k-1, & 2<k\leqslant 4\\ 1, & k>4\end{cases}$$

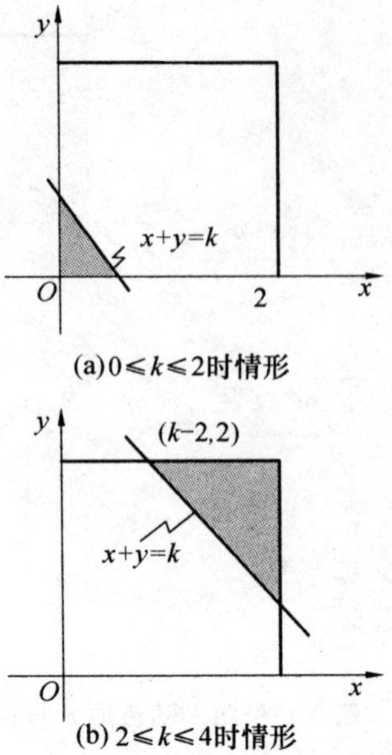

(a) $0\leqslant k\leqslant 2$ 时情形

(b) $2\leqslant k\leqslant 4$ 时情形

图 9

例 5 设有分布密度的连续型随机变量 X,Y,它们相互独立且服从同一分布,试证 $P\{X\leqslant Y\}=\dfrac{1}{2}$.(上海交通大学,1984)

证 设 X,Y 的密度函数(它们服从同一分布)为 $f(x)$,$f(y)$,且 (X,Y) 联合分布的密度函数为 $f(x,y)$.

由于 X,Y 相互独立,有 $f(x,y)=f(x)\cdot f(y)$,又

$$\begin{aligned}P\{X\leqslant Y\}&=\iint_{x\leqslant y}f(x)f(y)\mathrm{d}x\mathrm{d}y=\int_{-\infty}^{+\infty}\left[f(x)\int_{-\infty}^{x}f(y)\mathrm{d}y\right]\mathrm{d}x=\int_{-\infty}^{+\infty}f(x)F(x)\mathrm{d}x\\&=\int_{-\infty}^{+\infty}F(x)\mathrm{d}F(x)=\frac{1}{2}F^2(x)\Big|_{-\infty}^{+\infty}=\frac{1}{2}\left[F^2(+\infty)-F^2(-\infty)\right]=\frac{1}{2}\end{aligned}$$

或

$$\begin{aligned}P\{X\leqslant Y\}&=\iint_{x\leqslant y}f(x)f(y)\mathrm{d}x\mathrm{d}y=\int_{-\infty}^{+\infty}f(x)\mathrm{d}x\int_{x}^{+\infty}f(y)\mathrm{d}y\\&=\int_{-\infty}^{+\infty}f(x)[1-F(x)]\mathrm{d}x=\int_{-\infty}^{+\infty}f(x)\mathrm{d}x-\int_{-\infty}^{+\infty}F(x)\mathrm{d}F(x)\\&=1-\frac{1}{2}F^2(x)\Big|_{-\infty}^{+\infty}=\frac{1}{2}\end{aligned}$$

这里 $F(x)=\int_{-\infty}^{x}f(x)\mathrm{d}x$,$F(y)=\int_{-\infty}^{y}f(x)\mathrm{d}x$ 为 X,Y 的分布函数.

1987 ～ 2012 年部分

(一) 填空题

1. 离散型随机变量分布问题

题 1 (1991④) 设随机变量 X 的分布函数为

$$F(x)=P\{X\leqslant x\}=\begin{cases}0, & x<-1\\0.4, & -1\leqslant x<1\\0.8, & 1\leqslant x<3\\1, & x\geqslant 3\end{cases}$$

则 X 的概率分布为________.

解 由 $P\{X=x_0\}=F(x_0)-F(x_0-0)$ 可算得

$$P\{X=-1\}=0.4-0=0.4,\quad P\{X=1\}=0.8-0.4=0.4$$

且 $P\{X=3\}=1-0.8=0.2$.

则 X 的概率分布为下表所示：

x	-1	1	3
$P\{X=x\}$	0.4	0.4	0.2

题 2 (1994①) 设相互独立的两个随机变量 X,Y 具有同一分布律，且 X 的分布律为：

X	0	1
p	$\frac{1}{2}$	$\frac{1}{2}$

则随机变量 $Z=\max\{X,Y\}$ 的分布律为________.

解 由 X 和 Y 的独立性，利用公式

$$P\{X=x_i,Y=y_i\}=P\{X=x_i\}P\{Y=y_i\}$$

可得 (X,Y) 的联合分布为：

X \ Y	0	1
0	$\frac{1}{4}$	$\frac{1}{4}$
1	$\frac{1}{4}$	$\frac{1}{4}$

由此可得下表：

p_{ij}	(X,Y)	$Z=\max\{X,Y\}$
$\frac{1}{4}$	(0,0)	0
$\frac{1}{4}$	(0,1)	1
$\frac{1}{4}$	(1,0)	1
$\frac{1}{4}$	(1,1)	1

故所求的分布律为：

$Z=\max(X,Y)$	0	1
p	$\frac{1}{4}$	$\frac{3}{4}$

题 3 (2008①③④) 设随机变量 X 服从参数为 1 的泊松分布，则 $P\{X=E(X^2)\}=$________.

解 服从参数为 1 的泊松分布的概率分布为：$P(X=i)=\frac{e^{-1}}{i!}$，而

$$E(X^2)=D(X)+[E(X)]^2=1+1=2$$

故
$$P\{X=E(X^2)\}=P\{X=2\}=\frac{e^{-1}}{2}=\frac{1}{2e}$$

2. 连续型随机变量分布问题

题 1 (1990①) 已知随机变量 X 的概率密度函数 $f(x)=\frac{1}{2}e^{-|x|}$，$-\infty<x<+\infty$，则 X 的分布函数 $F(x)=$________.

解 由题知 X 的概率密度函数为 $f(x)=\begin{cases}\frac{1}{2}e^{x}, & x<0\\ \frac{1}{2}e^{-x}, & x\geqslant 0\end{cases}$，则有：

当 $x<0$ 时，$F(x)=P\{X\leqslant x\}=\int_{-\infty}^{x}\frac{1}{2}e^{t}dt=\frac{1}{2}e^{x}$；

当 $x\geqslant 0$ 时，$F(x)=\int_{-\infty}^{0}\frac{1}{2}e^{t}dt+\int_{0}^{x}\frac{1}{2}e^{-t}dt=1-\frac{1}{2}e^{-x}$.

故
$$F(x)=\begin{cases}\frac{1}{2}e^{x}, & x\leqslant 0\\ 1-\frac{1}{2}e^{-x}, & x>0\end{cases}$$

题 2 (1993①) 设随机变量 X 服从 $(0,2)$ 上的均匀分布，则随机变量 $Y=X^2$ 在 $(0,4)$ 内概率分布密度 $f_Y(y)=$________.

解 1 (直接法) X 的密度函数

$$f_X(x)=\begin{cases}\frac{1}{2}, & 0<x<2\\ 0, & \text{其他}\end{cases}$$

则当 $0<y<4$ 时，Y 的分布函数为

$$F_Y(y)=P\{Y\leqslant y\}=P\{X^2\leqslant y\}=P\{X\leqslant\sqrt{y}\}=\int_0^{\sqrt{y}}\frac{1}{2}dx=\frac{\sqrt{y}}{2}$$

故 Y 的概率密度 $f_Y(y)=\frac{d}{dy}F_Y(y)=\frac{1}{4\sqrt{y}}$.

解 2 (公式法) 设 $y=g(x)=x^2$. 则当 $x\in(0,2)$ 时，其反函数为 $x=\sqrt{y}$，$y\in(0,4)$. 故

$$f_Y(y)=f_X(\sqrt{y})\cdot\left|(\sqrt{y})'\right|=\frac{1}{2\sqrt{y}}\cdot f_X(\sqrt{y})=\frac{1}{4\sqrt{y}}$$

题 3 (1998①) 如图 10 所示，设平面区域 D 由曲线 $y=\frac{1}{x}$ 及直线 $x=1$，$x=e^2$ 所围成，二维随机变量 (X,Y) 在区域 D 上服从均匀分布，则 (X,Y) 关于 X 的边缘密度在 $x=2$ 处的值为________.

解 由题设区域 D 的面积

$$S=\int_1^{e^2}\frac{1}{x}dx=\ln x\Big|_1^{e^2}=2$$

又(X,Y)的联合概率密度

$$f(x,y)=\begin{cases}\frac{1}{2}, & x\in D\\ 0, & 其他\end{cases}$$

则关于 X 的边缘概率密度

$$f_X(x)=\int_0^{\frac{1}{x}}\frac{1}{2}dy,\quad 1<x<e^2$$

故所求边缘概率密度 $f_X(2)=\frac{1}{4}$.

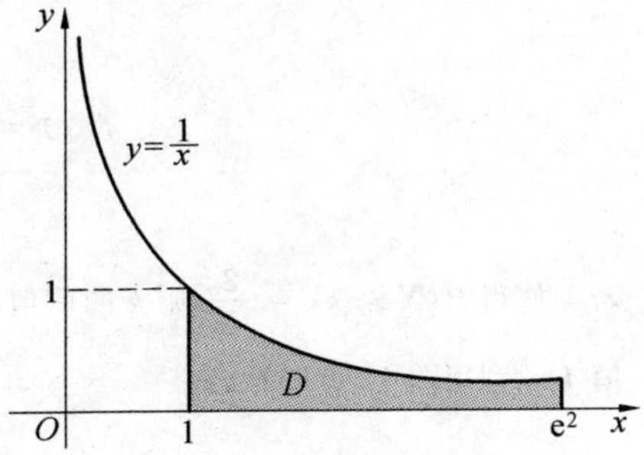

图 10

3. 随机变量的概率

题 1　(1989①) 若随机变量 X 在$(1,6)$上服从均匀分布,则方程 $x^2+Xx+1=0$ 有实根的概率为________.

解　X 的分布密度 $f(x)=\begin{cases}\frac{1}{5}, & 1\leqslant x\leqslant 6\\ 0, & 其他\end{cases}$.

又方程 $x^2+Xx+1=0$ 有实根的充要条件是判别式 $\Delta=X^2-4\geqslant 0$,即 $|X|\geqslant 2$,从而

$$P\{|X|\geqslant 2\}=P\{X\leqslant -2 或 X\geqslant 2\}=\int_2^6\frac{1}{5}dx=\frac{4}{5}=0.8$$

题 2　(2002①) 设随机变量 X 服从正态分布 $N(\mu,a^2)(a>0)$,且二次方程 $y^2+4y+X=0$ 无实根的概率为$\frac{1}{2}$,则 $\mu=$ ________.

解　由设知 $X\sim N(\mu,a^2)$,又 $P\{X>\mu\}=\frac{1}{2}$.

一元二次方程无实根其判别式 $\Delta=16-4X<0$,得 $X>4$,则由题设

$$P\{X>4\}=\frac{1}{2}$$

由题设 $P\{X>\mu\}=\frac{1}{2}$,与 $P\{X>4\}=\frac{1}{2}$ 比较,得知 $\mu=4$.

题 3　(1989③④) 设随机变量 X 的分布函数为

$$F(x)=\begin{cases}0, & 若\ x<0\\ A\sin x, & 若\ 0\leqslant x\leqslant\frac{\pi}{2}\\ 1, & 若\ x>\frac{\pi}{2}\end{cases}$$

则 $A=$ ________, $P\{|X|<\frac{\pi}{6}\}=$ ________.

解　由 $F(x)$ 的右连续性知 $F\left(\frac{\pi}{2}+0\right)=F\left(\frac{\pi}{2}\right)$,即 $1=A\sin\frac{\pi}{2}$,得$A=1$.因而

$$P\{|X|<\frac{\pi}{6}\}=P\{-\frac{\pi}{6}<X<\frac{\pi}{6}\}=P\{-\frac{\pi}{6}<X\leqslant\frac{\pi}{6}\}-P\{X=\frac{\pi}{6}\}$$

$$=F\left(\frac{\pi}{6}\right)-F\left(-\frac{\pi}{6}\right)-0=\sin\frac{\pi}{6}-0=\frac{1}{2}$$

题 4 (2002②)设随机变量 X 的概率密度为

$$f(x)=\begin{cases}\dfrac{1}{3}, & 若\ x\in[0,1]\\ \dfrac{2}{9}, & 若\ x\in[3,6]\\ 0, & 其他\end{cases}$$

若 k 使得 $P\{X\geqslant k\}=\dfrac{2}{3}$,则 k 的取值范围是________.

解 1 利用图 11 可以看出:

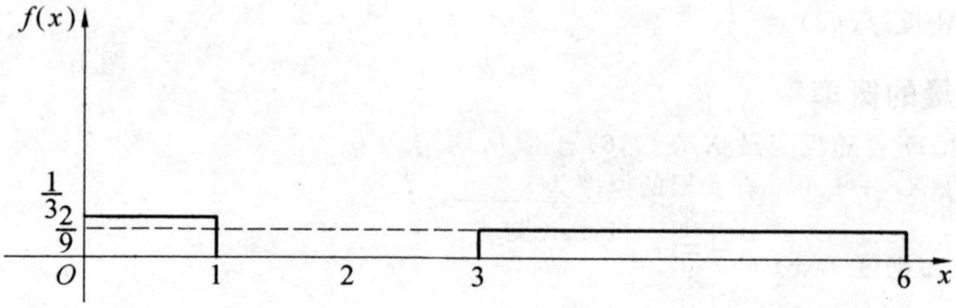

图 11

有 $P\{X\geqslant k\}=\dfrac{2}{3}\Leftrightarrow 1-P\{X<k\}=\dfrac{2}{3}$,得 $P\{X<k\}=\dfrac{1}{3}$.

显然,当 $1\leqslant k\leqslant 3$ 时,$P\{X<k\}=\dfrac{1}{3}$ 成立.

解 2 对于 k 分段讨论:

当 $k<0$ 时,$P\{x\geqslant k\}=\int_0^1\dfrac{1}{3}\mathrm{d}x+\int_3^6\dfrac{2}{9}\mathrm{d}x=1$. 故知 $k\geqslant 0$.

当 $0\leqslant k<1$ 时,$P\{X\geqslant k\}=\int_k^1\dfrac{1}{3}\mathrm{d}x+\int_3^6\dfrac{2}{9}\mathrm{d}x=\dfrac{1}{3}(1-k)+\dfrac{2}{3}>\dfrac{2}{3}$. 知 $k\geqslant 1$.

当 $1\leqslant k\leqslant 3$ 时,$P\{X\geqslant k\}=\int_3^6\dfrac{2}{9}\mathrm{d}x=\dfrac{2}{3}$.

当 $k>3$ 时,容易验证 $P\{X\geqslant k\}<\dfrac{2}{3}$.

故 k 的取值范围为闭区间$[1,3]$.

下面来看二维随机变量问题.

题 5 (2003①)设二维随机变量(X,Y)的概率密度为

$$f(x,y)=\begin{cases}6x, & 0\leqslant x\leqslant y\leqslant 1\\ 0, & 其他\end{cases}$$

则 $P\{X+Y\leqslant 1\}=$________.

解 由题设及概率公式有

$$P\{X+Y\leqslant 1\}=\iint\limits_{x+y\leqslant 1}f(x,y)\mathrm{d}x\mathrm{d}y=\int_0^{\frac{1}{2}}\mathrm{d}x\int_x^{1-x}6x\mathrm{d}y=\int_0^{\frac{1}{2}}(6x-12x^2)\mathrm{d}x=\frac{1}{4}$$

题 6 (1995①)设 X 和 Y 为两个随机变量,且 $P\{X\geqslant 0,Y\geqslant 0\}=\dfrac{3}{7}$,及 $P\{X\geqslant 0\}=P\{Y\geqslant 0\}=\dfrac{4}{7}$,则 $P\{\max(X,Y)\geqslant 0\}=$________.

解 注意到 $\max(X,Y)\geqslant 0$ 系指 X 和 Y 中至少有一个不小于 0.

设事件 $A=\{X\geqslant 0\}$,$B=\{Y\geqslant 0\}$,则事件$\{\max(X,Y)\geqslant 0\}=A\cup B$,且事件$\{X\geqslant 0,Y\geqslant 0\}=$

$A \cap B$. 故

$$\begin{aligned} P\{\max(X,Y) \geqslant 0\} &= P(A+B) = P(A)+P(B)-P(AB) \\ &= P\{X \geqslant 0\} + P\{Y \geqslant 0\} - P\{X \geqslant 0, Y \geqslant 0\} \\ &= \frac{4}{7} + \frac{4}{7} - \frac{3}{7} = \frac{5}{7} \end{aligned}$$

题 7　(2006①③④) 设随机变量 X 与 Y 相互独立，且均服从区间 $[0,3]$ 上的均匀分布，则 $P\{\max\{X,Y\} \leqslant 1\} =$ ________.

解　由题设知，X 与 Y 有相同的概率密度

$$f(x) = \begin{cases} \frac{1}{3}, & x \in [0,3] \\ 0, & \text{其他} \end{cases}$$

所以

$$\begin{aligned} P\{\max\{X,Y\} \leqslant 1\} &= P\{X \leqslant 1, Y \leqslant 1\} = P\{X \leqslant 1\}P\{Y \leqslant 1\} \\ &= (P\{X \leqslant 1\})^2 = \left(\int_0^1 \frac{1}{3}\mathrm{d}x\right)^2 = \frac{1}{9} \end{aligned}$$

注　顺便计算概率 $P\{\min\{X,Y\} \leqslant 1\}$

$$\begin{aligned} P\{\min\{X,Y\} \leqslant 1\} &= 1 - P\{\min\{X,Y\} > 1\} = 1 - P\{X > 1, Y > 1\} \\ &= 1 - P\{X > 1\}P\{Y > 1\} = 1 - (P\{X > 1\})^2 \\ &= 1 - \left(\int_1^3 \frac{1}{3}\mathrm{d}x\right)^2 = \frac{5}{9} \end{aligned}$$

(二) 选择题

1. 随机变量的分布问题

(1) 一元的情形

题 1　(1993③) 设随机变量 X 的密度函数为 $\varphi(x)$，且 $\varphi(-x) = \varphi(x)$，$F(x)$ 是 X 的分布函数，则对任意实数 a，有　(　　)

(A) $F(-a) = 1 - \int_0^a \varphi(x)\mathrm{d}x$　　(B) $F(-a) = \frac{1}{2} - \int_0^a \varphi(x)\mathrm{d}x$

(C) $F(-a) = F(a)$　　(D) $F(-a) = 2F(a) - 1$

解 1　(特值法) 令 $a = 0$，则选项 (A) 和 (D) 均为 $F(0) = 1$，而真值 $F(0) = \frac{1}{2}$. 因此排除了 (A) 和 (D).

再令 $a = +\infty$，则选项 (C) 成为 $F(-\infty) = F(+\infty)$，这显然不真. 因此可排除 (C).

故选 (B).

解 2　(直接计算法) 由 $\varphi(-x) = \varphi(x)$ 知 $\varphi(x)$ 为偶函数，则

$$\int_{-\infty}^0 \varphi(x)\mathrm{d}x = \int_0^{+\infty} \varphi(x)\mathrm{d}x = \frac{1}{2}$$

且

$$\int_0^{-a} \varphi(x)\mathrm{d}x \xlongequal{x=-t} -\int_0^a \varphi(-t)\mathrm{d}t = -\int_0^a \varphi(t)\mathrm{d}t = -\int_0^a \varphi(x)\mathrm{d}x$$

于是

$$F(-a) = \int_{-\infty}^{-a} \varphi(x)\mathrm{d}x = \int_{-\infty}^0 \varphi(x)\mathrm{d}x + \int_0^{-a} \varphi(x)\mathrm{d}x = \frac{1}{2} - \int_0^a \varphi(x)\mathrm{d}x$$

故选 (B).

题 2　(2010①) 设 $f_1(x)$ 是标准正态分布的概率密度，$f_2(x)$ 是 $[-1,3]$ 上均匀分布的概率密度，且

$$f(x) = \begin{cases} af_1(x), & x \leqslant 0 \\ bf_2(x), & x > 0 \end{cases} \quad (a > 0, b > 0)$$

亦为概率密度，则 a, b 满足　(　　)

(A) $2a + 3b = 4$　　(B) $3a + 2b = 4$　　(C) $a + b = 1$　　(D) $a + b = 2$

解 由题设 $f(x)$ 为概率密度,这样

$$I=\int_{-\infty}^{+\infty}f(x)\mathrm{d}x=\int_{-\infty}^{0}af_1(x)\mathrm{d}x+\int_{0}^{+\infty}bf_2(x)\mathrm{d}x$$
$$=\frac{1}{2}a+b\int_0^3 f_2(x)\mathrm{d}x=\frac{1}{2}a+\frac{3}{4}b$$

即 $2a+3b=4$. 故选(A).

题 3 (2011③) 设 $F_1(x)$ 与 $F_2(x)$ 为两个分布函数,其相应的概率密度 $f_1(x)$ 与 $f_2(x)$ 是连续函数,则必为概率密度的是 ( )

(A) $f_1(x)f_2(x)$ (B) $2f_2(x)F_1(x)$

(C) $f_1(x)F_2(x)$ (D) $f_1(x)F_2(x)+f_2(x)F_1(x)$

解 因为 $F'_1(x)=f_1(x)$, $F'_2(x)=f_2(x)$, 于是

$$f_1(x)F_2(x)+f_2(x)F_1(x)=F'_1(x)F_2(x)+F'_2(x)F_1(x)=[F_1(x)F_2(x)]'$$

从而 $$\int_{-\infty}^{+\infty}[f_1(x)F_1(x)+f_2(x)F_2(x)]\mathrm{d}x=[F_1(x)F_2(x)]\Big|_{-\infty}^{+\infty}=1$$

且 $f_1(x)F_2(x)+f_2(x)F_1(x)\geqslant 0$, 故 $f_1(x)F_2(x)+f_2(x)F_1(x)$ 为概率密度. 故选(D).

(2) 多元的情形

题 1 (1998③) 设 $F_1(x)$ 与 $F_2(x)$ 分别为随机变量 X_1 和 X_2 的分布函数,为使 $F(x)=aF_1(x)-bF_2(x)$ 是某一随机变量的分布函数,在下列给出的各组数值中应取 ( )

(A) $a=\frac{3}{5}, b=-\frac{2}{5}$ (B) $a=\frac{2}{3}, b=-\frac{2}{3}$

(C) $a=-\frac{1}{2}, b=\frac{3}{2}$ (D) $a=\frac{1}{2}, b=-\frac{3}{2}$

解 由设 $F_1(x)$ 与 $F_2(x)$ 均为分布函数,则 $F_1(+\infty)=F_2(+\infty)=1$.

因为 $F(x)$ 为某一随机变量的分布函数,则有 $F(+\infty)=a-b=1$.

经验算知(A) 正确. 故选(A).

题 2 (2002①④) 设 X_1 和 X_2 是任意两个相互独立的连续型随机变量,它们的概率密度分别为 $f_1(x)$ 和 $f_2(x)$, 分布函数分别为 $F_1(x)$ 和 $F_2(x)$, 则 ( )

(A) $f_1(x)+f_2(x)$ 必为某一随机变量的概率密度

(B) $F_1(x)F_2(x)$ 必为某一随机变量的分布函数

(C) $F_1(x)+F_2(x)$ 必为某一随机变量的分布函数

(D) $f_1(x)f_2(x)$ 必为某一随机变量的概率密度

解 (特值法) 令设 $X_i\sim U(0,2)(i=1,2)$, 即服从 $(0,2)$ 上的均匀分布,且相互独立,则其概率密度及分布函数分别为

$$f_i(x)=\begin{cases}\frac{1}{2}, & 若\ 0\leqslant x\leqslant 2\\ 0, & 其他\end{cases},\quad F_i(x)=\begin{cases}0, & 若\ x<0\\ x, & 若\ 0\leqslant x<2\\ 1, & 若\ x\geqslant 2\end{cases}\quad (i=1,2)$$

容易验证选项(A),(C),(D) 均不正确,只有(B) 正确,故选(B).

注 顺便指出:选项(B) 的正确性可证如:由 X_1,X_2 的独立性有

$$F_1(x)F_2(x)=P\{X_1\leqslant x\}P\{X_2\leqslant x\}=P\{X_1\leqslant x,X_2\leqslant x\}$$

注意到取 $X=\max(X_1,X_2)$, 并由于

$$P\{X_1\leqslant x,X_2\leqslant x\}=P\{\max(X_1,X_2)\leqslant x\}$$

可知 $F_1(x)F_2(x)$ 必为随机变量 X 的分布函数,即 $F_X(x)=P\{X\leqslant x\}$.

题 3 (2005①③④) 设二维随机变量 (X,Y) 的概率分布为:

Y \ X	0	1
0	0.4	a
1	b	0.1

已知随机事件 $\{X=0\}$ 与 $\{X+Y=1\}$ 相互独立,则 ( )

(A)$a=0.2,b=0.3$　　　　(B)$a=0.4,b=0.1$

(C)$a=0.3,b=0.2$　　　　(D)$a=0.1,b=0.4$

解　由题设知 $a+b=0.5$，又事件$\{X=0\}$与$\{X+Y=1\}$相互独立，于是有

$$P\{X=0,X+Y=1\}=P\{X=0\}P\{X+Y=1\}$$

即 $a=(0.4+a)(a+b)$，又 $a+b=0.5$，可解得 $a=0.4,b=0.1$.

故应选(B).

注　本题在数学(三)中为填空题(即以填空形式出现).

题 4　(1999④) 假设随机变量 X 服从指数分布，则随机变量 $Y=\min(X,2)$ 的分布函数是(　　)

(A) 是连续函数　(B) 至少有两个间断点　(C) 是阶梯函数　(D) 恰好有一个间断点

解 1　由题设 x 的概率密度为

$$f_X(x)=\begin{cases}\lambda e^{-\lambda x}, & x>0\\ 0, & x\leqslant 0\end{cases}\quad(\lambda>0)$$

又

$$Y=\min(X,2)=\begin{cases}Y=X, & X<2\\ Y=2, & X\geqslant 2\end{cases}$$

① 当 $0\leqslant y<2$ 时，有

$$F_Y(y)=P\{Y<y\}=P\{\min(X,2)<y\}=P\{x<y\}$$
$$=\int_0^y\lambda e^{-\lambda x}\,dx=-e^{-\lambda x}\Big|_0^y=1-e^{-\lambda y}$$

② 当 $y<0$ 时，$F_Y(y)=P\{X<y\}=P\{x<y\}=0$；

③ 当 $y\geqslant 2$ 时，$F_Y(y)=P\{Y<y\}=P\{\min(X,2)<y\}=P\{2<y\}=1$.

故选(D).

解 2　(用排除法) 由题设知，当 $Y<2$ 时 Y 与 X 同为指数分布，这样可以排除选项(C).

当$Y=2$时(注意$Y=\min(X,2)\leqslant 2$，即Y的取值不可能大于2)，Y转化为离散随机变量，故Y的分布函数有一个间断点，因此只有(D)正确.

注　关于解 1 还可解释如下(与解 1 过程无大异)：

设 X 的分布函数为 $F(x)$，Y 的分布函数为 $G(y)$. 则

$$F(x)=\begin{cases}1-e^{-\lambda x}, & 0<x<2\\ 0, & x\leqslant 0\end{cases},\quad G(y)=P\{Y\leqslant y\}=P\{\min(X,2)\leqslant y\}$$

(1) 当 $y<2$ 时，有 $X<2$，因此 $Y=\min(X,2)=X$，表明 Y 与 X 具有相同的分布，即服从参数为 λ 的指数分布，其分布函数为

$$G(y)=\begin{cases}1-e^{-\lambda x}, & 0<y<2\\ 0, & y\leqslant 0\end{cases}$$

(2) 当 $y\geqslant 2$ 且 $X\geqslant 2$ 时，$Y=\min(X,2)=2$；当 $y\geqslant 2$ 且 $X<2$ 时，有 $Y=\min(X,2)=X<2\leqslant y$. 两种情况下都有

$$G(y)=P\{Y\leqslant y\}=P\{2\leqslant y\}=1$$

综上，如图 12 所示，$Y=\min(X,2)$ 的分布函数为

$$G(y)=\begin{cases}0, & y\leqslant 0\\ 1-e^{-\lambda x}, & 0<y<2\\ 1, & y\geqslant 2\end{cases}$$

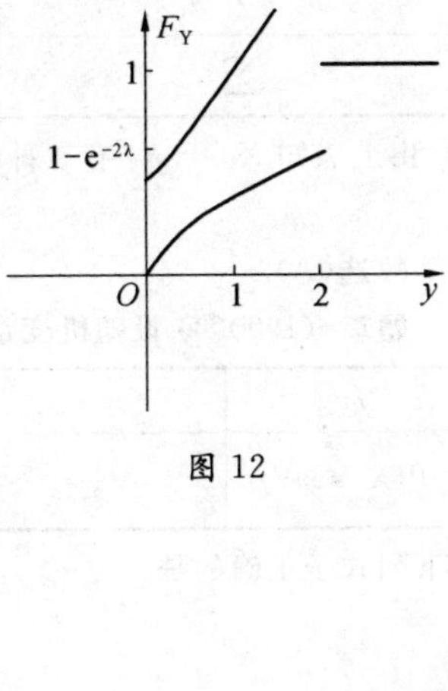

图 12

故 $G(y)$ 仅在 $x=2$ 处有一个间断点. 应选(D).

2. 随机变量的概率问题

题1 (1999③) 设随机变量 $X_i \sim \begin{pmatrix} -1 & 0 & 1 \\ \frac{1}{4} & \frac{1}{2} & \frac{1}{4} \end{pmatrix}$ $(i=1,2)$，并且满足 $P\{X_1X_2=0\}=1$，那么 $P\{X_1=X_2\}$ 等于 ( )

(A)0　　(B) $\frac{1}{4}$　　(C) $\frac{1}{2}$　　(D)1

解1 因 $P\{X_1X_2=0\}=1$，有 $P\{X_1X_2\neq 0\}=0$，由此首先可得下表中四个0的填写，接下来只需按题设及公式即可. 因此 X_1 和 X_2 的联合分布律为：

X_1 \ X_2	-1	0	1	$\sum$
-1	0	p_{12}	0	$\frac{1}{4}$
0	p_{21}	p_{22}	p_{23}	$\frac{1}{2}$
1	0	p_{32}	0	$\frac{1}{4}$
$\sum$	$\frac{1}{4}$	$\frac{1}{2}$	$\frac{1}{4}$	

由表有 $p_{21}=\frac{1}{4}, p_{12}=\frac{1}{4}, p_{23}=\frac{1}{4}, p_{21}+p_{22}+p_{23}=\frac{1}{2}$，得 $p_{22}=0$.

可知 $P\{X_1=X_2\}=p_{11}+p_{22}+p_{33}=0$.

故选(A).

解2 由 $P\{X_1X_2=0\}=1$ 知 $P\{X_1X_2\neq 0\}=0$. 下面分四种情况考虑

$$P\{X_1=-1,X_2=-1\}=0,\quad P\{X_1=1,X_2=-1\}=0$$
$$P\{X_1=-1,X_2=1\}=0,\quad P\{X_1=1,X_2=1\}=0$$

于是，余下的五种情况的概率，可利用边缘分布律及其性质求出，见下表：

X_1 \ X_2	-1	0	1	$\sum$
-1	0	$\frac{1}{4}$	0	$\frac{1}{4}$
0	$\frac{1}{4}$	0	$\frac{1}{4}$	$\frac{1}{2}$
1	0	$\frac{1}{4}$	0	$\frac{1}{4}$
$\sum$	$\frac{1}{4}$	$\frac{1}{2}$	$\frac{1}{4}$	1

由上表知 $X_1=X_2$ 有三种情况，每种情况的概率均为0. 因此

$$P\{X_1=X_2\}=0$$

故选(A).

题2 (1990③) 设随机变量 X 和 Y 相互独立，其概率分布为：

m	-1	1
$P\{X=m\}$	$\frac{1}{2}$	$\frac{1}{2}$

m	-1	1
$P\{Y=m\}$	$\frac{1}{2}$	$\frac{1}{2}$

则下列式子正确的是 ( )

(A) $X=Y$　　(B) $P\{X=Y\}=0$　　(C) $P\{X=Y\}=\frac{1}{2}$　　(D) $P\{X=Y\}=1$

解 1　因为 X 和 Y 可以取不同的值，所以排除(A)和(D). 又因为 X 和 Y 也可以取相同的值，所以排除(B). 故选(C). 事实上

$$\begin{aligned}P\{X=Y\}&=P\{X=-1,Y=-1\}+P\{X=1,Y=1\}\\&=P\{X=-1\}P\{Y=-1\}+P\{X=1\}P\{Y=1\}=\frac{1}{2}\end{aligned}$$

解 2　由设 X 和 Y 互相独立，有 X,Y 的联合分布为：

X \ Y	-1	1
-1	$\frac{1}{4}$	$\frac{1}{4}$
1	$\frac{1}{4}$	$\frac{1}{4}$

则

$$\begin{aligned}P\{X=Y\}&=P\{X=-1,Y=-1\}+P\{X=1,Y=1\}\\&=\frac{1}{4}+\frac{1}{4}=\frac{1}{2}\end{aligned}$$

故选(C).

题 3　(1997③) 设随机变量 X 与 Y 相互独立且同分布

$$P\{X=-1\}=P\{Y=-1\}=\frac{1}{2},\quad P\{X=1\}=P\{Y=1\}=\frac{1}{2}$$

则下列各式中成立的是　　(　　)

(A) $P\{X=Y\}=\frac{1}{2}$　　(B) $P\{X=Y\}=1$

(C) $P\{X+Y=0\}=\frac{1}{4}$　　(D) $P\{XY=1\}=\frac{1}{4}$

解　由设有 X,Y 的概率分布为：

x	-1	1
$P\{X=x\}$	$\frac{1}{2}$	$\frac{1}{2}$

y	-1	1
$P\{Y=y\}$	$\frac{1}{2}$	$\frac{1}{2}$

又 X 与 Y 相互独立有 X,Y 的联合分布：

X \ Y	-1	1
-1	$\frac{1}{4}$	$\frac{1}{4}$
1	$\frac{1}{4}$	$\frac{1}{4}$

$$\begin{aligned}P\{X=Y\}&=P\{(X=-1,Y=-1)\cup(X=1,Y=1)\}\\&=P\{X=-1,Y=-1\}+P\{X=1,Y=1\}\\&=\frac{1}{4}+\frac{1}{4}=\frac{1}{2}\end{aligned}$$

故选(A).

题 4　(2012③) 设随机变量 X,Y 相互独立，且都服从区间 $(0,1)$ 上的均匀分布，则 $P\{X^2+Y^2\leqslant 1\}=$ ________.

(A) $\frac{1}{4}$　　(B) $\frac{1}{2}$　　(C) $\frac{\pi}{8}$　　(D) $\frac{\pi}{4}$

解　由题设 X,Y 相互独立，则

$$f(x,y)=f_X(x)f_Y(y)=\begin{cases}1, & 0<x,y<1\\0, & 其他\end{cases}$$

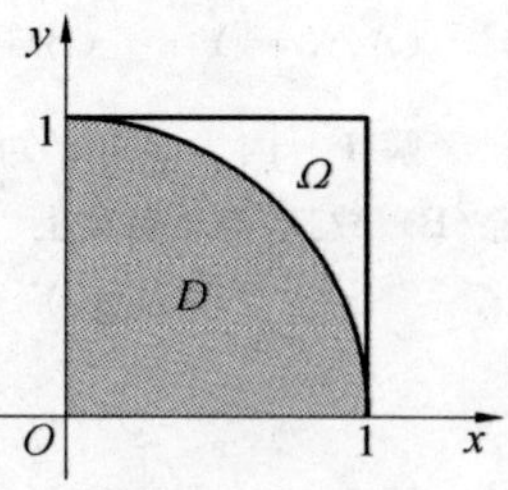

图 13

如图 13 所示，有

$$P\{X^2+Y^2\leqslant 1\}=\iint_D f(x,y)\mathrm{d}x\mathrm{d}y=\frac{S_D}{S_\Omega}=\frac{\pi}{4}$$

故选(D).

题 5 (2012①) 设随机变量 X 与 Y 相互独立，且分别服从参数为 1 与参数为 4 的指数分布，则 $P\{X<Y\}=$

(A) $\frac{1}{5}$　　(B) $\frac{1}{3}$　　(C) $\frac{2}{3}$　　(D) $\frac{4}{5}$

解 由题设 $X\sim f_X(x)=\begin{cases}\mathrm{e}^{-x}, & x>0\\0, & 其他\end{cases}$，$Y\sim f_Y=\begin{cases}\mathrm{e}^{-4y}, & y>0\\0, & 其他\end{cases}$.

又 X,Y 相互独立，可有二维随机变量概率密度为

$$f(x,y)=f_X(x)f_Y(y)=\begin{cases}\mathrm{e}^{-x-4y}, & x>0,y>0\\0, & 其他\end{cases}$$

从而

$$P\{X<Y\}=\iint_{x<y}f(x,y)\mathrm{d}x\mathrm{d}y$$
$$=\int_0^{+\infty}\mathrm{d}y\int_y^{+\infty}\mathrm{e}^{-x-4y}\mathrm{d}x=\int_0^{+\infty}\mathrm{e}^{-5y}\mathrm{d}y=\frac{1}{5}$$

故选(A).

(三) 计算证明题

1. 随机变量的概率分布

(1) 离散型问题

题 1 (1990④) 甲、乙两人独立地各进行两次射击，假设甲的命中率为 0.2，乙的命中率为 0.5，以 X 和 Y 分别表示甲和乙的命中次数. 试求 X 和 Y 的联合概率分布.

解 依题意，$X\sim\mathscr{B}(2,0.2)$，$Y\sim\mathscr{B}(2,0.5)$，据公式 $P\{X=k\}=\mathrm{C}_n^k p^k q^{n-k}$ 可算得 X 和 Y 的概率分布分别为下表所示.

X 的概率分布表

x	0	1	2
$P\{X=x\}$	0.64	0.32	0.04

Y 的概率分布表

y	0	1	2
$P\{Y=y\}$	0.25	0.5	0.25

由 X 和 Y 的独立性知 X 和 Y 的联合概率分布为：

X \ Y	0	1	2
0	0.16	0.08	0.01
1	0.32	0.16	0.02
2	0.16	0.08	0.01

题2 (1999①) 设随机变量 X 和 Y 相互独立，下表列出二维随机变量(X,Y) 联合分布律及关于 X 和关于 Y 的边缘分布律中的部分数值，试将其余数值填入表中的空白处.

Y \ X	y_1	y_2	y_3	$P\{X=x_i\}=p_{i\cdot}$
x_1		$\frac{1}{8}$		
x_2	$\frac{1}{8}$			
$P\{Y=y_j\}=p_{\cdot j}$	$\frac{1}{6}$			1

解　反复利用下列公式，可以将表中空白处填满（从表中有两个数据的行或列开始），注意到 X 和 Y 的独立性

$$P\{X=x_i\}=\sum_{j=1}^{3}P\{X=x_i,Y=y_j\},\quad i=1,2$$

$$P\{Y=y_i\}=\sum_{i=1}^{2}P\{X=x_i,Y=y_j\},\quad j=1,2,3$$

$$P\{X=x_i,Y=y_j\}=P\{X=x_i\}P\{Y=y_j\},\quad i=1,2,j=1,2,3$$

这样首先可有下表：

Y \ X	y_1	y_2	y_3	$P\{X=x_i\}=p_{i\cdot}$
x_1	p_{11}	$\frac{1}{8}$	p_{13}	$\frac{1}{4}$
x_2	$\frac{1}{8}$	p_{22}	p_{23}	$\frac{3}{4}$
$P\{Y=y_j\}=p_{\cdot j}$	$\frac{1}{6}$	$\frac{1}{2}$	$\frac{1}{3}$	1

具体计算如下：

由 $p_{11}+\frac{1}{8}=\frac{1}{6}$，有 $p_{11}=\frac{1}{6}-\frac{1}{8}=\frac{1}{24}$. 这样可有下表：

x	x_1	x_2
$P\{X=x\}$	$\frac{1}{24}+\frac{1}{8}+p_{13}$	$\frac{1}{8}+p_{22}+p_{23}$

y	y_1	y_2	y_3
$P\{Y=y\}$	$\frac{1}{6}$	$\frac{1}{8}+p_{22}$	$p_{13}+p_{23}$

又 X 和 Y 互相独立，有 $p_X(x_1)p_Y(y_1)=p_{11}=\frac{1}{24}$，即 $\left(\frac{1}{24}+\frac{1}{8}+p_{13}\right)\cdot\frac{1}{6}=\frac{1}{24}$，有 $p_{13}=\frac{1}{12}$.

由 $p_X(x_1)p_Y(y_2)=p_{12}=\frac{1}{8}$，即 $\left(\frac{1}{24}+\frac{1}{8}+\frac{1}{12}\right)\cdot\left(\frac{1}{8}+p_{22}\right)=\frac{1}{8}$，得 $p_{22}=\frac{3}{8}$.

又 $p_{13}+p_{23}=\frac{1}{3}$，有 $p_{23}=\frac{1}{3}-p_{13}=\frac{1}{3}-\frac{1}{12}=\frac{1}{4}$.

这样最后可有下表：

Y \ X	y_1	y_2	y_3	$P\{X=x_i\}=p_{i\cdot}$
x_1	$\frac{1}{24}$	$\frac{1}{8}$	$\frac{1}{12}$	$\frac{1}{4}$
x_2	$\frac{1}{8}$	$\frac{3}{8}$	$\frac{1}{4}$	$\frac{3}{4}$
$P\{Y=y_j\}=p_{\cdot j}$	$\frac{1}{6}$	$\frac{1}{2}$	$\frac{1}{3}$	1

下表圆圈中数字表示计算时先后顺序（表中 * 处表示有题设数据）：

$Y \backslash X$	y_1	y_2	y_3	$P\{X = x_i\} = p_{i\cdot}$
x_1	①	*	⑦	②
x_2	*	⑥	⑧	③
$P\{Y = y_j\} = p_{\cdot j}$	*	④	⑤	*

题3 (1999④)已知随机变量 X_1 和 X_2 的概率分布分别为

$$X_1 \sim \begin{pmatrix} -1 & 0 & 1 \\ \frac{1}{4} & \frac{1}{2} & \frac{1}{4} \end{pmatrix}, \quad X_2 \sim \begin{pmatrix} 0 & 1 \\ \frac{1}{2} & \frac{1}{2} \end{pmatrix}$$

而且 $P\{X_1X_2 = 0\} = 1$.求:(1)X_1,X_2 的联合分布;(2)X_1 和 X_2 是否独立?为什么?

解 1 (1)由 $P\{X_1X_2 = 0\} = 1$,可知

$$P\{X_1 = -1, X_2 = 1\} = P\{X_1 = 1, X_2 = 1\} = 0$$

这样首先可填得下面表中的三个0,再由随机变量与其边缘分布关系可有

$$P\{X_1 = -1, X_2 = 0\} = P\{X_1 = -1\} = \frac{1}{4}$$

且
$$P\{X_1 = 0, X_2 = 1\} = P\{X_2 = 1\} = \frac{1}{2}$$

又
$$P\{X_1 = 1, X_2 = 0\} = P\{X_1 = 1\} = \frac{1}{4}$$

及
$$P\{X_1 = 0, X_2 = 0\} = 1 - \left(\frac{1}{4} + \frac{1}{2} + \frac{1}{4}\right) = 0$$

故 X_1 与 X_2 联合分布如下表:

$X_1 \backslash X_2$	-1	0	1	$\sum$
0	$\frac{1}{4}$	0	$\frac{1}{4}$	$\frac{1}{2}$
1	0	$\frac{1}{2}$	0	$\frac{1}{2}$
$\sum$	$\frac{1}{4}$	$\frac{1}{2}$	$\frac{1}{4}$	1

(2)由上表可看出 $P\{X_1 = 0, X_2 = 0\} = 0$.

又由题设有 $P\{X_1 = 0\}P\{X_2 = 0\} = \frac{1}{2} \times \frac{1}{2} = \frac{1}{4}$,故随机变量 X_1 和 X_2 不独立.

解 2 由题设 $P\{X_1X_2 = 0\} = 1$ 知 $X_1X_2 = 0$ 是必然事件,换言之,X_1 和 X_2 同时取非零值是不可能事件.因此

$$P\{X_1 = -1, X_2 = 1\} = 0, \quad P\{X_1 = 1, X_2 = 1\} = 0$$

至此在所求的 X_1 和 X_2 联合分布的6个未知数中已经求出了2个.结合题设,此时 X_1 和 X_2 的联合分布有如下表:

$X_1 \backslash X_2$	-1	0	1	$\sum$
0	p_{11}	p_{12}	p_{13}	$\frac{1}{2}$
1	0	p_{22}	0	$\frac{1}{2}$
$\sum$	$\frac{1}{4}$	$\frac{1}{2}$	$\frac{1}{4}$	1

仿照前面例的解法,再利用边缘分布的已知数据,可以依次求出

$$p_{11}=\frac{1}{4},\quad p_{13}=\frac{1}{4},p_{22}=\frac{1}{2},\quad p_{12}=\frac{1}{2}-p_{11}-p_{13}=0$$

如此最后得到 X_1 和 X_2 的联合分布如解 1 中的表所示.

(2) 由表可见，$P\{X_1=0,X_2=0\}=0\neq\frac{1}{4}=P\{X_1=0\}P\{X_2=0\}$.

于是可推知：X_1 和 X_2 不独立.

题 4　(2006④) 设二维随机变量 (X,Y) 的概率分布为：

X \ Y	-1	0	1
-1	a	0	0.2
0	0.1	b	0.2
1	0	0.1	c

其中 a,b,c 为常数，且 X 的数学期望 $E(X)=-0.2$，$P\{Y\leqslant 0\mid X\leqslant 0\}=0.5$，记 $Z=X+Y$. 求：(1)a,b,c 的值；(2)Z 的概率分布；(3)$P\{X=Z\}$.

解　(1) 由概率分布的性质得 $a+0+0.2+0.1+b+0.2+0+0.1+c=1$，即

$$a+b+c=0.4 \qquad ①$$

由于 X 的概率分布为：

X	-1	0	1
P	$0.2+a$	$0.3+b$	$0.1+c$

因此由 $E(X)=-0.2$ 得

$$(-1)\times(0.2+a)+0\times(0.3+b)+1\times(0.1+c)=-0.2$$

即

$$a-c=0.1 \qquad ②$$

由 $P\{Y\leqslant 0\mid X\leqslant 0\}=0.5$ 即 $\frac{P\{X\leqslant 0,Y\leqslant 0\}}{P\{X\leqslant 0\}}=0.5$，得

$$P\{X\leqslant 0,Y\leqslant 0\}=0.5P\{X\leqslant 0\} \qquad ③$$

其中

$$\begin{aligned}&P\{X\leqslant 0,Y\leqslant 0\}\\&=P\{X=-1,Y=-1\}+P\{X=-1,Y=0\}+P\{X=0,Y=-1\}+P\{X=0,Y=0\}\\&=a+0+0.1+b=a+b+0.1\end{aligned}$$

$$P\{X\leqslant 0\}=P\{X=-1\}+P\{X=0\}=(0.2+a)+(0.3+b)=a+b+0.5$$

将它们代入式 ③，得

$$a+b+0.1=0.5(a+b+0.5)$$

即

$$a+b=0.3 \qquad ④$$

解由式 ①、式 ②、式 ④ 组成的方程组得

$$a=0.2,\quad b=0.1,\quad c=0.1$$

于是 (X,Y) 的概率分布为：

X \ Y	-1	0	1
-1	0.2	0	0.2
0	0.1	0.1	0.2
1	0	0.1	0.1

(2)$Z=X+Y$ 可能取的值为 $-2,-1,0,1,2$,并且

$$P\{Z=-2\}=P\{X+Y=-2\}=P\{X=-1,Y=-1\}=0.2$$

$$P\{Z=-2\}=P\{X+Y=-1\}=P\{X=-1,Y=0\}+P\{X=0,Y=-1\}=0.1$$

$$P\{Z=0\}=P\{X+Y=0\}=P\{X=-1,Y=1\}+P\{X=0,Y=0\}+P\{X=1,Y=-1\}=0.3$$

$$P\{Z=1\}=P\{X+Y=1\}=P\{X=0,Y=1\}+P\{X=1,Y=0\}=0.3$$

$$P\{Z=2\}=P\{X+Y=2\}=P\{X=1,Y=1\}=0.1$$

所以 Z 的概率分布为:

Z	-2	-1	0	1	2
P	0.2	0.1	0.3	0.3	0.1

(3) 由(1) 得 Y 的概率分布为:

Y	-1	0	1
P	0.3	0.2	0.5

于是 $P\{X=Z\}=P\{X=X+Y\}=P\{Y=0\}=0.2$.

(2) 连续型问题

题 (2004④)设随机变量 X 的区间 $(0,1)$ 上服从均匀分布,在 $X=x(0<x<1)$ 的条件下,随机变量 Y 在区间 $(0,x)$ 上服从均匀分布.求:(1)随机变量 X 和 Y 的联合概率密度;(2)Y 的概率密度;(3)概率 $P\{X+Y>1\}$.

解 (1)X 的概率密度为 $f_X(x)=\begin{cases}1, & 0<x<1\\0, & \text{其他}\end{cases}$.

在 $X=x(0<x<1)$ 的条件下,Y 的条件密度为

$$f_{Y|X}(y\mid x)=\begin{cases}\dfrac{1}{x}, & 0<y<x\\0, & \text{其他}\end{cases}$$

当 $0<y<x<1$ 时,随机变量 X 和 Y 的联合概率密度为

$$f(x,y)=f_X(x)f_{Y|X}(y\mid x)=\frac{1}{x}$$

在其他点 (x,y) 处,有 $f(x,y)=0$,即

$$f(x,y)=\begin{cases}\dfrac{1}{x}, & 0<y<x<1\\0, & \text{其他}\end{cases}$$

(2) 当 $0<y<1$ 时,Y 的概率密度为

$$f_Y(y)=\int_{-\infty}^{+\infty}f(x,y)\mathrm{d}x=\int_y^1\frac{1}{x}\mathrm{d}x=k\ln y$$

当 $y\leqslant 0$ 或 $y\geqslant 1$ 时 $f_Y(y)=0$.因此

$$f_Y(y)=\begin{cases}-\ln y, & 0<y<1\\0, & \text{其他}\end{cases}$$

(3) 所求概率为

$$P\{X+Y>1\}=\iint\limits_{x+y>1}f(x,y)\mathrm{d}x\mathrm{d}y=\int_{\frac{1}{2}}^{1}\mathrm{d}x\int_{1-x}^{x}\frac{1}{x}\mathrm{d}y=\int_{\frac{1}{2}}^{1}\left(2-\frac{1}{x}\right)\mathrm{d}x=1-\ln 2$$

2. 随机变量函数的概率分布

(1) 一元的情形

① 概率分布问题

题 1 (2003③④) 设随机变量 X 的概率密度为

$$f(x)=\begin{cases}\dfrac{1}{3\sqrt[3]{x^2}}, & x\in[1,8]\\ 0, & 其他\end{cases}$$

若 $F(x)$ 是 X 的分布函数. 求随机变量 $Y=F(X)$ 的分布函数.

解　易见，当 $x<1$ 时，$F(x)=0$；当 $x>8$ 时，$F(x)=1$.

对于 $x\in[1,8]$ 有

$$F(x)=\int_1^x\frac{1}{3\sqrt[3]{t^2}}\mathrm{d}t=\sqrt[3]{x}-1$$

设 $G(y)$ 是随机变量 $Y=F(X)$ 的分布函数.

显然，当 $y<0$ 时，$G(y)=0$；当 $y\geqslant 1$ 时，$G(y)=1$. 对于 $y\in[0,1]$，有

$$\begin{aligned}G(y)&=P\{Y\leqslant y\}=P\{F(X)\leqslant y\}=P\{\sqrt[3]{X}-1\leqslant y\}\\&=P\{X\leqslant(y+1)^3\}=F[(y+1)^3]=y\end{aligned}$$

于是 $Y=F(X)$ 的分布函数为 $G(y)=\begin{cases}0, & y<0\\ y, & 0\leqslant y<1\\ 1, & y\geqslant 1\end{cases}$

注　若对 $G(y)$ 我们换个角度思考，注意到 $f(x)$ 单调性，当 $0<y<1$ 时，有

$$G(y)=P\{Y\leqslant y\}=P\{F(X)\leqslant y\}=P\{X\leqslant F^{-1}(y)\}=F(F^{-1}(y))=y$$

可以看出 Y 的分布函数 $G(y)$ 与 X 的密度函数无关，故有一般形式的结论(详见前文)：

命题：对于随机变量 X，若其分布函数为存在反函数的连续函数 $F(x)$，则随机变量 $Y=F(X)$ 的分布函数为

$$G(y)=\begin{cases}0, & y<0\\ y, & 0\leqslant y<1\\ 1, & y\geqslant 1\end{cases}$$

接下来看一个证明问题，其实它不过是上例注中命题的特例或变形.

题 2 (1995④) 假设随机变量 X 服从参数为 2 的指数分布，证明：$Y=1-\mathrm{e}^{-2X}$ 在区间 $(0,1)$ 上服从均匀分布.

证　由题设知 X 的概率密度函数为 $f(x)=\begin{cases}2\mathrm{e}^{-2x}, & x\geqslant 0\\ 0, & x<0\end{cases}$.

设 $y=g(x)=1-\mathrm{e}^{-2x}$，其反函数及其导函数分别为

$$x=h(y)=-\frac{1}{2}\ln(1-y),\quad h'(y)=\frac{1}{2(1-y)}$$

于是 Y 的密度函数

$$\varphi(y)=\begin{cases}f(h(y))\,|h'(y)|, & 0<y<1\\ 0, & 其他\end{cases}=\begin{cases}1, & 0<y<1\\ 0, & 其他\end{cases}$$

故 $Y=1-\mathrm{e}^{-2X}$ 服从 $(0,1)$ 上的均匀分布.

注　如前所言,此问题亦有一般性,换言之结论可以推广.此外,问题还可解如:

证:若 $G(y)$ 是 Y 的分布函数,则

$$G(y)=P\{Y\leqslant y\}=P\{1-\mathrm{e}^{-2X}\leqslant y\}$$

$$=\begin{cases}0, & y\leqslant 0\\ P\{X\leqslant -\frac{1}{2}\ln(1-y)\}, & 0<y<1\\ 1, & y\geqslant 1\end{cases}=\begin{cases}0, & y\leqslant 0\\ y, & 0<y<1\\ 1, & y\geqslant 1\end{cases}$$

故知 Y 在 $(0,1)$ 上服从均匀分布.

题 3　(1994④) 设随机变量 X 的概率密度为

$$f(x)=\begin{cases}2x, & 0<x<1\\ 0, & 其他\end{cases}$$

现对 X 进行 n 次独立重复观测,以 V_n 表示观测值不大于 0.1 的次数.试求随机变量 V_n 的概率分布.

解　由题设有事件"观测值不大于 0.1"的概率为

$$p=P\{X\leqslant 0.1\}=\int_{-\infty}^{0.1}f(x)\mathrm{d}x=\int_0^{0.1}2x\mathrm{d}x=0.01$$

V_n 服从参数为 (n,p) 的二项分布 $\mathscr{B}(n,p)$,故有

$$P\{V_n=m\}=\mathrm{C}_n^m(0.01)^m(0.09)^{n-m},\quad m=1,2,\cdots,n$$

下面是一则应用题,它与所谓机器故障有关.

题 4　(2002③④) 假设一设备开机后无故障工作的时间 X 服从指数分布,平均无故障工作的时间 $E(X)$ 为 5 h.设备定时开机,出现故障时自动关机,而在无故障的情况下工作 2 h 便关机.试求该设备每次开机无故障工作的时间 Y 的分布函数$F(y)$.

解 1　参数为 λ 的指数分布均值(期望)为 $\frac{1}{\lambda}$,故题设的分布参数

$$\lambda=\frac{1}{E(X)}=\frac{1}{5}$$

依题意 $Y=\min(X,2)$.显然,当 $y<0$ 时,$F(y)=0$;当 $y\geqslant 2$ 时,$F(y)=1$;当 $0\leqslant y<2$ 时,有

$$F(y)=P\{Y\leqslant y\}=P\{\min(X,2)\leqslant y\}=P\{X\leqslant y\}=1-\mathrm{e}^{-\frac{y}{5}}$$

故

$$F(y)=\begin{cases}0, & y<0\\ 1-\mathrm{e}^{-\frac{y}{5}}, & 0\leqslant y<2\\ 1, & y\geqslant 2\end{cases}$$

解 2　同解 1 知 $\lambda=\frac{1}{5}$,且 $Y=\min(X,2)$,又

$$F(y)=P\{Y\leqslant y\}=P\{\min(X,2)\leqslant y\}=1-P\{\min(X,2)>y\}$$
$$=1-P\{X>y,2>Y\}=1-P\{X>y\}P\{Y<2\}$$

当 $y\geqslant 2$ 时,$P\{Y<2\}=0$,则 $F(y)=1$;当 $y<2$ 时,$P\{Y<2\}=1$,则

$$F(y)=1-P\{X>y\}=P\{X\leqslant y\}=\begin{cases}1-\mathrm{e}^{-\frac{y}{5}}, & y\geqslant 0\\ 0, & y<0\end{cases}$$

故

$$F(y)=\begin{cases}0, & y<0\\ 1-\mathrm{e}^{-\frac{y}{5}}, & 0\leqslant y<2\\ 1, & y\geqslant 0\end{cases}$$

② 概率密度问题

下面是一些求随机变量函数的概率密度问题.

题 5　(1995①) 设随机变量 X 的概率密度为 $f_X(x)=\begin{cases}e^{-x}, & x\geqslant 0\\ 0, & x<0\end{cases}$ 求随机变量 $Y=e^X$ 的概率密度 $f_Y(y)$.

解 1　(直接法) Y 的分布函数 $F_Y(y)=P\{Y\leqslant y\}=P\{e^X\leqslant y\}$.

当 $y<1$ 时,由于 $e^X\leqslant y, X<0$,因此 $F_Y(y)=P\{e^x\leqslant y\}=P\{X<0\}=0$.

当 $y\geqslant 1$ 时,$F_Y(y)=P\{e^x\leqslant y\}=P\{X\leqslant \ln y\}=\int_0^{\ln y}e^{-x}\mathrm{d}x=1-\dfrac{1}{y}$.

综上
$$f_Y(y)=\frac{\mathrm{d}}{\mathrm{d}y}F_Y(y)=\begin{cases}0, & y<1\\ \dfrac{1}{y^2}, & y\geqslant 1\end{cases}$$

解 2　(公式法) 设 $y=g(x)=e^x$. 仅考虑 X 的密度函数取正值的区间 $x>0$. 此时可有 $y>1$,则 $g(x)$ 的反函数是 $x=h(y)\ln y$. 于是
$$f_Y(y)=\begin{cases}f_X[h(y)]\mid h'(y)\mid, & y>1\\ 0, & y\leqslant 1\end{cases}=\begin{cases}\dfrac{1}{y^2}, & y\geqslant 1\\ 0, & y<1\end{cases}$$

题 6　(1988①) 设随机变量 X 的概率密度函数 $f_X(x)=\dfrac{1}{\pi(1+x^2)}$,求随机变量 $Y=1-\sqrt[3]{X}$ 的概率密度函数 $f_Y(y)$.

解 1　(直接计算法) 对于任意 $y\in(-\infty,+\infty)$,Y 的分布函数
$$F_Y(y)=P\{Y\leqslant y\}=P\{1-\sqrt[3]{X}\leqslant y\}=P\{X\geqslant(1-y)^3\}=\int_{(1-y)^3}^{+\infty}\frac{\mathrm{d}x}{\pi(1+x^2)}$$

因此
$$f_Y(y)=\frac{\mathrm{d}}{\mathrm{d}y}F_Y(y)=\frac{3(1-y)^2}{\pi[1+(1-y)^6]}$$

解 2　(反函数公式法) 设 $y=g(x)=1-\sqrt[3]{x}$,则其反函数为
$$x=h(y)=(1-y)^3, h'(y)=-3(1-y)^2,\quad y\in(-\infty,+\infty)$$

故
$$f_Y(y)=f_X[h(y)]\mid h'(y)\mid=\frac{3(1-y)^3}{\pi[1+(1-y)^6]}$$

题 7　(1998③④) 假设随机变数 X 在区间(1,2)上服从均匀分布,试求随机变量 $Y=e^{2X}$ 的概率密度 $f(y)$.

解 1　(直接计算法) X 的密度函数为 $p(x)=\begin{cases}1, & 1<x<2\\ 0, & 其他\end{cases}$.

当 $1<x<2$ 时,$y=e^{2x}$ 的取值范围是 $e^2<y<e^4$. 于是 Y 的分布函数为
$$F(y)=P\{Y\leqslant y\}=P\{e^{2X}\leqslant y\}=\begin{cases}0, & y\leqslant e^2\\ \displaystyle\int_1^{\frac{1}{2}\ln y}\mathrm{d}x, & e^2<y<e^4\\ 1, & y\geqslant e^4\end{cases}$$

上式求导得
$$f(y)=F'(y)=\begin{cases}0, & y<e^2\\ \dfrac{1}{2y}, & e^2<y<e^4\\ 0, & y>e^4\end{cases}$$

再令 $f(e^2)=0, f(e^4)=0$,得

$$f(y)=\begin{cases}\dfrac{1}{2y}, & e^2<y<e^4\\ 0, & \text{其他}\end{cases}$$

解 2 (反函数公式法)X 的密度函数为 $p(x)=\begin{cases}1, & 0<x<2\\ 0, & \text{其他}\end{cases}$.

设 $y=g(x)=e^{2x}$,其反函数 $x=h(y)=\dfrac{1}{2}\ln y$,且 $h'(y)=\dfrac{1}{2}y$.再令

$$\alpha=\min\{g(1),g(2)\}=e^2,\quad \beta=\max\{g(1),g(2)\}=e^4$$

于是

$$f(y)=\begin{cases}p[h(y)]\{h'(y)\}, & \alpha<y<\beta\\ 0, & \text{其他}\end{cases}=\begin{cases}\dfrac{1}{2y}, & e^2<y<e^4\\ 0, & \text{其他}\end{cases}$$

(2) 多元(维)的情形

① 多元离散型随机变量函数的分布

题 1 (2003③)设随机变量 X 与 Y 相互独立,其中 X 的概率分布为 $X\sim\begin{pmatrix}1 & 2\\ 0.3 & 0.7\end{pmatrix}$,而 Y 的概率密度为 $f(y)$,求随机变量 $U=X+Y$ 的概率密度 $g(u)$.

解 设 $F(y)$ 是 Y 的分布函数,则由全概率公式知 $U=X+Y$ 的分布函数为

$$G(u)=P\{X+Y\leqslant u\}=0.3P\{X+Y\leqslant u\mid X=1\}+0.7P\{X+Y\leqslant u\mid X=2\}$$
$$=0.3P\{Y\leqslant u-1\mid X=1\}+0.7P\{Y\leqslant u-2\mid X=2\}$$

由题设随机变量 X 和 Y 相互独立,有

$$G(u)=0.3P\{Y\leqslant u-1\}+0.7P\{Y\leqslant u-2\}=0.3F(u-1)+0.7F(u-2)$$

由此,得随机变量 $U=X+Y$ 的概率密度

$$g(u)=G'(u)=0.3F'(u-1)+0.7F'(u-2)=0.3f(u-1)+0.7f(u-2)$$

我们知道:行列式 $\begin{vmatrix}x_1 & x_2\\ x_3 & x_4\end{vmatrix}=x_1x_4-x_2x_3$ 无非是变元 $x_1\sim x_4$ 的一种函数形式,因而这类问题无非是求 $x_1x_4-x_2x_3$ 的相应问题,请看下面的例子.

题 2 (1994④) 假设随机变量 X_1,X_2,X_3,X_4 相互独立,且同分布 $P\{X_i=0\}=0.6$,$P\{X_i=1\}=0.4(i=1,2,3,4)$.求行列式 $X=\begin{vmatrix}X_1 & X_2\\ X_3 & X_4\end{vmatrix}$ 的概率分布.

解 1 由题设知 $X=X_1X_4-X_2X_3$,令 $Y_1=X_1X_4$,$Y_2=X_2X_3$.

则 $X=Y_1-Y_2$,随机变量 Y_1 和 Y_2 独立同分布,又由题设及 X_i 的独立性有

$$P\{Y_1=1\}=P\{Y_2=1\}=P\{X_2=1,X_3=1\}=P\{X_2=1\}P\{X_3=1\}=0.16$$

及

$$P\{Y_1=0\}=P\{Y_2=0\}=1-0.16=0.84$$

随机变量 $X=Y_1-Y_2$ 只有三个可能值 $-1,0,1$.这样

$$P\{X=-1\}=P\{Y_1=0,Y_2=1\}=0.84\times0.16=0.134\ 4$$
$$P\{X=1\}=P\{Y_1=1,Y_2=0\}=0.16\times0.84=0.134\ 4$$
$$P\{X=0\}=1-2\times0.134\ 4=0.731\ 2$$

于是 X 的概率分布为下表所示:

x	-1	0	1
$P\{X=x\}$	0.134 4	0.731 2	0.134 4

解2 记 $Y_1=X_1X_4$,$Y_2=X_2X_3$,则 $X=Y_1-Y_2$ 且 Y_1 与 Y_2 独立同分布

$$P\{Y_1=1\}=P\{Y_2=1\}=P\{X_2=1,X_3=1\}=0.16$$
$$P\{Y_1=0\}=P\{Y_2=0\}=1-0.16=0.84$$

于是可得(Y_1,Y_2)的联合分布和 X 取值概率表：

Y_1 \ Y_2	0	1
0	0.84^2	0.16×0.84
1	0.84×0.16	0.16^2

Y_1 \ Y_2	0	1
0	0.705 6	0.134 4
1	0.134 4	0.025 6

由此可有表：

p_{ij}	(Y_1,Y_2)	$X=Y_1-Y_2$
0.705 6	(0,0)	0
0.134 4	(0,1)	−1
0.134 4	(1,0)	1
0.025 6	(1,1)	0

故行列式 X 的概率分布为：

x	−1	0	1
$P\{X=x\}$	0.134 4	0.731 2	0.134 4

② 多元连续型随机变量的函数分布

题 3　(1995④)已知随机变量 X 和 Y 的联合密度

$$\psi(x,y)=\begin{cases}4xy, & 0\leqslant x\leqslant 1,0\leqslant y\leqslant 1\\ 0, & 其他\end{cases}$$

求 X 和 Y 的联合分布函数 $F(x,y)$.

解　由题设结合图 14 分段讨论如下.

(1) 当 $x<0$ 或 $y<0$ 时,$F(x,y)=P\{X\leqslant x,Y\leqslant y\}=0$.

(2) 当 $0\leqslant x\leqslant 1,0\leqslant y\leqslant 1$ 时,$F(x,y)=4\int_0^x\int_0^y xy\,\mathrm{d}x\mathrm{d}y=x^2y^2$.

(3) 当 $x>1,y>1$ 时,$F(x,y)=1$.

(4) 当 $x>1,0\leqslant y\leqslant 1$ 时,有

$$F(x,y)=P\{X\leqslant 1,Y\leqslant y\}=\int_0^1\mathrm{d}x\int_0^y 4xy\,\mathrm{d}y=y^2$$

(5) 当 $0\leqslant x\leqslant 1,y>1$ 时,$F(x,y)=\int_0^x 2x\int_0^1 2y\,\mathrm{d}y=x^2$.

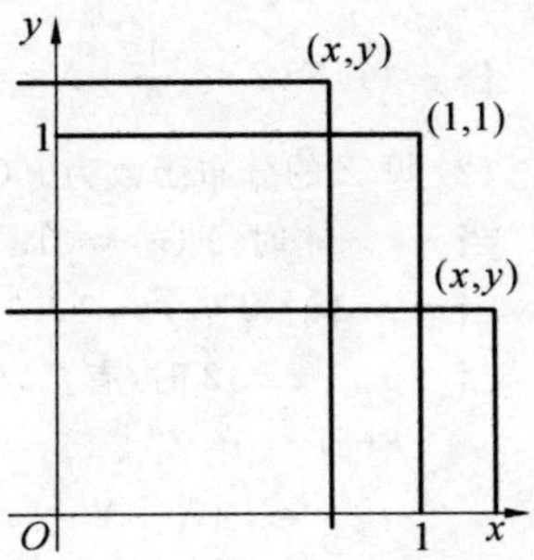

图 14

故 X 和 Y 的联合分布函数为

$$F(x,y)=\begin{cases}0, & x<0 \text{ 或 } y<0\\ x^2y^2, & 0\leqslant x\leqslant 1,0\leqslant y\leqslant 1\\ x^2, & 0\leqslant x\leqslant 1,y>1\\ y^2, & x>1,0\leqslant y\leqslant 1\\ 1, & x>1,y>1\end{cases}$$

题 4　(2005①③④)设二维随机变量(X,Y)的概率密度为

$$f(x,y)=\begin{cases}1, & 0<x<1,0<y<2x\\ 0, & 其他\end{cases}$$

(1) 求(X,Y)的边缘概率密度$f_X(x),f_Y(y)$；

(2) 求$Z=2X-Y$的概率密度$f_Z(z)$.

解 (1) 关于X的边缘概率密度

$$f_X(x)=\int_{-\infty}^{+\infty}f(x,y)\mathrm{d}y=\begin{cases}\int_0^{2x}\mathrm{d}y, & 0<x<1\\ 0, & \text{其他}\end{cases}=\begin{cases}2x, & 0<x<1\\ 0, & \text{其他}\end{cases}$$

关于Y的边缘概率密度

$$f_Y(y)=\int_{-\infty}^{+\infty}f(x,y)\mathrm{d}x=\begin{cases}\int_{\frac{y}{2}}^{1}\mathrm{d}x, & 0<y<2\\ 0, & \text{其他}\end{cases}=\begin{cases}1-\dfrac{y}{2}, & 0<y<2\\ 0, & \text{其他}\end{cases}$$

(2) 令$F_Z(z)=P\{Z\leqslant z\}=P\{2X-Y\leqslant z\}$.

① 当$z<0$时,$F_Z(z)=P\{2X-Y\leqslant z\}=0$；

② 当$0\leqslant z<2$时,$F_Z(z)=P\{2X-Y\leqslant z\}=z-\dfrac{1}{4}z^2$；

③ 当$z\geqslant 2$时,$F_Z(z)=P\{2X-Y\leqslant z\}=1$.

即分布函数为

$$F_Z(z)=\begin{cases}0, & z<0\\ z-\dfrac{1}{4}z^2, & 0\leqslant z<2\\ 1, & z\geqslant 2\end{cases}$$

故所求的概率密度为

$$f_Z(z)=\begin{cases}1-\dfrac{1}{2}z, & 0<z<2\\ 0, & \text{其他}\end{cases}$$

注 2005年数学(三)、(四)试题中本题还有一小问.

(3) 求$P\left\{Y\leqslant\dfrac{1}{2}\middle|X\leqslant\dfrac{1}{2}\right\}$.

解:(3)$P\left\{Y\leqslant\dfrac{1}{2}\middle|X\leqslant\dfrac{1}{2}\right\}=\dfrac{P\left\{X\leqslant\dfrac{1}{2},Y\leqslant\dfrac{1}{2}\right\}}{P\left\{X\leqslant\dfrac{1}{2}\right\}}=\dfrac{\frac{3}{16}}{\frac{1}{4}}=\dfrac{3}{4}$.

题 5 (2008①③④)设随机变量X与Y相互独立,X的概率分布为$P\{X=i\}=\dfrac{1}{3}(i=-1,0,1)$,$Y$的概率密度为$f_Y(y)=\begin{cases}1, & 0\leqslant y<1\\ 0, & \text{其他}\end{cases}$,记$Z=X+Y$.(1) 求$P\left\{Z\leqslant\dfrac{1}{2}\mid X=0\right\}$.(2) 求$Z$的概率密度.

解 (1)$P\left\{Z\leqslant\dfrac{1}{2}\mid X=0\right\}=\dfrac{P\left\{Z\leqslant\dfrac{1}{2},X=0\right\}}{P\{X=0\}}=\dfrac{P\left\{Y\leqslant\dfrac{1}{2}\right\}P\{X=0\}}{P\{X=0\}}=\int_0^{\frac{1}{2}}\mathrm{d}y=\dfrac{1}{2}$.

(2) 设Z的分布函数为$F(z)$,则其值域非零时z的区间为$[-1,2]$.

当$z<-1$时,$F(z)=0$；

当$z>2$时,$F(z)=1$；

当$-1\leqslant z<2$时,有

$$\begin{aligned}F(z)&=P\{Z<z\}=P\{X+Y<z\}\\&=P\{X+Y<z\mid X=-1\}P\{X=-1\}+P\{X+Y<z\mid X=0\}P\{X=0\}+\\&\quad P\{X+Y<z\mid X=1\}P\{X=1\}\\&=\frac{1}{3}[P\{Y<z+1\}+P\{Y<z\}+P\{Y<z-1\}]\\&=\frac{1}{3}[F_Y(z+1)+F_Y(z)+F_Y(z-1)]\end{aligned}$$

所以 Z 的分布密度函数为

$$f(z)=F'(z)=\frac{1}{3}[f_Y(z+1)+f_Y(z)+f_Y(z-1)]=\begin{cases}\frac{1}{3}, & -1\leqslant z<2\\ 0, & \text{其他}\end{cases}$$

题 6　(2007①③④) 设二维随机变量 (X,Y) 的概率密度为

$$f(x,y)=\begin{cases}2-x-y, & 0<x<1,0<y<1\\ 0, & \text{其他}\end{cases}$$

(1) 求 $P\{X>2Y\}$；(2) 求 $Z=X+Y$ 的概率密度 $f_Z(z)$.

解　(1) $P\{X>2Y\}=\iint\limits_{x>2y}f(x,y)\mathrm{d}\sigma$

$=\iint\limits_{D}(2-x-y)\mathrm{d}\sigma$　(其中 D 如图 15 阴影部分)

$=\int_0^1\mathrm{d}x\int_0^{\frac{1}{2}x}(2-x-y)\mathrm{d}y=\frac{1}{4}\int_0^1(4x-\frac{5}{2}x^3)\mathrm{d}x=\frac{7}{24}.$

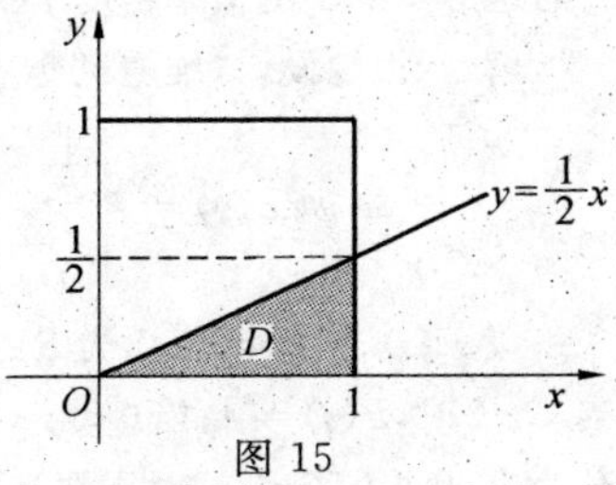

图 15

(2) $f_z(z)=\int_{-\infty}^{+\infty}f(x,z-x)\mathrm{d}x$. 其中

$$f(x,z-x)=\begin{cases}2-x-(z-x), & 0<x<1,0<z-x<1\\ 0, & \text{其他}\end{cases}$$

$$=\begin{cases}2-z, & 0<x<1,0<z-x<1\\ 0, & \text{其他}\end{cases}$$

它的函数值的分布如图 16 所示，即除阴影部分取值为 $2-z$ 外，在其他部分取值都为 0，所以

$$f_z(z)=\begin{cases}\int_0^z(2-z)\mathrm{d}x, & 0\leqslant z<1\\ \int_{z-1}^1(2-z)\mathrm{d}x, & 1\leqslant z\leqslant 2\\ 0, & \text{其他}\end{cases}$$

$$=\begin{cases}z(2-z), & 0\leqslant z<1\\ (2-z)^2, & 1\leqslant z\leqslant 2\\ 0, & \text{其他}\end{cases}$$

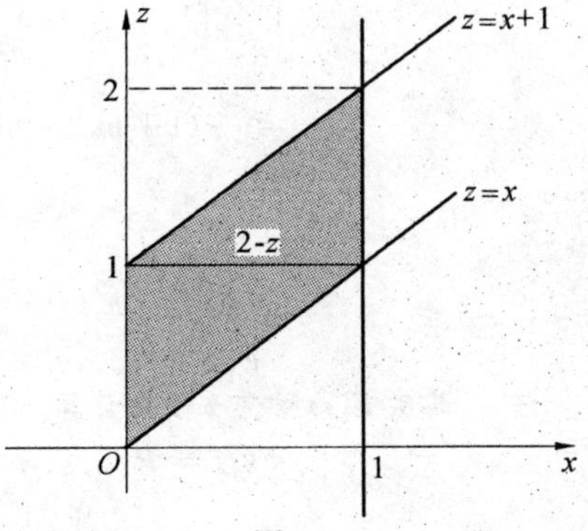

图 16

题 7　(2001③) 如图 17，设随机事件 X 和 Y 的联合分布是正方形

$$G=\{(x,y)\mid 1\leqslant x\leqslant 3,1\leqslant y\leqslant 3\}$$

上的均匀分布，试求随机变量 $U=|X-Y|$ 的概率密度 $p(u)$.

解　由题设，二维随机变量 (X,Y) 的概率密度为

$$f(x,y)=\begin{cases}\frac{1}{4}, & 1\leqslant x\leqslant 3,1\leqslant y\leqslant 3\\ 0, & \text{其他}\end{cases}$$

设 $F(u)=P\{U\leqslant u\}$ 为 U 的分布函数，则：

当 $u\leqslant 0$ 时，$F(u)=0$；

当 $u\geqslant 2$ 时，$F(u)=1$；

当 $0<u<2$ 时，事件 $\{U\leqslant u\}=\{|X-Y|\leqslant u\}$ 在直角坐标系下的图象是正方形区域 G 中介于直线 $y=x-u$ 和 $y=x+u$ 之间的区域，因此

$$F(u)=\iint\limits_{|x-y|\leqslant u}\frac{1}{4}\mathrm{d}x\mathrm{d}y=\frac{1}{4}[4-(2-u)^2]$$

$$= 1 - \frac{1}{4}(2-u)^2$$

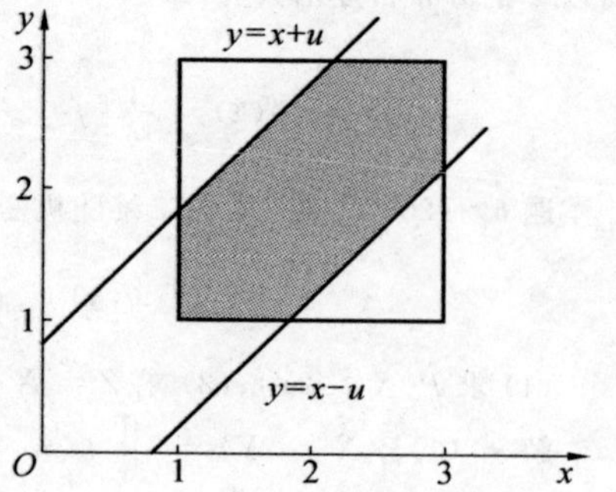

图 17

故

$$p(u) = F'(u) = \begin{cases} \frac{1}{2}(2-u), & 若 0 < u < 2 \\ 0, & 其他 \end{cases}$$

题 8 (1999④) 设二维随机变量(X,Y)在矩形$G=\{(x,y)\mid 0\leqslant x\leqslant 2, 0\leqslant y\leqslant 1\}$上服从均匀分布,试求边长为$X$和$Y$的矩形面积$S$的概率密度$f(s)$.

解 由题设,二维随机变量(X,Y)的概率密度为

$$\psi(x,y) = \begin{cases} \frac{1}{2}, & 若(x,y)\in G \\ 0, & 若(x,y)\overline{\in} G \end{cases}$$

设$F(s)=P\{S\leqslant s\}$为S的分布函数,则当$s\leqslant 0$时,$F(s)=0$;当$s\geqslant 2$时,$F(s)=1$;当$0<s<2$时,如图18所示,曲线$xy=s$把G分为上下两个区域.这时需要计算的是(X,Y)在下面区域(即$xy<s$)上取值的概率,即

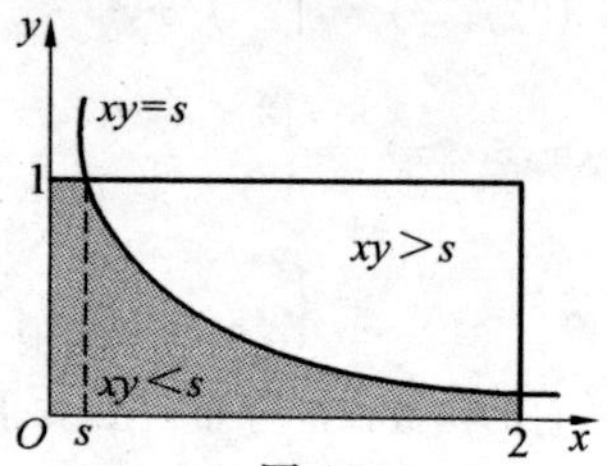

图 18

$$F(s) = P\{S\leqslant s\} = P\{XY\leqslant s\} = \int_0^s \mathrm{d}x\int_0^1 \frac{1}{2}\mathrm{d}y + \int_s^2 \mathrm{d}x\int_0^{\frac{s}{x}} \frac{1}{2}\mathrm{d}y$$

$$= \frac{s}{2}(1+\ln 2-\ln s)$$

故

$$f(s) = F'(s) = \begin{cases} \frac{1}{2}(\ln 2-\ln s), & 若 0 < s < 2 \\ 0, & 若 s\leqslant 0 或 s\geqslant 2 \end{cases}$$

注 其实$F(s)$亦可如下法计算

$$F(s) = P\{S\leqslant s\} = P\{XY\leqslant s\} = 1 - P\{XY>s\}$$

$$= 1 - \iint\limits_{xy>s} \frac{1}{2}\mathrm{d}x\mathrm{d}y = 1 - \frac{1}{2}\int_s^2 \mathrm{d}x\int_{\frac{s}{x}}^1 \mathrm{d}y = \frac{s}{2}(1+\ln 2-\ln s)$$

题 9 (1991①) 如图19所示,设二维随机变量(X,Y)的概率密度为

$$f(x,y) = \begin{cases} 2\mathrm{e}^{-(x+2y)}, & x>0, y>0 \\ 0, & 其他 \end{cases}$$

求随机变量$Z=X+2Y$的分布函数.

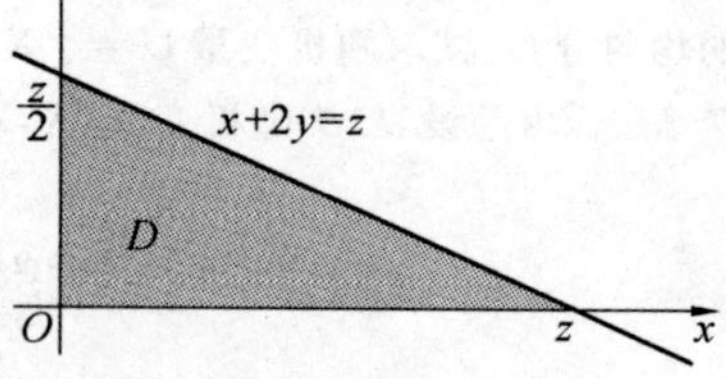

图 19

解 由

$$F_Z(z) = P\{Z\leqslant z\} = P\{X+2Y\leqslant z\} = \iint\limits_{x+2y\leqslant z} f(x,y)\mathrm{d}x\mathrm{d}y$$

当$X\leqslant 0$时,$P\{Z\leqslant z\}=0$;当$X>0$时,有

$$P\{Z\leqslant z\} = \iint\limits_{x+2y\leqslant z} 2\mathrm{e}^{-(x+2y)}\mathrm{d}x\mathrm{d}y = \int_0^z \mathrm{e}^{-x}\mathrm{d}x\int_0^{\frac{z-x}{2}} 2\mathrm{e}^{-2y}\mathrm{d}y$$

$$= \int_0^z (\mathrm{e}^{-x}-\mathrm{e}^{-z})\mathrm{d}x = 1-\mathrm{e}^{-z}-z\mathrm{e}^{-z}$$

故 $Z = X + 2Y$ 的分布函数为

$$F_Z(z) = \begin{cases} 0, & z \leqslant 0 \\ 1 - e^{-z} - ze^{-z}, & z > 0 \end{cases}$$

题 10　(1992③) 设二维随机变量 (X,Y) 的概率密度为

$$f(x,y) = \begin{cases} e^{-y}, & 0 < x < y \\ 0, & 其他 \end{cases}$$

(1) 求 X 的密度 $f_X(x)$；(2) 求概率 $P\{X + Y \leqslant 1\}$.

解　(1) 当 $x \leqslant 0$ 时，$f(x,y) = 0$，因此 $F_X(x) = 0$.

当 $x > 0$ 时，y 的变化范围是 $(x, +\infty)$，因此

$$f_x(x) = \int_{-\infty}^{+\infty} f(x,y)\mathrm{d}y = \int_x^{+\infty} e^{-y}\mathrm{d}y = e^{-x}$$

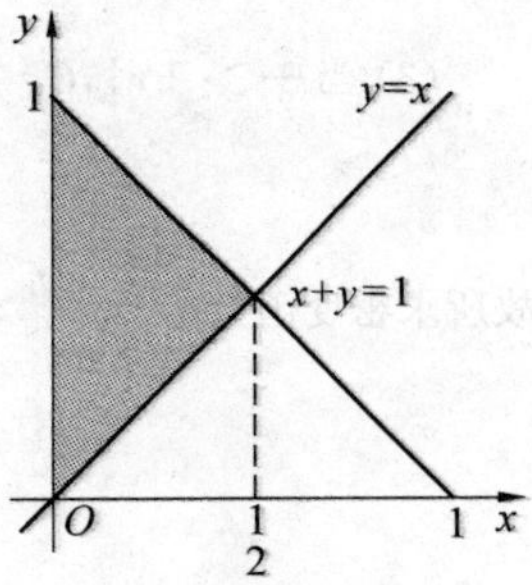

图 20

(2) 由概率公式可有

$$P\{X + Y \leqslant 1\} = \iint\limits_{x+y\leqslant 1} f(x,y)\mathrm{d}x\mathrm{d}y$$

其中二重积分区域 G 是由直线 $x + y = 1$，$y = x$ 和 y 轴所围成的三角形(如图 20 所示). 因此

$$P\{X + Y \leqslant 1\} = \int_0^{\frac{1}{2}} \mathrm{d}x \int_x^{1-x} e^{-y}\mathrm{d}y = -\int_0^{\frac{1}{2}} [e^{-(1-x)} - e^{-x}]\mathrm{d}x = 1 + e^{-1} - 2e^{-\frac{1}{2}}$$

题 11　(1981①) 设随机变量 X, Y 相互独立，其概率密度函数分别为

$$f_X(x) = \begin{cases} 1, & 0 \leqslant x \leqslant 1 \\ 0, & 其他 \end{cases}, \quad f_Y(y) = \begin{cases} e^{-y}, & y > 0 \\ 0, & y \leqslant 0 \end{cases}$$

求随机变量 $Z = 2X + Y$ 的概率密度函数.

解　由于 X 与 Y 相互独立，所以 (X,Y) 的概率密度函数为

$$f(x,y) = f_X(x) \cdot f_Y(y) = \begin{cases} e^{-y}, & 0 \leqslant x \leqslant 1, y > 0 \\ 0, & 其他 \end{cases}$$

使 $f(x,y) > 0$ 的区域 G 如图 21 中带阴影的部分. 这时 Z 的分布函数为

$$F_Z(z) = P\{2X + Y \leqslant z\} = \iint\limits_{2x+y\leqslant z} f(x,y)\mathrm{d}x\mathrm{d}y$$

使 $F_Z(z) > 0$ 的积分区域是区域 G 与半平面 $2x + y \leqslant z$ 的交(记为 G_Z)，有三种情况：

(1) 当 $z \leqslant 0$ 时，G_Z 是空集，因此 $F_Z(z) = 0$.

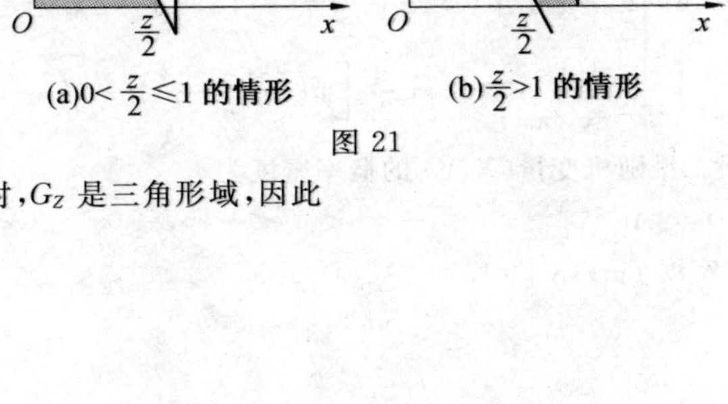

(a) $0 < \frac{z}{2} \leqslant 1$ 的情形　　(b) $\frac{z}{2} > 1$ 的情形

图 21

(2) 当 $0 < \frac{z}{2} \leqslant 1$ 时，G_Z 是三角形域，因此

$$F_Z(z)=\int_0^{\frac{z}{2}}\mathrm{d}x\int_0^{z-2x}\mathrm{e}^{-y}\mathrm{d}y=\frac{z}{2}-\frac{1}{2}(1-\mathrm{e}^{-z})$$

(3) 当$\frac{z}{2}>1$时,G_Z是一个梯形区域,因此

$$F_Z(z)=\int_0^1\mathrm{d}x\int_0^{z-2x}\mathrm{e}^{-y}\mathrm{d}y=1-\frac{1}{2}(\mathrm{e}^2-1)\mathrm{e}^{-z}$$

故所求密度函数

$$f_Z(z)=F'_Z(z)=\begin{cases}0, & z\leqslant 0\\ \frac{1}{2}(1-\mathrm{e}^{-z}), & 0<z\leqslant 2\\ \frac{1}{2}(\mathrm{e}^2-1)\mathrm{e}^{-z}, & z>2\end{cases}$$

题 12 (1989①)设随机变量X与Y独立,且X服从均值为1,标准差(均方差)为$\sqrt{2}$的正态分布,而Y服从标准正态分布.试求随机变量$Z=2X-Y+3$的概率密度.

解 由X和Y的独立性知,Z仍然是正态分布.由期望与方差性质有

$$E(Z)=2E(X)-E(Y)+3=5,\quad D(Z)=2^2D(X)+D(Y)=9$$

故$Z\sim N(5,3^2)$.从而Z的概率密度函数为

$$f_Z(z)=\frac{1}{3\sqrt{2\pi}}\mathrm{e}^{-\frac{(z-5)^2}{18}},\quad -\infty<x<+\infty$$

题 13 (1992①)设随机变量X与Y独立,X服从正态分布$N(u,\sigma^2)$,Y服从$[-\pi,\pi]$上的均匀分布,求$Z=X+Y$的概率分布密度(计算结果用标准正态分布函数$\Phi(x)$表示,其中$\Phi(x)=\frac{1}{\sqrt{2\pi}}\int_{-\infty}^{x}\mathrm{e}^{-\frac{t^2}{2}}\mathrm{d}t$).

解 由题设X和Y的概率密度分别为

$$f_X(x)=\frac{1}{\sqrt{2\pi}\sigma}\mathrm{e}^{-\frac{(x-\mu)^2}{2\sigma^2}},\quad -\infty<x<+\infty,\quad f_Y(y)=\begin{cases}\frac{1}{2\pi}, & -\pi\leqslant y\leqslant\pi\\ 0, & 其他\end{cases}$$

又X与Y相互独立,则其联合分布概率密度为

$$f(x,y)=f_X(x)f_Y(y)=\begin{cases}\frac{1}{2\sqrt{2}\pi^2\sigma}\mathrm{e}^{-\frac{(x-\mu)^2}{2\sigma^2}}, & -\infty<x<+\infty,-\pi\leqslant y\leqslant\pi\\ 0, & 其他\end{cases}$$

这样可有Z的分布函数为

$$F_Z(z)=P\{Z\leqslant z\}=P\{X+Y\leqslant z\}=\iint\limits_{x+y\leqslant z}f(x,y)\mathrm{d}x\mathrm{d}y=\int_{-\pi}^{\pi}\mathrm{d}y\int_{-\infty}^{z-y}f(x,y)\mathrm{d}x$$

Z的概率密度函数为

$$f_Z(z)=F'_Z(z)=\int_{-\pi}^{\pi}f(z-y,y)\mathrm{d}y=\frac{1}{2\pi}\int_{-\pi}^{\pi}\frac{1}{\sqrt{2}\pi^{\frac{3}{2}}\sigma}\mathrm{e}^{-\frac{(z-y-\mu)^2}{2\sigma^2}}\mathrm{d}y$$

令$t=\frac{1}{\sigma}(z-y-\mu)$,则$\mathrm{d}t=-\frac{1}{\sigma}\mathrm{d}y$.

当$y=-\pi$时,$t=\frac{1}{\sigma}(z+\pi-\mu)$;当$y=\pi$时,$t=\frac{1}{\sigma}(z-\pi-\mu)$.于是

$$f_Z(z)=\frac{1}{2\pi}\int_{\frac{z-\pi-\mu}{\sigma}}^{\frac{z+\pi-\mu}{\sigma}}\frac{1}{\sqrt{2\pi}}\mathrm{e}^{-\frac{t^2}{2}}\mathrm{d}t=\frac{1}{2\pi}\left[\Phi\left(\frac{z-\pi-\mu}{\sigma}\right)-\Phi\left(\frac{z-\pi-\mu}{\sigma}\right)\right]$$

题 14 (2010①③)设二维随机变量(X,Y)的概率密度为

$$f(x,y)=A\mathrm{e}^{-2x^2+2xy-y^2},\quad -\infty<x<+\infty,-\infty<y<+\infty$$

求常数A及条件概率密度$f_{Y|X}(y\mid x)$.

解　首先利用二维随机变量分布密度函数的性质求出参数 A,然后利用条件概率密度公式求 $f_{Y|X}(y \mid x)$. 由题设可知

$$1=\int_{-\infty}^{+\infty}\int_{-\infty}^{+\infty}f(x,y)\mathrm{d}x\mathrm{d}y=A\int_{-\infty}^{+\infty}\mathrm{e}^{-x^2}\mathrm{d}x\int_{-\infty}^{+\infty}\mathrm{e}^{-(y-x)^2}\mathrm{d}y=A\int_{-\infty}^{+\infty}\mathrm{e}^{-x^2}\mathrm{d}x\int_{-\infty}^{+\infty}\mathrm{e}^{-u^2}\mathrm{d}u$$

$$=A\int_{-\infty}^{+\infty}\int_{-\infty}^{+\infty}\mathrm{e}^{-(x^2+u^2)}\mathrm{d}x\mathrm{d}u=A\int_0^{2\pi}\mathrm{d}\theta\int_0^1\mathrm{e}^{-\rho^2}\rho\mathrm{d}\rho=A\pi$$

所以 $A=\dfrac{1}{\pi}$. 于是

$$f(x,y)=\frac{1}{\pi}\mathrm{e}^{-2x^2+2xy-y^2},\quad -\infty<x<+\infty,-\infty<y<+\infty$$

又 X 的边缘概率密度为

$$f_X(x)=\int_{-\infty}^{+\infty}\frac{1}{\pi}\mathrm{e}^{-2x^2-2xy-y^2}\mathrm{d}y=\frac{1}{\pi}\mathrm{e}^{-x^2}\int_{-\infty}^{+\infty}\mathrm{e}^{-(y-x)^2}\mathrm{d}y=\frac{1}{\sqrt{\pi}}\mathrm{e}^{-x^2},\quad -\infty<x<+\infty$$

于是当 $-\infty<x<+\infty$ 时,Y 的条件概率密度为

$$f_{Y|X}=\frac{f(x,y)}{f_X(x)}=\frac{\frac{1}{\pi}\mathrm{e}^{-2x^2-2xy-y^2}}{\frac{1}{\sqrt{\pi}}\mathrm{e}^{-x^2}}=\frac{1}{\sqrt{\pi}}\mathrm{e}^{-x^2+2xy-y^2}=\frac{1}{\sqrt{\pi}}\mathrm{e}^{-(x-y)^2},\quad -\infty<y<+\infty$$

3. 与分布问题有关的随机变量的概率

(1) 某些简单问题

题 1　(1989④) 设随机变量 X 在$[2,5]$上服从均匀分布. 现对 X 进行三次独立观测,试求至少有两次观测值大于 3 的概率.

解　由题设知随机变量 X 的分布密度(函数)

$$f(x)=\begin{cases}\dfrac{1}{3}, & x\in[2,5]\\ 0, & \text{其他}\end{cases}$$

令 $A=\{$对 X 的观测值大于 3$\}$ 则

$$P(A)=P\{X>3\}=\int_3^5\frac{1}{3}\mathrm{d}x=\frac{2}{3}$$

又设 $\xi=\{$进行三次独立观测中观测值大于 3 的次数$\}$,则 $\xi\sim\mathscr{B}\left(3,\dfrac{2}{3}\right)$. 故所求概率

$$P\{\xi\geqslant 2\}=\mathrm{C}_3^2\left(\frac{2}{3}\right)^2\left(1-\frac{2}{3}\right)+\mathrm{C}_3^3\left(\frac{2}{3}\right)^3\left(1-\frac{2}{3}\right)^0=3\times\frac{4}{9}\times\frac{1}{3}+\frac{8}{27}=\frac{20}{27}$$

题 2　(1997③④) 设随机变量 X 的绝对值不大于 1,且 $P\{X=-1\}=\dfrac{1}{8}$,$P\{X=1\}=\dfrac{1}{4}$;在事件 $\{-1<X<1\}$ 出现的条件下,X 在$(-1,1)$内的任一子区间上取值的条件概率与该子区间长度成正比. 试求:(1)X 的分布函数 $F(x)=P\{X\leqslant x\}$;(2)X 取负值的概率 p.

解　(1) 由题设有 $x<-1$ 时,$F(x)=0$;$x\geqslant 1$ 时,$F(x)=1$.

以下考虑 $-1<x<1$ 时的情形. 由

$$1=P\{|X|\leqslant 1\}=P\{X=-1\}+P\{-1<X<1\}+P\{X=1\}$$

则由上级题设有

$$P\{-1<X<1\}=1-\frac{1}{8}-\frac{1}{4}=\frac{5}{8}$$

又据题设 $P\{-1<X\leqslant x\mid -1<X<1\}=a(x+1)$,其中 a 为比例系数. 在上式中令 $x\to 1$,式左趋向于 1(必然事件的概率),由此得 $a=\dfrac{1}{2}$.

注意到 $-1<x<1$,则区间$(-1,x]\subset(-1,1)$,因此有

$$\begin{aligned}P\{-1<X\leqslant x\}&=P\{-1<X\leqslant x,-1<X<1\}\\&=P\{-1<X<1\}\cdot P\{-1<X\leqslant x\mid -1<X<1\}\\&=\frac{5}{8}\cdot\frac{1}{2}(x+1)=\frac{5}{16}(x+1)\end{aligned}$$

又

$$F(x)=P\{X\leqslant -1\}+P\{-1<X\leqslant x\}=\frac{1}{8}+\frac{5}{16}(x+1)=\frac{1}{16}(5x+7)$$

综上,有

$$F(x)=\begin{cases}0, & x<-1\\ \dfrac{5x+7}{16}, & -1\leqslant x<1\\ 1, & x\geqslant 1\end{cases}$$

(2) 由上 X 取负值的概率

$$p=P\{X<0\}=P\{X\leqslant 0\}-P\{X=0\}=F(0)=\frac{7}{16}$$

(2) 应用问题

① 与电子电路有关的元件使用问题

题 1 (1989④) 某仪器装有三只独立工作的同型号电子元件,其寿命(单位:h) 都服从同一指数分布,分布密度为

$$f(x)=\begin{cases}\dfrac{1}{600}\mathrm{e}^{-\frac{x}{600}}, & x>0\\ 0, & x\leqslant 0\end{cases}$$

试求在仪器使用的最初 200 h 内,至少有一只电子元件损坏的概率 α.

解 设 $A=\{$在仪器使用的最初 200 h 内电子元件损坏$\}$,而 X 表示在 200 h 内电子元件损坏的只数,记 $p=P(A)$,则 $X\sim\mathscr{B}(3,p)$. 这样在 200 h 内元件损坏的概率

$$p=P(A)=P\{X\leqslant 200\}=\int_0^{200}\frac{1}{600}\mathrm{e}^{-\frac{x}{600}}\mathrm{d}x=1-\mathrm{e}^{-\frac{1}{3}}$$

从而,在最初 200 h 内电子元件完好的概率 $q=1-p=\mathrm{e}^{-\frac{1}{3}}$.

故所求概率为

$$\alpha=P\{X\geqslant 1\}=1-P\{X=0\}=1-(\mathrm{e}^{-\frac{1}{3}})^3=1-\mathrm{e}^{-1}$$

题 2 (1990③) 一电子仪器由两个部件构成,以 X 和 Y 分别表示两个部件的寿命(单位:kh),已知 X 和 Y 的联合分布函数为

$$F(x,y)=\begin{cases}1-\mathrm{e}^{-0.5x}-\mathrm{e}^{-0.5y}+\mathrm{e}^{-0.5(x+y)}, & x\geqslant 0,y\geqslant 0\\ 0, & \text{其他}\end{cases}$$

(1) X 和 Y 是否独立? (2) 求两个部件的寿命都超过了 100 h 的概率 α.

解 (1) 由题设知 X 和 Y 的分布函数分别为

$$F_X(x)=F(x,+\infty)=\begin{cases}1-\mathrm{e}^{-0.5x}, & x\geqslant 0\\ 0, & x<0\end{cases}$$

$$F_Y(y)=F(+\infty,y)=\begin{cases}1-\mathrm{e}^{-0.5y}, & y\geqslant 0\\ 0, & y<0\end{cases}$$

由于 $F(x,y)=F_X(x)\cdot F_Y(y)$,故知 X 和 Y 独立.

(2) 由上及题设知两部件寿命均超过 100 h 的概率

$$\begin{aligned}\alpha&=P\{X>0.1,Y>0.1\}=P\{X>0.1\}\cdot P\{Y>0.1\}\\&=[1-F_X(0.1)]\cdot[1-F_Y(0.1)]=\mathrm{e}^{-0.05}\cdot\mathrm{e}^{-0.05}=\mathrm{e}^{-0.1}\end{aligned}$$

题 3 (1993③④) 假设一大型设备在任何长为 t 的时间内发生故障的次数 $N(t)$ 服从参数为 λ 的泊松分布.

(1) 求相继两次故障之间时间间隔 T 的概率分布;

(2) 求在设备已无故障工作 8 h 的情形下,再继续无故障运行 8 h 的概率 p.

解 (1) 由于 T 是非负随机变量,当 $t<0$ 时,$F(t)=P\{T\leqslant t\}=0$.

当 $t\geqslant 0$ 时,由于事件 $\{T>t\}$ 与事件 $\{N(t)=0\}$ 等价,因此

$$F(t)=P\{T\leqslant t\}=1-P\{T>t\}=1-P\{N(t)=0\}=1-\mathrm{e}^{-\lambda t}$$

即 T 服从参数为 λ 的指数分布.

(2) 由上可知所求无故障运行 8 h 的概率为

$$p=P\{T\geqslant 16\mid T\geqslant 8\}=\frac{P\{T\geqslant 16,T\geqslant 8\}}{P\{T\geqslant 8\}}=\frac{P\{T\geqslant 16\}}{P\{T\geqslant 8\}}=\frac{\mathrm{e}^{-16\lambda}}{\mathrm{e}^{-8\lambda}}=\mathrm{e}^{-8\lambda}$$

题 4 (1996④) 假设一电路装有三个同种电气元件,其工作状态相互独立,且无故障工作时间都服从参数为 $\lambda>0$ 的指数分布.当三个元件都无故障时,电路正常工作,否则整个电路不能正常工作.试求电路正常工作的时间 T 的概率分布.

解 1 设 $T_i(i=1,2,3)$ 表示第 i 个元件无故障时间,则 T_1,T_2,T_3 相互独立同分布,其分布函数为

$$G(t)=\begin{cases}1-\mathrm{e}^{-\lambda t}, & t\geqslant 0\\ 0, & t<0\end{cases}$$

依题意 $T=\min\{T_1,T_2,T_3\}$.设其分布函数为 $F(t)$,则当 $t\leqslant 0$ 时,$F(t)=0$;当 $t>0$ 时,有

$$\begin{aligned}F(t)&=P\{T\leqslant t\}=1-P\{T>t\}=1-P\{T_1>t,T_2>t,T_3>t\}\\&=1-P\{T_1>t\}\cdot P\{T_2>t\}\cdot P\{T_3>t\}=1-[1-G(t)]^3=1-\mathrm{e}^{-3\lambda t}\end{aligned}$$

故 T 服从参数为 3λ 的指数分布.

注 显然这个问题类似于前面曾介绍过的例子,其实质是求随机变量 $Y=\min\{X_1,X_2,\cdots,X_n\}$ 分布函数的变形或特例而已,详见前面的例与注.

解 2 依题意,一个元件无故障工作时间 T_1 的概率密度函数为

$$f(t)=\begin{cases}\lambda\mathrm{e}^{-\lambda t}, & t\geqslant 0\\ 0, & t<0\end{cases}$$

设所求分布函数为 $F(t)$,显然当 $t\leqslant 0$ 时 $F(t)=0$.今考虑 $t>0$ 的情形.设 $A=\{$在 t 时间内一个元件无故障$\}$,则事件 $A=$ 事件 $\{T_1>t\}$.又设 $X=\{$在 t 时间内三个元件中无故障的个数$\}$,则 $X\sim\mathscr{B}(3,p)$,其中

$$p=P(A)=P\{T_1>t\}=\int_t^{+\infty}\lambda\mathrm{e}^{-\lambda t}\mathrm{d}t=\mathrm{e}^{-\lambda t}$$

由事件 $\{T>t\}$ 和 $\{X=0\}$ 都表示在 t 时间内三个元件无故障,故它们是等价的.于是

$$\begin{aligned}F(t)&=P\{T\leqslant t\}=1-P\{T>t\}=1-P\{X=0\}\\&=1-(\mathrm{e}^{\lambda t})^3=1-\mathrm{e}^{-3\lambda t}\end{aligned}$$

因而 T 服从参数为 3λ 的指数分布.

下面的问题与本例无异,只是题设分布函数不同罢了.

② 产品合格问题

题 5 (1995③④) 假设一厂家生产的每台仪器,以概率 0.70 可以直接出厂;以概率 0.30 需进一步调试.经调试后以概率 0.80 可以出厂;以概率 0.20 定为不合格品不能出厂.现该厂生产了 $n(n\geqslant 2)$ 台仪器(假设各台仪器的生产过程相互独立).求:(只列式子不算得数)

(1) 全部能出厂的概率 α;

(2) 其中恰好有两件不能出厂的概率 β;

(3) 其中至少有两件不能出厂的概率 γ.

解　设 $A=\{$仪器需进一步调试$\}$,$B=\{$仪器可以出厂$\}$,则任一仪器可出厂概率为

$$P(B)=P(B\mid A)P(A)+P(B\mid\overline{A})P(\overline{A})=0.3\times0.8+0.7\times1=0.94$$

设 $X=\{$仪器可以出厂的台数$\}$,则 $X\sim\mathscr{B}(n,0.94)$. 于是所求诸概率分别为：

(1)$\alpha=P\{X=n\}=0.94^n$；

(2)$\beta=P\{X=n-2\}=C_n^2(0.94)^{n-2}(0.06)^2$；

(3)$\gamma=P\{X\leqslant n-2\}=1-P\{X=n-1\}-P\{X=n\}=1-n(0.94)^{n-1}(0.06)-0.94^n$.

下面的问题从本质上讲与上例无异,只是从不同角度提出问题而已.

题 6　(2001①) 设某班车起点站乘客人数 X 服从参数为 $\lambda(\lambda>0)$ 的泊松分布,每位乘客在中途下车的概率为 $p(0<p<1)$,且中途下车与否相互独立. 以 Y 表示在中途下车的人数. 求:(1) 在发车时有 n 个乘客的条件下,中途有 m 人下车的概率;(2) 二维随机变量 (X,Y) 的概率分布.

解　依题意知 $X\sim\mathscr{P}(\lambda)$,即 $P\{X=n\}=\dfrac{\lambda^n}{n!}e^{-\lambda}$;在 $X=n$ 的条件下,Y 是在 n 次独立试验(n 个乘客) 中事件(乘客下车) 发生的次数,故

$$Y\sim\mathscr{B}(n,p)$$

(1) 在发车时有 n 个乘客,中途有 m 人下车的概率为

$$P\{Y=m\mid X=n\}=C_n^m p^m(1-p)^{n-m},\quad 0\leqslant m\leqslant n,n=0,1,2,\cdots$$

(2) 二级随机变量 (X,Y) 的概率分布为

$$P\{X=n\mid Y=m\}=P\{Y=m\mid X=n\}\cdot P\{X=n\}$$

$$=C_n^m p^m(1-p)^{n-m}\frac{e^{-\lambda}}{n!}\lambda^n,\quad 0\leqslant m\leqslant n,\ n=0,1,2,\cdots$$

习　　题

1. 一袋中有 3 个白球和 3 个黑球,连续单个无放回地从袋中取球,直到取得 2 个白球为止,求这时取完球总数 X 的概率分布.(中山大学,1985)

2. 随机变量 ξ 所有可解的取值为 1,2,3,4,5,且 $P\{\xi=k\}$ 与 k 成正比,即 $P\{\xi=k\}=ck$,$k=1,2,3,4,5$.(1) 求常数 c;(2) 求 ξ 的分布律及分布函数.

3. 该连续型随机变量 ξ 的分布函数为

$$\begin{cases}0, & x<0\\ Ax_2, & 0\leqslant x\leqslant 1\\ 1, & x>1\end{cases}$$

求:(1)A 的值;(2)ξ 在 $\left[-\dfrac{1}{2},\dfrac{1}{2}\right)$ 的概率;(3)ξ 的概率密度函数. (安徽工学院,1985)

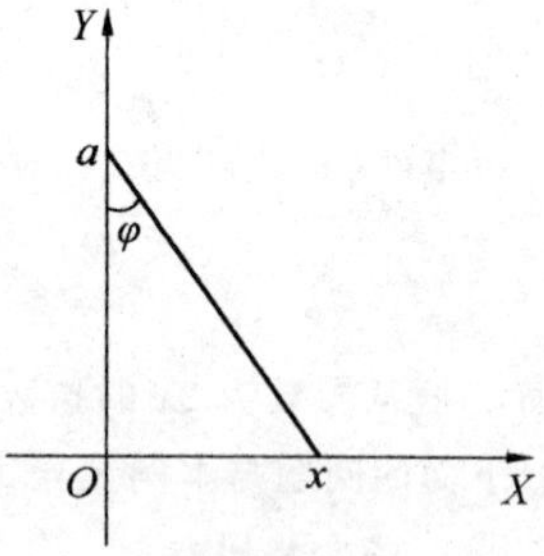

图 22

4. 如图 22 所示,自点 $(0,a)$ 作直线和 OY 轴成角 φ,如 φ 在区间 $\left(0,\dfrac{\pi}{2}\right)$ 上均匀分布,试求此直线与 OX 轴交点横坐标的分布函数,这里 $a>0$.(西安交通大学,1984)

5. 设 a 是常数,θ 是在 $(0,2\pi)$ 区间服从均匀分布的随机变量. 试求:(1)$X=a\sin\theta$ 的分布密度函数;(2)$Y=a\cos\theta+a\sin\theta$ 的分布密度函数.(西安交通大学,1984)

6. 若随机变量 ξ 的概率密度函数

$$f(x)=\begin{cases}\dfrac{2x}{\pi^2}, & 0<x<\pi\\ 0, & \text{其他}\end{cases}$$

试求随机变量 $\eta=\sin\xi$ 的概率密度.(北京化工学院,1981)

7. 设随机变量 ξ 的分布密度为 $f(x)=\dfrac{A}{1+x^2}$.(1) 求 A;(2) 求 ξ 落在区间$(-1,1)$内的概率.(长春光学精密机械学院,1985)

8. 设函数

$$f(x)=\begin{cases}\dfrac{x}{a}\mathrm{e}^{-\frac{x^2}{2a}}, & x>0\\ 0, & \text{其他}\end{cases}$$

这里,$a>0$.(1) 证明 $f(x)$ 可以是某个连续型随机变量 ξ 的密度函数;(2) 求 ξ 的分布函数;(3) 求 $P\{0\leqslant\xi\leqslant 1\}$.(青岛化工学院,1985)

9. 设随机变量 X 的密度函数

$$f(x)=\begin{cases}A\arctan x, & 0<x<1\\ 0, & \text{其他}\end{cases}$$

试求函数 A.(西安地质学院,1985)

10. 随机变量 ξ 的概率密度为

$$f(x)=\begin{cases}A\cos x, & |x|\leqslant\dfrac{\pi}{2}\\ 0, & |x|>\dfrac{\pi}{2}\end{cases}$$

试求:(1) 系数 A;(2)ξ 的分布函数 $F(x)$;(3)ξ 落入$\left(0,\dfrac{\pi}{4}\right)$的概率.(吉林工业大学,1984)

11. 设随机变量 ξ 具有密度函数

$$f(x)=\begin{cases}A\mathrm{e}^{-|x|}, & x\geqslant 0\\ 0, & x<0\end{cases}$$

(1) 求系数 A;(2) 求 ξ 的分布函数 $F(x)$;(3) 计算 $P\{x\leqslant 2\}$ 和 $P\{x>3\}$.(北京邮电学院,1983)

12. 随机变量 ξ 的密度函数为

$$f(x)=\begin{cases}Ax^2\mathrm{e}^{-kx}, & x\geqslant 0\\ 0, & x<0\end{cases}\quad(k\text{ 为已知常数})$$

(1) 求系数 A;(2) 求 ξ 的分布函数 $F(x)$;(3) 计算 $P\left\{0\leqslant\xi<\dfrac{1}{k}\right\}$.(中南矿冶学院,1981)

13. 设随机变量 ξ 服从$(0,5)$上的均匀分布,求方程 $4x^2+4\xi x+\xi+2=0$ 有实根的概率.

14. 设相互独立的随机变量 X 和 Y 分别在$(-a,0)$和$(0,a)$上服从均匀分布,求 $Z=X+Y$ 的分布函数.(吉林工业大学,1985)

15. 若随机向量(X,Y)的密度函数为

$$f(x,y)=\begin{cases}A\mathrm{e}^{-(2x-y)}, & x>0,y>0\\ 0, & \text{其他}\end{cases}$$

试求:(1) 常数 A;(2) 概率 $P\{X<2,Y<1\}$;(3)X 的边缘分布;(4) 概率 $P\{X+Y<2\}$;(5) 条件概率 $P\{X\mid Y\}$;(6) 条件概率 $P\{X<2\mid Y<1\}$.(陕西机械学院,1984)

16. 设随机变量 X,Y 相互独立,其密度函数分别为

$$f_X(x)=\begin{cases}5, & 0<x<0.2\\ 0, & \text{其他}\end{cases},\quad f_Y(y)=\begin{cases}5e^{-5y}, & y\geqslant 0\\ 0, & y<0\end{cases}$$

求:(1)X,Y 的联合密度函数;(2)$P\{X<Y\}$;(3)$D(X+Y)$.(广西大学,1985)

第 17 章

随机变量的数字特征

内　容　提　要

(一) 随机变量的数字特征

1. 随机变量的数字特征

随机变量是按一定规律(即分布)来取值的.我们常用一个或一些(几个)数字去描述这个规律的侧面,而这些数字随分布而定,且它们部分地描述了该分布的性态,则称这种数字为随机变量的数字特征.

2. 数学期望和方差

数学期望、方差和协方差的有关性质见下表.

<table>
<tr><th colspan="2">概　念</th><th>定　　义</th><th>性　　质</th></tr>
<tr><td rowspan="4">数学期望 $E(\xi)$</td><td rowspan="2">离散型</td><td>随机变量 ξ
$E(\xi)=\sum\limits_{k=1}^{\infty}x_k p_k$</td><td rowspan="4">①$E(c)=c$;
②$E(c\xi)=cE(\xi)$;
③$E(\xi+\eta)=E(\xi)+E(\eta)$;
④ 若 ξ,η 相互独立,则
$E(\xi\eta)=E(\xi)E(\eta)$
⑤ 要求积分绝对收敛</td></tr>
<tr><td>随机变量函数 $g(\xi)$
$E[g(\xi)]=\sum\limits_{k=1}^{\infty}g(x_k)p_k$</td></tr>
<tr><td rowspan="2">连续型</td><td>随机变量 ξ
$E(\xi)=\int_{-\infty}^{+\infty}f(x)\mathrm{d}x$</td></tr>
<tr><td>随机变量函数 $g(\xi)$
$E[g(\xi)]=\int_{-\infty}^{+\infty}g(x)f(x)\mathrm{d}x$</td></tr>
<tr><td rowspan="2">方差 $D(\xi)$</td><td>离散型</td><td>$D(\xi)=\sum\limits_{k}[x_k-E(\xi)]^2 p_k$;
$D(\xi)=E(\xi^2)-[E(\xi)]^2$</td><td rowspan="2">①$D(c)=0$;
②$D(c\xi)=c^2D(\xi)$;
③$D(\xi\pm\eta)=D(\xi)+D(\eta)\pm 2\mathrm{cov}(\xi,\eta)$;
若 ξ,η 相互独立,则
$D(\xi+\eta)=D(\xi)+D(\eta)$
④$D(\xi)=0\Leftrightarrow P\{\xi=c\}=1$;
⑤ 若 $c\neq E(\xi)$,则
$D(\xi)<E(\xi-c)^2$</td></tr>
<tr><td>连续型</td><td>$D(\xi)=\int_{-\infty}^{+\infty}[x-E(\xi)]^2 f(x)\mathrm{d}x$;
$D(\xi)=E(\xi^2)-[E(\xi)]^2$</td></tr>
</table>

续 表

概 念	定 义	性 质
协方差 $\mathrm{cov}(X,Y)$	$\mathrm{cov}(X,Y)=E[(X-E(X))(Y-E(Y))]$	① $\mathrm{cov}(X,Y)=E(XY)-E(X)E(Y)$； ② $\mathrm{cov}(X,Y)=\mathrm{cov}(Y,X)$； ③ $\mathrm{cov}(aX,bY)=ab\,\mathrm{cov}(X,Y)$； ④ $\mathrm{cov}(X_1+X_2,Y)=\mathrm{cov}(X,Y)+\mathrm{cov}(X_2,Y)$
相关系数	$\rho(\xi,\eta)=\dfrac{\mathrm{cov}(\xi,\eta)}{\sqrt{D(\xi)}\ \sqrt{D(\eta)}}$	① $\lvert\rho\rvert\leqslant 1$，且 $\lvert\rho\rvert=1\Leftrightarrow P\{\eta=a\xi+b\}=1$ (a,b 是常数，且 $a>0$)； ② 若 ξ,η 相互独立，则 ξ,η 定互不相关，反之不然； ③ (ξ,η) 服从二维正态分布时，ξ,η 相互独立 $\Leftrightarrow\xi,\eta$ 不相关； ④ 以 $\rho(\xi,\eta)\sqrt{\dfrac{D(\xi)}{D(\eta)}}[\xi-E(\xi)]+E(\eta)$ 近似表示 η 时，$E[\eta-(a\xi+b)]^2$ 最小值为 $D(\eta)[1-\rho^2(\xi,\eta)]$

3. 几个充要条件

$$\rho(\xi,\eta)=0\Leftrightarrow\mathrm{cov}(\xi,\eta)=0\Leftrightarrow E(\xi\eta)=E(\xi)E(\eta)\Leftrightarrow D(\xi\pm\eta)=D(\xi)\pm D(\eta)$$

(二) 几种重要分布的数字特征

下表给出常用重要分布的数字特征.

分布名称	记 号	分布率或概率密度	数学期望	方 差	注 记
二项分布	$\mathscr{B}(n,p)$	$P\{X=k\}=C_n^k p^k q^{n-k}$ $(k=0,1,2,\cdots,n)$	np	npq	$0<p<1$， $q=1-p$， $n=1,k=0,1$ 时为 $0-1$ 分布
泊松分布	$\mathscr{P}(\lambda)$ 或 $\pi(\lambda)$	$P\{X=k\}=\dfrac{\lambda^k}{k!}\mathrm{e}^{-\lambda}$ $(k=0,1,2,\cdots)$	λ	λ	$\lambda>0$
均匀分布	$U[a,b]$	$f(x)=\begin{cases}\dfrac{1}{b-a}, & x\in[a,b]\\ 0, & \text{其他}\end{cases}$	$\dfrac{a+b}{2}$	$\dfrac{(b-a)^2}{12}$	$b>a$
正态分布	$N(\mu,\sigma^2)$	$\varphi(x)=\dfrac{1}{\sqrt{2\pi}\sigma}\exp\{-\dfrac{(x-\mu)^2}{2\sigma^2}\}$ $(-\infty<x<+\infty)$	μ	σ^2	$\sigma>0$
指数分布	$E(\lambda)$	$\varphi(x)=\begin{cases}\lambda\mathrm{e}^{-\lambda x}, & x>0\\ 0, & x\leqslant 0\end{cases}$	$\dfrac{1}{\lambda}$	$\dfrac{1}{\lambda^2}$	$\lambda>0$

续　表

分布名称	记 号	分布率或概率密度	数学期望	方 差	注　记
几何分布	$G(p)$	$P\{x=k\}=pq^{k-1}$ $(k=0,1,2,\cdots)$	$\dfrac{1}{p}$	$\dfrac{1-p}{p^2}$	$q=1-p$, $0<p<1$
超几何分布	$H(N,M,n)$	$P\{x=k\}=C_M^k C_{N-M}^{n-k}/C_N^n$, $(k=0,1,2,\cdots,\min\{n,M\})$	$\dfrac{nM}{N}$		

经典问题解析

1. 一元随机变量的数字特征

（1）离散的情形

例 1　袋中 10 个分别标有 1～10 的外形相同的球，四个人无放回地依次摸出，ξ 表示四人一次摸球的标号总和，求 ξ 的数学期望 $E(\xi)$.

解　四人依次摸球，设 $A_i=\{$某甲在四人摸球的第 i 次摸到标号为 1 的球$\}$，则

$$P(A_i)=\frac{A_9^3\times 3!}{A_{10}^4\times 3!}=\frac{1}{10},\quad i=1,2,3,4$$

换言之，他在每个次序上摸到标号为 1 的球的概率均为$\frac{1}{10}$（即与他摸球的次序无关），其他人以及摸其他号码球的情况亦然.

又设某一次摸球，第 i 人摸到球的标号为 $\xi_i(i=1,2,3,4)$，则 $\xi=\sum\limits_{i=1}^{4}\xi_i$. 又 ξ_i 的分布率$(i=1,2,3,4)$ 如表所示. 故 $E(\xi_i)=\frac{1}{10}\sum\limits_{k=1}^{10}k=5.5\ (i=1,2,3,4)$，从而

ξ_i	1	2	3	4	…	9	10
p	$\frac{1}{10}$	$\frac{1}{10}$	$\frac{1}{10}$	$\frac{1}{10}$	…	$\frac{1}{10}$	$\frac{1}{10}$

$$E(\xi)=\sum_{i=1}^{4}E(\xi_i)=4\times 5.5=22$$

注　四人摸球，在彼此互不张扬（亮底之前秘而不宣）情况下，每人摸到某个特定球的概率与他在摸球时的次序无关，了解这一点本例的答案几乎显然.

例 2　甲、乙两袋分别装有外形一样的球，甲袋装 3 个白球、3 个红球，乙袋装有 3 个红球. 从甲袋任取 3 球放入乙袋后. 求：(1) 乙袋白球的概率分布和数学期望；(2) 从乙袋任取一球为白球的概率.

解　(1) 设 ξ 为乙袋中白球数，则 ξ 可能取 0,1,2,3，且其概率分布为

$$P(\xi=k)=\frac{C_3^k C_3^{3-k}}{C_6^3},\quad k=0,1,2,3$$

或如表所示.

ξ	0	1	2	3
$P(\xi)$	$\frac{1}{20}$	$\frac{9}{20}$	$\frac{9}{20}$	$\frac{1}{20}$

则
$$E(\xi)=0\times\frac{1}{20}+1\times\frac{9}{20}+2\times\frac{9}{20}+3\times\frac{1}{20}=\frac{3}{2}$$

(2) 设 $A=\{$从乙袋取一白球$\}$,由题设及(1) 有

$$P(A)=\sum_{k=0}^{3}P\{\xi=k\}P\{A\mid\xi=k\}=\sum_{k=0}^{3}P\{\xi=k\}\cdot\frac{k}{6}$$
$$=\frac{1}{6}\sum_{k=0}^{3}kP\{\xi=k\}=\frac{1}{6}E(\xi)=\frac{1}{4}$$

注 这类利用数学期望求事件概率的例子,我们前文曾介绍过.

下面的例子与所谓伯努利概型有关.

例 3 设 μ 是事件 A 在 n 次独立试验中出现的次数,且每次试验 $P(A)=p$,再设 η 视 μ 为偶数或奇数而取 0 或 1,求 $E(\eta)$.

解 由设有

$$P\{\mu=k\}=C_n^k p^k(1-p)^{n-k},\quad k=0,1,2,\cdots,n$$

又 $\eta=\begin{cases}0, & \mu\text{ 为偶数时}\\ 1, & \mu\text{ 为奇数时}\end{cases}$,则有 η 的数学期望为(这里$[x]$表示不超过 x 的最大整数)

$$E(\eta)=P\{\eta=1\}=P\{\mu\text{ 为奇数}\}=\sum_{k=0}^{\left[\frac{n-1}{2}\right]}P\{\mu=2k+1\}=\sum_{k=0}^{\left[\frac{n-1}{2}\right]}C_n^{2k+1}p^{2k+1}(1-p)^{n-2k-1}$$

令

$$x=\sum_{k=0}^{\left[\frac{n}{2}\right]}C_n^{2k}p^{2k}(1-p)^{n-2k},\quad y=\sum_{k=0}^{\left[\frac{n-1}{2}\right]}C_n^{2k+1}p^{2k+1}(1-p)^{n-2k-1}$$

则

$$\begin{cases}x+y=\sum_{k=0}^{\eta}C_n^k p^k(1-p)^{n-k}=1\\ x-y=\sum_{k=0}^{\eta}C_n^k(-p)^k(1-p)^{n-k}=[(1-p)-p]^n=(1-2p)^n\end{cases}$$

得 $x=\frac{1}{2}[1+(1-2p)^n]$,$y=\frac{1}{2}[1-(1-2p)^n]$. 故

$$E(\eta)=y=\frac{1}{2}[1-(1-2p)^n]$$

注 类似地可求得 $D(\eta)=\frac{1}{4}[1-(1-2p)^{2n}]$. 又 $P\{\eta=1\}$ 还可计算如

$$P\{\eta=1\}=\frac{1}{2}\{\sum_{k=0}^{\eta}[P\{\xi=k\}+(-1)^kP\{\xi=k\}]\}$$
$$=\frac{1}{2}[\sum_{k=0}^{n}C_n^k p^k(1-p)^{n-k}-\sum_{k=0}^{n}C_n^k(-p)^k(1-p)^{n-k}]$$
$$=\frac{1}{2}\{[p+(1-p)]^n-[(1-p)-p]^n\}=\frac{1}{2}[1-(1-2p)]^n$$

例 4 若随机变量 X 的概率分布列为

$$P\{x=k\}=\frac{a^k}{(1+a)^{k+1}},\quad a>0,k=0,1,2,\cdots$$

试求随机变量 X 的数学期望 $E(X)$ 和方差 $D(X)$.

解 由题设 X 的数学期望为

$$E(X)=\sum_{k=0}^{\infty}(kP\{x=k\})=\sum_{k=0}^{\infty}\frac{ka^k}{(1+a)^{k+1}}=\frac{a}{(1+a)^2}\sum_{k=1}^{\infty}k\left(\frac{a}{1+a}\right)^{k-1}$$

注意到 $\sum_{k=1}^{\infty} kx^{k-1} = \left(\sum_{k=1}^{\infty} x^k\right)' = \left(\frac{x}{1-x}\right)' = \frac{1}{(1-x)^2}$，则 X 的数学期望

$$E(X) = \frac{a}{(1+a)^2} \cdot \frac{1}{\left(1-\frac{a}{1+a}\right)^2} = a$$

类似地

$$E(X^2) = \sum_{k=0}^{\infty} k^2 \cdot \frac{a^k}{(1+a)^{k+1}} = \frac{a}{(1+a)^2} \sum_{k=1}^{\infty} k^2 \left(\frac{a}{1+a}\right)^{k-1}$$

$$= \frac{a}{(1+a)^2} \frac{1+\frac{a}{1+a}}{\left(1-\frac{a}{1+a}\right)^3} = a(1+2a)$$

这里注意到

$$\sum_{k=1}^{\infty} k^2 x^{k-1} = \left(\sum_{k=1}^{\infty} kx^k\right)' = \left(x \sum_{k=1}^{\infty} kx^{k-1}\right)' = \left[\frac{x}{(1-x)^2}\right]' = \frac{1+x}{(1-x)^3}$$

故
$$D(X) = E(X^2) - [E(X)]^2 = a(1+2a) - a^2 = a(1+a)$$

注　这里显然是在运用级数求和技巧．下面类似的问题则要考虑组合性质．

问题 1：若随机变量 X 服从超几何分布 $P\{X=k\} = \frac{C_M^k C_{N-M}^{n-k}}{C_N^n}$．求 X 的数学期望 $E(X)$ 和方差 $D(X)$．

答：数学期望 $E(X) = \frac{Mn}{N}$，方差 $D(X) = \frac{nM(N-M)(N-n)}{N^2(N-1)}$．

这只需注意到 $\sum_{k=0}^{\infty} C_M^k C_{N-M}^{n-k} = C_N^n$ 即可（它可通过对恒等式 $(1+x)^M(1+x)^{N-M} = (1+x)^N$ 两边展开比较系数而得）．显然它是几何分布 $P\{X=k\} = (1-p)^{k-1}p, k=1,2,3,\cdots, 0<p<1$ 的推广．

几何分布中数学期望 $E(X) = \frac{1}{p}$，方差 $D(X) = \frac{1-p}{p^2}$．

具体的可见下面问题求解．

问题 2：设随机变量 X 的分布律为 $P\{X=k\} = pq^{k-1}(k=0,1,2,\cdots)$，其中 $0<p<1, q=1-p$（几何分布），求 $E(X), D(X)$．

略解：由题设 $E(X) = \sum_{k=1}^{\infty} kpq^{k-1} = p\sum_{k=1}^{\infty} kq^{k-1} = \frac{p}{(1-q)^2} = \frac{1}{p}$；又

$$E(X^2) = \sum_{k=1}^{\infty} k^2 pq^{k-1} = p\sum_{k=1}^{\infty} k^2 q^{k-1} = \frac{p(1+q)}{(1-q)^3} = \frac{1+q}{p^2}$$

故
$$D(X) = E(X^2) - [E(X)]^2 = \frac{1+q}{p^2} - \frac{1}{p^2} = \frac{q}{p^2}$$

(2) 连续的情形

对于连续随机变量来讲，数学特征中的积分运算，其实是将 $\sum$ 换为 $\int$ 即可，比如下面的例子．

例 1　若 X 服从指数分布，其概率密度为

$$f(x) = \begin{cases} \lambda e^{-\lambda x}, & x > 0 \\ 0, & x \leqslant 0 \end{cases} \quad (\lambda > 0)$$

求 $E(X), D(X)$．

解　由题设及数学期望公式有 $E(X) = \int_0^{+\infty} x\lambda e^{-\lambda x}\,dx = \frac{1}{\lambda}$，又

$$E(X^2) = \int_0^{+\infty} x^2 \lambda e^{-\lambda x}\,dx = \frac{2}{\lambda^2}$$

故
$$D(X)=E(X^2)-[E(X)]^2=\frac{2}{\lambda^2}-\frac{1}{\lambda^2}=\frac{1}{\lambda^2}$$

例 2 若 X 的概率密度为

$$f(x)=\begin{cases}\dfrac{x}{\sigma^2}e^{-\frac{x^2}{2\sigma^2}}, & x>0\\ 0, & x\leqslant 0\end{cases}\quad(\sigma>0)\quad\text{（此时称为瑞利分布）}$$

求 X 的数学期望 $E(X)$ 和方差 $D(X)$.

解 仿上解法可求得 $E(x)=\sqrt{\dfrac{\pi}{2}}\sigma, D(x)=\left(2-\dfrac{1}{2}\pi\right)\sigma^2$.

这里注意到公式 $\int_0^{+\infty}e^{-a^2x^2}\,dx=\dfrac{\sqrt{\pi}}{2a}$ 即可.

接下来看一个稍难一点的问题,它被称为拉普拉斯(Laplace)分布问题.

例 3 设随机变量 X 的概率密度函数为

$$f(x)=\frac{1}{2}e^{-|x-\mu|},\quad -\infty<x<+\infty, \mu \text{ 为参数}$$

求 $E(X)$ 和 $D(X)$.

解 由题设及数学期望和方差定义有

$$E(X)=\int_{-\infty}^{+\infty}x\cdot\frac{1}{2}e^{-|x-\mu|}\,dx=\frac{1}{2}\int_{-\infty}^{+\infty}(x-\mu)e^{-|x-\mu|}\,dx+\frac{\mu}{2}\int_{-\infty}^{+\infty}e^{-|x-\mu|}\,dx$$
$$=\frac{1}{2}\int_{-\infty}^{+\infty}te^{-|t|}\,dt+\mu\int_{-\infty}^{+\infty}\frac{1}{2}e^{-|x-\mu|}\,dx \qquad (*)$$

由于 $te^{-|t|}$ 在 $(-\infty,+\infty)$ 上为奇函数,又 $\dfrac{1}{2}e^{-|x-\mu|}$ 是密度函数,从而

$$\int_{-\infty}^{+\infty}te^{-|t|}\,dt=0,\quad \int_{-\infty}^{+\infty}\frac{1}{2}e^{-|x-\mu|}\,dx=1$$

再由式(*)故知 $E(X)=\mu$. 这样由 $D(x)$ 计算公式可有

$$D(X)=E[X-E(X)]^2=\int_{-\infty}^{+\infty}(x-\mu)^2\cdot\frac{1}{2}e^{-|x-\mu|}\,dx$$
$$=\frac{1}{2}\int_{-\infty}^{+\infty}t^2e^{-|t|}\,dt=\int_0^{+\infty}t^2e^{-|t|}\,dt=\int_0^{+\infty}-t^2\,d(e^{-t})\quad\text{（由分部积分）}$$
$$=-t^2e^{-t}\Big|_0^{+\infty}+2\int_0^{+\infty}te^{-t}\,dt=-2\int_0^{+\infty}t\,d(e^{-t})\quad\text{（再由分部积分）}$$
$$=-2te^{-t}\Big|_0^{+\infty}+2\int_0^{+\infty}e^{-t}\,dt=2$$

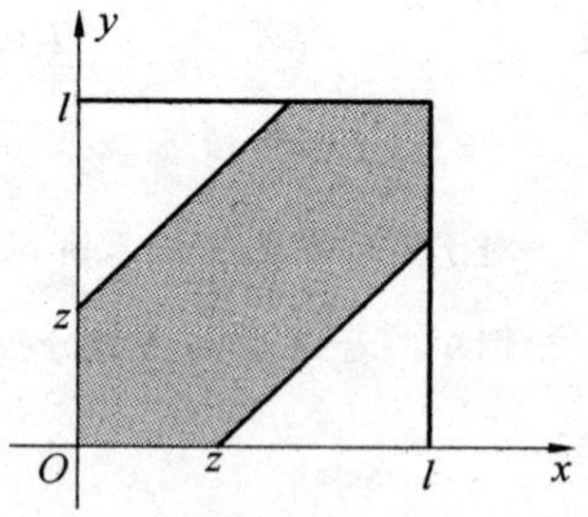

图 1

下面的例子我们前文介绍过,在那里是求概率(问题相似),下面的例子是求数字特征的.

例 4 长为 l 的线段上任取两点,求该两点距离的数学期望和方差.

解 1 如图 1 所示,若将两点记为 X,Y,它们的坐标为 x,y 则有

$$0\leqslant x\leqslant l,\quad 0\leqslant y\leqslant l$$

令 ξ 代表该两点的距离,则 $\xi=|X-Y|$. 而 ξ 的分布函数

$$F(z)=P\{\xi<z\}=P\{|X-Y|<z\}$$

当 $z\leqslant 0$ 时, $F(z)=0$;当 $z>l$ 时, $F(z)=1$;当 $0<z\leqslant l$ 时,若将 (x,y) 视为 xOy 平面上点的坐标,由几何概率定义有

$$P\{|X-Y|<z\}=\frac{S_{阴影}}{S_{正方形}}=\frac{l^2-(l-z)^2}{l^2}=1-\left(1-\frac{z}{l}\right)^2$$

从而 ξ 的分布函数

$$F(z)=\begin{cases}0, & z\leqslant 0\\ 1-\left(1-\frac{z}{l}\right)^2, & 0<z\leqslant l\\ 1, & z>1\end{cases}$$

这样可得 ξ 的概率密度为

$$f(z)=F'(z)=\begin{cases}\frac{2}{l}\left(1-\frac{z}{l}\right), & 0<z\leqslant l\\ 0, & z\leqslant 0 \text{ 或 } z>l\end{cases}$$

从而 $E(\xi)=\frac{l}{2}\int_0^l z\left(1-\frac{z}{l}\right)\mathrm{d}z=\frac{l}{3}$，且

$$D(\xi)=E(\xi^2)-[E(\xi)]^2=\frac{2}{l}\int_0^l z^2\left(1-\frac{z}{l}\right)\mathrm{d}z-\left(\frac{l}{3}\right)^2=\frac{l^2}{18}$$

解 2　今设线段与 x 轴区间 $[0,l]$ 重合，则所取两点 X,Y 分别视为 $[0,l]$ 上互相独立的均匀分布随机变量，其坐标分别为 x,y，且

$$f_{XY}(x,y)=\begin{cases}\frac{1}{l^2}, & 0\leqslant x,y\leqslant l\\ 0, & \text{其他}\end{cases}$$

这样它们的距离 $\xi=|x-y|$. 这样可有

$$\begin{aligned}E(\xi)&=E(|X-Y|)=\int_0^l\int_0^l\frac{1}{l^2}|x-y|\mathrm{d}x\mathrm{d}y\\&=\int_0^l\mathrm{d}x\int_0^x\frac{1}{l^2}(x-y)\mathrm{d}y+\int_0^l\mathrm{d}x\int_x^l(y-x)\mathrm{d}y\\&=\frac{1}{l^2}\int_0^l\left(x^2-\frac{1}{2}x^2\right)\mathrm{d}x+\frac{1}{l^2}\int_0^l\frac{l}{2}[(l^2-x^2)-(l-x)x]\mathrm{d}x\\&=\frac{l}{6}+\frac{l}{6}=\frac{l}{3}\end{aligned}$$

而 $E(\xi^2)=\int_0^l\int_0^l\frac{1}{l^2}(x-y)^2\mathrm{d}x\mathrm{d}y=\frac{1}{3l^2}\int_0^l[(l-y)^3+y^3]\mathrm{d}y=\frac{l^2}{6}$，故

$$D(\xi)=E(\xi^2)-[E(\xi)]^2=\frac{l^2}{18}$$

(3) 涉及数字特征的不等式

下面的例子是关于随机变量的数字特征的一些不等式性质的. 先来看一个离散型问题.

例 1　设 X 为离散型随机变量，其可能取值为 $1,2,3,\cdots$，若 $P\{X=n\}$ 对 $n=1,2,3,\cdots$ 是不增的. 试证 $P\{X=n\}\leqslant\frac{2}{n^2}E(X)$.

证　由题设知 $P\{X=1\}\geqslant P\{X=2\}\geqslant P\{X=3\}\geqslant\cdots$，又对任意自然数 n 有

$$\sum_{k=1}^{n}k=\frac{n(n+1)}{2}>\frac{n^2}{2},\quad n=1,2,3,\cdots$$

故

$$\begin{aligned}2E(X)&=2\sum_{k=1}^{\infty}kP\{X=k\}\geqslant 2\sum_{k=1}^{n}kP\{X=n\}\\&=2P\{X=n\}\cdot\sum_{k=1}^{n}k\geqslant P\{X=n\}\cdot n^2=n^2P\{X=n\}\end{aligned}$$

即
$$P\{X=n\}\leqslant \frac{2}{n^2}E(X)$$

例 2 试证任一事件在一次试验中发生的次数 X 的方差不大于 $\frac{1}{4}$.

证 设该事件在一次试验中发生的概率为 p，知 X 服从 $0-1$ 分布，如表所示：

X	0	1
p_k	$1-p$	p

则 $E(X)=0\cdot(1-p)+1\cdot p=p$，且
$$E(X^2)=0^2\cdot(1-p)+1^2\cdot p=p$$
从而
$$D(X)=E(X^2)-[E(X)]^2=p-p^2=\frac{1}{4}-\left(p-\frac{1}{2}\right)^2\leqslant\frac{1}{4}$$

例 3 若 X 是随机变量，c 是常数，试证 $D(X)\leqslant E[(X-c)^2]$.

证 由随机变量数学期望性质有
$$\begin{aligned}E[(X-c)^2]&=E(X^2-2cX+c^2)=E(X^2)-2cE(X)+c^2\\&=[c-E(X)]^2+E(X^2)-[E(X)]^2=[c-E(X)]^2+D(X)\end{aligned}$$
从而 $D(X)\leqslant E[(X-c)^2]$，且当 $c\neq E(X)$ 时，$D(X)<E[(X-c)^2]$.

2. 随机变量函数的数字特征问题

(1) 一元的情形

下面是一些随机变量函数的数字特征问题，先来看一元的情形.

例 1 设随机变量 X 的概率密度为
$$f(x)=\begin{cases}\frac{1}{2}\cos\frac{x}{2}, & 0\leqslant x\leqslant\pi\\ 0, & \text{其他}\end{cases}$$
对 X 独立地重复观察 4 次，用 Y 表示观测值大于 $\frac{\pi}{3}$ 的次数. 求 Y^2 的数学期望.

解 由题设知 Y 是一个 4 重独立重复试验，故 Y 服从 $\mathscr{B}(4,p)$ 分布. 则
$$p=P\left\{x>\frac{\pi}{3}\right\}=\int_{\frac{\pi}{3}}^{\pi}\frac{1}{2}\cos\frac{x}{2}\mathrm{d}x=\frac{1}{2}$$
故
$$E(Y^2)=D(Y)+[E(Y)]^2=4p(1-p)+(4p)^2=4\times\frac{1}{2}\left(1-\frac{1}{2}\right)+\left(4\times\frac{1}{2}\right)^2=5$$

注 这里求 $E(Y^2)$ 使用公式 $D(Y)=E(Y^2)-[E(Y)]^2$ 的变形是方便的. 后文还将会遇到这种例子，特别是涉及求 $E(X^2)$ 的问题中知道 $X\sim\mathscr{B}(n,p)$ 的情形.

例 2 设圆半径 X 在 $[a,b]$ 上服从均匀分布，求圆面积的数学期望.

解 由题设 X 的概率密度为
$$f(x)=\begin{cases}\frac{1}{b-a}, & a\leqslant x\leqslant b\\ 0, & \text{其他}\end{cases}$$
又圆面积 $Y=g(X)=\pi X^2$，故 $X=g^{-1}(Y)=\sqrt{\frac{Y}{\pi}}$，则 Y 的概率密度为
$$f_Y(y)=f[g^{-1}(y)]\cdot|[g^{-1}(y)]'|=f\left(\sqrt{\frac{y}{\pi}}\right)\sqrt{\frac{1}{\pi}}\cdot\frac{1}{2}y^{-\frac{1}{2}}$$

$$=\begin{cases}\dfrac{1}{2(b-a)\sqrt{\pi y}}, & \pi a^2 \leqslant y \leqslant \pi b^2 \\ 0, & \text{其他}\end{cases}$$

故

$$E(y)=\int_{-\infty}^{+\infty} y f_Y(y)\mathrm{d}y=\frac{1}{2(b-a)\sqrt{\pi}}\int_{\pi a^2}^{\pi b^2}\frac{y}{\sqrt{y}}\mathrm{d}y$$

$$=\frac{1}{(b-a)\sqrt{\pi}}\cdot\frac{2}{3}y^{\frac{3}{2}}\Big|_{\pi a^2}^{\pi b^2}=\frac{\pi}{3}(a^2+ab+b^2)$$

注　它的另外解法见后文.类似地可将结论推广至空间球体积的情形.

令 $Y=g(X)=\frac{4}{3}\pi x^3$,则半径为 X 的球体积 Y 的数学期望为

$$E(y)=E[g(x)]=\int_a^b \pi x^3\cdot\frac{1}{b-a}\mathrm{d}x=\frac{\pi x^4}{3(b-a)}\Big|_a^b=\frac{\pi}{3}(b+a)(b^2+a^2)$$

例 3　设随机变量 X 的概率密度为

$$f(x)=\frac{1}{\pi(1+x^2)},\quad x\in(-\infty,+\infty)$$

求 $E(\min\{|x|,1\})$.

解　由题设及数学期望公式有

$$E(\min\{|x|,1\})=\int_{-\infty}^{+\infty}\min\{|x|,1\}f(x)\mathrm{d}x=\int_{|x|<1}|x|f(x)\mathrm{d}x+\int_{|x|\geqslant 1}f(x)\mathrm{d}x$$

$$=2\int_0^1\frac{x}{\pi(1+x^2)}\mathrm{d}x+2\int_1^{+\infty}\frac{1}{\pi(1+x^2)}\mathrm{d}x=\frac{1}{\pi}\ln(1+x^2)\Big|_0^1+\frac{2}{\pi}\arctan x\Big|_1^{+\infty}$$

$$=\frac{1}{\pi}\ln 2+\frac{2}{\pi}\left(\frac{\pi}{2}-\frac{\pi}{4}\right)=\frac{1}{\pi}\ln 2+\frac{1}{2}$$

注　更一般地可有,若随机变量 ξ,η 独立同分布,且

$$f_\xi(x)=f_\eta(y)=\begin{cases}\dfrac{1}{\sigma}\sqrt{\dfrac{2}{\pi}}\mathrm{e}^{-\frac{x^2}{2\sigma^2}}, & x>0 \\ 0, & x\leqslant 0\end{cases}$$

则

$$E(\max\{\xi,\eta\})=\frac{1}{\sqrt{\pi}}(2\sqrt{2}-1)\sigma$$

(2) 多元的情形

例 1　若随机变量 X 服从正态分布 $N(a,\sigma^2)$,求 $E(|x-a|)$.

解　由题设及数学期望公式有

$$E(|X-a|)=\int_{-\infty}^{+\infty}|x-a|\frac{1}{\sqrt{2\pi}\sigma}\mathrm{e}^{-\frac{(x-a)^2}{2\sigma^2}}\mathrm{d}x$$

$$=\frac{\sigma}{\sqrt{2\pi}}\int_{-\infty}^{+\infty}|t|\mathrm{e}^{-\frac{t^2}{2}}\mathrm{d}t=\frac{2\sigma}{\sqrt{2\pi}}\int_0^{+\infty}t\mathrm{e}^{-\frac{t^2}{2}}\mathrm{d}t=-\frac{2\sigma}{\sqrt{2\pi}}\mathrm{e}^{-\frac{t^2}{2}}\Big|_0^{+\infty}=\sqrt{\frac{2}{\pi}}\sigma$$

这里 $t=\frac{x-a}{\sigma}$.

下面的例子与之类同,但它涉及的不是取绝对值而是取 max 或 min.

例 2　设 ξ,η 为独立的服从正态分布 $N(a,\sigma^2)$ 的随机变量,求 $\max\{\xi,\eta\}$ 和 $\min\{\xi,\eta\}$ 的数学期望.

解　令 $X=\frac{\xi-a}{\sigma}$,$Y=\frac{\eta-a}{\sigma}$,由题设则 X,Y 为服从标准正态分布的随机变量,且 $\max\{\xi,\eta\}=a+$

$\sigma\max\{X,Y\}$.(注意到 $\sigma>0$,且 a 为常数)

由 (X,Y) 的联合密度为 $f(x,y)=\dfrac{1}{2\pi}\mathrm{e}^{-\frac{1}{2}(x^2+y^2)}$,从而可有

$$\begin{aligned}E(\max\{X,Y\})&=\int_{-\infty}^{+\infty}\int_{-\infty}^{+\infty}\max\{x,y\}\frac{1}{2\pi}\mathrm{e}^{-\frac{1}{2}(x^2+y^2)}\mathrm{d}x\mathrm{d}y\\&=\iint\limits_{x-y\leqslant 0}yf(x,y)\mathrm{d}x\mathrm{d}y+\iint\limits_{x-y>0}xf(x,y)\mathrm{d}x\mathrm{d}y\\&=\int_{-\infty}^{+\infty}\mathrm{d}x\int_{x}^{+\infty}\frac{y}{2\pi}\mathrm{e}^{-\frac{1}{2}x^2}\mathrm{e}^{-\frac{1}{2}y^2}\mathrm{d}y+\int_{-\infty}^{+\infty}\mathrm{d}y\int_{y}^{+\infty}\frac{x}{2\pi}\mathrm{e}^{-\frac{1}{2}x^2}\mathrm{e}^{-\frac{1}{2}y^2}\mathrm{d}x\\&=\frac{1}{2\pi}\left\{\int_{-\infty}^{+\infty}\mathrm{e}^{-\frac{1}{2}x^2}\left(\left[\mathrm{e}^{-\frac{1}{2}y^2}\right]_{y=x}^{+\infty}\right)\mathrm{d}x+\int_{-\infty}^{+\infty}\mathrm{e}^{-\frac{1}{2}y^2}\left(\left[\mathrm{e}^{-\frac{1}{2}x^2}\right]_{x=y}^{+\infty}\right)\mathrm{d}y\right\}\\&=\frac{1}{\pi}\int_{-\infty}^{+\infty}\mathrm{e}^{-x^2}\mathrm{d}x=\frac{1}{\sqrt{\pi}}\end{aligned}$$

从而
$$E(\max\{\xi,\eta\})=a+\sigma\max\{X,Y\}=a+\frac{\sigma}{\sqrt{\pi}}$$

类似的 $\min\{\xi,\eta\}=a+\sigma\min\{X,Y\}$,故可有

$$\begin{aligned}E(\min\{X,Y\})&=\int_{-\infty}^{+\infty}\int_{-\infty}^{+\infty}\min\{x,y\}f(x,y)\mathrm{d}x\mathrm{d}y\\&=\iint\limits_{x-y\leqslant 0}xf(x,y)\mathrm{d}x\mathrm{d}y+\iint\limits_{x-y>0}yf(x,y)\mathrm{d}x\mathrm{d}y\\&=\int_{-\infty}^{+\infty}\mathrm{d}y\int_{-\infty}^{y}\frac{x}{2\pi}\mathrm{e}^{-\frac{1}{2}x^2}\mathrm{e}^{-\frac{1}{2}y^2}\mathrm{d}x+\int_{-\infty}^{+\infty}\mathrm{d}x\int_{-\infty}^{x}\frac{y}{2\pi}\mathrm{e}^{-\frac{1}{2}y^2}\mathrm{e}^{-\frac{1}{2}x^2}\mathrm{d}y\\&=-\frac{1}{\pi}\int_{-\infty}^{+\infty}\mathrm{e}^{-y^2}\mathrm{d}y=-\frac{1}{\sqrt{\pi}}\end{aligned}$$

从而
$$E(\min\{\xi,\eta\})=a+\sigma\min\{X,Y\}=a-\frac{\sigma}{\sqrt{\pi}}$$

注 这类求 $\max\{x,y\}$ 和 $\min\{x,y\}$ 的运算,对函数本身来说是分段运算,对求积分而言就是分区域考虑.

类似的问题我们前文曾有介绍,后文也还会遇到.

例 3 设随机变量 (X,Y) 服从两点分布,且协方差为 0,试证 X,Y 相互独立.

证 由设 (X,Y) 为两点分布,设其可能取值为 (a_1,b_1) 和 (a_2,b_2),显然这里 $(a_1,b_1)\neq(a_2,b_2)$. 再设 $P\{X=a_1,Y=b_1\}=p$,$P\{X=a_2,Y=b_2\}=q$,其中 $p+q=1$,且 $pq\neq 0$.

由 $(a_1,b_1)\neq(a_2,b_2)$,先假设 $a_1\neq a_2$,且 $b_1\neq b_2$. 由设知 $P\{X=a_i,Y=b_j\}=0(i\neq j;i,j=1,2)$,否则与题设

$$P\{X=a_1,Y=b_1\}+P\{X=a_2,Y=b_2\}=1$$

矛盾. 从而

$$P\{X=a_1\}=P\{X=a_1,Y=b_1\}+P\{X=a_1,Y=b_2\}=p$$

且同理 $P\{X=a_2\}=q$,$P\{Y=b_1\}=p$,$P\{Y=b_2\}=q$. 故

$$\begin{aligned}\mathrm{cov}(X,Y)&=E(XY)-E(X)E(Y)=a_1b_1p+a_2b_2q-(a_1p+a_2q)(b_1p+b_2q)\\&=(a_1b_1+a_2b_2-a_1b_2-a_2b_1)pq=(a_1-a_2)(b_1-b_2)pq\end{aligned}$$

又由设 $\mathrm{cov}(X,Y)=0$,即 $(a_1-a_2)(b_1-b_2)pq=0$,因 $a_1\neq a_2$,$b_1\neq b_2$,故 $pq=0$,与前设 $pq\neq 0$ 矛盾. 从而 $a_1\neq a_2$,$b_1\neq b_2$ 不能同时成立. 即或 $a_1=a_2$,$b_1\neq b_2$,或 $a_1\neq a_2$,$b_1=b_2$.

这样,若 $a_1=a_2=a$,$b_1\neq b_2$,则有

$$P\{X=a\}=P\{X=a,Y=b_1\}+P\{X=a,Y=b_2\}=p+q=1$$

此即说 X 服从一点分布，它与任一随机变量皆相互独立，故 X,Y 相互独立.

对于 $a_1\neq a_2,b_1=b_2$ 的情形同上.

综上，若 (X,Y) 服从两点分布，且 $\mathrm{cov}(X,Y)=0$，则 X,Y 互相独立.

注　下面的问题为本例的特殊情形.

问题：若 A,B 是随机试验的两个事件，且 $P(A)>0,P(B)>0$，又随机变量 X,Y 为

$$X=\begin{cases}0, & A\text{ 发生}\\1, & A\text{ 不发生}\end{cases},\quad Y=\begin{cases}0, & B\text{ 发生}\\1, & B\text{ 不发生}\end{cases}$$

证明：若 $\rho_{XY}=0$，则 X,Y 必定相互独立.

略解：随机变量 X,Y 的联合分布及其边缘分布可见下表：

X \ Y	0	1	$p_2(y_i)$
0	a_{11}	a_{12}	$1-P(B)$
1	a_{21}	a_{22}	$P(B)$
$p_1(y_i)$	$1-P(A)$	$P(A)$	1

则由上表可有

$$E(X)=0\cdot[1-P(A)]+1\cdot P(A)=P(A)$$

同理 $E(Y)=P(B)$. 又由上表有

$$\begin{cases}a_{11}+a_{21}=1-P(A) & ①\\a_{12}+a_{22}=P(A) & ②\\a_{11}+a_{12}=1-P(B) & ③\\a_{21}+a_{22}=P(B) & ④\end{cases}$$

此外 $E(XY)=0+1\cdot a_{22}=a_{22}$. 又由 $\rho_{XY}=0$，知 X,Y 不相关，从而

$$E(XY)=E(X)E(Y)=P(A)P(B)$$

故 $a_{22}=P(A)P(B)$，代入式 ② 有

$$a_{12}=P(A)-P(A)P(B)=P(A)[1-P(B)]$$

代入式 ④ 有

$$a_{21}=P(B)[1-P(A)]$$

又由式 ① 有

$$a_{11}=1-P(A)-P(B)[1-P(A)]=[1-P(A)][1-P(B)]$$

故 $p(x_i,y_j)=p_1(x_i)p_2(y_j)$，即 X,Y 相互独立.

下面的例子也有些“应用”的味道，类似的例子我们前文曾有过介绍.

例 4　在线段$[0,1]$上任取 n 个点，求其中最远两点距离的数学期望.

解　设 $x_1,x_2,\cdots,x_n$ 为$[0,1]$上任取 n 个点 $X_1,X_2,\cdots,X_n$ 的坐标，则$\{X_i\}$独立同分布，其公共分布函数为

$$F(x)=\begin{cases}0, & x\leqslant 0\\x, & 0<x\leqslant 1\\1, & x>1\end{cases}$$

令 $\xi=\min\{X_1,X_2,\cdots,X_n\}$，且 $\eta=\max\{X_1,X_2,\cdots,X_n\}$. 记 $X=\xi-\eta$，则 $E(X)=E(\xi)-E(\eta)$.

由随机变量取大、取小的性质(这一点详见前文)有

$$F_\xi(x)=F^n(x)=\begin{cases}0, & x\leqslant 0\\x^n, & 0<x\leqslant 1\\1, & x>1\end{cases}$$

及

$$F_\eta(x)=1-[1-F(x)]^n=\begin{cases}0, & x\leqslant 0\\ 1-(1-x)^n, & 0<x\leqslant 1\\ 1, & x>1\end{cases}$$

从而 ξ,η 的概率密度分别为

$$f_\xi(x)=[F^n(x)]'=\begin{cases}nx^{n-1}, & 0<x<1\\ 0, & \text{其他}\end{cases}$$

$$f_\eta(x)=\{1-[1-F(x)]^n\}'=\begin{cases}n(1-x)^{n-1}, & 0<x<1\\ 0, & \text{其他}\end{cases}$$

于是

$$E(\xi)=\int_{-\infty}^{+\infty}xf_\xi(x)\mathrm{d}x=\int_0^1 nx^n\mathrm{d}x=\frac{n}{n+1}$$

$$E(\eta)=\int_{-\infty}^{+\infty}xf_\eta(x)\mathrm{d}x=\int_0^1 nx(1-x)^{n-1}\mathrm{d}x=\frac{1}{n+1}$$

故 $[0,1]$ 中最远两点的数学期望 $E(X)=E(\xi)-E(\eta)=\dfrac{n-1}{n+1}$.

注 1 若 n 个独立的随机变量 $X_1,X_2,\cdots,X_n$ 的分布函数分别为 $F_1(x),F_2(x),\cdots,F_n(x)$，又 $\xi=\max\{X_1,X_2,\cdots,X_n\}$，$\eta=\min\{X_1,X_2,\cdots,X_n\}$，则有 ξ,η 的分布函数分别为

$$F_\xi(x)=\prod_{k=1}^n F_k(x),\quad F_\eta(x)=1-\prod_{k=1}^n[1-F_k(x)]$$

特别地，若 $X_1,X_2,\cdots,X_n$ 独立同分布，其分布函数为 $F(x)$，则

$$F_\xi(x)=F^n(x),\quad F_\eta(x)=1-[1-F(x)]^n$$

这一点我们前文已有介绍，这里再重申一遍.

注 2 这类问题中稍难的题目还可见后文关于数字特征的不等式问题.

例 5 设随机变量 X,Y 独立同分布于 $N(a,\sigma^2)$. 令 $\xi=bX+cY,\eta=bX-cY$. 求 (ξ,η) 的协方差阵.

解 由题设 $E(X)=E(Y)=a,D(X)=D(Y)=\sigma^2$. 又

$$E(\xi)=E(bX+cY)=bE(X)+cE(Y)=(b+c)a$$

$$D(\xi)=D(bX+cY)=b^2D(X)+c^2D(Y)=(b^2+c^2)\sigma^2$$

同理 $E(\eta)=(b-c)a,D(\eta)=(b^2+c^2)\sigma^2$. 故

$$\begin{aligned}E(\xi\eta)&=E[(bX+cY)(bX-cY)]=E(b^2X^2-c^2Y^2)=b^2E(X^2)-c^2E(Y^2)\\&=b^2\{D(X)+[E(X)]^2\}-c^2\{D(Y)+[E(Y)]^2\}\\&=b^2(\sigma^2+a^2)-c^2(\sigma^2+a^2)=(b^2-c^2)(\sigma^2+a^2)\end{aligned}$$

$$\mathrm{cov}(\xi,\eta)=E(\xi\eta)-E(\xi)E(\eta)=(b^2-c^2)\sigma^2$$

从而 $c_{11}=(b^2+c^2)\sigma^2,c_{12}=c_{21}=(b^2-c^2)\sigma^2,c_{22}=(b^2+c^2)\sigma^2$，故协方差阵

$$\boldsymbol{C}=\begin{pmatrix}(b^2+c^2)\sigma^2 & (b^2-c^2)\sigma^2\\(b^2-c^2)\sigma^2 & (b^2+c^2)\sigma^2\end{pmatrix}$$

例 6 若随机变量 X,Y 独立同分布于 $N(a,\sigma^2)$，设 $\xi=pX+qY,\eta=uX+vY$. 求 ξ,η 的相关系数 $\rho_{\xi\eta}$.

解 仿上例可求得

$$E(\xi)=(p+q)a,E(\eta)=(u+v)a$$

及 $D(\xi)=(p^2+q^2)\sigma^2,D(\eta)=(u^2+v^2)\sigma^2$. 又

$$\begin{aligned}E(\xi\eta)&=E[(pX+qY)(uX+vY)]=E[puX^2+(pu+qu)XY+qvY^2]\\&=puE(X^2)+(pv+qu)E(XY)+qvE(Y^2)\\&=pu\{D(X)+[E(X)]^2\}+(pv+qu)E(X)E(Y)+qv\{D(Y)+[E(Y)]^2\}\\&=(pu+qv)\sigma^2+(p+q)(u+v)a^2\end{aligned}$$

则 $\mathrm{cov}(\xi,\eta)=E(\xi\eta)-E(\xi)E(\eta)=(pu+qv)\sigma^2$，故

$$\rho_{\xi\eta}=\frac{\mathrm{cov}(\xi,\eta)}{\sqrt{D(\xi)}\ \sqrt{D(\eta)}}=\frac{pu+qv}{\sqrt{p^2+q^2}\ \sqrt{u^2+v^2}}$$

例 7　设随机变量 $X_1,X_2,\cdots,X_n$ 独立同分布且仅取正值，其密度函数为均为 $f(x)$，试证 $E\Big(\frac{X_1+X_2+\cdots+X_k}{X_1+X_2+\cdots+X_n}\Big)=\frac{k}{n}(k=1,2,\cdots,n)$.

证　由题设知 $x_i(i=1,2,\cdots,n)$ 均取正值，知

$$\begin{aligned}&E\Big(\frac{X_i}{X_1+X_2+\cdots+X_n}\Big)\\&=\int_0^{+\infty}\int_0^{+\infty}\cdots\int_0^{+\infty}\frac{x_i}{x_1+x_2+\cdots+x_n}f(x_1)f(x_2)\cdots f(x_n)\mathrm{d}x_1\mathrm{d}x_2\cdots\mathrm{d}x_n\\&\leqslant\int_0^{+\infty}\int_0^{+\infty}\cdots\int_0^{+\infty}f(x_1)f(x_2)\cdots f(x_n)\mathrm{d}x_1\mathrm{d}x_2\cdots\mathrm{d}x_n=1\end{aligned}$$

又 $E\Big(\frac{X_i}{X_1+X_2+\cdots+X_n}\Big)\geqslant 0(i=1,2,\cdots,n)$，知其均存在. 由上述积分中被积函数的对称性知，对任意 $i\neq j$ 有

$$\begin{aligned}&E\Big(\frac{X_i}{X_1+X_2+\cdots+X_n}\Big)\\&=\int_0^{+\infty}\int_0^{+\infty}\cdots\int_0^{+\infty}\frac{x_i}{x_1+x_2+\cdots+x_n}f(x_1)f(x_2)\cdots f(x_n)\mathrm{d}x_1\mathrm{d}x_2\cdots\mathrm{d}x_n\\&=\int_0^{+\infty}\int_0^{+\infty}\cdots\int_0^{+\infty}\frac{x_j}{x_1+x_2+\cdots+x_n}f(x_1)f(x_2)\cdots f(x_n)\mathrm{d}x_1\mathrm{d}x_2\cdots\mathrm{d}x_n\\&=E\Big(\frac{X_j}{X_1+X_2+\cdots+X_n}\Big)\end{aligned}$$

又 $\sum_{i=1}^{n}E\Big(\frac{X_i}{X_1+X_2+\cdots+X_n}\Big)=E\Big[\sum_{i=1}^{n}\Big(\frac{X_i}{X_1+X_2+\cdots+X_n}\Big)\Big]=E(1)=1$，则

$$E\Big(\frac{X_i}{X_1+X_2+\cdots+X_n}\Big)=\frac{1}{n},\quad i=1,2,\cdots,n$$

故

$$E\Big(\frac{X_1+X_2+\cdots+X_k}{X_1+X_2+\cdots+X_n}\Big)=\sum_{i=1}^{k}E\Big(\frac{X_i}{X_1+x_2+\cdots+X_n}\Big)=\frac{k}{n}$$

例 8　设 $X_1,X_2,\cdots,X_{n+m}(n>m)$ 相互独立且同分布，同时它们有有限方差，试求 $Y=\sum_{k=1}^{n}X_k$ 与 $Z=\sum_{k=1}^{n}X_{m+k}$ 的相关系数.

解 1　设 $E(X_i)=\mu,D(X_i)=\sigma^2,i=1,2,\cdots,n+m$. 则

$$D(Y)=D\Big(\sum_{k=1}^{n}X_i\Big)=n\sigma^2,\quad D(Z)=n\sigma^2$$

$$\begin{aligned}\mathrm{cov}(Y,Z)&=E\{[Y-E(Y)][Z-E(Z)]\}\\&=E\Big\{\Big[\sum_{k=1}^{n}X_k-\sum_{k=1}^{n}E(X_k)\Big]\Big[\sum_{k=1}^{n}X_{m+k}-\sum_{k=1}^{n}E(X_{m+k})\Big]\Big\}\\&=E\Big\{\Big[\sum_{k=1}^{n}(X_k-\mu)\Big]\Big[\sum_{k=1}^{n}(X_{m+k}-\mu)\Big]\Big\}\end{aligned}$$

$$=E\{[(X_1-\mu)+(X_2-\mu)+\cdots+(X_m-\mu)+(X_{m+1}-\mu)+(X_{m+2}-\mu)+\cdots+(X_n-\mu)][(X_{m+1}-\mu)+(X_{m+2}-\mu)+\cdots+(X_n-\mu)+(X_{n+1}-\mu)+\cdots+(X_{n+m}-\mu)]\}$$

$$=E\{[(X_{m+1}-\mu)+\cdots+(X_n-\mu)]^2\}(\text{由 } E(X^2)=D(X)+[E(X)]^2)$$

$$=D[(X_{m+1}-\mu)+\cdots+(X_n-\mu)]+[0]^2$$

$$=(n-m)\sigma^2$$

故
$$\rho_{YZ}=\frac{\mathrm{cov}(Y,Z)}{\sqrt{D(Y)}\sqrt{D(Z)}}=\frac{n-m}{n}=1-\frac{m}{n}$$

这里若令 $X=\sum\limits_{i=m+1}^{n}(X_i-\mu),Y=\sum\limits_{i=1}^{m}(X_i-\mu),Z=\sum\limits_{i=n+1}^{m+k}(X_i-\mu)$，则

$$E[(X+Y)(X+Z)]=E(X^2)+E(XY)+E(XZ)+E(YZ)$$

又 $E(XY)=E(X)E(Y)$，而 $E(X_i-\mu)=E(X_i)-\mu=0$，类似地故

$$E(XY)=E(XZ)=E(YZ)=0$$

解 2　由题设 $X_1,X_2,\cdots,X_{n+m}$ 独立同分布，不妨设

$$E(X_k)=a,\quad D(X_k)=\sigma^2,\quad k=1,2,\cdots,m+n$$

则有

$$E(Y)=E\Big(\sum_{i=1}^{n}X_i\Big)=\sum_{i=1}^{n}E(X_i)=na,\quad E(Z)=E\Big(\sum_{i=1}^{n}X_{m+i}\Big)=\sum_{i=1}^{n}E(X_{m+i})=na$$

$$D(Y)=D\Big(\sum_{i=1}^{n}X_i\Big)=\sum_{i=1}^{n}D(X_i)=n\sigma^2,\quad D(Z)=D\Big(\sum_{i=1}^{n}X_{m+i}\Big)=\sum_{i=1}^{n}D(X_{m+i})=n\sigma^2$$

由 $E(X_k{}^2)=D(X_k)+[E(X_k)]^2=\sigma^2+a^2$，故

$$E(YZ)=E\Big[\sum_{i=1}^{n}(X_i)\Big(\sum_{i=1}^{n}X_{m+i}\Big)\Big]=E\Big(\sum_{i=m+1}^{n}X_i{}^2+\sum_{\substack{1\leqslant i\leqslant n\\ m+1\leqslant j\leqslant m+n\\ i\neq j}}X_iX_j\Big)$$

$$=(n-m)E(X_i{}^2)+[n^2-(n-m)]E(X_i)E(X_j)$$

$$=(n-m)(\sigma^2+a^2)+[n^2-(n-m)]a^2=n^2a^2+(n-m)\sigma^2$$

故 $\mathrm{cov}(Y,Z)=E(YZ)-E(Y)E(Z)=n^2a^2+(n-m)\sigma^2-n^2a^2=(n-m)\sigma^2$，从而

$$\rho_{YZ}=\frac{\mathrm{cov}(Y,Z)}{\sqrt{D(Y)}\sqrt{D(Z)}}=\frac{(n-m)\sigma^2}{n\sigma^2}=\frac{n-m}{n}=1-\frac{m}{n}$$

2. 涉及随机变量数学特征的不等式问题

(1) 一元的情形

例　设 $g(x)$ 为正值单增函数，X 为随机变量，且 $E[g(X)]$ 存在. 证明

$$P\{X\geqslant a\}\leqslant\frac{E[g(X)]}{g(a)}$$

证　设随机变量 X 的概率密度为 $f(x)$，由题设 $g(x)$ 单增，故

$$P\{X\geqslant a\}=P\{g(x)\geqslant g(a)\}=\int_{g(X)\geqslant g(a)}f(x)\mathrm{d}x$$

$$\leqslant\int_{g(x)\geqslant g(a)}\frac{g(x)}{g(a)}f(x)\mathrm{d}x\leqslant\int_{-\infty}^{+\infty}\frac{g(x)}{g(a)}f(x)\mathrm{d}x=\frac{1}{g(a)}E[g(x)]$$

注意到由 $g(x)$ 正值、单调有：$x\geqslant a\Longleftrightarrow g(x)\geqslant g(a)$.

注　显然下面问题是上面例子的特殊情形.

问题：设 X 为非负随机变量，且 $E(\mathrm{e}^{aX})<+\infty\ (a>0)$，则对任意的 $b>0$ 均有 $P\{X\geqslant b\}\leqslant \mathrm{e}^{-ab}E(\mathrm{e}^{aX})$.

证:设 X 的概率密度为 $f(x)$,则

$$P\{X \geqslant b\} = \int\limits_{x \geqslant b} f(x)\mathrm{d}x \leqslant \int\limits_{x \geqslant b} \frac{\mathrm{e}^{ax}}{\mathrm{e}^{ab}} f(x)\mathrm{d}x \leqslant \frac{1}{\mathrm{e}^{ab}}\int_{-\infty}^{+\infty} \mathrm{e}^{ax} f(x)\mathrm{d}x = \mathrm{e}^{-ab}E(\mathrm{e}^{ax})$$

也可利用例的结论直接去证,这里 $g(x) = \mathrm{e}^{ax}$.

(2) 多元的情形

例 1 若数学期望均为 0,方差均为 1 的随机变量 X_1, X_2,其相关系数为 ρ. 求证 $E(\max\{X_1^2, X_2^2\}) \leqslant 1 + \sqrt{1-\rho^2}$.

证 注意到 $\max\{a,b\} = \frac{1}{2}[(a+b) + |a-b|]$ 的事实,可有

$$\begin{aligned}
E(\max\{X_1^2, X_2^2\}) &= E\left[\frac{1}{2}(X_1^2 + X_2^2) + (|X_1^2 - X_2^2|)\right] \\
&= 1 + \frac{1}{2}E(|X_1^2 - X_2^2|) = 1 + \frac{1}{2}E(|X_1 + X_2||X_1 - X_2|) \\
&\leqslant 1 + \frac{1}{2}\sqrt{E(|X_1 + X_2|^2)\cdot E(|X_1 - X_2|^2)} \\
&= 1 + \frac{1}{2}\sqrt{E(X_1^2 + X_2^2 + 2X_1X_2)\cdot E(X_1^2 + X_2{}^2 - 2X_1X_2)} \\
&= 1 + \frac{1}{2}\sqrt{2[1 + E(X_1X_2)]\cdot 2[1 - E(X_1X_2)]} \\
&= 1 + \sqrt{1 - E(X_1X_2)^2} = 1 + \sqrt{1-\rho^2}
\end{aligned}$$

注意到 $E(X_i^2) = D(X_i) + [E(X_i)]^2 = 1(i = 1,2)$.

注 1 这里首先运用 $\max\{a,b\} = \frac{1}{2}[(a+b) + |a-b|]$ 的事实,其次还运用了算术一几何平均值不等式 $2\sqrt{ab} \leqslant a + b$(其中 $a \geqslant 0, b \geqslant 0$).

注 2 若 $\xi_1, \xi_2 \sim N(0,1)$,且相差系数为 ρ. 则 $E(\max\{\xi_1, \xi_2\}) = \frac{1}{2}E\{|\xi_1, \xi_2|\} = \sqrt{\frac{1-\rho}{\pi}}$.

注 3 在题设条件下还有 $E(\min\{\xi_1, \xi_2\}) \geqslant 1 - \sqrt{1-\rho^2}$.

例 2 设二维随机变量 (ξ, η) 满足

$$E(\xi) = E(\eta) = 0,\quad D(\xi) = D(\eta) = 1,\quad \mathrm{cov}(\xi, \eta) = c$$

试证 $E(\min\{\xi^2, \eta^2\}) \geqslant 1 - \sqrt{1-c^2}$.

证 由数学期望性质及题设有

$$E(\min\{\xi^2, \eta^2\}) = E\left[\frac{1}{2}(\xi^2 + \eta^2 - |\xi^2 - \eta^2|)\right] = \frac{1}{2}[E(\xi^2) + E(\eta^2) - E(|\xi^2 - \eta^2|)]$$

由题设及 $D(X) = E(X^2) - [E(X)]^2$ 有

$$E(\xi^2) = D(\xi) = 1,\quad E(\eta^2) = D(\eta) = 1$$

又
$$E(|\xi^2 - \eta^2|) = E(|\xi + \eta||\xi - \eta|) \leqslant \sqrt{E[(\xi + \eta)^2]E[(\xi - \eta)^2]}$$

则
$$E(\min\{\xi^2 - \eta^2\}) \geqslant \frac{1}{2}(2 - 2\sqrt{1-c^2}) = 1 - \sqrt{1-c^2}$$

例 3 若随机变量 X 存在数学期望和方差,且它们均为有限值,若给定 $\alpha \in \mathbf{R}$,且 $Y = \min\{X, \alpha\}$,试证 $E[Y - E(Y)]^2 \leqslant E[X - E(X)]^2$.

证 令 $F_X(x) = P\{X < x\}, F_Y(x) = P\{Y < x\} = P\{\min\{X, \alpha\} < x\}$. 则

$$F_Y(x) = \begin{cases} P\{X < x\} = F_X(x), & x \leqslant \alpha \\ 1, & x > \alpha \end{cases}$$

若 $\alpha < E(X)$,则有

$$E[Y-E(Y)]^2 \leqslant E(Y-\alpha)^2 = \int_{-\infty}^{\alpha}(x-\alpha)^2 \mathrm{d}F_Y(x) + \int_{\alpha}^{+\infty}(x-\alpha)^2 \mathrm{d}F_Y(x)$$

$$= \int_{-\infty}^{\alpha}(x-\alpha)^2 \mathrm{d}F_X(x) + \int_{\alpha}^{+\infty}(x-\alpha)^2 \mathrm{d}F_Y(x) = \int_{-\infty}^{\alpha}(x-\alpha)^2 \mathrm{d}F_X(x)$$

$$\leqslant \int_{-\infty}^{\alpha}[x-E(X)]^2 \mathrm{d}F_X(x) + \int_{\alpha}^{+\infty}[x-E(X)]^2 \mathrm{d}F_Y(x) = E[X-E(X)]^2$$

若 $\alpha \geqslant E(X)$，则有

$$\begin{aligned}E[Y-E(Y)]^2 &\leqslant E[Y-E(X)]^2 \\ &= \int_{-\infty}^{\alpha}[x-E(X)]^2 \mathrm{d}F_Y(x) + \int_{\alpha}^{+\infty}[x-E(X)]^2 \mathrm{d}F_Y(x) \\ &= \int_{-\infty}^{\alpha}[x-E(X)]^2 \mathrm{d}F_X(x) + \int_{\alpha}^{+\infty}[x-E(X)]^2 \mathrm{d}F_Y(x) \\ &= \int_{-\infty}^{\alpha}[x-E(X)]^2 \mathrm{d}F_X(x) + [\alpha-E(X)]^2[1-F_X(\alpha)] \\ &\leqslant \int_{-\infty}^{\alpha}[x-E(X)]^2 \mathrm{d}F_X(x) + \int_{\alpha}^{+\infty}[x-E(X)]^2 \mathrm{d}F_X(x) \\ &= E[X-E(X)]^2\end{aligned}$$

研究生入学考试试题选讲

1978 ~ 1986 年部分

1. 一元随机变量的数学特征

(1) 一元随机变量数学期望和方差

① 离散的情形

我们先来看几个离散的问题.

例 1 十个人随机地进入 15 个房间(每个房间容纳的人数不限)，若 ξ 表示有人的房间数，求 ξ 的数学期望 $E(\xi)$.(太原重型机械学院，1982)

解 为叙述方便计引入随机变量

$$\xi_i = \begin{cases}1, & 第\ i\ 个房间有人进入 \\ 0, & 第\ i\ 个房间无人进入\end{cases} \quad (i=1,2,\cdots,15)$$

则 $\xi = \sum\limits_{i=1}^{15}\xi_i$. 从而 $E(\xi) = E(\sum\limits_{i=1}^{15}\xi_i) = \sum\limits_{i=1}^{15}E(\xi_i)$. 若 ξ_i 服从 0－1 分布，故

$$E(\xi_i) = 1 \cdot P\{\xi_i = 1\} = 1 - \left(1-\frac{1}{15}\right)^{10} = 1 - \left(\frac{14}{15}\right)^{10}, \quad i = 1,2,\cdots,15$$

因而
$$E(\xi) = \sum_{i=1}^{15}\left[1-\left(\frac{14}{15}\right)^{10}\right] = 15\left[1-\left(\frac{14}{15}\right)^{10}\right] = 15(1-0.484) = 7.74$$

例 2 设盒中有 n 张卡片，它们分别编号为 $1,2,\cdots,n$，从中不放回地抽出 k 张，求所抽得 k 张卡片号码之和的数学期望.(无锡轻工业学院，1985)

解 设 $X = \{抽得\ k\ 张卡片号码之和\}$，$X_i = \{第\ i\ 次抽得的卡片号码\}$，则 $X = \sum\limits_{i=1}^{n}X_i$. 又

$$P\{X_i = j\} = \frac{\mathrm{A}_{n-1}^{i-1}}{\mathrm{A}_n^i} = \frac{(n-1)(n-2)\cdots(n-i+1)}{n(n-1)(n-2)\cdots(n-i+1)} = \frac{1}{n}, \quad j = 1,2,3,\cdots,n$$

故

$$E(X_i) = \sum_{j=1}^{n} j \cdot \frac{1}{n} = \frac{n(n+1)}{2} \cdot \frac{1}{n} = \frac{n+1}{2}$$

从而 $$E(X)=\sum_{i=1}^{k}E(X_i)=\sum_{i=1}^{k}\frac{n+1}{2}=\frac{n+1}{2}\cdot k=\frac{k(n+1)}{2}$$

例 3　一堆产品共 $m+n$ 个,其中 m 个次品和 n 个正品.今不放回地抽取,且令随机变量

$$X_k=\begin{cases}1, & \text{当第 } k \text{ 次抽到次品}\\ 0, & \text{当第 } k \text{ 次抽到正品}\end{cases}\quad (k=1,2,\cdots,m+n)$$

又令 ξ 是初次抽到次品时,已经抽到的正品数.求:(1)ξ 的分布律;(2) 条件概率 $P\{X_1 \mid X_2=1\}$;(3) 求 $E(X_k)$,其中 $k=1,2,\cdots,\min\{m,n\}$.(北京大学,1983)

解　设 B_i 为第 i 次抽到次品($i=1,2,\cdots,m+n$).

(1)ξ 的可能取值为 $0,1,2,\cdots,n$,故 ξ 的分布列为

$$\begin{aligned}P\{\xi=k\}&=P\{\overline{B}_1\overline{B}_2\cdots\overline{B}_{k-1}\overline{B}_kB_{k+1}\}\\&=P(\overline{B}_1)P(\overline{B}_2\mid\overline{B}_1)\cdots P(\overline{B}_k\mid\overline{B}_1\overline{B}_2\cdots\overline{B}_{k-1})P(B_{k+1}\mid\overline{B}_1\overline{B}_2\cdots\overline{B}_k)\\&=\frac{n}{m+n}\cdot\frac{n-1}{m+n-1}\cdot\cdots\cdot\frac{n-k+1}{m+n-k+1}\cdot\frac{m}{m+n-k}\\&=\frac{m\mathrm{A}_n^k}{\mathrm{A}_{m+n}^{k+1}},\quad k=0,1,2,\cdots,n\end{aligned}$$

(2) 由题设及条件概率公式

$$P\{X_1=1\mid X_2=1\}=P\{B_1\mid B_2\}=\frac{P(B_1B_2)}{P(B_2)}$$

而

$$P(B_1B_2)=\frac{m(m-1)}{(m+n)(m+n-1)},\quad P(B_2)=\frac{m}{m+n}$$

故 $$P\{X_1\mid X_2=1\}=\frac{m-1}{m+n-1}$$

(3) 由 $P(X_k=1)=P(B_k)=\dfrac{m}{m+n}$,知 $E(X_k)=\dfrac{m}{m+n}$,$k=1,2,\cdots,\min\{m,n\}$.

例 4　假定事件 A 在每次试验中发生的概率为 p,今进行独立重复试验,直至 A 出现两次才停止.求两次出现 A 之间所需试验次数的数学期望.(武汉大学,1981)

解　设 ξ 为事件 A 第一次出现后到 A 第二次出现时的试验次数,则 ξ 服从参数为 p 的几何分布,故 $E(\xi)=\dfrac{1}{p}$.

因为两次出现 A 之间所进行试验次数为 $\eta=\xi-1$,故所求数学期望为

$$E(\eta)=E(\xi-1)=E(\xi)-1=\frac{1}{p}-1=\frac{1-p}{p}$$

例 5　甲、乙、丙三球队按下面规则进行比赛:由三队中两队先比赛,胜者再与另一队比赛,继续下去一直到连胜两场为止,则该队获冠军.设每场比赛中两队获胜的概率相同,且总有一队胜,今规定开始由甲、乙两队比赛,求三个队获冠军的概率及赛出冠军时的平均比赛场次.(厦门大学,1981)

解　设 A_i,B_i,C_i 分别表示甲、乙、丙三队在第 i 场比赛时获胜,则甲获冠军的概率

$$\begin{aligned}p_{甲}=&[P(A_1A_2)+P(A_1C_2B_3A_4A_5)+P(A_1C_2B_3A_4C_5B_6A_7A_8)+\cdots]+\\&[P(B_1C_2A_3A_4)+P(B_1C_2A_3B_4C_5A_6A_7)+\cdots]\\=&[P(A_1)P(A_2)+P(A_1)P(C_2)P(B_3)P(A_4)P(A_5)+P(A_1)P(C_2)\cdot\\&P(B_3)P(A_4)P(C_5)P(B_6)P(A_7)P(A_8)+\cdots]+\\&[P(B_1)P(C_2)P(A_3)P(A_4)+\\&P(B_1)P(C_2)P(A_3)P(B_4)P(C_5)P(A_6)P(A_7)+\cdots]\\=&\left(\frac{1}{2^2}+\frac{1}{2^5}+\frac{1}{2^8}+\cdots\right)+\left(\frac{1}{2^4}+\frac{1}{2^7}+\frac{1}{2^{10}}+\cdots\right)\end{aligned}$$

$$= \sum_{k=0}^{\infty} \frac{1}{2^{3k+2}} + \sum_{k=0}^{\infty} \frac{1}{2^{3k+4}} = \frac{2}{7} + \frac{1}{14} = \frac{5}{14}$$

同理可得乙队获冠军的概率 $p_{乙} = \frac{5}{14}$.

故丙队获冠军的概率为

$$p_{丙} = 1 - p_{甲} - p_{乙} = \frac{4}{14} = \frac{2}{7}$$

设赛出冠军时比赛的场次为 ξ,则 $\xi = 2,3,4,\cdots$,则

$$P(\xi = 2) = P(A_1A_2) + P(B_1B_2) = \frac{1}{4} + \frac{1}{4} = \frac{1}{2}$$

$$P(\xi = 3) = P(A_1C_2C_3) + P(B_1C_2C_3) = \frac{1}{8} + \frac{1}{8} = \frac{1}{4} = \frac{1}{2^2}$$

$$P(\xi = 4) = P(A_1C_2B_3B_4) + P(B_1C_2A_3A_4) = \frac{1}{16} + \frac{1}{16} = \frac{1}{8} = \frac{1}{2^3}$$

$$\vdots$$

仿上分析下去可得 ξ 的分布律为

$$P(\xi = k) = \frac{1}{2^{k-1}}, \quad k = 2,3,4,\cdots$$

故 ξ 的数学期望(即平均比赛场次)为

$$E(\xi) = \sum_{k=2}^{\infty} k \cdot \frac{1}{2^{k-1}} - 4$$

② 连续的情形

例 6 设随机变量 X 的密度函数为

$$f(x) = \begin{cases} c(1-x^2), & -1 < x < 1 \\ 0, & 其他 \end{cases}$$

(1) 确定常数 c;(2) 求 X 的数学期望 $E(X)$ 和方差 $D(X)$.(上海交通大学等十院校,1986)

解 (1) 由题设 $f(x)$ 为密度函数,则有

$$\int_{-\infty}^{+\infty} f(x)\mathrm{d}x = \int_{-1}^{1} c(1-x^2)\mathrm{d}x = 1 \Rightarrow c = \frac{3}{4}$$

(2) 由随机变量的数学期望和方差的公式有

$$E(X) = \int_{-\infty}^{+\infty} xf(x)\mathrm{d}x = \int_{-\infty}^{+\infty} \frac{3}{4}x(1-x^2)\mathrm{d}x = 0$$

注意到 $f(x)$ 是偶函数,知 $xf(x)$ 是奇函数. 则

$$D(X) = E(X^2) - [E(X)]^2 = E(X^2) = \int_{-\infty}^{+\infty} x^2 f(x)\mathrm{d}x = \frac{3}{4}\int_{-1}^{1} x^2(1-x^2)\mathrm{d}x = \frac{1}{5}$$

例 7 设随机变量 ξ 具有密度函数 $f(x) = \frac{1}{2\lambda}\mathrm{e}^{-\frac{|x|}{\lambda}}(-\infty < x + \infty)$,其中 $\lambda(>0)$ 为常数,求 ξ 的数学期望和方差.(南京化工学院,1985)

解 由题设随机变量的数学期望和方差性质有

$$E(\xi) = \int_{-\infty}^{+\infty} xf(x)\mathrm{d}x = 0, \quad 因为\ xf(x)\ 为奇函数$$

$$D(\xi) = E[\xi - E(\xi)]^2 = E(\xi)^2 = \int_{-\infty}^{+\infty} x^2 f(x)\mathrm{d}x = \int_{-\infty}^{0} x^2 \frac{1}{2\lambda}\mathrm{e}^{\frac{x}{\lambda}}\mathrm{d}x + \int_{0}^{+\infty} x^2 \frac{1}{2\lambda}\mathrm{e}^{-\frac{x}{\lambda}}\mathrm{d}x$$

$$= \frac{1}{2\lambda}\left[(\lambda x^2 - 2\lambda^2 x + 2\lambda^3)\mathrm{e}^{\frac{x}{\lambda}}\right]_{-\infty}^{0} + \frac{1}{2\lambda}\left[(-\lambda x^2 - 2\lambda^2 x - 2\lambda^3)\mathrm{e}^{-\frac{x}{\lambda}}\right]_{0}^{+\infty}$$

$$= \frac{1}{2\lambda}(2\lambda^3) + \frac{1}{2\lambda}(2\lambda^3) = 2\lambda^2$$

例 8　设随机变量 X 的分布密度为：$p(x)=A\mathrm{e}^{-k|x|}(-\infty<x<+\infty)$，其中 k 为已知常数. 求：(1) 系数 A；(2) X 落入 $(0,1)$ 内的概率；(3) X 的数学期望 $E(X)$；(4) X 的方差 $D(X)$.（中南矿冶学院，1982）

解　(1) 由题设有 $\int_{-\infty}^{+\infty}A\mathrm{e}^{-k|x|}\mathrm{d}x=1$，又 $\int_{-\infty}^{+\infty}A\mathrm{e}^{-k|x|}\mathrm{d}x=2A\int_0^{+\infty}\mathrm{e}^{-kx}\mathrm{d}x=\frac{2A}{k}$，故 $A=\frac{k}{2}$，从而

$$p(x)=\frac{k}{2}\mathrm{e}^{-k|x|}$$

(2) X 落在 $(0,1)$ 内的概率

$$P\{0<X<1\}=\int_0^1 p(x)\mathrm{d}x=\frac{k}{2}\int_0^1\mathrm{e}^{-kx}\mathrm{d}x=\frac{k}{2}\left(-\frac{1}{k}\mathrm{e}^{-kx}\right)\Big|_0^1=\frac{1}{2}(1-\mathrm{e}^{-k})$$

(3) X 的数学期望是

$$E(X)=\int_{-\infty}^{+\infty}xp(x)\mathrm{d}x=\frac{k}{2}\int_{-\infty}^{+\infty}x\mathrm{e}^{-k|x|}\mathrm{d}x=0,\quad \text{注意被积函数是奇函数}$$

(4) X 的方差是

$$\begin{aligned}D(X)&=E(X^2)-[E(X)]^2=\int_{-\infty}^{+\infty}x^2p(x)\mathrm{d}x=\frac{k}{2}\int_{-\infty}^{+\infty}x^2\mathrm{e}^{-k|x|}\mathrm{d}x\\&=k\int_0^{+\infty}x^2\mathrm{e}^{-kx}\mathrm{d}x=\frac{1}{2}\int_0^{+\infty}x^2\mathrm{d}(-\mathrm{e}^{-kx})\\&=-x^2\mathrm{e}^{-kx}\Big|_0^{+\infty}+\int_0^{+\infty}2x\mathrm{e}^{-kx}\mathrm{d}x=2\int_0^{+\infty}x\mathrm{e}^{-kx}\mathrm{d}x=-\frac{2}{k}\int_0^{+\infty}x\mathrm{d}(\mathrm{e}^{-kx})\\&=-\frac{2}{k}x\mathrm{e}^{-kx}\Big|_0^{+\infty}+\frac{2}{k}\int_0^{+\infty}\mathrm{e}^{-kx}\mathrm{d}x=-\frac{2}{k^2}\mathrm{e}^{-kx}\Big|_0^{+\infty}=\frac{2}{k^2}\end{aligned}$$

③ *应用问题*

例 9　某射手对某一目标进行独立射击，每次射击命中率为 p，如果击中目标就停止射击. 试求：(1) 射击次数的分布律和分布函数；(2) 射击次数的数学期望和方差.（太原工学院，1981；合肥工业大学，1983）

解　(1) 射击次数 X 可取一切自然数，如果 $Z=k(k=1,2,3,\cdots)$，则表示前 $k-1$ 次均未击中目标，而第 k 次击中，故

$$P\{X=k\}=(1-p)^{k-1}p,\quad k=1,2,3,\cdots$$

为 X 的分布律.

从而 X 的分布函数为

$$F(x)=P\{X\leqslant x\}=\begin{cases}0, & x<1\\ \sum_{i=1}^{k}(1-p)^{i-1}p, & k\leqslant x\leqslant k+1\quad(k=1,2,3,\cdots)\end{cases}$$

(2) X 的数学期望和方差分别为

$$\begin{aligned}E(X)&=\sum_{k=1}^{\infty}kp_i=p\sum_{k=1}^{\infty}k(1-p)^{i-1}=p\sum_{k=1}^{\infty}(x^k)'\Big|_{x=1-p}=p\left(\sum_{k=1}^{\infty}x^k\right)'\Big|_{x=1-p}\\&=p\cdot\left(\frac{1}{1-x}\right)'\Big|_{x=1-p}=\frac{p}{(1-x)^2}\Big|_{x=1-p}=\frac{1}{p}\end{aligned}$$

又 $D(X)=E(X^2)-[E(X)]^2$，而由

$$\begin{aligned}E(X^2)&=\sum_{k=1}^{\infty}k^2p_k=p\sum_{k=1}^{\infty}k^2(1-p)^{k-1}\\&=p\sum_{k=1}^{\infty}[k(k-1)(1-p)^{k-1}+k(1-p)^{k-1}]\\&=p\left[(1-p)\sum_{k=2}^{\infty}k(k-1)(1-p)^{k-2}+\sum_{k=1}^{\infty}k(1-p)^{k-1}\right]\end{aligned}$$

$$= p\left\{\frac{2(1-p)}{[1-(1-p)]^3}+\frac{1}{[1-(1-p)]^2}\right\}=\frac{2-p}{p^2}$$

故
$$D(X)=\frac{2-p}{p^2}-\frac{1}{p^2}=\frac{1-p}{p^2}$$

④ 不等式问题

例 10 求证取值于区间(a,b)内的随机变量X，恒成立不等式：(1)$a\leqslant E(X)\leqslant b$；(2)$D(X)\leqslant\left(\frac{b-a}{2}\right)^2$.(上海交通大学,1981)

证 1 (1) 设X的分布函数为$F(x)$，由于X取值于区间(a,b)，故有

$$\int_{-\infty}^{+\infty}\mathrm{d}F(x)=\int_a^b\mathrm{d}F(x)=1$$

按定义
$$E(X)=\int_a^b x\,\mathrm{d}F(x)$$

又由积分性质可有$a\int_a^b\mathrm{d}F(x)\leqslant\int_a^b x\,\mathrm{d}F(x)\leqslant b\int_a^b\mathrm{d}F(x)$，即有$a\leqslant E(X)\leqslant b$.

(2) 再令 $f(x)=E(X-x)^2=x^2-2xE(X)+E(X^2)$，这里$x$为实数，则$f(x)$是$x$的二次函数.又$x=E(X)$时，$f(x)$取最小值$D(X)$，即对任意$x$均有$D(X)=f[E(X)]\leqslant f(x)$.

当$x=\frac{a+b}{2}$时，可有

$$D(X)\leqslant f\left(\frac{a+b}{2}\right)=E\left(X-\frac{a+b}{2}\right)^2\leqslant E\left(b-\frac{a+b}{2}\right)^2=\left(\frac{b-a}{2}\right)^2$$

或由

$$E\left(X-\frac{a+b}{2}\right)^2=\int_a^b\left(x-\frac{a+b}{2}\right)^2f(x)\mathrm{d}x\leqslant\int_a^b\left(b-\frac{a+b}{2}\right)^2f(x)\mathrm{d}x=\left(\frac{b-a}{2}\right)^2$$

亦可证得

$$D(x)\leqslant\left(\frac{b-a}{2}\right)^2$$

证 2 (1) 设ξ的分布函数为$F(x)$，由设$x\leqslant a$时$F(X)=0$，且$x>b$时$F(x)=1$. 则

$$\begin{aligned}E(\xi)&=\int_{-\infty}^{+\infty}x\mathrm{d}F(x)=\int_{-\infty}^{a}x\mathrm{d}F(x)+\int_a^b x\,\mathrm{d}F(x)+\int_b^{+\infty}x\,\mathrm{d}F(x)\\&=\int_a^b x\,\mathrm{d}F(x)+b[F(b+0)-F(b)]\end{aligned}$$

故
$$E(\xi)\leqslant\int_a^b b\mathrm{d}F(x)+b[F(b+0)-F(b)]=b[F(b+0)-F(a)]=b$$

且
$$E(\xi)\geqslant\int_b^a a\mathrm{d}F(x)+a[F(b+0)-F(b)]=a[F(b+0)-F(a)]=a$$

(2) 题设随机变量的方差为

$$\begin{aligned}D(\xi)&\leqslant\int_{-\infty}^{+\infty}\left(x-\frac{a+b}{2}\right)^2\mathrm{d}F(x)=\left\{\int_{-\infty}^{a}+\int_a^b+\int_b^{+\infty}\right\}\left(x-\frac{a+b}{2}\right)^2\mathrm{d}F(x)\\&=\int_b^a\left(x-\frac{a+b}{2}\right)^2\mathrm{d}F(x)+\left(\frac{b-a}{2}\right)^2[F(b+0)-F(b)]\\&\leqslant\int_a^b\left(b-\frac{a+b}{2}\right)^2\mathrm{d}F(x)+\left(\frac{b-a}{2}\right)^2[F(b+0)-F(b)]\\&=\left(\frac{b-a}{2}\right)^2[F(b)-F(a)]+\left(\frac{b-a}{2}\right)^2[F(b+0)-F(b)]\\&=\left(\frac{b-a}{2}\right)^2[F(b+0)-F(b)]\leqslant\left(\frac{b-a}{2}\right)^2\end{aligned}$$

注 关于$E(X-x)^2$当$x=E(X)$时取最小值$D(X)$，可由下面的式子配方变形后直接证得

$$E(X-x)^2 = E\{X-E(X)+[E(X)-x]^2\}$$

或由下面式子配方变形后直接证得(亦可见前面的例)

$$\begin{aligned}E(X-x)^2 &= E(X^2-2xX+x^2) = E(X^2)-2xE(X)+x^2\\ &= [x-E(X)]^2+E(X^2)-[E(X)]^2\\ &= [x-E(X)]^2+D(X)\geqslant D(X)\end{aligned}$$

(2) 一元随机变量函数的数学特征

① 数学特征问题

我们先来看几个涉及一元随机变量函数的数学特征问题的例子.

例 1　设随机变量 X 的分布密度 $p(X)$ 如图 2 中线段 OM 所示.

(1) 写出 X 的分布密度 $p(x)$;

(2) 写出 X 的分布函数 $F(X)$;

(3) 求 X 的数学期望 $E(X)$ 和方差 $D(X)$.(长春精密光学机械学院,1981)

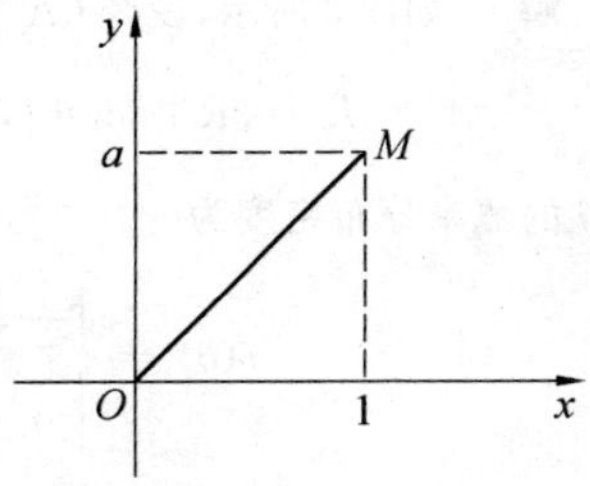

图 2

解　(1) 由图易见 X 的分布密度

$$p(x)=\begin{cases}0, & x\leqslant 0\\ ax, & 0<x<1\\ 0, & x\geqslant 1\end{cases}$$

由 $\int_{-\infty}^{+\infty}p(x)\mathrm{d}x=1$,即 $\int_0^1 ax\,\mathrm{d}x=1$,得 $a=2$,从而可有 X 的分布(概率)密度

$$p(x)=\begin{cases}0, & x\leqslant 0\\ 2x, & 0<x<1\\ 0, & x\geqslant 1\end{cases}$$

(2) 依公式 X 的分布函数为

$$F(X)=\int_{-\infty}^{x}p(x)\mathrm{d}x=\begin{cases}0, & x\leqslant 0\\ x^2, & 0<x<1\\ 1, & x\geqslant 1\end{cases}$$

(3) X 的数学期望 $E(X)$ 和方差 $D(X)$ 分别为

$$E(X)=\int_{-\infty}^{+\infty}xp(x)\mathrm{d}x=\int_0^1 2x^2\mathrm{d}x=\frac{2}{3}$$

$$D(X)=\int_{-\infty}^{+\infty}[x-E(X)]^2p(x)\mathrm{d}x=\int_0^1\left(x-\frac{2}{3}\right)^2 2x\mathrm{d}x=\frac{1}{18}$$

例 2　设随机变量 ξ 的分布函数为 $F(x)$,试确定 $\eta=-2\ln F(\xi)$ 的分布函数,且求 $E(\eta),D(\eta)$.(郑州大学,1984)

解　因 $F(x)$ 是 ξ 的分布函数,故 $0\leqslant F(x)\leqslant 1$,从而 $0\leqslant F(\xi)\leqslant 1$. 则 η 的分布函数

$$F_\eta(x)=P\{\eta<x\}=P\{-2\ln F(\xi)<x\}=P\{F(\xi)>\mathrm{e}^{-\frac{x}{2}}\}$$

故当 $x\leqslant 0$ 时,$F_\eta(x)=0$;而当 $x>0$ 时,有

$$F_\eta(x)=P\{F(\xi)>\mathrm{e}^{-\frac{x}{2}}\}=\int_{F(\xi)>\mathrm{e}^{-\frac{x}{2}}}=1-\mathrm{e}^{-\frac{x}{2}}$$

综上

$$F(x)=\begin{cases}1-\mathrm{e}^{-\frac{x}{2}}, & x>0\\ 0, & x\leqslant 0\end{cases}$$

此即说 η 服从参数为 $\lambda = \frac{1}{2}$ 的指数分布,故

$$E(\eta) = \frac{1}{\lambda} = 2, \quad D(\eta) = \frac{1}{\lambda^2} = 4$$

② 应用问题

例 3 过半径为 R 的圆周上一点 C 任意作圆的弦 CA,CA 与直径 CB 的夹角 θ 服从均匀分布.

(1) 求弦长 AB 的概率分布密度;

(2) 求所有弦长的平均长度;

(3) 求弦长 AB 的方差.(西北纺织工学院,1984)

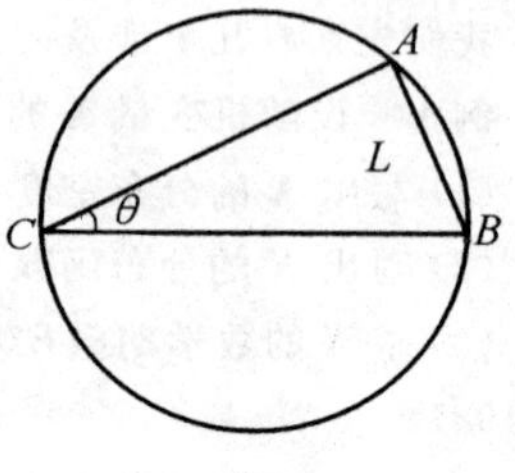

图 3

解 如图 3 所示,设弦 CA 与直径 CB 夹角为 θ,AB 的弦长为 L,则

$$L = 2R\,|\sin\theta|, \quad 其中 -\frac{\pi}{2} \leqslant \theta \leqslant \frac{\pi}{2}$$

而 θ 的概率分布密度为

$$f(\theta) = \begin{cases} \dfrac{1}{\pi}, & \theta \in \left(-\dfrac{\pi}{2}, \dfrac{\pi}{2}\right) \\ 0, & 其他 \end{cases}$$

(1) 由题设可求得 $L = \begin{cases} -2R\sin\theta, & -\dfrac{\pi}{2} \leqslant \theta < 0 \\ 2R\sin\theta, & 0 \leqslant \theta < \dfrac{\pi}{2} \end{cases}$,下面分情况讨论.

① 当 $0 \leqslant \theta \leqslant \frac{\pi}{2}$ 时,$L'_\theta = 2R\cos\theta < 0$,有 $\theta'_L = \frac{-1}{\sqrt{4R^2 - L^2}}$. 故

$$f_1(L) = \begin{cases} \dfrac{1}{\pi\sqrt{4R^2 - L^2}}, & 0 \leqslant L < 2R \\ 0, & 其他 \end{cases}$$

② 当 $-\frac{\pi}{2} < \theta < 0$ 时,有

$$L'_\theta = 2R\cos\theta < 0 \Rightarrow \theta'_L = \frac{-1}{\sqrt{4R^2 - L^2}}$$

故

$$f_2(L) = \begin{cases} \dfrac{1}{\pi\sqrt{4R^2 - L^2}}, & 0 \leqslant L < 2R \\ 0, & 其他 \end{cases}$$

从而弦长的概率密度

$$f(L) = f_1(L) + f_2(L) = \begin{cases} \dfrac{2}{\pi\sqrt{4R^2 - L^2}}, & 0 \leqslant L < 2R \\ 0, & 其他 \end{cases}$$

(2) 由上知平均弦长即为弦长的数学期望为

$$E(L) = \int_{-\frac{\pi}{2}}^{\frac{\pi}{2}} Lf(\theta)\mathrm{d}\theta = \int_{-\frac{\pi}{2}}^{\frac{\pi}{2}} 2R\,|\sin\theta| \cdot \frac{1}{\pi}\mathrm{d}\theta = \frac{2R}{\pi}\left[\int_{-\frac{\pi}{2}}^{0} (-\sin\theta)\mathrm{d}\theta + \int_{0}^{\frac{\pi}{2}} \sin\theta\mathrm{d}\theta\right] = \frac{4R}{\pi}$$

(3) 弦长的方差可由公式 $D(L) = E(L^2) - [E(L)]^2$ 求得.

由 $E(L^2) = \int_{-\frac{\pi}{2}}^{\frac{\pi}{2}} L^2 f(\theta)\mathrm{d}\theta = \frac{1}{\pi}\int_{-\frac{\pi}{2}}^{\frac{\pi}{2}} 4R^2\sin^2\theta\mathrm{d}\theta = 2R^2$,故

$$D(L) = 2R^2 - \left(\frac{4R}{\pi}\right)^2 = \frac{2(\pi^2 - 8)R}{\pi^2} = \frac{2}{\pi^2}(\pi^2 - 8)R$$

注　显然下面的命题只是本例的特殊情形.

问题:设 ξ 在 $[0,\pi]$ 上服从均匀分布. 求 $\eta=\sin\xi$ 的分布函数 $F_\eta(y)$ 及密度函数 $f_\eta(y)$.(太原重型机械学院,1982)

解:由设 ξ 在 $[0,\pi]$ 上服从均匀分布. 当 $\xi\in[0,\pi]$ 时,$\eta=\sin\xi\in[0,1]$.

对任意 $\eta\in[0,1]$,由图 4 知

$$F_\eta(y)=P\{\eta\leqslant y\}=P\{\sin\xi\leqslant y\}$$
$$=P\{0\leqslant\xi\leqslant\arcsin y\}+P\{\pi-\arcsin y\leqslant\xi\leqslant\pi\}$$
$$=\frac{2}{\pi}\arcsin y$$

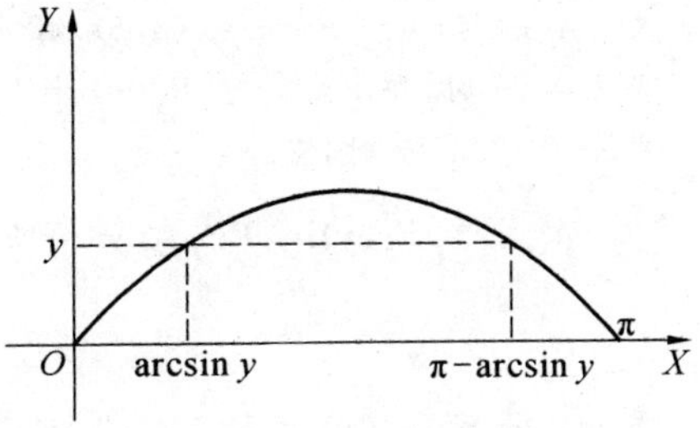

图 4

因此 η 的分布函数为

$$F_\eta(y)=\begin{cases}0, & y\leqslant 0\\ \dfrac{2}{\pi}\arcsin y, & 0\leqslant y\leqslant 1\\ 1, & y>1\end{cases}$$

故 η 的密度函数为 $f_\eta(y)=F'_\eta(y)$,即 $f_\eta(y)=\begin{cases}\dfrac{2}{\pi\sqrt{1-y^2}}, & 0\leqslant y<1\\ 0, & \text{其他}\end{cases}$.

例的解法利用了随机变量函数的概率密度公式,这里是直接利用分布函数的概念,先计算出分布函数,再求出概率密度(利用求导).

下面的问题亦与圆的测量有关.

例 4　设对圆的半径进行测量,测得的近似值用 ξ 表示. 如果 ξ 服从 $N(a,\sigma^2)$ 分布,求圆面的近似值 η 的数学期望 $E(\eta)$.(**注**:$\int_0^{+\infty}e^{-\frac{t^2}{2}}dt=\sqrt{\frac{\pi}{2}}$).(山东矿业学院,1984)

解　由设知 ξ 的概率密度为 $f(x)=\dfrac{1}{\sqrt{2\pi}\sigma}e^{\frac{-(x-a)^2}{2\sigma^2}}$,又 $\eta=\pi\xi$,故

$$E(\eta)=\int_{-\infty}^{+\infty}\pi x^2 f(x)dx=\int_{-\infty}^{+\infty}\frac{\pi x^2}{\sqrt{2\pi}\sigma}e^{-\frac{(x-a)^2}{2\sigma^2}}dx\quad\left(\text{令 } t=\frac{x-a}{\sigma}\right)$$
$$=\int_{-\infty}^{+\infty}\frac{\pi(\sigma t+a)^2}{\sqrt{2\pi}}e^{-\frac{t^2}{2}}dt=\sqrt{\frac{\pi}{2}}\int_{-\infty}^{+\infty}(\sigma^2t^2+2a\sigma t+a^2)e^{-\frac{t^2}{2}}dt$$
$$=\sqrt{2\pi}\left[\sigma^2\left(-t^2e^{-\frac{t^2}{2}}\Big|_0^{+\infty}+\int_0^{+\infty}e^{-\frac{t^2}{2}}dt\right)+a^2\int_0^{+\infty}e^{-\frac{t^2}{2}}dt\right]$$
$$=\sqrt{2\pi}\left[\sigma^2\sqrt{\frac{\pi}{2}}+a^2\sqrt{\frac{\pi}{2}}\right]=\pi(\sigma^2+a^2)$$

注 1　注意奇函数在对称区间上的积分为 0.

注 2　若命题中的半径 ξ"均匀分布于区间 $[a,b]$",问题可如下求解.

略解:ξ 的概率密度为 $f(x)=\begin{cases}\dfrac{1}{b-a}, & a<x<b\\ 0, & \text{其他}\end{cases}$,故

$$E(\eta)=\int_{-\infty}^{+\infty}g(x)f(x)dx=\int_a^b\frac{\pi x^2}{b-a}dx=\frac{\pi}{b-a}\left[\frac{x^3}{3}\right]_a^b=\frac{\pi}{3}(a^2+ab+b^2)$$

注 3　若半径 ξ 均匀分布于区间 $[a,b]$ 上,又 η 为圆的周长,求 η 的分布密度及 ξ,η 的数学期望. 本题系大连铁道学院 1986 年试题.

略解:由题设 ξ 的概率密度

$$f_\xi(x)=\begin{cases}\dfrac{1}{b-a}, & a<x<b\\ 0, & \text{其他}\end{cases}$$

又 $\eta=\pi\xi$,知 $y=\pi x, x\in(a,b)$,则 $y\in(a\pi,b\pi)$.

当 $y=a\pi$ 时,即 $x<a$ 时,$F_\eta(y)=P\{\eta<y\}=0$;

当 $a\pi<y<b\pi$ 时,有

$$F_\eta(y)=P\{\eta<y\}=P\left\{\xi<\frac{y}{\pi}\right\}=\int_{-\infty}^{\frac{y}{\pi}}f_\xi(x)\mathrm{d}x=\int_a^{\frac{y}{\pi}}\frac{1}{b-a}\mathrm{d}x$$

则

$$f_\eta(y)=\frac{1}{b\pi}\left(\frac{y}{\pi}\right)'=\frac{1}{\pi(b-a)}$$

当 $y\geqslant b\pi$ 时,$F_\eta(y)=1$.

综上

$$f_\eta(y)=\begin{cases}\dfrac{1}{\pi(b-a)}, & a\pi<y<b\pi\\ 0, & \text{其他}\end{cases}$$

且

$$E(\xi)=\frac{1}{2}(a+b),\quad E(\eta)=E(\pi\xi)=\frac{1}{2}(a+b)\pi$$

注 4 命题结果又推广至空间球体积的情形:

令 $Y=g(X)=\dfrac{4}{3}\pi X^2$,则半径为 X 的球体积 Y 的数学期望为

$$E(Y)=E[g(X)]=\int_a^b\frac{4}{3}\pi x^2\,\frac{1}{b-a}\mathrm{d}x=\frac{4\pi^4}{3(b-a)}\bigg|_a^b=\frac{\pi}{3}(b+a)(b^2+a^2)$$

下面的例子也涉及产品质量问题,但它也是与重复独立试验(又称伯努利试验)有关的问题.如前所述,这类问题常用二项概率公式,但当 n 较大,p 较小时,若将问题视为服从 $\mathscr{B}(n,p)$ 的分布,常可使问题解答化简(这个问题将在第 19 章详述).我们来看一个例子.

例 5 有一批产品共 1 000 只,其中 2% 是次品,如果从中随机地取出 50 只进行检验,记次品数为 ξ,求 ξ 的数学期望 $E(\xi)$.(苏州丝绸工学院,1983)

解 1 在次品率为 p 的一大批产品中任取 n 件产品,取得次品件数 ξ 近似地服从二项分布 $\mathscr{B}(n,p)$,而其数学期望 $E(\xi)=np$.

今产品总数为 $N=1\,000$,次品率 $p=0.02, n=50$.因此可把次品件数看成服从二项分布 $\mathscr{B}(50,0.02)$.

由二项分布性质,知 $E(\xi)=np=50\times0.02=1$.

解 2 设事件 A_i 表示{50 件产品中有 i 件次品}$(i=0,1,2,\cdots,19,20)$.

由 $P(A_i)=\mathrm{C}_{50}^i(0.02)^i(1-0.02)^{50-i}, i=0,1,2,\cdots,20$.

又 ξ 为 50 件中取得的次品数,则

$$E(\xi)=\sum_{i=0}^{20}i\mathrm{C}_{50}^i(0.02)^i(0.98)^{50-i}=1$$

或由 $P(A_0)=\dfrac{\mathrm{C}_{980}^{50}}{\mathrm{C}_{1\,000}^{50}}, P(A_1)=\dfrac{\mathrm{C}_{20}^1\mathrm{C}_{980}^{49}}{\mathrm{C}_{1\,000}^{50}}, P(A_2)=\dfrac{\mathrm{C}_{20}^2\mathrm{C}_{980}^{48}}{\mathrm{C}_{1\,000}^{50}},\cdots$,一般地

$$P(A_i)=\frac{\mathrm{C}_{20}^i\mathrm{C}_{980}^{50-i}}{\mathrm{C}_{1\,000}^{50}},\quad i=1,2,3,\cdots,20$$

故

$$E(\xi)=\sum_{i=0}^{20}[iP(A_i)]=\sum_{i=0}^{20}\left[i\,\frac{\mathrm{C}_{20}^i\mathrm{C}_{980}^{50-i}}{\mathrm{C}_{1\,000}^{50}}\right]=1$$

解 3 设 $X_i=\begin{cases}1, & 第\,i\,次取到的是次品\\0, & 第\,i\,次取到的是正品\end{cases}$ $(i=1,2,\cdots,49,50)$ 它是 $0-1$ 分布.

由题设 $P\{X_i=1\}=0.02, P\{X_i=0\}=0.98$，且

$$E(X_i)=0.02,\quad i=1,2,\cdots,49,50$$

又设 ξ 表示 50 件中的次品数，则

$$\xi=\sum_{i=1}^{50}X_i$$

从而
$$E(\xi)=E(\sum_{i=1}^{50}X_i)=0.02\times 50=1$$

当然亦可直接从 $0-1$ 分布性质知：$E(\xi)=np$，其中 $p=0.02, n=50$.

2. 多元随机变量的数学特征

(1) 数学特征问题

例 1 已知：ξ_1,ξ_2,ξ_3,ξ_4 是独立同分布随机变量，其分布密度函数分别为

$$f_i(x)=\begin{cases}1, & 当\ 0\leqslant x\leqslant 1\ 时\\0, & 当\ x<0\ 或\ x>1\ 时\end{cases}\quad (i=1,2,3,4)$$

求它们的线性组合 $\eta=\frac{1}{\sqrt{5}}\sum_{k=1}^{4}k\xi_k$ 的方差 $D(\eta)$.（哈尔滨工业大学，1987）

解 由设

$$E(\xi_i)=\int_{-\infty}^{+\infty}xf_i(x)\mathrm{d}x=\int_0^1 x\mathrm{d}x=\frac{1}{2},\quad i=1,2,3,4$$

$$D(\xi_i)=\int_{-\infty}^{+\infty}[x-E(\xi_i)]^2f_i(x)\mathrm{d}x=\int_0^1\left(x-\frac{1}{2}\right)^2\mathrm{d}x=\frac{1}{12},\quad i=1,2,3,4$$

则

$$\begin{aligned}D(\eta)&=D\left(\frac{1}{\sqrt{5}}\sum_{k=1}^{4}k\xi_k\right)=\frac{1}{5}D(\xi_1+2\xi_2+3\xi_3+4\xi_4)\\&=\frac{1}{5}[D(\xi_1)+D(2\xi_2)+D(3\xi_3)+D(4\xi_4)]\\&=\frac{1}{5}\times(1+2^2+3^2+4^2)\times\frac{1}{12}=\frac{1}{2}\end{aligned}$$

再来看一个更一般的情况.

例 2 设 $\xi_1,\xi_2,\cdots,\xi_n$ 是独立同分布的随机变量，共同服从 $N(a,\sigma^2)$ 分布. 又设 $k_1,k_2,\cdots,k_n$ 为不等于零的常数，$S_n=k_1\xi_1+k_2\xi_2+\cdots+k_n\xi_n$. 求 S_n 的数学期望和方差.（北方交通大学，1981）

解 由设 $\xi_i(i=1,2,\cdots,n)$ 独立同分布，且均服从 $N(a,\sigma^2)$，故

$$E(\xi_i)=a,\quad D(\xi_i)=\sigma^2,\quad i=1,2,\cdots,n$$

则
$$E(S_n)=E(\sum_{i=1}^{n}k_i\xi_i)=\sum_{i=1}^{n}E(k_i\xi_i)=\sum_{i=1}^{n}k_iE(\xi_i)=\sum_{i=1}^{n}k_ia=a\sum_{i=1}^{n}k_i$$

且
$$D(S_n)=D(\sum_{i=1}^{n}k_i\xi_i)=\sum_{i=1}^{n}D(k_i\xi_i)=\sum_{i=1}^{n}k_i^2D(\xi_i)=\sigma\sum_{i=1}^{n}k_i^2$$

来看一个求协方差的例子，对于离散的情形，这类问题实质是关于组合公式的性质与计算.

例 3 将一颗均匀的骰子独立地掷 n 次，分别以 X 和 Y 记在 n 次投掷中出现 1 点和 6 点的次数，求 $\mathrm{cov}(X,Y)$.（中国科技大学，1983）

解 显然 $x\sim\mathscr{B}\left(n,\frac{1}{6}\right)$，$Y\sim\mathscr{B}\left(n,\frac{1}{6}\right)$，$E(X)=E(Y)=\frac{n}{6}$. 又由

$$P\{X=i,Y=j\}=P\{X=i\}P\{Y=j\mid X=i\},\quad i,j=0,1,\cdots,n$$

故当 $0 \leqslant i+j \leqslant n$ 时，有

$$P\{X=i,Y=j\} = C_n^i\left(\frac{1}{6}\right)^i\left(\frac{5}{6}\right)^{n-i} \cdot C_n^j\left(\frac{1}{5}\right)^j\left(\frac{4}{5}\right)^{n-i-j}$$

$$= \frac{n!}{i!\ (n-i)!} \cdot \frac{(n-j)!}{j!\ (n-i-j)!} \cdot \frac{5^{n-i}}{6^n} \cdot \frac{4^{n-i-j}}{5^{n-i}}$$

当 $i+j>n$ 时，$P\{X=i,Y=j\}=0$，故

$$\begin{aligned}
E(XY) &= \sum_{0\leqslant i+j\leqslant n} ijP\{X=i,Y=j\} \\
&= \sum_{i=1}^{n}\sum_{j=1}^{n-i} ij\,\frac{n!}{i!\ j!\ (n-i-j)!}\left(\frac{1}{6}\right)^i\left(\frac{1}{6}\right)^j\left(\frac{4}{6}\right)^{n-i-j} \\
&= \sum_{i=1}^{n}\frac{n(n-1)\cdots(n-i)}{(i-1)!}\left(\frac{1}{6}\right)^{i+1}\sum_{j=1}^{n-i}\frac{(n-i-j)!}{(j-1)!\ [(n-i-1)-(j-1)!\ ]!}\left(\frac{1}{6}\right)^{j-1}\left(\frac{4}{6}\right)^{n-i-j} \\
&= \sum_{j=1}^{n}\frac{n(n-1)\cdots(n-i)}{(i-1)!}\left(\frac{1}{6}\right)^{i+1}\sum_{k=0}^{n-i-1}C_{n-i-1}^k\left(\frac{1}{6}\right)^k\left(\frac{4}{6}\right)^{n-i-1-k} \\
&= \sum_{i=1}^{n-1}\frac{n(n-1)\cdots(n-i)}{(i-1)!}\left(\frac{1}{6}\right)^{i+1}\left(\frac{5}{6}\right)^{n-i-1} \\
&= \sum_{m=0}^{n-2}\frac{n(n-1)\cdots(n-m-1)}{m!}\left(\frac{1}{6}\right)^{m+2}\left(\frac{5}{6}\right)^{n-m-2} \\
&= n(n-1)\left(\frac{1}{6}\right)^2\sum_{m=0}^{n-2}C_{n-2}^m\left(\frac{1}{6}\right)^m\left(\frac{5}{6}\right)^{n-2-m} = n(n-1)\left(\frac{1}{6}\right)^2 = \frac{1}{36}n(n-1)
\end{aligned}$$

故
$$\operatorname{cov}(X,Y) = E(XY)-E(X)E(Y) = \frac{1}{36}n(n-1)-\frac{n^2}{36} = -\frac{n}{36}$$

例 4 设随机变量 X 与 Y 相互独立，Y 服从于(0,1)上的均匀分布，X 服从二项分布 $P\{X=k\} = C_n^k p^k(1-p)^{n-k}$，$k=0,1,2,\cdots,n$，记 $Z=X+Y$. 试求 Z 的分布密度函数、数学期望 $E(Z)$ 和方差 $D(Z)$.（复旦大学，1984）

解 由题设可有

$$P\{Z<x\} = P\{X+Y<x\} = \sum_{k=0}^{n}P\{X=k,X+Y<x\} = \sum_{k=0}^{n}P\{X=k,Y<x-k\}$$

$$= \sum_{k=0}^{n}P\{X=k\}P\{Y<x-k\} = \sum_{k=0}^{n}C_n^k p^k(1-p)^{n-k}P\{Y<x-k\}$$

故知 Z 的分布函数为

$$F_Z(x) = \begin{cases} 0, & x\leqslant 0 \\ \displaystyle\sum_{i=1}^{k-1}C_n^i p^i(1-p)^{n-i} + C_n^k p^k(1-p)^{n-k}(x-k), & k<x\leqslant k+1 \quad (k=0,1,\cdots,n) \\ 1, & x>n+1 \end{cases}$$

从而 Z 的密度函数为

$$f_Z(x) = \begin{cases} C_n^k p^k(1-p)^{n-k}, & k<x\leqslant k+1 \quad (k=0,1,\cdots,n) \\ 0, & \text{其他} \end{cases}$$

又因 X,Y 相互独立，且

$$E(X)=np,\quad E(Y)=\frac{1}{2},\quad D(X)=np(1-p),\quad D(Y)=\frac{1}{12}$$

故
$$E(Z) = E(X)+E(Y) = np+\frac{1}{2}$$

且
$$D(Z) = D(X)+D(Y) = np(1-p)+\frac{1}{12}$$

例 5　设随机变量θ在$[0,2\pi]$上服从均匀分布，$\xi=\cos\theta$，$\eta=\sin\theta$，试证：(1)ξ与η不相关；(2)ξ与η不相互独立.(黑龙江应用数学研究所，1981)

证　由题设知θ的密度函数为

$$f(x)=\begin{cases}\dfrac{1}{2\pi}, & 0\leqslant x\leqslant 2\pi\\ 0, & \text{其他}\end{cases}$$

(1) 由题设及数学期望性质有

$$E(\xi)=E(\cos\theta)=\int_{-\infty}^{+\infty}\cos x\cdot f(x)\mathrm{d}x=\frac{1}{2\pi}\int_0^{2\pi}\cos x\mathrm{d}x=0$$

同理

$$E(\eta)=0$$

又 $E(\xi^2)=E(\cos^2\theta)=\int_{-\infty}^{+\infty}\cos^2 x\cdot f(x)\mathrm{d}x=\frac{1}{2\pi}\int_0^{2\pi}\cos^2 x\mathrm{d}x=\frac{1}{2}$，同理 $E(\eta^2)=\frac{1}{2}$. 则

$$D(\xi)=E(\xi^2)-[E(\xi)]^2=\frac{1}{2}$$

同理 $D(\eta)=\frac{1}{2}$. 再

$$E(\xi\eta)=E(\cos\theta\sin\theta)=\int_{-\infty}^{+\infty}\cos x\sin x\cdot f(x)\mathrm{d}x=\frac{1}{2}\cdot\frac{1}{2\pi}\int_0^{2\pi}\sin 2x\mathrm{d}x=0$$

则 $\operatorname{cov}(\xi,\eta)=E(\xi\eta)-E(\xi)E(\eta)=0$，由 $\rho_{\xi\eta}=\dfrac{\operatorname{cov}(\xi,\eta)}{\sqrt{D(\xi)}\sqrt{D(\eta)}}=0$，知$\xi,\eta$不相关.

(2) 反证法. 若ξ,η相互独立，则ξ^2与η^2也相互独立.

故由$\xi^2+\eta^2=\cos^2\theta+\sin^2\theta=1$，可知$D(\xi^2+\eta^2)=D(\xi^2)+D(\eta^2)=0$，从而$D(\xi^2)=0$，$D(\eta^2)=0$，所以有

$$P\{\xi^2=E(\xi^2)\}=1\Rightarrow P\left\{\xi^2=\frac{1}{2}\right\}=1 \qquad ①$$

$$P\{\eta^2=E(\xi^2)\}=1\Rightarrow P\left\{\eta^2=\frac{1}{2}\right\}=1 \qquad ②$$

但

$$\begin{aligned}P\left\{\xi^2=\frac{1}{2}\right\}&=P\left\{\cos^2\theta=\frac{1}{2}\right\}\\&=P\left\{\theta=\frac{\pi}{4}\right\}+P\left\{\theta=\frac{3\pi}{4}\right\}+P\left\{\theta=\frac{5\pi}{4}\right\}+P\left\{\theta=\frac{7\pi}{4}\right\}=0\end{aligned}$$

且

$$\begin{aligned}P\left\{\eta^2=\frac{1}{2}\right\}&=P\left\{\sin^2\theta=\frac{1}{2}\right\}\\&=P\left\{\theta=\frac{\pi}{4}\right\}+P\left\{\theta=\frac{3\pi}{4}\right\}+P\left\{\theta=\frac{5\pi}{4}\right\}+P\left\{\theta=\frac{7\pi}{4}\right\}=0\end{aligned}$$

这与式 ① 和式 ② 矛盾，故ξ,η不相互独立.

例 6　二维随机变量ξ_1,ξ_2的均值(期望)为 0，方差为 1 的正态分布，相关系数为ρ. 求$\max\{\xi_1,\xi_2\}$的数学期望.(复旦大学，1981)

解　由题设$E(\xi_1)=E(\xi_2)=0$及数学期望性质有

$$E(\max\{\xi_1,\xi_2\})=E\left(\frac{1}{2}[(\xi_1+\xi_2)+|\xi_1-\xi_2|]\right)=\frac{1}{2}E(|\xi_1-\xi_2|)$$

又 $E(\xi_1-\xi_2)=E(\xi_1)-E(\xi_2)=0$，而

$$\begin{aligned}D(\xi_1-\xi_2)&=D(\xi_1)+D(\xi_2)-2E([\xi_1-E(\xi_1)][\xi_2-E(\xi_2)])\\&=D(\xi_1)+D(\xi_2)-2\rho\sqrt{D(\xi_1)}\sqrt{D(\xi_2)}=1+1-2\rho=2(1-\rho)\end{aligned}$$

故 $\xi_1-\xi_2\sim N(0,2(1-\rho))$,从而

$$E(|\xi_1-\xi_2|)=\frac{1}{\sqrt{2\pi}\sqrt{2(1-\rho)}}\int_{-\infty}^{+\infty}|x|\mathrm{e}^{-\frac{x^2}{4(1-\rho)}}\mathrm{d}x$$

$$=\frac{1}{\sqrt{\pi(1-\rho)}}\int_0^{+\infty}x\mathrm{e}^{-\frac{x^2}{4(1-\rho)}}\mathrm{d}x=2\sqrt{\frac{1-\rho}{\pi}}$$

故

$$E(\max\{\xi_1,\xi_2\})=\frac{1}{2}E(|\xi_1-\xi_2|)=\sqrt{\frac{1-\rho}{\pi}}$$

(2) 多元随机变量的数字特征的性质

例 设随机变量 ξ,η 相互独立,求证 $D(\xi\eta)=D(\xi)D(\eta)+[E(\xi)]^2D(\eta)+[E(\eta)]^2D(\xi)$.(中国矿冶学院北京研究生部,1982)

证 1 由设 ξ,η 相互独立,则 $E(\xi\eta)=E(\xi)E(\eta)$.因而

$$\begin{aligned}D(\xi\eta)&=E[\xi\eta-E(\xi\eta)]^2=E[\xi\eta-\xi E(\eta)+\xi E(\eta)-E(\xi)E(\eta)]^2\\&=E\{\xi[\eta-E(\eta)]+E(\eta)[\xi-E(\xi)]\}^2\\&=E\{[\xi-E(\xi)+E(\xi)][\eta-E(\eta)]+E(\eta)[\xi-E(\xi)]\}^2\\&=E\{[\xi-E(\xi)][\eta-E(\eta)]+E(\xi)[\eta-E(\eta)]+E(\eta)[\xi-E(\xi)]\}^2\\&=E\{[\xi-E(\xi)]^2[\eta-E(\eta)]^2+[E(\xi)]^2[\eta-E(\eta)]^2+[E(\eta)]^2[\xi-E(\xi)]^2+\\&\quad 2E(\xi)[\xi-E(\xi)][\eta-E(\eta)]^2+2E(\eta)[\xi-E(\xi)]^2[\eta-E(\eta)]+\\&\quad 2E(\xi)E(\eta)[\eta-E(\eta)][\xi-E(\xi)]\}\\&=E\{[\xi-E(\xi)]^2[\eta-E(\eta)]^2\}+[E(\xi)]^2E[\eta-E(\eta)]^2+[E(\eta)]^2[\xi-E(\xi)]^2\\&=D(\xi)D(\eta)+[E(\xi)]^2D(\eta)+[E(\eta)]^2D(\xi)\end{aligned}$$

证 2 由题设 ξ,η 相互独立及方差性质有

$$D(\xi\eta)=E[(\xi\eta)^2]-[E(\xi\eta)]^2=E(\xi^2\eta^2)-[E(\xi)E(\eta)]^2=E(\xi^2\eta^2)-[E(\xi)]^2[E(\eta)]^2$$

又 ξ,η 相互独立,则

$$E(\xi^2\eta^2)=\int_{-\infty}^{+\infty}\int_{-\infty}^{+\infty}x^2y^2\cdot f(xy)\mathrm{d}x\mathrm{d}y$$

$$=\int_{-\infty}^{+\infty}x^2f_x(x)\mathrm{d}x\int_{-\infty}^{+\infty}y^2f_y(y)\mathrm{d}y=[E(\xi)]^2[E(\eta)]^2$$

反复运用公式 $D(X)=E(X^2)-[E(X)]^2$ 则有

$$\begin{aligned}D(\xi\eta)&=E(\xi^2)E(\eta^2)-[E(\xi)]^2[E(\eta)]^2\\&=\{E(\xi^2)-[E(\xi)]^2\}E(\eta^2)+[E(\xi)]^2E(\eta^2)-[E(\xi)]^2[E(\eta)]^2\\&=D(\xi)E(\eta^2)+[E(\xi)]^2\{E(\eta^2)-[E(\eta)]^2\}\\&=D(\xi)\{E(\eta^2)-[E(\eta)]^2\}+D(\xi)[E(\eta)]^2+[E(\xi)]^2D(\eta)\\&=D(\xi)D(\eta)+[E(\xi)]^2D(\eta)+[E(\eta)]^2D(\eta)\end{aligned}$$

(3) 数字特征的应用

下面的问题与电路有关,它也属于二维连续型随机变量的问题.

例 1 设系统 I 由元件 A,B 并联而成(如图 5),A,B 的寿命分别为 ξ,η,又 ξ,η 均服从参数为 λ 的指数分布

$$f(x)=\begin{cases}0, & x\leqslant 0\\ \lambda\mathrm{e}^{-\lambda x}, & x>0\end{cases}$$

若 A,B 互不影响,求 I 的寿命 ζ 的分布函数及分布密度.(昆明工学院,1982)

解 先求出 ξ,η 的分布函数

$$F_i(z)=P\{\xi\leqslant z\}=\int_{-\infty}^{z}f(x)\mathrm{d}x=\int_0^z\lambda\mathrm{e}^{-\lambda x}\mathrm{d}x=1-\mathrm{e}^{-\lambda z},\quad z>0$$

故 $F_\xi(z)=\begin{cases}1-e^{-\lambda z}, & z>0\\ 0, & z\leqslant 0\end{cases}$,同理 $F_\eta(z)=\begin{cases}1-e^{-\lambda z}, & z>0\\ 0, & z\leqslant 0\end{cases}$.

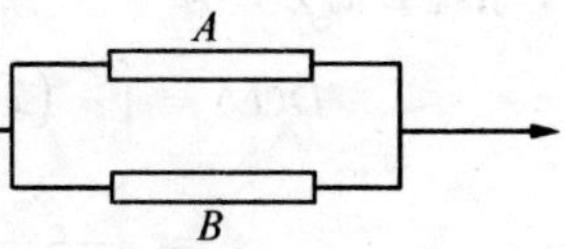

图 5

于是 $\zeta=\max\{\xi,\eta\}$ 的分布函数为

$$\begin{aligned}F_\zeta(z)&=P\{\zeta\leqslant z\}=P\{\xi\leqslant z,\eta\leqslant z\}\\&=P\{\xi\leqslant z\}\cdot P\{\eta\leqslant z\}=F_\xi(Z)F_\eta(z)\end{aligned}$$

这样
$$F_\zeta(z)=\begin{cases}(1-e^{-\lambda z})^2, & z>0\\ 0, & z\leqslant 0\end{cases}$$

注意到$[(1-e^{-\lambda z})^2]'=2\lambda e^{-\lambda z}(1-e^{-\lambda z})$.故 ζ 的分布密度为

$$f_\zeta(z)=\begin{cases}2\lambda e^{-\lambda z}(1-e^{-\lambda z}), & z>0\\ 0, & z\leqslant 0\end{cases}$$

注　本命题中两元件为"并联",故系统寿命为 $\zeta=\max\{\xi,\eta\}$;若两元件为"串联",则系统寿命为 $\zeta=\min\{\xi,\eta\}$;

再来看一个稍复杂的例子,它也与电子电路有关.

例 2　设一系统由 n 个电子器件 $D_1,D_2,\cdots,D_n$ 组成,使用情况如下:若 D_1 损坏,D_2 立即启用;若 D_2 又损坏,D_3 立即启用;等.设器件 $D_k(k=1,2,\cdots,n)$ 的寿命服从参数为 $\beta=0.1\ \mathrm{h}^{-1}$ 的指数分布的随机变量,求该系统寿命的数学期望和方差.(华东纺织工学院,1982)

解　首先求全系统 L 寿命的概率密度.先考虑只有两个电子器件 D_1,D_2 的系统 L_1 的概率密度.设 $D_i(i=1,2,\cdots,n)$ 的概率密度为 $f(x_i)$,当 $z_1>0$ 时

$$f_{Z_1}(z_1)=\int_{-\infty}^{+\infty}f(z_1-x_2)f(x_2)\mathrm{d}x_2=\int_0^{z_1}\beta e^{-\beta(z_1-x_2)}\beta e^{-\beta x_2}\mathrm{d}x_2=\beta^2z_1e^{-\beta z_1}$$

又当 $z_1\leqslant 0$ 时,$f_{Z_1}(z_1)=0$.故

$$f_{Z_1}(z_1)=\begin{cases}\beta^2z_1e^{-\beta z_1}, & z_1>0\\ 0, & z_1\leqslant 0\end{cases}$$

归纳地,若由 L_{k-1} 和 $D_{k+1}(k+1<n)$ 构成的系统 L_k 的概率密度为

$$f_{Z_k}(z_k)=\begin{cases}\dfrac{\beta^{k+1}}{k!}z_k^ke^{-\beta z_k}, & z_{k+1}>0\\ 0, & z_{k+1}\leqslant 0\end{cases}$$

则由 L_k 和 D_{k+2} 构成的系统 L_{k+2} 的概率密度为

$$\begin{aligned}f_{Z_{k+1}}(z_{k+1})&=\begin{cases}\displaystyle\int_{-\infty}^{+\infty}f_{z_k}(z_k)f(z_{k+1}-z_k)\mathrm{d}z_k, & z_{k+1}>0\\ 0, & z_k\leqslant 0\end{cases}\\&=\begin{cases}\displaystyle\int_0^{z_{k+1}}\frac{\beta^{k+1}}{k!}z_k^ke^{-\beta z_k}\beta e^{-(\beta z_{k+1}-z_k)}\mathrm{d}z_k, & z_{k+1}>0\\ 0, & z_{k+1}\leqslant 0\end{cases}\\&=\begin{cases}\dfrac{\beta^{k+2}}{(k+1)!}z_{k+1}^{k+1}e^{-\beta z_{k+1}}, & z_{k+1}>0\\ 0, & z_{k+1}\leqslant 0\end{cases}\end{aligned}$$

因此由 $D_1,D_2,\cdots,D_n$ 构成的全系统 L 的概率密度为

$$f_L(x)=\begin{cases}\dfrac{\beta^n}{(n-1)!}x^{n-1}e^{-\beta x}, & x>0\\ 0, & x\leqslant 0\end{cases}$$

而全系统 L 的数学期望为

$$E(L)=\int_{-\infty}^{+\infty}xf_z(x)\mathrm{d}x=\int_0^{+\infty}x\frac{\beta^n}{(n-1)!}x^{n-1}e^{-\beta x}\mathrm{d}x=\frac{n}{\beta}$$

且全系统 L 的方差为

$$D(L)=\int_{-\infty}^{+\infty}\left(x-\frac{n}{\beta}\right)^2 f_z(x)\mathrm{d}x=\int_0^{+\infty}\frac{\beta^n}{(n-1)!}\left(x-\frac{n}{\beta}\right)^2 x^{n-1}\mathrm{e}^{-\beta x}\mathrm{d}x$$

$$=\frac{\beta^n}{(n-1)!}\left[\int_0^{+\infty}x^{n+1}\mathrm{e}^{-\beta x}\mathrm{d}x-\frac{2n}{\beta}\int_0^{+\infty}x^n\mathrm{e}^{-\beta x}\mathrm{d}x+\frac{n^2}{\beta^2}\int_0^{+\infty}x^{n-1}\mathrm{e}^{-\beta x}\mathrm{d}x\right]$$

$$=\frac{\beta^n}{(n-1)!}\left[\frac{(n+1)!}{\beta^{n+1}}-\frac{2n}{\beta}\cdot\frac{n!}{\beta^{n+1}}+\frac{n^2}{\beta^2}\cdot\frac{(n+1)!}{\beta_n}\right]=\frac{n}{\beta^2}$$

1987 ～ 2012 年部分

(一) 填空题

1. 求数学期望问题

题 1 (1990①) 已知离散型随机变量 X 服从参数为 2 的泊松(Poisson)分布，即 $P\{X=k\}=\frac{2^k}{k!}\mathrm{e}^{-2},k=0,1,2,\cdots$，则随机变量 $Z=3X-2$ 的数学期望 $E(Z)=$ ________.

解 因为若 $X\sim\pi(\lambda)$，则 $E(X)=\lambda$，知 $E(X)=2$.

由数学期望性质有

$$E(Z)=E(3X-2)=3E(X)-2=4$$

题 2 (1992①) 设随机变量 X 服从参数为 1 的指数分布，则数学期望 $E(X+\mathrm{e}^{-2X})=$ ________.

解 由题设 X 的分布密度 $f_X(x)=\begin{cases}\mathrm{e}^{-x}, & x\geqslant 0\\ 0, & x<0\end{cases}$，又 $E(x)=1$，则

$$E(\mathrm{e}^{-2X})=\int_{-\infty}^{+\infty}f_X(x)\mathrm{e}^{-2x}\mathrm{d}x=\int_0^{+\infty}\mathrm{e}^{-x}\mathrm{e}^{-2x}\mathrm{d}x=\int_0^{+\infty}\mathrm{e}^{-3x}\mathrm{d}x=\frac{1}{3}\mathrm{e}^{-3x}\Big|_{+\infty}^{0}=\frac{1}{3}$$

故
$$E(X+\mathrm{e}^{-2X})=E(X)+E(\mathrm{e}^{-2X})=1+\frac{1}{3}=\frac{4}{3}$$

题 3 (1995①) 设 X 表示 10 次独立重复射击命中目标的次数，每次射中目标的概率为 0.4，则 X^2 的数学期望 $E(X^2)=$ ________.

解 由题设 $X\sim\mathscr{B}(10,0.4)$，则

$$E(X)=10\times 0.4=4,\quad D(X)=10\times 0.4\times 0.6=2.4$$

故
$$E(X^2)=[E(X)]^2+D(X)=4^2+2.4=18.4$$

注 公式 $D(X)=E(X^2)-[E(X)]^2$ 的逆用，在前文已遇到过，在涉及求 $E(X^2)$ 之类的问题时应考虑此公式，特别是知道 $X\sim\mathscr{B}(n,p)$ 之后.

题 4 (1999③) 设随机变量 $X_{ij}(i,j=1,2,\cdots,n;n\geqslant 2)$ 独立同分布，且 $E(X_{ij})=2$，则行列式

$$Y=\begin{vmatrix}X_{11} & X_{12} & \cdots & X_{1n}\\ X_{21} & X_{22} & \cdots & X_{2n}\\ \vdots & \vdots & & \vdots\\ X_{n1} & X_{n2} & \cdots & X_{nn}\end{vmatrix}$$

的数学期望 $E(Y)=$ ________.

解 根据数学期望的运算性质和 X_{ij} 的相互独立的题设，再注意到行列式的展开表达式可有

$$E(Y)=\begin{vmatrix}E(X_{11}) & E(X_{12}) & \cdots & E(X_{1n})\\ E(X_{21}) & E(X_{22}) & \cdots & E(X_{2n})\\ \vdots & \vdots & & \vdots\\ E(X_{n1}) & E(X_{n2}) & \cdots & E(X_{nn})\end{vmatrix}=\begin{vmatrix}2 & 2 & \cdots & 2\\ 2 & 2 & \cdots & 2\\ \vdots & \vdots & & \vdots\\ 2 & 2 & \cdots & 2\end{vmatrix}=0$$

注意到 $Y=\sum_{j_1j_2\cdots j_n}(-1)^{\tau(j_1,j_2,\cdots,j_n)}a_{1j_1}a_{2j_2}\cdots a_{nj_n}$ 及若 ξ,η 独立 $E(\xi\eta)=E(\xi)E(\eta)$ 的事实即可.

题 5　(1999④) 设随机变量 X 服从参数为 λ 的泊松分布 $\pi(\lambda)$，且已知 $E[(X-1)(X-2)]=1$，则 $\lambda=$ ________.

解　因 $X\sim\pi(\lambda)$，知 $E(X)=\lambda, D(X)=\lambda$. 则 $E(X^2)=D(X)+[E(X)]^2=\lambda+\lambda^2$. 又由题设

$$1=E[(X-1)(X-2)]=E(X^2)-3E(X)+2=\lambda+\lambda^2-3\lambda+2$$

由此得 $(\lambda-1)^2=0$，于是 $\lambda=1$.

题 6　(2003④) 设随机变量 X 和 Y 的相关系数为 0.5，又 $E(X)=E(Y)=0, E(X^2)=E(Y^2)=2$，则 $E[(X+Y)^2]=$ ________.

解　由题设及数学期望性质可有

$$E[(X+Y)^2]=E(X^2)+2E(XY)+E(Y^2)=4+2[\operatorname{cov}(X,Y)+E(X)\cdot E(Y)]$$
$$=4+2\rho_{XY}\cdot\sqrt{D(X)}\cdot\sqrt{D(Y)}=4+2\cdot 0.5\cdot 2=6$$

这里又是将公式 $\operatorname{cov}(X,Y)=E(X,Y)-E(X)E(Y)$ 和 $\rho_{XY}=\dfrac{\operatorname{cov}(X,Y)}{\sqrt{D(X)}\cdot\sqrt{D(Y)}}$ 逆向使用.

题 7　(1996①) 设 ξ,η 是两个相互独立且均服从正态分布 $N(0,\sigma^2)$ 的随机变量，其中 $\sigma=\dfrac{1}{\sqrt{2}}$，则随机变量 $|\xi-\eta|$ 的数学期望 $E(|\xi-\eta|)=$ ________.

解　令 $Z=\xi-\eta$，由 ξ,η 的独立性知 $Z=\xi-\eta\sim N(0,1)$，故

$$E(|\xi-\eta|)=E(|Z|)=\int_{-\infty}^{+\infty}|z|\cdot\frac{1}{\sqrt{2\pi}}e^{-\frac{z^2}{2}}dz=\sqrt{\frac{2}{\pi}}\int_0^{+\infty}ze^{-\frac{z^2}{2}}dz$$
$$=\sqrt{\frac{2}{\pi}}\left[-e^{-\frac{z^2}{2}}\right]_0^{+\infty}=\sqrt{\frac{2}{\pi}}$$

题 8　(2010①) 设随机变量 X 的概率分布为 $P\{X=k\}=\dfrac{C}{k!}(k=0,1,2,\cdots)$，则 $E(X^2)=$ ________.

解　先利用随机变量的概率分布性质 $\sum\limits_{k=0}^{\infty}P\{X=k\}=1$ 求出分布中的参数，然后再利用公式 $E(X^2)=D(X)+[E(X^2)]$ 求解. 注意到

$$P\{X=k\}=\frac{C}{k!}(k=0,1,2,\cdots)\Rightarrow 1=\sum_{k=0}^{\infty}P\{X=k\}\sum_{k=0}^{\infty}\frac{C}{k!}=Ce\Rightarrow C=e^{-1}$$

所以 X 服从参数为 1 的泊松分布. 故 $E(X^2)=D(X)+[E(X^2)]=1+1=2$.

题 9　(2011③) 设二维随机变量 (X,Y) 服从正态分布 $N(\mu,\mu;\sigma^2,\sigma^2;0)$，则 $E(XY^2)=$ ________.

解　因 (X,Y) 服从二维正态分布，且 X 与 Y 的相关系数 $\rho=0$，故 X 与 Y 相互独立. 于是，由数学期望的性质得

$$E(XY^2)=E(X)E(Y^2)=E(X)[D(Y)+E(Y)^2]=\mu(\sigma^2+\mu^2)$$

2. 求方差问题

题 1　(1989④) 设随机变量 X_1,X_2,X_3 相互独立，其中 X_1 在 $[0,6]$ 上服从均匀分布，X_2 服从正态分布 $N(0,2^2)$，X_3 服从参数为 3 的泊松分布，记 $Y=X_1-2X_2+3X_3$，则 $D(Y)=$ ________.

解　由 X_1,X_2,X_3 相互独立，有

$$D(Y)=D(X_1-2X_2+3X_3)=D(X_1)+4D(X_2)+9D(X_3)$$

又 X_1 在 $[0,6]$ 上服从均匀分布，则

$$D(X_1)=\frac{(6-0)^2}{12}=3$$

因 $X_2 \sim N(0,2^2)$,则 $D(X_2)=4$;又 $X_3 \sim \pi(\lambda)=\pi(3)$,则 $D(X_3)=\lambda=3$.代入上式故

$$D(Y)=3+4\times 4+9\times 3=46$$

题 2 (1995④)(1) 设 X 是一个随机变量,其概率密度为

$$f(x)=\begin{cases}1+x, & -1\leqslant x\leqslant 0\\ 1-x, & 0<x\leqslant 1\\ 0, & \text{其他}\end{cases}$$

则方差 $D(X)=$ ________.

解 1 (1) 由题设及数学期望、方差性质有

$$E(X)=\int_{-\infty}^{+\infty}xf(x)\mathrm{d}x=\int_{-1}^{0}x(1+x)\mathrm{d}x+\int_{0}^{1}x(1-x)\mathrm{d}x=0$$

故 $$D(X)=\int_{-\infty}^{+\infty}[x-E(X)]^2f(x)\mathrm{d}x=\int_{-1}^{0}x^2(1+x)\mathrm{d}x+\int_{0}^{1}x^2(1-x)\mathrm{d}x=\frac{1}{6}$$

解 2 由设可验证 $f(x)$ 是偶函数,则 $xf(x)$ 是奇函数,故

$$E(X)=\int_{-\infty}^{+\infty}xf(x)\mathrm{d}x=0$$

又 $E(X^2)=\int_{-\infty}^{+\infty}x^2f(x)\mathrm{d}x=2\int_{0}^{1}x^2(1-x)\mathrm{d}x=\frac{1}{6}$,故

$$D(X)=E(X^2)-[E(X)]^2=\frac{1}{6}$$

题 3 (1998④) 设某试验一次成功的概率为 p,今进行 100 次独立重复试验,当 $p=$ ________时,成功次数的标准差的值最大,其最大值为________.

解 设 X 表示试验成功的次数,则 $X\sim \mathscr{B}(100,p)$.其方差为

$$D(X)=100p(1-p)$$

且令 $\varphi(p)=100p(1-p)$,对 $\varphi(p)$ 微导且令其等于 0 有 $\varphi'(p)=100-200p=0$,得 $p=\frac{1}{2}$.

又 $\varphi''\left(\frac{1}{2}\right)<0$,知 $\varphi_{\max}(p)=\varphi\left(\frac{1}{2}\right)<0$,从而 $\varphi_{\max}(p)=\varphi\left(\frac{1}{2}\right)$.故标准差的最大值为

$$\sqrt{D(X)}=\sqrt{100\times\frac{1}{2}\left(1-\frac{1}{2}\right)}=5$$

题 4 (1987①) 已知连续随机变量 X 的概率密度函数为 $f(x)=\frac{1}{\sqrt{\pi}}\mathrm{e}^{-x^2+2x-1}$,则 X 的数学期望为________,X 的方差为________.

解 将 $f(x)$ 变形、改写为正态分布概率密度函数的一般形式有

$$f(x)=\frac{1}{\sqrt{\pi}}\mathrm{e}^{-x^2+2x-1}=\frac{1}{\sqrt{2\pi}\cdot\sqrt{\frac{1}{2}}}\mathrm{e}^{-\frac{(x-1)^2}{2\left(\sqrt{\frac{1}{2}}\right)^2}}=\frac{1}{\sqrt{2\pi}\cdot\sqrt{\frac{1}{2}}}\exp\left\{-\frac{(x-1)^2}{2\left(\sqrt{\frac{1}{2}}\right)^2}\right\}$$

由此知,X 服从正态分布 $N\left(1,\frac{1}{2}\right)$,故 $E(X)=1$,且 $D(X)=\frac{1}{2}$.

题 5 (2000③④) 设随机变量 X 在区间$[-1,2]$上服从均匀分布;随机变量

$$Y=\begin{cases}1, & \text{若 } X>0\\ 0, & \text{若 } X=0\\ -1, & \text{若 } X<0\end{cases}$$

则方差 $D(Y)=$ ________.

解 由题设知 X 的分布密度

$$f(x)=\begin{cases}\dfrac{1}{3}, & x\in[-1,2]\\ 0, & 其他\end{cases}$$

当 $x<0$ 时，$P\{X<0\}=\int_{-1}^{0}\frac{1}{3}\mathrm{d}x=\frac{1}{3}$；

当 $x=0$ 时，$P\{X=0\}=0$；

当 $x>0$ 时，$P\{X>0\}=\int_{0}^{2}\frac{1}{3}\mathrm{d}x=\frac{2}{3}$.

则随机变量 Y 和 $Z=Y^2$ 有下面分布律：

y	-1	0	1
$P\{Y=y\}$	$\frac{1}{3}$	0	$\frac{2}{3}$

y^2	0	1
$P\{Z=y^2\}$	0	1

从而 $E(Y)=-\frac{1}{3}+\frac{2}{3}=\frac{1}{3}$，$E(Y^2)=1$，故

$$D(Y)=E(Y^2)-[E(Y)]^2=1-\left(\frac{1}{3}\right)^2=1-\frac{1}{9}=\frac{8}{9}$$

3. 求协方差问题

题 1 (2002③) 设随机变量 X 和 Y 的联合概率分布为：

X \ Y	-1	0	1
0	0.07	0.18	0.15
1	0.08	0.32	0.20

则 X^2 和 Y^2 的协方差 $\mathrm{cov}(X^2,Y^2)=$ ________.

解 由题设有

$$E(X^2Y^2)=1^2\times(-1)^2\times 0.08+1^2\times 1^2\times 0.20=0.28$$

且 X 和 X^2 的边缘分布分别为

$$X\sim\begin{pmatrix}0 & 1\\ 0.4 & 0.6\end{pmatrix},\quad X^2\sim\begin{pmatrix}0 & 1\\ 0.4 & 0.6\end{pmatrix}$$

又 Y 和 Y^2 的边缘分布分别为

$$Y\sim\begin{pmatrix}-1 & 0 & 1\\ 0.15 & 0.5 & 0.35\end{pmatrix},\quad Y^2\sim\begin{pmatrix}0 & 1\\ 0.5 & 0.5\end{pmatrix}$$

故 $E(X^2)=0.6$，$E(Y^2)=0.5$，且

$$\mathrm{cov}(X^2,Y^2)=E(X^2Y^2)-E(X^2)E(Y^2)=0.28-0.30=-0.02$$

题 2 (2002④) 设随变量 X 和 Y 的联合概率分布为：

X \ Y	-1	0	1
0	0.07	0.18	0.15
1	0.08	0.32	0.20

则 X 和 Y 的相关系数 $\rho=$ ________.

解 由题设有 $\rho=\dfrac{\mathrm{cov}(X,Y)}{\sqrt{D(X)}\sqrt{D(Y)}}=\dfrac{E(XY)-E(X)E(Y)}{\sqrt{D(X)}\sqrt{D(Y)}}=0$.

题 3 (2003③) 设随机变量 X 和 Y 的相关系数为 0.9，若 $Z=X-0.4$，则 Y 与 Z 的相关系数为________.

解 由随机变量的协方差和数学期望性质有

$$\begin{aligned}\operatorname{cov}(Y,Z) &= \operatorname{cov}(Y,X-0.4) = E[Y(X-0.4)] - E(Y)E(X-0.4)\\ &= E(XY) - 0.4E(Y) - E(Y)E(X) + 0.4E(Y)\\ &= E(XY) - E(X)E(Y) = \operatorname{cov}(X,Y)\end{aligned}$$

又由题设可有 $D(Z) = D(X)$. 于是

$$\rho_{XY} = \frac{\operatorname{cov}(Y,Z)}{\sqrt{D(Y)}\ \sqrt{D(Z)}} = \frac{\operatorname{cov}(X,Y)}{\sqrt{D(X)}\ \sqrt{D(Y)}} = 0.9$$

4. 涉及数字特征的随机变量的概率及分布

题 1 (2004①③) 设随机变量 X 服从参数为 λ 的指数分布，则概率 $P\{X > \sqrt{D(X)}\} =$ ________.

解 由题设知 $D(X) = \dfrac{1}{\lambda^2}$，则 X 的分布函数为

$$F(x)=\begin{cases}1-e^{-\lambda x}, & x>0\\ 0, & x\leqslant 0\end{cases}$$

故
$$P\{X > \sqrt{D(X)}\} = P\{X > \frac{1}{\lambda}\} = \int_{\frac{1}{\lambda}}^{+\infty} \lambda e^{-\lambda x}\,dx = -e^{-\lambda x}\Big|_{\frac{1}{\lambda}}^{+\infty} = \frac{1}{e}$$

题 2 (1991①) 若随机变量 X 服从均值为 2，方差为 a^2 的正态分布，且 $P\{2 < X < 4\} = 0.3$，则 $P\{X < 0\} =$ ________.

解 1 由题设知 $X \sim N(2,a^2)$，这样可有

$$\begin{aligned}P\{2 < X < 4\} &= P\{\frac{2-2}{a} < \frac{X-2}{a} < \frac{4-2}{a}\} = P\{0 < \frac{X-2}{a} < \frac{2}{a}\}\\ &= \Phi\left(\frac{2}{a}\right) - \Phi(0) = \Phi\left(\frac{2}{a}\right) - 0.5\end{aligned}$$

又由 $P\{2 < X < 4\} = 0.3$，则 $\Phi\left(\dfrac{2}{a}\right) = 0.8$. 故

$$P\{X < 0\} = P\{\frac{X-2}{a} < \frac{0-2}{a}\} = \Phi\left(-\frac{2}{a}\right) = 1 - \Phi\left(\frac{2}{a}\right) = 1 - 0.8 = 0.2$$

解 2 注意到题设，正态分布图形关于直线 $x = 2$ 对称，知 $x = 0$ 的对称点是 $x = 4$，则

$$\begin{aligned}P\{X < 0\} &= P\{X > 4\} = P\{X > 2\} - P\{2 < X < 4\} - P\{X = 4\}\\ &= 0.5 - 0.3 - 0 = 0.2\end{aligned}$$

题 3 (1988①) 设随机变量 X 服从均值(期望) 为 10，均方差为 0.02 的正态分布. 已知

$$\Phi(x) = \int_{-\infty}^{x} \frac{1}{\sqrt{2\pi}} e^{-\frac{u^2}{2}}\,du$$

且 $\Phi(2.5) = 0.993\,8$，则 X 落在区间 $(9.95, 10.05)$ 内的概率为________.

解 由题设 $X \sim N(10, 0.02^2)$ 故所求概率

$$\begin{aligned}P\{9.95 < X < 10.05\} &= P\{\frac{9.95-10}{0.02} < \frac{X-10}{0.02} < \frac{10.05-100}{0.02}\}\\ &= \Phi\left(\frac{10.05-10}{0.02}\right) - \Phi\left(\frac{9.95-10}{0.02}\right) = \Phi(2.5) - \Phi(-2.5)\\ &= \Phi(2.5) - [1 - \Phi(2.5)] = 2\Phi(2.5) - 1 = 0.987\,6\end{aligned}$$

(二) 选择题

1. 随机变量的数字特征

题 1 (1997①) 设两个相互独立的随机变量 X 和 Y 的方差分别为 4 和 2，则随机变量 $3X - 2Y$ 的方差是 ( )

(A)8　　(B)16　　(C)28　　(D)44

解　由题设 $D(X)=4, D(Y)=2$. 又 X,Y 相互独立,结合方差性质则有

$$D(3X-2Y)=3^2D(X)+(-2)^2D(Y)=9\times4+4\times2=44$$

故选(D).

题 2　(2006①③④)设随机变量 X 服从正态分布 $N(\mu_1,\sigma_1^2)$,Y 服从正态分布 $N(\mu_2,\sigma_2^2)$,且 $P\{|X-\mu_1|<1\}>P\{|Y-\mu_2|<1\}$,则必有　(　)

(A)$\sigma_1<\sigma_2$　　(B)$\sigma_1>\sigma_2$　　(C)$\mu_1<\mu_2$　　(D)$\mu_1>\mu_2$

解　记 $Z_1=\dfrac{X-\mu_1}{\sigma_1}, Z_2=\dfrac{Y-\mu_1}{\sigma_2}$,则 $Z_1\sim N(0,1), Z_2\sim N(0,1)$,于是

$$P\{|X-\mu_1|<1\}=P\{|Z_1|<\frac{1}{\sigma_1}\},\quad P\{|Y-\mu_2|<1\}=P\{|Z_2|<\frac{1}{\sigma_2}\}$$

由题设得 $P\{|Z_1|<\dfrac{1}{\sigma_1}\}>P\{|Z_2|<\dfrac{1}{\sigma_2}\}$,所以 $\dfrac{1}{\sigma_1}>\dfrac{1}{\sigma_2}$,即 $\sigma_1<\sigma_2$.

因此本题选(A).

题 3　(2011①)设随机变量 X 与 Y 相互独立,且 $E(X)$ 与 $E(Y)$ 存在. 记 $U=\max\{X,Y\}, V=\min\{X,Y\}$,则 $E(UV)=$　(　)

(A)$E(U)E(V)$　　(B)$E(X)E(Y)$　　(C)$E(U)E(Y)$　　(D)$E(X)E(V)$

解　由题设可知

$$U=\begin{cases}X, & X\geqslant Y\\ Y, & X<Y\end{cases},\quad V=\begin{cases}Y, & X\geqslant Y\\ X, & X<Y\end{cases}$$

故 $UV=XY$. 于是由 X,Y 相互独立有 $E(UV)=E(XY)=E(X)E(Y)$.

故选(B).

题 4　(2004①)设随机变量 $X_1,X_2,\cdots,X_n(n>1)$ 独立同分布,且其方差为 $\sigma^2>0$,令 $Y=\dfrac{1}{n}\sum\limits_{i=1}^{n}X_i$,则　(　)

(A)$\text{cov}(X_1,Y)=\dfrac{\sigma^2}{n}$　　(B)$\text{cov}(X_1,Y)=\sigma^2$

(C)$D(X_1+Y)=\dfrac{n+2}{n}\sigma^2$　　(D)$D(X_1-Y)=\dfrac{n+1}{n}\sigma^2$

解　由题设 X_i 相互独立$(i=1,2,\cdots,n)$有 $\text{cov}(X_1,X_i)=0(i=2,3,\cdots,n)$. 则

$$\text{cov}(X_1,Y)=\text{cov}(X_1,\frac{1}{n}\sum_{i=1}^{n}X_i)=\frac{1}{n}\text{cov}(X_1,X_1)+\frac{1}{n}\sum_{i=2}^{n}\text{cov}(X_1,X_i)=\frac{1}{n}D(X_1)=\frac{\sigma^2}{n}$$

故选(A).

注　这里注意到下面的方差运算

$$D(X_1+Y)=D\Big(\frac{1+n}{n}X+\frac{1}{n}\sum_{i=2}^{n}X_i\Big)=\frac{(1+n)^2}{n^2}\sigma^2+\frac{n-1}{n^2}\sigma^2=\frac{n+3}{n}\sigma^2$$

同理 $D(X_1-Y)=\dfrac{n-2}{n}\sigma^2$. 知选项(C)与(D)不真.

题 5　(1997④)设 X 是一随机变量,且 $E(X)=\mu, D(X)=\sigma^2(\mu,\sigma>0$ 常数),则对任意常数 c,必有　(　)

(A)$E(X-c)^2=E(X^2)-c^2$　　(B)$E(X-c)^2=E(X-\mu)^2$

(C)$E(X-c)^2=E(X-\mu)^2$　　(D)$E(X-c)^2\geqslant E(X-\mu)^2$

解 1　由题设条件及方差的性质可知(D)成立.

解 2　由 $E(X-c)^2=E(X^2-2cX+c^2)=E(X^2)-2\mu c+c^2$ 可知,对于任意常数 c,选项(A)不真.

余下比较 $E(X-c)^2$ 与 $E(X-\mu)^2$ 的大小. 注意题设有

$$E(X-c)^2-E(X-\mu)^2=E(X^2)-2\mu c+c^2-[E(X^2)-\mu^2]=\mu^2-2\mu c+c^2=(\mu-c)^2\geqslant 0$$

故选(D).

2. 随机变量的独立与相关

题 1 (2000①) 设二维随机变量 (X,Y) 服从二维正态分布,则随机变量 $\xi=X+Y$ 与 $\eta=X-Y$ 不相关的充分必要条件为 ( )

(A) $E(X)=E(Y)$ (B) $E(X^2)-[E(X)]^2=E(Y^2)-[E(Y)]^2$

(C) $E(X^2)=E(Y^2)$ (D) $E(X^2)+[E(X)]^2=E(Y^2)+[E(Y)]^2$

解 根据 ξ 和 η 不相关 $\Leftrightarrow \operatorname{cov}(\xi,\eta)=0$,有

$$0=\operatorname{cov}(\xi,\eta)=\operatorname{cov}(X+Y,X-Y)=\operatorname{cov}(X,X)-\operatorname{cov}(Y,Y)$$

于是 $D(X)=D(Y)$,即

$$E(X^2)-[E(X)]^2=E(Y^2)-[E(Y)]^2$$

故选(B).

题 2 (1991③) 对于任意两个随变量 X 和 Y,若 $E(XY)=E(X)E(Y)$,则 ( )

(A) $D(XY)=D(X)D(Y)$ (B) $D(X+Y)=D(X)+D(Y)$

(C) X 和 Y 独立 (D) X 和 Y 不独立

解 由随机变量数学期望和方差性质有

$$D(X+Y)=D(X)+D(Y)+2[E(XY)-E(X)E(Y)]=D(X)+D(Y)$$

故选(B).

题 3 (2003④) 设随机变量 X 和 Y 都服从正态分布,且它们不相关,则 ( )

(A) X 与 Y 一定独立 (B) (X,Y) 服从二维正态分布

(C) X 与 Y 未必独立 (D) $X+Y$ 服从一维正态分布

解 (排除法) 当 (X,Y) 服从二维正态分布时,X 与 Y 不相关 $\Longleftrightarrow$ X 与 Y 独立.

但题设仅知 X 和 Y 服从正态分布,且由它们不相关推不出它们一定独立,排除(A);

若 X 和 Y 都服从正态分布且相互独立,则 (X,Y) 服从二维正态分布,但题设无 X,Y 独立的条件,可排除(B);

同样要求 X 与 Y 相互独立时,才能推出 $X+Y$ 服从一维正态分布,可排除选项(D).

故选(C).

题 4 (1995③) 设随机变量 X 和 Y 独立同分布,记 $U=X-Y$,$V=X+Y$,则随机变量 U 与 V 必然 ( )

(A) 不独立 (B) 独立 (C) 相关系数不为零 (D) 相关系数为零

解 因为随机变量独立可推出它们相关系数为零,但反之不真. 即随机变量不相关可以独立,也可以不独立. 故可排除选项(B).

又当 X 与 Y 均为正态随机变量时,U 与 V 也为正态随机变量,这时由于它们不相关,可推知 U 与 V 独立,故也排除了(A). 注意到

$$\begin{aligned}\operatorname{cov}(U,V)&=E(UV)-E(U)E(V)=E(X^2-Y^2)-E(X-Y)E(X+Y)\\&=E(X^2)-E(Y^2)-[E(X)]^2+[E(Y)]^2=D(X)-D(Y)=0\end{aligned}$$

知 U,V 相关系数为零. 故选(D).

题 5 (1999④) 设随机变量 X 和 Y 的方差存在且为 0,则 $D(X+Y)=D(X)+D(Y)$ 是 X 和 Y ( )

(A) 不相关的充分条件,但不是必要条件 (B) 独立的必要条件,但不是充分条件

(C) 不相关的充分必要条件 (D) 独立的充分必要条件

解 1　我们知道,X,Y 不相关的五个等价条件为:

(1)$\rho(X,Y)=0$;　　(2)$\mathrm{cov}(X,Y)=0$;

(3)$E(XY)=E(X)E(Y)$;　　(4)$D(X+Y)=D(X)+D(Y)$;

(5)$D(X-Y)=D(X)+D(Y)$.

故选(C).

解 2　因为 $D(X+Y)=D(X)+D(Y)-2\mathrm{cov}(X,Y)$,从而

$$D(X+Y)=D(X)+D(Y)\Longleftrightarrow \mathrm{cov}(X,Y)=0\Longleftrightarrow X \text{ 和 } Y \text{ 不相关}$$

故选(C).

题 6　(2008①③④) 随机变量 $X\sim N(0,1)$,$Y\sim N(1,4)$,相关系数 $\rho_{XY}=1$,则　(　　)

(A)$P\{Y=-2X-1\}=1$　　(B)$P\{Y=2X-1\}=1$

(C)$P\{Y=-2X+1\}=1$　　(D)$P\{Y=2X+1\}=1$

解　显然,$1=\rho_{XY}=\dfrac{E(X)E(Y)-E(XY)}{\sqrt{D(X)D(Y)}}$,可知 X,Y 正相关,排除(A) 和(C),将(B) 和(D) 代入后,可知应选(D).

注　由 $Y\sim N(1,4)$ 可知$\dfrac{Y-1}{2}\sim N(0,1)$,也可推得(D) 入选.

题 7　(2012①) 将长度为 1 m 的木棒随机地截成两段,则两段长度相关系数为　(　　)

(A)1　　(B) $\dfrac{1}{2}$　　(C) $-\dfrac{1}{2}$　　(D) -1

解　设两段长度分别为 x,y,由题设 $x+y=1$,即 $y=1-x$.

由于 x,y 为线性关系,且 $y=ax+b$ 中 $a=-1$ 知其为负相关且相关系数为 $\varphi=-1$.

故选(D).

3. 二项分布中的问题

题 1　(1990④) 已知随机变量 X 服从二项分布,且 $E(X)=2.4$,$D(X)=1.44$,则二项分布的参数 n,p 的值为　(　　)

(A)$n=4,p=0.6$　　(B)$n=6,p=0.4$

(C)$n=8,p=0.3$　　(D)$n=24,p=0.1$

解　据题设及二项分布性质知 $E(X)=np$,$D(X)=np(1-p)$,再由题设可有

$$np=2.4,\quad np(1-p)=1.44$$

解得 $n=6,p=0.4$.

故选(B).

题 2　(2001①③④) 将一枚硬币重复掷 n 次,以 X 和 Y 分别表示正面向上和反面向上的次数,则 X 和 Y 的相关系数等于　(　　)

(A) -1　　(B)0　　(C) $\dfrac{1}{2}$　　(D)1

解 1　根据定理:相关系数

$$\rho_{XY}=\begin{cases}-1, & \text{若 } a<0\\ 1, & \text{若 } a>0\end{cases}\Longleftrightarrow P\{Y=aX+b\}=1$$

再由题设 $Y=n-X$ 知 $\rho_{XY}=1$.

故选(A).

解 2　由题设知 $X\sim\mathscr{B}(n,p)$,$Y\sim\mathscr{B}(n,q)$,$p+q=1$,且 $Y=n-X$. 则有

$$E(X)=np,\quad E(Y)=nq,\quad D(X)=npq,\quad D(Y)=npq$$

$$\mathrm{cov}(X,Y)=E(XY)-E(X)E(Y)=E[X(n-X)]-(np)(nq)$$

$$=E(nX)-E(X^2)-n^2pq=n^2p-\{D(X)+[E(X)]^2\}-n^2pq$$
$$=n^2p-npq-n^2p^2-n^2pq=n^2p(1-q)-npq-n^2p^2=-npq$$

知
$$\rho_{XY}=\frac{\text{cov}(X,Y)}{\sqrt{D(X)}\sqrt{D(Y)}}=\frac{-npq}{npq}=-1$$

故选(A).

4. 正态分布问题

题 1 (1993④) 随机变量 X 与 Y 均服从正态分布,且 $X\sim N(\mu,4^2)$,$Y\sim N(\mu,5^2)$;又 $p_1=P\{X\leqslant\mu-4\}$,$p_2=P\{X\geqslant\mu+5\}$,则下列结论正确的是 ( )

(A) 对任何实数 μ,都有 $p_1=p_2$　　(B) 对任何实数 μ,都有 $p_1<p_2$

(C) 只对 μ 的个别值,才有 $p_1=p_2$　　(D) 对任何实数 μ,都有 $p_1>p_2$

解 设 $\Phi(x)$ 表示标准正态分布 $N(0,1)$ 的分布函数,则有

$$p_1=P\left\{\frac{X-\mu}{4}\leqslant-1\right\}=\Phi(-1)$$

$$p_2=P\left\{\frac{Y-\mu}{5}\geqslant1\right\}=1-P\left\{\frac{Y-\mu}{5}<1\right\}=1-\Phi(1)$$

由 $\Phi(-1)=1-\Phi(1)$,则 $p_1=p_2$.

故选(A).

题 2 (1995③④) 设随机变量 X 服从正态分布 $N(\mu,\sigma^2)$,则随 σ 的增大,概率 $P\{X-\mu\mid\sigma\}$ ( )

(A) 单调增大　　(B) 单调减少　　(C) 保持不变　　(D) 增减不定

解 注意到下面的式子

$$P\{|X-\mu|<\sigma\}=P\{-\sigma<X-\mu<\sigma\}=P\left\{-1<\frac{X-\mu}{\sigma}<1\right\}=\Phi(1)-\Phi(-1)$$

其中 $\Phi(x)$ 表示 $N(0,1)$ 的分布函数,可知 $P\{|X-\mu|<\sigma\}$ 的值与 σ 无关.

故选(C).

题 3 (1991①) 设两个相互独立的随机变量 X 和 Y 分别服从正态分布 $N(0,1)$ 和 $N(1,1)$,则下列结论正确的是 ( )

(A) $P\{X+Y\leqslant0\}=\frac{1}{2}$　　(B) $P\{X+Y\leqslant1\}=\frac{1}{2}$

(C) $P\{X-Y\leqslant0\}=\frac{1}{2}$　　(D) $P\{X-Y\leqslant1\}=\frac{1}{2}$

解 由题设知 $X\sim N(0,1)$,$Y\sim N(1,1)$,且 X 与 Y 互相独立有

$$Z_1=X+Y\sim N(1,2),\quad Z_2=X-Y\sim N(-1,2)$$

又若 $Z\sim N(\mu,\sigma^2)$,则必有 $P\{Z\leqslant\mu\}=\frac{1}{2}$,即

$$P\{Z=X+Y\leqslant1\}=\frac{1}{2}$$

故选(B).

三、计算证明题

1. 一元随机变量的数字特征

(1) 随机变量的数字特征

题 (1987③④) 已知离散型随机变量 X 的概率分布为

$$P\{X=1\}=0.2,\quad P\{X=2\}=0.3,\quad P\{X=3\}=0.5$$

(1) 写出 X 的分布函数 $F(x)$；(2) 求 X 的数学期望和方差.

解　(1) 由题设知 X 的分布函数为

$$F(x)=P\{X\leqslant x\}=\begin{cases}0, & x<1\\ 0.2, & 1\leqslant x<2\\ 0.5, & 2\leqslant x<3\\ 1, & x\geqslant 3\end{cases}$$

(2) 由上及设知 X 的数学期望和方差分别为

$$E(X)=1\times 0.2+2\times 0.3+3\times 0.5=2.3$$

$$D(X)=E(X^2)-[E(X)]^2=1\times 0.2+4\times 0.3+9\times 0.5-2.3^2=0.61$$

(2) 应用问题

下面是随机变量数字特征的应用问题.

题 1　(1988④) 假设有十只同种电器元件，其中有两只废品. 装配仪器时，从这批元件中任取一只，如是废品则扔掉重新任取一只，如仍是废品则扔掉再取一只. 试求在取到正品之前，已取出的废品只数的分布、数学期望和方差.

解　用 X 表示在取到正品之前已取出的废品数，X 只可能取三个值：0,1,2.

这样 $\{X=0\}$ 表示第 1 次取到的是正品，其概率为 $\frac{8}{10}$；

且 $\{X=1\}$ 表示第 1 次取到废品，而第 2 次取到的是正品，其概率为

$$\frac{C_2^1}{C_{10}^1}\times\frac{C_8^1}{C_9^1}=\frac{2}{10}\times\frac{8}{9}=\frac{8}{45}$$

又 $\{X=2\}$ 表示前 2 次取到废品，而第 3 次取到正品，其概率为

$$\frac{C_2^1}{C_{10}^1}\times\frac{C_1^1}{C_9^1}=\frac{2}{10}\times\frac{1}{9}\times\frac{8}{8}=\frac{1}{45}$$

因此可得 X 的概率分布：

x	0	1	2
$P\{X=x\}$	$\frac{4}{5}$	$\frac{8}{45}$	$\frac{1}{45}$

则 X 的数学期望

$$E(X)=0\times\frac{4}{5}+1\times\frac{8}{45}+2\times\frac{1}{45}=\frac{10}{45}=\frac{2}{9}$$

且 X 的方差

$$D(X)=E(X^2)-[E(X)]^2=0^2\times\frac{4}{5}+1^2\times\frac{8}{45}+2^2\times\frac{1}{45}-\left(\frac{2}{9}\right)^2=\frac{88}{405}$$

题 2　(1991③④) 一汽车沿一街道行驶，需要通过三个均设有红绿信号灯的路口，每个信号灯为红或绿与其他信号灯为红或绿相互独立，且红绿两种信号显示的时间相等. 以 X 表示该汽车首次遇到红灯前已通过的路口的个数. (1) 求 X 的概率分布；(2) 求 $E\left(\frac{1}{1+X}\right)$.

解　(1) 令 $A_i(i=1,2,3)$ 表示事件{汽车在第 i 个路口遇到红灯}，由题设 X 的可取值为 0,1,2,3. 则由 A_1,A_2,A_3 相互独立，且 $P(A_i)=P(\overline{A}_i)=\frac{1}{2}$，$i=1,2,3$. 有

$$P\{X=0\}=P(A_1)=\frac{1}{2},\quad P\{X=1\}=P(\overline{A}_1A_2)=\frac{1}{2^2}$$

$$P\{X=2\}=P(\overline{A}_1\,\overline{A}_2A_3)=\frac{1}{2^3},\quad P\{X=3\}=P(\overline{A}_1\,\overline{A}_2\,\overline{A}_3)=\frac{1}{2^3}$$

这样 X 的概率分布如表：

x	0	1	2	3
$P\{X=x\}$	$\frac{1}{2}$	$\frac{1}{2^2}$	$\frac{1}{2^3}$	$\frac{1}{2^3}$

(2) 由上 $E\left(\frac{1}{1+X}\right)=1\times\frac{1}{2}+\frac{1}{2}\times\frac{1}{4}+\frac{1}{3}\times\frac{1}{8}+\frac{1}{4}\times\frac{1}{8}=\frac{67}{96}$.

下面的问题与上例类同，且亦为交通信号问题.

题 3 (1997①) 从学校乘汽车到火车站的途中有 3 个交通岗，假设在各个交通岗遇到红灯的事件是相互独立的，并且概率都是 $\frac{2}{5}$. 设 X 为途中遇到红灯的次数，求随机变量 X 的分布律、分布函数和数学期望.

解 设 $A=\{$途中遇到红灯$\}$，由题设 $p=P(A)=\frac{2}{5}$.

由独立性知，$X\sim\mathscr{B}\left(3,\frac{2}{5}\right)$. 其各种取值的概率为

$$P\{X=0\}=C_3^0\left(\frac{2}{5}\right)^0\left(1-\frac{2}{5}\right)^3=\frac{27}{125},\quad P\{X=1\}=C_3^1\left(\frac{2}{5}\right)\left(1-\frac{2}{5}\right)^2=\frac{54}{125}$$

$$P\{X=2\}=C_3^2\left(\frac{2}{5}\right)^2\left(1-\frac{2}{5}\right)=\frac{36}{125},\quad P\{X=3\}=C_3^3\left(\frac{2}{5}\right)^3\left(1-\frac{2}{5}\right)^0=\frac{8}{125}$$

即 X 的分布律为：

x	0	1	2	3
$P\{X=x\}$	$\frac{27}{125}$	$\frac{54}{125}$	$\frac{36}{125}$	$\frac{8}{125}$

由上可得 X 的分布函数为

$$F(x)=P\{X\leqslant x\}=\begin{cases}0, & x<0\\ \frac{27}{125}, & 0\leqslant x<1\\ \frac{81}{125}, & 1\leqslant x<2\\ \frac{117}{125}, & 2\leqslant x<3\\ 1, & x\geqslant 3\end{cases}$$

由 $X\sim\mathscr{B}\left(3,\frac{2}{5}\right)$，故 X 的数学期望为

$$E(X)=np=3\times\frac{2}{5}=\frac{6}{5}$$

题 4 (1997③) 游客乘电梯从底层到电视塔顶层观光，电梯于每个整点的第 5 分、25 分和 55 分从底层起行. 假设一游客在早八点的第 X 分到达底层候梯处，且 X 在 $[0,60]$ 上均匀分布，求该游客等候时间的数学期望.

解 由设 X 在区间 $[0,6]$ 上服从均匀分布，于是其概率分布密度为

$$f(x)=\begin{cases}\frac{1}{60}, & 0\leqslant x\leqslant 60\\ 0, & 其他\end{cases}$$

设 Y 为游客等候电梯时间(单位：min) 则它是 X 的函数，且

$$Y=g(X)=\begin{cases}5-X, & 0<X\leqslant 5\\ 25-X, & 5<X\leqslant 25\\ 55-X, & 25<X\leqslant 55\\ 60-X+5, & 55<X\leqslant 60\end{cases}$$

由上可求得 Y 的数学期望

$$\begin{aligned}E(Y)&=E[g(X)]=\int_{-\infty}^{+\infty}g(x)f(x)\mathrm{d}x=\frac{1}{60}\int_0^{60}g(x)\mathrm{d}x\\&=\frac{1}{60}\left[\int_0^5(5-x)\mathrm{d}x+\int_5^{25}(25-x)\mathrm{d}x+\int_{25}^{55}(55-x)\mathrm{d}x+\int_{55}^{60}(65-x)\mathrm{d}x\right]\\&=\frac{1}{60}(12.5+200+450+37.5)=11.67\end{aligned}$$

下面是几则所谓机器故障问题，其实它们与所谓交通红绿灯问题无异，只是问题提法不同而已.

题 5　(1992③④) 一台设备由三大部件构成，在设备运转中各部件需要调整的概率相应为 0.10，0.20 和 0.30. 假设各部件的状态相互独立，以 X 表示同时需要调整的部件数，试求 X 的概率分布、数学期望 $E(X)$ 和方差 $D(X)$.

解 1　设 A_i 表示{第 i 部件需要调整}的事件. 由题设

$$P(A_1)=0.10,\quad P(A_2)=0.20,\quad P(A_3)=0.30$$

又 X 可能取值 0,1,2,3，且由于 A_1,A_2,A_3 相互独立，则

$$\begin{aligned}P\{X=0\}&=P(\overline{A}_1\overline{A}_2\overline{A}_3)=0.9\times0.8\times0.7=0.504\\P\{X=1\}&=P(A_1\overline{A}_2\overline{A}_3)+P(\overline{A}_1A_2\overline{A}_3)+P(\overline{A}_1\overline{A}_2A_3)\\&=0.1\times0.8\times0.7+0.9\times0.2\times0.7+0.9\times0.8\times0.3=0.398\\P\{X=2\}&=P(A_1A_2\overline{A}_3)+P(A_1\overline{A}_2A_3)+P(\overline{A}_1A_2A_3)\\&=0.1\times0.2\times0.7+0.1\times0.8\times0.3+0.9\times0.2\times0.3=0.092\\P\{X=3\}&=P(A_1A_2A_3)=0.1\times0.2\times0.3=0.006\end{aligned}$$

这样 X 的概率分布如下表：

x	0	1	2	3
概率 $P\{X=x\}$	0.504	0.398	0.092	0.006

则 $E(X)=1\times0.398+2\times0.092+3\times0.006=0.6$，又

$$E(X^2)=1\times0.398+4\times0.092+9\times0.006=0.820$$

故

$$D(X)=E(X^2)-[E(X)]^2=0.820-0.36=0.46$$

解 2　引进随机变量 $X_i=\begin{cases}1, & 若 A_i 出现\\0, & 若 A_i 不出现\end{cases}\ (i=1,2,3)$，则

$$E(X_i)=P(A_i),\quad D(X_i)=P(A_i)[1-P(A_i)]$$

又 $X=X_1+X_2+X_3$，由于 X_1,X_2,X_3 互相独立，故由期望、方差及 0－1 分布性质有：

X 的数学期望

$$E(X)=0.1+0.2+0.3=0.6$$

X 的方差

$$D(X)=0.1\times0.9+0.2\times0.8+0.3\times0.7=0.46$$

注意到 $D(X)=D(X_1)+D(X_2)+D(X_3)$，且 $D(X_i)=p_i(1-p_i)\ (i=1,2,3)$ 即可.

题 6　(1996④) 假设一部机器在一天内发生故障的概率为 0.2，机器发生故障时全天停止工作，若一周 5 个工作日里无故障，可获利润 10 万元；发生一次故障仍可获利润 5 万元；发生二次故障所获利润 0 元；发生三次或三次以上故障就要亏损 2 万元，求一周内期望利润是多少?

解 以 X 表示一周 5 天内机器发生故障的天数,则 $X \sim \mathscr{B}(5,0.2)$,故

$$P\{X=k\}=C_5^k(0.2)^k(0.8)^{5-k},\quad k=0,1,2,3,4,5$$

从而 $X=0,1,2$,以及 $X \geqslant 3$ 的概率分别为

$$P\{X=0\}=0.8^5=0.328$$
$$P\{X=1\}=C_5^1(0.2)^1(0.8)^4=0.410$$
$$P\{X=2\}=C_5^2(0.2)^2(0.8)^3=0.205$$
$$P\{X\geqslant 3\}=1-P\{X=0\}-P\{X=1\}-P\{X=2\}=0.057$$

又设 Y 表示所获利润,则 Y 的概率分布为:

y	10	5	0	-2
概率 $P\{Y=y\}$	0.328	0.410	0.205	0.057

故 $E(Y)=10\times 0.328+5\times 0.410+0\times 0.205-2\times 0.057=5.216$(万元).

题 7 (1997③) 两台同样自动记录仪,每台无故障工作的时间服从参数为 5 的指数分布;首先开动其中一台,当其发生故障时停用而另一台自动开动.试求两台记录仪无故障工作的总时间 T 的概率密度 $f(t)$、数学期望和方差.

解 设 X 和 Y 表示先后开动的记录仪无故障工作的时间,则 $T=X+Y$.

由题设,X 和 Y 的概率密度分别为

$$f_X(x)=\begin{cases}5\mathrm{e}^{-5x}, & 若\ x\geqslant 0\\ 0, & 若\ x<0\end{cases},\quad f_Y(y)=\begin{cases}5\mathrm{e}^{-5y}, & 若\ y\geqslant 0\\ 0, & 若\ y<0\end{cases}$$

又 X 和 Y 相互独立,据两独立随机变量和的密度公式可得 $t>0$ 时 T 的密度为

$$f_T(t)=\int_{-\infty}^{+\infty}f_X(x)f_Y(t-x)\mathrm{d}x=25\int_0^t\mathrm{e}^{-5x}\mathrm{e}^{-5(t-x)}\mathrm{d}x=25t\mathrm{e}^{-5t}$$

当 $t\leqslant 0$ 时,显然 $f_T(t)=0$.因此,T 的密度为

$$f(t)=\begin{cases}25t\mathrm{e}^{-5t}, & 若\ t>0\\ 0, & 若\ t\leqslant 0\end{cases}$$

由于 X 和 Y 都服从参数为 $\lambda=5$ 的指数分布,可知

$$E(X)=E(Y)=\frac{1}{5},\quad D(X)=D(Y)=\frac{1}{25}$$

故

$$E(T)=E(X+Y)=E(X)+E(Y)=\frac{2}{5},\quad D(T)=D(X+Y)=D(X)+D(Y)=\frac{2}{25}$$

题 8 (2000①) 某流水生产线上每个产品不合格的概率为 $p(0<p<1)$,各产品合格与否相互独立,当出现一个不合格产品时即停机检修.设开机后每一次停机时已生产了的产品个数为 X,求 X 的数学期望 $E(X)$ 和方差 $D(X)$.

解 设 $A=\{$产品不合格$\}$,由题设 $P(A)=p$,则 $X\sim G(p)$(参数为 p 的几何分布),其概率分布为

$$P\{X=n\}=p(1-p)^{n-1},\quad n=1,2,3,\cdots$$

为下面计算 X 的数学期望和方差,需要考虑如下两个无穷级数的和(这个问题前文已述及,后文还会遇到)

$$S_1=\sum_{n=1}^{\infty}nq^{n-1},\quad S_2=\sum_{n=1}^{\infty}n^2q^{n-1},\quad 其中\ q=1-p$$

为此将 $\sum\limits_{n=0}^{\infty}q^n=\frac{1}{1-q}$ 两边对 q 求导,得 $\sum\limits_{n=1}^{\infty}nq^{n-1}=\frac{1}{(1-q)^2}$;

上式两边乘 q 后再对 q 求导得

$$\Big(\sum_{n=1}^{\infty}nq^n\Big)'=\sum_{n=1}^{\infty}n^2q^{n-1}=\left[\frac{q}{(1-q)^2}\right]'=\frac{1+q}{(1-q)^3}$$

这样可求得

$$E(X)=\sum_{n=1}^{\infty}npq^{n-1}=p\sum_{n=1}^{\infty}nq^{n-1}=\frac{p}{(1-q)^2}=\frac{1}{p}$$

$$D(X)=E(X^2)-[E(X)]^2=p\sum_{n=1}^{\infty}n^2q^{n-1}-\frac{1}{p^2}=\frac{p(1+q)}{(1-q)^3}-\frac{1}{p^2}=\frac{1-p}{p^2}$$

下面是两则利润问题，它们与数学期望有关.

题 9　(1994③④) 假设由某个自动线加工的一种零件的内径 X(mm) 服从正态分布$N(\mu,1)$，内径小于 10 或大于 12 为不合格品，其余为合格品. 销售每件合格品获利，销售每件不合格品亏损，已知销售利润 T(单位:元) 与销售零件的内径 X 有如下关系

$$T=\begin{cases}-1, & X<10\\ 20, & 10\leqslant X\leqslant 12\\ -5, & X>12\end{cases}$$

问平均内径 μ 取何值时，销售一个零件的平均利润最大?

解　我们先来建立 $E(T)$ 与 μ 之间的函数关系，为此先要求 T 的分布律.

设 $\Phi(x)$ 和 $\varphi(x)$ 分别为标准正态分布函数和标准正态密度函数，于是有

$$P\{X<10\}=\Phi(10-\mu)$$

$$P\{10\leqslant X\leqslant 12\}=\Phi(12-\mu)-\Phi(10-\mu)$$

$$P\{X>12\}=1-\Phi(12-\mu)$$

这样 T 的概率分布为：

T	-1	20	-5
概率 $P\{T=t\}$	$\Phi(10-\mu)$	$\Phi(12-\mu)-\Phi(10-\mu)$	$1-\Phi(12-\mu)$

由此得

$$E(T)=25\Phi(12-\mu)-21\Phi(10-\mu)-5$$

令$\dfrac{\mathrm{d}}{\mathrm{d}\mu}E(T)=-25\varphi(12-\mu)+21\varphi(10-\mu)=0$，即

$$\frac{-25}{\sqrt{2}\pi}\mathrm{e}^{-\frac{(12-\mu)^2}{2}}+\frac{21}{\sqrt{2}\pi}\mathrm{e}^{-\frac{(10-\mu)^2}{2}}=0$$

解此方程得

$$\mu=11-\frac{1}{2}\ln\frac{25}{21}\approx 10.9$$

由此知当 $\mu\approx 10.9$ mm 时，销售一个零件的平均利润最大.

题 10　(1998④) 设某种商品每周的需求量 X 是服从区间[10,30] 上均匀分布的随机变量，而经销商店进货数量为区间[10,30] 中的某一整数，商店每销售一单位商品可获利 500 元；若供大于求则削价处理，每处理 1 单位商品亏损 100 元；若供不应求，则可从外部调剂供应，此时每 1 单位商品仅获利 300 元. 为使商店所获利润期望值不少于 9 280 元，试确定最少进货量.

解　设进货数量为 t，利润为 $L=L(t)$. 则

$$L=\begin{cases}500X-100(t-X), & 10\leqslant X\leqslant t\\ 500X+300(X-t), & t<X\leqslant 30\end{cases}=\begin{cases}600X-100t, & 10\leqslant X\leqslant t\\ 300x+200, & t<X\leqslant 30\end{cases}$$

这样

$$E(L)=\int_{10}^{t}\frac{1}{20}(600x-100t)\mathrm{d}x+\int_{t}^{30}\frac{1}{20}(300x+200t)\mathrm{d}x$$

$$=-\frac{15}{2}t^2+350t+5\,250$$

依题意

$$E(L)=-\frac{15}{2}t^2+350t+5\,250\geqslant 9\,280$$

解上面一元二次不等式得

$$20\,\frac{2}{3}\leqslant t\leqslant 26$$

故利润期望值不少于 9 280 元的最少进货量为 21 单位.

2. 多元随机变量的数学特征

(1) 多元随机变量的数学期望和方差

① 离散型随机变量的问题

先来看离散的情形. 其实这类问题多与分布有关,因而问题往往以先求概率分布,再求数字特征.

题 1 (2002③) 假设随机变量 U 在区间 $[-2,2]$ 上服从均匀分布,随机变量

$$X=\begin{cases}-1, & U\leqslant -1\\ 1, & U>-1\end{cases},\quad Y=\begin{cases}-1, & U\leqslant 1\\ 1, & U>1\end{cases}$$

试求:(1) X 和 Y 的联合概率分布;(2) $D(X+Y)$.

解 (1) 随机向量 (X,Y) 有四个可能值:$(-1,-1)$,$(-1,1)$,$(1,-1)$,$(1,1)$,这样由题设有

$$P\{X=-1,Y=-1\}=P\{U\leqslant -1,U\leqslant 1\}=\frac{1}{4}$$

$$P\{X=-1,Y=1\}=P\{U\leqslant -1,U>1\}=0$$

$$P\{X=1,Y=-1\}=P\{U>-1,U\leqslant 1\}=\frac{1}{2}$$

$$P\{X=1,Y=1\}=P\{U>-1,U>1\}=\frac{1}{4}$$

故所求联合概率分布为

$$(X,Y)\sim\begin{pmatrix}(-1,-1) & (-1,1) & (1,-1) & (1,1)\\ \frac{1}{4} & 0 & \frac{1}{2} & \frac{1}{4}\end{pmatrix}$$

(2) 由(1) 可知,$X+Y$ 和 $(X+Y)^2$ 的概率分布分别是

$$X+Y\sim\begin{pmatrix}-2 & 0 & 2\\ \frac{1}{4} & \frac{1}{2} & \frac{1}{2}\end{pmatrix},\quad (X+Y)^2\sim\begin{pmatrix}0 & 4\\ \frac{1}{2} & \frac{1}{2}\end{pmatrix}$$

故 $E(X+Y)=-\frac{2}{4}+\frac{2}{4}=0$,且 $D(X+Y)=E(X+Y)^2-[E(X+Y)]^2=2$.

题 2 (1996①) 设 ξ,η 是相互独立且服从同一分布的两个随机变量,已知 ξ 的分布律为 $P\{\xi=i\}=\frac{1}{3}$,$i=1,2,3$. 又设 $X=\max(\xi,\eta)$,$Y=\min(\xi,\eta)$.

(1) 写出二维随机变量 (X,Y) 的分布律:

Y \ X	1	2	3
1			
2			
3			

(2) 求随机变量 X 的数学期望 $E(X)$.

解 1 (1) 由题设可有

$$P\{X=1,Y=1\}=P\{\max(\xi,\eta)=1,\min(\xi,\eta)=1\}=P\{\xi=1,\eta=1\}=\frac{1}{9}$$

且 $P\{X=1,Y=2\}=0,P\{X=1,Y=3\}=0$.

类似地还可有

$$P\{X=2,Y=1\}=P\{\max(\xi,\eta)=2,\min(\xi,\eta)=1\}=\frac{2}{9}$$

同理 $$P\{X=2,Y=2\}=\frac{1}{9},\quad P\{X=2,Y=3\}=0$$

及 $$P\{X=3,Y=1\}=\frac{2}{9},\quad P\{X=3,Y=2\}=\frac{2}{9},\quad P\{X=3,Y=3\}=\frac{1}{9}$$

这样,二维随机变量 (X,Y) 的分布律为:

$Y \backslash X$	1	2	3
1	$\frac{1}{9}$	$\frac{2}{9}$	$\frac{2}{9}$
2	0	$\frac{1}{9}$	$\frac{2}{9}$
3	0	0	$\frac{1}{9}$

(2) X 的分布律为:

x	1	2	3
$P\{X=x\}$	$\frac{1}{9}$	$\frac{3}{9}$	$\frac{5}{9}$

因而随机变量 X 的数学期望为 $E(X)=1\times\frac{1}{9}+2\times\frac{3}{9}+3\times\frac{5}{9}=\frac{22}{9}$.

解 2　例中(1)还可解如:由 ξ 和 η 的独立性知

$$P\{\xi=i,\eta=j\}=P\{\xi=i\}P\{\eta=j\}=\frac{1}{3}\times\frac{1}{3}=\frac{1}{9},\quad i=1,2,3$$

① 当 $i<j$ 时,即当 $(X,Y)=(1,2),(1,3),(2,3)$ 时,由题设 X,Y 的含义,当 $Y\leqslant X$ 时,有 $P\{X=i,Y=j\}=0$.

② 当 $i=j$ 时,即当 $(X,Y)=(1,1),(2,2),(3,3)$ 时,有

$$P\{X=i,Y=i\}=P\{\xi=i,\eta=i\}=\frac{1}{9}$$

③ 当 $i>j$ 时,即当 $(X,Y)=(2,1),(3,1),(3,2)$ 时,有

$$P\{X=i,Y=j\}=P\{\xi=i,\eta=j\}+P\{\xi=j,\eta=i\}=\frac{1}{9}+\frac{1}{9}=\frac{2}{9}$$

综上可得 (X,Y) 的分布律为:

$Y \backslash X$	1	2	3
1	$\frac{1}{9}$	$\frac{2}{9}$	$\frac{2}{9}$
2	0	$\frac{1}{9}$	$\frac{2}{9}$
3	0	0	$\frac{1}{9}$

题3　(1997④) 假设随机变量 Y 服从参数为 $\lambda=1$ 的指数分布,随机变量

$$X_k=\begin{cases}0, & Y\leqslant k\\ 1, & Y>k\end{cases}\quad(k=1,2)$$

(1) 求 X_1 和 X_2 的联合概率分布;(2) 求 $E(X_1+X_2)$.

解 (1) 依题意,随机变量 Y 的分布函数为

$$F(y)=\begin{cases}1-e^{-y}, & y>0\\ 0, & y\leqslant 0\end{cases}$$

又 X_1 和 X_2 的取值分别为

$$X_1=\begin{cases}0, & Y\leqslant 1\\ 1, & Y>1\end{cases},\quad X_2=\begin{cases}0, & Y\leqslant 2\\ 1, & Y>2\end{cases}$$

二维随机变量 (X_1,X_2) 所有可能取值为:(0,0),(0,1),(1,0),(1,1),且其概率分别为

$$P\{X_1=0,X_2=0\}=P\{Y\leqslant 1,Y\leqslant 2\}=P\{Y\leqslant 1\}=F(1)=1-e^{-1}$$

$$P\{X_1=0,X_2=1\}=P\{Y\leqslant 1,Y>2\}=0$$

$$P\{X_1=1,X_2=0\}=P\{Y>1,Y\leqslant 2\}=P\{1<Y\leqslant 2\}$$
$$=F(2)-F(1)=e^{-1}-e^{-2}$$

$$P\{X_1=1,X_2=1\}=P\{Y>1,Y>2\}=P\{Y>2\}$$
$$=1-P\{Y\leqslant 2\}=1-F(2)=e^{-2}$$

故随机变量 (X_1,X_2) 的联合分布律为:

X_2 \ X_1	0	1
0	$1-e^{-1}$	$e^{-1}-e^{-2}$
1	0	e^{-2}

(2) 由 (X_1,X_2) 的联合分布律可得 X_1 和 X_2 的分布律依次为:

X_1	0	1
p_i	$1-e^{-1}$	e^{-1}

X_2	0	1
p_i	$1-e^{-2}$	e^{-2}

因此 $E(X_1)=0\cdot(1-e^{-1})+1\cdot e^{-1}=e^{-1}$,且

$$E(X_2)=0\cdot(1-e^{-2})+1\cdot e^{-2}=e^{-2}$$

故
$$E(X_1+X_2)=E(X_1)+E(X_2)=e^{-1}+e^{-2}$$

下面的例子涉及离散型随机变量函数的数字特征问题.

题 4 (1989④) 已知随机变量 X 和 Y 的联合概率分布为:

(x,y)	(0,0)	(0,1)	(1,0)	(1,1)	(2,0)	(2,1)
$P\{X=x,Y=y\}$	0.10	0.15	0.25	0.20	0.15	0.15

试求:(1)X 的概率分布;(2)$X+Y$ 的概率分布;(3)$Z=\sin\dfrac{\pi(X+Y)}{2}$ 的数学期望.

解 (1) 由题设有

$$P\{X=0\}=P\{X=0,Y=0\}+P\{X=0,Y=1\}=0.25$$

$$P\{X=1\}=P\{X=1,Y=0\}+P\{X=1,Y=1\}=0.45$$

$$P\{X=2\}=P\{X=2,Y=0\}+P\{X=2,Y=1\}=0.30$$

则 X 的概率分布如下表:

x	0	1	2
$P\{X=x\}$	0.25	0.45	0.30

(2) 将题设数表改写为：

$P\{X=x,Y=y\}$	0.10	0.15	0.25	0.20	0.15	0.15
(x,y)	(0,0)	(0,1)	(1,0)	(1,1)	(2,0)	(2,1)
$x+y$	0	1	1	2	2	3

由上表可得随机变量 $U=X+Y$ 的概率分布为：

u	0	1	2	3
$P\{X+Y=u\}$	0.10	0.40	0.35	0.15

(3) 由(2) 的结论可得 Z 的数学期望

$$E(Z)=E\left[\sin\frac{\pi(X+Y)}{2}\right]$$

$$=0.10\cdot\sin 0+0.4\cdot\sin\frac{\pi}{2}+0.35\cdot\sin\pi+0.15\cdot\sin\frac{3\pi}{2}$$

$$=0.4-0.15=0.25$$

题 5 (2007④) 设随机变量 X 与 Y 独立同分布，且 X 的概率分布如下：

X	1	2
p	$\frac{2}{3}$	$\frac{1}{3}$

记 $U=\max\{X,Y\}$, $V=\min\{X,Y\}$.

(1) 求(U,V) 的概率分布；(2) 求 U 与 V 的协方差 $\mathrm{cov}(U,V)$.

解 (1) 由于(U,V) 可能取的值为(1,1),(1,2),(2,1),(2,2),并且

$$P\{U=1,V=1\}=P\{\max\{X,Y\}=1,\min\{X,Y\}=1\}$$

$$=P\{X=1,Y=1\}=P\{X=1\}P\{Y=1\}=\frac{4}{9}$$

$$P\{U=1,V=2\}=P\{\varnothing\}=0$$

$$P\{U=2,V=1\}=P\{\max\{X,Y\}=2,\min\{X,Y\}=1\}$$

$$=P\{X=2,Y=1\}+P\{X=1,Y=2\}$$

$$=P\{X=2\}P\{Y=1\}+P\{X=1\}P\{Y=2\}$$

$$=\frac{1}{3}\times\frac{2}{3}+\frac{2}{3}\times\frac{1}{3}=\frac{4}{9}$$

$$P\{U=2,V=2\}=1-P\{U=1,V=1\}-P\{U=1,V=2\}-P\{U=2,V=1\}$$

$$=1-\frac{4}{9}-0-\frac{4}{9}=\frac{1}{9}$$

所以，(U,V) 的概率分布为：

U \ V	1	2
1	$\frac{4}{9}$	0
2	$\frac{4}{9}$	$\frac{1}{9}$

(2) 由 U,V 的联合分布知 U,V 的概率分布分别为：

U	1	2
p	$\frac{4}{9}$	$\frac{5}{9}$

V	1	2
p	$\frac{8}{9}$	$\frac{1}{9}$

得

$$E(U)=1\times\frac{4}{9}+2\times\frac{5}{9}=\frac{14}{9},\quad E(V)=1\times\frac{8}{9}+2\times\frac{1}{9}=\frac{10}{9}$$

此外，$E(UV)=1\times1\times\frac{4}{9}+1\times2\times0+2\times1\times\frac{4}{9}+2\times2\times\frac{1}{9}=\frac{16}{9}$，所以

$$\operatorname{cov}(U,V)=E(UV)-E(U)E(V)=\frac{16}{9}-\frac{14}{9}\times\frac{10}{9}=\frac{4}{81}$$

注 顺便计算 U,V 的相关系数 ρ. 因为

$$D(U)=E(U^2)-[E(U)]^2=\left(1^2\times\frac{4}{9}+2^2\times\frac{5}{9}\right)-\left(\frac{14}{9}\right)^2=\frac{20}{81}$$

$$D(V)=E(V^2)-[E(V)]^2=\left(1^2\times\frac{8}{9}+2^2\times\frac{1}{9}\right)-\left(\frac{10}{9}\right)^2=\frac{8}{81}$$

所以 $\rho=\dfrac{\operatorname{cov}(U,V)}{\sqrt{D(U)D(V)}}=\dfrac{\frac{4}{81}}{\sqrt{\frac{20}{81}\times\frac{8}{81}}}=\dfrac{1}{\sqrt{10}}$.

题 6 (2008④) 设某企业生产线上产品的合格率为 0.96，不合格产品中只有 $\frac{3}{4}$ 的产品可进行再加工，且再加工的合格率为 0.8，其余均为废品，已知每件合格产品可获利 80 元，每件废品亏损 20 元，为保证该企业每天平均利润不低于 2 万元，问该企业每天至少应生产多少产品？

解 进行再加工后，产品的合格率

$$P=0.96+0.04\times0.75\times0.8=0.984$$

记 X 为 n 件产品中的合格产品数，$T(n)$ 为 n 件产品的利润，则

$$X\sim B(n,p),\quad E(X)=np=0.984n,\quad T(n)=80X-20(n-x)$$

$$E(T(n))=80E(X)-20n+20E(X)=100E(X)-20n=78.4n$$

要 $E(T(n))\geqslant 20\,000$，则 $n\geqslant 256$.

故企业每天至少生产 256 件产品.

② 连续型随机变量的问题

下面是一些连续型随机变量的数字特征问题. 如前文所述，离散与连续对于求和运算来讲，不过是将 $\sum$ 换成 $\int$ 而已.

题 7 (1993⑨) 设随机变量 X 和 Y 同分布，X 的分布密度为

$$f_X(x)=\begin{cases}\frac{3}{8}x^2, & 0<x<2\\ 0, & 其他\end{cases}$$

(1) 已知事件 $A=\{X>a\}$ 和 $B=\{Y>a\}$ 独立，且 $P(A\cup B)=\frac{3}{4}$，求常数 a；

(2) 求$\frac{1}{X^2}$的数学期望.

解 1　(1) 由题设可知 $P(A)=P(B)$,又事件 A,B 独立,则

$$P(AB)=P(A)P(B)$$

从而 $P(A\cup B)=P(A)+P(B)-P(AB)=2P(A)-[P(A)]^2=\frac{3}{4}$,可解得 $P(A)=\frac{1}{2}$.

又

$$P(A)=P\{X>a\}=\int_a^{+\infty}f(x)\mathrm{d}x=\frac{3}{8}\int_a^2x^2\mathrm{d}x=\frac{1}{8}x^3\Big|_a^2=\frac{1}{8}(8-a^3)$$

从而$\frac{1}{8}(8-a^3)=\frac{1}{2}$,解得 $a=\sqrt[3]{4}$.

(2) 故 X 的数学期望

$$E\left(\frac{1}{X^2}\right)=\int_{-\infty}^{+\infty}\frac{1}{x^2}f(x)\mathrm{d}x=\int_0^2\frac{1}{x^2}\cdot\frac{3}{8}x^2\mathrm{d}x=\frac{3}{8}\int_0^2\mathrm{d}x=\frac{3}{4}$$

解 2　(1) 由题设有

$$\frac{3}{4}=P(A\cup B)=1-P(\overline{A\cup B})=1-P(\overline{A})P(\overline{B})$$

又

$$P(\overline{A})=P(\overline{B})=P\{X\leqslant a\}=\int_{-\infty}^{a}f(x)\mathrm{d}x=\int_0^a\frac{3}{8}x^2\mathrm{d}x=\frac{a^3}{8}$$

故$\frac{3}{4}=1-\left(\frac{a^3}{8}\right)^2$,由此解得 $a=\sqrt[3]{4}$.

(2) 仿解 1 亦有

$$E\left(\frac{1}{X^2}\right)=\int_{-\infty}^{+\infty}\frac{1}{x^2}f(x)\mathrm{d}x=\int_0^2\frac{1}{x^2}\cdot\frac{3}{8}x^2\mathrm{d}x=\frac{3}{4}$$

题 8　(2002①) 设随机变量 X 的概率密度为

$$f(x)=\begin{cases}\frac{1}{2}\cos\frac{x}{2}, & 0\leqslant x\leqslant\pi\\ 0, & \text{其他}\end{cases}$$

对 X 独立地重复观察 4 次,用 Y 表示观察值大于$\frac{\pi}{3}$的次数,求 Y^2 的数学期望.

解　因为 $P(Y)=P\{X>\frac{\pi}{3}\}=\int_{\frac{\pi}{3}}^{\pi}\frac{1}{2}\cos\frac{x}{2}\mathrm{d}x=\frac{1}{2}$,所以随机变量 Y 服从 $Y\sim\mathscr{B}\left(4,\frac{1}{2}\right)$. 于是

$$E(Y)=4\times\frac{1}{2}=2,\quad D(Y)=4\times\frac{1}{2}\times\left(1-\frac{1}{2}\right)=1$$

故

$$E(Y^2)=D(Y)+[E(Y)]^2=1+2^2=5$$

注　这种用 $D(Y)+[E(Y)]^2$ 求 $E(Y^2)$ 的例子前文已有述,这是公式 $D(Y)=E(Y^2)-[E(Y)]^2$ 的反用.

题 9　(1993④) 设随机变量 X 和 Y 相互独立,且都在区间[1,3]上服从均匀分布;今引进事件 $A=\{X\leqslant a\}$,$B=\{Y>a\}$.

(1) 若已知 $P(A\cup B)=\frac{7}{9}$,求常数 a;(2) 求$\frac{1}{X}$的数学期望.

解　(1) 由题设,X 和 Y 的概率密度函数为

$$f(x)=\begin{cases}\frac{1}{2}, & \text{若 } 1\leqslant x\leqslant 3\\ 0, & \text{其他}\end{cases}$$

又

$$\frac{7}{9}=P(A\cup B)=1-P(\overline{A\cup B})=1-P(\overline{A}\cap\overline{B})=1-P(\overline{A})P(\overline{B})$$

及

$$P(\overline{A})=P\{X>a\}=\int_1^a\frac{1}{2}\mathrm{d}x=\frac{1}{2}(a-1),\quad P(\overline{B})=P\{Y\leqslant a\}=\frac{1}{2}(3-a)$$

故 $\frac{7}{9}=1-\frac{1}{4}(a-1)(3-a)$，即 $9a^2-36a+35=0$.

由上面方程解得

$$a_1=\frac{5}{3},\quad a_2=\frac{7}{3}$$

(2) 依公式可得 $\frac{1}{X}$ 的数学期望

$$E\left(\frac{1}{X}\right)=\int_{-\infty}^{+\infty}\frac{1}{x}f(x)\mathrm{d}x=\frac{1}{2}\int_1^3\frac{1}{x}\mathrm{d}x=\frac{1}{2}\ln 3$$

题 10 (2012③) 设随机变量 X 与 Y 相互独立，且都服从参数为 1 的指数分布. 记 $U=\max\{X,Y\}$，$V=\min\{X,Y\}$.

(1) 求 V 的概率密度 $f_V(v)$；

(2) $E(U+V)$.

解 (1) X 与 Y 的分布函数均为

$$F(x)=\begin{cases}1-\mathrm{e}^{-x}, & x\geqslant 0\\ 0, & x<0\end{cases}$$

$V=\min\{X,Y\}$ 的分布函数为

$$\begin{aligned}F_V(v)&=P\{\min\{X,Y\}\leqslant v\}=1-P\{\min\{X,Y\}>v\}\\&=1-P\{X>v,Y>v\}=1-(1-F(v))^2=\begin{cases}1-\mathrm{e}^{-2v}, & v\geqslant 0\\ 0, & v<0\end{cases}\end{aligned}$$

故 V 的概率密度为

$$f_V(v)=F'_V(v)=\begin{cases}2\mathrm{e}^{-2v}, & v>0\\ 0, & v\leqslant 0\end{cases}$$

(2) 解 1：$U=\max\{X,Y\}$ 的分布函数为

$$\begin{aligned}F_U(u)&=P\{\max\{X,Y\}\leqslant u\}=P\{X\leqslant u,Y\leqslant u\}\\&=F^2(u)=\begin{cases}(1-\mathrm{e}^{-u})^2, & u\geqslant 0\\ 0, & u<0\end{cases}\end{aligned}$$

故 U 的概率密度为

$$f_U(u)=F'_U(u)=\begin{cases}2\mathrm{e}^{-u}(1-\mathrm{e}^{-u}), & u>0\\ 0, & u\leqslant 0\end{cases}$$

$$\begin{aligned}E(U+V)&=E(U)+E(V)=\int_0^{+\infty}2u\mathrm{e}^{-u}(1-\mathrm{e}^{-u})\mathrm{d}u+\int_0^{+\infty}2u\mathrm{e}^{-2u}\mathrm{d}u\\&=\int_0^{+\infty}2u\mathrm{e}^{-u}\mathrm{d}u=2\end{aligned}$$

解 2：因为 $U+V=\min(X,Y)+\max(X,Y)=X+Y$，故

$$E(U+V)=E(X+Y)=E(X)+E(Y)=2$$

题 11　(1987③) 已知随机变量 Y 的概率密度为

$$f(y)=\begin{cases}\dfrac{y}{a^2}e^{-\frac{y^2}{2a^2}}, & y>0\\ 0, & y\leqslant 0\end{cases}$$

求随机变量 $Z=\dfrac{1}{Y}$ 的数学期望 $E(Z)$.

解　由题设及数学期望公式有

$$E(Z)=E\left(\frac{1}{Y}\right)=\int_{-\infty}^{+\infty}\frac{1}{y}f(y)\mathrm{d}y=\frac{1}{a^2}\int_0^{+\infty}e^{-\frac{y^2}{2a^2}}\mathrm{d}y=\frac{1}{2a^2}\int_{-\infty}^{+\infty}e^{-\frac{y^2}{2a^2}}\mathrm{d}y$$

$$=\frac{\sqrt{2}}{2a}\cdot\frac{1}{\sqrt{2\pi}a}\int_{-\infty}^{+\infty}e^{-\frac{y^2}{2a^2}}\mathrm{d}y=\frac{\sqrt{2\pi}}{2a}$$

这里注意到 $\dfrac{1}{\sqrt{2\pi}a}\displaystyle\int_{-\infty}^{\infty}e^{-\frac{y^2}{2a^2}}\mathrm{d}y=1$ 的事实.

题 12　(1989④) 已知随机变量 X 和 Y 的联合密度为

$$f(x,y)=\begin{cases}e^{-(x+y)}, & 0<x<+\infty,0<y<+\infty\\ 0, & \text{其他}\end{cases}$$

试求:(1) 概率 $P\{X<Y\}$;(2) XY 的数学期望 $E(XY)$.

解　(1) 由设及公式并见图 6 可有

$$P\{X<Y\}=\iint_D e^{-(x+y)}\mathrm{d}x\mathrm{d}y=\int_0^{+\infty}e^{-x}\mathrm{d}x\int_0^x e^{-y}\mathrm{d}y$$

$$=\int_0^{+\infty}e^{-x}\Big[e^{-y}\Big]_x^0\mathrm{d}x$$

$$=\int_0^{+\infty}e^{-x}(1-e^{-x})\mathrm{d}x$$

$$=\left[-e^{-x}+\frac{1}{2}e^{-2x}\right]_0^{+\infty}=\frac{1}{2}$$

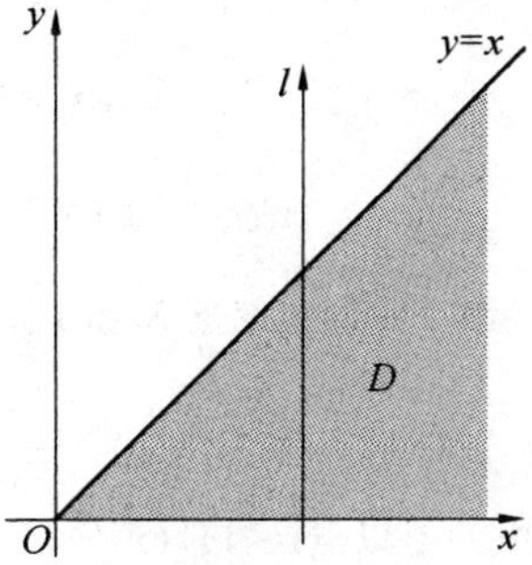

图 6

(2) 由题设及数学期望公式可有

$$E(XY)=\int_{-\infty}^{+\infty}\int_{-\infty}^{+\infty}xyf(x,y)\mathrm{d}x\mathrm{d}y=\int_0^{+\infty}\int_0^{+\infty}xye^{-(x+y)}\mathrm{d}x\mathrm{d}y$$

$$=\int_0^{+\infty}xe^{-x}\mathrm{d}x\int_0^{+\infty}ye^{-y}\mathrm{d}y=\left(\int_0^{+\infty}xe^{-x}\mathrm{d}x\right)^2=1$$

题 13　(2001④) 设随机变量 X 和 Y 的联合分布在以点 (0,1),(1,0),(1,1) 为顶点的三角形区域上,且服从均匀分布,试求随机变量 $U=X+Y$ 的方差.

解 1　令三角形区域为 D,其面积 $S_D=\dfrac{1}{2}$(如图 7),则 (X,Y) 的联合概率密度

$$f(x,y)=\begin{cases}2, & (x,y)\in D\\ 0, & \text{其他}\end{cases}$$

且

$$f_X(x)=\int_{-\infty}^{+\infty}f(x,y)\mathrm{d}y$$

$$=\begin{cases}\displaystyle\int_{1-x}^1 2\mathrm{d}y, & 0<x<1\\ 0, & \text{其他}\end{cases}$$

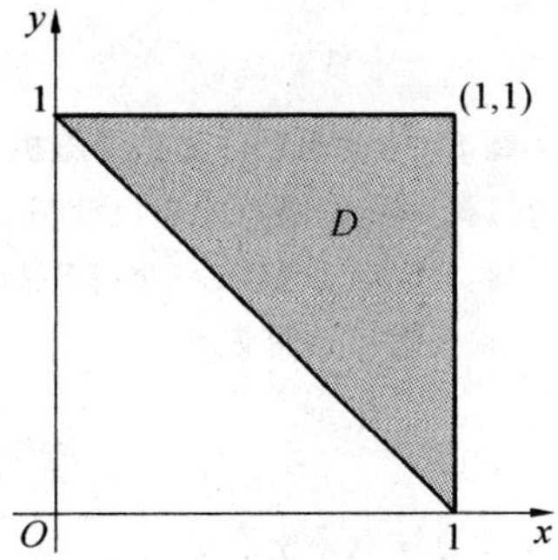

图 7

$$=\begin{cases}2x, & 0<x<1\\0, & \text{其他}\end{cases}$$

由上我们可分别求得 X 的数学期望和方差：

X 的数学期望

$$E(X)=\int_{-\infty}^{+\infty}xf_X(x)\mathrm{d}x=\int_0^1 x\cdot 2x\mathrm{d}x=\frac{2}{3}$$

又
$$E(X^2)=\int_{-\infty}^{+\infty}x^2f_X(x)\mathrm{d}x=\int_0^1 2x^3\mathrm{d}x=\frac{1}{2}$$

则 X 的方差

$$D(X)=E(X^2)-[E(X)]^2=\frac{1}{2}-\frac{4}{9}=\frac{1}{18}$$

同理 $E(Y)=\frac{2}{3},D(Y)=\frac{1}{18}$.

又 $E(XY)=\iint\limits_D xyf(x,y)\mathrm{d}x\mathrm{d}y=2\int_0^1 x\mathrm{d}x\int_{1-x}^1 y\mathrm{d}y=\frac{5}{12}$,及

$$\mathrm{cov}(X,Y)=E(XY)-E(X)E(Y)=\frac{5}{12}-\frac{2}{3}\times\frac{2}{3}=-\frac{1}{36}$$

故
$$D(U)=D(X+Y)=D(X)+D(Y)+2\mathrm{cov}(X,Y)=\frac{1}{18}+\frac{1}{18}-\frac{2}{36}=\frac{1}{18}$$

解 2 随机变量 X 和 Y 的联合密度为

$$f(x,y)=\begin{cases}2, & (x,y)\in G\\0, & (x,y)\overline{\in}G\end{cases}$$

其中 D 是以点 $(0,1),(1,0),(1,1)$ 为顶点的三角形区域(见图 7).

于是，所求数学期望和方差转化为计算两个二重积分.

又因区域 D 关于 $y=x$ 对称，故 $\iint\limits_G x\mathrm{d}x\mathrm{d}y=\iint\limits_G y\mathrm{d}x\mathrm{d}y$,这样可有

$$E(X+Y)=\iint\limits_G(x+y)f(x,y)\mathrm{d}x\mathrm{d}y=4\iint\limits_G x\mathrm{d}x\mathrm{d}y=4\int_0^1\mathrm{d}x\int_{1-x}^1 x\mathrm{d}y=\frac{4}{3}$$

$$\begin{aligned}[E(X+Y)]^2&=\iint\limits_G(x+y)^2f(x,y)\mathrm{d}x\mathrm{d}y=2\iint\limits_G(x^2+2xy+y^2)\mathrm{d}x\mathrm{d}y\\&=4\iint\limits_G x^2\mathrm{d}x\mathrm{d}y+4\iint\limits_G xy\mathrm{d}x\mathrm{d}y=4\int_0^1 x^2\mathrm{d}x\int_{1-x}^1\mathrm{d}y+4\int_0^1 x\mathrm{d}x\int_{1-x}^1 y\mathrm{d}y\\&=1+\frac{5}{6}=\frac{11}{6}\end{aligned}$$

故
$$D(U)=D(X+Y)=[E(X+Y)^2]-[E(X+Y)]^2=\frac{11}{6}-\frac{16}{9}=\frac{1}{18}$$

题 14 (1990①) 设二维随机变量 (X,Y) 在区域 $D:0<x<1,|y|<x$ 内服从均匀分布，求关于 X 的边缘概率密度函数及随机变量 $Z=2X+1$ 的方差 $D(Z)$.

解 区域 D 是 xOy 坐标平面上以 $O(0,0)$,$A(1,1)$ 和 $B(1,-1)$ 为顶点的三角形(见图 8). 这样 (X,Y) 的联合概率密度函数是

$$f(x,y)=\begin{cases}1, & 0<x<1,|y|<x\\0, & \text{其他}\end{cases}$$

又 X 的边缘概率密度是

$$f_X(x)=\int_{-\infty}^{+\infty}f(x,y)\mathrm{d}y=\begin{cases}2x, & 0<x<1\\0, & \text{其他}\end{cases}$$

故可依公式及题设求得 X 的期望和方差

$$E(X)=\int_{-\infty}^{+\infty}xf_X(x)\mathrm{d}x=\int_0^1 x\cdot 2x\mathrm{d}x=\frac{2}{3}x^3\Big|_0^1=\frac{2}{3}$$

又

$$E(X^2)=\int_{-\infty}^{+\infty}x^2f_X(x)\mathrm{d}x=\int_0^1 x^2\cdot 2x\mathrm{d}x=\frac{1}{2}x^4\Big|_0^1=\frac{1}{2}$$

故

$$D(X)=E(X^2)-[E(X)]^2=\frac{1}{2}-\frac{4}{9}=\frac{1}{18}$$

由上及方差性质有

$$D(Z)=D(2X+1)=D(2X)=2^2\cdot D(X)=\frac{2}{9}$$

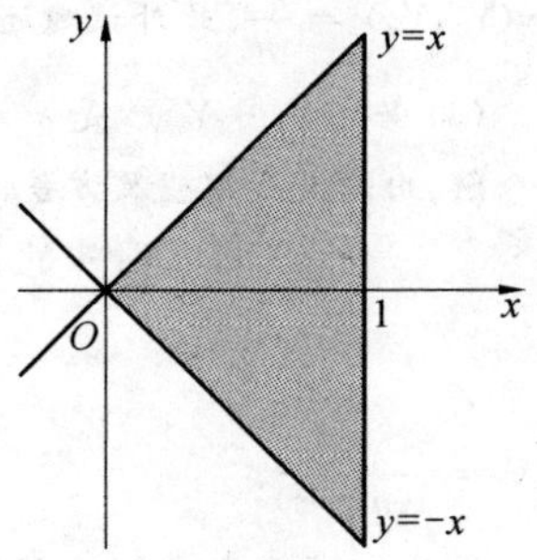

图 8

题 15　(1998①) 设两个随机变量 X,Y 相互独立，且都服从均值为 0，方差为 $\frac{1}{2}$ 的正态分布，求随机变量 $|X-Y|$ 的方差.

解　由设 $X\sim N\left(0,\frac{1}{2}\right)$，$Y\sim N\left(0,\frac{1}{2}\right)$，又由 X,Y 独立知 $Z=X-Y\sim N(0,1)$.

因为 $D(|X-Y|)=D(|Z|)=E(|Z|^2)-[E(|Z|)]^2=E(Z^2)-[E(|Z|)]^2$，其中

$$E(Z^2)=D(Z)+[E(Z)]^2=1+0^2=1$$

而 $E(|Z|)=\int_{-\infty}^{+\infty}|z|\frac{1}{\sqrt{2\pi}}\mathrm{e}^{-\frac{z^2}{2}}\mathrm{d}z=\frac{2}{\sqrt{2\pi}}\int_0^{+\infty}z\mathrm{e}^{-\frac{z^2}{2}}\mathrm{d}z=\sqrt{\frac{2}{\pi}}$，所以

$$D(|X-Y|)=E(Z^2)-[E(|Z|)]^2=1-\frac{2}{\pi}$$

题 16　(2005①③④) 设 $X_1,X_2,\cdots,X_n\ (n>2)$ 为来自总体 $N(0,1)$ 的简单随机样本，$\overline{X}$ 为样本均值，记 $Y_i=X_i-\overline{X}$，$i=1,2,\cdots,n$.

求：(1) Y_i 的方差 $D(Y_i)$，$i=1,2,\cdots,n$；(2) Y_i 与 Y_n 的协方差 $\mathrm{cov}(Y_i,Y_n)$.

解　由题设，知 $X_1,X_2,\cdots,X_n\ (n>2)$ 相互独立，且

$$E(X_i)=0,\quad D(X_i)=1\ (i=1,2,\cdots,n),\quad E(\overline{X})=0$$

(1) 由随机变量方差的性质有

$$D(Y_i)=D(X_i-\overline{X})=D\left[\left(1-\frac{1}{n}\right)X_i-\frac{1}{n}\sum_{\substack{j\neq 1\\ i\neq i}}^{n}X_j\right]$$

$$=\left(1-\frac{1}{n}\right)^2D(X_i)+\frac{1}{n^2}\sum_{\substack{j\neq 1\\ i\neq i}}^{n}D(X_j)=\frac{(n-1)^2}{n^2}+\frac{1}{n^2}\cdot(n-1)=\frac{n-1}{n}$$

(2) 由随机向量协方差性质有

$$\begin{aligned}\mathrm{cov}(Y_1,Y_n)&=E\{[Y_1-E(Y_1)][Y_n-E(Y_n)]\}=E(Y_1Y_n)\\&=E[(X_1-\overline{X})(X_n-\overline{X})]=E(X_1X_n-X_1\overline{X}-\overline{X}X_n+\overline{X}^2)\\&=E(X_1X_n)-E(\overline{X}X_n)-E(X_1\overline{X})+E(\overline{X}^2)\\&=0-\frac{1}{n}E[X_1^2+\sum_{j\neq 2}^{n}(X_1X_j)]-\frac{1}{n}E[X_n^2+\sum_{j\neq 1}^{n-1}(X_1X_j)]+D(\overline{X})+[E(\overline{X})]^2\\&=-\frac{1}{n}-\frac{1}{n}+\frac{1}{n}=-\frac{1}{n}\end{aligned}$$

注　其实，2005 年数学(三) 试题中题设的随机变量总体为 $N(0,\sigma)$，故所求 $D(Y_i)=\frac{n-1}{n}\sigma^2$，

$\text{cov}(Y_i, Y_n) = \frac{\sigma^2}{n}$. 此外试题还有一小问：

(3) 若 $c(Y_1 + Y_n)^2$ 是 σ^2 的无偏估计量，求常数 c.

解：由题设及期望及方差性质有

$$E[c(Y_1 + Y_n)^2] = cD(Y_1 + Y_n) = c[D(Y_1) + D(Y_2) + 2\text{cov}(Y_1, Y_n)]$$
$$= c\left[\frac{n-1}{n} + \frac{n-1}{n} - \frac{2}{n}\right]\sigma^2 = \frac{2(n-2)}{n}c\sigma^2 = \sigma^2$$

故 $c = \frac{n}{2(n-2)}$.

同时 2005 年数学(四)试题中题设同本题，第(3)小问为：

(3) 求 $P\{Y_1 + Y_n \leqslant 0\}$.

解：由题设注意下面式子变形

$$Y_1 + Y_n = X_1 - \overline{X} + X_n - \overline{X} = \frac{n-2}{n}X_1 - \frac{2}{n}\sum_{i=2}^{n-1} X_i + \frac{n-2}{n}X_n$$

上式是相互独立的正态随机变量的线性组合，所以 $Y_1 + Y_n$ 服从正态分布.

由于 $E(Y_1 + Y_n) = 0$，故 $P\{Y_1 + Y_n \leqslant 0\} = \frac{1}{2}$.

(2) 随机变量的相关系数及独立性

先来看离散变量的情形.

题 1 (1998④) 某箱装有100件产品，其中一、二和三等品分别为80件、10件和10件，现在从中随机抽取一件，记

$$X_i = \begin{cases} 1, & \text{若抽到 } i \text{ 等品} \\ 0, & \text{其他} \end{cases} \quad (i = 1, 2, 3)$$

试求：(1) 随机变量 X_1 与 X_2 的联合分布；(2) 随机变量 X_1 与 X_2 的相关系数 ρ.

解 (1) 设事件 A_i = "抽到 i 等品" $(i = 1, 2, 3)$. 依题意知 A_1, A_2, A_3 两两互不相容. 故有 $P(A_1) = 0.8$, $P(A_2) = P(A_3) = 0.1$，这样

$$P\{X_1 = 0, X_2 = 0\} = P(A_3) = 0.1, \quad P\{X_1 = 0, X_2 = 1\} = P(A_2) = 0.1$$
$$P\{X_1 = 1, X_2 = 0\} = P(A_1) = 0.8, \quad P\{X_1 = 1, X_2 = 1\} = P(\varnothing) = 0$$

这样可有 X_1, X_2 的联合分布为：

X_2 \ X_1	0	1
0	0.1	0.8
1	0.1	0

(2) 由(1) 及上表可有 X_1, X_2 的概率分布为：

x_1	0	1
$P\{X_1 = x\}$	0.2	0.8

x_2	0	1
$P\{X_2 = x\}$	0.9	0.1

从而可有：$E(X_1) = 0.8$, $E(X_2) = 0.1$. 且

$$D(X_1) = 0.8 \times 0.2 = 0.16, \quad D(X_2) = 0.1 \times 0.9 = 0.09$$

又
$$E(X_1X_2) = 0 \times 0 \times 0.1 + 0 \times 1 \times 0.1 + 1 \times 0 \times 0.8 + 1 \times 1 \times 0 = 0$$

及
$$\text{cov}(X_1, X_2) = E(X_1X_2) - E(X_1)E(X_2) = 0 - 0.8 \times 0.1 = -0.08$$

故
$$\rho = \frac{\text{cov}(X_1, X_2)}{\sqrt{D(X_1)D(X_2)}} = \frac{-0.08}{\sqrt{0.16 \times 0.09}} = -\frac{2}{3}$$

题 2　(2011①) 设随机变量 X 与 Y 的概率分布分别为：

X	0	1
P	$\frac{1}{3}$	$\frac{2}{3}$

Y	-1	0	1
P	$\frac{1}{3}$	$\frac{1}{3}$	$\frac{1}{3}$

且 $P\{X_2 = Y_2\} = 1$.

(1) 求二维随机变量 (X,Y) 的概率分布；

(2) 求 $Z = XY$ 的概率分布；

(3) 求 X 与 Y 的相关系数 ρ_{xy}.

解　(1) 由 $P\{X^2 = Y^2\} = 1$ 得 $P\{X^2 \neq Y^2\} = 0$，所以

$$P\{X = 0, Y = -1\} = P\{X = 0, Y = 1\} = P\{X = 1, Y = 0\} = 0$$

故 (X,Y) 的概率分布为：

X \ Y	-1	0	1
0	0	$\frac{1}{3}$	0
1	$\frac{1}{3}$	0	$\frac{1}{3}$

(2) $Z = XY$ 的可能取值为 $-1,0,1$，由 (X,Y) 的概率分布可得 Z 的概率分布为：

Z	-1	0	1
P	$\frac{1}{3}$	$\frac{1}{3}$	$\frac{1}{3}$

(3) 由 X,Y 及 Z 的概率分布得

$$E(X) = \frac{2}{3},\quad D(X) = \frac{2}{9},\quad E(Y) = 0,\quad D(Y) = \frac{2}{3},\quad E(Z) = E(XY) = 0$$

所以

$$\operatorname{cov}(X,Y) = E(XY) - E(X)E(Y) = 0,\quad \rho_{XY} = \frac{\operatorname{cov}(X,Y)}{\sqrt{D(X)}\ \sqrt{D(Y)}} = 0$$

题 3　(2000③④) 设 A,B 是两随机事件. 又随机变量

$$X = \begin{cases} 1, & \text{若 } A \text{ 出现} \\ -1, & \text{若 } A \text{ 不出现} \end{cases},\quad Y = \begin{cases} 1, & \text{若 } B \text{ 出现} \\ -1, & \text{若 } B \text{ 不出现} \end{cases}$$

试证：随机变量 X 和 Y 不相关的充分必要条件是 A 与 B 相互独立.

证　显然只需证明：$\operatorname{cov}(X,Y) = 0 \Longleftrightarrow P(AB) = P(A)P(B)$. 今记

$$P(A) = p_1,\quad P(B) = p_2,\quad P(AB) = p_{12}$$

又 $E(X) = 1 \cdot P(A) + (-1) \cdot P(\overline{A}) = 2p_1 - 1$，同理 $E(Y) = 2p_2 - 1$.

由于 XY 只有两个可能值 1 和 -1，故知

$$\begin{aligned} P\{XY = 1\} &= P(AB) + P(\overline{A}\,\overline{B}) = P(AB) + P(\overline{A \cup B}) \\ &= P(AB) + 1 - P(A \cup B) = P(AB) + 1 - P(A) - P(B) + P(AB) \\ &= 2p_{12} - p_1 - p_2 + 1 \end{aligned}$$

且 $P\{XY = -1\} = 1 - P\{XY = 1\} = p_1 + p_2 - 2p_{12}$，则

$$E(XY) = 1 \cdot P\{XY = 1\} + (-1) \cdot P\{XY = -1\} = 4p_{12} - 2p_1 - 2p_2 + 1$$

及

$$\mathrm{cov}(X,Y)=E(XY)-E(X)E(Y)=4p_{12}-4p_1p_2=4(p_{12}-p_1p_2)$$

故 $\mathrm{cov}(X,Y)=0$ 当且仅当 $p_{12}=p_1p_2$.

即 X 和 Y 不相关当且仅当事件 A 和 B 相互独立.

题 4 (1999③)假设二维随机变量 (X,Y) 在矩形 $G=\{(x,y)\mid 0\leqslant x\leqslant 2,0\leqslant y\leqslant 1\}$ 上服从均匀分布.记

$$U=\begin{cases}0, & X\leqslant Y\\1, & X>Y\end{cases},\quad V=\begin{cases}0, & X\leqslant 2Y\\1, & X>2Y\end{cases}$$

(1) 求 U 和 V 的联合分布;(2) 求 U 和 V 的相关系数 ρ_{UV}.

解 (1) 见图 9,设二维随机变量 (X,Y) 在区域 A,B,C 中取值这些事件依次记为 A,B,C.依几何概率(计算相应面积),显然

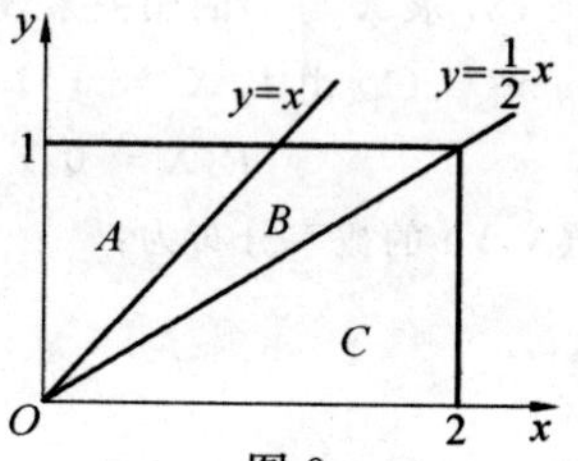

图 9

$$P(A)=\frac{1}{4},\quad P(B)=\frac{1}{4},\quad P(C)=\frac{1}{2}$$

这样可有 U,V 的分布律为:

$P\{U=0,V=0\}=P\{X\leqslant Y,X\leqslant 2Y\}=P(A)=\frac{1}{4}$;

$P\{U=0,V=1\}=P\{X\leqslant Y,X>2Y\}=P(\varnothing)=0$;

$P\{U=1,V=0\}=P\{X>Y,X\leqslant 2Y\}=P(B)=\frac{1}{4}$;

$P\{U=1,V=1\}=P\{X>Y,X>2Y\}=P(C)=\frac{1}{2}$.

(2) 这样 U,V 的联合分布如下表:

U \ V	0	1
0	$\frac{1}{4}$	0
1	$\frac{1}{4}$	$\frac{1}{2}$

且其边缘分布可见下面两表:

u	0	1
$P\{U=u\}$	$\frac{1}{4}$	$\frac{3}{4}$

v	0	1
$P\{V=v\}$	$\frac{1}{2}$	$\frac{1}{2}$

因为 U 和 V 都是 $0-1$ 分布,所以有

$$E(U)=\frac{3}{4},\quad D(U)=\frac{3}{16},\quad E(V)=\frac{1}{2},\quad D(V)=\frac{1}{4}$$

$$E(UV)=0\times 0\times\frac{1}{4}+0\times 1\times\frac{1}{4}+1\times 0\times 0+1\times 1\times\frac{1}{2}=\frac{1}{2}$$

故

$$\rho_{UV}=\frac{\mathrm{cov}(U,V)}{\sqrt{D(U)D(V)}}=\frac{E(UV)-E(U)E(V)}{\sqrt{D(U)D(V)}}=\frac{1}{\sqrt{3}}$$

题 5 (1993①)设随机变量 X 的概率分布密度为 $f(x)=\frac{1}{2}\mathrm{e}^{-|x|}$,$-\infty<x<+\infty$.

(1) 求 X 的数学期望 $E(X)$ 和方差 $D(X)$.

(2) 求 X 与 $|X|$ 的协方差,并问 X 与 $|X|$ 是否相关.

(3) 问 X 与 $|X|$ 是否相互独立,为什么.

解 (1) 由题设及公式可求得 $E(X)=\frac{1}{2}\int_{-\infty}^{+\infty}x\mathrm{e}^{-|x|}\mathrm{d}x=0$,且

$$D(X)=E(X^2)-[E(X)]^2=\frac{1}{2}\int_{-\infty}^{+\infty}x^2\mathrm{e}^{-|x|}\mathrm{d}x=\int_0^{+\infty}x^2\mathrm{e}^{-x}\mathrm{d}x=2$$

(2) 依公式 X 与 $|X|$ 的协方差为

$$\operatorname{cov}(X,|X|)=E(X|X|)-E(X)E(|X|)=E(X|X|)$$

$$=\int_{-\infty}^{+\infty}x|x|f(x)\mathrm{d}x=0$$

因 $\operatorname{cov}(X,|X|)=0$，知 X 与 $|X|$ 互不相关.

(3) 设 $Y=|X|$，即 Y 的分布函数为 $F_Y(y)=P\{Y\leqslant y\}$，而 X 的分布函数为 $F_X(x)=P\{X\leqslant x\}$.

注意到，对于 $x\in(0,+\infty)$，又因为事件 $\{|X|\leqslant x\}\subset\{X\leqslant x\}$，所以

$$0<P\{|X|\leqslant x\}\leqslant P\{X\leqslant x\}<1$$

即 $0<F_X(x)<1$.

设 (X,Y) 的联合分布函数为 $F(x,y)$，则

$$F(x,y)=P\{X\leqslant x,|X|\leqslant x\}=P\{|X|\leqslant x\}=P\{Y=y\}$$
$$=F_Y(y)\neq F_X(x)\cdot F_Y(y)$$

上式表明一般情况下 $F(x,y)\neq F_X(x)\cdot F_Y(y)$，故 X 和 $|X|$ 不独立.

注　其实 $P\{X>a,|X|<a\}\neq P\{X<a\}\cdot P\{|X|<a\}$ 已说明随机变量 X 与 $|X|$ 不独立.

题 6　(1994①) 已知随机变量 (X,Y) 服从二维正态分布，且 X 和 Y 分别服从正态分布 $N(1,3^2)$ 和 $N(0,4^2)$，又 X 与 Y 的相关系数 $\rho_{XY}=-\frac{1}{2}$，若设 $Z=\frac{X}{3}+\frac{Y}{2}$.

(1) 求 Z 的数学期望 $E(Z)$ 和方差 $D(Z)$；

(2) 求 X 与 Z 的相关系数 ρ_{XZ}；

(3) 问 X 与 Z 是否相互独立，为什么.

解　(1) 由题设据数学期望的性质有

$$E(Z)=\frac{1}{3}E(X)+\frac{1}{2}E(Y)=\frac{1}{3}$$

又据方差和协方差的性质有 $D(X)=9$，$D(Y)=16$，则

$$\operatorname{cov}(X,Y)=\rho_{XY}\sqrt{D(X)}\sqrt{D(Y)}=\left(-\frac{1}{2}\right)\times3\times4=-6$$

及
$$D(Z)=D\left(\frac{1}{3}X+\frac{1}{2}Y\right)=\frac{1}{3^2}D(X)+\frac{1}{2^2}D(Y)+2\times\frac{1}{3}\times\frac{1}{2}\operatorname{cov}(X,Y)=3$$

(2) 由协方差性质及题设有

$$\operatorname{cov}(X,Z)=\operatorname{cov}\left(X,\frac{X}{3}\right)+\operatorname{cov}\left(X,\frac{Y}{2}\right)=\frac{1}{3}\operatorname{cov}(X,X)+\frac{1}{2}\operatorname{cov}(X,Y)$$
$$=\frac{1}{3}D(X)+\frac{1}{2}\times(-6)=0$$

故
$$\rho_{XZ}=\frac{\operatorname{cov}(X,Z)}{\sqrt{D(X)}\sqrt{D(Z)}}=0$$

(3) 因为 Z 是正态随机变量 X 与 Y 的线性组合，故 Z 也是正态随机变量.

又因为 (X,Z) 作为二维正态分布，X 与 Z 的相关系数等于 0 的充要条件是 X 与 Z 相互独立，所以 X 与 Z 相互独立.

题 7　(2003④) 对任意两事件 A,B，$0<P(A)<1$，$0<P(B)<1$，$\rho=\dfrac{P(AB)-P(A)P(B)}{\sqrt{P(A)P(B)P(\overline{A})P(\overline{B})}}$，称做事件 A 和 B 的相关系数.

(1) 证明事件 A 和 B 独立的充分必要条件是其相关系数为零.

(2) 利用随机变量相关系数的性质,证明 $|\rho|\leqslant 1$.

证 (1) 由于 A,B 独立 $\Longleftrightarrow P(AB)=P(A)P(B)$,即 $\rho=0$.

所以 A,B 独立的充分必要条件为 $\rho=0$.

(2) 记 $X=\begin{cases}1, & 若 A 发生\\ 0, & 若 A 不发生\end{cases}$,$Y=\begin{cases}1, & 若 B 发生\\ 0, & 若 B 不发生\end{cases}$,则它们的概率分布为:

X	0	1
p	$P(\overline{A})$	$P(A)$

Y	0	1
p	$P(\overline{B})$	$P(B)$

则(X,Y)的联合概率分布为:

X \ Y	0	1
0	$P(\overline{A}\,\overline{B})$	$P(\overline{A}B)$
1	$P(A\overline{B})$	$P(AB)$

由此可知

$$E(X)=P(A),\quad E(Y)=P(B),\quad D(X)=P(A)P(\overline{A})>0,\quad D(Y)=P(B)P(\overline{B})>0$$

$$E(XY)=0\cdot 0\cdot P(\overline{A}\overline{B})+0\cdot 1\cdot P(\overline{A}B)+1\cdot 0\cdot P(A\overline{B})+1\cdot 1\cdot P(AB)=P(AB)$$

因此

$$\rho=\frac{P(AB)-P(A)P(B)}{\sqrt{P(A)P(B)P(\overline{A})P(\overline{B})}}=\frac{E(XY)-E(X)E(Y)}{\sqrt{D(X)D(Y)}}=\frac{\operatorname{cov}(X,Y)}{\sqrt{D(X)D(Y)}}=\rho_{XY},$$ 即 X,Y 的相关系数

由 ρ_{XY} 的性质知 $|\rho_{XY}|\leqslant 1$,故 $|\rho|\leqslant 1$.

题 8 (2000④) 设二维随机变量(X,Y)的密度函数为 $f(x,y)=\frac{1}{2}[\varphi_1(x,y)+\varphi_2(x,y)]$,其中 $\varphi_1(x,y)$ 和 $\varphi_2(x,y)$ 都是二维正态密度函数,且它们对应的二维随机变量的相关系数分别 $\frac{1}{3}$ 和 $-\frac{1}{3}$. 它们的边缘密度函数所对应的随机变量的数学期望都是 0,方差都是 1.

(1) 求随机变量 X 和 Y 的密度函数 $f_1(x)$ 和 $f_2(y)$ 及 X 与 Y 的相关系数 ρ_{XY}(可直接利用二维正态密度的性质).

(2) 问 X 与 Y 是否独立,为什么.

解 (1) 由于二维正态密度函数的两个边缘密度都是正态密度函数,因此 $\varphi_1(x,y)$ 和 $\varphi_2(x,y)$ 的两个边缘密度为标准正态密度函数,故

$$f_1(x)=\int_{-\infty}^{+\infty}f(x,y)\mathrm{d}y=\frac{1}{2}\left[\int_{-\infty}^{+\infty}\varphi_1(x,y)\mathrm{d}y+\int_{-\infty}^{+\infty}\varphi_2(x,y)\mathrm{d}y\right]$$

$$=\frac{1}{2}\left[\frac{1}{\sqrt{2\pi}}\mathrm{e}^{-\frac{x^2}{2}}+\frac{1}{\sqrt{2\pi}}\mathrm{e}^{-\frac{x^2}{2}}\right]=\frac{1}{\sqrt{2\pi}}\mathrm{e}^{-\frac{x^2}{2}}$$

同理

$$f_2(y)=\frac{1}{\sqrt{2\pi}}\mathrm{e}^{-\frac{y^2}{2}}$$

由 $X\sim N(0,1)$,$Y\sim N(0,1)$,有

$$E(X)=E(Y)=0,D(X)=D(Y)=1$$

这样,随机变量 X 和 Y 的相关系数

$$\rho_{XY}=\frac{\operatorname{cov}(X,Y)}{\sqrt{D(X)}\sqrt{D(Y)}}=\operatorname{cov}(X,Y)=\int_{-\infty}^{+\infty}\int_{-\infty}^{+\infty}xyf(x,y)\mathrm{d}x\mathrm{d}y$$

$$= \frac{1}{2}\left[\int_{-\infty}^{+\infty}\int_{-\infty}^{+\infty} xy\varphi_1(x,y)\mathrm{d}x\mathrm{d}y + \int_{-\infty}^{+\infty}\int_{-\infty}^{+\infty} xy\varphi_2(x,y)\mathrm{d}x\mathrm{d}y\right] = \frac{1}{2}\left[\frac{1}{3} - \frac{1}{3}\right] = 0$$

(2) 由题设及上面计算有(注意到二维正态分布的联合密度公式)

$$f(x,y) = \frac{3}{8\pi\sqrt{2}}\left\{\exp\left[-\frac{9}{16}\left(x^2 - \frac{2}{3}xy + y^2\right)\right] + \exp\left[-\frac{9}{16}\left(x^2 + \frac{2}{3}xy + y^2\right)\right]\right\}$$

且

$$f_1(x)\cdot f_2(y) = \frac{1}{2\pi}\mathrm{e}^{-\frac{x^2}{2}}\mathrm{e}^{-\frac{y^2}{2}} = \frac{1}{2\pi}\mathrm{e}^{-\frac{x^2+y^2}{2}}$$

即 $f(x,y) \neq f_1(x)\cdot f_2(x)$,故 X 与 Y 不独立.

题 9 (2004③④) 设 A,B 为两个随机事件,且

$$P(A) = \frac{1}{4},\quad P(B \mid A) = \frac{1}{3},\quad P(A \mid B) = \frac{1}{2}$$

令

$$X = \begin{cases}1, & A\text{ 发生}\\ 0, & A\text{ 不发生}\end{cases},\quad Y = \begin{cases}1, & B\text{ 发生}\\ 0, & B\text{ 不发生}\end{cases}$$

(1) 求二维随机变量 (X,Y) 的概率分布;

(2) 求 X 与 Y 的相关系数 ρ_{XY};

(3) 求 $Z = X^2 + Y^2$ 的概率分布.

解 (1) 由题设有

$$P(AB) = P(A)P(B \mid A) = \frac{1}{12},\quad P(B) = \frac{P(AB)}{P(A \mid B)} = \frac{1}{6}$$

则

$$P\{X = 1, Y = 1\} = P(AB) = \frac{1}{12}$$

$$P\{X = 1, Y = 0\} = P(A\overline{B}) = P(A) - P(AB) = \frac{1}{6}$$

$$P\{X = 0, Y = 1\} = P(\overline{A}B) = P(B) - P(AB) = \frac{1}{12}$$

$$P\{X = 0, Y = 0\} = P(\overline{A}\,\overline{B}) = 1 - P(A \cup B) = 1 - [P(A) + P(B) - P(AB)] = \frac{2}{3}$$

(最后一式亦可由 $P\{X = 0, Y = 0\} = 1 - \frac{1}{12} - \frac{1}{6} - \frac{1}{12} = \frac{2}{3}$ 计算)

这样可有随机变量 (X,Y) 的概率分布为:

X \ Y	0	1
0	$\frac{2}{3}$	$\frac{1}{12}$
1	$\frac{1}{6}$	$\frac{1}{12}$

(2) 注意到 X,Y 为 $0-1$ 分布有

$$E(X) = P(A) = \frac{1}{4},\quad E(Y) = P(B) = \frac{1}{6},\quad E(XY) = \frac{1}{12}$$

则

$$\mathrm{cov}(X,Y) = E(XY) - E(X)E(Y) = \frac{1}{24}$$

又 $E(X^2) = P(A) = \frac{1}{4}, E(Y^2) = P(B) = \frac{1}{6}$,则

$$D(X) = E(X^2) - [E(X)]^2 = \frac{3}{16},\quad D(Y) = E(Y^2) - [E(Y)]^2 = \frac{5}{36}$$

且 $$\rho_{XY} = \frac{\mathrm{cov}(X,Y)}{\sqrt{D(X)} \cdot \sqrt{D(Y)}} = \frac{1}{\sqrt{15}}$$

(3) 由设 Z 的可能取值为 0,1,2,且

$$P\{Z=0\} = P\{X=0,Y=0\} = \frac{2}{3}$$

$$P\{Z=1\} = P\{X=0,Y=1\} + P\{X=1,Y=0\} = \frac{1}{4}$$

$$P\{Z=2\} = P\{X=1,Y=1\} = \frac{1}{12}$$

故 Z 的概率分布为:

z	0	1	2
$P\{Z=z\}$	$\frac{2}{3}$	$\frac{1}{4}$	$\frac{1}{12}$

注 问题(2) 的前半部分还可解,由设 X,Y 的概率分布分别为:

x	0	1
$P\{X=x\}$	$\frac{3}{4}$	$\frac{1}{4}$

y	0	1
$P\{Y=y\}$	$\frac{5}{6}$	$\frac{1}{6}$

则 $E(X) = \frac{1}{4}$,$E(Y) = \frac{1}{6}$,而 $E(XY) = \frac{1}{12}$,故

$$\mathrm{cov}(X,Y) = E(XY) - E(X)E(Y) = \frac{1}{24}$$

题 10 (1991③) 假设随机变量 X 和 Y 在圆域 $x^2 + y^2 \leqslant r^2$ 上服从联合均匀分布.

(1) 求 X 和 Y 的相关系数 ρ_{XY};(2) 问 X 和 Y 是否独立.

解 (1) 由题设知 X 和 Y 的联合密度为

$$f(x,y) = \begin{cases} \frac{1}{\pi r^2}, & x^2+y^2 \leqslant r^2 \\ 0, & 其他 \end{cases}$$

则 X 的密度为

$$f_X(x) = \begin{cases} \frac{1}{\pi r^2}\int_{-\sqrt{r^2-x^2}}^{\sqrt{r^2-x^2}} \mathrm{d}y = \frac{2}{\pi r^2}\sqrt{r^2-x^2}, & -r \leqslant x \leqslant r \\ 0, & 其他 \end{cases}$$

且 Y 的密度为

$$f_Y(y) = \begin{cases} \frac{1}{\pi r^2}\int_{-\sqrt{r^2-y^2}}^{\sqrt{r^2-y^2}} \mathrm{d}x = \frac{2}{\pi r^2}\sqrt{r^2-y^2}, & -r \leqslant y \leqslant r \\ 0, & 其他 \end{cases}$$

则 $$E(X) = \int_{-r}^{r} x \cdot \frac{2}{\pi r^2}\sqrt{r^2-x^2}\,\mathrm{d}x = 0, E(Y) = \int_{-r}^{r} y \cdot \frac{2}{\pi}\sqrt{r^2-y^2}\,\mathrm{d}y = 0$$

故 $$\mathrm{cov}(X,Y) = E(XY) - E(X)E(Y) = \iint\limits_{x^2+y^2 \leqslant r^2} xy \cdot \frac{2}{\pi r^2}\mathrm{d}x\mathrm{d}y = 0$$

于是 X 和 Y 的相关系数 $\rho_{XY} = 0$(知 X,Y 不相关).

(2) 由上所求边缘分布知 $f(x,y) \neq f_X(x) \cdot f_Y(y)$,因此 X 与 Y 不独立.

(3) 应用问题

下面是一则与商店订货有关的获利问题(前文曾见过类似的例子),只要经济意义清晰,问题解答不

很困难.

题　(1998③)一商店经销某种商品,每周进货数量 X 与顾客对该种商品的需求量 Y 是相互独立的随机变量,且都服从区间[10,20]上的均匀分布.商店每售出一单位商品可得利润 1 000 元;若需求量超过了进货量,商店可以从其他商店调剂供应,这时每单位商品获利润 500 元.试计算此商店经销该种商品每周所得利润的期望值.

解　由题设有 $f_X(x)=\begin{cases}\dfrac{1}{10}, & 10\leqslant x\leqslant 20\\ 0, & \text{其他}\end{cases}$,$f_Y(y)=\begin{cases}\dfrac{1}{10}, & 10\leqslant y\leqslant 20\\ 0, & \text{其他}\end{cases}$,设 Z 表示商店每周所得的利润,则

$$Z=\begin{cases}1\,000Y, & Y\leqslant X\\ 1\,000X+500(Y-X)=500(X+Y), & Y>X\end{cases}$$

由于 X 与 Y 相互独立,所以 X,Y 的联合概率密度为

$$f(x,y)=\begin{cases}\dfrac{1}{100}, & 10\leqslant x\leqslant 20,10\leqslant y\leqslant 20\\ 0, & \text{其他}\end{cases}$$

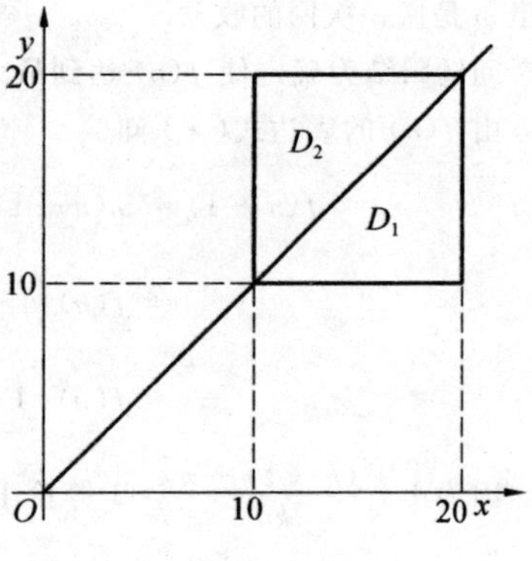

图 9

如图 9,因而 Z 的数学期望值为

$$\begin{aligned}E(Z)&=\iint\limits_{D_1}1\,000y\times\frac{1}{100}\mathrm{d}x\mathrm{d}y+\iint\limits_{D_2}500(x+y)\times\frac{1}{100}\mathrm{d}x\mathrm{d}y\\&=10\int_{10}^{20}\mathrm{d}x\int_{10}^{x}y\mathrm{d}y+5\int_{10}^{20}\mathrm{d}y\int_{10}^{y}(x+y)\mathrm{d}x\\&=10\int_{10}^{20}\frac{1}{2}(x^2-100)\mathrm{d}x+5\int_{10}^{20}\left(\frac{3}{2}y^2-10y-50\right)\mathrm{d}y\\&=\frac{1}{3}\times 20\,000+5\times 1\,500\approx 14\,166.67(\text{元})\end{aligned}$$

国内外大学数学竞赛题赏析

在数学竞赛中,涉及随机事件数学特征的问题多与求事件期望值有关.其他问题出现得不多.我们来看几个与数学期望值有关的赛题.

例 1　一副牌共有 N 张,其中有 3 张 A,现随机地洗牌(假定纸牌可能的分布都有相等的机会),然后从顶上开始一张接一张地翻牌,直到翻到第 2 张 A 出现为止.求证:翻过的纸牌数的数学期望(平均)值是 $\dfrac{N+1}{2}$.(第 4 届美国数学奥林匹克,1975)

证　设 x_1,x_2,x_3 表示三张 A 在任一分发中由上数起的位置,即三张 A 依次是第 x_1 张、第 x_2 张和第 x_3 张.

那么这种分发的逆分发,即从最后一张牌发起,那么第 2 张 A 在序列中的位置是

$$x'_1=N+1-x_2$$

于是不管 N 是奇数还是偶数,平均位置是

$$\frac{x_2+(N+1-x_2)}{2}=\frac{N+1}{2}$$

显然这就是所求的翻过的纸牌数的数学期望值.

例 2　某艘外国渔船未经允许在该国领海上捕鱼,每撒一次网将使该国的捕鱼量蒙受一个价值相同的损失.在每次撒网期间渔船被海岸巡逻队拘留的概率等于 $\dfrac{1}{k}$,这里 k 是(涉及的某个国家的)自然

数,假定在每次撒网期间由渔船被拘留或不被拘留所组成的事件是与其捕鱼过程无关的.若渔船被外国海岸巡逻队拘留,则原先捕获的鱼全部没收,并且今后不能再来捕鱼,船长打算捕完第 n 网后离开外国领海,因为决不能排除渔船被外国海岸巡逻队拘留的可能性,所以捕鱼所得收益是一个随机变量.求数 n 使捕鱼收益的期望值达到最大.(波兰数学奥林匹克,1976)

解 渔船第一次撒网时没被拘留的概率等于 $1-\frac{1}{k}$,因为每次撒网期间被拘留或未被拘留的事件是独立的,所以撒了 n 次网而未被拘留的概率等于 $\left(1-\frac{1}{k}\right)^n$,因此,撒 n 次网收益期望值等于

$$f(n)=\omega n\left(1-\frac{1}{k}\right)^n \tag{$*$}$$

这里 ω 是撒一次网的收益.

问题归结为确定使 $f(n)$ 达到最大值的自然数 n.

由 $f(n)$ 的表达式($*$)知

$$\begin{aligned}f(n+1)&=\omega(n+1)\left(1-\frac{1}{k}\right)^{n+1}=\omega n\left(1-\frac{1}{k}\right)^n\left(1-\frac{1}{k}\right)\left(\frac{n+1}{n}\right)\\&=f(n)\left(1-\frac{1}{k}\right)\left(1+\frac{1}{k}\right)\\&=f(n)\left[1+\frac{(k-1)-n}{kn}\right]\end{aligned}$$

因为 $1+\frac{(k-1)-n}{kn}\geqslant 1$ 等价于 $k-1-n\geqslant 0$ 或 $n\leqslant k-1$,因此:

$f(n+1)>f(n)$,当 $n=1,2,\cdots,k-2$ 时;

$f(n+1)=f(n)$,当 $n=k-1$ 时;

$f(n+1)<f(n)$,当 $n=k,k+1,\cdots$ 时.

因此,当 $n=k-1$ 时 $f(n)$ 达到最大值.

例3 独立随机地分别从三个区间 $[0,l_i](i=1,2,3)$ 任取三个数,若每个随机数皆关于它所选自的区间为均匀分布.试确定这三个数的最小期望值.(美国 Putnam Exam,1970)

解 令 X 选自 $[0,l_1]$,Y 选自 $[0,l_2]$,Z 选自 $[0,l_3]$.且假定 $l_1\leqslant l_2\leqslant l_3$,令 $\xi=\min\{X,Y,Z\}$,且令 $\mu=\min\{X,Y\}$,有

$$\begin{aligned}E(\xi)&=\frac{1}{l_1l_2l_3}\int_0^{l_1}\int_0^{l_2}\int_0^{l_3}\xi\mathrm{d}x\mathrm{d}y\mathrm{d}z=\frac{1}{l_1l_2l_3}\int_0^{l_1}\int_0^{l_2}\left\{\int_0^{\mu}z\mathrm{d}z+\mu\int_{\mu}^{l_3}\mathrm{d}z\right\}\mathrm{d}y\mathrm{d}x\\&=\frac{1}{l_1l_2l_3}\int_0^{l_1}\int_0^{l_2}\left\{l_3\mu-\frac{1}{2}\mu^2\right\}\mathrm{d}y\mathrm{d}x\\&=\frac{1}{l_1l_2l_3}\int_0^{l_1}\left\{\int_0^{x}(l_3y-\frac{1}{2}y^2)\mathrm{d}y+\int_0^{l_2}(l_3x-\frac{1}{2}x^2)\mathrm{d}y\right\}\mathrm{d}x\\&=\cdots=\frac{1}{2}l_1-\frac{1}{6}\cdot\frac{l_1(l_2+l_3)}{l_2l_3}+\frac{1}{12}\cdot\frac{l_1^3}{l_2l_3}\end{aligned}$$

例4 将一均匀的硬币抛 n 次,用 H,T 分布表示出现正、负面的次数.求 $|H-T|$ 的期望值,结果可用仅含二项式系数、n 和 2^n 的有理函数及 Gauss 函数 $[x]$ 一个单一项的级数表示.(美国 Putnam Exam,1974)

解 由题设及随机变量的数学期望公式有

$$\begin{aligned}E\{|H-T|\}&=\frac{1}{2^{n-1}}\sum_{k<\frac{n}{2}}(n-2k)\mathrm{C}_n^k=\frac{1}{2^{n-1}}\sum_{k<\frac{n}{2}}\{(n-k)\mathrm{C}_n^k-k\mathrm{C}_n^k\}\\&=\frac{1}{2^{n-1}}\sum_{k<\frac{n}{2}}\{n\mathrm{C}_{n-1}^k-n\mathrm{C}_{n+1}^{k-1}\}=\frac{n}{2^{n-1}}\sum_{k<\frac{n}{2}}\{\mathrm{C}_{n-1}^k-\mathrm{C}_{n-1}^{k-1}\}=\frac{n}{2^{n-1}}\mathrm{C}_{[\frac{n-1}{2}]}^{n-1}\end{aligned}$$

这里，$[x]$ 表示不超 x 的最大整数，即 Gauss 函数.

习　题

1. 随机变量 X 取非负整数值，且 $P\{X=k\}=\dfrac{a^k}{(1+a)^{k+1}}(a>0)$，$k=1,2,\cdots$. 求该随机变量的均值(数学期望).

2. 一只袋中装有六个球，其中三个球上标有 1 点，两个球上标有 2 点，一个球上标有 3 点. 今从中任取三球，以 X 表示三球上点数总和，求：(1)X 的概率分布；(2)X 的数学期望 $E(X)$；(3)X 的方差 $D(X)$；(4) 取 10 次球有 8 次出现 $X=6$ 的概率；(5) 设 $Y=2X$，求 Y 的概率分布.（长沙铁道学院，1981）

3. 一只袋中有 2 个红球，3 个白球，5 个黑球，现从袋中任取三次，每次取一球，取后不放回. 设取出红球数为随机变量 X. 求：(1)X 的分布律；(2)X 的数学期望 $E(X)$ 和 $2X+1$ 的方差 $D(2X+1)$.（苏州丝绸工学院，1985）

4. 一批产品总数为 n，其中混入一件次品. 为找出次品，每次随机地从中取一件，验后不放回. 求为找出次品所需检验次数的均值和方差.（重庆大学，1981）

5. 甲、乙两人各自独立地向一目标射击一次，他们命中的概率分别是 p_1,p_2，以 X 表示命中目标的次数. 求：(1)X 的概率分布；(2)X 的均值 $E(X)$；(3)X 的方差 $D(X)$.（中国科学院，1982）

6. 质点 M 随机地均匀地落在以 O 为圆心，R 为半径的圆内. 求质点 M 与圆心 O 间距离的数学期望.（长春光机学院，1984）

7. 随机变量 ξ 的分布密度为

$$f(x)=\begin{cases}\dfrac{1}{\theta}, & 0<x\leqslant\theta\\ 0, & \text{其他}\end{cases}$$

求 ξ 的数学期望 $E(\xi)$ 和方差 $D(\xi)$.（大连轻工业学院，1984）

8. 设随机变量 ξ 的分布密度函数为 $f(x)=1-|x|$，其中 $|x|<1$，求 ξ 的方差 $D(\xi)$.（北京农业大学，1984）

9. 若随机变量的分布密度函数为

$$f(x)=\begin{cases}6x(1-x), & 0\leqslant x\leqslant 1\\ 0, & \text{其他}\end{cases}$$

求：(1)ξ 的数学期望 $E(\xi)$ 和方差 $D(\xi)$；(2)$P\{|\xi-E(\xi)|<2\sqrt{D(\xi)}\}$.（西安交通大学，1984）

10. 设随机变量的概率密度函数为

$$f(x)=\begin{cases}Ax^2, & 0\leqslant x\leqslant 1\\ 0, & \text{其他}\end{cases}$$

试求：(1) 系数 A；(2)ξ 落在 $(0.1,0.7)$ 内的概率；(3)ξ 的分布函数；(4)ξ 的数学期望和方差.（中山大学，1981）

11. 若随机变量 ξ 的概率密度函数是

$$f(x)=\frac{k}{1+(x-a)^2}$$

其中 k,a 均为常数，k 称为系数，a 称为参数. (1) 求系数 k；(2) 求 ξ 的数学期望 $E(\xi)$；(3) 计算 $P\{a-1\leqslant\xi<a+1\}$.（四川大学，1981）

12. 设随机变量具有密度函数 $f(x)=Ae^{-|x|}(-\infty<x<+\infty)$. 求：(1) 系数 A；(2)ξ 的数学期望；(3)ξ 的方差.（上海机械学院、安徽工学院，1982）

13. 随机变量 X 的概率密度

$$f(x)=\begin{cases}\dfrac{A}{\sqrt{1-x^2}}, & |x|<1\\ 0, & \text{其他}\end{cases}$$

求:(1) 常数 A;(2)X 落在 $\left(-\dfrac{1}{2},\dfrac{1}{2}\right)$ 的概率;(3)X 的数学期望和方差.(中南矿冶学院,1985)

14. 设随机变量 ξ 的分布密度为 $f(x)=Ae^{-\frac{|x|}{2}}(-\infty<x<+\infty)$. 求:(1) 系数 A;(2)ξ 落入(0,1)的概率;(3)ξ 的分布函数 $F(x)$;(4)ξ 的数学期望 $E(\xi)$;(5)ξ 的方差 $D(\xi)$.(西安矿业学院,1984)

15. 若随机变量 ξ 的概率密度为

$$\varphi(x)=\begin{cases}0, & x<0\\ \dfrac{x^m}{m!}e^{-x}, & x\geqslant 0\end{cases}$$

试求 ξ 的数学期望和方差.(中南矿冶学院,1983)

16. 随机变量 ξ 的概率密度为

$$f(x)=\begin{cases}e^{-x}, & x>0\\ 0, & x\leqslant 0\end{cases}$$

求:(1)ξ 的分布函数;(2)$\eta=2\xi$ 的数学期望.(中南矿冶学院,1985)

17. 已知随机变量 ξ 的密度函数为

$$f(x)=\begin{cases}ke^{-\frac{3|x|}{2}}, & -2<x<+\infty\\ 0, & \text{其他}\end{cases}$$

求:(1) 常数 k;(2)$P\{-1<\xi<2\}$;(3)$E(e^{-\frac{\xi}{2}})$.(北京农业大学等五院校,1985)

18. 设随机变量 ξ 的密度函数为

$$f(x)=\begin{cases}A\cos\dfrac{x}{2}, & |x|\leqslant\pi\\ 0, & |x|>\pi\end{cases}$$

求:(1) 常数 A;(2)ξ 落在 $\left[\dfrac{\pi}{2},\dfrac{3\pi}{2}\right]$ 的概率;(3)ξ 的数学期望和方差.(阜新矿业学院等六院校,1985)

19. 已知随机变量 ξ 的分布函数为

$$F(x)=\begin{cases}0, & x<0\\ kx, & 0\leqslant x<1\\ 1, & x\geqslant 1\end{cases}$$

(1) 试求确定式中系数 k 及 ξ 的概率密度函数 $f(x)$;(2) 计算 $P\left\{\xi=\dfrac{1}{2}\right\}$ 和 $P\left\{|x|<\dfrac{1}{2}\right\}$;(3) 求 ξ 的数学期望.(昆明工学院,1981)

20. (1) 若随机变量 ξ 服从 $N(a,\sigma^2)$ 分布,又随机变量函数 $\eta=e^{\xi}$,求 $E(\eta)$ 及 $D(\eta)$.

(2) 若随机变量 ξ 服从 $N(\mu,\sigma^2)$. 求:$P\{\xi>\mu\}$;$E(\xi^2)$.(西南交通大学,1984)

21. 若随机变量 ξ 的概率密度

$$f(x)=\frac{1}{\sqrt{2\pi}\sigma}e^{-\frac{(x-a)^2}{2\sigma^2}},\quad -\infty<x<+\infty$$

求 $E(\xi)$,$D(\xi)$.(大连轻工业学院,1985)

22. 二维随机变量 (X,Y) 在圆形区域 $x^2+y^2\leqslant r^2$ 上服从均匀分布.

(1) 求 (X,Y) 的联合分布密度;(2) 检验随机变量 X,Y 是否独立;(3) 求 (X,Y) 的边缘分布密度.(华

东纺织工学院,1981)

23. 设 X 服从 $[0,1]$ 上的均匀分布,Y 服从 $[2,4]$ 上的均匀分布,且 X,Y 互相独立,试求 $E(XY)$,$D(XY)$.(苏州丝绸工学院,1985)

24. 若随机变量 (X,Y) 的分布密度函数为

$$f(x,y)=\begin{cases}8xy, & 0\leqslant x\leqslant y,0\leqslant y\leqslant 1\\ 0, & \text{其他}\end{cases}$$

试检验 X,Y 是否相互独立.

又若分布密度函数是

$$f(x,y)=\begin{cases}4xy, & 0\leqslant x\leqslant 1,0\leqslant y\leqslant 1\\ 0, & \text{其他}\end{cases}$$

试检验 X,Y 是否相互独立.(北方交通大学,1983)

25. 设 (X,Y) 具有联合密度函数

$$f(x,y)=\begin{cases}2, & 0<x<y,0<y<1\\ 0, & \text{其他}\end{cases}$$

(1) X 和 Y 是否独立?为什么?(2) 计算 $P\left\{Y<\frac{1}{2}\,\middle|\,X<\frac{1}{2}\right\}$.(华东师范大学,1984)

26. 设随机变量 (X,Y) 的概率密度函数为

$$f(x,y)=\begin{cases}Axy, & 0\leqslant x\leqslant y,0\leqslant y\leqslant x\\ 0, & \text{其他}\end{cases}$$

其中 A 为待定常数.(1) 求常数 A;(2) 求 X 和 Y 的边缘密度函数;(3) 判断 X,Y 是否独立.(北方交通大学,1982)

27. 设 (ξ,η) 的分布密度函数为

$$f(x,y)=\frac{c}{(1+x^2)(1+y^2)}$$

(1) 求系数 c;(2) 求 (ξ,η) 落在 $(0,0),(0,1),(1,0),(1,1)$ 为顶点的正方形内的概率;(3) ξ 与 η 是否相互独立?为什么?(吉林工业大学,1983)

28. 设连续型随机向量的分布函数为

$$F(x,y)=\frac{2}{\pi^2}\left(B+\arctan\frac{x}{2}\right)\left(C+\arctan\frac{y}{3}\right)$$

(1) 求系数 B,C;(2) 检验 X,Y 是否相互独立.(西安交通大学,1984)

29. 设随机变量 (X,Y) 的分布密度为

$$f(x,y)=\begin{cases}3x, & 0<x<1,0<y<x\\ 0, & \text{其他}\end{cases}$$

(1) 求关于 X,Y 的边缘分布密度;(2) 求条件分布密度;(3) 判断 X,Y 是否相互独立;(4) 求 $Z=X-Y$ 的分布密度.(西北工业大学,1984)

30. 设二维随机变量 (X,Y) 的分布密度函数

$$f(x,y)=\begin{cases}e^{-(x+y)}, & x>0,y>0\\ 0, & \text{其他}\end{cases}$$

求 $Z=\dfrac{X+Y}{2}$ 的概率密度.(北京邮电学院,1981)

31. 随机变量 (X,Y) 服从二维正态分布,其概率密度为

$$f(x,y)=\frac{1}{2\pi}e^{-\frac{x^2+y^2}{2}},\quad -\infty<x<+\infty,-\infty<y<+\infty$$

若记 $Z=\sqrt{X^2+Y^2}$.(1) 求 Z 的密度函数;(2) 求 $P\{Z<E(Z)\}$;(3) 求方差 $D(Z)$.(武汉地质学院,1982;成都电讯工程学院,1984)

32. 设随机变量 (X,Y) 服从参数为 $a_1,a_2,\sigma_1^2,\sigma_2^2;\rho$ 的二维正态分布.又 Z 是具有有限方差的随机变量,且 (X,Y) 与 Z 相互独立,求随机变量 $U=Y-ZX$ 的方差.(上海交通大学,1981)

33. 设 X,Y 都是只在区间 $[0,2]$ 上取值的两个随机变量,并且当 $0\leqslant x\leqslant 2,0\leqslant y\leqslant 2$ 时,(X,Y) 的分布函数为

$$F(x,y)=\frac{1}{16}xy(x+y)$$

(1) 求边缘分布函数;(2) 判断 X,Y 是否相互独立;(3) 求 (X,Y) 的分布密度.(上海交通大学,1981)

34. 设二维随机变量 (ξ,η) 的概率密度为

$$f(x,y)=\begin{cases}\dfrac{1+xy}{4}, & |x|<1,|y|<1\\ 0, & \text{其他}\end{cases}$$

试证:ξ,η 不互相独立,但 ξ^2 和 η^2 互相独立.(东北工学院,1983)

第 18 章
大数定律和中心极限定理

内　容　提　要

（一）切比雪夫不等式和大数定律

1. 切比雪夫(Чебыщев 或 Chebyshev) 不等式

对任意随机变量 ξ，总有

$$P\{|\xi - E(\xi)| \geqslant k\sqrt{D(\xi)}\} \leqslant \frac{1}{k^2}$$

这里 $k > 0$ 为任一常数. 上式还可以改写为

$$P\{|\xi - E(\xi)| \geqslant \varepsilon\} \leqslant \frac{D(\xi)}{\varepsilon^2}$$

这里 ε 为任意正数.

2. 矩不等式

$g(x)$ 为非负函数，若 $E[g(x)]$ 存在，则对 $\forall\varepsilon > 0$ 有 $P\{g(x) \geqslant \varepsilon\} \leqslant \dfrac{E[g(x)]}{\varepsilon}$，特别地：

Morkoff 不等式：若 $E(|x|^k)$ 存在，则 $P\{|x| \geqslant \varepsilon\} \leqslant \dfrac{E(|x|^k)}{\varepsilon^k}$.

切比雪夫不等式：$P\{|x - E(x)| \geqslant \varepsilon\} \leqslant \dfrac{D(X)}{\varepsilon^2}$.

3. 大数定律

设 $\xi_1, \xi_2, \cdots, \xi_n, \cdots$ 是随机变量序列，$\eta_n = \dfrac{1}{n}\sum\limits_{i=1}^{n}\xi_i$. 若存在一个常数列 $a_1, a_2, \cdots, a_n, \cdots$ 使：任给 $\varepsilon > 0$，恒有 $\lim\limits_{n\to\infty} P\{|\eta_n - a_n| < \varepsilon\} = 1$，则称 $\{\xi_n\}$ 序列服从大数定律.

几个大数定律

大数定律	叙　　述
切比雪夫大数定律	设 $\{\xi_n\}$ 是相互独立的随机变量序列，且 $D(\xi_i) \leqslant M(i = 1,2,\cdots)$，对任意 $\varepsilon > 0$ 有 $\lim\limits_{n\to\infty} P\left\{\left\|\frac{1}{n}\sum\limits_{i=1}^{n}\xi_i - \frac{1}{n}\sum\limits_{i=1}^{n}E(\xi_i)\right\| < \varepsilon\right\} = 1$ 特别地，若 ξ_i 具有同方差 σ^2 和同数学期望 $\alpha(i = 1,2,\cdots)$，则 $\lim\limits_{n\to\infty} P\left\{\left\|\frac{1}{n}\sum\limits_{i=1}^{n}\xi_i - \alpha\right\| < \varepsilon\right\} = 1$

续　表

大数定律	叙　　述
伯努利大数定律	设 n 次独立重复试验中，事件 A 出现的概率为 p，若 η_n 表示试验中 A 出现的次数，则对任意 $\varepsilon>0$，有 $$\lim_{n\to\infty}P\left\{\left\|\frac{\eta_n}{n}-p\right\|<\varepsilon\right\}=1$$
辛　钦 (Хинчин) 大数定律	设 $X_1,X_2,\cdots,X_n,\cdots$ 为独立同分布随机变量序列，且数学期望 $E(X_i)=\mu$ 存在，则对任意 $\varepsilon>0$，有 $$\lim_{n\to\infty}P\left\{\left\|\frac{1}{n}\sum_{i=1}^{n}x_i-\mu\right\|<\varepsilon\right\}=1$$

(二)中心极限定理

1. 中心极限定理

列维—林德伯格(Levy—Lindberg)中心极限定理(有时亦称林德伯格—列维中心极限定理)　设随机变量 $\{\xi_i\}(i=1,2,\cdots)$ 独立同分布，且具有相同的数学期望和方差：$E(\xi_i)=a, D(\xi_i)=\sigma^2\neq 0(i=1,2,\cdots)$，则随机变量 $\eta_n=\dfrac{\sum\limits_{i=1}^{n}\xi_i-na}{\sqrt{n}\sigma}$ 的分布函数 $F_n(x)$ 对任意实数 x 满足

$$\lim_{n\to\infty}F_n(x)=\lim_{n\to\infty}P\{\eta_n\leqslant x\}=\frac{1}{\sqrt{2\pi}}\int_{-\infty}^{+\infty}\mathrm{e}^{-\frac{t^2}{2}}\mathrm{d}t$$

棣莫弗—拉普拉斯(De Moiver—Laplace)中心极限定理　设随机变量 η_n 服从二项分布 $\mathscr{B}(n,p)(n=1,2,\cdots;$ 且 $0<p<1)$，则对任意实数 x 有

$$\lim_{n\to\infty}P\left\{\frac{\eta_n-np}{\sqrt{np(1-p)}}\leqslant x\right\}=\frac{1}{\sqrt{2\pi}}\int_{-\infty}^{x}\mathrm{e}^{-\frac{t^2}{2}}\mathrm{d}t$$

注　棣莫弗—拉普拉斯中心极限定理是说：

当 n 足够大时，由服从 $\mathscr{B}(n,p)$ 的随机变量 η_n 作出的随机变量 $\dfrac{\eta_n-np}{\sqrt{np(1-p)}}$ 的分布函数，与服从标准正态分布 $N(0,1)$ 的随机变量的分布函数是相互近似的(当 n 较大时).

这可使服从 $\mathscr{B}(n,p)$ 的随机变量的问题近似地转化为服从 $N(0,1)$ 的随机变量问题，它为我们的计算提供了可能和方便(后者常有数表好查).

(三)两个常用近似计算公式

(1) 若 $n\geqslant 1$，又 $p\leqslant 1$，二项概率有公式

$$P_n(k)=\mathrm{C}_n^k(1-p)^{n-k}\approx\frac{\lambda^k}{k!}\mathrm{e}^{-\lambda},\quad \lambda=np$$

(2) 若 $X_1,X_2,\cdots,X_n$ 满足中心极限定理，又 $E(X_k)=\mu, E(X_u)=\sigma^2(k=1,2,\cdots,n)$，则

$$P\left\{a\leqslant\frac{\sum\limits_{i=1}^{n}X_i-nu}{\sqrt{n}\sigma}\leqslant b\right\}\approx\Phi(b)-\Phi(a)$$

经典问题解析

1. 切比雪夫(不等式)问题

例 1　设随机变量 X 的数学期望及方差分别为 $E(X)=a, D(X)=b^2$，试估计 X 落在 $(a-3b, a+3b)$ 内的概率.

解　任给 $\varepsilon>0$，由不等式有

$$P\{|X-a|<\varepsilon\}\geqslant 1-\frac{b^2}{\varepsilon^2}$$

取 $\varepsilon=3b$，则有

$$P\{|X-a|<3b\}\geqslant 1-\frac{b^2}{9b^2}=\frac{8}{9}$$

即

$$P\{a-3b<X<a+3b\}\geqslant\frac{8}{9}$$

例 2　设 ξ 是非负随机变量，且 $E(\xi)$ 存在. 试证 $P\{\xi\geqslant n\}\leqslant\frac{1}{n}E(\xi)$（这里 $n>0$）.

证　由设 ξ 非负，且其分布函数为 $F(x)$，则

$$P\{\xi\geqslant n\}=\int_{x\geqslant n}\mathrm{d}F_{\xi}(x)\leqslant\int_{x\geqslant n}\frac{x}{n}\mathrm{d}F_{\xi}(x)\leqslant\frac{1}{n}\int_{-\infty}^{+\infty}x\mathrm{d}F_{\xi}(x)=\frac{1}{n}E(\xi)$$

2. 依概率收敛问题

下面的问题与依概率收敛有关.

例 1　若随机变量序列 $\{X_n\}$ 依概率收敛到 X，又随机变量序列 $\{Y_n\}$ 依概率收敛到 Y. 试证 $P\{X=Y\}=1$.

证　由题设 $\{X_n\}\xrightarrow{P}X$，$\{Y_n\}\xrightarrow{P}Y$（这里 $\xrightarrow{P}$ 表示依概率收敛），对任意 $\varepsilon>0$，则

$$P\{|X-Y|\geqslant\varepsilon\}\leqslant P\{|X-X_n|\geqslant\frac{\varepsilon}{2}\}+P\{|Y-Y_n|\geqslant\frac{\varepsilon}{2}\}\to 0,\quad n\to\infty\text{ 时}$$

即 $P\{|X-Y|\geqslant\varepsilon\}=0$，从而

$$P\{X\neq Y\}=P\left\{\bigcup_{k=1}^{\infty}\{|X-Y|\geqslant\frac{1}{k}\}\right\}\leqslant\sum_{k=1}^{\infty}P\left\{|X-Y|\geqslant\frac{1}{k}\right\}=0$$

故

$$P\{X=Y\}=1$$

例 2　设 $X_1, X_2, \cdots, X_n, \cdots$ 独立同分布，且 $E(X_k)=\mu, D(X_k)=\sigma^2 (k=1,2,\cdots)$. 令 $Y_n=\frac{2}{n(n+1)}\cdot\sum_{k=1}^{n}kX_k$，证明 $\{Y_n\}$ 依概率收敛于 μ.

证　由题设及数学期望与方差性质有

$$E(Y_n)=E\left[\frac{2}{n(n+1)}\sum_{k=1}^{n}kX_k\right]=\frac{2}{n(n+1)}E\left(\sum_{k=1}^{n}kX_k\right)$$

$$=\frac{2}{n(n+1)}\sum_{k=1}^{n}[kE(X_k)]=\frac{2}{n(n+1)}\sum_{k=1}^{n}(k\mu)=\mu$$

$$D(Y_n)=D\left[\frac{2}{n(n+1)}\sum_{k=1}^{n}kX_k\right]=\left[\frac{2}{n(n+1)}\right]^2 D\left(\sum_{k=1}^{n}kX_k\right)$$

$$=\left[\frac{2}{n(n+1)}\right]^2\sum_{k=1}^{n}[D(kX_k)]=\frac{4(2n+1)}{6n(n+1)}\sigma^2$$

这里注意到

$$\sum_{k=1}^{n}k=\frac{n(n+1)}{2},\quad\sum_{k=1}^{n}k^2=\frac{n(n+1)(2n+1)}{6}$$

由切比雪夫不等式有

$$P\{|Y_n-\mu|\geqslant\varepsilon\}\leqslant\frac{D(Y_n)}{\varepsilon^2}=\frac{6(2n+1)\sigma^2}{6n(n+1)\varepsilon^2}$$

当 $n\to\infty$ 时,上式 $\to 0$,从而 $\{Y_n\}\xrightarrow{P}\mu$.

例 3 设 $X_1,X_2,\cdots,X_n,\cdots$ 是独立同分布随机变量序列,且服从 $[0,1]$ 上的均匀分布. 令 $Y_n=\left(\prod\limits_{k=1}^{n}X_k\right)^{\frac{1}{n}}$,试证 $\{Y_n\}$ 依概率收敛于 e^{-1}.

证 设 $Z_k=\ln X_k$,则

$$\ln Y_n=\ln\left[\left(\prod_{k=1}^{n}X_k\right)^{\frac{1}{n}}\right]=\frac{1}{n}\sum_{k=1}^{n}\ln X_k=\frac{1}{n}\sum_{k=1}^{n}Z_k$$

由 X_k 独立同分布,知 $Z_k=\ln X_k$ 亦独立同分布 $(k=1,2,\cdots)$,且

$$E(Z_k)=E(\ln X_k)=\int_0^1\ln x\,\mathrm{d}x=(x\ln x-x)\Big|_0^1=-1$$

由辛钦大数定理知,对任给正数 ε 可有

$$\lim_{n\to\infty}P\left\{\left|\frac{1}{n}\sum_{k=1}^{n}Z_k-(-1)\right|<\varepsilon\right\}=1$$

即 $\lim\limits_{n\to\infty}P\left\{\left|\frac{1}{n}\sum\limits_{k=1}^{n}(\ln X_k)-(-1)\right|<\varepsilon\right\}=\lim\limits_{n\to\infty}P\{|\ln Y_n-(-1)|<\varepsilon\}=1$,从而

$$\lim_{n\to\infty}P\{|Y_n-\mathrm{e}^{-1}|<\mathrm{e}^{\varepsilon}\}=1$$

即

$$\{Y_n\}\xrightarrow{P}\mathrm{e}^{-1}$$

例 4 设 $\{\xi_n\}$ 为一致有界的随机变量序列,又若 $\lim\limits_{n\to\infty}\left[\frac{1}{n^2}D\left(\sum\limits_{k=1}^{n}\xi_k\right)\right]=0$,则 $\{\xi_n\}$ 服从大数定律.

证 由切比雪夫不等式有

$$P\left\{\left|\frac{1}{n}\sum_{k=1}^{n}\xi_k-\frac{1}{n}\sum_{k=1}^{n}E(\xi_k)\right|\geqslant\varepsilon\right\}\leqslant\frac{1}{\varepsilon^2}D\left(\frac{1}{n}\sum_{k=1}^{n}\xi_k\right)=\frac{1}{\varepsilon^2}\frac{1}{n^2}D\left(\sum_{k=1}^{n}\xi_k\right)\to 0,\quad 当\ n\to\infty\ 时$$

上式即说明 $\{\xi_n\}$ 服从大数定律.

例 5 设 $\{X_n\}$ 为彼此互不相关的随机变量序列,且 $E(X_n)=\mu_n,D(X_n)=\sigma_n^2,n=1,2,3,\cdots$. 若当 $n\to\infty$ 时 $\sum\limits_{i=1}^{n}\sigma_i^2\to\infty$,则当 $n\to\infty$ 时,$Y_n=\dfrac{\sum\limits_{i=1}^{n}(X_i-\mu_i)}{\sum\limits_{i=1}^{n}\sigma_i^2}$ 依概率收敛到 0.

证 由设易算得 $E(Y_n)=0$,又知 $\{X_n\}$ 互不相关,从而

$$D(Y_n)=E(Y_n^2)=\frac{\sum\limits_{i,j=1}^{n}E[(X_i-\mu_i)(X_j-\mu_j)]}{\left(\sum\limits_{i=1}^{n}\sigma_i^2\right)^2}$$

$$=\frac{\sum\limits_{i=1}^{n}D(X_i)+2\sum\limits_{1\leqslant i<j\leqslant n}E[(X_i-\mu_i)(X_j-\mu_j)]}{\left(\sum\limits_{i=1}^{n}\sigma_i^2\right)^2}=\frac{\sum\limits_{i=1}^{n}\sigma_i^2}{\left(\sum\limits_{i=1}^{n}\sigma_i^2\right)^2}=\frac{1}{\sum\limits_{i=1}^{n}\sigma_i^2}$$

由题设及切比雪夫不等式可知,对任意 $\varepsilon>0$ 有

$$P\{|Y_n-E(Y_n)|\geqslant\varepsilon\}\leqslant\frac{D(Y_n)}{\varepsilon^2}=\frac{1}{\varepsilon^2\sum\limits_{i=1}^{n}\sigma_i^2}\to 0,\quad n\to\infty\ 时$$

即当 $n \to \infty$ 时 Y_n 依概率收敛于 0.

例 6 将编号 $1 \sim n$ 的 n 个球,随机地放入编号为 $1 \sim n$ 的 n 个盒子中,每个盒子只能放一球.设 X 为球号与盒子号一致的个数,试证:$\dfrac{X-E(X)}{n}$ 当 $n \to \infty$ 时依概率收敛于 0.

证 设 $X_k = \begin{cases} 1, & k \text{ 号球入 } k \text{ 号盒子} \\ 0, & \text{其他} \end{cases}$ $(k=1,2,\cdots,n)$,从而 $X = \sum\limits_{k=1}^{\infty} X_k$.且

$$P\{X_i = 1\} = \frac{1}{n}, \quad P\{X_i = 1, X_j = 1\} = \frac{1}{n(n-1)}$$

故

$$E(X_i) = 1 \cdot \frac{1}{n} + 0 \cdot P\{X_i = 1\} = \frac{1}{n}$$

且

$$D(X_i) = E(X_i^2) - [E(X_i)]^2 = \frac{1}{n} - \left(\frac{1}{n}\right)^2 = \frac{n-1}{n^2}$$

同时

$$\operatorname{cov}(X_i, X_j) = E(X_i X_j) - E(X_i)E(X_j) = \frac{1}{n(n-1)} - \frac{1}{n^2}$$

$$= \frac{1}{(n-1)n^2}, \quad i \neq j; i,j = 1,2,\cdots,n$$

由上面结论及切比雪夫不等式有

$$P\left\{\left|\frac{X-E(X)}{n}\right| \geqslant \varepsilon\right\} = P\{|X-E(X)| \geqslant n\varepsilon\} \leqslant \frac{D(X)}{n^2\varepsilon^2} = \frac{D\left(\sum\limits_{i=1}^{n} X_i\right)}{n^2\varepsilon^2}$$

$$= \frac{\sum\limits_{i=1}^{n} D(X_i) + 2\sum\limits_{1 \leqslant i < j \leqslant n} \operatorname{cov}(X_i, X_j)}{n^2\varepsilon^2} = \frac{n \cdot \dfrac{n-1}{n^2} + 2 \cdot \dfrac{n(n-1)}{2} \cdot \dfrac{1}{n^2(n-1)}}{n^2\varepsilon^2}$$

$$= \frac{1}{n^2\varepsilon^2} \to 0, \quad n \to \infty \text{ 时}$$

注意到上式中 $\sum\limits_{1 \leqslant i < j \leqslant n} \operatorname{cov}(X_i, X_j)$ 有 $C_n^2 = \dfrac{n(n-1)}{2}$ 项.

故随机变量 $\dfrac{X-E(X)}{n}$ 当 $n \to \infty$ 时依概率收敛到 0.

例 7 设 $\{X_k\}$ 是独立同分布随机变量序列,且 $E(X_k) = \mu, D(X_k) = \sigma^2 > 0 (k=1,2,\cdots)$.试比较大数定律与中心极限定理的区别与精确性.

解 由设有 $E\left(\dfrac{1}{n}\sum\limits_{k=1}^{n} X_k\right) = \dfrac{1}{n}\sum\limits_{k=1}^{n} E(X_k) = \mu$,且

$$D\left(\frac{1}{n}\sum_{k=1}^{n} X_k\right) = \frac{1}{n^2}\sum_{k=1}^{n} D(X_k) = \frac{1}{n^2} \cdot n\sigma^2 = \frac{\sigma^2}{n}$$

由切比雪夫不等式可有

$$P\left\{\left|\frac{1}{n}\sum_{k=1}^{n} X_k - \mu\right| < \varepsilon\right\} \geqslant 1 - \frac{D\left(\dfrac{1}{n}\sum\limits_{k=1}^{n} X_k\right)}{\varepsilon^2} = 1 - \frac{\sigma^2}{n\varepsilon^2}$$

故

$$\lim_{n \to \infty} P\left\{\left|\frac{1}{n}\sum_{k=1}^{n} X_k - \mu\right| < \varepsilon\right\} = 1$$

而由中心极限定理,当 n 充分大时有

$$P\left\{\left|\frac{1}{n}\sum_{k=1}^{n} X_k - \mu\right| \leqslant \varepsilon\right\} = P\left\{\left|\frac{1}{n}\sum_{k=1}^{n} X_k - \mu\right| \Big/ \frac{\sigma}{\sqrt{n}} \leqslant \varepsilon \leqslant \varepsilon \Big/ \frac{\sigma}{\sqrt{n}}\right\}$$

$$\approx \Phi\left(\frac{\sqrt{n}\varepsilon}{\sigma}\right) - \Phi\left(-\frac{\sqrt{n}\varepsilon}{\sigma}\right) = 2\Phi\left(\frac{\sqrt{n}\varepsilon}{\sigma}\right) - 1$$

可见在题设条件下,中心极限定理比大数定律更精确.

例 8 利用中心极限定理证明 $\lim\limits_{n\to\infty}\left(e^{-n}\sum\limits_{k=1}^{n}\frac{n^k}{k!}\right)=\frac{1}{2}$.

证 设 $\{X_k\}$ 是独立同分布于参数为 $\lambda=1$ 的泊松分布的随机变量序列,设

$$Y_n = \sum_{k=1}^{n} X_k,\quad n = 1,2,\cdots$$

则知 Y_n 服从参数 $\lambda=\sum\limits_{k=1}^{n}1=n$ 的泊松分布,即 $P(Y_n)=D\{Y_n\}=n$,由中心极限定理

$$\lim_{n\to\infty} P\left\{\frac{Y_n-n}{\sqrt{n}}\leqslant 0\right\} = \lim_{n\to\infty} P\left\{\frac{Y_n-E(Y_n)}{\sqrt{D(Y_n)}}\leqslant 0\right\} = \Phi(0) = \frac{1}{2}$$

又

$$\lim_{n\to\infty} P\left\{\frac{Y_n-n}{\sqrt{n}}\leqslant 0\right\} = \lim_{n\to\infty}\{Y_n\leqslant n\} = \lim_{n\to\infty}\left(\sum_{k=1}^{n}\frac{n^k}{k!}e^{-n}\right) = \lim_{n\to\infty}\left(e^{-n}\sum_{k=0}^{n}\frac{n^k}{k!}\right)$$

故

$$\lim_{n\to\infty}\left(e^{-n}\sum_{k=0}^{n}\frac{n^k}{k!}\right) = \frac{1}{2}$$

例 9 若随机变量 X 服从二项分布 $\mathscr{B}(n,p)$. 试分别用切比雪夫不等式和中心极限定理估计 $P\left\{\left|\frac{X}{n}-p\right|<\frac{\sqrt{D(X)}}{3}\right\}\geqslant 0.99$ 的 n 值.

解 由 $X\sim\mathscr{B}(n,p)$,则 $E(X)=np$. 设 $Y=\frac{X}{n}$,则 $E(Y)=\frac{1}{n}E(X)=p$,$D(Y)=\frac{1}{n^2}D(X)$,从而 $\sqrt{D(Y)}=\frac{\sqrt{D(X)}}{n}$.

由切比雪夫不等式有

$$P\left\{\left|\frac{X}{n}-p\right|<\frac{\sqrt{D(X)}}{3}\right\} = P\left\{|Y-E(Y)|<\frac{\sqrt{D(X)}}{3}\right\}$$

$$\geqslant 1-\frac{D(Y)}{\left(\frac{\sqrt{D(X)}}{3}\right)^2} = 1-\frac{9D(X)}{n^2D(X)} = 1-\frac{9}{n^2}$$

由 $1-\frac{9}{n^2}\geqslant 0.99$,得 $n^2\geqslant 900$,即 $n\geqslant 30$.

由中心极限定理知 $\frac{Y-E(Y)}{\sqrt{D(X)}}\sim N(0,1)$,则

$$P\left\{\left|\frac{X}{n}-p\right|<\frac{\sqrt{D(X)}}{3}\right\} = P\left\{\frac{Y-E(Y)}{\sqrt{D(Y)}}<\frac{D(X)}{3\sqrt{D(Y)}}\right\}$$

$$\approx \Phi\left(\frac{D(X)}{3\sqrt{D(Y)}}\right) - \Phi\left(-\frac{D(X)}{3\sqrt{D(Y)}}\right)$$

$$= \Phi\left(\frac{n}{3}\right) - \Phi\left(-\frac{n}{3}\right) = 2\Phi\left(\frac{n}{3}\right) - 1$$

由 $2\Phi\left(\frac{n}{3}\right)-1\geqslant 0.99$,得 $\Phi\left(\frac{n}{3}\right)\geqslant 0.995$,查表得 $\frac{n}{3}\geqslant 2.58$,知 $n\geqslant 7.74$,从而 $n\geqslant 8$.

研究生入学考试试题选讲

1978 ~ 1986 年部分

1. 切比雪夫不等式和大数定律

先来看与切比雪夫不等式有关的问题.

例 1　随机地掷六颗骰子.利用切比雪夫不等式估计六个骰子出现点数和在 15 ~ 27 之间的概率.(上海交通大学,1983)

解　设 ξ 为六颗骰子掷后的点数总和,ξ_i 为第 i 颗骰子出现的点数($i=1,2,3,4,5,6$).则 $\xi=\sum\limits_{i=1}^{6}\xi_i$.由数学期望和方差的性质,注意到 ξ_i 互相独立,且

$$E(\xi_1)=E(\xi_2)=\cdots=E(\xi_6),\quad D(\xi_1)=D(\xi_2)=\cdots=D(\xi_6)$$

有 $E(\xi)=E\left(\sum\limits_{i=1}^{6}\xi_i\right)=\sum\limits_{i=1}^{6}E(\xi_i)=6\left(\frac{1}{6}\sum\limits_{k=1}^{6}k\right)=21$,又

$$\begin{aligned}D(\xi)&=D\left(\sum_{i=1}^{6}\xi_i\right)=\sum_{i=1}^{6}D(\xi_i)=6D(\xi_j)\quad(j\text{ 为 }1\sim 6\text{ 之一})\\&=6\sum_{i=1}^{6}[\xi_j-E(\xi_j)]^2p_i\quad(1\leqslant j\leqslant 6)\\&=6\times\left[\left(1-\frac{21}{6}\right)^2\times\frac{1}{6}+\left(2-\frac{21}{6}\right)^2\times\frac{1}{6}+\cdots+\left(6-\frac{21}{6}\right)^2\times\frac{1}{6}\right]\\&=\frac{35}{2}=17\frac{1}{2}\end{aligned}$$

故

$$P\{15<\xi<27\}=P\{|\xi-21|<6\}\geqslant 1-\frac{D(\xi)}{\varepsilon^2}=1-\frac{1}{6^2}\times\frac{35}{2}=\frac{37}{72}$$

例 2　设随机变量 X 的密度为

$$p(x)=\frac{x^n}{n!}e^{-x},\quad x\geqslant 0$$

试证:$P\{0<X<2(n+1)\}\geqslant\dfrac{n}{n+1}$.(中南矿冶学院,1982)

证　依题设及公式先计算 X 的数学期望及方差

$$\begin{aligned}E(X)&=\int_0^{+\infty}xp(x)dx=\int_0^{+\infty}\frac{x^{n+1}}{n!}e^{-x}dx=\frac{1}{n!}\int_0^{+\infty}x^{(n+2)-1}e^{-x}dx\\&=\frac{\Gamma(n+2)}{n!}=\frac{(n+1)!}{n!}=n+1\end{aligned}$$

这里 $\Gamma(x)$ 为 $\Gamma-$ 函数.

$$\begin{aligned}D(X)&=E(X^2)-[E(X)]^2=\int_0^{+\infty}x^2\cdot\frac{x^n}{n!}e^{-x}dx-(n+1)^2=\frac{\Gamma(n+3)}{n!}-(n+1)^2\\&=(n+2)(n+1)-(n+1)^2=n+1\end{aligned}$$

由切比雪夫不等式 $P\{|X-E(X)|>\varepsilon\}\leqslant\dfrac{D(X)}{\varepsilon^2}$,取 $\varepsilon=n+1$,且注意到 X 只取正值有

$$P\{|X-(n+1)|>n+1\}=P\{X>2(n+1)\}\leqslant\frac{n+1}{(n+1)^2}=\frac{1}{n+1}$$

故

$$P\{0<X<2(n+1)\}=P\{0<X\leqslant 2(n+1)\}$$

$$= 1 - P\{X > 2(n+1)\} \geqslant 1 - \frac{1}{n+1} = \frac{n}{n+1}$$

注 请注意 Γ — 函数的性质：当 n 为正整数时 $\Gamma(n) = (n-1)!$

例 3 设 X 为连续型随机变量，其密度函数为 $p(x)$，又 $E(|X|^r) < +\infty$（其中 $r > 0$ 为常数）. 证明：对任意 $\varepsilon > 0$，关系式

$$P\{|X| \geqslant \varepsilon\} \leqslant \frac{E(|X|^r)}{\varepsilon^r}$$

总成立.（武汉地质学院，1982）

证 由设 X 的概率密度为 $p(x)$，则

$$E(|X|^r) = \int_{-\infty}^{+\infty} |x|^r p(x)\mathrm{d}x = \int_{|x|<\varepsilon} |x|^r p(x)\mathrm{d}x + \int_{|x|\geqslant\varepsilon} |x|^r p(x)\mathrm{d}x$$

$$\geqslant \int_{|x|\geqslant\varepsilon} |x|^r p(x)\mathrm{d}x \geqslant \varepsilon^r \int_{|x|\geqslant\varepsilon} p(x)\mathrm{d}x = \varepsilon^r P\{|x| \geqslant \varepsilon\}$$

故
$$P\{|X| \geqslant \varepsilon\} \leqslant \frac{E(|X|^r)}{\varepsilon^r}$$

例 4 若随机变量 ξ 的方差 $D(\xi) = 0$，求证 $P\{\xi = E(\xi)\} = 1$.（东北师范大学，1982）

证 由题设可有

$$P\{\xi \neq E(\xi)\} = P\{|\xi - E(\xi)| > 0\} \leqslant \sum_{n=1}^{\infty} P\{|\xi - E(\xi)| \geqslant \frac{1}{n}\} \tag{*}$$

由设 $D(\xi) = 0$，故对任一固定的 $n \geqslant 1$，由切比雪夫不等式知

$$0 \leqslant P\left\{|\xi - E(\xi)| \geqslant \frac{1}{n}\right\} \leqslant \frac{D(\xi)}{\frac{1}{n^2}} = 0$$

从而对任意 $n \geqslant 1$ 有 $P\left\{|\xi - E(\xi)| \geqslant \frac{1}{n}\right\} = 0$.

再由式(*)有 $P\{\xi \neq E(\xi)\} = 0$，从而 $P\{\xi = E(\xi)\} = 1$.

2. 切比雪夫不等式和大数定律的应用

下面的例子我们前文曾有介绍，这里再给出一个解法.

例 1 用概率方法求 $\lim\limits_{n\to\infty}\left(\mathrm{e}^{-n}\sum\limits_{k=1}^{n}\frac{n^k}{k!}\right)$.（复旦大学，1981）

解 令 $\xi \sim \mathcal{P}(n)$，即 $P\{\xi = k\} = \frac{n^k}{k!}\mathrm{e}^{-n}, k = 0,1,2,\cdots$，则

$$P\{\xi \leqslant n\} = \sum_{k=0}^{n}\frac{n^k}{k!}\mathrm{e}^{-n} = \mathrm{e}^{-n}\sum_{k=0}^{n}\frac{n^k}{k!}$$

设 $\xi_i \sim \mathcal{P}(1), i = 1,2,3,\cdots$ 且相互独立，又 $\xi = \sum\limits_{i=1}^{n}\xi_i$，有 $E(\xi_i) = 1, D(\xi_i) = 1, i = 1,2,3,\cdots$.

依列维－林德伯格中心极限定理有

$$\mathrm{e}^{-n}\sum_{k=0}^{n}\frac{n^k}{k!} = P\{\xi \leqslant n\} = P\left\{\sum_{i=1}^{n}\xi_i \leqslant n\right\} = P\left\{\frac{1}{1\cdot\sqrt{n}}\sum_{i=1}^{n}(\xi_i - 1) \leqslant 0\right\}$$

$$\xrightarrow{n\to\infty} \frac{1}{\sqrt{2\pi}}\int_{-\infty}^{0}\mathrm{e}^{-\frac{t^2}{2}}\mathrm{d}t = \frac{1}{2}$$

故 $\lim\limits_{n\to\infty}\left(\mathrm{e}^{-n}\sum\limits_{k=0}^{n}\frac{n^k}{k!}\right) = \frac{1}{2}$，从而 $\lim\limits_{n\to\infty}\left(\mathrm{e}^{-n}\sum\limits_{k=1}^{n}\frac{n^k}{k!}\right) = \frac{1}{2}$.

例 2 对敌人阵地的 100 次独立轰炸，每次命中目标的炮弹数是一个期望为 2、方差为1.69 的随机变量，求在 100 次轰炸中有 180 ～ 220 颗炸弹命中目标的概率.（已知：$\frac{1}{\sqrt{2\pi}}\int_{-\infty}^{\frac{20}{13}}\mathrm{e}^{-\frac{t^2}{2}}\mathrm{d}t = 0.938\,22$）（中科

院应用数学所,1982)

解　设第 k 次轰炸命中目标的炮弹数为 ξ_k,$k=1,2,\cdots$,由题设 $E(\xi_k)=2$,$D(\xi_k)=1.69=(1.3)^2$,$k=1,2,\cdots$.

又 $\xi_1,\xi_2,\cdots$ 独立同分布,且 100 次轰炸命中目标的炮弹为 $\sum_{k=1}^{100}\xi_k$.

由列维－林德柏格中心极限定理知

$$P\left\{180\leqslant\sum_{k=1}^{100}\xi_x\leqslant 220\right\}$$

$$=P\left\{\frac{180-200}{1.3\sqrt{100}}\leqslant\frac{1}{1.3\sqrt{100}}\sum_{k=1}^{100}(\xi_k-2)\leqslant\frac{220-200}{1.3\sqrt{100}}\right\}$$

$$=P\left\{-\frac{20}{13}\leqslant\frac{1}{1.3\sqrt{100}}\sum_{k=1}^{100}(\xi_k-2)\leqslant\frac{20}{13}\right\}$$

$$\approx\Phi\left(\frac{20}{13}\right)-\Phi\left(-\frac{20}{13}\right)=2\Phi\left(\frac{20}{13}\right)-1$$

$$=2\times 0.938\,22-1=0.876\,44$$

1987 ～ 2012 年部分

(一) 填空题

1. 涉及切比雪夫不等式问题

题 1　(1989③) 设随机变量 X 的数学期望 $E(X)=\mu$,方差 $D(X)=a^2$,则由切比雪夫不等式,有$P\{|X-\mu|\geqslant 3\sigma\}\leqslant$ ________.

解　根据切比雪夫不等式 $P\{|X-\mu|\geqslant\varepsilon\}\leqslant\frac{\sigma^2}{\varepsilon^2}$,取 $\varepsilon=3\sigma$,得$\frac{\sigma^2}{\varepsilon^2}=\frac{\sigma^2}{3^2\sigma^2}=\frac{1}{9}$,即

$$P\{|X-\mu|\geqslant 3\sigma\}\leqslant\frac{1}{9}$$

题 2　(2001①) 设随机变量 X 的方差为 $D(X)=2$,则根据切比雪夫不等式有估计 $P\{|X-E(X)|\geqslant 2\}\leqslant$ ________.

解　由切比雪夫不等式 $P\{|X-E(X)|\geqslant\varepsilon\}\leqslant\frac{\sigma^2}{\varepsilon^2}$. 又知 $\varepsilon=2$,且 $\sigma^2=2$,从而$\frac{\sigma^2}{\varepsilon^2}=\frac{2}{2^2}=\frac{1}{2}$,即

$$P\{|x-E(X)|\geqslant 2\}\leqslant\frac{1}{2}$$

题 3　(2001③④) 设随机变量 X 和 Y 的数学期望分别为 -2 和 2,方差分别为 1 和 4,而相关系数为 -0.5,则根据切比雪夫不等式 $P\{|X+Y|\geqslant 6\}\leqslant$ ________.

解　设 $Z=X+Y$,则 $E(Z)=E(X+Y)=E(X)+E(Y)=0$. 且

$$D(Z)=D(X)+D(Y)+2\rho_{XY}\sqrt{D(X)}\sqrt{D(Y)}=1+4-2=3$$

由切比雪夫不等式

$$P\{|X+Y|\geqslant 6\}=P\{|Z-0|\geqslant 6\}\leqslant\frac{D(Z)}{6^2}=\frac{1}{12}$$

2. 依概率收敛问题

题　(2003③) 设总体 X 服从参数为 2 的指数分布,$X_1,X_2,\cdots,X_n$ 为来自总体 X 的简单随机样本,则当 $n\to\infty$ 时,$Y_n=\frac{1}{n}\sum_{i=1}^{n}X_i^2$ 依概率收敛于________.

解 由题设 $X_1^2, X_2^2, \cdots, X_n^2$ 满足大数定律的条件,又

$$E(X_i^2) = D(X_i) + [E(X_i)]^2 = \frac{1}{4} + \left(\frac{1}{2}\right)^2 = \frac{1}{2},\quad i = 1,2,\cdots,n$$

因此根据大数定律有 $Y_n = \frac{1}{n}\sum_{i=1}^{n} X_i^2$ 依概率收敛于 $\frac{1}{n}\sum_{i=1}^{n} E(X_i^2) = \frac{1}{2}$

(二) 选择题

题 1 (2002④) 设随机变量 $X_1, X_2, \cdots, X_n$ 相互独立,$S_n = X_1 + X_2 + \cdots + X_n$,则根据列维－林德伯格中心极限定理,当 n 充分大时,S_n 近似服从正态分布,只要 $X_1, X_2, \cdots, X_n$ ( )

(A) 有相同的数学期望　　(B) 有相同的方差

(C) 服从同一指数分布　　(D) 服从同一离散型分布

解 由列维－林德伯格中心极限定理成立的条件之一是 $X_1, X_2, \cdots, X_n$ 具有相同的、有限的数学期望和非零方差,而选项(A),(B) 和(D) 都未能全面指出这些条件,皆应否定.

故选(C).

题 2 (2005④) 设 $X_1, X_2, \cdots, X_n, \cdots$ 为独立同分布的随机变量序列,且均服从参数为 $\lambda(\lambda > 1)$ 的指数分布,记 $\Phi(x)$ 为标准正态分布函数,则 ( )

(A) $\lim\limits_{n\to\infty} P\left\{\dfrac{\sum_{i=1}^{n} X_i - n\lambda}{\lambda\sqrt{n}} \leqslant x\right\} = \Phi(x)$　　(B) $\lim\limits_{n\to\infty} P\left\{\dfrac{\sum_{i=1}^{n} X_i - n\lambda}{\sqrt{n\lambda}} \leqslant x\right\} = \Phi(x)$

(C) $\lim\limits_{n\to\infty} P\left\{\dfrac{\lambda\sum_{i=1}^{n} X_i - n}{\sqrt{n}} \leqslant x\right\} = \Phi(x)$　　(D) $\lim\limits_{n\to\infty} P\left\{\dfrac{\sum_{i=1}^{n} X_i - \lambda}{\lambda\sqrt{n}} \leqslant x\right\} = \Phi(x)$

解 由题设 $P(X_i) = \frac{1}{\lambda}, D(X_i) = \frac{1}{\lambda^2}, i = 1,2,\cdots,n$,于是

$$E\left(\sum_{i=1}^{n} X_i\right) = \frac{n}{\lambda},\quad D\left(\sum_{i=1}^{n} X_i\right) = \frac{n}{\lambda^2}$$

根据中心极限定理,知

$$\frac{\sum_{i=1}^{n} X_i - \frac{n}{\lambda}}{\sqrt{\frac{n}{\lambda^2}}} = \frac{\lambda\sum_{i=1}^{n} X_i - n}{\sqrt{n}}$$

其极限分布服从标准正态分布,故选(C).

(三) 计算证明题

1. 中心极限定理

题 (1996③) 假设 $X_1, X_2, \cdots, X_n$ 是来自总体 X 的简单随机样本,已知 $E(X^k) = \alpha_k (k = 1,2,3,4)$. 证明当 n 充分大时,随机变量 $Z_N = \frac{1}{n}\sum_{i=1}^{n} X_i^2$ 近似服从正态分布,并指出其分布参数.

证 依题意 $X_1, X_2, \cdots, X_n$ 独立同分布,可知 $X_1^2, X_2^2, \cdots, X_n^2$ 也独立同分布且有

$$E(X_i^2) = \alpha_2,\quad D(X_i^2) = E(X_i^4) - [E(X_i^2)]^2 = \alpha_4 - \alpha_2^2$$

据列维－林德伯格中心极限定理且注意下面的式子变形知

$$Y_n = \frac{\sum_{i=1}^{n} X_i^2 - n\alpha_2}{\sqrt{n(\alpha_4 - \alpha_2^2)}} = \frac{\frac{1}{n}\sum_{i=1}^{n} X_i^2 - \alpha_2}{\sqrt{(\alpha_4 - \alpha_2^2)/n}} = \frac{Z_n - \alpha_2}{\sqrt{(\alpha_4 - \alpha_2^2)/n}}$$

的极限分布是标准正态分布，因此当 n 充分大时 Y_n 近似服从标准正态分布.

从而 $Z_n=\sqrt{\frac{(\alpha_4-\alpha_2^2)}{n}}Y_n+\alpha_2$ 也近似服从正态分布. 其数学期望和方差分别为

$$\mu=E(Z_n)=\alpha_2,\quad \sigma^2=D(Z_n)=\frac{1}{n}(\alpha_4-\alpha_2^2)$$

2. 应用问题

题 1　(1998③) 某保险公司多年的统计资料表明，在索赔户中被盗索赔户占 20%，以 X 表示在随意抽查的 100 个索赔户中因被盗向保险公司索赔的户数.

(1) 写出 X 的概率分布；(2) 利用棣莫弗－拉普拉斯定理，求被盗索赔户不少于 14 户且不多于 30 户的概率的近似值.

附表　标准正态分布函数表

x	0	0.5	1.0	1.5	2.0	2.5	3.0
$\Phi(x)$	0.500	0.692	0.841	0.933	0.977	0.994	0.999

解　(1) 设 $A=\{$抽查到被盗索赔户$\}$，则 $p=P(A)=0.2$.

依题意 $X\sim\mathscr{B}(n,p)=\mathscr{B}(100,0.2)$，因此分布律为

$$P\{X=k\}=C_{100}^k\times 0.2^k\times 0.8^{100-k},\quad k=0,1,\cdots,100$$

(2) 由设知 $E(X)=np=20, D(X)=np(1-p)=16$. 根据棣莫弗－拉普拉斯定理，有

$$\begin{aligned}P\{14\leqslant X\leqslant 30\}&=P\left\{\frac{14-20}{4}\leqslant\frac{X-20}{4}\leqslant\frac{30-20}{4}\right\}\\&=P\left\{-1.5\leqslant\frac{X-20}{4}\leqslant 2.5\right\}\approx\Phi(2.5)-\Phi(-1.5)\\&=\Phi(2.5)-[1-\Phi(1.5)]=0.994-1+0.933=0.927\end{aligned}$$

题 2　(1990④) 某地抽样调查结果表明，考生的外语成绩(百分制) 近似服从正态分布，平均成绩 72 分，96 分以上的占考生总数的 2.3%，试求考生的外语成绩在 60 ～ 84 分之间的概率.

附表　标准正态分布函数表

x	0	0.5	1.0	1.5	2.0	2.5	3.0
$\Phi(x)$	0.500	0.629	0.841	0.933	0.977	0.994	0.999

解　设 X 为考生的外语成绩，依题设 $X\sim N(72,\sigma^2)$. 又由题设有

$$0.023=P\{X\geqslant 96\}=P\left\{\frac{X-\mu}{\sigma}\geqslant\frac{96-72}{\sigma}\right\}=1-\Phi\left(\frac{24}{\sigma}\right)$$

从而 $\Phi\left(\frac{24}{\sigma}\right)=0.977$. 由 $\Phi(x)$ 的数值表查得 $\frac{24}{\sigma}=2$，因此 $\sigma=12$.

于是 $X\sim N(72,12^2)$，故所求概率为

$$\begin{aligned}P\{60\leqslant X\leqslant 84\}&=P\left\{\frac{60-72}{12}\leqslant\frac{X-\mu}{\sigma}\leqslant\frac{84-72}{12}\right\}=P\left\{-1\leqslant\frac{X-\mu}{\sigma}\leqslant 1\right\}\\&=\Phi(1)-\Phi(-1)=2\Phi(1)-1=2\times 0.841-1=0.682\end{aligned}$$

题 3　(1991④) 在电源电压不超过 200 V、在 200 ～ 240 V之间和超过 240 V 三种情况下，某种电子元件损坏的概率分别为 0.1，0.001 和 0.2. 假设电源电压 X 服从正态分布 $N(220,25^2)$. 试求：(1) 该电子元件损坏的概率 α；(2) 该电子元件损坏时，电源电压在 200 ～ 240 V 的概率 β.

附表　标准正态分布函数表

x	0.10	0.20	0.40	0.60	0.80	1.00	1.20	1.40
$\Phi(x)$	0.530	0.579	0.655	0.726	0.788	0.841	0.885	0.919

解 设$A_1=\{$电压不超过200 V$\}$,$A_2=\{$电压在$200\sim 240$ V$\}$,$A_3=\{$电压超过240 V$\}$,这是完备事件集.又设$B=\{$电子元件损坏$\}$.由于$X\sim N(220,25^2)$,因此

$$P(A_1)=P\{X\leqslant 200\}=P\left\{\frac{X-220}{25}\leqslant\frac{200-220}{25}\right\}=\Phi(-0.8)=0.212$$

$$P(A_2)=P\{200\leqslant X\leqslant 240\}=P\left\{\frac{200-220}{25}\leqslant\frac{X-220}{25}\leqslant\frac{240-220}{25}\right\}$$
$$=\Phi(0.8)-\Phi(-0.8)=0.576$$

$$P(A_3)=P\{X>240\}=P\left\{\frac{X-220}{25}>\frac{240-220}{25}\right\}=1-\Phi(0.8)$$
$$=1-0.788=0.212$$

由题设知$P\{B\mid A_1\}=0.1,P(B\mid A_2)=0.001,P(B\mid A_3)=0.2$.

(1) 由全概率公式$\alpha=P(B)=\sum_{i=1}^{3}P(A_i)P(B\mid A_i)=0.064\ 2$.

(2) 由贝叶斯公式$\beta=P(A_2\mid B)=\dfrac{P(A_2)P(B\mid A_2)}{P(B)}\approx 0.009$.

题 4 (1994④) 假设由自动线加工的某种零件的内径X(mm)服从正态分布$N(\mu,1)$,内径小于10或大于12为不合格品,其余为合格品.销售每件合格品获利,销售不合格品亏损.已知销售利润T(单位:元)与销售零件的内径X有如下关系

$$T=\begin{cases}-1, & 若\ X<10\\ 20, & 若\ 10\leqslant X\leqslant 12\\ -5, & 若\ X>12\end{cases}$$

问平均内径μ取何值时,销售一个零件平均利润最大?

解 由题设知零件的平均利润(数学期望)为

$$\begin{aligned}E(T)&=20P\{10\leqslant X\leqslant 12\}-P\{X<10\}-5P\{X>12\}\\&=20[\Phi(12-\mu)-\Phi(10-\mu)]-\Phi(10-\mu)-5[1-\Phi(12-\mu)]\\&=25\Phi(12-\mu)-21\Phi(10-\mu)-5\end{aligned}$$

其中$\Phi(x)$是标准正态分布的分布函数.又设$\varphi(x)$为其分布密度,则

$$\frac{\mathrm{d}E(T)}{\mathrm{d}\mu}=-25\varphi(12-\mu)+21\varphi(10-\mu)$$

令$\dfrac{\mathrm{d}E(T)}{\mathrm{d}\mu}=0$,有

$$-\frac{25}{\sqrt{2\pi}}\mathrm{e}^{-\frac{(12-\mu)^2}{2}}+\frac{21}{\sqrt{2\pi}}\mathrm{e}^{-\frac{(10-\mu)^2}{2}}=0$$

即$25\mathrm{e}^{-\frac{(12-\mu)^2}{2}}=21\mathrm{e}^{-\frac{(10-\mu)^2}{2}}$,得

$$\mu_0=11-\frac{1}{2}\ln\frac{25}{21}\approx 10.9$$

由题意可知,当$\mu=\mu_0\approx 10.9$ mm时,销售一个零件的平均利润最大.

题 5 (2001③④) 一生产线生产的产品成箱包装,每箱的质量是随机的.假设每箱平均重50 kg,标准差为5 kg.若用最大载重量为5 t的汽车承运,试利用中心极限定理说明每辆车最多可以装多少箱,才能保障不超载的概率大于0.977.

(**注**:$\Phi(2)=0.977$,其中$\Phi(x)$是标准正态分布函数)

解 设n为所求的箱数,且设X_i为第i箱的质量($i=1,2,\cdots,n$).

依题设知$E(X_i)=50,\sqrt{D(X_i)}=5$.且将$X_1,X_2,\cdots,X_n$视为独立同分布随机变量.又$n$箱的质量

为 $Y_n = \sum_{i=1}^{n} X_i$，易算得

$$E(Y_n) = 50n,\quad \sqrt{D(Y_n)} = 5\sqrt{n}$$

据列维－林德伯格中心极限定理，Y_n 近似服从正态分布 $N(50n, 25n)$.

依题意 n 须满足 $P\{Y_n \leqslant 5\ 000\} > 0.977$，将式变形以使其能使用定理结论，即有

$$P\{Y_n \leqslant 5\ 000\} = P\left\{\frac{Y_n - 50n}{5\sqrt{n}} \leqslant \frac{5\ 000 - 50n}{5\sqrt{n}}\right\} \approx \Phi\left(\frac{1\ 000 - 10n}{\sqrt{n}}\right) > 0.977 = \Phi(2)$$

由此得知 $\frac{1\ 000 - 10n}{\sqrt{n}} > 2$，即 $10n - 2\sqrt{n} - 1\ 000 < 0$.

设 $\sqrt{n} = x$，则有 $10x^2 - 2x - 1\ 000 < 0$，由此解得 $x < 9.9$（舍去负的下界）.

因此 $n = x^2 < 98.01$，即最多可以装 98 箱可保障不超载的概率大于 0.977.

题 6　(1992③④) 假设测量的随机误差 $X \sim N(0, 10^2)$，试求在 100 次独立重复测量中，至少有三次测量误差的绝对值大于 19.6 的概率 α，并利用泊松分布求出 α 的近似值.（要求小数点后取两位有效数字）

附表　某些 $e^{-\lambda}$ 的值

λ	1	2	3	4	5	6	7	…
$e^{-\lambda}$	0.368	0.135	0.050	0.018	0.007	0.002	0.001	…

解　因为 $X \sim N(0, 10^2)$，所以每次测量误差的绝对值大于 19.6 的概率

$$p = P\{|X| > 19.6\} = P\left\{\frac{|X|}{10} > 1.96\right\} = 0.05$$

设 Y 是事件 $\{|X| > 19.6\}$ 出现的次数，则 $Y \sim \mathscr{B}(100, 0.05)$. 因此所求概率

$$\alpha = P\{Y \geqslant 3\} = 1 - P\{Y < 3\} = 1 - P\{Y = 0\} - P\{Y = 1\} - P\{Y = 2\}$$

$$= 1 - (0.95)^{100} - 100 \times 0.05 \times 0.95^{99} - \frac{100 \times 99}{2} \times 0.05^2 \times 0.95^{98}$$

由泊松定理，Y 近似服从参数为 $\lambda = np = 100 \times 0.05 = 5$ 的泊松分布 $\pi(5)$，从而

$$\alpha \approx \left[1 - e^{-\lambda} - \lambda e^{-\lambda} - \frac{\lambda^2}{2}e^{-\lambda}\right]_{\lambda=5} = \left[1 - e^{-\lambda}\left(1 + \lambda + \frac{\lambda^2}{2}\right)\right]_{\lambda=5}$$

$$= 1 - 0.007 \times (1 + 5 + 12.5) \approx 0.87$$

习　题

1. 设有一分布，其均值未知，方差为 1，为使样本均值与总体均值之差不大于 0.5 的概率小于 95%，据切比雪夫不等式计算样本容量 n.

2. 设在 n 次伯努利试验中事件 A 出现的次数为 ξ，试用不等式求

$$P\left\{\left|\frac{\xi}{n} - P(A)\right| < \frac{\sigma}{2}\right\} = 0.99$$

时的 n 值，其中 σ 为 ξ 的标准差.

3. 若随机变量序列 $\{X_k\}$ 独立同分布，且 X_k 的概率分布为 $P\{X_k = 2^{n-2\ln n}\} = 2^{-n}$ $(n = 1, 2, 3, \cdots)$. 试证 $\{X_k\}$ 服从大数定律.

4. 设随机变量 ξ 的数学期望和方差分别为 $E(\xi) = 0, D(\xi) = \sigma^2$. 又 $F(x)$ 为 ξ 的分布函数. 证明：当 $x < 0$ 时，$F(x) \leqslant \frac{\sigma^2}{\sigma^2 + x^2}$；当 $x \geqslant 0$ 时，$F(x) \geqslant \frac{x^2}{\sigma^2 + x^2}$.

5. 若随机变量 X 满足 $|X| \leqslant 1$，则对 $\varepsilon > 0$ 有 $P\{|X| \geqslant \varepsilon\} \geqslant E(X^2) - \varepsilon^2$.

第19章 数理统计

内　容　提　要

(一) 样本

1. 几个概念

总体　被观察(研究)对象的全体称为总体(或母体). 在数理统计中,通常是观察被研究对象的某一特定指标,故应视总体为随机变量. 并用 $X,Y,\cdots$ 字母表示.

个体　组成总体的每一个基本单元(或元素)称为个体.

样本　从总体中抽出部分个体组成的集合称为来自总体的样本. 如果以 X 表示总体,则样本可表示为 $X_1,X_2,\cdots,X_n$,其中样本所含个体数量 n 称为样本容量. 每次具体抽出的样本观测值称为样本值,以 $x_1,x_2,\cdots,x_n$ 表示.

简单随机样本　若来自总体 X 的样本 $X_1,X_2,\cdots,X_n$ 满足:① X_i 与 X 有相同的分布($i=1,2,\cdots,n$),② $X_1,X_2,\cdots,X_n$ 相互独立,则称 $X_1,X_2,\cdots,X_n$ 为来自总体的简单随机样本.

统计量　设 $X_1,X_2,\cdots,X_n$ 为来自总体 X 的一个样本,又 g:$g(X_1,X_2,\cdots,X_n)$ 为该样本的函数,若 g 不依赖于任何未知参数,则称 g 为总体 X 的统计量.

常用统计量如下表所示.

样本均值	$\overline{X}=\frac{1}{n}\sum_{i=1}^{n}X_i$	**样本极差**	$R_n=X_{(n)}-X_{(1)}=\max\limits_{1\leqslant i,j\leqslant n}\mid X_i-X_j\mid$
样本方差	$S^2=\frac{1}{n-1}\sum_{i=1}^{n}(X_i-\overline{X})^2$	**样本 k 阶原点矩**	$A_k=\frac{1}{n}\sum_{i=1}^{n}X_i^k$
样本平均偏差	$\overline{M}=\frac{1}{n}\sum_{i=1}^{n}\mid X_i-\overline{X}\mid$	**样本 k 阶中心矩**	$B_k=\frac{1}{n}\sum_{i=1}^{n}(X_i-\overline{X})^k$

(二) 抽样分布

1. 抽样分布

称统计量的概率分布为抽样分布.

2. 正态总体三个常用抽样分布

χ^2 分布　设 $X_1,X_2,\cdots,X_n$ 相互独立且均服从标准正态分布,则称 $X^2=X_1^2+X_2^2+\cdots+X_n^2=\sum_{i=1}^{n}X_i^2$ 为服从自由度为 n 的 χ^2 分布,记作 $X^2\sim\chi^2(n)$.

t 分布　设随机变量 X,Y 相互独立，且 $X\sim N(0,1)$，$Y\sim\chi^2(n)$，则称 $t=\dfrac{X}{\sqrt{\dfrac{Y}{n}}}$ 为服从自由度 n 的 t 分布(学生分布)，记作 $t\sim t(n)$.

F 分布　设随机变量 U,V 相互独立，且 $U\sim\chi^2(n_1)$，$V\sim\chi^2(n_2)$，则称随机变量 $F=\dfrac{U}{n_1}\Big/\dfrac{V}{n_2}$ 为服从第一自由度为 n_1、第二自由度为 n_2 的 F 分布，记作 $F\sim F(n_1,n_2)$.

三种抽样分布的密度函数及其图形如下表所示.

抽样分布	密　度　函　数	图　　形
χ^2 分布	$f(x)=\begin{cases}\dfrac{1}{2^{\frac{n}{2}}}\Gamma\left(\dfrac{n}{2}\right)x^{\frac{n}{2}-1}e^{-\frac{x}{2}}, & x>0\\ 0, & x\leqslant 0\end{cases}$	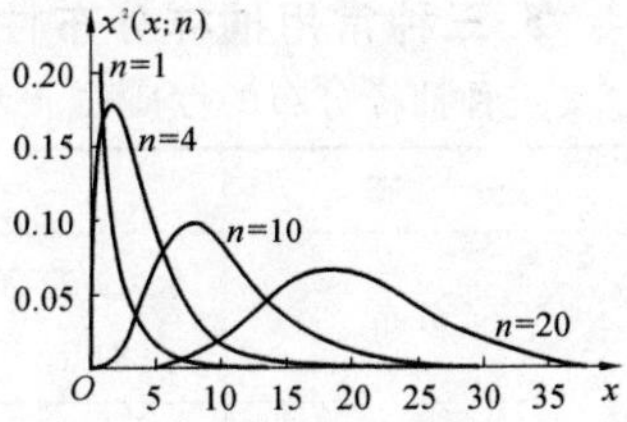
t 分布	$h(t)=\dfrac{\Gamma\left(\dfrac{n+1}{2}\right)}{\sqrt{n\pi}\,\Gamma\left(\dfrac{n}{2}\right)}\left(1+\dfrac{t^2}{n}\right)^{-\frac{1}{2}(n+1)},\quad -t<t<\infty$	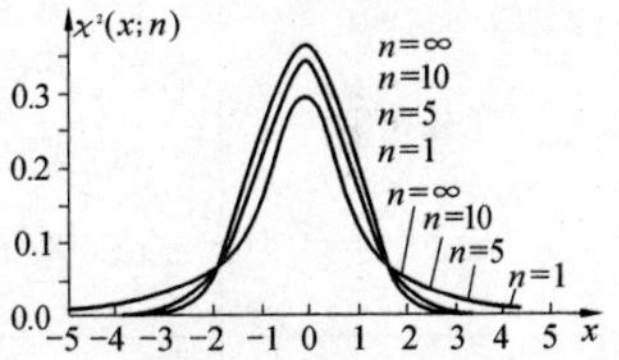
F 分布	$g(y)=\begin{cases}\dfrac{\Gamma\left(\dfrac{n_1+n_2}{2}\right)\left(\dfrac{n_1}{n_2}\right)^{\frac{n_1}{2}}y^{\frac{n_1}{2}-1}}{\Gamma\left(\dfrac{n_1}{2}\right)\Gamma\left(\dfrac{n_2}{2}\right)\left(1+\dfrac{n_1y}{n_2}\right)^{\frac{n_1+n_2}{2}}}, & y>0\\ 0, & y\leqslant 0\end{cases}$	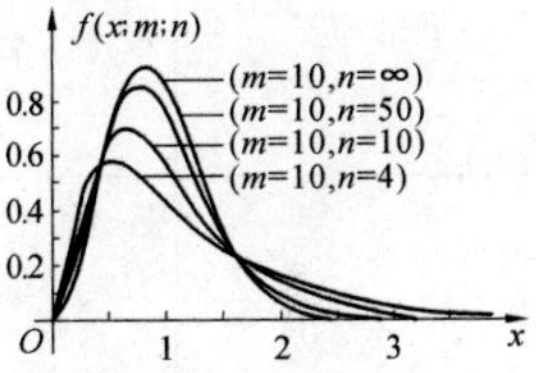

3. 抽样分布的基本性质

(1)χ^2 分布的基本性质

若 $X\sim\chi^2(n)$，$Y\sim\chi^2(m)$，且 X,Y 相互独立，则 $X+Y\sim\chi^2(n+m)$.

(2)t 分布的基本性质

当 $n\to\infty$ 时，标准正态分布为 t 分布的极限分布. 实际应用中，当 $n\geqslant 30$ 时，即可用标准正态分布逼近 t 分布.

4. 分位数

(1) 称满足 $P\{U>u_\alpha\}=\alpha$ 的点 u_α 为标准正态分布的上 α 分位数.

(2) 称满足 $P\{X>\chi_\alpha^2(n)\}=\int_{\chi_\alpha^2(n)}^{+\infty}f(x)\mathrm{d}x=\alpha$ 的点 $\chi_\alpha^2(n)$ 为 $\chi^2(n)$ 分布的上 α 分位数.

(3) 称满足 $P\{t>t_\alpha(n)\}=\int_{t_\alpha(n)}^{+\infty}h(t)\mathrm{d}t=\alpha$ 的点 $t_\alpha(n)$ 为 $t(n)$ 分布的上 α 分位数，且有 $t_{1-\alpha}(n)=-t_\alpha(n)$.

(4) 称满足 $P\{F>F_\alpha(n_1,n_2)\}=\int_{F_\alpha(n_1,n_2)}^{+\infty}g(x)\mathrm{d}x=\alpha$ 的点 $F_\alpha(n_1,n_2)$ 为 $F(n_1,n_2)$ 分布的上 α 分

位数.

关于三种分布的上分位数的几何表示可见下表.

概　念	分　类	图　象
若 $P\{X > F_\alpha\} = \alpha$,即 $1 - F(F_\alpha) = \alpha$,或 $F(F_\alpha) = 1 - \alpha$,称 F_α 为随机变量 X 分布的水平 α 的上分位数	$\chi^2(n)$ 分布	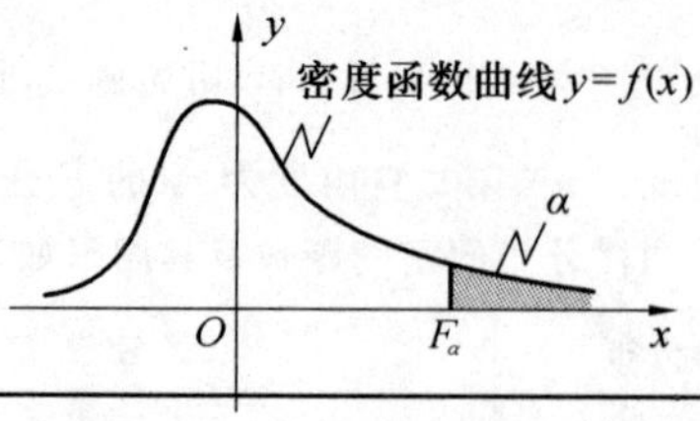
	$t(n)$ 分布	
	$F(n_1, n_2)$ 分布	

5. 三种常用抽样分布性质

三种抽样分布的性质如下表所示.

分　布	性　质
χ^2 分布	(1) 若 $X \sim \chi^2(n), Y \sim \chi^2(m)$,则 $X + Y \sim \chi^2(m+n)$; (2) 若 $\chi^2 \sim \chi^2(n)$,则 $E(\chi^2) = n, D(\chi^2) = 2n$
t 分布	(1) 密度函数关于 Oy 轴对称; (2) 其极限分布为标准正态分布; (3) 若 $T \sim t(n)$,则 $E(T) = 0, D(T) = \frac{n}{n-2} (n > 2)$; (4) 若 T 的 p 分位数记作 $t_p(n)$,则 $t_p(n) = -t_{1-p}(n)$
F 分布	(1) 若 $F \sim F(m,n)$,则 $\frac{1}{F} \sim F(n,m)$; (2) 若 F 的 p 分位数记作 $F_p(m,n)$,则 $F_p(m,n) = \frac{1}{F_{1-p}(n,m)}$
注　记	若 $U \sim N(0,1)$,又 U_p 为其 p 分位数,则 $u_p = -u_{1-p}$. 对任意总体 X 均有 $E(\overline{X}) = E(X),\quad E(S^2) = D(X),\quad D(\overline{X}) = \frac{D(X)}{n}$

6. 与正态总体有关的抽样分布 —— 正态总体下常用统计量的性质

(1) 设 $X_1, X_2, \cdots, X_n \sim X \sim N(\mu, \sigma^2)$,则

$$\overline{X} \sim N\left(\mu, \frac{\sigma^2}{n}\right), \quad \frac{\overline{X} - \mu}{\sigma / \sqrt{n}} \sim N(0,1)$$

(2) 设 $X_1, X_2, \cdots, X_n \sim X \sim N(\mu, \sigma^2)$,且 $\overline{X}$ 与 S^2 相互独立,则

$$\frac{(n-1)S^2}{\sigma^2} = \frac{1}{\sigma^2} \sum_{i=1}^{n} (X_i - \overline{X})^2 \sim \chi^2(n-1)$$

且 $\frac{1}{\sigma^2} \sum_{i=1}^{n} (X_i - \mu) \sim \chi^2(n)$.

(3) 设 $X_1, X_2, \cdots, X_n \sim X \sim N(\mu, \sigma^2)$,则 $\frac{\overline{X} - \mu}{S / \sqrt{n}} \sim t(n-1)$.

(4) 设 $X_1, X_2, \cdots, X_{n_1} \sim X \sim N(\mu_1, \sigma^2)$;$Y_1, Y_2, \cdots, Y_{n_2} \sim Y \sim N(\mu_2, \sigma^2)$,且 X_i, Y_j 相互独立($i = 1, 2, \cdots, n_1, j = 1, 2, \cdots, n_2$),则

$$[\overline{X} - \overline{Y} - (\mu_1 - \mu_2)] \Big/ S_0 \sqrt{\frac{1}{n_1} + \frac{1}{n_2}} \sim t(n_1 + n_2 - 2)$$

其中 $S_0=[(n_1-1)S_1^2+(n_2-1)S_2^2]/(n_1+n_2-2)$.

(5) 设 $X_1,X_2,\cdots,X_{n_1}\sim X\sim N(\mu_1,\sigma_1^2)$；$Y_1,Y_2,\cdots,Y_{n_2}\sim Y\sim N(\mu_2,\sigma_2^2)$，且 X_i,Y_j 相互独立($i=1,2,\cdots,n_1,j=1,2,\cdots,n_2$)，则

$$\frac{S_1^2/\sigma_1^2}{S_2^2/\sigma_2^2}\sim F(n_1-1,n_2-1)$$

其中，S_1^2 和 S_2^2 分别是总体 X 与 Y 的样本方差.

(6) 两个重要定理

定理1 设 $X_1,X_2,\cdots,X_n$ 为来自总体 $N(\mu,\sigma^2)$ 的一个样本，则 $\overline{X}$ 与 S^2 相互独立.

定理2 设 $X_1,X_2,\cdots,X_n$ 为来自 $N(0,1)$ 的一个样本，而 $Q_i=\sum\limits_{j=1}^{n_i}X_j^2,i=1,2,\cdots,k$，其中 Q_i 为秩等于 $n_i(i=1,2,\cdots,k)$ 的半正定二次型，则 $Q_i(i=1,2,\cdots,k)$ 相互独立且分别服从 $\chi^2(n_i)$ 分布的充要条件是 $\sum\limits_{i=1}^{k}n_i=n$.

(三) 参数估计

1. 总体参数的点估计

设总体 X 为服从某种分布的随机变量，它具有参数 θ，从总体中抽取容量为 n 的简单随机样本 $X_1,X_2,\cdots,X_n$，用样本的某种适当函数算得 $\hat{\theta}$，并用之作为总体参数 θ 的估值，这种方法叫作参数的点估计.

注 一般称 $\hat{\theta}(X_1,X_2,\cdots,X_n)$ 为总体参数 θ 的估计量，而称其观测值 $\hat{\theta}(x_1,x_2,\cdots,x_n)$ 为估计值.

(1) 矩法

矩法就是以样本矩(某一取值) 作为总体相应矩的估计量(估计值)，以样本矩的函数(某一取值) 作为总体相应矩的同样函数的估计量(估计值).

注1 用样本均值 $\overline{X}=\frac{1}{n}\sum\limits_{i=1}^{n}X_i$ 作为总体期望 $E(X)$ 的一个估计量；用 $\overline{X}$ 的某一观测值 $\overline{x}=\frac{1}{n}\sum\limits_{i=1}^{n}x_i$ 作为 $E(X)$ 的一个估计值.

注2 用样本二阶中心矩 $B_2=\frac{1}{n}\sum\limits_{i=1}^{n}(X_i-\overline{X})^2$ 作为总体方差 $D(X)$ 的一个估计量；用 B_2 的某一观测值 $b_2=\frac{1}{n}\sum\limits_{i=1}^{n}(x_i-\overline{x})^2$ 作为 $D(X)$ 的一个估计值.

(2) 极大似然法

似然函数 若 X 为离散型随机变量，其分布为 $P\{X=x\}=p(x;\theta)$，$X_1,X_2,\cdots,X_n\sim X$，则

$$P\{X_1=x_1,\cdots,X_n=x_n\}=\prod_{i=1}^{n}p(x_i;\theta)$$

为 $(X_1,\cdots,X_n)$ 的联合分布，记

$$L(\theta)=L(x_1,x_2,\cdots,x_n;\theta)=\prod_{i=1}^{n}p(x_i;\theta)$$

并称之为样本的似然函数.

若 X 为连续型随机变量，其密度函数为 $f(x,\theta)$，则称

$$L(\theta)=L(x_1,\cdots,x_n;\theta)=\prod_{i=1}^{n}f(x_i;\theta)$$

为样本的似然函数.

极大似然估计 若似然函数 $L(x_1,x_2,\cdots,x_n;\theta)$ 在 $\hat{\theta}$ 处达到最大值，则称 $\hat{\theta}(x_1,x_2,\cdots,x_n)$ 为 θ 的最大似然估计值，而称 $\hat{\theta}(X_1,X_2,\cdots,X_n)$ 为 θ 的最大似然估计量.

(3) 估计量的评选标准

无偏性　设 θ 为总体 X 的待估参数，$\hat{\theta}(X_1,X_2,\cdots,X_n)$ 为 θ 的某个估计量，若对任意 n 均有 $E(\hat{\theta})=\theta$，则称 $\hat{\theta}$ 是 θ 的无偏估计量.

有效性　设 $\hat{\theta}_1(X_1,X_2,\cdots,X_n)$ 与 $\hat{\theta}_2(X_1,X_2,\cdots,X_n)$ 均是总体 X 的无偏估计量，若对任意 n 都有 $D(\hat{\theta}_1)<D(\hat{\theta}_2)$，则称 $\hat{\theta}_1$ 转 $\hat{\theta}_2$ 有效.

一致性　设 θ 为总体 X 的某一参数，$\hat{\theta}_n$（n 为样本容量）为 θ 的估计量，若对任意 $\varepsilon>0$ 有

$$\lim_{n\to\infty}P\{|\hat{\theta}_n-\theta|<\varepsilon\}=1$$

则称 $\hat{\theta}_n$ 为 θ 的一致估计量.

2. 参数的区间估计

设 θ 为总体 X 的一个待估参数，若存在样本统计量 $\hat{\theta}_1=\hat{\theta}_1(X_1,X_2,\cdots,X_n)$ 和 $\hat{\theta}_2=\hat{\theta}_2(X_1,X_2,\cdots,X_n)$，使得随机区间 $(\hat{\theta}_1,\hat{\theta}_2)$ 包含待估参数 θ 的概率为 $1-\alpha(0<\alpha<1)$，即 $P\{\hat{\theta}_1<\theta<\hat{\theta}_2\}=1-\alpha$，则称随机区间 $(\hat{\theta}_1,\hat{\theta}_2)$ 为 θ 的置信区间，α 为置信水平，$1-\alpha$ 为置信度.

(1) 一个正态总体的双侧区间估计($X\sim N(\mu,\sigma^2)$)

总体期望 μ 的区间估计如下表所示.

	依　据	$[\hat{\theta}_1,\hat{\theta}_2]$
已知 σ^2	$P\left\{\lvert U=\dfrac{\overline{X}-\mu}{\sigma/\sqrt{n}}\rvert\leqslant u_{\frac{\alpha}{2}}\right\}=1-\alpha$	$\left[\overline{X}-\dfrac{\sigma}{\sqrt{n}}u_{\frac{\alpha}{2}},\overline{X}+\dfrac{\sigma}{\sqrt{n}}u_{\frac{\alpha}{2}}\right]$
未知 σ^2	$P\left\{\lvert T=\dfrac{\overline{X}-\mu}{s/\sqrt{n}}\rvert\leqslant t_{\frac{\alpha}{2}}(n-1)\right\}=1-\alpha$	$\left[\overline{X}-\dfrac{s}{\sqrt{n}}t_{\frac{\alpha}{2}}(n-1),\overline{X}+\dfrac{s}{\sqrt{n}}t_{\frac{\alpha}{2}}(n-1)\right]$

总体方差 σ^2 的区间估计如下表所示.

依　据	$[\hat{\theta}_1,\hat{\theta}_2]$
$P\{\chi^2_{1-\frac{\alpha}{2}}(n-1)\leqslant\chi^2=\dfrac{(n-1)S^2}{\sigma^2}\leqslant\chi^2_{\frac{\alpha}{2}}(n-1)\}=1-\alpha$	$\left[\dfrac{(n-1)s^2}{x^2_{\frac{\alpha}{2}}(n-1)},\dfrac{(n-1)s^2}{x^2_{1-\frac{\alpha}{2}}(n-1)}\right]$

(2) 一个正态总体的单侧区间估计

未知 σ^2,μ 的单侧区间估计如下表所示.

依　据	$P\{T\leqslant t_\alpha(n-1)\}=P\{T\geqslant -t_\alpha(n-1)\}=1-\alpha$
置信区间	$\left[\overline{X}-\dfrac{S}{\sqrt{n}}t_\alpha(n-1),+\infty\right)$ 或 $\left(-\infty,\overline{X}+\dfrac{S}{\sqrt{n}}t_\alpha(n-1)\right]$

σ^2 的单侧区间估计如下表所示.

依　据	$P\{\chi^2\geqslant\chi^2_{1-\alpha}(n-1)\}=1-\alpha$
置信上限	$\dfrac{(n-1)S^2}{\chi^2_{1-\alpha}(n-1)}$

(四) 假设检验

假设检验是统计推断问题，它可区分为参数型和非参数型两大类，参数型又可区分为单参数和多参数假设检验，这里主要考虑总体 $X\sim N(\mu,\sigma^2)$ 的参数检验问题.

1. 一个(单)正态总体的假设检验

(1) 已知方程 $\sigma^2, H_0:\mu=\mu_0$ 的检验程序	(2) 未知方差 $\sigma^2, H_0:\mu=\mu_0$ 的检验程序
① 提出待检验的假设 $H_0:\mu=\mu_0$; ② 确定样本统计量 $$U=\frac{\overline{X}-\mu_0}{\sigma/\sqrt{n}}\sim N(0,1)$$ ③$P\{\mid U\mid>U_{\frac{\alpha}{2}}\}=\alpha$; ④ 计算统计量 U 的观测值; ⑤ 得出结论	① 提出待检验的假设 $H_0:\mu=\mu_0$; ② 确定样本统计量 $$T=\frac{\overline{X}-\mu_0}{s/\sqrt{n}}\sim t(n-1)$$ ③$P\{\mid T\mid>t_{\frac{\alpha}{2}}\}=\alpha$; ④ 计算统计量 T 的观测值; ⑤ 得出结论
(3) 未知 $\mu, H_0:\sigma^2=\sigma_0^2$ 的检验程序	(4) 未知 $\mu, H_0:\sigma^2\leqslant\sigma_0^2$ 的检验程序
① 提出待检验的假设 $H_0:\sigma^2=\sigma_0^2$; ② 确定样本统计量 $$\chi^2=\frac{(n-1)S^2}{\sigma_0^2}\sim\chi^2(n-1)$$ ③$P\{\chi^2<\chi^2_{1-\frac{\alpha}{2}}\}=\frac{\alpha}{2}$, $P\{\chi^2>\chi^2_{\frac{\alpha}{2}}\}=\frac{\alpha}{2}$; ④ 计算统计量 χ^2 的观测值; ⑤ 得出结论	① 提出待检验的假设 $H_0:\sigma^2\leqslant\sigma_0^2$; ② 确定样本统计量 $$W=\sum_{i=1}^{n}\frac{(X_i-\overline{X})^2}{\sigma_0^2}$$ ③$P(\chi^2>\chi^2_{\alpha})=\alpha$; ④ 计算统计量 W 的观测值; ⑤ 提出结论

2. 两个(双)正态总体的假设检验

双正态总体的参数假设检验,是两个相互独立的正态正体.

设 $X\sim N(\mu_1,\sigma_1^2), Y\sim N(\mu_2,\sigma_2^2)$. 这里并非对每个参数值作假设检验,问题重点在于考虑两个总体之间的差异.

(1) 未知 σ_1^2,σ_2^2,但已知 $\sigma_1^2=\sigma_2^2$. $H_0:\mu_1=\mu_2$ 的检验程序	(2) 未知 μ_1,μ_2. $H_0:\sigma_1^2=\sigma_2^2$ 的检验程序
① 提出待检验的假设 $H_0:\mu_1=\mu_2$; ② 确定样本统计量 $$T=(\overline{X}-\overline{Y})\bigg/\sqrt{\frac{(n_1-1)S_1^2+(n_2-1)S_2^2}{n_1+n_2-2}\left(\frac{1}{n_1}+\frac{1}{n_2}\right)}$$ $\sim t(n_1+n_2-2)$; ③$P\{\mid T\mid>t_{\frac{\alpha}{2}}\}=\alpha$; ④ 计算统计量 T 的观测值; ⑤ 得出结论	① 提出待检验的假设 $H_0:\sigma_1^2=\sigma_2^2$; ② 确定样本统计量 $F=\frac{S_1^2}{S_2^2}\left(或\frac{S_2^2}{S_1^2}\right)$(使分式的分子大于分母)$\sim F(n_1-1,n_2-1)$ (或 $\sim F(n_2-1,n_1-1)$); ③$P\{F>F_{\frac{\alpha}{2}}\}=\frac{\alpha}{2}$; ④ 计算统计量 F 的观测值; ⑤ 得出结论
(3) 未知 μ_1,μ_2. $H_0:\sigma_1^2\leqslant\sigma_2^2$ 的检验程序	
① 提出待检验的假设 $H_0:\sigma_1^2\leqslant\sigma_2^2$; ② 确定样本统计量 $$F=\frac{S_1^2}{S_2^2}\sim F(n_1-1,n_2-1)$$ ③$P\{F>F_{\alpha}\}=\alpha$; ④ 计算统计量 F 的观测值; ⑤ 得出结论	

经 典 问 题 解 析

1. 统计量的分布

例 1 若随机变量 $X \sim N(0,1)$,则 $X^2 \sim \chi^2(1)$.

证 令 $Y = X^2$,由题设知若 $y \leqslant 0$,则 $P\{Y \geqslant y\} = 0$. 若 $y > 0$,则

$$P\{Y \leqslant y\} = P\{X^2 \leqslant y\} = P\{-\sqrt{y} \leqslant X \leqslant \sqrt{y}\}$$
$$= \frac{1}{\sqrt{2\pi}}\int_{-\sqrt{y}}^{\sqrt{y}} \mathrm{e}^{-\frac{x^2}{2}}\mathrm{d}x = \frac{2}{\sqrt{2\pi}}\int_0^{\sqrt{y}} \mathrm{e}^{-\frac{x^2}{2}}\mathrm{d}x$$

设 $x = \sqrt{t}$ 代入上式右积分中,有

$$P\{Y \leqslant y\} \leqslant \frac{1}{\sqrt{2\pi}}\int_0^y \frac{1}{\sqrt{t}}\mathrm{e}^{-\frac{y}{2}}\mathrm{d}t$$

当 $y \leqslant 0$ 时,$f(y) = 0$. 而当 $n = 1$ 时有

$$\varphi(y) = \begin{cases} \mathrm{e}^{-\frac{y}{2}} \Big/ \left[\sqrt{2y}\,\Gamma\left(\frac{1}{2}\right)\right], & y > 0 \\ 0, & y \leqslant 0 \end{cases}$$

其中 $\Gamma\left(\frac{1}{2}\right) = \int_0^{+\infty} t^{-\frac{1}{2}}\mathrm{e}^{-t}\mathrm{d}t$. 又由 Γ — 函数性质

$$\Gamma(p)\Gamma(1-p) = \frac{\pi}{\sin p\pi}$$

取 $p = \frac{1}{2}$,得 $\Gamma\left(\frac{1}{2}\right) = \sqrt{\pi}$(此式可作为公式直接作用),则

$$\varphi(y) = \begin{cases} \mathrm{e}^{-\frac{y}{2}} / \sqrt{2\pi y}, & y > 0 \\ 0, & y \leqslant 0 \end{cases}$$

即 $X^2 \sim \chi^2(1)$.

例 2 若随机变量 $X \sim t(n)$,则 $X^2 \sim F(1,n)$.

证 由题设且注意到

$$F_{X^2}(y) = P\{X^2 < y\} = \int_{-\sqrt{y}}^{\sqrt{y}} \frac{\Gamma\left(\frac{n+1}{2}\right)}{\sqrt{n\pi}\,\Gamma\left(\frac{n+1}{2}\right)}\left(1 + \frac{t^2}{n}\right)^{-\frac{n+1}{2}}\mathrm{d}t$$
$$= P\{X < \sqrt{y}\}$$

则

$$f_{X^2}(y) = \frac{\Gamma\left(\frac{n+1}{2}\right)}{\sqrt{n\pi}\,\Gamma\left(\frac{n+1}{2}\right)}\left(1 + \frac{y}{n}\right)^{-\frac{n+1}{2}}\frac{1}{\sqrt{y}}, \quad 0 < y < +\infty$$

知 $f_{X^2}(y)$ 即为 $n_1 = 1, n_2 = n$ 时 F 分布的密度函数,即 $X^2 \sim F(1,n)$.

我们先来看一些关于统计量的分布问题.

例 3 设 $X_1, X_2, \cdots, X_n, X_{n+1}$ 为来自总体 $N(\mu,\sigma^2)$ 的一个简单随机样本. 记 $\overline{X} = \frac{1}{n}\sum_{i=1}^{n} X_i$,$S^2 = \frac{1}{n-1} \cdot \sum_{i=1}^{n}(X_i - \overline{X})^2$,求 $T = \sqrt{\frac{n}{n+1}}\,\frac{X_{n+1} - \overline{X}}{S}$ 的分布.

解 由于 $X_i\,(i = 1,2,\cdots,n+1)$ 相互独立且均服从 $N(\mu,\sigma^2)$,因而 $\overline{X} \sim N(\mu, \frac{\sigma^2}{n})$,又 $X_{n+1} \sim N(\mu,$

σ^2)，并且 $\overline{X}$ 与 X_{n+1} 相互独立. 从而 $X_{n+1}-\overline{X}\sim N(0,\frac{n+1}{n}\sigma^2)$，故

$$X_{n+1}-\overline{X}\Big/\sqrt{\frac{n+1}{n}}\sigma\sim N(0,1)$$

又 $\frac{(n-1)S^2}{\sigma^2}\sim\chi^2(n-1)$，且 $X_{n+1},\overline{X},S^2$ 相互独立，易知 $X_{n+1}-\overline{X}$ 与 S^2 也相互独立. 从而

$$\frac{X_{n+1}-\overline{X}}{\sqrt{\frac{n+1}{n}}\sigma}\Bigg/\sqrt{\frac{(n-1)S^2}{(n-1)\sigma^2}}=\frac{\sqrt{n}}{\sqrt{n+1}}\cdot\frac{X_{n+1}-\overline{X}}{S}\sim t(n-1)$$

注 判断一个统计量的分布，通常总是从已知的分布着手分析，譬如 χ^2 分布、t 分布、F 分布等定义均是大家熟知的，所需要的即是由已给的条件转化(通过式子变形)成以上几种分布之一.

例4 设 $X\sim N(0,3^2)$，$Y\sim N(0,3^2)$，X,Y 相互独立. $X_1,X_2,\cdots,X_9$ 和 $Y_1,Y_2,\cdots,Y_9$ 是分别来自总体 X 与 Y 的简单随机样本(以下将简称为样本)，求统计量 $V=\frac{X_1+X_2+\cdots+X_9}{\sqrt{Y_1^2+Y_2^2+\cdots+Y_9^2}}$ 的分布.

解 $X_1+X_2+\cdots+X_9\sim N(0,9^2)$，令 $Z=\frac{X}{\sqrt{9^2}}=\frac{X}{9}\sim N(0,1)$，即 $X=9Z$.

又令 $W_i=\frac{Y_i}{3}\sim N(0,1)$，即 $Y_i=3W_i$，从而

$$\sqrt{Y_1^2+Y_2^2+\cdots+Y_9^2}=\sqrt{(3W_1)^2+(3W_2)^2+\cdots+(3W_9)^2}=3\sqrt{W_1^2+W_2^2+\cdots+W_9^2}$$

于是
$$V=\frac{9Z}{3\sqrt{W_1^2+W_2^2+\cdots+W_9^2}}=\frac{Z}{\sqrt{(W_1^2+W_2^2+\cdots+W_9^2)/9}}\sim t(9)$$

即 V 服从自由度为 9 的 t 分布.

例5 设 $X\sim N(0,2^2)$，$X_1,X_2,\cdots,X_{15}$ 为来自 X 的样本. 求 $Y=\frac{X_1^2+X_2^2+\cdots+X_{10}^2}{2(X_{11}^2+X_{12}^2+\cdots+X_{15}^2)}$ 的分布.

解 令 $Y_i=\frac{X_i}{2}(i=1,2,\cdots,15)$，从而 $Y_i\sim N(0,1)$，$X_i=2Y_i$. 于是

$$Y=\frac{4({Y_1}^2+{Y_2}^2+\cdots+{Y_{10}}^2)}{2\times 4({Y_{11}}^2+{Y_{12}}^2+\cdots+{Y_{15}}^2)}=\frac{({Y_1}^2+{Y_2}^2+\cdots+{Y_{10}}^2)/10}{({Y_{11}}^2+{Y_{12}}^2+\cdots+{Y_{15}}^2)/5}\sim F(10,5)$$

即 Y 服从自由度(10,5) 的 F 分布.

注 从 Y 的形式上看，分式上、下均为平方和，容易想到会与 F 分布有关，类似的思维方式对解决这一类问题是很有用的.

例6 若设 X_1,X_2,X_3,X_4 为来自总体 $N(0,2^2)$ 的一个简单样本，$X=a(X_1+2X_2)^2+b(3X_3+4X_4)^2$，试问当 a,b 取何值时可使 X 服从 χ^2 分布，并求其自由度.

解 令 $Y_1=X_1+2X_2$，$Y_2=3X_3+4X_4$，$Y=aY_1^2+bY_2^2$，由 χ^2 分布的定义，应使 $\sqrt{a}Y_1\sim N(0,1)$，$\sqrt{b}Y_2\sim N(0,1)$，从而有

$$D(\sqrt{a}Y_1)=D[\sqrt{a}(X_1+2X_2)]=(a+4a)D(X_1)=5a\cdot 2^2=1$$

由上解得 $a=\frac{1}{20}$. 同理

$$D(\sqrt{b}Y_2)=D[\sqrt{b}(3X_3+4X_4)]=(9b+16b)D(X_1)=25b\cdot 2^2=1$$

由上解得 $b=\frac{1}{100}$. 此时 $X\sim\chi^2(2)$，即其自由度为 2.

例7 设 $X_1,X_2,\cdots,X_9$ 为来自总体 $N(\mu,\sigma^2)$ 的样本，则

$$Y_1=\frac{1}{6}(X_1+X_2+\cdots+X_6),\quad Y_2=\frac{1}{3}(X_7+X_8+X_9)$$

$$S^2=\frac{1}{2}\sum_{i=7}^{9}(X_i-Y_2)^2,\quad X=\frac{\sqrt{2}(Y_1-Y_2)}{S}$$

试证 X 服从自由度为 2 的 t 分布.

证 将 X 化为 $U\Big/\sqrt{\frac{\chi^2(2)}{2}}$ 的形式,其中 $U\sim N(0,1)$. 由题设条件知

$$E(Y_1)=E(Y_2)=\mu,\quad D(Y_1)=\frac{\sigma^2}{6},\quad D(Y_2)=\frac{\sigma^2}{3}$$

于是

$$E(Y_1-Y_2)=0,\quad D(Y_1-Y_2)=\frac{\sigma^2}{6}+\frac{\sigma^2}{3}=\frac{\sigma^2}{2}$$

再令 $Y=Y_1-Y_2$,从而 $U=\frac{Y-E(Y)}{\sqrt{D(Y)}}=\frac{Y_1-Y_2}{\sigma/\sqrt{2}}\sim N(0,1)$.

又 $\frac{2S^2}{\sigma^2}\sim\chi^2(2)$,而 $Y_1,Y_2;Y_1,S^2;Y_2,S^2$ 均相互独立,从而 Y_1-Y_2 与 S^2 亦相互独立. 于是

$$X=\frac{\sqrt{2}(Y_1-Y_2)}{S}=\frac{Y_1-Y_2}{\sigma/\sqrt{2}}\Bigg/\sqrt{\frac{2S^2}{\sigma^2/2}}\sim t(2)$$

例 8 设总体 $X\sim N(0,1)$,$X_1,X_2,\cdots,X_6$ 为来自 X 的样本. 令

$$Y=(X_1+X_2+X_3)^2+(X_4+X_5+X_6)^2$$

试确定常数 c 使 cY 服从 χ^2 分布.

解 由题设知 $X_1+X_2+X_3\sim N(0,3)$,故

$$\frac{X_1+X_2+X_3}{\sqrt{3}}\sim N(0,1)$$

即

$$\left(\frac{X_1+X_2+X_3}{\sqrt{3}}\right)^2\sim\chi^2(1)$$

同理有 $\left(\frac{X_4+X_5+X_6}{\sqrt{3}}\right)^2\sim\chi^2(1)$.

由 χ^2 分布的可加性得

$$\frac{1}{3}Y=\left(\frac{X_1+X_2+X_3}{\sqrt{3}}\right)^2+\left(\frac{X_4+X_5+X_6}{\sqrt{3}}\right)^2\sim\chi^2(2)$$

故应有 $c=\frac{1}{3}$.

例 9 设 $X\sim N(\mu,\sigma^2)$,$\overline{X}$ 和 S_n^2 分别为总体 X 样本 $X_1,X_2,\cdots,X_n$ 的均值和方差. 又设 $X_{n+1}\sim N(\mu,\sigma^2)$ 且与 $X_1,X_2,\cdots,X_n$ 独立,试求统计量 $Z=\sqrt{\frac{n-1}{n+1}}\frac{X_{n+1}-\overline{X}}{S_n}$ 的分布.

解 由设 $X\sim N(\mu,\sigma^2)$,$X_{n+1}\sim N(\mu,\sigma^2)$,知 $\overline{X}\sim N\left(\mu,\frac{\sigma^2}{n}\right)$,故

$$X_{n+1}-\overline{X}\sim N\left(0,\frac{\sigma^2}{n}+\sigma^2\right)=N\left(0,\frac{n+1}{n}\sigma^2\right)$$

则 $Y=(X_{n+1}-\overline{X})\Big/\left(\sqrt{\frac{n+1}{n}}\sigma\right)\sim N(0,1)$. 而

$$Z=\frac{\sqrt{n-1}}{S_n}\frac{X_{n+1}-\overline{X}}{\sqrt{n+1}}=Y\Bigg/\sqrt{\frac{nS_n^2}{(n-1)\sigma^2}}$$

因 $\frac{nS_n^2}{\sigma^2}\sim\chi^2(n-1)$,且 S_n^2 与 $X_{n+1}-\overline{X}$ 相互独立.

由 t 分布定义有 $Z\sim t(n-1)$.

例 10　设 $X \sim N(\mu_1, \sigma^2)$，$Y \sim N(\mu_2, \sigma^2)$，又 $X_1, X_2, \cdots, X_m$ 和 $Y_1, Y_2, \cdots, Y_n$ 分别为两总体 X, Y 的样本，又它们互相独立. 则

$$T = \sqrt{\frac{mn(m+n)}{m+n}} \frac{(\overline{X}-\overline{Y})-(\mu_1-\mu_2)}{\sqrt{mS_1^2+nS_2^2}} \sim t(m+n)$$

这里 $\overline{X}, \overline{Y}$ 分别为两样本均值，S_1^2, S_2^2 为两样本方差.

证　由题设知 $\overline{X} \sim N\left(\mu_1, \dfrac{\sigma^2}{m}\right)$，$\overline{Y} \sim N\left(\mu_2, \dfrac{\sigma^2}{n}\right)$，且 $\dfrac{mS_1^2}{\sigma^2} \sim \chi^2(m)$，$\dfrac{nS_2^2}{\sigma^2} \sim \chi^2(n)$.

由 X_i, Y_j 的独立性知 $\overline{X}, \overline{Y}$ 相互独立，S_1^2, S_2^2 相互独立，故

$$\overline{X}-\overline{Y} \sim N\left(\mu_1-\mu_2, \frac{(m+n)\sigma^2}{mn}\right)$$

故

$$Z = [\overline{X}-\overline{Y}-(\mu_1-\mu_2)] \Big/ \left(\sqrt{\frac{m+n}{mn}}\sigma\right) \sim N(0,1)$$

又 $T = \dfrac{\sqrt{m+n}\sigma}{\sqrt{mS_1^2+nS_2^2}} Z = Z \Bigg/ \sqrt{\dfrac{mS_1^2+nS_2^2}{\sigma^2(m+n)}}$，令

$$W = \frac{mS_1^2}{\sigma^2} + \frac{nS_2^2}{\sigma^2}$$

则

$$W \sim \chi^2(m+n)$$

由 $\overline{X}, \overline{Y}; S_1^2, S_2^2; Z, W$ 分别相互独立，故

$$T = Z \Bigg/ \sqrt{\frac{W}{m+n-2}} \sim t(m+n)$$

例 11　设总体 $X \sim N(0, \sigma^2)$，X_1, X_2 为来自 X 的一个样本，试求

$$Y = \left(\frac{X_1+X_2}{X_1-X_2}\right)^2$$

的分布.

解　由设 $Y = \dfrac{(X_1+X_2)^2}{(X_1-X_2)^2} = \left(\dfrac{X_1+X_2}{\sqrt{2}\sigma}\right)^2 \Bigg/ \left(\dfrac{X_1-X_2}{\sqrt{2}\sigma}\right)^2$，而

$$X_1+X_2 \sim N(0, 2\sigma^2), \quad X_1-X_2 \sim N(0, 2\sigma^2)$$

故

$$\left(\frac{X_1+X_2}{\sqrt{2}\sigma}\right)^2 \sim \chi^2(1), \quad \left(\frac{X_1-X_2}{\sqrt{2}\sigma}\right)^2 \sim \chi^2(1)$$

所以 $Y = \left(\dfrac{X_1+X_2}{X_1-X_2}\right)^2$ 服从 $F(1,1)$ 分布.

例 12　设 $\overline{X}_n$ 和 S_n^2 分别是样本 $X_1, X_2, \cdots, X_n$ 的样本均值与样本方差. 现又新加第 $n+1$ 个观测量 X_{n+1}，试证：(1) $\overline{X}_{n+1} = \dfrac{n}{n+1}\overline{X}_n + \dfrac{X_{n+1}}{n+1}$；(2) $S_{n+1}^2 = \dfrac{n-1}{n}S_n^2 + \dfrac{1}{n+1}(X_{n+1}-\overline{X}_n)^2$.

证　(1) 由题设注意到下面的式子变形

$$\overline{X}_{n+1} = \frac{1}{n+1}\sum_{i=1}^{n+1} X_i = \frac{n}{n+1} \cdot \frac{1}{n}\sum_{i=1}^{n} X_i + \frac{X_{n+1}}{n+1} = \frac{n}{n+1}\overline{X}_n + \frac{X_{n+1}}{n+1}$$

(2) 样本 $X_1 \sim X_{n+1}$ 的样本方差为

$$S_{n+1}^2 = \frac{1}{n}\sum_{i=1}^{n+1}(X_i-\overline{X}_{n+1})^2 = \frac{1}{n}\sum_{i=1}^{n+1}\left(X_i - \frac{n}{n+1}\overline{X}_n - \frac{X_{n+1}}{n+1}\right)^2$$

$$= \frac{1}{n}\sum_{i=1}^{n}\left[(X_i - \overline{X}_n) + \left(\frac{\overline{X}_n}{n+1} - \frac{X_{n+1}}{n+1}\right)\right]^2 + \frac{1}{n}\left(X_{n+1} - \frac{n\overline{X}_n}{n+1} - \frac{X_{n+1}}{n+1}\right)^2$$

$$= \frac{n-1}{n}\cdot\frac{1}{n-1}\sum_{i=1}^{n}(X_i - \overline{X}_n)^2 + \frac{2}{n}\cdot\frac{(\overline{X}_n - X_{n+1})\sum_{i=1}^{n}(X_i - \overline{X}_n)}{n+1} +$$

$$\left(\frac{\overline{X}_n - X_{n+1}}{n+1}\right)^2 + \frac{n}{(n+1)^2}(\overline{X}_n - X_{n+1})^2$$

$$= \frac{n-1}{n}S_n^2 + \frac{1}{n+1}(\overline{X}_n - X_{n+1})^2$$

注 上面两个结果表明,若样本容量增加一个,其 $n+1$ 个数据构成新样本的均值与方差无须从头算起,而只需依据前 n 个数据求出的均值与方差,根据新的数据便可由(1),(2) 两问的等式算得.

例 13 设 $X_1, X_2, \cdots, X_n$ 和 $Y_1, Y_2, \cdots, Y_n$ 为正态总体 $N(\mu, \sigma^2)$ 的两个样本,试确定 n 使 $P\{|\overline{X} - \overline{Y}| > \sigma\} = 0.01$,这里 $\overline{X}, \overline{Y}$ 为两样本均值.

解 由设知 $\overline{X} \sim N\left(\mu, \frac{\sigma^2}{n}\right)$, $\overline{Y} \sim N\left(\mu, \frac{\sigma^2}{n}\right)$,故 $(\overline{X} - \overline{Y}) \sim N\left(0, \frac{2\sigma^2}{n}\right)$,从而知统计量

$$Z = (\overline{X} - \overline{Y})\Big/\left(\sqrt{\frac{2}{n}}\sigma\right) \sim N(0,1)$$

由

$$P\{|\overline{X} - \overline{Y}| > \sigma\} = P\left\{\left|(\overline{X} - \overline{Y})\Big/\left(\sqrt{\frac{2}{n}}\sigma\right)\right| > \sigma\Big/\left(\sqrt{\frac{2}{n}}\sigma\right)\right\}$$

$$= P\left\{|Z| > \sqrt{\frac{n}{2}}\right\} = 2\left[1 - \Phi\left(\sqrt{\frac{n}{2}}\right)\right] = 0.01$$

即 $\Phi\left(\sqrt{\frac{n}{2}}\right) = 0.995$,查表得 $\sqrt{\frac{n}{2}} = 2.58$,则 $n = [13.31] \approx 14$.

例 14 (2008①③) 设 $X_1, X_2, \cdots, X_n$ 是总体 $N(\mu, \sigma^2)$ 的简单随机样本,记

$$\overline{X} = \frac{1}{n}\sum_{i=1}^{n}X_i,\quad S^2 = \frac{1}{n-1}\sum_{i=1}^{n}(X_i - \overline{X})^2,\quad T = \overline{X}^2 - \frac{1}{n}S^2$$

(1) 证 T 是 μ^2 的无偏估计量.(2) 当 $\mu = 0, \sigma = 1$ 时,求 $D(T)$.

证 (1) 由题设可有

$$E(T) = E\left(\overline{X}^2 - \frac{1}{n}S^2\right) = E(\overline{X}^2) - \frac{1}{n}E(S^2)$$

$$= D(\overline{X}) + E(\overline{X})^2 - \frac{1}{n}E(S^2) = \frac{1}{n}\sigma^2 + \mu^2 - \frac{1}{n}\sigma^2 = \mu^2$$

所以 T 是 μ^2 的无偏估计量.

(2) 当 $\mu = 0, \sigma = 1$ 时, $X \sim N(0,1)$, $\overline{X} \sim N\left(0, \frac{1}{n}\right)$, $E(T) = 0$,则

$$D(T) = D\left(\overline{X}^2 - \frac{1}{n}S^2\right) \quad (\text{注意 } \overline{X}^2 \text{ 与 } S^2 \text{ 独立})$$

$$= D(\overline{X}^2) + \frac{1}{n^2}D(S^2)$$

$$= \frac{1}{n^2}D(\sqrt{n}\overline{X})^2 + \frac{1}{n^2}\frac{1}{(n-1)^2}D[(n-1)S^2]$$

$$= \frac{2}{n^2} + \frac{1}{n^2}\frac{1}{(n-1)^2}2(n-1) = \frac{2}{n(n-1)}$$

2. 参数估计

(1) 矩估计与极大似然估计

例1　设总体 X 服从区间 $[a,b]$ 上均匀分布（$X\sim U[a,b]$）. 试求 a,b 的矩估计量 $\hat{a}$ 与 $\hat{b}$.

解　设 $X_1,X_2,\cdots,X_n$ 为来自总体 X 的一个样本，则 $E(Z)$ 与 $D(Z)$ 的矩估计量分别为

$$E(\hat{Z})=\overline{X}=\frac{1}{n}\sum_{i=1}^{n}X_i,\quad D(\hat{Z})=S_n^2=\frac{1}{n}\sum_{i=1}^{n}(X_i-\overline{X})^2$$

当 $X\sim U[a,b]$ 时，$E(Z)=\dfrac{a+b}{2}$，$D(Z)=\dfrac{(b-a)^2}{12}$. 于是有关系

$$\begin{cases}E(\hat{Z})=\dfrac{\hat{a}+\hat{b}}{2}=\overline{X}\\[2mm] D(\hat{Z})=\dfrac{(\hat{b}-\hat{a})^2}{12}=S_n^2\end{cases}$$

即

$$\begin{cases}\hat{a}+\hat{b}=2\overline{X}\\ \hat{b}-\hat{a}=2\sqrt{3}S_n\end{cases}$$

解得 $\hat{a}=\overline{X}-\sqrt{3}S_n$，$\hat{b}=\overline{X}+\sqrt{3}S_n$.

例2　设总体 $X\sim U[a,b]$，试求参数 a 与 b 的极大似然估计量.

解　由设

$$X\sim f(x;a,b)=\begin{cases}\dfrac{1}{b-a}, & a\leqslant x\leqslant b\\ 0, & 其他\end{cases}$$

设 $X_1,X_2,\cdots,X_n$ 为来自 X 的样本，则似然函数为

$$L(x_1,x_2,\cdots,x_n;a,b)=\begin{cases}\left(\dfrac{1}{b-a}\right)^n, & X_i\in[a,b]\quad(i=1,\cdots,n)\\ 0, & 其他\end{cases}$$

请注意，这里 $X_i\in[a,b]$ 表示 X_i 的观测值 $x_i\in[a,b]$. 此时似然函数中不含样本随机变量. 接下来可以这样来分析.

首先应有 $X_i\in[a,b](i=1,2,\cdots,n)$，否则 $L(x_1,x_2,\cdots,x_n;a,b)$ 将等于零，故不可能是最大值.

因此应有 $a\leqslant\min\limits_i\{X_i\}=m$ 与 $b\geqslant\max\limits_i\{X_i\}=M$. 当 $a\leqslant m$ 或 $b\geqslant M$ 时，恒成立 $\left(\dfrac{1}{b-a}\right)^n\leqslant\left(\dfrac{1}{M-m}\right)^n$.

即 a 与 b 的极大似然估计量为 $\hat{a}=\min\limits_i\{X_i\}$，$\hat{b}=\max\limits_i\{X_i\}$.

例3　设总体 z 的概率密度为 $f(x)=\begin{cases}\theta c^\theta x^{-(\theta+1)}, & x>c\\ 0, & x\leqslant c\end{cases}$，常数 $c>0,\theta>1$. 试求 θ 的矩估计量和极大似然估计量.

解　(1) 设 $X_1,X_2,\cdots,X_n$ 为来自总体 X 的样本. 则

$$E(X)=\int_{-\infty}^{+\infty}xf(x)\mathrm{d}x=\int_c^{+\infty}x\theta c^\theta x^{-(\theta+1)}\mathrm{d}x=\int_c^{+\infty}\theta c^\theta x^{-\theta}\mathrm{d}x=\frac{\theta c}{\theta-1}$$

令 $\dfrac{\theta c}{\theta-1}=\overline{X}$，得 θ 的矩估计量 $\hat{\theta}=\dfrac{\overline{X}}{\overline{X}-c}$.

(2) 求 θ 的极大似然估计量先建立似然函数

$$L(X_1,X_2,\cdots,X_n;\theta)=\prod_{i=1}^{n}f(X_i,\theta)=\theta^n c^{n\theta}(X_1\cdot X_2\cdot\cdots\cdot X_n)^{-(\theta+1)}$$

两边取对数有 $\ln L=n\ln\theta+n\ln c-(\theta+1)\sum_{i=1}^{n}\ln X_i$,两边求导

$$\frac{\mathrm{d}\ln L}{\mathrm{d}\theta}=\frac{n}{\theta}+n\ln c-\sum_{i=1}^{n}\ln X_i$$

令 $\frac{\mathrm{d}\ln L}{\mathrm{d}\theta}=0$,即 $\frac{n}{\theta}+n\ln c=\sum_{i=1}^{n}\ln X_i$,从而

$$\hat{\theta}=\frac{n}{\sum_{i=1}^{n}\ln X_i-n\ln c}$$

例 4 试对(1)二项分布 $\mathscr{B}(n,p)$;(2)泊松分布 $\mathscr{P}(\lambda)$;(3)指数分布的 $E(\theta)$ 的总体参数 p,λ,θ 分别做矩法与极大似然法估计,并进行比较,说明它们是否是无偏估计.

解 (1)设总体 $X\sim\mathscr{B}(n,p)$,即 $P\{X_i=k\}=\mathrm{C}_n^k p^k(1-p)^{n-k}(i=0,1,\cdots,n)$,这里样本 $X_1,X_2,\cdots,X_{n_1}\sim X$.

① 矩估计量:$E(\hat{X})=n\hat{p}=\overline{X}$.故 $\hat{p}=\frac{1}{n}\overline{X}=\frac{1}{n}\left(\frac{1}{n_1}\sum_{i=1}^{n_1}X_i\right)$.

② 极大似然估计量

$$L(X_1,X_2,\cdots,X_{n_1};p)=\sum_{i=1}^{n_1}\mathrm{C}_n^{X_i}p^{X_i}(1-p)^{n-X_i}=\left(\prod_{i=1}^{n_1}\mathrm{C}_n^{X_i}\right)p^{\sum_{i=1}^{n_1}X_i}(1-p)^{n_1 n-\sum_{i=1}^{n_1}X_i}$$

故

$$\ln L=\sum_{i=1}^{n_1}\ln\mathrm{C}_n^{X_i}+\left(\sum_{i=1}^{n_1}\mathrm{C}_n^{X_i}\right)\ln p+\left(n_1 n-\sum_{i=1}^{n_1}X_i\right)\ln(1-p)$$

由 $\frac{\mathrm{d}\ln L}{\mathrm{d}p}=\frac{\sum_{i=1}^{n_1}X_i}{p}-(n_1 n-\sum_{i=1}^{n_1}X_i)\frac{1}{1-p}=0$,得

$$\hat{p}=\frac{1}{n}\left(\frac{1}{n_1}\sum_{i=1}^{n_1}X_i\right)$$

即矩估计量与极大似然估计量一致.

③ 由

$$E(\hat{\theta})=\frac{1}{n}\left(\frac{1}{n_1}\sum_{i=1}^{n_1}E(X_i)\right)=\frac{1}{n}\cdot\frac{1}{n_1}n_1(np)=p$$

即矩估计与极大似然估计均是参数 p 的无偏估计.

(2)设总体 $X\sim\mathscr{P}(\lambda)$.即 $P\{z=k\}=\frac{\lambda^k}{k!}\mathrm{e}^{-\lambda}(k=0,1,2,\cdots)$,样本 $X_1,X_2,\cdots,X_n\sim X$.

① 矩估计量:$E(Z)=\lambda=\overline{X}$,即 $\hat{\lambda}=\overline{X}$.

② 极大似然估计量:由

$$L(X_1,X_2,\cdots,X_n;\lambda)=\prod_{i=1}^{n}\frac{\lambda^{X_i}}{X_i!}\mathrm{e}^{-\lambda}=\prod_{i=1}^{n}\frac{1}{X_i!}\lambda^{\sum_{i=1}^{n_1}X_i}\mathrm{e}^{-n\lambda}$$

故

$$\ln L=\sum_{i=1}^{n_1}\ln\frac{1}{X_i!}+\left(\sum_{i=1}^{n_1}X_i\right)\ln\lambda-n\lambda$$

又由 $\frac{\mathrm{d}\ln L}{\mathrm{d}\lambda}=\frac{1}{\lambda}\sum_{i=1}^{n_1}X_i-n=0$,得 $\hat{\lambda}=\frac{1}{n}\sum_{i=1}^{n_1}X_i=\overline{X}$.

即矩估计量与极大估计量一致.

③ 由 $E(\hat{\lambda}) = E(\overline{Z}) = \lambda$，即矩估计与极大似然估计均是参数 λ 的无偏估计.

(3) 设总体 $X \sim E(\theta)$，即 X 的密度

$$f(x;\theta) = \begin{cases} \theta e^{-\theta x}, & x \geqslant 0 \\ 0, & x < 0 \end{cases} \quad (\theta > 0)$$

样本 $X_1, X_2, \cdots, X_n \sim X$.

① 矩估计量：$E(Z) = \dfrac{1}{\theta} = \overline{X}$，即 $\hat{\theta} = \dfrac{1}{\overline{X}}$.

② 极大似然估计量：$L(X_1, \cdots, X_n;\theta) = \prod\limits_{i=1}^{n} \theta e^{-\theta X_i} = \theta^n e^{-\theta \sum\limits_{i=1}^{n} X_i}$.

故 $\ln L = n\ln\theta - \theta\sum\limits_{i=1}^{n} X_i = 0$. 而由 $\dfrac{d\ln L}{d\theta} = \dfrac{n}{\theta} - \sum\limits_{i=1}^{n} X_i = 0$，得 $\hat{\theta} = \dfrac{n}{\left(\sum\limits_{i=1}^{n} X_i\right)} = \dfrac{1}{\overline{X}}$.

即矩估计量与极大似然估计量一致.

③$E(\hat{\theta}) = E\left(\dfrac{1}{\overline{X}}\right) = \dfrac{1}{E(\overline{X})} = \dfrac{1}{\dfrac{1}{\theta}} = \theta$.

即矩估计与极大似然估计均是总体参数 θ 的无偏估计.

例 5　设总体 X 的期望为 μ，方差为 σ^2，$X_1, X_2, \cdots, X_n$ 和 $Y_1, Y_2, \cdots, Y_m$ 分别是来自 X 的两个独立样本. 记

$$\overline{X} = \frac{1}{n}\sum_{i=1}^{n} X_i,\quad \overline{Y}_1 = \frac{1}{m}\sum_{i=1}^{m} Y_i,\quad S^2 = \frac{1}{n+m-2}\left[\sum_{i=1}^{n}(X_i - \overline{X})^2 + \sum_{i=1}^{m}(Y_i - \overline{Y})^2\right]$$

(1) 试证对任意满足 $a+b=1$ 的常数 a 和 b，$Z = a\overline{X} + b\overline{Y}$ 是 μ 的无偏估计量，并确定 a, b 使 $D(Z)$ 达到最小. (2) 证明 S^2 是 σ^2 的无偏估计量.

证　(1) 由题设 $E(Z) = E(a\overline{X} + b\overline{Y}) = aE(\overline{X}) + bE(\overline{Y}) = a\mu + b\mu = (a+b)\mu = \mu$，故 X 是 μ 的无偏估计量.

又

$$D(X) = a^2 D(\overline{X}) + b^2 D(\overline{Y}) = \frac{a^2\sigma^2}{n} + \frac{b^2\sigma^2}{m} = \left(\frac{a^2}{n} + \frac{b^2}{m}\right)\sigma^2 \qquad (*)$$

问题化为在 $a+b=1$ 的条件下，求式 $(*)$ 的最小值问题.

令 $D(Z) = \left[\dfrac{a^2}{n} + \dfrac{(1-a)^2}{m}\right]\sigma^2 = f(a)$，由

$$\frac{df(a)}{da} = \sigma^2\left[\frac{2a}{n} - \frac{2(1-a)}{m}\right] = 0$$

解得 $a = \dfrac{n}{m+n}$，则 $b = \dfrac{m}{m+n}$.

(2) 注意到

$$\begin{aligned} E(S^2) &= \frac{1}{n+m-2}\left\{E\left[\sum_{i=1}^{n}(X_i - \overline{X})^2\right] + E\left[\sum_{i=1}^{m}(Y_i - \overline{Y})^2\right]\right\} \\ &= \frac{1}{n+m-2}\left\{(n-1)E\left[\frac{1}{n-1}\sum_{i=1}^{n}(X_i - \overline{X})^2\right] + (m-1)E\left[\frac{1}{m-1}\sum_{i=1}^{m}(Y_i - \overline{Y})^2\right]\right\} \\ &= \frac{1}{n+m-2}[(n-1)\sigma^2 + (m-1)\sigma^2] = \sigma^2 \end{aligned}$$

即 S^2 是 σ^2 的无偏估计量.

例 6　设来自总体 $N(\mu_1, \sigma^2)$，$N(\mu_2, \sigma^2)$ 的两个容量分别为 m 和 n 的独立样本，样本方差分别为 S_1^2，

S_2^2. 试证对任意常数 a,b(其中 $a+b=1$) 来讲,$Z=aS_1^2+bS_2^2$ 都是 σ^2 的无偏估计,且求 a,b 使 $D(Z)$ 最小.

解 由题设 $E(Z)=E(aS_1^2+bS_2^2)=\sigma^2(a+b)=\sigma^2$,知 Z 是 σ^2 的无偏估计.

又

$$D(Z)=a^2D(S_1^2)+b^2D(S_2^2)=\frac{a^2\cdot 2}{m-1}\sigma^4+\frac{b^2\cdot 2}{n-1}\sigma^4=2\sigma^4\left[\frac{a^2}{m-1}+\frac{(1-a)^2}{n-1}\right]$$

令

$$D'(Z_a)=\left\{2\sigma^4\left[\frac{a^2}{m-1}+\frac{(1-a)^2}{n-1}\right]\right\}'+2\sigma^4\left[\frac{2a}{m-1}-\frac{2(1-a)}{n-1}\right]=0$$

得 $a=\dfrac{m-1}{m+n-2}$,进而 $b=\dfrac{n-1}{m+n-2}$,此时 $D(Z)$ 最小.

例 7 (1) 设 $X_1,X_2,\cdots,X_n$ 为总体 X 的一个样本,又 X 的期望 $E(X)=\mu$,试证 $\hat{S}_0^2=\dfrac{1}{n}\sum\limits_{i=1}^{n}(X_i-\mu)^2$ 为总体方差 $D(X)=\sigma^2$ 的无偏估计量.

(2) 设 $X_1,X_2,\cdots,X_n$ 为来自 $X\sim N(\mu,\sigma^2)$ 的样本,试证 $S_*^2=\dfrac{1}{2(n-1)}\sum\limits_{i=1}^{n-1}(X_n-X_i)^2$ 是 σ^2 的无偏估计量.

证 (1) 视 $X_i-\mu(i=1,2,\cdots,n)$ 为来自总体 $X-\mu$ 的一个样本,则有

$$E(X-\mu)=0,\quad D(X-\mu)=D(X)=\sigma^2$$

亦即 $E(X_i-\mu)=0,D(X_i-\mu)=\sigma^2$. 于是

$$E(\hat{S}_0^2)=\frac{1}{n}\sum_{i=1}^{n}E[X_i-\mu-E(X_i-\mu)]^2=\frac{1}{n}\sum_{i=1}^{n}D(X_i-\mu)=\frac{1}{n}\sum_{i=1}^{n}\sigma^2=\sigma^2$$

(2) 令 $Y_i=X_n-X_i(i=1,2,\cdots,n)$,则 $Y_i\sim N(0,2\sigma^2)$,从而 $\dfrac{Y_i}{\sqrt{2}\sigma}\sim N(0,1)$.

于是

$$\sum_{i=1}^{n-1}\left(\frac{Y_i}{\sqrt{2}\sigma}\right)^2=\sum_{i=1}^{n-1}\frac{Y_i^2}{2\sigma^2}\sim\chi^2(n-1),\quad E\left(\sum_{i=1}^{n}\frac{Y_i^2}{2\sigma^2}\right)=E[\chi^2(n-1)]=n-1$$

故

$$\begin{aligned}E(S_*^2)&=E\left[\frac{1}{2(n-1)}\sum_{i=1}^{n-1}(X_n-X_i)^2\right]\\&=\frac{1}{2(n-1)}\cdot 2\sigma^2E\left[\sum_{i=1}^{n}\frac{(X_n-X_i)^2}{2\sigma^2}\right]\\&=\frac{\sigma^2}{n-1}E\left[\sum_{i=1}^{n-1}\frac{Y_i^2}{2\sigma^2}\right]=\frac{\sigma^2}{n-1}\cdot(n-1)=\sigma^2\end{aligned}$$

例 8 设 X 在 $\left[\theta-\dfrac{1}{2},\theta+\dfrac{1}{2}\right]$ 上服从均匀分布. (1) 试证 $\hat{\theta}=\overline{X}$ 为 θ 的无偏估计量;(2) 试求 θ 的极大似然估计.

证 (1) 由设 X 的概率密度为

$$f(x)=\begin{cases}1, & x\in\left[\theta-\dfrac{1}{2},\theta+\dfrac{1}{2}\right]\\0, & \text{其他}\end{cases}$$

则 $E(X)=\dfrac{1}{2}\left(\theta-\dfrac{1}{2}+\theta+\dfrac{1}{2}\right)=\theta$,而 $\overline{X}$ 为 $E(X)$ 的无偏估计量,即 $\hat{\theta}=\overline{X}$ 为 θ 的无偏估计量.

(2) 设总体 X 的样本为 $X_1,X_2,\cdots,X_n$,得似然函数

$$L(x_1,x_2,\cdots,x_n;\theta)=\begin{cases}1, & \theta-\dfrac{1}{2}\leqslant x_i\leqslant\theta+\dfrac{1}{2} \quad (i=1,2,\cdots,n)\\ 0, & 其他\end{cases}$$

可以看出，θ 只需满足

$$\max_i\{x_i\}-\frac{1}{2}\leqslant\theta\leqslant\min_i\{x_i\}+\frac{1}{2}$$

$L(x_1,x_2,\cdots,x_n;\theta)$ 即可取到最大值 1.

故 θ 的极大似然估计为区间 $\left[\max\limits_i\left\{X_i-\dfrac{1}{2}\right\},\min\limits_i\left\{X_i+\dfrac{1}{2}\right\}\right]$ 中任意值.

例 9 设 $X\sim N(\mu,1)$，又 (X_1,X_2) 为来自总体 X 的一个样本，则

$$\hat{\mu}_1=\frac{2}{3}X_1+\frac{1}{3}X_2,\quad \hat{\mu}_2=\frac{1}{4}X_1+\frac{3}{4}X_2,\quad \hat{\mu}_3=\frac{1}{2}X_1+\frac{1}{2}X_2$$

都是 μ 的无偏估计量. 试问哪个最有效.

解 由题设知 $E(X_i)=\mu$，$D(X_i)=1$，$i=1,2$. 则

$$E(\hat{\mu}_1)=E\left(\frac{2}{3}X_1+\frac{1}{3}X_2\right)=\frac{2}{3}E(X_1)+\frac{1}{3}E(X_2)=\frac{2}{3}\mu+\frac{1}{3}\mu=\mu$$

同理 $E(\hat{\mu}_2)=\mu$，$E(\hat{\mu}_3)=\mu$.

故知 $\hat{\mu}_1,\hat{\mu}_2,\hat{\mu}_3$ 均为 μ 的无偏估计量.

注意到 $D(\hat{\mu}_1)=D\left(\dfrac{2}{3}X_1+\dfrac{1}{3}X_2\right)=\dfrac{4}{9}D(X_1)+\dfrac{1}{9}D(X_2)=\dfrac{5}{9}$，同理

$$D(\hat{\mu}_2)=\frac{5}{8},\quad D(\hat{\mu}_3)=\frac{1}{2}$$

因 $\dfrac{1}{2}=\min\left\{\dfrac{5}{9},\dfrac{5}{9},\dfrac{1}{2}\right\}$，故 $\hat{\mu}_3$ 最有效.

注 若 $X\sim N(\mu,\sigma^2)$，结论亦然.

例 10 设总体 $X\sim N(\mu,\sigma^2)$，$X_1,X_2,\cdots,X_n$ 和 $Y_1,Y_2,\cdots,Y_m$ 为来自 X 的两个独立样本. $\overline{X}$ 和 $\overline{Y}$ 分别为其样本均值，S_1^2 和 S_2^2 分别为样本方差. 试证对任意满足 $a+b=1$ 的常数 a 与 b，$aS_1^2+bS_2^2$ 均是 σ^2 的无偏估计；且当 $a=\dfrac{n-1}{m+n-2}$，$b=\dfrac{m-1}{m+n-2}$ 时是其中最有效估计.

证 由题设可有 $E(aS_1^2+bS_2^2)=aE(S_1^2)+bE(S_2^2)=(a+b)\sigma^2=\sigma^2$，即知 $aS_1^2+bS_2^2$ 是 σ^2 的无偏估计.

又 $\dfrac{(n-1)S_1^2}{\sigma^2}\sim\chi^2(n-1)$，$\dfrac{(m-1)S_2^2}{\sigma^2}\sim\chi^2(m-1)$. 从而有

$$D\left[\frac{(n-1)S_1^2}{\sigma^2}\right]=2(n-1)$$

即

$$\frac{(n-1)^2}{\sigma^4}D(S_1^2)=2(n-1),\quad D(S_1^2)=\frac{2\sigma^4}{n-1}$$

类似地有 $D(S_2^2)=\dfrac{2\sigma^4}{m-1}$. 所示

$$D(aS_1^2+bS_2^2)=a^2\cdot\frac{2\sigma^4}{n-1}+b^2\cdot\frac{2\sigma^4}{m-1}=2\left(\frac{a^2}{n-1}+\frac{b^2}{m-1}\right)\sigma^4$$

在 $a+b=1$ 的条件下，仿前例可求得 $a=\dfrac{n-1}{m+n-2}$，$b=\dfrac{m-1}{m+n-2}$.

例 11 若 $X_1,X_2,\cdots,X_n$ 为一个样本，又总体期望值 μ 的两个无偏估计分别为

$$\overline{X}=\frac{1}{n}\sum_{i=1}^n X_i,\quad \widetilde{X}=\left(\sum_{i=1}^n\alpha_iX_i\right)\Big/\left(\sum_{i=1}^n\alpha_i\right),\quad \sum_{i=1}^n\alpha_i\neq 0$$

总体方差为 σ^2,试问哪个更有效.

解 由题设有 $E(\overline{X})=\mu, D(\overline{X})=\dfrac{\sigma^2}{n}$,且 $E(\widetilde{X})=E\left[\left(\sum\limits_{i=1}^{n}\alpha_i X_i\right)\Big/\left(\sum\limits_{i=1}^{n}\alpha_i\right)\right]=\mu$,及

$$D(\widetilde{X})=\left(\sum_{i=1}^{n}\alpha_i\right)^{-2}\left(\sum_{i=1}^{n}\alpha_i^2\right)\sigma^2$$

由算术－几何平均值不等式有

$$\left(\sum_{i=1}^{n}\alpha_i\right)^2=\sum_{i=1}^{n}\alpha_i^2+\sum_{1\leqslant i<j\leqslant n}2\alpha_i\alpha_j\leqslant\sum_{i=1}^{n}\alpha_i^2+\sum_{1\leqslant i<j\leqslant n}(\alpha_i^2+\alpha_j^2)=n\sum_{i=1}^{n}\alpha_i^2$$

故 $\left(\sum\limits_{i=1}^{n}\alpha_i^2\right)\left(\sum\limits_{i=1}^{n}\alpha_i\right)^{-2}\geqslant\dfrac{1}{n}$,从而

$$D(\widetilde{X})=\left(\sum_{i=1}^{n}\alpha_i^2\right)\left(\sum_{i=1}^{n}\alpha_i\right)^{-2}\sigma^2\geqslant\frac{\sigma^2}{n}=D(\overline{X})$$

即 $\overline{X}$ 比 $\widetilde{X}$ 更有效.

例 12 设总体 X 的分布 k:

X	0	1	2	3
p	θ^2	$2\theta(1-\theta)$	θ^2	$1-2\theta$

其中 $0<\theta<\dfrac{1}{2}$,总体的样本观测值为 3,1,3,0,3,1,2,3. 求总体参数 θ 的矩估计值与极大似然估计值.

解 (1) 矩估计:由设有 $E(X)=3-4\theta$. 令 $\overline{X}=3-4\theta$,得 $\hat{\theta}=\dfrac{1}{4}(3-\overline{X})$.

经计算得样本值的平均数 $\overline{x}=2$,从而矩估计值 $\hat{\theta}(x_1,x_2,\cdots,x_n)=\dfrac{1}{4}$.

(2) 极大似然估计:考虑似然函数

$$L(x_1,x_2,\cdots,x_n;\theta)=\theta^2[2\theta(1-\theta)]^2\theta^2(1-2\theta)^4=4\theta^6(1-\theta)^2(1-2\theta)^4$$

则
$$\ln L(\theta)=\ln 4+6\ln\theta+2\ln(1-\theta)+4\ln(1-2\theta)$$

由 $\dfrac{\mathrm{d}\ln L(\theta)}{\mathrm{d}\theta}=\dfrac{6}{\theta}-\dfrac{2}{1-\theta}-\dfrac{8}{1-2\theta}=\dfrac{6-28\theta+24\theta^2}{\theta(1-\theta)(1-2\theta)}=0$,解得

$$\hat{\theta}_1=\frac{7+\sqrt{13}}{2}\text{(舍掉)},\quad \hat{\theta}_2=\frac{7-\sqrt{13}}{2}$$

故极大似然估计值为

$$\hat{\theta}(x_1,x_2,\cdots,x_n)=\frac{7-\sqrt{13}}{2}$$

例 13 设 $X_1,X_2,\cdots,X_n$ 是总体 X 的一个样本,试证:估计量 $\overline{X}=\dfrac{1}{n}\sum\limits_{i=1}^{n}X_i$ 和 $W=\sum\limits_{i=1}^{n}a_iX_i$($a_i\geqslant 0$)($a_i$ 为常数满足 $\sum\limits_{i=1}^{n}a_i=1$) 均为 $E(X)$ 的无偏估计量,且 $\overline{X}$ 的方差不超过 W 的方差.

证 由 $E(\overline{X})=\dfrac{1}{n}\sum\limits_{i=1}^{n}E(X_i)=\dfrac{1}{n}\cdot n\cdot E(X)=E(X)$,和

$$E(W)=\sum_{i=1}^{n}a_iE(X_i)=\sum_{i=1}^{n}a_iE(X)=E(X)$$

所以 $\overline{X}$ 与 W 均是 $E(X)$ 的无偏估计.

又 $D(\overline{X})=\dfrac{1}{n^2}\sum\limits_{i=1}^{n}D(X_i)=\dfrac{1}{n^2}n\cdot D(X)=\dfrac{1}{n}D(X)$,且

$$D(W)=\sum_{i=1}^{n}a_i^2D(X_i)=\left(\sum_{i=1}^{n}a_i^2\right)\cdot D(X)$$

但$(n-1)\sum_{i=1}^{n}a_i^2 \geqslant 2\sum_{1\leqslant i<j\leqslant n}a_ia_j$,即

$$\sum_{i=1}^{n}a_i^2 \geqslant \frac{\sum_{i=1}^{n}a_i^2+2\sum_{1\leqslant i<j\leqslant n}a_ia_j}{n}$$

而$\sum_{i=1}^{n}a_i^2+2\sum_{1\leqslant i<j\leqslant n}a_ia_j=\left(\sum_{i=1}^{n}a_i\right)^2=1$,故$\sum_{i=1}^{n}a_i^2\geqslant\frac{1}{n}$,即$D(X)\leqslant D(W)$.

注 对$E(X)$的两个估计量$\overline{X}$与W而言,$\overline{X}$较以a_i为权的样本加权平均更为有效,这充分体现出大数定律的算术平均法则的优越性.

例 14 设X服从均匀分布,其密度是

$$f(x;\theta)=\begin{cases}1, & \theta-\frac{1}{2}<x<\theta+\frac{1}{2}\\ 0, & \text{其他}\end{cases}$$

又$X_1,X_2,\cdots,X_n$为来自总体X的一个样本.试证:$\frac{1}{2}\left(\max\limits_{1\leqslant i\leqslant n}\{X_i\}+\min\limits_{1\leqslant i\leqslant n}\{X_i\}\right)$是$\theta$的无偏估计量.

证 X的分布函数

$$F(x;\theta)=\begin{cases}\theta, & x<\theta-\frac{1}{2}\\ x-\theta+\frac{1}{2}, & \theta-\frac{1}{2}\leqslant x<\theta+\frac{1}{2}\\ 1, & x\geqslant\theta+\frac{1}{2}\end{cases}$$

简记为$F(x)$.

令$\xi=\max\limits_{i}\{X_i\}$,则$\xi$的分布函数为

$$F_\xi(y)=\prod_{i=1}^{n}P(X_i\leqslant y)=[F(y)]^n$$

ξ的密度函数为

$$f(\xi;\theta)=n[F(y)]^{n-1}\cdot F'(y)=\begin{cases}n\left(y-\theta+\frac{1}{2}\right)^{n-1}, & \theta-\frac{1}{2}<y<\theta+\frac{1}{2}\\ 0, & \text{其他}\end{cases}$$

于是
$$E(\xi)=\int_{\theta-\frac{1}{2}}^{\theta+\frac{1}{2}}x\cdot n\left(x-\theta+\frac{1}{2}\right)^{n-1}\mathrm{d}x=\frac{n}{n+1}+\theta-\frac{1}{2}$$

再令$\eta=\min\limits_{i}\{X_i\}$,则$\eta$的分布函数为

$$F_\eta(y)=1-\prod_{i=1}^{n}P(x_i>y)=1-[1-F(y)]^n$$

η的密度函数为

$$f(\eta;\theta)=\begin{cases}n\left(\frac{1}{2}-y+\theta\right)^{n-1}, & \theta-\frac{1}{2}<y<\theta+\frac{1}{2}\\ 0, & \text{其他}\end{cases}$$

于是$E(\eta)=\int_{\theta-\frac{1}{2}}^{\theta+\frac{1}{2}}x\cdot n\left(\frac{1}{2}-x+\theta\right)^{n-1}\mathrm{d}x=\theta+\frac{1}{2}-\frac{n}{n+1}$,故

$$E\left[\frac{1}{2}(\max_i\{X_i\}+\min_i\{X_i\})\right]=\frac{1}{2}[E(\xi)+E(\eta)]=\theta$$

即得所证.

例 15 设总体X服从对数正态分布.即X的密度为

$$f(x;\mu,\sigma^2)=\begin{cases}(2\pi\sigma^2)^{-\frac{1}{2}}x^{-1}\exp\left[-\dfrac{1}{2\sigma^2}(\ln x-\mu)^2\right], & x>0\\ 0, & \text{其他}\end{cases}$$

其中 $-\infty<\mu<+\infty$,及 $\sigma^2>0$ 是未知参数. $X_1,X_2,\cdots,X_n$ 为 X 的一个样本,试求 μ 与 σ^2 的矩估计.

解 由题设及数学期望公式有

$$E(X)=\int_{-\infty}^{+\infty}f(x;\mu,\sigma^2)\mathrm{d}x=\int_0^{+\infty}x(2\pi\sigma^2)^{-\frac{1}{2}}x^{-1}\exp\left[-\frac{1}{2\sigma^2}(\ln x-\mu)^2\right]\mathrm{d}x$$

$$\xlongequal{y=\ln x-\mu}\frac{1}{\sigma\sqrt{2\pi}}\int_{-\infty}^{+\infty}\mathrm{e}^{-\frac{y^2}{2\sigma^2}}\mathrm{e}^{y+\mu}\mathrm{d}y=\frac{\mathrm{e}^{\mu}}{\sigma\sqrt{2\pi}}\int_{-\infty}^{+\infty}\mathrm{e}^{-\frac{1}{2\sigma^2}(y-\sigma^2)^2}\mathrm{d}y=\mathrm{e}^{\frac{1}{2}(\sigma^2+2\mu)}$$

$$E(X^2)=\int_0^{+\infty}x^2(2\pi\sigma^2)^{-\frac{1}{2}}x^{-1}\exp\left[-\frac{1}{2\sigma^2}(\ln x-\mu)^2\right]\mathrm{d}x$$

$$\xlongequal{y=\ln x-\mu}\frac{1}{\sigma\sqrt{2\pi}}\int_{-\infty}^{+\infty}\mathrm{e}^{-\frac{y^2}{2\sigma^2}}\mathrm{e}^{2(y+\mu)}\mathrm{d}y=\frac{\mathrm{e}^{2}(\mu^2+\sigma^2)}{\sigma\sqrt{2\pi}}\int_{-\infty}^{+\infty}\mathrm{e}^{-\frac{1}{2\sigma^2}(y-2\sigma^2)}\mathrm{d}y=\mathrm{e}^{2(\mu+\sigma^2)}$$

从而有 $\begin{cases}\overline{X}=\dfrac{1}{n}\displaystyle\sum_{i=1}^{n}X_i=\mathrm{e}^{\frac{1}{2}(\hat{\sigma}^2+2\hat{\mu})}\\ \dfrac{1}{n}\displaystyle\sum_{i=1}^{n}x_i^2=\mathrm{e}^{2(\hat{\mu}+\hat{\sigma}^2)}\end{cases}$,由此可解得

$$\hat{\mu}=\ln\frac{\sqrt{n}\overline{X}^2}{\sqrt{\displaystyle\sum_{i=1}^{n}X_i^2}},\qquad \hat{\sigma}^2=\ln\frac{\displaystyle\sum_{i=1}^{n}X_i^2}{n\overline{X}}$$

例 16 设湖中有 N 条鱼,现捕到 r 条,做上记号后放回湖中.一段时间后,再从湖中捕到 s 条,其中有 t 条带有先前的标记,试估计湖中的鱼数 N.

解 1 依题意,湖中有标记的鱼与湖中鱼的总数比为 $\frac{r}{N}$. 而在捕到的 s 条鱼中,有 t 条带有标记,其比例为 $\frac{t}{s}$.

由于捕鱼是随机的,即每条鱼被捕到的机会相等,故可以认为 $\frac{t}{s}$(捕到带标记鱼的频率)与 $\frac{r}{N}$(捕寻带标记鱼的概率)相等.

即有 $\frac{r}{N}=\frac{t}{s}$,解得 $N=\left[\frac{sr}{t}\right]$,这里 $[x]$ 表示不超过 x 的最大整数.

解 2 被捕到的 s 条鱼中,有标记的鱼数为 X,则 X 为一随机变量. X 可能取得值为 $0,1,\cdots,r$. 其分布律为

$$P\{X=i\}=\frac{\mathrm{C}_r^i\mathrm{C}_{N-r}^{s-i}}{\mathrm{C}_N^s},\quad i=0,1,2,\cdots,r$$

因而捕到的 s 条鱼中出现 t 条有标记的鱼这一事件的概率为

$$L(N)=P\{X=t\}=\frac{\mathrm{C}_r^t\mathrm{C}_{N-s}^{s-t}}{\mathrm{C}_N^s}$$

其中 N 是未知参数.

依据极大似然估计法,取 N 的估计值 $\hat{N}$,使 $L(\hat{N})=\max\limits_{N}L(N)$. 为此,考虑

$$\frac{L(N)}{L(N-1)}=\frac{\mathrm{C}_r^t\mathrm{C}_{N-r}^{s-t}}{\mathrm{C}_N^s}\cdot\frac{\mathrm{C}_{N-1}^s}{\mathrm{C}_r^t\mathrm{C}_{N-1-r}^{s-t}}=\frac{\mathrm{C}_{N-r}^{s-t}\mathrm{C}_{N-1}^s}{\mathrm{C}_N^s\mathrm{C}_{N-r-1}^{s-t}}$$

$$=\frac{\dfrac{(N-r)!}{(s-t)!\,(N-r-s+t)!}\cdot\dfrac{(N-1)!}{s!\,(N-s-1)!}}{\dfrac{N!}{s!\,(N-s)!}\cdot\dfrac{(N-r-1)!}{(s-t)!\,(N-r-1-s+t)!}}$$

$$=\frac{(N-r)(N-s)}{N(N-r-s+1)}=\frac{N^2-Nr-Ns+rs}{N^2-Nr-Ns+Nt}$$

故当 $rs<Nt$ 时，$\dfrac{L(N)}{L(N-1)}<1$，$L(N)$ 为 N 的单调减函数；

当 $rs>Nt$ 时，$\dfrac{L(N)}{L(N-1)}>1$，$L(N)$ 是 N 的单调增函数.

所以当 $rs=Nt$，即 $N=\dfrac{rs}{t}$ 时，$L(N)$ 达到最大值. 故 $\hat{N}=\left[\dfrac{rs}{t}\right]$.

解 3 求 N 的矩估计 $\hat{N}$. 由于 X 服从超几何分布，故 $E(X)=\dfrac{rs}{N}$，此即捕到 s 条鱼所得有标记鱼数的总体均值.

而现在只捕了一次，出现 t 条有标记的鱼，故总体一阶原点矩应等于样本一阶原点矩，即 $\dfrac{rs}{N}=t$. 于是有 $\hat{N}=\left[\dfrac{rs}{t}\right]$.

(2) 区间估计

例 1 设正态总体 X 的方差 σ^2 已知，试问当抽取样本容量 n 应为多大时，能使总体期望 μ 的置信度为 0.95 的置信区间之长不大于 L.

解 由已知 $X\sim N(\mu,\sigma^2)$，则 $\dfrac{\overline{X}-\mu}{\sigma/\sqrt{n}}\sim N(0,1)$. 置信度为 0.95 的置信区间是 $\left[\overline{x}-1.96\dfrac{\sigma}{\sqrt{n}},\overline{x}+1.96\dfrac{\sigma}{\sqrt{n}}\right]$.

该区间的长为 $2\times1.96\dfrac{\sigma}{\sqrt{n}}=3.92\dfrac{\sigma}{\sqrt{n}}=S$. 令 $S\leqslant L$，即 $3.92\dfrac{\sigma}{\sqrt{n}}\leqslant L$，得 $n\geqslant15.37\dfrac{\sigma^2}{L^2}$.

例 2 从正态总体 $N(3.4,6^2)$ 中抽取容量为 n 的样本，如果要求其样本均值位于区间 $(1.4,5.4)$ 内的概率不小于 0.95，问样本容量 n 至少应取多大.

附表　标准正态分布表 $\Phi(x)=\int_{-\infty}^{x}\frac{1}{\sqrt{2\pi}}e^{-\frac{t^2}{2}}dt$

x	1.28	1.645	1.96	2.33
$\Phi(x)$	0.900	0.950	0.975	0.990

解 以 $\overline{X}$ 表示该样本均值，则由题设有 $\dfrac{\overline{X}-3.4}{6}\sqrt{n}\sim N(0,1)$.

依题意 $P\{1.4<\overline{X}<5.4\}\geqslant0.95$，注意下面运算、变形，故

$$P\{1.4<\overline{X}<5.4\}=P\{-2<\overline{X}-3.4<2\}=P\{|\overline{X}-3.4|<2\}$$

$$=P\left\{\frac{|\overline{X}-3.4|}{6}\sqrt{n}<\frac{\sqrt{n}}{3}\right\}=2\Phi\left(\frac{\sqrt{n}}{3}\right)-1\geqslant0.95$$

得 $\Phi\left(\dfrac{\sqrt{n}}{3}\right)\geqslant0.975$，由表有 $\dfrac{\sqrt{n}}{3}\geqslant1.96$，即

$$n\geqslant(1.96\times3)^2\approx34.57$$

故 n 至少应取 35 时才能使样本均值位于区间 $(1.4,5.4)$ 内的概率不小于 0.95.

例 3 已知一批产品的长度指标 X 服从 $N(\mu,0.5^2)$，问至少应抽取多大容量的样本，才能使样本均

值与总体期望的绝对误差在置信度为 0.95 的条件下不小于 0.1.

解 设样本容量为 n,依题意有

$$P\{|\overline{X}-\mu|<0.1\}\geqslant 0.95$$

即

$$P\left\{\left|\frac{\overline{X}-\mu}{0.5/\sqrt{n}}\right|<0.1\times\frac{\sqrt{n}}{0.5}\right\}\geqslant 0.95$$

即 $2\Phi\left(\frac{\sqrt{n}}{5}\right)-1\geqslant 0.95$. 从而 $\Phi\left(\frac{\sqrt{n}}{5}\right)\geqslant 0.975$,有$\frac{\sqrt{n}}{5}\geqslant 1.96$,得 $n\geqslant 96.04$.

即 n 至少应为 97.

例 4 设总体 $X\sim N(\mu,\sigma^2)$,其中 σ^2 已知. 对给定的置信水平 α,试问当 μ 的置信区间之长 A 缩小到 $\frac{1}{k}A\ (k>1)$ 时,样本容量应相应增加多少?

解 由题意知 $P\left\{\left|\frac{\overline{X}-\mu}{\sigma/\sqrt{n}}\right|\leqslant u_{\frac{\alpha}{2}}\right\}=1-\alpha$,置信区间为$\left[\overline{X}-u_{\frac{\alpha}{2}}\frac{\sigma}{\sqrt{n}},\overline{X}+u_{\frac{\alpha}{2}}\frac{\sigma}{\sqrt{n}}\right]$,其长 $A=2u_{\frac{\alpha}{2}}\frac{\sigma}{\sqrt{n}}$. A 缩小$\frac{1}{k}$时

$$\frac{1}{k}A=2u_{\frac{\alpha}{2}}\cdot\frac{1}{k}\cdot\frac{\sigma}{\sqrt{n}}=2u_{\frac{\alpha}{2}}\frac{\sigma}{\sqrt{k^2n}}=2u_{\frac{\alpha}{2}}\frac{\sigma}{\sqrt{n_1}}$$

故样本容量应增到

$$n_1=k^2n,\quad k^2\text{ 为整数}\quad\text{或}\quad n_1=[k^2n]+1,\quad k^2\text{ 非整数}$$

例 5 重复称一质量为 a 的物体,各次结果相互独立,且均服从 $N(a,0.2^2)$. 则为了使概率 $P\{|\overline{X}-a|<0.1\}\geqslant 0.95$,试求最少应称的次数 n. ($\overline{X}$ 为样本均值).

解 由 $P\{|\overline{X}-a|<0.1\}\geqslant 0.95$,知

$$P\left\{\left|\frac{\overline{X}-a}{0.2/\sqrt{n}}\right|\leqslant\frac{0.1}{0.2/\sqrt{n}}\right\}\geqslant 0.95$$

从而应有$\frac{0.1}{0.2/\sqrt{n}}\geqslant 1.96$,即 $n\geqslant 16$. 也就是说最少应称 16 次.

例 6 为了解某地区居民按户年用于耐用消费品的支出情况,随机调查了 100 户居民,得到平均支出为 1 200 元,标准差 800 元. 试以 90% 的置信度估计该项支出的范围和最高消费水平.

解 虽然总体分布未知,但在大样本的情况下,可采用 U 估计法.

对双侧置信区间,由 $\Phi(U_{0.95})=0.95$,查表得 $U_{0.95}=1.64$. 故置信区间为

$$\left[1\,200-\frac{800}{\sqrt{100}}\times 1.64,1\,200+\frac{800}{\sqrt{100}}\times 1.64\right]$$

即该项支出在 1 068.8 ~ 1 331.2 元之间.

另外,求最高消费水平属于单侧估计,其方法与双侧是一样的.

由 $P\{|U|>U_{1-\alpha}\}=2\alpha$ 得 $1-[2\Phi(U_{1-\alpha})-1]=2\alpha$,即 $\Phi(U_{1-\alpha})=1-\alpha$.

此时可以认为$\frac{\overline{X}-E(X)}{\alpha/\sqrt{n}}\sim N(0,1)$,则单侧置信区间为

$$\left[\overline{X}-\frac{\alpha}{\sqrt{n}}U_{1-\alpha},+\infty\right)\quad\text{和}\quad\left(-\infty,\overline{X}+\frac{\alpha}{\sqrt{n}}U_{1-\alpha}\right]$$

由 $\Phi(U_{0.9})=0.9$,查表得 $U_{0.9}=1.28$.

于是单侧置信区间的具体值为$(-\infty,1\,302.4)$,从而知最高消费水平为1 302.4 元.

例 7 某工厂抽查其外贸出口的一种设备零件的直径(单位:cm),其测量数据如下

$$12.15,12.12,12.01,12.08,12.09,12.16,12.03,12.01,$$

$$12.06, 12.13, 12.07, 12.11, 12.08, 12.01, 12.03, 12.06$$

试求这批零件直径的方差范围($\alpha = 0.05$).

解 这是关于求总体方差的双侧置信区间问题.题中 $n = 16$.查 χ^2 分布表得

$$\chi^2_{0.975}(15) = 6.26, \quad \chi^2_{0.025}(15) = 27.5$$

计算

$$\frac{(n-1)S^2}{\chi^2_{\frac{\alpha}{2}}(n-1)} = 0.001\,3, \quad \frac{(n-1)S^2}{\chi^2_{1-\frac{\alpha}{2}}(n-1)} = 0.005\,8$$

故得置信区间为[0.001 3,0.005 8],此即这批零件直径方差的范围.

注 解正态总体均值已知情况下的方差统计推断问题,我们可采用下面的方法.

Ⅰ.单总体.设总体 $X \sim N(\mu, \sigma^2)$(μ 已知),由样本 $X_1, X_2, \cdots, X_n$ 构造统计量

$$\frac{\sum_{i=1}^{n}(X_i - \mu)^2}{\sigma^2} \sim \chi^2(n)$$

则 σ^2 的置信度为 $1-\alpha$ 的双侧置信区间可记为

$$\left[\frac{\sum_{i=1}^{n}(X_i - \mu)^2}{\chi_{\frac{\alpha}{2}}(n)}, \quad \frac{\sum_{i=1}^{n}(X_i - \mu)^2}{\chi_{1-\frac{\alpha}{2}}(n)}\right]$$

Ⅱ.双总体.设 $X \sim N(\mu_1, \sigma_1^2)$,$Y \sim N(\mu_2, \sigma_2^2)$ 构造统计量

$$\frac{\sum_{i=1}^{n}(X_i - \mu_1)^2 \Big/ n\sigma_1^2}{\sum_{i=1}^{m}(Y_i - \mu_2)^2 \Big/ m\sigma_2^2} \sim F(n, m)$$

其中 $X_1, X_2, \cdots, X_n \sim X$,且 $Y_1, Y_2, \cdots, Y_m \sim Y$.

则 $\frac{\sigma_1^2}{\sigma_2^2}$ 的置信度为 $1-\alpha$ 的置信区间可记为

$$\left[\frac{\sum_{i=1}^{n}(X_i - \mu_1)^2 \Big/ n}{\sum_{i=1}^{m}(Y_i - \mu_1)^2 \Big/ m} \cdot \frac{1}{F_{\frac{\alpha}{2}}(n,m)}, \frac{\sum_{i=1}^{n}(X_i - \mu_1)^2 \Big/ n}{\sum_{i=1}^{m}(Y_i - \mu_2)^2 \Big/ m} \cdot \frac{1}{F_{1-\frac{\alpha}{2}}(n,m)}\right]$$

例 8 某车间生产的滚珠直径 X 服从正态分布,其方差为 0.05.抽查 6 个,量得直径(单位:mm)如下

$$14.6, 15.1, 14.9, 14.8, 15.2, 15.1$$

试求在 $\alpha = 0.05$ 的水平下,滚珠平均直径的区间.

解 这是已知正态总体的方差,求期望的置信区间问题,由于 $X \sim N(\mu, \sigma^2)$,此问题的置信区间可记为

$$\left[\overline{X} - \frac{\sigma}{\sqrt{n}} u_{\frac{\alpha}{2}}, \ \overline{X} + \frac{\sigma}{\sqrt{n}} u_{\frac{\alpha}{2}}\right]$$

经计算 $\overline{x} = 15$,$u_{\frac{\alpha}{2}} = u_{0.025} = 1.96$.故 μ 的置信区间是

$$\left[15 - \frac{\sqrt{0.05}}{\sqrt{6}} \times 1.96, 15 + \frac{\sqrt{0.05}}{\sqrt{6}} \times 1.96\right] = [14.8, 15.2]$$

例 9 设某种国产纺纱的断裂强度 X 服从 $N(\mu_1, 2.18^2)$,进口纺纱的断裂强度 Y 服从 $N(\mu_2, 1.76^2)$.现对前者抽取容量为 200 的样本 $X_1, X_2, \cdots, X_{200}$,算得 $\overline{X} = 5.32$(单位:g),对后者抽取容量为 100 的样本 $Y_1, Y_2, \cdots, Y_{100}$,且算得 $\overline{Y} = 5.76$,若取 $1-\alpha = 0.95$.试求 $\mu_1 - \mu_2$ 的置信区间.

解 这是已知两个正态总体的方差求期望差的区间估计.

由 $\sigma_1^2 = 2.18^2, \sigma_2^2 = 1.76^2, n_1 = 200, n_2 = 100$ 算得

$$\sqrt{\frac{\sigma_1^2}{n_1}+\frac{\sigma_2^2}{n_2}} = 0.234, \quad \overline{x}-\overline{y} = -0.44$$

故
$$\overline{x}-\overline{y}-1.96\sqrt{\frac{\sigma_1^2}{n_1}+\frac{\sigma_2^2}{n_2}} = -0.899, \quad \overline{x}-\overline{y}+1.96\sqrt{\frac{\sigma_1^2}{n_1}+\frac{\sigma_2^2}{n_2}} = 0.019$$

故 $\mu_1-\mu_2$ 的置信度为 0.95 的置信区间为$[-0.899, 0.019]$.

例 10 某大学为了解来自城市的学生 A 与来自农村的学生 B 月平均消费水平的差异，各随机调查了 70 人与 60 人，得他们月平均消费分别是 $\overline{x}_A = 330$ 元，$\overline{x}_B = 256$ 元，又 $S_A^2 = 1\,029^2$ 元^2，$S_B^2 = 931^2$ 元^2. 试对来自城市与农村学生的月平均消费之差进行置信度为 0.95 的区间估计(假设学生月消费服从正态分布)，并说明估计结果的结论.

解 这是在未知两个正态总体方差的条件下，对两个总体期望差的区间估计问题.

设城市学生的月消费为 X 元，则 $X \sim N(\mu_A, \sigma_A^2)$；农村学生的月消费为 Y 元，则 $Y \sim N(\mu_B, \sigma_B^2)$. 由题设 $n_A = 70, n_B = 60$，又

$$\overline{x}_A-\overline{x}_B = 330-256 = 74(\text{元})$$

则 $\mu_A-\mu_B$ 的置信度为 95% 的置信区间为

$$\left[\overline{x}_A-\overline{x}_B-1.96\sqrt{\frac{S_A^2}{n_A}+\frac{S_B^2}{n_B}}, \overline{x}_A-\overline{x}_B+1.96\sqrt{\frac{S_A^2}{n_A}+\frac{S_B^2}{n_B}}\right]$$

将前面数据代入具体计算后得此区间为$[63, 85]$.

从以上结果可以得到这样一个结论，即有 95% 的把握确认来自城市学生的月消费额较来自农村学生的月消费额多 63 ～ 85 元.

3. 假设检验

例 1 某工厂生产的一种铜丝的折断力 X 服从 $N(570, 64)$ 的正态分布. 现采取了一种新生产工艺，从铜丝的性能来看，新工艺生产的铜丝折断力的方差没有改变，问新工艺生产的铜丝的平均折断力与原先产品有无明显差异. 设样本值(单位:kg) 为

596， 572， 570， 572， 568， 570， 578， 584， 570， 572

并设 $\alpha = 0.05$.

解 这是一个正态总体在已知方差的条件检验期望是否为已知的问题.

设新产品的折断力的平均值(期望) 为 μ. 检验程序如下：

① 提出假设 $H_0: \mu = \mu_0 = 570$；

② 确定样本统计量 $U = \dfrac{\overline{X}-\mu_0}{\sigma/\sqrt{n}}$；

③ 由题设知 $U \sim N(0,1)$；

④ 由 $P\{|U| > u_{\frac{\alpha}{2}}\} = \alpha$，查标准正态分布函数表得 $u_{\frac{0.05}{2}} = 1.96$；

⑤ 计算统计量 U 的观测值，$|U| = 2.04 > 1.96$，从而 H_0 不相容，即新工艺生产的铜丝与原先产品有明显差异.

注 检验的相容性在其他条件均不变的情况下，还取决于检验水平 α 的选择. 在本题中，若取 $\alpha = 0.01$，则可有 $u_{\frac{\alpha}{2}} = u_{0.005} = 2.58$. 即 $P\{|U| > 2.58\} = 0.01$. 而计算结果为 $|U| = 2.04 < 2.58$. 所以 $\alpha = 0.01$ 的小概率事件并未发生，也就是说不能认为新工艺产品与原产品的折断力有明显差异.

例 2 用一种新仪器间接测量某金属熔液的温度. 测得温度值(单位:℃) 如下：1 250，1 265，1 245，1 260，1 275，若已知该金属熔液的真实温度是 1 277 ℃. 试问这种新仪器有无系统偏差. ($\alpha = 0.05$)

解 这是一个在未知总体方差的条件下，检验总体期望是否等于已知值的问题.

设 X 为该仪器测量该金属熔液可能测得的温度值,则 $X \sim N(\mu,\sigma^2)$. 检验程序为:

① 提出假设 $H_0:\mu = 1\,277$;

② 确定统计量 $T = \dfrac{\overline{X} - 1\,277}{\dfrac{S}{\sqrt{5}}}$;

③ 由题设知 $T \sim t(4)$;

④ 查 t 分布表 $t_{0.025}(4)$,使 $P\{|T| > t_{0.025}(4)\} = 0.05$,可得 $t_{0.025}(4) = 2.776$;

⑤ 算得 $\overline{X} = 1\,259$,$\dfrac{S}{\sqrt{5}} = 5.339$,从而 $|T| = 3.371 > 2.776$,故 H_0 不相容,即可以认为新仪器有系统偏差.

例 3 在例 1 中,假设了新工艺生产的铜丝折断力(单位:kg)的方差与原铜丝相同. 从抽测的样本值来看,能否支持这一结论?

解 这是检验总体方差是否为已知值的问题.

设新工艺铜丝的折断力 X 服从 $N(\mu,\sigma^2)$. 检验程序如下:

① 提出假设 $H_0:\sigma^2 = 8^2$;

② 确定统计量 $Y = \dfrac{9S^2}{\sigma^2}$;

③ 由上知 $Y \sim \chi^2(9)$;

④ 查 χ^2 分布表可得 $\chi^2_{1-\frac{\alpha}{2}}(n-1)$ 和 $\chi^2_{\frac{\alpha}{2}}(n-1)$,从而有

$$P\{\overline{Y} < \chi^2_{1-\frac{\alpha}{2}}(n-1)\} = P\{Y > \chi^2_{\frac{\alpha}{2}}(n-1)\} = \frac{\alpha}{2}$$

此题中 $P\{Y < \chi^2_{0.975}(9)\} = P\{Y > \chi^2_{0.025}(9)\} = 0.025$;

⑤ 从 χ^2 分布表查得 $\chi^2_{0.975}(9) = 2.70$,$\chi^2_{0.025}(9) = 19.0$,经计算 $Y = 10.65$.

依 $P\{2.70 < Y < 19.0\} = 0.95$,故 H_0 是相容的,即可以认为新工艺生产的铜丝折断力的方差仍是 $64\ \mathrm{kg}^2$.

例 4 有一种导线,根据需要其电阻的方差不能大于 $0.005^2\,\Omega^2$. 现从这种导线中随机抽测了 9 根,测得样本方差 $S^2 = 0.007^2\,\Omega^2$. 试问在 $\alpha = 0.05$ 的检验水平下,能否认为这批导线的电阻方差显著偏大.

解 这是一个检验总体方差小于或等于已知值的问题.

设这批导线的电阻 X 服从 $N(\mu,\sigma^2)$. 检验程序如下:

① 提出假设 $H_0:\sigma^2 \leqslant 0.005^2$;

② 确定统计量 $W = \dfrac{8S^2}{0.005^2}$;

③ 查 χ^2 分布表得 $\chi^2_{0.05}(8) = 15.5$;

④ 依据 $P\{W > \chi^2_{0.05}(8)\} \leqslant 0.05$;

⑤ 计算 $W = 15.68$,即 $W > \chi^2_{0.05}(8)$,故 H_0 不相容,导线电阻显著偏大.

例 5 要鉴定一种国内生产的针织品的断裂强度是否已达到国外同种产品的标准.(假定已知它们的方差是一样的)需要对国内外相同类型产品进行抽样试验并得以下数据(单位:kg).

国内:17.7,20.3,20.0,18.8,19.0,20.1,20.2,19.1;

国外:20.5,18.8,19.8,20.9,21.5,19.5,21.0,21.2.

试问能否认为国内生产的针织品的断裂强度指标已达到国外同种产品的标准.($\alpha = 0.05$)

解 此问题属于两个正态总体 $X \sim N(\mu_1,\sigma_1^2)$ 和 $Y \sim N(\mu_2,\sigma_2^2)$,虽未知 σ_1^2 和 σ_2^2,但知 $\sigma_1^2 = \sigma_2^2$ 的条件下,检验假设 $H_0:\mu_1 = \mu_2$ 的问题. 检验程序如下:

① 提出假设 $H_0:\mu_1=\mu_2$；

② 确定统计量 $T=\dfrac{\overline{X}-\overline{Y}}{\sqrt{s_1^2+\dfrac{s_2^2}{n}}}$；

③ 由上知 $T\sim t(2n-2)$；

④ 查 t 分布表(此时 $n=8$)，得 $t_{0.025}(14)=2.145$；

⑤ 计算 $T=2.161$，依据 $P\{|T|>t_{0.025}\}=0.05$，即可否定假设，亦即国内生产的这种针织品的断裂强度尚未达到国外同种产品的相应指标.

例 6 某机床厂在两台机床加工的同一种零件中，分别抽取若干样品测量长度(单位：mm)，结果如下：

第一台机床：6.2,5.7,6.5,6.0,6.3,5.8,5.7,6.0,6.0,5.8,6.0；

第二台机床：5.6,5.9,5.6,5.7,5.8,6.0,5.5,5.7,5.5.

试问在 $\alpha=0.05$ 的检验水平下，这两台机床的加工精度有无显著性差异.

解 设两台机床加工零件的长度分别为 X 与 Y；$X\sim N(\mu_1,\sigma_1^2)$，$Y\sim N(\mu_1,\sigma_2^2)$. 这是一个未知 μ_1，μ_2，而检验假设 $H_0:\sigma_1^2=\sigma_2^2$ 的问题. 检验程序如下：

① 提出假设 $H_0:\sigma_1^2=\sigma_2^2$；

② 算得 $S_1^2=0.064$，$S_2^2=0.030$，确定统计是 $F\dfrac{S_1^2}{S_2^2}$；

③ 由上知 $F\sim F(10,8)$(此处 $n_1=11$，$n_2=9$)；

④ 依据 $P\{F>F_{0.025}(10,8)\}=0.025$，可查 F 分布表，得 $F(10,8)=4.30$；

⑤ 计算 $F=2.13<F_{0.025}(10,8)$，故 H_0 相容，即可认为两台机床加工精度无异显著差异.

例 7 有甲、乙两台机器制造同一型号钢球，现从两台机床制造的钢球中分别抽出 8 个和 9 个，并测得其直径(单位：mm) 如下.

甲机器：15.0,14.5,15.2,15.2,14.8,15.1,15.2,14.8；

乙机器：15.2,15.2,15.0,14.8,15.2,15.0,14.8,14.8,15.2.

可否判断乙机器制造的钢球直径的方差不超过甲机器制造的钢球直径的方差？($\alpha=0.05$)

解 若设 X,Y 分别为甲、乙两机器生产钢球的直径，并设 $X\sim N(\mu_1,\sigma_1^2)$ 和 $Y\sim N(\mu_2,\sigma_2^2)$. 则本题的目的是检验 $\sigma_1^2\leqslant\sigma_2^2$.

① 提出假设 $H_0:\sigma_1^2=\sigma_2^2$；

② 确定统计量 $F=\dfrac{S_1^2}{S_2^2}$；

③ 由题设 $P\{F>F_\alpha(n_1-1,n_2-1)\}\leqslant\alpha$，这里 $n_1=8$，$n_2=9$，$\alpha=0.05$；

④ 查 F 分布表得 $F_{0.05}(7,8)=3.50$；

⑤ 经计算 $F=\dfrac{S_1^2}{S_2^2}=3.65$，即 $F>F_{0.05}(7,8)$，从而假设的 $\sigma_1^2\leqslant\sigma_2^2$ 被否定.

研究生入学考试试题选讲

1978 ~ 1986 年部分

例 1 设随机变量 ξ 服从均匀分布，其密度函数为

$$f(x)=\begin{cases}\dfrac{1}{\theta}, & 0<x\leqslant\theta\\ 0, & \text{其他}\end{cases}$$

试求 θ 的矩估计和极大似然估计；且比较它们均方误差 $E(\hat{\theta}-\theta)^2$ 意义下哪个较好.（华东师范大学，1981）

解 由题设可有 $E(\xi)=\int_0^\theta x\frac{1}{\theta}\mathrm{d}x=\frac{\theta}{2}$. 用矩估计得 $\bar{\xi}=\frac{\theta}{2}$，此时 θ 的矩估计为 $\hat{\theta}_1=2\bar{\xi}$.

设 $\xi_1,\xi_2,\cdots,\xi_n(n\geqslant 2)$ 为来自 ξ 的一个样本，则其似然函数为

$$L(x_1,x_2,\cdots,x_n,\theta)=\begin{cases}\frac{1}{\theta^n}, & 0<x_i\leqslant\theta,\quad i=1,2,\cdots,n\\ 0, & \text{其他}\end{cases}$$

当 $0<x_1,x_2,\cdots,x_n\leqslant\theta$ 时，有 $0<\max\limits_{1\leqslant i\leqslant n}\{x_i\}=x_{\max}\leqslant\theta$，此时

$$L(x_1,x_2,\cdots,x_n,x_{\max})=\frac{1}{x_{\max}^n}\geqslant\frac{1}{\theta^n}=L(x_1,x_2,\cdots,x_n,\theta)$$

故知 $\hat{\theta}_2=\max\limits_{1\leqslant i\leqslant n}\{\xi_i\}$ 为 θ 的极大似然估计.

又 $E(\hat{\theta}_1)=E(2\bar{\xi})=2E(\bar{\xi})=\theta$，且 $\xi_{\max}=\max\limits_{1\leqslant i\leqslant n}\{\xi_i\}$ 的概率密度为

$$g_n(y)=\begin{cases}n\left(\frac{y}{\theta}\right)^{n-1}\frac{1}{\theta}, & 0<y\leqslant\theta\\ 0, & \text{其他}\end{cases}$$

则 $E(\hat{\theta}_2)=E(\xi_{\max})=\int_{-\infty}^{+\infty}xg_n(x)\mathrm{d}x=\int_0^\theta xn\left(\frac{X}{\theta}\right)^{n-1}\frac{1}{\theta}\mathrm{d}x=\frac{n}{n+1}\theta$.

又

$$E(\hat{\theta}_1-\theta)^2=E[\hat{\theta}_1E(\hat{\theta}_1)]^2=D(\hat{\theta}_1)=D(2\bar{\xi})=4D(\bar{\xi})=\frac{\theta^2}{3n}$$

且 $E(\xi_{\max}^2)=\int_{-\infty}^{+\infty}x^2g_n(x)\mathrm{d}x=\int_0^\theta x^2n\left(\frac{x}{\theta}\right)^{n-1}\frac{1}{\theta}\mathrm{d}x=\frac{n\theta^2}{n+2}$，有

$$\begin{aligned}E(\hat{\theta}_2-\theta)^2&=E(\xi_{\max}^2-\theta)^2=E(\xi_{\max}^2)-2\theta E(\xi_{\max})+\theta^2\\&=\frac{n\theta^2}{n+2}-2\theta\frac{n\theta}{n+1}+\theta^2=\frac{2\theta^2}{(n+2)(n+1)}\end{aligned}$$

注意到 $n\geqslant 2$ 时，有

$$E(\hat{\theta}_1-\theta)^2-E(\hat{\theta}_2-\theta)^2=\frac{\theta^2}{3n}-\frac{2\theta^2}{(n+2)(n+1)}=\frac{\theta^2(n-1)(n-2)}{3n(n+2)(n+1)}\geqslant 0$$

故 $E(\hat{\theta}_1-\theta)^2\geqslant E(\hat{\theta}_2-\theta)^2$，即极大似然估计量 $\hat{\theta}_2$ 较矩估计量 $\hat{\theta}_1$ 好.

注 下面的问题只是本例的引申：

设随机变量 ξ 的分布密度为

$$p(x)=\begin{cases}\frac{1}{\theta}, & 0<x\leqslant\theta\\ 0, & \text{其他}\end{cases}$$

求参数 θ 的估计 $\hat{\theta}_N$ 使：(1) $E(\hat{\theta}_N)=\theta$；(2) $\lim\limits_{N\to\infty}E(\hat{\theta}_N-\theta)^2=0$. 这里 N 表示样本容量.（复旦大学，1981）

例 2 设 $(X_1,X_2,\cdots,X_n)$ 是来自正态总体 $N(\mu,\sigma^2)$ 的简单随机样本.(1) 写出 μ,σ^2 的无偏估计量（不用证明）；(2) 若 σ^2 未知，试导出 μ 的 $1-\alpha$ 置信度的置信区间.（苏州丝绸工学院，1985）

解 (1) 依据题设及无偏估计量公式有：μ 的无偏估计量

$$\hat{\mu}=\overline{X}=\frac{1}{n}\sum_{i=1}^n X_i$$

σ^2 的无偏估计量

$$\hat{\sigma}^2 = S^2 = \frac{1}{n-1}\sum_{i=1}^{n}(X_i - \overline{X})^2$$

(2) 由 $X_i \sim N(\mu,\sigma^2), i=1,2,\cdots,n$. 故

$$\frac{(\overline{X}-\mu)\sqrt{n}}{S} \sim t(n-1)$$

由于 $P\{|t|<t_{\frac{\alpha}{2}}\} = P\left\{\frac{|\overline{X}-\mu|\sqrt{n}}{S} < t_{\frac{\alpha}{2}}\right\} = 1-\alpha$，其中 $t_{\frac{\alpha}{2}}$ 为 t 分布的双侧分位点，满足 $P\{|t|>t_{\frac{\alpha}{2}}\} = \alpha$. 故

$$P\left\{\overline{X} - t_{\frac{\alpha}{2}}\frac{S}{\sqrt{n}} < \mu < \overline{X} + t_{\frac{\alpha}{2}}\frac{S}{\sqrt{n}}\right\} = 1-\alpha$$

因此在 σ^2 未知时，μ 的 $1-\alpha$ 置信度的置信区间为

$$\left(\overline{X} - t_{\frac{\alpha}{2}}\frac{S}{\sqrt{n}}, \overline{X} + t_{\frac{\alpha}{2}}\frac{S}{\sqrt{n}}\right)$$

例 3 盒中存在白球和黑球，现做如下试验：用返回式抽取方式从盒中取球，直至取到白球为止，记录下已抽取次数，重复执行此试验 100 次，结果如表.

抽取次数	1	2	3	4	$\geqslant 5$
频数	43	31	15	6	5

试问该盒中黑、白球数是否相等.(已知 $\alpha = 0.05, \chi^2_{0.05}(4) = 9.488$)(中科院应用数学所，1982)

解 令 $X = \begin{cases}1, & 从盒中任取一球为白球 \\ 0, & 从盒中任取一球为黑球\end{cases}$.

假设 $H_0: F_X(x) = F_0(x), H_1: F_X(x) \neq F_0(x)$，其中 $F_0(x)$ 是 $P\{X=1\} = P\{X=0\} = \frac{1}{2}$ 的分布函数. 由题设可列下表.

k	n_k	p_k	np_k	$(n_k - np_k)/np_k$
1	43	0.5	56	0.98
2	31	0.25	25	1.44
3	15	0.125	12.5	0.5
4	6	0.062 5	6.25	0.01
$\geqslant 5$	5	0.062 5	6.25	0.25

则 $\chi^2 = \sum_{k=1}^{5}\frac{(n_k - np_k)}{np_k} = 3.18$，而

$$\chi^2_{0.05}(4) = 9.488, \quad 且\ \chi^2 = 3.18 < 9.488 = \chi^2_{0.05}(4)$$

故可接受 H_0，即盒中黑球与白球个数相等.

例 4 若从分布密度为指数分布

$$f(x,\lambda) = \begin{cases}\lambda e^{-\lambda x}, & x>0 \\ 0, & x<0\end{cases} \quad (\lambda\ 为未知参数)$$

的总体中抽取一简单样本 $(X_1, X_2, \cdots, X_n)$. (1) 求参数 λ 的极大似然估计量 $\hat{\lambda}$；(2) 讨论 $\hat{\lambda}$ 是否是 λ 的一致估计，证明你的结论.(复旦大学，1982)

解 (1)λ 的似然函数为

$$L(x_1, x_2, \cdots, x_n; \lambda) = \prod_{i=1}^{n} f(x_i, \lambda) = \begin{cases}\lambda^n e^{-\lambda \sum_{i=1}^{n} x_i}, & x>0 \\ 0, & 其他\end{cases}$$

当 $x_1, x_2, \cdots, x_n > 0$ 时，有

$$\ln[L(x_1,x_2,\cdots,x_n;\lambda)] = n\ln\lambda - \lambda\sum_{i=1}^{n}x_i = 0$$

令 $\dfrac{\partial\ln[L(x_1,x_2,\cdots,x_n;\lambda)]}{\partial\lambda} = \dfrac{n}{\lambda} - \sum\limits_{i=1}^{n}x_i = 0$. 得 $\lambda_0 = \dfrac{1}{\overline{x}}$，这里 $\overline{x} = \dfrac{1}{n}\sum\limits_{i=1}^{n}x_i$. 易知 λ_0 满足

$$L(x_1,x_2,\cdots,x_n;\lambda_0) = \max_{\lambda>0}\{L(x_1,x_2,\cdots,x_n;\lambda)\}$$

故 $\hat{\lambda} = \dfrac{1}{\overline{X}}$ 是 λ 的极大似然估计量.

(2) 因 $X_1,X_2,\cdots,X_n$ 独立同分布，且 $E(x_i) = \dfrac{1}{\lambda}(i = 1,2,\cdots,n)$ 存在，由辛钦大数定律知

$$\overline{X} = \frac{1}{n}\sum_{i=1}^{n}X_i \xrightarrow{P} \frac{1}{\lambda},\quad n\to\infty$$

故 $\hat{\lambda} = \dfrac{1}{\overline{X}} = 1\Big/\left(\dfrac{1}{n}\sum\limits_{i=1}^{n}X_i\right) \xrightarrow{P} 1\Big/\left(\dfrac{1}{\lambda}\right) = \lambda(n\to\infty)$，知 $\hat{\lambda}$ 是 λ 的一致估计量.

注　类似的问题如下.

问题：设总体 ξ 的密度函数为

$$f(x;\theta) = \begin{cases}\theta x^{\theta-1}, & 0 < x < 1, \theta > 0\\ 0, & \text{其他}\end{cases}$$

而 $\xi_1,\xi_2,\cdots,\xi_n$ 为其一个样本，求 θ 的矩估计量和极大似然估计量.（新乡师范学院，1984）

答案：θ 的矩估计量为 $\hat{\theta} = \dfrac{\overline{\xi}}{1-\overline{\xi}}$，其中 $\overline{\xi} = \dfrac{1}{n}\sum\limits_{i=1}^{n}\xi_i$；$\theta$ 的极大似然估计量为 $\hat{\theta} = -\dfrac{n}{\sum\limits_{i=1}^{n}\ln\xi_i}$.

1987 ～ 2012 年部分

(一) 填空题

1. 统计量的分布

题 1　(1990④) 已知随机变量 $X\sim N(-3,1)$，$Y\sim N(2,1)$，且 X,Y 相互独立，设随机变量 $Z = X - 2Y + 7$，则 $Z\sim$ ________.

解　相互独立的正态随机变量的线性组合仍然服从正态分布，注意到数学期望和方差性质有

$$E(Z) = E(X) - 2E(Y) + 7 = -3 - 2\times 2 + 7 = 0$$
$$D(Z) = D(X) + (-2)^2D(Y) = 1 + 4\times 1 = 5$$

故 $Z\sim N(0,5)$.

题 2　(1997③) 设随机变量 X 和 Y 相互独立且都服从正态分布 $N(0,3^2)$，而 $X_1,X_2,\cdots,X_9$ 和 $Y_1,Y_2,\cdots,Y_9$ 分别是两个来自总体 X 与 Y 的简单随机样本，则统计量 $U = \dfrac{X_1+X_2+\cdots+X_9}{\sqrt{Y_1^2+Y_2^2+\cdots+Y_9^2}}$ 服从 ________ 分布，参数为 ________.

解　由题设知 $X\sim N(0,3^2)$，$Y\sim N(0,3^2)$，有 $\sum\limits_{i=1}^{9}X_i\sim N(0,9^2)$，令 $\overline{X} = \dfrac{1}{9}\sum\limits_{i=1}^{9}X_i$，则 $\overline{X}\sim N(0,1)$.

又 $\dfrac{Y_i}{3}\sim N(0,1)(i = 1,2,\cdots,9)$，再令 $\overline{Y} = \sum\limits_{i=1}^{9}\left(\dfrac{Y_i}{3}\right)^2$，则 $\overline{Y}\sim\chi^2(9)$. 于是

$$U = \frac{\sum\limits_{i=1}^{9}X_i}{\sqrt{\sum\limits_{i=1}^{9}Y_i^2}} = \frac{\frac{1}{9}\sum\limits_{i=1}^{9}X_i}{\sqrt{\frac{1}{9}\sum\limits_{i=1}^{9}\left(\frac{Y_i}{3}\right)^2}} = \frac{\overline{X}}{\sqrt{\frac{\overline{Y}}{9}}}\sim t(9)$$

即参数为 9 的 t 分布.

题 3 (2001③) 设总体 X 服从正态分布 $N(0,2^2)$，而 $X_1,X_2,\cdots,X_{15}$ 是来自总体 X 的简单随机样本，则随机变量 $Y=\dfrac{X_1^2+X_2^2+\cdots+X_{10}^2}{2(X_{11}^2+X_{12}^2+\cdots+X_{15}^2)}$ 服从________分布，参数为________.

解 由题设 $X_i\sim N(0,2^2)$，$i=1,2,\cdots,15$，则

$$Y_1=\left(\frac{X_1}{2}\right)^2+\cdots+\left(\frac{X_{10}}{2}\right)^2\sim\chi^2(10),Y_2=\left(\frac{X_{11}}{2}\right)^2+\cdots+\left(\frac{X_{15}}{2}\right)^2\sim\chi^2(5)$$

故 $\dfrac{Y_1/10}{Y_2/5}\sim F(10,5)$，即

$$Y=\frac{X_1^2+X_2^2+\cdots+X_{10}^2}{2(X_{11}^2+X_{12}^2+\cdots+X_{15}^2)}=\frac{Y_1/10}{Y_2/5}\sim F(10,5)$$

题 4 (1998④) 设 X_1,X_2,X_3,X_4 是来自正态总体 $N(0,2^2)$ 的简单随机样本，又若 $X=a(X_1-2X_2)^2+b(3X_3-4X_4)^2$，则当 $a=$________，$b=$________时，统计量 X 服从 χ^2 分布，其自由度为________.

解 1 由 χ^2 分布的定义，若 $Y_1,Y_2,\cdots,Y_n$ 服从标准正态分布，则

$$Y=Y_1^2+Y_2^2+\cdots+Y_n^2$$

服从自由度为 n 的 χ^2 分布.

由题设知 $X=a(X_1-2X_2)^2+b(3X_3-4X_4)^2$ 服从自由度为 $n=2$ 的 χ^2 分布，且

$$\sqrt{a}(X_1-2X_2)\sim N(0,1),\quad \sqrt{b}(3X_3-4X_4)\sim N(0,1)$$

则
$$D[\sqrt{a}(X_1-2X_2)]=aD(X_1)+4aD(X_2)=5aD(X_1)=5a\cdot 2^2=1$$

得 $a=\dfrac{1}{20}$. 又

$$D[\sqrt{b}(3X_3-4X_4)]=9bD(X_3)+16bD(X_4)=25bD(X_3)=25b\cdot 2^2=1$$

得 $b=\dfrac{1}{100}$.

解 2 设 $Y_1=X_1-2X_2$，$Y_2=3X_3-4X_4$. 由数学期望和方差的性质可算得

$$E(Y_1)=E(Y_2)=0,\quad D(Y_1)=20,\quad D(Y_2)=100$$

因此可有 $Y_1\sim N(0,20)$，$Y_2\sim N(0,100)$.

从而 $\dfrac{Y_1}{\sqrt{20}}\sim N(0,1)$，$\dfrac{Y_2}{\sqrt{100}}\sim N(0,1)$；且 $Z=\dfrac{Y_1^2}{20}+\dfrac{Y_2^2}{100}\sim\chi^2(2)$.

上式与 $X=aY_1^2+bY_2^2\sim\chi^2(n)$ 比较，得 $a=\dfrac{1}{20}$，$b=\dfrac{1}{100}$，且自由度为 $n=2$.

题 5 (1995③) 设 $X_1,X_2,\cdots,X_n$ 是来自正态总体 $N(\mu,a^2)$ 的简单随机样本，其中参数 μ 和 a 未知，记 $\overline{X}=\dfrac{1}{n}\sum\limits_{i=1}^{n}X_i$，$Q^2=\sum\limits_{i=1}^{n}(X_i-\overline{X})^2$，则假设 $H_0:\mu=0$ 的 t 检验使用统计量 $t=$________.

解 由题设知统计量及分布为 $t=\dfrac{\overline{X}-\mu}{S/\sqrt{n}}\sim t(n-1)$，这里 $\mu=0$.

因 $Q^2=\sum\limits_{i=1}^{n}(X_i-\overline{X})^2$，得 $S^2=\dfrac{1}{n-1}\sum\limits_{i=1}^{n}(X_i-\overline{X})^2=\dfrac{1}{n-1}Q^2$，有 $S=\dfrac{1}{\sqrt{n-1}}Q$.

将假设 $\mu=0$ 代入 $t=\dfrac{\overline{X}-\mu}{S/\sqrt{n}}$ 中得 $t=\dfrac{\overline{X}}{S/\sqrt{n}}=\dfrac{\overline{X}}{Q}\sqrt{n(n-1)}$.

2. 统计量的数学特征和样本容量

题 1 (2004③) 设整体 X 服从正态分布 $N(\mu,\sigma^2)$，总体 Y 服从正态分布 $N(\mu,\sigma^2)$，又 $X_1,X_2,\cdots,X_{n_1}$ 和 $Y_1,Y_2,\cdots,Y_{n_2}$ 是两个分别来自总体 X 和 Y 的简单随机样本，则数学期

望$E\left[\dfrac{\sum\limits_{i=1}^{n_1}(X_i-\overline{X})^2+\sum\limits_{j=1}^{n_2}(Y_j-\overline{Y})^2}{n_1+n_2-2}\right]=$________.

解　由题设知 $E\left[\dfrac{1}{n_1-1}\sum\limits_{i=1}^{n_1}(X_i-\overline{X})^2\right]=\sigma^2$，$E\left[\dfrac{1}{n_2-1}\sum\limits_{j=1}^{n_2}(Y_j-\overline{Y})^2\right]=\sigma^2$，从而

$$E\left[\frac{\sum\limits_{i=1}^{n_1}(X_i-\overline{X})^2+\sum\limits_{j=1}^{n_2}(Y_j-\overline{Y})^2}{n_1+n_2-2}\right]=\frac{(n_1-1)\sigma^2+(n_2-1)\sigma^2}{n_1+n_2-2}=\sigma^2$$

题 2　(2010③) 设 $X_1,X_2,\cdots,X_n$ 为来自总体 $X\sim N(\mu,\sigma^2)(\sigma>0)$ 的简单随机样本，记统计量 $T=\dfrac{1}{n}\sum\limits_{i=1}^{n}X_i^2$，则 $E(T)=$________.

解　因为 $X_1,X_2,\cdots,X_n$ 为来自总体 $X\sim N(\mu,\sigma^2)(\sigma>0)$ 的简单随机样本，则 $X_1,X_2,\cdots,X_n$ 独立同分布. 这样有

$$E(T)=E\left(\frac{1}{n}\sum_{i=1}^{n}X_i^2\right)=\frac{1}{n}\sum_{i=1}^{n}E(X_i^2)=\frac{1}{n}\sum_{i=1}^{n}\{D(X_i)+[E(X_i)]^2\}$$
$$=\frac{1}{n}\sum_{i=1}^{n}[\sigma^2+\mu^2]=\sigma^2+\mu^2$$

注　公式 $D(X)=E(X^2)-[E(X)]^2$ 须记熟，但 $E(X^2)=D(X)+[E(X)]^2$ 也常用.

题 3　(1999③)(1) 在天平上重复称量一重为 a 的物品，假设各次称量结果相互独立且同服从正态分布 $N(a,0.2^2)$. 若以 $\overline{X}_n$ 表示 n 次称量结果的算术平均值，则为使 $P\{|\overline{X}_n-a|<0.1\}\geqslant 0.95$，$n$ 的最小值应不小于自然数________.

解　由 $\dfrac{\overline{X}-a}{\sigma/\sqrt{n}}\sim N(0,1)$，则 $P\{|\overline{X}_n-a|<0.1\}\geqslant 0.95$，即

$$P\left\{\frac{\overline{X}_n-a}{0.2/\sqrt{n}}<\frac{0.1}{0.2/\sqrt{n}}\right\}\geqslant 0.95\Rightarrow\frac{0.1}{0.2/\sqrt{n}}>1.96$$

则 $\sqrt{n}>3.92$，即 $n>15.366\,4$. 故所求的自然数是 16.

3. 参数估计

(1) 矩估计问题

题　(2002③) 设总体 X 的概率密度为

$$f(x;\theta)=\begin{cases}e^{-(x-\theta)}, & 若\ x\geqslant\theta\\ 0, & 若\ x<\theta\end{cases}$$

而 $X_1,X_2,\cdots,X_n$ 是来自总体 X 的简单随机样本，则未知参数 θ 的矩估计量为________.

解　由题设及数学期望公式有

$$E(X)=\int_{\theta}^{+\infty}x\mathrm{e}^{-(x-\theta)}\mathrm{d}x=-\int_{\theta}^{+\infty}x\,\mathrm{d}(\mathrm{e}^{-(x-\theta)})=-x\mathrm{e}^{-(x-\theta)}\Big|_{\theta}^{+\infty}+\int_{\theta}^{+\infty}\mathrm{e}^{-(x-\theta)}\mathrm{d}x=\theta+1$$

而 $\theta+1=\overline{X}=\dfrac{1}{n}\sum\limits_{i=1}^{n}X_i$，故所求 θ 的矩估计量为 $\dfrac{1}{n}\sum\limits_{i=1}^{n}X_i-1$.

(2) 区间估计

题 1　(1993③) 设总体 X 的方差为 1，根据来自 X 的容量为 100 的简单随机样本，测得样本均值为 5，则 X 的数学期望的置信度近似等于 0.95 的置信区间为________.

解　由题设统计量及分布为 $U=\dfrac{\overline{X}-\mu}{\sigma/\sqrt{n}}\sim N(0,1)$，又显著性水平为

$$\alpha = 1 - 0.95 = 0.05$$

从而临界值 λ 满足 $\Phi(\lambda) = 1 - \frac{\alpha}{2} = 0.975$. 查表得 $\lambda = 1.96$. 故

$$|U| = \left|\frac{\overline{X} - \mu}{\sigma / \sqrt{n}}\right| = \left|\frac{5 - \mu}{1/\sqrt{100}}\right| < 1.96$$

解得 $4.804 < \mu < 5.196$,由此得置信区间为(4.804,5.196).

题 2 (1996③)设由来自正态总体 $X \sim N(\mu, 0.9^2)$ 容量为 9 的简单随机样本得样本均值 $\overline{X} = 5$,则未知参数 μ 的置信度为 0.95 的置信区间是________.

解 因题设统计量 $|U| = \left|\frac{\overline{X} - \mu}{\sigma / \sqrt{n}}\right| = \left|\frac{5 - \mu}{0.9/\sqrt{9}}\right| < 1.96$.

又 $Z_{\frac{\alpha}{2}} = 1.96$,有 $-1.96 < \frac{5 - \mu}{0.3} < 1.96$,得 $4.412 < \mu < 5.558$.

故所求置信区间为(4.412,5.588).

题 3 (2003①)已知一批零件的长度 X(单位:cm)服从正态分布 $N(\mu, 1)$,从中随机地抽取 16 个零件,得到长度的平均值为 40 cm,则 μ 的置信度为 0.95 的置信区间是________.

注 标准正态分布函数值 $\Phi(1.96) = 0.975$,$\Phi(1.645) = 0.95$

解 由题设 $1 - \alpha = 0.95$,则有 $\alpha = 0.05$. 查标准正态分布表知 $\mu_{\frac{\alpha}{2}} = 1.96$.

又题设 $n = 16$,$\overline{X} = 40$,因此据 $P\left\{\frac{|\overline{X} - \mu|}{1/\sqrt{n}} < 1.96\right\} = 0.95$,有

$$P\left\{\frac{|40 - \mu|}{1/\sqrt{16}} < 1.96\right\} = 0.95, \quad P\{39.51 < \mu < 40.49\} = 0.95$$

故 μ 的置信度为 0.95 的置信区间是(39.51,40.49).

(二)选择题

1. 统计量的数字特征

题 1 (2011③)设总体 X 服从参数为 $\lambda(\lambda > 0)$ 的泊松分布,$X_1, X_2, \cdots, X_n (n \geqslant 2)$ 为来自该总体的简单随机样本. 则对于统计量 $T_1 = \frac{1}{n}\sum_{i=1}^{n} X_i$ 和 $T_2 = \frac{1}{n-1}\sum_{i=1}^{n-1} X_i + \frac{1}{n} X_n$,有 ( )

(A) $E(T_1) > E(T_2)$,$D(T_1) > D(T_2)$ (B) $E(T_1) > E(T_2)$,$D(T_1) < D(T_2)$

(C) $E(T_1) < E(T_2)$,$D(T_1) > D(T_2)$ (D) $E(T_1) < E(T_2)$,$D(T_1) < D(T_2)$

解 由 $E(X) = \lambda$,$D(X) = \lambda$,有

$$E(T_1) = E(X) = \lambda, \quad D(T_1) = \frac{D(X)}{n} = \frac{\lambda}{n}$$

$$E(T_2) = E\left(\frac{1}{n-1}\sum_{i=1}^{n-1} X_i\right) + E\left(\frac{1}{n} X_n\right) = \lambda + \frac{\lambda}{n} = \frac{n+1}{n}\lambda$$

$$D(T_2) = D\left(\frac{1}{n-1}\sum_{i=1}^{n-1} X_i\right) + D\left(\frac{1}{n} X_n\right) = \frac{D(X)}{n-1} + \frac{D(X_n)}{n^2} = \frac{\lambda}{n-1} + \frac{\lambda}{n^2}$$

于是 $E(T_1) < E(T_2)$,$D(T_1) < D(T_2)$. 故选(D).

题 2 (1992③)设 n 个随机变量 $X_1, X_2, \cdots, X_n$ 独立同分布,且

$$D(X_1) = \sigma^2, \quad \overline{X} = \frac{1}{n}\sum_{i=1}^{n} X_i, \quad S^2 = \frac{1}{n-1}\sum_{i=1}^{n}(X_i - \overline{X})^2$$

则 ( )

(A) S 是 σ 的无偏估计量 (B) S 是 σ 的极大似然估计量

(C) S 是 σ 的相合估计量(即一致估计量)　　　　(D) S 和 $\overline{X}$ 相互独立

解　考虑选项(C):设 X 表示总体,由切比雪夫大数定律有:

任给 $\varepsilon > 0$,有

$$\lim_{n\to\infty} P\left\{\left|\frac{1}{n}\sum_{i=1}^{n} X_i - E(X)\right| < \varepsilon\right\} = 1 \tag{*}$$

换句话说,$\overline{X} = \frac{1}{n}\sum_{i=1}^{n} X_i$ 依概率收敛于 $E(X)$,说明 $\overline{X}$ 是 $E(X)$ 的一致估计量.

在式(*)中,分别用 X_i^2 和 X^2 替换 X_i 和 X,有:

任给 $\varepsilon > 0$,有 $\lim_{n\to\infty} P\left\{\left|\frac{1}{n}\sum_{i=1}^{n} X_i^2 - E(X^2)\right| < \varepsilon\right\} = 1$. 即 $\frac{1}{n}\sum_{i=1}^{n} X_i^2$ 依概率收敛于 $E(X^2)$. 因此二阶中心矩

$$M^2 = \frac{1}{n}\sum_{i=1}^{n}(X_i - \overline{X})^2 = \frac{1}{n}\sum_{i=1}^{n} X_i^2 - \overline{X}^2$$

依概率收敛到 $E(X^2) - [E(X)]^2 = \sigma^2$.

故 $S^2 = \frac{n}{n-1}M^2$ 依概率收敛到 σ^2. 显然 S 依概率收敛到 σ,故 S 是 σ 的一致估计量.

故选(C).

注　顺便一提,选项(A),(B)和(D)不成立的理由如下:

由于 $E(S^2) = \sigma^2$,表明 S^2 是 σ^2 的无偏估计. 但一般地 $E(S) \neq \sigma$. 因此选项(A)不真.

由于二阶中心矩 $M^2 = \frac{1}{n}\sum_{i=1}^{n}(X_i - \overline{X})^2$ 是 σ^2 的极大似然估计,因此 $S^2 = \frac{n}{n-1}M^2$ 不是 σ^2 的极大似然估计,从而 S 也不可能是 σ 的极大似然估计. 故选项(B)不真.

当总体 X 为正态分布时,可以证明 S 与 $\overline{X}$ 相互独立,但对于任意总体,论断不正确. 故选项(D)不真.

2. 统计量的分布

题 1　(1994③) 设 $X_1, X_2, \cdots, X_n$ 是来自正态总体 $N(\mu, \sigma^2)$ 的简单随机样本,$\overline{X}$ 是样本均值,记

$$S_1^2 = \frac{1}{n-1}\sum_{i=1}^{n}(X_i - \overline{X})^2, \quad S_2^2 = \frac{1}{n}\sum_{i=1}^{n}(X_i - \overline{X})^2$$

$$S_3^2 = \frac{1}{n-1}\sum_{i=1}^{n}(X_i - \mu)^2, \quad S_4^2 = \frac{1}{n}\sum_{i=1}^{n}(X_i - \mu)^2$$

则服从自由度为 $n-1$ 的 t 分布的随机变量是　　(　　)

(A) $t = \frac{\overline{X} - \mu}{S_1/\sqrt{n-1}}$　　　　(B) $t = \frac{\overline{X} - \mu}{S_2/\sqrt{n-1}}$

(C) $t = \frac{\overline{X} - \mu}{S_3/\sqrt{n}}$　　　　(D) $t = \frac{\overline{X} - \mu}{S_4/\sqrt{n}}$

解　由题设知 $\xi = \frac{\overline{X} - \mu}{\sigma/\sqrt{n}} \sim N(0,1)$,$\eta = \frac{(n-1)S_1^2}{\sigma^2} \sim \chi^2(n-1)$,则

$$\frac{\xi}{\sqrt{\eta/(n-1)}} \sim t(n-1)$$

将 ξ 和 η 表达式代入,得 $\frac{\overline{X} - \mu}{S_1/\sqrt{n}} \sim t(n-1)$.

注意到 $\frac{S_1}{\sqrt{n}} = \frac{S_2}{\sqrt{n-1}}$,得 $\frac{\overline{X} - \mu}{S_2/\sqrt{n-1}} \sim t(n-1)$.

故选(B).

题 2 (2003①)设随机变量 $X \sim t(n)(n>1)$,$Y=\dfrac{1}{X^2}$,则 ( )

(A)$Y \sim \chi^2(n)$ (B)$Y \sim \chi^2(n-1)$ (C)$Y \sim F(n,1)$ (D)$Y \sim F(1,n)$

解 由题设知 $X=\dfrac{U}{\sqrt{V/n}}$,其中 $U \sim N(0,1)$,$V \sim \chi^2(n)$,于是

$$Y=\frac{1}{X^2}=1\bigg/\left(\frac{U}{\sqrt{V/n}}\right)^2=\frac{V/n}{U^2}=\frac{V/n}{U^2/1}$$

这里 $U^2 \sim \chi^2(1)$,根据 F 分布的定义知 $Y=\dfrac{1}{X^2} \sim F(n,1)$.

故选(C).

题 3 (2002③)设随机变量 X 和 Y 都服从标准正态分布,则 ( )

(A)$X+Y$ 服从正态分布 (B)X^2+Y^2 服从 χ^2 分布

(C)X^2 和 Y^2 都服从 χ^2 分布 (D)X^2/Y^2 服从 F 分布

解 注意到 X 和 Y 之间无相互独立的假设,则选项(A),(B),(D) 都不真.

故选(C).

题 4 (2005①③)设 $X_1,X_2,\cdots,X_n(n\geqslant 2)$ 为来自正态总体 $N(0,1)$ 的简单随机样本,$\overline{X}$ 为样本均值,S^2 为样本方差,则 ( )

(A)$n\overline{X} \sim N(0,1)$ (B)$nS^2 \sim \chi^2(n)$

(C)$\dfrac{(n-1)\overline{X}}{S} \sim t(n-1)$ (D)$\dfrac{(n-1)X_1^2}{\sum\limits_{i=2}^{n}X_1^2} \sim F(1,n-1)$

解 由正态总体抽样分布的性质知$\dfrac{\overline{X}-0}{1/\sqrt{n}}=\sqrt{n}\overline{X} \sim N(0,1)$,可排除选项(A);

又$\dfrac{\overline{X}-0}{S/\sqrt{n}}=\dfrac{\sqrt{n}\overline{X}}{S} \sim t(n-1)$,可排除选项(C);而$\dfrac{(n-1)S^2}{1^2}=(n-1)S^2 \sim \chi^2(n-1)$,由此不能断定选项(B) 正确;

因为 $X_1^2 \sim \chi^2(1)$,又 $\sum\limits_{i=2}^{n}X_i^2 \sim \chi^2(n-1)$,且 $X_1^2 \sim \chi^2(1)$ 与 $\chi^2(n-1)$ 相互独立,于是

$$\frac{X_1^2/1}{\sum\limits_{i=2}^{n}X_i^2\Big/(n-1)}=\frac{(n-1)X_1^2}{\sum\limits_{i=2}^{n}X_i^2} \sim F(1,n-1)$$

故选(D).

题 5 (2012③)设 X_1,X_2,X_3,X_4 为来自总体 $N(1,\sigma^2)(\sigma>0)$ 的简单随机样本,则统计量 $\dfrac{X_1-X_2}{|X_3-X_4-2|}$ 的分布为 ( )

(A)$N(0,1)$ (B)$t(1)$ (C)$\chi^2(1)$ (D)$F(1,1)$

解 由题设 X_1,X_2,X_3,X_4 服从 $N(1,\sigma^2)$,则

$$X_1-X_2 \sim N(0,2\sigma^2),\quad X_3-X_4 \sim N(0,2\sigma^2)$$

且 $X_3-X_4-2 \sim N(0,2\sigma^2)$. 这样

$$\frac{X_1-X_2}{\sqrt{2}\sigma} \sim N(0,1),\quad \frac{X_3-X_4-2}{\sqrt{2}\sigma} \sim N(0,1)$$

又$\dfrac{(X_3-X_4-2)^2}{2\sigma^2} \sim \chi^2(1)$,故

$$\frac{X_1-X_2}{|X_3-X_4-2|}=\frac{X_1-X_2}{\sqrt{2}\sigma}\bigg/\sqrt{\frac{(X_3-X_4-2)^2}{2\sigma^2}} \sim t(1)$$

故选(B).

题 6 (2004①) 设随机变量 X 服从标准正态分布 $N(0,1)$，对给定的 $\alpha(0<\alpha<1)$ 数 u_α 满足 $P\{X>u_\alpha\}=\alpha$，若 $P\{|X|<x\}=\alpha$，则 x 等于 ( )

(A) $u_{\frac{\alpha}{2}}$ (B) $u_{1-\frac{\alpha}{2}}$ (C) $u_{\frac{1-\alpha}{2}}$ (D) $u_{1-\alpha}$

解 由标准正态分布概率密度对称性知 $P(X<-u_\alpha)=\alpha$，则

$$1-\alpha=1-P\{|X|<x\}=P\{|X|\geqslant x\}=P\{X\geqslant x\}+P\{X\leqslant -x\}=2P\{X\geqslant x\}$$

即 $P\{X\geqslant x\}=\dfrac{1-\alpha}{2}$，依定义有 $x=u_{\frac{1-\alpha}{2}}$.

故选(C).

注 该问题实际上涉及“分位数”的概念.

3. 置信区间

题 (2005③) 设一批零件的长度服从正态分布 $N(\mu,\sigma^2)$，其中 μ,σ^2 均未知，现从中随机抽取 16 个零件，测得样本均值 $\overline{X}=20(\mathrm{cm})$，样本标准差 $s=1(\mathrm{cm})$，则 μ 的置信度为 0.90 的置信区间是 ( )

(A) $\left(20-\dfrac{1}{4}t_{0.05}(16),20+\dfrac{1}{4}t_{0.05}(16)\right)$ (B) $\left(20-\dfrac{1}{4}t_{0.1}(16),20+\dfrac{1}{4}t_{0.1}(16)\right)$

(C) $\left(20-\dfrac{1}{4}t_{0.05}(15),20+\dfrac{1}{4}t_{0.05}(15)\right)$ (D) $\left(20-\dfrac{1}{4}t_{0.1}(15),20+\dfrac{1}{4}t_{0.1}(15)\right)$

解 由正态总体抽样分布的性质知 $\dfrac{\overline{x}-\mu}{s/\sqrt{n}}=t(n-1)$，故 μ 的置信度为 0.90 的置信区间是

$$\left(\overline{x}-\frac{1}{\sqrt{n}}t_{\frac{\alpha}{2}}(n-1),\overline{x}+\frac{1}{\sqrt{n}}t_{\frac{\alpha}{2}}(n-1)\right)$$

即

$$\left(20-\frac{1}{4}t_{0.05}(15),20+\frac{1}{4}t_{0.05}(15)\right)$$

故选(C).

(三) 计算证明题

1. 样本的数字特征及置信区间

题 1 (2000③) 假设 0.50,1.25,0.80,2.00 是来自总体 X 的简单随机样本值. 已知 $Y=\ln X$ 服从正态分布 $N(\mu,1)$. (1) 求 X 的数学期望 $E(X)$（记 $E(X)$ 为 b）；(2) 求 μ 的置信度为 0.95 的置信区间；(3) 利用上述结果求 b 的置信度为 0.95 的置信区间.

解 (1) 依题意 Y 的概率密度为 $f(y)=\dfrac{1}{\sqrt{2\pi}}\mathrm{e}^{\frac{1}{2}(y-\mu)^2}$，故

$$b=E(X)=E(\mathrm{e}^Y)=\frac{1}{\sqrt{2\pi}}\int_{-\infty}^{+\infty}\mathrm{e}^y\mathrm{e}^{\frac{1}{2}(y-\mu)^2}\,\mathrm{d}y$$

将被积函数的指数变形（便于积分）为

$$y-\frac{1}{2}(y-\mu)^2=\frac{1}{2}(y-\mu-1)^2+\mu+\frac{1}{2}$$

因此

$$b=\frac{1}{\sqrt{2\pi}}\int_{-\infty}^{+\infty}\mathrm{e}^{\frac{1}{2}(y-\mu-1)^2}\cdot\mathrm{e}^{\mu+\frac{1}{2}}\,\mathrm{d}y=\mathrm{e}^{\mu+\frac{1}{2}}$$

(2) 令 $\overline{Y}$ 表示 Y 的样本均值，则 $\overline{Y}\sim N\left(\mu,\dfrac{1}{4}\right)$，从而

$$U=\frac{\overline{Y}-\mu}{1/\sqrt{4}}\sim N(0,1)$$

设 λ 为临界值,则由题设 $P\{|U|<\lambda\}=0.95$,查表知 $\lambda=1.96$.因此

$$|U|=\left|\frac{\overline{Y}-\mu}{1/2}\right|<1.96$$

又由题设有

$$\overline{Y}=\frac{1}{4}(\ln 0.5+\ln 1.25+\ln 0.8+\ln 2)=\frac{1}{4}\ln 1=0$$

代入前式解得 $-0.98<\mu<0.98$,故得所求置信区间为$(-0.98,0.98)$.

(3) 由 e^x 的严格单增性和前面的计算结果,有

$$\begin{aligned}0.95&=P\{-0.98<\mu<0.98\}=P\{-0.48<\mu+0.5<1.48\}\\&=P\{e^{-0.48}<e^{\mu+0.5}<e^{1.48}\}\end{aligned}$$

故 b 的置信度为 0.95 的置信区间为$(e^{-0.48},e^{1.48})$.

注 (2)还可解如:当置信度 $1-\alpha=0.95$,即 $\alpha=0.05$ 时,标准正态分布的水平为 $\alpha=0.05$ 的分位数等于 1.96.由$\overline{Y}\sim N\left(\mu,\frac{1}{4}\right)$,则

$$P\left\{\overline{Y}-1.96\times\frac{1}{\sqrt{4}}<\mu<\overline{Y}+1.96\times\frac{1}{\sqrt{4}}\right\}=0.95$$

其中

$$\overline{Y}=\frac{1}{4}(\ln 0.5+\ln 1.25+\ln 0.8+\ln 2)=\frac{1}{4}\ln 1=0$$

于是 $P\{-0.98<\mu<0.98\}=0.95$,从而$(-0.98,0.98)$为 μ 的置信度为 0.95 的置信区间.

题 2 (2001③)设总体 X 服从正态分布 $N(\mu,\sigma^2)(\sigma>0)$,从该总体中抽取简单随机样本 $X_1,X_2,\cdots,X_{2n}(n\geqslant 2)$,其样本均值为$\overline{X}=\frac{1}{2n}\sum\limits_{i=1}^{2n}X_i$,求统计量 $Y=\sum\limits_{i=1}^{n}(X_i+X_{n+i}-2\overline{X})^2$ 的数学期望$E(Y)$.

解 1 设 $Z_i=X_i+X_{n+i}$,则 $Z_1,Z_2,\cdots,Z_n$ 可视为来自总体 $N(2\mu,2\sigma^2)$ 的简单随机样本,则样本均值为

$$\overline{Z}=\frac{1}{n}\sum_{i=1}^{n}(X_i+X_{n+i})=\frac{1}{n}\sum_{i=1}^{2n}X_i=2\overline{X}$$

样本方差为

$$S_Z^2=\frac{1}{n-1}\sum_{i=1}^{n}(Z_i-\overline{Z})^2=\frac{1}{n-1}\sum_{i=1}^{n}(X_i+X_{n+i}-2\overline{X})^2=\frac{Y}{n-1}$$

因为 $E(S_Z^2)=2\sigma^2$,所以

$$E(Y)=(n-1)E(S_Z^2)=2(n-1)\sigma^2$$

解 2 令$\overline{X'}=\frac{1}{n}\sum\limits_{i=1}^{n}X_i,\overline{X''}=\frac{1}{n}\sum\limits_{i=1}^{n}X_{n+i}$,则 $2\overline{X}=\overline{X'}+\overline{X''}$,因此

$$\begin{aligned}E(Y)&=E\left[\sum_{i=1}^{n}(X_i+X_{n+i}-2\overline{X})^2\right]=E\left\{\sum_{i=1}^{n}[(X_i-\overline{X'})+(X_{n+i}-\overline{X''})]^2\right\}\\&=E\left\{\sum_{i=1}^{n}[(X_i-\overline{X'})^2+2(X_i-\overline{X'})(X_{n+i}-\overline{X''})+(X_{n+i}-\overline{X''})^2]\right\}\\&=E\left[\sum_{i=1}^{n}(X_i-\overline{X'})^2\right]+E\left[\sum_{i=1}^{n}(X_{n+i}-\overline{X''})^2\right]\\&=(n-1)\sigma^2+(n-1)\sigma^2=2(n-1)\sigma^2\end{aligned}$$

题 3 (1999③)设 $X_1,X_2,\cdots,X_9$ 是来自正态总体 X 的简单随机样本,且

$$Y_1=\frac{1}{6}(X_1+\cdots+X_6),\quad Y_2=\frac{1}{3}(X_7+X_8+X_9)$$

$$S^2 = \frac{1}{2}\sum_{i=7}^{9}(X_i - Y_2)^2, \quad Z = \frac{\sqrt{2}(Y_1 - Y_2)}{S}$$

证明统计量 Z 服从自由度为 2 的 t 分布.

证 由题设 $X \sim N(\mu, \sigma^2)$,则

$$E(Y_1) = E(Y_2) = \mu, \quad D(Y_1) = \frac{\sigma^2}{6}, \quad D(Y_2) = \frac{\sigma^2}{3}$$

由于 Y_1 和 Y_2 独立,可得

$$E(Y_1 - Y_2) = 0, \quad D(Y_1 - Y_2) = \frac{\sigma^2}{6} + \frac{\sigma^2}{3} = \frac{\sigma^2}{2}$$

因此 $U = \dfrac{Y_1 - Y_2}{\sqrt{2}/\sigma} \sim N(0,1)$. 由 χ^2 分布的性质知 $K = \dfrac{2S^2}{\sigma^2} \sim \chi^2(2)$.

由于 Y_1 与 Y_2 独立,以及 Y_1 与 S^2,Y_2 与 S^2 独立,可有 $Y_1 - Y_2$ 与 S^2 独立. 于是据 t 分布的定义

$$Z = \frac{\sqrt{2}(Y_1 - Y_2)}{S} = \frac{U}{\sqrt{K/2}} \sim t(2)$$

题 4 (2010①) 设总体 X 的概率分布为:

X	1	2	3
p	$1-\theta$	$\theta-\theta^2$	θ^2

其中 $0 < \theta < 1$ 未知,以 N_i 表示来自总体 X 的随机样本(样本容量为 n)中等于 i 的个数($i = 1,2,3$),试求常数 a_1, a_2, a_3,使 $T = \sum\limits_{i=1}^{3} a_i N_i$ 为 θ 的无偏估计量,并求 T 的方差.

解 由题设可知 N_i 均服从二项分布,利用 $E(T) = \theta$ 可确定常数 a_1, a_2, a_3. 由

$$E(T) = \sum_{i=1}^{3} a_i E(N_i)$$

又由题设知

$$N_1 \sim B(n, 1-\theta), \quad N_2 \sim B(n, \theta-\theta^2), \quad N_3 \sim B(n, \theta^2)$$

所以

$$E(N_1) = n(1-\theta), \quad E(N_2) = n(\theta-\theta^2), \quad E(N_3) = n\theta^2$$

于是要使 $T = \sum\limits_{i=1}^{3} a_i N_i$ 为 θ 的无偏估计量,必有

$$\begin{aligned} E(T) &= \sum_{i=1}^{3} E(N_1) = a_1 n(1-\theta) + a_2 n(\theta-\theta^2) + a_3 n\theta^2 \\ &= n[a_1 + (a_2 - a_1)\theta + (a_3 - a_2)\theta] = \theta \end{aligned}$$

于是

$$\begin{cases} a_1 = 0 \\ a_2 - a_1 = \dfrac{1}{n} \Rightarrow a_1 = 0, a_2 = a_3 = \dfrac{1}{n} \\ a_3 - a_2 = 0 \end{cases}$$

注意到 $N_1 + N_2 + N_3 = n$,所以

$$T = \sum_{i=2}^{3} \frac{1}{n} N_i = \frac{n - N_1}{n} = 1 - \frac{N_1}{n}$$

故 $$D(T) = D\left(1 - \frac{N_1}{n}\right) = \frac{1}{n^2} D(N_1) = \frac{1}{n^2} \cdot n(1-\theta)\theta = \frac{(1-\theta)\theta}{n}$$

2. 似然估计

(1) 参数估计

题 1 (2002①) 设总体 X 的概率分布为:

X	0	1	2	3
p	θ^2	$2\theta(1-\theta)$	θ^2	$1-2\theta$

其中 $\theta\left(0<\theta<\dfrac{1}{2}\right)$ 是未知参数,利用总体 X 的样本值:3,1,3,0,3,1,2,3,求 θ 的矩估计值和极大似然估计值.

解 (1) 由题设知总体均值为

$$E(X)=0\cdot\theta^2+1\cdot 2\theta(1-\theta)+2\cdot\theta^2+3\cdot(1-2\theta)=3-4\theta$$

且样本均值为

$$\overline{X}=\frac{1}{8}\times(3+1+3+0+3+1+2+3)=2$$

令 $E(X)=\overline{X}$,即 $3-4\theta=2$,解得 θ 的矩估计值为 $\hat{\theta}=\dfrac{1}{4}$.

(2) 对于给定的样本值:$X=0$(1 个),1(2 个),2(1 个),3(4 个),则 θ 的似然函数为

$$L(\theta)=\theta^2[2\theta(1-\theta)]^2\cdot\theta^2\cdot(1-2\theta)^4=4\theta^6(1-\theta)^2(1-2\theta)^4$$

两边取对数

$$\ln L(\theta)=\ln 4+6\ln\theta+2\ln(1-\theta)+4\ln(1-2\theta)$$

令
$$\frac{\mathrm{d}[\ln L(\theta)]}{\mathrm{d}\theta}=\frac{6}{\theta}-\frac{2}{1-\theta}-\frac{8}{1-2\theta}=\frac{6-28\theta+24\theta^2}{\theta(1-\theta)(1-2\theta)}=0$$

解得 $\theta_{1,2}=\dfrac{7\pm\sqrt{13}}{12}$. 舍去 $\theta_1=\dfrac{7+\sqrt{13}}{12}$(大于 $\dfrac{1}{2}$,不合题意).

故 θ 的极大似然估计值为 $\hat{\theta}=\dfrac{7-\sqrt{13}}{12}$.

题 2 (1999①) 设总体 X 的概率密度为

$$f(x)=\begin{cases}\dfrac{6x}{\theta^3}(\theta-x), & 0<x<\theta\\ 0, & \text{其他}\end{cases}$$

又 $X_1,X_2,\cdots,X_n$ 是取自总体 X 的简单随机样本. (1) 求 θ 的矩估计量 $\hat{\theta}$;(2) 求 $\hat{\theta}$ 的方差 $D(\hat{\theta})$.

解 (1) 由题设有

$$E(X)=\int_{-\infty}^{+\infty}xf(x)\mathrm{d}x=\int_0^{\theta}\frac{6x^2}{\theta^3}(\theta-x)\mathrm{d}x=\frac{\theta}{2}$$

记 $\overline{X}=\dfrac{1}{n}\sum\limits_{i=1}^{n}X_i$,令 $\dfrac{\theta}{2}=\overline{X}$,得 θ 的矩估计量为 $\hat{\theta}=2\overline{X}$.

(2) 注意到 $D(\hat{\theta})=D(2\overline{X})=4D(\overline{X})=\dfrac{4}{n}D(X)$,故只需计算 $D(X)$.

由 $E(X^2)=\displaystyle\int_{-\infty}^{+\infty}x^2f(x)\mathrm{d}x=\int_0^{\theta}\frac{6x^3}{\theta^3}(\theta-x)\mathrm{d}x=\frac{6\theta^2}{20}$,则

$$D(X)=E(X^2)-[E(X)]^2=\frac{6\theta^2}{20}-\left(\frac{\theta}{2}\right)^2=\frac{\theta^2}{20}$$

故
$$D(\hat{\theta})=D(2\overline{X})=4D(\overline{X})=\frac{4}{n}D(X)=\frac{4}{n}\cdot\frac{\theta^2}{20}=\frac{\theta^2}{5n}$$

题 3 (2007①③) 设总体 X 的概率密度为

$$f(x;\theta)=\begin{cases}\dfrac{1}{2\theta}, & 0<x<\theta\\ \dfrac{1}{2(1-\theta)}, & \theta\leqslant x<1\\ 0, & 其他\end{cases}$$

其中参数 $\theta(0<\theta<1)$ 未知，$X_1,X_2,\cdots,X_n$ 是来自总体 X 的简单随机样本，$\overline{X}$ 是样本均值.

(1) 求参数 θ 的矩估计量 $\hat{\theta}$；

(2) 判断 $4\overline{X}^2$ 是否为 θ^2 的无偏估计量，并说明理由.

解 (1) 由题设且注意到

$$\begin{aligned}E(X)&=\int_{-\infty}^{+\infty}xf(x;\theta)\mathrm{d}x=\int_0^{\theta}x\cdot\frac{1}{2\theta}\mathrm{d}x+\int_{\theta}^{1}x\cdot\frac{1}{2(1-\theta)}\mathrm{d}x\\&=\frac{1}{4}\theta+\frac{1}{4}(1+\theta)=\frac{1}{4}+\frac{1}{2}\theta\end{aligned}$$

由矩估计法，令 $E(X)=\overline{X}$，即 $\frac{1}{4}+\frac{1}{2}\theta=\overline{X}$. 将 θ 解出得 θ 的矩估计量为 $\hat{\theta}=2\overline{X}-\frac{1}{2}$.

(2) 注意到

$$\begin{aligned}E(X^2)&=\int_{-\infty}^{+\infty}x^2f(x;\theta)\mathrm{d}x=\int_0^{\theta}x^2\cdot\frac{1}{2\theta}\mathrm{d}x+\int_{\theta}^{1}x^2\cdot\frac{1}{2(1-\theta)}\mathrm{d}x\\&=\frac{1}{6}\theta^2+\frac{1}{6}(1+\theta+\theta^2)=\frac{1}{6}+\frac{1}{6}\theta+\frac{1}{3}\theta^2\end{aligned}$$

得

$$D(X)=E(X^2)-[E(X)]^2=\frac{1}{6}+\frac{1}{6}\theta+\frac{1}{3}\theta^2-\left(\frac{1}{4}+\frac{1}{2}\theta\right)^2=\frac{5}{48}-\frac{1}{12}\theta+\frac{1}{12}\theta^2$$

所以

$$\begin{aligned}E(4\overline{X}^2)&=4E(\overline{X}^2)=4\{D(\overline{X})+[E(\overline{X})]^2\}=4\left\{\frac{1}{n}D(X)+[E(X)]^2\right\}\\&=4\left\{\frac{1}{n}\left(\frac{5}{48}-\frac{1}{12}\theta+\frac{1}{12}\theta^2\right)+\left(\frac{1}{4}+\frac{1}{2}\theta\right)^2\right\}\\&=\left(\frac{5}{12n}+\frac{1}{4}\right)+\left(-\frac{1}{3n}+1\right)\theta+\left(\frac{1}{3n}+1\right)\theta^2\neq\theta^2\end{aligned}$$

因此，$4\overline{X}^2$ 不是 θ^2 的无偏估计量.

题 4 (2000①) 设某种元件的使用寿命 X 的概率密度为

$$f(x;\theta)=\begin{cases}2\mathrm{e}^{-2(x-\theta)}, & x\geqslant\theta\\ 0, & x<\theta\end{cases}$$

其中 $\theta>0$ 为未知参数. 又 $x_1,x_2,\cdots,x_n$ 是 X 的一组样本观测值，求参数 θ 的极大似然估计值.

解 由题设及指数运算法则知似然函数为

$$L(\theta)=L(x_1,x_2,\cdots,x_n;\theta)=\begin{cases}2\mathrm{e}^{-2\sum\limits_{i=1}^{n}(x_i-\theta)}, & x_i\geqslant\theta\quad(i=1,2,\cdots,n)\\ 0, & 其他\end{cases}$$

当 $x_i\geqslant\theta(i=1,2,\cdots,n)$ 时，$L(\theta)>0$，取对数得

$$\ln L(\theta)=\ln 2-2\sum_{i=1}^{n}(x_i-\theta)$$

又因为 $\frac{\mathrm{d}\ln L(\theta)}{\mathrm{d}\theta}=2n>0$，所以 $L(\theta)$ 单调增加.

由于 θ 必须满足 $\theta\leqslant x_i(i=1,2,\cdots,n)$，因此 $\theta\leqslant\min\{x_1,x_2,\cdots,x_n\}$. 如果取 $\theta=\min\{x_1,x_2,\cdots,$

$x_n\}$，这也是 θ 的最大可能取值，从而使 $L(\theta)$ 取最大值.

所以 θ 的极大似然估计值为 $\hat{\theta}=\min\{x_1,x_2,\cdots,x_n\}$.

题 5 (2006①③) 设总体 X 的概率密度为

$$f(x;\theta)=\begin{cases}\theta, & 0<x<1\\ 1-\theta, & 1\leqslant x<2\\ 0, & \text{其他}\end{cases}$$

其中 θ 是未知参数($0<\theta<1$)，$X_1,X_2,\cdots,X_n$ 为来自总体 X 的简单随机样本，记 N 为样本值 $x_1,x_2,\cdots,x_n$ 中小于 1 的个数.求：(1) θ 的矩估计量；(2) θ 的极大似然估计量.

解 (1) 因为 $E(X)=\int_{-\infty}^{+\infty}xf(x;\theta)\mathrm{d}x=\int_0^1 x\theta\mathrm{d}x+\int_1^2 x(1-\theta)\mathrm{d}x=\frac{3}{2}-\theta$，所以由矩估计法知：令 $E(X)=\overline{X}=\left(\frac{1}{n}\sum_{i=1}^{n}X_i\right)$，有 $\frac{3}{2}-\hat{\theta}=\overline{X}$，即

$$\hat{\theta}=\frac{3}{2}-\overline{X}$$

(2) 记似然函数为 $L(\theta)$，则

$$L(\theta)=\underbrace{\theta\cdot\cdots\cdot\theta}_{N\text{个}}\cdot\underbrace{(1-\theta)\cdot\cdots\cdot(1-\theta)}_{n-N\text{个}}=\theta^N(1-\theta)^{n-N}$$

即

$$\ln L(\theta)=N\ln\theta+(n-N)\ln(1-\theta)$$

由极大似然估计法知 $\frac{\mathrm{d}\ln L(\theta)}{\mathrm{d}\theta}=0$，即 $\frac{N}{\theta}-\frac{n-N}{1-\theta}=0$ 的解 $\hat{\theta}=\frac{N}{n}$ 为 θ 的极大似然估计量.

题 6 (2011①) 设 $X_1,X_2,\cdots,X_n$ 为来自正态总体 $N(\mu_0,\sigma^2)$ 的简单随机样本，其中 μ_0 已知，σ^2 未知，$\overline{X}$ 和 S^2 分别表示样本均值和样本方差.

(1) 求参数 σ^2 的极大似然估计 $\hat{\sigma^2}$；

(2) 计算 $E(\hat{\sigma^2})$ 和 $D(\hat{\sigma^2})$.

解 (1) 设 $x_1,x_2,\cdots,x_n$ 为样本观测值，则似然函数

$$L(\sigma^2)=(2\pi\sigma^2)^{-\frac{n}{2}}\cdot\mathrm{e}^{-\frac{1}{2\sigma^2}\sum_{i=1}^{n}(x_i-\mu_0)^2}$$

取对数有

$$\ln L(\sigma^2)=-\frac{n}{2}\ln(2\pi\sigma^2)-\frac{1}{2\sigma^2}\sum_{i=1}^{n}(x_i-\mu_0)^2$$

令

$$\frac{\mathrm{d}\ln L}{\mathrm{d}(\sigma^2)}=0\Rightarrow-\frac{n}{2\sigma^2}+\frac{1}{2\sigma^4}\sum_{i=1}^{n}(x_i-\mu_0)^2=0$$

从而得 σ^2 的极大似然估计

$$\hat{\sigma^2}=\frac{1}{n}\sum_{i=1}^{n}(X_i-\mu_0)^2$$

(2) 解 1：由于

$$\frac{n\hat{\sigma^2}}{\sigma^2}=\frac{\sum_{i=1}^{n}(X_i-\mu_0)^2}{\sigma^2}\sim\chi^2(n)$$

所以

$$E(\hat{\sigma^2})=\frac{\sigma^2}{n}\cdot n=\sigma^2,\quad D(\hat{\sigma^2})=\frac{\sigma^4}{n^2}\cdot 2n=\frac{2}{n}\sigma^4$$

解 2：根据题意，有

$$E(\hat{\sigma^2})=\frac{1}{n}\sum_{i=1}^{n}E(X_i-\mu_0)^2=\frac{1}{n}\sum_{i=1}^{n}D(X_i)=\sigma^2$$

注意到 $\frac{X_i-\mu_0}{\sigma}\sim N(0,1)$，且 $\frac{(X_i-\mu_0)^2}{\sigma^2}\sim\chi^2(1)$，有

$$D\left[\frac{(X_i-\mu_0)^2}{\sigma^2}\right]=2\Rightarrow D(X_i-\mu_0)^2=2\sigma^4$$

则

$$D(\hat{\sigma^2})=\frac{1}{n^2}\sum_{i=1}^{n}D(X_i-\mu_0)^2=\frac{1}{n}D(X_1-\mu_0)^2=\frac{\sigma^4}{n}D\left(\frac{X_1-\mu_0}{\sigma}\right)^2=\frac{2}{n}\sigma^4$$

题 7 (2012①) 设随机变量 X 与 Y 相互独立且分别服从正态分布 $N(\mu,\sigma^2)$ 与 $N(\mu,2\sigma^2)$，其中 σ 是未知参数且 $\sigma>0$. 记 $Z=X-Y$.

(1) 求 Z 的概率密度 $f(z;\sigma^2)$；

(2) 设 $Z_1,Z_2,\cdots,Z_n$ 为来自总体 Z 的简单随机样本，求 σ^2 的极大似然估计量 $\hat{\sigma}^2$；

(3) 证明 $\hat{\sigma}^2$ 为 σ^2 的无偏估计量.

解 (1) 因 X 与 Y 相互独立，所以 $Z=X-Y$ 服从正态分布，且 $E(Z)=0,D(Z)=D(X)+D(Y)=3\sigma^2$，故得 Z 的概率密度为

$$f(z;\sigma^2)=\frac{1}{\sqrt{6\pi}\sigma}e^{-\frac{z^2}{6\sigma^2}},\quad -\infty<z<+\infty$$

(2) 设 $z_1,z_2,\cdots,z_n$ 为样本 $Z_1,Z_2,\cdots,Z_n$ 的观测值，则似然函数为

$$L(\sigma^2)=\prod_{i=1}^{n}f(z_i;\sigma^2)=(6\pi\sigma^2)^{-\frac{n}{2}}e^{-\frac{1}{6\sigma^2}\sum_{i=1}^{n}z_i^2}$$

$$\ln L(\sigma^2)=-\frac{n}{2}\ln(6\pi\sigma^2)-\frac{1}{6\sigma^2}\sum_{i=1}^{n}z_i^2$$

令 $\frac{\mathrm{d}\ln L}{\mathrm{d}(\sigma^2)}=-\frac{n}{2\sigma^4}+\frac{1}{6\sigma^4}\sum_{i=1}^{n}z_i^2=0$，解得 $\sigma^2=\frac{1}{3n}\sum_{i=1}^{n}z_i^2$，故 σ^2 的极大似然估计量为 $\hat{\sigma}^2=\frac{1}{3n}\sum_{i=1}^{n}Z_i^2$.

(3) 因 $E(\hat{\sigma}^2)=\frac{1}{3n}\sum_{i=1}^{n}E(Z_i^2)=\frac{1}{3}E(Z^2)=\frac{1}{3}D(Z)=\sigma^2$，所以 $\hat{\sigma}^2$ 是 σ^2 的无偏估计量.

题 8 (2003①) 设总体 X 的概率密度为

$$f(x;\theta)=\begin{cases}2e^{-2(x-\theta)}, & x>\theta\\ 0, & x\leqslant\theta\end{cases}$$

其中 $\theta>0$ 是未知参数. 从总体 X 中抽取简单随机样本 $X_1,X_2,\cdots,X_n$，记

$$\hat{\theta}=\min\{X_1,X_2,\cdots,X_n\}$$

(1) 求总体 X 的分布函数 $F(x)$；(2) 求统计量 $\hat{\theta}$ 的分布函数 $F_{\hat{\theta}}(x)$；(3) 如果用 $\hat{\theta}$ 作为 θ 的估计量，讨论它是否具有无偏性.

解 (1) 由题设有 $F(x)=\int_{-\infty}^{x}f(t;\theta)\mathrm{d}t=\begin{cases}1-e^{-2(x-\theta)}, & x>\theta\\ 0, & x\leqslant\theta\end{cases}$.

(2) 这样 $\hat{\theta}$ 的分布函数为

$$\begin{aligned}F_{\hat{\theta}}(x)&=P\{\hat{\theta}\leqslant x\}=P\{\min(X_1,X_2,\cdots,X_n)\leqslant x\}\\&=1-P\{\min(X_1,X_2,\cdots,X_n)>x\}\\&=1-P\{X_1>x,X_2>x,\cdots,X_n>x\}\\&=1-[1-F(x)]^n=\begin{cases}1-e^{-2n(x-\theta)}, & x>\theta\\ 0, & x\geqslant\theta\end{cases}\end{aligned}$$

(3) 由上知 $\hat{\theta}$ 的概率密度为

$$f_{\hat{\theta}}(x)=\frac{\mathrm{d}F_{\hat{\theta}}(x)}{\mathrm{d}x}=\begin{cases}2ne^{-2n(x-\theta)}, & x>\theta\\ 0, & x\geqslant\theta\end{cases}$$

因为 $E(\hat{\theta})=\int_{-\infty}^{+\infty}xf_{\hat{\theta}}(x)\mathrm{d}x=\int_{\theta}^{+\infty}2nx\mathrm{e}^{-2n(x-\theta)}\mathrm{d}x=\theta+\frac{1}{2n}\neq\theta$,所以 $\hat{\theta}$ 作为 θ 的估计量不具有无偏性.

题 9 (1991③) 设总体 X 的概率密度为

$$p(x;\lambda)=\begin{cases}\lambda\alpha x^{\alpha-1}\mathrm{e}^{-\lambda x^{\alpha}}, & 若\ x>0\\ 0, & 若\ x\leqslant 0\end{cases}$$

其中 $\lambda>0$ 是未知参数,$\alpha>0$ 是已知参数,试根据来自总体 X 的简单随机样本 $X_1,X_2,\cdots,X_n$,求 λ 的极大似然估计量 $\hat{\lambda}$.

解 由题设 X_i 为来自总体 X 的简单随机样本,故它们独立同分布且与总体分布相同.知似然函数

$$L(x_1,x_2,\cdots,x_n;\lambda)=\prod_{i=1}^{n}p(x_i,\lambda)=(\lambda\alpha)^n\mathrm{e}^{-\lambda\sum\limits_{i=1}^{n}x_i^{\alpha}}\prod_{i=1}^{n}x_i^{\alpha-1}$$

取对数有

$$\ln L=n\ln\lambda+n\ln\alpha-\lambda\sum_{i=1}^{n}x_i^{\alpha}+\sum_{i=1}^{n}\ln x_i^{\alpha-1}$$

令

$$\frac{\partial\ln L}{\partial\lambda}=\frac{n}{\lambda}-\sum_{i=1}^{n}x_i^{\alpha}=0$$

由此解得 $\lambda=\dfrac{n}{\sum\limits_{i=1}^{n}x_i^{\alpha}}$,故 λ 的极大似然估计量 $\hat{\lambda}=\dfrac{n}{\sum\limits_{i=1}^{n}X_i^{\alpha}}$.

题 10 (2004③) 设随机变量 X 的分布函数为

$$F(x;\alpha,\beta)=\begin{cases}1-\left(\dfrac{\alpha}{x}\right)^{\beta}, & x>\alpha\\ 0, & x\leqslant\alpha\end{cases}$$

其中参数 $\alpha>0,\beta>1$.设 $X_1,X_2,\cdots,X_n$ 为来自总体 X 的简单随机样本.(1) 当 $\alpha=1$ 时,求未知参数 β 的矩估计量;(2) 当 $\alpha=1$ 时,求未知参数 β 的极大似然估计量;(3) 当 $\beta=2$ 时,求未知参数 α 的极大似然估计量.

解 当 $\alpha=1$ 时,X 的概率密度为 $f(x;\beta)=\begin{cases}\dfrac{\beta}{x^{\beta+1}}, & x>1\\ 0, & x\leqslant 1\end{cases}$.

(1) 由于 $E(X)=\int_{-\infty}^{+\infty}xf(x;\beta)\mathrm{d}x=\int_{1}^{+\infty}x\cdot\dfrac{\beta}{x^{\beta+1}}\mathrm{d}x=\dfrac{\beta}{\beta-1}$,令 $\overline{X}$ 为样本均值,则由 $\dfrac{\beta}{\beta-1}=\overline{x}$ 解得 $\beta=\dfrac{\overline{x}}{\overline{x}-1}$,故参数 β 的矩估计量为

$$\hat{\beta}=\frac{\overline{X}}{\overline{X}-1}$$

(2) 对于总体 X 的样本值 $x_1,x_2,\cdots,x_n$,似然函数为

$$L(\beta)=\prod_{i=1}^{n}f(x_i;\alpha)=\begin{cases}\dfrac{\beta^n}{(x_1x_2\cdots x_n)^{\beta+1}}, & x_i>1\quad(i=1,2,\cdots,n)\\ 0, & 其他\end{cases}$$

当 $x_i>1(i=1,2,\cdots,n)$ 时,$L(\beta)>0$,两边取对数得

$$\ln L(\beta)=n\ln\beta-(\beta+1)\sum_{i=1}^{n}\ln x_i$$

再对 β 求导数得

$$\frac{\mathrm{d}\ln L(\beta)}{\mathrm{d}\beta}=\frac{n}{\beta}-\sum_{i=1}^{n}\ln x_i$$

令$\frac{\mathrm{d}\ln L(\beta)}{\mathrm{d}\beta}=0$,解得$\beta=\frac{n}{\sum\limits_{i=1}^{n}\ln x_i}$,故$\beta$的极大似然估计量为

$$\hat{\beta}=\frac{n}{\sum\limits_{i=1}^{n}\ln X_i}$$

(3) 当$\beta=2$时,X的概率密度为

$$f(x;\alpha)=\begin{cases}\frac{2\alpha^2}{x^3}, & x>\alpha\\ 0, & x\leqslant\alpha\end{cases}$$

对于总体X的样本值$x_1,x_2,\cdots,x_n$,似然函数为

$$L(\alpha)=\prod_{i=1}^{n}f(x_i;\alpha)=\begin{cases}\frac{2^n\alpha^{2n}}{(x_1x_2\cdots x_n)^3}, & x_i>\alpha\quad(i=1,2,\cdots,n)\\ 0, & \text{其他}\end{cases}$$

当$x_i>\alpha(i=1,2,\cdots,n)$时,$L(\alpha)$随$\alpha$单增,因而$\alpha$的极大似然估计值为

$$\hat{\alpha}=\min\{x_1,x_2,\cdots,x_n\}$$

则α的极大似然估计量为$\hat{\alpha}=\min\{X_1,X_2,\cdots,X_n\}$.

(2) 区间估计

题 (1998①) 从正态总体$N(3.4,6^2)$中抽取容量为n的样本,如果要求其样本均值位于区间(1.4,5.4)内的概率不小于0.95,问样本容量n至少应取多大?

附表 标准正态分布表 $\Phi(x)=\int_{-\infty}^{x}\frac{1}{\sqrt{2\pi}}\mathrm{e}^{-\frac{t^2}{2}}\mathrm{d}t$

x	1.28	1.645	1.96	2.33
$\Phi(x)$	0.900	0.950	0.975	0.990

解 以$\overline{X}$表示该样本均值,则由题设有$\frac{\overline{X}-3.4}{6}\sqrt{n}\sim N(0,1)$. 依题意$P\{1.4<\overline{X}<5.4\}\geqslant0.95$,注意下面运算、变形

$$P\{1.4<\overline{X}<5.4\}=P\{-2<\overline{X}-3.4<2\}=P\{|\overline{X}-3.4|<2\}$$
$$=P\left\{\frac{|\overline{X}-3.4|}{6}\sqrt{n}<\frac{\sqrt{n}}{3}\right\}=2\Phi\left(\frac{\sqrt{n}}{3}\right)-1\geqslant0.95$$

得$\Phi\left(\frac{\sqrt{n}}{3}\right)\geqslant0.975$,由表有$\frac{\sqrt{n}}{3}\geqslant1.96$,即$n\geqslant(1.96\times3)^2\approx34.57$.

故n至少应取35时才能使样本均值位于区间(1.4,5.4)内的概率不小于0.95.

3. 假设检验

题 (1998①) 设某次考试的考生成绩服从正态分布,从中随机地抽取36位考生的成绩,算得平均成绩为66.5分,标准差为15分. 问在显著性水平0.05下,是否可以认为这次考试全体考生的平均成绩为70分,并给出检验过程.

附表 t分布表 $P\{t(n)\leqslant t_p(n)\}=p$

n \ p	0.95	0.975
35	1.689 6	2.030 1
36	1.688 3	2.028 1

解 ① 在显著性水平 $\alpha = 0.05$ 下检验假设 $H_0:\mu = 70$;$H_1:\mu \neq 70$.

② 由题设知统计量及分布应是 $T = \dfrac{\overline{X}-\mu}{S/\sqrt{n}} \sim t(n-1)$.

③ 设考生成绩为 X,则 $X \sim N(\mu,\sigma^2)$. 又设样本均值和方差分别为$\overline{X}$ 和 S^2.

④ 由附表查得临界值 $\lambda = t_{1-\frac{\alpha}{2}}(n-1) = t_{0.975}(35) = 2.030\,1$. 因此拒绝域为

$$|T| = \left|\frac{\overline{X}-\mu_0}{S/\sqrt{n}}\right| > \lambda = 2.030\,1$$

⑤ 现将 $n = 36$,$\overline{X} = 66.5$,$S = 15$,$\mu_0 = 70$ 代入上式中,有

$$|T| = \frac{|66.5-70|\sqrt{36}}{15} = 1.4 < 2.030\,1$$

故接受假设 $H_0:\mu = 70$,即在显著性水平 0.05 下,可以认为这次考试全体考生的平均成绩为 70 分.

国内外大学数学竞赛题赏析

例 1 沿山溪游动的鲑鱼必须闯过两道瀑布. 在这个试验中,鲑鱼闯过第一道瀑布的概率是 $p(>0)$,闯过第二道瀑布的概率是 $q(>0)$. 假定闯过瀑布的试验是独立的,试求:在 n 次试验中鲑鱼不能闯过两道瀑布的条件下,鲑鱼在 n 次试验中不能闯过第一道瀑布的概率.(波兰数学奥林匹克,1974)

解 设 A_n 是鲑鱼在 n 次试验中不能闯过第一道瀑布的事件,B_n 是在 n 次试验中不能闯过两道瀑布的事件. 因为一次试验中不能闯过第一道瀑布的概率是 $1-p$,而且试验是独立的,所以

$$P(A_n) = (1-p)^n \qquad ①$$

事件 B_n 由下列事件组成:鲑鱼在 n 次试验中不能闯过第一道瀑布,或者鲑鱼在第 k 次试验($1 \leqslant k \leqslant n$) 中闯过第一道瀑布,但在后 $n-k$ 次试验中没有闯过第二道瀑布. 因此

$$P(B_n) = (1-p)^n + \sum_{k=1}^{n}(1-p)^{k-1}p(1-q)^{n-k} \qquad ②$$

如果 $p = q$,那么式 ② 右边变成

$$P(B_n) = (1-p)^n + \sum_{k=1}^{n}(1-p)^{k-1}p = (1-p)^n + np(1-p)^{n-1} \qquad ③$$

如果 $q = 1$,那么鲑鱼一次试验就闯过第二道瀑布,所以

$$P(B_n) = (1-p)^n + (1-p)^{n-1}p = (1-p)^{n-1} \qquad ④$$

因此,如果鲑鱼在 n 次试验中不能闯过第一道瀑布,或者仅仅在第 n 次试验中闯过第一道瀑布,那么事件 B_n 发生.

但若规定 $0^0 = 1$,式 ④ 可由式 ② 推出.

若 $p \neq q$ 且 $q < 1$,那么运用等比级数求和公式可将式 ② 右边变换为

$$\begin{aligned}P(B_n) &= (1-p)^n + p(1-q)^{n-1}\frac{1-\left(\dfrac{1-p}{1-q}\right)^n}{1-\dfrac{1-p}{1-q}}\\ &= (1-p)^n + (1-q)^n\frac{p}{p-q}\left[1-\left(\frac{1-p}{1-q}\right)^n\right]\\ &= (1-p)^n + \frac{p}{p-q}[(1-q)^n-(1-p)^n]\\ &= \frac{p(1-q)^n - q(1-p)^n}{p-q}\end{aligned}$$

于是在这种情形下,有

$$P(B_n)=\frac{p(1-q)^n-q(1-p)^n}{p-q} \tag{5}$$

如果事件 A_n 不发生，那么事件 B_n 更不会发生. 因此 $A_n \cap B_n = A_n$，依据条件概率公式，得

$$P(A_n \mid B_n)=\frac{P(A_n \cap B_n)}{P(B_n)}=\frac{P(A_n)}{P(B_n)} \tag{6}$$

当 $n=1$ 时，由已知条件知 $P(A_n)=1-p$，$P(B_n)=1$. 将它们代入式⑥得 $P(A_n \mid B_n)=1-p$. 下面我们假定 $n\geqslant 2$.

注意到，若 $p\neq q$，则 $P(B_n)\neq 0$. 事实上，如果 $P(B_n)=0$，那么由式⑤可得 $p(1-q)^n=q(1-p)^n$，因此

$$\frac{p}{q}=\left(\frac{1-p}{1-q}\right)^n \tag{7}$$

但若 $p<q$，那么 $1-p>1-q$，因而等式⑦不成立. 若 $p>q$，同样的道理，等式⑦也不成立.

如果 $p=q$，且 $P(B_n)=0$，那么由式③推知 $p=1$. 因此，当且仅当 $p=q=1$ 时，条件概率 $P(A_n \mid B_n)$ 不存在. 现计算其他情形.

当 $p=q<1$ 时，由式①，式③，式⑥得

$$P(A_n \mid B_n)=\frac{1-p}{1-p+np}=\frac{1-p}{1+(n-1)p}$$

而当 $p<q=1$ 时，由式①，式④，式⑥得

$$P(A_n \mid B_n)=1-p$$

当 $p\neq q<1$ 时，应用式①，式⑤，式⑥求得

$$P(A_n \mid B_n)=\frac{(1-p)^n(p-q)}{p(1-q)^n-q(1-p)^n}=\frac{(p-q)\left(\frac{1-p}{1-q}\right)^n}{p-q\left(\frac{1-p}{1-q}\right)^n}$$

例 2 某生物学家想要计算湖中鱼的数目，在5月1日他随机地捞出60条鱼并给它们做了标记，然后放回湖中，在9月1日他又随机地捉了70条鱼，发现其中有3条有标记，他假定在5月1日湖中的鱼有25%在9月1日已经不在湖中了(由于死亡和移居)，9月1日湖中的鱼的40%在5月1日时不在湖里(由于新出生或刚刚迁入湖中)，并且在9月1日捞的鱼能代表整个湖中鱼的情况，问5月1日湖中有多少鱼？(第8届美国数学邀请赛，1990)

解 在5月1日做标记的60条鱼，在9月1日还在湖中的可能有

$$60(1-25\%)=45(\text{条})$$

这45条鱼中，捞出3条有标记的鱼，所以捞出的有标记的鱼占整个有标记的鱼的 $\frac{3}{45}=\frac{1}{15}$.

这3条有标记的鱼是在捞出的70条鱼中发现的，而这70条鱼中有60%的鱼5月1日在湖里，即5月1日在湖里的鱼有

$$70(1-40\%)=42(\text{条})$$

于是9月1日的湖中有5月1日的鱼共

$$42\div\frac{1}{15}=630(\text{条})$$

而5月1日的鱼中只有(1－25%)的鱼是9月1日湖中的鱼，设5月1日湖中有 x 条鱼，则

$$x(1-25\%)=630\Rightarrow x=840(\text{条})$$

所以5月1日湖中有840条鱼.

习 题

1. 设总体 $X \sim N(\mu,\sigma^2)$,$X_1,X_2,\cdots,X_n \sim X$.求 $X_1,X_2,\cdots,X_n$ 的联合概率密度.

2. 设总体 X 的概率密度函数为

$$f(x)=\begin{cases}(\theta+1)x^{\theta}, & 0\leqslant x\leqslant 1\\ 0, & \text{其他}\end{cases}\quad(\theta>0)$$

又 $X_1,X_2,\cdots,X_n \sim X$.求 $X_1,X_2,\cdots,X_n$ 的联合概率密度.

3. 设总体为 1 000 件产品,其中有 10 件不合格,现对这批产品随机进行 5 次不返回抽样,令

$$X_i=\begin{cases}1, & \text{第 } i \text{ 次抽到不合格品}\\ 0, & \text{第 } j \text{ 次抽到不合格品}\end{cases}\quad(i=1\sim 5)$$

(1)$X_1,X_2,\cdots,X_n$ 是否为简单随机样本?(2)5 次抽样抽到的不合格品数 Y_5 是否为统计量?(3) 求 Y_5 的概率分布.

4. 设总体 X 服从参数为 λ 的泊松分布,$X_1,X_2,\cdots,X_n \sim X$.试求:(1) 样本均值 $\overline{X}$ 的概率分布;(2)$\overline{X}$ 的期望与分布.

5. 设 X,Y_1 和 Y_2 相互独立,且均服从标准正态分布.试求 $Z=\dfrac{\sqrt{2}X}{\sqrt{Y_1^2+Y_2^2}}$ 的概率分布.

6. 设 X 与 Y 相互独立且均服从标准正态分布,试求 $Z=\dfrac{X^2}{Y^2}$ 的概率分布.

7. 设总体 X 服从 $N(12,4)$,又样本 $X_1,X_2,X_3,X_4,X_5 \sim X$.试求 $P\{\min(X_1,X_2,\cdots,X_5)<10\}$ 和 $P\{\max(X_1,X_2,\cdots,X_5)>15\}$.

8. 设总体 $X\sim N(\mu,\sigma^2)$,$X_1,X_2,\cdots,X_n\sim X$.试问欲使样本均值 $\overline{X}$ 满足 $P\{|\overline{X}-\mu|\leqslant 2\}\geqslant 0.95$,则样本容量 n 至少应多大?

9. 设总体 $X\sim N(\mu,\sigma^2)$,由来自 X 的容量 $n=16$ 的样本得样本标准差 $S=2.4$.试求使样本均值 $\overline{X}$ 满足 $P\{|\overline{X}-\mu|\leqslant\lambda\}\geqslant 0.95$ 的最小 λ 值.

10. 设 X_1,X_2,X_3,X_4,X_5 相互独立,并且均服从 $N(0,2^2)$;$Y=aX_1^2+b(2X_2+3X_3)^2+c(4X_4+5X_5)^2$.问:$a,b,c$ 取何值时 Y 服从 χ^2 分布?自由度为多少?

11. 设 $X_1,X_2,\cdots,X_8$ 相互独立,且均服从 $N(0,3^2)$,试求 $Y=\dfrac{X_1+X_2+X_3+X_4}{\sqrt{X_5^2+X_6^2+X_7^2+X_8^2}}$ 的概率分布.

12. 设 $X_1,X_2,\cdots,X_{15}$ 相互独立,且均服从 $N(0,9)$,求 $Y=\dfrac{1}{2}\cdot\dfrac{X_1^2+\cdots+X_{10}^2}{X_{11}^2+\cdots+X_{15}^2}$ 的概率分布.

13. 设 $X_1,X_2,\cdots,X_6\sim X$,$X\sim N(0,2)$,记 $Y=(X_1+X_2+X_3)^2+(X_4+X_5+X_6)^2$,试求常数 c,使 cY 服从 χ^2 分布.

14. 设 $X_1,X_2,\cdots,X_n\sim N(\mu,\sigma^2)$,$\overline{X}$ 与 S^2 分别是样本均值与样本方差.试证 $Y=\dfrac{\sqrt{n}(\overline{X}-\mu)}{S}$ 服从自由度为 $n-1$ 的 t 分布.

15. 设总体 $X\sim N(\mu,\sigma^2)$,$X_1,X_2,\cdots,X_n,X_{n+1}\sim X$.试证 X_{n+1},$\overline{X}$ 和 S^2 相互独立,其中 S 为样本方差.

16. 设总体 $X\sim N(\mu,\sigma^2)$,$X_1,X_2,\cdots,X_n,X_{n+1}\sim X$.试证 $Y=\dfrac{X_{n+1}-\overline{X}}{S}\sqrt{\dfrac{n}{n+1}}$ 服从自由度为 $n-1$ 的 t 分布,其中 S 为样本方差.

17. 设总体为 X,X 服从正态分布,$X_1,X_2,\cdots,X_9\sim X$.记

$$Y_1 = \frac{1}{6}(X_1 + X_2 + \cdots + X_6), \quad Y_2 = \frac{1}{3}(X_7 + X_8 + X_9)$$

$$S^2 = \frac{1}{2}\sum_{i=7}^{9}(X_i - \overline{X})^2, \quad Z = \frac{\sqrt{2}(Y_1 - Y_2)}{S}$$

试证 Z 服从自由度为 2 的 t 分布.

18. 设 $X \sim t(n)$. 试证 $Y = X^2 \sim F(1,n)$.

19. 若 $\xi_i(i=1,2,3,4)$ 相互独立，且均服从 $N(0,1)$ 分布，又 a,b 为两个正实数. (1) 试证 $\dfrac{\xi_1^2+\xi_2^2}{\xi_3^2+\xi_4^2} \sim F(2,2)$；(2) 求 $P\{a\sqrt{\xi_1^2+\xi_2^2} > b\sqrt{\xi_3^2+\xi_4^2}\}$.

20. 设总体 X 服从参数为 p 的 $0-1$ 分布，$X_1, X_2, \cdots, X_n \sim X$. 试求 p 的矩估计量和极大似然估计量.

21. 设总体 X 的分布为：$P\{X=k\} = \dfrac{\theta^k}{k\ln(1-\theta)}(k=1,2,\cdots)$. 试求参数 $\theta(0<\theta<1)$ 的矩估计量.

22. 设总体 X 服从指数分布，其概率密度为

$$f(x) = \begin{cases} \dfrac{1}{\theta}e^{-\frac{x-\mu}{\theta}}, & x > \mu \\ 0, & x \leqslant \mu \end{cases}$$

又 $X_1, X_2, \cdots, X_n \sim X$. 试求：(1) 未知参数 θ 与 μ 的极大似然估计量；(2) θ 与 μ 的矩估计量.

23. 设 X 为某一总体，已知 $D(X) = \sigma^2$，$X_1, X_2, \cdots, X_n \sim X$，求 σ^2 和 σ 的矩估计量.

24. 设总体 X 的密度为

$$f(x;\theta) = \begin{cases} \dfrac{2}{\theta^2}(\theta - x), & 0 < x < \theta \\ 0, & \text{其他} \end{cases}$$

试求 $\theta(\theta > 0)$ 的矩估计量.

25. 设总体 X 的密度为

$$f(x;\theta) = \begin{cases} 3\theta x^2 \exp(-\theta x^3), & x > 0 \\ 0, & x \leqslant 0 \end{cases}$$

试求 $\theta(\theta > 0)$ 的极大似然估计量.

26. 设总体 X 的密度为 $f(x;\theta) = \dfrac{1}{2\theta}e^{-\frac{|x|}{\theta}}(-\infty < x < +\infty)$，试求参数 $\theta(\theta > 0)$ 的极大似然估计量.

27. 设总体 X 的分布为 $X \sim \begin{pmatrix} -1 & 0 & 2 \\ 2\theta & \theta & 1-3\theta \end{pmatrix}$，其中 $0 < \theta < \dfrac{1}{3}$. 又 $X_1, X_2, \cdots, X_n \sim X$. 试求参数 θ 的极大似然估计量.

28. 设总体 X 的分布为 $X \sim \begin{pmatrix} 1 & 2 & 3 \\ \theta^2 & 2\theta(1-\theta) & (1-\theta) \end{pmatrix}$，其中 $0 < \theta < 1$. 又 $X_1, X_2, \cdots, X_n \sim X$. 试求：(1) 参数 θ 的极大似然估计量；(2) θ 的矩估计量.

29. 某总体 X，满足 $E(X) = \mu$，$D(X) = \sigma^2$，又 $X_1, X_2, \cdots, X_n \sim X$. 试证：(1) 样本均值 $\overline{X}$ 是 μ 的无偏估计量；(2) 样本方差 S^2 是 σ^2 的无偏估计量.

30. 设总体 X 在 $[\theta, \theta+1]$ 上服从均匀分布，简单样本 $X_1, X_2, \cdots, X_n \sim X$，又 $\overline{X}$ 为样本均值；且 $X^\circ = \min\{X_1, X_2, \cdots, X_n\}$. 令 $\hat{\theta}_1 = \overline{X} - \dfrac{1}{2}$ 和 $\hat{\theta}_2 = X^\circ - \dfrac{1}{n+1}$. 试证 $\hat{\theta}_2$ 较 $\hat{\theta}_1$ 更有效.

31. 设总体 X 服从参数为 λ 的泊松分布，S^2 是样本方差. 试证 S^2 是 λ 的无偏估计量.

32. 设总体 X 服从参数为 λ 的泊松分布，$\overline{X}$ 为样本均值，S^2 为样本方差. 试证对任意 $\alpha(0 \leqslant \alpha \leqslant 1)$，$T = \alpha\overline{X} + (1-\alpha)S^2$ 是 λ 的无偏估计量.

33. 设总体 X 在$[0,\theta]$上服从均匀分布,$X_1,X_2,X_3,X_4\sim X$. 试证 $\hat{\theta}_1=4\min\{X_1,X_2,X_3,X_4\}$ 和 $\hat{\theta}_2=\frac{4}{3}\max\{X_1,X_2,X_3,X_4\}$ 均是 θ 的无偏估计量,并指出哪一个更有效.

34. 将某物体重复称重 12 次. 得数据如下(单位:g)

10.000 1,9.949 1,9.987 3,10.012 6,10.024 3,9.985 4,

9.995 9,10.019 3,10.004 4,9.994 9,9.971 6,10.001 9

假设称重结果服从正态分布 $N(\mu,\sigma^2)$,试分别在标准差 σ 已知和未知的条件下,求该物体质量的 0.95 的置信区间.

35. 假定同一物品的重复称重结果服从正态分布,将同一物品称重 12 次,得如下数据(单位:g)

10.012 6,10.024 3,10.001 0,9.994 1,9.987 3,9.985 4,

10.001 9,9.971 6,9.995 9,10.019 3,10.004 4,9.994 9

试建立标准差的 0.95 置信区间.

36. 为观察一种药的疗效,测定了 5 名患者服药前后的血清胆固醇含量,得如下数据:

患 者	1	2	3	4	5
服药前	313	255	290	328	281
服药后	301	250	271	320	271

假设化验结果服从正态分布. 试建立服药前后均值差的 0.95 置信区间,并对所得结果作出解释.

37. 设总体 X 服从 $N(\mu,\sigma^2)$,$X_1,X_2,\cdots,X_n\sim X$. $\overline{X}$ 为样本均值,S^2 为样本方差. 在下面情况下试求 μ 的 $1-\alpha$ 置信区间:(1) 假设 $\sigma^2=\sigma_0^2$(已知);(2)σ^2 未知.

38. 设总体 X 服从 $N(\mu,\sigma^2)$,又简单样本 $X_1,X_2,\cdots,X_n\sim X$. 试求标准差 σ 的 $1-\alpha$ 置信区间,其中 $S^2=\frac{1}{n-1}\sum_{i=1}^{n}(X_i-\overline{X})^2$.

39. 设 X 与 Y 相互独立,其中 $X\sim N(a,\sigma_1^2)$,$Y\sim N(b,\sigma_2^2)$,又 $X_1,X_2,\cdots,X_m\sim X$,且 $Y_1,Y_2,\cdots,Y_n\sim Y$,相应的样本均值和样本方差分别为 $\overline{X},\overline{Y}$ 和 S_1^2,S_2^2. 试求在已知 $\sigma_1^2=\sigma_2^2$ 的条件下,$a-b$ 的 $1-\alpha$ 置信区间.

40. 某区教育局在该区高中随机抽选了 30 名男生,测验 100 m 成绩,结果平均为 13.5 s. 标准差为 0.1 s,假设高中男生 100 m 跑成绩服从正态分布. 试建立全区高中男生 100 m 跑成绩的 0.95 置信区间.

41. 已知总体 X 服从正态分布 $N(a,4^2)$,为以 95% 的概率使样本均值 $\overline{X}$ 与总体的期望 a 的绝对偏差不大于 0.4,问至少需要多大的样本容量.

42. 从某地区五年级男生中随机抽选了 25 名,测得平均身高为 150 cm,标准差为 12 cm,设该地区小学五年级男生的身高服从正态分布,试求该地区小学五年级男生平均身高和标准差的 0.95 置信区间.

43. 设总体 $X\sim N(\theta,\theta^2)(\theta>0)$,$X_1,X_2,\cdots,X_n\sim X$. 求 θ 的极大似然估计量.

44. 设总体 $X\sim N(0,\theta^2)(\theta>0)$,$X_1,X_2,\cdots,X_n\sim X$. 求 θ 的极大似然估计量.

45. 对某地区居民随机调查了 100 户,了解他们的用电量,结果发现月平均用电量为 96 度,标准差为 24 度,试求该地区居民用电量的置信度为 0.95 的置信区间.

46. 为了估计每个家庭的月平均收入,抽取一定容量的样本,设样本标准差为 350 元. 问为有 95% 的概率使区间长为 360 元,需抽取多少户家庭?

47. 设总体 $X\sim N(a,\sigma_0^2)$,其中 σ_0^2 为已知,$X_1,X_2,\cdots,X_n\sim X$. 设 $\alpha_1+\alpha_2=2\alpha$,考虑 a 的置信度为 $1-\frac{\alpha_1+\alpha_2}{2}$ 的置信区间 $\left(\overline{X}-u_{\alpha_1}\frac{\sigma_0}{\sqrt{n}},\overline{X}-u_{\alpha_2}\frac{\sigma_0}{\sqrt{n}}\right)$,其中 u_α 是标准正态分布水平 α 的双侧分位数. 证当 $\alpha_1=\alpha_2$ 时置信区间长度最小.

48. 设 $X\sim N(\mu_1,\sigma_1^2)$,$Y\sim N(\mu_2,\sigma_2^2)$,其中 $\mu_i,\sigma_i(i=1,2)$ 未知. 又 $X_1,X_2,\cdots,X_n\sim X$,$Y_1,Y_2,\cdots$,

$Y_n \sim Y$，且它们相互独立. 在置信度为 $1-\alpha$ 下求 $\frac{\sigma_1^2}{\sigma_2^2}$ 的置信区间.

49. 若 $X \sim E(\lambda)$（参数为 λ 的指数分布），其密度函数为

$$f(x,\lambda)=\begin{cases}\lambda e^{-\lambda}x, & x \geqslant 0 \\ 0, & x<0\end{cases}$$

其中 $\lambda>0$ 未知. 又 $X_1, X_2, \cdots, X_n \sim X$，求在置信度为 $1-\alpha$ 下 λ 的置信区间.

50. 设 X 为正态总体，$E(X)=\mu, D(X)=\sigma^2, X_1, X_2, \cdots, X_n \sim X$. 试证

$$D=\frac{1}{2(n-1)} \sum_{i=1}^{n-1}\left(X_{i+1}-X_i\right)^2$$

是 σ^2 的无偏估计量.

51. 设总体 $X \sim N(\mu, \sigma^2)$，其中 μ 已知，$X_1, X_2, \cdots, X_n \sim X$. 则 $\mu^2+\sigma^2$ 的极大似然估计量是 $\frac{1}{n} \sum_{i=1}^n X_i^2$.

52. 设总体 $X \sim N(\mu, \sigma^2)$. $X_1, X_2, \cdots, X_{15} \sim X$. 则 $Y=\frac{X_1^2+X_2^2+\cdots+X_{10}^2}{X_{11}^2+X_{12}^2+\cdots+X_{15}^2}$ 服从 $F(10,5)$.

53. 在正常情况下，维尼纶纱的纤度 X 服从正态分布，其方差不大于 0.048^2. 某天抽查了 5 根维尼纶纱的纤度，得如下数据：1.32，1.55，1.36，1.40，1.44. 问这一天维尼纶纱的纤度 X 的方差是否正常（这里 $\alpha=0.01$）.

54. 设总体 $X \sim N(\mu, \sigma^2)$，根据来自 X 的容量为 19 的样本，测得样本均值为 10.5，样本方差为 0.22. 试检验假设 $\sigma^2=0.18$ 和 $\mu=10$（$\alpha=0.05$）.

55. 根据设计要求，一种零件内径的标准差不得超过 0.30 mm. 自一批产品中随机抽取了 25 个，测得其内径的标准差为 0.36 mm. 问这是否说明这批零件内径的标准差显著增大了（$\alpha=0.05$）.

56. 设每袋奶粉的质量 X 服从正态分布 $N(\mu, \sigma^2)$，质量上控制其期望 $\mu=0.5$ kg，标准差 $\sigma=0.015$ kg. 现抽取了 8 袋，测得净重为：0.479，0.506，0.518，0.511，0.510，0.488，0.515，0.512. 试根据抽样结果说明：(1) 标准差有无显著变化；(2) 每袋平均净重是否符合质量要求.

57. 按质量要求，某种罐头的平均净重是 379 g，现随机抽查了 10 盒，测得数据如下：370.74，372.80，386.43，393.08，386.22，371.93，367.90，381.67，369.21，398.14（单位：g）. 设罐头的净重服从正态分布，问能否认为这批罐头的净重符合标准（$\alpha=0.05$）.

58. 两家实验室用同一方法对一种钢制品的 8 份试样作含碳量分析得如下数据（%）.

甲实验室：0.18，0.12，0.08，0.19，0.13，0.32，0.27，0.22；

乙实验室：0.11，0.28，0.24，0.31，0.46，0.14，0.34，0.30.

问：(1) 两家实验室的分析结果的标准差是否相同？(2) 两家实验室的分析结果的平均水平是否相同？

59. 某城市在甲、乙两个居民区分别抽查了 8 户和 10 户的人均月煤气用量 X 与 Y（设 X, Y 均服从正态分布），得如下数据.

甲：7.68，6.99，5.91，10.13，6.70，7.97，8.62，6.44；

乙：6.14，5.60，4.75，7.98，6.88，5.37，5.43，6.37，5.16，6.57.

试问：两区居民户人均月煤气用量是否有显著差异（设两区居民月均煤气用量的方差是相等的，并设 $\alpha=0.05$）.

60. 两台机床生产同一型号滚珠，设滚珠直径服从正态分布. 从这两台机床生产的滚珠中分别抽取若干滚珠，测得直径如下（单位：mm）.

甲机床：15.2，14.5，15.5，14.8，15.1，15.6，14.7；

乙机床：15.2，15.0，14.8，15.2，15.0，14.9，15.1，14.8，15.3.

问乙机床生产的滚珠直径方差是否比甲机床小（$\alpha=0.05$）.

参 考 文 献

[1] 菲赫金哥尔茨 Г М. 微积分教程:1-3 卷[M]. 北京大学高等数学教研室,译. 北京:高等教育出版社,1956-1957.

[2] 斯米尔诺夫 В И. 高等数学教程:1-5 卷[M]. 叶彦谦,等译. 北京:高等教育出版社,1959.

[3] 吉米多维奇 Б П. 数学分析习题集[M]. 李荣栋,译. 北京:高等教育出版社,1958.

[4] 希洛夫 Г Е. 数学分析专门教程[M]. 曾鼎禾,等译. 北京:高等教育出版社,1965.

[5] 陈建功. 三角级数论:上、下[M]. 上海:上海科学技术出版社,1979.

[6] 米库辛斯基杨. 算符演算[M]. 王建午,译. 上海:上海科学技术出版社,1964.

[7] 波利亚 G,舍贵 G. 分析中的问题和定理:1-2 卷[M]. 张奠宙,等译. 上海:上海科学技术出版社,1981-1985.

[8] 徐利治,王兴华. 数学分析的方法及例题选讲[M]. 北京:高等教育出版社,1984.

[9] 吴振奎. 高等数学复习纲要[M]. 北京:中国财政经济出版社,1995.

[10] 吴振奎. 高等数学复习及试题选讲[M]. 沈阳:辽宁科学技术出版社,1982.

[11] 吴振奎. 高等数学解题方法与技巧[M]. 沈阳:辽宁教育出版社,1988.

[12] 彼得罗夫斯基 И Д. 常微分方程讲义[M]. 黄克欧,译. 北京:人民教育出版社,1963.

[13] 孙本旺,汪浩. 数学分析中的典型例题和解题方法[M]. 长沙:湖南科学技术出版社,1981.

[14] 邹节铣,陈强. 1978—1983 全国招考研究生高等数学试题选解[M]. 长沙:湖南科学技术出版社,1983.

[15] 拉森 L C. 美国大学生数学竞赛例题选讲[M]. 潘正义,译. 北京:科学出版社,2003.

[16] 德苏泽 P,席尔瓦 J. 伯克利数学问题集[M]. 包雪松,林应举,译. 北京:科学出版社,2003.

[17] 吴振奎,吴旻. 数学中的美[M]. 上海:上海教育出版社,2002.

[18] 吴振奎,吴旻. 数学的创造[M]. 上海:上海教育出版社,2003.

[19] 李心灿,等. 大学生数学竞赛试题研究生入学数学考试难题解析选编[M]. 北京:高等教育出版社,2002.

[20] 陈文灯,黄先开. 数学题型集萃与练习题集(理工类、经济类)[M]. 北京:世界图书出版公司,2003.

[21] 陈文灯,黄先开. 数学复习指南(理工类、经济类)[M]. 北京:世界图书出版公司,2003.

[22] 斐礼文. 数学分析中的典型问题与方法[M]. 北京:高等教育出版社,1993.

[23] COXETER H S M. Introduction to Geometry 2nd[M]. New York:John Wiley & Sons INC,1989.

[24] 朱学贤. 三角形内心和旁心的重心坐标[M]// 丁石孙. 数学小丛书(3). 北京:北京大学出版社,1993.

[25] 刘斌. 全国硕士研究生入学统一考试历年试题名家解析及预测[数学(一)、(二)、(三)、(四)][M]. 北京:海洋出版社,2000.

[26] GREASOON A M,GREENWOOD R E,KELLY L M. 普特南数学竞赛[M]. 刘裔宏,许康,吴茂贵,等译. 长沙:湖南科学技术出版社,1983.

[27] 严镇军,等. 研究生入学数学试题汇解[M]. 合肥:安徽教育出版社,1982.

[28] 密特利诺维奇 D S. 解析不等式[M]. 张小萍,王龙,译. 北京:科学出版社,1987.

[29] 吉米多维奇,叶菲莫夫. 吉米多维奇数学 5 000 题:1-2 卷[M]. 米天林,等译. 长沙:湖南科学技术出版社,1986.

[30] 毛京中. 高等数学竞赛与提高[M]. 北京:北京理工大学出版社,2002.

[31] 中科院数学所《数学译林》编辑委员会. William Lowell Putnam 数学竞赛[J]. 数学译林,1994-2004,13-23 卷.

[32] 王益姝,等.高等数学试题解答[M].武汉:湖北人民出版社,1981.
[33] 许以超.代数学引论[M].上海:上海科学技术出版社,1966.
[34] 甘特马赫尔 Φ P.矩阵论:上、下[M].柯召,译.北京:高等教育出版社,1955.
[35] 倪国熙.常用的矩阵理论和方法[M].上海:上海科学技术出版社,1984.
[36] 斯图尔特 G W.矩阵计算引论[M].王国荣,等译.上海:上海科学技术出版社,1980.
[37] 屠伯埙,徐诚浩,王芬.高等代数[M].上海:上海科学技术出版社,1987.
[38] 屠伯埙.线性代数——方法导引[M].上海:复旦大学出版社,1986.
[39] 北京大学数学系几何与代数教研室前代数小组.高等代数[M].3版.北京:高等教育出版社,2003.
[40] 上海交通大学线性代数编写组.线性代数[M].北京:高等教育出版社,1991.
[41] 侯国荣,等.高等代数[M].天津:天津科学技术出版社,1986.
[42] 沙钰,等.工程数学解题分析1 300例[M].长沙:湖南科学技术出版社,1985.
[43] 孙瓛.数值线代数讲义[M].天津:南开大学出版社,1987.
[44] 威尔金森 J H.代数特征值问题[M].石钟慈,等译.北京:科学出版社,1987.
[45] 黄有度,狄成恩,朱士信.矩阵论及其应用[M].合肥:中国科技大学出版社,1995.
[46] 程云鹏,等.矩阵论[M].西安:西北工业大学出版社,2000.
[47] 陈向晖,陈景良.特殊矩阵[M].北京:清华大学出版社,2001.
[48] 戈卢布 G H.矩阵计算[M].袁亚湘,等译.北京:科学出版社,2001.
[49] 德苏泽 P,席尔瓦 J.伯克利数学问题集[M].包雪松,林应举,译.北京:科学出版社,2003.
[50] 戴华.矩阵论[M].北京:科学出版社,2003.
[51] 法杰耶夫 Д K,索明斯基 И C.高等代数习题集[M].丁寿田,译.北京:高等教育出版社,1987.
[52] 普罗斯康烈柯夫 И B.线性代数习题集[M].周晓钟,译.北京:人民教育出版社,1981.
[53] 蔡剑芳,等.高等代数综合题解[M].长沙:湖北科学技术出版社,1986.
[54] 钱吉林,等.高等代数研究生试题集锦[M].长沙:湖北科学技术出版社,1987.
[55] 孙宗明,等.高等代数的内容与方法[M].兰州:兰州大学出版社,1990.
[56] 杨宗磐.概率论入门[M].北京:科学出版社,1981.
[57] 费史 M.概率论与数理统计[M].王福保,译.上海:上海科学技术出版社,1962.
[58] 洛易甫 M.概率论:上[M].梁文骐,译.北京:科学出版社,1966.
[59] 钟开莱.初等概率论:附随机过程[M].魏宗舒,等译.北京:人民教育出版社,1980.
[60] 王梓坤.概率论基础及其应用[M].北京:科学出版社,1976.
[61] 复旦大学数学系.概率论[M].北京:人民教育出版社,1979.
[62] 周概容.概率论与数理统计[M].北京:高等教育出版社,1984.
[63] 安德罗哈耶夫 X M.概率论习题集[M].高尚华,译.沈阳:辽宁教育出版社,1987.
[64] 吴振奎.数学方法选讲[M].沈阳:辽宁教育出版社,1985.
[65] 陈俊雅,王秀英.概率论与数理统计中的反例[M].天津:天津科学技术出版社,1993.
[66] 梅夏尔金 Л Д.概率论习题集[M].盛骤,等译.北京:高等教育出版社,1984.
[67] 张朝今.概率中的反例[M].西安:陕西人民出版社,1984.
[68] 龙永红.概率论与数理统计[M].北京:高等教育出版社,2001.
[69] 陆传赉,等.概率论与数理统计习题解析[M].北京:北京邮电大学出版社,2003.
[70] 陈俊雅,等.概率论与数理统计[M].天津:天津科学技术出版社,1986.
[71] 吴振奎.1985—2005历年考研数学试题详解:数学(一)~(四)[M].北京:中国财政经济出版社,2005.
[72] 余仁胜.数学试题精选解析[M].北京:高等教育出版社,1998.

[73] GREASOON A M. 普特南数学竞赛[M]. 刘裔宏，等译. 长沙：湖南科学技术出版社，1983.
[74] 沙钰，等. 工程数学解题分析 1 300 例[M]. 长沙：湖南科学技术出版社，1983.
[75] 许康，陈强，陈挚，等. 前苏联大学生数学奥林匹克竞赛题解(上编)[M]. 哈尔滨：哈尔滨工业大学出版社，2012.
[76] 许康，陈强，陈挚，等. 前苏联大学生数学奥林匹克竞赛题解(下编)[M]. 哈尔滨：哈尔滨工业大学出版社，2012.
[77] 王丽萍. 历届 IMO 国际大学生数学竞赛试题集(1994—2010)[M]. 哈尔滨：哈尔滨工业大学出版社，2012.

⊙编辑手记

这是一本写给大学生朋友读的书.

据教育部数据,2012 年全国普通高校计划招生 685 万人.而据《全国高等教育统计,1934》,该年全国在校生只有 2.807 5 万人.也就是说 2012 年新招生数已是 80 年前全国在校生人数的 300 倍.所以今天的大学生早已不是昔日的天之骄子、青年精英,要想成为社会栋梁,进一步深造是不可避免的.

在美国著名的未来学家阿尔文·托夫勒(Alvin Toffler)的《权力的转移》(Power Shift)中指出:人类获取资源的最重要方式存在过三种样式.可以分别用三个 M 代表,即 Muscles(肌肉),Money(金钱),Mind(智慧,大脑).前两个 M 已俱往矣,今朝只看第三个 M 了.所以我们要不断接受教育,不断投资学习.

有人曾"告诫"过笔者:不要试图出版目标读者是大学生的数学书,因为他们的大多数除了课本(甚至包括课本)什么书都不买.

张之洞在《輶轩语》中有:"流观架上,名近雅训者,索取翻检,要籍精本,必时遇之."

学习高等数学总是要复习的,报考研究生总是要备考的,要复习,要备考,本书是不可不备的,因为它是这方面的"要籍精本,必时遇之".

本书作者吴振奎先生从20世纪80年代开始就关注考研数学试题.出版过一系列考研辅导书,可见于书后参考文献[9],[10],[11],[64],[71]以及我室出版的《吴振奎解题真经》(三卷).

有位作家曾说:"18世纪,作家因阅读者太少而没饭吃;20世纪,作家因可供阅读的东西太多而没饭吃".

现在图书市场考研辅导书过多过滥,许多文化公司找几个大学生便攒出一部大书,表面看洋洋洒洒,金玉其外,但你要真拿它作为复习资料,逐题演算,便发觉错误百出,败絮其中.所以品牌很重要,特别是作者的个人品牌尤为重要,吴教授与陈文灯先生是同学,又在此领域坚持耕耘了几十年,个人品牌值得信赖.

20世纪90年代,画家木心在美国纽约给陈丹青等人讲文学史时说:一件事,有人嘲笑,有人赞赏,那就像一回事了,否则太冷清——只要有人在研究一件事,我都赞成,哪怕研究打麻将——假如连续五年研究一个题目,不谋名,不谋利,而且不是傻子,一定是值得尊重的,钦佩的.

为学习数学的青年学子著书这件事吴教授坚持了数年,除了中年时业余收藏些玉石,晚年收藏无线电器械这点爱好外,吴教授可以说为数学付出了一生,称其为良师当之无愧.

木心在《文学回忆录》中说:一扇门要开,手里有一万把钥匙,一把把试过来,来不及的,良师告诉你,一捅就开了.

在高等教育进入大众时代之后,本科生的就业压力剧增,于是考研成为缓解就业压力的一个"缓冲器".考研人数激增,竞争随之加大,高数作为理工科的基础,大多数专业的考研都要考到(我们在其中甚至发现了若干全国重点大学自主招生的考题),所以下功夫通读,最好全解本书全部题目是最好的备考方式.

有人说要想成就一番事业不要忘了"三个D":

Drill 练习,训练;Drive 有冲劲,动力;Drudgery 苦役,艰难,不计报酬地工作.

学习数学,别无捷径,做题,做经过专家精心挑选的好题是唯一办法.古语说"腹有诗书气自华",读了诗书自然气质就不同,当你将本书的这些题都解完之后,你就会发现你同众人已经不一样了,有这些题垫底,什么考试都能应付了.

17世纪中叶的中国文人张潮在他所著的《幽梦影》中说:"读经宜冬,其神专也;读史宜夏,其时久也;读诸子宜秋,其致别也;读诸集宜春,其机畅也."

春天到了,读吧!

刘培杰

2013年3月18日

于哈工大

哈尔滨工业大学出版社刘培杰数学工作室
已出版(即将出版)图书目录

书　名	出版时间	定　价	编号
新编中学数学解题方法全书(高中版)上卷	2007-09	38.00	7
新编中学数学解题方法全书(高中版)中卷	2007-09	48.00	8
新编中学数学解题方法全书(高中版)下卷(一)	2007-09	42.00	17
新编中学数学解题方法全书(高中版)下卷(二)	2007-09	38.00	18
新编中学数学解题方法全书(高中版)下卷(三)	2010-06	58.00	73
新编中学数学解题方法全书(初中版)上卷	2008-01	28.00	29
新编中学数学解题方法全书(初中版)中卷	2010-07	38.00	75
新编平面解析几何解题方法全书(专题讲座卷)	2010-01	18.00	61
数学眼光透视	2008-01	38.00	24
数学思想领悟	2008-01	38.00	25
数学应用展观	2008-01	38.00	26
数学建模导引	2008-01	28.00	23
数学方法溯源	2008-01	38.00	27
数学史话览胜	2008-01	28.00	28
从毕达哥拉斯到怀尔斯	2007-10	48.00	9
从迪利克雷到维斯卡尔迪	2008-01	48.00	21
从哥德巴赫到陈景润	2008-05	98.00	35
从庞加莱到佩雷尔曼	2011-08	138.00	136
从比勃巴赫到德·布朗斯	即将出版		
数学解题中的物理方法	2011-06	28.00	114
数学解题的特殊方法	2011-06	48.00	115
中学数学计算技巧	2012-01	48.00	116
三角形中的角格点问题	2013-01	88.00	207
中学数学证明方法	2012-01	58.00	117
数学趣题巧解	2012-03	28.00	128
含参数的方程和不等式	2012-09	28.00	213
数学奥林匹克与数学文化(第一辑)	2006-05	48.00	4
数学奥林匹克与数学文化(第二辑)(竞赛卷)	2008-01	48.00	19
数学奥林匹克与数学文化(第二辑)(文化卷)	2008-07	58.00	34
数学奥林匹克与数学文化(第三辑)(竞赛卷)	2010-01	48.00	59
数学奥林匹克与数学文化(第四辑)(竞赛卷)	2011-08	58.00	87

哈尔滨工业大学出版社刘培杰数学工作室已出版(即将出版)图书目录

书　　名	出版时间	定　价	编号
发展空间想象力	2010－01	38.00	57
走向国际数学奥林匹克的平面几何试题诠释(上、下)(第1版)	2007－01	68.00	11,12
走向国际数学奥林匹克的平面几何试题诠释(上、下)(第2版)	2010－02	98.00	63,64
平面几何证明方法全书	2007－08	35.00	1
平面几何证明方法全书习题解答(第1版)	2005－10	18.00	2
平面几何证明方法全书习题解答(第2版)	2006－12	18.00	10
平面几何天天练上卷・基础篇(直线型)	2013－01	58.00	208
平面几何天天练中卷・基础篇(涉及圆)	2013－01	28.00	234
平面几何天天练下卷・提高篇	2013－01	58.00	237
最新世界各国数学奥林匹克中的平面几何试题	2007－09	38.00	14
数学竞赛平面几何典型题及新颖解	2010－07	48.00	74
初等数学复习及研究(平面几何)	2008－09	58.00	38
初等数学复习及研究(立体几何)	2010－06	38.00	71
初等数学复习及研究(平面几何)习题解答	2009－01	48.00	42
世界著名平面几何经典著作钩沉——几何作图专题卷(上)	2009－06	48.00	49
世界著名平面几何经典著作钩沉——几何作图专题卷(下)	2011－01	88.00	80
世界著名平面几何经典著作钩沉(民国平面几何老课本)	2011－03	38.00	113
世界著名数论经典著作钩沉(算术卷)	2012－01	28.00	125
世界著名数学经典著作钩沉——立体几何卷	2011－02	28.00	88
世界著名三角学经典著作钩沉(平面三角卷Ⅰ)	2010－06	28.00	69
世界著名三角学经典著作钩沉(平面三角卷Ⅱ)	2011－01	28.00	78
世界著名初等数论经典著作钩沉(理论和实用算术卷)	2011－07	38.00	126
几何学教程(平面几何卷)	2011－03	68.00	90
几何学教程(立体几何卷)	2011－07	68.00	130
几何变换与几何证题	2010－06	88.00	70
几何瑰宝——平面几何500名题暨1000条定理(上、下)	2010－07	138.00	76,77
三角形的解法与应用	2012－07	18.00	183
近代的三角形几何学	2012－07	48.00	184
一般折线几何学	即将出版	58.00	203
三角形的五心	2009－06	28.00	51
三角形趣谈	2012－08	28.00	212
俄罗斯平面几何问题集	2009－08	88.00	55
俄罗斯平面几何5000题	2011－03	58.00	89
俄罗斯初等数学万题选——三角卷	2012－11	38.00	222
计算方法与几何证题	2011－06	28.00	129

哈尔滨工业大学出版社刘培杰数学工作室
已出版(即将出版)图书目录

书　　名	出版时间	定　价	编号
463 个俄罗斯几何老问题	2012－01	28.00	152
近代欧氏几何学	2012－03	48.00	162
罗巴切夫斯基几何学及几何基础概要	2012－07	28.00	188
超越吉米多维奇——数列的极限	2009－11	48.00	58
Barban Davenport Halberstam 均值和	2009－01	40.00	33
初等数论难题集(第一卷)	2009－05	68.00	44
初等数论难题集(第二卷)(上、下)	2011－02	128.00	82,83
谈谈素数	2011－03	18.00	91
平方和	2011－03	18.00	92
数论概貌	2011－03	18.00	93
代数数论	2011－03	48.00	94
初等数论的知识与问题	2011－02	28.00	95
超越数论基础	2011－03	28.00	96
数论初等教程	2011－03	28.00	97
数论基础	2011－03	18.00	98
解析数论基础	2012－08	28.00	216
数论入门	2011－03	38.00	99
数论开篇	2012－07	28.00	194
解析数论引论	2011－03	48.00	100
无穷分析引论(上)	2013－04	88.00	247
无穷分析引论(下)	2013－04	98.00	245
数学分析中的一个新方法及其应用	2013－01	38.00	231
数学分析例选:通过范例学技巧	2013－01	88.00	243
三角级数论(上册)	2013－01	38.00	232
三角级数论(下册)	2013－01	48.00	233
基础数论	2011－03	28.00	101
超越数	2011－03	18.00	109
三角和方法	2011－03	18.00	112
谈谈不定方程	2011－05	28.00	119
整数论	2011－05	38.00	120
随机过程(Ⅰ)	2012－12	78.00	224
随机过程(Ⅱ)	2013－01	68.00	235
整数的性质	2012－11	38.00	192
初等数论 100 例	2011－05	18.00	122
初等数论经典例题	2012－07	18.00	204
最新世界各国数学奥林匹克中的初等数论试题(上、下)	2012－01	138.00	144,145
算术探索	2011－12	158.00	148

哈尔滨工业大学出版社刘培杰数学工作室已出版(即将出版)图书目录

书　名	出版时间	定　价	编号
初等数论(Ⅰ)	2012－01	18.00	156
初等数论(Ⅱ)	2012－01	18.00	157
初等数论(Ⅲ)	2012－01	28.00	158
组合数学浅谈	2012－03	28.00	159
同余理论	2012－05	38.00	163
丢番图方程引论	2012－03	48.00	172
平面几何与数论中未解决的新老问题	2013－01	68.00	229
历届 IMO 试题集(1959—2005)	2006－05	58.00	5
历届 CMO 试题集	2008－09	28.00	40
历届加拿大数学奥林匹克试题集	2012－08	38.00	215
历届美国数学奥林匹克试题集:多解推广加强	2012－08	38.00	209
历届国际大学生数学竞赛试题集(1994－2010)	2012－01	28.00	143
全国大学生数学夏令营数学竞赛试题及解答	2007－03	28.00	15
全国大学生数学竞赛辅导教程	2012－07	28.00	189
历届美国大学生数学竞赛试题集	2009－03	88.00	43
前苏联大学生数学奥林匹克竞赛题解(上编)	2012－04	28.00	169
前苏联大学生数学奥林匹克竞赛题解(下编)	2012－04	38.00	170

整函数	2012－08	18.00	161
俄罗斯初等数学问题集	2012－05	38.00	177
俄罗斯函数问题集	2011－03	38.00	103
俄罗斯组合分析问题集	2011－01	48.00	79
博弈论精粹	2008－03	58.00	30
多项式和无理数	2008－01	68.00	22
模糊数据统计学	2008－03	48.00	31
模糊分析学与特殊泛函空间	2013－01	68.00	241
受控理论与解析不等式	2012－05	78.00	165
解析不等式新论	2009－06	68.00	48
反问题的计算方法及应用	2011－11	28.00	147
建立不等式的方法	2011－03	98.00	104
数学奥林匹克不等式研究	2009－08	68.00	56
不等式研究(第二辑)	2012－02	68.00	153
初等数学研究(Ⅰ)	2008－09	68.00	37
初等数学研究(Ⅱ)(上、下)	2009－05	118.00	46,47
中国初等数学研究　2009 卷(第 1 辑)	2009－05	20.00	45
中国初等数学研究　2010 卷(第 2 辑)	2010－05	30.00	68
中国初等数学研究　2011 卷(第 3 辑)	2011－07	60.00	127
中国初等数学研究　2012 卷(第 4 辑)	2012－07	48.00	190

哈尔滨工业大学出版社刘培杰数学工作室
已出版(即将出版)图书目录

书　　名	出版时间	定　价	编号
数阵及其应用	2012－02	28.00	164
绝对值方程—折边与组合图形的解析研究	2012－07	48.00	186
不等式的秘密(第一卷)	2012－02	28.00	154
初等不等式的证明方法	2010－06	38.00	123
数学奥林匹克不等式散论	2010－06	38.00	124
数学奥林匹克不等式欣赏	2011－09	38.00	138
数学奥林匹克超级题库(初中卷上)	2010－01	58.00	66
数学奥林匹克不等式证明方法和技巧(上、下)	2011－08	158.00	134,135
近代拓扑学研究	2013－04	38.00	239
500 个最新世界著名数学智力趣题	2008－06	48.00	3
新编 640 个世界著名数学智力趣题	2013－02	88.00	242
400 个最新世界著名数学最值问题	2008－09	48.00	36
500 个世界著名数学征解问题	2009－06	48.00	52
400 个中国最佳初等数学征解老问题	2010－01	48.00	60
500 个俄罗斯数学经典老题	2011－01	28.00	81
1000 个国外中学物理好题	2012－04	48.00	174
300 个日本高考数学题	2012－05	38.00	142
500 个前苏联早期高考数学试题及解答	2012－05	28.00	185

数学 我爱你	2008－01	28.00	20
精神的圣徒　别样的人生——60 位中国数学家成长的历程	2008－09	48.00	39
数学史概论	2009－06	78.00	50
斐波那契数列	2010－02	28.00	65
数学拼盘和斐波那契魔方	2010－07	38.00	72
斐波那契数列欣赏	2011－01	28.00	160
数学的创造	2011－02	48.00	85
数学中的美	2011－02	38.00	84

最新全国及各省市高考数学试卷解法研究及点拨评析	2009－02	38.00	41
高考数学的理论与实践	2009－08	38.00	53
中考数学专题总复习	2007－04	28.00	6
向量法巧解数学高考题	2009－08	28.00	54
新编中学数学解题方法全书(高考复习卷)	2010－01	48.00	67
新编中学数学解题方法全书(高考真题卷)	2010－01	38.00	62
新编中学数学解题方法全书(高考精华卷)	2011－03	68.00	118

哈尔滨工业大学出版社刘培杰数学工作室已出版(即将出版)图书目录

书　　名	出版时间	定　价	编号
高考数学核心题型解题方法与技巧	2010－01	28.00	86
数学解题——靠数学思想给力(上)	2011－07	38.00	131
数学解题——靠数学思想给力(中)	2011－07	48.00	132
数学解题——靠数学思想给力(下)	2011－07	38.00	133
我怎样解题	2013－01	48.00	227
2011 年全国及各省市高考数学试题审题要津与解法研究	2011－10	48.00	139
全国中考数学压轴题审题要津与解法研究	2013－04	78.00	248
新课标高考数学——五年试题分章详解(2007～2011)(上、下)	2011－10	78.00	140,141
30 分钟拿下高考数学选择题、填空题	2012－01	48.00	146
高考数学压轴题解题诀窍(上)	2012－02	78.00	166
高考数学压轴题解题诀窍(下)	2012－03	28.00	167
格点和面积	2012－07	18.00	191
射影几何趣谈	2012－04	28.00	175
斯潘纳尔引理——从一道加拿大数学奥林匹克试题谈起	2012－12	18.00	228
李普希兹条件——从几道近年高考数学试题谈起	2012－10	18.00	221
拉格朗日中值定理——从一道北京高考试题的解法谈起	2012－10	18.00	197
闵科夫斯基定理——从一道清华大学自主招生试题谈起	2012－10	18.00	198
哈尔测度——从一道冬令营试题的背景谈起	2012－08	28.00	202
切比雪夫逼近问题——从一道中国台北数学奥林匹克试题谈起	2013－04	38.00	238
伯恩斯坦多项式与贝齐尔曲面——从一道全国高中数学联赛试题谈起	2013－03	38.00	236
卡塔兰猜想——从一道普特南竞赛试题谈起	即将出版		
麦卡锡函数和阿克曼函数——从一道前南斯拉夫数学奥林匹克试题谈起	2012－08	18.00	201
贝蒂定理与拉姆贝克莫斯尔定理——从一个拣石子游戏谈起	2012－08	18.00	217
皮亚诺曲线和豪斯道夫分球定理——从无限集谈起	2012－08	18.00	211
平面凸图形与凸多面体	2012－10	28.00	218
斯坦因豪斯问题——从一道二十五省市自治区中学数学竞赛试题谈起	2012－07	18.00	196
纽结理论中的亚历山大多项式与琼斯多项式——从一道北京市高一数学竞赛试题谈起	2012－07	28.00	195
原则与策略——从波利亚"解题表"谈起	2013－04	38.00	244
转化与化归——从三大尺规作图不能问题谈起	2012－08	28.00	214

哈尔滨工业大学出版社刘培杰数学工作室已出版(即将出版)图书目录

书名	出版时间	定价	编号
代数几何中的贝祖定理——从一道IMO试题的解法谈起	2012—07	18.00	193
成功连贯理论与约当块理论——从一道比利时数学竞赛试题谈起	2012—04	18.00	180
磨光变换与范·德·瓦尔登猜想——从一道环球城市竞赛试题谈起	即将出版		
素数判定与大数分解	2012—08	18.00	199
置换多项式及其应用	2012—10	18.00	220
许瓦兹引理——从一道西德1981年数学奥林匹克试题谈起	即将出版		
椭圆函数与模函数——从一道美国加州大学洛杉矶分校(UCLA)博士资格考题谈起	2012—10	38.00	219
差分方程的拉格朗日方法——从一道2011年全国高考理科试题的解法谈起	2012—08	28.00	200
拉姆塞定理——从王诗宬院士的一个问题谈起	即将出版		
力学在几何中的一些应用	2013—01	38.00	240
高斯散度定理、斯托克斯定理和平面格林定理——从一道国际大学生数学竞赛试题谈起	即将出版		
康托洛维奇不等式——从一道全国高中联赛试题谈起	即将出版		
西格尔引理——从一道第18届IMO试题的解法谈起	即将出版		
罗斯定理——从一道前苏联数学竞赛试题谈起	即将出版		
拉克斯定理和阿廷定理——从一道IMO试题的解法谈起	2013—04	58.00	246
毕卡大定理——从一道美国大学数学竞赛试题谈起	即将出版		
贝齐尔曲线——从一道全国高中联赛试题谈起	即将出版		
拉格朗日乘子定理——从一道2005年全国高中联赛试题谈起	即将出版		
雅可比定理——从一道日本数学奥林匹克试题谈起	2013—04	48.00	249
李天岩一约克定理——从一道波兰数学竞赛试题谈起	即将出版		
整系数多项式因式分解的一般方法——从克朗耐克算法谈起	即将出版		
布劳维不动点定理——从一道美国数学奥林匹克试题谈起	即将出版		
压缩不动点定理——从一道高考数学试题的解法谈起	即将出版		
伯恩赛德定理——从一道英国数学奥林匹克试题谈起	即将出版		
布查特一莫斯特定理——从一道上海市初中竞赛试题谈起	即将出版		
数论中的同余数问题——从一道普特南竞赛试题谈起	即将出版		
范·德蒙行列式——从一道美国数学奥林匹克试题谈起	即将出版		

哈尔滨工业大学出版社刘培杰数学工作室已出版(即将出版)图书目录

书　名	出版时间	定　价	编号
中国剩余定理——从一道美国数学奥林匹克试题的解法谈起	即将出版		
牛顿程序与方程求根——从一道全国高考试题解法谈起	即将出版		
库默尔定理——从一道 IMO 预选试题谈起	即将出版		
卢丁定理——从一道冬令营试题的解法谈起	即将出版		
沃斯滕霍姆定理——从一道 IMO 预选试题谈起	即将出版		
卡尔松不等式——从一道莫斯科数学奥林匹克试题谈起	即将出版		
信息论中的香农熵——从一道近年高考压轴题谈起	即将出版		
约当不等式——从一道希望杯竞赛试题谈起	即将出版		
拉比诺维奇定理	即将出版		
刘维尔定理——从一道《美国数学月刊》征解问题的解法谈起	即将出版		
卡塔兰恒等式与级数求和——从一道 IMO 试题的解法谈起	即将出版		
勒让德猜想与素数分布——从一道爱尔兰竞赛试题谈起	即将出版		
天平称重与信息论——从一道基辅市数学奥林匹克试题谈起	即将出版		
艾思特曼定理——从一道 CMO 试题的解法谈起	即将出版		
一个爱尔特希问题——从一道西德数学奥林匹克试题谈起	即将出版		
有限群中的爱丁格尔问题——从一道北京市初中二年级数学竞赛试题谈起	即将出版		
贝克码与编码理论——从一道全国高中联赛试题谈起	即将出版		

中等数学英语阅读文选	2006－12	38.00	13
统计学专业英语	2007－03	28.00	16
统计学专业英语(第二版)	2012－07	48.00	176
幻方和魔方(第一卷)	2012－05	68.00	173
尘封的经典——初等数学经典文献选读(第一卷)	2012－07	48.00	205
尘封的经典——初等数学经典文献选读(第二卷)	2012－07	38.00	206

实变函数论	2012－06	78.00	181
非光滑优化及其变分分析	2013－01	48.00	230
初等微分拓扑学	2012－07	18.00	182
方程式论	2011－03	38.00	105
初级方程式论	2011－03	28.00	106
Galois 理论	2011－03	18.00	107
古典数学难题与伽罗瓦理论	2012－11	58.00	223
代数方程的根式解及伽罗瓦理论	2011－03	28.00	108

哈尔滨工业大学出版社刘培杰数学工作室已出版(即将出版)图书目录

书　　名	出版时间	定　价	编号
线性偏微分方程讲义	2011—03	18.00	110
N体问题的周期解	2011—03	28.00	111
代数方程式论	2011—05	28.00	121
动力系统的不变量与函数方程	2011—07	48.00	137
基于短语评价的翻译知识获取	2012—02	48.00	168
应用随机过程	2012—04	48.00	187
矩阵论(上)	2013—06	58.00	250
矩阵论(下)	2013—06	48.00	251
三角级数论(哈代)	2013—06	48.00	254
圆锥曲线习题集(上)	2013—06	68.00	255
闵嗣鹤文集	2011—03	98.00	102
吴从炘数学活动三十年(1951～1980)	2010—07	99.00	32
吴振奎高等数学解题真经(概率统计卷)	2012—01	38.00	149
吴振奎高等数学解题真经(微积分卷)	2012—01	68.00	150
吴振奎高等数学解题真经(线性代数卷)	2012—01	58.00	151
高等数学解题全攻略(上卷)	2013—06	58.00	252
高等数学解题全攻略(下卷)	2013—06	58.00	253
钱昌本教你快乐学数学(上)	2011—12	48.00	155
钱昌本教你快乐学数学(下)	2012—03	58.00	171

联系地址:哈尔滨市南岗区复华四道街10号　哈尔滨工业大学出版社刘培杰数学工作室
网　　址:http://lpj.hit.edu.cn/
邮　　编:150006
联系电话:0451—86281378　　13904613167
E-mail:lpj1378@163.com